Verzeichnis der verwendeten Abkürzungen

ADP	Adenosin-5'-diphosphat
ATP	Adenosin-5'-triphosphat
CoA	Coenzym A
DDT	Dichlordiphenyltrichlorethan
Glu	Glutamat
GDP	Guanosin-5'-diphosphat
GTP	Guanosin-5'-triphosphat
IDP	Inosin-5'-diphosphat
ITP	Inosin-5'-triphosphat
αKGA	α-Ketoglutarat
NAD	Nicotinamidadenindinucleotid
NADP	Nicotinamidadenindinuculeotidphosphat
OAA	Oxalacetat
PCB	Polychloriertes Biphenyl
P_i	anorganisches Phosphat
PEP	Phosphoenolpyruvat
PEPC	Phosphoenolpyruvatcarboxylase
PGA	Phosphoglycerat
RubP	Ribulose-1,5-biphosphat
RubPC	Ribulosebiphosphatcarboxylase
TCA	Tricarbonsäurecyclus (Krebs-Zyklus)
ADI	maximal täglich duldbare Werte (acceptable daily intake)
LAI	Blattflächenindex (leaf area index)
MPI	maximale Aufnahmewerte (maximal possible intake)
NAR	Nettoassimilationsrate
PhAR	photosynthetisch ausnutzbare Strahlung (photosynthetic active radiation, 400–700 mm)
UV	ultraviolette Strahlung (<400 μm)
IBP	Internationales Biologisches Programm
MAB	Mensch und Biosphäre (man and biosphere)
$<$	kleiner als
$>$	größer als
$\rightarrow$	in Richtung auf
$\doteq$	ungefähr
$\geq$	größer und gleich
$\leq$	kleiner und gleich

Zeiteinheiten

h	=	Stunde (Maßeinheit für Zeit)
min	=	Minute (Maßeinheit für Zeit, 1 Stunde = 60 Minuten)
s	=	Sekunde (Maßeinheit für Zeit, 1 min = 60 s)

Lehrbuch der Ökologie

Herausgegeben von Rudolf Schubert

unter Mitarbeit von 35 Fachwissenschaftlern

Dritte, überarbeitete Auflage

Mit 354 Abbildungen und 59 Tabellen

Gustav Fischer Verlag Jena · 1991

1. Auflage 1984
2. Auflage 1986

Die Deutsche Bibliothek-CIP-Einheitsaufnahme

Lehrbuch der Ökologie/hrsg. von Rudolf Schubert unter
Mitarb. von 35 Fachwissenschaftlern. – 3., überarb. Aufl. –
Jena: Fischer, 1991
ISBN 3-334-00403-1
NE: Schubert, Rudolf [Hrsg.]

3. Auflage
© Gustav Fischer Verlag Jena, 1991
Villengang 2, D-6900 Jena

Das Werk einschließlich aller seiner Teile ist urheberrechtlich geschützt. Jede Verwertung außerhalb der engen Grenzen des Urheberrechtsgesetzes ist ohne Zustimmung des Verlages unzulässig und strafbar. Das gilt insbesondere für Vervielfältigungen, Übersetzungen, Mikroverfilmungen und die Einspeicherung und Verarbeitung in elektronischen Systemen.

Gestaltung Einband: Lothar Jähnichen, Dornburg
Gesamtherstellung: Druckhaus „Thomas Müntzer" GmbH, Bad Langensalza
Printed in Germany

ISBN 3-334-00403-1

Mitarbeiterverzeichnis

BARTHELMES, Detlev, Dr. rer. nat. et agr. habil., Institut für Binnenfischerei Berlin-Friedrichshagen

EHWALD, Ernst, Prof. Dr. rer. nat. habil. em. früher Institut für Bodenkunde und Pflanzenernährung der Humboldt-Universität Berlin, †

FREYE, Hans-Albrecht, Prof. Dr. rer. nat. habil. em., früher Biologisches Institut der Martin-Luther-Universität Halle

FRITSCHE, Wolfgang, Prof. Dr. rer. nat. habil., Institut für Technische Mikrobiologie der Friedrich-Schiller-Universität Jena

GÄRTNER, Siegfried, Dr. rer. silv., Institut für Waldbau und Forstschutz der Technischen Universität Dresden/Tharandt

HARTMANN, Elke, Doz. Dr. sc. paed., Institut für Pädagogik der Technik der Martin-Luther-Universität Halle

HENTSCHEL, Peter, Dr. rer. nat., Institut für Landschaftsforschung und Naturschutz in Halle, Arbeitsgruppe Dessau

HILBIG, Werner, Dr. sc. nat., früher Institut für Geobotanik und Botanischer Garten der Martin-Luther-Universität Halle

HORN, Wolfgang, Dr. rer. nat., Arbeitsgruppe Limnologie von Talsperren der Sächsischen Akademie der Wissenschaften, Neunzehnhain/Erzgebirge

JÄGER, Eckehart, Dr. rer. nat., Institut für Geobotanik u. Botanischer Garten der Martin-Luther-Universität Halle

KLAUSNITZER, Bernhard, Prof. Dr. rer. nat. habil., Institut für Ökologie und Spezielle Zoologie der Universität Leipzig

KLOTZ, Stefan, Dr. rer. nat., Institut für Geobotanik und Botanischer Garten der Martin-Luther-Universität Halle

KOPP, Dietrich, Dr. rer. silv. habil., früher Arbeitsgruppe Standorterkundung der Forstprojektierung Potsdam

KRUMBIEGEL, Günther, Museumsrat Dr. rer. nat., Institut für Geologische Wissenschaften und Geiseltalmuseum der Martin-Luther-Universität Halle

MAHN, Ernst-Gerhard, Prof. Dr. rer. nat. habil., Institut für Geobotanik und Botanischer Garten der Martin-Luther-Universität Halle

MÜLLER, Georg, Prof. Dr. rer. nat. habil., Dr. h. c. em. früher Institut für Standortkunde und Agrarraumgestaltung der Martin-Luther-Universität Halle

ODENING, Klaus, Prof. Dr. sc. nat., Forschungsstelle für Wirbeltierforschung Berlin

PIECHOCKI, Rudolf, Dr. rer. nat., früher Institut für Zoologie der Martin-Luther-Universität Halle

PIECHOCKI, Reinhard, Dr. sc. nat., früher Institut für Genetik der Martin-Luther-Universität Halle

PRASSE, Joachim, Prof. Dr. rer. nat. habil. et agr. sc., Institut für Standortkunde und Agrarraumgestaltung der Martin-Luther-Universität Halle

RUTSCHKE, Erich, Prof. Dr. rer. nat. habil., Fachbereich Zoologie der Brandenburgischen Landeshochschule Potsdam

SCHÄLLER, Gerhard, Prof. Dr. rer. nat. habil., Institut für Ökologie der Friedrich-Schiller-Universität Jena

SCHLEE, Dieter, Prof. Dr. rer. nat. habil., Institut für Biochemie der Martin-Luther-Universität Halle

SCHLEGEL, Gerhard, Dr. rer. silv., früher Forschungsinstitut für Balneologie und Kurortwissenschaft Bad Elster

SCHLUNGBAUM, Günther, Doz. Dr. rer. nat. habil., Institut für Ökologie der Universität Rostock

SCHNESE, Werner, Prof. Dr. sc. nat., früher Institut für Ökologie der Universität Rostock, †

SCHUBERT, Rudolf, Prof. Dr. rer. nat. habil., Institut für Geobotanik und Botanischer Garten der Martin-Luther-Universität Halle

SCHUH, Josef, Prof. Dr. rer. nat. habil., Institut für Zoologie der Martin-Luther-Universität Halle

STÖCKER, Gerhard, Dr. sc. nat., Institut für Ökosystemforschung Berlin, Arbeitsgruppe Halle

SUCCOW, Michael, Prof. Dr. sc. nat., Ministerium für Umweltschutz des Landes Brandenburg, Potsdam

TEMBROCK, Günter, Prof. Dr. rer. nat. habil. em., früher Institut für Zoologie und Verhaltensbiologie der Humboldt-Universität Berlin

THOMASIUS, Harald, Prof. Dr. rer. silv. habil., Dr. h. c., Institut für Waldbau und Forstschutz der Technischen Universität Dresden/Tharandt

TIETZE, Franz, Prof. Dr. rer. nat. habil., Wissenschaftsbereich Zoologie der Pädagogischen Hochschule Halle

UHLMANN, Dietrich, Prof. Dr. rer. nat. habil., Institut für Hydrobiologie der Technischen Universität Dresden

WEINITSCHKE, Hugo, Prof. Dr. rer. nat. habil., Institut für Landschaftsforschung und Naturschutz Halle

WETZEL, Theo, Prof. Dr. rer. agr. habil., Institut für Pflanzenschutz der Martin-Luther-Universität Halle

Vorwort zur 3. Auflage

Obwohl auch die 2. Auflage dieses Lehrbuchs kurz nach ihrem Erscheinen vergriffen war, sind doch einige Jahre vergangen, bis das Manuskript für die 3. Auflage fertiggestellt werden konnte. Der Grund dafür liegt in der außerordentlichen Geschwindigkeit, mit der neue ökologische Erkenntnisse heranreifen und sich neue Anwendungsfelder für die Ökologie eröffnen, so daß sich der Wissensstoff stark vermehrte.

Alle Kapitel erfuhren deshalb eine gründliche Bearbeitung, ganze Abschnitte wurden neu formuliert. Bei allem Bemühen, den Umfang des Buches nicht zu vergrößern, mußten doch einige Kapitel erweitert oder gänzlich neu aufgenommen werden. Größerer Zuwachs war vor allem bei der angewandten Ökologie notwendig: so z. B. bei der Berücksichtigung ökologischer Gesetzmäßigkeiten in der Forstwirtschaft, um Waldschäden vorzubeugen oder sie zu sanieren. Neu sind auch Kapitel über die Wahrung ökologischer Gesetzmäßigkeiten in der Jagdwirtschaft sowie über die ökologischen Grundlagen der Produktion. Völlig neu konzipiert wurde das Kapitel über die naturräumlichen Grundlagen für Anwenderbereiche der Ökologie. Stärkere Beachtung erfuhren Fragen der Parasitologie und Probleme des Naturschutzes. Mit diesen Veränderungen sind wir den Wünschen vieler Leser nachgekommen. Trotzdem konnten − um den für ein Lehrbuch notwendigen Gesamtüberblick über die Ökologie zu wahren − keineswegs Einzelprobleme in der an sich wünschenswerten Ausführlichkeit behandelt werden; dies bleibt Spezialabhandlungen vorbehalten.

Wir hoffen, mit der vorliegenden, stark überarbeiteten 3. Auflage des Lehrbuches der Ökologie dem erfreulich gestiegenen Bedürfnis vieler Menschen, sich ökologisches Grundwissen anzueignen, entsprochen zu haben. Möge unser Buch dazu beitragen, daß die Menschen zu einer neuen Harmonie mit ihrer Umwelt finden, daß sie eine ökologisch gesunde, mannigfaltige und nachhaltig produktive Kulturlandschaft gestalten, in der sie friedlich und glücklich über viele Generationen zusammenleben können.

Halle, im Frühjahr 1991 R. Schubert

Vorwort zur 1. Auflage

Wie viele andere Disziplinen der Naturwissenschaften erfuhr auch die Ökologie in den letzten Jahren eine starke Erweiterung und Vertiefung ihrer Erkenntnisse durch neue Forschungsergebnisse. Diese wurden wesentlich durch Bearbeitung von ökologischen Problemen unter Zuhilfenahme von Nachbarwissenschaften der Ökologie wie Biochemie, Physiologie, Mikrobiologie, Genetik, Geobotanik, Morphologie und Anatomie erbracht, aber auch mit Hilfe der Methoden von Wissenschaftsdisziplinen, die der Biologie etwas ferner stehen, wie Geographie, Chemie, Physik und Mathematik. In all den genannten Gebieten entwickelten sich Fachrichtungen, die sich speziell mit ökologischen Fragestellungen beschäftigen.

Neben dieser Wissenserweiterung durch die ökologische Grundlagenforschung selbst oder die ihr zuarbeitende ökologische Grundlagenforschung anderer Wissenschaftsgebiete erfolgte eine enorme Wissenszuführung durch die Anwendung ökologischer Gesetzmäßigkeiten in der Medizin, Land-, Forst- und Wasserwirtschaft, der Fischerei, im Bergbau und der Territorialplanung sowie in der Landschaftsgestaltung und im Naturschutz.

Im vorliegenden Lehrbuch der Ökologie wurde versucht, diesen Tatsachen Rechnung zu tragen und den Leser sowohl mit den neuesten Erkenntnissen der ökologischen Forschung als auch mit ihren Anwendungen in der volkswirtschaftlichen Praxis vertraut zu machen. Verständlicherweise vermag heute kein einzelner Wissenschaftler mehr die Fortschritte der Ökologie auf all ihren Teilgebieten zu überblicken und zu verfolgen. Es wurden deshalb 30 Wissenschaftler als Autoren gewonnen, deren Sachkenntnis eine solide Darstellung der Spezialgebiete gewährleistet. Nur so war es möglich, die Ökologie umfassend darzustellen. Durch die Disziplin und kollegiale Zusammenarbeit aller Autoren konnte trotz der Vielseitigkeit der ökologischen Probleme eine einheitliche Diktion gewahrt werden, wie es für ein Lehrbuch unbedingt nötig ist. Wir hoffen, mit unserem Buch einen Beitrag für die Einheit der Ökologie geleistet zu haben und allen Benutzern des Buches, seien es Wissenschaftler, Studenten oder an ökologischen Fragen Interessierte anderer Berufe, eine zuverlässige Einführung in dieses in viele Wissensbereiche hinreichende Gebiet gegeben zu haben.

Dank sind wir vielen Wissenschaftlern und technischen Mitarbeitern schuldig, ohne deren Einsatz dieses Buch nicht hätte entstehen können. Von vielen seien nur Herr Diplom-Biologielehrer KLOTZ genannt, der die Korrektur des Gesamtmanuskriptes las, Frau MÜLLER und Frau SCHULZE, die das Manuskript insgesamt schrieben, Fräulein MÖRCHEN und Frau ZECH sowie Herr WITTSTOCK, die sehr viele Zeichnungen nach den Vorlagen der Autoren zeichneten, und Frau STÖLZER, die die technische Fertigung des Literaturverzeichnisses und Registers vornahm. Nicht zuletzt sei Frau SCHLÜTER vom VEB Gustav Fischer Verlag für ihre fördernden Hinweise gedankt.

Möge das Werk dazu beitragen, daß die ökologischen Erkenntnisse im Frieden dem Glück der Menschen noch besser als bisher dienen können.

Halle (Saale), Frühjahr 1984   R. Schubert

Inhaltsverzeichnis

1.	Einführung. R. Schubert	
1.1.	Begriffe, Ziele und Aufgaben der Ökologie	17
1.2.	Geschichtliche Entwicklung der ökologischen Fragestellung	19
1.3.	Umfang und Gliederung der Ökologie	20
2.	**Allgemeine Grundlagen der Ökosystemlehre**	
2.1.	Wechselbeziehungen zwischen Organismen und Umweltfaktoren. R. Schubert	23
2.2.	Primäre Umweltfaktoren. R. Schubert	26
2.2.1.	Strahlungsenergetische Faktoren	26
2.2.1.1.	Wärme	26
2.2.1.2.	Licht	35
2.2.2.	Chemische Faktoren	39
2.2.2.1.	Wasser	39
2.2.2.2.	Andere chemische Faktoren	49
2.2.2.2.1.	Chemische Faktoren der Luft	49
2.2.2.2.2.	Chemische Faktoren des Bodens	49
2.2.2.2.3.	Chemische Faktoren des Wassers	52
2.2.2.2.4.	Anthropogene chemische Faktoren	53
2.2.3.	Mechanische und physikalische Faktoren	54
2.3.	Interaktionen zwischen den Organismen	56
2.3.1.	Formen des Zusammenlebens. R. Schubert	56
2.3.2.	Parasitismus. K. Odening	60
2.4.	Integration und Höherentwicklung der Organismengemeinschaften. R. Schubert	62
2.4.1.	Population	62
2.4.2.	Biocoenose	63
2.5.	Ökologische Systeme der Biosphäre. R. Schubert	64
2.5.1.	Klassifikation der ökologischen Systeme	64
2.5.2.	Wichtige Biome der Subbiosphären	66
2.6.	Biogeochemische Kreisläufe. R. Schubert	85
2.6.1.	Energiefluß in einem Ökosystem	85
2.6.2.	Stoffkreisläufe der Erde	89
2.6.2.1.	Der Wasserkreislauf der Erde	89
2.6.2.2.	Der Kreislauf des Kohlenstoffs und des Sauerstoffs	93
2.6.2.3.	Der Kreislauf des Stickstoffs	94
2.6.2.4.	Der Kreislauf des Schwefels, des Phosphors und anderer Mineralstoffe	95
2.7.	Ökosystem-Modellierung. G. Stöcker	97
2.7.1.	Grundlagen und Systemkonzeption	97
2.7.2.	Allgemeine Ökosystemstruktur	100

3. Biochemische Wechselbeziehungen zwischen Organismen und ihrer Umwelt.
D. Schlee

3.1.	Biochemische Reaktionen der Organismen auf Umweltfaktoren	106
3.1.1.	Biochemische Adaptationen an Extremtemperaturen	109
3.1.1.1.	Leben bei hohen Temperaturen (Thermobiose)	110
3.1.1.2.	Leben bei niedrigen Temperaturen	111
3.1.2.	Biochemische Adaptationen an chemische Faktoren	112
3.1.2.1.	Anpassung an das verfügbare Sauerstoffangebot	112
3.1.2.1.1.	Anpassung bei tierischen Organismen	112
3.1.2.1.2.	Anpassung bei pflanzlichen Organismen	113
3.1.2.2.	Anpassung an das verfügbare Kohlendioxidangebot	115
3.1.2.2.1.	C_3-Pflanzen	116
3.1.2.2.2.	C_4-Pflanzen	117
3.1.2.2.3.	C_3-C_4-Intermediäre	119
3.1.2.2.4.	CAM-Pflanzen	120
3.1.2.3.	Anpassung an Schwermetalle	121
3.2.	Chemische Kommunikation zwischen Organismen	124
3.2.1.	Repellenzien und Attraktanzien	126
3.2.2.	Pheromone	128
3.2.2.1.	Sexualpheromone	128
3.2.2.2.	Aggregationspheromone (Populationslockstoffe)	130
3.2.2.3.	Spurpheromone	130
3.2.2.4.	Alarmpheromone	131
3.2.2.5.	Pheromonwirkung bei der Bestäubung von Ophrys-Arten	131
3.2.3.	Toxine	131
3.2.4.	Weitere biogene Wirkstoffe	133
3.2.5.	Allelopathie	134
3.3.	Geochemische Veränderungen durch ökochemische Leistungen höherer Pflanzen	135
3.3.1.	Ausscheidungen von chemischen Verbindungen durch Wurzeln	135
3.3.2.	Aufnahme organischer Fremdstoffe	137

4. Autökologie

4.1.	Ökologie der Mikroorganismen. W. Fritsche	138
4.1.1.	Ökologie der Substratverwertung und des Wachstums	138
4.1.1.1.	Substratkonzentration	138
4.1.1.2.	Substratgemische	140
4.1.1.3.	Spezielle Substrate	140
4.1.1.4.	Fremdstoffe als mikrobielle Substrate	143
4.1.2.	Anpassung an extreme Umweltbedingungen	145
4.1.3.	Interaktionen mit der belebten Umwelt	147
4.1.3.1.	Interaktionen zwischen Mikroorganismen	147
4.1.3.2.	Mikroben-Pflanzen- und Mikroben-Tier-Interaktionen	148
4.2.	Ökologie pflanzlicher Organismen	150
4.2.1.	Wirkung von Umweltfaktoren auf Einzelpflanzen. E.-G. Mahn	150
4.2.1.1.	Einleitung	150
4.2.1.2.	Unabhängige und gekoppelte Wirkungen von Umweltfaktoren	151
4.2.1.3.	Anpassungen an Umweltfaktoren	153
4.2.1.4.	Wirkung abiotischer Umweltfaktoren im Verlauf der ontogenetischen Entwicklung	155
4.2.1.5.	Streß – Leben an den Existenzgrenzen	156
4.2.2.	Grundlagen der pflanzlichen Entwicklung. E. Jäger	158
4.2.2.1.	Jahreszeitliche Entwicklung	158
4.2.2.2.	Individualentwicklung	164
4.2.3.	Grundlagen der Pflanzenverbreitung. E. Jäger	167

4.2.3.1.	Potentielles Areal	167
4.2.3.2.	Ausbreitungsökologie und Ausfüllen des potentiellen Areals	168
4.2.3.3.	Klimatische und edaphische Ursachen der Arealgrenzen	171
4.2.3.4.	Anthropogene Veränderung der Pflanzenverbreitung	172
4.3.	**Ökologie tierischer Organismen**	173
4.3.1.	Wirkung der Umweltfaktoren und Anpassung der tierischen Organismen. G. Schäller	173
4.3.1.1.	Die wichtigsten ökologischen Faktoren	173
4.3.1.2.	Komplexe Wirkung der ökologischen Faktoren	179
4.3.2.	Zeitstrukturen biologischer Systeme. J. Schuh	181
4.3.3.	Grundlagen der Verbreitung von Tieren. R. Piechocki sen.	187
4.3.4.	Ökologische Aspekte der Verhaltensbiologie. G. Tembrock	191
5.	**Ökologie von Populationen**	
5.1.	**Allgemeine Eigenschaften tierischer und pflanzlicher Populationen.** E. Rutschke, E. G. Mahn und B. Klausnitzer	210
5.2.	**Genetische Grundlagen der Populationen.** R. Piechocki	212
5.2.1.	Der Genpool von Populationen	212
5.2.2.	Genetische Variabilität in Populationen	214
5.2.2.1.	Sichtbare genetische Variabilität	214
5.2.2.2.	Verborgene genetische Variabilität	215
5.2.2.3.	Ursprung und Erhaltung der genetischen Variabilität	215
5.2.2.4.	Bedeutung der genetischen Variabilität für die Anpassungsfähigkeit	216
5.2.2.5.	Klassisches und Balance-Modell der Populationsstruktur	217
5.2.3.	Faktoren, die die genetische Zusammensetzung von Populationen verändern	217
5.2.3.1.	Mutabilität	218
5.2.3.2.	Selektion	218
5.2.3.3.	Migration	222
5.2.3.4.	Genetische Drift	223
5.3.	**Evolutive Vorgänge in Populationen**	223
5.3.1.	Evolutionsvorgänge in tierischen Populationen. E. Rutschke und B. Klausnitzer	223
5.3.1.1.	Polymorphismus	223
5.3.1.2.	Evolution der Reproduktionsfähigkeit	224
5.3.1.3.	Evolution der Habitatwahl	225
5.3.1.4.	Evolution sozialer Organisationsformen	227
5.3.2.	Selektionsstrategien bei pflanzlichen Populationen. E.-G. Mahn	228
5.4.	**Strukturelle und funktionelle Elemente der Populationen**	229
5.4.1.	Elemente tierischer Populationen. E. Rutschke und B. Klausnitzer	229
5.4.1.1.	Populationsgröße (= Bestand)	229
5.4.1.2.	Populationsdichte (Abundanz)	230
5.4.1.3.	Verteilung der Individuen im Raum (Dispersion)	231
5.4.1.4.	Altersstruktur (Ätilität)	235
5.4.1.5.	Geschlechterstruktur	238
5.4.1.6.	Soziale Struktur	239
5.4.2.	Elemente pflanzlicher Populationen. E.-G. Mahn	241
5.4.2.1.	Kriterien der Strukturebene	241
5.4.2.2.	Größe, Dichte und Wachstum — Ausdruck der Leistungsfähigkeit	242
5.5.	**Gesetzmäßigkeiten von Populationsveränderungen**	242
5.5.1.	Vermehrung und Wachstum tierischer Populationen. E. Rutschke und B. Klausnitzer	242
5.5.1.1.	Fruchtbarkeit (Fertilität)	242
5.5.1.2.	Sterblichkeit (Mortalität)	244
5.5.1.3.	Reproduktionsrate	246

5.5.1.4.	Spezifische Vermehrungsrate	246
5.5.1.5.	Wachstumsformen von tierischen Populationen	247
5.5.2.	Grundlagen und Modelle des Wachstums pflanzlicher Populationen. E.-G. MAHN	248
5.6.	**Formen und Ursachen der Abundanzdynamik von Populationen**	250
5.6.1.	Abundanzdynamik tierischer Populationen. E. RUTSCHKE und B. KLAUSNITZER	250
5.6.1.1.	Die Bedeutung des Klimas und der Witterung für die Populationsdynamik	252
5.6.1.2.	Die Bedeutung der Nahrung für die Populationsdynamik	253
5.6.1.3.	Wechselwirkungen zwischen Populationen	254
5.6.1.4.	Zyklische Abundanzdynamik	259
5.6.1.5.	Steuerungs- und Regulationsvorgänge in Populationen	263
5.6.1.6.	Rückwirkung von tierischen Populationen auf die biologische Umwelt	266
5.6.2.	Abundanzdynamik pflanzlicher Populationen. E.-G. MAHN	267
5.6.2.1.	Zeitliche Veränderungen	267
5.6.2.1.1.	Ontogenetische Strategien und Lebenszyklen	267
5.6.2.1.2.	Biotische Ursachen zeitlicher Veränderungen	271
5.6.2.1.3.	Abiotische Ursachen zeitlicher Veränderungen	276
5.6.2.2.	Entstehen ökologisch unterschiedlicher Populationen	280
5.7.	**Gesetzmäßigkeiten der Dynamik von Populationsarealen**	282
5.7.1.	Ausbreitungsvorgänge bei tierischen Populationen. E. RUTSCHKE und B. KLAUSNITZER	282
5.7.2.	Ausbreitungsvorgänge bei pflanzlichen Populationen. E.-G. MAHN	286
6.	**Ökologie von Biocoenosen**	
6.1.	**Biogeocoenosen des Festlandes.** R. SCHUBERT	288
6.1.1.	Phytocoenosen. R. SCHUBERT	291
6.1.1.1.	Struktur und Klassifizierung von Pflanzengemeinschaften	291
6.1.1.2.	Wirkungsgefüge zwischen Umweltfaktoren und Pflanzengemeinschaften	296
6.1.1.3.	Dynamik von Pflanzengemeinschaften	299
6.1.1.4.	Raumverteilung von Pflanzengemeinschaften	302
6.1.2.	Zoocoenosen	310
6.1.2.1.	Struktur von Tiergemeinschaften. F. TIETZE	310
6.1.2.2.	Klassifizierung und Kennzeichnung von Tiergemeinschaften. F. TIETZE	314
6.1.2.3.	Dynamik von Tiergemeinschaften. F. TIETZE	315
6.1.2.4.	Parasitocoenosen. K. ODENING	317
6.1.3.	Pedocoenosen. J. PRASSE	318
6.1.3.1.	Boden als Lebensraum	318
6.1.3.2.	Edaphon und seine Gliederung	321
6.1.3.3.	Interaktionen zwischen den Gliedern der Pedocoenose	324
6.1.4.	Fossile Biocoenosen. G. KRUMBIEGEL	325
6.1.4.1.	Grundlagen der Paläoökologie	325
6.1.4.2.	Fossile Phyto- und Zoocoenosen, ihre Organismen und Lebensräume	327
6.1.5.	Urbane Ökosysteme St. KLOTZ	329
6.1.5.1.	Definition urbaner Ökosysteme	329
6.1.5.2.	Klima, Böden und hydrologische Bedingungen in Städten	330
6.1.5.3.	Lebensräume in der Stadt und ihre Pflanzen- und Tierwelt	330
6.1.6.	Wichtige Biogeocoenoseklassen des Festlandes Mitteleuropas. R. SCHUBERT, F. TIETZE und J. PRASSE	332
6.2.	**Ökosysteme der Binnengewässer**	356
6.2.1.	Eignung des Wassers als Lebensmedium. D. UHLMANN	356
6.2.2.	Zeitliche Besiedlungsentwicklung. W. HORN	357
6.2.3.	Seen als Lebensraum. W. HORN	361
6.2.3.1.	Entstehung und Alterung von Seen	361
6.2.3.2.	Lebensräume und Lebensgemeinschaften der Seen	362
6.2.3.2.1.	Benthal	362

6.2.3.2.2.	Pelagial	365
6.2.4.	Fließgewässer als Lebensraum. W. HORN	370
6.2.4.1.	Strömung als prägende Erscheinung, ihre Wirkung auf die Organismen und die Besiedlung	370
6.2.4.2.	Fließgewässer im Längsschnitt von der Quelle bis zur Mündung	372
6.2.4.3.	Biologische Selbstreinigung	375
6.2.5.	Verteilung der Licht- und Wärmeenergie. D. UHLMANN	379
6.2.6.	Wasserbewegung und Stofftransport. D. UHLMANN	384
6.2.7.	Primärproduktion, Atmung und Stoffabbau. D. UHLMANN und W. HORN	387
6.2.8.	Nahrungsketten und Folgeproduktion. W. HORN	396
6.2.9.	Stickstoff- und Phosphorverbindungen als wachstumsbegrenzende Faktoren. W. HORN	399
6.2.10.	Biogene Umsetzungen der Schwefel-, Eisen-, Mangan- und Siliciumverbindungen. D. UHLMANN	405
6.2.11.	Dynamisches Verhalten limnischer Ökosysteme. D. UHLMANN	409
6.2.12.	Besiedlung des Grundwassers. W. HORN	412
6.2.13.	Nutzung der Binnengewässer. D. UHLMANN	415
6.3.	**Ökosysteme des Meeres.** W. SCHNESE und G. SCHLUNGBAUM	424
6.3.1.	Einführung und Hydrographie	424
6.3.2.	Lebensgemeinschaften der marinen Biome	437
6.3.2.1.	Vertikale und horizontale Gliederung des marinen Megabioms	437
6.3.2.2.	Benthal und seine Bewohner	439
6.3.2.3.	Pelagial und seine Bewohner	446
6.3.3.	Biomasseproduktion im Meer	452
6.3.3.1.	Primärproduktion	452
6.3.3.2.	Sekundärproduktion	455
6.3.4.	Die Ostsee als Lebensraum	459
7.	**Ökologie von Landschaften.** P. HENTSCHEL	
7.1.	**Einführung**	465
7.2.	**Komponenten und Raumeinheiten der Landschaft**	466
7.3.	**Landschaftsgefüge und Landschaftsgliederung**	468
7.3.1.	Das Landschaftsgefüge	468
7.3.2.	Gliederung von Landschaften	470
7.4.	**Landschaftshaushalt und Landschaftsdynamik**	471
7.4.1.	Grundlagen des Landschaftshaushalts	471
7.4.2.	Landschaftshaushalt und Nutzung der Landschaft	472
7.4.3.	Stabilität und Belastbarkeit von Landschaften	473
7.5.	**Leistungsvermögen und Eignungsbewertung von Landschaftselementen und -einheiten**	475
7.5.1.	Leistungsvermögen und Eignungsbewertung von Landschaftselementen	475
7.5.2.	Leistungsvermögen und Eignungsbewertung von Landschaften	478
7.6.	**Gestaltung und Pflege von Landschaften**	480
7.6.1.	Nutzungsintensivierung und landschaftspflegerische Maßnahmen	480
7.6.2.	Gestaltung und Pflege von Landschaftselementen	481
7.6.3.	Gestaltung und Pflege von Landschaften	482
7.7.	**Ökologische Grundlagen der Landesplanung**	485
8.	**Ökologie des Mensch-Biogeocoenose-Komplexes.** H.-A. FREYE	
8.1.	**Einleitung**	487

Inhaltsverzeichnis

8.2.	Einfluß des Menschen auf die Biosphäre	488
8.2.1.	Zur Geschichte der menschlichen Eingriffe in Natur und Umwelt	489
8.2.2.	Anthropogene Veränderungen der Umwelt	490
8.2.2.1.	Eingriffe in die Atmosphäre	491
8.2.2.2.	Eingriffe in den Wasserhaushalt	492
8.2.2.3.	Eingriffe in Landschaft und Boden	493
8.2.3.	Dynamik und Stabilität anthropogener Ökosysteme	494
8.2.4.	Ökonomie und Umwelt	495
8.3.	**Einfluß der Biogeocoenosen auf den Menschen**	496
8.3.1.	Biorhythmik	496
8.3.1.1.	Tagesperiodik	498
8.3.1.2.	Jahresperiodik	498
8.3.2.	Bioklima	499
8.3.3.	Umwelteinflüsse auf die Entwicklung	500
8.3.4.	Physiologische Anpassung an die Umwelt. H. Freye und G. Schlegel	501
8.3.5.	Säkulare Akzeleration	503
8.3.6.	Populationsdynamik	505
8.3.6.1.	Bevölkerungswachstum	505
8.3.6.2.	Urbanisation	506
9.	**Anwendungsbereiche der Ökologie**	
9.1.	**Ökologische Grundlagen der Land- und Forstwirtschaft**	509
9.1.1.	Berücksichtigung ökologischer Gesetzmäßigkeiten in der Landwirtschaft. G. Müller und W. Hilbig	509
9.1.1.1.	Agrarökologie aus der Sicht einer hochproduktiven Landwirtschaft	509
9.1.1.2.	Standortkundliche Aspekte der Pflanzenproduktion	509
9.1.1.3.	Aspekte der Düngung, der Bodenbearbeitung und der Fruchtfolgegestaltung in der Pflanzenproduktion	514
9.1.1.4.	Ökologische Aspekte der Züchtung und Haltung im Rahmen der Tierproduktion	517
9.1.2.	Anwendung der Ökologie im landwirtschaftlichen Pflanzenschutz. E.-G. Mahn und Th. Wetzel	518
9.1.2.1.	Probleme des derzeitigen landwirtschaftlichen Pflanzenschutzes	518
9.1.2.2.	Konzeption des integrierten landwirtschaftlichen Pflanzenschutzes	521
9.1.2.2.1.	Aufklärung von Schadzusammenhängen und Ableitung von Bekämpfungsrichtwerten	522
9.1.2.2.2.	Studium der Populationsdynamik der Schaderreger	522
9.1.2.2.3.	Erforschung der Nützlingsfauna und ihrer Effektivität	524
9.1.2.2.4.	Ökologische Bedeutung der Ackerunkräuter in Agro-Ökosystemen	525
9.1.2.2.5.	Änderung der Strategie der Entwicklung und Anwendung von Pflanzenschutzmitteln	528
9.1.3.	Berücksichtigung ökologischer Gesetzmäßigkeiten in der Forstwirtschaft. H. Thomasius	528
9.1.3.1.	Einleitung	528
9.1.3.2.	Anteil von Waldökosystemen in Naturlandschaften und tolerierbare Veränderungen	530
9.1.3.3.	Wald- und Forstökosysteme	531
9.1.3.4.	Baumartenwahl	537
9.1.3.5.	Walderneuerung	543
9.1.3.6.	Bestandesbehandlung	547
9.1.4.	Berücksichtigung ökologischer Gesetzmäßigkeiten in der Jagdwirtschaft. S. Gärtner	549
9.1.4.1.	Einleitung	549
9.1.4.2.	Wildbestandesregulierung	549
9.1.4.3.	Wildbewirtschaftung	551
9.2.	**Ökologische Grundlagen der Fischereiwirtschaft.** D. Barthelmes	552
9.2.1.	Ökologische Kennzeichnung der Meeresfischerei	552
9.2.2.	Ökologisches Konzept der Seen- und Flußfischerei	553

9.2.3.	Ökologisches Konzept der Karpfenteichwirtschaft	554
9.2.4.	Ökologisches Konzept der industriemäßigen Fischproduktion	555
9.2.5.	Entwicklungstrends in der Fischerei aus ökologischer Sicht	556
9.3.	**Ökologische Grundlagen der Produktion.** E. HARTMANN	557
9.3.1.	Erfordernis ökologischer Gestaltung des Reproduktionsprozesses	557
9.3.2.	Wege zur Ökologisierung der Produktion	558
9.3.3.	Abfallarme Technologien	560
9.3.4.	Gestaltung geschlossener Stoffkreisläufe	562
9.3.5.	Schadlose Beseitigung von Abprodukten	562
9.4.	**Ökologische Methoden der Umweltüberwachung.** R. SCHUBERT	563
9.5.	**Ökologische Grundlagen des Naturschutzes und der Landschaftspflege.** H. WEINITSCHKE	572
9.6.	**Naturräumliche Grundlage für Anwendungsbereiche der Ökologie.** D. KOPP, M. SUCCOW und E. EHWALD	575
9.6.1.	Aufgabe und Grundzüge der Methode	575
9.6.2.	Basisteil	578
9.6.3.	Ökologische Funktionstüchtigkeit der Naturräume	585
9.6.4.	Zweigbezogene Nutzungsinterpretation	592
10.	**Literatur**	594
11.	**Register**	620

1. Einführung

1.1. Begriffe, Ziele und Aufgaben der Ökologie

Die **Ökologie** ist ihrem Wort nach die **Lehre vom Haushalt der Natur** (griech. oikos = Haus, Haushalt; logos = Lehre, Wissenschaft), wobei der Mensch als biologisch-psychosoziales Wesen in diesen Naturhaushalt eingeschlossen bleibt. Da der Haushalt der Natur nur analysiert und erkannt werden kann, wenn die wechselseitigen Beziehungen, die zwischen den Organismen bestehen, und die Wechselwirkungen, die es zwischen ihnen und ihrer abiotischen Umwelt gibt, wissenschaftlich untersucht werden, ist die Ökologie auch gleichzeitig die **Wissenschaft von den Wechselwirkungen und Wechselbeziehungen der Organismen untereinander und zu ihrer unbelebten Umwelt.**

Unter **Umwelt** im weitesten Sinne wird die **Gesamtheit der materiellen (stofflichen) und energetischen Einflußnahmen** verstanden, von denen das Dasein eines Lebewesens abhängt. Naturgemäß stehen die Kräfte unseres Planeten mit denen des Weltalls in Verbindung, so daß sich eine kosmobiologische Verflechtung alles Geschehens ergibt. Innerhalb dieser **gesamten Umwelt (Umgebung)** wird deshalb eine **wirksame Umwelt** abgegrenzt, die jene **Teile der gesamten Umwelt** umfaßt, **die einen direkten Einfluß auf das Leben eines Organismus,**

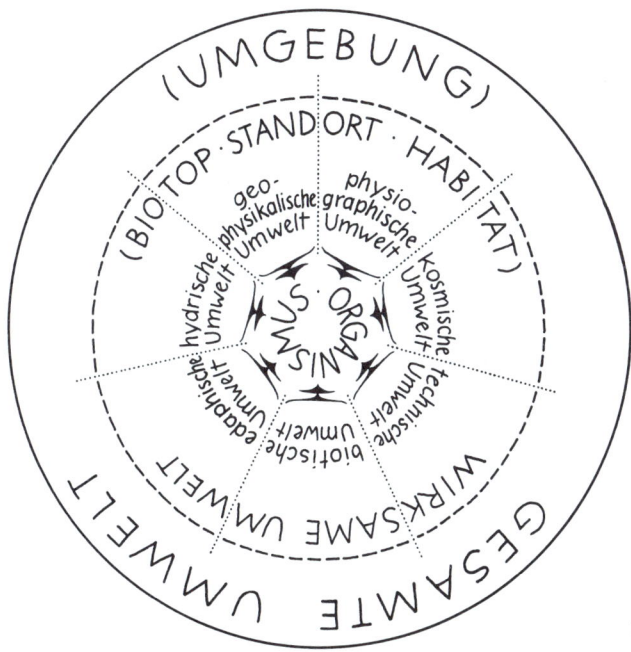

Abb. 1.1 Gesamte und wirksame Umwelt eines Organismus.

einer Lebensgemeinschaft in einem bestimmten System ausüben (Abb. 1.1.). Dabei wird von einer **inneren** und einer **äußeren Umwelt** gesprochen, je nachdem, ob die Einflüsse von inneren Teilen des Systems ausgehen oder von außen her wirken.

Die wirksamen Kräfte der Umwelt werden als **Umweltfaktoren** bezeichnet, wobei sich **biotische und abiotische Umweltfaktoren** unterscheiden lassen. Erstere gehen im wesentlichen von Organismen aus, letztere von abiotischen Teilen der Umwelt. Nach ihrer physischen Wirkungsweise können sie eingeteilt werden in **energetische, hydrische, chemische, physikalische Faktoren**. Sie gehen aus von den Bestandteilen der Umwelt eines Organismus oder einer Lebensgemeinschaft wie Boden, Atmosphäre, Klima, andere Pflanzen, Tiere oder Menschen und lassen sich zusammenfassen in **kosmische Umwelt** (physikalische Kräfte, welche von anderen Himmelskörpern stammen, z. B. Sonnenstrahlung mit Licht und Wärme, kosmische Strahlung, kosmischer Staub, Ebbe und Flut vom Mond hervorgerufen), **geophysikalische Umwelt** (physikalische Kräfte, die vom Bau der Erde geprägt sind, z. B. Schwerkraft, magnetisches Feld, Luftströmungen), **physiographische Umwelt** (äußere Gestalt der Erdoberfläche), **edaphische Umwelt** (Bodenart, Bodentyp), **hydrische Umwelt** (Wasser in den verschiedenen physikalischen Zuständen), **geochemische Umwelt** (chemische Beschaffenheit der äußeren Hülle der Erdkruste), **biocoenotische Umwelt** (Artengefüge der umgebenden Lebensgemeinschaften und ihre Strukturierung) und **technische Umwelt** (Bedingungen und Gegebenheiten, die durch die technischen Werke des Menschen geschaffen wurden). Die **Gesamtheit der Umwelten** stellt den **Standort**, den **Biotop** oder die **Lebensstätte** einer Lebensgemeinschaft oder eines Organismus dar; sie wird in der Zoologie bei Einzelindividuen oder Populationen auch als **Habitat** bezeichnet.

Die **biologischen Systeme**, die sich durch die Wechselwirkungen zwischen biotischen und abiotischen Komponenten entwickeln, realisieren sich in verschiedenen **Organisationsebenen der lebenden Materie**. Dabei werden die niedrigeren Stufen in den jeweils höheren dialektisch aufgehoben und erscheinen hier in einer neuen Qualität. So bilden Zellorganellen mit Grundplasma und abiotischen Bestandteilen Zellen, diese Gewebe oder Organe, und deren biologische Systeme ergeben Organismen, bei deren Zusammenwirken mit abiotischen Komponenten in der Population bereits das Hauptarbeitsgebiet der Ökologie beginnt. Von dieser Organisationsstufe ab werden die biologischen Systeme auch als **Ökosysteme** bezeichnet. Biologische Systeme höherer Ordnung sind Biocoenose, Mensch-Biogeocoenose-Komplex und Biosphäre. Demzufolge versteht man unter einem **Ökosystem ein biologisches System, das durch das Struktur- und Funktionalbeziehungsgefüge (Wirkungsnetz) zustande kommt, das zwischen den Organismen untereinander und zu ihrer unbelebten Umwelt besteht** (Abb. 1.2.). Ein solches Ökosystem ist stets ein offenes System, denn Energie und Materie werden von außen aufgenommen und auch nach außen wieder abgegeben. Es befindet sich in einem **Fließgleichgewicht**, ist in einen konkreten Raum und in eine konkrete Zeit

Abb. 1.2. Biologische Organisationsebenen. In Anlehnung an ELLENBERG und ODUM.

eingebunden, vermag sich in bestimmten Grenzen selbst zu regulieren und zu reproduzieren. Ein solches biologisches System ist nicht nur die Summe seiner Teile, sondern tritt stets durch eigene Funktionen hervor, die durch die Wechselwirkungen seiner Bestandteile entstehen. Jedes biologische System hat demnach seine Eigenart, seine nur ihm eigene Qualität. Die Ökologie betrachtet deshalb stets die untersuchte Lebenseinheit im Rahmen des höheren biologischen Systems, um einerseits die Kausalität der Wechselwirkungen des untersuchten Systems aufzudecken, andererseits die Qualität des übergeordneten biologischen Systems zu erkennen.

Die Gesetze der Wechselbeziehungen zu kennen, die zwischen Organismen und ihrer Umwelt bestehen — seit jeher eine Grundbedingung für die menschliche Existenz —, wurde in den vergangenen Jahren immer notwendiger. Bei Eingriffen des Menschen in den Naturhaushalt zeigten sich häufig neben den gewünschten Änderungen auch unerwünschte, z. T. gefährliche Nebenwirkungen, die aus Unkenntnis der mannigfachen Wechselwirkungen der Funktionselemente in einem Ökosystem nicht erwartet worden waren. Ökologische Kenntnisse werden deshalb bei der Zunahme der Ausbeutung natürlicher Ressourcen eine Grundvoraussetzung für deren optimale Nutzung und für die Gestaltung einer gesunden, nachhaltig produktiven Kulturlandschaft des Menschen sein. Nur so wird es möglich werden, die **Biosphäre** in eine **Noosphäre,** in eine Sphäre der Vernunft, zu überführen.

Bei der Lösung ihrer Aufgaben bedient sich die Ökologie der bewährten naturwissenschaftlichen Arbeitsmethoden. Durch die exakte **Beschreibung** werden Naturvorgänge oder Strukturen dokumentiert und verdeutlicht. Der **Vergleich** ermöglicht, das Typische der Erscheinungen herauszuarbeiten. Die **Analyse** und das **Experiment** vermögen zu den Ursachen eines Vorganges, zur kausalen Begründung einer Struktur zu führen. Durch die **Synthese** gelingt es schließlich, die Einzelfakten wieder zu einer Gesamtheit zusammenzufügen, wozu die **Modellbildung** ein wertvolles Hilfsmittel sein kann.

1.2. Geschichtliche Entwicklung der ökologischen Fragestellung

Die Wirkung von biotischen und abiotischen Umweltfaktoren auf das Wachstum, die Vermehrung und Ausbreitung von Organismen war bereits seit dem Altertum Gegenstand wissenschaftlicher Überlegungen. Der eigentliche ökologische Grundgedanke, die Wechselwirkungen zwischen den Organismen und zu ihrer unbelebten Umwelt, wurde jedoch erst von DARWIN (1867) umfassender berücksichtigt. Auf DARWINS Gedankengängen aufbauend war es HAECKEL, der in seinem Buch „Generelle Morphologie der Organismen" 1866 erstmalig den Begriff **„Ökologie"** prägte. Er verstand darunter die Lehre von den Beziehungen der Organismen zu ihrer Umwelt. Später, 1870, faßte er in seiner Arbeit „Über Entwicklungsgang und Aufgabe der Zoologie" die Ökologie als Lehre vom Haushalt der Natur auf und schloß die Fragen der Stoff- und Energiewandlungen und -transporte in Lebensgemeinschaften ein.

Die notwendigen fachspezifischen Kenntnisse, die unterschiedlichen Untersuchungsmethoden, die für die Analyse von Pflanzen- bzw. Tiergemeinschaften erforderlich sind, und das häufig zeitliche und räumliche Differieren der verschiedenen Organismengemeinschaften bewirkten in der Folgezeit eine Trennung von tier- und pflanzenökologischen Arbeiten, ein Zustand, der auch heute noch nicht vollständig überwunden ist. Phytoökologische Werke wurden durch WARMING 1896, SCHIMPER 1898, SUKAČEV 1926, BRAUN-BLANQUET 1928 und WALTER 1931 erbracht. Von zooökologischen Werken seien die von SHELFORD 1913, FRIEDRICHS 1927, KASKAROV 1933 und THIENEMANN 1939 genannt.

Besonders die Limnologen, z. B. FORBES 1887, und Ozeanologen wie MÖBIUS 1877, betonten jedoch immer wieder, daß Pflanzen und Tiere in einem sehr engen räumlichen und zeitlichen Beziehungsgefüge, in einer **Biocoenose,** einer Lebensgemeinschaft leben. Dieser Begriff wurde erstmals von MÖBIUS verwendet. SUKAČEV versuchte 1926 durch den Begriff der **Biogeocoenose** die engen Beziehungen, die zwischen der Lebensgemeinschaft und ihrer abiotischen Umwelt bestehen, zu verdeutlichen. Die Stellung des Menschen zu den Biogeocoenosen wurden von SCHUBERT 1980 als **Mensch-Biogeocoenose-Komplex** gefaßt.

20   1. Einführung

Mit der Entwicklung der Systemtheorie wurde es in der ersten Hälfte des 20. Jahrhunderts deutlich, daß Organismen als **ökologische Funktionselemente**, sogenannte **Compartments** — untereinander und zu ihrer abiotischen Umwelt in enger Wechselbeziehung stehend — ein offenes kybernetisches System bilden, ein Ökosystem, wie es 1928 WOLTERECK oder 1935 TANSLEY bezeichneten. In der Folgezeit, bis in die Gegenwart hinein, gewann der allgemein ökologische Standpunkt durch vertiefte mathematische und kybernetische Behandlung ökologischer Gesetzmäßigkeiten und durch die Analyse des Energieflusses und der Energieumwandlung in Ökosystemen immer mehr an Bedeutung (ODUM 1971; ELLENBERG 1973; STUGREN 1978).

Gegenwärtig überspannt die kaum zu übersehende Vielzahl ökologischer Arbeiten fast alle Wissenschaftsdisziplinen, die sich mit Fragen der Beziehungen von lebender Materie zu deren abiotischer Umwelt befassen. Ökologische Fragestellungen erhalten bei den verschiedensten Problemlösungen immer häufiger eine entscheidende Bedeutung. Neben dem Bemühen, die fundamentalen Gesetzmäßigkeiten in dem Struktur- und Funktionalbeziehungsgefüge der Ökosysteme aufzudecken, sind deshalb die neueren ökologischen Arbeiten vor allem auch mit den Fragen der Beherrschung und Steuerung anthropogener Ökosysteme befaßt (STEUBING 1972; KREEB 1979).

1.3. Umfang und Gliederung der Ökologie

Die Hauptaufgabe der Ökologie besteht darin, die Gesetzmäßigkeiten in Ökosystemen aufzuklären, sich also vorwiegend mit biologischen Systemen überorganismischer Größenordnung zu befassen. Diese Wissenschaftsdisziplin gehört demnach ohne Zweifel zu den Biowissenschaften.

Die **Ordnungsformen überorganismischer biologischer** Systeme weichen in vielen grundsätzlichen Eigenschaften von denen organismischer biologischer Systeme ab (Abb. 1.3.). Daraus resultiert eine klare Trennung der Ökologie von der Physiologie, Biochemie,

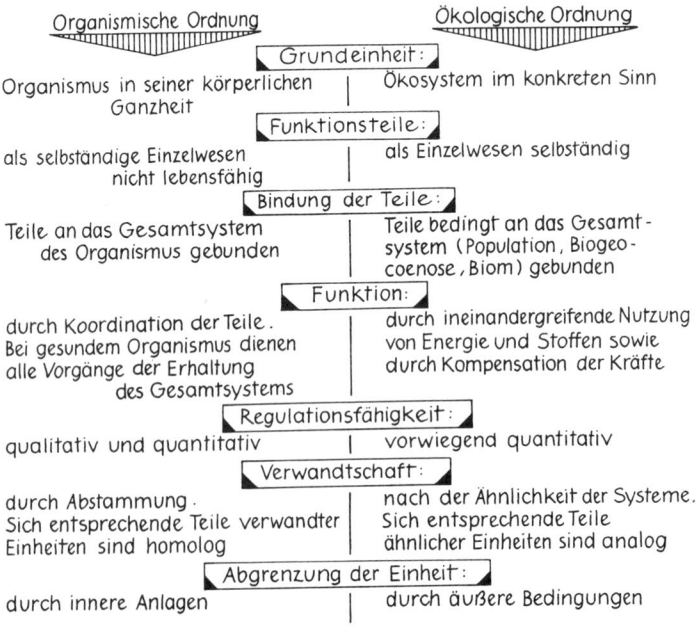

1.3. Ordnungsformen organismischer und überorganismischer Systeme. In Anlehnung an REMANE, TISCHLER und ELLENBERG.

Anatomie, Morphologie, Histologie, Zytologie und Genetik. Selbstverständlich gibt es zu diesen Wissenschaftsdisziplinen sehr enge Beziehungen. Viele Erscheinungen in einem Ökosystem können nur durch die Methoden und Forschungsergebnisse dieser Wissenschaftsgebiete erklärt werden. In neuerer Zeit entwickeln sich deshalb in ihnen neue Richtungen, die sich vorwiegend mit ökologischen Fragestellungen befassen und dies in der Bezeichnung ihres Fachgebietes durch das Vorsetzen von „Öko" oder durch das Adjektiv „ökologisch" zum Ausdruck bringen. Es entstanden so die **ökologische Biochemie = Ökobiochemie**, die **ökologische Physiologie = Ökophysiologie**, die **ökologische Morphologie = Ökomorphologie** und die **ökologische Genetik**.

Von den verschiedenen Organisationshöhen der Ökosysteme ausgehend, läßt sich die Ökologie folgendermaßen gliedern:

Autökologie: Vom übergeordneten Ökosystem aus werden die Wechselbeziehungen von Einzelarten zueinander und zu ihrer abiotischen Umwelt betrachtet. Dadurch läßt sich ein Unterschied zur Ökophysiologie finden, die den Bezug zum übergeordneten System in der Regel nicht sucht.

Populationsökologie = Demökologie: Gegenstand der Untersuchung ist das biologische System der Population, die gegenseitigen Beziehungen der Organismen einer Population und ihre Wechselwirkungen mit der Umwelt. Unter einer **Population** versteht man die **Gesamtheit der Individuen einer Art, die einen bestimmten Zeitabschnitt und zusammenhängenden Lebensraum bewohnen und miteinander genetisch verbunden sind.**

Synökologie: Im Mittelpunkt der Betrachtungen stehen die Beziehungen zwischen Lebensgemeinschaften und ihrer Umwelt sowie zwischen den verschiedenen Populationen innerhalb der Lebensgemeinschaften.

Obwohl im Grunde alle diese Teildisziplinen Ökosystemforschung betreiben, wird oft noch eine gesonderte **Ökosystemforschung** herausgestellt, wenn bei den Untersuchungen das gesamte Beziehungsgefüge der Lebewesen zueinander und zu ihrem Lebensraum als Einheit im Vordergrund steht und damit vorwiegend dem „Haushalt der Natur" nachgegangen wird.

Vom geschichtlichen Werdegang der Ökologie her ist es verständlich, daß durch die Aufnahme ökologischer Fragestellungen in den bestehenden klassischen Disziplinen Botanik und Zoologie auch heute noch von Pflanzenökologie und Tierökologie sowie Mikrobenökologie gesprochen wird. Besonders schwer ist die Trennung bzw. Übereinstimmung von Geobotanik = Pflanzengeographie und Pflanzenökologie festzulegen. Während die Floristische Geobotanik = Chorologie zwar ökologische Teildisziplinen besitzt, aber nicht der Ökologie direkt zugeordnet werden kann, ist die Pflanzensoziologie = Vegetationskunde weitgehend mit der pflanzlichen Synökologie identisch.

Die meisten ökologischen Forschungen beschäftigen sich mit den gegenwärtig existierenden Ökosystemen; sie lassen sich deshalb auch als **Neoökologie** zusammenfassen. Im Gegensatz dazu stellt sich die **Palaeoökologie** die Aufgabe, die früher in der Erdgeschichte vorhanden gewesenen Ökosysteme zu erforschen, da mit der Evolution der Organismen auch die von ihnen mitgebildeten Ökosysteme eine Entwicklung erfahren haben müssen.

Die Besonderheiten, die den Wirkungsnetzen der Ökosysteme der drei großen Lebensräume Festland, Binnengewässer und Meer eigen sind, veranlassen bei einem Hervorheben des Umweltkomplexes eine Trennung in folgende Disziplinen:

Terrestrische Ökologie = Epeirologie: Es werden die terrestrischen und semiterrestrischen Ökosysteme des Festlandes untersucht.

Limnische Ökologie: Ökosysteme des Süß- und Salzwassers der Binnengewässer sind Gegenstand der Betrachtung

Marine Ökologie: Die Forschungsobjekte sind die Ökosysteme des Brackwassers der Bodden und Flußmündungen sowie des Salzwassers der Küsten und Meere.

Bei noch stärkerer Betonung des Biotopkomplexes kommt man schließlich zur **Geoökologie,** in der die Fragen der kosmischen, geophysikalischen, physiographischen, edaphischen und hydrischen Umwelt im Vordergrund stehen. Wie in der Biologie, so gibt es neuerdings auch in der Geographie Wissenschaftsrichtungen, in denen stärker ökologische Fragestellungen bearbeitet werden, so daß sich auch hier entsprechende ökologische Spezialdisziplinen entwickeln (NEUMEISTER 1988).

Immer wieder taucht in der Ökologie die Frage nach der Stellung des Menschen zum oder im Ökosystem auf. Der Mensch sollte als biologisch-psychosoziales Wesen außerhalb der tierischen und pflanzlichen Lebensgemeinschaften gesehen werden, aber doch mit diesen in einem engen Wechselverhältnis, das als **Mensch — Biogeocoenose — Komplex** bezeichnet werden kann (Abb. 1.4.). Der Mensch nimmt dabei im Laufe seiner phylogenetischen Entwicklung immer deutlicher als bewußter Gestalter von Ökosystemen eine von allen anderen Organismen abweichende Funktion ein. Er stellt schließlich eine neue Organisationshöhe der lebenden Materie mit seinen Wechselwirkungen zum Ökosystem dar. Mit Recht steht deshalb in der **Humanökologie** der Mensch im Zentrum der Forschungen. Entsprechend den ökologischen Spezialdisziplinen in Biologie und Geographie gibt es, schließt man den Menschen in ökologische Untersuchungen ein, auch in der Psychologie **(ökologische Psychologie),** in den Ernährungswissenschaften **(Ökotrophologie)** und in der Ökonomie **(ökologische Ökonomie)** bereits Fachrichtungen, die von ihrer Grunddisziplin aus in das Wirkungsnetz des Mensch-Biogeocoenose-Komplexes vordringen.

Die verschiedene Organisationshöhe und Komplexität der Ökosysteme, die Forschungsgegenstand der Ökologie sind, bedingen deren großen Umfang, ihre Untergliederung und ihre Stellung innerhalb der anderen Wissenschaften.

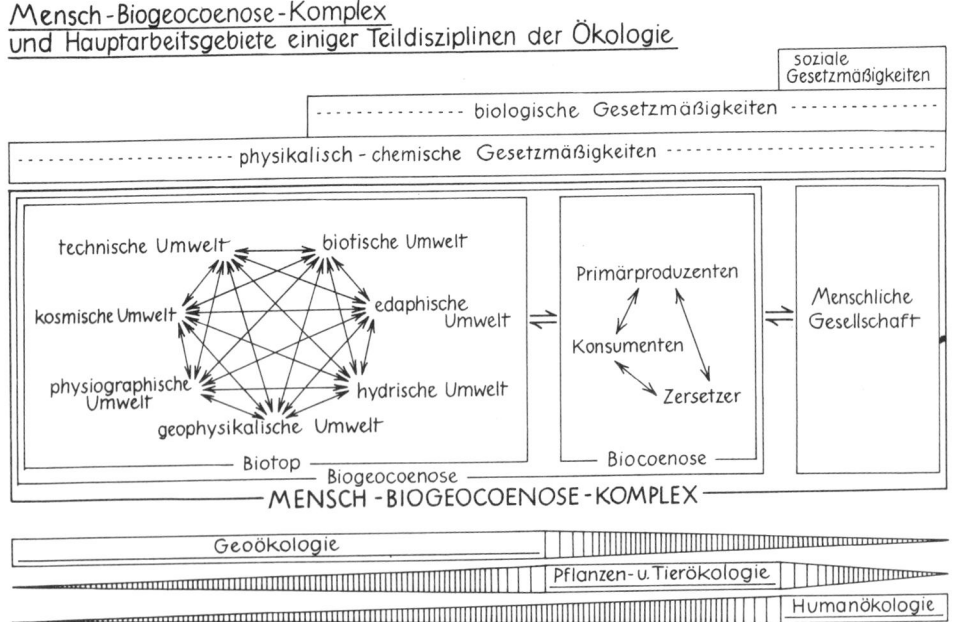

Abb. 1.4. Die Wechselbeziehungen zwischen Mensch, Biocoenose und Biotop.

2. Allgemeine Grundlagen der Ökosystemlehre

2.1. Wechselbeziehungen zwischen Organismen und Umweltfaktoren

Alle Organismen stehen mit den wirksamen Kräften ihrer Umwelt, den Umweltfaktoren, in innigen Wechselbeziehungen (vgl. 1.1.). Ihr Leben wird entscheidend von ihnen bestimmt. Die energetischen, hydrischen, chemischen und mechanischen Umweltfaktoren wirken als **primäre Umwelt-** bzw. **Standortfaktoren** direkt auf den Organismus ein und gehen von **Umweltfaktorenkomplexen** wie Klima, Boden, Relief und anderen Organismen aus. Ihre Trennung ist nicht immer einwandfrei durchzuführen, da z. B. der hydrische Faktor, wegen seiner grundsätzlichen Bedeutung besonders hervorgehoben, auch als chemischer oder mechanischer Faktor wirken kann. Meist werden sie durch die Organismen mit beeinflußt und verändert und dann oft als **ökologische Faktoren** bezeichnet.

Jeder Organismus besitzt gegenüber einem wirkenden Faktor einen genetisch determinierten, spezifischen **physiologischen Toleranzbereich.** Er stellt die Variationsbreite des jeweiligen Faktors dar, die für das Individuum erträglich ist. Ist der Faktor in zu hoher oder zu niedriger Intensität vorhanden, aber noch erträglich, befindet sich der Organismus in einem **ökologischen Pessimum;** das gilt sowohl in Richtung auf das Minimum als auch auf das Maximum (Abb. 2.1.). Nur in einem begrenzten Bereich, in dem der Faktor eine für das

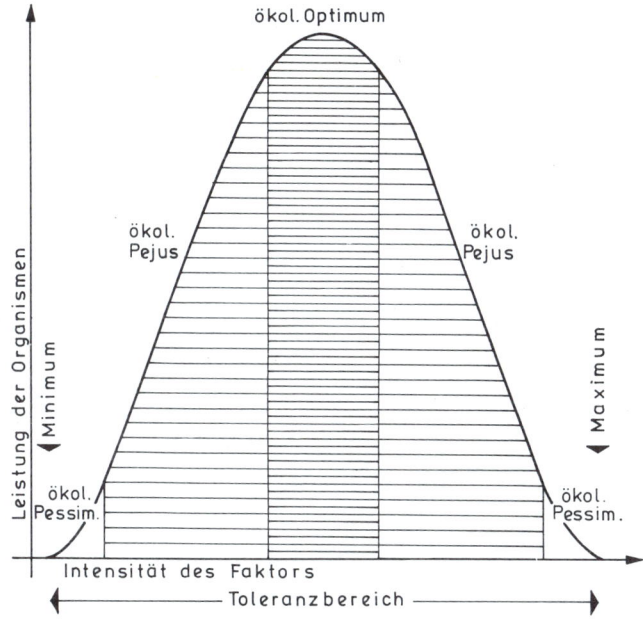

Abb. 2.1. Physiologischer Toleranzbereich und ökologische Amplitude eines Organismus. In Anlehnung an STUGREN 1978.

jeweilige Individuum besonders günstige Intensität erreicht, gelangt der Organismus zum **ökologischen Optimum**. Der physiologische Toleranzbereich ist in der Regel nicht für alle Individuen einer Art gleich, bei Populationen können z. B. in der Toleranz gegenüber chemischen Faktoren große Unterschiede vorhanden sein, er braucht auch nicht während des gesamten Lebens gleich zu bleiben und kann im Jugendzustand oder im Alter stark abweichen. Auch durch die Konkurrenz anderer Arten oder bei sich ändernder Einwirkung der anderen abiotischen Faktoren kann sich der Toleranzbereich ändern. Bei weiter Amplitude des Toleranzbereiches spricht man von **eurypotenten** Organismen, bei enger Amplitude dagegen von **stenopotenten**. Liegt die **Stenopotenz** im Bereich geringer Intensität des Faktors, spricht man von **Oligo-**, im mittleren Bereich von **Meso-** und im hohen Intensitätsbereich von **Polystenopotenz**, stets bezogen auf den betrachteten Faktor (Abb. 2.2.).

Die Entwicklung eines Organismus hängt vorwiegend von dem Faktor ab, der in der niedrigsten (oder höchsten) Intensität, also im ökologischen Pessimum, vorhanden ist **(Minimum- (oder Maximum-) Gesetz** von LIEBIG 1843). Änderungen dieses Faktors in Richtung auf das Optimum bringen deshalb die größten ökologischen Wirkungen. Dabei erhöht sich allerdings die Leistung bzw. Vitalität nach den **Wirkungsgesetzen der Umweltfaktoren** (vgl. MITSCHERLICH 1921) mit einer dem betreffenden Faktor eigenen Geschwindigkeit, stets in Abhängigkeit von der gegebenen Intensität der anderen Umweltfaktoren (**Relativitätsgesetz** nach LUNDEGÅRDH 1957) (Abb. 2.3.). Nach POLETAEV (1973) wird die Entwicklung der Organismen von den Wechselwirkungen der Faktoren im sogenannten **Liebig-System** bestimmt. Die einzelnen Faktoren können sich in diesem System bis zu einem bestimmten Maße ersetzen. Verschiedene Faktorenkombinationen geben ähnliche Effekte, ohne daß jedoch eine absolute Ersetzbarkeit der Faktoren erreicht wird. In der Natur resultieren dadurch im Vorkommen und in der Entwicklung von den **physiologisch potentiellen Toleranzbereichen** abweichende **ökologische Präsenzbereiche** (= synökologische Toleranzkurven, ökologische Potenzen), die das tatsächliche Verhalten eines Organismus bei Einwirken aller Umweltfaktoren widerspiegeln (Abb. 2.4.). Durch die vielfältigsten Anpassungen bilden die Organismen im Bereich ihrer Toleranzkurven mehrdimensionale Ausschnitte, **ökologische Nischen,** in denen sie ihren Lebenszyklus vollenden und die zur Erhaltung der Art notwendigen Nachkommen erzeugen können.

Die Nische darf nicht nur im Wortsinne als Raum (Raumnische) verstanden werden, sondern ist durch die Deckung der vielen genetisch verankerten Eigenschaften der

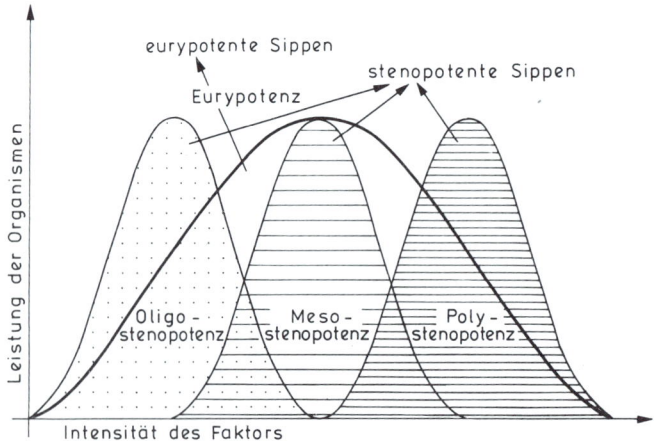

Abb. 2.2. Ökologische Potenzbereiche von Organismen. In Anlehnung an SCHWERDTFEGER 1978.

2.1. Wechselbeziehungen zwischen Organismen und Umweltfaktoren

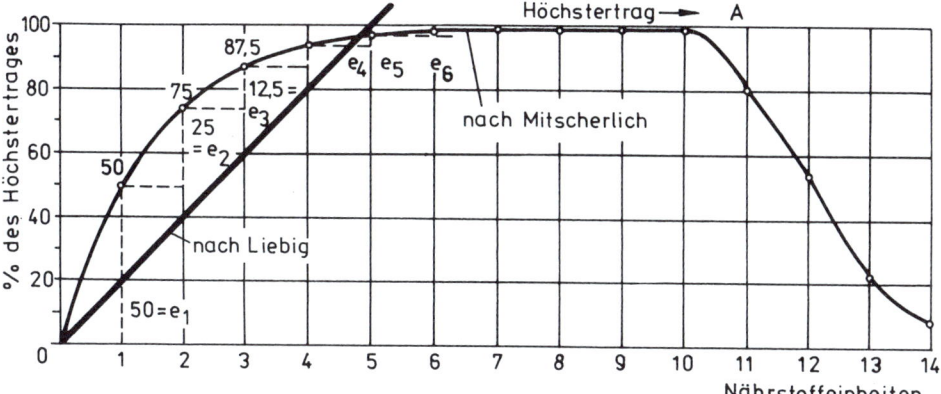

Abb. 2.3. Ertragsamplitude einer Pflanze bei steigenden Nährstoffeinheiten. Aus MÜLLER 1980, verändert.

Organismen, ihren **Potenzen,** mit dem Mosaik der Eigenschaften der Umwelt, den **Valenzen,** gegeben. Dabei hängt es von vielen Faktoren, auch erdgeschichtlichen, ab, ob die Existenzmöglichkeiten für Organismen, die von dem Valenzmosaik eines Gebietes angeboten werden, die **Lizenzen,** von Organismen genutzt werden können. Es kann deshalb auch nur freie Lizenzen aber keine freien ökologischen Nischen geben.

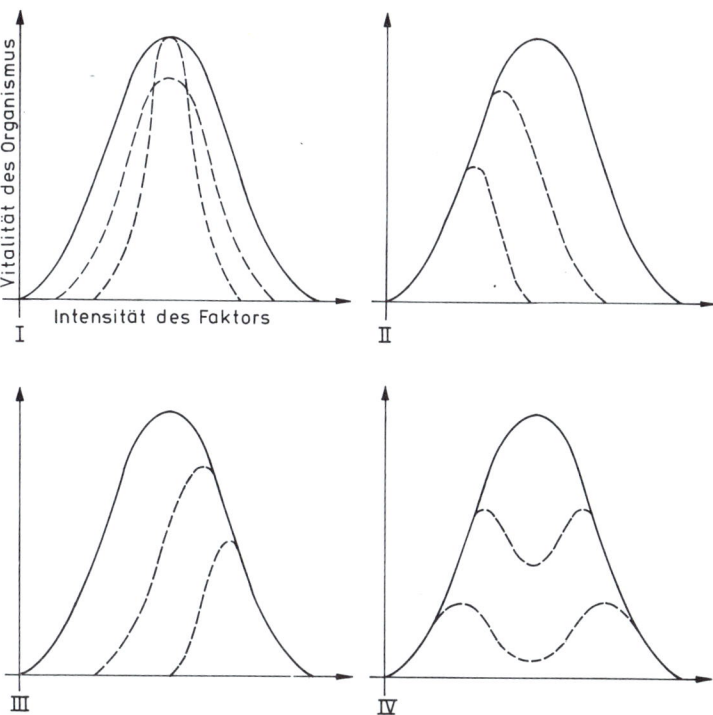

Abb. 2.4. Typen der ökologischen Präsenz (----) im Vergleich zur physiologisch potentiellen Toleranz (—). In Anlehnung an WALTER 1979.

Die genetisch bedingte Toleranz eines Organismus ergibt mit den abiotischen Bedingungen seiner Umwelt damit den Bereich, den er auf Grund seiner evolutiven und ontogenetischen Entwicklung heraus einnehmen kann, seine **fundamentale Nische.** Nahrungsangebot, Konkurrenten und Feinde engen diese, unter Ausschluß der anderen Organismen gegebene fundamentale Nische zur **realen Nische** ein.

2.2. Primäre Umweltfaktoren

2.2.1. Strahlungsenergetische Faktoren

2.2.1.1. Wärme

Die Sonnenstrahlung als Energiequelle
Alles Leben auf unserer Erde wird durch den Energiestrom ermöglicht, der, von der Sonne ausgestrahlt, der Biosphäre zufließt. Die Strahlung aus der kosmischen Umwelt besitzt demnach eine zentrale Bedeutung für alle Organismen. Sonnenenergie, die bei der Photosynthese der grünen Pflanzen in chemische Energie umgewandelt und gespeichert wird und die ferner den für Lebensvorgänge geeigneten Temperaturbereich sichert, ist eine wesentliche Voraussetzung für das Leben. Der Energiestrom durch die Ökosysteme ermöglicht in der Evolution den Aufbau immer höher organisierter biologischer Systeme. Durch das ständige Einfließen von Sonnenenergie in die Ökosysteme wird der auf der Erde gemäß dem zweiten Hauptsatz der Wärmelehre stattfindenden Entropiezunahme entgegengewirkt. Dabei nimmt allerdings das Gesamtsystem Sonne — Erde an Entropie zu.

Qualität und Quantität der Sonnenstrahlung und Strahlungsbilanz
Die Sonnenstrahlung umfaßt an der Erdoberfläche die Wellenlängen des sichtbaren Lichtes ($\sim 380-720$ nm) sowie einen Teil des Ultrarot- und Ultraviolettbereiches. Die Sonne strahlt etwa $41{,}868^{26}$ J·s^{-1} aus, wovon bis zur Grenze der Erdatmosphäre rund 8,374 J·cm^{-2}·min^{-1} gelangen; dieser Wert wird als **Solarkonstante** bezeichnet. Beim Durchtritt durch die Atmosphäre gibt es weitere Verluste durch Absorption, Reflexion und Streuung, so daß auf die Bodenoberfläche nur etwa 50% der Solarkonstanten, demnach 4,1868 J·cm^{-2}·min^{-1}, gelangen. Gleichzeitig wirkt die Erde als strahlender Körper, was vor allem nachts von Bedeutung ist. Tagsüber herrscht bei Strahlungswetter der **Einstrahlungstyp,** nachts der **Ausstrahlungstyp** (Abb. 2.5.). Die **Strahlungsbilanz** ist tagsüber größer, nachts kleiner als 0. Der Überschußwert wird durch die Größen des Wärmeumsatzes kompensiert. Der gesamte Energieumsatz ist daher bilanzmäßig betrachtet stets 0. In einem Vegetationsbestand ergibt sich die Energieflußbilanz

$$S + B \text{ (bzw. } W) + L + V + q + N + P + D = 0 \text{ J·cm}^{-2}\cdot\text{min}^{-1} \tag{2.1.}$$

Dabei bedeuten: S = Strahlungsbilanz, B = Wärmefluß Boden-Bodenoberfläche, W = Wärmefluß Wasser-Wasseroberfläche, L = Wärmefluß Boden-Luft, V = Verdunstung bzw. Kondensation q = Luftmassenbewegung, N = kälte- oder wärmebringende Niederschläge, P = Erwärmung des Organismenbestandes, D = Energieverbrauch für die Photosynthese.

Alle entscheidenden ökologischen Teilprozesse lassen sich demnach an einem Standort energetisch in eine Beziehung bringen und durch ein einheitliches Maß darstellen (J·cm^{-2}·min^{-1}) und charakterisieren (KREEB 1974).

Die durch Photosynthese gebundenen Energiebeträge sind sehr gering (1—2% der Globalstrahlung). Dieser energieverbrauchende Prozeß ist aber außer der Chemosynthese von Prokaryoten der einzige, der zu einer Energiespeicherung führt.

2.2. Primäre Umweltfaktoren

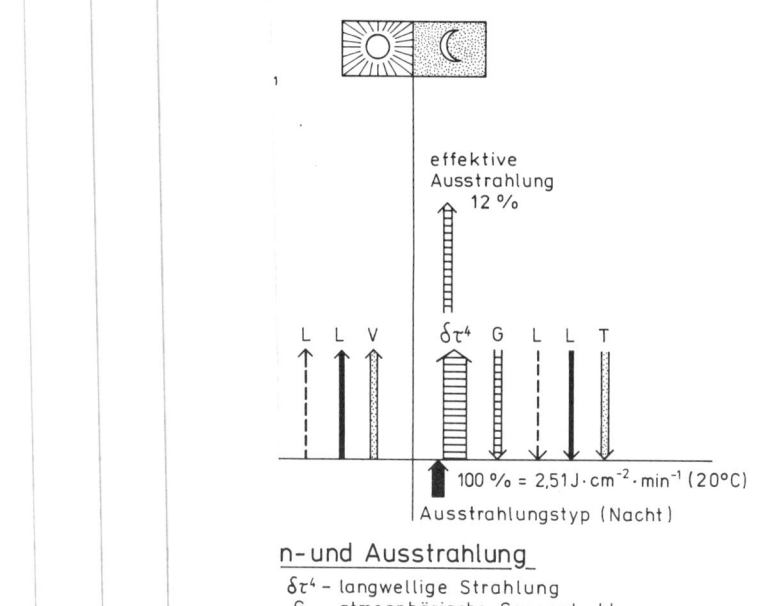

Abb. 2.5. Ein- und Ausstrahlungstyp der Energie. In Anlehnung an GEIGER und KREEB.

Je nach geographischer Breite eines Ortes, Meereshöhe, Geländegestaltung und Häufigkeit der Bewölkung ergeben sich große regionale und lokale Unterschiede in der Strahlungsversorgung und damit in der Energiezufuhr. Wolkenarme Hochdruckgebiete innerhalb der Wendekreise erhalten einen überdurchschnittlich hohen Anteil (>70%) der Globalstrahlung, ebenso Standorte in größeren Höhenlagen, hier durch den kürzeren optischen Weg der Strahlen durch die Atmosphäre und die geringere Lufttrübung bedingt. In höheren Breiten erfahren sonnenexponierte Hänge eine größere Einstrahlung von Strahlungsenergie

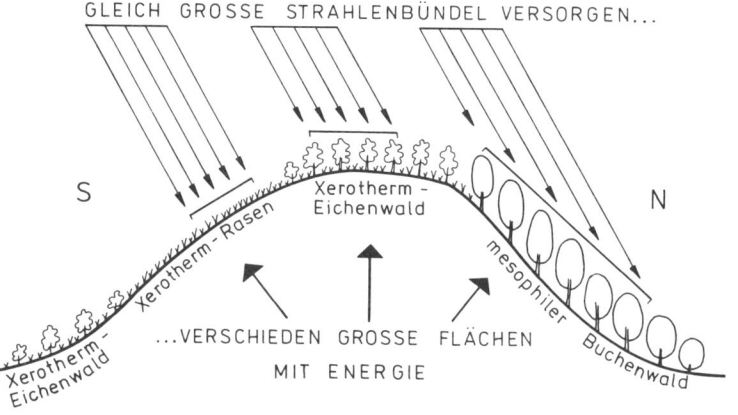

Abb. 2.6. Einstrahlungsenergien auf einen Berg mit N- und S-Hang in Mitteleuropa. In Anlehnung an LERCH.

28 2. Allgemeine Grundlagen der Ökosystemlehre

als schattseitige Lagen, während in den Tropen bei steilem Sonnenstrahleneinfall diese Unterschiede gering sind (Abb. 2.6.).

Die Energieumsätze in den verschiedenen Pflanzenbeständen variieren verständlicherweise durch deren unterschiedliche Struktur. Es entsteht eine ± breite Zone im Bestand, die die Hauptmasse der Strahlung abfängt, die **aktive Oberfläche.** Hier vollzieht sich der Hauptanteil des Strahlungsumsatzes. In offenen Gesellschaften, bei denen der Boden nur teilweise mit Pflanzenwuchs bedeckt ist, erfolgt die Ein- und Ausstrahlung fast wie bei nackter Bodenoberfläche. In geschlossenen, niedrigen (bis 20 cm) Pflanzenbeständen werden scharfe Temperaturgegensätze bereits gemildert, die effektive Oberfläche liegt wenige Zentimeter oder Millimeter über dem Boden. In höheren (bis 1 m), geschlossenen Pflanzenbeständen, wie sie in Wiesen- oder Getreidefeldern gegeben sind, wird die Bodenschicht im Sommer der Strahlung weitgehend entzogen, die aktive Oberfläche liegt im oberen Drittel des Bestandes, das Strahlungsklima erscheint in den unteren Bereichen merklich gemildert. Bei sehr hochwüchsigen, geschichteten Wäldern liegt die aktive (effektive) Oberfläche im Kronenraum. Im Bestand selbst herrscht ausgeglichenes **Stammraumklima** (Abb. 2.7.).

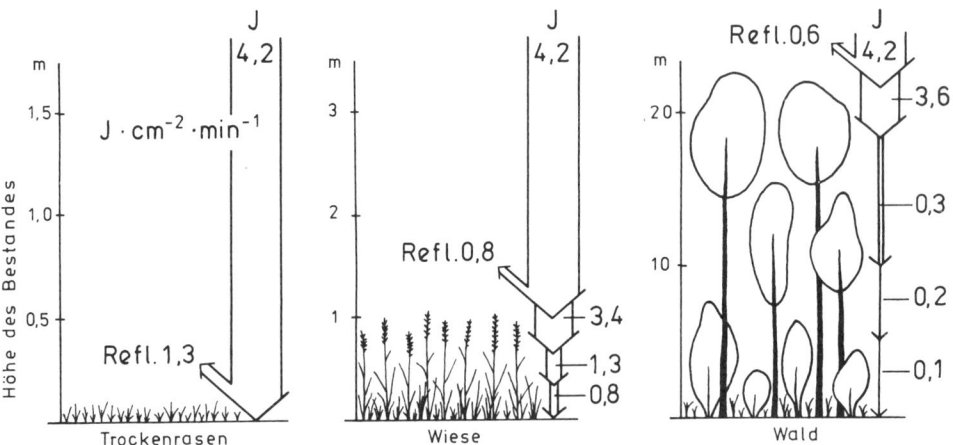

Abb. 2.7. Eindringen der Strahlungsenergien und Ausbildung einer aktiven Oberfläche in verschiedenen Pflanzenbeständen. In Anlehnung an LARCHER und WALTER.

Ein Teil der Sonnenstrahlung wird reflektiert, wobei die Oberflächen sich verschieden verhalten. So reflektieren bei hohem Sonnenstand:

Wasserflächen	3–10%	heller Dünensand	30–60%
Wälder	5–20%	Altschnee	40–70%
Wiesen und Felder	12–30%	Neuschnee	75–95%
dunkle Ackerböden	7–10%	geschlossene Wolkendecke	60–90%
Sandböden	15–40%		

Wärme- und Temperaturverhältnisse am Standort

Der größte Teil der absorbierten Sonnenstrahlung wird in Wärme umgewandelt. Ökologisch entscheidend ist dabei nicht allein die dem Boden oder den Organismen zugeführte Wärmemenge, sondern der sich einstellende **Wärmezustand** oder die **Temperatur.** Sie ist ein Bilanzindikator für den Wärmehaushalt und neben der Wärmezufuhr von der Wärmekapazität bzw. der spezifischen Wärme abhängig. Dieselbe Wärmemenge kann durchaus unterschiedliche Temperaturen hervorrufen, z. B. bei ungleichem Wassergehalt von Organismen oder bei verschiedener Wärmeleitfähigkeit.

Trifft die nichtreflektierte Sonnenstrahlung auf Böden, so wird sie bereits in einer Schichtdicke von 15 μm absorbiert und in Wärme umgewandelt, woraus sich die z. T. beträchtlichen Temperaturen der Bodenoberfläche ergeben. Die Bodenfarbe, die eine unterschiedliche Absorption bzw. Reflexion bedingt, und der Feuchtigkeitsgrad des Bodens spielen dabei eine große Rolle (Tab. 2.1.).

Tabelle 2.1. Größe einiger Wärmekonstanten für den Boden. Nach LERCH

		spez. Gewicht (Dichte) $\frac{g}{cm^3}$	spez. Wärme $\frac{J}{g \cdot Grad}$	Wärmeleitfähigkeit $\frac{1000 \cdot J}{cm \cdot s \cdot Grad}$	Temperaturleitfähigkeit $\frac{1000 \cdot cm^2}{s}$
Felsgestein		2,5 – 2,9	0,7 – 0,8	16,7 – 41,9	6 – 23
Sand	naß			8,4 – 25,1	4 – 10
	trocken	2,6	0,8	1,7 – 2,9	2 – 5
Lehm	naß			8,4 – 20,9	6 – 16
	trocken	2,3 – 2,7	0,7 – 0,8	0,8 – 6,3	0,5 – 1,5
Moorboden	trocken	1,4 – 2,0	0,4 – 0,8	0,4 – 1,3	1 – 3
Wasser	unbewegt	1,0	4,2	5,4 – 6,3	1,3 – 1,5
Luft	unbewegt	0,001	1,0	0,2 – 0,3	150 – 250

Mit der Erwärmung der Bodenoberfläche beginnt die Wärmeabgabe durch Wärmeableitung, Massenaustausch, Verdunstung und Ausstrahlung. Je höher die **Wärmeleitfähigkeit** eines Stoffes, desto rascher verteilt sich die eingestrahlte Energiemenge und desto geringer erhöht sich die Temperatur an seiner Oberfläche. Die Wärmeleitfähigkeit des Bodens ändert sich mit seiner Zusammensetzung und besonders mit seinem Wassergehalt. Die Temperaturzunahme in tieferen Bodenschichten hängt jedoch nicht nur von der Wärmeleitfähigkeit, sondern auch von dem **spezifischen Gewicht** (Dichte) und der **spezifischen Wärme** ab. Sie wird bestimmt von der Temperaturleitfähigkeit.

$$\text{Temperaturleitfähigkeit } (\alpha) = \frac{\text{Wärmeleitfähigkeit } (\lambda)}{\text{spez. Wärme (c)} + \text{spez. Gewicht } (\varrho)} \text{ (Dichte)} \quad (2.2.)$$

Luft hat zwar eine sehr geringe Wärmeleitfähigkeit, aber auch eine äußerst geringe Dichte und dadurch eine hohe Temperaturleitfähigkeit. Lufthaltige Spreu, wie sie in unseren sommergrünen Laubwäldern auf dem Boden liegt, erwärmt sich sehr leicht, so daß im Frühling bei Einstrahlungswetter bereits Temperaturen von +25 bis 30 °C auftreten, die das Austreiben der Frühjahrsblüher wie Leberblümchen *(Hepatica triloba)* und Buschwindröschen *(Anemone nemorosa)* begünstigen. Wasser dagegen hat eine hohe spezifische Wärme und läßt die Temperaturen deshalb nur langsam ansteigen. Feuchte oder nasse Böden bleiben in tieferen Schichten kalt, auch wenn sie eine große Wärmemenge gespeichert haben. In trockenen Böden ist dagegen die Temperaturleitung, ungeachtet der schlechten Wärmeleitung, beachtlich.

Der Tagesgang der Strahlungsverhältnisse an der Bodenoberfläche bewegt sich tagesrhythmisch zwischen einem Maximum und einem Minimum. Die Temperaturen in den bodennahen Luftschichten verändern sich dabei fast synchron zum Temperaturgang an der Bodenoberfläche, was durch die Strahlungsabsorption, den Massenaustausch und die hohe Temperaturleitfähigkeit bedingt ist (Abb. 2.8.). Im Boden erfährt die tägliche Temperaturwelle eine mit der Tiefe zunehmende Verzögerung und Abflachung. Sie führt in einer bestimmten Tiefe durch Phasenverschiebung schließlich zu einer zeitlichen Umkehr des Temperaturganges (Abb. 2.9.). Für den Jahresgang der Temperatur im Boden gilt im Prinzip das gleiche.

30   2. Allgemeine Grundlagen der Ökosystemlehre

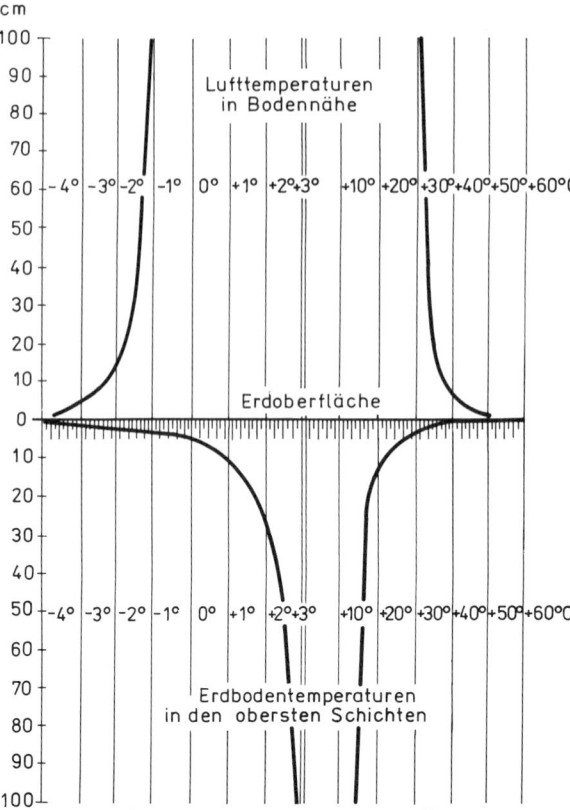

Abb. 2.8. Temperaturverlauf während eines Ausstrahlungstyps einer Winternacht und eines Einstrahlungstyps eines Sommertages. Nach WALTER 1960, verändert.

Die Luft wird im wesentlichen durch den **Massenaustausch** erwärmt, da sie zwar eine sehr gute Temperaturleitung, aber eine schlechte Wärmeleitung besitzt. Die bodennahe Luftschicht wird am ehesten durch direkte Wärmeleitung erhitzt und dadurch leichter. Sie steigt auf, und an ihrer Stelle sinken die darüberliegenden kälteren und damit schwereren Luftmassen ab. Durch diese Turbulenzen, die durch Wind verstärkt werden können, kommt es zu einem Massenaustausch, der die Luft in Bodennähe rasch erwärmt. Trifft die Sonnenstrahlung auf Wasser, so beginnt dieses zu verdunsten. Zur Verdampfung von 1 g Wasser bei 20 °C sind 2,45 kJ nötig. Von der jährlich eingestrahlten Sonnenenergie wird global ein Viertel bei der **Verdunstung** des Wassers verbraucht.

In Pflanzenbeständen wird in einer relativ großen Schicht die Sonneneinstrahlung absorbiert, und Massenaustausch sowie Verdunstung einschließlich Transpiration wirken in einem größeren Absorptionsraum. Es kommt deshalb nicht wie an der freien Bodenoberfläche zu hohen bzw. tiefen Temperaturextremen. Die Vegetation wirkt ausgleichend. Je höher und dichter der Pflanzenbestand ist, desto ausgeglichener ist der Temperaturverlauf im Bestand (Abb. 2.10.).

Sehr bedeutsam für das Leben der Organismen kann neben der Sonneneinstrahlung auch die langwellige, infrarote Wärmeausstrahlung der Erde sein. Sie beträgt zwar nur etwa $6 \cdot 10^{-6}$ der Sonneneinstrahlung, spielt aber für das Klima der bodennäheren Luftschichten eine wesentliche Rolle. Die Wärmestrahlen werden von den Dipol-Molekülen der Atmosphäre (CO_2 und H_2O) absorbiert. Es kommt zur Erwärmung der Atmosphäre, die ihrerseits wieder Wärme an die Erde zurückstrahlt als sogenannte Gegenstrahlung. Nur 12% der

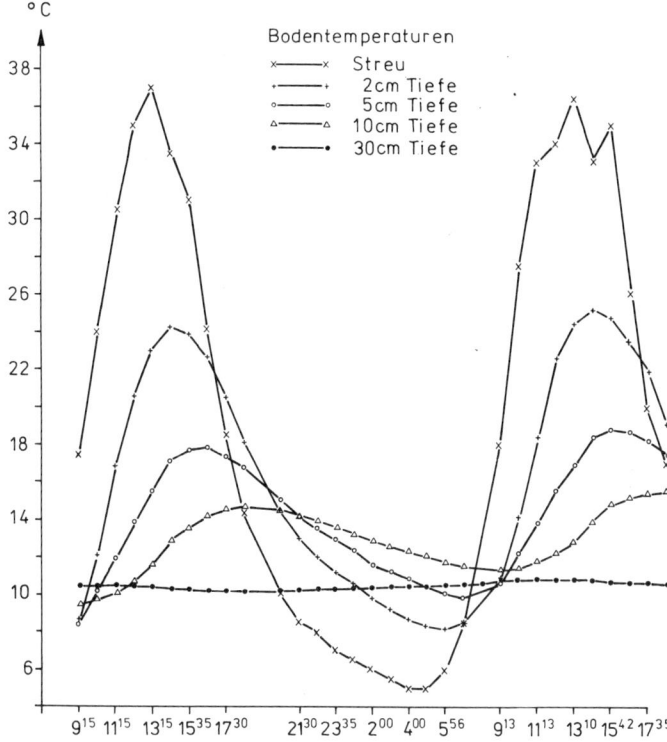

Abb. 2.9. Temperaturgang während eines Sommertages in einem Xerothermrasen in verschiedener Bodentiefe. Entwurf HELMECKE.

ausgestrahlten Energie gelangen deshalb in den Weltraum zurück. Die Bodenoberfläche kühlt infolge der Ausstrahlung am stärksten ab, so daß wir beim Vorherrschen des Ausstrahlungstyps hier die tiefsten Temperaturen haben. Diese können durch Tau- oder Reifbildung etwas gemildert werden, da die dabei freigesetzte Wärme eine Energiezufuhr bedeutet.

Stärke und Dauer der **Ausstrahlung** hängen von verschiedenen Gegebenheiten ab. Trockene, wolkenfreie Atmosphäre gestattet eine sehr starke Ausstrahlung. Feuchte, mit Wasserdampf erfüllte Luft vermindert dagegen den Wärmeverlust durch Ausstrahlung. Da kalte Luft schwerer als warme ist, können bei Windstille stabile Luftschichtungen entstehen, die in Niederungen zu Kaltluftseen und Nebelbänken führen. Wind dagegen mischt die Luftmassen und gleicht die Temperaturen aus. Ihren wichtigsten Wärmenachschub erhält die Bodenoberfläche bei Ausstrahlung durch Wärmezuleitung aus den tieferliegenden Bodenschichten. Je kürzer der Weg, um so stärker die Ausstrahlung. Böden mit schlechter Wärmeleitung, die ihre Wärme nur in den obersten Schichten speichern, strahlen diese auch besonders stark wieder ab, d. h., trockene Böden strahlen nachts stärker als feuchte. So bildet sich auch Rauhreif besonders leicht an Flächen mit schlechter Wärmeleitung wie Holz, freien Dächern und auf trockenen Moorböden. Hier kann es selbst in strahlungsstarken Sommernächten zu empfindlichen Abkühlungen kommen. Da jede Behinderung der Ausstrahlung durch Wolken, Dächer oder Baumkronen zu einem geringeren Wärmeverlust führt, ist die Temperatur in der Nacht über einer Wiese wesentlich tiefer als etwa im Inneren eines Waldes. Im Sommer ist die nächtliche Ausstrahlung meist relativ kurz, in den Polargebieten mit Mitternachtssonne kann sie gänzlich fehlen, was für die rasche Entwicklung der arktischen Pflanzen und die Aktivität vieler Tiere förderlich ist. Im Winter dagegen

32   2. Allgemeine Grundlagen der Ökosystemlehre

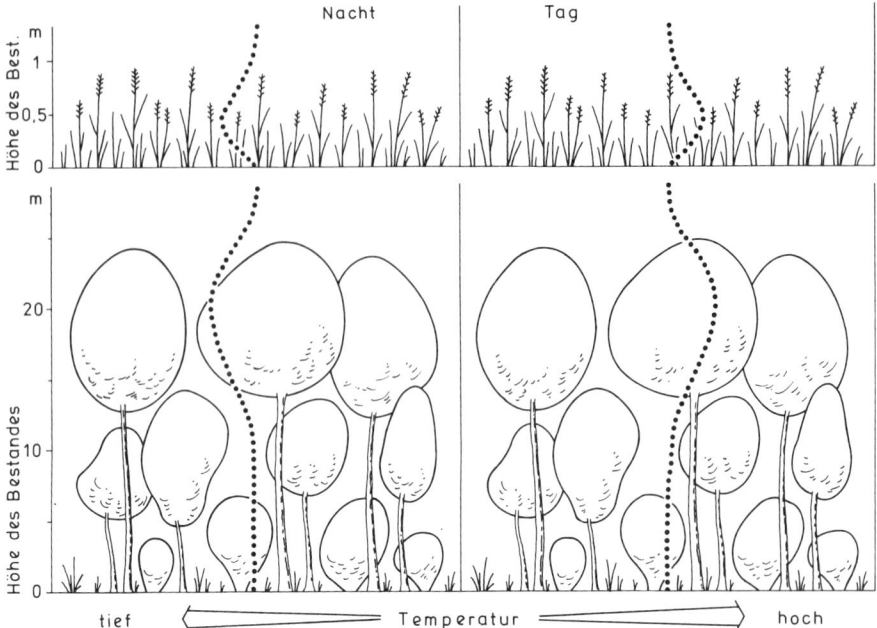

Abb. 2.10. Temperaturverlauf in verschiedenen Höhen in unterschiedlich hohen Pflanzenbeständen (Wiese und Wald) während des Tages und der Nacht. In Anlehnung an KREEB und WALTER.

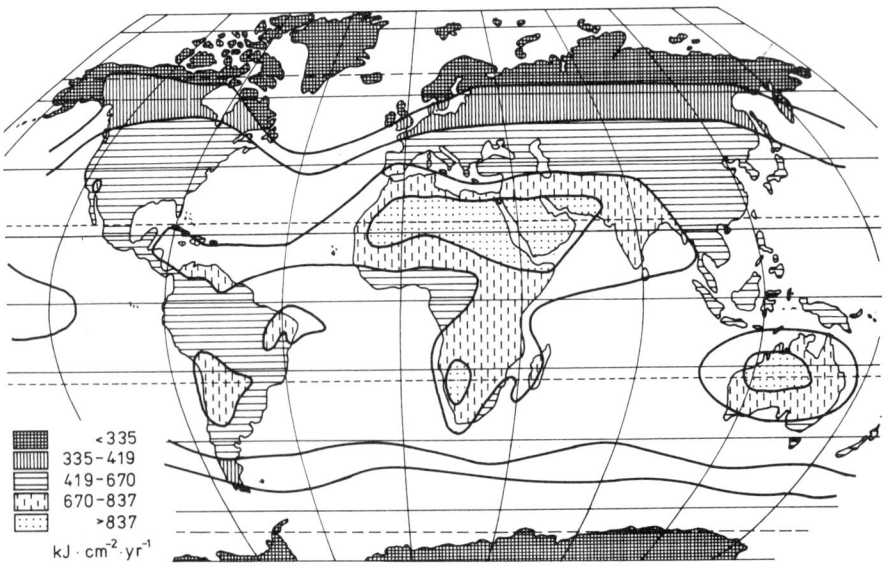

Abb. 2.11. Durchschnittliche jährliche Sonneneinstrahlung (300–2200 nm) auf die Erdoberfläche. Nach LARCHER 1980, verändert.

2.2. Primäre Umweltfaktoren

beginnt die Ausstrahlung bereits Stunden vor Sonnenuntergang und dauert auch nach Sonnenaufgang noch längere Zeit an. Der Einstrahlungstyp kann in unseren mittleren gemäßigten Breiten im Winter zeitweise fehlen (Abb. 2.11.).

Regional betrachtet, nehmen entsprechend den jährlich unterschiedlich einfallenden Strahlungsmengen die Temperaturen vom Äquator zu den Polen ab, doch liegt der Wärmeäquator etwas nördlich vom geographischen Äquator, da die Nordhalbkugel durch ihre größeren Landmassen etwas wärmer als die Südhalbkugel ist. Meeresströmungen und die Lage im peripher-zentralen Gefälle der Kontinente bestimmen jedoch das Wärmeklima eines Ortes entscheidend mit (Abb. 2.12.). Es können die folgenden regionalen **Wärmezonen** unterschieden werden:

1. äquatoriale Wärmezone. — Es herrschen während des ganzen Jahres sehr gleichmäßig hohe Temperaturen (Monatsmittel +24—28 °C).
2. tropische Wärmezone. — Die Jahresschwankungen sind größer, aber es treten noch keine oder nur sehr selten Fröste auf.
3. subtropische Wärmezone. — Die Temperaturschwankungen sind sehr groß, Fröste sind häufig, treten aber nur nachts auf. Tagsüber können extrem hohe Temperaturen erreicht werden.
4. temperierte Wärmezone. — Neben einer warmen gibt es eine ausgesprochen kalte Jahreszeit mit Frösten auch am Tag. Die Fröste nehmen mit der Entfernung vom Meere und nach Norden zu. Auf der Südhalbkugel fehlt diese Zone weitgehend oder ist durch gleichmäßig niedrige Temperaturen während des ganzen Jahres gekennzeichnet.
5. polare Wärmezone. — Die Temperaturen liegen meist unter 0 °C, der wärmste Monat besitzt eine Mitteltemperatur von unter +10 °C.

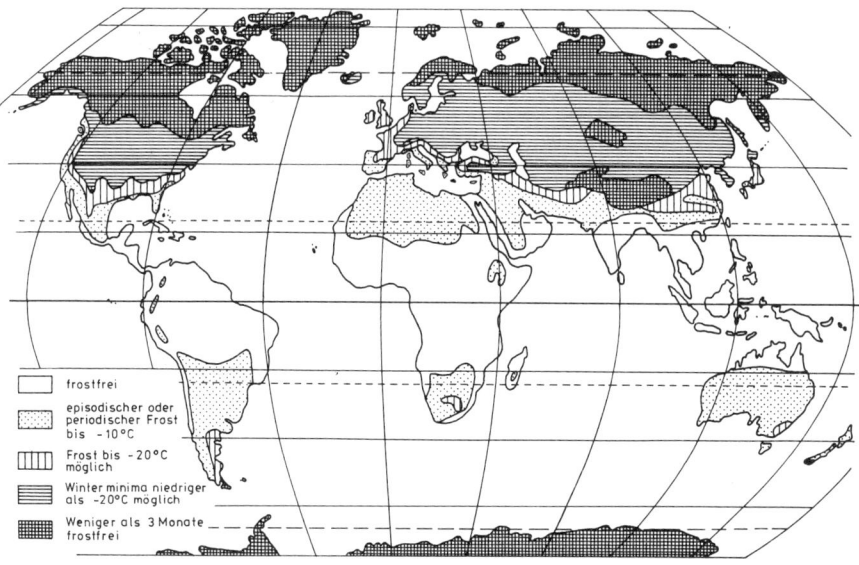

Abb. 2.12. Frosthäufigkeitsverteilung auf der Erde. Nach LARCHER 1980, verändert.

Eine Gliederung der Temperaturverhältnisse ergibt sich auch in vertikaler Richtung in den Gebirgen. Die Dichte der Luft nimmt mit zunehmender Höhe rasch ab und bietet einen geringeren Ausstrahlungsschutz. Die Luft enthält auch weniger Wasserdampf und feste Bestandteile, die sonst die Ausstrahlung hemmen. Die Temperatur sinkt deshalb im Mittel für die außertropischen Gebirge auf je 180 m Steigung um 1 °C (= 0,55 °C je 100 m). Natürlich gibt es durch Hang- und Tallage sowie Exposition starke Abweichungen von dieser Regel. Das Hochgebirgsklima zeichnet sich vor allem gegenüber den polaren Klimaten

34   2. Allgemeine Grundlagen der Ökosystemlehre

durch die starken Temperaturunterschiede zwischen Tag und Nacht aus, vor allem bei Strahlungswetter im Winter. Es kommt zu **Frostwechseltagen** bis in den Sommer hinein. Die Jahreszeiten sind durch häufige **Eistage** im Winter deutlich geprägt. In den Hochgebirgen der Tropen fehlen jedoch diese jahreszeitlichen Unterschiede. Hier kommt es in den höchsten Lagen während des gesamten Jahres fast täglich zu Frostwechsel (Abb. 2.13.). Während z. B. auf dem Kilimandscharo tagsüber die Temperaturen bis auf über +40 °C ansteigen, sinken sie nachts auf unter −3 °C ab.

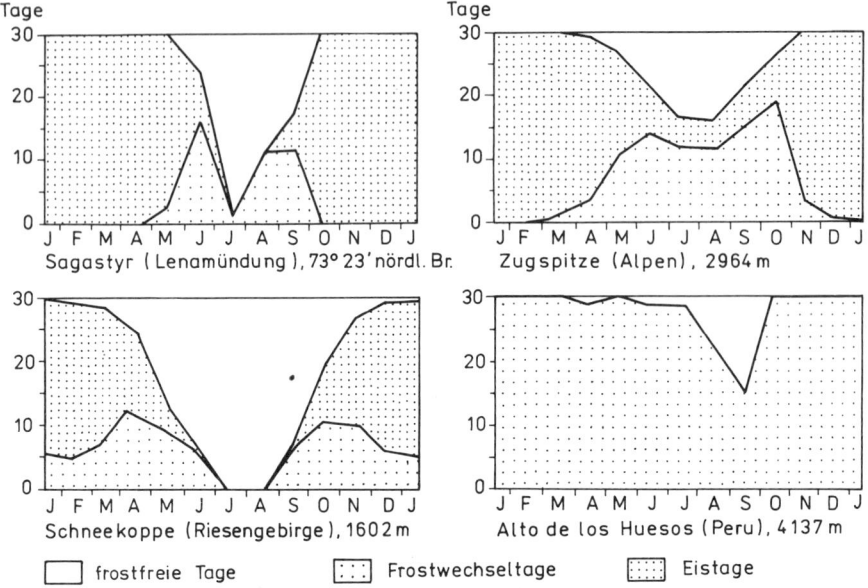

Abb. 2.13. Jährliche Verteilung und Häufigkeit von Frostwechsel- und Eistagen in Polargebieten und in außertropischen sowie tropischen Gebirgen. Nach WALTER 1960, verändert.

Im Wasser wird die Sonnenstrahlung durch die Absorption sehr schnell abgeschwächt. Dadurch erwärmen sich nur die obersten Wasserschichten. Da warmes Wasser leichter als kaltes ist und da durch den Wind verursachte turbulente Durchmischungen in kleinen Binnengewässern den Dichtegradienten nur bis zu einer Tiefe von 10 Metern aufheben,

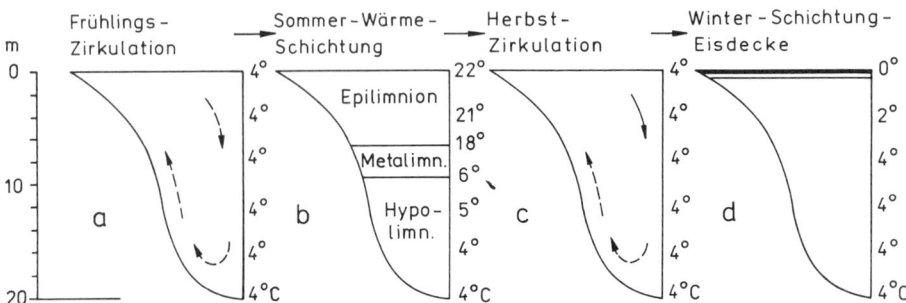

Abb. 2.14. Zirkulation und Schichtung während eines Jahres in einem tiefen See in den gemäßigten Breiten. Nach SCHWOERBEL 1971.

kommt es in der strahlungsreichen Jahreszeit in tieferen, stehenden Binnengewässern der gemäßigten Breiten zu einer temperaturbedingten, stabilen Dichteschichtung. Es entstehen gegeneinander abgegrenzte Wasserkörper. Eine leichtere und wärmere Oberschicht, das **Epilimnion,** überlagert das tiefere, kältere und dichtere Wasser, das **Hypolimnion.** Der Übergang erfolgt unvermittelt in einer Sprungschicht, der **Thermokline** = Metalimnion. Im Herbst bei abnehmender Einstrahlung kühlt sich das Oberflächenwasser ab, die Temperaturschichtung verschwindet, der See durchmischt sich vollständig.

Im Winter lagert sich eine Schicht, die kälter als +4 °C und damit leichter ist und die gegebenenfalls zu Eis friert, über eine etwa +4 °C warme, schwerere Wasserschicht. Im Frühjahr kommt es mit Zunahme der Sonneneinstrahlung wieder zur Zirkulation, wie sie für den Herbst geschildert wurde (Abb. 2.14.).

Im Meer bildet sich tief unter der vom Licht durchstrahlten Zone eine permanente Sprungschicht (Thermokline) aus, über der sich nur in den mittleren Breiten eine zusätzliche jahreszeitlich bedingte Sprungschicht entwickelt. In Äquatornähe und in Polnähe bleibt die Wassertemperatur des offenen Meeres dagegen ganzjährig konstant. Wesentliche Temperaturunterschiede erzeugen jedoch die Wasserströmungen in den Ozeanen.

2.2.1.2. Licht

Das durch die Sonnenstrahlung auf die Erde gelangende Licht stellt für alle Organismen einen entscheidenden Umweltfaktor dar. Von der Sonnenstrahlung werden die extrem kurzwelligen Teile durch Ozon und Luftsauerstoff in der oberen Atmosphäre (~25 km Höhe) absorbiert, die extrem langwelligen Teile durch den Wasserdampf- und Kohlendioxidgehalt der Luft. An einem klaren Sonnentag gelangt deshalb eine Sonnenstrahlung auf die Erde, die zu etwa 10% aus **ultraviolettem** (<380 nm), 45% aus **infrarotem** (>720 nm) und 45% aus **sichtbarem Licht** der Wellenlänge 380—720 nm besteht. Bei mit Wolken bedecktem Himmel ändert sich der Spektralbereich insofern, als er insgesamt enger wird, wobei sich der Anteil des sichtbaren Lichtes prozentual erhöht, da der Anteil des infraroten stark abnimmt.

Das sichtbare Spektrum der Sonnenstrahlung ist für die meisten Organismen ökologisch am wirksamsten. Der die entscheidende Energie für die Photosynthese liefernde Spektralbereich von 400—700 nm (bei Purpurbakterien sogar zwischen 350—850 nm) wird auch als „**photosynthetisch ausnutzbare Strahlung**" PhAR = photosynthetic active radiation) bezeichnet. Er liegt global gesehen in allen Breiten unserer Erde im Durchschnitt so hoch, daß die für die Photosynthese notwendige Strahlungsmenge von 1—2% fast überall theoretisch erreicht werden kann. Dies gilt auch für den darüber (bis 1000 nm) und darunter (300 nm) liegenden Bereich des Spektrums. Die lichtempfindlichen Pigmente wie Chlorophyll, Karotinoide, Phytochrome, Biliproteide und Sehpurpur, die als spezifische Rezeptoren die Strahlungsquanten absorbieren, liegen mit ihren Absorptionsmaxima in dem optimal angebotenen Spektralbereich der Sonnenstrahlung (Abb. 2.15.).

Staub- und Feuchtigkeitsgehalt der Luft setzen die Lichtintensität stark herab, weshalb in den Tropen und Suptropen die Lichtwerte in der Regel auch nicht höher sind als in den übrigen Klimagebieten. In den Hochgebirgen liegen die Lichtwerte dagegen meist sehr hoch. Hohe Bewölkung kann die Lichtwerte bereits auf 30%, niedrig liegende, dunkle Regenwolken sogar auf 5% absinken lassen. Durch stark reflektierende Flächen wie helle Böden, Schneedecken oder Wasserspiegel können sehr hohe Intensitäten des Tageslichtes erreicht werden. Die Organismen erhalten dann ein zusätzliches **Unterlicht**.

Durch Absorptionsvorgänge in der Atmosphäre liegt das Energiemaximum der diffusen Himmelsstrahlung im blauen Spektralbereich (Blauer Himmel), das der direkten Sonneneinstrahlung auf die Erde bei hohem Sonnenstand im Gelb, bei tiefem Sonnenstand im Rot (Abendstimmung). Wird direktes Sonnenlicht abgeschirmt, entsteht ein Blauschatten. Fällt allerdings Sonnenlicht durch die Blätter grüner Pflanzen, so entsteht ein Rot-Grün-Schatten,

36   2. Allgemeine Grundlagen der Ökosystemlehre

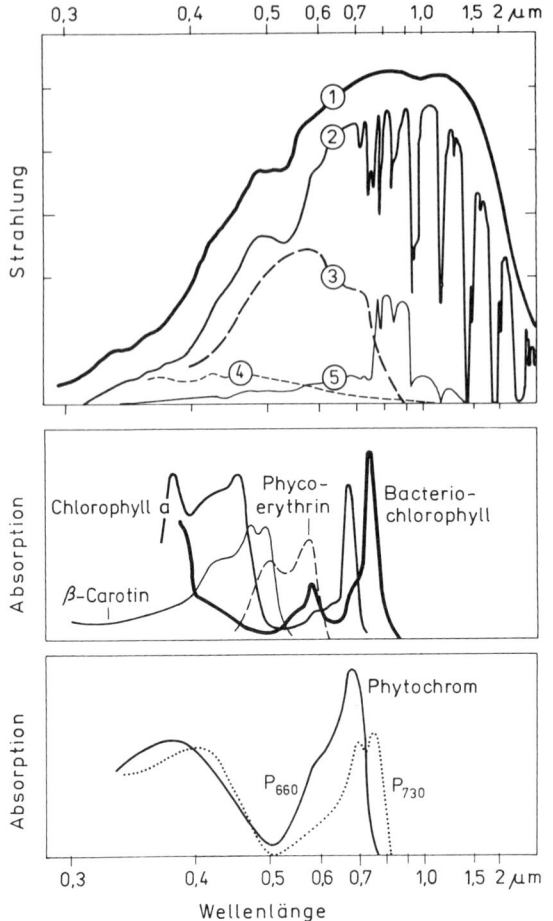

Abb. 2.15. Spektrale Verteilung und Absorption der Sonnenenergie. Nach LARCHER 1980, verändert.
1 = Sonnenstrahlung außerhalb der Erdatmosphäre; 2 = Direkte Sonnenstrahlung in Seehöhe; 3 = Sonnenstrahlung 1 m unter Wasserspiegel im Küstenbereich der Ozeane; 4 = Diffuse Sonnenstrahlung unter Pflanzen (Rotschatten).

bei Durchgang durch eine dichte Vegetationsdecke schließlich nur noch ein Rotschatten (Waldesdunkel).

Bei senkrecht auftreffender Strahlung werden zunächst von den grünen Blättern einer Pflanze etwa 70% des auftretenden Infrarotbereiches reflektiert, vom PhAR-Bereich dagegen nur 6–12%, wobei grünes Licht stärker (10–20%) als orangefarbenes und rotes Licht (3–10%) zurückgeworfen wird. Ultraviolette Strahlung wird höchstens zu 3% reflektiert. Das Reflexionsvermögen hängt naturgemäß stark von der Oberflächenbeschaffenheit der Blätter ab.

Die in das Blatt eindringende Strahlung wird weitgehend absorbiert. Mesomorphe Blätter lassen 10–20% der Sonnenstrahlung durch, sehr dünne Blätter sogar bis zu 40%, während derbe Blätter weitgehend lichtundurchlässig sein können.

Durch die Reflexion, Absorption und Transmission des Lichtes durch die Pflanzen kommt es in den verschiedenen Schichten der Vegetation zu einem sehr unterschiedlichen Lichtangebot, sowohl was seine Quantität als auch seine Qualität betrifft. Der relative Lichtgenuß eines Organismus ist ein Maß dafür, wieviel Prozent des unbeeinflußten Außenlichtes dem Organismus durchschnittlich zur Verfügung steht.

Bei einer stark gestaffelten Pflanzendecke wird das Licht fast vollständig ausgenutzt. Durch wiederholte Reflexion und abgestufte Absorption gelangt wenig Licht auf den Boden

2.2. Primäre Umweltfaktoren

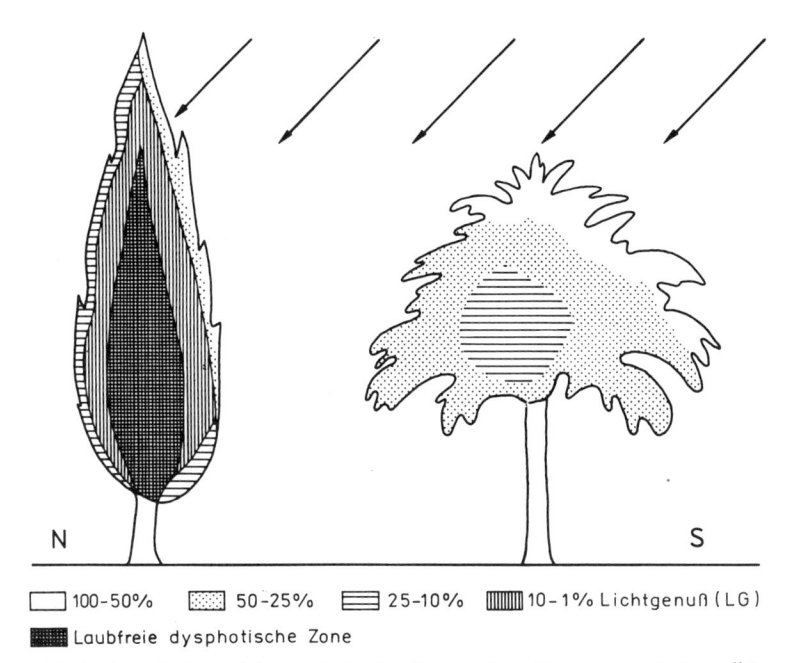

☐ 100–50% ▨ 50–25% ☰ 25–10% ▓ 10–1% Lichtgenuß (LG)
■ Laubfreie dysphotische Zone

Abb. 2.16. Relativer Lichtgenuß in der Krone einer Zypresse und eines Ölbaumes an einem klaren Sommertag. Nach LARCHER 1980, verändert.

des Bestandes. Dort können nur noch an geringe Lichtintensitäten angepaßte Schattenpflanzen oder Tiere gedeihen. Der relative Lichtgenuß liegt hier bei 5–20%. Ein **relativer Lichtgenuß** von 1–2% gilt allgemein als Existenzgrenze für Sproßpflanzen. Thallophyten vermögen bis zu einem relativen Lichtgenuß von 0,5%, einige Luftalgen sogar bis zu 0,1% zu existieren. Diese Werte gelten im Prinzip auch für den Innenbereich von Baumkronen (Abb. 2.16.).

Der Lichtabfall in einem Pflanzenbestand hängt vor allem von der Belaubungsdichte, der Anordnung, Struktur und Stellung der Blätter ab. Die Belaubungsdichte läßt sich durch den **Blattflächenindex** (**LAI** = leaf area index) ausdrücken:

$$\text{LAI} = \frac{\text{Gesamtsumme der Blattflächen}}{\text{Bodenfläche}} \qquad (2.3.)$$

Da der Belaubungszustand bei den sommergrünen Pflanzen zu den verschiedenen Jahreszeiten sehr unterschiedlich ist, ändert sich die Lichtverteilung in Pflanzenbeständen, die im wesentlichen von sommergrünen Pflanzen aufgebaut werden, sehr stark. In winterkahlen Wäldern gelangen bis zu 80% des Lichtes auf den Boden, im Frühjahr bei beginnender Laubentfaltung und im Herbst bei beginnender Entlaubung 30–40%, im Sommer bei voll ausgebildeter Belaubung dagegen weniger als 10% (Abb. 2.17.).

Die **Dauer des Lichtgenusses,** sowohl täglich als auch jährlich, ist für viele pflanzliche und tierische Organismen von ausschlaggebender Bedeutung, spielt doch das Licht nicht nur für die Photosynthese eine große Rolle, sondern auch als Zeitgeber für viele Vorgänge des Wachstums, der Entwicklung, Differenzierung und des Orientierungsverhaltens.

In den Tropen und Subtropen der niederen Breiten unserer Erde herrscht während des ganzen Jahres ein gleichmäßiger Rhythmus von Tag und Nacht, die sich in ihrer Länge nur wenig unterscheiden. Der Übergang vom Dunkel der Nacht zum Licht des Tages ist sehr kurz. Je weiter wir in höhere Breiten gehen, desto länger werden die Tage im Sommer,

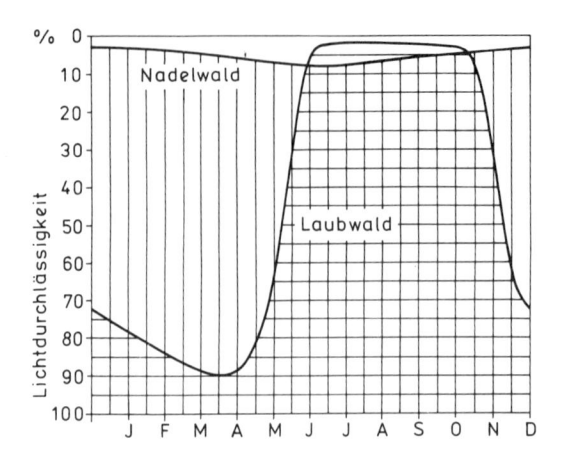

38   2. Allgemeine Grundlagen der Ökosystemlehre

Abb. 2.17. Jahreszeitliche Veränderung der Lichtdurchlässigkeit der Baumschicht eines Laub- und eines Nadelwaldes (schematisch). In Anlehnung an LARCHER 1980.

die Nächte im Winter, und der Übergang von Hell zu Dunkel geht immer allmählicher vonstatten, die Dämmerungsphase prägt sich stärker und länger aus (Abb. 2.18.). Diese **Lichtrhythmik** führt bei den Pflanzen zur Ausbildung von Lang- und Kurztagspflanzen, bei Pflanzen und Tieren zu circadianen Rhythmen. Die kritische Tageslänge ist für viele Organismen eine für ihre Entwicklung entscheidende Umweltgröße.

In **Gewässern** gelangt die photosynthetisch ausnutzbare Strahlung bis in größere Tiefen, in denen dann im Meer ein blaugrünes und in Seen ein gelbgrünes Dämmerlicht herrscht. Das Lichtangebot in Gewässern hängt naturgemäß zunächst von den Lichtverhältnissen über dem Wasserspiegel ab. Ein Teil des auf eine Wasserfläche auftreffenden Lichtes wird reflektiert. Bei hohem Sonnenstand werden bei ruhiger Wasseroberfläche etwa 6% des auftreffenden Lichtes zurückgeworfen, bei Wellengang bis zu 10%. Bei niedrigem Sonnenstand wird bereits der größte Teil des Lichtes reflektiert, die Lichtstrahlen können nicht mehr in das Wasser eindringen, die Dämmerung beginnt im Wasser zeitiger, das Tageslicht steht kürzere Zeit zur Verfügung. Die Lichtintensität nimmt mit zunehmender Tiefe im Wasser exponentiell ab. Das Licht wird dabei durch das Wasser selbst durch gelöste Stoffe, durch suspendierte Bodenteilchen, Detritus und Plankton absorbiert und gestreut. In trüben

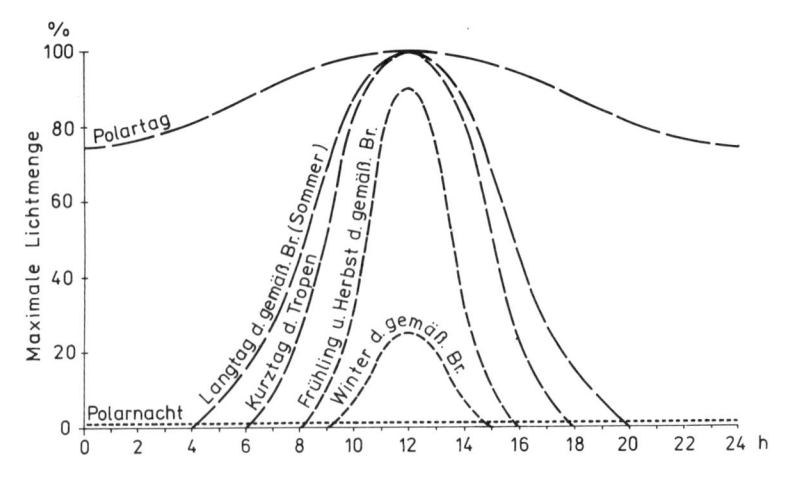

Abb. 2.18. Maximale Lichtmengen in verschiedenen geographischen Breiten während unterschiedlicher Jahreszeiten.

2.2. Primäre Umweltfaktoren

Gewässern kann deshalb schon nach 50 cm Eindringtiefe der relative Lichtgenuß auf 7% absinken, einen Wert, wie er unterhalb des Kronendaches in einem dichten Laubwald auftritt. In Seen mit klarem Wasser kann noch in 5–10 m Tiefe 1% der photosynthetisch nutzbaren Strahlung vorhanden sein, so daß in diesen Tiefen noch Photosynthese durchführende Pflanzen zu finden sind und an die speziellen Spektralbereiche angepaßte Algen sogar bis 20–30 m Tiefe. Die Wasserschicht oberhalb der Existenzgrenze für autotrophe Wasserpflanzen wird als euphotische Zone bezeichnet. Diese **euphotische Zone** ist im offenen Meer meist wesentlich mächtiger. Sie erreicht z. B. im Mittelmeer über 60 m und in den großen Ozeanen bis zu 140 m.

2.2.2. Chemische Faktoren

2.2.2.1. Wasser

Wasser ist für alle Organismen einer der entscheidenden Umweltfaktoren, da alle Lebensvorgänge unmittelbar oder mittelbar mit ihm verbunden sind. Es ist Bestandteil der Stoffwechselprozesse, dient als Quellungs- und Lösungsmittel, als Transportmittel für die am Stoffwechsel beteiligten Substanzen und versetzt das Plasma in einen lebensnotwendigen Hydraturzustand. **Ohne Wasser gibt es kein Leben.** Die Möglichkeiten zur Erhaltung der Hydratur von Organismen sind zentrale Fragen für die Ökologie. Die Organismen bedurften deshalb in ihrer Phylogenie beim Übergang vom Wasser- zum Landleben für das Aufrechterhalten der Hydratur des Plasmas besonderer Einrichtungen.

Die auf dem Lande lebenden Organismen decken ihren Wasserbedarf zum größten Teil aus den Niederschlägen, die als Regen, Schnee oder Eis auf die Erde fallen. Verteilung und Menge dieser Niederschläge auf der Erde sind sehr verschieden. Dies wird durch die Luftströmungen verursacht, die ihrerseits wiederum von den Luftdruckverhältnissen abhängen. In erster Linie ist also das **planetarische Windsystem** für die ungleichmäßige Verteilung der Niederschläge auf der Erdoberfläche verantwortlich.

Im Frühjahr und Herbst steht die Sonne mittags senkrecht über dem Äquator, sie steht im Zenit. Die Erdoberfläche wird deshalb am Äquator sehr stark erhitzt und mit ihr die bodennahen feuchten Luftschichten. Die feuchte Warmluft steigt nach oben, wobei sie sich abkühlt und damit relativ feuchter wird, bis es einige Zeit nach dem Sonnenhöchststand zu den täglichen **Zenitalregen** kommt. Die

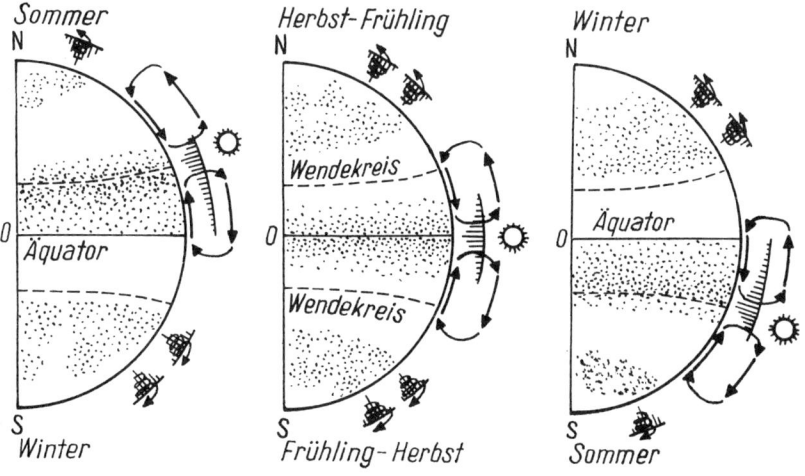

Abb. 2.19. Planetarisches Windsystem. Aus SCHUBERT 1979.

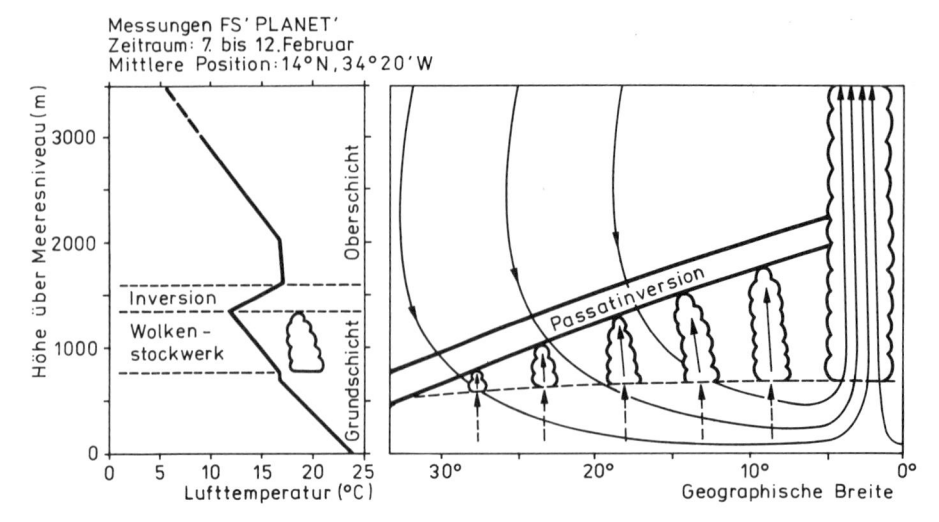

Abb. 2.20. Lufttemperatur und Luftmassenbewegungen in Subtropen und Tropen. Nach HENDL in HENDL, JÄGER und MARCINEK 1978.

Luftmassen selbst fließen in größerer Höhe nach Norden und Süden als Anti-Passate und sinken dabei — etwa am 40. Breitenkreis — wieder zur Erde ab. Die absteigende Luft wird zusammengepreßt, es entsteht ein Hochdruckgebiet, die Luftmassen erwärmen sich bei ihrem Abstieg, so daß in dieser als **Roßbreiten** bezeichneten Zone Niederschläge weitgehend fehlen. Da bei dem Aufstieg der warmfeuchten Luft über dem Äquator eine Zone geringen Luftdruckes entsteht, fließen die Luftmassen von den Roßbreiten als **Passate** dem Äquator zu. Die Passatwinde, die über den Meeren wieder Feuchtigkeit aufnehmen, werden dabei durch die Erdrotation auf der Nordhalbkugel nach rechts, auf der Südhalbkugel nach links abgelenkt, so daß von NO- bzw. SO-Passat gesprochen werden kann. Am Äquator selbst und im Bereich der Roßbreiten bilden sich Zonen geringer horizontaler Luftbewegungen, sogenannte **Kalmenzonen,** aus (Abb. 2.19., 2.20.).

In höheren Breiten (50–60°) herrschen **Westwinde** vor, die vor allem auf der Südhalbkugel mit großer Regelmäßigkeit wehen. Sie nehmen ihren Ursprung von den aus den Tropengebieten kommenden Luftmassen, die nur zum Teil als Passate dem Äquator zufließen, zu einem kleineren Teil jedoch auch weiter polwärts vordringen. In den Polargebieten herrscht wieder eine östliche Windrichtung, da hier kalte **Polarluft** von den Hochdruckgebieten der Polarkalotten äquatorwärts fließt. An der Grenze zwischen der polaren östlichen Kaltluft und der westlichen Warmluft der niederen Breiten kommt es ständig zur Ausbildung großer Wirbel (⌀ 1500–3000 km), die als **Zyklonen** — große Tiefdruckgebiete — oder als **Antizyklonen** — Hochdruckgebiete — in der Regel von Westen nach Osten wandern, dabei mehr oder weniger weit nach Süden übergreifen und sich allmählich auflösen. In den Zyklonen strömt kalte Polarluft unter warme, tropische Luftmassen, oder diese gleiten auf schwerere kalte Luftmassen auf. In beiden Fällen kommt es dabei zu ihrem Aufstieg und zur Abkühlung, bis dann in den Grenzschichten die Kondensation erfolgt und Niederschläge einsetzen, die **zyklonalen Regen** (Abb. 2.21.).

Während die zyklonalen Regen an keine Jahreszeit gebunden sind, fallen die Zenitalregen nur, wenn die Sonne im Zenit steht. Da sich der Sonnenstand im Laufe des Jahres ändert und die Sonne im Nordsommer ihren Zenitstand über dem nördlichen Wendekreis und im Südsommer über dem südlichen Wendekreis hat, verschieben sich die Zone der Zenitalregen und die beiden tropischen Luftströmungswalzen einmal nach Norden und einmal nach Süden. Damit erfährt auch das Gebiet der zyklonalen Regen eine gewisse Verlagerung. Im Winter der jeweiligen Halbkugel greifen diese Regen bis fast zum 40. Breitengrad aus.

Die kalte polare Luft enthält nur wenig Wasserdampf, wodurch es im Bereich der Polarkalotten auch nur zu unbedeutenden Niederschlägen während des gesamten Jahres kommt (Abb. 2.22.).

2.2. Primäre Umweltfaktoren   41

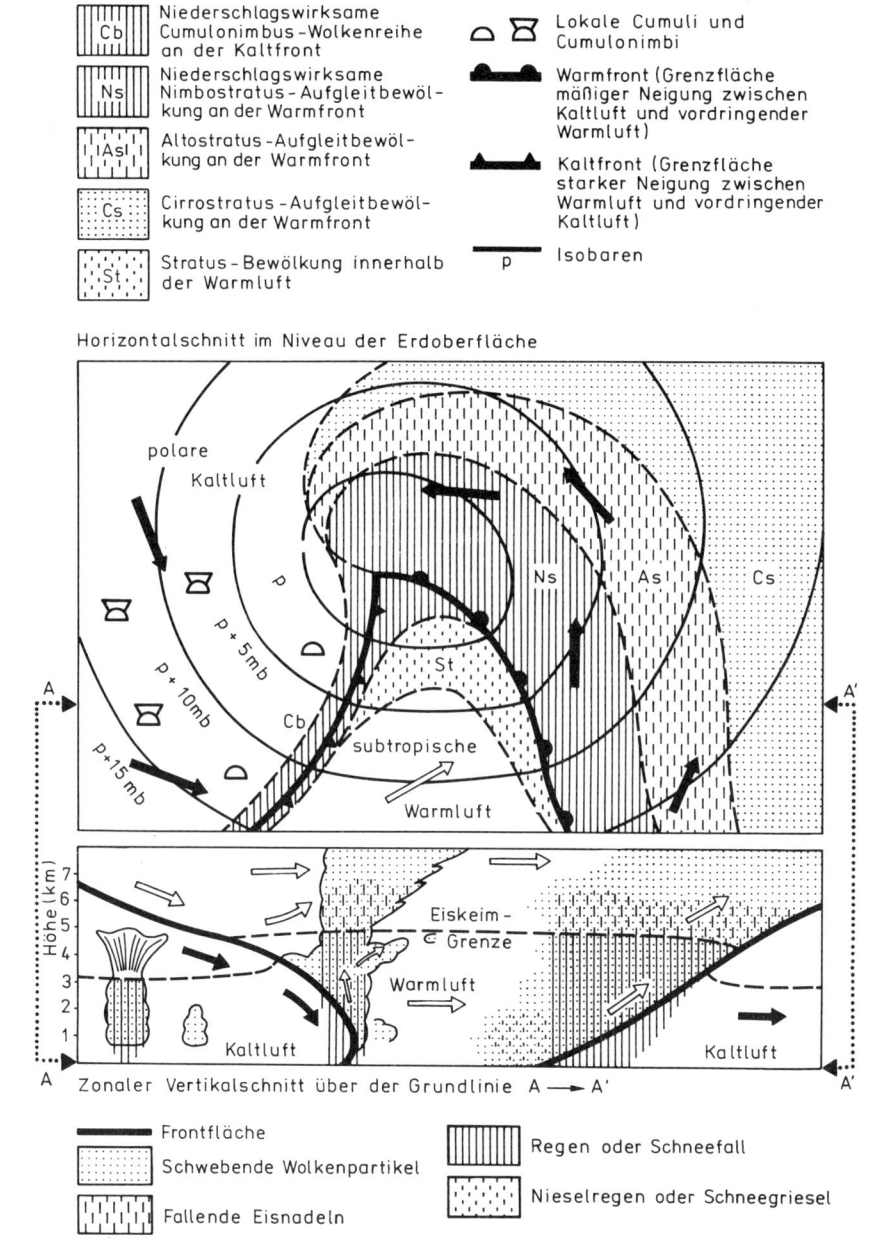

Abb. 2.21. Horizontal- und zonaler Vertikalschnitt durch eine Zyklone. Nach HENDL in HENDL, JÄGER und MARCINEK 1978.

Die durch das planetarische Windsystem bedingte Großzonierung der Niederschläge wird sehr stark durch die unterschiedliche Verteilung von Land und Meer, durch die die Winde hemmenden Gebirge, durch Monsunwinde und Meeresströmungen gestört.

Monsune entstehen, wenn sich in der warmen Jahreszeit über den Kontinenten die bodennahe Luft durch die sich stark erhitzenden Landmassen erwärmt, aufsteigt und sich

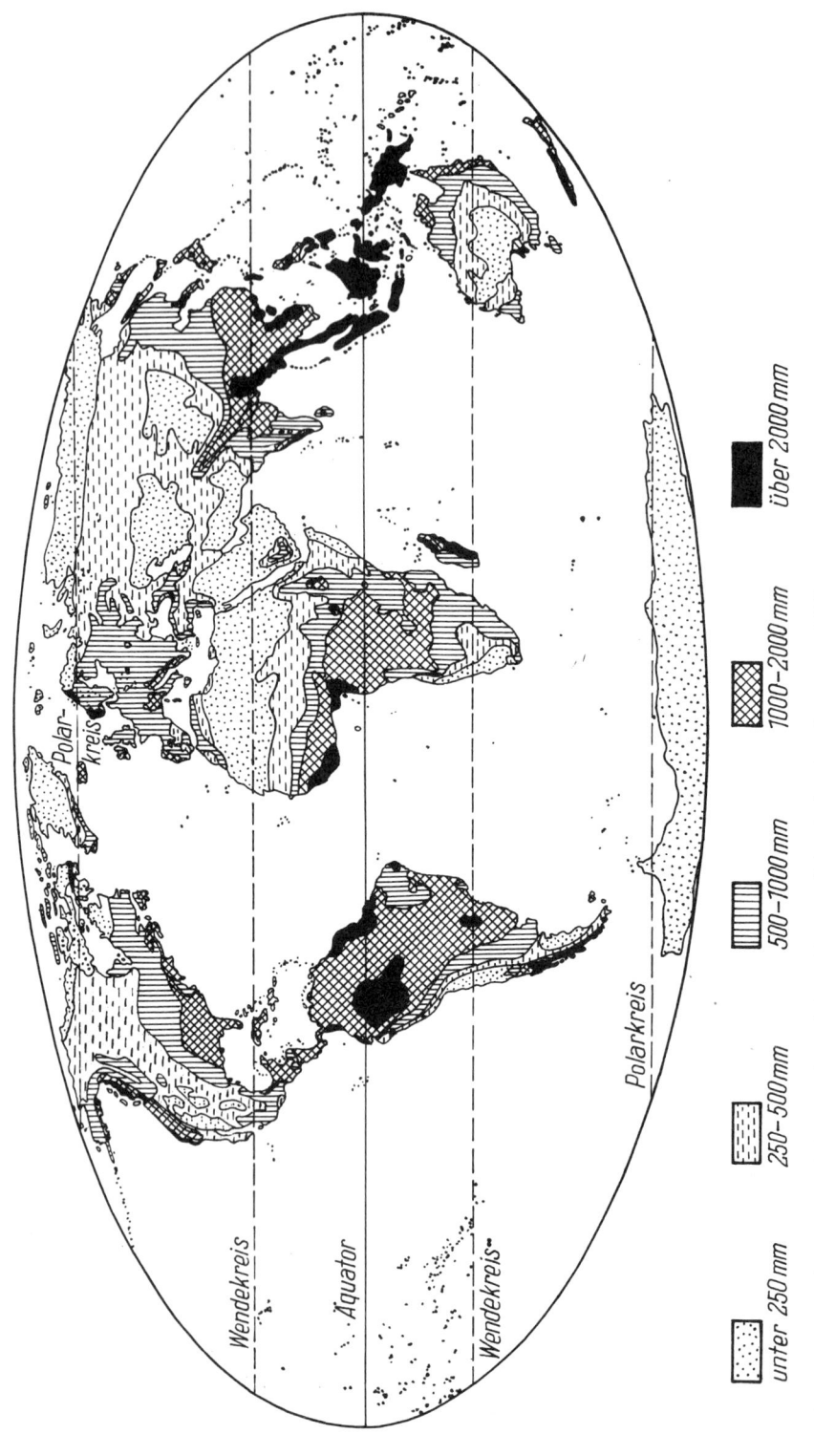

42   2. Allgemeine Grundlagen der Ökosystemlehre

Abb. 2.22. Verteilung der mittleren Jahresniederschläge auf der Erde. Aus SCHUBERT 1979.

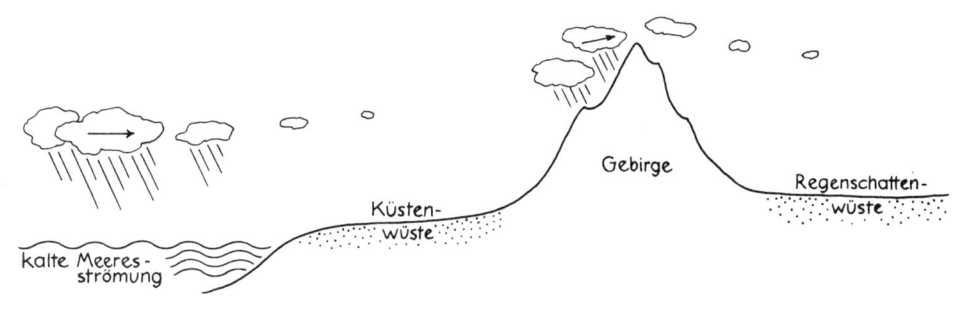

Abb. 2.23. Wüstenbildung an Küsten und im Lee von Gebirgen.

große Tiefdruckgebiete ausbilden. Diese saugen feuchte Luftmassen aus den über den kühleren Ozeanen liegenden Hochdruckgebieten an. Diese Sommermonsune bringen bei ihrem Auftreffen auf das Land meist ausgiebige Niederschläge, die **Monsunregen.** In der kalten Jahreszeit liegen die Verhältnisse umgekehrt. Die aus den Hochdruckgebieten der kalten Landmassen der Kontinente herausfließenden Wintermonsune sind trocken. Nur wenn sie nach Überströmen von Meeren Feuchtigkeit aufgenommen haben, können auch sie Niederschlag spenden.

Monsunwinde treten besonders ausgeprägt auf der Süd- und Ostseite Asiens, in Nord-Australien, an der Westküste Afrikas am Golf von Guinea und an der Ostküste Nordamerikas auf. An der Westküste Europas werden die monsunalen Winde meist durch die Zyklonen überdeckt.

Überall, wo die vom Meer auf das Land wehenden Winde auf Gebirge auftreffen, kommt es bei ihrem Aufsteigen an den Luvseiten zu Steigungsregen, während die Gebiete im Lee der Berge relativ trocken bleiben, da die Luftmassen hier absinken, sich dabei erwärmen und relativ trockener werden. Es bilden sich trockene **Regenschattengebiete** aus. Gebirge zeichnen sich deshalb gegenüber ihrer Umgebung durch größere Feuchtigkeit aus. Nur die über die unteren Luftströmungen sich erhebenden Gipfel zeigen wiederum eine Abnahme der Niederschläge (Abb. 2.23.).

Gebiete, die in der Nähe der Ozeane liegen, besitzen meist höhere Niederschläge, da hier die Luftmassen über den Wasserflächen viel Wasserdampf aufgenommen haben und in den höheren Breiten die Zyklonen noch nicht abgeregnet sind. Im Inneren der Kontinente sind die Luftmassen dagegen trockener, und nur im Sommer bringen Zyklonen noch genügend Niederschläge, da warme Luft mehr Wasserdampf aufnehmen kann, und die mitgeführten Wassermengen dann bis in das Innere der Kontinente reichen. Ausnahmen davon stellen Gebiete dar, deren Küsten von kalten Meeresströmungen bespült werden, die feuchtigkeitsbringende Luftmassen vor ihrem Auftreffen auf das Land zum Abregnen zwingen wie bei den chilenischen Wüsten (Abb. 2.23.).

Auf die Verteilung des Niederschlagswassers im Gelände hat das Relief einen entscheidenden Einfluß, da es eine Veränderung im Wassergehalt des Bodens zur Folge hat. Nur bei ebenen Flächen und durchlässigen Böden dringen die gesamten Niederschläge in den Boden ein. Auf geneigten Flächen fließt ein Teil der Niederschläge oberflächlich ab, so daß dem Boden weniger Wasser zugeführt wird als der Niederschlagshöhe entspricht. Dafür erhalten Mulden, Senken oder Unterhänge durch Wasserzufluß zusätzliche Feuchtigkeit. Die oberen Hangpartien sind deshalb meist arider, die Unterhänge, Mulden und Senken humider als es dem Regionalklima entspricht. Der Anteil der **Abflußmenge** am Gesamtniederschlag hängt ab von der Art der Niederschläge, der Hangneigung, der Bodenbeschaffenheit und der Pflanzendecke (Abb. 2.24.).

Plötzliche Regengüsse, die oft nach einer längeren Trockenperiode innerhalb kurzer Zeit viel Wasser bringen, können nicht rasch genug vom Boden aufgenommen werden. Ein

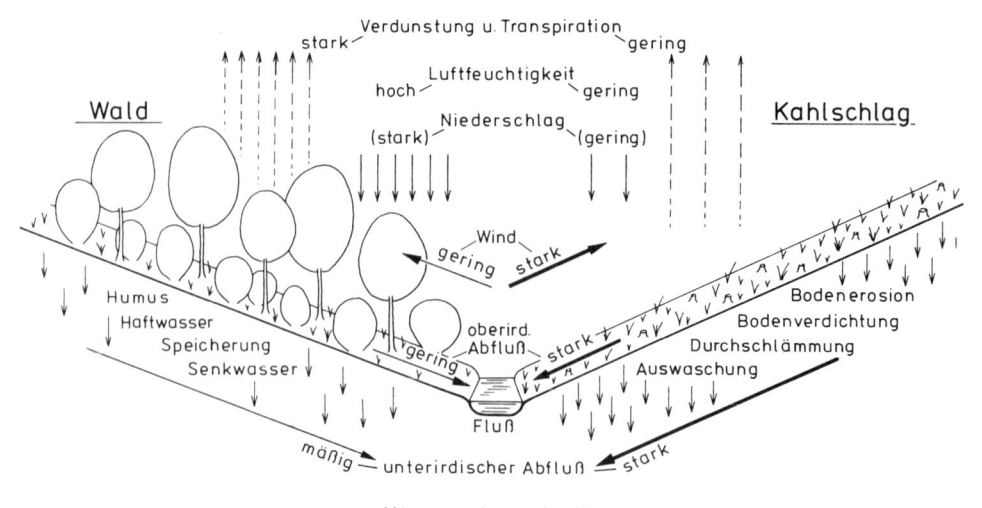

**Wasserhaushalt
im Wald und auf abgeholzter Fläche**

Abb. 2.24. Wasserhaushalt im Gelände bei unterschiedlicher Vegetationsbedeckung.

großer Teil des gespendeten Niederschlages fließt ab. Nackter Boden und verdichtete Bodenoberflächen haben einen besonders hohen Abfluß. Tiefe **Erosionsrinnen** und **Flächenabspülungen** zeugen von der Kraft abfließender Wassermassen. In lockeren Böden kann das Wasser dagegen leicht eindringen und unterirdisch abfließen. Eine geschichtete Vegetation, wie sie in Wäldern gegeben ist, verteilt die Wassermassen und hält sie zeitweilig zurück; sie wirkt dadurch erosionshemmend. Das Wasser versickert langsam und stetig, es kann nachhaltig Grundwasser und Quellen speisen. Nur 1/3–1/4 des Niederschlagswassers gelangt bis auf den Boden. Es wird zum größten Teil bereits von den Pflanzenbeständen durch Benetzung und Verdunstung verbraucht **(Interzeption).** Evaporation, die Verdunstung von freien vegetationslosen Flächen und Transpiration, die Wasserabgabe durch die Pflanzen (und Tiere), geben das Wasser an die Atmosphäre zurück.

Die Bedeutung der als Nebel oder Tau fallenden Niederschläge ist sehr unterschiedlich. Sie sind meist viel zu gering, als daß sie die Bodenwasserbilanz deutlich beeinflussen könnten. Trotzdem besitzen sie in bestimmten Fällen eine hohe ökologische Wirkung. So vermögen ausgesprochene Nebelpflanzen wie *Tillandsia*-Arten Südamerikas mit Hilfe von Saugschuppen Wasser direkt über ihre Blätter aufzunehmen. Auch Flechten und viele epigäisch lebende Tiere sind in der Lage, bei Tau oder Nebel die Feuchtigkeit sofort aufzusaugen. Pflanzen mit langen spitzen Fortsätzen (z. B. lange Nadelblätter) kämmen die Nebelfeuchtigkeit aus, sammeln sie und führen sie ihren Wurzeln zu. Schließlich führt häufiger Nebelniederschlag zu einer Transpirationseinschränkung.

Nebel kommt unter den verschiedensten klimatischen Bedingungen vor. Er besteht aus mikroskopisch kleinen Wassertröpfchen, die wegen ihrer niedrigen Fallgeschwindigkeit und gleichförmigen elektrischen Ladung in der Luft zu schweben scheinen (200–400 Tröpfchen je cm^3 Nebelluft). Nebel bildet sich, wenn der Sättigungsdruck des Wasserdampfes in der Luft überschritten wird und genügend Kondensationskerne vorhanden sind.

Tau entsteht bei nächtlicher Ausstrahlung, wenn sich die Oberfläche des Bodens oder bodennaher Substrate so stark abkühlt, daß in der darüberliegenden Luftschicht der Taupunkt unterschritten wird und sich der kondensierte Wasserdampf in Tröpfchenform auf den kalten Flächen niederschlägt. Bei Temperaturen unter dem Gefrierpunkt bildet sich der Wasserdampf, ohne erst den flüssigen Zustand zu durchlaufen, sofort als **Reif** aus. Flächen mit schlecht wärmeleitendem Untergrund werden dabei bevorzugt.

Tau- oder Nebelniederschläge übersteigen kaum jemals Werte von 1–2 mm pro Tag. Zur lokalen Ansammlung solcher Niederschläge bis zu 600 mm im Jahr (bis zu 152 mm in vier Tagen) kann es dagegen unter nebelauskämmenden Pflanzen kommen. Der Boden wird dann bis in größere Tiefen durchfeuchtet, während sonst Tau und Nebel nur 1–2 mm in den Boden eindringen. Welche Bedeutung der unterirdische Tau besitzt, der dann entsteht, wenn aus tieferen, wärmeren Bodenschichten Wasserdampf aufsteigt und sich an den kälteren Bodenteilchen der oberen Schicht niederschlägt, ist noch ungeklärt. In trockneren Gebieten könnte er durchaus eine ökologische Wirkung erlangen.

Für die Wasserversorgung der Organismen ist entscheidend, wieviel des gefallenen Niederschlages wieder in die Atmosphäre verdunstet. Die **Verdunstung** ist ein Wasserdampfstrom, der vom Dampfdruckgefälle zwischen einer Wasserfläche und der Luft erzeugt wird. Er ist in seiner Stärke abhängig vom Sättigungsdefizit der Luft, das die Differenz zwischen dem größtmöglichen und dem tatsächlichen Wasserdampfdruck der Luft bei einer gegebenen Temperatur darstellt. Der Dampfdruck wird bei

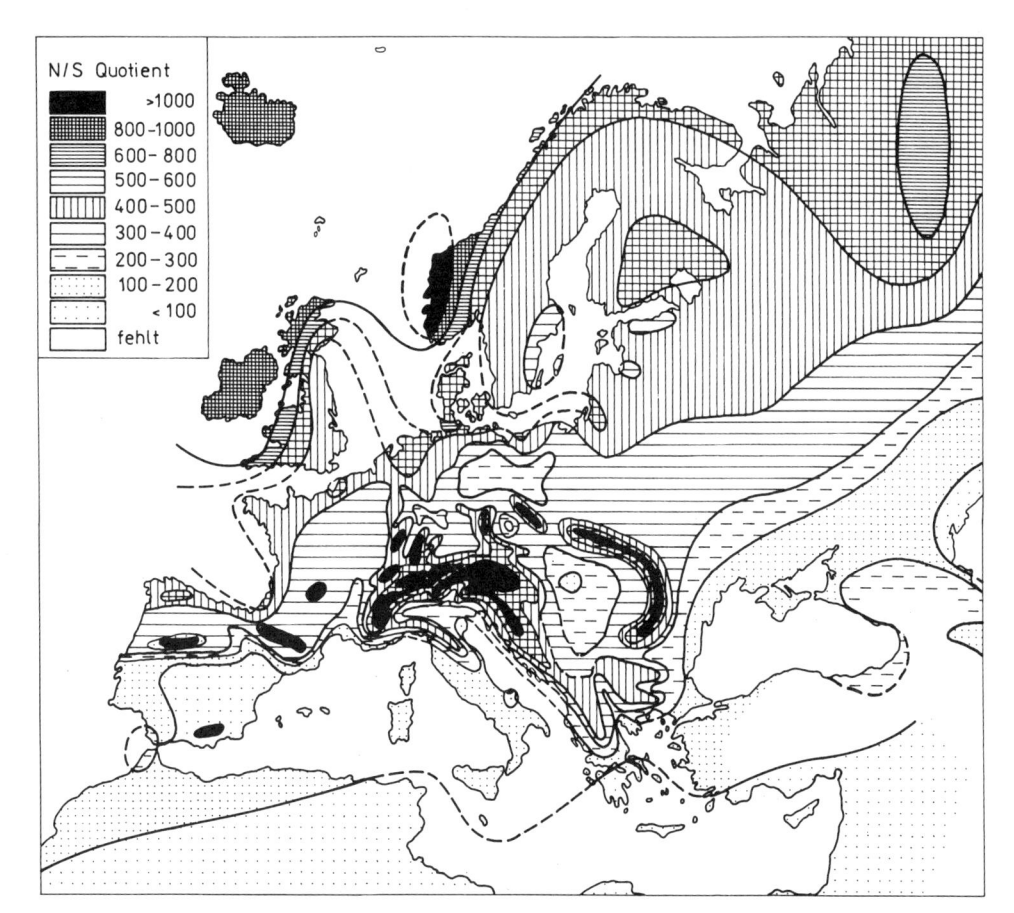

Abb. 2.25. Niederschlag/Verdunstungsquotient in Europa. Nach WALTER 1960, verändert.

46   2. Allgemeine Grundlagen der Ökosystemlehre

Erwärmen der Wasseroberfläche z. B. durch Sonneneinstrahlung gesteigert. Schließlich wird die Verdunstung auch durch Luftbewegungen erhöht, die über dem Wasser aufgesättigte Luftmassen fortführen und durch trockene ersetzen.

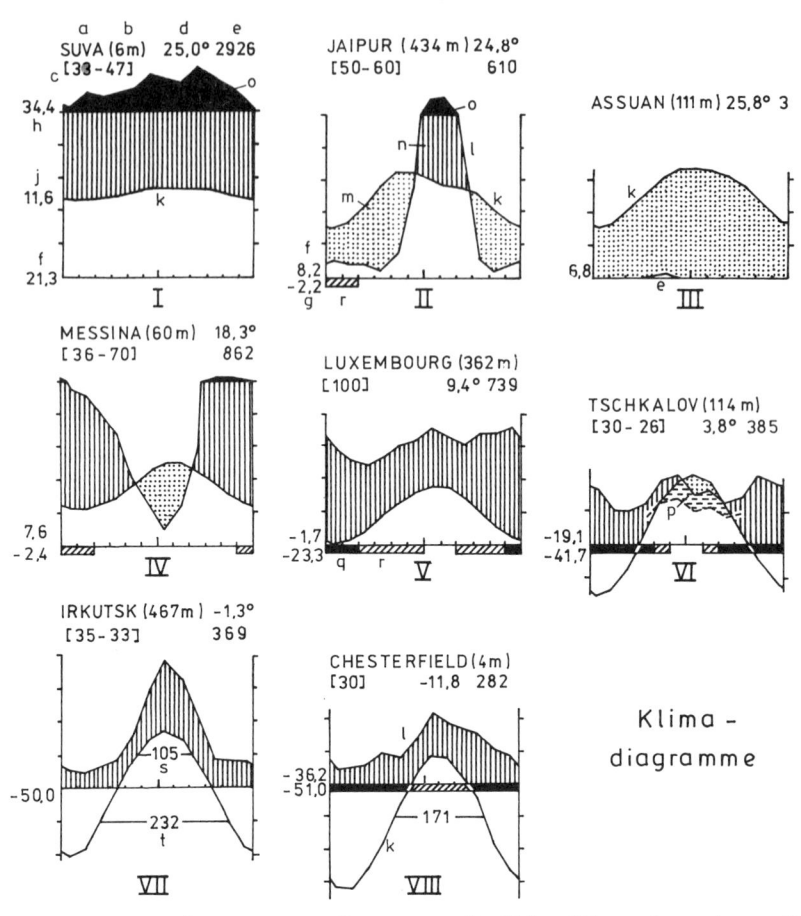

Abb. 2.26. Klimadiagramme von Orten unterschiedlicher Pflanzenformationen. Nach Angaben aus WALTER und LIETH 1960.
Erläuterungen zu den Klimadiagrammen: a = Station; b = Höhe über Meer; c = Zahl der Beobachtungsjahre, dabei evtl. erste Zahl für Temperatur und zweite Zahl für Niederschlag; d = mittlere Jahrestemperatur; e = mittlere jährliche Niederschlagsmenge; f = mittleres tägliches Minimum des kältesten Monats; g = absolutes Minimum; h = mittleres tägliches Maximum des wärmsten Monats; i = absolutes Maximum; j = mittlere tägliche Temperaturschwankung; k = Kurve der mittleren Monatstemperaturen; l = Kurve der mittleren monatlichen Niederschläge; m = für das Gebiet relative Dürrezeit (punktiert); n = für das Gebiet relativ humide Jahreszeit (vertikal schraffiert); o = mittlere monatliche Niederschläge, die 100 mm übersteigen (z. T. auf $^1/_{10}$ reduziert in schwarz), p = Niederschlagskurve erniedrigt im Verhältnis 10 °C = 30 mm, darüber horizontal gestrichelte Fläche = relative Trockenzeit (nur bei Steppenstationen); q = Monate mit mittlerem Tagesminimum unter 0 °C (schwarz), kalte Jahreszeit; r = Monate mit absolutem Minimum unter 0 °C (schräg schraffiert), Spät- oder Frühfröste können auftreten; s = Zahl der Tage mit Mitteltemperaturen über +10 °C; t = Zahl der Tage mit Mitteltemperaturen über −10 °C. I. Tropischer, immergrüner Regenwald; II. Savanne; III. Wüste; IV. Mediterraner Hartlaubwald; V. Sommergrüner, temperater Laubwald; VI. Steppe, VII. Immergrüner, borealer Nadelwald; VIII. Tundra.

Das Verhältnis zwischen Niederschlag und Verdunstung ist entscheidend für die Ausbildung der Ökosysteme. Überwiegen die Niederschlagsmengen die Verdunstung in einem Gebiet, so wird es als **humid** bezeichnet. Es besteht Wasserüberschuß, die Böden sind meist bis zum Grundwasser durchfeuchtet, die Flüsse führen ständig Wasser. Überwiegt dagegen die mögliche Verdunstung (die **potentielle Evaporation** oder potentielle Verdunstungskraft) die tatsächlichen Niederschläge, so sprechen wir von **ariden** Gebieten. Die Böden sind hier nur teilweise feucht und neigen zur Versalzung, die Flüsse führen nur periodisch Wasser (Abb. 2.25.).

Für die Entwicklung der Organismen ist oft weniger die absolute Höhe des jährlichen Niederschlages von Bedeutung, sondern das jährliche Niederschlag-Verdunstungs-Verhältnis und der Rhythmus zwischen niederschlagsreichen und niederschlagsarmen Witterungsperioden. Das **Klima** eines Standortes ergibt sich aus dem jahreszeitlichen Ablauf der Witterung. Es läßt sich sehr gut in einem Klimadiagramm darstellen, in dem Dauer und Stärke von humiden und ariden, von warmen und kalten Jahreszeiten deutlich werden (Abb. 2.26.). Neben dem für ein größeres Gebiet gültigen **Makroklima** (Großklima) ist ein **Mesoklima**, z. B. für einen bestimmten Geländeabschnitt (Geländeklima) oder einen bestimmten Bestand (Bestandesklima), sowie ein **Mikroklima,** etwa für die Feldschicht eines Waldes, zu unterscheiden.

In den Boden eindringendes Wasser wird zunächst als **Haftwasser** in den oberen Bodenschichten festgehalten, z. T. wandert es als **Senkwasser** (Sickerwasser) in die Tiefe und speist schließlich den Vorrat an **Grundwasser.** Die Bodenwasserbewegung wird entscheidend mitbeeinflußt von dem Porenraum des Bodens, unter dem man die Gesamtheit aller Lücken zwischen den festen Bodenteilchen versteht, und dem Kolloidgehalt, der die Saugkraft des Bodens bestimmt. Bodenkolloide sind hochmolekular, mit starken elektronegativen Ladungen, die auf Grund der Dipol-Natur der Wassermoleküle einen Schwarm Wasser, das **Schwarmwasser,** anziehen (Abb. 2.27.). Nach der unterschiedlich starken Wasserbindungskraft läßt sich ein sehr stark (bis 400 at) gebundenes **inneres Schwarmwasser (hygroskopisches Wasser)** und mit der Zunahme der Entfernung immer schwächer (0–50 at) gebundenes **äußeres Schwarmwasser (Filmwasser)** unterscheiden.

Gute Wasserführung im Boden verlangt ein ausgewogenes Verhältnis zwischen Porenraum und Kolloidgehalt. Extreme nach beiden Richtungen sind ungünstig. Tonböden mit zu hohem Kolloidgehalt sind in niederschlagsreichen Zeiten wegen der stark gehemmten Versickerungen zu feucht, in Trockenzeiten trocknen sie dagegen sehr aus, da auch tieferliegendes Film- und Haftwasser verdunstet. Skelettreiche Böden mit großem Porenraum, aber geringem Kolloidgehalt sind auch bei hoher Feuchtigkeit relativ trocken, da das Niederschlagswasser schnell versickert. Sie bleiben aber in Trockenzeiten relativ feucht, da keine Kapillarkraft das Haftwasser der tieferen Schicht zur Verdunstung an die Oberfläche bringt. Vom Grundwasser aus kann sich, je nach Porenraum verschieden hoch, ein aufsteigender **Kapillarwassersaum** ausbilden. In einem Boden sind somit bis zu fünf verschiedene Bodenwasserzonen zu unterscheiden (Abb. 2.28.).

2.2.2.2. Andere chemische Faktoren

Chemische Faktoren der Umwelt wirken auf die Organismen während ihres gesamten Lebens ein. Ihre Wirkung ist positiv, wenn sie in bestimmten Konzentrationen zur Entwicklung und Ernährung der Organismen förderlich und notwendig sind. Schäden werden hervorgerufen, wenn die chemischen Stoffe in zu hoher oder zu niedriger Konzentration oder als artspezifisch schädigende Fremdstoffe auftreten. Solche **Umweltnoxen** (Gifte) sind in der vom Menschen wenig beeinflußten Umwelt relativ selten, sind aber vom Menschen in zunehmendem Umfang als anthropogene Fremdstoffe – **Xenobiotica,** z. B. Pflanzenschutzmittel – in die Natur gebracht worden.

48   2. Allgemeine Grundlagen der Ökosystemlehre

Eine chemische Substanz kann bei gleicher Konzentration für den einen Organismus schädlich, für einen anderen dagegen förderlich sein. Meist findet auch eine innige Kombination der chemischen Faktoren bei ihrer ökologischen Wirkungsweise statt, und sie werden durch die Organismen selbst modifiziert.

2.2.2.2.1. Chemische Faktoren der Luft

Die chemische Zusammensetzung der Luft ist auf der Erdoberfläche sehr gleichförmig und nur geringen Schwankungen unterworfen. Sie beträgt 78,1 Vol.-% Stickstoff, 20,89 Vol.-% Sauerstoff, 0,945 Vol.-% Argon, 0,03 Vol.-% Kohlendioxid und Spuren von Wasserstoff, Helium und anderen Gasen. Diese prozentuale Zusammensetzung der Luft ändert sich auch mit zunehmender Höhe in den Gebirgen nur unwesentlich, wohl aber nimmt der Luftdruck und damit der Partialdruck der einzelnen Gase ab. So ist die Sauerstoffspannung viel geringer, ebenso wie sie auch in einem wassergesättigten Boden stark absinken kann.

Obwohl Kohlendioxid nur in sehr geringen Mengen in der Luft enthalten ist, besitzt es für die Assimilation der Pflanzen eine entscheidende Bedeutung. Steigerung des CO_2-Gehaltes ergibt in der Regel eine erhöhte Assimilation, wobei sich bei anthropogener Erhöhung eine Sättigung andeutet. Die wichtigste CO_2-Quelle ist der Boden, aus dem Kohlendioxid durch die Bodenatmung an die bodennahe Luft abgegeben wird. Es kann dadurch zu einer gewissen Anreicherung in Bodennähe kommen und in dichten Pflanzenbeständen zu hohen Tagesschwankungen. Durch die Luftturbulenz findet jedoch meist ein schneller Ausgleich statt. Ursachen der Bodenatmung sind der Abbau der organischen Bodensubstanzen durch lebende Bodenorganismen, vor allem Mikroorganismen, zu CO_2 und die Wurzelatmung ($^2/_3$ durch Tätigkeit der Bodenorganismen, $^1/_3$ durch die Wurzelatmung).

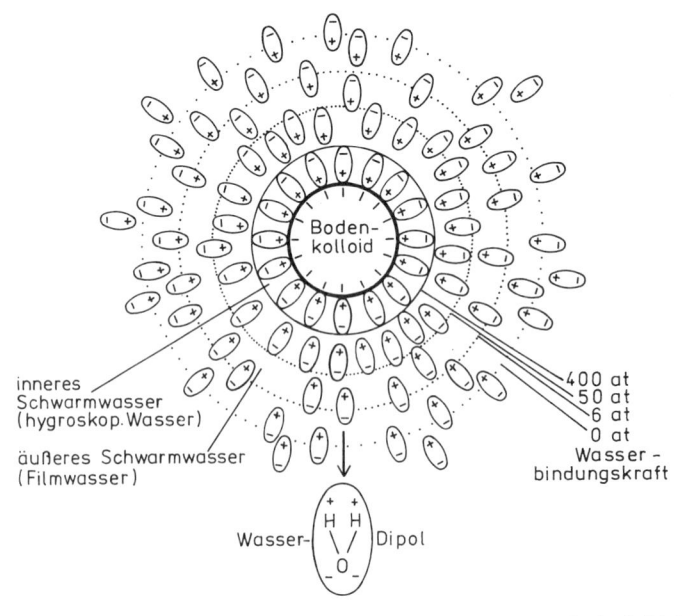

Abb. 2.27. a) Inneres und äußeres Schwarmwasser am Bodenkolloid. Nach Lerch 1980, verändert.

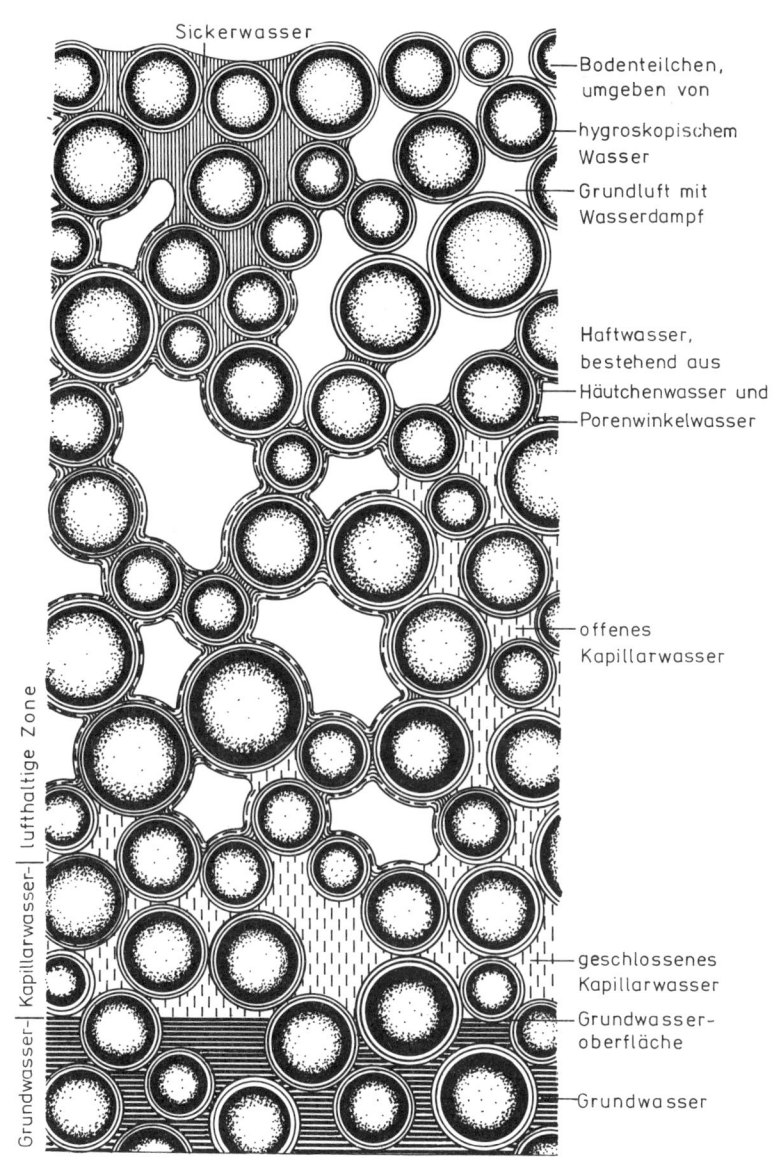

Abb. 2.27. b) Verteilung des Wassers im Boden. Nach LERCH 1980, verändert.

2.2.2.2.2. Chemische Faktoren des Bodens

Der Boden, unter dem wir die oberste, unter dem Einfluß von Klima und Lebewesen veränderte Schicht der Erdkruste verstehen, ist auch mit seinen chemischen Faktoren, besonders als Träger vieler Nährstoffe, für die Pflanzen von größter Bedeutung. Er wird in den frühen Stadien seiner Entwicklung vorwiegend durch das Muttergestein geprägt, mit zunehmender Bodenreife jedoch immer stärker vom Klima und den Organismen beeinflußt. Die Gesteine der Erdrinde bauen sich im wesentlichen aus Quarz (12%), Feldspäten (60%), Augiten, Hornblenden (17%), Glimmer (4%) und sonstigen Mineralien (7%) auf. Die

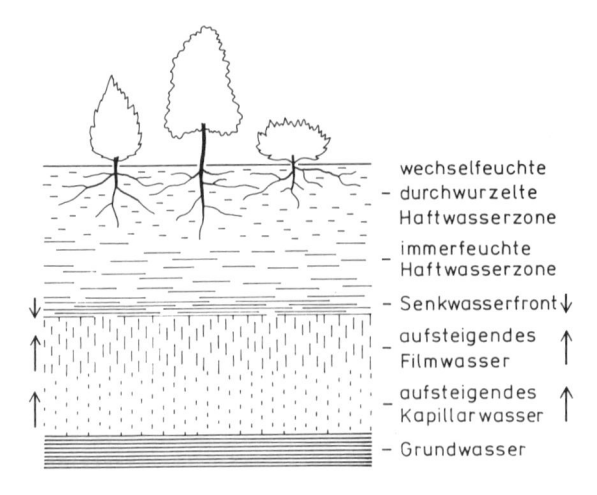

50   2. Allgemeine Grundlagen der Ökosystemlehre

Abb. 2.28. Bodenwasserzonen. Im Anlehnung an LAATSCH, WALTER und LERCH.

chemische Zusammensetzung der Erdrinde vermittelt Abb. 2.29. Das an der Erdoberfläche freiliegende Gestein wird gleichzeitig physikalisch, chemisch und biologisch angegriffen, es verwittert.

Hauptergebnis der **physikalischen Verwitterung** ist die mechanische Zerkleinerung der Gesteine, wodurch ihre Oberfläche stark vergrößert wird und eine wirksamere **chemische Verwitterung** einsetzen kann. Bei dieser führt die **Hydratation** zur Auflockerung und Auflösung der Gesteinskristalle durch Bodenwasser. Bei der **Oxidation** verbindet sich der im Hydratationswasser gelöste Sauerstoff mit den zweiwertigen Eisen- und Mangan-Ionen. Es entstehen Eisenhydroxid ($Fe(OH)_3$) und Braunstein (MnO_2). Durch die **Hydrolyse**

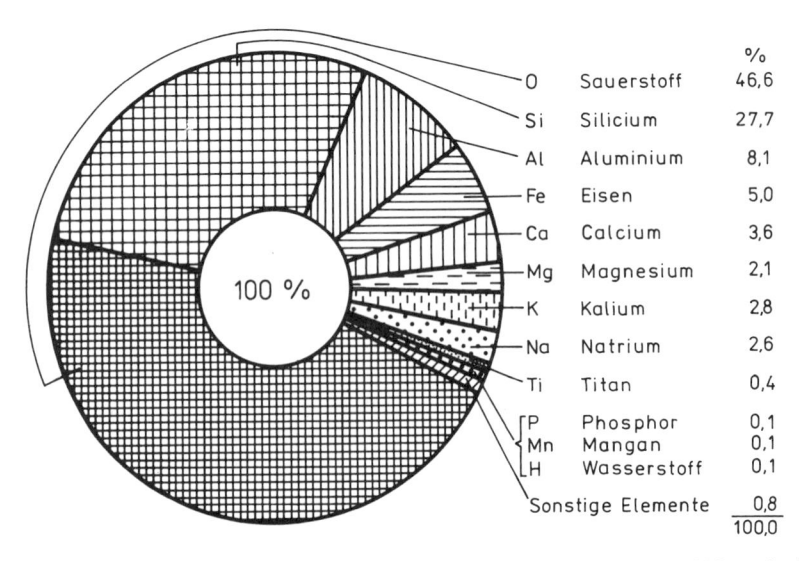

Abb. 2.29. Chemische Zusammensetzung der Erdrinde. Nach LERCH 1980, verändert.

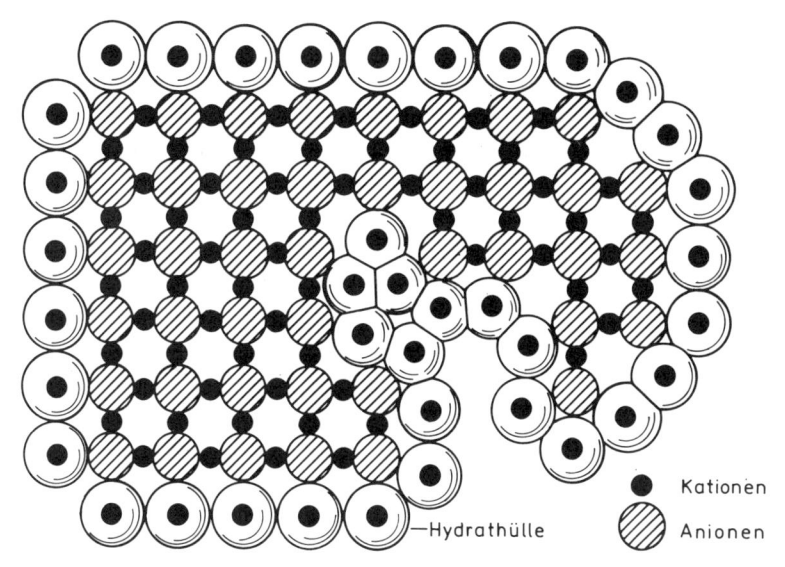

Abb. 2.30. Hydrolyse eines Silikatkristalls. Nach LERCH 1980.

werden schließlich an den Grenzflächen der Silikatkristalle die basischen Kationen von Wasserstoff-Ionen des Bodenwassers verdrängt. Zunehmende Wasserstoff-Ionenkonzentrationen (niedriger pH-Wert) im Boden steigert daher die Hydrolyse (Abb. 2.30.).

Von den **Bodensäuren** steht die Kohlensäure an erster Stelle. Sie entsteht vor allem bei der Atmung der Mikroorganismen und bei der Zersetzung toter organischer Substanz. Die Bodenluft enthält bis zum Dreißigfachen der Atmosphäre CO_2 (1%). Schwefelsäure entsteht bei der Oxidation schwefelhaltiger Mineralien und von Schwefelwasserstoff, der als Folge anaërober Eiweißzersetzung im Boden anfällt. Salpetersäure bildet sich vor allem durch Oxidation des bei der aëroben Eiweißzersetzung im Boden auftretenden Ammoniaks. In Mitteleuropa regnen − nicht zuletzt durch den hohen Gehalt an nitrosen Gasen industrieller Herkunft und der Ammoniakemission aus Landwirtschaftsbetrieben − jährlich 3 bis 28 kg Stickstoff in Form von Ammoniak oder Salpetersäure auf einen Hektar Boden herab.

Neben der physikalischen und chemischen Verwitterung ist auch die **biologische Verwitterung** zu nennen, die durch die Tätigkeit der Organismen wie Regenwürmer, Mikroorganismen, Pilze, Wurzeln der höheren Pflanzen zur Zerstörung der Gesteine führt.

Mit dem chemisch-physikalischen Abbau der Mineralien verlaufen aber auch gleichzeitig Prozesse der chemischen Umlagerung und der Neubildung von **Tonmineralien,** die bei allen anorganisch-chemischen Bodenprozessen eine große Rolle spielen. Ausgehend vom Kalifeldspat ($K_2O \cdot Al_2O_3 \cdot 6\ SiO_2$) bilden sich unter tropischem Klima bei stürmischer Verwitterung Kaolinit ($2\ H_2O \cdot Al_2O_3 \cdot 2\ SiO_2$), unter gemäßigtem Klima und langsamer Verwitterung Montmorillonit ($H_2O \cdot Al_2O_3 \cdot 4\ SiO_2$). Unter sauren Bedingungen, in basenarmen, ausgewaschenen Böden, werden die Schichtpakete der Tonmineralien schließlich noch weiter abgebaut, bis nur noch amorphe Bodengele übrigbleiben (Abb. 2.31.).

Die aus dem Abbau tierischer oder pflanzlicher Reste entstehende tote organische Masse im Boden wird als **Humus** bezeichnet. Seine Bildung beginnt mit der Streuzersetzung und endet mit der chemischen Umformung im Körper der Tiere, Mikroben und Pilze. Bei diesen Zersetzungsvorgängen werden immer wieder Mineralstoffe wie Ammonium, Nitrate, Sulfate und Bicarbonate frei.

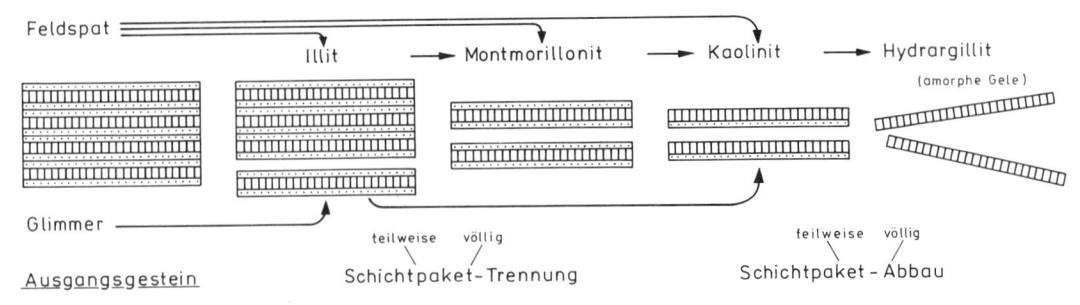

52   2. Allgemeine Grundlagen der Ökosystemlehre

```
Feldspat ═══╗
            ╠══> Illit ──> Montmorillonit ──> Kaolinit ──> Hydrargillit
Glimmer ────╝                                              (amorphe Gele)
Ausgangsgestein    teilweise  völlig              teilweise  völlig
                   Schichtpaket-Trennung         Schichtpaket-Abbau
```

Abb. 2.31. Aufbau und Zerfall von Tonmineralien. Nach LERCH 1980, verändert.

Durch die Ausgangsgesteine oder durch die Verwitterungs- und Umlagerungsprozesse kann es lokal zur Anreicherung von Kalk, Salz oder Schwermetallen kommen. Es entwickelt sich daraufhin oft eine charakteristische, an solche chemischen Extremstandorte angepaßte Organismenwelt. Erhöhter **Salzgehalt** entsteht im humiden Klima nur im Bereich von Salzwasserquellen, die unterirdische Salzlagerstätten auslaugen, oder in den vom Meerwasser überspülten oder übersprühten Uferzonen. In ariden Klimaten sind Salzanreicherungen in Böden als natürliche Folge zunehmender Niederschlagsarmut und Verdunstung weit verbreitet. **Kalkreichtum** ist in Gebieten mit anstehenden kalkreichen Sedimentgesteinen häufig. Basische Gesteine ($\sim 50\%$ SiO_2, 10% CaO) sind Basalte, Diabas, Melaphyr, Gabbro, Pyroxene, Serpentin; neutrale Gesteine (55% SiO_2, 6% CaO) Porphyrit, Diorit, Andesit; saure Gesteine (70% SiO_2, 2% CaO) Granit, Gneis, Glimmerschiefer, Phyllit. **Schwermetallsalzreiche Böden** sind von Natur aus dort anzutreffen, wo geologische Schichten ausstreichen, die einen hohen Gehalt an schwermetallsalzreichen Erzen besitzen. Schließlich kann es unter besonderen Bedingungen zu einer extremen **Anreicherung von toter organischer Substanz** kommen, wenn der Abbau des Humus durch ständige Nässe und Sauerstoffmangel stark verzögert ist; es bilden sich dann Flach- oder Hochmoore.

2.2.2.2.3. Chemische Faktoren des Wassers

Mit dem Wasser als chemischem Faktor selbst wirken eine Vielzahl weiterer chemischer Faktoren auf die Organismen ein, vor allem dann, wenn das Wasser den Lebensraum der Organismen darstellt.

Eine der stärksten ökologischen Barrieren für Organismen ist in dem grundsätzlichen Unterschied im Gesamtsalzgehalt zwischen Meer- und Süßwasser gegeben. Dem **Natriumchlorid-Typ** des Meerwassers steht der **Calciumbicarbonat-Typ** des Süßwassers gegenüber. Beide Standard-Ionenkombinationen (Tab. 2.2.) sind am weitesten verbreitet. Einige abweichende Typen (häufiger ist noch der **Calcium-Sulfat-Typ**) sind nur auf isolierte Seen beschränkt.

Tabelle 2.2. Ionengehalt von Meer- und Süßwasser

Gesamtsalzgehalt		Meer 35000 mg/l	Binnengewässer 50–2000 mg/l
Kationen	K^+	1,6 mval-%	3,6 mval-%
	Na^+	**77,2** mval-%	15,7 mval-%
	Ca^{2+}	3,4 mval-%	**63,5** mval-%
	Mg^{2+}	17,8 mval-%	17,4 mval-%
Anionen	Cl^-	**90,4** mval-%	10,1 mval-%
	SO_4^{2-}	9,2 mval-%	16,0 mval-%
	HCO_3^-	0,4 mval-%	**73,9** mval-%

2.2. Primäre Umweltfaktoren

Die räumliche und zeitliche Verteilung der chemischen Stoffe in den Gewässern ist durch Niederschlag, Zu- und Abfluß, Grundgesteine und Mineralstoffgehalt der Böden im Einzugsbereich, Temperatur, Wasserbewegung, optische und Lösungseigenschaften des Wassers, Bildungs- und Fällungsreaktionen, Komplexbildung und biologische Faktoren bedingt. Sie sind also einer starken Veränderung unterworfen.

Der **Sauerstoffgehalt** des Wassers ist abhängig von der Zufuhr durch die Atmosphäre, der Photosynthese der Produzenten und vom Verbrauch durch Atmung, Abbau und Mineralisation organischer Stoffe sowie bei Übersättigung durch Verlust an die Atmosphäre. Die Sauerstoffbilanz eines Gewässers ist demnach um so schlechter, je geringer der Eintrag von Sauerstoff durch die Oberfläche und Photosynthesetätigkeit ist und je intensiver die Stoffwechselleistungen der heterotrophen Organismen sind. Während die Atmosphäre etwa 20% Sauerstoff enthält, besitzt Wasser dagegen bei 0 °C etwa 1 Vol.-%, bei +30 °C nur 0,55 Vol.-%. Sauerstoff diffundiert nur langsam im Wasser. Stark sauerstoffbedürftige Organismen bevorzugen daher vor allem kalte, schnell fließende Bergbäche.

Kohlendioxid gelangt teils direkt aus der Luft, teils mit Niederschlägen und Zuflüssen, jedoch besonders beim Durchsickern durch den Boden sowie durch die Stoffwechseltätigkeit der Organismen in das Wasser. Das im Wasser gelöste Kohlendioxid ist teilweise zu Kohlensäure H_2CO_3 hydratisiert, die wiederum zu H^+ und HCO_3^- dissoziiert. Das HCO_3^- kann weiter in H^+ und CO_3^{2-} dissoziieren. In welchem Verhältnis CO_2, HCO_3^- und CO_3^{2-} im Wasser vorkommen, hängt vom *p*H-Wert ab. Bei *p*H 4 ist nur CO_2 vorhanden, bei *p*H 7–10 nur HCO_3^- und bei *p*H 11 nur CO_3^{2-}. In kohlendioxidhaltigem Wasser geht Calciumcarbonat als Calciumbicarbonat $Ca(HCO_3)_2$ in Lösung. Dabei wird ein Teil des Kohlendioxids gebunden und stellt als gebundene Kohlensäure eine wichtige CO_2-Reserve für die Photosynthese dar.

$$CaCO_3 + H_2O + CO_2 \rightarrow Ca(HCO_3)_2 \qquad (2.4.)$$

Dies alles bewirkt, daß z. B. in Kalkgebieten die aus Quellen entspringenden Gewässer beträchtlich mehr CO_2 (bis 1,8 Vol.-%) enthalten können als Meerwasser (~0,03 Vol.-%) und die Atmosphäre.

Die Sauerstoff- und Kohlensäurekonzentrationen werden in stehenden Gewässern vor allem auch durch die Temperaturschichtung beeinflußt (vgl. 2.2.1.1.).

Das durchlichtete Epilimnion wirkt als Nährschicht, in der die photosynthetische Tätigkeit der grünen Pflanzen überwiegt. Es kommt zur CO_2-Verarmung und O_2-Übersättigung. Im dunklen Hypolimnion, in der kaum noch Photosynthese stattfindet und heterotrophe, sauerstoffzehrende Lebensweise vorherrscht, bestehen O_2-Mangel und CO_2-Überschuß.

Beim anaëroben mikrobiellen Abbau organischer Stoffe entstehen **Methan** und **Schwefelwasserstoff**. Methan wird an die Atmosphäre abgegeben oder durch chemoautotrophe, methanoxidierende Bakterien dehydriert. Schwefelwasserstoff löst sich dagegen leicht im Wasser. Er wird entweder durch chemoautotrophe Bakterien zu Schwefel oxidiert oder zu Sulfiden umgewandelt. Im Wasser finden sich weiterhin Stickstoff, vor allem in seinen Verbindungen, und Phosphor, der früher in der Regel nur in geringen Mengen, oft nur in Spuren gelöst, zu finden war, heute aber durch den Menschen oft stark zugenommen hat.

Neben diesen anorganischen Stoffen enthalten anthropogen kaum beeinflußte Gewässer **eine große Anzahl gelöster organischer Verbindungen.** Ihre Herkunft ist verschiedenartig. Es sind meist Ausscheidungen von Photosyntheseprodukten der Algen und höheren Wasserpflanzen, Exkrete von Bakterien, Enzyme und andere durch Hydrolyse und mikrobiellen Abbau abgestorbener Organismen frei gewordene organische Verbindungen. Besondere Bedeutung erlangen Huminstoffe, die chemisch und adsorptiv Schwermetallionen zu binden vermögen.

2.2.2.2.4. Anthropogene chemische Faktoren

Durch die Tätigkeit des Menschen sind in den letzten Jahrzehnten in zunehmendem Maße chemische Verbindungen in die Biosphäre gelangt, die es vorher dort nicht gab. Es entstanden für die Organismen neue chemische Umweltfaktoren, die entweder toleriert werden oder als Giftstoffe, **Umweltnoxen,** wirken. Es gibt bereits viele Hundert verschiedene anorganische und organische chemische Verbindungen, für die nur zum Teil zulässige **maximale Aufnahmewerte** (MPI — maximal possible intake) oder **maximal täglich duldbare Werte** (ADI — acceptable daily intake in mg Substanz pro kg Körpergewicht) bekannt sind. Diese Grenzwerte sind fast stets auf den Menschen bezogen, nicht auf wildlebende Pflanzen und Tiere. Als Luft-, Wasser- und Bodenverunreinigungen spielen Umweltnoxen in den Ökosystembeziehungen eine immer größere Rolle.

Die wichtigsten Quellen für die chemische Verunreinigung der Biosphäre sind Industrie, Energieerzeugung, Verkehr, Siedlungsballungsräume, Tourismus und Landwirtschaft. Neben dem Auftreten von naturfremden chemischen Verbindungen ist die Verstärkung von chemischen Faktoren zu beachten, die ohne die Tätigkeit des Menschen in der Biosphäre auch vorhanden wären, aber durch den Menschen in einer Konzentration auftreten, die sie zu Umweltnoxen werden läßt, z. B. SO_2.

Sind es in der Atmosphäre vor allem gasförmige anorganische Stoffe, Mineralsäuren, einfache organische, auch geruchsintensive Stoffe, polycyclische Kohlenwasserstoffe, NO_x, staubförmige Stoffe und Stoffgemische, so sind es im Boden Herbizide, Insektizide, Fungizide, Algizide, Nematizide, Schwermetallverbindungen und im Wasser Salze, organische Stoffe wie Ligninsulfosäuren, Rohöle, Herbizide, Insektizide und Algizide, auch Schwermetallverbindungen, die als häufige Umweltnoxen vorkommen.

2.2.3. Mechanische und physikalische Faktoren

Die aus der geophysikalischen Umwelt wirkende **Schwerkraft** beeinflußt nicht nur die Entwicklung und Gestaltung der Einzelorganismen, sondern auch der Biocoenosen im terrestrischen, limnischen und marinen Bereich in entscheidendem Maße. Ein beträchtlicher Teil der potentiellen Energie muß von den Organismen verwendet werden, um der Schwerkraft entgegenzuwirken. Geringer sind die Wirkungen des auch der geophysikalischen Umwelt zuzuordnenden **magnetischen Feldes,** die aus der kosmischen Umwelt stammenden, vom Mond hervorgerufenen Gezeiten **Ebbe und Flut** sowie die **kosmische Strahlung,** die in ihrer ökologischen Wirkung noch zu wenig bekannt ist. Schließlich muß dem **Luftdruck,** meist allerdings im Zusammenwirken mit anderen Faktoren, eine hohe ökologische Kraft zugebilligt werden.

Luftdruckunterschiede in der Atmosphäre sind die Ursache für das Auftreten von **Luftströmungen,** die je nach Stärke als Lufthauch, Wind, Sturm, Orkan oder, wenn sie ungleichmäßig wehen, als Böen bezeichnet werden. Wirken Luftströmungen bei geringer Intensität positiv auf Stoffaustauschprozesse oder zur Verbreitung von Organismen, so können sie bei hoher Intensität für viele Organismen zerstörend sein. Auf dem Festland sind Stürme besonders im baumlosen Flachland, entlang der Meeresküsten und im Hochgebirge häufig. In Bodennähe und durch Pflanzenbestände wird der Wind allerdings stark gebremst. Ausgenommen davon sind exponierte Standorte wie Windkanten und Grate.

Die zerstörende Kraft des Windes wird noch verstärkt, wenn er Sandkörner oder Schnee- bzw. Eiskristalle mitführt. Er wirkt dann wie ein Sandstrahlgebläse.

Durch Wind oder Luftdruckunterschiede über Seeoberflächen kann es zu periodischen Wasserbewegungen kommen. So entstehen durch Wind neben der turbulenten Wasserdurchmischung **fortschreitende Oberflächenwellen.** Dabei beschreiben die Wasserteilchen während einer Wellenperiode Orbitalbahnen, deren Durchmesser an der Wasseroberfläche am größten ist und mit zunehmender Tiefe rasch abnimmt. In flachem Wasser werden die anrollenden Wellen durch Reibung am Boden gebremst und in ihrer Richtung geändert. Es entsteht die **Brandung** mit sich überschlagenden Wellen.

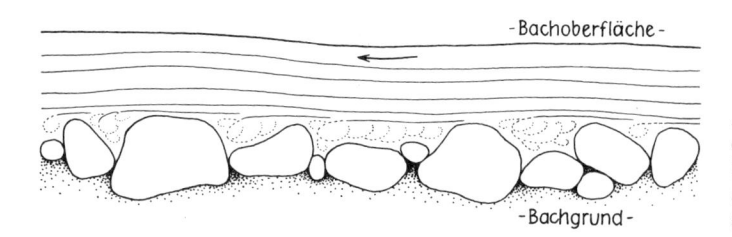

Abb. 2.32. Totwasserbereiche an der Sohle eines Baches. Nach AMBÜHL 1959 aus SCHWOERBEL 1971, verändert.

Schnee, der ein Gewicht von 0,1 – 0,8 g/cm³ hat, je nach Alter und Beschaffenheit (Feuchtschnee), kann sehr belastend auf Organismen wirken und bei Gehölzen zu Schneedruck und Schneebruch führen. Bewegter Schnee kann z. B. bei **Schneelawinen** eine zerstörende mechanische Wirkung entfalten, die der von **Steinlawinen** oder Steinschlägen gleichkommt.

Wie die Lawinen und Steinschläge ist auch die Wasserbewegung in Fließgewässern durch die Schwerkraft hervorgerufen. Man unterscheidet eine **laminare Strömung,** bei der sich einzelne Stromflächen nebeneinander herschieben, und eine **turbulente Strömung,** bei der sich die Stromfäden verflechten. Die frei fließende Welle in unseren Fließgewässern strömt immer turbulent. Laminare Wasserbewegungen treten nur auf im Porenraum der wassergefüllten Flußsedimente, im Grenzschichtbereich von festen überströmten Substraten und vielleicht im Innern von Pflanzenpolstern. Im Kontaktbereich mit der Stromsohle treten Schereffekte zwischen dem frei strömenden Wasser und dem festen Substrat auf, die zur Verwirbelung des Wassers führen und damit zu einem Bereich von **Totwasser.** Hier finden die meisten Fließwasserbewohner Schutz vor der Strömung (Abb. 2.32.).

Brände entstehen in der Natur durch Blitzschlag oder durch lokale Überhitzung trockener organischer Substanz, meist jedoch willkürlich durch den Menschen. Sie wirken sowohl als energetischer Wärmefaktor als auch mechanisch.

Bei einem Waldbrand ist zwischen **Kronenbrand** und **Streubrand** zu unterscheiden. Während der Kronenbrand vor allem die Bäume vernichtet, erfaßt der Streubrand im wesentlichen nur die bodennähen Schichten und flachwurzelnde Gehölze wie Fichten.

Die Temperatur des Feuers ist bei einem Streubrand sehr unterschiedlich. Während die Flamme (nach WALTER 1960) selbst etwa 1000 °C aufweist, beträgt die Temperatur bei Windstille in 6 m Höhe nur noch 150 °C, in 9 m Höhe 45 °C. Bei Wind können dagegen in 12 m Höhe 89 °C und in 3 m Höhe nur 68 °C gemessen werden. Im Boden sinken die Temperaturen in der Regel schnell ab, z. B. in 3 cm Tiefe nur 25,6 °C und in 7 cm nur 17 °C, während an der Bodenoberfläche eine Temperatur von 438 °C herrscht.

Grasbrände werden häufig von Menschen angelegt, um den Wald zurückzudrängen oder um das alte harte Gras zu vernichten und schnell durch die austreibenden, intakt bleibenden Knospen junges eiweißreiches Futter für die Weidetiere zu gewinnen. Der Nachteil, den solche Brände mit sich bringen, überwiegt die Vorteile bei weitem. Es werden meist die wertvollen, ausdauernden Gräser geschädigt, die organische Substanz der obersten Bodenschicht wird zerstört, die entstandene mineralische Asche leicht fortgespült oder verweht. Die offene Bodenoberfläche bietet Ansätze für Erosion, und die zoologische Komponente der Lebensgemeinschaft des Standortes ist durch das Feuer stark gestört.

Mahd ist der mechanische Faktor, der in potentiellen Waldlandschaften die oft artenreichen Wiesen erhält. Sie schafft einen scharfen Eingriff in die Pflanzendecke und verändert grundlegend die jeweilige Lebensgemeinschaft. Es werden diejenigen Pflanzen in ihrer Entwicklung begünstigt, die vom Schnitt nicht erfaßt werden oder die ein besonders starkes Regenerationsvermögen besitzen, die zwischen den Schnitten zur Fruchtreife kommen oder sich dem Rhythmus der Schnittfolge anpassen.

Während bei der Mahd oder anderen Erntevorgängen durch den Menschen der Gesamtbestand an Pflanzen abgeschnitten und entfernt wird, werden beim **Weidegang** durch

Tiere nur bestimmte Pflanzenarten verbissen, andere dagegen verschmäht. Es entsteht eine Auslese bestimmter Arten. Sie hängt ab von den ökologischen und biochemischen Eigenschaften der Weidepflanzen, von der unterschiedlichen Beanspruchung durch die verschiedenen Weidetiere, von der Intensität der Bewirtschaftung durch den Menschen sowie von der Intensität des Betritts. An Viehpfaden, Tränkstellen und sonstigen durch Tier oder Mensch stark betretenen Flächen halten sich schließlich nur noch Organismen, die durch ihre Kleinheit, Elastizität, bei Tieren durch Dickschaligkeit, bei Pflanzen durch bodennahe Verzweigung und hohe Regenerationsfähigkeit der Trittwirkung widerstehen können.

2.3. Interaktionen zwischen den Organismen

2.3.1. Formen des Zusammenlebens

Die Formen des Zusammenlebens der Organismen sind äußerst mannigfaltig. Sie beeinflussen die Entwicklung des Einzellebewesens wie auch der Lebensgemeinschaften ganz entscheidend. Die biotische Umwelt eines Organismus wirkt dabei entweder direkt über die von ihr ausgehenden biogenen primären Umweltfaktoren oder indirekt, indem sie die primären Umweltfaktoren, die von anderen Umweltsektoren (s. Abb. 1.1.) ausgehen, durch ihre Einflußnahme modifiziert.

Die Möglichkeiten, die zwei Organismen haben, miteinander in unterschiedliche **Wechselbeziehungen** (Bisysteme) zu treten, sind in Tab. 2.3. zusammengestellt. Die aufgeführten Interaktionstypen (biocoenotischer Konnex) können innerhalb einer Art auftreten, sie sind dann **intraspezifisch,** oder beim Zusammenleben verschiedener Arten, **interspezifisch.**

Sowohl intra- als auch interspezifische Interaktionstypen können bei einem Organismus im Laufe seiner ontogenetischen wie auch phylogenetischen Entwicklung zeitlich und räumlich begrenzt sein und sich ablösen.

Beim Zusammenleben von Algen und Pilzen in den Flechten werden zu bestimmten Zeiten die Algen durch den Pilz zu stärkerer Vermehrung und Aktivität der Stoffproduktion angeregt, zu anderen Zeiten dringen die Pilzhyphen in Algenzellen ein, zerstören sie und entnehmen ihnen Nährstoffe; anschließend leben sie saprophytisch auf der toten organischen Substanz der Algen. Der Wechsel zwischen diesen verschiedenen Formen des Zusammenlebens ist abhängig vom Klima und von den zur Verfügung stehenden Nährstoffen und kann in einer Flechte auch räumlich getrennt ablaufen.

Zu bedenken ist, daß ein Organismus durchaus mit einem anderen Organismus ohne gegenseitige Förderung oder Hemmung zusammenleben kann, daß er einen zweiten Organismus dagegen schädigt und daß einem dritten Organismus sein Auftreten nützt. Es ergibt sich dadurch in jeder Lebensgemeinschaft ein Wirkungsnetz von biotischen Interaktionen, das nur sehr schwer vollständig zu übersehen ist. Auf keinen Fall herrscht in den Lebensgemeinschaften nur Konkurrenz zwischen den Lebewesen!

Neutralismus liegt vor, wenn die Organismen sich in ihrem Zusammenleben weder fördern noch hemmen; dies ist häufig der Fall, wenn unterschiedliche Nahrungsgrundlagen und Siedlungsräume benötigt bzw. bevorzugt werden. Dabei kann dieser Neutralismus phylogenetisch in schwerem Konkurrenzkampf (historische Konkurrenz) erworben worden sein.

Bei der **Konkurrenz** sind zwei Typen zu unterscheiden. Wenn eine direkte gegenseitige aktive Behinderung auftritt, kann dies bei stärkerer Behinderung des einen Partners zu dessen Verdrängung oder Absterben führen. Am häufigsten ist die gegenseitige indirekte Behinderung bei der Ausnutzung der natürlichen Ressourcen zu finden, vor allem, wenn diese nicht in ausreichendem Maße zur Verfügung stehen. Beide Konkurrenztypen sind in

2.3. Interaktionen zwischen den Organismen

Tabelle 2.3. Interaktionsmöglichkeiten zweier Organismen

Typ der Interaktion	Organismus 1	Organismus 2	Art der Interaktion
Neutralismus	0	0	Keiner der Organismen beeinflußt den anderen
Konkurrenz: Typ direkter gegenseitiger Beeinflussung	−	−	Gegenseitige direkte Behinderung der Organismen
Konkurrenz: Typ gegenseitiger Beeinflussung durch Ressourcennutzung	−	−	Gegenseitige indirekte Behinderung der Organismen durch gleiche Ressourcennutzung, wenn diese nicht in ausreichendem Maße möglich ist
Amensalismus	−	0	Ein Organismus wird behindert durch den anderen, der aber dadurch nicht gefördert wird
Parasitismus (Opponenz)	+	−	Ein meist kleinerer Organismus (Parasit) wird durch die Hemmung des anderen größeren Organismus (Wirt) gefördert
Prädation Episitismus (Opponenz)	+	−	Ein meist größerer Organismus (Räuber) wird durch die Vernichtung des anderen kleineren Organismus (Beute) gefördert
Antibiose	+	−	Durch Ausscheiden von Substanzen wird ein Organismus gefördert, indem ein anderer gehemmt wird
Kommensalismus	+	0	Der eine Organismus (Kommensal) wird durch den anderen Organismus (Wirt) gefördert, ohne daß dieser dadurch gehemmt wird
Protokooperation	+	+	Das Zusammenwirken beider Organismen ist für beide förderlich, aber nicht zwingend notwendig
Mutualismus	+	+	Das Zusammenwirken beider Organismen ist für beide förderlich und zwingend notwendig

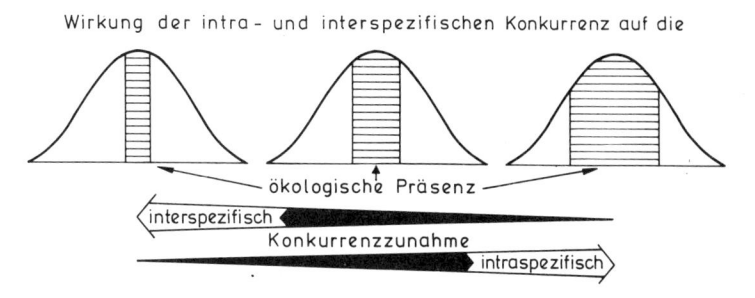

Abb. 2.33. Wirkung der intra- und interspezifischen Konkurrenz auf die ökologische Präsenz von Populationen. In Anlehnung an ODUM 1980.

ihrer Tendenz für beide Partner negativ. Sie sind besonders oft in jungen, instabilen oder gestörten Ökosystemen anzutreffen. Sie besitzen eine hohe evolutionäre Kraft, wobei die Wirkung der inter- und intraspezifischen Konkurrenz sehr unterschiedlich ist. Während erstere zu einer Einengung des Lebensbereiches auf das Optimum der physiologischen Toleranz führt, bringt letztere eine stärkere Ausnutzung des gesamten Toleranzbereiches mit sich (Abb. 2.33.).

Amensalismus liegt schließlich vor, wenn ein Organismus durch einen anderen geschädigt wird, ohne daß dieser dadurch einen Nutzen hat.

Alle bisher geschilderten negativ wirkenden Interaktionstypen führen zur Separation von verwandten oder in ihren ökologischen Ansprüchen ähnlichen Organismen, zur Ausbildung von getrennten ökologischen Nischen.

Bei den folgenden drei Interaktionstypen (gelegentlich als Antibiose zusammengefaßt) handelt es sich um Wechselbeziehungen, bei denen durch die Hemmung des einen Organismus der andere eine Förderung erfährt. So schmarotzt beim **Parasitismus** ein meist kleinerer Organismus auf einem in der Regel größeren Organismus, der als Wirt bezeichnet wird. Er entnimmt ihm meist Nährstoffe und hemmt ihn zu seinen Gunsten an der Entwicklung. Noch krasser wird die Einseitigkeit im Falle der **Prädation** (Episitismus). Hier wird ein Beuteorganismus durch einen anderen, räuberisch lebenden Organismus zur Nahrungsaufnahme vernichtet. Räuber-Beute-Beziehungen finden sich im Tierreich sehr häufig. Bei der **Antibiose** (im engeren Sinn) werden schließlich von einem Organismus Hemmstoffe ausgeschieden, die einen anderen Organismus in seiner Entwicklung beeinträchtigen. Daraus entsteht meist ein Vorteil für den Organismus, der die Hemmstoffe ausscheidet (Allelopathie).

Im Laufe der Phylogenie und bei der Reifung und Vergrößerung der Stabilität von Ökosystemen zeigt sich die Tendenz, die Hemmung des zweiten Partners zu minimieren, da bei zu großer Schädigung auch der begünstigte Partner im Enddeffekt behindert wird (Abb. 2.34.). Bei jungen unausgeglichenen Ökosystemen und in Fällen, in denen zwei Organismen erstmalig aufeinandertreffen, kann es dagegen oft zu starken negativen Wechselwirkungen kommen (Prinzip der Augenblickspathogenität). Hier finden sich vorwiegend Organismen mit sehr hohen Fortpflanzungsraten, Entwicklungsgeschwindigkeiten und starker Tendenz zum Verlassen des Lebensraumes (**r-Strategen**). Im Laufe der Entwicklung stellt sich ein ausgewogenes Abhängigkeitsverhältnis ein, das zu einer **Homöostasie** führt, die, über eine Vielzahl von Generationen betrachtet, immer noch stark oszilliert. In diesen Ökosystemen herrschen die **K-Strategen** vor, die an die Kapazität ihres Lebensraumes durch

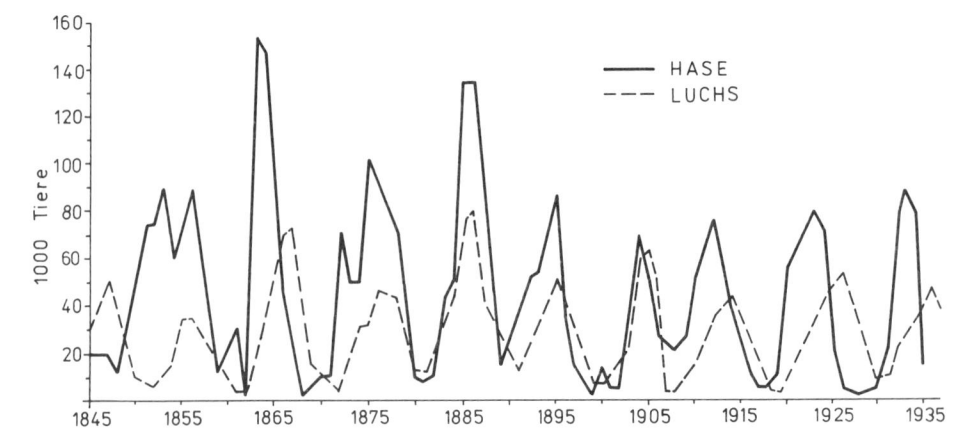

Abb. 2.34. Räuber-Beute-Beziehungen, dargestellt am Beispiel der zyklischen Bestandesschwankungen von Hasen- und Luchspopulationen aus Kanada von 1845–1935. Nach ELTON aus TSCHUMI 1973.

2.3. Interaktionen zwischen den Organismen

dessen größtmögliche gleichmäßige Nutzung angepaßt sind. Daneben gibt es **Streßtolerante,** die für die Entwicklung ungünstige, einen Streß hervorrufende Umweltbedingungen ertragen und genügend viele, die für die Erhaltung der Art notwendige Nachkommen erzeugen.

DARWINS Selektionsprinzip vom Überleben des Geeignetsten hat die Aufmerksamkeit vor allem auf die Interaktionstypen mit zumindest einer negativen Komponente wie Parasitismus, Predation und Antibiose oder auf die Konkurrenz gelenkt. Mindestens genauso häufig, in gereiften, stabilen Ökosystemen sogar überwiegend, sind die Interaktionen, bei denen vor allem positive Komponenten zu finden sind.

Weit verbreitet ist der **Kommensalismus,** bei dem ohne Schädigung des Partners ein Organismus durch das Zusammenleben einen Vorteil genießt. Alle Waldschattenpflanzen genießen den Vorteil der Beschattung durch die Bäume. Sie sind durch ihre Phylogenie an geringe Lichtintensitäten angepaßt und würden bei voller Sonnenbestrahlung absterben. Das Prinzip der phylogenetisch entstandenen Nischenstruktur drückt sich im Kommensalismus besonders deutlich aus.

Eine Weiterentwicklung der positiven Interaktionen zwischen Organismen stellt die **Protokooperation** dar. Hier kommt es beim Zusammenleben **(Symbiose)** zweier Organismen zu einem beiderseitigen Vorteil. Ein Beispiel für den in der Natur häufig anzutreffenden Typ ist das Zusammenleben von Krabben und Nesseltieren. Die Krabben erfahren durch die Nesseltiere einen gewissen Schutz, sie „pflanzen" sich deshalb auch Nesseltiere auf ihren Panzer. Die Nesseltiere erhalten durch die Ortsbewegung der Krabben ständig neues Nahrungsmaterial. Das Zusammenleben ist aber nicht zwingend notwendig.

Die höchstentwickelte Form der Symbiose stellt der **Mutualismus** dar, bei dem beide Organismen in ihrer Existenz auf die Förderung angewiesen sind, die sie bei ihrem Zusammenleben erfahren; die eine Art ist ohne die andere nicht mehr existenzfähig. Die Mykorrhiza, wie sie bei vielen Pflanzen, vor allem Nadelgehölzen, Heidekrautgewächsen, Orchideen zu finden ist, mag als Beispiel dafür gelten.

Durch die beschriebenen Interaktionen der Organismen und ihre Wechselwirkungen mit den Faktoren der anderen Umweltbereiche entsteht für jeden Organismus in den Ökosystemen ein Bereich, in dem er für eine bestimmte Zeit die Möglichkeit findet, sich zu entwickeln. Dies ist seine reale **ökologische Nische,** die durch viele zusammenwirkende Faktoren multidimensional bestimmt wird.

Diese reale ökologische Nische ergibt sich demnach aus der Interaktion der Organismen, aus ihrer Auseinandersetzung mit den real existierenden Umweltbedingungen auf den genetisch bedingten Fähigkeiten (physiologische Toleranzen oder Potenzen) und den abiotischen Bedingungen (Valenzen) innerhalb deren eine Existenz möglich ist. Dies stellt die fundamentale Nische dar.

So verschieden die ökologischen Rollen auch sein können, die von den einzelnen Organismen in der Natur eingenommen werden, so lassen sich doch alle Organismen durch die in einem Ökosystem bestehenden Nahrungsketten in die drei großen Gruppen der Produzenten, Konsumenten und Destruenten einordnen. Jedes selbständig funktionsfähige Ökosystem muß wenigstens Produzenten und Destruenten besitzen. Zwischen beide können sich die Verbraucher, die Konsumenten, einschalten. Die **Primärproduzenten** sind autotrophe Lebewesen, die anorganische Grundstoffe in organische Verbindungen zu überführen vermögen und sie dadurch auf ein höheres Energieniveau heben. Dies geschieht bei grünen Pflanzen und verschiedenen Mikroorganismen mit Hilfe des Sonnenlichtes (Photosynthese), während andere Mikroorganismen dazu die Energie nutzen, die bei Reduktions-Oxidations-Reaktionen an den als Nährstoffe dienenden Substraten frei wird (Chemosynthese).

Die **Konsumenten,** auch als Verbraucher bezeichnet, sind heterotrophe Lebewesen, die sich unmittelbar oder mittelbar von den organischen Stoffen ernähren, die durch die Primärproduzenten aufgebaut worden sind. Zu ihnen gehören die Pflanzenfresser (Herbivore, Phytophage) und Pflanzenparasiten sowie die sich von den Herbivoren ernährenden Carnivoren, die Fleischfresser, die selbst wieder Fleischfressern zur Nahrung dienen.

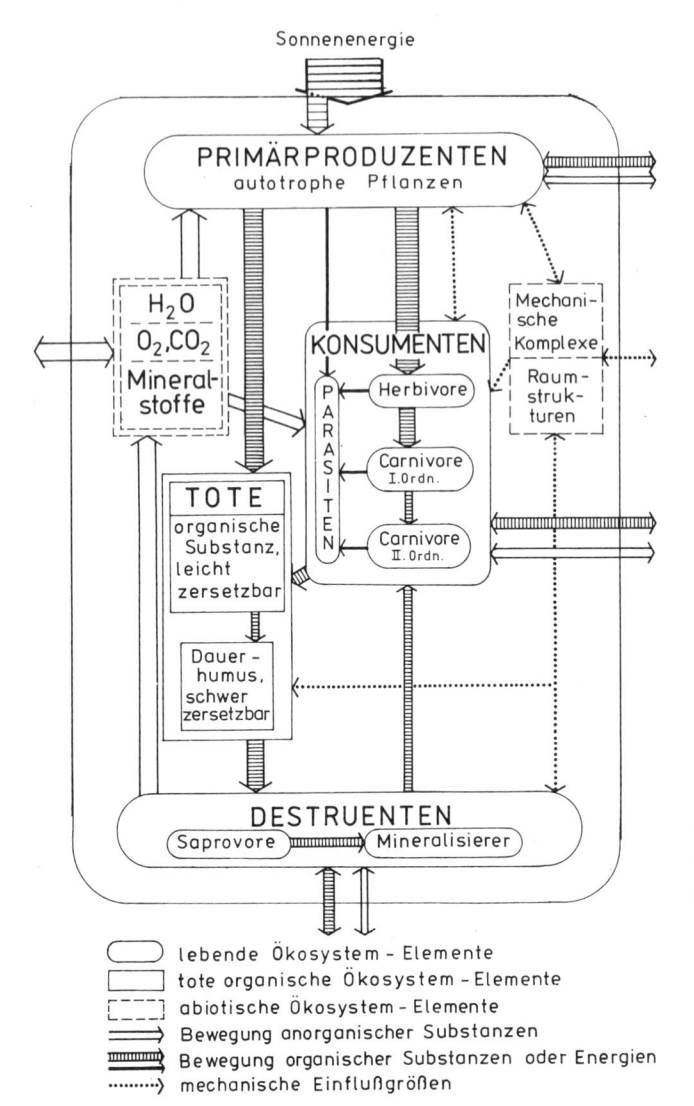

60   2. Allgemeine Grundlagen der Ökosystemlehre

Abb. 2.35. Ökosystemelemente und Stoff- sowie Energieflüsse. Nach ELLENBERG 1973, verändert.

Herbivore und Carnivore können von Parasiten befallen sein, die ihrerseits wieder von Überparasiten beeinträchtigt werden.

Die **Destruenten** (Saprovore und Mineralisierer) sind die Lebewesen, die alle toten organischen Substanzen von Tieren und Pflanzen bis zur Stufe der anorganischen Ausgangssubstanzen abbauen. Zu ihnen zählen vor allem Bodentiere, Bakterien und Pilze. Sie können ihrerseits anderen Organismen als Nahrung dienen und haben dann die Rolle von Sekundärproduzenten. Es ist also durchaus möglich, daß ein und dasselbe Lebewesen in einem Ökosystem als Sekundärproduzent, als Konsument und als Destruent auftritt (Abb. 2.35.).

2.3.2. Parasitismus

Als **Parasitismus** (Schmarotzertum) werden in der Ökologie mehr oder weniger ähnliche Relationen und Vergesellschaftungsformen zusammengefaßt. Bei „Körper-Kontakt-Vergesellschaftungen" sind außer dem Parasitismus auch Epökie, Kommensalismus, Mutualismus

2.3. Interaktionen zwischen den Organismen

u. a. zu unterscheiden. Auch das traditionell als „Parasitismus" verstandene Phänomen besteht aus mehr oder weniger verschiedenen Erscheinungen, die zu trennen sind (Parasitismus und Parasitoidismus; Temporärparasitismus). Der echte Parasitismus stellt sich dabei als besondere Qualität eines verschiedenartigen Körper-Kontakt-Verhältnisses **(Somatoxenie)** dar.

Körper-Kontakt-Vergesellschaftungen (zu denen nur ein kleiner Teil des Temporärparasitismus und nur ein Teil der gemeinhin als „Symbiose" bezeichneten Verhältnisse zu rechnen sind) spielen in der Natur eine große Rolle. Mindestens ein Fünftel aller bekannten Organismenarten lebt obligat als „Gastpartner" in Körper-Kontakt-Vergesellschaftungen. Rechnet man die „Wirte" hinzu, so ergibt sich, daß nahezu jeder Organismus — sei es als Gast oder Wirt — Partner einer Körper-Kontakt-Vergesellschaftung ist. Somatoxenie-Verhältnisse sind somit eine universelle Lebenserscheinung. Der Anteil des echten Parasitismus und des, diesem nahestehenden, Parasitoidismus ist hoch, er umfaßt nach der Artenzahl der Gastpartner weit über die Hälfte dieser Verhältnisse. Während der Parasitoidismus (wie die Prädation) direkt auf den Naturhaushalt einwirkt, ergeben sich beim echten Parasitismus komplizierte indirekte biocoenotische Beeinflussungen. Alle Erreger von Infektionskrankheiten bei Mensch, Tier und Pflanze sind Parasiten. Viele Parasiten sind Schädlinge an pflanzlichen Kulturen. Der Parasitismus hat daher ungeheure praktische Bedeutung für die menschliche Gesellschaft.

Innerhalb der Biocoenosen bzw. der ihnen über- oder untergeordneten Einheiten gibt es allgemeine Beziehungen zwischen den Organismenarten, die auf der Zugehörigkeit zu der betreffenden Lebensgemeinschaft beruhen. Neben indirekten Beziehungen (Stoff- und Energiekreisläufe) gibt es direkte Relationen (Bisysteme, etwa zwischen Pflanzenfressern und ihren Nahrungspflanzen). Weder die Biocoenosen an sich, noch die Relationen sind schon Vergesellschaftungen im engeren Sinn, wenn auch manche Biocoenosen (vor allem im pflanzlichen Bereich) schon Vergesellschaftungsformen ähneln. Vergesellschaftung (oder „Gesellung") bedarf unmittelbarer Annäherung der einen Partnerart an die andere und eines längeren Zusammenlebens. Vergesellschaftung i. e. S. ist nicht nur biocoenologische Relation, sondern auch autökologische Gemeinschaft. Die biocoenologischen Relationen gliedern sich somit in „Beziehungen ohne Vergesellschaftung" und „Gesellungen". Sie reichen autökologisch von Nichtgesellung zu Gesellung und in der Form der Vergesellschaftung vom gelegentlichen Nebeneinander auf Distanz bis zu engeren Gast-Wirt-Beziehungen und deren höheren Formen des ständigen körperlichen Kontaktes und dort bis zu „intimer" Berührung und Verflechtung auf physiologischer und biochemischer bzw. molekularer Ebene. Es gibt Verbindungen und Übergänge zwischen Beziehungen ohne Gesellung und Vergesellschaftungen. In der Gesellung als engerer Form der Relation wirken neben zusätzlichen (autökologischen und partiell-biocoenologischen) Gesetzmäßigkeiten auch die für die (synökologischen) Beziehungen ohne Gesellung geltenden. Jede Vergesellschaftung ist auch Relation auf der Artebene, aber nicht umgekehrt. Die Gesellungen gliedern sich in solche ohne und solche mit körperlichem Kontakt. Bei Vergesellschaftungen ohne längeren körperlichen Kontakt sind ahospitale und (meist) polyhospitale (selten schon monohospitale) Verhältnisse zu unterscheiden. Somatoxenie ist immer monohospital. Eine Zwischenstufe zwischen „allgemeinen" Beziehungen und Körper-Kontakt-Vergesellschaftungen bildet die „Gesellung überwiegend ohne oder ohne ständigen körperlichen Kontakt" oder Parökie i. w. S.

Parasitismus i. e. S. ist einseitige ökophysiologische Abhängigkeit des Gastes vom Wirt; der obligate Parasit kann ohne Wirt nicht leben. Der echte (Stationär-) Parasitismus ist ein autökologisch-physiologisches System, eine intime räumlich-körperlich-zeitliche und metabolische Verflechtung des Parasiten mit dem Wirtsorganismus. Nur oder überwiegend metabolische Abhängigkeit des Gastes kennzeichnet Verhältnisse, die kein oder noch kein echter Parasitismus sind (z. B. Temporärparasitismus), ebenso wie das Fehlen der metabolischen Komponente ein anderes Verhältnis ergibt. Der Parasit hat 2 Lebensräume: einen

1. Ordnung (den Wirt) und einen 2. Ordnung (die Außenwelt). Echtes Schmarotzertum ist allein der stationäre (längere Zeit andauernde, im typischen Falle das ganze Leben eines Individuums oder einen fest umrissenen Lebensabschnitt des Parasiten kennzeichnende) Parasitismus, der im Regelfall nicht zum Tode des Wirtes führt. Nur hier sind alle zur Definition des Parasitismus gehörenden Merkmale vereint: enges und intimes Zusammenleben mit einem Wirtsindividuum, das dadurch normalerweise nicht getötet wird, Ernährung im typischen Fall auf Kosten lebender Bestandteile oder assimilierter Nahrungsbestandteile des Wirtes usw. Nur beim Stationärparasitismus ist das charakteristische individuelle Einpendeln des ökophysiologischen Gleichgewichts zwischen Parasit und Wirtsorganismus möglich, jenes Mechanismus, der den Antagonismus zwischen Parasit und Wirt so reguliert, daß im Normalfall beide Partner des Systems koexistieren. Nur vom Stationärparasitismus ist ein Übergang zum Mutualismus denkbar.

Parasitoide („Raubparasiten") dagegen töten ihren Wirt nach Ablauf einer bestimmten Zeit, die sie für ihre Vermehrung oder Entwicklung benötigen. Echte Parasiten wirken nicht direkt wie die Parasitoide auf die Dynamik ihrer Wirtspopulationen ein. Der Parasitoidismus ist aber nicht nur eine trophische bzw. metabolische Relation, sondern auch topisch bestimmt und bedeutet eine Integration von Funktionen des Wirtes und des Parasitoids. Das Parasitoid ist nicht nur in seiner Ernährung auf den Wirt angewiesen, sondern vor allem wegen seiner Entwicklung oder Vermehrung. Dies stellt den Parasitoidismus in unmittelbare Nähe des Parasitismus. Beide Erscheinungen sind durch Übergänge verbunden.

2.4. Integration und Höherentwicklung der Organismengemeinschaften

2.4.1. Population

Der Einzelorganismus entsteht, er wird geboren oder keimt aus, er lebt unter den gegebenen ökologischen Bedingungen, pflanzt sich fort und vollendet sein Dasein, indem er stirbt. So bedeutsam das individuelle Schicksal sein mag, für die Erhaltung der Art, für ihre Evolution, aber auch für die Entwicklung der Ökosysteme hat vor allem das Schicksal der Population Bedeutung. Eine **Population** wird in der Regel von Individuen derselben Art gebildet, nur in Ausnahmefällen kommt es zu Populationen aus verschiedenen Arten, wenn diese in genetischen Austausch treten können. Die Individuen einer Population stehen in einem bestimmten Raum zu einer bestimmten Zeit im Genaustausch und stellen eine Fortpflanzungsgemeinschaft dar. Der Raum, den sie einnehmen, kann sehr unterschiedlich sein. Man unterscheidet **geographische Populationen,** die sämtliche Individuen einer Art umfassen, die in Genaustausch stehen, auch wenn sie in sehr unterschiedlichen Landschaften wohnen. Die **Biotop-Population (ökologische oder lokale Population)** enthält dagegen nur die Individuen einer Art, die in einer bestimmten Lebensgemeinschaft vorkommen. Die **elementare Population (Mikropopulation)** schließt nur die Individuen eines bestimmten Mikrobiotops ein und stellt in der Regel nur eine Teilpopulation dar.

Die Population ist die elementare Lebenseinheit ökologischer Vorgänge, sie ist charakterisiert durch die Populationsdichte, Geburten- und Todesrate, Fluktuation, Wachstumsrate, Verbreitung, Altersstruktur und genetisch-ökologische Besonderheiten.

Alle Organismen erzeugen in der Regel mehr Nachkommen als zur Erhaltung ihrer Art notwendig wäre. Über Regelmechanismen in den Populationen wird eine bestimmte **Populationsdichte** erzeugt, unter der man die Größe der Population in einer bestimmten Zeiteinheit und Biotopgröße versteht. Die **Geburtsrate** ist in diesem Zusammenhang ein wichtiger Populationsparameter. Wir verstehen darunter alle Neuzugänge zur Population in einer bestimmten Zeiteinheit, soweit sie durch generative oder vegetative Reproduktion hinzukommen. Mit der **Mortalitätsrate** werden alle die Individuen erfaßt, die der Population in einer bestimmten Zeit durch den Tod verlorengehen. Die **Fluktuationsrate** berücksichtigt, daß durch Zu- und Abwanderung von Organismen die Populationsdichte beeinflußt wird. Die **Populations-Wachstumsrate** ist schließlich das Nettoprodukt aus Geburts- und Mortalitäts- sowie Fluktuationsrate. Mit der **Verbreitung** wird der Siedlungsraum beschrieben, den die Population einnimmt, wobei besonders die Verbreitung an der Populationsgrenze und die Verbreitungsform, ob gleichförmig oder mosaikartig in Klumpen, von Interesse ist. Für die Entwicklung einer Population sind schließlich auch ihre **Altersstruktur,** das Zahlenverhältnis der Individuen unterschiedlichen Alters und genetische Besonderheiten von Bedeutung, wie Anpassungs-, Reproduktions- und Widerstandsfähigkeit.

2.4.2. Biocoenose

Populationen sind in der Natur durch ihre mannigfachen Wechselbeziehungen als Primärproduzenten, Konsumenten oder Destruenten zu Lebensgemeinschaften, **Biocoenosen,** zusammengeschlossen. Die in ihr zusammenwirkenden Populationen zeigen eine der jeweiligen Biocoenose eigene Syn- und Coëvolution, worunter die aufeinander abgestimmte Entwicklung vieler **(Synevolution)** oder zweier **(Coëvolution)** Organismen verstanden wird. Diese laufen in Richtung der Optimierung der Biocoenose, ohne jedoch in vielen Fällen das Optimum zu erreichen.

Die Lebensgemeinschaften unserer Erde haben ein sehr unterschiedliches Alter. Während das tropische Korallenriff und der tropische Regenwald sehr alte Lebensgemeinschaften mit einer hohen Artenzahl und einem stabilen, fast vollständigen Kreislauf der Stoffe (Recycling) sind, stellen Pioniergesellschaften oder die vom Menschen geschaffenen Akkerkulturen sehr junge Biocoenosen mit geringer Artenzahl und unvollständigem Recycling dar. Die Entwicklung der Biocoenosen führt also in der Regel von artenarmen Systemen mit großen Schwankungen ihrer Glieder zu artenreichen Gemeinschaften, deren Glieder nur geringfügigen quantitativen und qualitativen Schwankungen unterworfen sind.

Die Mannigfaltigkeit oder **Diversität** einer Biocoenose ist deshalb ein sehr wesentliches, wenn auch sehr schwierig und meist unvollständig feststellbares Charakteristikum.

Ein weiterer eine Biocoenose charakterisierender Parameter ist der **Kreislauf der biologisch bedeutsamen Stoffe.** Er hängt ab von deren absoluter Menge und von ihrer Umsatzgeschwindigkeit. Ein langsamer Umsatz kann, wenn die Stoffe — vor allem wie beim tropischen immergrünen Regenwald — in der lebenden organischen Materie festgelegt werden, zur Verarmung des Bodens oder wenn sie — wie in der Steppe der gemäßigten Breite — vor allem in Form toter organischer Substanz im Boden gespeichert werden, zu dessen Reichtum an Nährstoffen führen. Ein schneller Umsatz wirkt, wenn dieser ohne Verlust von Nährstoffen erfolgt, wie eine Düngung; wenn jedoch Nährstoffverlust eintritt, wie das bei unseren Akkerkulturen durch die Ernte der Fall ist, muß entweder durch Dünger diese negative Stoffbilanz ausgeglichen werden, oder eine Bodenverarmung ist die Folge, da vor allem mit N- und P-Mangel in kurzer Zeit zu rechnen ist. Die **Produktivität** einer Biocoenose, unter der man den Zugewinn an organischer Substanz einer Biocoenose in einer bestimmten Flächen- und Zeiteinheit versteht, wird von den geschilderten Stoffkreisläufen entscheidend beeinflußt. Es sind zwei große Komplexe der Produktion zu unterscheiden: die **Primärproduktion** der autotrophen Organismen und die **Sekundärproduktion** der Organismen, die die organische Substanz der Primärproduzenten in ihre eigene Körpersubstanz umwandeln oder von Sekundärproduzenten leben. Bei der Primärproduktion wird wiederum die **Brutto-** und **Nettoproduktion** unterschieden, wobei mit ersterer die tatsächlich erzeugte organische Substanz erfaßt wird, bei letzterer der erzeugte Biomassegewinn unter Abzug der für die Atmung und durch Abstoßen von Teilen verbrauchten organischen Substanz pro Oberflächen- oder Volumeneinheit (Gewässer).

Die Einteilung der Biocoenose in eine Pflanzengemeinschaft, eine **Phytocoenose,** und in eine Tiergemeinschaft, eine **Zoocoenose,** mag zwar oft aus praktischen Gründen notwendig sein, ist jedoch vom ökologischen Gesichtspunkt aus nicht gerechtfertigt, da Tiere und Pflanzen stets in sehr engen Wechselbeziehungen stehen. Tiere treten auf dem Land hinter den Pflanzen in der Auffälligkeit meist zurück. Sie sind als ortsbewegliche Organismen oft weniger an bestimmte Standorte gebunden als die Pflanzen. Pflanzengesellschaften werden deshalb häufiger zur Abgrenzung von Biocoenosen herangezogen. Man sollte sich dann jedoch stets vor Augen halten, daß die tierischen und pflanzlichen Populationen in ihren Arealgrenzen nicht übereinzustimmen brauchen. Am Grunde von Gewässern und im Boden spielen dagegen Tiere die dominierende Rolle und werden zur Grenzziehung herangezogen. Eine **Biocoenose** ist daher stets durch eine für sie **charakteristische Populationskombination** tierischer, mikrobieller und pflanzlicher Organismen gekennzeichnet. Da in das Beziehungsgefüge, zumindest im terrestrischen Bereich, stets der Boden mit einbezogen werden muß, ist es richtiger, im Sinne von SUKACEV von einer **Biogeocoenose** zu sprechen. Sie stellt die Grundeinheit der Lebensgemeinschaften der Organismen in ihrer Wechselbeziehung zur Geosphäre dar.

Durch die starken Eingriffe des Menschen in den Naturhaushalt wurde in den vergangenen Jahren immer häufiger die Frage nach der Konstanz und Stabilität von Biogeocoenosen gestellt. Eine **konstante Biogeocoenose** ist ein System, in dem in einer bestimmten Zeiteinheit nur relativ geringe Veränderungen bei den vorherrschenden klimatischen Bedingungen zu beobachten sind.

Dynamische Biogeocoenosen zeigen dagegen innerhalb einer bestimmten Zeit deutliche Veränderungen. Diese sind bei **stabilen Biogeocoenosen** kompensierbar, so daß nach sehr kurzer Zeit das System zu seinem Ausgangspunkt zurückkehrt. Bei **instabilen Biogeocoenosen** ist die Reaktion auf einen exogenen Eingriff dagegen sehr stark und führt zum Zusammenbruch des unelastischen Systems. **Elastische Biogeocoenosen** zeigen zunächst wie instabile Systeme eine starke Reaktion, pendeln sich jedoch nach einiger Zeit wieder auf ihren ursprünglichen Zustand ein.

Schließlich lassen sich **naturnahe Biogeocoenosen,** die keine stärkere Beeinflussung durch den Menschen zeigen, von **anthropogenen Biogeocoenosen** unterscheiden, die ihre Existenz weitgehend dem Menschen verdanken. Die Stärke der **Anthropogenität — Hemerobie** bzw. **Synanthropie —** läßt sich über die ökologische Wirkung der menschlichen Eingriffe durch die für eine Biogeocoenose geschilderten charakteristischen Merkmale bestimmen.

2.5. Ökologische Systeme der Biosphäre

2.5.1. Klassifikation der ökologischen Systeme

Die Ökosysteme der Biosphäre sind in der Literatur nach klimatisch-geographischen (WALTER 1976), nach funktionalen (ELLENBERG 1973) und nach physiognomisch-vegetationskundlichen (ELLENBERG u. MÜLLER-DOMBOIS 1976) Gesichtspunkten klassifiziert worden, ohne daß bisher eine befriedigende Lösung erzielt wurde.

Als grundlegendes Ökosystem kann die konkrete Lebensgemeinschaft, die **Biocoenose** bzw. im terrestrischen Bereich die **Biogeocoenose** im Sinne von SUKAČEV, angesehen werden (SUKAČEV u. DYLIS 1964). Ihre Abgrenzung im Gelände hat stets unter Berücksichtigung des Gesamtartenbestandes und vor allem der dominierenden Arten zu erfolgen, da diese den Stoffkreislauf und den Energiefluß entscheidend beeinflussen. Die innerhalb einer Biocoenose bzw. Biogeocoenose zu unterscheidenden **Synusien** (z. B. die Frühjahrs-

2.5. Ökologische Systeme der Biosphäre

geophyten der sommergrünen Laubwälder) sind nur Teilsysteme von Arten mit ähnlicher Entwicklung und ähnlichem ökologischem Verhalten.

Mehrere Biocoenosen bzw. Biogeocoenosen mit weitgehend ähnlichen ökologischen Bedingungen können zu **Biogeocoenoseklassen** zusammengefaßt werden, die ihrerseits größere ökologische Einheiten, die **Biome** oder **Makroökosysteme**, bilden. In ihnen sind auf Grund der ähnlichen klimatischen und edaphischen Gegebenheiten die Lebensformen der herrschenden Primär- und Sekundärproduzenten ähnlich und einheitlich und folgen in ihrer Abgrenzung vielfach den Formationen der Vegetation.

Biome treten in einer Reihe unterschiedlicher Typen auf, deren räumliche Ausdehnung sowie struktureller und funktionaler Umfang durchaus verschieden sein können; sie sind jedoch stets Biome im oben angegebenen Sinn.

Zonobiome (Z) erstrecken sich über große geographische Zonen und sind in erster Linie durch großklimatisch gegebene effektive Temperatur- und Niederschlagsverhältnisse an der Erdoberfläche bedingt (z. B. tropische immergrüne Regenwälder). **Oreobiome (O)** entwickeln sich in den Gebirgen auf Grund der durch die unterschiedlichen Höhen gegebenen klimatischen und edaphischen Bedingungen für die Zusammensetzung der Lebensgemeinschaften (z. B. alpine Matten). **Pedobiome (P)** bilden sich bei besonderer Beschaffenheit des Mutterbodens heraus, wenn dieser sich auf die Lebensgemeinschaft stärker auswirkt als das Klima, (z. B. Waldmoore). Bei flachgründigem Felsboden wird von Lithobiomen, bei Sandboden von Psammobiomen, bei salzhaltigem Boden von Halobiomen, bei sumpfigem Boden von Helobiomen gesprochen. **Trophobiome (T)** ergeben sich, wenn Aufbau und Struktur der Ökosysteme vor allem durch unterschiedliche Trophie, also Nahrungsverhältnisse, gegeben sind, wie im Süß- bzw. Salzwasser. Schließlich sind noch die **Anthropobiome (A)** zu nennen, bei denen die Lebensgemeinschaften sowohl ihre Existenz als auch ihre Erhaltung im wesentlichen dem Menschen verdanken (z. B. Kulturpflanzenbestände). Im ökologischen Spannungsfeld zwischen den Biomen kann es in den Übergangszonen zu Biomen kommen, die als **Ökotone (ÖT)** zu bezeichnen sind.

Die verschiedenen Biome lassen sich nach den vorherrschenden Lebensmedien — Salzwasser, Süßwasser, Boden und Luft — zu verschiedenen **Megabiomen (MB)** und diese wiederum zur **Hydrobiosphäre, Geobiosphäre** und **Anthropobiosphäre**, den **Subbiosphären**, zuordnen. Diese finden schließlich im globalen Ökosystem der **Biosphäre** ihre Vereinigung (Schema).

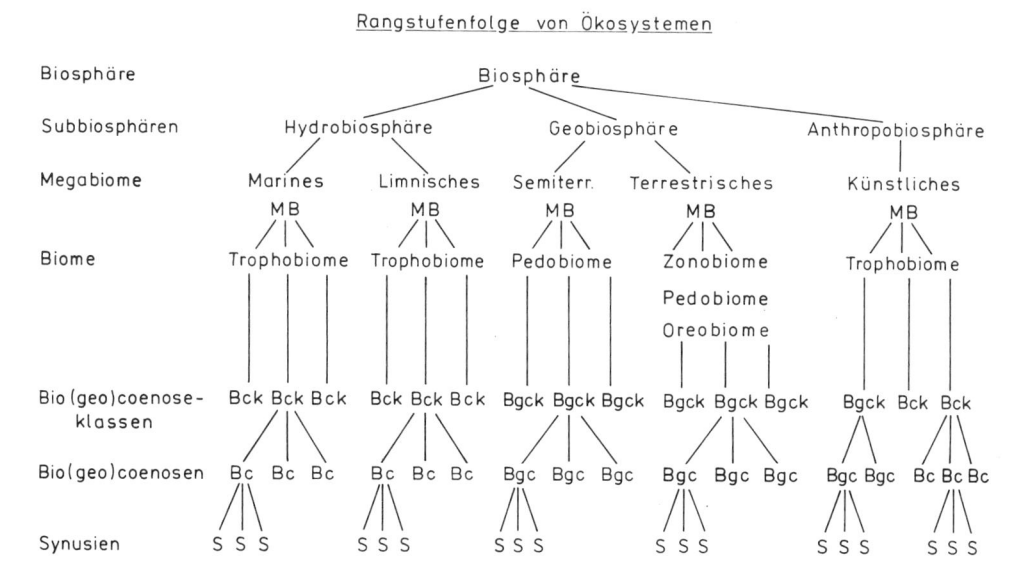

Rangstufenfolge von Ökosystemen

Biosphäre	Biosphäre				
Subbiosphären	Hydrobiosphäre		Geobiosphäre		Anthropobiosphäre
Megabiome	Marines MB	Limnisches MB	Semiterr. MB	Terrestrisches MB	Künstliches MB
Biome	Trophobiome	Trophobiome	Pedobiome	Zonobiome / Pedobiome / Oreobiome	Trophobiome
Bio(geo)coenoseklassen	Bck Bck Bck	Bck Bck Bck	Bgck Bgck Bgck	Bgck Bgck Bgck	Bgck Bck Bck
Bio(geo)coenosen	Bc Bc Bc	Bc Bc Bc	Bgc Bgc Bgc	Bgc Bgc Bgc	Bgc Bc Bc Bc
Synusien	S S S	S S S	S S S	S S S	S S S

2.5.2. Wichtige Biome der Subbiosphären

Hydrobiosphäre
Sowohl die marine als auch die limnische Hydrobiosphäre werden ausschließlich durch das Lebensmedium Wasser bestimmt. So scharf ihre Ökosysteme von Landbiomen unterschieden sind, so gehen sie doch selbst oft horizontal und vertikal allmählich ineinander über. Ihre autotrophen Organismen haben in der Regel nur eine geringe Biomasse, aber einen großen Stoffumsatz. Heterotrophe Organismen sind von der Oberfläche bis in große Tiefen verbreitet. Zersetzer und Mineralisierer sind meist Bakterien und Pilze, Herbivore überwiegend Krebstiere, Mollusken und Insekten, Zoophage meist Fische. Die Biomasse der Konsumenten kann größer sein als die der Primärproduzenten. Als Minimumfaktoren treten P, N, oft auch Si und O_2 auf.

Tabelle 2.4. Die Biome der Erde

Biosphäre			
Subbiosphäre	Hydrobiosphäre		
Mega-Ökosysteme = Megabiome	Marine MB	Limnische MB	Semiterrestrische MB

Makro-Ökosysteme = Biome	A. **Stillwasser**
	  I. Ozeanische Ökosysteme (T)
	  II. Neritische Ökosysteme (T)
	  III. Ökosysteme der Gezeitenküsten (T)
	
	B. **Fließwasser**
	  IV. Binnen-Salzseen-Ökosysteme (T)
	  V. Ästuar-Ökosysteme (T)
	
	C. **Sonstige limnische B.**
	  VI. Salzige Grundwasser-Ökosysteme (T)
		I. Tiefe Süßwassersee-Ökosysteme (T)
		II. Flache -Süßwassersee- u. Teich-Ökosysteme (T)
		III. Süßwassertümpel-Ökosysteme (T)
		
		IV. Permanente Fließgewässer-Ökosysteme (T)
		V. Temporäre Fließgewässer-Ökosysteme (T)
		
		VI. Unterirdische salzarme Binnengewässer-Ökosysteme (T)
		VII. Ökosysteme der Quellen mit erhöhter Wassertemperatur oder abweichendem Chemismus (T)
			I. Sphagnum-Moor-Ökosysteme (P)
			II. Laubmoos-Moor-Ökosysteme (P)
			III. Seggen-Moor-Ökosysteme (P)
			
			IV. Zwergstrauch- u. Strauch-Moor-Ökosysteme (A)
			V. Wald-Moor-Ökosysteme (P)

2.5. Ökologische Systeme der Biosphäre

Marines Megabiom

Das **marine Megabiom**, das alle Ökosysteme der Meere und Salzseen einschließlich der ökologisch allerdings etwas abweichenden Salzgewässer des Binnenlandes umfaßt, ist durch das Lebensmedium Salzwasser mit seinem hohen osmotischen Wert und seiner großen Dichte gekennzeichnet.

Es umfaßt die folgenden Biome, die, durch unterschiedliche Ernährungsbedingungen ihrer Organismen unterschieden, als Trophobiome bezeichnet werden können (vgl. 6.3.).

Ozeanische Biome. Sie enthalten die Ökosysteme der großen Ozeane mit der Tiefsee (Abyssal), deren Salzkonzentration dauernd hoch (32–38‰) ist. Die hohe Photosyntheseleistung der autotrophen, meist planktischen Organismen, die geringe Löslichkeit des O_2 im Wasser, die ständige Sedimentation der Organismen bedingen eine starke O_2-Abgabe an die Atmosphäre. Eine horizontale Gliederung der Ökosysteme bereitet Schwierigkeiten, auch wenn diese nach klimatischen und trophischen Gesichtspunkten möglich wäre.

Geobiosphäre	Anthropobiosphäre
Terrestrische MB	Künstliche MB

A. **Wald-Ökosysteme**
  I. immergrüne tropische Regenwald-Ökosysteme (Z)
  II. regengrüne tropische Wald-Ökosysteme (Z)
  III. tropische Dornbaum-Sukkulenten-Ökosysteme (ÖT)
  IV. Savannen-Ökosysteme (ÖT)
  V. Lorbeerwald-Ökosysteme (Z)
  VI. Etesien-Hartlaubwald-Ökosysteme (Z)
  VII. Temperate sommergrüne Laubwald-Ökosysteme (Z)
  VIII. Boreale immergrüne Nadelwald-Ökosysteme (Z)

B. **Strauch- und Zwergstrauch-Ökosysteme**
  I. subpolare Strauch- u. Zwergstrauch-Ökosysteme (ÖT)
  II. Hochgebirgs-Strauch- u. Zwergstrauch-Ökosysteme (O)
  III. subtropische Trockenstrauch-Ökosysteme (ÖT; A)
  IV. Etesien-Strauch- u. Zwergstrauch (Macchien-Garriguen)-Ökosysteme (A)
  V. temperate Strauch- u. Zwergstrauch-Ökosysteme (A)

C. **Grasland- u. Krautflur-Ökosysteme**
  I. tropische Gebirgsgrasland-Ökosysteme (O)
  II. Alpine Matten-Ökosysteme (O)
  III. Tundren-Ökosysteme (Z)
  IV. Steppen-Ökosysteme (Z)
  V. Wiesen-Ökosysteme d. gem. Br. (A)

D. **Wüsten- u. Halbwüsten-Ökosysteme**
  I. Trockenwüsten-Ökosysteme (Z)
  II. Kältewüsten-Ökosysteme (Z)

E. **Pionier-Ökosysteme**
  I. Dünen-Ökosysteme (P)
  II. Erosionsflur-Ökosysteme (P)
  III. Gesteinsflur-Ökosysteme (P)

  I. Kulturpflanzenbestände-Ökosysteme (A)
  II. Künstliche Hochleistungs-Ökosysteme (A)
  III. Urban-industrielle Ökosysteme (A)

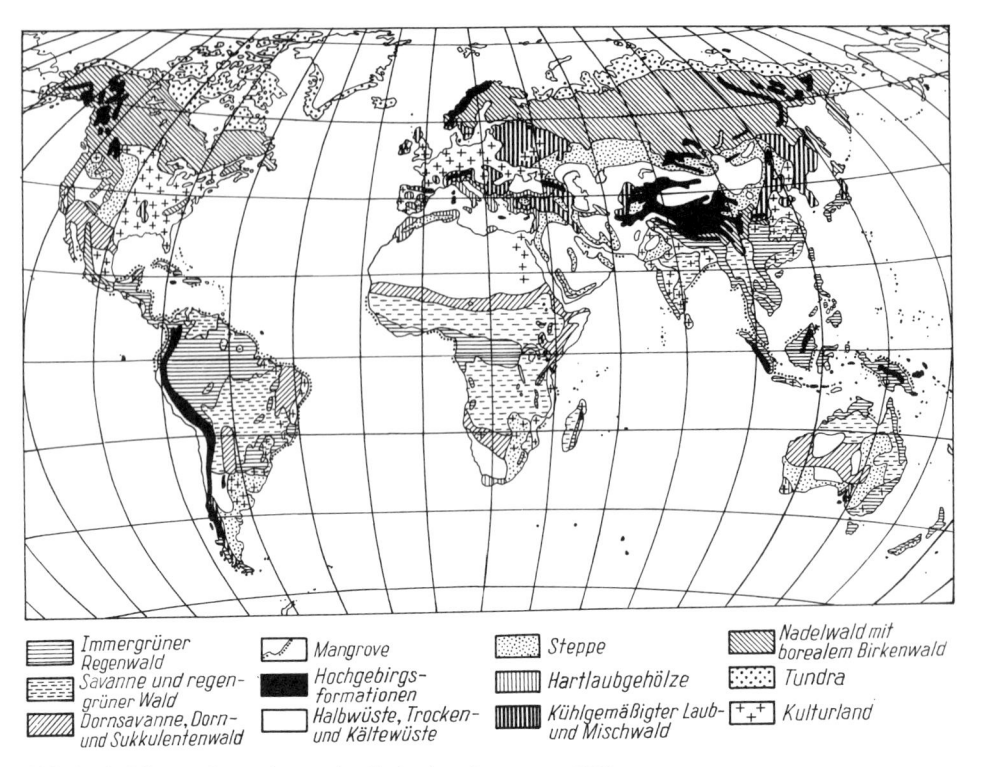

Abb. 2.36. Pflanzenformationen der Erde. Aus SCHUBERT 1979.

Legende:
- Immergrüner Regenwald
- Savanne und regengrüner Wald
- Dornsavanne, Dorn- und Sukkulentenwald
- Mangrove
- Hochgebirgsformationen
- Halbwüste, Trocken- und Kältewüste
- Steppe
- Hartlaubgehölze
- Kühlgemäßigter Laub- und Mischwald
- Nadelwald mit borealem Birkenwald
- Tundra
- Kulturland

Neritische Biome. Hierzu zählen küstennahe Meere wie die Ostsee und der Festlandssockel (Schelf) von relativ geringer Tiefe (<200 m) und mit einer Stoffzufuhr vom Festland her. Der Salzgehalt schwankt je nach Zufuhr von Fluß- und Niederschlagswasser und der Dauer von Trockenperioden. Unter den Primärproduzenten spielen mehrzellige, z. T. benthische Algen und Bedecktsamer eine große Rolle. Bei den Sekundärproduzenten treten Hohltiere, Schwämme, Stachelhäuter, Krebstiere und Ringelwürmer stark hervor. Zahlreiche Vögel verbinden als Raubtiere die Küstenmeere mit den Biomen der Geobiosphäre.

Die Gliederung der Küstenmeere kann nach Trophie, Salinität und Wärmeverhältnissen erfolgen. Die vertikale Abstufung richtet sich nach der Eindringtiefe des Lichtes. Eine abyssale Schicht fehlt.

Biome der Gezeitenküsten. Meeresuferzonen im Einflußbereich von Ebbe und Flut, die zeitweise von Salz- oder Brackwasser bedeckt sind und zeitweilig trockenfallen, gehören zu dieser großen ökologischen Einheit. Neben dem Wechsel des Lebensmediums spielt vor allem die mechanische Beanspruchung der Organismen durch Wellenschlag und strömendes Wasser eine große Rolle. Für die Untergliederung ist die Dauer der Wasserbedeckung ausschlaggebend. Die Mangroven sind zu diesem Biom zu zählen (Abb. 2.37.).

Biome der Binnen-Salzseen. Es sind dies nicht direkt vom Meer beeinflußte Gewässer in ariden Gebieten, deren Salzkonzentration mindestens 5‰ beträgt. Sie sind dadurch oft chemisch-physikalisch und auch durch ihre Organismen den marinen Ökosystemen verwandter als den limnischen Lebensgemeinschaften, mit denen sie allerdings vielfach durch Übergänge verbunden sind, woraus sich auch ihre Untergliederung ergibt.

Ästuar-Biome. Dazu zählen die Ökosysteme der großen Flußmündungen im Gezeitenbereich mit täglich wechselnder Salinität und hoher Zufuhr mineralischer Nährstoffe und organischer Substanzen.

Biome des salzigen Grundwassers. In den Interstitialräumen sandiger Grundwasserträger sowie klüftigen Felsgesteins kommt es bei Salzwasser zu konstanten, gut abgrenzbaren Lebensgemeinschaften von eigenartiger Zusammensetzung.

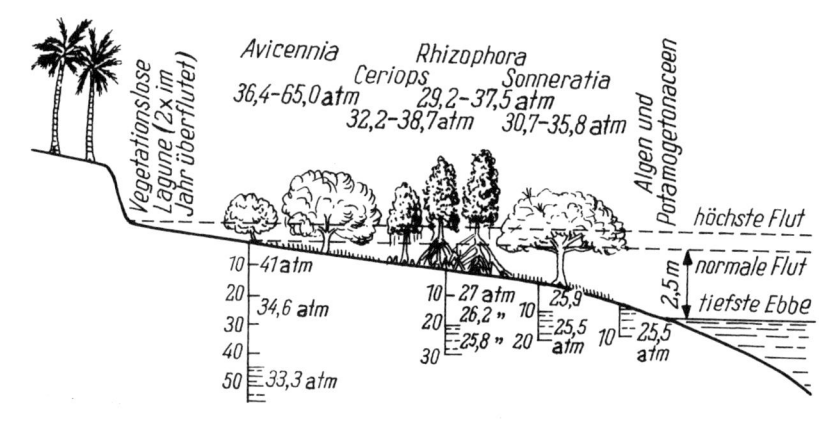

Abb. 2.37. Mangroven und osmotische Werte der bestandbildenden Arten und der Bodenlösungen in verschiedener Tiefe. Nach WALTER 1960 aus SCHUBERT 1979.

Limnisches Megabiom
Das **limnische Megabiom** umfaßt alle Binnengewässer, deren Salzgehalt höchstens bis 5‰ ansteigt. Ihre Ökosysteme sind durch die Vielfalt der abiotischen Umweltfaktoren sehr mannigfaltig, aber artenärmer und räumlich weniger ausgedehnt als die Ökosysteme der marinen Hydrobiosphäre. Unter ihren Primärproduzenten spielen Blütenpflanzen, Diatomeen und Grünalgen, unter den Sekundärproduzenten Insekten und deren Larven eine entscheidende Rolle (vgl. 6.2.).

Es sind zwei große Biomgruppen zu unterscheiden. Die **Stillwasser-Biome**, deren Lebensmedium meist durch den Wind oder auch durch andere Ursachen, aber nicht gefällebedingt, bewegt wird. Es gerät deshalb nur teil- bzw. zeitweise oder gar nicht in strömende Bewegung wechselnder Richtung. Bei der zweiten Biomgruppe, den **Fließwasserbiomen,** strömt das Süßwasser dauernd oder doch längere Zeit gefällebedingt talabwärts. Sie erhalten aus dem terrestrischen und semiterrestrischen Bereich eine Zufuhr von Mineralstoffen und teilweise auch von organischen Substanzen, die sie ihrerseits wiederum den Seen oder Meeren zuführen. Primärproduzenten und auch die Tiere sind in mannigfacher Weise an das Leben im strömenden Wasser angepaßt. **Weitere limnische Biome** sind durch ihre Besonderheiten so eigenständig, daß sie diesen beiden Biomtypen nicht angeschlossen werden können.

Stillwasser-Biomgruppe:

Biome der tiefen Süßwasserseen. Süßwasserseen mit ausgeprägter Temperaturschichtung, die so tief sind, daß die von höheren Pflanzen besiedelte Uferzone nur einen geringen Anteil an der Gesamtfläche ausmacht, sind klassische Beispiele relativ geschlossener Ökosysteme. Ihre weitere Unterteilung erfolgt nach dem Trophiegrad und nach Klimazonen. Ihr Trophiegrad wird neuerdings durch den Menschen relativ schnell verändert.
Biome der flachen Süßwasserseen und Teiche. Diese Biome umfassen Stillwasser ohne ausgeprägte Temperaturschichtung, die so flach und klar sind, daß sie größtenteils von wurzelnden Schwimmblatt- und Sumpfpflanzen besiedelt werden. Sie sind in vielen Eigenschaften mit den Randökosystemen (= Litoral) tiefer Süßwasserseen verwandt. Ihre Primärproduzenten stehen oft mit der Atmosphäre im Gasaustausch. Sie bieten unter Wasser epiphytischen Algen gute Lebensmöglichkeiten, so daß die Primärproduktion, vor allem zellulosereicher Organismen, sehr hoch werden kann. Der Fischbrut und den Jungfischen werden reichlich Nahrung und Schlupfwinkel geboten. Der Anfall an toter organischer Substanz ist oft beträchtlich. Sie kann nicht restlos mineralisiert werden, und es kommt dadurch zur Verlandung.
Süßwassertümpel-Biome. Hierher werden flache, in ihrem Wasserstand stark schwankende bzw. zeitweise austrocknende Süßwasseransammlungen gestellt. Ihre Ökologie ist noch wenig bekannt.

Fließwasser-Biomgruppe:

Biome der permanenten Fließgewässer. Sie umfassen alle Fließgewässer ganzjähriger, wenn auch zeitweise schwankender Wasserführung. Nach den Faktorenkomplexen, die in den einzelnen Flußabschnitten herrschen, und nach dem unterschiedlichen Grad menschlicher Beeinflussung läßt sich eine weitere Untergliederung vornehmen.

Biome der temporären Fließgewässer. Quellen, Bäche und Flüsse, die zeitweise versiegen und austrocknen, sind vor allem in ariden Gebieten häufig. Sie bieten den Organismen relativ ungünstige Entwicklungsmöglichkeiten, da die starke Wasserführung zu Regenzeiten gleich ungünstig sein kann wie die Austrocknung während der Trockenperioden.

Sonstige limnische Biome:

Biome der unterirdischen salzarmen Binnengewässer. Sie umfassen Fließgewässer und Seen in Karsthöhlen sowie süßes Grundwasser in Klüften und sandigen oder kiesigen Sedimenten. In der Regel sind diese Ökosysteme unselbständig und von der Zufuhr organischer Substanzen stark abhängig.

Biome der Quellen mit erhöhter Wassertemperatur oder abweichendem Chemismus. Quellen, die durch extrem hohe Temperaturen und durch ihre chemische Beschaffenheit stark von gewöhnlichen Quellen abweichen, zeigen in ihren Ökosystemen so viele Besonderheiten, daß sie als höhere ökologische Einheit zusammenzufassen sind. Als Primärproduzenten treten häufig Blaualgen auf, als Zersetzer meist Bakterien. Sie stellen also vollständige Ökosysteme dar.

Geobiosphäre

Im Gegensatz zu den Lebensgemeinschaften der Hydrobiosphäre werden die Ökosysteme der **Geobiosphäre** in ihrer vertikalen Ausdehnung nicht durch das Lebensmedium und den Lichtgenuß bestimmt, sondern durch die Wuchshöhe und Wuchstiefe der Gefäßpflanzen, die als Primärproduzenten ihren Aufbau und Stoffwechsel entscheidend beeinflussen. Sie treten meist mit großer Biomasse auf und besitzen einen relativ langsamen Stoffumsatz. Flechten und Algen sind nur an Extremstandorten dominant. Heterotrophe Organismen werden vor allem durch Pilze und Insekten gestellt. Herbivore Großtiere können, wie auch der Mensch, die Struktur der Ökosysteme entscheidend beeinflussen. Als Minimumfaktoren treten oft Wasser, Wärme und Stickstoff in Erscheinung. Weniger häufig kommt es zum Mangel an Phosphor oder anderen chemischen Stoffen. Sauerstoffmangel hat nur im semiterrestrischen Bereich Bedeutung.

Semiterrestrisches Megabiom

Das **semiterrestrische Megabiom** ist im Bereich des Festlandes dort entwickelt, wo der Boden während des gesamten Jahres bis zur Oberfläche wassergefüllt ist. Die Zersetzung des organischen Materials ist gehemmt, es bildet sich Torf in meist großer Mächtigkeit. Der Stoffhaushalt ist durch dauerndes Ausscheiden organischer Substanz aus dem Kreislauf charakterisiert. Dies führt bei hoher Photosyntheseleistung zu O_2-Überschuß und zu P- und N-, aber auch Ca-, K- und Mg-Mangel. Der Einsatz dieser Stoffe erfolgt durch Mineralbodenwasserzufuhr und Regenwasser, die beide damit über Artengefüge und Leistung der Primärproduzenten entscheiden. Sie bedingen wiederum Stoffproduktion und Stoffkreislauf dieser Ökosysteme.

Biome der Sphagnum-Moore. Hierher gehören die von *Sphagnum* beherrschten Moorbildungen. Sie werden nur locker oder zeitweise von Gehölzen bestanden. Da die Torfmoose Wasser und damit Mineralstoffe kapillar in ihre Triebspitzen zu transportieren vermögen, kommt es trotz Mineralstoffmangel zu hoher Biomasseproduktion und damit zu mächtiger Torfbildung. Nur in wenigen Zentimetern des obersten Torfhorizontes ist aërobes Bodenleben möglich.

Biome der Laubmoos-Moore. Von akrokarpen und pleurokarpen Laubmoosen gebildete und beherrschte Moore, in denen Sumpfpflanzen nur eine untergeordnete Rolle spielen, und die bei größerem Mineralbodenwasserzufluß oder bei für Sphagnen ungünstigen klimatischen Bedingungen, z. B. in der Arktis, entstehen.

2.5. Ökologische Systeme der Biosphäre

Biome der Seggen-Moore. Die hierher zu stellenden Moore werden weitgehend von Seggen beherrscht, die ständig hohen Grundwasserstand ertragen und einen Boden, der nur in den obersten Zentimetern ein aërobes Bodenleben besitzt. Durch organische Ablagerungen und abgestorbene Wurzeln kommt es zu mächtigen Torfablagerungen.

Biome der Zwergstrauch- und Strauch-Moore. Bei zumindest zeitweise stärkerer Austrocknung der obersten Bodenhorizonte, wie es bei menschlichen Eingriffen in den Wasserhaushalt der Moore vorkommt, werden diese durch Zwergsträucher und Sträucher besiedelt. Neben diesen bleiben aber Seggen, *Sphagnum* oder Laubmoose am Bestandesaufbau beteiligt (Abb. 2.38.). Das Edaphon weist ähnliche Zusammensetzung auf wie in *Sphagnum*- und Laubmoos-Mooren.

Biome der Waldmoore. Bei diesen ökologischen Einheiten sind die entscheidenden Primärproduzenten Bäume, die auf nassen Torfböden zu gedeihen vermögen. Sie bilden dichte Bestände, werden meist über 5 m hoch und führen selbst die Torfbildung herbei. Diese Waldmoore sind oft Endstadien von Sukzessionsreihen, die in flachen Stillwassern bei Verlandung beginnen. Sie können aber auch bei Versumpfung direkt auf Mineralböden entstehen. Das Edaphon ähnelt dem der anderen Moore. Reich entfaltet sind Collembolen, Oribatiden, Coleopteren- und Dipterenlarven sowie Myriapoden. Lumbriciden sind mit bestimmten Arten *(Dendrobaena actaedra, Dendrodrilus rubidus)* vertreten.

Terrestrisches Megabiom

Das **terrestrische Megabiom** wird von Biomen gebildet, deren Boden nur ausnahmsweise und nur kurze Zeit von Wasser überdeckt ist, so daß es zu keiner größeren Torfbildung kommt. Unter natürlichen Verhältnissen spielen die Wasserversorgung und die Länge der für die Photosynthese günstigen Jahreszeit die Hauptrolle für den Aufbau und die Biomasseproduktion. Die Nährstoffversorgung wird durch die Bewurzelung und den Stoffkreislauf gewährleistet. Bei Biomasse-Entzug durch übermäßige Beweidung, Abholzung oder durch Ernte, aber auch bei Erosion oder Brand kann es allerdings zu Nährstoffmangelerscheinungen kommen.

Innerhalb des terrestrischen Megabioms lassen sich eine Reihe von Biomgruppen unterscheiden, bei denen durch die abiotischen Umweltfaktorenkomplexe bestimmte Wuchsformen zur Vorherrschaft gelangen.

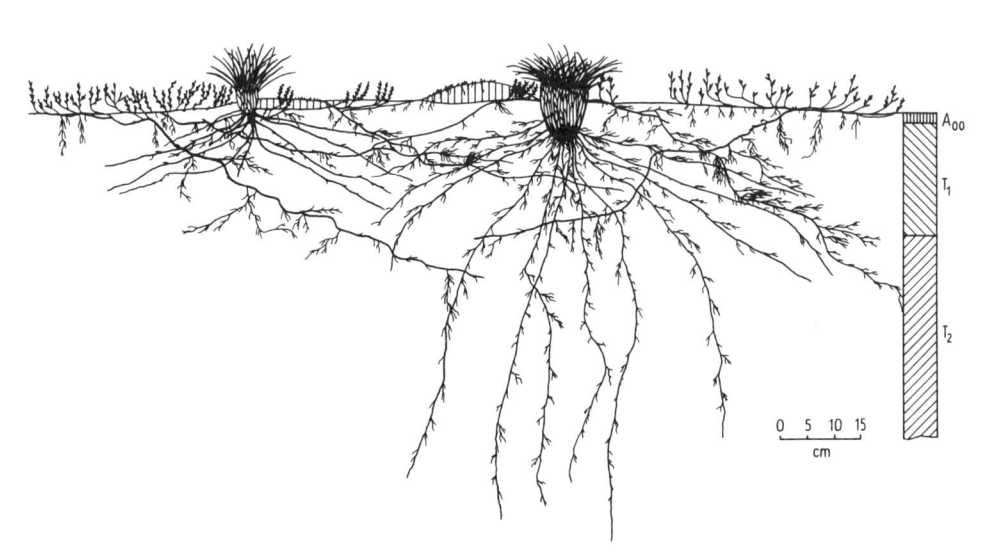

Abb. 2.38. Vegetationsprofil eines Zwergstrauchmoores. Aus SCHUBERT 1960. Von links nach rechts: *Calluna vulgaris, Vaccinium oxycoccus, Eryophorum vaginatum, Sphagnum* spec., *Trichophorum caespiticium, Andromeda polifolia, Calluna vulgaris.*

2. Allgemeine Grundlagen der Ökosystemlehre

Wald-Biomgruppe

Bei den **Wald-Biomen** bilden meist mehr als 5 m hohe Bäume ± dicht geschlossene Wälder. Neben Gehölzen können auch Kräuter und Gräser an der Ausnutzung der Sonnenenergie für die Photosynthese beteiligt sein. Blatt- und Holzreste fallen laufend oder zu bestimmten Jahreszeiten gehäuft an. Unter den Heterotrophen spielen streuzersetzende Kleintiere, Pilze und Bakterien eine große Rolle. Herbivore erreichen sowohl an Biomasse als auch beim Stoffumsatz meist keine größere Bedeutung, es sei denn in offeneren, kraut- bzw. grasreichen Waldbeständen, die bereits zu den Grasland-Biomen überleiten.

Biome der immergrünen tropischen Regenwälder. Die immergrünen tropischen Regenwälder stellen die üppigsten Ökosysteme der Geobiosphäre dar, mit einer jährlichen Netto-Primärproduktion von 300–500 t/ha. Sie werden entscheidend von den verschiedensten Arten immergrüner tropischer Bäume aufgebaut, deren Wuchshöhe sehr unterschiedlich sein kann. Die Wälder zeigen keine ausgeprägte Schichtung. Über die obere 30–40 m hohe Baumschicht ragen einzelne Baumriesen empor. Der Blattflächenindex ist so hoch, daß nur wenig Licht bis zum Boden gelangt und dort nur wenige Schattenpflanzen gedeihen können. Sie zeigen mit ihren samtigen, dünnen Blättern Anpassungen an hohe Luftfeuchtigkeit, während die Bäume mit ihren großen ledrigen Laubblättern auch zeitweilig geringere Luftfeuchtigkeit zu überstehen vermögen. Die Gehölze wurzeln meist flach. Epiphyten und Lianen sind häufig anzutreffen, Geophyten, Hemikryptophyten und Therophyten fehlen weitgehend (Abb. 2.39.) (vgl. 4.2.). Die starke Strukturierung bedingt eine große Nischenvielfalt, die die Basis für eine überaus artenreiche, meist jedoch individuenarme Tierwelt ist. Eine besondere Artenfülle weisen die Amphibien, Reptilien und Arthropoden, insbesondere Insekten, auf, die z. T. auch hohe Individuendichten entwickeln (Anuren, Ameisen, Termiten). Spezifische Anpassungsmerkmale in Färbung, Form und Lebensweise an das Baumleben sind weit verbreitet. Häufig besteht eine strenge Bindung an Straten. Auffällig ist das weitgehende Fehlen von Großsäugern. Als phylogenetisch alte Lebensräume beherbergen die tropischen Regenwälder viele ursprüngliche Arten (z. B. *Onychophora*). Mikroskopische Bodenpilze, für deren Entwicklung optimale Bedingungen herrschen, sind maßgeblich an der Destruktion des pflanzlichen Abfalls über die Rohhumusstufe in Richtung Moder beteiligt. Der Moder wird im allgemeinen nicht angereichert, sondern von der Mikroflora binnen 5–6 Wochen mineralisiert. Die Pedofauna ist außerordentlich reich an Tiergruppen. Die hauptsächlichen Arthropodengruppen sind (mit Ausnahme der Termiten) weitgehend die gleichen, die auch in Waldböden der temperierten Wärmezone dominieren, wie Milben (darunter Hornmilben zu 70%), Springschwänze, Käfer, Coleopteren- und Dipterenlarven, Ameisen, Myriapoden, stellenweise massenhaft Amphipoden (z. B. *Talitrus silvaticus*). Dazu kommen noch Wurzelläuse, Landplanarien und mehr vereinzelt Mollusken, Onychophoren und Hirudineen sowie Glossoscoleciden, die mit ihrem vorstülpbaren Rüssel die Mikroflora und Mikrofauna des Fallaubs ablecken und keine festen Pflanzenpartikel aufnehmen. Bedeutenden Anteil am Streuabbau haben Termiten; sie liefern zudem an Stelle der Regenwürmer Ton-Humus-Komplexe. Das Bodenleben konzentriert sich in der Streulage und in den obersten 10 cm des Mineralbodens. Die tierische Gesamtbiomasse beträgt etwa 8–12 g/m^2, davon entfallen $^3/_4$ auf Ameisen und Termiten.

Die Böden sind tiefgründige Laterite, die relativ nährstoffarm sind. Alle tote organische Substanz wird schnell mineralisiert und von den Pflanzen wieder in den Kreislauf einbezogen, so daß der Stickstoff sich überwiegend in der Phytomasse befindet. Für den Aufbau tropischer immergrüner Regenwälder sind hohe Feuchtigkeit (1500–8000 mm jährl. Niederschlag bei höchstens 1–2 Trockenmonaten) und ausgeglichene hohe Wärme (> +18 °C) notwendig. Neben den großen drei äquatorialen Arealen dieses Zonobioms auf den malayischen Inseln, im Kongo- und Amazonasbecken sind kleinere niederschlagsreiche Luvgebiete im Süden Sri Lankas, in den Westghats, in Nordostaustralien, Ostbrasilien, Ostmadagaskar, den östlichen Antillen und dem östlichen Mittelamerika von Chiapas über Panama bis Ekuador von tropischen immergrünen Regenwäldern bedeckt. Die Primärwälder dieses Bioms sind nur noch in Resten erhalten, durch den Menschen werden täglich Tausende Hektar gerodet oder niedergebrannt. An ihre Stelle sind undurchdringliche, niedrige Sekundärwälder getreten, die bereits eine wesentlich geringere Biomasseproduktion aufweisen.

Damit geht auch eine Artenverarmung einher. Es wird geschätzt, daß bis zum Jahre 2000 etwa 15% aller Pflanzenarten des Amazonasregenwaldes verschwinden. Sollten nur noch die Naturschutzreservate übrigbleiben, würden sogar 66% der Pflanzen und 69% der Vögel aussterben (Bericht der Weltkommission für Umwelt und Entwicklung 1988).

2.5. Ökologische Systeme der Biosphäre   73

Abb. 2.39.–2.48. Vegetationsprofile. Nach JÄGER in HENDL, MARCINEK und JÄGER 1978, verändert.

Abb. 2.39. Tropischer immergrüner Regenwald.

Abb. 2.40. Tropischer regengrüner Wald. Entwurf JÄGER und SCHUBERT.

74   2. Allgemeine Grundlagen der Ökosystemlehre

Biome der regengrünen tropischen Wälder. Bei Trockenzeiten von 3—8 Monaten und Niederschlägen von 1000—2500 mm, die auf eine feuchte Regenperiode konzentriert sind, bildet sich in den Tropen das Biom der regengrünen tropischen Wälder (Abb. 2.40.). In den Monsumwäldern entwickeln sich zwei Baumschichten, von denen die obere (bis 35 m) Gehölze mit weichen, großen hygromesomorphen regengrünen Blättern, die untere Gehölze mit stärker xeromorphen und $\pm$ immergrünen Blättern besitzt. Diese Wälder, die besonders in den Monsungebieten Südasiens und des Südens ausgedehnte Bestände bilden, sind relativ lichter und ärmer an Epiphyten und Lianen als die immergrünen Regenwälder. Es ist eine ausgeprägte Aspektfolge mit der Hauptblüte in der Trockenzeit vorhanden.

Bei geringer werdenden Jahresniederschlägen entwickeln sich die regengrünen tropischen Trockenwälder, die nur eine 8—20 m hohe Baumschicht aus regengrünen, meist fiederlaubigen Gehölzen ausbilden. Die Bäume sind oft obstbaumförmig, mit Knospenschutz und Wasserspeicherung sowie dicker Borke. Die krautigen Pflanzen verdorren in der Trockenzeit. Viele Tierarten der regengrünen tropischen Wälder haben sich an diese Jahresperiodik angepaßt. Besonders bei blütenbesuchenden Insekten und fallaubabbauenden Collembolen, Termiten und Regenwürmern ist in der Regenzeit eine hohe Aktivität zu verzeichnen.

Hierher gehören die Miombowälder Zentral- und Südafrikas, der Mato seco der brasilianischen Hochebene und die Baumsavannen in Brasilien sowie im Norden und Nordwesten Australiens.

Durch Brand in der Trockenzeit, durch Großwildverbiß und Brandfeldbau sind die Ökosysteme dieses Bioms oft in die offenen Parklandschaften der Savannen umgewandelt worden.

Biome der tropischen Dornbaum-Sukkulenten-Wälder. Hierher gehören die durch kleinblättrige Dornbäume, Flaschenbäume und baumförmige Sukkulente aufgebauten Ökosysteme nahe der Trockengrenze des Waldes in den Tropen. Durch die 7—9 Monate während Trockenzeit sind sie wenig produktiv. Streuzersetzung und Humusbildung verlaufen gehemmt. Die Ökosysteme sind jedoch relativ reich an Wirbeltieren. Unter der lockeren, niedrigen Baumschicht wächst ein schwer zu durchdringendes Gestrüpp von Dornsträuchern, Rutensträuchern und Sukkulenten. Areale dieses Bioms finden sich in der ostbrasilianischen Caatinga, in Südwestmadagaskar und in den Trockengebieten Mexikos (Abb. 2.41.).

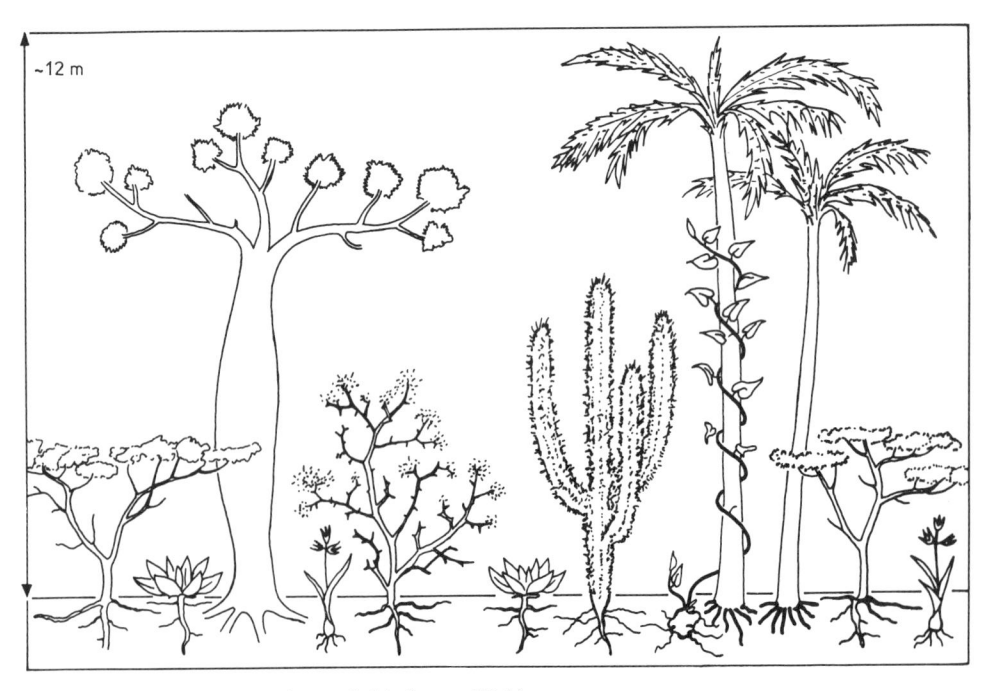

Abb. 2.41. Tropischer Dornbaum-Sukkulenten-Wald.

Savannen-Biome. Durch den Eingriff des Menschen, aber auch durch natürlich entstehende Brände während der Trockenzeit, kommt es auf ebenen, feinerdereicheren Standorten zu einem labilen Gleichgewicht zwischen Gehölzen und Gräsern. Es entstehen parkähnliche, offene tropische Grasländer mit einzeln oder in Gruppen stehenden Gehölzen, die oft eine breite Schirmkrone entwickeln (Abb. 2.42.).

Große und kleine Herbivore bilden wesentliche Bestandteile dieser Biome. Besonders in den afrikanischen und indischen Savannen prägen die großen Huftierherden mit Antilopen, Zebras, Giraffen, Gnus, Gazellen, Wildesel u. a., und ihnen folgenden Raubtieren (Hyänen, Hyänenhunden, Geparden, Löwen, Erdwölfen, Mungos u. a.), das Bild. Die südamerikanischen und australischen Savannen sind dagegen arm an Großtieren. Savannen sind die Schwarmbildungsgebiete der Wanderheuschrecken und das Hauptverbreitungsgebiet der Termiten, deren Hügel z. T. das Landschaftsbild bestimmen. Afrikanischer Strauß, amerikanischer Nandu und australischer Emu sind Charaktervögel der Savannen. Das Edaphon ist reichhaltig. Dominierende Pilzgattungen sind *Aspergillus* und *Penicillium*. Als Haupt-

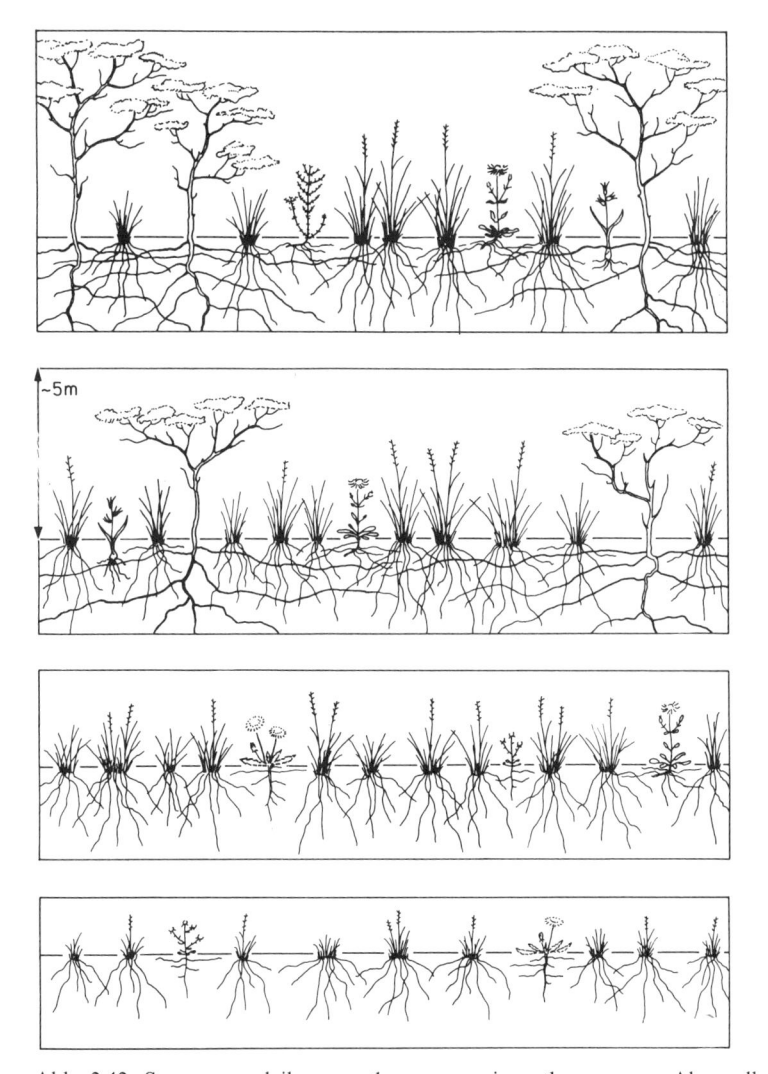

Abb. 2.42. Savanne und ihre xerothermen sowie anthropogenen Abwandlungen. In Anlehnung an WALTER.

76   2. Allgemeine Grundlagen der Ökosystemlehre

vertreter der Bodenfauna kommen Regenwürmer zahlreich vor, wobei die Lumbricidae oft ersetzt sind durch kleine Formen, wie Eudrilidae in Westafrika, oder große Formen, wie Microchaetidae in Südafrika und Megascolecidae in Australien, die in mehr oder weniger großer Bodentiefe leben. Ameisen und Termiten weisen hohe Siedlungsdichten auf. Collembolen, Milben, Isopoden, Myriapoden, Coleopteren- und Dipterenlarven erreichen etwa die halbe Dichte wie im Grasland der gemäßigten Klimazone.

Abb. 2.43. Lorbeerwald.

Abb. 2.44. Etesien-Hartlaubwald.

Im Bereich der Feuchtsavannen, oft im Mosaik mit den Monsunwäldern, dominieren 1,5 – 3 m hohe breitblättrige Büschelgräser. Zwischen ihnen sind locker bis etwa 10 m hohe, regengrüne, dem Brand widerstehende Gehölze eingestreut. In den Trockensavannen, die mit den regengrünen tropischen Trockenwäldern alternieren, wächst ebenfalls 1 – 2 m hohes Gras. Die lockerstehenden, oft schirmkronigen Bäume werden an einem dichteren Bestandesschluß durch die Wurzelkonkurrenz der Gräser gehindert. In den Dornstrauchsavannen, im Komplex mit den Dornbaum-Sukkulentenwäldern, können nur 0,3 – 1 m hoch wachsende Gräser gedeihen, deren Horste relativ locker stehen. Dornsträucher sind nur vereinzelt eingestreut.

Biome der Lorbeerwälder. Bei hohen, meist durch Monsune (vgl. 2.2.2.1.) hervorgerufenen Sommerniederschlägen entwickeln sich an der Südgrenze der gemäßigten Breiten, besonders auf den Ostseiten der Kontinente, Lorbeerwälder (Abb. 2.43.). Die mittelhohen Bäume sind durch immergrünes, ledriges, mesomorphes Laub ausgezeichnet, das als Anpassung an die relativ tiefen Wintertemperaturen und kurzzeitige sommerliche Trockenperioden aufgefaßt werden kann. Der Laubfall findet meist im Sommer nach dem Neutrieb statt. Neben lorbeerblättrigen Gehölzen sind auch sommergrüne Bäume und Nadelgehölze am Bestandesaufbau beteiligt. Epiphyten, vor allem Moose, Flechten und Farne sowie Lianen sind häufig anzutreffen. Auch die Krautschicht aus vielfach immergrünen, großblättrigen Kräutern und Farnen sowie Gräsern der Bambusverwandtschaft ist gut entwickelt. Die Streu- und Bodenfauna erscheint jedoch gegenüber den immergrünen tropischen Regenwäldern individuen- und artenärmer. Die Böden, meist tief durchwurzelt, sind rotbraune Lehme und einer landwirtschaftlichen Nutzung zugänglich. Dies bewirkte das Abholzen der Lorbeerwälder, deren Areale vor allem im östlichen Nordamerika und Ostasien, in Argentinien, SO-Afrika und SO-Australien zu suchen sind. Nebelbildungen und Sommerniederschläge ermöglichen die Ausbildung von kleinflächigen Lorbeerwäldern auf den Azoren, Kanaren, Juan-Fernandez-Inseln, im küstennahen Nordkalifornien, Süd- und Mittelchile, auf der Südspitze Afrikas und in Südwestaustralien. Auch die subtropisch-tropischen Gebirgs-Nebelwälder sind den Lorbeerwäldern floristisch und ökologisch sehr nahestehend.

Biome der Etesien-Hartlaubwälder. Auf den Westseiten der Kontinente kommt es an der Südgrenze der gemäßigten Breiten durch die Herrschaft von trockenen absteigenden Luftmassen der Roßbreiten (vgl. 2.2.2.1.) zu einer sommerlichen Trockenzeit von 2 – 5 Monaten, während der die Stoffproduktion der Primärproduzenten deutlich gehemmt wird. Im Winter können kurzzeitig geringe Fröste auftreten. Unter diesen klimatischen Bedingungen der Etesienklimate entwickeln sich Hartlaubwälder von geringer Höhe und mit einem relativ lockeren Kronenschluß (Abb. 2.44.). Die Baumschicht wird von Gehölzen gebildet mit kleinen, harten, ledrigen, immergrünen, oft gefiederten und bestachelten Blättern. Der Unterwuchs ist in der Regel reich und von immergrünen Hartlaub- und Rutensträuchern, aromatisch duftenden Halbsträuchern, Geophyten, Stauden und Annuellen aufgebaut. Lianen und Epiphyten sind sehr selten. Der Wurzeltiefgang ist sehr groß. Die Jahreszeit größter biologischer Aktivität von Pflanzen und Tieren ist der Frühling, gelegentlich erfolgt noch ein zweiter Anstieg im Herbst. Viele Tierarten zeigen eine von der sommerlichen Hitze abhängige ausgeprägte tageszeitliche Dynamik (Vögel, Reptilien, Insekten) und eine meist mediterrane Verbreitung. Die Tiergemeinschaften des Bodens sind lückenhaft und artenarm. Die Böden gehören den mediterranen Roterden an. Die Hauptverbreitungsgebiete der Etesien-Hartlaubwälder liegen bei 31 – 44° nördl. Breite und 30 – 38° südl. Breite und vor den Westseiten der Kontinente. Es sind das Mediterrangebiet, Nordkalifornien, Mittelchile, das Kapland und SW-Australien. Wie der Lorbeerwald, so ist auch der Hartlaubwald nur noch in kleinen Resten auf der Erde vorhanden, meist ist er durch den Menschen zu Strauch- oder Therophytenformationen degradiert worden.

Biome der temperaten sommergrünen Laubwälder. In Gebieten mit kaltem Winter (Januarmittel unter +4 °C) und feuchtem (Vegetationsperiode über 120 Tage frostfrei und > 250 mm Niederschlag) und warmem Sommer (Julimittel > +15 °C) herrschen sommergrüne Laubwälder. Es sind mittelhohe, meist aus Gehölz-, Strauch- und Krautschicht aufgebaute, relativ artenreiche dichtschließende Bestände (Abb. 2.45.). Die Bäume haben sommergrünes, mesomorphes Laub, das jährlich im Frühjahr neu aufgebaut werden muß und im Herbst abgeworfen wird. Dadurch ist eine deutliche Aspektfolge (mit Frühlings-, Sommer-, Herbst- und Winteraspekt) gegeben. Lianen spielen nur in ozeanischen Gebieten eine stärkere Rolle, Gefäßepiphyten fehlen fast völlig.

Im Vergleich zur pflanzlichen ist die Biomasse der epigäischen Tiere gering, obwohl sie mit etwa 7000 Tierarten 20% der gesamten terrestrischen Fauna der gemäßigten Breiten ausmacht. Viele Großtiere sind durch die Tätigkeit des Menschen und die Jagd ausgerottet (Auerochse) oder stark zurückgegangen (Bär, Wolf, Luchs, Wildkatze, Rauhfußhühner), andere dadurch gefördert (Rotfuchs, Reh, Rothirsch, Wildschwein). Phytophage Insekten und ihnen folgende Zoophage aller Straten des

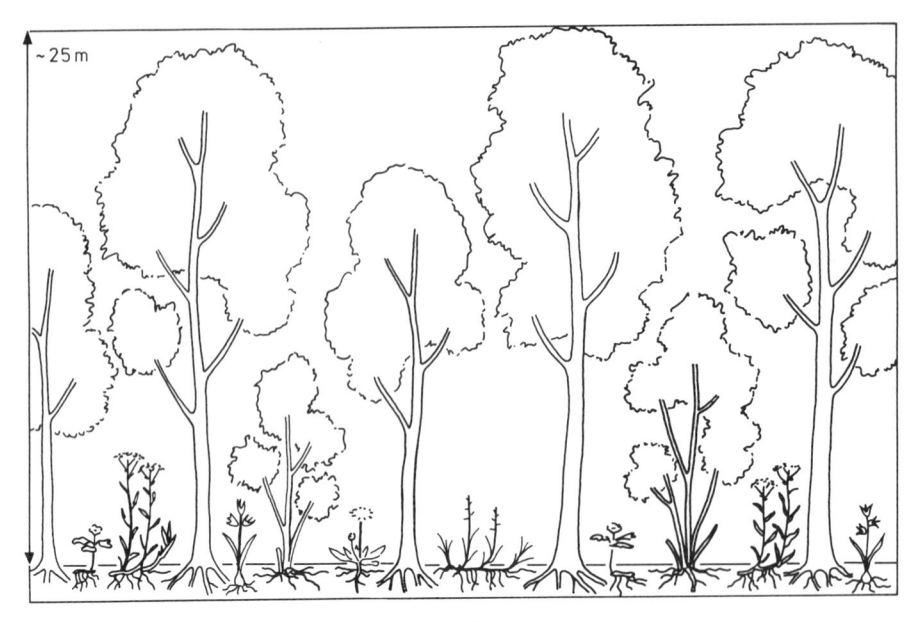

78   2. Allgemeine Grundlagen der Ökosystemlehre

Abb. 2.45. Temperater sommergrüner Laubwald.

Waldes stellen ein überaus komplexes und artenreiches Spektrum dar. Der Schwerpunkt tierischen Lebens liegt im Bodenbereich.

Das Edaphon ist sehr reichhaltig. Am mikrobiologischen Abbau des Fallaubs sind im Vergleich zu den Nadelwäldern die Bodenbakterien stärker beteiligt. Die Pedofauna erreicht in Laubwäldern den höchsten Gesamtbiomassewert von im Durchschnitt 60 g/m^2. Davon entfallen rd. 90% auf den saprophilen Bodentierkomplex (Erstzersetzer und Zweitzersetzer je 40%, Mikrophytophage 10%) und 10% auf Phyto- und Zoophage. Die Böden sind je nach Standort Braunerden, degradierte Schwarzerden, Aulehme, Rendzinen, Gley, Pseudogley oder Anmoor. Auf der Nordhalbkugel sind im östlichen Nordamerika und in Ostasien artenreiche, in Europa z. T. durch die Eiszeiten verarmte sommergrüne Laubwälder weit verbreitet. Vorposten bzw. kleine Areale dieses Bioms sind auch im Himalaja, im Kuznezker Alatau, im Pamir-Alai, in Afghanistan und in den Zagrosketten sowie auf der Südhalbkugel in Südchile zu finden.

Der Mensch hat das Biom des sommergrünen Laubwaldes großflächig verändert. Er setzte an seine Stelle raschwüchsige Forste oder wandelte es in Wiesen und Äcker, in Parks oder Gärten um.

Biome des borealen immergrünen Nadelwaldes. Unter ausreichend sommerwarmem (Julimittel +12 °C) und niederschlagsreichem (Jahresmittel >400 mm) Klima kommt es bei kurzen Vegetationsperioden (<150 frostfreie Tage) zur Ausbildung von borealen immergrünen Nadelwäldern. Es sind einschichtige oder wenig geschichtete, relativ dichtschließende Wälder, die in den ozeanischen Landschaften überwiegend von Gehölzen mit immergrünen xeromorphen Nadelblättern aufgebaut werden (dunkle Fichten-Tannen-Taiga), in den extrem kontinentalen Gebieten von sommergrünen nadelblättrigen Gehölzen (helle Lärchen-Taiga) (Abb. 2.46.). Eine Strauchschicht ist meist nur wenig entwickelt und besteht dann aus sommergrünen Sträuchern. Der Boden wird von immergrünen Zwergsträuchern, Rasenstauden und -gräsern bedeckt. Eine Aspektfolge ist kaum vorhanden. Viele epigäische Tierarten zeigen jedoch deutliche zyklische Populationsschwankungen, die über das Samenangebot reguliert werden (Kreuzschnabel, Tannenhäher, Bergfink, Seidenschwanz u. a.). Über ihre Dichteschwankungen werden wiederum die Populationen der Zoophagen (z. B. Nerz, Zobel, Habichts-, Bart- und Rauhfußkauz, Sperbereule) beeinflußt. Größtes herbivores Tier ist der Elch; Luchs, Vielfraß, Wolf und Bär vertreten die Endglieder der Herbivorennahrungskette. Zahlreiche Tierarten sind direkt an Fichte, Birke und die beerenreiche Krautschicht gebunden (Rauhfußhühner, phytophage und phytosuge Insekten). Der Boden ist mit einer dicken Rohhumusschicht bedeckt, deren Nährstoffe durch die mykorrhizabildenden Pilze für die höheren Pflanzen aufgeschlossen werden, nachdem der Humus von kleinen Gliedertieren zerkleinert worden ist. Mikroskopische Pilze stellen über 80% der mikrobiellen

2.5. Ökologische Systeme der Biosphäre   79

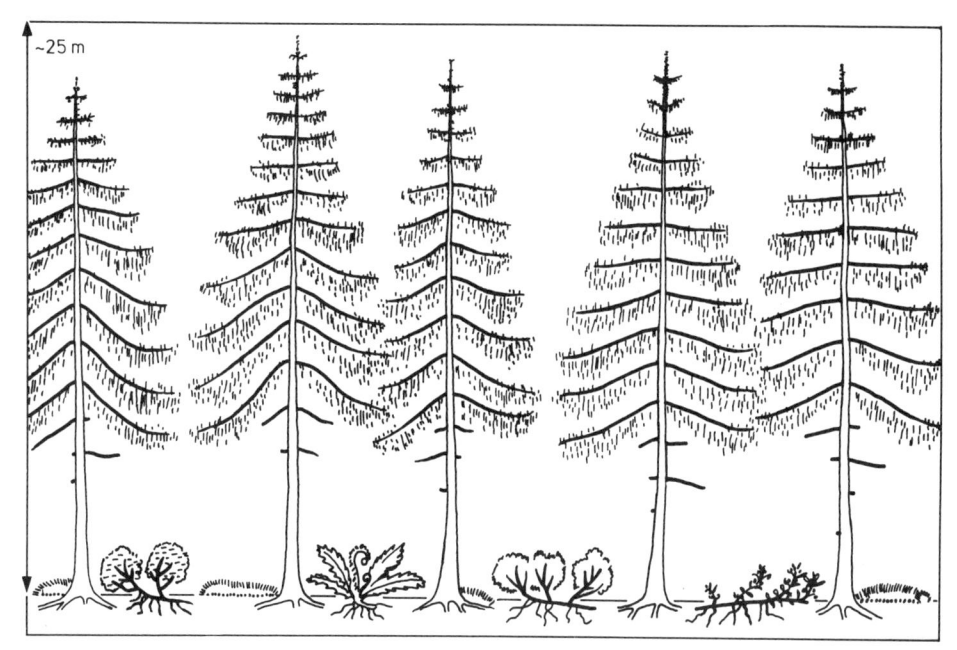

Abb. 2.46. Borealer immergrüner Nadelwald.

Biomasse. Am Biomassegewicht des saprophilen Bodentierkomplexes von 25–30 g/m² sind die Detritophagen mit etwa 70%, die Mikrophytophagen mit 23% und die Saprophagen mit 7% beteiligt. Hohe Siedlungsdichten weisen Thekamöben, Enchytraeiden, Oribatiden und auch Collembolen auf. Mittlere Abundanzen besitzen Nematoden, prostigmatische Milben, Chilopoden, Elateriden-, Carabiden-, Staphyliniden-, Rhagioniden- und Tipulidenlarven sowie Nacktschnecken. Relativ gering vertreten sind Regenwürmer. Diplopoden und Asseln fehlen fast ganz. Die Böden sind meist Podsole und oft viele Monate während des Jahres gefroren. Immergrüne Nadelwälder sind von Nordeuropa über Sibirien bis Ostasien und durch ganz Nordamerika zusammenhängend verbreitet. 90% des Welthandels-Schnitt- und Papierholzes werden von ihnen gewonnen. Wegen der Ungunst des Klimas für landwirtschaftliche Kulturen sind sie vom Menschen nur in relativ geringem Maße umgewandelt worden.

Strauch- und Zwergstrauch-Biomgruppe
Eine zweite Biomgruppe wird von den **Strauch- und Zwergstrauchbiomen** gebildet. Im Gegensatz zu den Wäldern wird ihre oberste Vegetationsschicht von ± dichtschließenden Sträuchern oder Zwergsträuchern gebildet, die bei Gebüschen bis 2 m, bei Zwergstrauchheiden nur bis 50 cm hoch werden. Sie können natürlichen Ursprungs sein, sind aber meist durch die Einwirkung des Menschen aus Wäldern oder nach Auflassen der landwirtschaftlichen Kulturen entstanden.

Biome der subpolaren Gebüsche. Beim Übergang von immergrünen Nadelwäldern zu den arktischen Tundren oder auf der Südhalbkugel auf den Inseln jenseits der polaren Baumgrenze kommt es zu einem Strauch-Ökoton. Dort herrschen die Sträucher oder bei ungünstigeren Wuchsbedingungen Zwergsträucher vor, begleitet von Polstergräsern und kleinen Stauden. Trotz langer Sonnenscheindauer im Sommer ist wegen der langen Polarnacht und der niedrigen Sommertemperaturen die Biomasseproduktion gering.
Biome der Strauch- u. Zwergstrauch-Ökosysteme von Hochgebirgen. Über der Waldgrenze entwickelt sich in Hochgebirgen und in höheren Breiten auch in Mittelgebirgen ein Oreobiom, das von Sträuchern und Zwergsträuchern beherrscht wird. Diese können immergrüne, aber auch sommergrüne Gehölze

sein. Die Bestände schließen in der Regel dicht und lassen nur wenige Gräser und Stauden aufkommen. Das Edaphon ist reichhaltig. Bemerkenswert sind die hohen Siedlungsdichten der Milben und Collembolen, die mehrere 100000 Individuen/m^2 betragen können.

In den Alpen kommen noch oberhalb der Waldgrenze die Ringelwürmer *Dendrobaena octaedra* (bis 3500 m), *Lumbricus rubellus* und *Octolasium lacteum* (bis 3000 m), und die Schnecke *Ariantha arbustorum* (bis 3000 m) vor. Die Hundertfüßler *Lithobius forficatus* und *L. lucifugus* werden noch über 2500 m, der Felsenspringer *Machilis tirolensis* bis 3800 m, die Carabiden *Nebria gyllenhali* und *Trechus glacialis* bis 3500 m und Wolfsspinnen (Lycosidae) noch in 4300 m nachgewiesen (MÜLLER 1981).

Biome der subtropischen Trockengebüsche. Auf skelettreichen Böden der subtropischen Trockengebiete kommt es besonders bei Überweidung zu Dornbüschen, in denen xerophytische, meist stark bedornte und regengrüne Sträucher überwiegen. Ihnen können Sukkulente beigesellt sein. Der Boden wird meist von harten, xerophytischen Gräsern und einigen kurzlebigen Kräutern bestanden. Dieses Biom kann als Ökoton zwischen Dornbaum-Sukkulenten-Biom und dem Wüsten-Biom auftreten, aber auch anthropogen aus ersterem hervorgegangen sein.

Biome der Etesien-Strauch- und Zwergstrauch-Ökosysteme. Durch Jahrhunderte während Degradation der Hartlaubwälder entstanden anthropogen in den Gebieten mit Etesienklimaten weitflächig Strauch- bzw. Zwergstrauch-Ökosysteme, die als Macchie, Garigue, Chapparal, Tomillares bezeichnet werden. Sie sind je nach Standortverhältnissen verschieden hoch (bis 2,50 m) und dicht. Hartlaubige Gräser, Geophyten, Annuelle sind daher unterschiedlich stark eingestreut.

Biome der temperaten Strauch- und Zwergstrauch-Ökosysteme. Gebüsche und Zwergstrauchheiden sind in den temperaten, humiden Breiten nur auf exponierten, waldfeindlichen Standorten kleinflächig natürlich. Meist ist dieses Biom durch die waldvernichtende Tätigkeit des Menschen entstanden. Hört menschliche Einflußnahme z. B. durch Schafweide auf, setzt sehr bald eine Wiederbewaldung ein.

Grasland- und Krautfluren-Biomgruppe

Die Biomgruppe der Gras- und Krautfluren kann Grasländer umfassen, die oft mit Bäumen oder Gebüschgruppen locker durchsetzt sind. Meist sind sie dann vom Menschen durch Brand, Weide oder Mahd geschaffen und werden von ihm erhalten. Die Biomgruppe enthält aber auch baumfeindliche Grasländer, in denen die Gehölze durch Trockenheit, zu kurze Vegetationszeit oder Kälte nicht gedeihen.

Biome der tropischen Gebirgsgrasländer. In großen Höhenlagen der tropischen und subtropischen Gebirge kann es zu allnächtlichen Frösten kommen, ohne daß eine ausgesprochen langdauernde kalte Jahreszeit oder extrem kalte Temperaturen (tiefer als $-10\,°C$) vorhanden wären. Hier entwickeln sich Ökosysteme, die von harten Horstgräsern, Zwergsträuchern und Polsterpflanzen, in humiden, oft nebeligen Landschaften auch von kurzstämmigen, schopfig beblätterten und oft stark behaarten Holzgewächsen oder Stauden zu einem eigenständigen Oreobiom aufgebaut werden.

Biome der alpinen Matten. Über der Waldgrenze bilden sich in den Hochgebirgen der gemäßigten Breiten dichte, immergrüne Rasen und Krautfluren. Im Winter werden sie mehr als 6 Monate lang oft von über 1 m Schnee bedeckt. Das Klima ist im Sommer trotz kurzer Tage strahlungsreich. Es gibt keinen ausgeprägten Massenwechsel bei Pflanzen und Tieren und keinen Dauerfrost im Boden. Die Tierwelt wird durch einen hohen Anteil tagaktiver, heliophiler Arten gekennzeichnet. Für die Wirbeltierfauna sind es die typischen Hochgebirgsarten wie Gemse, Murmeltier, Alpenspitzmaus, Schneemaus, Steinrötel, Bergeidechse, Alpensalamander; für die artenreiche Insektenfauna viele Arten der Lepidoptera (z. B. *Erebia*-Arten), Diptera (*Tipula glacialis*), Orthoptera (*Anechura bipunctata*), Coleoptera (*Carabus concolor*, *Othiorrhynchus alpicola*), Hymenoptera (*Formica lemani*), weiterhin viele Arachniden, Myriapoden und Gastropoden. Die Pedofauna ist relativ arten- und individuenreich. Das betrifft vor allem Protozoen, Rotatorien, Nematoden, Milben, Springschwänze, Käfer und Zweiflüglerlarven. Niedrige Abundanzen weisen Lumbriciden, Schalenschnecken und Diplopoden auf. Durch Weidebetrieb ist dieses Oreobiom oft bis in die subalpine Stufe ausgedehnt worden.

Biome der Tundren. Gras- oder kraut-, z. T. aber auch zwergstrauchreiche Tundren sind als Zonobiome jenseits der polaren Waldgrenzen zu finden. Oft sind sie auch durch das Dominieren von Flechten und Moosen gekennzeichnet (Abb. 2.47.). Sie besitzen einen ausgeprägten Jahresrhythmus durch einen langen, dunklen Winter und einen kurzen Sommer, der trotz Lang- oder Dauertag nicht strahlungsreich ist. Die Böden sind vielfach durch Dauerfrost und starke Vernässung im Frühjahr ausgezeichnet.

2.5. Ökologische Systeme der Biosphäre   81

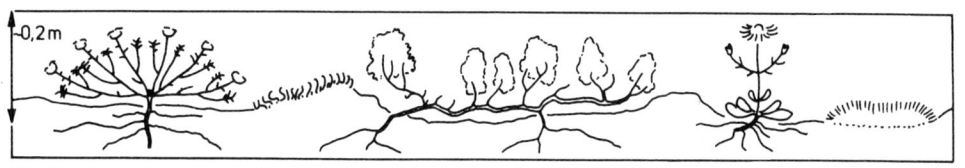

Tundra

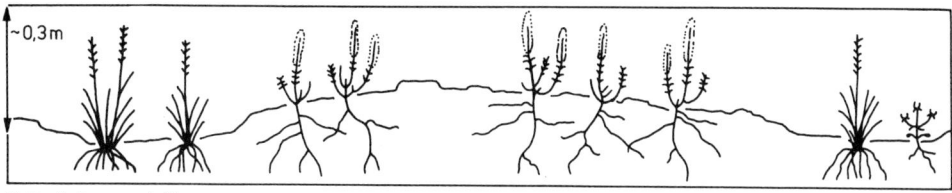

Halbwüstenvegetation

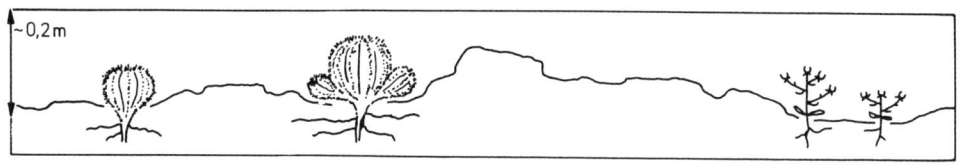

Wüstenvegetation

Abb. 2.47. Tundra, Halbwüste und Wüste.

Bei Primärproduzenten, aber auch bei den Konsumenten ist ein starker Massenwechsel von Jahr zu Jahr zu verzeichnen. Die relativ artenarme Wirbeltierfauna wird durch Ren, Schneehase, Polarfuchs, Lemming, Schneehuhn, Schnee-Eule und Rauhfußbussard sowie nordische Wasservögel gekennzeichnet. Vor allem von Lemmingen ist ein 3—5jähriger Zyklus bekannt, der sowohl von abiotischen (Temperatur, Schneelage) als auch von biotischen Faktoren (Nahrung, Feinddruck) reguliert wird. Insgesamt sind Ausweichwanderungen eine weitverbreitete Überlebensstrategie (Gänse, Enten, Schwäne, Singvögel, Ren, Lemming). Regelmäßige Massenvermehrungen vollziehen sich auch bei den sich in Schmelzwassertümpeln entwickelnden Stechmückenarten. Infolge Rohhumusbildung überwiegen im pflanzlichen Edaphon die Bodenpilze. Von sporenbildenden Bakterien sind *Bacillus agglomeratus* und *B. cereus* verbreitet. Der saprophile Bodentierkomplex mit 5—7 g/m² Biomasse wird fast ausschließlich von Mikrophytophagen und Detritophagen gebildet. Erstzersetzer fehlen im allgemeinen. Bedeutende Komponenten der artenarmen Pedofauna sind Thekamöben, Nematoden, Enchytraeiden, Prostigmaten, Oribatiden, Collembolen, Elateriden-, Tipuliden- und Chironomidenlarven. Gelegentlich können Regenwürmer von Bedeutung sein. Von Bodentieren werden Moospolster und der Flechtenrasen, der Auflagehumus-Horizont und nur wenige Zentimeter des Mineralbodens bewohnt. Der Streuabbau dauert 3—4 Jahre.

Biome der Steppen. In den semiariden, gemäßigten Breiten Nordamerikas und Eurasiens kommt es in winterkalten Gebieten, die nur einen mittleren Jahresniederschlag von 200—400 mm erhalten, zum Zonobiom der Steppen. Dort herrschen niedrige oder mittelhohe, sommergrüne Horstgräser, denen sommergrüne Stauden, Zwiebelgeophyten und kurzlebige Pflanzen (Ephemeren) beigesellt sind. Nach dem Auftauen des im Winter gefrorenen Steppenbodens kommt es im feuchten Vorfrühling zu einem Ephemeren-Aspekt, dem im Frühling und Frühsommer ein Blühaspekt der niedrigen Stauden folgt, bis im Frühsommer der Hauptblühaspekt einsetzt. In der spätsommerlichen Trockenperiode vergilbt die Steppenvegetation (Abb. 2.48.).
Durch die Winterkälte und Spätsommertrockenheit werden zwei Ruheperioden im Abbau der anfallenden toten organischen Substanz erzwungen, die zu den humusreichen Schwarzerdeböden oder in trockeneren, weniger produktiven Bereichen zu den kastanienbraunen Böden führen. Der starke klimatische Wechsel bedingt auch ausgeprägte Überwinterungsstrategien bei Warmblütern. Als Beispiele für die eurasischen Steppen seien genannt der Winterschlaf bei Ziesel, Hamster, Steppenmur-

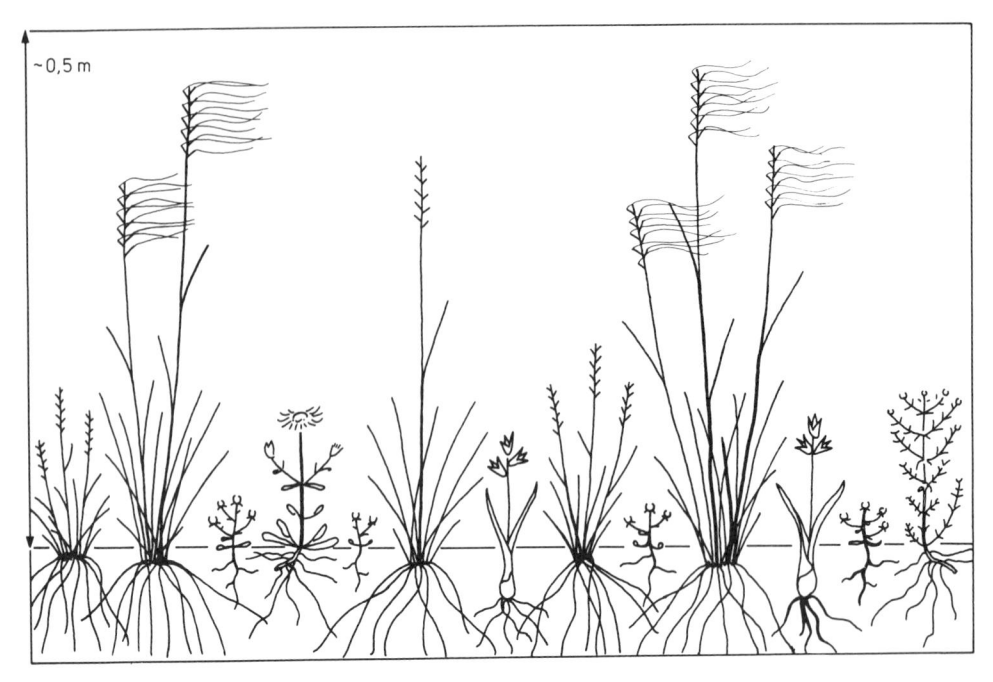

Abb. 2.48. Steppe der gemäßigten Breiten.

meltier; die Eintragung von Nahrungsvorräten bei Pfeifhase, Erdhörnchen; Ausweichwanderungen bei Saiga, Mullemming, Steppenadler, Steppenkiebitz, Großtrappe. Kennzeichnende Wirbeltiere der nordamerikanischen Steppen sind Bison, Gabelbock, Präriehund, Präriehuhn u. a. Das Bodenleben ist außerordentlich reich. Kleine Herbivore (Nager und Insekten) sowie Saprovore bilden wesentliche Glieder dieser Ökosysteme.

Auf Grund hoher Siedlungsdichten von Regenwürmern, Tausendfüßern, Mollusken, Asseln, Phyto- und Zoophagen wird eine Gesamtzoomasse von ca. 40 g/m² erreicht. Die Mesofauna ist vor allem durch Nematoden und Hornmilben vertreten. Scarabaeiden erlangen als Saprorhizophage, Alleculiden und Tenebrioniden als Phytophage Bedeutung. Aber auch Ameisen sind für die Steppen charakteristisch. In Trockensteppen treten die Erst- und Zweitzersetzer stark zurück, so daß sich das Gesamttiergewicht um die Hälfte verringert.

Der Mensch hat die Steppengebiete fast vollständig in Ackernutzung überführt. Versalzung bei ungeregelter Bewässerung und Erosion in hängigem Gelände sind große Gefahren, die die hohen Ernteerträge in diesen Gebieten beeinträchtigen können.

Biome des Grünlandes der humiden gemäßigten Breiten. Bis auf kleine, durch die Extremheit der Standorte waldfreie Grünland-Ökosysteme sind die Bestände dieser Biome durch den Menschen aus dem Bereich der sommergrünen Laubwälder oder der immergrünen Nadelwälder durch Abholzen und anschließende Mahd oder Beweidung geschaffen worden. Sie werden durch breitblättrige, an trockenen Standorten durch schmalblättrige Gräser bestimmt, denen sommergrüne Stauden beigesellt sind. Die Bodentiergemeinschaft ist im allgemeinen eine verarmte Waldbodenfauna. Die durch Ernte oder Beweidung entstehenden Stoffverluste werden oft durch Düngung kompensiert. Die Tierwelt hat sich diesem Rhythmus im Nahrungsangebot angepaßt. Phloemsaftsauger, welche die immer neu wieder sprießenden jungen Blätter nutzen, dominieren. Die Ökosysteme sind vielfach durch hohe Produktion bei raschem Umsatz charakterisiert und im Extrem den künstlichen Kulturpflanzenbeständen nahestehend.

Wüsten- und Halbwüsten-Biomgruppe

In extrem ariden Gebieten unserer Erde steht den Primärproduzenten so wenig Wasser zur Verfügung, daß die Einzelpflanzen nicht mehr diffus verteilt, sondern auf lokal begünstigte Stellen kontrahiert sind. Es kommt zur Ausbildung der **Biomgruppe der Wüsten und Halbwüsten.**

2.5. Ökologische Systeme der Biosphäre

Biome der Trockenwüsten und Halbwüsten. Im Bereich der Halbwüsten kommt es zu alljährlichen Niederschlägen, die allerdings unter 200 mm liegen, aber doch eine wenn auch kurzfristige humide Periode bedingen. Die Vegetation ist hier noch reich. Schmalblättrige, xerophytische Gräser, Zwiebelgeophyten, Sukkulente, an günstigen Stellen auch dornige, xeromorphe Sträucher können gedeihen (Abb. 2.47.). In den Vollwüsten selbst gibt es nur episodische Niederschläge, die oft jahrelang ausbleiben können. Kurzlebige Therophyten, die nach Regengüssen vorübergehend dichte Bestände bilden, sind die vorherrschenden Wuchstypen (Abb. 2.47.). Die Wüsten der gemäßigten Breiten sind durch regelmäßige Winterfröste gekennzeichnet, die das Auftreten frostempfindlicher Pflanzen, die in subtropischen Wüsten aufkommen können, verhindern. Auch hier kann es bei starken Tagesschwankungen der Temperatur zu nächtlichen Frösten kommen. Die Böden sind unentwickelt und humusarm. Entsprechend der Hemmung der Primärproduzenten sind auch die Konsumenten und Destruenten der Wüstenökosysteme durch die Extreme der abiotischen Faktoren stark eingeschränkt. Konvergente Anpassungs- und Überlebensstrategien sind weit verbreitet (Bipedie bei Nagern und Reptilien, z. B. bei Spring- und Rennmäusen, Echsen; Flügelreduktion bei Insekten, z. B. Schwarzkäfer; hoher Anteil nachtaktiver Tiere; Temperaturschutz; Besitz von Salzdrüsen; Wüstenfärbung bei vielen Säugern, Vögeln, Reptilien, Insekten und Spinnen).

Im Edaphon weisen Bodenpilze höhere Siedlungsdichten als Bodenbakterien auf. Unter den sporenbildenden Bakterien dominieren *Bacillus agglomeratus* und *B. idosus*. Die Saprophagen sind zahlen- und artenmäßig sehr verarmt, während Phyto- und Zoophage mit über 90% die Bodeninvertebratengemeinschaft repräsentieren. Darunter befinden sich insbesondere Tenebrioniden, Elateriden, Carabiden, Scarabaeiden, Staphyliniden, Curculioniden, Asiliden und Wurzelläuse. Bedeutung erlangen Ameisen, Copeognathen, Chilopoden, Skorpione, Pseudoskorpione und Araneen, stellenweise auch Isopoden (z. B. *Hemilepistum*-Arten). Nematoden und Enchytraeiden sind nur in der kurzen Feuchteperiode aktiv. Regenwürmer fehlen in den Trockenwüsten ganz. In der individuenschwachen Mikroarthropodengemeinschaft überwiegen die Milben und hier wiederum die Oribatiden.

Biome der Kältewüsten. Oberhalb bzw. jenseits der klimatischen Schneegrenze kommt es auf zeitweilig oder dauernd schneefreien Flächen zu sehr lückigen Beständen von krautigen oder verholzten, z. T. polsterförmigen Pflanzen. Außerordentlich starker Temperaturwechsel, ständige Frostgefahr, lang andauernde Schneebedeckung bedingen eine geringe biologische Produktivität und beachtenswerte Photosyntheseleistungen nur an einigen günstigen Tagen im Jahr.

Die artenarme Tierwelt, insbesondere die der Wirbeltiere, lebt in der Regel von der Stoffproduktion angrenzender Ökosysteme. In der nordpolaren Kältewüste sind es z. B. die carnivoren Arten wie Eisbär, Polarmeerwalroß, Eismeerringelrobbe, Bartrobbe, Eissturmvogel, Nonnengans, Prachteiderente u. a.; in den südpolaren Kältewüsten die arten- und oft auch individuenreichen Pinguine; in den Kältewüsten der Hochgebirge z. B. Schneefink, Alpenschneehase, Schneemaus, Steinbock, Schneeziege u. a.

Im Edaphon der Kältewüsten gehören die meisten Invertebratengruppen der Moos- und Bodenwasserfauna an. Unter den Protozoen herrschen Thekamöben, gelegentlich Ciliaten und Flagellaten vor. Rotatorien, Nematoden und Tardigraden weisen hohe Individuenzahlen auf. Die Mikroarthropodenfauna ist artenarm, aber individuenreich. Collembolen können Abundanzen von über 150000 Individuen pro m² erlangen, desgleichen Prostigmata Siedlungsdichten von über 40000/m². Oribatiden weisen Bevölkerungszahlen von etwa 10000/m² auf. Von Pterygoten kommen Lathridiiden, Chironomiden und gelegentlich Thripse vor.

Pionierflur-Biomgruppe

Auch außerhalb der Wüstenklimate können durch die Extremheit der physikalischen Eigenschaften der Böden die Ökosysteme so stark in ihrer biologischen Produktion gehemmt werden, daß es nur zu sehr lockeren Beständen kommt, die oft ein wüstenähnliches Aussehen haben. Es ist dies die **Biomgruppe der Pionierfluren,** deren biotische Kompartimente noch relativ wenig entwickelt sind.

Biome der offenen Dünen. Sowohl im humiden als auch im ariden Klima überziehen sich Flugsandhügel mit einer lockeren Vegetation aus Gräsern und Kräutern, die in mannigfacher Weise an die Besonderheiten des bewegten Sandes angepaßt sind.

Biome der Erosionsfluren. In Klimaten, die dichtere Vegetation zulassen, kommt es auf durch Wind- oder Wassererosion entblößten Erdflächen zu vegetationsarmen Pionierfluren. Sie gehen nach einer gewissen Bodenreifung rasch in reichere und dichtschließende Vegetationstypen über.

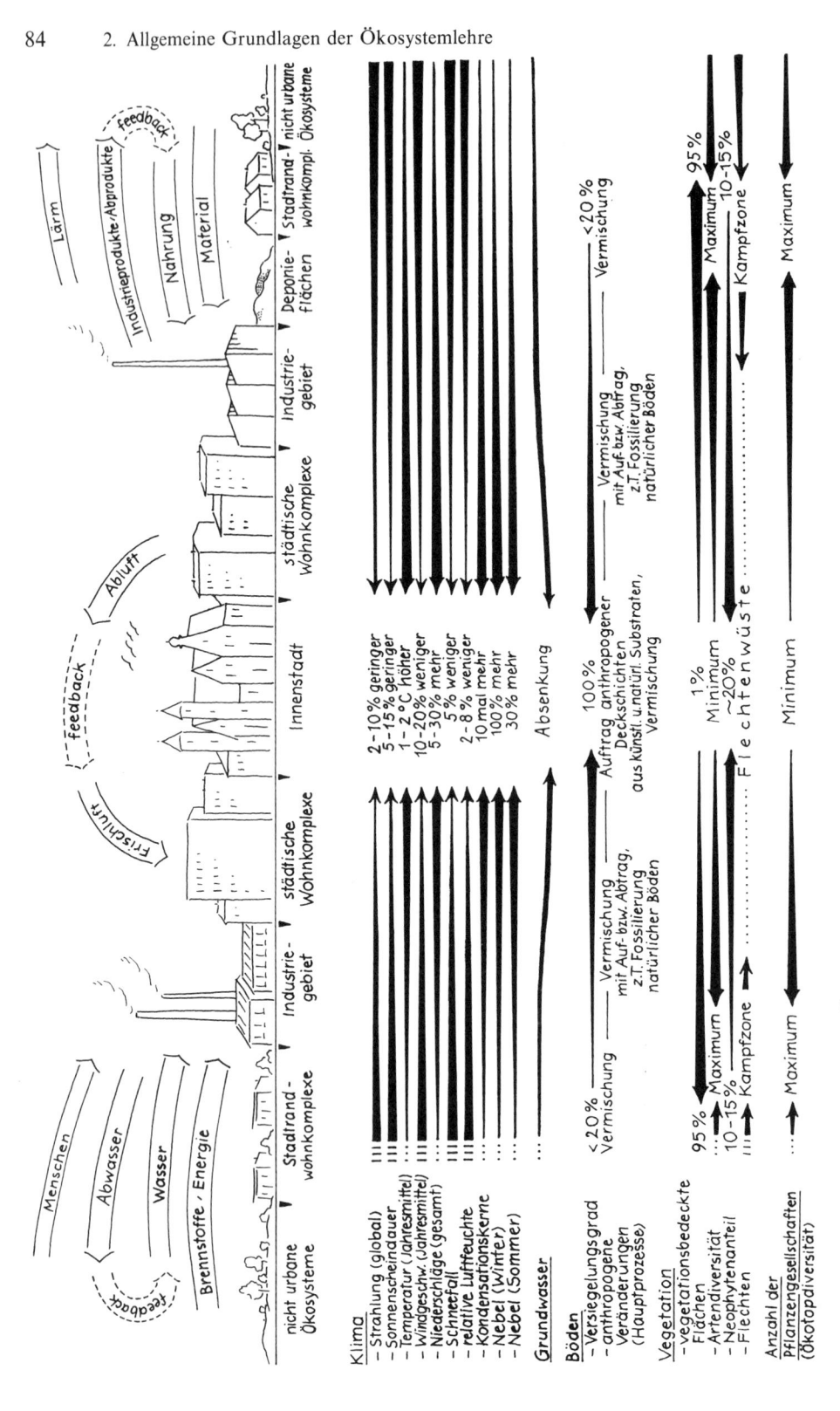

84   2. Allgemeine Grundlagen der Ökosystemlehre

	nicht urbane Ökosysteme	Stadtrand-wohnkomplexe	Industrie-gebiet	städtische Wohnkomplexe	Innenstadt	städtische Wohnkomplexe	Industrie-gebiet	Deponie-flächen	Stadtrand-wohnkompl. Ökosysteme	nicht urbane Ökosysteme
Klima										
– Strahlung (global)					2–10% geringer					
– Sonnenscheindauer					5–15% geringer					
– Temperatur (Jahresmittel)					1–2 °C höher					
– Windgeschw. (Jahresmittel)					10–20% weniger					
– Niederschläge (gesamt)					5–30% mehr					
– Schneefall					5% weniger					
– relative Luftfeuchte					2–8% weniger					
– Kondensationskerne					10 mal mehr					
– Nebel (Winter)					100% mehr					
– Nebel (Sommer)					30% mehr					
Grundwasser					Absenkung					
Böden										
– Versiegelungsgrad	<20%				100%				<20%	
– anthropogene Veränderungen (Hauptprozesse)	Vermischung	Vermischung mit Auf- bzw. Abtrag, z.T. Fossilierung natürlicher Böden			Auftrag anthropogener Deckschichten aus künstl. u. natürl. Substraten, Vermischung			Vermischung mit Auf- bzw. Abtrag, z.T. Fossilierung natürlicher Böden	Vermischung	
Vegetation										
– vegetationsbedeckte Flächen	95%				1%				95%	
– Artendiversität	Maximum				Minimum				Maximum	
– Neophytenanteil	10–15%				~20%				10–15%	
– Flechten	Kampfzone				Flechtenwüste				Kampfzone	
Anzahl der Pflanzengesellschaften (Ökotopdiversität)	Maximum				Minimum				Maximum	

Abb. 2.49. Biom der urban-industriellen Ökosysteme. Nach KLOTZ 1982.

Biome der Gesteinsfluren. Am Fuße von Felswänden, von denen Steine herabwittern und sich zu Schutthalden auftürmen, oder an steilen Felsen, die nur in Spalten etwas Feinerde enthalten, entwickeln sich Gesteinsfluren, deren Organismen mit den extremen Verhältnissen solcher Standorte zurechtkommen.

Anthropobiosphäre

Der Mensch hat nicht nur bestehende natürliche Biome in ihrer Struktur und räumlichen wie auch zeitlichen Ausdehnung verändert, sondern er hat neue Ökosysteme geschaffen, die es ohne ihn in der Natur gar nicht geben würde. Diese ökologischen Einheiten wollen wir in der **Anthropobiosphäre** zusammenfassen und als **künstliche Megabiome** den bereits besprochenen gegenüberstellen.

Künstliches Megabiom

Biome der Kulturpflanzen-Bestände. Hier hat der Mensch junge, hochproduktive Ökosysteme geschaffen, die von Kulturpflanzen beherrscht werden, deren Bioproduktivität durch die Züchtung in eine vom Menschen gewünschte Form gebracht wurde. Die erzeugte Biomasse wird durch die Ernte den Ökosystemen entzogen und durch Düngung (Nährstoffe) von außen her wieder zugeführt. Eine überaus artenarme Tierwelt hat sich diesen anthropogen manipulierten Biomen angepaßt. Konsumenten der Kulturpflanzen (Kleinnager, körnerfressende Vögel, phytophage und phytosuge Insekten, wie z. B. Blattläuse und -käfer, Wanzen, Zikaden, minierende Fliegen u. a.) neigen infolge des Nahrungsüberschusses zu Massenvermehrungen. Das Edaphon ist meist relativ arten-, individuen- und biomassearm. Die Ökosysteme sind weitgehend instabil und nur mittels Energie- und Stoffzufuhr durch den Menschen zu erhalten. Um die Produktivität der Bestände zu erhöhen, wird in der verschiedensten Weise in diese Systeme durch Be- oder Entwässerung, Düngung und Schädlingsbekämpfung eingegriffen, was zu einer hohen Dynamik der Wechselbeziehungen zwischen den Funktionselementen der Ökosysteme führt.

Biome der künstlichen Hochleistungs-Ökosysteme. Sind bei Kulturpflanzenbeständen noch teilweise die natürlichen Gegebenheiten in die Stoffkreisläufe der Ökosysteme einbezogen, so werden bei den künstlichen Hochleistungs-Ökosystemen alle Komponenten der Stoff- und Energieflüsse vom Menschen gesteuert. Die Organismen werden als solche (Rinder, Schweine, Geflügel, Fische, Algen, Bakterien usw.) nunmehr Kompartimente eines Systems, das, vom Menschen in seinen Teilen bestimmt, auch nur so lange zu existieren vermag, wie der Mensch es durch Zufuhr und Entnahme von Stoffen und Energie aufrechterhält. Es besitzt selbst keine innere Stabilität mehr und hat die Fähigkeit zur Selbstregulation völlig verloren.

Biome der urban-industriellen Ökosysteme. Die naturnahen Elemente dieses Bioms sind in eine vom Menschen abiotisch-technisch geschaffene Umwelt eingebettet, so daß ein Ökosystem völlig neuer Qualität entsteht. Sowohl der Stoff- als auch der Energiehaushalt sind in erster Linie durch Zufuhr von außen (fossile Brennstoffe, Kernenergie) aufrechtzuerhalten. Die anfallenden, im System nicht zu verarbeitenden Abprodukte müssen aus dem Biom abtransportiert werden, da es sonst zu dessen Zusammenbruch kommen würde. Es hat damit eine gewisse Ähnlichkeit mit den künstlichen Hochleistungs-Ökosystemen (Abb. 2.49.).

2.6. Biogeochemische Kreisläufe

2.6.1. Energiefluß in einem Ökosystem

Ständiger **Energiefluß** ist die Voraussetzung für die Entwicklung und Erhaltung biologischer Systeme. Er wird gewährleistet durch die auf die Erde gelangende Sonnenenergie, von der nur ein geringer Prozentsatz ($\sim 1\%$) von den Primärproduzenten aufgenommen und durch Photosynthese in chemische Energie umgewandelt wird. Ein großer Teil der nicht zur Photosynthese verbrauchten Energie ist als Wärmeenergie für das Zustandekommen eines für Lebewesen zuträglichen Klimas, für das Inganghalten der großen biogeochemischen Zyklen, notwendig.

Im Bereich der Primärproduzenten wird durch Wärmeabgabe und Atmung ein Teil der produzierten chemischen Energie verbraucht. Von der **Brutto-Primärproduktion,** unter der man die gesamte organische Substanz versteht, die durch die Photosynthese gebildet wird, ist deshalb die **Netto-Primärproduktion** zu unterscheiden, die sich nach Abzug des Atmungsverlustes als tatsächlicher Gewinn an organischer Substanz ergibt. Diese auch als **Urproduktion** bezeichnete Nahrungsgröße wird meist nur zu einem geringen Prozentsatz ($<10\%$) von **Primärkonsumenten,** also **Herbivoren** (Pflanzenfressern), gefressen, der größte Teil ($>90\%$) wird in der organischen Substanz (**Biomasse** oder standing crop) vorübergehend gespeichert. Die ökologische Bedeutung der Herbivoren kann trotz des geringen Gesamtmasseverbrauchs sehr bedeutsam sein, da z. B. durch das Fressen bestimmter Pflanzenarten oder Früchte die Beeinflussung der Primärproduzentenzusammensetzung eines Ökosystems sehr groß sein kann.

Für die **Sekundärproduktion** der Herbivoren gilt das gleiche wie für die Primärproduzenten. Auch sie besitzen eine Brutto-Sekundärproduktion, von der nach Abzug der Atmungsverluste und der sonstigen für die Lebensäußerungen notwendigen Energieabgaben die Netto-Sekundärproduktion, der tatsächliche Gewinn an organischer Substanz, übrigbleibt. Diese Biomasse wird auch wiederum nur zu einem kleinen Teil ($<10\%$) durch **Sekundärkonsumenten, Zoophage** (Tierfresser) (Carnivore und Insektivore), als Nahrungsquelle genutzt. Auch bei dieser trophischen Ebene wird nur ein kleiner Teil der gewonnenen chemischen Energie in eigene Biomasse umgewandelt, die schließlich von Endkonsumenten (Carnivoren 2. oder 3. Ordnung) aufgenommen und nur zu einem oft verschwindend geringen Teil in deren eigene Substanz eingebaut wird ($\sim 0{,}01\%$) (Abb. 2.50.).

Auf allen trophischen Ebenen der geschilderten **herbivoren Nahrungskette** bildet sich durch das Absterben der Organismen tote organische Substanz, die von **Saprophagen** (Detritusfressern und Mineralisierern) weiter bis zur Mineralisation der organischen Substanzen abgebaut werden kann. Die Saprophagen, das Hauptglied der sehr wichtigen **detritischen Nahrungskette,** können wiederum Nahrung für die Zoophagen sein. Über die detritische Nahrungskette laufen die kürzeren Stoffkreisläufe der Ökosysteme, während der Weg der Stoffe über die herbivore Nahrungskette verhältnismäßig lang ist. Werden die toten organischen Stoffe nur ungenügend abgebaut, kommt es zu schwer abbaubarem Dauerhumus.

Eine weitere Nahrungskette entsteht, wenn Parasiten in den Stoffkreislauf und Energiefluß eingeschaltet sind. In diesen **parasitischen Nahrungsketten** sind Parasiten und Hyperparasiten (Überparasiten) ökologisch wesentliche Bestandteile.

Die einzelnen Nahrungsketten weisen vielfache Berührungs- und Kreuzungspunkte auf, die um so häufiger sind, je mehr **polyphage** (Verschiedenfresser) oder gar **omnivore** (Allesfresser) und je weniger **monophage** (Nahrungsspezialisten) oder **oligophage** (Auswahlfresser) **Tiere** auftreten.

Auf allen trophischen Ebenen fällt nicht nur tote organische Substanz an, sondern es wird auch Wärmeenergie freigesetzt, die zum Teil wiederum für die Aufrechterhaltung ökologischer Prozesse verwendet wird.

Sowohl organische und anorganische Stoffe als auch Wärme werden von den Ökosystemen nach außen in mannigfaltiger Weise abgegeben. Das ganze System bleibt stofflich und energetisch gesehen in einem **Fließgleichgewicht,** das als Eingangsgrößen die eingestrahlte Sonnenenergie und die Zufuhr von Stoffen und damit Energie von außen her hat, als Ausgangsgrößen die durch Wärme oder Stoffabgabe verlorenen Energien (Abb. 2.51.).

Das Ökosystem stellt demnach thermodynamisch ein offenes System dar, das Entropie (Maß an molekularer Unordnung) an die Umgebung abzugeben vermag. Es besitzt eine dissipative Struktur, d. h., es befindet sich in einem überkritischen Abstand vom thermodynamischen Gleichgewicht, und die Dynamik seiner Bewegungen ist wesentlich durch nichtlineare Effekte bestimmt. Dadurch besitzt es bei Energiezufuhr die Fähigkeit der Selbstorganisation und der Evolution.

2.6. Biogeochemische Kreisläufe

I Sonnenenergiefluß in kJ/m² · a

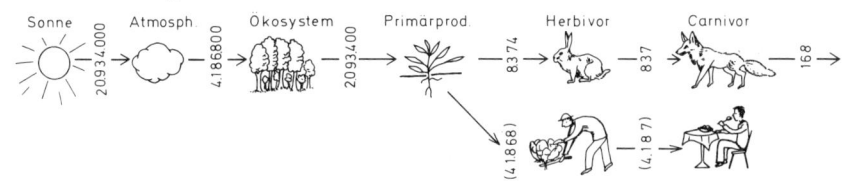

Sonne → 2.093.4000 → Atmosph. → 4.186.800 → Ökosystem → 2.093.400 → Primärprod. → 8.374 → Herbivor → 837 → Carnivor → 168 →

(41.868) → (4.187)

II Fließdiagramm

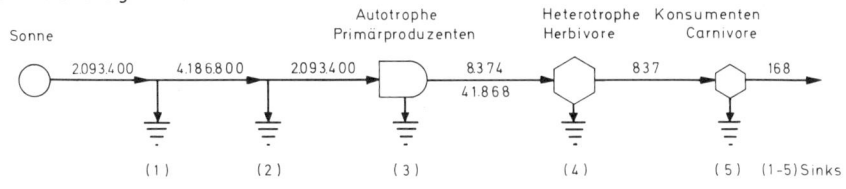

Sonne — 2.093.400 — 4.186.800 — 2.093.400 — Autotrophe Primärproduzenten — 8.374 — Heterotrophe Herbivore — 837 — Konsumenten Carnivore — 168 →

41.868

(1) (2) (3) (4) (5)   (1–5) Sinks

III Energiefixierung und Energietransport von der Stufe der Primärproduzenten zu der Stufe der Primärkonsumenten

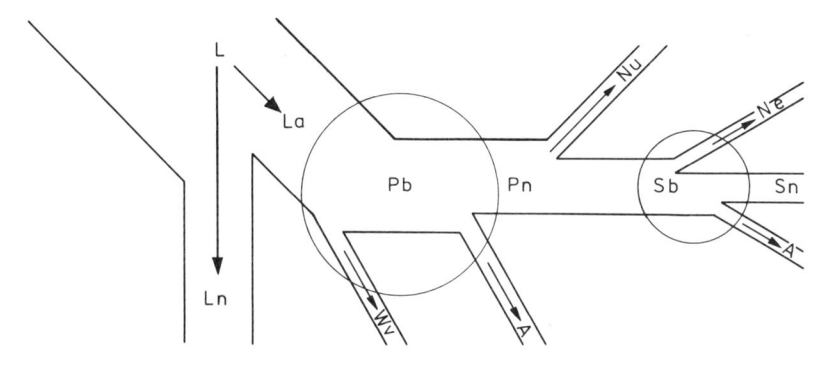

L, La, Ln, Pb, Pn, Wv, A, Nu, Ne, Sb, Sn, A

IV Nahrungspyramiden

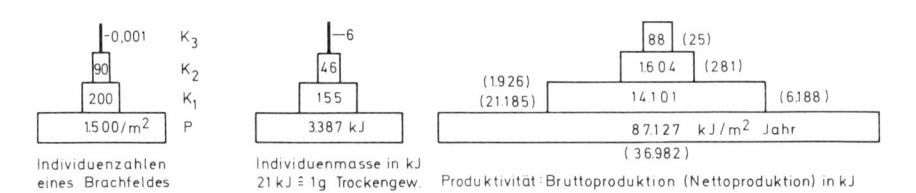

−0,001	K_3
90	K_2
200	K_1
1.500/m²	P

Individuenzahlen eines Brachfeldes

| −6 |
| 46 |
| 155 |
| 3.387 kJ |

Individuenmasse in kJ
21 kJ ≙ 1 g Trockengew.

88	(25)
1.604	(281)
(1.926)	14.101	(6.188)
(21.185)	87.127 kJ/m² Jahr
	(36.982)

Produktivität: Bruttoproduktion (Nettoproduktion) in kJ

Abb. 2.50. Herbivore Nahrungskette und Energiefluß. Nach ODUM 1975, verändert.
Es bedeuten: L = Gesamtmenge des eingestrahlten Lichtes; La = Betrag des vom Primärproduzenten absorbierten Lichtes; Ln = Betrag des vom Primärproduzenten nicht absorbierten Lichtes; Wv = Energieverlust durch Wärmeabgabe; A = Energieverlust durch Atmung; Pb = Bruttoprimärproduktion; Pn = Nettoprimärproduktion; Sb = Sekundärbruttoproduktion; Sn = Sekundärnettoproduktion; Ne = Energieverlust durch Atmung und Energieexport; Nu = Energieverlust beim Energietransport in die nächste Trophieebene; P = Primärproduzenten; K_1 = Primärkonsumenten; K_2 = Sekundärkonsumenten; K_3 = Endkonsumenten.

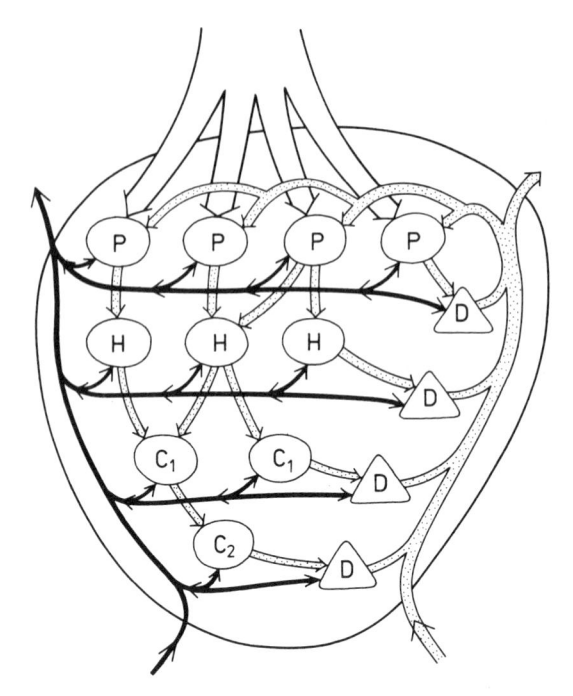

Stoff- und Energie-Fließsysteme innerhalb eines Ökosystems

⇊ Lichtenergie
⇊ chemische Energie
↓ Wärmeenergie

Ökosystem

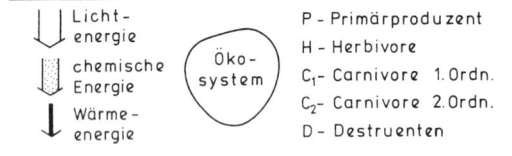

P - Primärproduzent
H - Herbivore
C_1 - Carnivore 1. Ordn.
C_2 - Carnivore 2. Ordn.
D - Destruenten

Abb. 2.51. Stoff- und Energie-Fließsysteme innerhalb eines Ökosystems. In Anlehnung an DUVIGNEAUD 1967.

Die **Produktion eines Ökosystems**, unter der wir den Zugewinn an organischer Substanz, unabhängig von deren weiterem Schicksal, pro Zeiteinheit und Fläche verstehen, ist von verschiedenen Faktoren abhängig. Die Primärproduktion der Primärproduzenten (P) wird dabei im terrestrischen Bereich meist auf die Dauer eines Jahres bezogen und in Tonnen bzw. kg oder g organischer Trockensubstanz pro ha oder m^2 (bzw. kg oder g · ha^{-1} oder m^{-2}) angegeben, im aquatischen Bereich in Gramm pro Tag und m^2 (g · d^{-1} · m^2). Sie ist um so größer, je höher die Netto-Assimilationsraten (NAR) der Pflanzenarten sind, die den Bestand zusammensetzen, je vollständiger das angebotene Licht durch ein ausgedehntes System von Assimilationsflächen (Blattflächenindex LAI) ausgenutzt wird und je länger die Pflanzen eine positive Gaswechselbilanz aufrechterhalten können (Dauer der Produktionsperiode t) (Abb. 2.52.).

$$P = NAR \cdot LAI \cdot t \tag{2.5.}$$

Für Festland und Meere sind die Produktionswerte der Primärproduzenten in der Abb. 2.53. wiedergegeben. Sie erreichen in den tropischen humiden Gebieten die höchsten, in den subtropischen und temperaten Trockengebieten sowie in der Arktis und Antarktis die geringsten Werte.

Die **Sekundärproduktion** wird entscheidend durch die Menge und den Grad der Konsumtion der Primärproduktion durch die Konsumenten und Destruenten bestimmt. Tiergruppen, die als Herbivore die Primärproduktion für die Zoophagen aufschließen, stellen

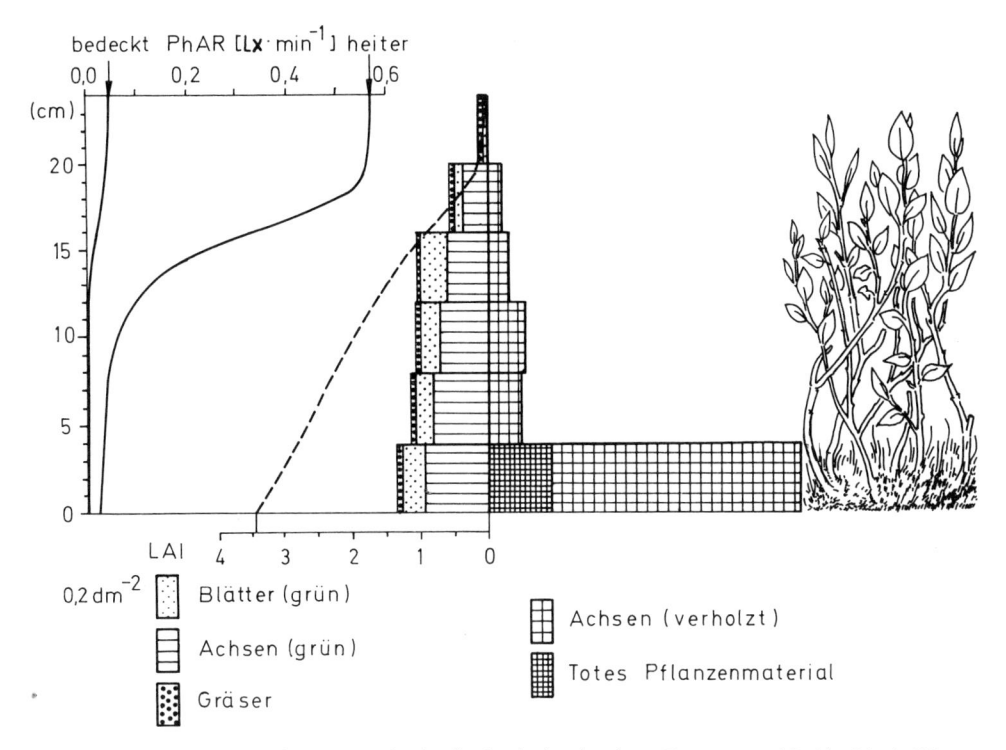

Abb. 2.52. Phytomasseschichtung und Blattflächenindex in einer Zwergstrauchheide. Nach WALTER 1979, verändert.

die entscheidende „Schlüsselindustrie" der Sekundärproduktion dar. Fehlen sie, so ist die Sekundärproduktion gering, und es kommt zum Anfall einer großen Masse toter organischer Substanz.

2.6.2. Stoffkreisläufe der Erde

Alle chemischen Elemente unserer Erde befinden sich in großen und in kleinen intrabiocoenotischen Kreisläufen, in die in mannigfacher Weise die Organismen eingeschaltet sind. Die biogeochemischen Stoffkreisläufe, von der eingestrahlten Sonnenenergie in Gang gesetzt, sind nur auf lange Zeit hin gesehen echte Zyklen. Durch vorübergehende Speicherungsvorgänge ergeben sich zeitweise Ungleichgewichte. Es zeigt sich dabei eine Tendenz zur ständigen Anhäufung der umgesetzten chemischen Elemente und zu einer im Verlaufe der Evolution immer größer werdenden Mannigfaltigkeit der biogeochemischen Vorgänge.

Die biogeochemischen Stoffkreisläufe sind nicht voneinander getrennt, sondern bilden in der Biosphäre ein Netzwerk, so daß die Migration der Elemente meist eine Folge des Ineinandergreifens der aus didaktischen Gründen im folgenden einzeln dargestellten Zyklen ist.

2.6.2.1. Der Wasserkreislauf der Erde

Als Wasserhaushalt wird das Zusammenwirken von Niederschlag (N), Abfluß (A), Verdunstung (V), Rückhaltung (R) und Aufbrauch (B) in einem bestimmten Gebiet verstanden. Im vieljährigen Durchschnitt halten sich bei gleichbleibendem Klima und damit gleich-

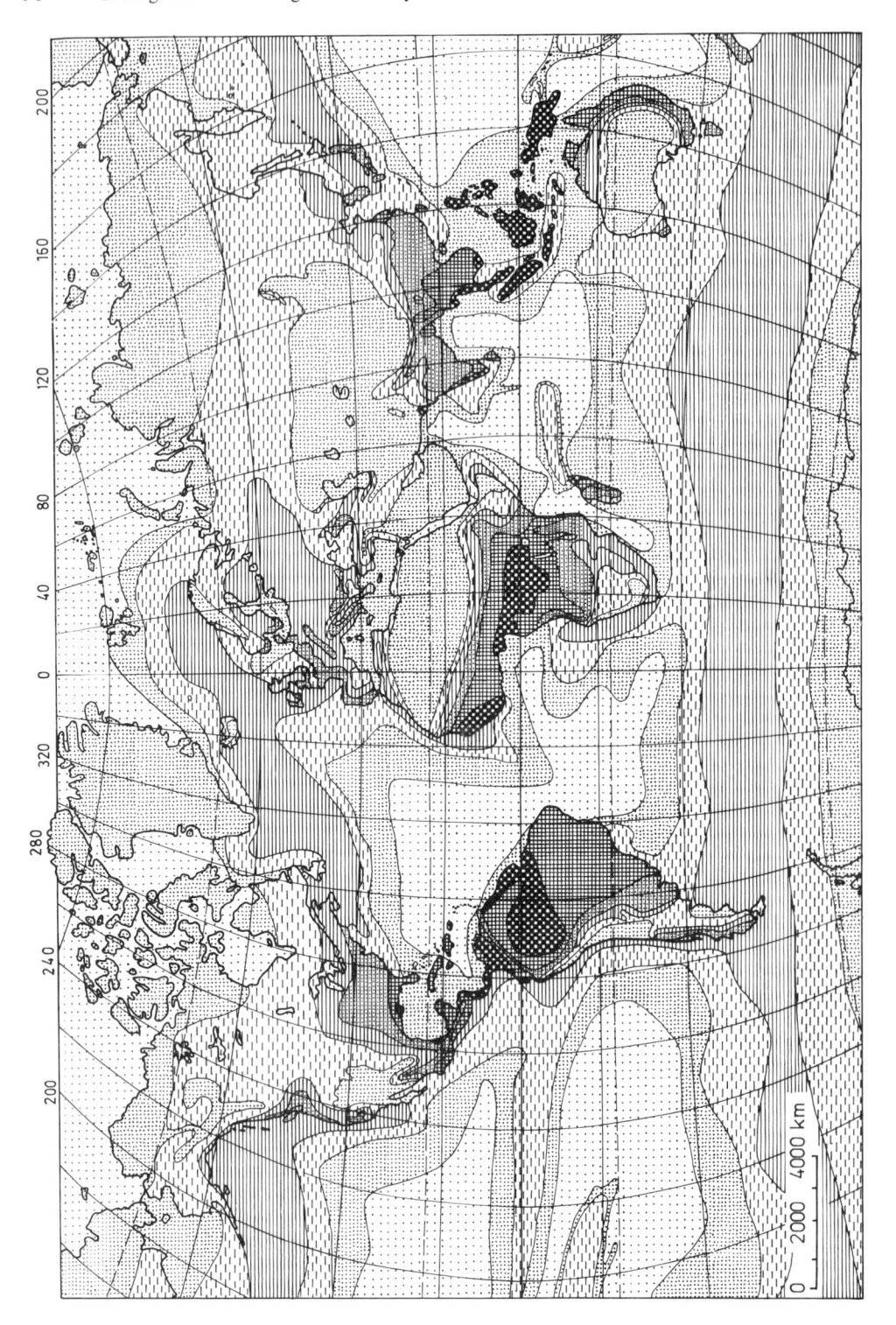

90   2. Allgemeine Grundlagen der Ökosystemlehre

2.6. Biogeochemische Kreisläufe

bleibender Lage des Meeresspiegels der Niederschlag auf dem Festland (N_L) mit der Verdunstung (V_L) und dem Abfluß (A_L) auf dem Festland die Waage. $N_L = V_L + A_L$. Das gleiche gilt vom Meer $N_M = V_M - A_L$; hier berechnet sich der Niederschlag über dem Meer (N_M) aus der Verdunstung über dem Meer (V_M) abzüglich des Abflusses vom Festland zum Meer (A_L). Beide Teilkreisläufe sind eng miteinander zu einem Gesamtkreislauf des Wassers verbunden. Die mengenmäßige Gegenüberstellung der Wasserhaushaltsgrößen ergibt die **Wasserbilanz**. Das Wasser wird dabei unterschiedlich schnell umgeschlagen, je nachdem, welche Medien in den Kreislauf eingeschaltet sind. Der gewaltigen Transportleistung des globalen Wasserkreislaufs steht die verdunstungsbedingte Süßwasserbildung aus dem Salzwasser der Meere ebenbürtig zur Seite.

Der Festlandniederschlag wird in höheren Breiten im Winter (w) nicht allein über Verdunstung und Abfluß abgeführt, sondern auch als Schnee oder im Grundwasser gespeichert. Es ergibt sich somit für den Winter

$$N_{Lw} = V_{Lw} + A_{Lw} + R \tag{2.6.}$$

Im Sommer (s) werden dagegen die Wasserrücklagen des Winters aufgezehrt, da durch stärkere Verdunstung und Wasserverbrauch auf dem Festland mehr aufgebraucht als zugeführt wird.

$$N_{Ls} = V_{Ls} + A_{Ls} - B \tag{2.7.}$$

Beim Betrachten des Wasserkreislaufs der Erde (Abb. 2.54) wie auch der Wasserbilanz der früheren DDR (Abb. 2.55.) muß bedacht werden, daß von den gewaltigen Wassermassen der Erde nur ein kleiner Teil am Wasserkreislauf teilnimmt. Entscheidend ist die Tatsache, daß die durch die Wirkung der Sonnenstrahlung in Gang gesetzte Verdunstung die Wassermengen liefert, die durch die Schwerkraft zu Niederschlägen werden. Die Verdunstung als Evapotranspiration setzt sich aus der unmittelbaren Verdunstung der Oberflächen, der Evaporation und der Transpiration (der Wasserabgabe der Pflanzen) zusammen. Je nach den Vegetationsformationen ist die Verdunstung sehr verschieden und damit auch die Menge des Niederschlages, wenn größere Gebiete in ihrem Pflanzenkleid uneinheitlich sind.

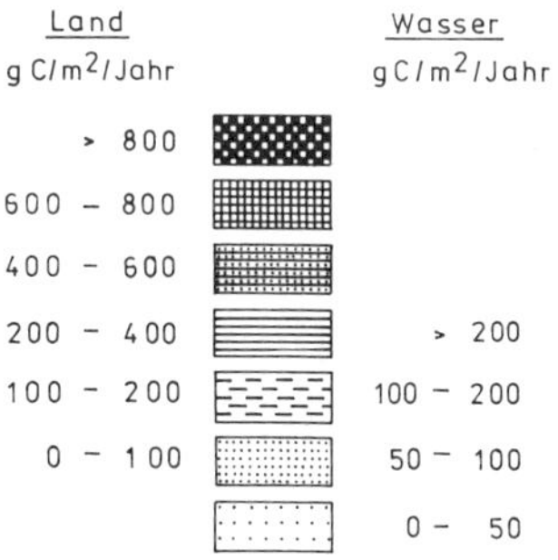

Abb. 2.53. Primärproduktion von organischer Substanz in den Weltmeeren und auf dem Festland. Nach RHEINHEIMER in ELLENBERG 1973, SCHUBERT 1980, LARCHER 1980, verändert.

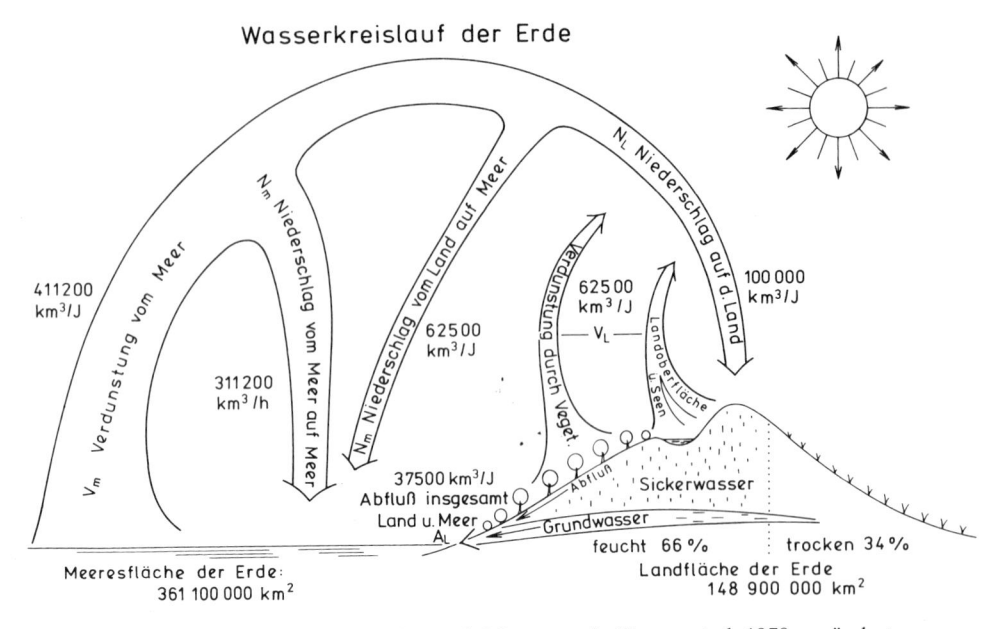

92   2. Allgemeine Grundlagen der Ökosystemlehre

Abb. 2.54. Der Wasserkreislauf der Erde. Nach MARCINEK in HENDL et al. 1978, verändert.

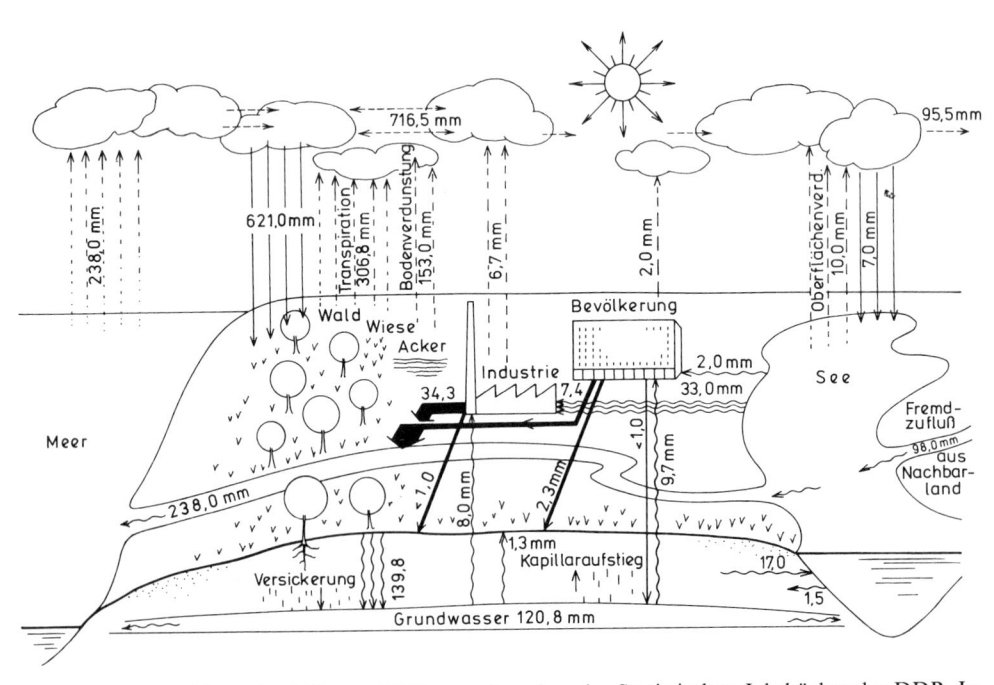

Abb. 2.55. Wasserbilanz der früheren DDR, aus: Angaben der Statistischen Jahrbücher der DDR. In Anlehnung an LARCHER 1976.

Durch Wasserbilanzen wird lediglich etwas über die Quantität, nicht über die Qualität des Wassers ausgesagt. Im Wasserkreislauf sind allerdings auch wichtige Reinigungsfunktionen eingeschlossen, die bei Überbelastungen ausfallen können:
a) Destillation in den atmosphärischen Phasen
b) physikalisch-chemische und biologische Selbstreinigung in der Bodenphase
c) mechanische und chemisch-biologische Selbstreinigung in der Gewässerphase.

2.6.2.2. Der Kreislauf des Kohlenstoffs und des Sauerstoffs

Die Kreisläufe von Kohlenstoff und Sauerstoff sind eng miteinander verbunden, da in beiden die Organismen eine entscheidende Rolle spielen. Der zunächst allein durch die Photosynthese aus dem CO_2 der Luft und des Wassers in der organischen Substanz der Primärproduzenten festgelegte Kohlenstoff wird zum Teil über die Konsumenten weitergereicht. Die anfallende tote organische Substanz wird durch die Zersetzer und Mineralisierer aufbereitet. Das von den Organismen bei der Atmung freigesetzte CO_2 kehrt über die Photosynthese wieder in den Kreislauf zurück (Abb. 2.56., 2.57.).

Werden im Dauerhumus, im wachsenden Torf, im Schlamm der Tiefsee oder in Gesteinen größere Kohlenstoffanteile festgelegt, so treten Verluste im Gesamtkreislauf des CO_2 ein, die jedoch durch vulkanische Eruptionen, durch Gesteinsverwitterungen, durch Nutzung der organischen Kohlenstofflager wie Kohle und Erdöl wieder wettgemacht werden. In diesen Prozessen wird wiederum viel O_2 verbraucht. Man hat deshalb befürchtet, daß die gesteigerte Energiegewinnung aus fossilen Brennstoffen den Sauerstoffgehalt der Atmosphäre in gefährlichem Maße vermindern würde. Diese Gefahr ist jedoch gering, da die weitaus größere Menge an Kohlenstoffverbindungen in den Tiefen des Weltmeeres sowie in Gesteinen festgelegt wird. Eine Verbrennung aller fossilen Brennstoffe würde deshalb den O_2-Gehalt der Atmosphäre nur von 21% auf etwa 20,3% absenken (MAECTA und HUGHES 1970).

Eine Erhöhung des H_2O- und CO_2-Gehaltes der Luft, wie er vor allem in dichtbesiedelten Industriegebieten, vor allem durch Verbrennungsvorgänge gegeben ist, könnte allerdings durch die einsetzende Glashauswirkung zu einer Erhöhung der Temperatur führen (vgl. Kap. 8.2.2.).

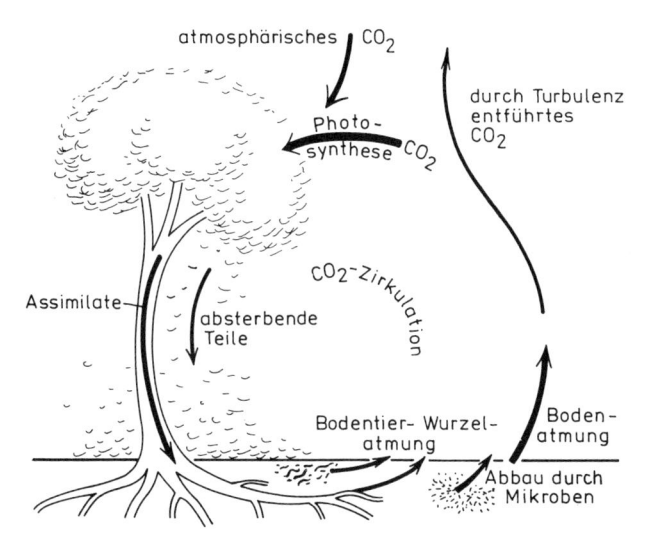

Abb. 2.56. Kleiner Kreislauf des CO_2. In Anlehnung an DUVIGNEAUD 1967.

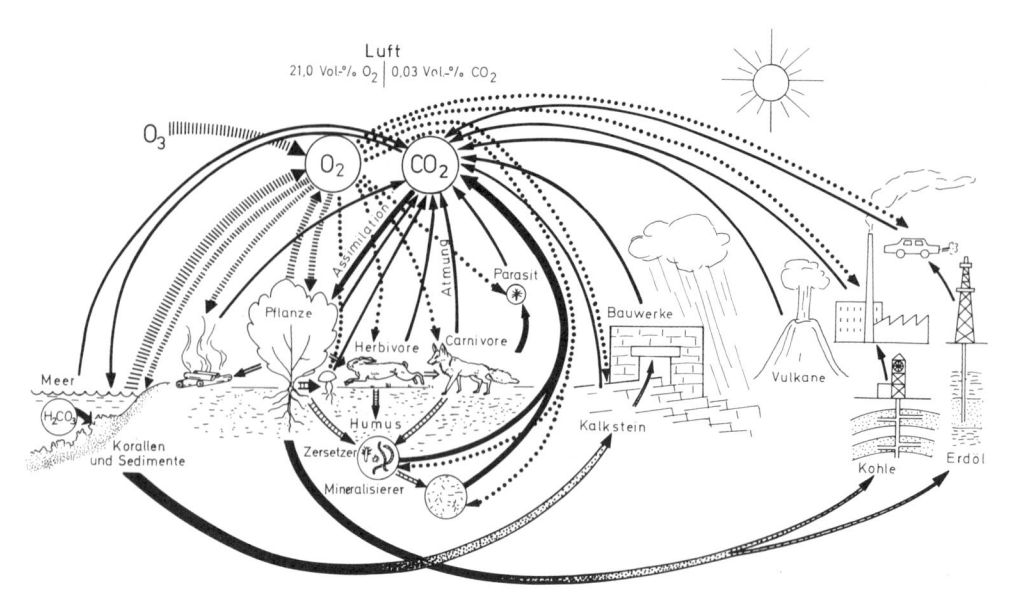

94   2. Allgemeine Grundlagen der Ökosystemlehre

Abb. 2.57. Biogeochemischer Kreislauf des Kohlenstoffs und des Sauerstoffs. In Anlehnung an DUVIGNEAUD 1967.

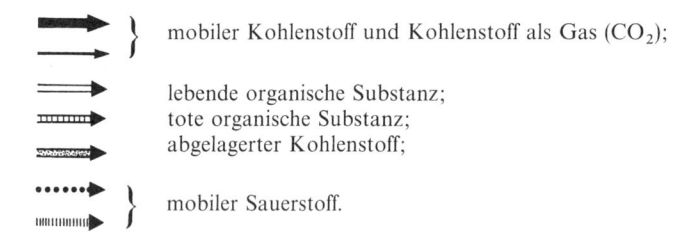

➡ } mobiler Kohlenstoff und Kohlenstoff als Gas (CO_2);

⇒ lebende organische Substanz;
▭▭▭▶ tote organische Substanz;
▰▰▰▶ abgelagerter Kohlenstoff;

••••▶ } mobiler Sauerstoff.
‖‖‖‖▶

2.6.2.3. Der Kreislauf des Stickstoffs

Der Stickstoff zählt zu den wichtigsten abiotischen Umweltfaktoren. Er stellt in natürlichen, vom Menschen wenig beeinflußten Ökosystemen oft eine limitierende Umweltgröße dar, die in einer „pflanzeninternen" und „ökosysteminternen" N-Ökonomie reguliert wird. Diese Regulation ist bedeutungsvoll, da die natürliche N-Zufuhr durch N-Fixierung und Eintrag anorganischer N-Verbindungen aus der Atmosphäre gering ist.

In den letzten Jahrzehnten hat sich der Eintrag von Nitrat und Ammoniakstickstoff aus der Atmosphäre selbst in entlegenen Waldgebieten um das 4–12fache erhöht. Die N-Quelle hierfür bilden industrielle und kommunale Verbrennungsprozesse. Es zeigen sich bereits deutliche Schäden durch zu hohe N-Gehalte der Ökosysteme an Pflanzen und Tieren. Die Auswaschung von N-haltigen Bodenlösungen in das Grundwasser nimmt zu, ein Zeichen für eine zu hohe Belastung der N-Regulationssysteme.

Den Ausgangspunkt für die organischen Stickstoffverbindungen stellen die Primärproduzenten dar, die ihren N-Bedarf aus dem Boden entnehmen. Die heterotrophen Tiere beziehen den Stickstoff von den autotrophen Pflanzen. Im Gegensatz zu diesen scheiden sie N-haltige Verbindungen (Harnstoff, Harnsäure) aus. Ihr Abbau erfolgt durch Bakterien, die den Stickstoff als NH_3 freisetzen. Der Ammoniak des Bodens liegt in Gestalt des NH_4^+-Ions vor. Die Oxidation von NH_3 bzw. NH_4^+ erfolgt durch Bakterien (*Nitrosomonas*, *Nitrobacter*)

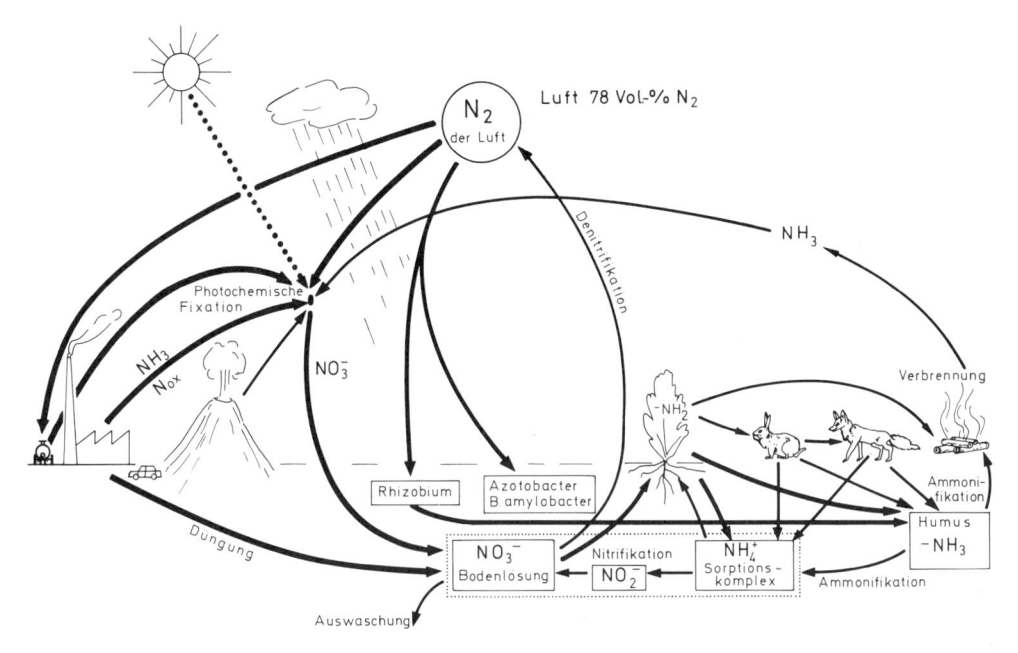

Abb. 2.58. Biogeochemischer Kreislauf des Stickstoffs. In Anlehnung an DUVIGNEAUD 1967.

über Nitrit zu Nitrat. Den Mikroorganismen des Bodens kommt deshalb eine Schlüsselstellung für die Zwischenspeicherung und Rückführung des Stickstoffs zu. Durch die luftstickstoffbindenden Mikroorganismen wie *Rhizobium* und *Azotobacter* ist außerdem die natürliche N-Zufuhr zum Boden gegeben. N-Verluste durch Auswaschung oder Festlegung im Dauerhumus sind unter natürlichen Bedingungen gering (Abb. 2.58.).

2.6.2.4. Der Kreislauf des Schwefels, des Phosphors und anderer Mineralstoffe

Die meisten Elemente, so auch S, P, Na, Ca, K, Mg, Cl, werden im wesentlichen von den Primärproduzenten aus dem Boden aufgenommen und an die Konsumenten weitergegeben. Durch Ausscheidungen der Organismen oder durch ihren Tod gelangen diese Stoffe in den Boden zurück, wo sie durch die Destruenten wieder in eine für die Primärproduzenten aufnehmbare Form überführt werden (Abb. 2.59.).

Neben diesen kurzgeschlossenen Mineralstoffkreisläufen in den Ökosystemen selbst sind jedoch auch die geochemischen Austauschprozesse zu berücksichtigen, die zu nicht unbeträchtlichen Mineralstoffzu- oder -abfuhren in den Ökosystemen führen können, wie es für den Kreislauf des Schwefels und Phosphors dargestellt ist (Abb. 2.60. und 2.61.).

Mineralstoffzufuhr ist in verschiedener Weise aus dem Gesteinsuntergrund, aus dem Wasser oder der Atmosphäre möglich. Auf bewirtschafteten Flächen spielt die Düngung eine entscheidende Rolle. Durch die Verwitterung der Gesteine werden bedeutende Mengen an mineralischen Nährstoffen dem Boden und den Pflanzen zugeführt. Durch aufsteigendes Bodenwasser können Mineralstoffe in die Wurzelsphäre emporsteigen. Auch durch Niederschlagswasser können aus der Atmosphäre verschiedene dort als Nebel, Staub oder Aerosole vorhandene Elemente in den Boden oder zu den Pflanzen gebracht werden. Die Mineralstoffzufuhr aus der Luft wird in Europa auf jährlich $25-75$ kg $\cdot$ ha^{-1} geschätzt.

Verluste an Mineralstoffen entstehen vor allem bei Biomasseentzug durch Ernte oder Beweidung, durch Wind- und Wassererosion sowie durch Auswaschung.

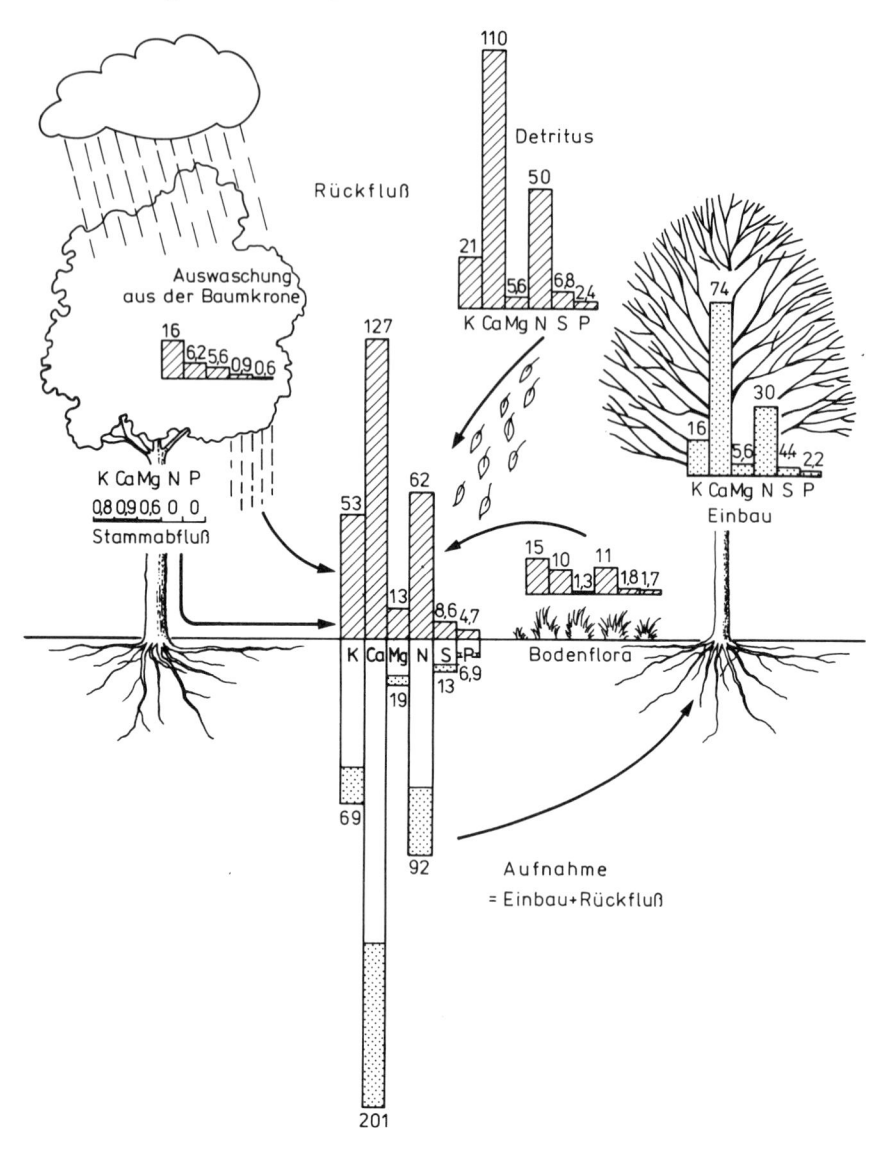

Abb. 2.59. Kleiner Kreislauf von Mineralstoffen. Nach LARCHER 1980, verändert.

In den Kreisläufen des Schwefels und Phosphors wirkt sich in zunehmendem Maße die menschliche Einflußnahme auf die Biosphäre aus.

Durch Verbrennung S-haltiger Energieträger kommt es zu einer örtlichen Anreicherung von SO_2 in der Atmosphäre, die toxisch auf Organismen wirken kann. Der anthropogene Entzug von Biomasse aus Ökosystemen kann zu einem Mangel an Phosphor in begrenzten Bereichen führen, dem durch erhöhte Düngung begegnet wird. Dadurch wird die geochemische Komponente des Kreislaufs, im Vergleich zu der ökosysteminternen, ungleich stärker als bei ursprünglichen Verhältnissen.

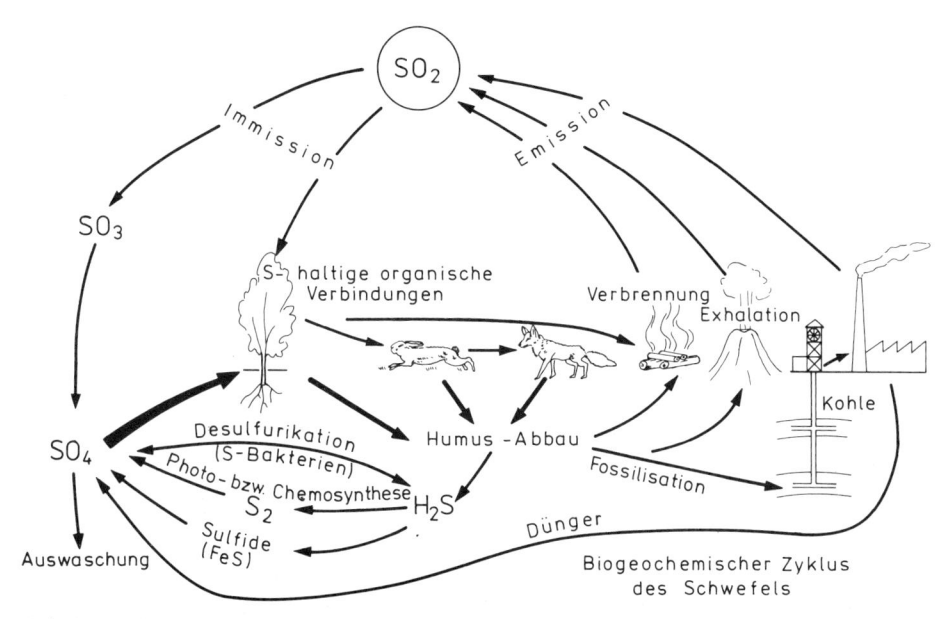

Abb. 2.60. Biogeochemischer Kreislauf des Schwefels. In Anlehnung an DUVIGNEAUD 1967.

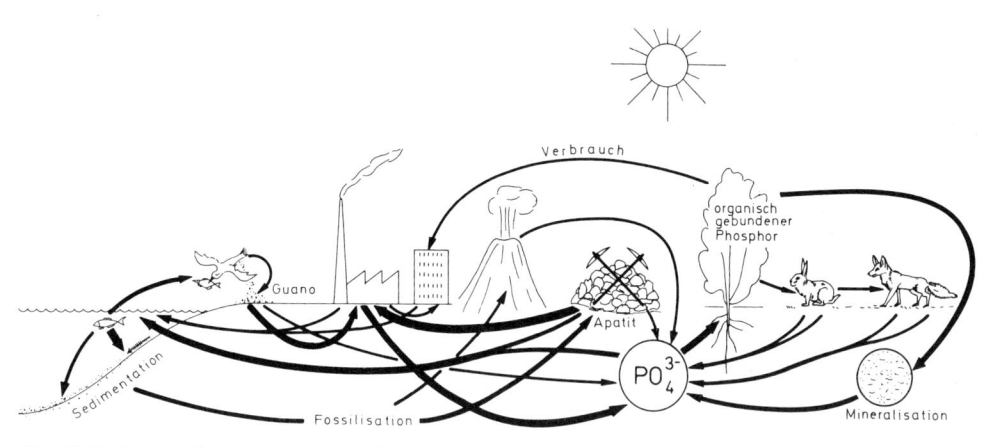

Abb. 2.61. Biogeochemischer Kreislauf des Phosphors. In Anlehnung an DUVIGNEAUD 1967.

2.7. Ökosystem-Modellierung

2.7.1. Grundlagen und Systemkonzeption

Modellbildung ist der Prozeß der Verhaltensnachbildung eines als System erfaßten Objekts mit objektfremden Mitteln. Dieser Definition entsprechend gibt es die verschiedensten Modelle (z. B. Wort-, Bild- und Funktionsmodelle), von denen hier nur das Wesen der mathematischen Modellierung betrachtet werden soll. Von einem **mathematischen Modell für Ökosysteme** wird gesprochen, wenn die Parameter von Ökosystemelementen, wie Eingangs-, Zustands- oder Ausgangsgrößen, die Relationen zwischen den Ökosystemelementen und den Umweltgrößen durch mathematische Strukturen dargestellt werden.

Die Notwendigkeit der Abbildung von Ökosystemen in mathematischen Modellen ist im wesentlichen begründet durch:
1. die zugrunde liegende Systemkonzeption
2. die Tatsache, daß es für die Erfassung der komplexen, hierarchischen, nichtlinearen Ökosysteme keine in der wissenschaftlichen Effektivität vergleichbare Methode gibt
3. die Möglichkeit, mit der Modellierung nicht nur eine konzentrierte Form der Speicherung von Erkenntnissen über Ökosysteme zu gewinnen, sondern auch neue Erkenntnisse zu schaffen, die auf anderen Wegen nicht oder nur schwer zugänglich sind
4. das Erreichen von Prognosen des Ökosystemverhaltens und die daraus ableitbaren Steuerungsstrategien (Ökosystem-Management).

Die wesentlichen Schritte der Ökosystem-Modellierung veranschaulicht Abb. 2.62.

Die Eigenschaften der Ökosysteme, wie dynamisch, nichtlinear, komplex, hierarchisch, adaptations- und reproduktionsfähig, führen dazu, daß die Modellbildung verstärkt nach dem Algorithmen-Prinzip aufgebaut wird. Nach dieser Konzeption können in Übereinstimmung mit den realen ökologischen Sachverhalten deterministische wie stochastische Teilmodelle verwendet werden, und es ist eine experimentelle wie theoretische Modellbildung möglich. Die Ökosystem-Eigenschaften bedingen auch, daß für Ökosysteme eine geschlossene analytische Darstellung nur sehr begrenzt anwendbar ist oder, wie thermodynamisch orientierte Ansätze erkennen lassen, nur stark generalisierende Aussagen erlaubt.

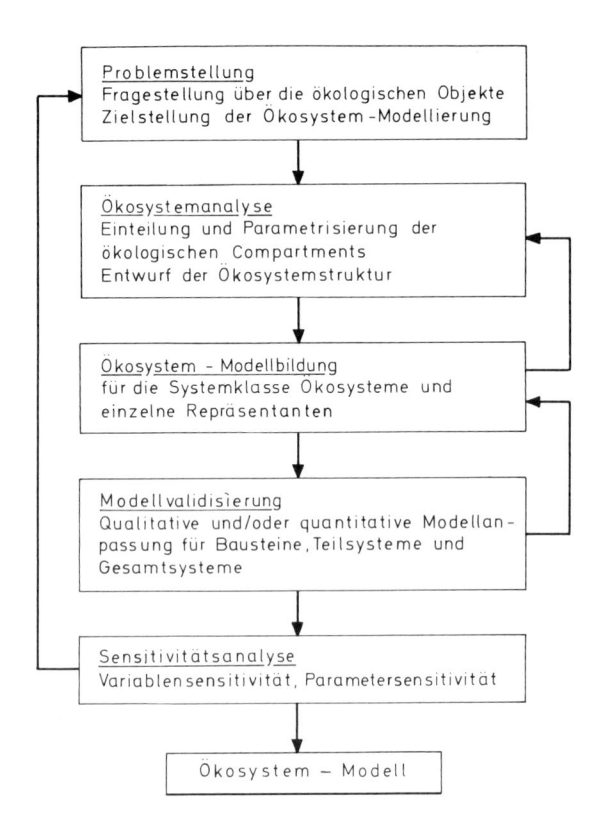

Abb. 2.62. Schema der Ökosystem-Modellierung.

2.7. Ökosystem-Modellierung

Ein und dasselbe ökologische Objekt kann in Abhängigkeit von der betrachteten inneren Strukturierung und von unterschiedlichen Wechselwirkungen mit seiner Umgebung durch verschiedene Systeme abgebildet werden. Jede Ökosystemanalyse und -modellierung muß deshalb von einer **Systemkonzeption** ausgehen, die Definitionen für Ökosystem, Ökosystemelement, Ökosystemstruktur und Ökosystemumwelt enthält. Die Fragestellung ist so zu formulieren, daß der Untersuchungsgegenstand (z. B. Biogeocoenose) als System erfaßbar wird, das mit einer genau definierten Umwelt auf einer bestimmten Relationsebene in Wechselwirkung steht. Bezieht sich die Zielstellung der Systemanalyse und Modellierung auf die Wechselwirkungen ökologisch definierter Systemelemente, haben wir es mit der Klasse der Ökosysteme zu tun (STÖCKER 1979).

Es sind zwei wichtige **Wege der Modellierung von Ökosystemen** zu unterscheiden: Die **quantitative Modellierung** geht von einer weitgehend experimentellen Bestimmung und Quantifizierung aller im Modell erforderlichen Größen und Funktionen aus, um in numerischen Fallstudien (Scenarios) quantitative Verhaltensweisen des Ökosystems, steuerbare Parameter und letztlich Steuerungsstrategien ableiten zu können. In der weit weniger aufwendigen **qualitativen Modellierung** werden — meist von vereinfachten Systemmodellen ausgehend — mögliche Lösungstypen, ihre Charakteristika und Übergänge untersucht (MATTHÄUS und STEINMÜLLER 1981).

Soll die Klasse der Ökosysteme durch ein allgemeines Ökosystemmodell repräsentiert werden, müssen zur Abbildung der für alle Ökosysteme charakteristischen Prozesse und Wechselwirkungen auch allgemeine Ökosystemelemente definiert werden. Sie werden als **ökologische Compartments** bezeichnet und in biotische (Individuen, Teile oder Mengen von Individuen und Populationen, ontogenetische Stadien) und abiotische Compartments (Stoff- und Energiepools) unterteilt (KNIJNENBURG et al. 1980, 1981).

Die ökologischen Compartments erfüllen folgende Bedingungen bzw. sind durch nachstehende Eigenschaften ausgezeichnet:

1. Innere Homogenität; von Unterschieden zwischen den Objekten wird abstrahiert
2. Elementbeschreibung durch äußere Unterschiedlichkeitsmerkmale (Ein- und Ausgangsgrößen)
3. Bezugseinheit der für jedes Element zu definierenden Individualeinheit (z. B. g/m² oberirdischer Phytomasse der Art A)
4. Funktion im definierten Ökosystem.

Als mathematischer Formalismus zur Definition eines ökologischen Compartments dient das Konzept des abstrakten Automaten:

$$C_i = (X_i, Y_i, Z_i, \delta, \lambda,)(I) \tag{2.8.}$$

C_i = i-tes Compartment des Systems
X_i = Menge biotischer und abiotischer Umweltgrößen (Inputs), die auf C_i wirken bzw. von diesem genutzt werden
Y_i = Menge biotischer und abiotischer Umweltgrößen (Outputs), die C_i an die innere Umwelt oder Umgebung des Ökosystems abgibt
Z_i = Menge von Zustandsvariablen
δ_i = Algorithmus oder Funktion zur diskreten Berechnung der Zustandsänderung (Zustandsüberführungsfunktion)
λ_i = Algorithmus oder Funktion zur Berechnung der in die innere Umwelt oder Umgebung abzugebenden Größen (Ergebnisfunktion)
I = Individualeinheit, bestehend aus
   $I = (E, \vartheta_i)$ mit E = quantifizierbare Bezugseinheit und
   ϑ_i = autökologische Merkmalsmatrix mit den Existenzgrenzen (MIN, MAX) bezüglich der betrachteten Umweltgrößen $x_{ij} \in X_i$.

Für abiotische ökologische Compartments entfällt die Angabe der Existenzgrenzen und des variablen (biologischen) Zustandes.

100   2. Allgemeine Grundlagen der Ökosystemlehre

Das ökologische Compartmentkonzept bietet die notwendige Verallgemeinerung und Spezifik zur Analyse und Modellierung von Ökosystemen und stellt den Anschluß her zum Compartmentbegriff in der Analyse von Stoff- und Energieflüssen. Der eingeführte Compartmentbegriff beruht auf der ökologisch-funktionellen Einheitlichkeit eines Ökosystemelements; er entspricht den theoretischen Anforderungen und den experimentellen Gegebenheiten.

2.7.2. Allgemeine Ökosystemstruktur

Auf der Grundlage funktionell gefaßter ökologischer Compartments kann die Ökosystemstruktur allgemein definiert werden. Dazu müssen die Relationen zwischen Umweltgrößen und Compartments angegeben werden.

Es wird davon ausgegangen, daß Beziehungen zwischen Umweltgrößen auf Grund physikalisch-chemischer Gesetzmäßigkeiten bestehen und daß sich auch zwischen den ökologischen Compartments im Laufe der Evolution einige feste Relationen herausgebildet haben, so daß allgemeingültige Strukturmerkmale von Ökosystemen entstanden. Auffallend und fundamental zugleich ist die hierarchische Anordnung der Elemente in Schichten (trophische Struktur des Stoff- und Energiedurchsatzes) (2.6.1.). Grundsätzlich existieren zwischen Compartments verschiedener Schichten andere Wechselwirkungen als innerhalb einer Schicht. Die Elemente der ersten Schicht (Primärproduzenten) stehen in direkter Wechselwirkung mit äußeren Umweltgrößen, die sie — quantitativ modifiziert (Windgeschwindigkeit im Freien → Windgeschwindigkeit im Pflanzenbestand) oder qualitativ transformiert (Strahlungsenergie → Kohlenhydrate) — der nächstfolgenden Schicht zur Verfügung stellen. Damit ist gleichzeitig die Herausbildung einer inneren Umwelt des Ökosystems verbunden. Die äußere Umwelt umfaßt jene Ökofaktoren, die nicht durch ökologische Compartments beeinflußt werden. Die innere Umwelt entsteht aus den durch Wechselwirkungen mit Compartments modifizierten oder transformierten äußeren Umweltgrößen oder wird von den biotischen ökologischen Compartments (Teile, Produkte, Signale) selbst gebildet. Wird mit $\mathfrak{M}$ die Menge der biotischen ökologischen Compartments und mit $\mathfrak{U}$ die der (inneren) Umweltgrößen bezeichnet, so ergeben sich 3 Mengen von Relationen: R_1 auf $\mathfrak{U} \times \mathfrak{U}$; R_2 auf $\mathfrak{U} \times \mathfrak{M}$; R_3 auf $\mathfrak{M} \times \mathfrak{M}$.

$R_1 := \mathfrak{U} \times \mathfrak{U}$ enthält alle funktionalen Abhängigkeiten zwischen Umweltgrößen entsprechend physikalischen und/oder chemischen Gesetzmäßigkeiten, einschließlich ihrer Zeit- und Ortsabhängigkeit.

Der jährliche Bioelementfluß (J_{73}) von Stickstoff aus der Humusauflage eines Buchenwald-Ökosystems in die Bodenlösung folgt z. B. nach ULRICH und MAYER 1973 der Beziehung

$$J_{73} = N_0 \left(1 - \varrho^{-\frac{\ln 2}{t_0}t}\right) + D_{73}; \text{[g-atom/ha]} \tag{2.9.}$$

wobei
$\log(D_{73} + 200) = 0{,}310 + 0{,}764 \log(S_i^1 T^{1,2,3}); r = 0{,}92$
N_0 = jährliche N-Zufuhr mit dem Streufall
t_0 = Halbwertzeit (6,37 Monate)
t = Zeit in Monaten, $t \in \{1, 2 \ldots 11, 12\}$
D_{73} = temperatur- und zeitabhängiges Korrekturglied mit S_i Kronenabfluß [mm/Monat], $T^{1,2,3}$
    Temperatur des laufenden und der zwei vorhergehenden Monate in 2 m Höhe.

$R_2 := \mathfrak{U} \times \mathfrak{M}$ beschreibt die Wechselwirkungen zwischen inneren Umweltgrößen und den biotischen ökologischen Compartments.

2.7. Ökosystem-Modellierung

Als Beispiel sei die Modifikation des Temperaturprofils durch die Vegetationsdecke eines Grasland-Ökosystems (nordamerikanische Prärie) angeführt (PARTON 1978):

$$T_1 = T_p + 15E_p [1 - E_z/E_p (1 - S_c/300)], \text{ wenn } S_c \leq 300 \text{ g/m}^2 \tag{2.10.}$$

T_1 = Tagesmittel der Temperatur an der Bodenoberfläche
T_p = Tagesmittel der Lufttemperatur
E_p = potentielle Evapotranspirationsrate
S_c = vorhandene Phytomasse
E_z = aktuelle Evapotranspirationsrate

Intensive (nicht aufteilbare) Umweltgrößen wie Temperatur und pH-Wert beeinflussen die Leistungen biotischer ökologischer Compartments.

Der Abbau toten Pflanzenmaterials durch das Destruenten-Compartment (DF) in Abhängigkeit von der Bodentemperatur (T_s) eines Tundra-Ökosystems (SANDHAUG et al. 1975) z. B. folgt der Beziehung

$$DF = \begin{cases} 0{,}02347\,(T_s + 2{,}0)\,e^{0{,}1486(T_s + 2{,}0)}; & T_s \leq 4\,°C \\ 1{,}0 - 0{,}672\,e^{-0{,}1612(T_s - 2{,}0)}; & T_s > 4\,°C \end{cases} \tag{2.11.}$$

Analoge Beziehungen können für die Aufnahme extensiver (= aufteilbarer) Umweltgrößen (Stickstoff, Wasser, Biomasse) durch Compartments formuliert werden, wobei häufig eine integrierte Steuerung der Aufnahme durch intensive Umweltgrößen und der davon abhängigen Umsetzung in Wachstum zu beobachten ist.

$R_3 := \mathfrak{M} \times \mathfrak{M}$ umfaßt die Wechselwirkungen zwischen den biotischen ökologischen Compartments und beinhaltet generell alle Wechselwirkungen biologisch-ökologischer Compartments:

— Wechselwirkungen der Compartments mit sich selbst (Selbstregulation)
— Wechselwirkungen zwischen Compartments der gleichen Schichtebene (z. B. Konkurrenz)
— Wechselwirkungen zwischen Compartments verschiedener Schichtebenen (Trophie, Räuber-Beute, Mutualismus).

Aus der Vielzahl der in R_3 fallenden Relationen können nur wenige einfache Beispiele angeführt werden.

Für die **Dichterückkopplung** (Intracompartment-Wechselwirkung) kann folgende Form angenommen werden:

$$dN = 1 - (N/N_{max})^\beta \tag{2.12.}$$

mit N_{max} = maximale Anzahl Individualeinheiten

β = Steuerparameter.

Zur Veranschaulichung der Wechselwirkungen auf gleicher Schicht- oder Trophieebene bei intensiven Umweltgrößen wird das **Kompetenz(Anpassungs)-Modell** von KNIJNENBURG und MATTHÄUS (1977) gewählt, das von STEINMÜLLER (1980) eingehender mathematisch behandelt und auf die **ökologische Nischenbildung** angewandt wurde.

Die **Fundamentalnische** U_i des Compartments C_i ist definiert als Toleranzintervall gegenüber der (intensiven) Umweltgröße u:

$U_i = (u_i^{min}, u_i^{max})$; die **aktuelle Nische** P_i ist enger als U_i.

Wesentlicher Bestandteil des Kompetenz-Modells ist der innere (physiologische) Zustand V_i von C_i, wobei V_i eine Funktion einer intensiven Umweltgröße ist: $V_i(u)$. Es gilt

$$V_i(u) = V(x_i) \tag{2.13}$$

mit

$$x_i = \frac{u_i^{opt} - u}{u_i^{opt} - u_i^{min}} \qquad (2.14.)$$

Außerhalb der Existenzgrenzen existiert kein innerer Zustand ($V_i(u) = 0$ für $u \in U_i$) und damit kein C_i. Für $V(x)$ wird — ähnlich wie im **Konkurrenzmodell** von CHRISTIANSEN und FENCHEL (1977) — eine modifizierte Normalverteilung angenommen.

$$V(x) = V_G(x) = \begin{cases} \dfrac{e^{(1-x^2)} - 1}{e - 1} & \text{für alle } x \in (-1, 1) \\ 0 & \text{für Werte außerhalb des Intervalls.} \end{cases} \qquad (2.15.)$$

Die Kompetenz G_i von C_i ist ein Maß für die Stärke der Nischen-Wechselwirkung mit anderen Compartments. G_i hängt vom Einfluß der anderen Compartments und dem inneren Zustand von C_i einschließlich der Umweltgröße ab.

Wird $u_i^{opt} - u_i^{min} = u_i^{max} - u_i^{opt} = d_i$ gesetzt (V_i sei symmetrisch), kann $V_i(u)/d_i$ als Maß der Anpassung von C_i an die Umweltgröße u betrachtet werden. Die **Anpassung** resp. **Kompetenz eines Compartments** wird als Verhältnis zur Summe der Anpassungen aller wechselwirkenden Compartments gleicher Schichtebene dargestellt:

$$G_i(u) = \frac{d_i^{-1} V_i(u)}{\sum_k d_k^{-1} V_k(u)} \qquad (2.16.)$$

Infolge der Normierung ist $\sum_i G_i = 1$. Die **aktuell realisierte Nische** P_i **von** C_i ist jener Bereich der Umweltgröße u, in dem die Kompetenz von C_i die aller übrigen Compartments übertrifft:

$$P_i = \{u/G_i(u) \geqq G_k(u) \text{ für alle } k \neq i\}. \qquad (2.17.)$$

Der zweite wichtige Wechselwirkungstyp zwischen biotischen ökologischen Compartments der gleichen Schicht ist die Konkurrenz um eine limitierte extensive Umweltgröße. Von WIEGERT (1979) wurde hierfür ein **3-Compartment-Flußmodell** benutzt, bestehend aus einem Liefer- oder Ressourcen-Compartment C_1 (Nährstoff, Wasser, Phytomasse, Beute) und zwei konkurrierenden Nutzer- oder Empfänger-Compartments C_2, C_3. Für C_1 existiere ein Zufluß F_{01}, z. B. Stickstoff aus Niederschlägen oder aus dem Recycling (Ammonifikation). Für alle Compartments sind Verluste möglich, z. B. $F_{10} = k_{10} C_1$. Die Flüsse in die Compartments C_2 und C_3 sind gegeben durch:

$$\begin{aligned} F_{12} &= C_2 [k_{12} - k_{12} \cdot f(C_1) - (k_{12} - k_{20}) \cdot f(C_2, C_3)] \\ F_{13} &= C_3 [k_{13} - k_{13} f(C_1) - (k_{13} - k_{30}) f(C_3, C_2)] \end{aligned} \qquad (2.18.)$$

mit k_{ij} = lineare Koeffizienten; $f(C_1)$, $f(C_2, C_3)$ = Rückkopplungsfunktion.

Die Rückkopplungen entstehen durch folgende Wechselwirkungen (vgl. WIEGERT 1979):

1. Die Abnahme der erneuerbaren Ressource infolge Nutzung durch die Compartments C_2, C_3 hat Einfluß auf deren Aufnahmerate.
2. Die Aufnahme verringert die Ansprüche an die Ressource, die Flußrate wird also vom Nutzer-Compartment gesteuert.
3. Sinkt die Menge der aufteilbaren Ressource bezüglich eines Nutzer-Compartments unter einen kritischen Wert ($c_{ij} \geqq 0$), so ist die Ressource für dieses Compartment nicht mehr verfügbar.
4. Die Nutzer-Compartments reagieren mit Wachstum und/oder Ansprüchen bei Veränderung des Ressourcen-Compartments an unterschiedlichen Schwellenwerten (b_{ij}) der Ressourcenmenge.

Vielfach geht die Modellierung der Wechselwirkung Konkurrenz vom **Lotka-Volterra-Modell** aus:

$$\frac{dN_i}{dt} = r_i N_i \left(\frac{K_i - N_i - \alpha_{ij} N_j}{K_i} \right) \quad (2.19.)$$

$$\frac{dN_j}{dt} = r_j N_j \left(\frac{K_j - N_j - \alpha_{ji} N_i}{K_j} \right) \quad (2.20.)$$

N_i, N_j = Größe der beiden konkurrierenden Compartments
K_i, K_j = potentielle Größe der Compartments, wenn jeweils das andere fehlt
r_i, r_j = physiologische Wachstumsraten
α_{ij}, α_{ji} = Wechselwirkungs- oder Konkurrenzkoeffizienten

(α hängt weiter von der Wahrscheinlichkeit des räumlichen Kontakts der beiden Compartments ab, vgl. STERN und ROCHE 1974; YODZIS 1978).

In Abhängigkeit von den numerischen Werten für α_{ij} bzw. α_{ji} ergeben sich drei Konkurrenzgruppen:

$\left. \begin{array}{l} \alpha_{ij} < 1 \\ \alpha_{ji} < 1 \end{array} \right\}$ Koexistenz, $\left. \begin{array}{l} \alpha_{ij} > 1 \\ \alpha_{ji} > 1 \end{array} \right\}$ bedingte Konkurrenz,

$\left. \begin{array}{l} \alpha_{ij} < 1 \\ \alpha_{ji} > 1 \end{array} \right\}$ Dominanz von C_i über C_j.

Dieses Modell kann auf alle konkurrierenden Compartments einer Schicht erweitert werden durch ein Gleichungssystem der Form:

$$\frac{dN_i}{dt} = r_i N_i \left[\frac{K_i - N_i - \sum_j \alpha_{ij} N_j}{K_i} \right]. \quad (2.21.)$$

Für ein Ökosystem im Gleichgewicht gilt für alle Werte von i unter der Bedingung $dN_i/dt = 0$:

$$K_i = N_i + \sum_j \alpha_{ij} N_j \quad (j \neq i) \quad (2.22.)$$

Wird der Spaltenvektor N für alle N_i eingeführt und in Matrixschreibweise $AN = K$ gesetzt, so erhält man die **Matrix der Konkurrenzkoeffizienten** α_{ij}

$$A \equiv \begin{bmatrix} 1 & \alpha_{12} & \alpha_{13} & . & . \\ \alpha_{21} & 1 & \alpha_{23} & . & . \\ \alpha_{31} & \alpha_{32} & 1 & . & . \\ . & . & . & 1 & . \\ . & . & . & . & 1 \end{bmatrix}.$$

Aus der Relationsmenge R_3 sei noch die trophische Wechselwirkung angeführt, die sich immer über verschiedene Schichten vollzieht und sich in der negativen Änderung des Liefer-Compartments (Beute) und positiven Änderung des Empfänger-Compartments (Räuber) äußert.

PIMM und LAWTON (1977), DE ANGELIS (1980) und andere gehen davon aus, daß eine Nahrungskette selten mehr als 4 oder 5 trophische Niveaus umfaßt. Der Fluß der Biomasse N_i oder Energie kann dann mit einem Satz von Lotka-Volterra-Gleichungen beschrieben werden:

$$\frac{dN_i}{dt} = \left(b_i + \sum_{j=1}^{n} \beta_{ij} N_j \right) N_i (i = 1, 2, 3, ..., n) \quad (2.23.)$$

(n = Anzahl der in einer linearen Nahrungskette verknüpften $C_i \triangleq$ Anzahl der trophischen Schichten).

Viele Modelle für Nahrungsketten (trophische Relationen) benutzen die **Michaelis-Menten-Funktion**

$$\frac{dN_i}{dt} = \left(b_i - \frac{fN_j}{k+N_i} - pN_i\right)N_i \equiv K_i(N_i, N_j)\,N_i \qquad (2.24.)$$

$$\frac{dN_j}{dt} = \left(\frac{fN_i}{k+N_i} - b_j\right)N_j \equiv K_j(N_i)\,N_j \qquad (2.25.)$$

f = Flußraten
k, p, K = Konstanten

Die **Bilanzierung der Stoff- und Energieflüsse über mehrere trophische Niveaus** läßt sich am vereinfachten Modell des *Andropogon-virginicus*-Ökosystems von LEE und INMAN (1975) veranschaulichen. Das Modell (Abb. 2.63.) enthält die Compartments C_1 = lebende Phytomasse, C_2 = tote Pflanzensubstanz, C_3 = Konsumenten, C_4 = Gesamtes Destruenten-Teilsystem einschließlich abgebauten Materials. Die Flüsse werden als linear, durch das Liefer- bzw. Empfänger-Compartment kontrolliert, angenommen, z. B. $F_{14} = k_{14}C_1$, die kontrollierenden Rückkopplungen bzw. Wechselwirkungen der Compartments werden multiplikativ angesetzt, z. B. $F_{21} = p_{21}C_2C_1$.

Von den Compartments gehen Verlust-Flüsse aus, z. B. F_{30}, Abflüsse aus dem System durch Atmungsprozesse, Emigration u. a.

Die Flußrate F_{01}, die die Brutto-Primärproduktion bestimmt, ergibt sich aus dem Energie- und Stoffzufluß durch Umweltgrößen, der Inhibierung durch Festlegung von Nährstoffen F_{21}, dem Einfluß infolge Phytomasseabschöpfung durch Konsumenten F_{34} und dem stimulierenden Einfluß durch recyclierte Nährstoffe aus dem Destruenten-Teilsystem F_{41}:

$$F_{01} = G_{01} + F_{21} + F_{34} + F_{41} \qquad (2.26.)$$

Die **Bilanzgleichungen** lauten:
Primärproduzenten:

$$C_1' = k_{01}C_1 - p_{21}C_2C_1 - p_{31}C_3C_1 + p_{41}C_4C_1 - (k_{10} + k_{12} + k_{13} + k_{14})\,C_1 \qquad (2.27.)$$

oder mit $k = k_{10} + k_{12} + k_{13} + k_{14}$

$$C_1' = (k_{01} - k - p_{21}C_2 - p_{31}C_3 + p_{41}C_4)\,C_1 \qquad (2.28.)$$

Vorräte toter Pflanzensubstanz:

$$C_2' = k_{12}C_1 - k_{24}C_2 \qquad (2.29.)$$

Konsumenten:

$$C_3' = k_{13}C_1 - (k_{30} + k_{34})\,C_3 \qquad (2.30.)$$

Destruenten:

$$C_4' = k_{14}C_1 + k_{24}C_2 + k_{34}C_3 - k_{40}C_4\,. \qquad (2.31.)$$

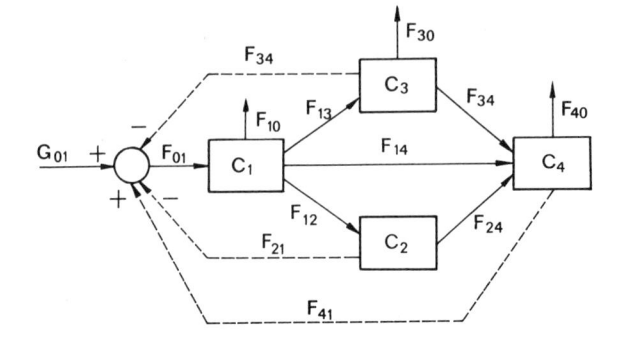

Abb. 2.63. Blockdiagramm für Stoff-Flüsse und trophische Wechselwirkungen zwischen Stoff- und Energie-Niveaus (Compartments) eines grobstrukturierten Ökosystems.
Ausgezogene Pfeile: Direkte Stoff- bzw. Energieflüsse. Gerissene Pfeile: Stoff- bzw. energieäquivalente Rückkopplungen. Weitere Erläuterung im Text. Aus LEE und INMANN 1975.

2.7. Ökosystem-Modellierung

Aus der Simulation dieses Modells folgt, daß, trotz der geringen Nutzung der Phytomasse durch Herbivore (in typischen temperaten Ökosystemen nur wenige Prozent), alle Konsumenten eine Kontrollfunktion ausüben, Schwankungen der Primärproduzenten und des Gesamtsystems dämpfen können, wobei die Einwirkungszeit (Zeitpunkt der Wechselwirkung) eine weit größere Bedeutung hat als die aktuelle Compartmentgröße oder die transformierten Substanz- bzw. Energiebeträge.

Ähnlich wie für die hier behandelten Wechselwirkungen sind die **Modellbausteine** für die in einem ausgewählten Ökosystem enthaltenen Compartments und ökologischen Wechselwirkungen zu erarbeiten. Mit dem Tupel $(\mathfrak{U}, \mathfrak{M}, R_1, R_2, R_3)$ ist die Ökosystemstruktur und der Ansatz der Ökosystemmodellierung formal vollständig beschrieben. Die theoretischen Ausführungen und praktischen Beispiele zeigen deutlich, daß die Ökosystemmodellierung nach dem Bausteinprinzip verfährt (**modulare Ökosystemmodellierung**). Die **Module** enthalten Funktionen oder Algorithmen, die das Verhalten der parametrisierten Compartments in Abhängigkeit von Umweltgrößen und Wechselwirkungen untereinander beschreiben. Die einzelnen Module stehen in einem sachökologischen Zusammenhang, der durch ein **Modulnetz** abgebildet werden kann, aus den Modulen werden Teilsysteme bzw. Teilmodelle, schließlich das gesamte Ökosystem gebildet. Die Dynamik von Ökosystemen erfordert, daß für einzelne Module wie für das ganze Modulnetz die **Zeittakte** ermittelt werden, nach denen die Dynamik des Verhaltens berechnet wird. Zum **Simulationsmodell** gehört also noch die Zeitschleife mit einer diskreten Zeit, deren Einheiten so zu wählen sind, daß die Dynamik hinreichend genau erfaßt werden kann (INNIS 1978: Grasland-Ökosystem; HOLLING et al. 1974: Spruce-Budworm-Model; WIELGOLASKI 1975: Tundra-Ökosystem; FINN 1980: Wald-Ökosystem).

Dem Modellentwurf für ein konkretes Ökosystem folgt die Phase der Validisierung und Sensitivitätsanalyse von Einflußgrößen und Parametern. Bei positiven Ergebnissen können Simulationsrechnungen, **numerische Fallstudien,** vorgenommen und Prognosen sowie Steuerungsstrategien erarbeitet werden. Die Ökosystemmodellierung ist in der praktischen Anwendung durch **Entscheidungs- und Steuerungsmodelle** zu ergänzen.

3. Biochemische Wechselbeziehungen zwischen Organismen und ihrer Umwelt

3.1. Biochemische Reaktionen der Organismen auf Umweltfaktoren

Allen physiologischen Prozessen liegen biochemische Reaktionen und Vorgänge zugrunde. Damit sind physiologische Anpassungen an Umweltfaktoren (vgl. Kap. 4.) letztlich auch durch **biochemische Adaptationen** bedingt. Es lassen sich zwei Kategorien biochemischer Anpassungsmechanismen unterscheiden (HOCHACHKA und SOMERO 1980):

1. **Mechanismen zur Korrektur umweltbedingter Störungen.** Biochemische Reaktionsabläufe regenerieren dabei die Leistungsfähigkeit der Organismen, die durch Umweltveränderungen negativ beeinflußt wurde.
2. **Mechanismen zur Schaffung neuer Möglichkeiten** für die bessere Ausnutzung der Umwelt bzw. zur Besiedelung eines neuen Lebensraumes durch den Organismus in der biologischen Evolution.

Adaptationen repräsentieren die Flexibilität im Stoffwechsel der lebenden Organismen, mit deren Hilfe sie sich an eine sich ständig verändernde Umwelt anpassen können, damit die Chance des Überlebens und letztlich ihrer Selbstreproduktion erheblich verbessernd.

Biochemische Anpassungen an die Umwelt sind Adaptationen auf der Ebene fundamentalen Stoffwechselgeschehens (Primär- und Sekundärstoffwechsel), die makroskopisch nicht sichtbar werden. Für ökologische Fragestellungen müssen somit auch verstärkt diese grundlegenden Bereiche des Stoffwechsels Berücksichtigung finden. In Ergänzung und Erweiterung zu der in die subzellulären und molekularen Dimensionen eines Organismus eindringenden Biochemie und Molekularbiologie lenkt die **ökologische Biochemie** durch die biochemische Analyse der ökologischen Charakteristika physiologischer Eigenschaften und Reaktionen der Organismen in einem Ökosystem den Blick auch auf umweltbezogene Aspekte.

Der **komplexe Stoffwechsel** einer lebenden Zelle ist nach bestimmten **Prinzipien** organisiert:

1. Er ist an subzelluläre, supramolekulare und molekulare Strukturen gebunden.
2. Er ist im Sinne einer funktionellen und strukturellen Hierarchie organisiert.
3. Er zeigt im allgemeinen eine hohe Ökonomie.
4. Er besitzt selbstregulatorische Eigenschaften (intrazelluläre Stoffwechselregulation).

Mit diesen Prinzipien erfüllt der Stoffwechsel, dessen vereinfachte Abfolge in Abb. 3.1. zusammengefaßt ist, zu jedem Zeitpunkt die folgenden wesentlichen Aufgaben:

1. Bereitstellung „energiereicher" Verbindungen, wie **ATP**, für eine Vielzahl von Funktionen (Biosynthesen, Transport u. a.).
2. Bereitstellung von Reduktionsäquivalenten, wie z. B. reduziertes NADP (**NADPH + H$^+$**), für aufbauende Reaktionen.

3. Biosynthese von **Vor- und Zwischenstufen** für den Makromolekülbedarf (Nucleinsäuren, Proteine, Lipide, Kohlenhydrate).
4. Biosynthese der **Makromoleküle,** die spezifische Funktionen bei den Lebensäußerungen zu erfüllen haben (Informationsträger, Biokatalysatoren, Strukturelemente, Speichersubstanzen u. a.).

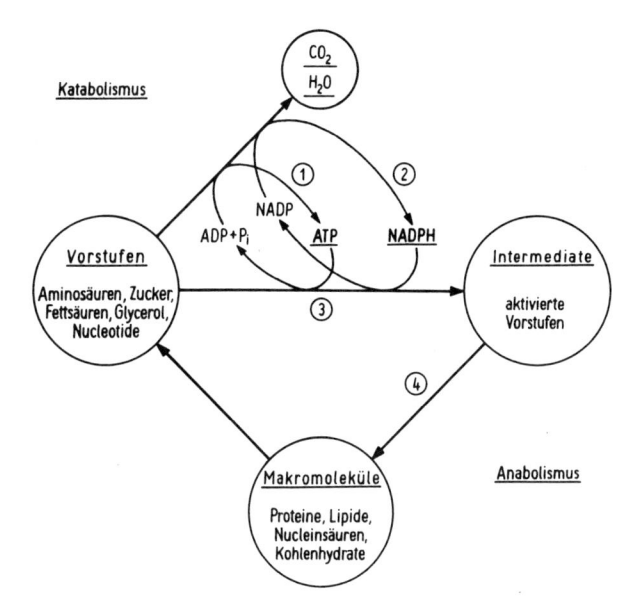

Abb. 3.1. Die Funktionen des Zellstoffwechsels.
1 = Bereitstellung „energiereicher" Verbindungen (ATP);
2 = Bereitstellung von Reduktionsäquivalenten (NADPH);
3 = Biosynthese von Vor- und Zwischenstufen;
4 = Biosynthese der Makromoleküle.

Die dabei ablaufenden Regulations- und Kontrollfunktionen, die garantieren, daß die einzelnen Teilfunktionen des Stoffwechsels auf die Bedürfnisse des Gesamtorganismus abgestimmt sind, bilden wichtige Ansatzpunkte für die biochemischen Wechselbeziehungen zwischen den Organismen und der sie umgebenden Umwelt. Reaktionen auf Änderungen von Umweltparametern können unterschiedliche Systemstufen hierarchischer Stoffwechselorganisation betreffen. Entsprechend können biochemische Adaptationen auf unterschiedlichen Ebenen des zellulären Stoffwechsels über verschiedene Wege verwirklicht werden. Biochemische Reaktionsabläufe als Antwort auf eine Veränderung der Umwelt und zur Verhinderung metabolischer Schäden lassen sich wie folgt klassifizieren:

1. **Veränderungen im metabolischen Geschehen** zur Entwicklung bestimmter Adaptations- oder Resistenzmechanismen.
2. **Induktion neuer metabolischer Systeme** in Anpassung an eine neue ökologische Situation.
3. Veränderungen in der **Organisation und Zusammensetzung der Zellmembranen.**
4. Produktion von Substanzen, die als **Schutzreagenzien** bzw. **chemische Abwehrstoffe fungieren.**

Verantwortlich für diese Stoffwechselaktivitäten sind letztlich **Nucleinsäuren** (als genetische Informationsträger) und **Proteine** (vor allem Enzyme als Biokatalysatoren). Biochemische Anpassungsmechanismen müssen garantieren, daß diese Moleküle mit der **richtigen Geschwindigkeit** und der **richtigen Spezifität** arbeiten. Hierfür stehen dem Organismus im wesentlichen vier Strategien zur Verfügung:

1. Veränderungen in der im System vorhandenen **Makromolekülgarnitur.**
2. Veränderung der **Konzentrationen** von Makromolekülen (z. B. Veränderung der Enzymmenge).
3. Veränderung der **Aktivität** von Makromolekülen (z. B. Veränderung der Enzymaktivität).
4. Modifizierung der **Funktionen** der in der Zelle vorhandenen Makromoleküle.

Lebende Zellen reagieren auf verschiedene Stressoren (vgl. 4.2.1.5.) mit einer deutlichen Erniedrigung der Proteinsynthese und einer Steigerung des Proteinabbaus (SCHLEE 1986). Die Änderung des **Proteinturnovers** bietet den Organismen eine Möglichkeit, die Bausteine (proteinogene Aminosäuren) für eine Neubildung von Proteinen wieder bereitzustellen. Auf diese Weise kann die Menge an Enzymen und insbesondere die Art der Enzyme (**Enzymmuster**) an die jeweiligen Umweltbedingungen, die stets auch mit neuen stoffwechselbiochemischen und -physiologischen Situationen für den Organismus gekoppelt sind, angepaßt werden. Der streßinduzierte Proteinabbau und die damit verbundene Neusynthese von Proteinen kann den Zellen eine Enzymgarnitur liefern, mit deren Hilfe der Ablauf des Metabolismus unter den veränderten Umweltbedingungen offensichtlich besser kanalisiert und katalysiert werden kann. Im Ergebnis bedeutet dies für den Organismus einen ökologischen Vorteil.

Unter bestimmten Umständen reagieren Organismen auf Umweltstreß mit der Bildung völlig neuer Eiweißsorten, sog. **Streßproteinen.** So ist eine Reihe von Streßsituationen (Salinität, d. h. im allgemeinen Salzkonzentrationen über 100 mM; hoher Schwermetallgehalt; Trockenheit; Temperatur; niedriges Sauerstoffangebot) bekannt, bei denen Organismen infolge einer **differentiellen Genexpression** durch selektive Umsteuerung der Transkription mit der Synthese von Streßproteinen antworten (SACHS und HO 1986). Diese sind augenscheinlich für das Überleben während der Phasen einer Streßeinwirkung essentiell. Es werden bestimmte katalytische Aktivitäten einzelner Streßproteine (Wirkung als spezifische Enzyme) und/oder eine Schutzfunktion für empfindliche Strukturen in den Zellen diskutiert.

Die Induktion der sog. **Hitzeschockproteine** (hsp) wird zumindest in tierischen Zellen (auslösender Temperaturbereich bei Säugetieren $40-44\,°C$, bei Fischen $24-28\,°C$, bei *Drosophila* $35-37\,°C$; bei höheren Pflanzen $35-40\,°C$, bei Hefen $33-35\,°C$) zunehmend als ein zentrales Ereignis einer generellen Streßantwort betrachtet. Es sind zahlreiche Stressoren bekannt, die in tierischen Zellen eine hsp-Synthese induzieren. Einige Hauptkomponenten der Hitzeschockproteine können die Membransysteme des Zellkerns und des Cytoplasmas offensichtlich so modifizieren, daß der metabolische Apparat der Zelle vor Streß weitgehend geschützt wird (vgl. 3.1.1.). Das Protein hsp-70 ist im Nucleolus lokalisiert. Es kann die Prozessierung von pre-rRNA schützen und reaktivieren.

Einige der etwa 20 nachgewiesenen **anaeroben Streßproteine,** die unter Anaerobiose-Bedingungen in bestimmten Pflanzen nachgewiesen werden, besitzen Alkoholdehydrogenase-Aktivität (vgl. 3.1.2.1.2.). Eine selektive Genexpression wird auch bei Induktion durch biotische Umweltfaktoren, etwa bei Infektion mit pathogenen Pilzen oder Viren, nachgewiesen (vgl. 4.1.3.2.). Von Pflanzen werden unter solchen Situationen eine Reihe von **Pathogenese-Proteinen** exprimiert.

Im Ergebnis aller strategischen Mechanismen kann die Antwort auf eine Veränderung der Umweltfaktoren sowohl die Geschwindigkeit als auch die Richtung der einzelnen Stoffwechselreaktionen bzw. deren Neueinstellung betreffen.

Dabei besteht ein enger Zusammenhang zwischen **Anpassungsstrategie** und **Anpassungsgeschwindigkeit.** Eine Umweltänderung kann sofort durch eine adaptive Reaktion beantwortet werden, z. B. durch die Modulation bereits vorhandener aktiver Enzyme. Andererseits erfordert der Erwerb neuer genetischer Information (Akkumulation neuer DNA-Basensequenzen im Genom; differentielle Genexpression) bei der evolutionsbedingten Adaptation

3.1. Biochemische Reaktionen der Organismen auf Umweltfaktoren

den Zeitraum vieler Generationen. Das Resultat dieser langen Entwicklung ist eine optimale Anpassung der Lebewesen an ihre Umwelt. Die Evolution arbeitet nach einem Optimierungsprinzip.

Im folgenden soll an einigen ausgewählten Beispielen die Bedeutung biochemischer Wechselbeziehungen zwischen Organismen und der sie umgebenden Umwelt gezeigt werden.

3.1.1. Biochemische Adaptationen an Extremtemperaturen

Biologische Systeme tolerieren nur einen begrenzten Bereich der Temperatur (Abb. 3.2.). Dieser **spezifische Temperaturbereich** des Wachstums ist Ausdruck der in der lebenden Zelle integriert wirksamen Enzymsysteme und der Thermostabilität bzw. -labilität und Funktionsfähigkeit der Zellstrukturen. Bei den Enzymen besteht ein Gleichgewicht zwischen Aktivität und Stabilität (Abb. 3.3.). Nach unten hin wird dieser Bereich durch die Tatsache begrenzt, daß bei den Zellen, die ja mit Wasser als Milieu arbeiten, Eisbildung auftritt, und nach oben hin durch die Denaturierung der Proteine und durch bei hohen Temperaturen auftretende Membranschäden.

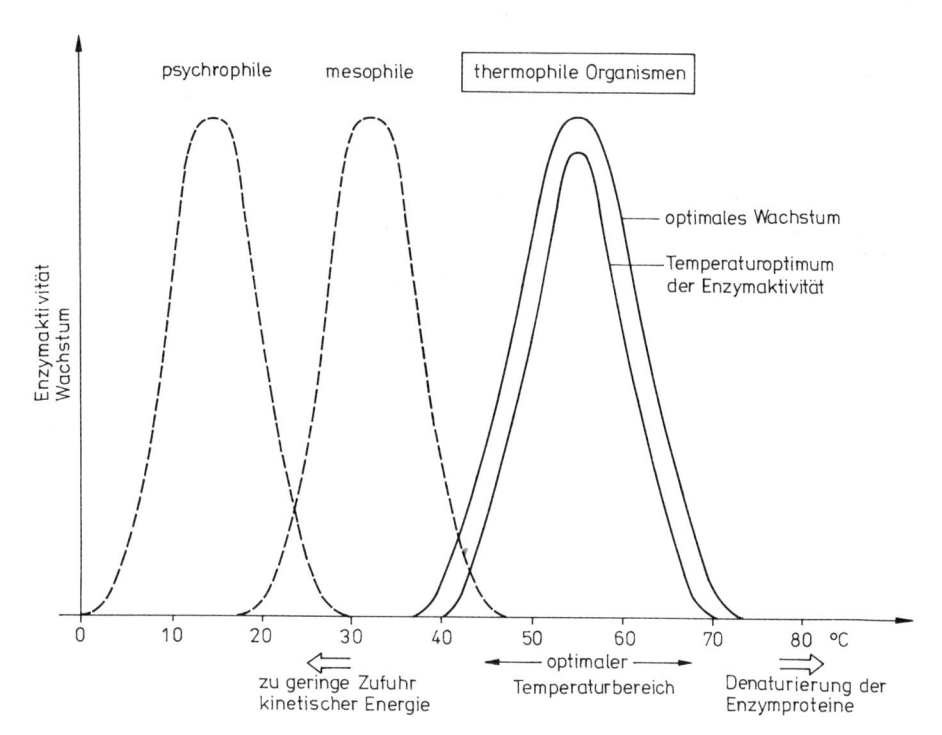

Abb. 3.2. Beziehungen zwischen einem optimalen Ablauf des Zellstoffwechsels und der Temperatur. Nach ZUBER 1969.

Die grundlegenden Wirkungen der Temperatur betreffen dabei einmal die Beeinflussung der **Geschwindigkeit der Stoffwechselreaktionen** und zum anderen Änderungen an den **biochemischen Strukturen**.

So können Änderungen der Tertiär- und Quartärstruktur der Proteine zu einem Verlust der katalytischen und/oder regulatorischen Funktionen von Enzymen führen (Abb. 3.3.). Im Gegensatz zu Enzymen mit kältelabiler Quartärstruktur sind homologe Enzyme aus „Kaltblütern" kältestabil.

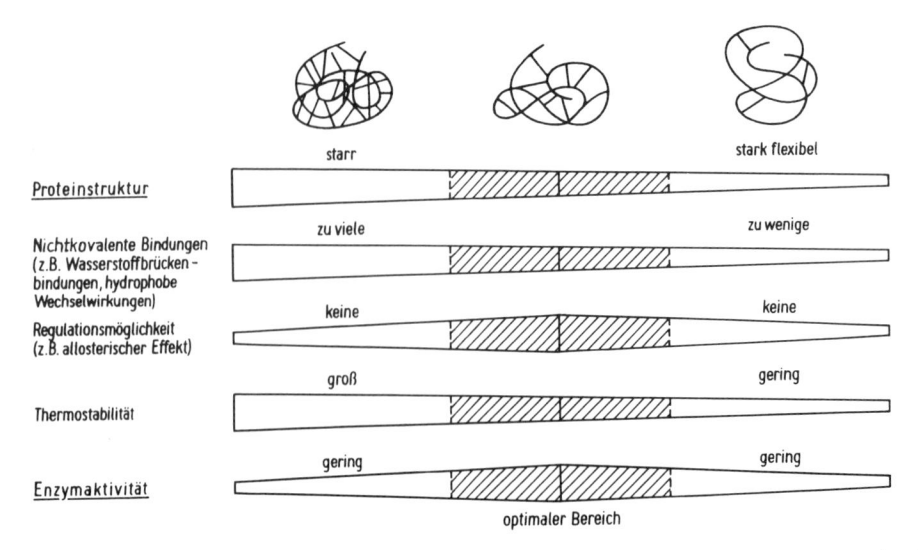

Abb. 3.3. Schematische Darstellung des Einflusses der Proteinstruktur (Quartärstruktur durch nichtkovalente Bindungen, z. B. Wasserstoffbrückenbindungen, hydrophobe Wechselwirkungen) auf die Enzymstabilität und -aktivität. Nach ZUBER 1969.

Alle Organismen müssen daher ihre Lebensprozesse auf eine ganz bestimmte Temperatur (Umwelt- oder Zelltemperatur) einstellen, entsprechend dem Wirkungsoptimum ihrer Enzymsysteme und Zellbestandteile (vgl. Abb. 3.2.).

Viele Reaktionen des katabolischen Stoffwechsels zeigen bei einer Kälteanpassung erhöhte Aktivität (z. B. beträchtliche Aktivitätszunahme der Enzyme des Tricarbonsäurezyklus, der Atmungskette), jedoch ist diese Akklimatisation an verschiedene Temperaturen nicht für alle Enzyme gleich. Enzyme aus Peroxisomen und Lysosomen, die katabole Funktionen erfüllen, zeigen in Geweben warmakklimatisierter Arten höhere Aktivitäten (**„positive"** und **„negative" Temperaturkompensation**).

Eine sofortige Temperaturkompensation wird durch **positive** oder **negative Temperaturmodulation** der Enzyme erreicht. Darunter versteht man die Beeinflussung der Enzym-Substrat-Affinität (und damit der Geschwindigkeit des katalytischen Umsatzes, vgl. 3.1.) durch Änderung der Temperatur.

Für Lebewesen der Gezeitenzone, die täglich Temperaturschwankungen bis zu 20 °C ertragen müssen, stellt die Temperaturmodulation der Enzyme einen lebensnotwendigen Adaptationsmechanismus dar. Auch bei Pflanzen ist die sensitive Temperaturabhängigkeit der Substratbindung bei einigen Enzymen bekannt, z. B. für die NAD-abhängige Malatdehydrogenase bei verschiedenen maritimen und kontinentalen Populationen von *Lathyrus japonicus*.

3.1.1.1. Leben bei hohen Temperaturen (Thermobiose)

Echte thermophile Organismen (Temperaturoptimum zwischen +45 und +95 °C) wurden bislang überwiegend bei Mikroorganismen, einschließlich Algen und Pilzen, beschrieben. In den Zellen solcher thermophilen Organismen, die ökologisch von besonderem Interesse sind, wurden adaptierte, **thermostabile Enzymsysteme** und **Zellbestandteile** (z. B. Nucleinsäuren, Lipoproteide) wie auch ein **hitzeresistenterer photosynthetischer Apparat** (in heißen Quellen liegt z. B. bei Algen das Temperaturoptimum der Photosynthese in unmittelbarer Nähe der Standorttemperatur von +72 °C) nachgewiesen.

Als weitere prinzipielle Möglichkeit für den molekularen Mechanismus der Anpassung an höhere Temperaturen ist die **Stabilisierung von Enzymsystemen** über eine **Zellmembranbindung** anzusehen, d. h. die oberfläche Anlagerung oder der Einschluß des Enzymproteins in das Membraninnere. Von einigen Enzymen ist bekannt, daß sie in membrangebundener Form thermisch stabiler als in freier Form sind. Eine temperaturbedingte Dissoziation dieser Enzym-Membran-Komplexe („Quintärstruktur") würde auch zu einer Veränderung in der Tertiär- und Quartärstruktur der einzelnen Enzyme und damit zum Verlust der katalytischen Aktivitäten führen.

Enzyme können ferner als **Multienzymkomplexe** in spezifisch stabilisierenden Bereichen zusammengeschlossen sein. Die Stabilität läßt sich auch durch ein **spezielles Ionenmilieu** in den Zellen aufrechterhalten. Eine **osmotische Konformität** mit dem umgebenden Medium ist allerdings nur bei marinen Wirbellosen verwirklicht. Für alle anderen Organismen ist auf Grund der strengen Abhängigkeit aller biochemischen Prozesse von den intrazellulären Ionenverhältnissen eine drastische Veränderung des Ionenmilieus nicht ohne weiteres möglich.

Schließlich gibt es Mechanismen, geschädigte hitzelabile Enzyme bzw. Zellbestandteile durch rasche **Resynthese** während eines aktiven Stoffwechsels wieder zu regenerieren.

3.1.1.2. Leben bei niedrigen Temperaturen

Eisbildung läßt sich — zumindest theoretisch — durch die Konzentrationszunahme gelöster Stoffe vermeiden. Besondere Bedeutung als derartige „**Frostschutzmittel**" bei Tieren (Insekten) haben organische Polyhydroxyverbindungen wie Glycerol und andere Alkohole, z. B. Ethylenglykol. Diese Substanzen erniedrigen den Gefrierpunkt biologischer Flüssigkeiten.

Bei dem arktischen Laufkäfer *Pterostichus brevicornis* erträgt die Winterform noch eine Temperatur von $-35\,°C$ bei einem Glycerolgehalt von 22% in den Zellen, während die Sommerform, die nur 1% Glycerol enthält, bei $-6{,}6\,°C$ stirbt (MILLER 1969; BAUST und MILLER 1970).

Da Glycerol und ähnliche Verbindungen auch Membranen leicht passieren, können sie zudem sowohl als intra- wie auch extrazelluläre Antifrostmittel fungieren. Diese Moleküle haben ferner eine **stabilisierende Wirkung** auf Zellproteine. Eine Abkühlung auf den Gefrierpunkt bedeutet ohne diese **Kryoprotektoren** häufig eine für den Zellstoffwechsel schädliche Änderung der Struktur von Enzymen auf Grund der Kältelabilität hydrophober Wechselwirkungen. Glycerol stabilisiert hydrophobe Wechselwirkungen.

Eine weitere Möglichkeit biochemischer Anpassung an Kälte findet man bei einigen Arten von polaren und Kaltwasserfischen. Hier dienen „**Antifrostproteine**" der Erniedrigung des Gefrierpunktes biologischer Flüssigkeiten. Diese ungewöhnlichen Proteine sind, da sie den Gefrierpunkt des Serums herabsetzen, für das Überleben dieser Arten im Eis-Salzwasserbiotop lebensnotwendig.

Es gibt dabei wenigstens zwei distinkte Gruppen dieser Antifrostproteine, die in ihrer Primär- und Sekundärstruktur differieren:

Aus den antarktischen Fischgattungen *Trematomus* und *Dissostichus* wurden Glykoproteide (mit Alanylalanylthreonin-Disaccharid-Einheiten) isoliert. Das Antifrostprotein der Winterflunder *(Pseudopleuronectus americanus)* besteht dagegen nur aus Aminosäuren, besonders Alanin. Auch Prolin spielt als Baustein dieser Proteine eine Rolle.

Bei der Gattung *Trematomus* ist eine direkte Proportionalität zwischen der Konzentration des Antifrostproteins im Serum und der Gefahr des Erfrierens der jeweiligen Art in Abhängigkeit vom Biotop zu finden.

Interessant hinsichtlich der Wirksamkeit des Adaptationsmechanismus ist ferner die jahreszeitliche Veränderung des Gehaltes an Antifrostproteinen im Serum arktischer Fische (HEW et al. 1980).

Auch in höheren Pflanzen wurden die Synthese und Akkumulation verschiedener **kryoprotektiver Substanzen** nachgewiesen. Dazu zählen Mono- und Oligosaccharide (z. B. Raffinose), Zuckerderivate (z. B. Sorbitol, Mannitol, α-Galaktosylglycerol), spezielle Proteine, nichttoxische Aminosäuren, z. B. Prolin (GÖRING 1979), und Salze organischer Säuren (SANTARIUS 1978). Diese Verbindungen verhindern **unspezifisch** membrantoxische Vorgänge, die oberhalb eines kritischen Wertes zur Inaktivierung der Biomembranen (in Pflanzen haben die Thylakoidmembranen der Chloroplasten eine besondere Bedeutung) führen würden, und/oder sie beeinflussen direkt die frostsensitiven Membranen durch **spezifische** Wechselwirkungen.

Außer der Synthese und Akkumulation löslicher Kryoprotektoren spielen Veränderungen in der Struktur und in der Lipid- und Proteinzusammensetzung der Biomembranen (z. B. Erhöhung des Anteils an ungesättigten Fettsäuren) eine wichtige Rolle bei der Entwicklung von Adaptationsmechanismen. Auch diese Reaktionen und Prozesse sind interessanterweise jahreszeitlich bedingt. Mit den strukturellen Änderungen geht eine Erhöhung der Wasserpermeabilität der Zellen einher. Dadurch kann die Möglichkeit einer intrazellulären Eisbildung wesentlich verringert werden.

3.1.2. Biochemische Adaptationen an chemische Faktoren

3.1.2.1. Anpassung an das verfügbare Sauerstoffangebot

Der größte Teil der Organismen betreibt einen aeroben Stoffwechsel, bei dem die Nährstoffe zu H_2O und CO_2 abgebaut werden. Sauerstoff ist dabei letzter Elektronenakzeptor. Jedoch sind nicht alle Organismen und nicht alle Gewebe eines Lebewesens im gleichen Maße von O_2 abhängig. Die Organismen haben Adaptationsmechanismen für ein niedriges Sauerstoffangebot entwickelt.

Unter **anaëroben Verhältnissen** treten dabei im wesentlichen zwei grundlegende biochemische Aspekte in den Vordergrund: die Beseitigung der anfallenden Protonen und die niedrigere Energieausbeute (ATP-Bereitstellung) im Vergleich zu aëroben Verhältnissen.

3.1.2.1.1. Anpassung bei tierischen Organismen

Bei tierischen Organismen lassen sich drei Strategien biochemischer Adaptationen an den Sauerstoffgehalt der Umwelt unterscheiden:

1. Mechanismen, die trotz Erschöpfung des O_2-Angebots eine hohe Kapazität für die **anaërobe ATP-Bildung** über den glykolytischen Abbau gewährleisten. Unter diesen limitierenden Sauerstoffbedingungen ist **Glykogen** die primäre Energie- und Kohlenstoffquelle.

So zeichnet sich der Vertebratenskelettmuskel im Vergleich zu Organen wie Leber oder Herz durch folgende charakteristische Eigenschaften aus:
- sehr hohe Konzentrationen an Enzymen des Glykogenabbaus (Glykogen-Phosphorylase, Hexokinase, Phosphofructokinase, Phosphoglycerat-Kinase, Pyruvat-Kinase, Lactatdehydrogenase) und damit ein **hohes Glykolysepotential.**
- Besitz von **gewebsspezifischen Isoenzymen** mit charakteristischen katalytischen und regulatorischen Parametern (z. B. Isoenzyme der Lactatdehydrogenase).
- **Toleranz hoher Lactatkonzentrationen** und Besitz von Stoffwechselreaktionen zur **Lactatwiederverwertung** (Gluconeogenese).

    Diese Eigenschaften kompensieren bei Wirbeltieren den zeitlich begrenzten Sauerstoffmangel im Muskel durch Steigerung der anaëroben ATP-Synthese.

    Bei tauchenden Tieren, wie Meeresschildkröten, Tauchenten und Seehunden, liefert die Glykolyse genügend Energie zum Überleben unter anaeroben Verhältnissen **(Anoxie-Toleranz)**. Abb. 3.4. zeigt den Zusammenhang zwischen Stoffwechselkapazität und O_2-Angebot beim Tauchvorgang der Meeresschildkröte (vgl. HOCHACHKA und SOMERO 1980).

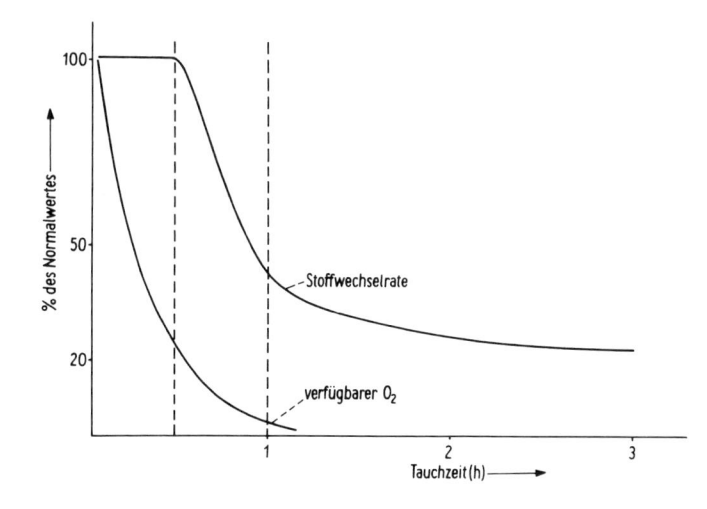

Abb. 3.4. Zusammenhang zwischen der Abnahme der verfügbaren Sauerstoffkonzentration und der Stoffwechselintensität während des Tauchvorganges (bei 24 °C) bei einer Wasserschildkröte. Nach JACKSON 1968.

2. Mechanismen zur Steigerung der ATP-Bildung unter anaëroben Bedingungen durch Kopplung der Substratkettenphosphorylierung der Glykolyse mit anderen **Substratkettenphosphorylierungen.**

Unter O_2-Mangel verläuft hierbei der Abbau des Glykogens bzw. der Glucose nur bis zum Phosphoenolpyruvat.

Bei Muscheln der Gezeitenzonen wird anschließend PEP durch die PEP-Carboxylase in Oxalacetat umgewandelt, das danach in die Synthese von Succinat mündet. Dieses und die Aminosäure Alanin sind Endprodukte des anaëroben Glucoseabbaus unter diesen Bedingungen.

Da die Organismen auch Pyruvatkinase besitzen, kann die Umstellung von aëroben (Pyruvatkinase: PEP → Pyruvat) auf anaërobe (PEP-Carboxylase: PEP → OAA) Bedingungen unmittelbar erfolgen. Beide Enzyme konkurrieren um das gleiche Substrat (PEP). Die Regulation der Umschaltung erfolgt vermutlich über den pH-Wert (unterschiedliche pH-Optima beider Enzyme) und die Beeinflussung der Enzymaktivität durch L-Alanin (Abb. 3.5.).

3. Mechanismen eines **verstärkten Sauerstofftransports** zur Abdeckung des O_2-Bedarfs im aeroben Metabolismus.

Im Flugmuskel der Insekten wird unter anaëroben Verhältnissen das bei der Aldolase-Reaktion entstehende Dihydroxyacetonphosphat nicht wie normalerweise über Glycerinaldehyd-3-phosphat in Pyruvat, sondern durch eine hochaktive Glycerol-3-phosphat-Dehydrogenase in Glycerol-3-phosphat umgewandelt:

Dihydroxyacetonphosphat + NADH + H$^+$ → Glycerol-3-phosphat + NAD$^+$ (3.1.)

Glycerol-3-phosphat kann nun aus dem Cytoplasma in die Mitochondrien permeieren, wo es wieder in Dihydroxyacetonphosphat zurückverwandelt wird. Die Verbindung regeneriert sich also praktisch selbst und steht für die Oxidation des unter den Bedingungen ständig anfallenden NADH zur Verfügung. Durch diesen Mechanismus kommt es im Flugmuskel nicht zu einer schädlichen Akkumulation von Lactat, da das eben beschriebene katalytische, sich selbst regenerierende System die Regeneration von NAD übernimmt. Pyruvat wird im arbeitenden Flugmuskel über den Tricarbonsäurezyklus, der zu Beginn des Fluges innerhalb weniger Minuten drastisch aktiviert wird, oxidiert.

3.1.2.1.2. Anpassung bei pflanzlichen Organismen

Bestimmte Pflanzenarten, die in Biotypen beheimatet sind, die zeitweise überflutet werden, z. B. in Niederungen von Flußtälern oder in Marschlandschaften, haben ganz ähnliche Adaptationsmechanismen im Bereich des Kohlenhydratmetabolismus entwickelt. Diese

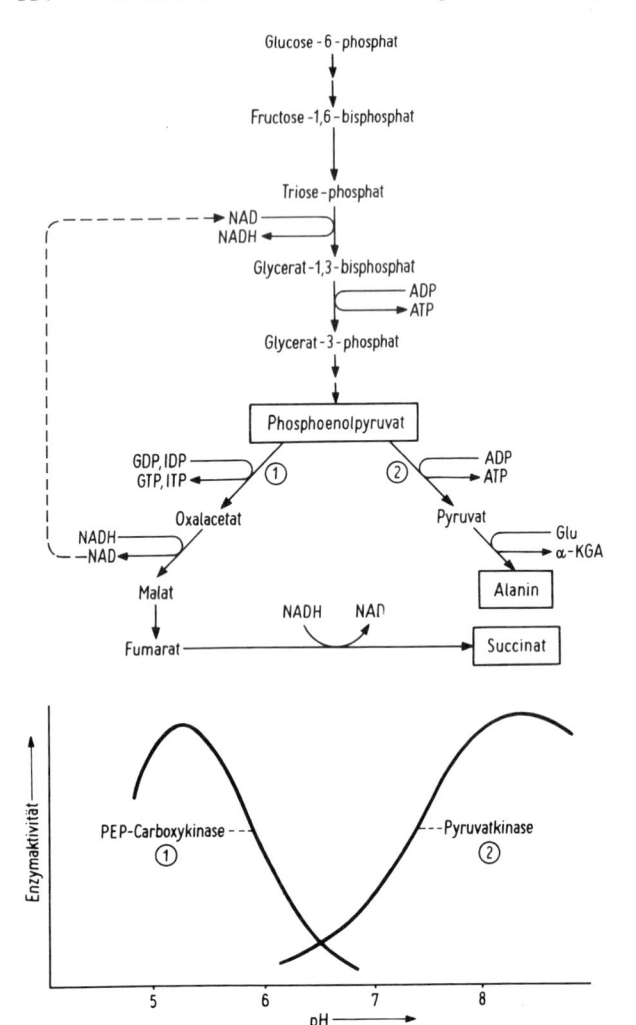

Abb. 3.5. Anaërober Stoffwechsel der Glucose im Schließmuskel der Auster (oben) und pH-Optima von Phosphoenolpyruvat-Carboxykinase (1) und Pyruvat-Kinase (2) (unten). Nach HOCHACHKA und SOMERO 1980.

befähigen sie, den ständigen Wechsel zwischen anaëroben bzw. semi-anaëroben (Überflutung) und aëroben (Trockenheit) Bedingungen zu überleben. Dabei tritt eine bemerkenswerte Analogie zu tauchenden Reptilien, Vögeln und Säugetieren auf (CRAWFORD 1978). Für die zeitlich begrenzte Periode einer anaëroben Lebensweise beinhalten diese Adaptationsmechanismen:

1. eine **Regulation** auf metabolischer Ebene.
   Die überfluteten Organe von Sumpfpflanzen sind an die anaëroben Bedingungen angepaßt, weil sie in der Lage sind, ihren Atmungsstoffwechsel diesen geringen O_2-Konzentrationen anzugleichen. Im Gegensatz zu intoleranten Pflanzenarten reagieren sie bei Überflutung nicht mit einer erhöhten anaëroben Atmung. Untersuchungen an der Teichsimse *(Schoenoplectus lacustris)* zeigen, daß diese Pflanze im Energiestoffwechsel gut an die veränderten Lebensbedingungen angepaßt ist (BRÄNDLE 1980).

2. eine Veränderung im metabolischen Geschehen bezüglich der **Endprodukte des glykolytischen Abbaus.**

3.1. Biochemische Reaktionen der Organismen auf Umweltfaktoren

Bei nichtangepaßten Pflanzenarten führt der mit der Überflutung verbundene anaerobe Kohlenhydratabbau zur verstärkten Produktion von Phosphoenolpyruvat und Pyruvat, die in Acetaldehyd und nachfolgend durch die Induktion der Alkoholdehydrogenase in das Zellgift Ethanol überführt werden.

Bei der Wasserschwertlilie *(Iris pseudacorus)* mündet dagegen das gebildete PEP über den Aromatenweg in die Synthese von Shikimat, das akkumuliert wird. In der Flatterbinse *(Juncus effusus)* wird das überschüssige Pyruvat über Oxalacetat in Malat umgewandelt und damit ebenfalls der Ethanolsynthese entzogen. Bei der Grauerle *(Alnus incana)* wird der glykolytische Abbau der Glucose bereits auf der Stufe des Fructose-1,6-bisphosphats unterbrochen. Es entsteht Glycerol-1-phosphat und daraus Glycerol. In einer Reihe weiterer Pflanzenarten werden unter anaeroben Bedingungen andere Metabolite des Intermediärstoffwechsels, wie Alanin oder Aspartat, akkumuliert.

Die solche Umweltbedingungen tolerierenden Pflanzen überleben, weil sie Stoffe produzieren, die im Gegensatz zu dem bei intoleranten Pflanzen gebildeten Ethanol nicht als Zellgift wirken und im Stoffwechsel weiter umgesetzt werden können (Abb. 3.6.).

3. die Anlage einer adäquaten **Kohlenhydratreserve**.

Unter anaeroben Verhältnissen lebende Pflanzen besitzen häufig Rhizome und andere Speicherorgane, die als Kohlenhydratreservoir dienen können. Auch hier gibt es gewisse Parallelen zum Tierreich, wo unter vergleichbaren Bedingungen Glykogen als Speicherstoff fungiert.

3.1.2.2. Anpassung an das verfügbare Kohlendioxidangebot

Grundlage für die CO_2-Versorgung der Landpflanzen ist der CO_2-Gehalt der Atmosphäre. Von Bedeutung für die CO_2-Bereitstellung sind auch der CO_2-Transport in der Atmosphäre, der CO_2-Austausch zwischen Atmosphäre und Pflanzenbestand sowie zwischen Boden und Atmosphäre (vgl. 2.2.2.2.1.).

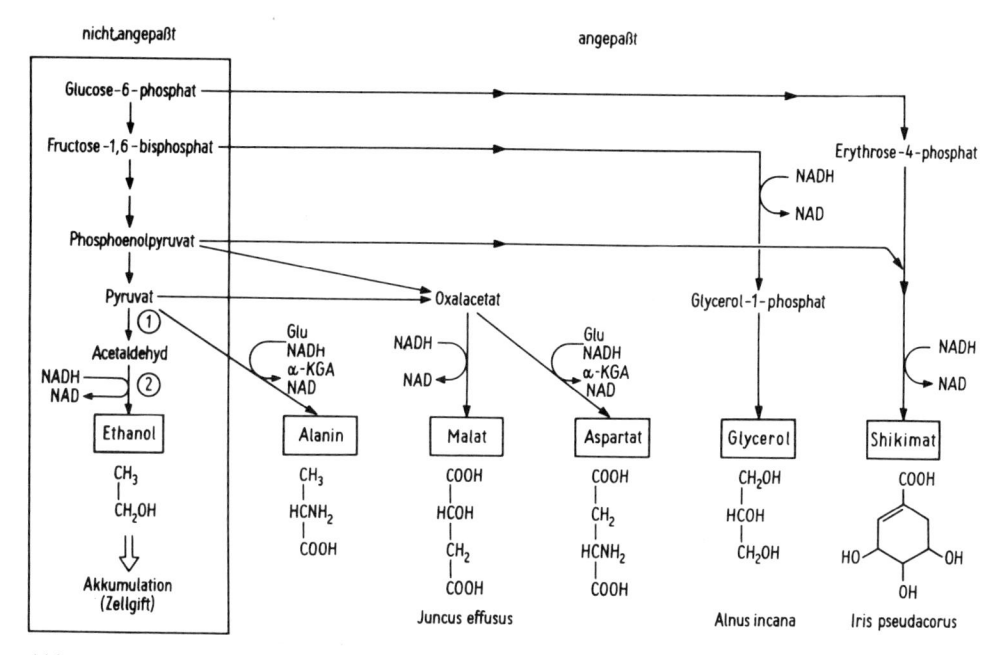

Abb. 3.6. Biochemische Adaptationsmechanismen im Bereich des Kohlenhydratmetabolismus bei Pflanzen (Vergleich des Stoffwechsels von an anaerobe Bedingungen angepaßten und nichtangepaßten Arten). 1 = Pyruvat-Decarboxylase; 2 = Alkohol-Dehydrogenase.

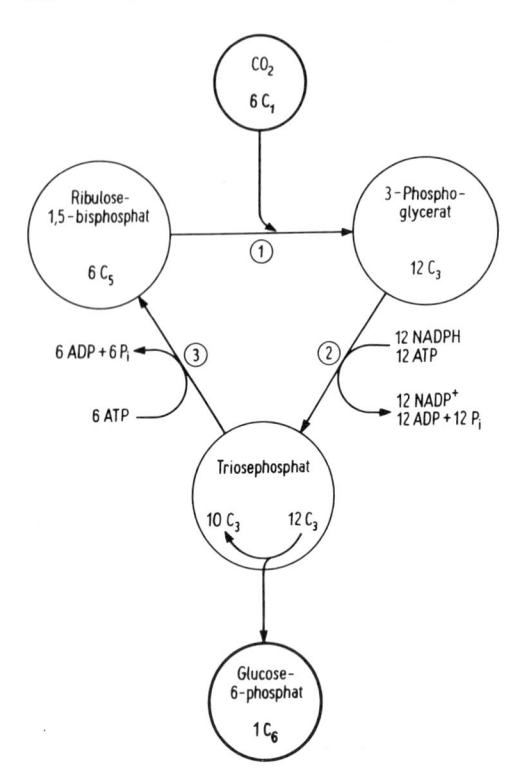

Abb. 3.7. Bilanz der photosynthetischen CO_2-Assimilation. Die drei Phasen des Calvin-Zyklus: 1 = Carboxylierung des Primärakzeptors (RubP); 2 = Reduktion des Fixierungsproduktes (PGA); 3 = Regenerierung des Primärakzeptors.

Die assimilatorische **CO_2-Reduktion** erfolgt in einem Kreisprozeß (Calvin-Zyklus), der in drei Phasen eingeteilt werden kann (Abb. 3.7.): In der **carboxylierenden Phase** wird CO_2 an einen Akzeptor (RubP) gebunden. Das **reduzierende System** reduziert CO_2 in Form seines Fixierungsproduktes 3-Phosphoglycerat zu Triosephosphat. In der sich anschließenden **Regenerierungsphase** wird über eine Reihe von Interkonversionen der Primärakzeptor RubP regeneriert. Triosephosphat wird in den Chloroplasten weiter zu Kohlenhydraten verarbeitet.

3.1.2.2.1. C_3-Pflanzen

Das für die CO_2-Fixierung entscheidende Enzym ist die **Ribulosebisphosphat-Carboxylase,** die in allen (außer den grünen Schwefelbakterien) photoautotrophen Organismen unabhängig von ihrer systematischen und ökologischen Stellung vorkommt. Die Substrate sind RubP und CO_2 (nicht Bicarbonat). Das Enzym weist eine erstaunlich geringe Affinität gegenüber CO_2 aus. Während die CO_2-Konzentration in den mit der Atmosphäre im Gleichgewicht befindlichen Pflanzenblättern ca. 7–10 μM beträgt, liegt die Michaelis-Konstante K_m (als Maß für die Affinität des Enzyms zum Substrat und damit auch für die Katalysegeschwindigkeit) bei ca. 450 μM. Das bedeutet, daß das Enzym unter suboptimaler Substratkonzentration arbeitet und/oder daß ein Mechanismus zur Konzentrierung von CO_2 in den photosynthetisierenden Zentren existiert.

Diese scheinbare „Ineffektivität" des Enzyms hat zur Entwicklung wichtiger biochemischer Anpassungen zur Erhöhung der CO_2-Aufnahme und -Assimilation geführt.

Ribulosebisphosphat-Carboxylase besitzt zwei unterschiedliche katalytische Funktionen, die der **Carboxylierung** und die der **Oxygenierung.** Die Carboxylierung von RubP ergibt

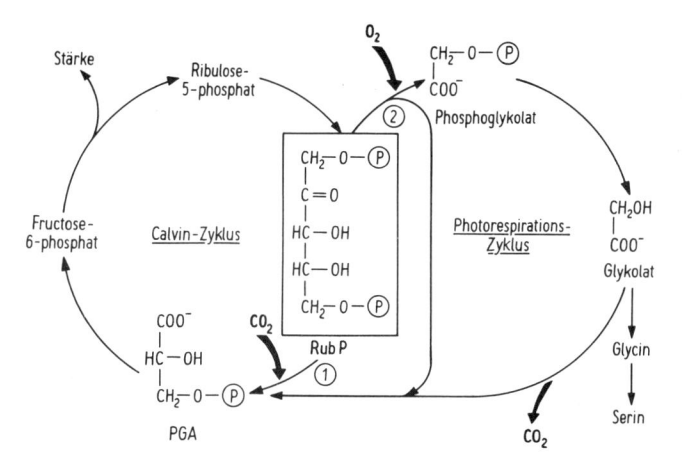

Abb. 3.8. Stellung der Ribulose-bisphosphat-Carboxylase (RubPC) im Photosynthese- (Calvin-) und Photorespirationszyklus. Nach OHMANN 1980.
1 = RubPC: Carboxylasefunktion; 2 = RubPC: Oxygenasefunktion.

in einer praktisch irreversiblen Reaktion zwei Moleküle 3-Phosphoglycerat:

$$\text{RubP} + CO_2 \rightarrow 2\,\text{PGA} \tag{3.2.}$$

Pflanzen, die CO_2 allein nach dem Schema der Abb. 3.7. fixieren, bezeichnet man als „C_3-Pflanzen" oder „Calvin-Pflanzen".

Die Photosynthese dieser Pflanzen wird durch hohe Sauerstoffkonzentrationen gehemmt. Verantwortlich dafür ist die zweite katalytische Funktion der RubPC, die zur Bildung von Phosphoglykolat und PGA führt:

$$\text{RubP} + O_2 \rightarrow \text{Phosphoglykolat} + \text{PGA} + H_2O \tag{3.3.}$$

Reaktion (3.3.) ist der einleitende Schritt der sog. Lichtatmung oder **Photorespiration**. RubPC steht sowohl im Zentrum des Photosynthese-(Calvin-) als auch des Photorespirations-Zyklus (Abb. 3.8.). Durch letzteren Prozeß der lichtstimulierten O_2-Aufnahme und CO_2-Abgabe

$$(\text{reduzierte C-Verbindungen} + O_2 \rightarrow CO_2 + H_2O) \tag{3.4.}$$

können C_3-Pflanzen wieder 30–50% ihres primär assimilierten Kohlenstoffs verlieren.

Sind Pflanzen des C_3-Photosynthesetyps, zu dem der weitaus größte Teil der Landpflanzen zählt, hohen Temperaturen ausgesetzt, so steigt überraschenderweise nicht die Intensität der Photosynthese, wie man theoretisch erwarten dürfte. Der CO_2-Verlust über die Photorespiration kann z. B. in den Tropen von beträchtlicher Auswirkung sein. Dem CO_2-Fixierungssystem der C_3-Pflanzen sind damit gewisse Grenzen hinsichtlich seiner Effektivität gesetzt. Diese Pflanzen müssen die Durchlüftung ihrer Blätter weitgehend auf die CO_2-Aufnahme aus der Atmosphäre abstimmen. Eine verstärkte CO_2-Aufnahme über die Stomata ist aber mit einem erheblichen Verlust an Wasser (Transpirationswasser) verbunden.

3.1.2.2.2. C_4-Pflanzen

An trockenen und/oder heißen Standorten beheimatete Pflanzen haben Mechanismen entwickelt, die eine Anreicherung von CO_2 ohne größere Verluste an Wasser erlauben.

Die biochemische Adaptation der **C_4-Pflanzen,** die mit anatomischen Unterschieden gegenüber den C_3-Pflanzen gekoppelt ist (charakteristischer Blattaufbau mit Mesophyll- und Gefäßbündelscheidenzellen, sog. „Kranz-Syndrom"), stellt ein wirkungsvolles System zur effektiven Verwertung von CO_2 dar (HATCH et al. 1975). Der typische Blattaufbau dient dabei der Kompartimentierung der biochemischen Reaktionsabläufe.

118   3. Biochemische Wechselbeziehungen zwischen Organismen und ihrer Umwelt

Primärprodukte der CO_2-Fixierung sind C_4-Dicarbonsäuren wie Malat oder Aspartat, nicht Phosphoglycerat.

Bedingt durch die Blattanatomie der C_4-Pflanzen haben nur die Mesophyllzellen an der Außenseite der Blätter direkten Kontakt zum CO_2 der Atmosphäre. In den Chloroplasten dieser Zellen wird das CO_2 durch die Phosphoenolpyruvat-Carboxylase fixiert:

$$PEP + CO_2 \rightarrow OAA + P_i \qquad (3.5.)$$

Die hohe Affinität dieses Enzyms zu CO_2 (Michaelis-Konstante $K_m \approx 7 \mu M$) bewirkt eine effiziente Bindung von CO_2. Eine hochaktive Malatdehydrogenase reduziert das entstandene Oxalacetat (Reaktion 3.5.) zu Malat.

Dieses Enzymsystem wird bei solchen Pflanzen selektioniert, für die Wasser ausgesprochen kostbar ist.

Malat dient als Transportmittel für CO_2 in die Chloroplasten der Gefäßbündelscheide im Innern der Blätter. Hier findet durch die Katalyse des NAD- bzw. NADP-abhängigen Malatenzyms (Reaktion 3.6.) oder der PEP-Carboxykinase (Reaktion 3.7.) die Decarboxylierung der C_4-Dicarbonsäure statt:

$$Malat + NAD\,(NADP) \rightarrow Pyruvat + CO_2 + NADH\,(NADPH) \qquad (3.6.)$$

$$OAA + ATP \rightarrow PEP + CO_2 + ADP \qquad (3.7.)$$

Durch die Kooperation der beiden Chloroplastentypen (Reaktionen 3.5. und 3.6. bzw. 3.7.) wird eine hohe stationäre intrazelluläre Konzentration von CO_2 eingestellt (etwa 1 mM). Die Konzentration in den Leitbündelscheidenzellen kann damit mehr als das achtfache der atmosphärischen CO_2-Konzentration erreichen (HATCH und OSMOND 1976). Diese Konzentration ist hoch genug, um die RubPC des Calvin-Zyklus abzusättigen und damit eine hohe Ausbeute der CO_2-Assimilation zu erreichen (Abb. 3.9.). Diese erhöhte CO_2-Konzentration am Ort der RubPC unterdrückt fast vollständig die Photorespiration (vgl. hierzu C_3-Pflanzen). Die C_4-Pflanzen besitzen damit ein wirkungsvolles System zur Verwertung von CO_2.

Die ökologische Relevanz liegt einmal in ihrer größeren Produktivität (**maximale Wachstumsgeschwindigkeit**) und zum anderen im **minimalen Wasserverlust**. Durch die effektivere CO_2-Fixierung wird bei den C_4-Pflanzen das Verhältnis von transpiriertem Wasser zu produzierter Biomasse wesentlich günstiger als bei C_3-Pflanzen gestaltet (Tab. 3.1.). Man kennt heute etwa 500 C_4-Arten aus wenigstens 15 Familien der Angiospermen.

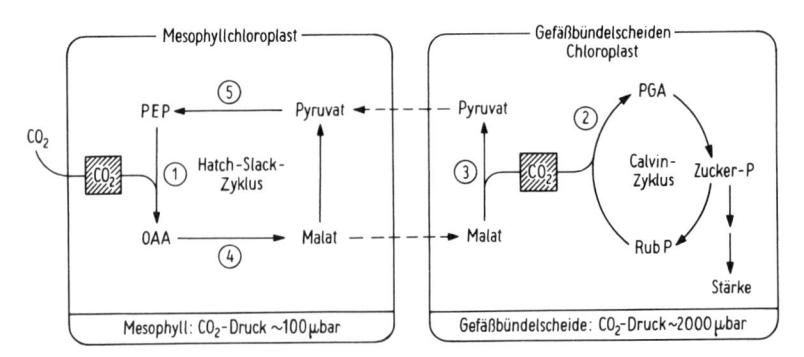

Abb. 3.9. Kooperation der Mesophyll- und Gefäßbündelscheidenchloroplasten bei der Photosynthese der C_4-Pflanzen.
1 = PEPC; 2 = RubPC; 3 = NADP-abhängiges Malatenzym; 4 = Malatdehydrogenase; 5 = Pyruvatphosphatdikinase.

Tabelle 3.1. Vergleich des Wasserbedarfs von C_3- und C_4-Pflanzen in g je g produzierter Trockenmasse (vgl. KINZEL 1971; BLACK et al. 1969)

C_3		C_4	
Monocotyledonae			
Hordeum vulgare	518	*Panicum miliaceum*	267
Triticum aestivum	557	*Zea mays*	349
Avena sativa	583	*Setaria italica*	285
Secale cereale	634	*Sorghum sudanense*	305
Oryza sativa	682	*Bouteloua gracilis*	338
Bromus inermis	977		
Dicotyledonae			
Chenopodium album	658	*Amaranthus graecizans*	260
Gossypium hirsutum	568	*Amaranthus retroflexus*	305
Solanum tuberosum	575	*Salsola kali*	314
Helianthus annuus	623	*Portulaca oleracea*	281
Cucumis sativus	686		
Phaseolus vulgaris	700		
Medicago sativa	844		

3.1.2.2.3. C_3-C_4-Intermediäre

Die beschriebenen biochemischen und anatomischen Adaptationsmechanismen der C_4-Pflanzen haben sich vermutlich mehrmals unabhängig voneinander entwickelt. Die Evolution aus dem phylogenetisch älteren C_3-Typ vollzog sich dabei über eine Reihe von Zwischenformen, bei denen das vollständige „C_4-Syndrom" noch nicht ausgebildet ist. Gegenwärtig kennt man mindestens 5 Arten mit solchen C_3 − C_4-intermediären Merkmalen: *Mollugo verticillata, Panicum milioides, P. hians, P. laxum, Moricandia arvensis, M. sinaica, M. spinosa* (BAUWE und APEL 1979).

Die **photosynthetische CO_2-Kompensationskonzentration** (d. h. die Konzentration, bei der gerade so viel CO_2 aus dem Blatt ausgeschieden wie von ihm wieder aufgenommen wird) stellt ein Hauptcharakteristikum für die Festlegung des Photosynthesetyps dar. Sie liegt bei den C_3 − C_4-Intermediären zwischen den Werten für die C_3- und C_4-Pflanzen (Tab. 3.2.).

Tabelle 3.2. CO_2-Kompensationskonzentration bei 262 µM O_2 (21% O_2 in der Gasphase). Nach BAUWE und APEL 1980

Phytosynthese-typ	Art	CO_2-Kompensations-konzentration ($\mu M\ CO_2$)[1]
C_3	*Hordeum vulgare*	1,51
	Moricandia foetida	1,62
C_3 − C_4	*Moricandia arvensis*	0,95
	Mollugo verticillata	0,72
	Panicum milioides	0,95
C_4	*Atriplex tatarica*	0,00
	Zea mays	0,02

[1] 1,5 µM CO_2 ≙ ca. 45 µl $CO_2 \cdot l^{-1}$ in der intrazellulären Gasphase.

3.1.2.2.4. CAM-Pflanzen

Sind bei den C_4-Pflanzen die Systeme mit niedriger (RubPC) und hoher (PEPC) CO_2-Affinität **räumlich** voneinander getrennt, so erfolgt hauptsächlich in sukkulenten Pflanzenarten eine **zeitliche** Trennung beider Systeme in ihrer Funktion. Bislang wurde dieser Typ der CO_2-Fixierung, der sog. CAM-Typ (**C**rassulacean-**A**cid-**M**etabolism), bei 18 Familien mit 109 Gattungen und über 300 Arten gefunden.

Sukkulente Pflanzen zeigen einen ausgeprägten diurnalen Rhythmus im Stoffwechsel der C_4-Dicarbonsäuren. In der Nacht wird **Malat** durch die Carboxylierung von PEP gebildet und akkumuliert. In der anschließenden Lichtphase erfolgt eine Decarboxylierung der Säure und eine endgültige Fixierung des entstehenden CO_2 über den Calvin-Zyklus (Abb. 3.10.).

Der CAM-Typ der Photosynthese ist als biochemische Adaptation an bestimmte aride Standortbedingungen mit großen Temperaturunterschieden zwischen Tag und Nacht aufzufassen. Dieser Typ ist daher am stärksten ausgeprägt, wenn die nächtlichen Temperaturen niedrig und die Tagestemperaturen hoch sind. Der große Temperaturunterschied macht es erforderlich, daß die Pflanzen während der Nacht (Gasaustausch bei geöffneten Poren) ein „CO_2-**Reservoir**" in Form von Malat in ihren Zellen anlegen, das am Tag bei eingeschränktem stomatärem Gasaustausch verarbeitet wird. Damit werden die Wasserverluste erheblich herabgesetzt.

Die unterschiedlichen Temperaturoptima der beiden Schlüsselenzyme dieses CAM-Typs der Photosynthese — Phosphoenolpyruvat-Carboxylase (etwa $+35\,°C$) und Malatenzym (über $+55\,°C$) — geben einen Hinweis für die Malatanhäufung bei niedrigen Temperaturen in der Nacht und die Malatdecarboxylierung bei höheren Temperaturen am Tag. Daneben wirkt zweifellos auch die Temperaturabhängigkeit der Stomatabewegungen regulierend auf diesen diurnalen Säurerhythmus.

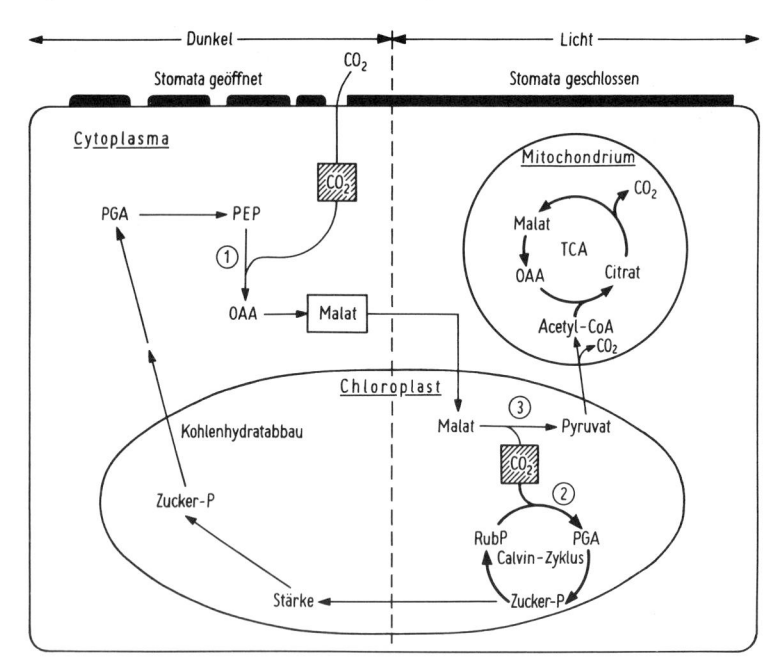

Abb. 3.10. Der CAM-Weg der Photosynthese in Abhängigkeit vom Licht-Dunkel-Wechsel. 1 = PEPC; 2 = RubPC; 3 = Malatenzym.

Die Photosynthese über den C_4- und den CAM-Weg — die Analogie zwischen beiden ist dabei augenscheinlich — sind als komplementäre Mechanismen aufzufassen, die ihren Besitzern einen selektiven ökologischen Vorteil verschaffen.

3.1.2.3. Anpassung an Schwermetalle

Fast alle Pflanzen, außer den Epiphyten und Parasiten, beziehen ihren Mineralstoffbedarf aus dem Boden. Über den Boden kommen die Pflanzen aber auch in Kontakt mit Schwermetallen und anderen Elementen, die in höheren Konzentrationen potentiell toxisch sind.

Schwermetallstandorte (vgl. 2.2.2.2.2., 6.1.5.) zeichnen sich gegenüber anderen Biotopen durch einen erhöhten Gehalt an, für Pflanzen verfügbaren, d. h. löslichen, Schwermetallen (Elemente, deren spezifisches Gewicht über 5,0 liegt) aus. Zwischen dem Gesamtgehalt an Schwermetallen im Boden und der für die Pflanze verfügbaren Schwermetallmenge besteht jedoch keine direkte Proportionalität. Neben dem chemisch-physikalischen Aufbau des Substrats, der Metallwechselwirkungen, der Sauerstoffkonzentration, dem Salzgehalt u. a. Faktoren entscheidet insbesondere auch der physiologische Zustand der Pflanze über die Verfügbarkeit und damit letztlich auch über die Toxizität bei überschüssigem Angebot. Die Aufnahme von Schwermetallen hängt allgemein von der Verfügbarkeit des Elements, dem Vorkommen von Liganden, die die Metalle im lebenden System chelieren, und von der Geometrie der Koordinationskomplexe zwischen Metall und Ligand ab.

Konzentrationsabhängig beeinflussen Schwermetalle in unterschiedlichem Maße das relative Wachstum von Organismen, wobei sich deutlich **essentielle, nichtessentielle** und **toxische** Elemente unterscheiden (Abb. 3.11.).

Bei Überschreiten einer für jedes Schwermetall spezifischen Konzentration treten mehr oder minder deutliche Veränderungen und Schädigungen auf. Die Toxizität im Überschußbereich tritt bei Pflanzen besonders bei einseitigem Angebot auf. Als Antwort auf eine hohe Konzentration an Schwermetallen im Boden kommt es häufig zu einer ökotypischen Differenzierung (vgl. 6.1.5., „Schwermetall-Steinfluren") in Form adaptierter Individuen und Populationen.

Mechanismen der **Resistenz** gegenüber toxischen Konzentrationen von Schwermetallen sind:

1. Ausschluß von Schwermetallionen aus der Zelle durch
   — mutativ veränderte Ionentransportsysteme,
   — Vorkommen von periplasmatischen Bindeproteinen.
2. Export der „eingedrungenen" Ionen durch spezifisch wirkende Transportsysteme
   — protonenpotential-abhängige Uni-, Sym- oder Antiportsysteme,
   — ATP-abhängige, modifizierte ATP-asen.
3. Aufnahme und Umsetzung der Schwermetallionen zu nichttoxischen Verbindungen oder Formen und deren Ausscheidung.

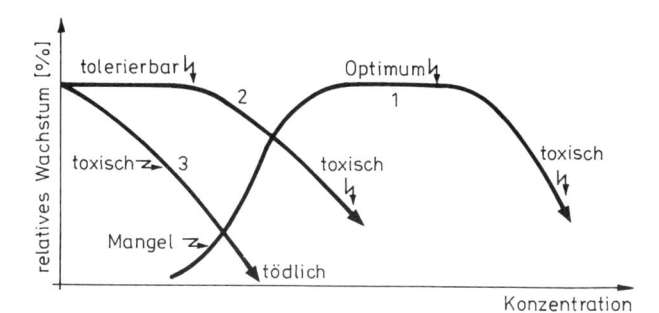

Abb. 3.11. Konzentrationsabhängige Beeinflussung des relativen Wachstums von Organismen durch essentielle (1), nichtessentielle (2) und toxische (3) Elemente. Nach CARTER und FERNANDO 1979.

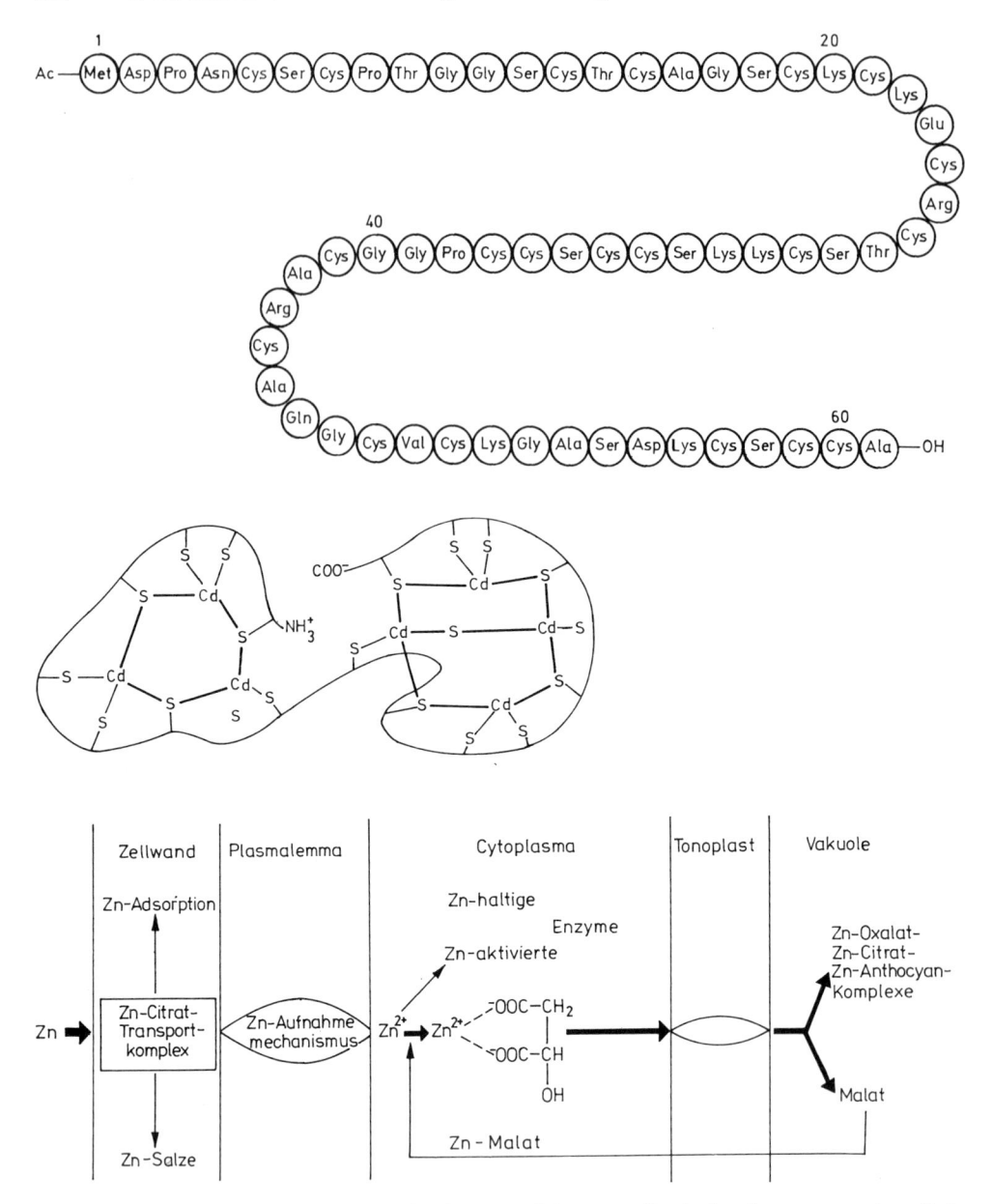

Abb. 3.12. Biochemische Adaptationsmechanismen an Schwermetalle. Aminosäuresequenz eines Cadmiumthioneins (oben), die mögliche Struktur (Domäne) für die Cadmium-Bindung in einem Cd-thionein (Mitte; links: 3-Metall-Cluster, rechts: 4-Metall-Cluster) und der „Zn-Malat-Weg" zur Akkumulation von Zink in der pflanzlichen Vakuole (unten).

Metallophyten können also hinsichtlich der unterschiedlichen Qualität und Quantität der Schwermetalle auf einzelnen Standorten mit einer Vielzahl biochemischer und physiologischer Reaktionen sowie struktureller und morphologischer Modifizierungen reagieren (ERNST 1974, KINZEL 1982, SCHLEE 1986).

3.1. Biochemische Reaktionen der Organismen auf Umweltfaktoren

So beruht z. B. die Adaptation an erhöhte Mengen von Zink (Galmeipflanzen) auf dessen unterschiedlicher Verteilung (Kompartimentierung) in der Zelle. Die biochemische Grundlage des dabei wirksamen Adaptationsmechanismus bildet ein sog. „**Zink-Malat-Weg**" (Abb. 3.12., unten). Das Schwermetall wird nach Transport durch das Plasmalemma als Zn-Citrat-Komplex im Cytoplasma komplexiert. Als Zn-Malat erfolgt die Translokation in die Vakuole, wo das Metall mit anderen Substanzen stabilere Komplexe bildet (z. B. Zn-Oxalat, Zn-Citrat), und Malat wird als „Fänger" für Zink wieder in das Cytoplasma freigesetzt. Durch diese Ablagerung in der Vakuole wird das Element dem aktiven Stoffwechsel entzogen. Der beschriebene Prozeß ist auch dafür verantwortlich, daß „Zinkpflanzen" auf zinkarmen Standorten nicht vorkommen, da bei dann nur geringer Zn-Aufnahme den Pflanzen die benötigten Mengen des Elements für die Aktivierung bestimmter Zn-abhängiger Enzyme (z. B. Carboanhydrase) und für das Wachstum nicht zur Verfügung steht.

Bei sehr hohen Metallkonzentrationen im Boden ist allerdings auch dieser Adaptationsmechanismus auf Grund der begrenzten Speicherkapazität der Vakuole überfordert, so daß selbst Zn-tolerante Populationen durch hohe Zn-Konzentrationen geschädigt werden können.

Von grundlegender Bedeutung für die Schwermetalltoleranz ist die Festlegung der Elemente in Form von Metallothioneinen (Abb. 3.12., oben und Mitte) und Phytochelatinen.
Metallothioneine (MT) sind niedermolekulare Proteine (relative Molmasse, M, ca. 8,5 kDal) mit einem hohen Cysteingehalt (bis zu 33%), die Schwermetalle als Mercaptidkomplex binden können. Als typische Streßmetabolite (**Streßproteine**) wird ihre Synthese nach Aufnahme von Schwermetallen spezifisch induziert. MT besitzen wichtige Funktionen im Metallmetabolismus der Tiere. In *Saccharomyces cerevisiae* wurde die Induktion eines 6573 Dal-Proteins nachgewiesen, das die Resistenz gegenüber toxischen Konzentrationen an Cu^{2+} vermittelt. Auch in Pflanzen können MT für die Fixierung von Schwermetallen eine wichtige Funktion ausüben.

Aus Wurzeln einer Cu-toleranten Population von *Silene cucubalus* wurde ein Cu-bindendes Protein, ein Cu-MT, isoliert, das durch Kupfer spezifisch induzierbar ist. Die Menge korreliert mit der vorliegenden Cu-Konzentration.

In mehreren Pflanzenarten wurden für Cadmium spezifische MT nachgewiesen. In Cadmiumresistenten Zellen einer Zellkultur von *Datura innoxia* ist das Cd-MT eine Stunde nach Applikation des Schwermetalls nachweisbar. Eine maximale Akkumulation mit 2% des Gesamtproteins erfolgt nach 8–12 Stunden. Die Induktion erfolgt spezifisch durch Cadmium.

Die Resistenz gegenüber Cadmium ist offensichtlich das Resultat einer zellulären Überproduktion dieses metallbindenden Proteins in toleranten gegenüber sensitiven Organismen. Die Analogie zur Genamplifikation im Zusammenhang mit der Resistenz von Säugetierzellen gegenüber toxischen Metallen und anderen Substanzen liegt nahe.

Eine neue Klasse von schwermetallbindenden Peptiden in Pflanzen sind die sog. **Phytochelatine** mit einer M von 2,5–3,5 kDal. Sie haben die allgemeine Struktur γ-Glutamyl-cysteinyl)$_n$-glycin mit n = 2–13. Im Gegensatz zu den MT sind es keine primären Genprodukte, wie aus der γ-Bindung ersichtlich ist. Sie entstehen vielmehr in einer sequentiellen Reaktion aus Glutathion oder dessen Vorstufe γ-Glutamylcystein. Die Phytochelatine binden ebenfalls Schwermetalle in einer Thiolatkoordination. Die Effektivität solcher Phytochelatine ist beträchtlich.

In Zellkulturen verschiedener Pflanzen werden über die Bindung an Phytochelatine mehr als 90% eines applizierten Schwermetalls komplexiert.

MT und Phytochelatine spielen sowohl für die intrazelluläre Kontrolle der Schwermetalle und damit für die Adaptation an hohe Schwermetallkonzentrationen als auch für die homoeostatische Kontrolle der Metallionen als Antwort auf extrazelluläre Konzentrationsschwankungen eine beträchtliche Rolle.

3.2. Chemische Kommunikation zwischen Organismen

In Ökosystemen existiert ein Transfer von Informationen mittels **chemischer Signale,** die nach WHITTAKER und FEENY (1971) als **Allelochemikalien,** nach SCHAEFER (1980) als **Ökomone** bezeichnet werden. Man versteht darunter sowohl intra- und interspezifische chemische Signalstoffe in Kommunikationssystemen, die entweder dem produzierenden („Allomone") oder dem wahrnehmenden Organismus („Kairomone") einen ökologischen Vorteil verschaffen, als auch **Toxine** und andere **Inhibitoren.**

Chemische Verbindungen spielen bei der Sicherung der Ressourcen, der Organisation (Struktur), Diversität und Stabilität eines Ökosystems sowie bei der Adaptation und Optimierung der Funktionsabläufe und der Aufrechterhaltung des Energie- und Massentransfers zwischen Umwelt und Organismus eine entscheidende Rolle. Hervorragende Bedeutung besitzen hierbei sog. **sekundäre Naturstoffe.** Im Verlaufe ihrer Biosynthese aus dem Grund- oder Primärstoffwechsel (Abb. 3.13.) entstehen in gewissem Maße „fremde" Moleküle, deren Informationsgehalt in Verbindung mit ihrem nur begrenzten Vorkommen in der Natur gegenüber den ubiquitär anzutreffenden primären Verbindungen um mehrere Potenzen erhöht ist.

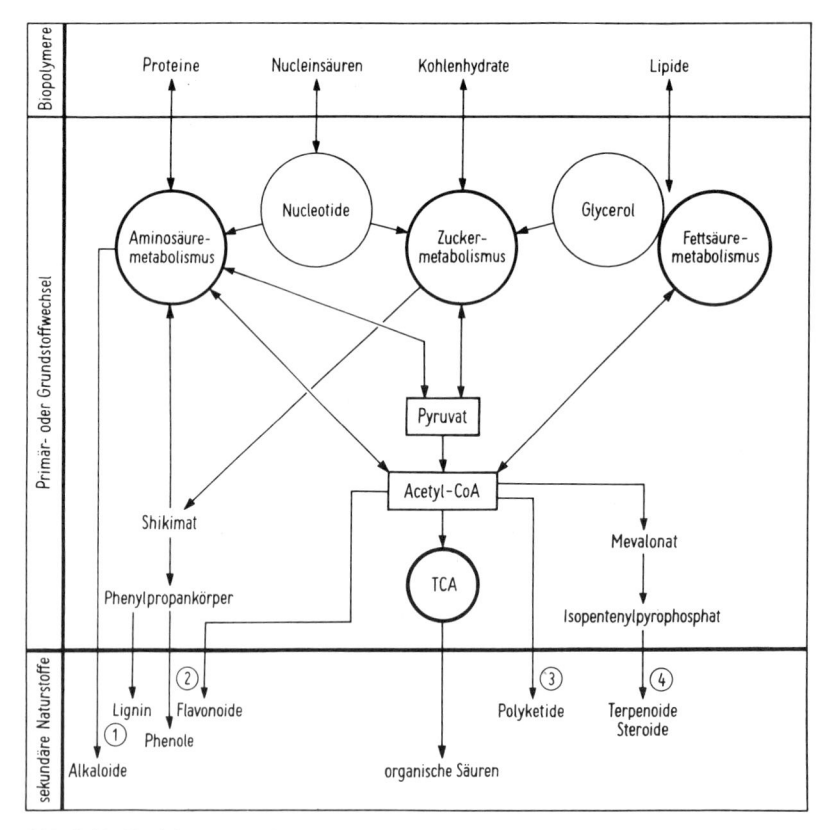

Abb. 3.13. Beziehungen zwischen Primär- und Sekundärstoffwechsel. Wege der Sekundärstoffbildung.
1 = Aminosäure-Weg; 2 = Shikimisäure-Weg; 3 = Acetat- oder Polyketid-Weg; 4 = Mevalonsäure-Weg.

Die in einem Ökosystem wirkenden chemischen Signale sind in ihrem Aufbau mitunter sehr komplex und oftmals aus einer Vielzahl einzelner Stoffe zusammengesetzt. Die Mannigfaltigkeit in der chemischen Struktur ökologisch relevanter Naturstoffe (Tab. 3.3.) wird noch durch die wechselseitige Kombination einzelner Funktionen erweitert (SCHLEE 1982).

Tabelle 3.3. Hauptsächlichste Stoffklassen von sekundären Pflanzenstoffen, die ökologische Bedeutung als chemische Signale besitzen. Modifiziert nach HARBORNE 1977

Klasse	bekannte Strukturen	Vorkommen	physiologische Aktivität
Stickstoffhaltige Verbindungen			
Alkaloide	6000	weit verbreitet in Angiospermen, besonders in Wurzeln, Blättern und Früchten	toxisch, bitter
Amine	100	weit verbreitet in Angiospermen und Mikroorganismen, oft in Blüten	Repellenzien, Geruchs- und Duftstoffe
nichtproteinogene Aminosäuren	400	relativ weit verbreitet, besonders in Leguminosen-Samen	viele toxisch
cyanogene Glykoside	30	sporadisch verbreitet, speziell in Früchten und Blättern	toxisch (als HCN)
Glucosinolate	75	in 10 Familien, besonders Brassicaceae	scharf und bitter (als Isothiocyanate)
Terpenoide			
Monoterpene	1000	weit verbreitet, Bestandteil ätherischer Öle, iridoide Stoffe	Geschmacksstoffe
Sesquiterpene (-lactone)	600	in Angiospermen, besonders in Asteraceae, Bestandteil ätherischer Öle und Harze	einige bitter und toxisch
Diterpene	1000	weit verbreitet, speziell in Harzen und Milchsaft	einige toxisch
Saponine (Steroidsaponine)	500	in über 70 Familien, besonders in Liliiflorae, Solanaceae, Scrophulariaceae	toxisch (hämolytisch)
Cardenolide	150	in 14 Familien, besonders in Apocynaceae, Asclepiadaceae	toxisch, bitter
Carotenoide	350	in niederen und höheren Pflanzen, besonders in Blättern, oft in Blüten und Früchten	Farbstoff
Phenolverbindungen			
einfache Phenole	200	ubiquitär in Blättern, oft auch in anderen Geweben	antimikrobielle Aktivität
Flavonoide	1000	ubiquitär in Angiospermen, Gymnospermen, Farnen und Moosen	Farbstoff
Chinone	500	weit verbreitet, speziell in Rhamnaceae	Farbstoff
Acetylenverbindungen			
Polyacetylene	650	vorwiegend in Apiaceae und Asteraceae, auch in Pilzen	einige toxisch

Die enorme Vielfalt chemischer Strukturen ist von großer Bedeutung für die Diversität des Lebens. Sie bestimmt zugleich die Zahl chemischer Signale, die für die Aufrechterhaltung der Wechselbeziehungen zwischen den Organismen in einem komplexen Ökosystem (z. B. Auswahl von Biotop und Nahrung, Anlockung und Abwehr, Symbiose und Parasitismus, Predation, Konkurrenz, Ausbreitung, Populationsdynamik usw.) erforderlich sind (MOTHES 1981). Chemische Wechselbeziehungen können auch für die Bildung ökologischer Nischen in einem Ökosystem essentiell sein (WHITTAKER und FEENY 1971).

Chemische Interaktionen sind dynamische Prozesse, wie dies eindrucksvoll die **mutualistische Symbiose** zwischen Insekt und höherer Pflanze, aus der beide Partner ihren Vorteil ziehen, zeigt. Duft und/oder Farbe der pflanzlichen Blüte zur Anlockung des Bestäubers, Nektar, Öl und/oder Pollen als Nahrungsquelle für den Bestäuber sind die dabei verantwortlichen chemischen Faktoren. Signalstoffe dienen dieser lebensnotwendigen Wechselbeziehung. Die Natur hat dabei die unterschiedlichsten Kombinationen im Zusammenleben von Pflanze und Insekt im Laufe der Evolution entwickelt.

3.2.1. Repellenzien und Attraktanzien

Nach BELL (1980) liegt eine der Ursachen für die vermehrte Produktion von sekundären Naturstoffen durch die höhere Pflanze **(sekundäre Pflanzenstoffe)** im Fehlen einer Fluchtreaktion vor Freßfeinden. Im Zuge der Evolution entstanden dafür Abwehrmechanismen, die neben morphologischen und mechanischen Schutzeinrichtungen (z. B. Ausbildung von Dornen, Stacheln und Haarpolstern oder Einlagerung von Siliciumverbindungen) auch chemische Adaptationen beinhalten. Die chemischen Faktoren **(Repellenzien)** wirken hierbei durch reizauslösende, toxische und/oder geschmackliche Eigenschaften.

Das in den Blättern der Wildkartoffel *(Solanum demissum)* vorkommende Steroidalkaloid Demissin ist wirksame Abwehrsubstanz gegen den Kartoffelkäfer *(Leptinotarsa decemlineata)* und vermutlich Ursache für die Resistenz dieser *Solanum*-Art (SCHREIBER 1968). Möglicherweise greift das Steroidderivat direkt in den molekularen Mechanismus der Ecdysonbiosynthese des Kartoffelkäfers ein.

In allen 26 Amaryllidiodeae-Arten, deren Insektenimmunität allgemein bekannt ist, kommt das Alkaloid Lycorin vor. Die Verbindung zeigt eine drastische Abschreckwirkung gegenüber der Heuschreckenart *Schistocerca gregaria*.

Auch tierische Organismen sind in der Lage, chemische Stoffe als Repellenzien zu produzieren.

Die europäische Diebsameise *(Solenopsis)* bildet in einer Giftdrüse ein Substanzgemisch mit 2,5-Dialkylpyrrolidonen als Hauptkomponenten, das bei anderen Ameisenarten, z. B. *Lasius*-Species, als ausgesprochenes Repellens wirkt (BLUM et al. 1980).

Im Zuge der **Coëvolution** zwischen Insekt und Pflanze (vgl. 2.4.2.) fungieren durch Pflanzen produzierte sekundäre Naturstoffe aber auch als chemische Signale für die Attraktion **(Attraktanzien)** einer bestimmten Insektenart, die daraus einen bemerkenswerten ökologischen Nutzen ziehen kann.

Die Wechselbeziehungen zwischen *Drosophila*-Arten und Cactaceae in westamerikanischen Wüstengebieten liefern hierfür ein markantes Beispiel (Abb. 3.14.):
Durch bestimmte Steroide (z. B. Schottenol) der Kaktee *Lophocereus schottii* wird *Drosophila pachea* angelockt, die diese Steroide als Vorstufen für körpereigenes Ecdyson nutzt. Die Kaktee enthält aber auch die beiden Alkaloide Lophocerein und Pilocerein, die als Repellenzien gegen alle anderen *Drosophila*-Arten wirken. Anderseits enthält die Kaktee *Carnegiea gigantea* das Alkaloid Carnegein, das seinerseits als Repellens gegen *D. pachea* fungiert, aber nicht gegen *D. nigrospiracula*. Dieser hochspezifische Mechanismus garantiert beiden *Drosophila*-Arten einen nahezu konkurrenzlosen Lebensraum.

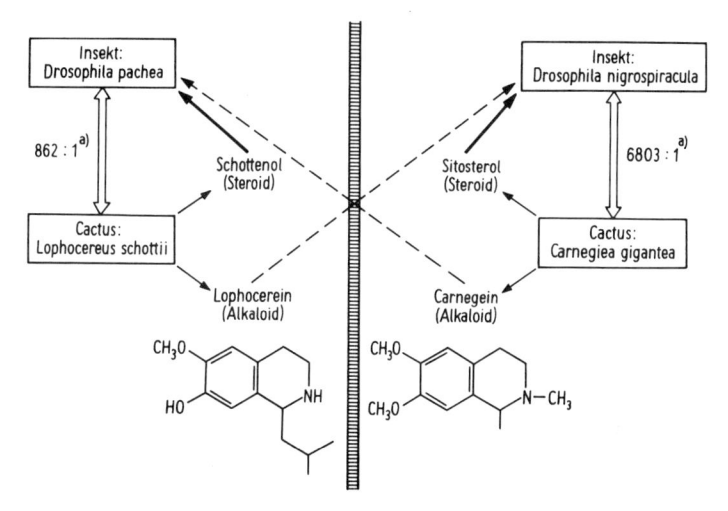

3.2. Chemische Kommunikation zwischen Organismen

Abb. 3.14. Biochemische Beziehungen zwischen *Drosophila*-Arten und Cactaceae. Nach HARBORNE 1977 aus SCHLEE 1982. Attraktanswirkung (Steroide), Repellenswirkung (Alkaloide). a) Ausdruck der Wirtsspezifität: Auf 862 *D. pachea*- bzw. 6803 *D. nigrospiracula*-Larven wurde je eine andere *Drosophila*-Art auf der jeweiligen Wirtspflanze *(Lophocereus schottii* bzw. *Carnegiea gigantea)* gefunden.

Chemische Verbindungen pflanzlichen Ursprungs können Tieren eine ökologische Nische signalisieren.

Die Senföle der Brassicaceae stellen für den Kohlweißling *(Pieris brassicae)* solche Signale dar, die ihm eine konkurrenzlose Aufzucht seiner Nachkommen auf diesen Pflanzen ermöglichen, da Konkurrenten senfölhaltige Pflanzen meiden (Abb. 3.15.).

Die Aphide *Acyrthrosiphon spartii* lebt auf der durch den Besitz von Spartein toxischen Wirtspflanze, dem Besenginster *(Sarothamnus scoparius)*. Die Verbindung stimuliert die Freßeigenschaften, wobei das Insekt gerade von den alkaloidreichsten Pflanzenteilen Nahrung aufnimmt. Auch hier garantiert das Vorkommen eines sekundären Naturstoffs in der Wirtspflanzen eine ökologische Nische zur Vollendung des Lebenszyklus des Insekts.

Wie kompliziert chemische Wechselbeziehungen oftmals sind, verdeutlicht das Freßverhalten der Raupen des Seidenspinners *(Bombyx mori)*. Hier müssen drei biochemische Schlüsselreize, die man im Experiment voneinander trennen kann, vorliegen, um das

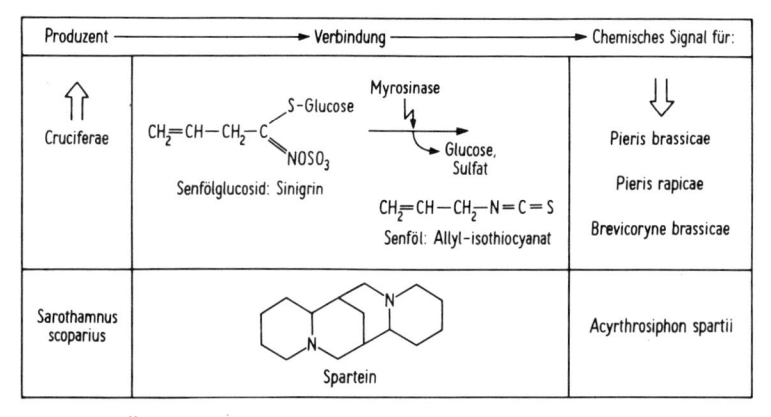

Abb. 3.15. Ökologische Nischen durch chemische Signale. In Brassicaceae werden die Senfölglucoside durch das Enzym Myrosinase in die aktiven Senföle gespalten.

Freßverhalten auf Maulbeerblättern auszulösen: „Anlockfaktoren", ein Gemisch aus Citral und anderen Terpenoiden, dienen als Attraktanzien und führen die Raupe zur Futterquelle. „Beißfaktoren" stimulieren den ersten Biß in das Blatt und „Schluckfaktoren", wie Cellulose oder Saccharose, bewirken das Verschlucken des Bissens. Ursache für das Freßverhalten und dessen Regulation ist aber darüber hinaus offensichtlich das Fehlen von spezifischen Repellenzien, denn deren Zusatz (z. B. ein ethanolischer Auszug aus Sojabohnenmehl) zur Nahrung aus Maulbeerblättern unterbindet auch für die Seidenspinner die Nahrungsaufnahme (SCHARF 1981).

Die Bildung von sekundären Naturstoffen mit Repellens- und Attraktanswirkung ist als ein wesentlicher Schritt während der Syn- und Coevolution pflanzlicher und tierischer Organismen anzusehen und besitzt damit ökologische Relevanz.

3.2.2. Pheromone

Nahezu alle tierischen Organismen verständigen sich mit Artgenossen, um ihr Verhalten aufeinander abzustimmen. Im Verlauf der Evolution entstanden **„Nachrichtensubstanzen"**, die oft über eine spezialisierte Drüse durch den Organismus ausgeschieden werden und die bei Wahrnehmung und Aufnahme mittels spezieller Chemorezeptoren durch ein Individuum der eigenen Art eine spezifische Reaktion oder ein spezifisches Verhalten auslösen (BOPPRÉ 1977; KARLSON und SCHNEIDER 1973).

Pheromone dienen sowohl der Anlockung des Geschlechtspartners, wirken als Aphrodisiakum und vermitteln eine Vielzahl von Verhaltensweisen, wie Anlegen von Spuren, Markierung des Territoriums, Signalgebung bei Alarm, Regulation des sozialen Verhaltens im Insektenstaat (BIRCH 1974; SHOREY 1976). Pheromonwirkungen sind nicht absolut artspezifisch. In der Regel wird jedoch durch Kopplung der chemischen Kommunikation mit anderen Faktoren, z. B. unterschiedlichen Aktivitätsrhythmen, eine intraspezifische Wirkung bei der Steuerung des Verhaltens garantiert.

Pheromone (bzw. ein artspezifisches Pheromongemisch) werden im Lebensraum durch die Luft oder das Wasser, die Markierung exponierter Lagen im Biotop oder auch durch die unmittelbare Übertragung von Tier zu Tier ausgebreitet. Das Empfängerindividuum nimmt die chemischen Verbindungen entweder mit dem Mund (oral) oder mit dem Geruchssinn (olfaktorisch) auf.

Pheromone gehören zu den biologisch wirksamsten chemischen Stoffen.

Theoretisch reicht der Pheromongehalt einer einzigen Drüse des Seidenspinnerweibchens *(Bombyx mori)* aus, um 10^{13} männliche Schmetterlinge in sexuelle Erregung zu versetzen.

In ihrer chemischen Struktur sind Pheromone noch nicht in jedem Fall aufgeklärt. Im wesentlichen lassen sich aber, insbesondere bei den Pheromonen der Insekten, zwei Hauptgruppen unterscheiden (vgl. Abb. 3.16):
– langkettige Alkohole, Aldehyde oder Ester (z. B. Sexuallockstoffe der weiblichen Nachtschmetterlinge),
– Terpenoide (z. B. Spur- und Alarmpheromone der Termiten und Ameisen).

Pheromone werden entweder im tierischen Organismus aus einfachen Vorstufen (Acetyl-CoA, Mevalonat) selbst synthetisiert, oder es werden mit der pflanzlichen Nahrung aufgenommene Stoffe zu Verbindungen mit Pheromoncharakter umfunktioniert.

3.2.2.1. Sexualpheromone (Sexuallockstoffe)

Die **Reproduktion** der Art ist für ihr Überleben in der Evolution notwendig. Ein wichtiger Aspekt ist dabei die **Attraktion** des Geschlechtspartners. Dazu wurden sehr wirkungsvolle und hochspezifische Mechanismen entwickelt, die von einer auffallenden optischen Gestaltung, Emission von Licht oder Schall bis hin zur Aussendung chemischer Lockstoffe reichen.

3.2. Chemische Kommunikation zwischen Organismen

Produzent	Pheromon	Wirkung
Bombyx mori	 Bombykol	Sexualpheromon
Lymantria dispar	 Disparlure	Sexualpheromon
Apis mellifica	$H_3C-CO-(CH_2)_5-CH=CH-COOH$ 9-Oxo-trans-2-decensäure	Sexualpheromon der Königinnensubstanz
Bombus terrestris	 2,3-Dehydro-trans-6-farnesol	Markierungspheromon
Pityoctines curvidens	Ipsenol	Aggregationspheromon
Apis mellifica	Geraniol	Alarmpheromon (Futteralarm)
Apis mellifica	Isoamylacetat	Alarmpheromon (Gefahrenalarm)
Anthopleura elegantissima (Seeanemone)	Anthopleurin	Alarmpheromon
Monomorium pharaonis (Pharao-Ameise)	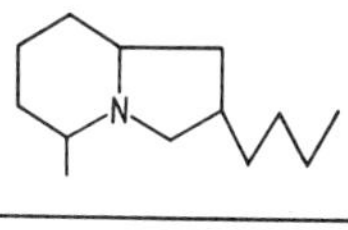 5-Methyl-3-butyl-octahydroindolizin	Spurpheromon

Abb. 3.16. Vorkommen, Struktur und Wirkung einiger Pheromone.

Wirtschaftliche Bedeutung für eine biologische Schädlingsbekämpfung hat der Sexuallockstoff des Schwammspinners *(Lymantria dispar)*. Die Verbindung Disparlure (cis-7,8-Epoxy-2-methyl-octadecan) ist noch in einer Konzentration von 10^{-12} wirksam (BONESS 1973).

Bei den Danaiden besitzen die Männchen am Ende des Abdomens einen Haarpinsel, aus dem sie bei Wahrnehmung eines Weibchens ein Danaidon genanntes N-heterozyklisches Keton ausscheiden, das als eine Art Arretierduft auf das Weibchen wirkt, das sich seinerseits dem Männchen nun nähert. Die Verbindung ist damit essentiell für den Balzerfolg.

Diese und ähnliche Substanzen werden bei mehreren Arten der Gattungen *Danaus* und *Amauris* gefunden. Bestimmte Alkaloide (Pyrrolizidinalkaloide) verschiedener Pflanzenarten der Boraginaceae, Asteraceae und Fabaceae, die den Danaiden als Nahrungsquelle dienen, fungieren offensichtlich als Vorstufen für die Pheromone. Ähnliche Beziehungen findet man auch zwischen anderen Schmetterlingsgruppen (z. B. Ithomiiden) und alkaloidhaltigen Pflanzen (Abb. 3.17.).

Sexuallockstoffe wurden auch aus der komplexen Königinnensubstanz der Honigbiene *(Apis mellifica)* isoliert. 9-Oxodecensäure dient der jungen Königin zum Anlocken der männlichen Drohnen beim Hochzeitsflug. Die Verbindung wird von den Drohnen noch aus einer Entfernung bis zu 60 m erkannt.

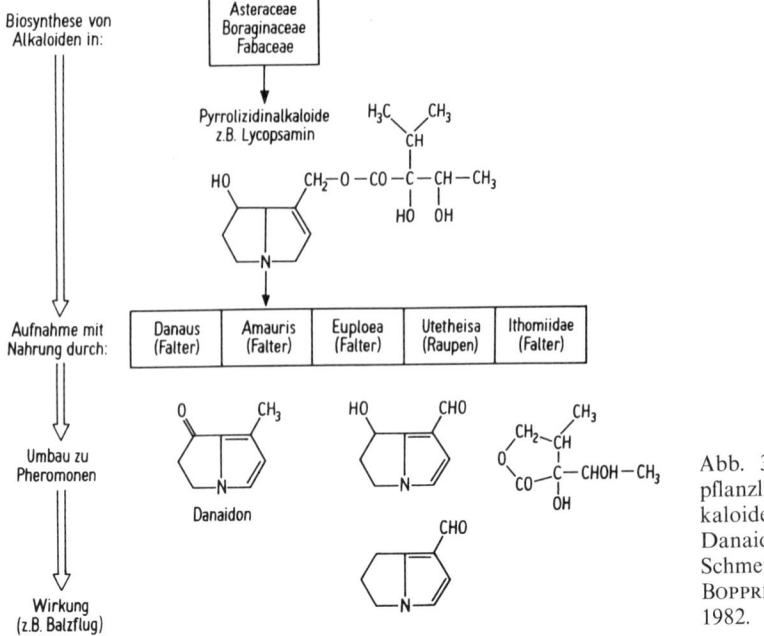

130   3. Biochemische Wechselbeziehungen zwischen Organismen und ihrer Umwelt

Abb. 3.17. Transformation pflanzlicher Pyrrolizidinalkaloide in Pheromone durch Danaiden und andere Schmetterlingsarten. Nach BOPPRÉ 1977 aus SCHLEE 1982.

3.2.2.2. Aggregationspheromone (Populationslockstoffe)

Pheromonwirkungen haben vermutlich bei der Evolution zum Insektenstaat eine wichtige Rolle gespielt. Bei subsozialen Insekten findet man sog. **Aggregationspheromone** (VITÉ und FRANCKE 1976).

Beim Krummzähnigen Tannenborkenkäfer *(Pityoctines curvidens)* geben die Männchen mit den Exkrementen Duftstoffe ab, u. a. sog. Ipsenol (2-Methyl-6-methylen-7-octen-4-ol), die die Massenbesiedlung geeigneter Wirtsbäume durch Artgenossen beiderlei Geschlechts steuern. Auch hier stammen die Vorstufen für diese Pheromone aus Terpenverbindungen der Wirtspflanze.

3.2.2.3. Spurpheromone

Artspezifische **Spurpheromone,** die bei Ameisen und Termiten gefunden werden, dienen für die Anwerbung von Artgenossen zur gemeinsamen Arbeit beim Futterholen und Nestbau. Eine gezielte Abgabe des Pheromons wirkt dabei regulierend. So erhöht sich die Kontinuität der Spur mit zunehmender Nahrungsnot der Kolonie, mit erhöhter Qualität des Futters und mit abnehmender Distanz zwischen Futterplatz und Nest. Auch nimmt die Zahl der spurlegenden Insekten mit der Qualität und Quantität des Futters zu (Massenkommunikationseffekt).

Die chemische Natur der Spurpheromone ist ihrem Zweck angepaßt.

Die Diebsameise *(Solenopsis saevissimia)* mit häufig wechselnder Futterquelle besitzt ein relativ flüchtiges Pheromon, dessen Konzentration nach dem Erlöschen der Futterquelle rasch unter den Schwellenwert sinkt. Dagegen führt die sehr beständige Spursubstanz der Glänzendschwarzen Holzameise *(Lasius fuliginosus)* die Tiere zu der stets gleichbleibenden Futterquelle (Honigtau).

3.2.2.4. Alarmpheromone

Weitere chemische Signale dienen, vornehmlich bei staatenbildenden Insekten, zum Ausschöpfen der Nahrungsquelle (**Futteralarm**) oder Abwehr eines Feindes (**Gefahrenalarm**).

Beim Futteralarm der Honigbiene *(Apis mellifica)* wirkt neben der höchst komplizierten Tanzsprache ein chemisches Signal als zusätzliche Ortungshilfe. Hauptkomponente des sog. Sterzelduftes ist das Terpen Geraniol.

Hauptsächlichste Verbindungen des bei Gefahrenalarm abgegebenen Pheromongemisches bei *Apis mellifica* sind Isoamylacetat, das in der Giftdrüse gebildet wird, und Heptanon-2 aus der Mandibeldrüse.

Bei Bienen und Ameisen funktioniert die Alarmgebung nach dem Eskalationsprinzip. Die chemischen Eigenschaften der Alarmpheromone sind im Insektenstaat ihrer Funktion angepaßt.

Das Alarmpheromon einer Arbeiterin der Ernteameise *(Pogonomyrmex badius)* besitzt eine Reichweite von maximal 6 cm, die innerhalb von 13 s erreicht wird. Innerhalb von 35 s ist das chemische Signal wieder erloschen.

Im allgemeinen sind Alarmpheromone sehr flüchtig, und ihre Reizschwellenkonzentrationen liegen relativ hoch.

Alarmsubstanzen kommen in verschiedenen Tierklassen vor.

In der Seeanemone *(Anthopleura elegantissima)* wurde das sog. Anthopleurin (3-Carboxy-2,3-dihydroxy-N,N,N-trimethyl-1-propanamin-chlorid) nachgewiesen. Die Verbindung wird bei Verletzung ausgeschieden, worauf die Nachbartiere sofort durch Zusammenziehen reagieren. Das Pheromon zeigt in Seewasser noch Wirkung bei einer Konzentration von $3,5 \times 10^{-10}$ mol/l.

3.2.2.5. Pheromonwirkung bei der Bestäubung von Ophrys-Arten

Die Bestäubung der Orchideen-Gattung *Ophrys* liefert ein Beispiel dafür, daß die mannigfaltigen Beziehungen zwischen Angiospermen und Insekten gleichfalls durch die Wirkung von Pheromonen gesteuert werden können (KULLENBERG und BERGSTRÖM 1975).

Die Blüten haben die Eigentümlichkeit, das angeborene Begattungsverhalten männlicher Stechimmen-Arten (Weibchen besuchen niemals *Ophrys*-Arten) auszulösen. Der männliche Kopulationstrieb und die damit verbundenen Bewegungen des Insekts sind für die Bestäubung unerläßlich und werden durch Pheromone bewirkt, die vom Labellum der *Ophrys*-Blüte abgegeben werden. Es sind zyklische Terpenoide, z. B. γ-Cadinen, die sehr artspezifisch vorkommen. Auch die bestäubenden Insekten reagieren recht spezifisch. Die einzelnen *Ophrys*-Arten werden nur durch stets zugeordnete Arten, z. B. *Eucera*- oder *Andrena*-Arten, bestäubt.

Diese Spezifität weist ebenfalls deutlich auf eine biocoenotische Funktion chemischer Signale hin.

3.2.3. Toxine

Der Besitz von toxisch wirkenden Naturstoffen verleiht den entsprechenden Organismen eine hohe Diversität in den jeweiligen Abwehrstrategien.

Toxine beeinflussen bereits in geringen Konzentrationen primär metabolische Prozesse des Feindes. Da der Erfolg eines Toxins als chemische Waffe weitgehend von der Originalität der Erfindung abhängt, wurden zahlreiche chemische Verbindungen als Giftstoffe in der Evolution entwickelt (vgl. Abb. 3.18.). Sie reichen von einfach gebauten Substanzen, wie HCN als Atmungsgift und Ameisensäure als Reizstoff, über komplizierte Steroide, wie das Batrachotoxin als Nervengift, bis hin zu hochmolekularen Proteinen mit enzymatischer Aktivität, wie die Schlangen- und Bienengifte (JENTSCH 1978; SCHILDKNECHT 1971, 1977).

Vorkommen	Struktur	Vorkommen	Struktur
Urtica dioica (Brennessel) Mucuna pruriens (Juckbohnen)	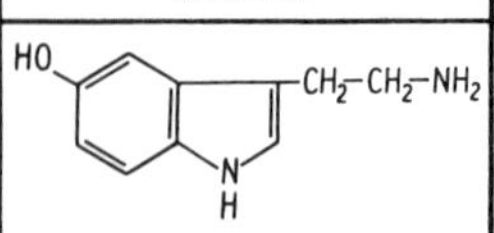 5-Hydroxytryptamin	Gonyaulax catenella G. tamarensis (Dinoflagellaten) Aphanizomenon flos-aquae →Mytilus Saxidomus giganteus	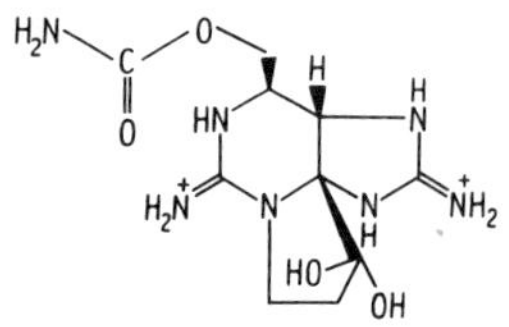 Saxitoxin
Glomeris marginata (Europ. Tausendfüßler)	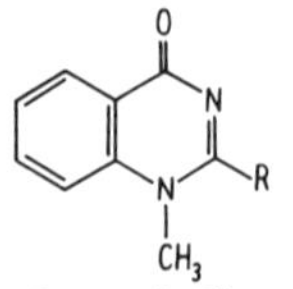 Glomerin R=CH$_3$ Homoglomerin R=CH$_2$-CH$_3$	Salamandra maculosa	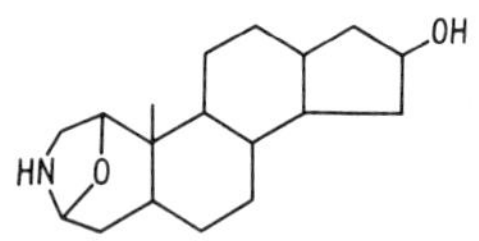 Samandarin
Coccinellidae (Marienkäfer)	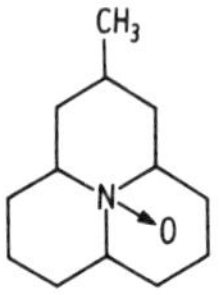 Coccinellin	Phyllobates aurotaenia (Frosch)	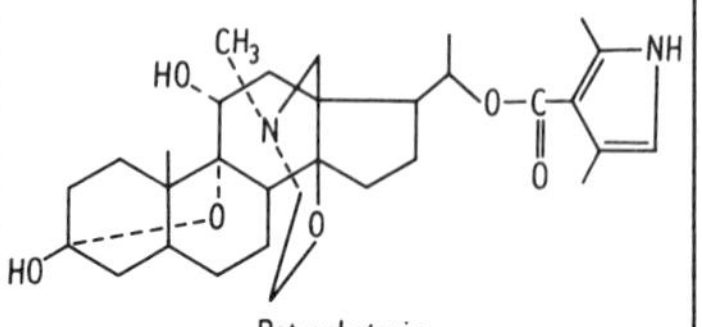 Batrachotoxin
Aristolochia clematis, Aristolochia rotundo →Pachlioptera aristolochiae	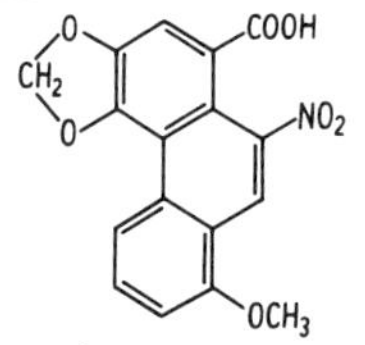 Aristolochiasäure	Spheroides rubripens (Kugelfisch) Gobius criniger (Gobifisch) Atelopus chiriquiensis (Frosch) Hapalochlaena maculosa (Cephalopode) Taricha torosa, T. rivularis (Molch)	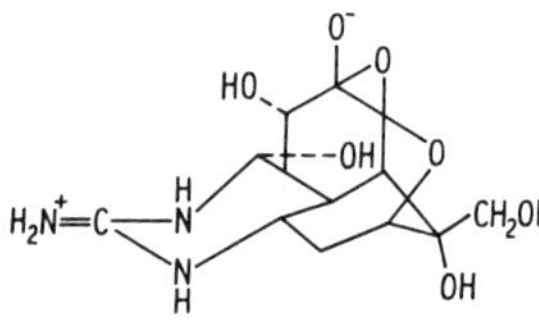 Tetrodotoxin (Tetraodontoxin) identisch mit Tarichotoxin
Laurentia (Algen) →Aplysia (marine Gastropoden)	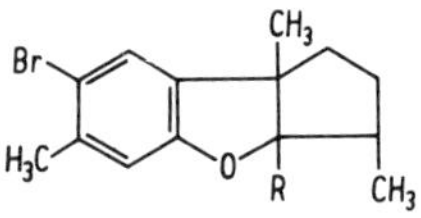 Aplysin R=CH$_3$ Aplysinol R=CH$_2$OH		

Abb. 3.18. Vorkommen und Struktur einiger Toxine. → = Aufnahme mit der pflanzlichen Nahrung.

Niedermolekulare tierische Gifte stammen häufig aus der pflanzlichen Nahrung, werden aber auch im tierischen Organismus de novo synthetisiert.

Den Raupen von *Arctia caja* und *Tyria jacobaea* dienen die durch den Gehalt an Pyrrolizidinalkaloiden giftigen Asteraceae *Senecio vulgaris* und *S. jacobaéa* als Nahrung. Die Tiere akkumulieren die dabei aufgenommenen Verbindungen (z. B. Lycopsamin, Senecionin) und beziehen sie in ihren Abwehrmechanismus ein. Die toxischen Substanzen findet man auch in den Insekteneiern.

Da in den Pflanzen jedoch die Mengen an wirksamen Alkaloiden in Abhängigkeit von der Jahreszeit und der geographischen Verbreitung variieren, ergeben sich hier noch bislang weitgehend unbekannte ökologisch-biochemische Aspekte dieser Wechselbeziehung.

Solche Interaktionen sind offensichtlich in der Natur weit verbreitet. ROTHSCHILD (1973) nennt 23 Lepidoptera-, 1 Neuroptera-, 7 Hemiptera-, 5 Coleoptera-, 1 Diptera- und 6 Orthoptera-Arten, die in der Lage sind, pflanzliche Toxine aufzunehmen und zu speichern.

Das zu manchen Jahreszeiten durch nicht näher bekannte Umweltfaktoren bedingte massenweise Auftreten von Dinoflagellaten der Gattung *Gonyaulax* im Phytoplankton mancher Gewässer verändert das ökologische Gleichgewicht derart, daß es zu einer

„ökologischen Katastrophe" kommen kann (HENNING und KOHL 1981). Ursache für das dabei zu beobachtende Fischsterben sind die aus den Algen stammenden Toxine Saxitoxin, α- und β-Hydroxysaxitoxin, die zu den physiologisch wirksamsten Naturstoffen zählen. Saxitoxin ist auch das Gift der Miesmuschel *(Mytilus edulis)* und anderer Muschelarten, z. B. *Saxidomus giganteus.* Es wird von den Tieren mit der Planktonalgen-Nahrung aufgenommen und akkumuliert.

Algen dürften auch in manchen Fällen die Quellen von Fischtoxinen sein. Einen Hinweis dafür liefert die mengenmäßige Variation bestimmter Fischgifte in Abhängigkeit von der Jahreszeit und/oder der geographischen Verbreitung.

Tierische Gifte stellen in einem Ökosystem nicht ausschließlich Giftstoffe im eigentlichen Sinne des Wortes, also Abwehrstoffe, dar, sondern übernehmen oftmals auch vielfältige andere Funktionen (z. B. auch Beuteerwerb).

Das Wehrsekret des Salamanders *(Salamandra maculosa)* enthält das Steroidalkaloid Samandarin. Diese Verbindung dient nicht nur als Toxin gegenüber Angreifern (Auflösung der roten Blutkörperchen, Wirkung auf das Zentralnervensystem), sondern zeigt auch fungizide und bakterizide Eigenschaften, indem es auf Pilze und Bakterien hemmend wirkt.

Solche multivalent einsetzbaren Naturstoffe besitzen damit für das Funktions- und Strukturgefüge eines Ökosystems große Bedeutung.

3.2.4. Weitere biogene Wirkstoffe

Die folgenden Beispiele sollen zeigen, wie von Organismen produzierte Substanzen sinnvoll in die Ökologie einzelner Arten einbezogen sind (vgl. SCHILDKNECHT 1977).

Die chemische Ökologie bestimmter Käferarten
Der Gelbrandkäfer *(Dytiscus marginalis)* ist hervorragend an das Leben im Wasser als Schwimmkäfer angepaßt. Von Zeit zu Zeit muß jedoch ein Luftaustausch mit dem Hinterleibsende an der Wasseroberfläche erfolgen. Dieser lebensnotwendige Vorgang setzt eine nicht mit Wasser benetzbare Chitinhaut des Käfers voraus. Darauf siedelnde Mikroorganismen, wie Algen und Pilze, würden das Insekt aber hydrophil machen und zum Ersticken führen. Für ihre Hygiene produzieren deshalb die Schwimmkäfer in speziellen Drüsen eine Reihe von phenolischen Verbindungen (Benzoesäure- und Benzaldehydderivate, Hydrochinon), die — über die entsprechenden Stellen fein verteilt (Putzverhalten der Käfer) — die Mikroorganismen abtöten. In ein spezielles Glykoproteinnetz (hoher Cysteingehalt) eingebettet, fallen diese dann später vom Käfer ab. Zum Schutz vor Raubfischen produzieren diese Insekten ferner eine „Giftmilch" aus toxischen Steroiden. Schwimmkäferarten können bis zu 1 mg des Nebennierenrindenhormons Cortexon speichern.

Der Antriebsmechanismus des Spreitungsschwimmers *(Stenus comma)*, der sich mit einer Geschwindigkeit von $40-75$ cm $\cdot$ s^{-1} über die Wasseroberfläche bewegt, wird durch ein aus dem After abgegebenes Substanzgemisch ermöglicht. SCHILDKNECHT und Mitarbeiter (vgl. SCHILDKNECHT 1977) identifizierten Eucalyptol (1,8-Cineol) und Stenusin, ein zweifach substituiertes Piperidinderivat. Beide Verbindungen spreiten sehr gut auf dem Wasser, wobei Stenusin, das 80% des Drüsensekrets ausmacht, die eigentliche Antriebssubstanz darstellt. Außerdem erhöht Stenusin die Hydrophilie des Insektenkörpers, so daß dessen Gleitvermögen um 30% gesteigert werden kann.

Die chemische Ökologie der Kreuzspinne
Phänomene einer chemischen Ökologie findet man auch im Lebensraum Land. Die Fangnetze der Kreuzspinne mögen hierfür als Beispiel stehen.

Der Fangleim der Klebefäden des Netzes hat zwei Aufgaben zu erfüllen, einmal das Festhalten der Beute und zum anderen die Aufrechterhaltung der Elastizität der Fäden selbst. Auffallend ist, daß dieser Leim, trotz seiner Proteinnatur, wochenlang und selbst bei feuchtwarmer Witterung nicht von Mikroorganismen (Schimmelpilze, Fäulnisbakterien) befallen wird.

Aus dem Spinnenleim konnten drei Verbindungen isoliert werden: Kaliumnitrat ($6-8$% Gehalt), Kaliumhydrogenphosphat (3%) und ein Pyrrolidonderivat.

Vermutlich verhindert das Pyrrolidon als hygroskopische Substanz das Eintrocknen der Fäden. KH_2PO_4 bildet durch Dissoziation Protonen (der pH-Wert des Spinnenleims beträgt etwa 4), die antiseptisch wirken, da viele Fäulnisbakterien das saure Milieu meiden. Die relativ hohe Konzentration an KNO_3 verhindert die unter diesen sauren Bedingungen normalerweise zu beobachtende Ausfällung der Proteine. Die Eiweißgrundsubstanz des Leims wird durch KNO_3 in Lösung gehalten.

Die chemische Ökologie der Knotenameisen
Zur Pflege der Pilzgärten, die Knotenameisen (Myrmicinae) auf einer Maische aus Blättern und anderen Abfällen anlegen, produzieren die Insekten in einer besonderen Drüse Phenylessigsäure, Indolyl-3-essigsäure und Myrmicacin (β-Hydroxydecansäure). Die beiden Essigsäurederivate sind bekannte pflanzliche Wuchsstoffe. Das Auxin Indolyl-3-essigsäure wurde auch bereits in anderen Insektenarten, z. B. in der Gallwespe *(Cynipus quercusfolii)* und in Gallmücken *(Dasyneura urticae* und *D. affinis)* nachgewiesen. Myrmicacin ist ein wirksamer Inhibitor und verhindert das Auskeimen von Grassamen und Pilzsporen. Bei den Knotenameisen nun wirkt Phenylessigsäure als Bakterizid. Der Wuchsstoff Indolyl-3-essigsäure fördert das Myzelwachstum des erwünschten (Nahrungs-)Pilzes, und das Myrmicacin mit seinen fungiziden Eigenschaften verhindert das Auskeimen von Sporen unerwünschter Pilzarten.

3.2.5. Allelopathie

Neben ihrer Beteiligung an den Pflanze-Tier- und Tier-Tier-Beziehungen üben Naturstoffe wichtige Funktionen in den Pflanze-Pflanze-Beziehungen aus, die in sog. **allelopathischen Effekten,** einer chemischen Konkurrenzhemmung bei Pflanzen, sichtbar werden (RICE 1977, 1979).

Der Begriff geht auf MOLISCH (1937) zurück, der darunter die biochemische Wechselwirkung zwischen jeglichen pflanzlichen Organismen verstand. GRÜMMER (1955) und MÜLLER (1970) beschränken den Begriff der Allelopathie auf höhere Pflanzen.

Ursache für allelopathische Wirkungen ist die Freisetzung phytotoxischer Substanzen, z. B. von Terpenoiden, Acetylenverbindungen und Aminosäurederivaten, aus einer Pflanzenart. Verdunstung, Auswaschungsprozesse, aktive Exsudation über die Wurzel (vgl. 3.3.) oder Auslaugen von Pflanzenresten führen zu einer Verteilung und Akkumulation solcher Verbindungen im Boden, wobei Mikroorganismen, besonders der Rhizosphäre, eine wesentliche Rolle spielen. Ihre Aufnahme durch Individuen der gleichen oder (häufiger) einer anderen Pflanzenart kann mehr oder minder deutliche Hemmwirkungen induzieren.

Ein klassisches Beispiel ist das von Walnußbäumen *(Juglans regia, J. nigra)* in den grünen Pflanzenteilen gebildete Glucosid des 1,4,5-Trihydroxynaphthalens. Diese gebundene und nicht toxische Substanz wird nach Freisetzung über die Wurzeln oder die Blätter im Boden durch Hydrolyse und Oxidation in das allelopathisch aktive 5-Hydroxynaphthochinon, das sog. Juglon, umgewandelt. Die Verbindung unterdrückt das Wachstum zahlreicher Pflanzenspecies (Abb. 3.19.). Juglon hemmt in einer Konzentration von 0,002% die Keimung von *Lactuca*-Samen vollständig, während z. B. *Rubus* und *Poa pratensis* gegenüber der Verbindung tolerant sind, was ihnen ein Wachstum unter Walnußbäumen ermöglicht.

Bei einer Vielzahl der beschriebenen Effekte dürften sich aber wohl direkte allelopathische Wirkungen mit anderen Konkurrenzfaktoren (Licht, Mineralstoffe usw.) überlagern. Gleichwohl liegen zahlreiche Befunde vor, wonach Allelopathica für ökologische Prozesse große Bedeutung besitzen. Sie betreffen vor allem den direkten Einfluß auf Vegetationsmuster und Pflanzensukzessionen (RICE 1977).

Der nahezu reine Bestand von *Brassica nigra* an der Südostküste Kaliforniens ist die Folge der Freisetzung toxischer Verbindungen aus den Pflanzen (BELL und MÜLLER 1973).
Sporobolus pyramidatus kann sich auf Grund des Besitzes allelopathischer Substanzen trotz allgemein geringerer Konkurrenzkraft gegenüber dem robusten *Cynodon dactylon* in einer Graslandschaft durchsetzen (RASMUSSEN und RICE 1971).
Bei Wüstenpflanzen, besonders bei Asteraceae, wurde der Beweis erbracht, daß Allelopathie eine bedeutende Rolle als Konkurrenzfaktor spielt.

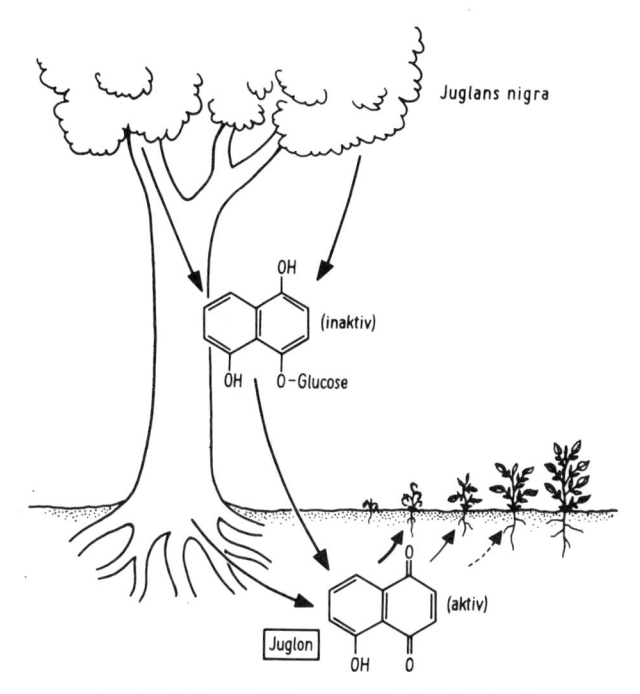

Abb. 3.19. Allelopathischer Effekt von *Juglans nigra* (Testpflanze *Lycopersicon esculentum*). Nach HARBORNE 1977.

Im Grasland des südlichen Kaliforniens beobachtet man eine typische Zonenbildung um die bestandsbildenden Sträucher *Salvia leucophylla* und *Artemisia californica*. Ursache ist die Produktion flüchtiger Terpene, wie 1,8-Cineol, α- und β-Pinen sowie Camphen, die das Wachstum anderer Pflanzenarten in einem Umkreis von mehr als 2 m unterdrücken können.

Von höheren Pflanzen in den Boden ausgeschiedene Stoffe beeinflussen in nicht unerheblichem Maße auch die Mikroflora und -fauna.

Von großer ökologischer Bedeutung ist in diesem Zusammenhang wohl die Verhinderung der Samenfäule (RICE 1977). NICKELL (1960) beschrieb Samen von 50 Pflanzenarten aus 23 Familien, die antimikrobielle Wirksamkeit besitzen. Insbesondere ausgeschiedene Tannine der höheren Pflanzen hemmen die abbauenden Exoenzyme der Mikroorganismen und greifen in den auch für die höhere Pflanze wichtigen Stickstoffmetabolismus der Bodenmikroorganismen ein (z. B. Hemmung der Nitrifikation) (RICE und PANCHOLY 1973).

Eragrostis curvula zeigt eine ausgesprochene „bodenentseuchende" Wirkung und wird daher als Zwischenkultur in tropischen und subtropischen Ländern bei der Nematodenbekämpfung eingesetzt. In Konzentrationen bis 10^{-9} g · l^{-1} erwiesen sich Wurzelausscheidungen hoch aktiv gegen frisch geschlüpfte Wurmlarven. Wirksames Prinzip ist Brenzkatechin. Ähnliche Effekte zeigen Ausscheidungen von *Calendula officinalis* und *Crotalaria spectabilis*.

3.3. Geochemische Veränderungen durch ökochemische Leistungen höherer Pflanzen (vgl. 4.1.2.)

3.3.1. Ausscheidung von chemischen Verbindungen durch Wurzeln

Die im Kap. 3.2.5. vorgestellten Allelopathica lieferten bereits Beweise dafür, daß nicht nur der Boden die Pflanze, sondern auch die Pflanze den Boden deutlich beeinflussen kann.

136   3. Biochemische Wechselbeziehungen zwischen Organismen und ihrer Umwelt

In der Regel zeigen die Wurzeln der höheren Pflanzen eine beträchtliche Sekretionstätigkeit (VANCURA et al. 1977). Das Stoffspektrum der **Wurzelexsudate** ist dabei art- und auch sortenspezifisch. Es enthält Produkte des Primärmetabolismus, wie Aminosäuren, organische Säuren und Zucker, daneben aber häufig auch sekundäre Naturstoffe, wie Phenole, Terpenoide und Alkaloide. Die Ausscheidungskapazität kann recht beträchtlich sein. *Sinapis alba* und *Allium-cepa*-Sorten sezernieren pro Tag und Pflanze 15 µg Aminosäuren. Die Menge an ausgeschiedenen organischen Säuren ist im allgemeinen um eine Zehnerpotenz höher. Exkretmengen dieser Größenordnungen müssen als ökologisch bedeutsam angesehen werden.

Von Interesse als standortsmodifizierende Faktoren sind auch seltene nichtproteinogene Aminosäuren, wie das β-Pyrazolylalanin in Cucurbitaceae.

Auf Grund ihrer komplexbildenden Eigenschaften (Komplexbildner) sind die freigesetzten organischen Säuren für die Mobilisierung und den Transport von Mikronährstoffen von besonderer Bedeutung. Die von den Pflanzen benötigten Elemente Bor, Kupfer, Mangan, Eisen, Zink u. a. sind häufig am Standort in Form schwerlöslicher Oxide, Phosphate, Carbonate und/oder Silicate festgelegt oder an die organische Matrix des Bodens verankert und daher durch die Pflanze nicht oder nur schlecht aufnehmbar. Die Folge sind normalerweise Mangelsymptome.

Die Kulturhaferrasse „Schwarzer Hafer" zeigt aber im Gegensatz zu den üblichen Kultivars an Standorten, wo Cu und Mn im Boden fest gebunden sind, keine Mangelerscheinungen, da sie mit Hilfe ausgeschiedener Komplexbildner die Elemente leicht aufnehmen kann. Es kommt sogar zu einer erheblichen Akkumulation von Kupfer.

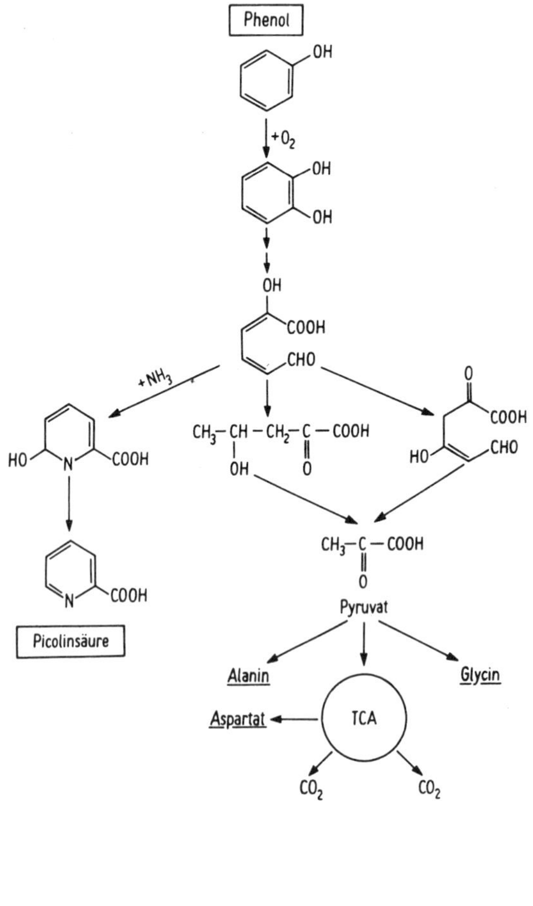

Abb. 3.20. Abbau von Phenol durch *Schoenoplectus lacustris*. Nach SEIDEL 1976, KICKUTH 1970.

3.3. Geochemische Veränderungen durch ökochemische Leistungen höherer Pflanzen

Die bekannte „Eisenabfuhr" unter einem Bestand von Ericaceae (Ortsteinbildung unter *Calluna*) wird durch die Wurzelausscheidung von Hydrochinonderivaten verursacht, die Eisen (III)-oxidaquat reduzieren und gleichzeitig komplexieren. In dieser wasserlöslichen Form kann das Eisen von den Pflanzen aufgenommen oder aber leicht ausgewaschen werden.

3.3.2. Aufnahme organischer Fremdstoffe

Neben den Exkretions- können auch bestimmte **Eliminationsleistungen** höherer Pflanzen den Standort wesentlich beeinflussen. So sind Pflanzen in der Lage, gewisse für andere Organismen schädliche Verbindungen aufzunehmen, zu transportieren und zu metabolisieren.

Die Teichsimse *(Schoenoplectus lacustris)* entzieht ihrem Standort beträchtliche Mengen an Phenolderivaten (SEIDEL 1976) und katabolisiert diese Verbindungen. Wichtigster Metabolit ist Picolinsäure (Abb. 3.20.); KICKUTH 1970). Die Pflanze besitzt ferner ein Aufnahmesystem für Indol, das in die Aminosäure Tryptophan umgewandelt wird.

Weitere zahlreiche Befunde über die metabolischen Fähigkeiten der höheren Pflanzen für Aufnahme und Abbau von Organica und damit zur Modifizierung des Standorts liegen bereits vor (vgl. KORTE 1987).

4. Autökologie

4.1. Ökologie der Mikroorganismen

Für Mikroorganismen ist die in ihrer Benennung zum Ausdruck kommende **geringe Abmessung** charakteristisch. Die Größenordnung der prokaryotischen Mikrobenzellen (Bakterien einschließlich der Actinomyceten, Cyanobakterien) liegt im Bereich von 1 μm. Die eukaryotischen Mikrobenzellen (Pilze, Algen, Protozoen) sind etwa eine Zehnerpotenz größer. Diese geringen Abmessungen bedingen ein großes Verhältnis von Oberfläche zu Volumen. Die relativ großen Kontaktflächen der Zellen zur Umwelt ermöglichen raschen Stoffumsatz und hohe Wachstumsraten.

Die Evolution der Mikroorganismen hat dazu geführt, daß die einzelnen Arten in ihrer Umwelt weitgehend optimierte Systeme darstellen. Dabei zeichnen sich zwei Hauptlinien der Anpassung ab. Erstens die **stoffwechselphysiologische Vielseitigkeit,** durch die viele Arten in der Lage sind, ein breites Spektrum von chemischen Verbindungen als Nährstoffe zu nutzen; zweitens die **hohe Spezialisierung** auf bestimmte Substrate und Milieubedingungen. Dadurch wurden von einigen Mikrobenarten bzw. -population auch extreme Lebensräume und ungewöhnliche Substrate erschlossen, die höheren Organismen nicht zugängig sind.

Die wirksame Umwelt der Mikroorganismen sind häufig Mikrohabitate von geringen Dimensionen. Mikroorganismen verfügen über zahlreiche Mechanismen der aktiven oder passiven Beweglichkeit, die es ihen ermöglichen, zusagende Standorte zu besiedeln. Spezifische Zelloberflächenstrukturen wie Schleime führen zu einem Anhaften an Oberflächen.

Die Bestimmung der mikrobiellen Leistungen in den Mikrohabitaten erfordert ein methodisches Instrumentarium, dessen Entwicklung am Anfang steht. Die Funktion einiger mikrobieller Leistungen im Ökosystem, wie die Antibiotikabildung, ist daher noch unklar. Die bei Felduntersuchungen auftretenden Schwierigkeiten haben zur Entwicklung von Modellökosystemen für Laboruntersuchungen geführt. Große Bedeutung hat in diesem Zusammenhang der Chemostat erlangt, ein Gerät, das die kontinuierliche Kultur von Mikroben unter gleichbleibenden Milieubedingungen ermöglicht.

4.1.1. Ökologie der Substratverwertung und des Wachstums

4.1.1.1. Substratkonzentration

Unter **Substraten** werden in der Mikrobiologie organische und anorganische Nährstoffe verstanden, die für das Wachstum und den Energiestoffwechsel benötigt werden. Dazu gehören auch gasförmige Substrate wie Sauerstoff. Art und Konzentration des Substrates sind für die Verbreitung und Aktivität der Mikroorganismen ausschlaggebend. Eine besondere Rolle nimmt unter den Substraten die Energiequelle ein. Das Vorherrschen von Polysacchariden unter den Produkten der pflanzlichen Primärproduktion begründet die große Rolle von Zuckern für die als Destruenten wirkenden Mikroben. Die Konkurrenz

4.1. Ökologie der Mikroorganismen

der Organismen um Nährstoffe führt dazu, daß in vielen Ökosystemen **Substratlimitation** vorliegt. In der Regel führt bereits der Mangel an einem essentiellen Substrat zum Wachstumsstillstand.

Viele Mikrobenarten können zwar ein breites Spektrum von Substraten nutzen, aber nur mit einer begrenzten Zahl von Substraten können sie schneller wachsen als konkurrierende Arten.

Die **Strategien der Adaptation** haben dazu geführt, daß Mikroben entweder an sehr geringe oder an höhere Substratkonzentrationen angepaßt sind. Aus der Ökologie der höheren Organismen wurden dafür die Begriffe der K- und r-Strategien übernommen (vgl. 2.3.). Die **K-Strategie** ist an geringe Substratkonzentrationen angepaßt und mit relativ geringen spezifischen Wachstumsraten verbunden. Organismen mit **r-Strategie** zeichnen sich durch hohe Wachstumsraten aus, die aber nur bei höheren Substratkonzentrationen und anderen günstigen Bedingungen realisiert werden können. Voraussetzungen für die auf r-Strategie selektierten Mikroben sind in vielen Ökosystemen nur zeitweilig gegeben; r-Strategien sind daher vielfach mit Überdauerungsorganen (z. B. Sporen) ausgerüstet. In einer Mischkultur setzen sich bei geringen Substratkonzentrationen Arten mit K-Strategie, bei höheren Substratkonzentrationen Arten mit r-Strategie durch (Abb. 4.1.).

Eine ähnliche Differenzierung der Mikroorganismen hat 1925 schon WINOGRADSKY, ein Altmeister der Mikrobenökologie, vorgenommen. Er unterschied zwischen autochthonen und zymogenen bzw. allochthonen Mikroorganismen. **Autochthone** sind die in einem Ökosystem einheimischen Mikroben, die an die dort vorherrschenden Bedingungen angepaßt sind.

Zur autochthonen Flora des Bodens gehören z. B. die Zellulose- und Humusabbauer, die eine langsame Degradation dieser Kohlenstoffquellen und damit einen geringen Substratspiegel an leicht assimilierbaren C-Quellen bewirken. Sie entsprechen den K-Strategen.

Zymogen sind die bei gehäuftem Nährstoffanfall sich zeitweilig durchsetzenden r-Strategen, zu denen z. B. die Gattungen *Bacillus*, *Aspergillus* und *Penicillium* zu rechnen sind. **Allochthon** wird teilweise zymogen gleichgesetzt, im engeren Sinne sind allochthone Mikroben jedoch solche, die in das Ökosystem eingeschleppt werden, z. B. durch organische Düngung. Sie sind nicht typisch für das Ökosystem und sterben nach Verbrauch der von außen eingebrachten Nährstoffe wieder ab.

Ein Beispiel dafür ist *Escherichia coli*, das daher als Indikatororganismus für Verunreinigungen durch Fäkalien verwendet wird. Ähnlich wie bei der organischen Düngung des Bodens kommt es auch bei der Eutrophierung der Gewässer zur zeitweiligen Entwicklung von r-Strategen unter den Mikroben. Ein Beispiel dafür ist die zeitweilige Massenvermehrung von Cyanobakterien und Dinoflagellaten (Algenblüten).

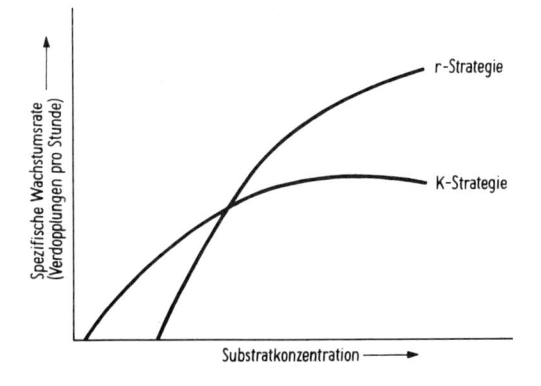

Abb. 4.1. Einfluß der Substratkonzentration auf das Wachstum verschiedener Mikroorganismen. Bei sehr geringen Substratkonzentrationen werden Mikroben mit K-Strategie, die an geringe Substratkonzentrationen angepaßt sind und mit geringer Rate wachsen, vorherrschen. Bei höheren Substratkonzentrationen überwachsen Arten mit r-Strategie (Anpassung an höhere Substratkonzentrationen gekoppelt mit höherer Wachstumsrate) die K-Strategen.

140   4. Autökologie

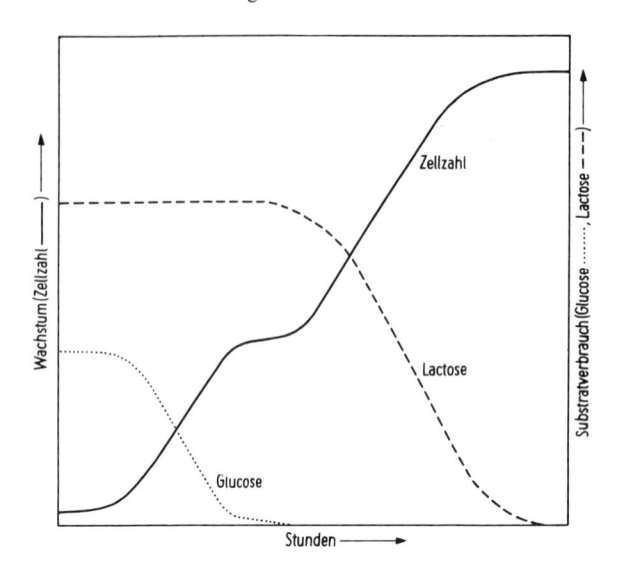

Abb. 4.2. Diauxisches Wachstum und sequentieller Substratverbrauch von *Escherichia coli* in einer Mischung von Glucose und Lactose.

4.1.1.2. Substratgemische

Unter natürlichen Bedingungen liegen meist mehrere organische Nährstoffe, die eine Mikrobenart als Kohlenstoff- und Energiequelle nutzen kann, im Gemisch vor. Viele Mikrobenarten besitzen die Fähigkeit, **zuerst das Substrat zu nutzen, welches ein schnelleres Wachstum ermöglicht** oder keine Synthese zusätzlicher Enzyme erfordert. Das ist ein Ausdruck für die hohe Ökonomie des mikrobiellen Stoffwechsels. Grundlage dieses Verhaltens sind hochentwickelte Regulationssysteme.

Ein gut untersuchtes Beispiel ist die bevorzugte Nutzung von Glucose in einem Gemisch mit Lactose durch das Darmbakterium *Escherichia coli* (Abb. 4.2.). Glucose, die durch das konstitutiv in der Zelle vorhandene Enzymsystem genutzt wird, reprimiert die Synthese des zur Lactosenutzung notwendigen Enzyms β-Galactosidase. Dieses Enzym ist nur in sehr geringer Menge in der Zelle vorhanden, seine Synthese wird nach Glucoseverbrauch erst durch die Lactose induziert.
Die ausgeprägte Enzymregulation ist im Zusammenhang mit den geringen Dimensionen der Mikrobenzellen zu sehen. Die Zelle bietet nur für eine begrenzte Enzymausstattung Platz. Das genetische Material enthält jedoch Informationen für weitere Enzyme, die zur Existenz unter veränderten Umweltbedingungen notwendig sind.

Die Enzymsynthese ist auf den Bedarf der Zelle abgestimmt. So kommt z. B. die Zellulasesynthese des Pilzes *Trichoderma viride* zum Stillstand, wenn sich niedermolekulare Spaltprodukte der Zellulose anhäufen, die eine weitere Enzymsynthese reprimieren.

Unter natürlichen Bedingungen wird dieses Regulationsphänomen allerdings nicht immer wirksam werden, da die durch die Zellulasewirkung gebildeten Zucker durch andere Mikrobenarten des Ökosystems sofort verbraucht werden. In einer Mischkultur kommt es dadurch zu einer als **Kommensalismus** bezeichneten Interaktion (vgl. 2.3).

4.1.1.3. Spezielle Substrate

Im Verlauf der Evolution ist, mit der Artbildung verbunden, eine Spezialisierung auf bestimmte Substrate erfolgt. Sie hat zu einer großen Mannigfaltigkeit mikrobieller Stoffumsetzungen geführt. Die Mikroorganismen sind dadurch wichtige Glieder der Stoffkreisläufe.

4.1. Ökologie der Mikroorganismen

Die Art der Substrate, welche die Mikroben nutzen können, bestimmt ihre Funktion im Ökosystem, die von ihnen eingenommene ökologische Nische.

Besonders ausgeprägt ist die Spezialisierung der Bakterien auf bestimmte **Energiequellen.** Die Einteilung erfolgte bisher vielfach nur nach der Art der genutzten C-Quellen, **autotrophe** Organismen bauen die Zellsubstanz mit CO_2, **heterotrophe** mit organischen Verbindungen auf. Diese Einteilung reicht bei der Vielfalt mikrobieller Leistungen nicht aus. Daher werden in zunehmendem Maße die Energiequelle und die Art des Wasserstoffdonators zur Typisierung der Ernährungsweise herangezogen. Mikroben, die Licht als Energiequelle nutzen, werden als **phototroph** bezeichnet. Als Wasserstoffdonator, d. h. als Quelle für Reduktionsäquivalente, können Wasser, Schwefelwasserstoff oder organische Verbindungen dienen. Das hat zur Bezeichnung **lithotroph** für die Nutzung anorganischer und **organotroph** für die Nutzung organischer H-Donatoren geführt. Die Kombination dieser Begriffe dient der Kennzeichnung der in Tab. 4.1. zusammengefaßten Ernährungstypen.

Tabelle 4.1. Bakterielle Ernährungstypen der Energie- und Kohlenstoffnutzung

Ernährungstyp	C-Quelle	H-Donator	Beispiele
photolithotroph	CO_2	H_2O	Cyanobakterien
photolithotroph	CO_2	H_2S	Schwefelpurpurbakterien
photoorganotroph	CO_2	z. B. organische Säuren	Schwefelfreie Purpurbakterien
chemolithotroph	CO_2	NH_4^+, NO_2^-	Nitrifizierende Bakterien
chemolithotroph	CO_2	H_2S, S, $S_2O_3^{2-}$	Schwefeloxidierende Bakterien
chemolithotroph	CO_2	H_2	Wasserstoffoxidierende Bakterien
chemolithotroph	CO_2	Fe^{2+}	*Thiobacillus ferrooxidans*
methanogen	CO_2	H_2, Acetat	*Methanobacterium, Methanococcus*
methylotroph	CH_4, CO_2	CH_4	*Methylomonas, Methylococcus*

chemoorganotroph, C-Quelle organischer Verbindungen

Beziehung zum Luftsauerstoff	H-Akzeptor	H-Donator	Beispiele
aërob	O_2	z. B. Stärke	*Bacillus subtilis*
fakultativ anaërob (aërob und anaërob)	O_2, endogene Metabolite	z. B. Glucose	*Escherichia coli*
obligat anaërob	endogene Metabolite	z. B. Zellulose	*Clostridium cellobioparum*
fakultativ anaërob	O_2, NO_3^-	z. B. organische Säuren	denitrifizierende Bakterien
obligat anaërob	SO_4^{2-}	z. B. organische Säuren	sulfatreduzierende Bakterien, z. B. *Desulfovibrio*

In bezug auf die Energiequelle liegen bei Bakterien drei Anpassungsstrategien vor: erstens die Strahlungsenergie nutzenden **photosynthetischen Bakterien,** zweitens die anorganische Verbindungen oxidierenden **chemosynthetischen Bakterien** und drittens die große Zahl der organische Verbindungen nutzenden **chemoorganotrophen** (heterotrophen) **Bakterien.** Die beiden ersten Gruppen leisten im Vergleich zu den Pflanzen einen relativ geringen Beitrag zur Primärproduktion, nehmen jedoch Schlüsselstellungen in den Stoffkreisläufen des

Schwefels und Stickstoffs ein (vgl. 2.6.2.4. und 2.6.2.3.). Die chemoorganotrophen Mikroben sind die Destruenten im Mineralisierungsprozeß der organischen Stoffe.

Die bei Gegenwart von Sauerstoff als Wasserstoffakzeptor mögliche **Atmung** und damit vollständige Oxidation der organischen Substrate ergibt eine optimale Energieausbeute. Viele Standorte von Mikroorganismen sind jedoch sauerstofffrei (anaërob) oder haben einen geringen Sauerstoffpartialdruck (mikroërob). Um unter diesen Bedingungen zu existieren, können einige Arten ihren Energiestoffwechsel auf **Gärung** umstellen (Pasteur-Effekt), sie sind **fakultativ anaërob**. Die auf anaërobe Standorte spezialisierten Arten vermögen nur zu gären (**obligat anaërob**). Die mit der Gärung verbundene unvollständige Substratoxidation führt zu einer geringen Energieausbeute. Die Fähigkeit einiger Bakterienarten, Nitrat bzw. Sulfat als H-Akzeptor zu nutzen, ermöglicht anaërob eine höhere Energieausbeute als durch Gärung. Diese als **anaërobe Atmung** bezeichnete Potenz der **denitrifizierenden (nitratreduzierenden)** bzw. **sulfatreduzierenden Bakterien** ist daher von ökologischer Relevanz. Die Evolutionsstrategie der Bakterien wird durch die biochemische Differenzierung bestimmt.

Die Anpassung an bestimmte Substrate hat zur Herausbildung spezieller Mikrobengesellschaften geführt. Sehr offensichtlich ist das in den **Sulphureten**, Biotope, die durch das Vorhandensein von Schwefelwasserstoff geprägt sind. Diese Biotope fallen durch das massenweise Auftreten von Purpurbakterien auf. Sie bilden sich in flachen und nährstoffreichen Gewässern oder auch in Form des Farbstreifenwatts als grün-rot-schwarze Schichtungen im Sand der Meeresküste aus (Abb. 4.3.).

Die Sulphureten sind zugleich ein Beispiel für die natürliche **Selektivkultur**. Die Purpurbakterien entwickeln sich nur bei einem bestimmten Angebot an Licht und H_2S; Sauerstoff hemmt die Entwicklung. Beobachtungen dieser Art haben WINOGRADSKY (1887) zur Entwicklung der Methode der Anreicherungs- oder Selektivkultur veranlaßt.

Eine weitere für die Rezirkulationsprozesse der natürlichen Stoffkreisläufe entscheidende Leistung der Bakterien ist die Fähigkeit zur **Bindung des Luftstickstoffs**. Diese als symbiontische, assoziative oder nicht symbiontische Stickstoffbindung ausgeprägte Potenz wurde ebenfalls mit Hilfe der Selektivkultur bereits von BEIJERINCK (1888) erkannt.

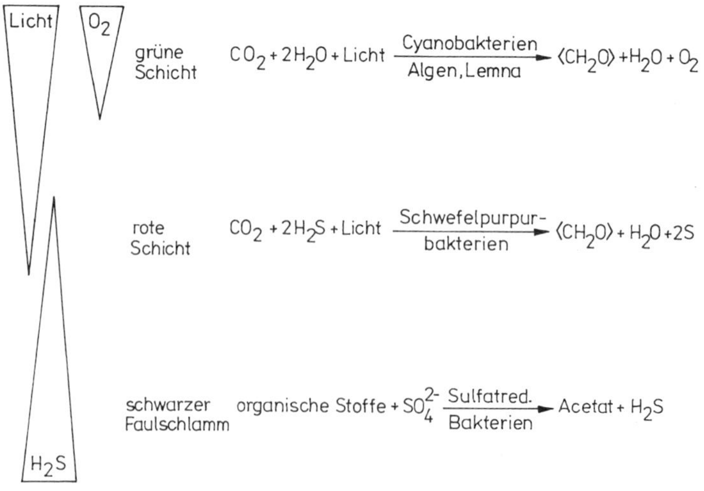

grüne Schicht: $CO_2 + 2H_2O + Licht \xrightarrow[\text{Algen, Lemna}]{\text{Cyanobakterien}} \langle CH_2O \rangle + H_2O + O_2$

rote Schicht: $CO_2 + 2H_2S + Licht \xrightarrow[\text{bakterien}]{\text{Schwefelpurpur-}} \langle CH_2O \rangle + H_2O + 2S$

schwarzer Faulschlamm: organische Stoffe $+ SO_4^{2-} \xrightarrow[\text{Bakterien}]{\text{Sulfatred.}}$ Acetat $+ H_2S$

Abb. 4.3. Die Anordnung von Mikroben mit verschiedenen Ernährungstypen im Sulphuretum zeigt, wie die Substratart und -konzentration die Position im Ökosystem bestimmt. Die dargestellte Schichtung stellt sich sowohl in flachen, nährstoffreichen Gewässern als auch im Farbstreifenwatt ein.

4.1.1.4. Fremdstoffe als mikrobielle Substrate

Die Potenz der Mikroorganismen, unter geeigneten Bedingungen fast alle Naturstoffe abzubauen, führte zu der Annahme, daß sie auch alle von der chemischen Industrie synthetisierten organischen Stoffe abbauen können. Dieses Postulat von der „mikrobiellen Unfehlbarkeit" ist jedoch nicht zutreffend.

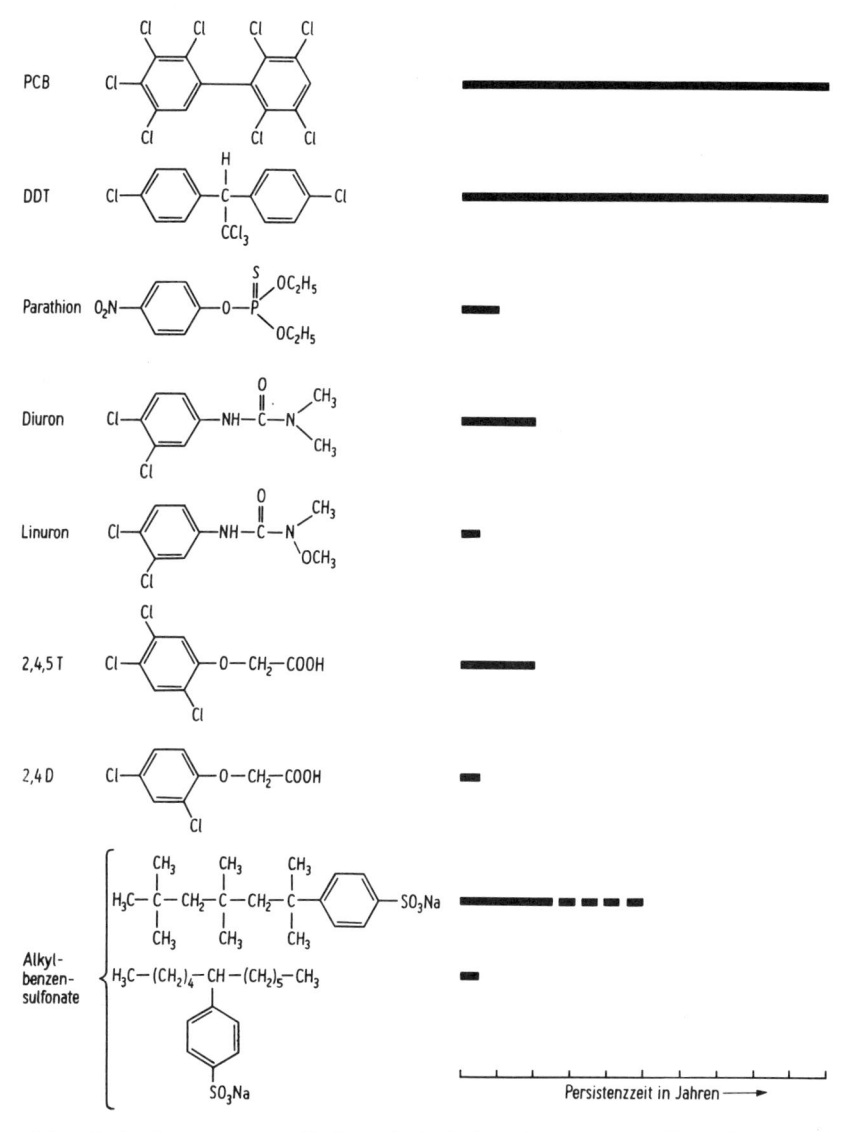

Abb. 4.4. Persistenzzeit verschiedener biologisch aktiver Fremdstoffe in der Umwelt. Persistenzzeit bezieht sich nur auf die Dauer der Beständigkeit der Ausgangsverbindung, nicht der Zwischenprodukte. Naturstoffen ähnliche chemische Strukturen zeichnen sich im allgemeinen durch eine geringere Persistenz als ausgesprochene Fremdstoffe aus. PCB sind Polychlorierte Biphenyle, die z. B. als Isolier- und Kühlmittel von Transformatoren verwandt werden. DDT und Parathion sind Insektizide. Diuron, Linuron, 2,4,5-T und 2,4-D sind Herbizide.

Unter den nicht in der Natur vorkommenden organischen Stoffen, die als **Fremdstoffe** oder **Xenobiotika** bezeichnet werden, gibt es abbaubare und nicht abbaubare Strukturen. Verbindungen, die nicht oder sehr schwer abbaubar sind, werden als **persistent** bezeichnet. Biologisch aktive, persistente Stoffe sind aus der Sicht des Umweltschutzes bedenklich. Vor allem lipophile, persistente Stoffe können durch die Bioakkumulation der Nahrungsketten zu toxisch wirkenden Mengen angereichert werden. Daher sind Aussagen über den Persistenzgrad und die vollständige Abbaubarkeit sehr wesentlich. Der Begriff Persistenz bezieht sich nur auf die Ausgangsverbindung. Eine nicht persistente Verbindung kann durch teilweisen Abbau zu einem persistenten Zwischenprodukt umgesetzt werden. So wird z. B. das als Herbizid verwendete Propanil (N-3,4-Dichlorphenylpropionamid) zu dem relativ persistenten 3,4-Dichloranilin abgebaut. Für ökologische Belange ist es erforderlich, die **vollständige Abbaubarkeit,** die zur Mineralisierung und damit Eliminierung der biologisch aktiven Fremdstoffe aus der Umwelt führt, stärker zu berücksichtigen.

Die Erforschung der mikrobiellen Abbaubarkeit von Xenobiotika in der Umwelt ist eine wichtige Aufgabe, um einer Umweltbelastung vorzubeugen. Der Abbau der Pestizide, die etwa 1% der produzierten Xenobiotika ausmachen, ist gut untersucht. Gewisse Hinweise über die mikrobielle Abbaubarkeit lassen sich aus den derzeitigen Erkenntnissen ableiten (Abb. 4.4.). Je ähnlicher die Fremdstoffe den Naturstoffen sind, desto besser sind sie abbaubar. Das ist verständlich, da der Abbau der Fremdstoffe meistens durch Enzyme erfolgt, welche die Umsetzungen von Naturstoffen katalysieren.

Es findet jedoch auch die **Evolution „neuer" Enzyme** statt. So wurde in einem Experiment, in dem Selektionsdruck herrschte, die Herausbildung einer Dehalogenase nachgewiesen, welche es einem *Pseudomonas-putida*-Stamm ermöglicht, auf dem Herbizid Dalapon (2,2-Dichlorpropionsäure) zu wachsen. Der zur Evolution von Enzymen des Fremdstoffmetabolismus notwendige Selektionsdruck ist in der Natur in der Regel nicht gegeben. Abbauspezialisten werden sich in Ökosystemen nur durchsetzen, wenn sie einen Evolutionsvorteil gegenüber den Wildstämmen haben. In Abwasserreinigungsanlagen kann man solche Bedingungen einhalten.

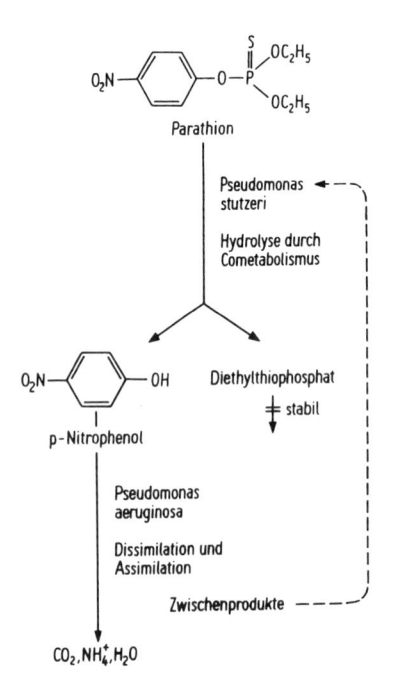

Abb. 4.5. Teilabbau und Nutzung des Insektizides Parathion durch Zusammenwirken von zwei *Pseudomonas*-Arten. *Ps. stutzeri* vermag die Phosphorsäureesterbindung zu spalten, nicht aber auf den Spaltprodukten zu wachsen. *Ps. aeruginosa* kann p-Nitrophenol abbauen und als einzige C- und Energiequelle nutzen. Die dabei anfallenden Zwischenprodukte dienen *Ps. stutzeri* als Substrat.

4.1. Ökologie der Mikroorganismen

Mikrobieller Fremdstoffabbau ist nicht an das Wachstum mit Fremdstoffen als Substrat gebunden. Häufiger sind cometabolische Umsetzungen. Unter **Cometabolismus** bzw. **Cooxidation** versteht man die Fähigkeit, Substanzen umzusetzen, die nicht zum Wachstum genutzt werden können, wenn ein zweites zum Wachstum gut nutzbares Substrat zugegen ist. Der Cometabolismus führt in der Regel nur zu Einschrittreaktionen. Durch das Zusammenwirken von verschiedenen Arten ist es jedoch möglich, daß es auf diesem Wege zu einem vollständigen Abbau kommt (Abb. 4.5.).

Durch cometabolische Reaktionen kann es auch zur Bildung von Verbindungen kommen, die toxischer sind als die Ausgangssubstanz. Ein Beispiel dafür stellt die Bildung von Methylquecksilber dar.

Bei der Entwicklung von chemischen Produkten, die in die Umwelt gelangen, muß den Leistungsgrenzen der Mikroorganismen Rechnung getragen werden. Ein treffendes Beispiel dafür ist die Entwicklung mikrobiell gut abbaubarer **Waschmittel** mit Alkylbenzsulfonatstruktur (Abb. 4.4.). Die Erkenntnis, daß Mikroorganismen wohl unverzweigte, nicht aber stark verzweigte Alkane abbauen können, hat zu dieser Entwicklung geführt.

4.1.2. Anpassung an extreme Umweltbedingungen

Mikroorganismen haben sich nicht nur an ungewöhnliche Substrate, sondern auch an extreme Umweltbedingungen angepaßt. Eine Auswahl von Beispielen gibt Tab. 4.2. Die Anpassung an extreme Biotope ist jeweils nur wenigen Vertretern gelungen, die vor allem unter den prokaryotischen Mikroorganismen zu suchen sind. Es ist anzunehmen, daß einige Arten diese Fähigkeiten aus früheren Perioden der Erdgeschichte bewahrt haben. Einige der an Extremstandorten vorkommenden Arten wie *Sulfolobus*, *Thermoplasma* und die Halobakterien gehören zu den **Archaebakterien.** Sie haben schon in der Frühzeit der

Tabelle 4.2. Mikrobielle Wachstumsbereiche für extreme physikochemische Faktoren (Temperatur, *pH*, Salzkonzentration)

Bezeichnung	Minimum	Maximum	Optimum	Beispiele
Temperatur				
psychrophil	0 °C	20 °C	15 °C	*Vibrio marinus*
extrem psychrophil	−2 °C	10 °C	5 °C	*Raphidonema nivale* (Schneealge)
mesophil	10−15 °C	35−45 °C	25−40 °C	*Escherichia coli*
fakultativ thermophil	37 °C	70 °C	45−55 °C	*Bacillus stearothermophilus*
obligat thermophil	45 °C	85−90 °C	70−75 °C	*Thermus aquaticus*
pH				
acidophil	4,0−4,6	6,8	5,5−6,6	*Lactobacillus acidophilus*
	1,0	6,0	2,0−2,8	*Thiobacillus thiooxidans*
alkalinophil			9−11	*Natronobacterium*
Salzkonzentration, bes. NaCl				
mäßig halophil	0,5 M	4−4,5 M	1−2 M	*Vibrio costicola*
extrem halophil	3,0 M	5,2 M	3,5 M	*Halobacterium* sp. und *Halococcus* sp.

biologischen Evolution eine von den übrigen Prokaryoten getrennte Entwicklung eingeschlagen. Das zeigt sich z. B. in abweichenden Strukturen der Zellwand, der Zellmembran und des Apparates zur Proteinsynthese (u. a. Ribosomen). Diese Besonderheiten wiederum sind Anpassungserscheinungen an Extremstandorte. Vielfach gehört zur Existenz an Extremstandorten die Fähigkeit, mehreren Extremfaktoren gewachsen zu sein.

Die Organismen **heißer Quellen** wurden von BROCK (1978) im Yellowstone-Park untersucht. Typische Bakterien dieser Standorte gehören zur Gattung *Thermus*. Sie konnten auch aus Heißwasserboilern isoliert werden. Die *Thermus*-Arten sind obligat thermophil, sie haben ein ausgeprägtes Optimum bei +70 °C, unter +50 °C und über +80 °C können sie nicht wachsen. Es sind heterotrophe, gramnegative Bakterien, die sich durch Membranen mit ungesättigten und verzweigten Fettsäuren auszeichnen.

In heißen und sauren (pH 2) Quellen wächst *Sulfolobus acidocaldarius* (+55 bis 80 °C), das auto- und heterotroph wachsen kann. Es heftet sich vielfach an Partikel von elementarem Schwefel an und oxidiert sie zu Sulfat; die dabei gewonnene Energie dient der CO_2-Fixierung. Zur Photosynthese befähigte Prokaryoten haben ein etwas geringeres Temperatur-Optimum; das photosynthetische schwefelfreie Purpurbakterium *Chloroflexus aurantiacus* hat ein Optimum von +55 °C, Cyanobakterien der Gattung *Synechococcus* von +65 °C, die Maxima liegen bei +70 °C. Eine eukaryotische Grünalge, *Cyanidium caldarium*, lebt in sauren Quellen (pH 2–4) bei +40 °C (Maximum +55 °C). Unter den zur Photosynthese befähigten Eukaryoten dürfte diese Alge der Vertreter mit der höchsten Temperaturtoleranz sein. Für thermophile Pilze liegt diese Grenze bei +61/62 °C.

In diesem Zusammenhang ergibt sich die Frage, welches die obere Temperaturgrenze für aktives Leben ist. Aus heißen Wässern und Schlämmen vulkanischer Gebiete wurden **extrem thermophile Archaebakterien** isoliert. Sie haben ein Temperaturoptimum bei 80–85 °C und ein Maximum bei 90–95 °C. Mit *Pyridictium occultum* wurde eine Art gefunden, deren Optimum bei 105 °C und Maximum bei 110 °C liegt.

In selbsterhitzten Kohleabraumhalden wurde das sowohl thermo- als auch acidophile Bakterium *Thermoplasma acidophilum* nachgewiesen. Es hat ein Wachstumsoptimum bei +59 °C und pH 1–2. Die Membran dieses heterotroph wachsenden Bakteriums enthält ein ungewöhnliches Lipid, in dem zwei Glycerolmoleküle durch zwei gesättigte und isoprenoid verzweigte Alkylketten (C 40) über Etherbrücken verbunden sind. Dies ist eine für Archaebakterien typische Struktur.

Die Thermophilie ist mit der Thermostabilität der Membranen, Proteine und Nucleinsäuren verbunden. Für eine ursächliche Beziehung zwischen Thermostabilität und molekularer Struktur liegen bisher nur Einzelbefunde vor, z. B. der hohe Anteil verzweigter Fettsäuren in den Membranen und die schwachen covalenten Wechselwirkungen zwischen den Aminosäuren der Proteine.

Ebenso interessant wie die Anpassung an extrem hohe Temperaturen ist die Fähigkeit der **fakultativ thermophilen** *Bacillus*-Arten (*B. coagulans, B. licheniformis, B. stearothermophilus*), sich an höhere wie tiefere Temperaturen anzupassen. Diese Thermoadaptation ist mit einer Bildung neuer Enzyme verbunden.

Extrem **halophile Bakterien** werden z. B. im Toten Meer und an ausgetrockneten Küstenstreifen Kaliforniens und Australiens gefunden. Das Tote Meer hat einen Salzgehalt von 32%. Die Vorkommen sind durch die Carotinoide der halophilen Bakterien der Gattung *Halobacterium* rot gefärbt. Diese Bakterien sind obligat halophil, sie benötigen eine Salzkonzentration von etwa 3 Mol pro Liter. Meerwasser ist 0,6molar, das Wasser des Toten Meeres dagegen 5,2molar.

Die Halobakterien sind heterotroph, sie besitzen jedoch einen zusätzlichen Mechanismus zur Nutzung der Lichtenergie. Die Verwendung von Licht als Energiequelle ist an das **Bakteriorhodopsin** der Membran (Purpur-Membran) gebunden, das besonders bei Substrat- und Sauerstoffmangel gebildet wird. Das Chromoproteid ist dem Sehfarbstoff des tierischen und menschlichen Auges überraschend ähnlich. Das Bakteriorhodopsin pumpt unter Nutzung der Lichtenergie Protonen aus dem Zellinnern ins Außenmedium und erzeugt dadurch ein elektrochemisches Membranpotential. Dieses Potential kann in biologisch nutzbare Energie in Form von ATP umgesetzt werden. Der Mechanismus trägt zur Verbesserung der Energiebilanz des Organismus bei, in dessen Biotyp auf Grund der geringen O_2-Löslichkeit in warmem und salzreichem Wasser häufig Sauerstoffmangel herrscht.

Halophile Bakterien haben sich an die für Proteine normalerweise denaturierend wirkenden hohen Ionenkonzentrationen angepaßt. Der osmotische Wert des Zellinnern entspricht dem des Außenmediums. Die Stabilität der Proteine wird durch einen hohen Gehalt an sauren Aminosäuren erreicht. Daraus resultieren negative Ladungen, zu deren Neutralisation Kationen erforderlich sind. Diese Besonderheit der halophilen Proteinstruktur schützt also nicht nur gegen Salzdenaturierung, sondern macht sie notwendig. Kalium-Ionen sind dabei am wirksamsten. *Halobacterium halobium* verfügt daher über ein Na^+-Exportsystem, durch das erreicht wird, daß in der Zelle ein wesentlich geringeres Na^+/K^+-Verhältnis als im Außenmedium vorliegt.

Abschließend sei noch der Anpassungsmechanismus der **mäßig halophilen** Grünalge *Dunaliella* erwähnt. Sie reichert in der Zelle Glycerol und andere Polyole an und erreicht so das osmotische Gleichgewicht. Des gleichen Prinzips bedienen sich auch die an hohe Zuckerkonzentrationen angepaßten Hefen, z. B. *Saccharomyces rouxii*.

4.1.3. Interaktionen mit der belebten Umwelt

4.1.3.1. Interaktionen zwischen Mikroorganismen

In den vorhergehenden Abschnitten wurden die Wechselwirkungen mit den physikalischen und chemischen Faktoren der Biotope behandelt. Dabei wurden vor allem die Nährstoffe berücksichtigt. Mit der **Konkurrenz** um die in der Natur meist begrenzten Nährstoffe kamen bereits die **antagonistischen Interaktionen** der Mikroorganismen zur Sprache. Am ausgeprägtesten ist die Nahrungskonkurrenz zwischen den Individuen der Population einer Species. Diese Konkurrenz ist eine der Triebkräfte der Evolution. Die Spezialisierung zu effektiverer Nährstoffnutzung oder auf bestimmte Nährstoffe führt zu neuen Arten (vgl. 2.3.).

Eine weitere Form der antagonistischen Interaktionen ist die **Antibiose,** bei der durch Bildung von chemischen Substanzen andere Organismen gehemmt werden. Am bekanntesten ist die Fähigkeit zur Bildung von **Antibiotika,** Substanzen, die von Mikroorganismen gebildet werden und bereits in geringen Konzentrationen das Wachstum anderer Mikroorganismen hemmen. Ihre Funktion in natürlichen Ökosystemen ist umstritten. Eines der wenigen Beispiele, bei dem die ökologische Relevanz einer antibiotischen Substanz nachgewiesen wurde, stellt *Cephalosporium gramineum* dar. Antibiotikabildende Stämme dieses Pilzes überlebten in abgestorbenem Weizengewebe besser als nichtproduzierende Stämme. Mikroorganismen, die **organische Säuren** bilden, hemmen mit ihren Stoffwechselprodukten das Wachstum säureempfindlicher Arten. Auf diesem Effekt beruht z. B. die Konservierung von Silage durch Milchsäurebakterien.

Die Evolution hat jedoch nicht nur zu antagonistischen Interaktionen geführt, sondern auch zu verschiedenen Formen der **Koexistenz** und **Kooperation** (vgl. 2.3.). Sie führen vom schon erwähnten **Kommensalismus** zum **Synergismus (Protokooperation)** mit beiderseitigem Nutzen, der jedoch nicht obligatorisch ist, zur **mutualistischen Symbiose,** die durch ein gegenseitiges obligatorisches Abhängigkeitsverhältnis zum beiderseitigen Nutzen gekennzeichnet ist. Bei mikrobiellen Assoziationen handelt es sich bei den Partnern in der Regel nicht um Individuen sondern Populationen.

Eine dreigliedrige Assoziation, bei der mehrere Formen der Kooperation beteiligt sind, liegt bei der **Methanbildung** aus abgestorbener Biomasse vor, die in Gewässersedimenten oder in den Faulschlammbehältern von Abwasserreinigungsanlagen stattfindet (Abb. 4.6).

148   4. Autökologie

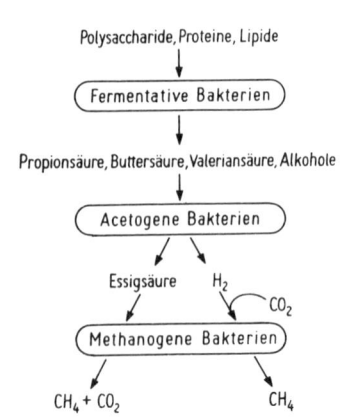

Polysaccharide, Proteine, Lipide
↓
(Fermentative Bakterien)
↓
Propionsäure, Buttersäure, Valeriansäure, Alkohole
↓
(Acetogene Bakterien)
↙   ↘
Essigsäure H_2
        ↘ CO_2
(Methanogene Bakterien)
↙   ↘
$CH_4 + CO_2$ CH_4

Abb. 4.6. Interaktionen von drei Bakteriengruppen beim anaëroben Abbau von Biomasse zu Methan. Die Endprodukte des Abbaus und der Vergärung von Biomasse dienen den acetogenen Bakterien als Substrate. Vertreter der acetogenen Bakterien sind in der Lage, aus CO_2 und Wasserstoff Acetat zu bilden. Der bei der Acetogenese gebildete Wasserstoff wird in einer symbiontischen Assoziation auf methanogene Bakterien übertragen, die ihn als Energiequelle nutzen.

Ein ähnlicher Prozeß erfolgt im Pansen der Wiederkäuer. **Fermentative Bakterien** (bes. Clostridien) vergären Zellulose und andere Komponenten der Biomasse unter anaëroben Bedingungen zu Propionat, Butyrat und anderen Verbindungen. In einer dem Kommensalismus vergleichbaren Beziehung dienen diese Endprodukte den **acetogenen Bakterien** als Energiequelle, wobei Acetat und Wasserstoff entstehen. Letzterer wird in einer **symbiontischen Assoziation** (Interspecies-Wasserstofftransfer) von bestimmten **methanogenen Bakterien** aufgenommen, die ihn unter Energiegewinn auf CO_2 übertragen, das dabei zu Methan reduziert wird. Diese Assoziation des acetogenen Stammes S und des methanogenen Stammes MoH ist so eng, daß beide Arten bis 1967 für eine Reinkultur gehalten wurden, die als *Methanobacterium omelianskii* beschrieben wurde. Die Assoziation ist mutualistisch, da ein hoher Wasserstoffpartialdruck den Stamm S hemmt. Wie aus Abb. 4.6. zu ersehen ist, wird Methan noch durch eine zweite Reaktion, die Decarboxylierung von Acetat, gebildet.

Bei den **Pilz-Algen-Symbiosen** in den Flechtenthalli durchläuft oft während des Jahres die Beziehung Pilz-Alge die Interaktionstypen Mutualismus, Parasitismus, Saprophytismus.

4.1.3.2. Mikroben-Pflanzen- und Mikroben-Tier-Interaktionen

Pflanzen wie Tiere stellen für Mikroben Lebensräume dar, deren Erschließung zu vielfältigen Wechselwirkungen geführt hat. Als Beispiele antagonistischer Interaktionen sei zunächst auf die pathogenen Mikroorganismen hingewiesen. Die **phytopathogenen Mikroorganismen** haben ein umfangreiches biochemisches Instrumentarium entwickelt, um die Pflanze als Substrat zu erschließen (Abb. 4.7.). Dazu gehören **extrazelluläre Enzyme** wie Zellulasen und Hemizellulasen, **Phytotoxine** und vielfältige Abwehrmechanismen auf pflanzliche Gegenreaktionen. Die Phytotoxine sind mikrobielle Sekundärmetabolite, die das Wachstum oder die Entwicklung höherer Pflanzen hemmen. Einige zeichnen sich durch eine sehr spezifische Wirkung aus, z. B. wirkt das von *Helminthosporium victoriae* gebildete Victorin nur auf bestimmte Hafersorten. Die Mehrzahl der Phytotoxine hat ein Wirkungsspektrum, das über die Wirtspflanze hinaus reicht. An der Spezifität der Wirt-Parasit-Beziehungen sind noch weitere Faktoren beteiligt, z. B. Oberflächenstrukturen der Bakterienzelle. Pathogene Stämme werden von der Pflanze schwer erkannt, so daß sie auf deren Eindringen nur mit schwachen Abwehrreaktionen antwortet.

Eine sehr hoch entwickelte Form des Parasitismus liegt bei dem Pflanzenkrebs verursachenden *Agrobacterium tumifaciens* vor. Dieses Bakterium überträgt auf die Wirtspflanze ein Plasmid (extrachromosomale genetische Information), das in der Pflanze nicht nur die

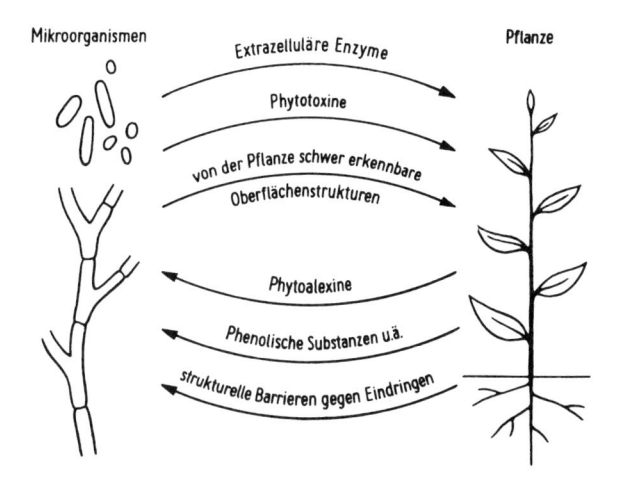

Abb. 4.7. Interaktionen zwischen phytopathogenen Mikroorganismen und höheren Pflanzen

Information zum tumorartigen Wachstum (crown gall-Tumoren) überträgt, sondern auch die Biosynthese von Substanzen (Opine), die nur den Bakterien zum Wachstum dienen.

Bei den tier- und humanpathogenen Mikroorganismen finden wir analoge Erschließungsstrategien wie bei den phytopathogenen Mikroben. Zunehmend praktische Bedeutung erhalten Einsichten in die Autoökologie pathogener Mikroben für die **biologische Schädlingskontrolle.** So kommen vermehrt Präparate des insektenpathogenen *Bacillus thuringiensis* zur Schädlingsbekämpfung zum Einsatz. Die Wirkung dieser Präparate beruht vor allem auf zwei Toxinen, einem Endotoxin, das eine sehr spezifische Wirkung auf das Darmepithel von Lepidopterenraupen hat, und einem Exotoxin, welches z. B. gegen Fliegenmaden hochwirksam ist.

Abschließend einige Bemerkungen zu den mutualistischen Interaktionen. Die engen Beziehungen der Bakterien zur Pflanze bei der **symbiontischen Stickstoffbindung** von

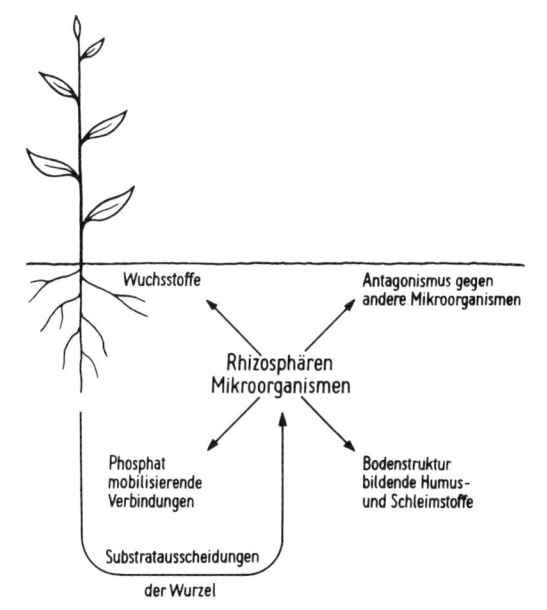

Abb. 4.8. Interaktionen zwischen Mikroorganismen und höheren Pflanzen in der Rhizosphäre.

bestimmten *Rhizobium*-Stämmen mit Leguminosen sind gut bekannt, ebenso die verschiedenen Formen der Mykorrhiza.

Die Rhizosphäre stellt für bestimmte Bakterien einen Biotop dar, der durch Übergänge von Kommensalismus zur assoziativen Symbiose gekennzeichnet ist (Abb. 4.8.). Die **assoziative Stickstoffverbindung,** die vor allem in der Rhizosphäre einiger tropischer Gräser mit *Azospirillum*-Arten ausgeprägt ist, weist auf zusätzliche spezifische Wechselwirkungen hin.

Hochentwickelte Symbiosen von Bakterien und Hefen mit Tieren liegen bei der **Endosymbiose** von Insektengruppen mit einseitiger Ernährungsweise vor. Bei diesen Insekten sind in bestimmten Organen, sogenannten Myzetomen, Mikroben angesiedelt, welche die Insekten mit essentiellen Nahrungskomponenten wie Aminosäuren oder Vitaminen versorgen. Bei den von Pflanzensaft lebenden Schaumzikadenlarven sind in der Regel mehrere Bakterienarten in einer Insektenart angesiedelt. Die Anpassung dieser Mikroben ist so ausgeprägt, daß ihre Kultur im Labor große Schwierigkeiten bereitet.

Mutualistische Symbiosen zwischen photosynthetischen Mikroben und Tieren sind eine Form, die Primärproduktion der Algenpartner zu einer hocheffektiven Konsumtion durch die Tiere zu nutzen. Beispiele dafür sind Protozoen, z. B. *Cyanophora*, die Cyanobakterien enthalten, welche als Cyanellen bezeichnet werden. Die Turbellarie *Convoluta roscoffensis*, welche im Sand der Gezeitenzone lebt, stellt die Nahrungsaufnahme ein, wenn sie die Grünalge *Platymonas convoluta* als Symbionten aufgenommen hat. Diese Symbiose ist demnach eine komprimierte Nahrungskette.

4.2. Ökologie pflanzlicher Organismen

4.2.1. Wirkung von Umweltfaktoren auf Einzelpflanzen

4.2.1.1. Einleitung

Die Existenz pflanzlicher Organismen ist von einer größeren Zahl von Umweltfaktoren abhängig. Die unterschiedlich entwickelte Fähigkeit, sich an gegebene Umweltbedingungen anzupassen bzw. diese in ihren ökologischen Wirkungen zu verändern, bestimmt die Entwicklungsmöglichkeiten und Verbreitungsgrenzen der einzelnen Sippen. Eine primäre Rolle kommt dabei den abiotischen Faktoren zu, doch sind auch die aus den Wechselbeziehungen zu anderen Organismen resultierenden biotischen Faktoren mitentscheidend für den Lebensraum der Pflanzen.

Alle abiotischen Umweltfaktoren weisen spezifische qualitative und quantitative Merkmale auf, die raum/zeitlich gesehen sehr unterschiedliche Bedingungen für pflanzliche Organismen schaffen (SCHULZE und CHAPIN III 1987). Beispiele hierfür sind die von der Sonnenstrahlung bei ihrem Auftreffen auf die autotrophe Pflanze ausgehenden Wirkungen. So werden durch bestimmte Anteile der PhAR vor allem photoenergetische Prozesse gesteuert, während andere Anteile (besonders über die Wirkung auf das Phytochromsystem) vor allem Wachstums- und Entwicklungsvorgänge lenken. Aber auch unterschiedliche Quantitäten der PhAR, wie die Dauer und Periodizität eines bestimmten Strahlungsangebotes, bestimmen über Veränderungen des Stoffmetabolismus Leistungs- und Existenzgrenzen des pflanzlichen Organismus.

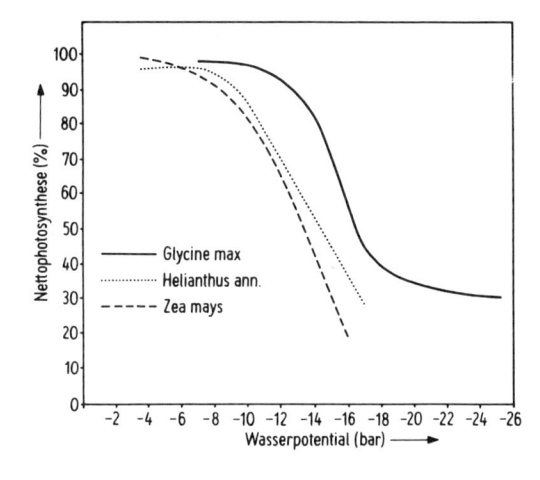

Abb. 4.9. Beeinflussung der Photosynthese durch Wassermangel. Verändert nach BOYER (1970) in LARCHER (1980).

4.2.1.2. Unabhängige und gekoppelte Wirkungen von Umweltfaktoren

Umweltfaktoren können unabhängig oder gekoppelt auf die Pflanze wirken. Derartige Kopplungen sind primärer oder sekundärer Art. **Primäre Kopplungen** bestehen z. B. in vieler Hinsicht zwischen den Wirkungen von Licht- und Wärmefaktor. So ergibt sich bei Strahlungswetter zwischen Licht und Temperatur im Tagesverlauf eine positive Korrelation, auch wenn die Tagesamplituden beider Umweltvariablen, besonders mit ihren Minima und Maxima, keinen synchronen Verlauf aufweisen.

Dagegen sind die Wirkungen anderer Faktoren, wie die von Licht- und Mineralstoffangebot, **primär voneinander unabhängig.** Allerdings bestehen auch zwischen primär nicht gekoppelten Faktoren über andere Umweltbedingungen positive wie negative indirekte Korrelationen.

Pflanzen der gemäßigten Breiten erhöhen z. B. an heißen Sommertagen bei zunehmender Strahlungsintensität im Tagesverlauf solange ihre Assimilationsleistung, wie die Wirkung der beiden Faktoren Licht/Wärme nicht durch die der Strahlungszunahme gegenläufig erfolgende Abnahme pflanzenverfügbaren Wassers begrenzt wird. Kann die Wasserversorgung den steigenden Belastungen nicht mehr folgen, wird die Photosynthese durch Spaltöffnungsschluß vorübergehend eingeschränkt bzw. unterbrochen, bis die Wasserbilanz der Pflanze wieder positiv ist (vgl. Abb. 4.9.).

Dabei schränkt die Pflanze in der Regel in ihrem Gesamtstoffmetabolismus denjenigen Prozeß zuerst ein, der, kurzzeitiger gesehen, den Organismus am wenigsten negativ belastet. Im genannten Beispiel ist die ökologische Strategie darauf gerichtet, die Gesamtwasserbilanz zu stabilisieren und dafür Verluste in der Stoffproduktion in Kauf zu nehmen.

Das Zusammenwirken mehrerer Faktoren kann so gekoppelt sein, daß dadurch ein bestimmter ökologischer Prozeß ausgelöst und zugleich die Art seines weiteren Verlaufs gesteuert wird; z. B. erfolgt das Ineinandergreifen von Faktoren zum Öffnen und Schließen der Stomata bei angespanntem Wasserhaushalt in Abhängigkeit von der Verbesserung der Wasserbilanz.

Die Kopplung kann funktionell gesehen auch auf dem Prinzip **Auslösung/Anpassung** basieren. Dabei wird ein Prozeß durch einen Faktor ausgelöst, der eine Anpassungsreaktion an einen später wirksam werdenden zweiten Faktor einleitet und steuert. Über die Abnahme der Tageslänge im Hochsommer wirkt beispielsweise der Lichtfaktor in den gemäßigten Breiten als auslösender Faktor (Photoinduktion) auf die Einleitung eines morphogenetischen Prozesses, der eine Anpassung an einen erst später wirksam werdenden anderen Faktor

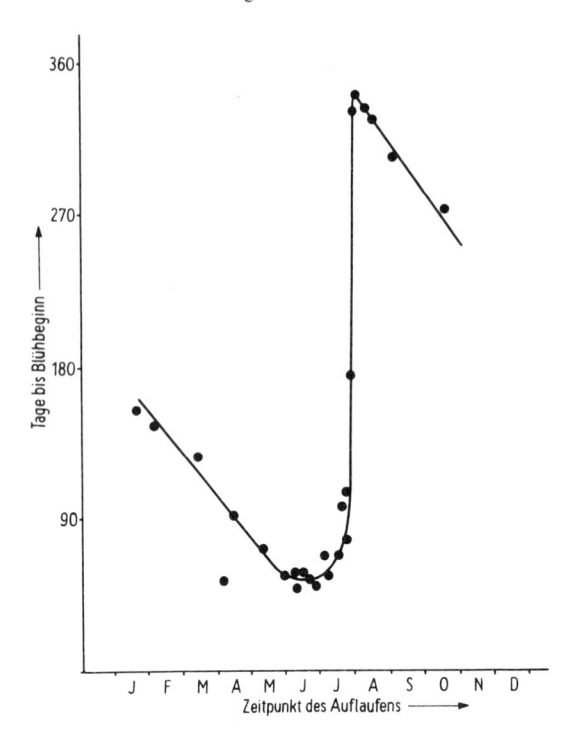

Abb. 4.10. Einfluß der jahreszeitlichen Photoperiodizität auf die Dauer der vegetativen Entwicklung bis zum Blühbeginn bei *Tripleurospermum maritimum*. Nach ROBERTS und FEAST 1974.

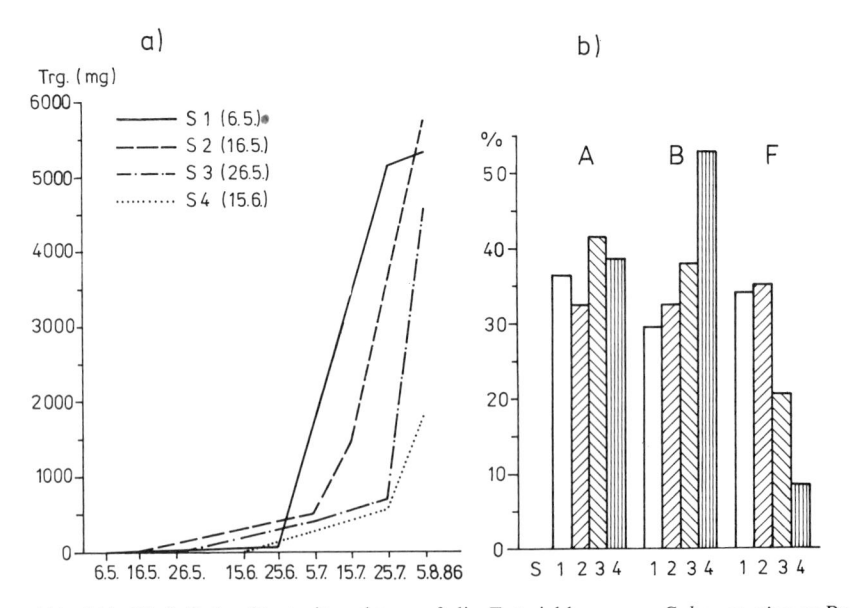

Abb. 4.11. Einfluß des Startzeitpunktes auf die Entwicklung von *Solanum nigrum*-Populationen bei konkurrenzfreiem Wachstum im Agro-Ökosystem. (a) Gesamtbiomasse, (b) Veränderung des prozentualen Anteiles spezifischer Parameter. Symbolerläuterungen: S 1–4 = Kohorten mit unterschiedlichem Startzeitpunkt A = Achsen, B = Blätter, F = Früchte. Nach MAHN und LEMME 1989.

4.2. Ökologie pflanzlicher Organismen 153

(abnehmende Wärme) vorbereitet. Dabei kann die Form der Anpassung wiederum sehr unterschiedlich sein (herbstlicher Blattfall bei Gehölzen, Verharren in bestimmten Entwicklungsstadien, z. B. als Rosetten (vgl. Abb. 4.10.).

Die für Entwicklung und Stoffproduktion entscheidenden Faktoren sind während des Gesamtlebenszyklus der Pflanzen meist nur vorübergehend optimal wirksam.

Dieser Tatsache versucht die Pflanze dadurch zu entsprechen, daß sie ihr Wachstum auf die Optimierung der entscheidenden Stadien ihres Entwicklungszyklus ausrichtet. Dies bedeutet z. B. für annuelle Arten, deren Erhaltung auf einer regelmäßigen Bildung von zahlreichen Diasporen basiert, gegebenenfalls den vegetativen Entwicklungsabschnitt zu verkürzen, um den Eintritt in das reproduktive Stadium rechtzeitig zu gewährleisten.

Wie das Beispiel einer Reihe nacheinander startender Populationen von *Solanum nigrum* zeigt, wird die Phase langsamen vegetativen Wachstums mit zunehmend späterem Start deutlich verkürzt (Abb. 4.11.a.). Diese Verkürzung des Gesamtzyklus führt erst bei der zuletzt startenden Population zu einer einschneidenden Verringerung des reproduktiven Outputs (Abb. 4.11.b.).

4.2.1.3. Anpassungen an Umweltfaktoren

Im Hinblick auf die Optimierung ihrer Entwicklungsstrategie finden wir bei Pflanzen verschiedene Möglichkeiten der Adaptation. Diese äußern sich in folgenden Formen:

— **Modulative Anpassungen**

Ihre funktionelle Bedeutung liegt in der raschen, kurzfristig reversiblen Anpassung des pflanzlichen Organismus an für ihn günstige oder ungünstige Veränderungen von Umweltfaktoren. Sie werden durch ± kurzzeitige Schwankungen von Umweltfaktoren verursacht. Die Reaktionen des pflanzlichen Organismus liegen meist auf biochemisch/physiologischem Niveau, ohne daß sie in der Regel unmittelbar sichtbare morphogenetische Veränderungen auslösen. Modulative Anpassungen werden z. B. durch die Veränderung der Strahlungsintensität im Tagesverlauf hervorgerufen. Sie äußern sich

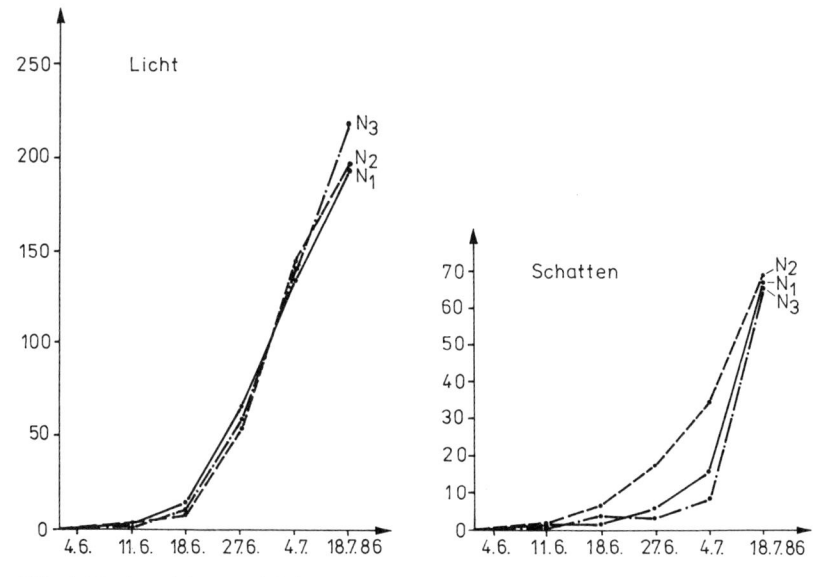

Abb. 4.12. Anzahl reproduktiver Organe (Blüten+Kapseln/Pfl.) in Abhängigkeit vom Licht- und Stickstoffangebot (Freilandgefäßversuch). Symbolerläuterungen: Düngungsstufen N1 = 0 kg, N2 = 75 kg, N3 = 150 kg N/ha. Nach MUSLEMANIE und MAHN 1990.

sichtbar in Form von photo- und thermonastisch bedingten Stellungsänderungen von Blatt- und Blütenorganen oder äußerlich unsichtbar als Veränderung der Nettophotosyntheseleistung in Abhängigkeit vom Lichtangebot. Die Stärke der Reaktion ist artspezifisch sowie abhängig vom erreichten Entwicklungsstadium (vgl. 4.13.).

— **Modifikative Anpassungen**
Sie haben funktionell die Aufgabe, den pflanzlichen Organismus längerfristig, während wichtiger Abschnitte seines individuellen Entwicklungszyklus, an die spezifischen Bedingungen seines jeweiligen Standortes anzupassen. Die modifikativen Adaptationen können dabei nur innerhalb der genetisch festgelegten Amplituden seiner Reaktionsmöglichkeiten erfolgen.

Mit der modifikativ erfolgenden Anpassung reagiert die Pflanze auf die im Laufe ihrer ontogenetischen Entwicklung an dem betreffenden Standort herrschenden Umweltbedingungen. Modifikative Adaptationen äußern sich in bleibenden morphogenetischen Veränderungen, die über vorangehende biochemisch-physiologische Veränderungen von Stoffwechselprozessen ausgelöst und gesteuert werden. Derartige modifikative Anpassungen stellen z. B. Licht- bzw. Schattenadaptationen dar, die als Folge unterschiedlich hohen Lichtgenusses zu spezifischen Unterschieden in der Sproßentwicklung führen (Abb. 4.12.). Entsprechendes gilt auch für morphogenetische Anpassungen der Sproß/Wurzelrelationen an die Verfügbarkeit des Wassers und der Nährstoffe. Letztlich entscheidet der Grad der modifikativen Anpassungsfähigkeit eines Organismus darüber, ob es ihm gelingt, das für die jeweilige Art entscheidende Stadium der ontogenetischen Entwicklung unter den gegebenen abiotischen und biotischen Umweltbedingungen zu erreichen. Dabei sind modifikativ auf eine bestimmte Optimal- oder Mangelsituation adaptierte Organismen in der Regel nicht mehr oder nur bedingt in der Lage, bei plötzlich erfolgenden stärkeren Änderungen dieser Bedingungen ihre Strategie nochmals zu ändern. So vermögen z. B. Maispflanzen, deren Entwicklung während ihrer frühen ontogenetischen Stadien unter starkem Konkurrenzdruck stattfand, später nicht, nach Ausschaltung der Konkurrenz, den Entwicklungsrückstand wieder aufzuholen.

— **Evolutive Anpassungen**
Die Fähigkeit einer Sippe, innerhalb eines Bereiches sich überschneidender und verändernder Amplituden von Umweltfaktoren zu existieren, bestimmt die Grenze ihres Gesamtareals. Innerhalb dessen besteht für sie die Möglichkeit, regional wie ständörtlich unterschiedliche Habitate einzunehmen (Clausen et al. 1940).

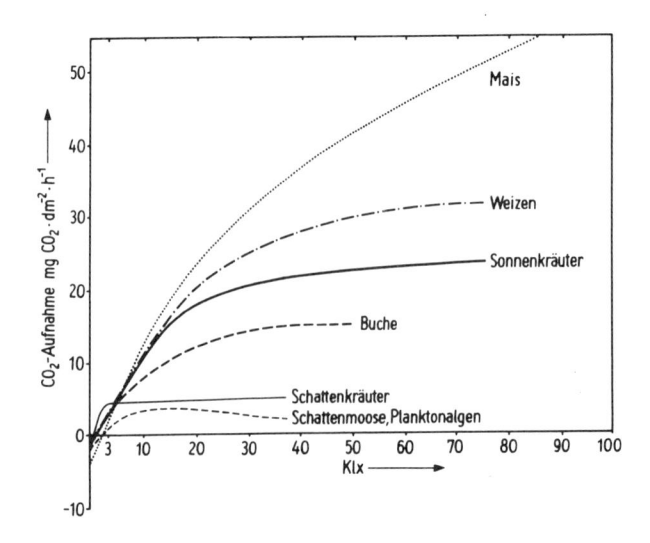

Abb. 4.13. Bedeutung des Lichtangebotes für die Nettophotosyntheseleistung verschiedener Arten bei optimaler Temperatur und natürlicher CO_2-Versorgung. Nach Larcher 1980 und anderen Autoren.

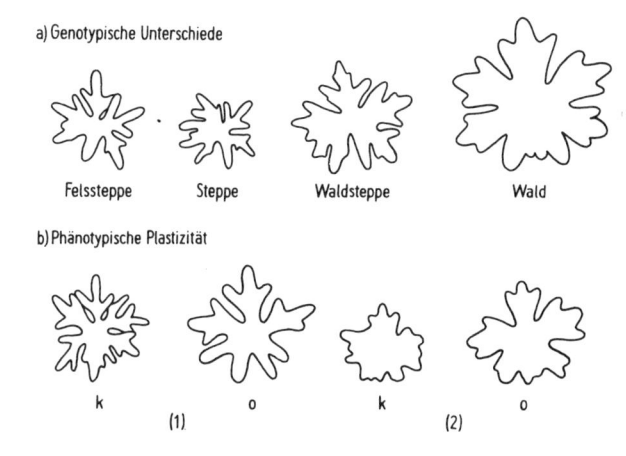

Abb. 4.14. Genotypisch und phänotypisch bedingte Blattunterschiede bei *Geranium sanguineum*.
a) Blätter von Populationen auf Standorten unterschiedlicher Aridität bei Anzucht unter gleichen Bedingungen. b) Blätter von 2 Klonen unter simulierten kontinentalen (k) bzw. oezanischen (o) Bedingungen kultiviert. Nach LEWIS 1972 in BANNISTER 1976.

Auf der Grundlage populationsspezifischer Regulationsmechanismen vollziehen sich bei gerichtet verlaufenden Veränderungen von Umweltbedingungen evolutive Anpassungen im Verlauf unterschiedlich langer Zeiträume. Eine besondere Bedeutung kommt hierbei der Bildung von Ökotypen zu (vgl. TURESSON 1922). Ihre Entstehung wird vor allem über populationsinterne Selektionsvorgänge gesteuert (vgl. 5.2.). Die der Ökotypenbildung zugrunde liegenden Differenzierungsvorgänge können sich schon in relativ kurzen Zeiträumen (von einigen Jahren) abspielen.

Die evolutiv entstandenen genotypischen Unterschiede innerhalb einer Sippe treten in vielen Fällen auch äußerlich sichtbar in Erscheinung und können sich in unterschiedlicher phänotypischer Plastizität äußern (vgl. Abb. 4.14.).

Bei Anhalten des Einflusses veränderter Umweltbedingungen kann der Prozeß fortschreitender genotypischer Differenzierung über die Entstehung von Ökotypen hinaus bis zur Ausbildung von Merkmalen führen, die eine Abgrenzung dieser Sippen als selbständige taxonomische Einheiten (Varietäten, Subspecies, Kleinarten) rechtfertigt. Beispiel eines derartigen Vorganges ist die Entstehung der schwermetallresistenten Kleinarten (SCHUBERT 1954). Die für sie kennzeichnende Schwermetalltoleranz ist genotypisch fixiert und kann darüber hinaus noch adaptiv modifiziert werden (vgl. Tab. 4.3.).

Tabelle 4.3. Schwermetallresistenz unterschiedlicher Ökotypen von *Silene vulgaris*

	Zn-Toleranz	Cu-Toleranz
Zn-Cu-Ökotypen	40	0,04
Zn-Ökotypen	40–200	0,004
Cu-Ökotypen	0,4	0,08
nicht adaptierter Ökotyp	0,4	0,04

Resistenzmaß: Absterben von Epidermiszellen nach 48stündigem Aufenthalt in $ZnSO_4$- und $CuSO_4$-Lösungen, Angaben in mM. Nach BIEBL (1974), ERNST (1972) und URI (1956) in LARCHER (1980), verändert.

4.2.1.4 Wirkung abiotischer Umweltfaktoren im Verlauf der ontogenetischen Entwicklung

Der Ablauf aller ökologisch relevanten Prozesse erfolgt innerhalb artspezifisch unterschiedlicher, sich auch unter Konkurrenzbedingungen in der Regel überschneidender Amplituden. Dabei bleiben die Ansprüche einer Sippe an ihre abiotischen Umweltbedingungen im Verlauf ihrer ontogenetischen Entwicklung nicht gleich, sondern ändern sich in für sie spezifischer Weise.

Die Mehrzahl der landbewohnenden autotrophen Pflanzen ist eurytherm. Aktive Lebensvorgänge können meist nur im Temperaturbereich von -5 bis $+55\,°C$ stattfinden. Dabei ist zwischen einer **Latenzgrenze,** bei der die aktiven Lebensprozesse reversibel minimiert werden, und einer **Letalgrenze,** bei der irreversible Störungen oder ein Absterben erfolgen, zu unterscheiden.

Die **Temperaturansprüche** der einzelnen Sippen bei der Keimung stehen in deutlicher Beziehung zu den Temperaturverhältnissen ihres jeweiligen Lebensraumes. So liegt bei Kulturpflanzen der gemäßigten Breiten das Keimungsoptimum zwischen $+15$ und $+25\,°C$, bei Kulturpflanzen der Tropen und Subtropen zwischen $+30$ und $+40\,°C$. Dabei sind allerdings weniger die mittleren Jahrestemperaturen als vor allem diejenigen der Jahreszeit von Bedeutung, während der die Keimung erfolgt. So keimen manche Arten der gemäßigten Breiten in Gebieten mit wintermildem Klima (Mediterraneis) bei niedrigeren Temperaturen als solche in Gebieten mit winterkaltem Klima, da eine Keimung nur erfolgversprechend ist, wenn anschließend günstige Entwicklungsbedingungen für die Jungpflanzen bestehen, die nur im ersteren Fall gegeben sind.

Unterschiedlichen Einfluß hat die Temperatur auch auf die weiteren Entwicklungsstadien. Während bei Pflanzen der Hochgebirge bereits Temperaturen um $0\,°C$ ein Streckungswachstum auslösen können, ist dies in den tieferen Lagen der gemäßigten Breiten erst bei einigen Graden über $0\,°C$ der Fall. Pflanzen tropischer Breiten lassen sogar erst bei Temperaturen von $+12$ bis $15\,°C$ ein Streckungswachstum erkennen.

Spezifische Temperaturverhälnisse sind auch Voraussetzung für den Eintritt in das reproduktive Stadium. Dabei kann es sich um bestimmte Temperaturschwellenwerte handeln, die überschritten, bzw. mittlere Temperatursummen, die erreicht werden müssen. Aus der sippenspezifischen Kenntnis bestimmter Schwellenwerte bzw. Temperatursummenansprüche lassen sich Aussagen über die regionale Anbaueignung bestimmter Kulturpflanzen ableiten. Hohe Wärmeansprüche stellen die meisten Pflanzen besonders während des Stadiums der Fruchtbildung und Samenreife.

Für viele Winterannuelle und zweijährige Pflanzen der gemäßigten Breiten ist eine kühle Jahreszeit Voraussetzung für den späteren Eintritt in die Blühphase. Ein solcher spezifischer **Vernalisationseffekt** kann bereits bei Temperaturen über $0\,°C$ eintreten, wenn diese über längere Zeit anhalten. Auch manche Gehölze (z. B. Pfirsich) bedürfen zur Blütenentwicklung einer Vernalisation.

Bei der Bewertung des Einflusses, den der Wärmefaktor auf die Entwicklung der autotrophen Pflanze ausübt, ist besonders auch auf die Temperaturabhängigkeit der Photosyntheseprozesse hinzuweisen. Dies betrifft vor allem die für die pflanzliche Stoffbildung entscheidende Nettophotosynthese. Sie weist für die autotrophen Pflanzen sehr unterschiedliche Temperaturoptima auf, die z. B. bei krautigen Blütenpflanzen des C_4-Typs deutlich über denen des C_3-Typs liegen (vgl. 3.1.2.2.). Aber selbst bei krautigen C_3-Pflanzen der gemäßigten Breiten werden für Sonnenpflanzen Optima zwischen $+20$ bis $30\,°C$ und bei Schattenpflanzen werden $+10$ bis $20\,°C$ angegeben.

4.2.1.5. Streß — Leben an den Existenzgrenzen

Mit zunehmender Annäherung an Grenzbereiche des Lebens erhöhen sich die Anforderungen an die Organismen, bestimmte lebenswichtige Prozesse ohne stärkere Störung bzw. nachfolgende Schädigung zu stabilisieren. Derartige außergewöhnlich hohe Belastungen werden als **Streß** bezeichnet (vgl. Kreeb 1971). Auf Streß antwortet die Pflanze mit ihren spezifischen Möglichkeiten, die durch den Streß hervorgerufenen Belastungen zu beseitigen oder zu mindern. Entscheidend ist dabei, inwieweit es der Pflanze gelingt, die Funktionsfähigkeit des Protoplasmas zu erhalten.

4.2. Ökologie pflanzlicher Organismen

Werden die für eine Art spezifischen Schwellenwerte ihres oberen bzw. unteren Existenzbereiches überschritten, so kommt es zu irreversiblen Schäden. Diese führen bei den betroffenen Pflanzen zu teilweisem oder gänzlichem Absterben. Für das Ertragen hoher oder tiefer Temperaturextreme ist der von der Pflanze entwickelte Grad der Temperaturresistenz entscheidend (SAKAI und LARCHER 1987). Sie basiert grundsätzlich auf zwei Möglichkeiten (LEVITT 1972):

— Entwicklung spezifischer Fähigkeiten des Protoplasmas, extreme Temperaturen zu ertragen (**tolerance**)
— Entwicklung von Einrichtungen, die das Wirksamwerden extremer Temperaturen verzögern oder abschwächen (**avoidance**).

Die den klimatischen Bedingungen des Lebensraumes entsprechend unterschiedliche Notwendigkeit, extreme Temperaturbedingungen zu ertragen, hat evolutiv zur Entwicklung folgender konstitutioneller Verhaltensweisen geführt:

Kälteresistenz

Es lassen sich folgende Kälteresistenz-Gruppen unterscheiden (LARCHER 1980):

— **kälteempfindliche Pflanzen** erleiden schon bei Temperaturen oberhalb des Gefrierpunktes irreversible Schädigungen. Hierzu gehören viele Pflanzen tropisch-subtropischer Gebiete ohne ausgeprägtes Jahreszeitenklima
— **frostempfindliche Pflanzen** können Temperaturen unter dem Gefrierpunkt ertragen. Sie vermögen einen aktiven Frostschutz zu entwickeln, der bis zu einigen Graden unter 0 °C das Gefrieren und damit die Eisbildung in den Zellen verhindert. Dieser Schutz beruht auf einer Konzentrationserhöhung der osmotisch wirksamen Substanzen und damit der Unterkühlungsfähigkeit von Protoplasma und Zellsaft (vgl. 3.1.1.2.)
— **frostbeständige Pflanzen** ertragen länger andauernde Kälteperioden mit starker Abkühlung ohne Schädigung. Die Vertreter dieser Gruppe können auch eine partielle Entwässerung der Zellen und extrazelluläres Gefrieren des Wasser überstehen. Zu dieser Gruppe gehören neben niederen Organismen vor allem Holzgewächse der winterkalten, kontinentalen Gebiete unserer Erde.

Hitzeresistenz

Im Ertragen hoher Temperaturen sind zu unterscheiden:

— **hitzeempfindliche Pflanzen** werden bereits bei Temperaturen zwischen $+30$ und $+40$ °C geschädigt. Hierzu gehören vor allem aquatisch lebende Pflanzen sowie schattenbevorzugende Waldpflanzen
— **hitzeertragende Pflanzen** ertragen Temperaturen bis über $+50$ °C. Die obere Grenze irreversibler Schädigung liegt im Bereich von $+60-70$ °C. Typische Vertreter dieser Gruppe sind Arten xerothermer Standorte
— **hitzebeständige Pflanzen** umfassen Arten der Prokaryoten. Es handelt sich dabei vor allem um thermophile Spezialisten. Von ihnen können einzelne Vertreter der Bakterien auf Grund ihrer hitzeresistenten Eiweißkörper bis zu $+90$ °C (und höher), der Blaualgen bis zu $+75$ °C ertragen (vgl. 3.1.1.1.).

In den letzten Jahrzehnten gelang es, wesentliche Beiträge zur Aufklärung der Ursachen der Temperaturresistenz sowie der Fähigkeit zur Akklimatisation an extreme Temperaturen zu erarbeiten (LANGE 1953, 1959; LARCHER 1970; TUMANOV 1967 und WEISER 1970; vgl. auch 3.1.1.).

Die Pflanze ist jedoch nicht nur in bezug auf die Temperatur extremen Bedingungen ausgesetzt, die zur Entwicklung spezifischer Regulationsmechanismen als Vorraussetzung für das Ertragen derartiger Belastungen geführt haben. In ähnlicher Weise bestehen auch gegenüber anderen Faktoren unterschiedliche Anpassungsmöglichkeiten. Dabei kann es sich um Extrembedingungen handeln, die sowohl durch ein Minimumangebot des betreffenden Faktors (z. B. Wassermangel) wie ein Überangebot (z. B. an Salzen) die Pflanzen zwingen, entsprechende Einrichtungen der Dürreresistenz bzw. Salzresistenz auszubilden (KREEB 1974; LEVITT 1958, 1972; WAISEL 1972).

4.2.2. Grundlagen der pflanzlichen Entwicklung

4.2.2.1. Jahreszeitliche Entwicklung

Jahreszeiten fehlen nur in den immerfeuchten Äquatorialgebieten (vgl. 2.5.2.). Aber auch dort erfolgen Laubaustrieb und Laubfall oft rhythmisch, so daß einzelne Äste oder ganze Einzelpflanzen zeitweilig kahl werden. Im Jahreszeitenklima wird diese Rhythmik in den Klimarhythmus eingepaßt. Dabei dienen als Signalreize die Tageslänge, Schwellentemperaturen und/oder Temperaturschwankungen.

Die ungünstige Jahreszeit wird von den Sproßmeristemen und den jungen Blättern in offenen oder durch Schuppenblätter geschlossenen **Innovationsknospen** überdauert. Darin ist der neue Jahrestrieb bereits in unterschiedlichem Maße vorgebildet:

— Bei fast allen temperat-borealen Gehölzen, den borealen und arktischen Zwergsträuchern und vielen mediterran-mitteleuropäischen Geophyten sind schon im Herbst der gesamte vegetative Jahrestrieb und die Infloreszenz vorgefertigt und die Knospe für den übernächsten Winter angelegt (z. B. *Pinus sylvestris*, *Picea abies*, *Betula pendula*, *Fagus sylvatica*, *Tulipa*, *Gagea*, *Corydalis*, *Loiseleuria*, *Vaccinium myrtillus*, bei letzterem verharren die Blüten 11–12 Monate in der Knospe!). Bei *Tulipa* wird im Sommer bereits entschieden, ob die Pflanze im übernächsten Jahr blühen kann. Bei dem Farn *Ophioglossum* werden die Knospen sogar schon 7 Jahre vor dem Austrieb angelegt!

— Bei anderen Arten ist der vegetative Teil des Jahrestriebes ausdifferenziert, nicht aber die Infloreszenz. Letztere wird z. B. bei *Tilia cordata*, *Veronica chamaedrys* und *Aegopodium podagraria* in der Vegetationsperiode, bei *Stellaria holostea* und *Milium effusum* schon im Dezember–Februar angelegt.

— Viele Stauden enthalten in ihren Innovationsknospen nur einen Teil des vegetativen Jahrestriebes und legen die Infloreszenz erst im Sommer an. Hierher gehören vor allem Lang-Kurztagspflanzen, also Herbstblüher, die ihre Hauptverbreitung auf den Ostseiten der Nordkontinente haben (vgl. 4.2.3.), wie *Reynoutria sachalinensis*, *Epilobium angustifolium*, *Solidago* und hohe *Aster*-Arten.

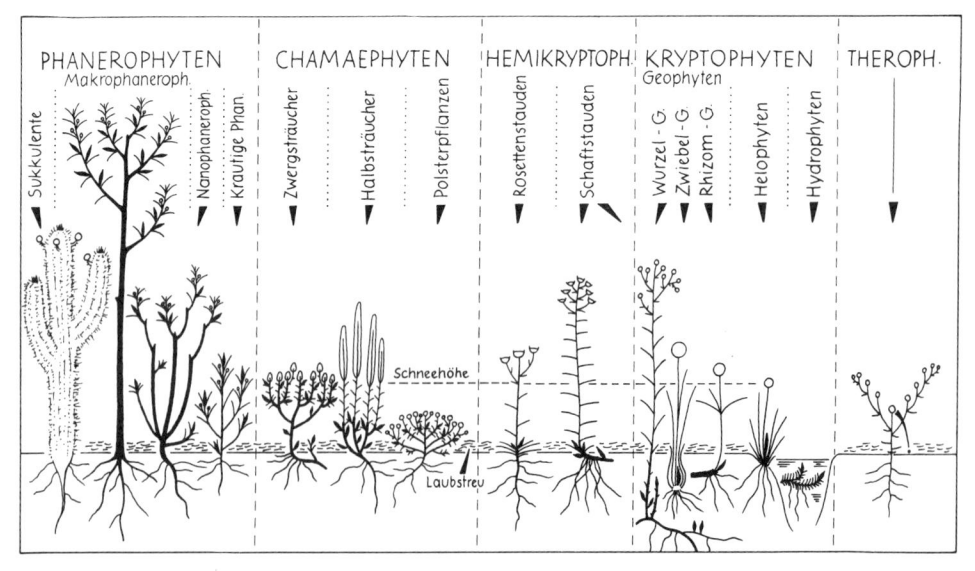

Abb. 4.15. Lebensformen nach RAUNKIAER 1934. In der ungünstigen Jahreszeit überdauernde Teile sind kräftiger gezeichnet. Entwurf E. JÄGER.

4.2. Ökologie pflanzlicher Organismen

Die Lage der Innovationsknospen ist das Hauptkriterium zur Unterscheidung der **Lebensformen** nach RAUNKIAER (1934) (Abb. 4.15., vgl. auch ELLENBERG und MUELLER-DOMBOIS 1967):

Phanerophyten: Innovationsknospen über der Erde und Schneedecke (dazu die Makrophanerophyten = Bäume, Nanophanerophyten = Sträucher, sowie die Lianen, Epiphyten und krautigen Phanerophyten).
Chamaephyten: Knospen 10–50 cm über der Erdoberfläche, aber in kalten Gebieten von der Schneedecke geschützt (Zwergsträucher, Halbsträucher, Polsterpflanzen).
Hemikryptophyten: Knospen in Höhe der Bodenoberfläche (ausdauernde Rosetten- und Schaftstauden, Zweijährige und mehrjährig Hapaxanthe = Monokarpe, d. h. nach dem Blühen und Fruchten absterbende mehrjährige Pflanzen).
Kryptophyten: Knospen im Boden (Geophyten: Ausläufer-, Zwiebel-, Knollen-, Rhizom-, Wurzelgeophyten) oder unter Wasser (Helophyten = Sumpfpflanzen, Hydrophyten = Wasserpflanzen).
Therophyten: Lebenszyklus auf die Vegetationsperiode beschränkt, ungünstige Jahreszeit durch Samen überdauert.

Der Anteil der Lebensformen an der Zusammensetzung der Floren ist vom Klima abhängig. Phanerophyten herrschen in den Tropen, Therophyten in den Etesiengebieten und manchen Halbwüsten, Hemikryptophyten in den gemäßigten Breiten, Chamaephyten in der Arktis und in der hochalpinen Stufe (Tabellen bei RAUNKIAER 1934, vgl. 2.5.2.).

In der ungünstigen Jahreszeit wird bei manchen Pflanzen das Wachstum nur exogen gehemmt (z. B. *Sedum acre*, *Stellaria holostea*; keine geschlossenen Knospen!). Viele Gefäßpflanzen der Jahreszeitenklimate aber durchlaufen eine endogene **Ruheperiode,** die meistens durch ungünstige Witterung exogen verlängert wird. Bei der Winterruhe im gemäßigten Klima wird die Vorruhe (Abb. 4.16.) durch kürzer werdende Tage oder Nachttemperaturen unter 10 °C eingeleitet; während der **Vollruhe** im November (Dezember) kann kein Austrieb provoziert werden; nach der Einwirkung niedriger Temperaturen beginnt die **Nachruhe,** in der Gene und Enzyme reaktiviert werden. Sie endet im Januar/Februar mit der Austriebsbereitschaft.

Die **Kälteresistenz** nimmt während der Ruhe endogen zu und wird durch tiefe Temperaturen exogen noch verstärkt (Abb. 4.16.b). Innerhalb der Art ist sie nicht nur bei verschiedenen Altersstadien und Ökotypen unterschiedlich, sondern auch bei verschiedenen Organen. Unterirdische Organe und Blütenknospen sind empfindlicher als vegetative Knospen und das Sproßkambium. Der Austriebsaktivierung entspricht ein rascher Resistenzabfall (Abb. 4.16.a).

Die Organdetermination und -differenzierung innerhalb der Knospen wird auch während der Ruheperioden nicht völlig unterbrochen.

Eine endogene **Sommerruhe** (mit Wärmeforderung zur Blütenanlage) ist bei vielen Geophyten des mediterran-orientalischen Gebietes zu beobachten (*Tulipa, Muscari, Hyacinthus, Scilla, Crocus, Ranunculus ficaria, R. illyricus* u. a. m.). Sie wird bei kühlen Temperaturen im Herbst aufgehoben und in Zentraleuropa oft durch kalte Temperaturen exogen verlängert.

Innerhalb einer Art können sich Populationen verschiedener Herkunft recht unterschiedlich verhalten: *Ranunculus ficaria* beendet in Frankreich schon im Oktober, im Süden der Sowjetunion erst Anfang Januar seine endogene Ruheperiode.

Der **Austrieb** beginnt in winterkalten Klimagebieten nach Eintritt bestimmter Minimaltemperaturen (z. B. Frühjahrsgeophyten wie *Galanthus*: 2–6 °C Bodentemperatur, ringporige Gehölze wie *Quercus robur*: 10–15 °C Lufttemperatur) oder Temperatursummen über einer artspezifischen Minimaltemperatur, in wechseltrockenen Gebieten nach Einsetzen der Niederschläge.

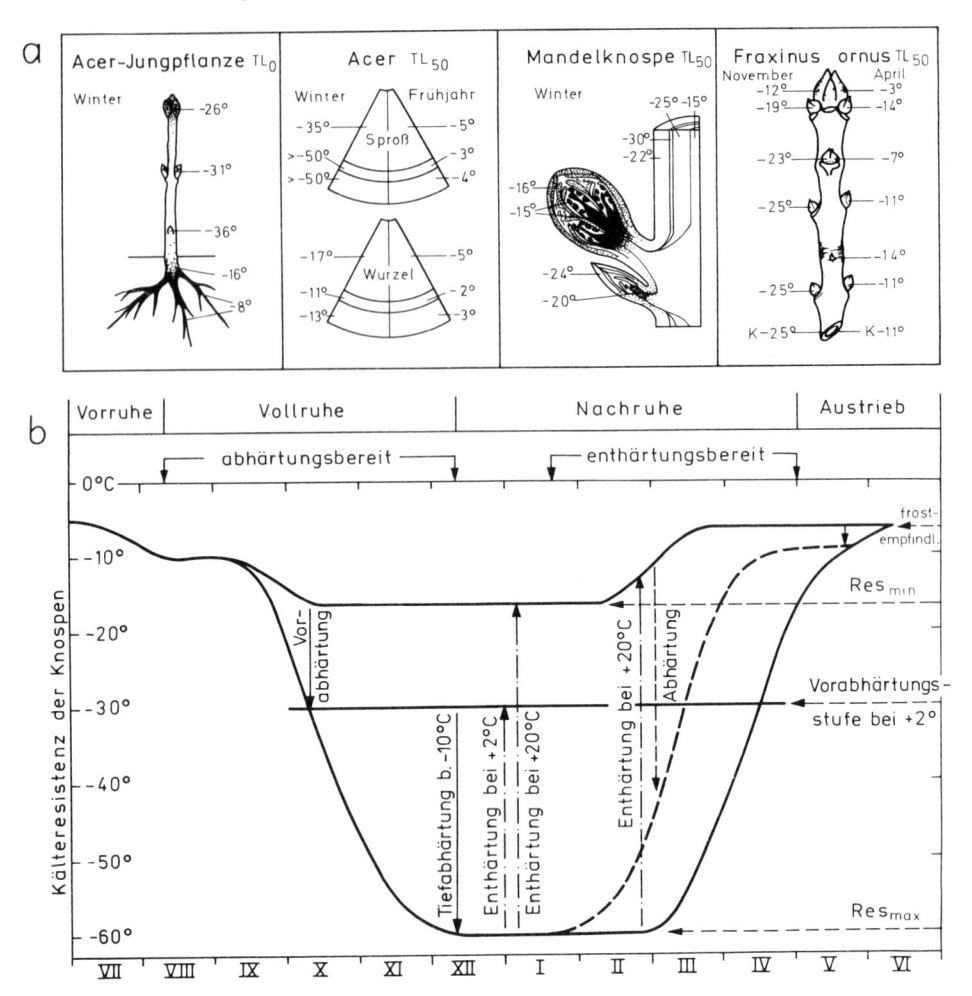

Abb. 4.16. a) Unterschiedliche Kälteresistenz von jungen und erwachsenen Pflanzen, Wurzel und Sproß, Holz, Kambium und Rinde, Blütenknospen und vegetativen Knospen in Abhängigkeit von der Jahreszeit. TL_0 = Temperatur, bei der gerade noch kein Schaden auftritt, TL_{50} = Temperatur bei 50%igem Schaden. K = Kambium. b) Frostabhärtung vegetativer Knospen der Apfelsorte Antonovka. Obere ausgezogene Kurve: Minimalresistenz bei frostfreier Aufstellung der Bäume im Gewächshaus. Untere ausgezogene Kurve: Maximal erreichbare Kälteresistenz bei Dauerfrost von −10 °C. Gestrichelte Kurve: Verminderte Kälteresistenz im Spätwinter und Frühjahr nach Enthärtung und Wiederabhärtung. Nach TJURINA und GOGOLEVA 1975 sowie MAIR 1968 aus LARCHER 1984.

Der **Jahressproßzuwachs** erfolgt selten kontinuierlich über die ganze Vegetationsperiode (z. B. *Sedum acre*, *Poa trivialis*, Wasserschosse von Gehölzen), meist in einem oder mehreren Schüben. Bei den meisten temperat-borealen Gehölzen wird er in einem Schub in 3–6 Wochen realisiert, bei Frühjahrsgeophyten in 2–3 Wochen. Bei *Prunus laurocerasus*, *Quercus robur*, seltener bei *Acer platanoides* ist ein zweiter Schub im Juni/Juli möglich (Johannistrieb).

Gehölze südlicher Breiten haben zwei bis mehrere Zuwachsschübe. Laubverlust kann einen zusätzlichen Schub provozieren (Aufhebung der Knospenhemmung nach Kahlfraß, beim Teestrauch durch Ernte 4 Schübe, sonst 2). Die Zuwachsleistung wird sehr stark von der Produktion im letzten Jahr bestimmt, oft auch von früheren Jahren (Abb. 4.18. a).

4.2. Ökologie pflanzlicher Organismen

Die **Laub-Lebensdauer** ist endogen fixiert und wird durch Klima und Boden in ähnlicher Richtung modifikativ verändert wie in der Phylogenie evolutiv. Sie wird eingeschränkt durch extreme Dürre, Frosttrocknis (vgl. Tab. 4.4.), Beschattung (auch durch eigenes Laub) und Umweltnoxen (vgl. 9.3.5.), auch bei Düngung kann sie trotz wachsender Gesamtbiomasse des Laubes sinken (z. B. bei *Ledum palustre, Pinus sylvestris*).

Tabelle 4.4. Lebensdauer der entfalteten Blätter

Corydalis cava	1,5 – 2	Monate
Anemone nemorosa	2 – 3	Monate
Cirsium acaule	1,5 – 4,5	Monate
Fagus sylvatica,	5 – 6	Monate
Convallaria majalis }	{ 5 – 11	Monate (Zentraleuropa)
Stellaria holostea }	{	
Galium odoratum }	{ 3 – 7	Monate (Osteuropa)
Quercus ilex	2	Jahre
Pinus sylvestris	2 – 5	Jahre (Zentraleuropa, Flachland)
	4 – 8	Jahre (Zentralalpen, Sibirien)
Picea abies	6 – 9	Jahre (temperate Zone, Flachland)
	16 – 20	Jahre (Kola-Halbinsel, Alpen bei 1600 – 2000 m)
Picea schrenkiana	bis 29	Jahre (Tienschan)

Der jährliche Neuaufbau der gesamten Assimilationsfläche ist vorteilhaft bei mehrmonatiger, thermisch und hygrisch günstiger Vegetationsperiode und einer damit abwechselnden einschneidenden Kälte- oder Dürreperiode. Saisonbelaubung wird auch durch nährstoffreiche, sommerfeuchte Böden gegenüber immergrünem Laub gefördert. Die 3mal materialaufwendigeren immergrünen Blätter stehen ununterbrochen, evtl. jahrelang, zur Verfügung und sind deshalb überlegen in Gebieten ohne Vegetationsunterbrechung, aber auch in solchen mit mehrmaliger Unterbrechung (Winterkälte und Sommertrockenheit im Mittelmeerklima) oder bei ständig ungünstigen Bedingungen (S-Strategen, vgl. 2.3.).

Auch die Lebensdauer und Rhythmik der **Wurzeln** ist artspezifisch (z. B. *Tulipa* 8 Monate: Oktober – Juni, *Cirsium acaule* 5 – 8 Jahre, Koniferen-Feinwurzeln ohne Mykorrhiza einige Wochen, mit Mykorrhiza 1 – 2 Jahre). Bei vielen Gehölzen weicht das Wurzelwachstum von der Sproß-Wachstumsrhythmik ab.

Die **Blütenbildung** wird induziert durch den Lichtrhythmus (Tageslängenabfolge und Schwellenwerte) und Temperaturen. Bei Zweijährigen und Winterannuellen ist das Durchlaufen einer kalten Periode (Vernalisation, vgl. 4.2.1.4.) die Voraussetzung für die Blühinduktion. Auch zur Weiterentwicklung der Blüten muß bei manchen Arten eine Kälteperiode durchlaufen werden (z. B. frühblühende Rosaceen-Gehölze), während Sommer- und Herbstblüher in der selben Vegetationsperiode blühen. In den wechseltrockenen Subtropen blühen die Bäume z. T. nach dem Laubfall.

Durch gestaffelte Blüte- und Fruchtzeiten werden bei zoogamen und zoochoren Sippen die bestäubenden und die früchteverbreitenden Tiere besser genutzt, bei nahestehenden Sippen wird Kreuzbefruchtung verhindert. Im Laufe der Coëvolution mit den Insekten haben die entomogamen Pflanzen eine hohe Effektivität des Pollen-Einsatzes erreicht (vgl. 3.2.2.5.).

Anemogame sind vorwiegend in weiten Gebieten mit einheitlicher Vegetation verbreitet (Steppe, Taiga), kaum in der alpinen Stufe und auf Inseln. Sie haben den Vorteil der Ausnutzung der insektenarmen kühlen Jahreszeit (höhere Bäume im sommergrünen Wald blühen vor der Belaubung, die Stauden der zeitig erwärmten Bodenschicht dagegen sind zoogam!), allerdings müssen sie viel Protein für die Pollenproduktion aufwenden.

162   4. Autökologie

Die Zeit von der Blüte bis zur **Fruchtreife** ist in der Phylogenie verkürzt worden: *Pinus* 1, 5–3 Jahre, *Picea* 1 Jahr, Therophyten z. T. wenige Tage. Sie ist (im Gegensatz zu anderen Entwicklungsphasen) oft auffällig konstant: *Epilobium angustifolium* 36–40 Tage, *Vaccinium myrtillus* 46–49 Tage, *V. vitis-idaea* 57–60 Tage.

Die **Speicherung** für die ungünstige Jahreszeit erreicht am Ende der Vegetationsperiode ihren Höhepunkt. Sommergrüne Gehölze speichern in Stamm und Wurzeln, immergrüne auch im Laub. Der absteigende Assimilatstrom ermöglicht auch die herbstliche Fruchtkörperbildung der Ektomykorrhiza-Pilze (andere Pilze fruchten zu verschiedenen Jahreszeiten). Die Speicherstoffe werden beim Neuaustrieb wieder mobilisiert, dann werden die Pflanzen (z. B. mehrjährige Unkräuter wie *Agropyron repens* und *Sonchus arvensis*) am empfindlichsten durch Laubverlust getroffen.

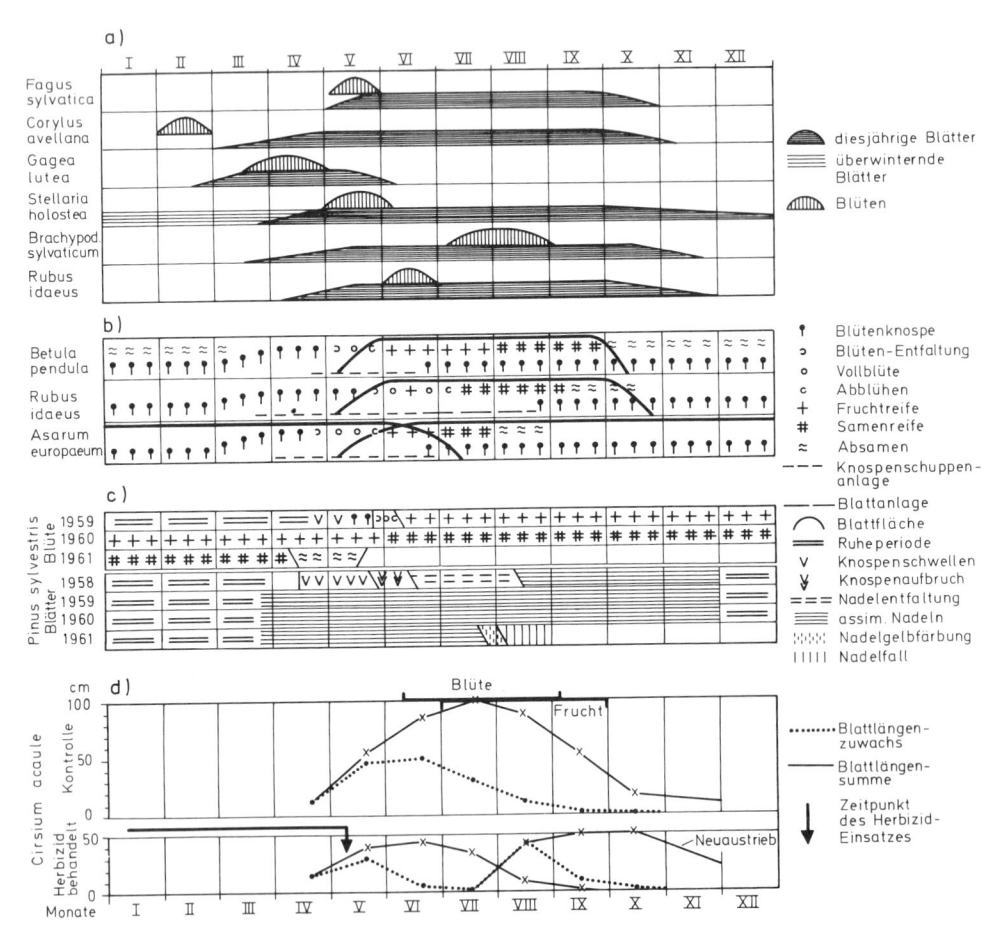

Abb. 4.17. Beispiele für die Darstellung der jahreszeitlichen Entwicklung.
a) Es ist nur der Blüten- und Laubrhythmus dargestellt. Nach ELLENBERG 1986 (Beispiele aus dem zentraleuropäischen Eichen-Hainbuchenwald). b) das Fruchten und die Anlagezeit der Organe sind wiedergegeben. Nach SEREBRJAKOV 1947 (Beispiele aus dem osteuropäischen Fichtenwald). c) Mehrjährige Samenentwicklung und Laub-Lebensdauer sind gekennzeichnet. Nach ELAGIN 1976 *(Pinus sylvestris).* d) Quantitativ erfaßte Laubentwicklungsdynamik. Nach JÄGER und MÖRCHEN 1977 (Herbizideinfluß auf das Blattwachstum von *Cirsium acaule*). In keinem Fall ist die Bewurzelungs-Rhythmik erfaßt.

4.2. Ökologie pflanzlicher Organismen

Der **Laubfall** schließt den Jahreszyklus. Auch hier wirkt die Tageslänge, z. T. zusammen mit kühlen Nachttemperaturen, als Signalreiz. Bei Immergrünen erfolgt der Laubfall oft beim Austrieb (z. B. *Magnolia grandiflora*, *Ilex aquifolium*, bei *Prunus laurocerasus* entsprechend dem oben geschilderten Belaubungsrhythmus mit 2 Maxima), bei Koniferen ganzjährig, bei *Pinus sylvestris* mit Maximum im August bis September.

Für die Darstellung der jahreszeitlichen Rhythmik der Pflanzen wurden verschiedene Verfahren vorgeschlagen (Abb. 4.17.). Die so zusammengestellten Spektren der Phänophasen **(Phänospektren)** erlauben die Beurteilung der Wechselwirkung der Glieder einer Coenose in der Zeit.

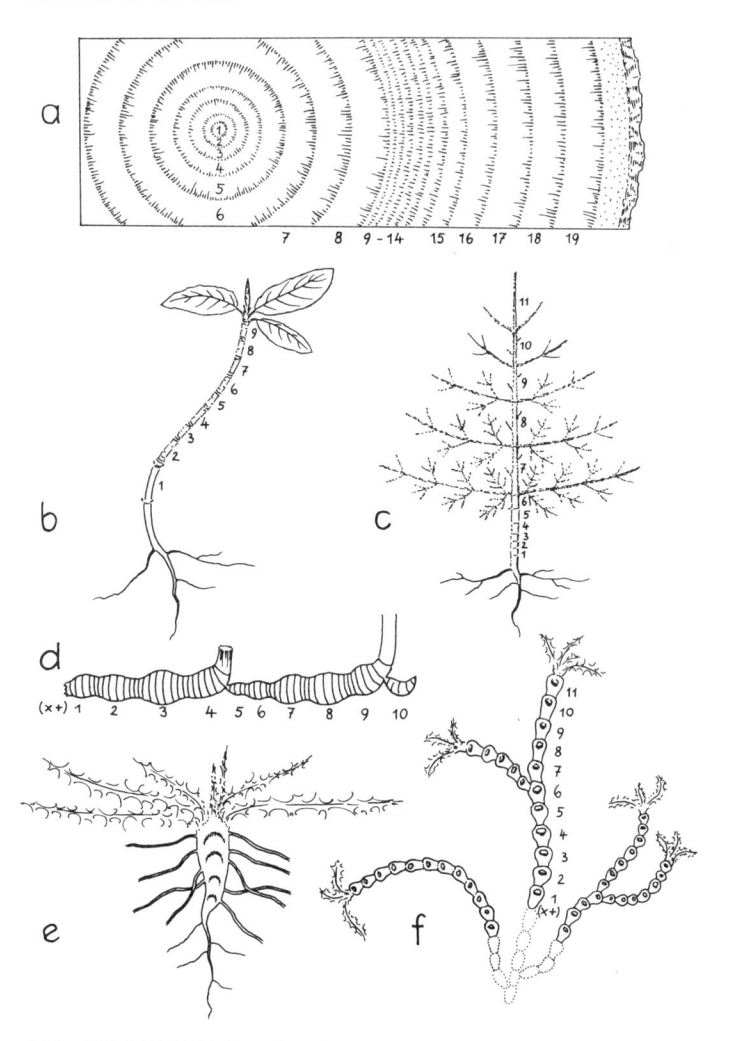

Abb. 4.18. Möglichkeiten der Altersbestimmung bei Pflanzen.
a) Jahresringe (*Pinus nigra*, Einfluß eines extremen Kältejahres mehrere Jahre sichtbar). b) Knospenschuppen-Narben (*Fagus sylvatica*, 10jährige vegetative Pflanze aus dem Waldesschatten). c) Rhythmische Seitenzweigbildung (akrotone Verzweigung bei 12jährigem Fichtenbäumchen). d) Periodische Änderung der Internodiendicke (*Arnica montana*, mehrjähriges Erstarken zwischen 2 Blütejahren). e) Farbzonen im Erdsproß (*Cirsium palustre*, 4jähriges vegetatives Wachstum). f) Zuwachsschätzung (Rekonstruktion der Verbindung von *Cirsium accaule*-Rhizomen). Entwurf E. JÄGER.

Die Kryptogamen zeigen im Jahresrhythmus und in der Ontogenie manche Gemeinsamkeiten mit den Samenpflanzen, aber auch viel Eigenes (z. B. Wechsel von 2 – 3 freilebenden Generationen, Ausbildung von Brutkörpern zur vegetativen Vermehrung). Die Lebensgeschichte der meisten Arten ist ungenügend bekannt. Relativ gut untersucht sind die Farne. Die Sporen unserer Waldfarne (*Dryopteris, Polystichum* u. a.) keimen meist im Spätsommer, aber erst im Frühjahr des nächsten Jahres werden auf den Prothallien die Gametangien und im Sommer die jungen Sporophyten entwickelt. Die Kälte- und Trockenheitsresistenz dieser Prothallien ist größer als die der Sporophyten.

4.2.2.2. Individualentwicklung

Die **Individualentwicklung** (Ontogenese) der Höheren Pflanze wird durch Keimung, Entwicklung der Primärblätter, erste und letzte Blüte in das Samenstadium, das Keimlingsstadium, das vegetative, generative (reproduktive) und senile Stadium gegliedert.

Für Vegetations- und Populationsanalysen ist die Angabe der Altersstadien wichtiger als die des kalendarischen Alters. Für die Erforschung der Lebensgeschichte der Pflanzen ist aber auch eine genaue **Altersbestimmung** notwendig. Verwendbar dafür sind Jahresringe, Dicken- und Längenkurven der Internodien, Narben von Knospenschuppen, rhythmische Seitenzweigbildung (Abb. 4.18.), bedingt auch Zuwachsschätzungen (Stammdurchmesser, Rhizomlänge).

Die einzelnen Alterstadien zeigen oft recht unterschiedliche Resistenz- und Zuwachsbedingungen. Die Pflanze kann im Laufe ihrer Ontogenese auch verschiedene Lebensformen durchlaufen. So ist *Crataegus monogyna* zunächst ein Chamaephyt, dann ein dorniger Nanophanerophyt, schließlich ein dornenloser Kronenbaum. Manche *Ficus*-Arten entwickeln sich aus Epiphyten zu Kronenbäumen. Die Altersstadien müssen nicht alle durchlaufen werden. Viele junge Bäume verharren im Wald lange Jahre im vegetativen Stadium und sterben ab, ohne je zu blühen.

Das **Samenstadium** ist besonders kälte-, hitze- und trockenheitsresistent, aber auch hier gibt es große Unterschiede. Viele Samen vertragen die Temperatur des flüssigen Stickstoffs und halten sich bei Temperaturen unter oder wenig über dem Gefrierpunkt und in trockener

Tabelle 4.5. Lebensdauer von Samen

Salix purpurea und andere frühblühende Flachland-Weiden, *Populus alba, P. nigra, P. tremula, Tussilago farfara*	4 – 8 (– 40?) Tage	nicht austrocknungsresistent
Corylus, Fagus, Ulmus minor, Quercus robur, Juglans regia, Thea, Hevea, Cocos, spätblühende und alpine *Salix*-Arten	6 – 12 Monate	z. T. feuchte Lagerung nötig
Roggen, Weizen, Gerste, Hafer, Möhre, Luzerne, Gurke, Melone	~10 Jahre	bei trockener, kalter Lagerung
Stellaria media, Capsella, Setaria glauca, Lepidium virginicum, Brassica nigra	~30 Jahre	im Ackerboden
Anthyllis vulneraria, Lotus uliginosus, Trifolium pratense, Oenothera biennis, Rumex crispus, Astragalus-, Cassia-, Mimosa-, Verbascum-Arten	80 – 220 Jahre	z. T. im Boden seit 1879 beobachtet, z. T. aus Samen aus Herbarium Paris
Nelumbo nucifera	~1000 Jahre	Seeboden in NO-China, Radiocarbon-Daten

Luft besonders gut (Samenbanken), andere sind nicht austrocknungsresistent und werden durch Frost geschädigt. Die Lebensdauer der Samen reicht von wenigen Tagen (besonders Pflanzen feuchter Standorte) bis zu Jahrhunderten (besonders die in semiariden Klimaten häufigen Leguminosen und Malvaceen, vgl. Tab. 4.5.). Die Samen mancher Ackerunkräuter können mehrere Jahrzehnte unbeschadet im Boden liegen, andere, z. B. *Scandix pectenveneris* und *Agrostemma githago*, verlieren schon nach 2 Jahren ihre Keimfähigkeit.

Für die **Keimung** ist vor allem Feuchtigkeit (45−60% Wasser im keimenden Samen) und Wärme nötig. Durch diese und andere Faktoren wird auch der Keimzeitpunkt so geregelt, daß das Überleben der Keimlinge gewährleistet ist (vgl. 5.6.2.1.).

Bei **Lichtkeimern** erfolgt die Keimung nicht ohne Licht. Meistens sind dies Pflanzen offener Standorte mit kleinem Samen ohne ausreichende Reservestoffe zum Durchdringen des Bodens. Bei manchen der tief eingepflügten Ackerunkraut-Samen verhindert die Lichtforderung eine Keimung in zu großen Bodentiefen (z. B. *Stellaria media*, *Capsella*, *Spergula arvensis*).

Als Zeitgeber für den günstigsten Keimzeitpunkt scheidet das Licht aber mindestens bei den Dunkelkeimern (z. B. den meisten Liliaceen) aus. An seine Stelle tritt die Temperatur. Oft wirkt sie als Schwellenwert (z. B. *Trapa* über +12 °C, vgl. 4.2.3., Abb. 4.19.).

Die Keimtemperatur-Amplitude kann sich mit der Zeit auch ändern: *Silene secundiflora* keimt unmittelbar nach der Reife bis zum September bei 7−16 °C, danach zunächst

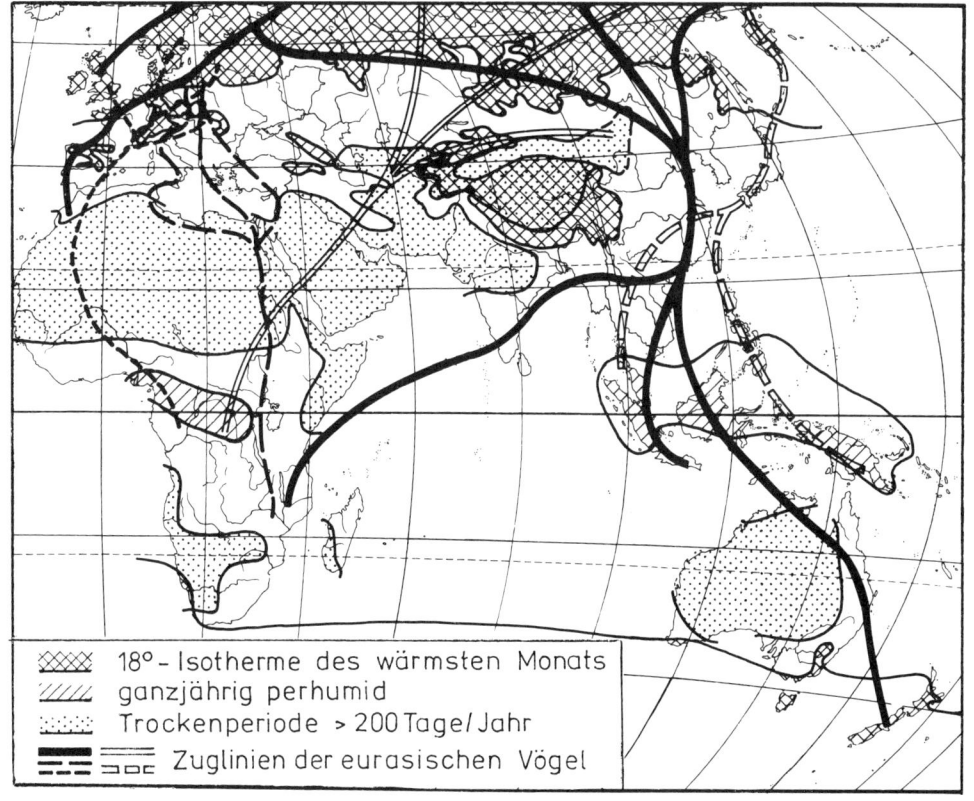

Abb. 4.19. Klimalinien und Zuglinien eurasischer Vögel zum Vergleich mit *Trapa*-Areal. Entwurf E. Jäger.

4 Monate gar nicht, schließlich im Frühjahr bei weiter Temperaturamplitude. Wechseltemperaturen fordern z. B. Sumpfpflanzen wie *Lycopus europaeus* und *Coleanthus subtilis* zur Keimung.

Sehr häufig wird eine Keimung in der ungünstigen Jahreszeit durch eine **endogene Samenruhe** (Dormanz) verhindert. Dabei können Undurchlässigkeit der Samenschale (Leguminosen), Unreife des Embryos *(Fraxinus, Corydalis)*, Hemmstoffe sowie Temperaturforderungen allein oder zusammen wirken. Oft wird die endogene Ruhe nur nach mehrwöchigem Einwirken von Kälte (0–5 °C, seltener Frost) auf den gequollenen Samen gebrochen **(Stratifikation;** z. B. *Tulipa, Iris,* viele Coniferen, Rosaceen, *Trapa*).

Andere Faktoren der Keimung sind der **Bodenchemismus** (*Hypericum perforatum* keimt nicht in Ca-haltigem Boden; die Keimung des Halophyten *Atriplex halimus* wird durch Salzgehalt gefördert), **Gase** (Keimhemmung durch CO_2) und **biotische Faktoren** (der Parasit *Orobanche* keimt nur in der Nähe von Wirtswurzeln).

Die **Keimzeit** („Keimschnelligkeit") beträgt bei manchen Arten nur wenige Stunden *(Salix caprea, Tussilago farfara)*, bei den meisten Arten 3–14 (–40) Tage (*Ulmus minor* 3, *Betula pendula* 8, *Pinus sylvestris* 15–20, *Quercus robur* 30–40), selten über 1 Jahr (*Convallaria* und *Polygonatum*: Stratifikation im ersten Winter für die Entwicklung der Keimwurzel, im zweiten für die Streckung des Hypokotyls nötig).

Im **Keimlingsstadium** muß die Pflanze an ihrem Wuchsort einwachsen. Die Sterblichkeit ist jetzt besonders hoch. Bei **epigäischer Keimung** kann das Eindringen der Wurzel in den Boden erschwert sein. Bei manchen Arten bilden die ergrünenden Kotyledonen im ersten Jahr die einzigen Assimilationsorgane (*Eranthis, Hepatica, Asarum, Tulipa*, schwache *Pinus*- und *Picea*-Pflanzen). Die als abgeleitet anzusehende **hypogäische Keimung** kommt häufig bei Waldpflanzen vor, die das Fallaub durchdringen müssen. In wechseltrockenen Gebieten bedeutet sie Feuerschutz.

Im **vegetativen Stadium** erstarkt die Pflanze und kann sich u. U. schon vegetativ vermehren (vgl. 2.5.1.), aber noch nicht blühen. Die Dauer des Jugendstadiums ist endogen und exogen bedingt. Waldbäume (z. B. *Fagus sylvatica*, Abb. 4.18.b.) verharren im Waldesschatten oft bei minimalem Jahreszuwachs viele Jahre im Jugendstadium. Beispiele für die Dauer des Jugendstadiums bringt Tab. 4.6. Stauden können in dieser Zeit monopodial, sympodial oder auch durch zunehmend stärkere Wurzelsprosse erstarken. Bei ihnen ist die Blühreife weniger vom Alter als von den Assimilatreserven, evtl. zusätzlich von Stratifikation abhängig. Bei fakultativ Zweijährigen beobachtet man oft eine Abhängigkeit der Blühreife vom Rosettendurchmesser.

Blüten und junge Früchte werden vorrangig mit Assimilaten versorgt. Für die Anlage neuer Blüten wird bei Gehölzen nur ein evtl. Assimilatüberschuß verwendet; dadurch kommt es nach blütenreichen Jahren („Mastjahre" der Eiche und Buche) für 1–3 Jahre zu geringem Blütensatz. Auch einzelne durch Teilung einer Pflanze entstandene Dividuen (Phytomere) von Stauden setzen oft jahrelang mit dem Blühen aus (Abb. 4.18.d.), andere blühen alljährlich (z. B. *Asarum*). Therophyten dagegen müssen jedes Jahr möglichst viele Samen bilden (r-Strategie, vgl. 2.3.). Entweder legen sie nach einem begrenzten vegetativen Stadium die gesamte Infloreszenz an, oder es wird nach einem kurzen Jugendstadium von 1–2 Wochen die erste Blüte ausgebildet, dann folgen abwechselnd weitere Blätter und Blüten, solange die günstigen Bedingungen anhalten (foliose Infloreszenz). Die sogenannten Biennen und andere mehrjährige Hapaxanthe verfolgen die gleiche Strategie, sie brauchen aber mindestens 2, in der Natur meist mehrere Jahre zum Erreichen der Blühreife.

Den Zyklus des Blühens und Fruchtens wiederholt die mehrjährige Pflanze während des ganzen **generativen Stadiums.** Bei Bäumen und primär bewurzelten Stauden wird früher oder später durch Zersetzung alter Stamm- und Wurzelteile die Wasser- und Assimilatleitung erschwert, und nach einer letzten Blüte setzt das **senile Stadium** ein. Bei vegetativ vermehrten und sproßbürtig bewurzelten Stauden ist wegen der ständigen Neubildung aller Organe ein endogenes Absterben des Klons (Genets) nicht unbedingt zu erwarten. Einige in Zentraleuropa nur vegetativ vermehrte Arten (*Acorus calamus*, *Tulipa sylvestris* u. a.) wachsen hier seit Jahrhunderten mit unverminderter Vitalität. In der Natur werden aber bei vielen Arten ältere, schwache Exemplare beobachtet, die darauf hinzuweisen scheinen, daß die ökologische Lebensdauer auch hier nicht unbegrenzt ist (vgl. 5.4.1.4.). Inwieweit hierfür endogene (Meristemalterung?) oder exogene Faktoren verantwortlich sind, ist schwer zu entscheiden. Jedenfalls kann man bei den Dividuen (Phytomeren, Rameten) der Ausläufer- und Rhizompflanzen gleichfalls ein seniles Stadium unterscheiden. Beispiele für die Dauer des Lebens gibt Tab. 4.6.

Tabelle 4.6. Beispiele für die Dauer des Jugendstadiums und die Lebensdauer von Pflanzen

	Jugendstadium	Lebensdauer
Coleanthus subtilis	~ 20 Tage	(35−) 40−50 (−70) Tage
Veronica hederaefolia	30−200 Tage	60−240 Tage
Cirsium palustre	1,2− 6 Jahre	1,6−6 Jahre
Aegopodium podagraria	6− 8 Jahre (Natur)	∞ (Dividuen: 2−10 Jahre)
Vaccinium myrtillus, Klon (Genet)	15− 20 Jahre	>70 Jahre (∞?)
Vaccinium myrtillus, Partialstrauch (Ramet)	4− 5 Jahre	12−29 Jahre
Corylus avellana	4− 10 Jahre	>200 (einzelne Stämme 13−20 Jahre)
Pinus sylvestris	10− 20 Jahre	250−300 (−570) Jahre
Fagus sylvatica	40− 50 Jahre	200−300 (−600?) Jahre
Pinus aristata	?	4900 Jahre
Clitocybe geotropa (Pilz)		>700 Jahre

4.2.3. Grundlagen der Pflanzenverbreitung

4.2.3.1. Potentielles Areal

Die Verbreitung einer Pflanzensippe ist das Ergebnis des Zusammenwirkens der erblichen physiologischen und morphologischen Konstitution der Pflanze (= innere Faktoren) und der abiotischen und biotischen Umweltfaktoren (= äußere Faktoren). Die Interpretation der Pflanzenareale läßt daher Aussagen über die Ökologie der Pflanzen zu. Zu berücksichtigen ist dabei, daß sich die inneren wie die äußeren Faktoren im Laufe der Erdgeschichte und der Phylogenie verändern und der Einfluß der biotischen Faktoren schwer einzuschätzen ist.

Wichtige **innere Faktoren**, die Arealgrenzen bestimmen, sind die Produktions-, Resistenz-, Reproduktionseigenschaften, Wuchsform und Rhythmik. Innerhalb der Populationen sind die inneren Faktoren variabel und z. T. auch von Entwicklungsstadien der Einzelpflanze abhängig (vgl. 4.2.1.).

Von den **äußeren Faktoren** setzen vor allem die Meer-Land-Verteilung, der Wärme- und Wasserfaktor, die Bodeneigenschaften und die biotischen Faktoren der Ausbreitung Grenzen.

Das **potentielle, physiologisch bedingte Areal** wird durch Klima und Boden begrenzt. In ihm kann die Pflanze bei Beseitigen der Konkurrenz ohne Schutz und Bewässerung gedeihen und sich reproduzieren. Bei Einbeziehen der biotischen Faktoren entsteht das **potentielle, ökologisch bedingte Areal**. Es umfaßt alle Gebiete der Erde, in dem sich die Pflanzensippe ansiedeln und bei Wechselwirkung mit anderen Organismen erhalten kann. Die Grenzen dieses Areals werden nicht nur durch die physiologischen Toleranzgrenzen der Sippe, sondern auch durch das Gleichgewicht mit den Konkurrenten bestimmt.

Den **Einfluß der Konkurrenten** auf das Areal läßt der Vergleich der Karten des Spontan- und Kulturareals bei kultivierten Sippen erkennen. Oft wird das Kulturareal von ähnlichen Faktoren bestimmt wie das Spontanareal, nur sind die Grenzwerte verschoben. In unterschiedlichen Arealteilen trifft eine Art jeweils auf andere Konkurrenten, der Einfluß der Konkurrenz kann daher verschieden sein. Die schärfsten Konkurrenten sind oft nahe verwandte Arten. So verdrängte der 1897 nach Australien verschleppte europäische Meersenf *(Cakile maritima)* die dort schon 1863 angekommene ostamerikanische Verwandte *C. edentula* aus großen Teilen des Areals.

Zu wenig beachtet wird oft, daß biotische Faktoren das ökologische Areal gegenüber dem physiologischen auch wesentlich erweitern können (z. B. Rohhumus und Bestandsklima der Taiga als Voraussetzung für das Gedeihen von mykotrophen Zwergsträuchern und hygromorphen Farnen).

4.2.3.2. Ausbreitungsökologie und Ausfüllen des potentiellen Areals

Zur Eroberung ihres Areals haben die Pflanzen unterschiedliche Ausbreitungsmechanismen entwickelt. Entweder werden die Diasporen von der Mutterpflanze selbst befördert (**Autochorie,** z. B. *Impatiens*), oder es werden äußere Bewegungsvorgänge genutzt (**Allochorie**). Unter Diasporen werden alle Ausbreitungseinheiten von Sporen über Samen, Früchte, Brutkörper bis hin zu ganzen Pflanzen (z. B. Wasserlinsen) verstanden.

Wichtige **Transportmittel** für die allochoren Pflanzen sind vor allem die Tiere, die durch ihr Nahrungsbedürfnis an die Pflanzen gebunden und deshalb als Ausbreiter von Diasporen prädestiniert sind (**Zoochorie**). Die Coëvolution führte schon früh zur Ausbildung von fleischigen Samen und Früchten, die gefressen werden (**Endozoochorie,** z. B. *Ginkgo*, mit fleischiger Außentesta, schon seit dem Jura; *Phallus* bzw. *Puccinia* mit stinkenden bzw. duftenden Sporenlagern gehören als **Entomochore** ebenfalls hierher), von Kleb- und Klett-Diasporen (**Epizoochorie,** z. b. *Marsilea*-Sporokarpien, klebrige *Juncus*-Samen) und von Ölkörpern, die die Ameisen zur Mitnahme der Diasporen veranlassen (**Myrmekochorie;** meist frühblühende Waldbodenpflanzen, z. B. *Viola, Corydalis, Gagea, Leucojum*).

Phylogenetisch älter ist die Windausbreitung (**Anemochorie**; Beispiele dafür sind die meisten Sporenpflanzen, die kleinsamigen Orchideen und Pyrolaceen, viele (temperat)-boreale Gehölze, als Ganzes abbrechende und vom Wind weggerollte „Steppenläufer", wie *Eryngium campestre*). Mit Fließgewässern oder Meeresströmungen werden die **Hydrochoren** (z. B. *Cocos*) ausgebreitet, und selbst der fallende Regentropfen kann Diasporen aus becherförmigen Behältern herausschleudern *(Marchantia, Chrysosplenium)*.

In großflächigen, offenen Formationen (z. B. Steppe) fördert die Selektion die Ausbildung zahlreicher, kleiner und weit verbreiteter Diasporen; in begrenzten, geschlossenen Formationen (z. B. Auwald) sind große, schwere Diasporen mit geringem Ausbreitungsradius und größeren Stoffreserven häufiger. Auf ozeanischen Inseln führt die Evolution zur Vergrößerung der Diasporen und zum Verlust ihrer Flug- oder Ferntransporteinrichtungen, da diese keinen Vorteil mehr bieten (z. B. *Bidens* auf Hawaii, Parallele zu flugunfähigen Insel-Vögeln, CARLQUIST 1967).

Ist das potentielle Areal räumlich zusammenhängend, so kann es in wenigen Jahrzehnten oder Jahrhunderten ausgefüllt werden.

Gut dokumentiert ist z. B. die Ausbreitung vieler in der Neuzeit nach Europa verschleppter amerikanischer Gefäßpflanzen, die in wenigen Jahrzehnten ihr potentielles Areal ausfüllten (z. B. *Elodea canadensis, Juncus tenuis, Oenothera biennis, Galinsoga parviflora*). Die beobachteten Ausbreitungsgeschwindigkeiten übertreffen meist um ein Vielfaches die von einigen Autoren aus dem Ausbreitungsradius der Diasporen und dem Fruchtbarkeitsalter der Pflanzen errechnete spezifische Wandergeschwindigkeit. Für die Kiefer *(Pinus sylvestris)* ist eine Wandergeschwindigkeit von 30 m/Jahr, für die *Esche (Fraxinus excelsior)* von nur 0,5 m/Jahr errechnet worden; nach der Eiszeit wanderten beide aber etwa

200 m/Jahr, also 7 bzw. 400mal schneller als errechnet. Ähnliches gilt für myrmekochore Waldpflanzen (MÜLLER-SCHNEIDER 1983). — Der Meersenf breitete sich an den Küsten Australiens nach der Einschleppung mit 50 km/Jahr aus. — Kurzlebige Pflanzen wie *Lactuca serriola* reagieren schon auf die jährlichen Witterungsschwankungen mit Oszillationen der Arealgrenzen, Gehölze beantworteten z. B. die warme Periode von 1930—1950 mit dem Vorrücken der Baumgrenze nach Norden bzw. im Gebirge nach oben (WOODWARD 1987).

Da die Ausbreitung der Pflanzen innerhalb zusammenhängender Areale meist rascher erfolgt als die erd- und klimageschichtlichen Wandlungen, sind **unvollständige Ausbreitungen** mit wenigen Ausnahmen auf junge Einschleppungen oder auf Ausbreitungsschranken zurückzuführen.

Ausbreitungsschranken bestehen zwischen Teilen **disjunkter Areale**. Sie können von Meeren, aber auch von größeren, klimatisch ungünstigen, oder von Konkurrenten besetzten Gebieten gebildet und von den Diasporen in der Regel nicht überwunden werden.

Welche Teile eines disjunkten potentiellen Areals tatsächlich ausgefüllt sind, hängt ab:
1. vom Entstehungsort der Sippe,
2. von früherer Kohärenz der jetzt getrennten Arealteile und
3. von der Möglichkeit gelegentlichen Ferntransports oder synanthroper Verschleppung.

Für den Ferntransport der Diasporen kommen, wie Abb. 4.21. zeigt, vor allem Exo- und Endo-**Ornithochorie** (Ausbreitung durch Vögel), ferner Meeresströmungen und der Wind in Betracht. Auch die auffällig weite N-S-Erstreckung des *Trapa*-Alrealtyps ornithochorer Wasserpflanzen und seine Beschränkung auf die Alte Welt (Abb. 4.19. S. 165 und Abb. 4.20.) illustriert die Bedeutung der Ornithochorie. Die Besiedlung geologisch junger Inseln, die nie mit dem Festland verbunden waren, zeigt, daß durch Ferntransport Tausende von Kilometern überwunden werden können.

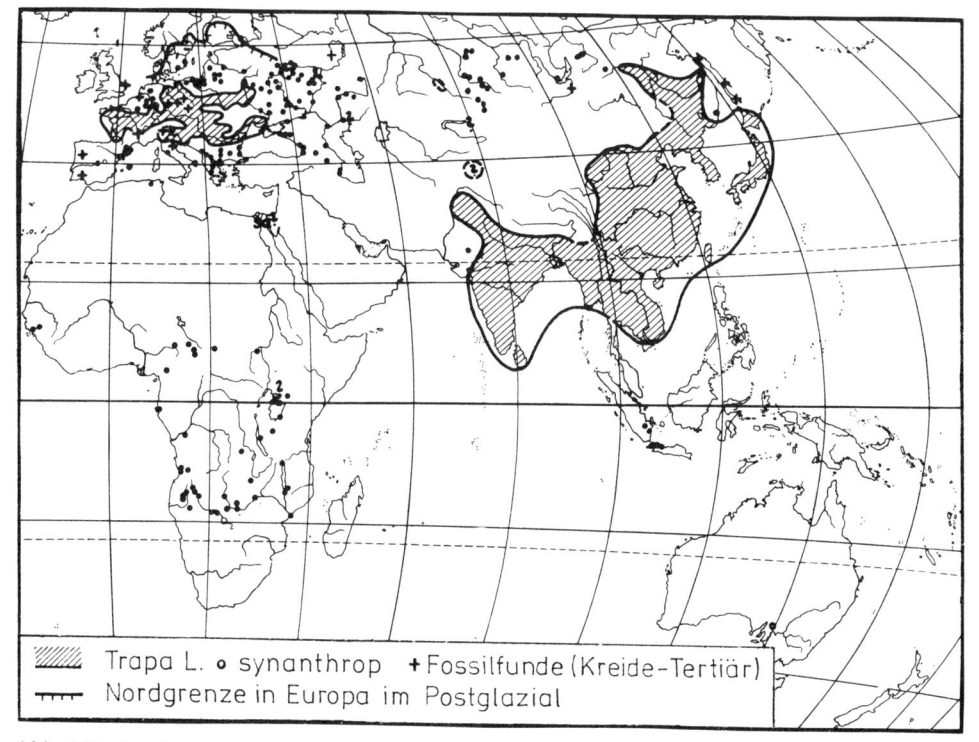

Abb. 4.20. Areal von *Trapa natans*. Entwurf E. JÄGER. Vgl. hierzu Abb. 4.19. auf S. 165!

170   4. Autökologie

Erklärung:

A – Artenzahl heute
N – Zahl der Einwanderer
D – Distanz zum Festland
    oder zu größeren Inselgruppen
H – Höhe

Wind
Meeresströmung

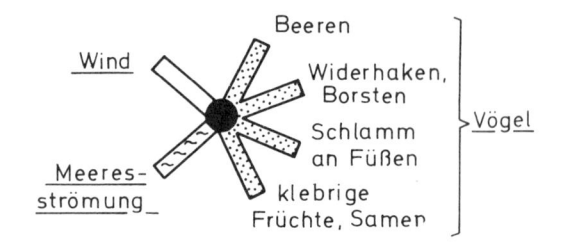

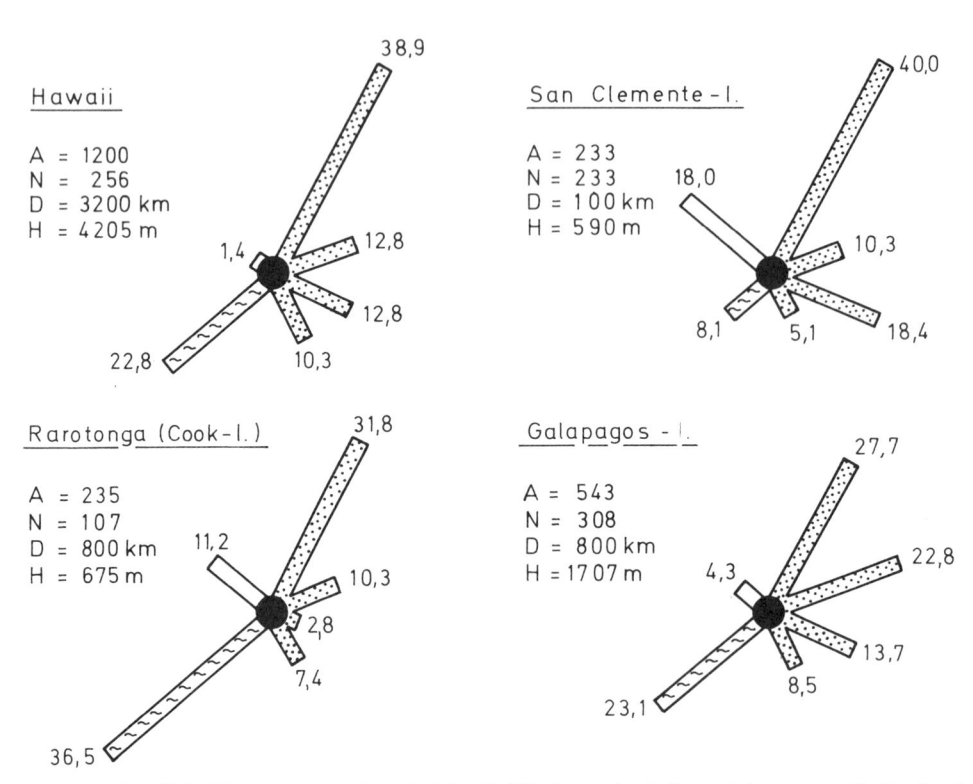

Beeren
Widerhaken, Borsten
Schlamm an Füßen
klebrige Früchte, Samen
⎫
⎬ Vögel
⎭

Hawaii

A = 1200
N = 256
D = 3200 km
H = 4205 m

38,9   12,8   12,8   10,3   22,8   1,4

San Clemente-I.

A = 233
N = 233
D = 100 km
H = 590 m

40,0   18,0   10,3   18,4   5,1   8,1

Rarotonga (Cook-I.)

A = 235
N = 107
D = 800 km
H = 675 m

31,8   10,3   11,2   2,8   7,4   36,5

Galapagos-I.

A = 543
N = 308
D = 800 km
H = 1707 m

27,7   22,8   13,7   8,5   23,1   4,3

Abb. 4.21. Anteil der Ferntransport-Arten bei der Gefäßpflanzenbesiedlung einiger ostpazifischer Inseln. Nach CARLQUIST 1967, verändert. Der Anteil der Anemochoren sinkt mit wachsender Entfernung zum Festland, Ornithochore überwiegen überall, besonders auf hohen Inseln, Hydrochore sind auf niedrigen Inseln relativ zahlreich. Die angegebenen Prozentzahlen sind auf N, die kalkulierte Mindestzahl der für die Ausbildung der rezenten heimischen Floren nötigen Einwanderer, bezogen.

Der Erfolg des Ferntransportes hängt sehr von der Resistenz der Diasporen ab. So können die Sporen bzw. Samen vieler tropischer Moose und Orchideen die tiefen Temperaturen der Höhenwinde (Jet-Ströme bei 8–12 km Höhe: −50 bis −65 °C) nicht ertragen. Gerade diese schnellen (bis 200 km/h) und konstanten Strömungen sind aber für den Ferntransport wichtig; Orchideen sind daher auf ozeanischen Inseln selten, temperate Farne wegen der Kälteresistenz ihrer Diasporen dagegen sehr häufig. Bei Ozean-Verdriftung muß der lange Aufenthalt in Meerwasser ertragen werden, bei Endozoochorie die Passage durch den Eingeweidetrakt der Tiere (RIDLEY 1930; MÜLLER-SCHNEIDER 1983, PIJL 1982).

Für die Begründung einer neuen Population ist im Extremfall nur eine Diaspore nötig (autogame Arten). Wenn die Pflanzen aber obligate Fremdbefruchter sind, wie die heterosporen Farne, die meisten Pilze und viele Samenpflanzen, so müssen sich zu gleicher Zeit mindestens 2 Pflanzen in nicht zu großer Entfernung entwickeln. Die Wahrscheinlichkeit der Ansiedlung ist dann sehr viel geringer, was sich auch in der Verbreitung solcher Pflanzen widerspiegelt.

Die erdgeschichtlichen Veränderungen von Ausbreitungsschranken durch Kontinentaldrift, Klimaänderung oder Meerestransgressionen werden oft als „historische Arealfaktoren" den ökologischen gegenübergestellt. Im Grunde handelt es sich aber um zeitliche Abläufe ökologischer Vorgänge.

4.2.3.3. Klimatische und edaphische Ursachen der Arealgrenzen

Da das Konkurrenzgleichgewicht vom Klima beeinflußt wird, zeigen die Pflanzenarealgrenzen häufig eine verblüffende Ähnlichkeit mit Klimalinien. Für die Gefäßpflanzen Zentraleuropas gibt es Gesamtverbreitungskarten bei MEUSEL et al. (1965, 1978, 1991), für die nordeuropäischen bei HULTÉN et FRIES (1986). Die lokale Verbreitung wird in den Florenatlanten der Länder erfaßt (z. B. HAEUPLER et SCHÖNFELDER 1988 für die BRD).

Häufig sind die Arealgrenzen genauer bekannt als die oft aus den Daten weniger Stationen extrapolierten Klimalinien. Aufgerasterte Areal- und Faktorenkarten ermöglichen den Einsatz der EDV bei der Suche nach Koinzidenzen.

In einem größeren Arealgrenzabschnitt dominieren gewöhnlich 1–2 Faktoren. Die detailgetreue Ähnlichkeit mit den Klimalinien gibt Hinweise auf die Qualität und Jahreszeit des begrenzenden Faktors. Seine Wirkung kann allerdings auch indirekt sein (z. B. Förderung der Konkurrenten).

Häufig ist die Koinzidenz von Arealgrenzabschnitten mit folgenden Klimalinien:

– **Wintertemperatur** (Januar-Isothermen): z. B. Ostgrenzen vieler mit Rosette überwinternder Pflanzen, z. B. *Bellis perennis*, oder immergrüner Gehölze in Europa, z. B. *Ilex aquifolium*;
– **Sommerwärme** (Juli-Isothermen): z. B. Nord- und Nordwestgrenze von annuellen Wasserpflanzen, wie *Trapa natans* (Abb. 4.19., 4.20., Keimbedingungen vgl. 4.2.2.); Nordgrenze von Geophyten, die nur bei hohen Bodentemperaturen Blüten anlegen *(Corydalis)*, Nordwestgrenze wärmeliebender Gehölze, die für die Fruchtbildung hohe Temperaturen fordern (*Tilia cordata* in England).
– **Dauer der Vegetationsperiode** (ausgedrückt durch Frühjahrs- und Herbstisothermen, Isolinien des Eintritts von bestimmten Mindesttemperaturen, Temperatursummen während der Zeit einer artspezifischen mittleren Mindesttemperatur): Voraussetzung für das Ausreifen des Holzes, entscheidend für die Nordostgrenzen der sommergrünen Breitlaubbäume in Europa;
– **Humidität** (Isohygromenen = Linien gleicher Zahl humider Monate; Isolinien von Ariditätsfaktoren): z. B. Baumfarne auf ständig humides Klima beschränkt;
– **Niederschlagsrhythmus** (Jahreszeitensummen des Niederschlags): Monsun-Pflanzen nur im sommerfeuchten Ostseiten-Klima, z. B. Kulturareal des Teestrauches. Winterannuelle „Westseiten-Sippen" nur im winterfeuchten, sommertrockenen Etesien-Klima, schließen bei Langtag (als Signalreiz für beginnende Sommerdürre) ihr Wachstum ab, z. B. *Filago*, Filzkraut.

Der Einfluß anderer Klimafaktoren, wie Spätfrostgefahr, Schneedecke, Nebelhäufigkeit und Luftfeuchte, ist durch solche Vergleiche schwerer zu erfassen, weil diese Faktoren mit den genannten eng gekoppelt sind.

Ein für einen Arealabschnitt limitierender Wert kann durch günstige Faktorenkombination in anderen Arealteilen auch etwas überschritten werden (vgl. 2.1.).

Edaphische Bedingungen differenzieren das vom Klima vorgezeichnete potentielle Areal weiter. Sie sind aber selten auf großen Flächen einheitlich. Oft ändert sich auch die edaphische Bindung in verschiedenen Arealteilen (z. B. *Teucrium chamedrys* im Süden auf Granit, im Norden auf Kalk). Nur bei einigen Spezialisten wird das potentielle Gesamtareal durch den Boden auffällig verändert.

– **pH**: basiphile Alpenpflanzen kommen nur in den Randketten, azidiphile in den Zentralalpen vor (z. B. *Rhododendron hirsutum* / *R. ferrugineum*);
– **Salz**: Halophyten an Binnenland-Salzstellen und Küsten (kontinental und litoral), z. B. *Salicornia*;

172   4. Autökologie

- **Schwermetallsalze, Selen:** Einige Arten sind auf entsprechende Böden beschränkt, z. B. *Minuartia verna* als Anzeiger abbauwürdiger Kupfervorkommen in Europa; mit Selenpflanzen (vgl. 3.1.2.3.) wurden Uranvorkommen gefunden, weil beide Elemente oft zusammen auftreten;
- **Enges Ca/Mg-Verhältnis:** Serpentin ist nur für wenige Arten bewohnbar, z. B. wächst *Asplenium cuneifolium* nur auf Serpentin.

Auch für die **lokale Verbreitung** einer Art innerhalb des Areals sind meist die Faktoren wichtig, die die nächstliegenden Gesamtverbreitungsgrenzen bestimmen; es können aber auch andere hinzukommen. Die Lokalverbreitung spiegelt daher nicht immer die Gesamtverbreitung wider. **Vorposten** stark konkurrenzgeformter Areale sind klimatisch/edaphisch oft schwer zu deuten, weil sich Relikte ehemals geschlossener Areale auch in solchen Gebieten länger erhalten können, deren Klima für die Ansiedlung neuer Vorkommen heute zu ungünstig ist. Bei der Erhaltung reliktischer Vorpostensiedlungen gewinnt auch der Zufall an Bedeutung.

4.2.3.4. Anthropogene Veränderung der Pflanzenverbreitung

Der Einfluß des Menschen ist mit den natürlichen Faktoren nur bedingt vergleichbar, weil er die verschiedensten anderen Faktoren in ungewöhnlichem Maße beeinflußt (Diasporentransport, Konkurrenzgleichgewicht, edaphische und klimatische Faktoren, Luftzusammensetzung) und so rasch veränderlich ist, daß er kaum von einer Änderung der Konstitution der Pflanzen beantwortet werden kann.

Folgende wesentliche Einflüsse hängen in ihrer Bedeutung mit der Entwicklung von Wirtschaft und Verkehr zusammen:

1. Erhaltung von Relikten (ungewollt, durch Beseitigen der Konkurrenz, z.B. lichtliebende Postglazialrelikte in Zentraleuropa);
2. Arealexpansion durch Überwinden von Ausbreitungsschranken und durch Schaffen neuer Standorte sowie Schwächen der Konkurrenz, Beispiele: Ackerunkräuter; der Halophyt *Puccinellia distans* an tausalzbesprühten Straßen; verwilderte Zierpflanzen;
3. Sippenentwicklung: Ausbildung von Kleinarten-Schwärmen durch Aufheben geographischer Kreuzungsbarrieren (z.B. *Taraxacum*), unbewußte Selektion (Wiesenpflanzen, Akkerunkräuter) oder bewußte Selektion (Kulturpflanzen, deren Einbürgerung allerdings selten ist);
4. Arealreduktion durch Änderung der Standorte (Änderung oder Aufgabe der Nutzung, Bebauung, Entwässerung, Eutrophierung, Beseitigung von Sonderstandorten, Luftverschmutzung), weniger durch Sammeln attraktiver Arten;
z. B. Rückgang der Magerrasen-, Moor- und Klarwasserpflanzen, SO_2-empfindlicher Koniferen, Flechten und Moose. Im Extremfall führt sie zur Sippenvernichtung. Im Weltmaßstab sind 25000 Pflanzenarten ausgestorben oder vom Aussterben bedroht. Gleichzeitig sind Tausende von Pflanzenarten noch gar nicht bekannt, für über 50% aller Gefäßpflanzen gibt es noch keine Flora für die Bestimmung.

In den Industrieländern hat das Einschleppen neuer Arten seinen Höhepunkt überschritten, da die relativ wenigen Arten, die zur anthropogenen Arealerweiterung in der Lage sind, meist schon im vorigen Jahrhundert verschleppt wurden. Es sind meist kurzlebige Elemente offener, eutropher Standorte und euryöke Vertreter phylogenetisch junger, plastischer Sippen. Viel größer ist in allen Floren die Zahl der Arten, deren Areale durch den Menschen reduziert werden (hemerophobe Arten). In den letzten Jahren nimmt die Zahl der aussterbenden Arten rasch zu (Abb. 4.22.).

In Zentraleuropa sterben jährlich gegenwärtig 1–2 Arten aus (in der früheren DDR bis 1989 83, in den alten Ländern der BRD 63, in Österreich 53, in Thüringen bis 1980 110, bis 1989 136). Ein Drittel der zentraleuropäischen Gefäßpflanzen ist gefährdet.

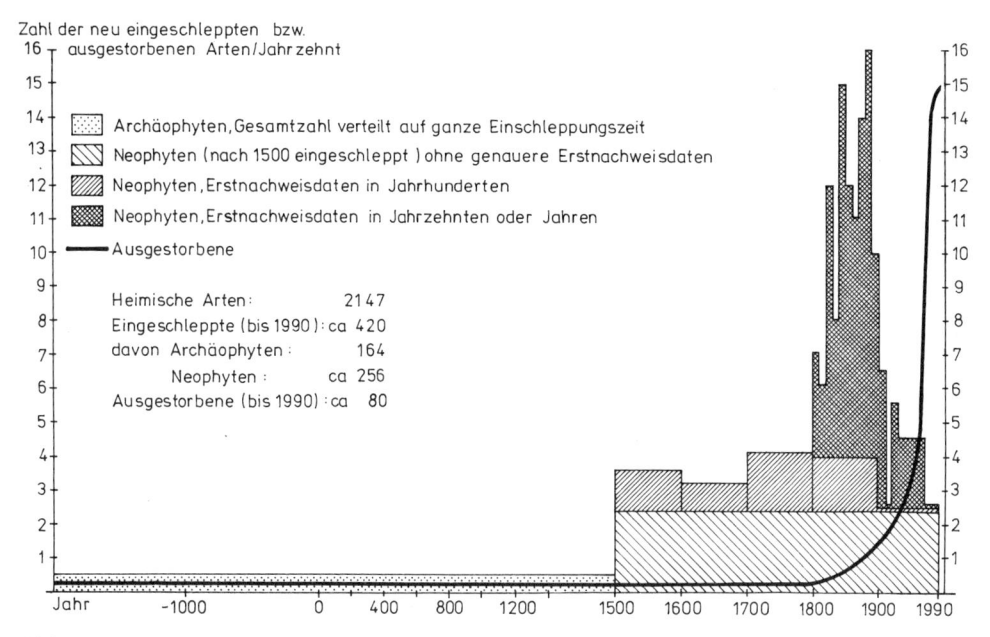

Abb. 4.22. Erstnachweise eingebürgerter Arten und Aussterbekurve der Gefäßpflanzen in Deutschland. Nach JÄGER 1977 verändert; Zahl der Ausgestorbenen nach RAUSCHERT (1978) sowie KORNECK und SUKOPP 1988, Erstnachweise nach ROTHMALER et al. 1988.

Das Aussterben und auch die Ausbreitung von Pflanzenarten kann schwerwiegende ökonomische und ökologische Folgen haben (vgl. 9.3.1.). Unter den Aussterbenden sind nicht nur viele Nutz- und Zierpflanzen sondern mit jeder aussterbenden Pflanze erlöschen auch Tierarten, die in der Nahrungskette von den Pflanzen abhängen. Durch neu eingeschleppte Arten können heimische Arten verdrängt werden (z. B. Elemente der Trockenrasen durch die Robinie), neu eingeschleppte Pflanzen und Pilze verursachen Krankheiten an Pflanzen (z. B. Kastanienkrebs, Ulmensterben), Tieren (z. B. das für Kühe giftige Frühlings-Geiskraut *Senecio vernalis*) und Menschen (z. B. Allergien durch das Traubenkraut *Ambrosia*).

4.3. Ökologie tierischer Organismen

4.3.1. Wirkung der Umweltfaktoren und Anpassung der tierischen Organismen

4.3.1.1. Die wichtigsten ökologischen Faktoren

In der Natur beeinflussen sich die auf den Organismus stets als Komplex wirkenden ökologischen Faktoren in mannigfacher Weise, indem sie sich verstärken, abschwächen, aufheben oder gegenseitig vertreten (vgl. 2.1.). Im Experiment ist es dagegen bis zu einem bestimmten Grad möglich, ausgewählte Faktoren relativ konstant zu halten und nur einen Faktor zu variieren, um so dessen Wirkung auf den Organismus prüfen zu können. Dabei

174   4. Autökologie

wird die **physiologische Toleranz (= physiologische Potenz)** des Organismus gegenüber der **ökologischen Valenz**, d. h. der herrschenen Amplitude des variablen Umweltfaktors, getestet. Jeder Organismus besitzt auf der Grundlage seiner genetischen Konstitution die Fähigkeit, bestimmte Intensitäten eines Faktors für seine Entwicklung zu nutzen oder wenigstens zu tolerieren. Diese physiologische Toleranz umfaßt meist nur einen Teilbereich der Intensitätsskala des Umweltfaktors (vgl. 2.1.).

Solche Untersuchungen können dazu beitragen, das Verhalten von Organismen in Ökosystemen zu erklären.

Licht
Das Licht spielt im Leben tierischer Organismen eine große Rolle. Durch wechselnde Lichtintensitäten, wechselnde spektrale Zusammensetzung und unterschiedliche Photoperioden während der Jahreszeiten steuert dieser Faktor physiologische Prozesse, die Ausbildung morphologischer Strukturen (Modifikationen, Ökomorphosen, Saisonformen) und artspezifische Verhaltensweisen, wie Aktivitäts-Rhythmen, Migration u. a. (vgl. 4.3.2.).

Werden die Raupen des Landkärtchenfalters *(Araschnia levana)* im Eperiment bei möglichst gleicher Temperatur, Luftfeuchte und Nahrung gehalten und wird nur der Faktor Licht verändert, so entwickeln sich bei Langtag (mehr als 16 h Licht pro Tag) die Puppen ohne Diapause (Ruhestadium) zu den dunklen Sommerfaltern. Nach Kurztag (weniger als 16 h Licht pro Tag) entstehen Diapause-Puppen, die mehrere Monate lang Temperaturen von 0 bis +12 °C benötigen, bevor aus ihnen die helleren Frühjahrsfalter schlüpfen (Abb. 4.23.).

Gut bekannt ist die Wirkung des Lichtes auf die Auslösung des Vogelzuges. Die Zugstimmung wird bei vielen Arten photoperiodisch erzeugt, so daß sie Mitteleuropa schon zu einer Zeit verlassen, die noch gute Lebensbedingungen bietet. Das gilt z. B. für den Mauersegler, der schon Mitte August nach Afrika zieht, ohne daß Kühle oder Nahrungsmangel ihn dazu zwingen (vgl. 2.4.3.4.).

Für die Steuerung von Dormanzformen, Aktivitätsrhythmen, Migrationsverhalten u. a. ist Licht ein besonders zuverlässiger Faktor, weil die Tageslänge, planetarisch bedingt, im Jahresverlauf regelmäßigen Veränderungen unterworfen ist (vgl. 2.2.1.). Die Adaptation der tierischen Organismen an den Faktor Licht ist deshalb besonders vorteilhaft für ein rechtzeitiges Einstellen auf ungünstige Jahreszeiten.

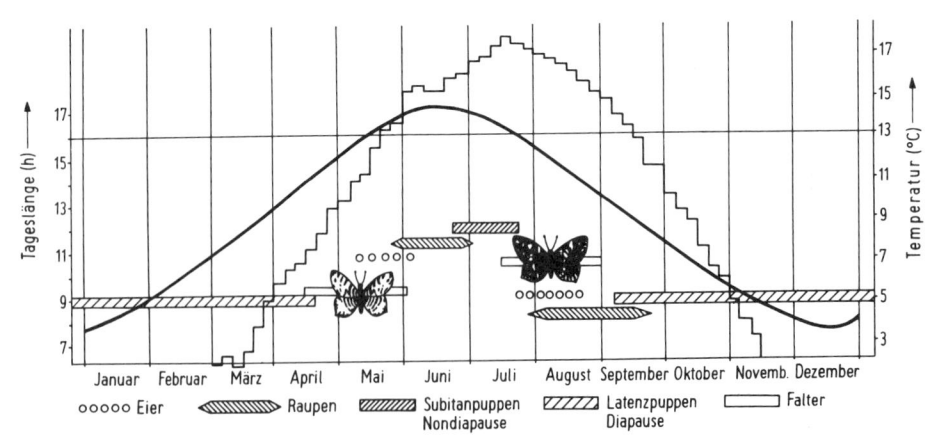

Abb. 4.23. Saisonformenbildung bei *Araschnia levana* als Folge einer photoperiodisch induzierten Diapause/Nondiapause. Treppenlinie. Pentadenmittel der Temperatur; Glatte Kurve: Tageslänge; Horizontale Linie: kritische Photoperiode. Nach MÜLLER.

Temperatur
Sie beeinflußt biochemische Reaktionen und damit alle Lebensprozesse — sowohl den Betriebs- als auch den Baustoffwechsel (vgl. 3.1.1.). Es gilt das **van t'Hoffsche Gesetz,** wonach eine Temperaturerhöhung um etwa 10 °C die Reaktionsgeschwindigkeit auf das Zwei- bis Dreifache erhöht. Bei wechselwarmen Tieren nimmt deshalb im allgemeinen mit steigender Körpertemperatur deren Entwicklungsgeschwindigkeit zu, die Entwicklungsdauer demzufolge ab. Die Vorzugstemperatur einer bestimmten Art liegt dort, wo sowohl für Wärmeerzeugung als auch Wärmeabgabe ein Minimum an Energie erforderlich ist, wo die Umgebungstemperatur mit dem artspezifischen Temperaturoptimum zusammentrifft. In diesem Bereich wird das höchste Körpergewicht erzielt, weil der Betriebsstoffwechsel energiearm abläuft und somit viel Energie für den Baustoffwechsel übrigbleibt.

Der physiologische Toleranzbereich eines Organismus gegenüber der Temperatur kann sehr verschieden sein. Es gibt **eurytherme Organismen,** die z. B. in tropischen wie auch in gemäßigten Gebieten leben können, und **stenotherme,** die auf einen engen Temperaturbereich angewiesen sind. **Wechselwarme Tiere** verfallen bei Minimaltemperatur in Kälte- und bei Maximaltemperatur in Hitzestarre. Es ist deshalb ein Selektionsvorteil, wenn Tiere ihren Wärmehaushalt auf einen günstigen Temperaturbereich regulieren können. Bei den im Tages- bzw. Jahresverlauf sehr stark schwankenden Temperaturen ist es verständlich, daß sich während der Phylogenie Regulationsmechanismen herausgebildet haben, die Organismen vor nachteiligen Wirkungen schützen. Wechselwarme Tiere regulieren ihre Körpertemperatur sehr einfach, indem sie thermisch günstige Orte aufsuchen bzw. ihren Körper zur Wärmequelle unterschiedlich einstellen.

Heuschrecken setzen bei Kühle die Breitseite ihres Körpers der Wärmestrahlung aus. Tagfalter breiten ihre Flügel aus und nehmen so mehr Wärme auf. Soziale Insekten, wie Bienen, Hummeln und Wespen, erhöhen die Temperatur im Nest durch Bewegung der Flugmuskulatur (schwirrende Flügel); dadurch erzeugen sie Wärme und schützen so ihre Brut vor Unterkühlung. Überhitzung wird vermieden, indem Wasser in den Stock gebracht wird, dessen Verdunstungskühle die Temperatur senkt. Auf diese Weise konnten soziale Insekten ihren Lebensraum ausdehnen und selbst arktische Regionen besiedeln.

Es ist bekannt, daß Wechseltemperaturen, so wie sie im normalen Tagesrhythmus regelmäßig auftreten, die Reproduktionsrate wechselwarmer Tiere deutlich erhöhen. Die dafür verantwortlichen physiologischen Vorgänge sind noch nicht genügend erforscht, doch besteht über deren ökologische Bedeutung — über den hohen Selektionswert dieser Anpassung — kein Zweifel.

Die Temperaturregulation ist bei den **homöothermen Tieren** (Vögel, Säuger) am höchsten entwickelt. Sie regulieren mit Hilfe von Rückkopplungsmechanismen die Körpertemperatur unabhängig von der Umgebungstemperatur auf den artspezifisch optimalen Bereich ein. Dadurch können sie ihren Lebensraum auf Gebiete ausdehnen, die wechselwarmen Organismen verschlossen bleiben.

Feuchte
Alle Stoffwechselprozesse laufen im wäßrigen Medium ab, d. h., jede Tierart muß ihren Wasserhaushalt so regulieren, daß diese lebenserhaltenden Prozesse gesichert sind. Wasserbewohner können ihren Wasserhaushalt einfacher regeln als Landbewohner; für sie ist die Salzkonzentration und der damit im Zusammenhang stehende osmotische Druck von größerer Bedeutung. Für landlebende Tiere ist dagegen das Wasserangebot oft lebensbegrenzend, so daß im Verlaufe der Phylogenie ein außerordentlich differenziertes Verhalten gegenüber Luft- und Bodenfeuchte entwickelt wurde. Tierische Organismen können dabei entweder einen sehr breiten Bereich im Wasserangebot der Umwelt nutzen — sie sind gegenüber Schwankungen der Luft- und Bodenfeuchte unempfindlich **(euryhygr),** oder sie vermögen nur einen sehr engen Bereich des Valenzangebotes zu nutzen — sie sind an bestimmte Feuchtigkeitswerte eng angepaßt **(stenohygr).**

Tiere geben Wasser an die Umwelt ab (Kot, Urin, Transpiration) und müssen diese Verluste ständig wieder ausgleichen. Das geschieht durch Trinken, durch Aufnahme wasserhaltiger Nahrung, durch das aus Stoffwechselprozessen gewonnene Wasser oder durch Wasseraufnahme über die Körperoberfläche. Tiere mit wirksamem Transpirationsschutz (Hornhaut der Reptilien, Cuticula der Arthropoden) besiedeln meist trockene Lebensräume und sind demzufolge **xerophil.** Tiere, bei denen die Transpiration nicht wirksam eingeschränkt ist, müssen Lebensräume mit hoher Luft-bzw. Bodenfeuchte aufsuchen — sie sind **hygrophil** (Asseln, Nacktschnecken u. a.). Sehr häufig wird das für den Organismus lebensnotwendige Wasser im Enddarm zurückgewonnen und auf diese Weise dem Stoffwechsel wieder zugeführt. Das ist um so mehr der Fall, je trockener der Kot abgegeben wird. Mitunter wird Wasser im Körper auch recht wirkungsvoll gespeichert. Ein bekanntes Beispiel dafür sind die Höcker der Kamele, deren Fettgewebe bei Wassermangel abgebaut wird, wodurch das freigesetzte Stoffwechselwasser dem Organismus zur Verfügung steht. Der gegenteilige Fall, ein Wasserüberschuß, liegt bei Pflanzensaftsaugern vor. Der Pflanzensaft enthält in Abhängigkeit vom physiologischen Zustand der Wirtspflanze unterschiedliche Mengen an Nährstoffen, die in jedem Fall aber in reichlich Wasser gelöst sind. Um den Nährstoffbedarf zu decken, müssen deshalb große Mengen Pflanzensaft aufgenommen werden. Die im Darmtrakt der Pflanzensaftsauger befindliche „Filterkammer" hält die benötigten Nährstoffe zurück und gestattet dem überschüssigen Wasser den raschen Durchtritt zum Enddarm.

Nahrung

Die **Nahrungswahl** ist ein außerordentlich vielseitiger Vorgang. Er basiert auf den Eigenschaften der Nahrung und den Reaktionen der Tiere auf die von der Nahrung ausgehenden Reize. Form, Farbe und bestimmte, meist gasförmige oder gelöste chemische Stoffe können dabei wahrgenommen werden. Chemische Anlock- oder Abschreckstoffe, sogenannte **Attraktantien** oder **Repellentien,** sind für viele Tiere bekannt.

Gut untersucht ist z. B. die anlockende Wirkung von gasförmigen Stoffen auf holzbewohnende *Ambrosia*-Käfer, wie *Trypodendron lineatum* (Abb. 4.24.). Die Käfer werden während des Fluges durch α-Pinin angelockt, das von Nadelgehölzen abgegeben wird. Ethanol entsteht unter anaëroben Stoffwechselbedingungen in der Rinde absterbender Nadelbäume und unterstützt die Lockwirkung; auf diese Weise werden die Brutbäume aufgefunden. Beide Stoffe bewirken die Wirts-Annahme. Das Eindringen in Rinde und Splintholz löst die Abgabe von Lineatin (Pheromon) durch die Weibchen aus und führt zur Massenansammlung der Käfer.

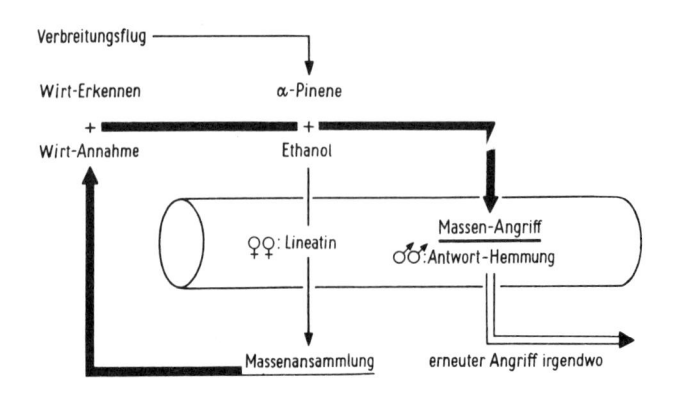

Abb. 4.24. Reaktionskette im Befall eines Nadelholzstammes durch *Trypodendron lineatum.* Nach VITÉ und BAKKE 1979.

4.3. Ökologie tierischer Organismen

Wurde die Nahrung gefunden, beginnt die **Nahrungsaufnahme**. In dieser Phase ist die Qualität der Nahrung von entscheidender Bedeutung, wobei **polyphage Arten** ein sehr breites Nahrungsspektrum aufweisen, während **Monophage** auf eine Nahrungsquelle (eine Art) spezialisiert sind. Besonders unter den Insekten gibt es viele Spezialisten.

Für die Nahrungsaufnahme spielen bei Pflanzenfressern primäre Pflanzeninhaltsstoffe, wie Aminosäuren, Zucker, Lipide, sowie sekundäre Pflanzeninhaltsstoffe, wie Glycoside, Alkaloide, Flavonoide und Terpene, eine große Rolle. Sekundäre Pflanzeninhaltsstoffe können für viele Pflanzenfresser eine unüberwindliche Barriere sein, andererseits weisen sie einigen Spezialisten geradezu den Weg zur Nahrungsquelle.

Für die Entwicklung der Tiere sind **Qualität, Quantität** und **physikalischer Zustand der Nahrung** wichtig. So selbstverständlich diese Aussagen ist, so schwierig war es, den exakten experimentellen Beweis dafür zu führen, welche chemischen Verbindungen die Qualität bestimmen und in welchen Mengenverhältnissen sie vorliegen müssen. Diese Aussagen treffen natürlich nur auf die Ansprüche einer Art zu; denn was für eine Art optimale Nahrung darstellt, kann für eine andere ungenießbar sein. Erst mit der Entwicklung künstlicher, in ihrer chemischen Zusammensetzung genau bekannter, vollsynthetischer **Diäten** war es möglich, die Bedeutung einzelner chemischer Stoffe und deren Relationen für **Nahrungsverwertung, Wachstum, Entwicklung** und **Fortpflanzung** bestimmter tierischer Organismen exakt zu erfassen. Besondere Fortschritte gab es bei der Entwicklung künstlicher Nahrung für phytophage Insekten (Tab. 4.7.).

Tabelle 4.7. Anzahl der phytophagen Insektenarten, für die künstliche Nahrung entwickelt wurde[1])

Ordnung	Anzahl der künstlich ernährten Arten
Lepidoptera	189
Coleoptera	143
Hymenoptera	57
Hemiptera	36
Diptera	33
Orthoptera	23
	—
	481

[1]) Angaben stützen sich auf die Literaturzusammenstellung von SINGH (1972) für den Zeitraum von 1900 bis 1970 und auf die Literaturauswertung von SCHÄLLER für den Zeitraum 1970/80.

Mit der Ökosystemforschung wuchs das Bedürfnis, die trophische Struktur eines Ökosystems quantitativ zu erfassen. Es mußte festgestellt werden, welche Nahrungsmengen während der gesamten Lebensdauer eines Individuums einer bestimmten Art aufgenommen werden. In der Praxis bestimmt man diesen Wert für Laborpopulationen und errechnet mit weiteren Meßgrößen (Kot und Urinmenge, Produktion durch Wachstum und Reproduktion, Atmungsintensität, Substanzverlust durch Häutung oder Mauser) den **Biomasse-Umsatz** (bzw. die Energiebilanz) eines „Durchschnitts-Individuums" einer Art. Das Durchschnitts-Individuum ist kein existenter Organismus, sondern eine für weitere Berechnungen sinnvolle Größe, die die Merkmale der Population rechnerisch gemittelt auf sich vereinigt. Werden die für ein Durchschnitts-Individuum errechneten Werte auf Freiland-Organismen oder -Populationen übertragen, so hat man eine brauchbare Basis für die Ökosystemanalyse geschaffen. Um die weltweit in dieser Richtung durchgeführten Untersuchungen besser vergleichbar zu gestalten, wurden im Rahmen des Internationalen Biologischen Programms (IBP) Einheiten und Formeln geschaffen, die in Abb. 4.25. zusammengefaßt sind.

4. Autökologie

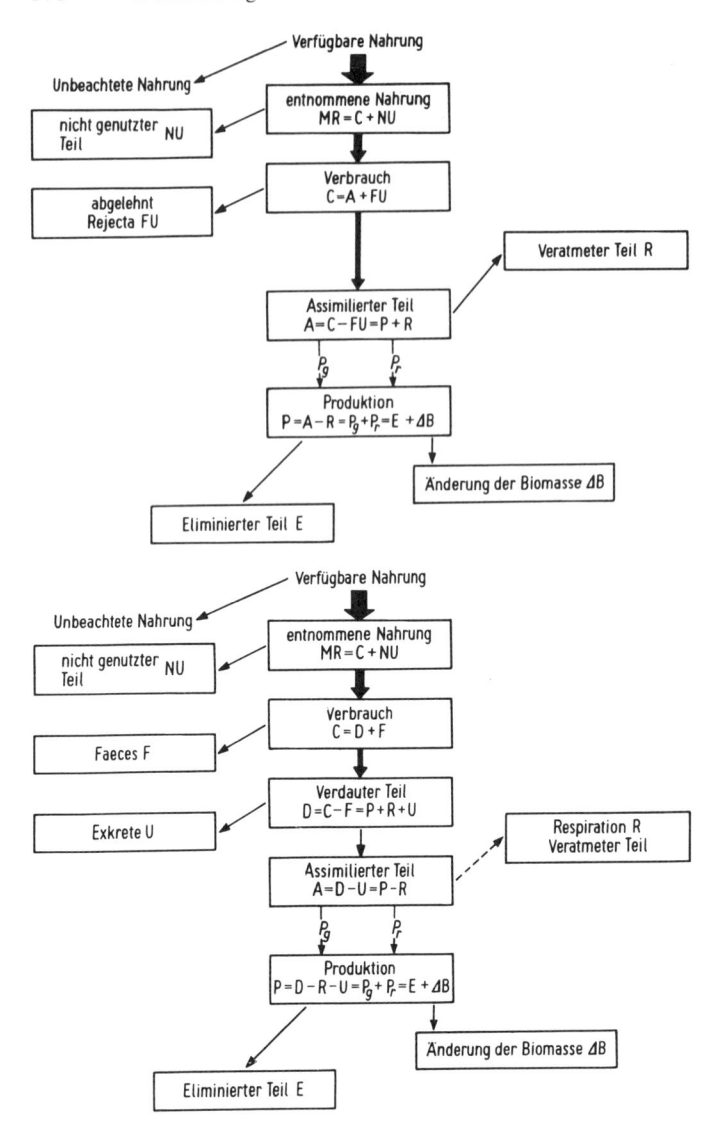

Obere Abbildung:

- Verfügbare Nahrung → entnommene Nahrung $MR = C + NU$
- Unbeachtete Nahrung
- nicht genutzter Teil NU
- Verbrauch $C = A + FU$
- abgelehnt Rejecta FU
- Assimilierter Teil $A = C - FU = P + R$
- Veratmeter Teil R
- Produktion $P = A - R = P_g + P_r = E + \Delta B$
- Eliminierter Teil E
- Änderung der Biomasse ΔB

Untere Abbildung:

- Verfügbare Nahrung → entnommene Nahrung $MR = C + NU$
- Unbeachtete Nahrung
- nicht genutzter Teil NU
- Verbrauch $C = D + F$
- Faeces F
- Verdauter Teil $D = C - F = P + R + U$
- Exkrete U
- Assimilierter Teil $A = D - U = P - R$
- Respiration R / Veratmeter Teil
- Produktion $P = D - R - U = P_g + P_r = E + \Delta B$
- Eliminierter Teil E
- Änderung der Biomasse ΔB

MR: aus dem System entnommene Nahrung
NU: nicht genutzter Teil davon
C: konsumierter Teil davon
F: Faeces
U: Exkrete
A: assimilierter Teil der Nahrung
D: verdauter Teil der Nahrung
P: Produktion
R: veratmeter Teil der Nahrung
E: eliminierter Teil der Nahrung (Häutung, Mauser)
P_g: Produktion durch Wachstum
P_r: Produktion durch Reproduktion
ΔB: Änderung der Biomasse

Abb. 4.25. Schema des Stoff- und Energieflusses durch einen Organismus oder eine Population. Nach REMMERT 1980.

4.3.1.2. Komplexe Wirkung der ökologischen Faktoren

Die ökologischen Faktoren treten in der Natur mit unterschiedlichen Intensitäten auf, sie unterliegen häufig rhythmischen Veränderungen (s. 4.3.2.) und relativieren sich in ihrer Wirkung auf den Organismus gegenseitig. Dazu kommt, daß die Organismen in Abhängigkeit von ihrem physiologischen Zustand und ihrer Entwicklungsphase (z. B. Larven, Puppen, Imago oder Jungtier, geschlechtsreifes Tier) auf den gleichen Faktor verschieden reagieren. Die sichere Beurteilung der Wirkung eines ökologischen Faktors in der Natur ist deshalb ein Problem, das nur durch ökophysiologische **und** synökologische Untersuchungen gelöst werden kann.

Überschaubar erscheinen die Wechselbeziehungen, wenn in der natürlichen Umwelt nur **ein Faktor** die offensichtlich entscheidende Rolle spielt. Nach dem **Liebigschen Gesetz vom Minimum** und dem **Toleranzgesetz von SCHELFORT** ist die relative Wirkung eines Faktors um so größer, je mehr sich dieser den anderen Faktoren gegenüber im Pessimum befindet. Wenn alle Organismen einen Lebensraum besiedeln, der z. B. extremen Temperaturen ausgesetzt ist, so wirkt dieser Faktor am meisten lebensbegrenzend — er spielt die entscheidende Rolle. Entweder sterben die Organismen aus, wandern ab oder passen sich an, was dann zu besonderen physiologischen, aber auch morphologisch sichtbaren Veränderungen führt. Ein Ausdruck dafür sind z. B. die sogenannten Klimaregeln (Temperaturregeln), die besonders für Warmblüter gelten und schon seit langem in der Biologie bekannt sind:

Bergmannsche Regel: In kalten Klimaten treten Rassen bzw. verwandte Arten mit relativ großem Körpergewicht und kleiner Oberfläche auf.
Allensche Proportions-Regel: In kalten Klimaten werden die Körperanhänge verkürzt (Ohren, Schwänze, Extremitäten u. a.).
Haar-Regel von Rensch: Haarlänge und Haardichte nehmen nach kälteren Klimaten hin zu.

Verhältnismäßig übersichtlich sind **Faktorenkombinationen,** bei denen sich die Faktoren gegenseitig in gesetzmäßiger, bekannter Weise beeinflussen, wie z. B. Temperatur und Luftfeuchte, Temperatur des Wassers und dessen Sauerstoffgehalt (vgl. 6.2.).

Überschaubar scheint das Bild auch noch zu sein, wenn **mehrere Faktoren relativ selbständig wirken,** d. h. in der Natur Reaktionen im Organismus auslösen, die von Laborexperimenten her bekannt sind. Als gut untersuchtes Beispiel ist die Wirkung der Temperatur, Photoperiode, Nahrung und Übervölkerung (Gedrängefaktor) auf Blattläuse zu nennen.

Bekanntlich hemmt Langtag die Bildung geflügelter Morphen. Dieser Hemmungsprozeß wird durch hohe Temperaturen gefördert. Das Gegenteil tritt jedoch dann auf, wenn die Nahrung dieser Pflanzensaftsauger arm an löslichen Stickstoffverbindungen ist, wie das im Frühsommer nach Abschluß der Hauptwachstumsphase der Gehölze oder im Fall der Fall ist. Interessant ist nun, daß darüber hinaus auch eine Überbevölkerung der befallenen Pflanzenteile zur Bildung von Geflügelten führen kann. So wird durch verschiedene Umweltfaktoren, wahrscheinlich auf demselben hormonellen Wege, die gleiche Reaktion im Organismus ausgelöst. Dabei kann z. B. die Wirkung des Langtags durch Stickstoffmangel in der Nahrung, die Wirkung hoher Temperaturen durch den Gedrängefaktor unterdrückt werden. Die Faktoren können sich also in vielfältiger Weise gegenseitig beeinflussen; vielleicht gibt es auch eine Hierarchie in ihrer Wirksamkeit auf den Organismus, wobei im Falle der Geflügeltenbildung die wichtigsten Faktoren kalkulierbar sind — sie wirken relativ selbständig.

Ähnlich überschaubare Wirkung haben Licht, Temperatur, Feuchte und Nahrung bei der **Dormanz,** d. h. bei der Einschränkung des Stoffwechsels, der Entwicklung und Aktivität der Insekten. Wasser- oder Nahrungsmangel, ungünstige Temperaturen bzw. Photoperioden können zu den entscheidenden Umweltfaktoren werden und Dormanz auslösen. Verlassen diese Faktoren den für eine bestimmte Art pessimalen Bereich, so wird die Dormanz wieder aufgehoben. Diese sogenannte **konsekutive Dormanz** (als Folge veränderter Umweltbedingungen) ist natürlich von den wechselnden Intensitäten der Umweltfaktoren stark abhängig und damit unsicher. So können z. B. vorübergehende Wärmeperioden im Winter die Dormanz aufheben, und plötzlicher Kälteeinbruch kann die Population dezimieren. Durch zunehmende Kopplung an die im Jahresverlauf unveränderte Rhythmik der Tageslänge wird die Dormanz von einem zuverlässigeren Umweltfaktor kontrolliert, als es Temperatur, Feucht und Nahrung vermögen. Die Tageslänge übernimmt eine Steuerfunktion — durch sie werden vorausschauend Zeiten mit ungünstigen Umweltbedingungen angezeigt. Sie gibt dem Organismus das Signal, den Stoffwechsel umzustellen und damit die Dormanz einzuleiten, bevor andere Umeltfaktoren im pessimalen Bereich wirksam werden **(prospektive Dormanz)**. Diese Dormanz kann für bestimmte Entwicklungsstadien, wie Eier, Larven und Puppen, sogar obligatorisch werden; ohne sie wird das nachfolgende Entwicklungsstadium nicht erreicht.

Natürlich wirkt auch bei der prospektiven Dormanz der Faktor Licht nicht unabhängig von den anderen Umweltfaktoren. Zum Beispiel kann die Temperatur die photoperiodischen Effekte beeinflussen, indem die Entwicklung der Organismen beschleunigt oder gehemmt wird und damit photoperiodisch sensible Entwicklungsstadien in unterschiedliche Tageslängen verlagert werden.

In der Mehrzahl der untersuchten Fälle reagieren jedoch die Organismen gegenüber der aktuellen Faktorenkombination der Umwelt in unvorhersehbarer Weise. Auch diese Reaktionen sind natürlich prinzipiell erklärbar, nur reicht dafür unser gegenwärtiges Wissen nicht aus.

Es ist zur Zeit noch sehr schwer, die Wirkung eines Faktors im multivalenten Beziehungsgefüge der natürlichen Umwelt zu erkennen und richtig zu beurteilen. Die Arten werden stets in ihren Reaktionen gegenüber dem Faktoren-Ensemble Kompromisse eingehen müssen, weil wohl nie alle Faktoren zur gleichen Zeit optimal wirken. Dabei können sie nur dort leben, wo ihre physiologischen Potenzen mit den Amplituden der Umweltfaktoren zur Deckung gelangen, und sei es auch gegenüber diesem oder jenem Faktor nur im suboptimalen Bereich. Diese durch Wechselwirkung der Umweltfaktoren untereinander und mit dem Organismus beeinflußte (meist eingeschränkte) physiologische Potenz (Toleranz) wird auch als **ökologische Potenz** bezeichnet.

Die Umweltfaktoren zwingen die Organismen zur **Anpassung (Adaptation)**. Sie ist dann am erfolgreichsten, wenn der Organismus seine Lebensfunktionen optimal ausüben kann, d. h. auch ohne nennenswerte Konkurrenz. Ein Ergebnis des Adaptationsprozesses ist deshalb, daß die Organismen funktionell, räumlich und zeitlich einander ausweichen. Zwei Arten werden um so mehr zu Konkurrenten, je identischer ihre ökologischen Ansprüche sind. Sie schließen sich gegenseitig aus, wenn diese oder jene Ressource verknappt. Die intensivste Konkurrenz herrscht jedoch innerhalb einer Art, weil dort die ökologischen Ansprüche weitgehend gleich sind. Daraus folgt, daß Individuen, Individuengruppen (Herde, Rudel, Schwarm) oder Populationen zur funktionellen, räumlichen und zeitlichen Sonderung — zur Einnischung — gedrängt werden. Im Falle der zwischenartlichen Konkurrenz ist dieser Prozeß schon so weit fortgeschritten, daß ein Genaustausch (Fortpflanzungsgemeinschaft) nicht mehr möglich ist.

Die **ökologische Nische** hat also einen funktionellen und einen räumlich-zeitlichen Aspekt. Der funktionelle Aspekt ist identisch mit dem „ökologischen Beruf" der Art (Population) im Ökosystem, welche Stellung sie zum Beispiel im Trophienetz innehat, wie sie in den Biomasse-Umsatz, den Energiefluß des Systems eingebaut ist. Der räumlich-zeitliche Aspekt ergibt sich zwangsläufig aus der funktionellen Sonderung. Jede Art (Population) besiedelt ein bestimmtes Habitat — ihren ökologisch bedingten typischen Lebensraum, der während eines Jahres in Abhängigkeit vom Entwicklungszustand der Organismen (und ihrer verschiedenen ökologischen Ansprüche) wechseln kann. Dabei ist der Nischenraum an die funktionell bedingte Nische gebunden wie ein Schatten an einen Körper.

Die Nische entsteht aus dem Ineinanderpassen der ökologischen Potenz eines Organismus mit dem gesamten Faktorenkomplex des Habitats. Nur dort, wo sich aus diesem Wechselspiel zwischen Organismus und Umwelt die ökologische Nische realisiert, kann der Organismus überleben — dort ist sein Verbreitungsgebiet, das Areal. Im Zentrum des Areals decken sich die Potenzamplituden der Art (Population) weitgehend mit den Amplituden der Umweltfaktoren. An den Rändern des Areals geraten dagegen in zunehmendem Maße Umweltfaktoren ins Pessimum und schließen auf diese Weise die Art aus.

4.3.2. Zeitstrukturen biologischer Systeme

Jeder Organismus ist in das dynamische Gefüge seiner Umwelt gesetzt und muß sich von Anbeginn in der Auseinandersetzung mit diesen Bedingungen realisieren. Das bedeutet auch eine zeitliche Abstimmung der Lebensprozesse mit den in der Zeitfolge wechselnden Umwelteinflüssen. So wie die räumlichen Beziehungsgefüge über die Stammes- und Individualgeschichte erworbene Adaptationen an die Umweltbedingungen aufweisen, gilt das auch für die zeitlichen Gefüge.

Die Dimension der Zeit nimmt in komplexen Systemen und Beziehungsgefügen, wie sie in der Ökologie zur Erforschung stehen, einen eigenen, systemtheoretischen Rang ein. Die Beziehungen zwischen Zeit und Leben stellen sich in die Dialektik von linear-gerichteten (irreversiblen) und rhythmischen (reversiblen) zeitlichen Abläufen, wobei letztere, auf den verschiedenen Organisations- und Regulationsebenen, systemeigene, hierarchische Zeitstrukturen bilden. Rhythmen sind eine elementare Form des Zeitverhaltens biologischer Systeme. Sie bilden die Grundlage der Zeitmessung, zeitlicher Orientierung, Verarbeitung von Nachrichten, der zeitlichen Koordination von Funktionen in komplexen geregelten Systemen, der Systemstabilität, der zeitlich-funktionellen Verteilung der Organismen im Raum, der Induktion und Synchronisation von Entwicklungsvorgängen.

Zeitcharakteristika biologischer Systeme weisen zum gegenwärtigen Zeitpunkt ihrer Entwicklung drei Aspekte in ihrer Beziehung zur Umwelt auf:

1. Wechselbeziehungen der Rhythmik kosmischer Systeme mit der Rhythmik biologischer Systeme von beliebigem Niveau
2. Wechselbeziehungen zwischen Rhythmen biologischer Systeme
3. Wechselbeziehungen zwischen Biorhythmen des Menschen mit biologischen Systemen und den Rhythmen des sozialen Milieus, inklusive der rhythmischen Ordnung komplexer technischer Systeme, in denen der Mensch als Operator auftritt.

Zeitliche Ordnungsstrukturen stehen auf den verschiedenen Organisations- und Regulationsebenen in einem weiten Frequenzspektrum in einem hierarchischen, enkaptischen Zusammenhang (Abb. 4.26.). Sie dienen vor allem im höherfrequenten Bereich der Gewährleistung innerer Funktionsordnung (Zellen, Gewebe, Organe), im niederfrequenten Bereich gleichsam der Einordnung in eine äußere, naturgegebene Rahmenzeitordnung der Umwelt.

Aus ökologischer Sicht sind diejenigen biologischen Rhythmen von besonderer Bedeutung, die in ihrer Periodenlänge ungefähr geophysikalischen Periodizitäten entsprechen. Durch den periodischen Wechsel von Intensität und Dauer von Umweltfaktoren entsteht eine Sequenz regelmäßig sich ändernder und wiederholender äußerer Bedingungen. Dieses Zeitprogramm des Änderungsverlaufes der Umweltbedingungen haben die Organismen im Verlaufe der Evolution durch die Ausbildung **autonomer Rhythmen** genetisch fixiert (Abb. 4.27.). Die Periodizität der Umwelt, die ursprünglich als Selektionsdruck wirkte, fungiert nicht mehr als unmittelbare Quelle für den biologischen Rhythmus, sondern lediglich noch als „synchronisierendes Agens", als Zeitgeber einer endogenen, autonomen Oszillation des Organismus (ASCHOFF 1963). Die genetische Grundlage für ein Umweltzeitprogramm konnte

4. Autökologie

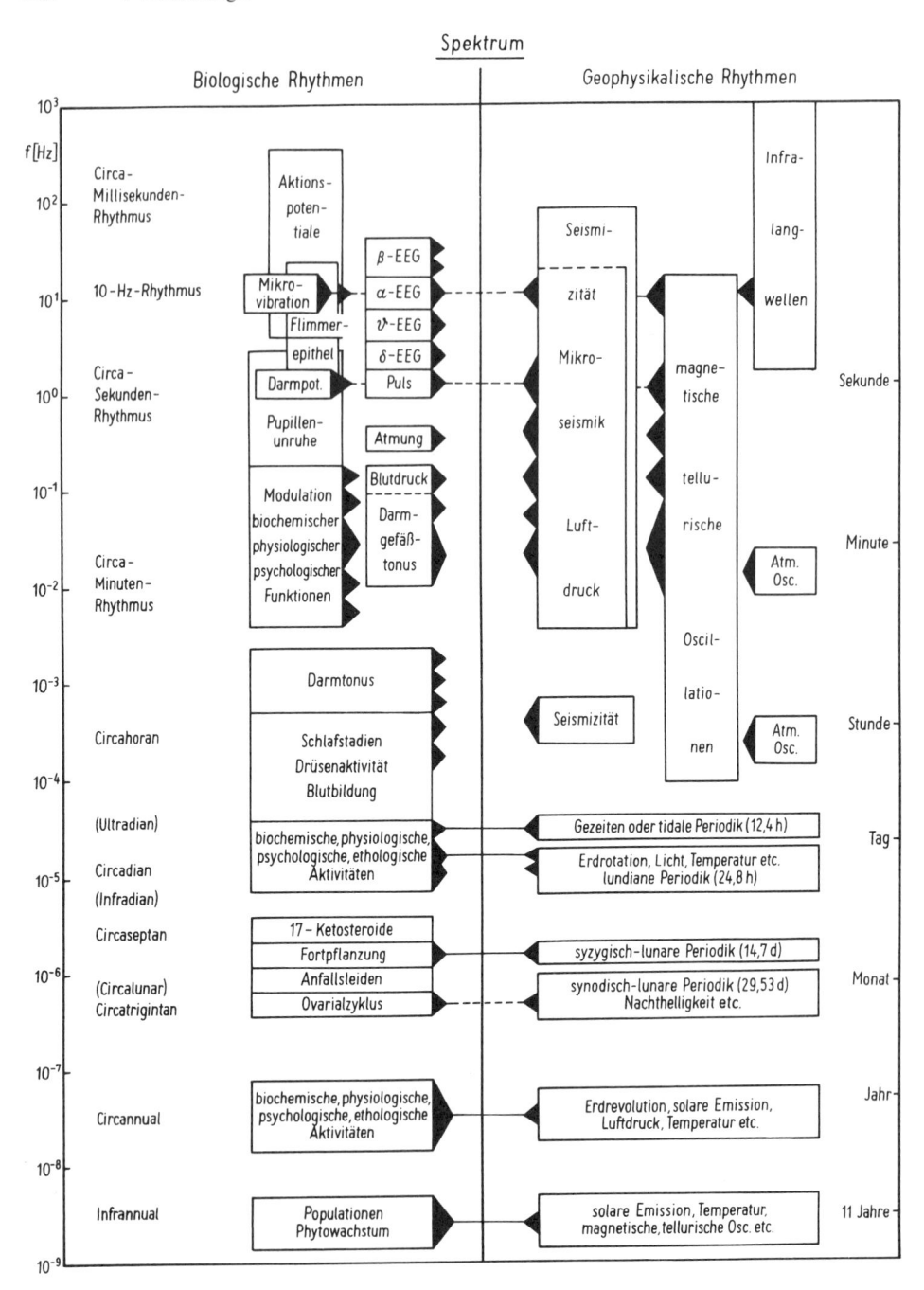

Abb. 4.26. Biologische und geophysikalische Frequenzspektren. Nach SINZ 1978.

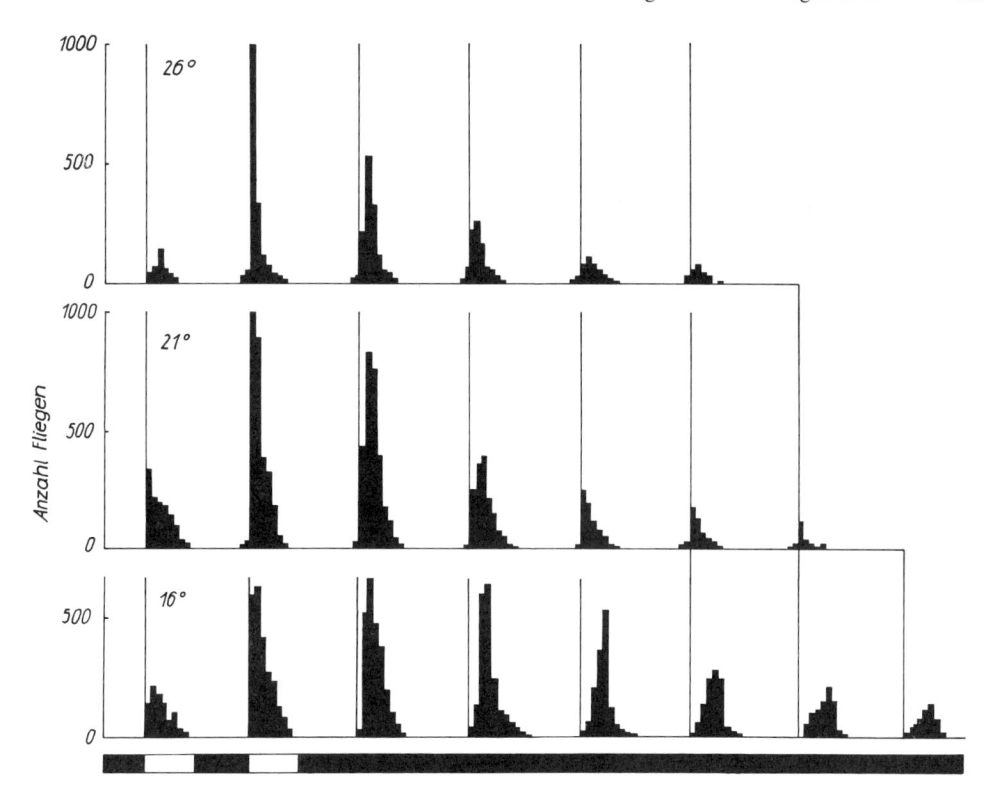

Abb. 4.27. Spontaner Schlupfrhythmus von *Drosophila pseudoobscura* bei verschiedenen Temperaturen im Dauerdunkel. Nach PITTENDRIGH aus REMMERT 1965.

zumindest für eine circadiane Rhythmik bei *Drosophila*-Mutanten durch den Nachweis und die molekularbiologische Charakterisierung von periodischen Genen (Per-Gene oder Clock-Gene) durch KONOPKA u. BENZER (1971) erbracht werden. Homologe oder partiell homologe Gene wurden auch bei Vertebraten nachgewiesen.

Der Vorteil, den eine in der Evolution erworbene, der Umwelt annähernd frequenzgleiche biologische Rhythmik für den Organismus bietet, ist offensichtlich. Durch die Synchronisation der biologischen Rhythmik mit einem periodischen Umweltfaktor ist der Organismus nicht wie ein Spielball wechselnden Umweltverhältnissen preisgegeben, er kann sich „vorausschauend" auf die wichtigsten regelmäßigen Veränderungen der Umwelt einstellen (ASCHOFF 1964). Die Einordnung in eine solche Rahmenzeitordnung vollzieht sich in komplexer Weise. Sie unterliegt als Raum-Zeit-Anspruch der Realisation organismischer Umweltansprüche als übergreifende Kategorie (s. a. Kap. 4.3.4.).

Als „Zeitgeber" können viele periodische Umweltfaktoren wirken, z. B. Licht, Temperatur, Feuchte, aber auch biotische Faktoren, Signale, die von Artgenossen ausgehen, Nahrungsangebot, akustische Signale. Der wichtigste Zeitgeber bei Tieren und Pflanzen ist der Licht-Dunkel-Wechsel im Verlaufe eines Tages und seine Proportionsänderung während des Jahres. Der Synchronisation liegt eine wechselnde Empfindlichkeit gegenüber dem Zeitgeber zugrunde. Sie kann als **Frequenz-** wie als **Phasensynchronisation** wirken. Dadurch ist eine Neusynchronisation an veränderte Umweltbedingungen möglich, wie sie sich im Verlaufe eines Jahres ergibt oder durch den raschen Wechsel veränderter Zeitgeber bei schnellen Ost-West-Flügen oder in künstlichen Ökosystemen.

Biologische Rhythmen stehen im adaptierten Zustand eines Systems zueinander in festen, meist harmonischen Frequenzverhältnissen und Phasenbeziehungen und charakterisieren damit qualitative Funktionszustände. Im Verlaufe adaptiver Prozesse verändern sich zeitliche Strukturen in regelhafter Weise, z. B. während der Ontogenese, bei Änderungen von Zeitgebervalenzen, bei der Einwirkung von Stressoren. Dabei treten Frequenzänderungen auf (Frequenzmultiplikationen und -demultiplikationen), externe oder interne Phasendesynchronisationen, Amplitudenveränderungen. Solche Änderungen in zeitlichen Ordnungsstrukturen erhalten indikatorischen bzw. diagnostischen Wert und können für eine Bioindikation herangezogen werden (z. B. Änderungen von Zeitmustern des Verhaltens unter Stressorwirkung).

Prominente rhythmische Zeitstrukturen, die eine zeitlich-funktionelle Einpassung der Organismen in ihre Umwelt gewährleisten und somit wesentlich die Zeitdimension ökologischer Einnischung charakterisieren, bestimmen eine zeitlich geordnete, rhythmische Arbeitsweise eines Ökosystems (s. a. Kap. 4.2.2.; 4.3.1.; 4.3.4.; 8.3.1.).

Circadiane Rhythmik
Die tagesrhythmische (circadiane) Organisation der Lebensprozesse bei Tieren und Pflanzen ist eine allgemein ausgeprägte, dominante Zeitstruktur in biologischen Systemen. So sind nahezu alle Funktionen bei Tieren und Pflanzen an bestimmte Tageszeiten gekoppelt (Phasensynchronisation). Dies betrifft Leistungen des Stoffwechsels ebenso wie die Aktivität und Verteilung der Tiere im Raum, den Nacht-Tag-Aspekt unterschiedlicher Strukturteile des Ökosystems (Abb. 4.28.), die vertikale Verteilung des Planktons, den Zeitaspekt synökologischer Verknüpfungsgefüge (Pflanze-Tier-Beziehungen), das Fortpflanzungsverhalten (Balz, Kopulation, Eiablage, Schlüpfen von Insekten aus der Puppe), die Nahrungsaufnahme, die Räuber-Beute-Beziehungen, die Produktion von Duftstoffen oder Wirt-Parasit-Beziehungen.

Circadiane Rhythmen werden heute allgemein als evolutive Anpassung an periodische Umweltfaktoren verstanden. Sie unterliegen im adaptiven Prozeß gewissen Modifikationen (s. oben). Die adaptive Potenz zeitlicher Einpassung durch Rhythmen (circadiane, circannuale) erhält durch populationsgenetische Bedingungen noch insofern eine bedeutende Erweiterung, als innerhalb einer Population die Individuen in ihren rhythmischen Funktionsabläufen eine genetisch festgelegte Heterogenität in ihrer „Zeitmorphe" aufweisen, so daß von einem „zeitlichen Polymorphismus" gesprochen werden kann. Das ergibt sich aus Kreuzungsversuchen bei *Drosophila*-Mutanten mit unterschiedlicher Phasenbeziehung des Schlupfrhythmus zur Umweltperiodik. Auch in einer für die Überlebenssicherung entscheidenden Zeitpunktbestimmung der Eiablage oder des Schlüpfens von Insekten konnten im Eiablageverhalten bei *Arctia caja* L. (Lep., Arctiidae) unterschiedliche Zeittypen mit uni-, bi- und polymodalen Rhythmen gefunden werden (GROSSER u. SCHUH 1979).

WALDBAUER (1978) beschrieb beim Schlupfrhythmus von *Hyalophora cecrophia* (Saturniidae) in Urbana dimorphe Typen in der Termination der Diapause. Die adaptive Strategie, welche dem Dimorphismus in der Termination der Diapause bei *Hyalophora cecrophia* zugrunde liegt, vermeidet das Absetzen aller Nachkommen eines Paares in einem „zeitlichen Paket" und somit die Gefahr der möglichen kritischen Folgen für die Sicherung der Nachkommen. Ähnliche „Zeitmorphen" innerhalb einer Population finden sich in vielen Lebensäußerungen, der Aktivität, den photoperiodischen Reaktionen, der Brunftauslösung, Geburt auch bei menschlicher Leistungsbereitschaft, Reagilität und Sensitivität (SCHUH 1986).

Auch viele synökologische Beziehungen sind tagesrhythmisch geordnet. Räuber finden ihre Beute nur dann, wenn sich die Aktivitätszeiten beider Artengruppen decken (Fledermäuse — nachtaktive Insekten). Die Synchronisation von Bienen mit den Öffnungszeiten von Blüten erfolgt über Lernvorgänge, bei denen die circadiane Rhythmik den angelernten Zeitpunkt bestimmt. Sehr genaue zeitliche

4.3. Ökologie tierischer Organismen 185

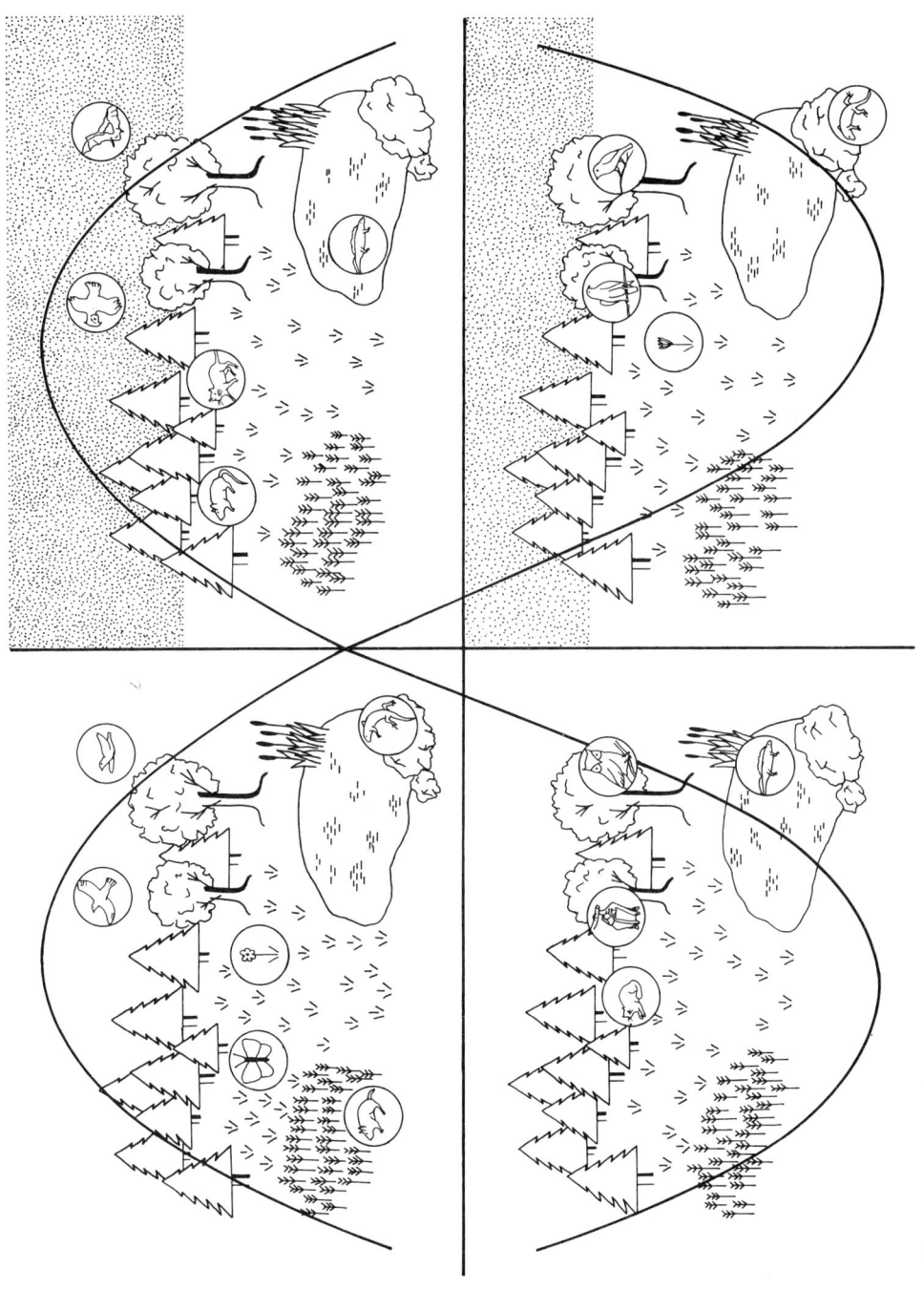

Abb. 4.28. Tag-Nacht-Aspekt in Nahrungsketten einer Biocoenose.

Abstimmungen bestehen auch zwischen Parasiten und dem Aktivitätsrhythmus von Überträgern. Die Mikrofilarien von *Wuchereria bancrofti* treten nachts im Blute des Menschen auf, wenn die nachtaktive Mücke *Culex quinquefastigiatus* als Überträger fungiert.

Die zeitliche Einnischung von Organismen und Organismengruppen läßt bei den Tieren tag- und nachtaktive Formen unterscheiden und führt zu einer zeitlich optimalen Nutzung des Lebensraumes (Abb. 4.29.). Grundlage einer zeitlichen Einnischung ist ein physiologisches Zeitmeßsystem in Form von endogenen Rhythmen, die im Sinne einer Pendelschwingung oder einer Kippschwingung (Sanduhrprinzip) durch externe Zeitgeber auf die Ortsbedingungen synchronisiert werden (CLOUDSLEY-THOMPSON 1961, REMMERT 1965, 1969, RENSING 1973).

Tidale und lunare Rhythmik
Fauna und Flora des Eulitorals sind in ihren Funktionen dem periodischen Wechsel der Umweltbedingungen in der Gezeitenzone angepaßt. In Abhängigkeit von der geographischen Breite ergeben sich daraus eine **Gezeiten-** oder **tidale Periodik** (12,4 Stunden), eine **mondentägige** oder **lundiane Periodik** (28,4 Stunden), eine **semilunare** oder **syzygisch-lunare Periodik** (14,7 Tage) bei Konjunktions- und Oppositionsstellung von Sonne, Erde, Mond sowie eine **lunare** oder **synodisch-lunare Periodik** (29,53 Tage). Die Organismen dieses Lebensraumes haben endogene Rhythmen entwickelt, die ihnen zur Sicherung ihrer Existenz die zeitliche Einpassung in die wechselnden Umweltbedingungen gewährleisten.

Die sehr genaue zeitliche Programmierung in der Entwicklung der Mücke *Clunio* beschreibt NEUMANN (1969, 1976). Diese Mücke schlüpft bei extremem Niedrigwasser (Springtiden). Die Weibchen bedürfen für den Schlupfvorgang der Hilfe der Männchen, welche 20 min vor den Weibchen schlüpfen. Kopulation und Eiablage erfolgen unmittelbar nach dem Schlupf, nach einer Stunde sind die meisten Tiere tot. Das steigende Wasser bedeckt den Lebensraum die am felsigem Substrat abgelegten Eier.

Die zeitliche Programmierung ist durch einen semilunaren Rhythmus möglich, zu dem ein circandianer Rhythmus hinzutritt. Zwischen beiden entstehen überschneidende Schwebungen, zu denen eine gegebene Flutsituation (z. B. Springtiden) alle 14 Tage um die gleiche Uhrzeit auftritt.

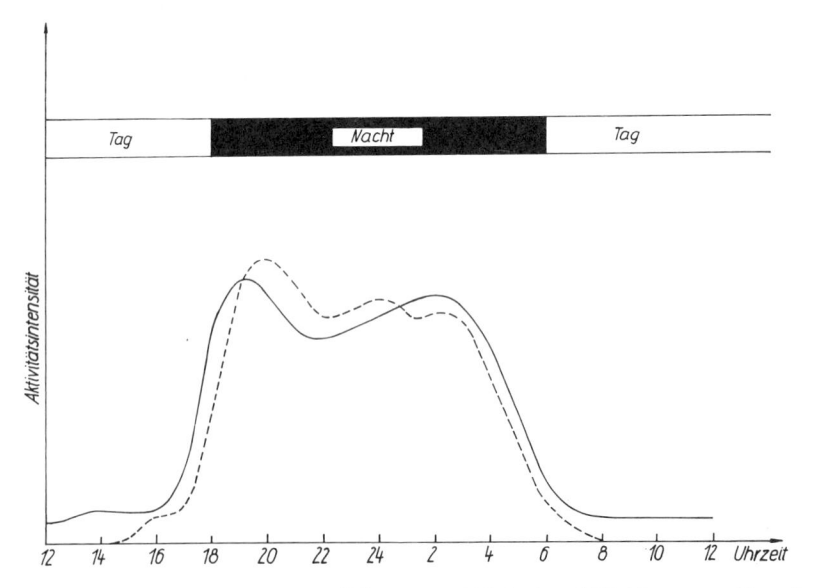

Abb. 4.29. Aktivitätskurve von Wildkatze ---- (Räuber) und Waldmaus — (Beute).

Circannuale Rhythmik
Die periodischen Änderungen der Umweltbedingungen im Verlaufe eines Jahres bedürfen für die zeitliche Anpassung der Organismen, besonders in den mittleren und höheren Breitengraden, sehr präziser Zeitmeßsysteme, um sich auf kommende Ereignisse einzustellen. Neben rein exogenen Einflüssen der Umwelt, in deren Folge sich rhythmische Veränderungen ergeben, sind es vor allem endogen fixierte Jahresrhythmen, die hauptsächlich durch die regelmäßige periodische Veränderung der Licht-Dunkel-Proportionen im Verlaufe des Jahres eine photoperiodische Steuerung erfahren.

Die zeitliche Einnischung in den Jahresgang sichert wesentliche Überlebensvorteile:
— Die Zeitpunktbestimmung der Reproduktionsaktivitäten, um die Jungen in der günstigsten Jahreszeit aufwachsen zu lassen.
— Das erfolgreiche Überdauern pessimaler Umweltperioden, indem adaptive Funktionen zu einem Zeitpunkt noch optimaler Umweltbedingungen ausgelöst werden.
— Die maximale Nutzung des Substrates durch eine Staffelung der Entwicklungszeiten mehrerer Arten mit ähnlichen Nischenansprüchen.

Jahresrhythmischen Änderungen unterliegen Stoffwechselprozesse, ergotrope Reaktionslagen im Sommer, trophotrope im Winter: Winterschlaf, Ausbildung von Winter- und Sommerkleidern; Kältetoleranz bei Insekten, Warmblütern und Pflanzen; Brunst- und Brutzeiten; die photoperiodische Induktion von Fortpflanzungszeiten und die zeitliche Einnischung von Entwicklungsabläufen durch Dormanzstadien. Zur räumlichen und zeitlichen Orientierung dienen Jahresrhythmen besonders bei Zugvögeln (vgl. 4.3.4.) (BERTHOLD 1971, GEWINNER 1968).

In künstlichen Ökosystemen, z. B. in Anlagen der Tierproduktion, in der Massenproduktion von Insekten, Fischen oder Vögeln gewinnt die Anwendung der Steuerung von Entwicklungsvorgängen und Reproduktionsaktivitäten durch photoperiodische Einflüsse zunehmend wirtschaftliche Bedeutung (BECK 1968, BÜNNING 1967, FARNER 1970).

4.3.3. Grundlagen der Verbreitung von Tieren

Die räumliche Verbreitung der Tiere auf der Erde ist von den jeweiligen abiotischen und biotischen Verhältnissen der verschiedenen Großräume der Erdoberfläche abhängig und steht damit in vielfältiger Wechselbeziehung zur Ökologie. Man unterscheidet den **historischen Aspekt,** mit dem die gegenwärtige Verbreitung der Tiere aus der Vergangenheit erklärt wird, und den **beschreibenden Aspekt,** durch den von Tieren bewohnte Gebiete bezüglich ihrer heutigen Umweltbedingungen charakterisiert werden (SCHILDER 1956; FREITAG 1962; DE LATTIN 1967; SEDLAG 1972; MÜLLER 1977, 1980; BĂNĂRESCU u. BOŞCAIU 1978; JUNGBLUTH 1978; THENIUS 1980; ODENING 1984; WALTER 1986; COX u. MOORE 1987). Begründer der Zoogeographie sind DARWIN (1809—1882) und WALLACE (1822—1913).

Als Biosphäre gilt der gesamte Raum unserer Erde innerhalb dessen organisches Leben möglich ist. Sie reicht in horizontaler Richtung vom Äquator bis fast zu den Polen, in vertikaler Richtung ins Hochgebirge (max. 7000 m) und im Luftraum über der Ebene (max. 2000 m) bis zu den größten Tiefen der Ozeane (über 10000 m). Den Boden — von Höhlen abgesehen — bewohnen Tiere nur wenige Meter tief. Sie können nur dort existieren, wo lebende oder tote Organismen zur Ernährung vorhanden sind. Besonders dicht besiedelte Teile der Biosphäre sind die Oberfläche des Festlandes, die oberen Schichten des Bodens und des Meeres.

Die spezifische Beschaffenheit der von Tieren bewohnten Medien vermittelt Tabelle 4.8.

4. Autökologie

Tabelle 4.8. Die spezifische Beschaffenheit der von Tieren bewohnten Medien. Nach SCHILDER 1956

physiologisch	ökologisch		chorologisch
	physikalisch	chemisch	
Wasseratmer (Kiemen, Haut)	Wassertiere (aquatile Tiere)	1. Meerestiere >30‰ (marine Tiere)	Meerestiere (marine, besser ozeanische Tiere)
		2. Süßwassertiere <0,2‰ (fluviale oder lakustrische Tiere)	
Luftatmer (Lungen, Tracheen)	3. Landtiere (terrestrische Tiere)		Festlandtiere (kontinentale Tiere)
	4. Entoparasiten (im Körper von Pflanzen und Tieren)		Meeres- oder Festlandtiere, je nach dem Wirt

Die Fauna läßt sich ökologisch klassifizieren nach Lage und Umweltfaktoren ihres Lebensraumes. Für jedes Tier sind gewisse äußerste Grenzen vorhanden, jenseits welcher es nicht mehr leben kann. Alle Tiere leben im Bereiche dieser Existenzmöglichkeiten, bisweilen hart an ihrer Grenze unter ständiger Bedrohung ihres Unterganges bei der geringsten Verschlechterung der Umweltbedingungen. Unterschieden werden:

1. anspruchslose Tiere
   (eury = weit, breit)
   eurytherme
   euryhygre
   euryhaline
   euryphage
   euryöke

2. anspruchsvolle Tiere
   (steno = eng)
   stenotherme
   stenohygre
   stenohaline
   stenophage
   stenöke

Bezüglich der Verbreitung gibt es eurychore und stenochore Arten. Nach der Herkunft der Tiere unterscheidet man folgende Gegensätze: autochthon (bodenbeständig, ureingesessen) und allochthon (in einem anderen Gebiet entstanden und sekundär immigriert).

Analytische Untersuchungen der Arten bestimmter Regionen oder Areale vermitteln Aufschlüsse über die historische und gegenwärtige Zusammensetzung der Faunatypen (VOOUS 1962, KOZLOVA 1975, PIECHOCKI 1986).

Unterschieden wird Ausbreitung durch Erweiterung des Lebensraumes. Verbreitung ist dagegen das derzeitige Ergebnis dieses Zustandes.

Die Ausbreitung der Tiere geschieht entweder infolge eines inneren Dranges, aus eigener Kraft das erreichbare Areal mit zusagenden Lebensbedingungen zu besiedeln, oder aktiv unter dem äußeren Zwange der in dem bisher bewohnten Raume herrschenden Lebensbedingungen bzw. passiv durch anthropogene Einflüsse (NIETHAMMER 1963). In Mitteleuropa hat der Mensch durch Waldrodungen, landwirtschaftliche Nutzung der Böden und Entwässerung die pflanzlichen und damit auch die tierischen Lebensgemeinschaften mancherorts vollständig umgewandelt, so daß von der ursprünglichen Flora und Fauna nur noch zusammenhanglose Bruchstücke vorhanden sind.

4.3. Ökologie tierischer Organismen

Die Grenzen der von den einzelnen Tierarten bewohnten Siedlungsgebiete verändern sich dynamisch allerdings meist sehr langsam (UDVARDY 1969). Unterschieden werden 5 Arealtypen:

1. Konstanz (Areal unverändert): Australische Tierwelt
2. Expansion (Arealerweiterung): Kartoffelkäfer *Leptinotarsa decemlineata*), Türkentaube *(Streptopelia decaocto)*, Bisamratte *(Ondatra zibethica)*
3. Dislokation (Arealverschiebung): Mammut *(Mammoteus trogontherii)*
4. Division (Arealteilung): Tapire *(Tapirus)*, Blauelster *(Cyanopica cyanus)*
5. Restriktion (Arealschrumpfung): Zobel *(Martes zibellina)*, Moschusochse *(Ovibos moschatus)*

Bezüglich der tiergeographischen Gliederung des Festlandes gibt es zahlreiche Vorstellungen. Die klassischen Regionen sind: Holarktis (nearktische und paläarktische Subregion), Neotropis, Äthiopis (madagassische Subregion), Orientalis, Wallacea, Australis und Antarktika, deren Biome bilden die maßgebliche Grundlage für die Verbreitung der Tiere.

Die Biome unserer Erde (vgl. 2.5.2. u. Abb. 2.36.) sind durch das Vorkommen bestimmter Lebensgemeinschaften (Biocoenosen) charakterisiert. Zahlreiche Tierarten besitzen kennzeichnende Anpassungen an bestimmte Biome. Diese **Lebensformtypen** haben sich in verschiedenen Taxa als Konvergenzen unabhängig ausgebildet, so daß sie in räumlich weit voneinander getrennten, aber ökologisch gleichen oder ähnlichen Biomen auftreten können (Abb. 4.30). Zum Beispiel besiedeln der paläarktisch verbreitete Wolf und der australische Beutelwolf oder der afrikanische Strauß, der südamerikanische Nandu und der australische Emu ähnliche Biome. Boden- und Höhlentiere besitzen typische Anpassungen an das unterirdische Leben (Maulwürfe, Blindmäuse: Reduktion der Augen, Umbildung der Vorderextremitäten, grannenloses dichtes Fell).

Der Artenreichtum eines Bioms ist abhängig von der Vielfalt seiner Lebensbedingungen und von seiner Geschichte. Entscheidende Bedeutung hat der Nischenreichtum eines Standortes besonders dann, wenn zahlreiche Arten innerhalb der Biocoenose miteinander konkurrieren. Konkurrenzdruck und Zahl der Nischen in einem Biotop regeln meist den Artenreichtum.

Die interessanten Verbreitungs- und Anpassungserscheinungen innerhalb einer auf Kuba artenreichen Gattung kleiner Leguane, der bekannten anolinen Eidechsen, hat PETERS (1970) beschrieben. Die 5 Artengruppen umfassen Riesenanolis, Baumanolis, Geckoanolis, Rindenanolis und Grasanolis, darunter gibt es a) inselweit verbreitete Species, b) auf das westliche Kuba beschränkte Species, c) in West- und Zentral-Kuba vorkommende Species, d) auf Zentral-Kuba beschränkte Species und e) auf die gebirgigen Teile von Oriente beschränkte Species.

Beispiele für Anpassungen von Tieren an die Biome des Festlandes:

In den **tropischen immergrünen und halbimmergrünen Wäldern** konnte sich die artenreichste Tierwelt der Erde entwickeln und erhalten (vgl. 2.5.2.); vor allem bei Vögeln und Insekten treten leuchtende Farben und bizarre Körperformen auf. Üppig entfalteten sich Amphibien und Reptilien: „flugfähige" Arten entwickelten sich neben Nacktschnecken, Landplanarien und Stummelfüßlern (Onychophoren). Baumstachler, Wickelbären, Baumameisenbären, Kapuzineraffenartige und paläotropische Schuppentiere zeigen typische Baumanpassungsmerkmale. Auffallend ist das weitgehende Fehlen von Großtieren. Ausnahmen bilden Okapi und Riesenwaldschwein im Kongo-Regenwald, Tapire in südamerikanischen und südostasiatischen Regenwäldern.

Die ausgedehnten Grasfluren der **Savannen** in den wechselfeuchten Tropen beherbergen eine gut angepaßte, relativ artenarme, aber sehr individuenreiche Tierwelt. Große Herden von Huftieren (Rinder, Pferde, Antilopen, Gazellen, Giraffen, Nashörner, Kamele), die schnell große Räume überwinden können, prägen die Landschaft in den altweltlichen Savannen. Außerdem sind u. a. noch folgende Säugetiere vertreten: Nagetiere (Meerschweinchen, Ratten, Springmäuse), Raubtiere (Schakale, Mangusten, Hyänen, Erdwölfe, Löwen, Geparden), Rüsseltiere (Elefanten). Typisch sind ferner Laufvögel wie Strauß, Emu, Nandu, ferner die aasfressenden Alt- und Neuweltgeier und einige Greife

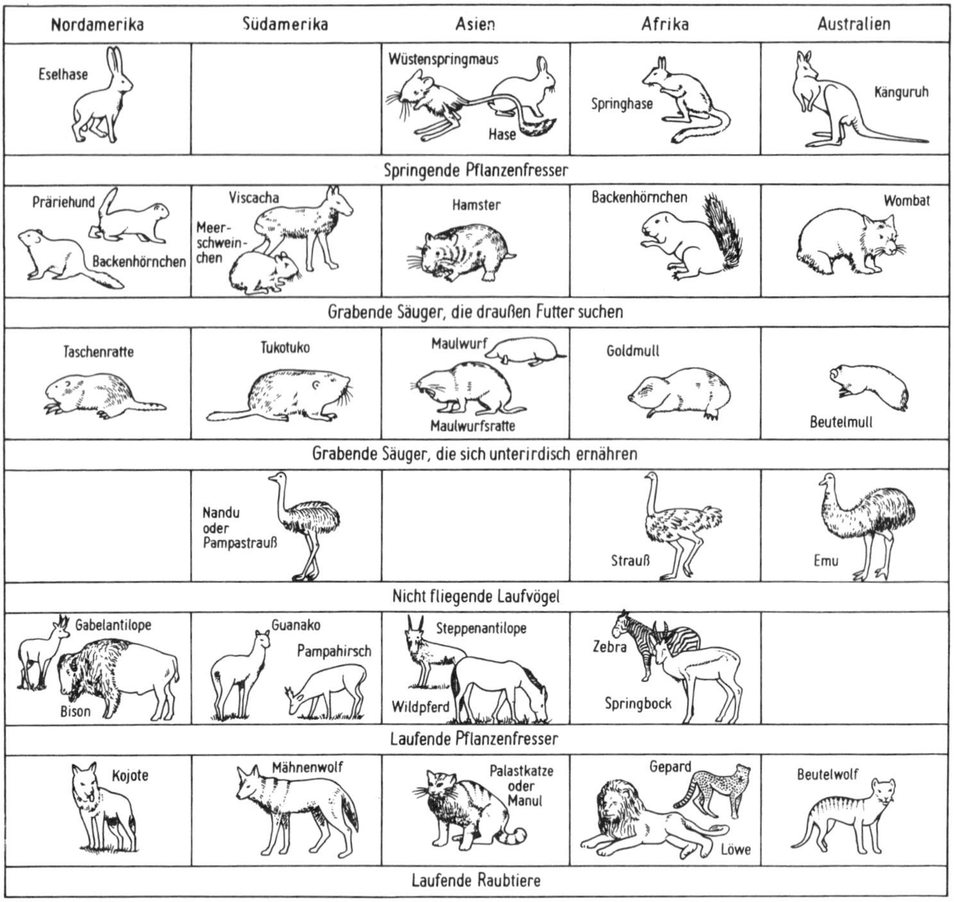

4. Autökologie

Nordamerika	Südamerika	Asien	Afrika	Australien
Eselhase		Wüstenspringmaus, Hase	Springhase	Känguruh
Springende Pflanzenfresser				
Präriehund, Backenhörnchen	Viscacha, Meerschweinchen	Hamster	Backenhörnchen	Wombat
Grabende Säuger, die draußen Futter suchen				
Taschenratte	Tukotuko	Maulwurf, Maulwurfsratte	Goldmull	Beutelmull
Grabende Säuger, die sich unterirdisch ernähren				
	Nandu oder Pampastrauß		Strauß	Emu
Nicht fliegende Laufvögel				
Gabelantilope, Bison	Guanako, Pampahirsch	Steppenantilope, Wildpferd	Zebra, Springbock	
Laufende Pflanzenfresser				
Kojote	Mähnenwolf	Palaskatze oder Manul	Gepard, Löwe	Beutelwolf
Laufende Raubtiere				

Abb. 4.30. Lebensformen bei Tieren.

sowie zahlreiche Sperlingsvögel. In den australischen Savannen überwiegen die Beuteltiere und verschiedene Papageien, Plattschweifsittiche sowie Prachtfinkenarten. Von den Insekten treten vor allem die durch ihre Bauten das Landschaftsbild prägenden Termiten und die Wanderheuschrecken, deren Schwarmbildungsgebiete die Savannen sind, in Erscheinung.

Die **außertropischen Steppen** weisen im Gegensatz zu den Savannen einen periodischen Wechsel von kalten und warmen Jahreszeiten auf. In den eurasiatischen Steppen herrscht eine fast halbjährige Winterzeit, auf die tierische Bewohner mit Winterschlaf (Bobak, Ziesel, Hamster), Eintragung von Nahrungsvorräten (Pfeifhasen, Erdhörnchen) oder jahresperiodischen Wanderungen (Jungfernkranich, Steppenadler, Steppenflughuhn) reagieren. Wildesel und Saiga-Antilope sind den extremen Bedingungen der Trockensteppe angepaßt. Kennzeichnende Wirbeltiere der nordamerikanischen Steppen sind Gabelbock, Bison, bodenwühlende Nager (Präriehunde), Präriehühner, körnerfressende Singvögel und Klapperschlangen.

In den **Trockenwüsten** mit ihren starken Temperaturgegensätzen zwischen Tag und Nacht, ihren unregelmäßigen, geringen Niederschlägen, der hohen Verdunstung durch Hitze und Wüstenwinde wurden dem Leben außergewöhnliche Anpassungen abgerungen. In der Gobi leben wüstenfarbige Säugetiere wie Kulan, Kropfgazelle, Mongolische Gazelle, Saiga-Antilope und Tolaihase. Viele Nagetiere sind nächtlich aktive Samenfresser (Spring- und Rennmäuse), die sich tagsüber in Höhlen aufhalten oder unterirdisch leben (Moll-Lemming). Wüstenfärbung tritt auch bei Vögeln auf (Wüstenlaufhäher, Wüstengimpel, Lerchen, Steinschmätzer); Singvögel brüten in Nagerhöhlen (Erdsperling, Isabellschmätzer). Von den sandbewohnenden Reptilien zeigen Sandboa, Grab- und Sandgeko sowie vivipare Eidechsen Anpassungen an das Leben in der Wüste. Bemerkenswert ist auch das Auftreten von Insekten mit Flügelreduktion (Wüstenkäfer, Heuschrecken).

Die Regionen der **sommergrünen Laubwälder der gemäßigten Zonen** hat der Mensch intensiv besiedelt und zu Kultursteppen umgewandelt. Für Kleintiere entstanden dadurch neue Lebensräume, dagegen verringerten sich die Überlebenschancen großer Säugetiere (Wolf, Luchs, Bär, Wildkatze, Fischotter, Biber) immer stärker, so daß sie z. T. bereits ausgestorben sind (Auerochse).

Die extremen Klimabedingungen und der Dauerfrostboden im Bereich der **Tundren** bedingen eine artenarme Biocoenose. Kennzeichnende Wirbeltiere sind Ren, Schneehase, Polarfuchs und Lemminge. Letztere bilden die Hauptnahrung für Rauhfußbussard und Schnee-Eule. Charakteristische Vogelarten sind ferner Schneehühner, Schneeammern und Polarbirkenzeisig. Die extremen Massenvermehrungen von Stechmücken erklären sich aus der Fülle der Schmelzwassertümpel als Lebensraum für die Larven sowie daraus, daß die Weibchen auch nach Aufnahme von Pflanzensäften zur Eiablage fähig sind.

In den Gebirgen bedingen die vertikale Gliederung und die unterschiedliche Vegetation sowie das reliefabhängige Klima häufig eine mosaikartige Verbreitung der Tiere. An die **alpine Höhenstufe** sind einige Säugetiere (Alpenschneehase, Schneemaus, Murmeltier, Gemse und Alpensteinbock) sowie Vögel (Alpenschneehuhn, Mornellregenpfeifer, Schneefink) gebunden. Nur in dieser Etage leben einige spezifische Insektenarten, ferner Schnee-Glasschnecke sowie Gletscher-Krabbenspinne. Auf Grund ihrer großen ökologischen Valenz stoßen vor allem von den Insekten einige Flachlandarten weit ins Gebirge vor.

Die Fauna der großen zusammenhängenden **Nadelwälder der Taiga** enthält alle Tiere der Tundra und außerdem einen Großteil der Waldfauna gemäßigter Breiten. Der jahreszeitliche Wechsel der Lebensbedingungen (vgl. 2.5.2.) ist Ursache für eine große Zahl von Anpassungen, wie Diapausen bei Wirbellosen und Wanderungen von Säugetieren sowie Vögeln. Sowohl in der Alten als auch in der Neuen Welt treten in diesem Biom als Pflanzenfresser mehrere Großsäuger (Ren, Elch, Hirsch) und Fleischfresser (Luchs, Vielfraß, Hermelin) sowie Vögel verschiedener Ernährungsweise (Rauhfußkauz, Dreizehenspecht, Fichtenkreuzschnabel) auf. Typische Vertreter des eurasischen Taigabioms sind Kolonok *(Mustela sibirica)*, Zobel, Tannen- und Unglückshäher, Seidenschwanz und Auerhuhn. An den Nadelwaldgürtel sind auch bekannte Forstschädlinge (u. a. Fichtenborkenkäfer, Kiefernspanner, Kieferneule) gebunden.

4.3.4. Ökologische Aspekte der Verhaltensbiologie

Tierisches Verhalten definieren wir als organismische Interaktion mit der Umwelt auf der Grundlage eines Informationswechsels zur Optimierung der Entwicklung. Diese hat drei Umsetzungsebenen: Aktualgenese (eines Verhaltens oder einer Sequenz), Ontogenese (eines Individuums) und Phylogenese (von Populationen als Reproduktionseinheiten). Auf allen drei Ebenen vollziehen sich Adaptationen, deren spezielle mit dem Informationswechsel verbundene Qualität im Verhalten auch als Lernen bezeichnet wird. Lernen optimiert Verhalten, Verhalten optimiert Entwicklung, wobei gewöhnlich Fitness-Parameter als Kriterien der Optimierung genutzt werden.

Informationen werden mit Hilfe der Exterorezeptoren aus den dort einwirkenden „Reizen" gewonnen und im Organismus als „message" bezeichnet. Sie haben eine syntaktische Dimension (physiologisch das spezielle Erregungsmuster) und eine semantische Dimension (die spezielle Bedeutung für den Organismus). In Verbindung mit dem inneren Zustand oder der (aktuellen) Umwelt gewinnen sie eine pragmatische Dimension (im englischen Sprachgebrauch als „meaning" bezeichnet), und bewirken damit ein angepaßtes Verhalten als Interaktion mit der Umwelt. Tierisches Verhalten hat sich primär im Dienst des Stoffwechsels entwickelt, der auf organische Verbindungen angewiesen ist (Abb. 4.31.). In die **Verhaltensinteraktionen mit der Umwelt** gehen folgende Eigenschaften des Organismus in ihrer speziellen Qualität mit ein:

192 4. Autökologie

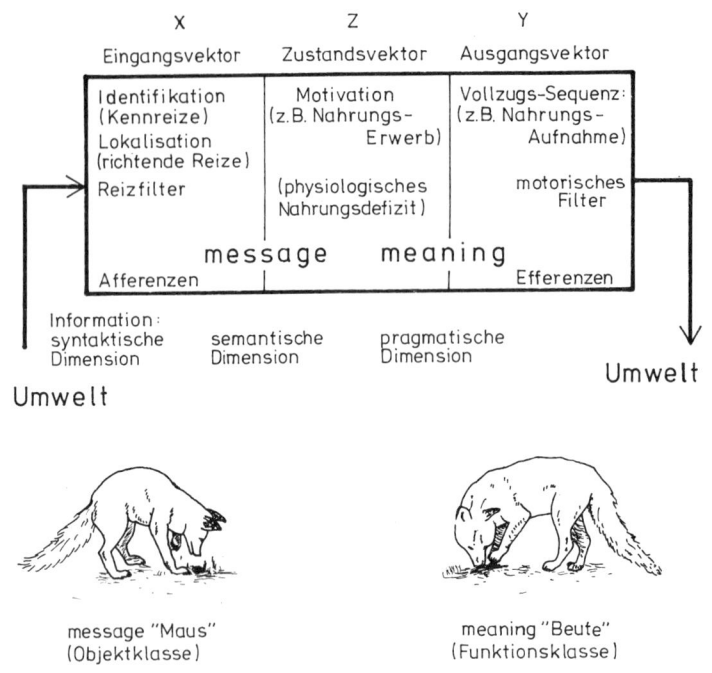

```
        X                    Z                    Y
  Eingangsvektor       Zustandsvektor       Ausgangsvektor
┌─────────────────┬──────────────────┬──────────────────┐
│ Identifikation  │ Motivation       │ Vollzugs-Sequenz:│
│ (Kennreize)     │ (z.B. Nahrungs-  │ (z.B. Nahrungs-  │
│ Lokalisation    │   Erwerb)        │   Aufnahme)      │
│ (richtende Reize)│                 │                  │
│ Reizfilter      │ (physiologisches │ motorisches      │
│                 │  Nahrungsdefizit)│ Filter           │
│          message      meaning                         │
│ Afferenzen      │                  │ Efferenzen       │
└─────────────────┴──────────────────┴──────────────────┘
 Information:
  syntaktische   semantische    pragmatische
  Dimension      Dimension      Dimension
```

Umwelt → ... → Umwelt

message "Maus"   meaning "Beute"
(Objektklasse)   (Funktionsklasse)

Abb. 4.31. Schematische Darstellung der Organismus-Umwelt-Interaktion auf der Verhaltensebene. Als Beispiel ein „mäuselnder" Fuchs. Einzelheiten im Text.

— **konstitutionelle Eigenschaften,** gegeben durch den Körperbau und seine Funktionen;
— **energetische Eigenschaften,** die sich aus den vorgenannten ableiten;
— **informationelle Eigenschaften,** die sich aus der raum-zeitlichen Ordnung (Struktur) ableiten.

Diese Interaktionen mit der Umwelt setzen beim Organismus drei **Verhaltensvektoren** voraus:

— **Eingangsverhalten** (Eingangsvektor), gegeben durch die Informationsaufnahme und Vorverarbeitung mittels Exterorezeptoren, also jener Sinnesorgane, die Umgebungsreize perzipieren (Afferenzsystem),
— **Zustandsverhalten** (Zustandsvektor), gegeben durch innere Statusformen in Wechselwirkung mit den vegetativen Körperfunktionen; die grundlegenden sind die Motivationen (Verhaltensbereitschaften), die Emotionen und das Aktivierungsniveau, deren Dynamik vorrangig durch das Nervensystem und das endokrine System bestimmt wird,
— **Ausgangsverhalten** (Ausgangsvektor), gegeben durch in die Umwelt hineinwirkende Systeme (Motorik, elektrische Entladungen, Sekretion, Farbwechsel, Lautgebung = Efferenzsystem).

Das Ausgangsverhalten wird auch als äußeres Verhalten bezeichnet und ist vielfach das eigentliche Studienobjekt der Verhaltensforschung, da es die Interaktionen (regeltechnisch die Stellgrößen) erzeugt. Die vorliegende Darstellung läßt jedoch erkennen, daß die Verhaltensinteraktionen nur durch die drei Vektoren als Ursachen- und Wirkungsgefüge angemessen erfaßt werden können. Damit erweist sich Verhalten als eine spezifische Leistung des Organismus in seiner Gesamtheit und wird auch zu einem wesentlichen Faktor der vermaschten Wechselwirkungen in einem Ökosystem.

4.3. Ökologie tierischer Organismen

Unter diesem Gesichtspunkt lassen sich drei **Umweltklassen** für einen Organismus mit Eigenverhalten unterscheiden, bezogen auf die Quelle der Informationen und das Zielfeld des Verhaltens:

1. Der **eigene Körper** als Quelle der Informationen und als Zielobjekt des Ausgangsverhaltens (Motorik), wie beispielsweise bei der Körperpflege.
2. Die **Biogeocoenose** als Quelle der Informationen und Funktionsbereich des Verhaltens. Der Organismus bildet über die Eigenschaften und Prozesse im Ökosystem Informationen, die er mit Bedeutung belegt, z. B. „Nahrung", „Feind", „Ruheplatz" oder „Orientierungspunkt" zur Gewährleistung seiner individuellen Umweltansprüche, aus denen sich das mehrdimensionale Parameterfeld der ökologischen Nische ableitet.
3. Die **Population** (Artgenossen) als Quelle der Informationen, deren spezielle Qualität in ihren biokommunikativen Eigenschaften (Bedeutungsbelegung durch den Sender) liegt.

Wir nennen das Verhalten der beiden ersten Umweltklassen **„Gebrauchsverhalten"**, während in der kommunikativen Umwelt **„Signalverhalten"** wirksam wird. Dieses ist stammesgeschichtlich aus dem Gebrauchsverhalten hervorgegangen; so wurden Begleitgeräusche der Bewegung oder Atmung zu akustischen, andere Begleiterscheinungen der Bewegung zu visuellen Signalen (Abb. 4.32.).

Die Wirkungen dieser Umweltinteraktionen werden durch die Art der Wechselwirkungen (energetisch, stofflich, strukturell und informationell) und damit auch durch die Eigenschaften der Einflußquellen in der Umwelt selbst bestimmt. Die Wirkung auf die Organismen

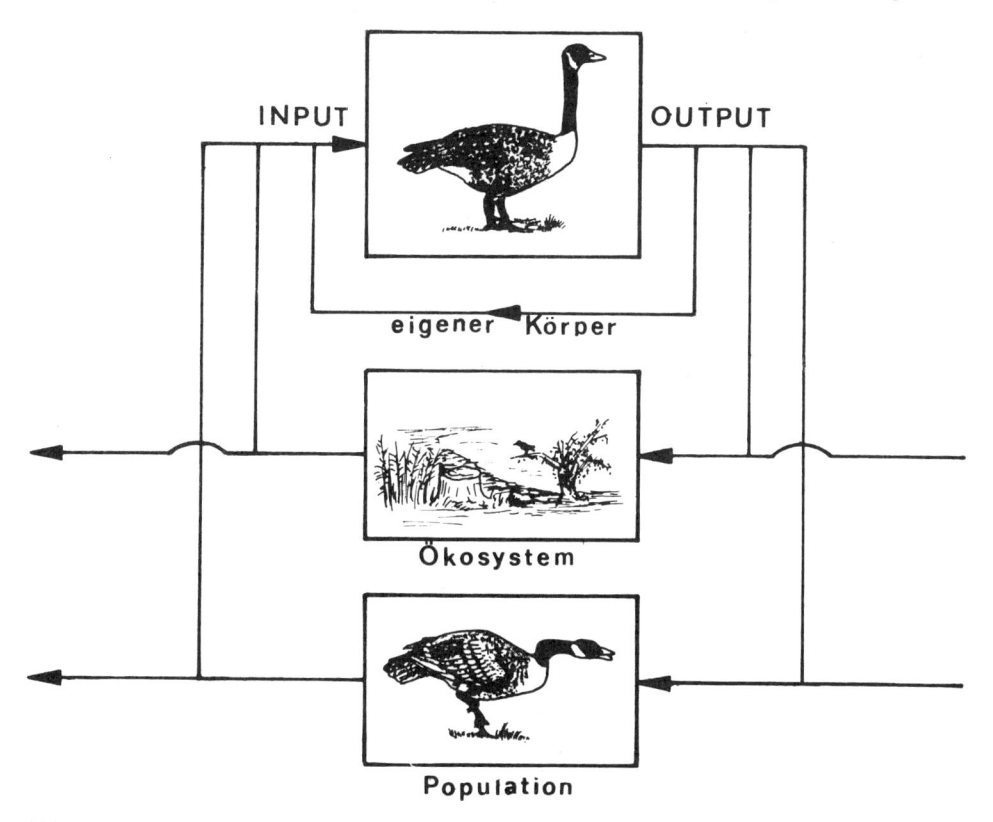

Abb. 4.32. Schematische Darstellung der „drei Verhaltensumwelten" unter Berücksichtigung der Quellen für den Input und der Wirkungsfelder für den Output.

kann physiologische Vektoren, konstitutionelle Vektoren, Ausscheidungen, Abfallstoffe oder Haltungen und Bewegungen betreffen (vgl. auch LUNDBERG 1981; TEMBROCK 1980). Für die ökologische Einnischung (Ennidation) leiten sich daraus (a) limitierende, (b) anpassende und (c) auslösende Wirkungsklassen der Umweltfaktoren ab (vgl. ALTENKIRCH 1977). Die auslösende Wirkung wird in der Verhaltensbiologie durch den **„releaser-Effekt"** (WILSON und BOSSERT 1963) beschrieben: Das Ausgangsverhalten, dessen Ausgangsgröße y beim Zustand z, wird durch das Eingangssignal x bestimmt (vgl. Abb. 4.35.). Anpassende Wirkungsklassen setzen sich vor allem über **„primer"-Effekte** um: Das Zustandsverhalten realisiert den Übergang von z nach z' unter Einwirkung des Eingangssignals x. Limitierende Wirkungsklassen sind durch die Toleranzbereiche beider Mechanismen charakterisiert.

Das Ökosystem (Biogeocoenose) ist durch den höchsten Komplexgrad der Verhaltensinteraktionen ausgezeichnet. Hier sind biotische und abiotische Faktorengefüge gegeben. Aus der Sicht der Verhaltensanpassung ist freilich eine andere Differenzierung der Umwelteigenschaften noch wesentlicher:

* **Umgebungsfaktoren mit Eigenverhalten,**
* **Umgebungsfaktoren ohne Eigenverhalten.**

Im ersten Fall können Gegenstrategien des Verhaltens aufgebaut werden, wofür der Episitismus, das „Räuber-Beute-Verhältnis" ein eindrucksvolles Beispiel liefert. Viele Pflanzen können jedoch auf Verhaltenseinwirkungen nur durch konstitutionelle Anpassungen evolutiv „reagieren", so daß auch die Primärkonsumenten (Herbivore) entsprechende Anpassungen in Bezug auf Mundwerkzeuge, Gebiß, Schnabel, Zunge oder Lippen ausbilden. Manche Pflanzen (z. B. Orchideen) können aber auch morphologische Strukturen der Blüten ausbilden, die bei bestimmten Insekten Sexualverhalten auslösen, wodurch die Pflanze die Bestäubung sichert. In diesem Zusammenhang kommt der Co-Evolution eine besondere Bedeutung zu. Sie führt auch beim Parasit-Wirt-Verhältnis zu evolutions-stabilen Strategien; so erzeugt eine Metazerkarie des kleinen Leberegels *(Dicrocoelium)*, die in das Gehirn der Wirtsameise eindringt, bei dieser ein atypisches Verhalten als Festbeißen an Grashalmen, wodurch die Aufnahme der Ameisen durch den Endwirt (z. B. das Schaf) gewährleistet wird, so daß die restlichen in der Ameise überlebenden Metazerkarien sich dort weiterentwickeln können.

Weiterhin leiten sich aus den elementaren Eigenschaften der Lebewesen **Umweltansprüche** ab, die zu ihrer Sicherung wahrzunehmen sind:

1. Raumansprüche;
2. Zeitansprüche;
3. Stoffwechselansprüche;
4. Schutzansprüche;
5. Informationsansprüche;
6. Partneransprüche (oft unterteilt in Sexual- und Alterspartner (Partner eines bestimmten Lebensalters))

Das eigenmotivierte Erkundungsverhalten (Informationsansprüche) wird nur von Tieren mit zentralisiertem Nervensystem umgesetzt, während weniger differenzierte Arten einen Informationsbedarf nur in Verbindung mit bestimmten anderen Umweltansprüchen (Raum, Zeit, Nahrung usw.) haben, ihr „Erkundungsverhalten" also fremdmotiviert ist und nicht um seiner selbst willen vollzogen wird. Sexualpartneransprüche setzen zweigeschlechtliche Fortpflanzung voraus und Alterspartneransprüche Brutpflege. Hinzuzufügen sind die biosozialen Partneransprüche, die unabhängig von Geschlecht und Alter gegeben sind und in dieser Form nur bei bestimmten Arten auftreten. Die drei Umweltklassen erlauben, eine Matrix zu entwickeln, deren einzelne Felder durch Beispiele zu belegen sind (Tab. 4.9.).

4.3. Ökologie tierischer Organismen

Tabelle 4.9. Modalitäten und Qualitäten der Umweltansprüche

(= Qualität Ordnungsgrad) Modalität	1. Körper als Umwelt	2. Ökosystem als Umwelt	3. Populationssystem als Umwelt
Raumansprüche	Kontaktraum konstitutionelle Raumansprüche	Bewegungsraum informationelle Raumansprüche	Gruppenraum kommunikative Raumansprüche
Zeitansprüche	konstitutionelle Zeitansprüche	verhaltensbedingte Zeitansprüche	gruppenspezifische Zeitansprüche
Stoffwechselansprüche	Nährstoffe für den Bau- und Betriebsstoffwechsel	über Verhalten selektierte Nahrung	kollektive Nahrungsansprüche, Nahrung durch Vermittlung von Artgenossen
Schutzansprüche	Unversehrtheit und Funktionsfähigkeit des Körpers (konstitutionelle Schutzansprüche)	Störfreiheit des Verhaltens	Unversehrtheit der Gruppe und ihres Verhaltens, Schutz gegenüber Artgenossen
Informationsansprüche	Körperbeherrschung (Primärorientierung)	Orientierung in Raum und Zeit, Identifikation von Objekten und Verläufen, motivationsspezifische Information	Kommunikationsansprüche im biosozialen Kontext
Partneransprüche	Partner zur Sicherung der physischen Existenz unter Einschluß der Generationenfolge	selektive Partnerschaft zur Sicherung der Fitness: Sexualverhalten, Brutpflege	biosoziale Partnerschaft, eigenmotiviert und daher nicht auf Sexualverhalten und Brutpflege beschränkt

Diese Aufbereitung der möglichen Kategorien von Umweltinteraktionen gestattet einen in sich widerspruchsfreien Ansatz für einen systematischen Zugriff zu den komplexen Wechselwirkungen zwischen Organismus und Umwelt im Ökosystem auf der Ebene des Verhaltens. Dabei ist anzumerken, daß die Umweltansprüche 3. Ordnung einen Qualitätsumschlag nach sich ziehen können, wenn auf dieser Basis biosoziale Strukturen entstehen. Generell sind sie aber bereits in jeder Population gegeben, die eine nichtzufällige raumzeitliche Ordnung zwischen den (artgleichen) Individuen aufweist. Sie führt zu einer Nutzung der Ressourcen, die unter Berücksichtigung der Wechselwirkungen zwischen den Individuen dieser Population ursächlich durchschaubar wird. Jedes Territorialverhalten ist ein populationsspezifischer Raumanspruch. Es kommt zu einer Synchronisation der Aktivitäten zwischen den Individuen (Zeitansprüche); die Nutzung der Nahrungsquellen wird durch die Populationsstruktur bereits über ihre raum-zeitliche Ordnung beeinflußt. Kommunikative Mechanismen stabilisieren diese Relationsmatrix, selektive Partneransprüche und innerartliche Konkurrenz schaffen individualspezifische Aktionsräume und sind wiederum populationsspezifisch. Damit sind wichtige Bedingungen für demographische Prozesse gegeben, die durch komplexere Interaktionsformen fließend zu echten biosozialen Strukturen überleiten. Liegen diese vor, erfolgt ein Qualitätsumschlag, der zur Folge hat, daß nunmehr alle Umweltansprüche modifiziert werden. Es entsteht eine neue Matrix, die jetzt **Biosozialansprüche** 1.–4. Ordnung zu unterscheiden erlaubt:

- Biosozialansprüche 1. Ordnung beziehen sich auf einen oder mehrere Partner, unabhängig von Geschlecht und Alter (typisch für Aggregationen);
- Biosozialansprüche 2. Ordnung beziehen sich auf einen oder mehrere bestimmte Partner, unabhängig von einer speziellen Motivation (selektive individuelle Partnerschaft), z. B. Paarbindung, Sippe;
- Biosozialansprüche 3. Ordnung beziehen sich auf eine oder mehrere Gruppen von Individuen (z. B. Schwärme, Herden, anonyme Verbände),
- Biosozialansprüche 4. Ordnung beziehen sich auf eine oder mehrere bestimmte Gruppen von Individuen, die entweder Kennzeichen der Zugehörigkeit zur Gruppe aufweisen (eubiosoziale Insekten z. B.) oder durch individuelle Kenntnis der Angehörigen differenziert werden (z. B. höhere Säugetiere: Nicht-Anonymität), wobei die Gruppenspezifität durch Geschlechts- und/oder Altersstruktur und/oder hierarchisches Gefüge ihre speziellen Eigenschaften erhält. Hier wirkt Biotradition mit hinein, so daß biohistorische Phänomene die Besonderheit der jeweiligen Gruppe mitbestimmen, die gleichwohl artspezifische Grundstrukturen aufweist.

Damit sind im Kontext der Biosozietäten die Umweltansprüche noch um einen Ordnungsgrad (4) erweitert; er kann auch die in Tab. 4.9. ausgewiesene Matrix vervollkommnen und ist dann durch spezielle Lernvorgänge sichernde Umweltanforderungen gekennzeichnet: **Konservative Transmission von Informationen** gewährleistet die Ausformung des artspezifischen Verhaltens; darüber hinaus kann **innovative Transmission** Biotraditionen ermöglichen als Weitergabe von individuell neu entwickelten Verhaltensanpassungen, die diesen Umweltansprüchen 4. Ordnung ihre spezielle Qualität verleihen. Solche Lernanforderungen setzen die Existenz biosozialer Strukturen voraus.

Mit dieser Übersicht sind die Determinanten der Verhaltensinteraktionen, ihre Modalitäten und Qualitäten unter Einschluß biosozialer Strukturen erfaßt. Daraus leitet sich die Frage nach den Prinzipien ihrer Umsetzung ab. Auch hier lassen sich gewisse grundsätzliche Verlaufsformen erkennen, die sich wiederum aus den bereits abgeleiteten Parametern tierischen Verhaltens ergeben. Voraussetzung für die Umsetzung von Umweltansprüchen ist die Motivation. Sie wird in der heutigen Ethologie als **Verhaltensbereitschaft** verstanden; das läßt sich auch in Beziehung bringen zu neurobiologischen Befunden. Verhaltensbereitschaften können auf drei Wegen wirksam werden:

- **erzwungenes Zustandsverhalten** auf Grund einer äußeren Einwirkung;
- **integriertes Zustandsverhalten** auf Grund äußerer Einwirkungen und interner Ungleichgewichte;
- **freies Zustandsverhalten** auf Grund interner Ungleichgewichte („Defizite", z. B. „Hunger").

Unter diesen Voraussetzungen haben sich **Stufen der Interaktionen mit der Umwelt** im Verlauf der Stammesgeschichte herausgebildet:

- **Distanzregulation** als Steuerung des physischen Abstandes von der Reizquelle:
    - affin = Distanzverminderung (bei Lichtreiz z. B. als positive Phototaxis, entsprechend Chemotaxis usw.),
    - diffug = Distanzvergrößerung (negatives Vorzeichen),
    - stationär = Distanzerhaltung als Resultat affiner und diffuger Wirkungen;
- **motivationsspezifische Interaktionen** mit der Umwelt:
    - im Kontakt mit dem Funktionsobjekt = Kontaktfeld des Verhaltens,
    - orientiert auf das Funktionsobjekt = Nahfeld des Verhaltens,
    - Informationen über das Funktionsobjekt sind im Sinnesbereich nicht verfügbar = Distanzfeld des Verhaltens;
- **populationsspezifische Interaktionen** mit der Umwelt:
    - raum-zeitliche Ordnung,
    - Nutzung der Ressourcen,
    - biosoziale Interaktionen.

Bei der Distanzregulation wird ein elementares Raum-Zeit-System aufgebaut; es ist also auch eine Zeitstruktur eingeschlossen, die sich aus allgemeinen Wirkungsmechanismen ableiten läßt. Positive Bewertung des Lichtes führt zu einem **diurnalen Aktivitätsmuster** (Hellaktivität), negative Bewertung zu einem **nokturnalen Muster** (Dunkelaktivität) und eine Interferenz beider zu einem **dämmerungsaktiven Muster** (crepuscular).

Dabei ist zu berücksichtigen, daß sowohl bei der Orientierung im Raum als auch in der Zeit ein Umschlag von positiv auf negativ auftreten kann, der nach der Vorstellung von HAILMANN und JAEGER (1976) durch den Optimalbereich festgelegt wird: So zeigt bei Amphibien die Kurve der wahrgenommenen Lichtintensität einen sigmoiden Verlauf, wenn die Intensität des Umgebungslichtes auf der Abszisse logarithmisch abgetragen wird. In dieser Kurve gibt es einen Wendepunkt, der die optimale Lichtintensität der Umgebung festlegen soll. Steigt die Intensität über diesen Wert, wäre negative Phototaxis die Folge, sinkt sie darunter, müßte positive Phototaxis auftreten. Das würde für eine Orientierung in der Zeit bedeuten, daß Arten, deren Lichtoptimum in sommerlichen Mittagsstunden überschritten wird, beispielsweise im Aktivitätsverlauf einen „Bigeminus" aufweisen (zwei Gipfel), da zu dieser Zeit eine Tendenz zur negativen Phototaxis einsetzen würde.

Bei allen höheren Tieren sind diese Orientierungsmechanismen (Distanzregulation) in ein motivationales, also durch wechselnde Antriebe bestimmtes Verhaltensgeschehen eingeschlossen, das den orientierenden Reizen zusätzliche Bedeutungsvalenzen verleiht. Dies läßt sich in der Raum- wie in der Zeitstruktur des Verhaltens an dem Komplexgrad der Verlaufskurven ablesen. Hinzu kommt, daß sehr verschiedenartige Umweltfaktoren bei der „Distanzregulation" wirksam werden können. Außerdem gibt es die Möglichkeit einer Winkeleinstellung zum Reiz, die bei der Raumorientierung als „**Menotaxis**" bezeichnet wird, während sie bei der Orientierung in der Zeit durch den „**Phasenwinkel**" zum Reiz (Zeitgeber) gekennzeichnet ist. Generell gilt für die Orientierung im Raum, daß (a) Richtung (**Taxis**) und (b) Entfernung (**Elasis**) zu bestimmen sind; die Äquivalente für die Orientierung in der Zeit sind die Zeitbestimmung (**Phasenlage**) und die Zeitmessung (**Dauer**). In beiden Fällen sind interne Mechanismen die Voraussetzung. Sie gewährleisten bei der Raumorientierung die Körperbeherrschung (**Primärorientierung**), bei der Orientierung in der Zeit die zeitliche Ordnung der Körperfunktionen, die über „endogene Rhythmen" (selbsterregte Schwingungen) nachgewiesen wird. Bei der „**Sekundärorientierung**" in Raum und Zeit können folgende Umgebungsreize genutzt werden: Licht, Temperatur, Feuchte, chemische Reize, Druck, Schwere, Strömung, Schall, elektrische und magnetische Felder. Diese Sekundärorientierung ist motivationsspezifisch, gehört also zur zweiten Stufe der raumzeitlichen Ordnung. Hier wird die Kompaßorientierung (Magnetkompaß, Sonnenkompaß, Sternenkompaß) zu einem entscheidenden Hilfsmittel des Richtungsfindens (eine Vorstufe ist die Menotaxis). Innerhalb von Populationen kommt es schließlich zu einer „**Tertiärorientierung**", wobei Artgenossen über ein Biokommunikationssystem weitere Orientierungshilfe liefern können (Orientierungssignale), die bei der Orientierung in der Zeit als „sozialer Zeitgeber" bezeichnet wird. Bei der Raumorientierung lassen sich im übrigen funktionell die drei Felder des motivierten Verhaltens klar differenzieren:

— **Kontaktorientierung** (SCHÖNE 1980 spricht von „Trefforientierung"), körperliche Ausrichtung auf das Zielobjekt zur Sicherung des Funktionskontaktes (Beute, Kopulationspartner, Ruheort usw.),
— **Nahfeldorientierung,** bezogen auf das Zielobjekt des Verhaltens unter Nutzung bestimmter Randbedingungen (funktionelle Randbedingungen),
— **Distanzfeldorientierung,** bezogen auf Zielobjekt oder Zielraum, über die Informationen im Sinnesbereich noch nicht verfügbar sind.

Einen Sonderfall stellt die **Migrationsorientierung** dar, die für alle regelmäßig wandernden Tierarten kennzeichnend ist. Hier wird der Wanderweg selbst zum Ziel der Orientierung; das ergibt sich aus der Eigenmotiviertheit des Wanderverhaltens. Erst im populationsspezifischen Habitat oder auf „Rastplätzen" setzt dann wieder ein zielorientiertes Verhalten

198   4. Autökologie

ein. Hier sind obligatorische Lernvorgänge mit eingebaut, die das Wiederauffinden eines bestimmten Territoriums oder auch Nestortes ermöglichen (vgl. auch MERKEL 1980). Es ist bekannt, daß Kompaßorientierung ohne Zeitorientierung (Zeitbestimmung) nicht möglich ist, wenn die Sonne oder die Sterne als Orientierungshilfen dienen. Auch eine Zeitmessung kann beteiligt sein, wie das für die Migrationsorientierung nachgewiesen ist.

Mitteleuropäische Grasmücken zeigen auch im Käfig bei der herbstlichen Zugunruhe für eine bestimmte Zeit eine Präferenz der Südwestrichtung, die später in eine Südost-Bevorzugung umschlägt; dieser Umschlag fällt mit dem Zeitpunkt zusammen, zu dem sie die Straße von Gibraltar überquert hätten.

Bei diesen Orientierungsleistungen von verschiedenen Vogelarten werden auch die Erdmagnetfelder genutzt; allgemein gilt, daß diese lebenswichtigen Wanderungen durch

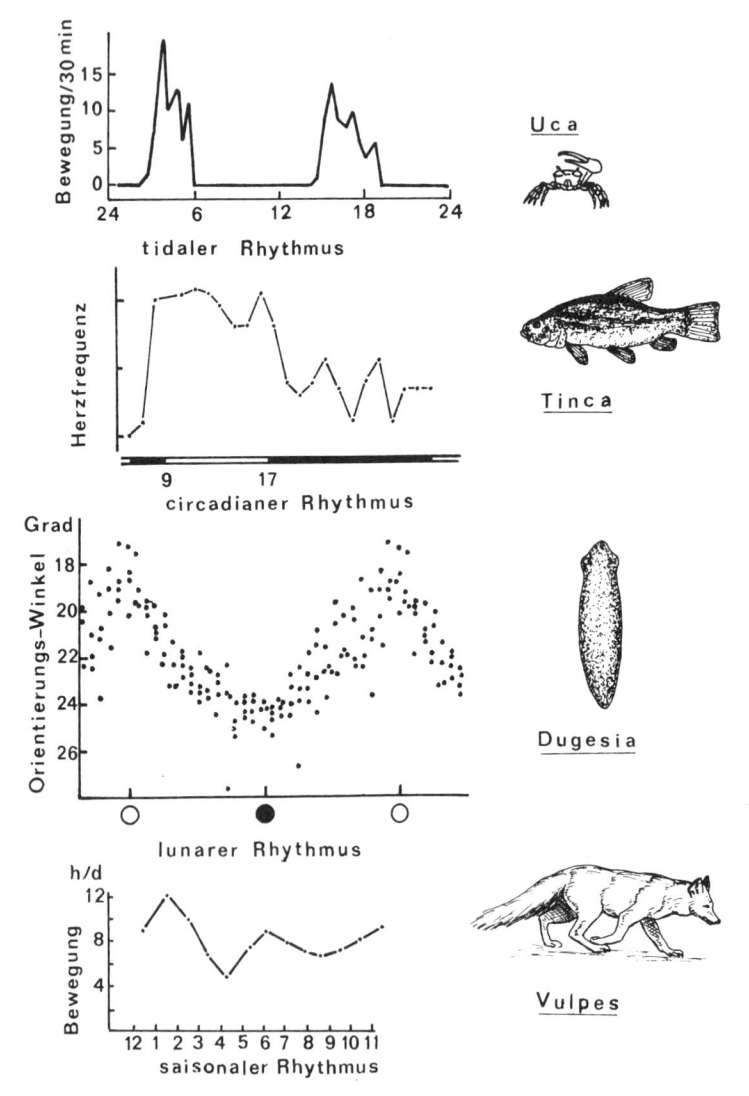

Abb. 4.33. Umwelt-synchronisierte Zeitmuster in Verhalten. Zusammengestellt nach Angaben aus PALMER 1974, SIEGMUND 1977 und TEMBROCK 1958.

mehr als einen Orientierungsmechanismus abgesichert sind. Viele Wirbellose und niedere Wirbeltiere können als Orientierungsparameter auch die Schwingungsebene des Lichtes nutzen; bei Wanderfischen scheint zusätzlich der Geruchsorientierung eine erhebliche Bedeutung zuzukommen, vor allem beim Aufsuchen der Geburtsgewässer (anadrome Arten, wie viele Lachse, die zum Laichen in Flußoberläufe vordringen).

Auch die **Zeitorientierung** benutzt zahlreiche äußere Faktoren als Orientierungshilfen, hier „Zeitgeber" genannt. Ähnlich wie die Raumorientierung wird sie mehrfach gesichert und manifestiert sich als **„Hierarchie der Zeitgeber",** von denen gewöhnlich einer als aktueller wirksam wird (vgl. 4.3.4. und Abb. 4.33.). Die zeitlichen Beziehungen zwischen Organismen und Umwelt lassen sich wieder den drei Umweltklassen zuordnen: der Eigenumwelt (körperbezogen) (z. B. Rhythmen des Harnens und Kotens), dem Populationssystem und der Biogeocoenose. Dabei gilt, daß Zeitfunktionen in der Population (bzw. in einem biosozialen Verband) die Zeitbeziehungen in der Biogeocoenose systematisch beeinflussen können.

In der interspezifischen Konkurrenz kann es zu ökologischen „Zeitnischen" kommen, die sich nur im Zeitparameter unterscheiden, wie dies bei zwei Farbformen der Kleefalter *(Colias eurytheme)* nachgewiesen ist. Auch Schlüpfzeiten können artspezifisch differieren: *Drosophila pseudoobscura* schlüpft bei einem Sonnenaufgang um 7.30 gegen 6.00 Uhr, *D. persimilis* erst um 8.00 Uhr. Zeitgeberwechsel ist bei der amerikanischen Feldmaus *(Microtus californicus)* nachgewiesen, die im Flachland auf Grund einer negativen Bewertung des Lichtes (Photophobie) dunkelaktiv ist, in höheren Lagen aber wegen der niedrigen Temperaturen − diese meidend − hellaktiv wird. Doch auch spezielle Motivationen können das Zeitmuster der Gesamtaktivität einer Tierart − oft im Jahresgang − systematisch beeinflussen. Arten, die während der Fortpflanzungszeit keine Nahrung aufnehmen, zeigen oft eine Verlagerung ihrer Aktivitätszeiten, da nun andere − vielfach visuelle − Artsignale ihr Verhalten steuern, so daß dunkelaktive Arten nun einen hohen Anteil an Hellaktivität aufweisen. Andererseits reagieren manche Arten auf starken Umweltdruck durch „zeitliches" Ausweichen; so sind Reh und Wildschwein durch die Bejagung zu dunkelaktiven Arten geworden.

Motivierte Verhaltensmuster erfordern komplexe Orientierungsleistungen. Dabei läßt sich ein verallgemeinerungsfähiges Grundprinzip für die Umsetzung motivierten Verhaltens erkennen. Es ist durch zwei Voraussetzungen gegeben: die Motivation und die Zielfunktion. Die Motivation ist die Verhaltensbereitschaft, die Zielfunktion ist eine spezifische Interaktionsform mit der Umwelt, die zur Aufhebung der Motivation (negative Rückkopplung) führt. In der Ethologie wird mit CRAIG diese Interaktion als „Endhandlung", besser „beendendes Verhalten", bezeichnet (Abb. 4.34.).

Im Beispiel „Hunger" bewirkt ein physiologischer Status (Nahrungsdefizit) im Organismus eine Motivation; als beendendes Verhalten setzt das Fressen (die Nahrungsaufnahme) über eine artspezifische Motorik ein, als deren Folge „Sättigung" eintritt. Das Tier sucht Nahrung, „um zu fressen" (nicht „um satt zu werden"!). Dies ist der entscheidende Ansatz für alle Evolutionsmechanismen. Bei niederen Tieren äußert sich die Motivation zur Nahrungsaufnahme in Form von Kinesen, also gesteigerte Bewegung, zunächst Orthokinesen, dann mit eingeschalteten Wendungen. Bei Kontakt mit einem Nahrungsobjekt werden auslösende Reize wirksam: das beendende Verhalten läuft ab. Sind Telerezeptoren ausgebildet, so kann das Zielobjekt bereits über gewisse Distanzen wahrgenommen werden. Es kommt zur Identifikation und Ermittlung von Richtung und Entfernung, aber auch zur Zeitbestimmung. Damit besteht Orientiertheit (im komplexen Sinne!), richtende Reize und „Kennreize" waren dabei wirksam. Nun ist ein Nahfeld gegeben. Dieses ermöglicht den Einsatz einer angepaßten Verhaltensstrategie (z. B. Predatoren = Episiten), um danach im Kontaktfeld das beendende Verhalten umzusetzen. Bei höherentwickelten Arten mit zentralisierten Nervensystemen wurde noch ein Distanzfeld aufgebaut, das durch Suchstrategien (über „Suchbilder") gekennzeichnet ist; dabei kann die bereits erwähnte Zeitbestimmung ein wichtiger Faktor sein, der nun die drei entscheidenden Parameterfelder einzusetzen erlaubt: Was wird gesucht, wo wird gesucht und wann wird gesucht. Damit können drei Typen von „Suchbildern" den Organismus leiten, ein „Objektbild", wie es für Krähen beispielsweise von CROZE (1970) nachgewiesen wurde, ein „Raumbild" und ein „Zeitbild". Das letztgenannte wird vielfach über die aktuellen Zeitgeber vorgegeben, so etwa eine bestimmte Lichtintensität. Diese Suchbilder können sich untereinander verknüpfen. So suchen Krähen *(Corvus corone)* ihre Nahrung

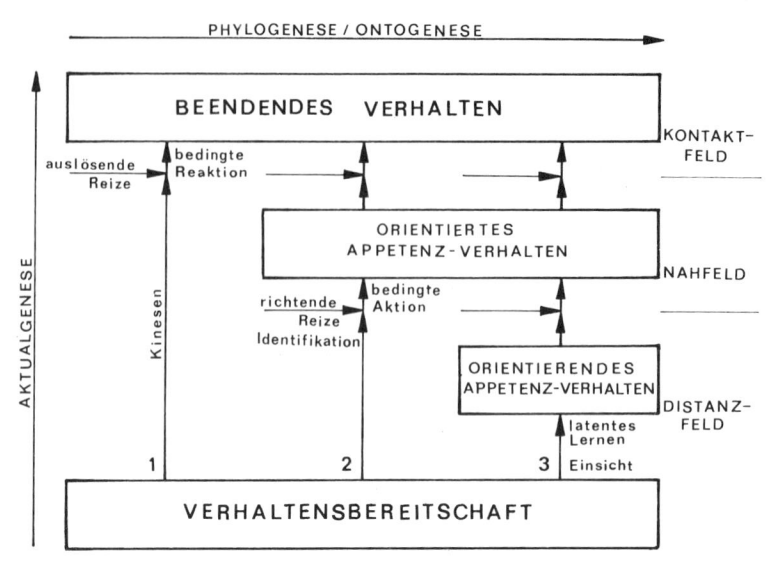

Abb. 4.34. Schematische Darstellung der Aktualgenese, Phylogenese und Ontogenese motivierten Verhaltens unter Berücksichtigung der umweltspezifischen Reize, der phasenspezifischen Lernvorgänge sowie der daraus abzuleitenden drei Ereignisfelder des Verhaltens.

stets ortsfest, auch bei neuer Beute bleiben sie in der nächsten Umgebung; das entfällt natürlich bei stark beweglichen Beuteobjekten. Die ortsgebundene Suche kann zur Folge haben, daß bei den Beuteobjekten größere interindividuelle Abstände die Überlebenschance erhöhen.

Auf der gleichen Grundlage wurde auch die **Biokommunikation** entwickelt, die entsprechende Stufen der Evolution zeigt. Funktionell bedeutet dies, daß die Signalübertragung ursprünglich auf das Kontaktfeld beschränkt war, dann auf das Nahfeld ausgedehnt und schließlich im Distanzfeld möglich wurde und damit Informationen vermitteln kann, die außerhalb des Sinnesbereichs des Empfängers liegen. Dieser Evolutionsweg hat zu vielfältigen Signalsystemen geführt. Dabei sind der chemische und mechanische Kanal die ältesten Übertragungswege, weitere sind durch visuelle, aus den mechanischen abzuleitende akustische sowie elektrische Signale gegeben. Biokommunikation mittels thermischer Signale ist bislang nicht sicher nachgewiesen, obgleich diese bei manchen Arten im Nahrungserwerb informationell genutzt werden. Die Präferenz bestimmter Übertragungswege wird durch ökologische Faktoren mitbestimmt. Bekannt ist die unterschiedliche Schallausbreitung in Abhängigkeit von der relativen Luftfeuchtigkeit, der Luftbewegung und von Temperaturgradienten, aber auch von speziellen Eigenschaften der Biogeocoenosen.

So erfordern Brandungszonen oder Schilfgürtel besondere Lautformen bei Vögeln, um den Rausch-Signal-Abstand zu sichern. Zum Beispiel wird in den Gesangstypen der Rohrsänger und Schwirle ein Schlüsselcharakter für die Besiedlung ihrer spezifischen Lebensräume gesehen. Unterschiedliche Größenverhältnisse der Ohrmuscheln bei Säugetieren in ariden und feuchten Klimazonen hängen nicht nur mit der Thermoregulation, sondern auch mit den Übertragungseigenschaften dieser Lebensräume für akustische Signale zusammen. Dabei dient diese Anpassung primär vielfach gar nicht der Biokommunikation, sondern der Nutzung von Schallereignissen zur Identifikation und Lokalisation von Beutetieren und Feinden.

Da die genannten abiotischen Faktoren eine unterschiedliche Übertragung der Frequenzen im Hörschallbereich zur Folge haben, liegen die niedrigsten Hörschwellen oft in jenem Frequenzbereich, der sich im speziellen Ökosystem am schwächsten gedämpft

4.3. Ökologie tierischer Organismen

Oszillogramm — Spinne (Balzsignale); Schabe (Laufen); Wind
Frequenzspektrum — dB, 160 Hz; 900 Hz; 80 Hz
200 ms

Schwellenkurven vibrationsempfindlicher Spinnen-Neurone (Cupiennius)

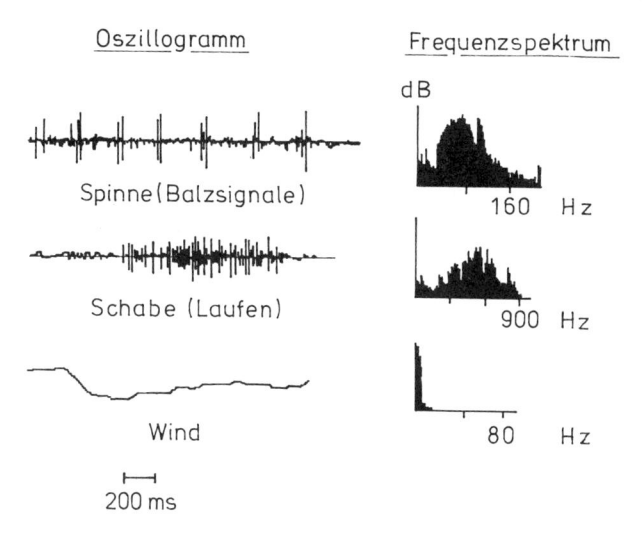

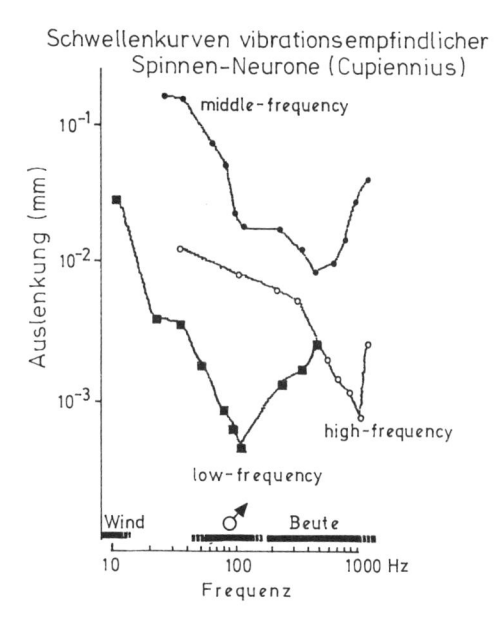

Auslenkung (mm): 10^{-1}, 10^{-2}, 10^{-3}
middle-frequency, high-frequency, low-frequency
Wind, ♂, Beute
Frequenz: 10, 100, 1000 Hz

Abb. 4.35. Die Jagdspinne *Cupiennius saliei* lebt in Mittelamerika und hat hochempfindliche Rezeptoren für Vibrationen des Substrates (Pflanzen), auf denen sie lebt. Die Abbildung zeigt Zeitverläufe und Frequenzen typischer Vibrationssignale in ihrem Lebensraum sowie die Schwellenkurven von drei Neuronentypen, die eine deutliche Anpassung zeigen. Umgezeichnet nach BARTH 1986.

ausbreitet. Natürlich sind hier auch die für die jeweilige Funktion der Schallortung optimalen Entfernungen für diese Anpassungen von Bedeutung.

Die allgemeinen **Bewegungsformen** besitzen eine hohe ökologische Valenz. SCHWERDTFEGER (1978) spricht in diesem Zusammenhang von „Lebensformen" und unterscheidet: Fossores (Gräber), Reptantia (Kriecher), Currentia (Läufer), Nitentia (Kletterer), Andantia (Springer), Volantia (Flieger) und Natantia (Schwimmer). Unabhängig davon, ob sich eine solche Terminologie einführen läßt, bildet diese Klassifikation tatsächlich die wichtigsten Bewegungsmodalitäten ab, innerhalb derer es noch verschiedene Qualitäten geben kann, die beispielsweise beim Laufen als „Gangarten" bekannt sind. Es muß darauf verwiesen werden, daß auch andere Betrachtungsweisen ökologisch relevant sind, die bei den Mehrzellern zwischen Hohlmuskelbewegungen und Skelettmuskelbewegung unterscheiden läßt oder bei den niederen Wirbellosen (a) Peristaltik eines peripheren Schlauchmuskelsystems, und zwar am Ort (Suchbewegungen, Vorstrecken und Zurückziehen) sowie mit Ortswechsel (in Tunneln oder auf freier Oberfläche), (b) gleitendes Kriechen mittels metachroner Wimper- und Geißelbewegungen bis zum Kriech- und Gleitschwimmen hin und (c) gleitendes Kriechen auf einer durch fortlaufende Kontraktionen aktiven, muskulösen Kriechsohle (vgl. SIEWING 1978; TEMBROCK 1982a).

Bei der Skelettmuskelbewegung ergeben sich dann die grundsätzlichen Bewegungstypen: Gangarten, Springen, Graben, Klettern, Schwimmen, Fliegen und Schweben. Daraus leitet sich eine Vielfalt konstitutioneller Umgebungsanpassungen ab. Ihre besondere Bedeutung im Verhalten gewinnen diese Bewegungsweisen jedoch erst im Zusammenhang mit den speziellen Funktionskreisen. Der Status (z. B. Nahrungsdefizit = Motivation zum Nahrungserwerb) bestimmt den Kontext der Umweltbeziehungen und damit die relevante Umwelt (Nahrungsquellen). Dies nennen wir in modifizierter Übernahme eines Begriffs von UEXKÜLL **„Funktionskreis des Verhaltens"**. Er erlaubt folgende Kennzeichnung der Interaktionen (Abb. 4.36.):

— Input:
  a) Relevante Eingangsgrößen, gegeben durch funktionsspezifische Vektoren, vom Bezugsobjekt, im Beispiel von der Nahrungsquelle, stammend;
  b) Randbedingungen
   • spezifische Randbedingungen, gegeben durch das funktionelle Umfeld, also Faktoren, die mit der Anwesenheit z. B. von Nahrungsquellen regelmäßig verknüpft sind, beziehungsweise von bestimmten Raum- und/oder Zeitfaktoren: Auftreten der Nahrungsquellen an bestimmten Orten zu bestimmten Zeiten; auch andere Arten können dazu gehören, etwa als Indikatoren für die Anwesenheit von Aas,
   • unspezifische Randbedingungen, dem Milieu entstammende allgemeine Vektoren, die mittelbar auf das Verhalten einwirken, wie etwa Witterungsbedingungen, allgemeine Eigenschaften des Ökosystems (Lebensraumes);

— Output:
  a) Relevante Ausgangsgrößen, gegeben als funktionsspezifisches äußeres Verhalten, auf die Bezugsobjekte bezogen;
  b) Nebeneffekte
   • funktionelle Nebenhandlungen, bezogen auf das funktionelle Umfeld, beispielsweise beim Freilegen einer im Boden befindlichen Nahrungsquelle;
   • Begleitphänomene, bezogen auf das Milieu, etwa das Umgehen eines Hindernisses, einer Regenlache, Veränderungen im Verhalten bei Nahrungssuche während eines Niederschlages.

Unter den Funktionskreisen kommt dem **stoffwechselbedingten Verhalten** eine herausragende ökologische Bedeutung zu. Es steuert und regelt die Gesamtheit stoffwechselphysiologischer Vorgänge im Körper, soweit die physiologischen Regelmechanismen dazu nicht ausreichen. Das gilt fast durchgängig für den Stoffaustausch mit der Umwelt, einige wenige stationäre Parasiten ausgenommen, die diesen Vorgang über Diffusionsvorgänge und physiologisch gesteuerten Stofftransport vollziehen. Insgesamt rechnen wir dem stoffwechselbedingten Verhalten zu: Nahrungserwerb, Nahrungsspeicherung, Flüssigkeitsaufnahme, Defäkation, Miktion (allgemein: Exkretion), Verhalten im Dienst des Gaswechsels, Verhalten im Dienst des Muskelstoffwechsels (Rekelsyndrom, Gähnen), thermoregulatorisches Verhalten, Ruhe- und Schlafverhalten. Nur bei relativ wenigen Tierarten sind alle Funktionsbereiche des stoffwechselbedingten Verhaltens vertreten, da bei vielen Arten die genannten Vorgänge ohne besondere Verhaltensweisen ablaufen. Die umfassendsten Verhaltensanpassungen sind im Kontext des Stoffaustausches mit der Umgebung entwickelt, hier eingebettet in das komplexe Gefügenetz der Nahrungsketten im Ökosystem (vgl. 2.6.1.). Bei diesem Verhalten besteht bei den heterotrophen Organismen im allgemeinen ein starker Druck auf Erhöhung der Fähigkeit zum Ortswechsel, also zur „Raum-Zeit-

4.3. Ökologie tierischer Organismen 203

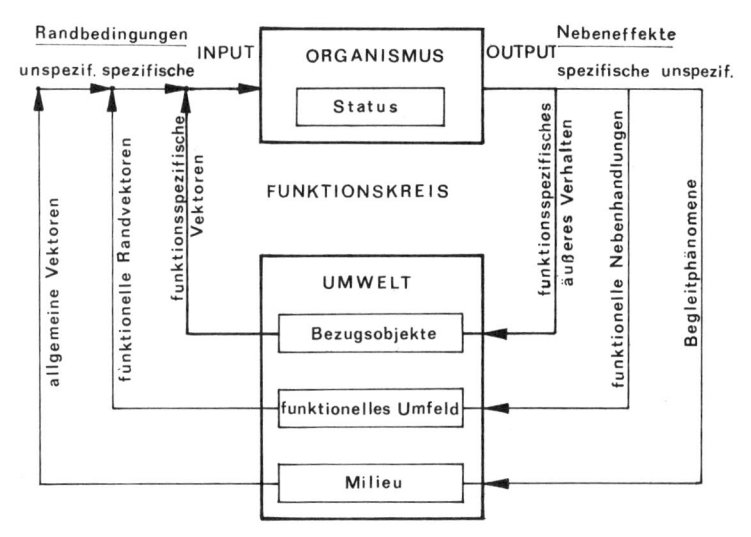

Abb. 4.36. Schematische Darstellung der Strukturbildung eines Funktionskreises des Verhaltens unter Berücksichtigung der Umwelt- und Interaktionsparameter. Verändert nach LUNDBERG 1981.

Kontrolle", besonders, wenn die Nahrungsquellen selbst freibewegliche Tiere sind. Bei der zeitlichen Ordnung der Nahrungsaufnahme sind wichtige Parameter die Freßphasen, die Freßphasenperiodik, die Freßphasendauer und die Freßdauer insgesamt, das Circadianmuster (Tagesmuster) der Freßaktivität und entsprechend das saisonale Muster dieses Verhaltens. Im allgemeinen haben die herbivoren Tierarten Nahrungsobjekte ohne Eigenbewegung, die carnivoren solche mit Eigenbewegung. Das Distanzfeld des motivierten Nahrungsverhaltens wird phänomenologisch als Nahrungssuche beschrieben, die der Herstellung eines sensorischen Kontaktes mit dem Nahrungsobjekt dient durch Verringerung des Anfangsabstandes sowie Identifikation des Objektes. Bei ortsfesten Nahrungsobjekten muß gewöhnlich Ortswechselsuche eingesetzt werden, während bei eigenbeweglichen Nahrungsobjekten außerdem noch folgende Suchstrategien möglich sind: Wartesuche, Wechsel-Warte-Suche, Bewegungen von Fangeinrichtungen, Bewegungen des Mediums, Ansaugen von Nährstoffen im Transportmedium (Suspensionsfresser), Anlokken. Dabei können Vororientierungsmechanismen wirksam werden, so (nach ROYAMA 1970) ortsspezifisch als „Profitabilität" = Quotient aus Nahrungsmenge und Suchaufwand sowie objektspezifisch mittels der „Suchbilder" (s. o.). Dem Nahrungserwerb entspricht im allgemeinen Motivationsmodell (vgl. Abb. 4.34.) das Nahfeld, die Orientiertheit. Es dient der Herstellung des physischen Kontaktes mit dem Nahrungsobjekt, kann also auch die Auswahl sichern und leitet dann zum Fressen als Nahrungsaufnahme und damit zum beendenden Verhalten im Kontaktfeld über. Damit ist der **Nahrungserwerb** durch folgende Parameter gekennzeichnet: Selektion des Nahrungsobjektes, zielgerichtete Annäherung, Kontaktaufnahme und Schaffung der Voraussetzungen für die Nahrungsaufnahme. Bei den Predatoren („Räubern") können komplizierte Verhaltensanpassungen artspezifisch ausgebildet sein: Hinwenden zur Beute, Verringerung der eigenen Erkennbarkeit, Aktivierung der Beutefangbereitschaft, eigene gerichtete Annäherung, Nutzung der Bewegung der Beute, Auslösung von Annäherungsbewegungen der Beute, Pirschen, Schleichen und Lauern, Umgehen, Sich-Verbergen und Sich-Verstellen (LUNDBERG 1978). Als verwendete Mittel sind wesentlich: Organe der Nahrungsaufnahme (Gebiß), Organe des Nahrungserwerbs (Schnabel, Fangmasken bei Libellenlarven, Fußbildungen, Krallen), energetische Eigenschaften wie Bewegungsimpulse, Körpermasse, Muskelkräfte, Gifte (plasmolytische, neurotoxische, Verdauungssäfte), Fallen (Trichter, Netze usw.), Fernwaffen (Wasserspritzer, Sandkörner, Saugströmungen). Für die **Nahrungsaufnahme** unterscheiden wir heute folgende Typen: Schlinger, Zerkleinerer (mechanische Zerkleinerung), Mikrophagen (Filtrierer, Strudler), Sand- und Schlammfresser sowie Arten, die flüssige Nahrung, gelöste Nährstoffe eingeschlossen, aufnehmen. Zu den auslösenden Reizen gehören bei manchen Arten besondere „Beiß- und Schluckfaktoren" der Nahrungsobjekte.

Bei der **Flüssigkeitsaufnahme** gibt es einige grundsätzliche Möglichkeiten, und zwar Oberflächenwasser in kleinen Ansammlungen, Wasser in Tropfenform wie Tau, Nebel, Regen, und Wasser in fester Form wie Schnee, Reif und Eis. Weitere Flüssigkeitsquellen sind Milch, Kropfmilch, Blut, Harn, Fruchtwasser, Pflanzensäfte. Beim Trinken unterscheiden wir Trinkverhalten 1. Ordnung: orale Flüssigkeitsaufnahme, und Trinkverhalten 2. Ordnung: Vermittlung der Flüssigkeit über Organe des Körpers zum Mund.

Bei der **Defäkation** und **Miktion** sind zu beachten: konstitutionelle Eigenschaften des Tierkörpers, physiologische Mechanismen der Ausscheidung, die Konsistenz der abzuschneidenden Substanzen, die Motivation, innere Randbedingungen (Erregungsstatus, Aktivierungsniveau), funktionelle Randvektoren, etwa Bodengefälle, klimatische Faktoren.

Die **Nahrungsspeicherung** erfolgt als körpereigene oder externe Speicherung. Die körpereigene Speicherung kann individuell (z. B. Hamster) oder biosozial (z. B. eubiosoziale Insekten) vollzogen werden. Konservierungsmethoden können dabei sein: Einlagerung hartschaliger Früchte, Lufttrocknung, Tieftemperaturlagerung, Homogenisierung und Fermentierung (Bienenhonig, „Ameisenbrot"), Aufbewahrung lebender Beute (nach Paralysierung). Zu den ökologischen Nebenwirkungen kann die Ausbreitung bestimmter Samen und Früchte von Pflanzen gehören.

Beim **atmungsbedingten Verhalten** unterscheiden wir generell den Wechsel des Atemmilieus durch Medienbewegung und durch Eigenbewegung. Die Medienbewegung kann bei Wasserbewohnern zu einer wichtigen Komponente in diesem Ökosystem werden. Sie wird hier oft mit dem Nahrungserwerb kombiniert. Bei Chordaten nimmt man an, daß der Vorderdarm zunächst als Filterdarm, danach auch als Kiemendarm ausgebildet wurde.

Thermoregulatorisches Verhalten hat zwei Vorzeichen: Verhaltensgesteuerte Thermogenese und verhaltensgesteuerte Thermolyse. Es handelt sich damit um eine motorische Thermoregulation, die neben der chemischen und physikalischen eingesetzt werden kann. Während thermogenetische Verhaltensweisen der Erhöhung und thermolytische der Senkung der Körpertemperatur dienen, erhalten thermostabilisierende Verhaltensweisen eine bestimmte Körpertemperatur aufrecht. Dabei werden, je nach Art, folgende Verhaltensweisen eingesetzt: Bewegung des Mediums, Veränderung physikalischer Parameter des Körpers, Ortswechsel. Daneben gibt es noch ein indirektes thermoregulatorisches Verhalten durch Nutzung körperfremder Hilfsmittel. Einen Sonderfall stellt die Thermogenese bei verschiedenen Fluginsekten durch Muskelkontraktionen im Thorax dar.

Zahlreiche Umweltanpassungen finden sich im Zusammenhang mit **Ruhe- und Schlafphasen,** die bei Arten mit zentralisierten Nervensystemen in eigengesetzlicher Form auftreten. Bei Wirbellosen gehören auch die Quieszenz, Oligopause und Diapause hierher, die bestimmte Verhaltensinteraktionen mit der Umwelt erfordern. Sie sind in vielen Fällen weit weniger gut bekannt als die physiologischen Parameter.

Ferner sind die Hibernation („Winterschlaf") und die Aestivation („Sommerschlaf") zu berücksichtigen; auch dabei treten spezielle Verhaltensweisen auf, die dem Suchen des Ruheplatzes und seiner Vorbereitung dienen (orientierendes und orientiertes Appetenzverhalten). Daran schließt sich die Einnahme der Ruhestellung selbst an, die artspezifisch ist und vor allem thermoregulatorische Funktionen hat. Vergleichbares gilt auch für das tageszyklische Ruhe- und Schlafverhalten bei Arten, die keine sie verbergenden Plätze aufsuchen. Sie sind zusätzlich durch Verhaltenskoordinationen, die dem Sichtschutz dienen, gekennzeichnet. Bei verschiedenen Tierarten treten in diesem Zusammenhang Konglobationen auf, manchmal auch Aggregationen, die sich als Ansammlungen von Individuen an den Ruheplätzen manifestieren.

Unbedeutend sind die ökologischen Valenzen des **Rekelsyndroms** sowie des **Gähnens**. Sie können aber Indikatoren für Belastungsfaktoren sein, da O_2-Mangel oder CO_2-Überschuß zu einer Steigerung dieser Verhaltensweisen führen.

Vielfältig sind die ökologischen Funktionen im Zusammenhang mit dem **schutzbedingten Verhalten**. Tabelle 4.8. weist die wichtigsten Bezugssysteme aus. Fassen wir alle Umweltfaktoren, die Schutzverhalten auslösen, als „Störgrößen" zusammen, so lassen sich drei Quellen unterscheiden: **(1) Störgrößen ohne aktive Einwirkung aus der Umwelt** als Folge des Eigenverhaltens und der Eigenschaften des Körpers (z. B. Verletzung durch eigene Bewegung an Umgebungsstrukturen); **(2) Störgrößen mit aktiver Einwirkung aus dem Ökosystem:** (a) durch abiotische Faktoren (bewegtes Medium, Schneetreiben, Lawinen, Niederschlag usw.), (b) durch biotische Faktoren (z. B. Pathogene, Predatoren, Parasiten); **(3) Störgrößen, die der biokommunikativen Umwelt angehören** (Artgenossen, agonistisches Verhalten, intraspezifisches Konkurrenzverhalten). Bei der ersten Gruppe der Störgrößen kommt dem **Komfortverhalten**, der Körperpflege, eine besondere Bedeutung zu. Sie dient auch der „Prophylaxe": Gefieder- und Haarpflege steigern die Widerstandskraft der Hautdecke gegen Witterungseinflüsse, Gefiederputzen bei Wasservögeln fördert „Wasserfestigkeit": das ist nicht eine Funktion der Bürzeldrüse; diese gewährleistet mit ihren Sekreten nur die Flexibilität der Strukturteile des Großgefieders. Beim Komfortverhalten unterscheiden wir zwei Typen: Komfortverhalten I vollzieht sich ohne Einbeziehung von Randfaktoren, also mit körpereigenen Organen oder Teilen; Komfortverhalten II bezieht Randfaktoren mit ein (Sonnenlicht, Wasser, Boden, Umgebungsobjekte). Wie komplex solche Verhaltensweisen in ihrer ökologischen Valenz sein können, sei am Beispiel der möglichen Funktionen des Sonnenbadens bei Vögeln angedeutet: Wärmeabsorption, Erhöhung der Beweglichkeit von Ektoparasiten, die dadurch leichter entdeckt werden können, Trocknen des Gefieders, Vitamin-D-Produktion, allgemeine Wirkungen auf die Mauser, Steigerung der Sekretion der Bürzeldrüse.

Gegen Fremdeinwirkungen gibt es ein breites Spektrum von speziellen **Schutz-Verhaltensweisen**, oft in hohem Grade mit konstitutionellen Eigenschaften gekoppelt, wie bei der Mimese als Umgebungsähnlichkeit.

Besonders hoch ist der Druck auf bestimmte Arten durch Episiten (Predatoren), wobei zwei prinzipielle **Schutzstrategien** bestehen: (1) Schutz vor dem schädigenden Verhalten der Freßfeinde, (2) Schutz vor der artauslöschenden Wirkung der Biophagie; im letzten Fall sind evolutiv konstitutionelle Veränderungen, Autotomie und Regenerationsfähigkeit, aber auch Veränderungen der Vermehrungsrate und andere demographische Prozesse, z. B. Wanderungen, zu nennen. Im ersten Fall gibt es (nach LUNDBERG 1978) zwei Möglichkeiten: (a) Nichtantagonistische Schutzstrategien als Entzug vor der akuten Auseinandersetzung und (b) antagonistische Schutzstrategien als Störung des Beuteerwerbs durch die Beute. Wichtig sind dabei: raum-zeitliche Isolierung, Kontrolle der Raubfeindannäherung, Verringerung der Beuteerkennbarkeit, Vermeidung unkontrollierter Raubfeindkontakte. Die gezielte Verringerung der eigenen Erkennbarkeit kann durch Akinese, Schreckstellungen, Katalepsie und Nutzung natürlicher Deckungen sowie Einsatz mimetischer Eigenschaften des Körpers erfolgen.

Auch aus ökologischer Sicht kann man das **„Bauverhalten"** als eigenen Funktionskomplex herausheben, obwohl es sich genaugenommen jeweils um funktionsspezifische Verhaltensweisen handelt, etwa zum Nahrungserwerb, zur Brutpflege, zum Schutz; gleichwohl kann dieses Verhalten einen solchen Grad der Autonomie erhalten, daß es eigenständig wird und dann auch zu „Vielzweckbauten" führt. In jedem Fall handelt es sich um verhaltensbedingte Strukturänderungen im Ökosystem, die den Charakter von „Merotopen" annehmen können (vgl. 6.1.2.). Diese „Biofakte" beruhen auf (a) zeitweiser Formveränderung des Substrates, (b) Verwendung körpereigener Substanzen und (c) Verwendung körperfremder Substanzen. Vielfach sind diese Verfahren kombiniert, wobei durch besondere Verhaltensweisen die Materialbeschaffenheit systematisch verändert werden kann. Da diese Verhaltensweisen gewöhnlich in einen bestimmten Funktionskreis einbezogen sind, ist es notwendig, zu ihrem Verständnis die Antriebshierarchie zu kennen, beispielsweise: Suche eines Brutplatzes, Vorbereitung des Brutplatzes, Suche von Nistmaterial, Transport, Verbauen, Eiablage. Geht man von den Umweltansprüchen aus, lassen sich folgende drei Ebenen erkennen:

— Bauten im Dienst von Umweltansprüchen 1. Ordnung, also auf den eigenen Körper bezogen (Beispiel: Gehäuse von Köcherfliegenlarven),
— Bauten im Dienst von Umweltansprüchen 2. Ordnung (z. B. Fangnetze der Radnetzspinnen, „Biberburg"),
— Bauten im Dienst von Umweltansprüchen 3. Ordnung (z. B. Nester eubiosozialer Insekten).

Im Anschluß daran werden unterschieden: Wohnbauten, Schutzbauten, Bauten im Dienst des Nahrungserwerbs, Bauten im Dienst der Nahrungsspeicherung, Bauten im Dienst von Ruhe und Schlaf, Balz-Bauten, Brutbauten, Biosozialbauten (Komplexbauten); Kombinationen sind nicht selten.

Einen weiteren Funktionskreis bildet die intraspezifische Kompetition, die **innerartliche Konkurrenz.** Demographische Vorgänge in natürlichen Populationen basieren zu einem erheblichen Teil auf Verhaltensmechanismen, die unter Wettbewerbsbedingungen wirksam werden, wobei die raum-zeitliche Ordnung ein entscheidender Faktor für die Nutzung der Ressourcen im Ökosystem ist. Sie kann daher auch als „Gütemaß" für die Stabilität einer Populationsstruktur verwendet werden. Affine, also distanzvermindernde, diffuse (distanzvergrößernde) und ambivalente (distanzerhaltende) Mechanismen gewinnen damit eine besondere Bedeutung. zwei Prinzipien werden hier unterschieden: das **agonistische Verhalten** (Wettstreitverhalten) und das **Territorialverhalten** (Raumverteilungsverhalten). Neuerdings mehren sich die Hinweise, daß solche Mechanismen über die Artgrenzen hinaus zumindest bei nahe verwandten sympatrischen Arten wirksam sein können. Dem **agonistischen Verhalten** liegt die unmittelbare Konkurrenz zugrunde; in diesem Sinne wird auch in der Ökologie dieser Begriff mit folgenden Unterteilungen eingesetzt (vgl. ALTENKIRCH 1977):

— Ungeordnete Konkurrenz (scramble), unorganisierte Verteilung, fortgesetzte Nutzung auch des Minimum-Requisits; führt zum Zusammenbruch von Populationen.
— Geordnete Konkurrenz (contest), geregelte Verteilung, demographische Steuerung durch geregelte Vermehrung, Emigration, Immigration und andere Populationsmechanismen.

Im Falle der Nahrungskonkurrenz ist das gleiche trophische Niveau gegeben. Damit ist gesagt, daß Konkurrenzverhalten — auch über Artgrenzen hinaus — primär motivationsspezifisch, also auf einen bestimmten Umweltanspruch bezogen ist. Bei höher organisierten Arten kann sich daraus ein generelles Prinzip ableiten, dessen Bezugssystem dann die ökologische Nische darstellt. Agonistisches Verhalten steht damit im Dienst der Durchsetzung von Umweltansprüchen unter Konkurrenz (mit Artgenossen) und in direktem Bezug zu den Konkurrenten: realisiert über physische Beeinträchtigung des Konkurrenten = aggressives Verhalten, realisiert als Beeinträchtigung der Verhaltensabläufe bzw. ihrer Funktion oder realisiert durch Beeinträchtigung von Verhaltensbereitschaften (Motivationen). Pragmatisch definiert man dieses Verhalten als Bereitschaft, bezogen auf Angriff, „Drohen" oder „Fliehen".

Das **Territorialverhalten** realisiert sich über zwei Typen von Raum-Zeit-Gefügen: (1) Individualraum, Wanderterritorium (moving territory), individueller Umgebungsraum: (2) Revier, Territorium als ortsfestes Raum-Zeit-System, reserviertes Teilgebiet eines Lebensraumes, das konkurrierendes Verhalten anderer Individuen (der Art) ausschließt. Einen Sonderfall stellen die „Zeitplan-Territorien" dar; hier ermöglichen Zeitplanmuster räumliche Überschneidungen. Nach NAUMOV (1967) handelt es sich um die unterste Ebene der hierarchischen Populationsstruktur: parzellenbildende Gruppierungen (Reviermuster); elementare, streng lokale Populationen (Metapopulationen); lokale ökospezifische Populationen und unabhängige geographische Populationen. Wie bei den Bauten können auch Reviere wieder verschiedene Funktionen haben, so daß eine ähnliche Unterteilung möglich ist.

4.3. Ökologie tierischer Organismen

Revierverhalten kann sich in drei Ereignisfeldern vollziehen: Kontaktfeld, agonistisches Verhalten; Nahfeld, orientiertes „Drohen" oder „Imponieren"; Distanzfeld, Markieren des Territoriums oder seiner Grenzen durch chemische, elektrische, vibratorische, akustische oder visuelle Signale. Dabei können im Ökosystem auffällige Strukturen entstehen, wie Kothaufen, Sandhügel, Schäl- oder Fegebäume.

Vielfältig ist auch der Funktionskreis des **Migrationsverhaltens** mit ökologischen Fragestellungen verknüpft. Wir unterscheiden:

1. passive Migration (Nutzung von Luft- oder Wasserströmungen);
2. aktive Migration als gerichtete Ortsveränderung, und zwar (a) durch Zielwandern, typisch für Saisonwanderer, oder (b) durch Richtungswandern, hier noch unterteilt in Emigrationswandern ohne Rückkehr sowie Binnenwandern innerhalb des Lebensraumes. Solche Wanderungen können periodisch oder aperiodisch auftreten. Demographische Phänomene können im zweiten Fall wirksam sein, Fluktuationen oder Gradationen sind hier zu nennen. Beim Migrationsverhalten selbst sind in den letzten Jahrzehnten vorrangig die Orientierungsmechanismen untersucht worden; die übrigen Verhaltensweisen sind nur bruchstückhaft bekannt, obwohl ihnen ökologisch eine hohe Valenz zukommt, wie beispielsweise Verhalten auf Wintersammelplätzen (Rastplätze). Periodische Wanderungen werden hormonal bedingt, wobei „Taglängen" (Dauer der Hellzeit) sowie Regenzeiten exogene Zeitgeber sein können, die als unmittelbare Faktoren (proximate factors) wirksam werden, während biosoziale Mechanismen die Schwellen verschieben können.

Beim Funktionskreis des **Fortpflanzungsverhaltens** werden das Sexualverhalten und das Brutverhalten als Teilbereiche unterschieden, wobei das letztgenannte noch in Brutvorsorge, Brutfürsorge (Kontakt mit latenten Stadien) und Brutpflege (Kontakt mit verhaltensfähigen Stadien) unterteilt wird.

Die ökologische Valenz dieses Funktionskreises, der von der Verhaltensbiologie bislang am meisten untersucht ist, liegt vor allem in den demographischen Funktionen. Bei der Raum-Zeit-Verteilung ist beim **Sexualverhalten** die Differenzierung in bezug auf indirekte und direkte Gametenübertragung bedeutsam. Im letzten Fall können wieder die bekannten drei Ereignisfelder auftreten: Partnersuche (Distanzfeld), Balz (Nahfeld) und Begattung (Kontaktfeld). Bei der Balz gibt es allerdings einen Typ, der ins Distanzfeld gehört, die „Lockbalz"; im Nahfeld tritt sie artverschieden als Balzdyade, realisiert über zwei Geschlechtspartner, und als Gruppenbalz auf. Die Synchronisation ist dabei ökologisch bedeutsam auf vier Ebenen: Generationenfolge, saisonal, circadian und in der aktuellen Verhaltenssequenz. Diese Zeitmuster kombinieren sich mit einer räumlichen Abstimmung (Synlokalisation), etwa durch saisonales Aufsuchen von Balzplätzen und Brutrevieren. Für die Partneransprüche als Grundlage des Sexualverhaltens gibt Tabelle 4.8. Beispiele. Eine ökologische Klassifikation der Paarungssysteme wurde durch EMLEN und ORING (1977) gegeben, wobei Monogamie, Polygynie, rapide multiple Gelege-Polygamie und Polyandrie unterschieden werden. Beim Paarverhalten selbst unterscheiden wir saisonale und permanente Paarbindung; dabei drückt sich die Intensität in dem Grad der ein- und wechselseitigen Attraktion, der Exklusivität sowie der Verhaltenssynchronisation zwischen den Partnern aus. Das Pflegesystem basiert auf einer Donator-Akzeptor-Beziehung, gebunden an altersspezifische Partneransprüche. Bei eubiosozialen Pflegebeziehungen entfällt der letztgenannte Partneranspruch vielfach, wenn zwischen erwachsenen Individuen Nahrungsaustausch besteht. TRIVERS (1972) hat den elterlichen Aufwand (parenteral investment) ins Zentrum allgemeiner Überlegungen zur Aufwand-Nutzen-Bilanz für Fitness gerückt; er wird an der Anzahl fortpflanzungsfähiger Nachkommen gemessen. Männchen können dabei investieren durch: Nahrungsversorgung des Partners, Auffinden und Verteidigung eines Brutplatzes, Nestbau, Unterstützung der Eiablage, Verteidigung und Schutz des Weibchens, Ausbrüten der Eier, Hilfe bei der Jungenaufzucht, Gruppenverhalten, das den Jungen indirekt Nutzen bringt; hier bestehen erhebliche Artunterschiede. Konstitutionell orientiert und ökologisch relevant ist eine Unterscheidung zwischen Aufzucht von Larven und Aufzucht von Jungen mit Merkmalen der Erwachsenen. Aus der Sicht der Jungen lassen sich wieder drei Typen

208   4. Autökologie

der Pflegeansprüche unterscheiden: 1. Ordnung = Anspruch auf arttypisches Pflegeverhalten; 2. Ordnung = Anspruch auf arttypisches und individuelles Pflegeverhalten; 3. Ordnung = Anspruch auf arttypisches individuelles Pflegeverhalten im Kontext von Paarbindungen als Vorstufe eines biosozialen Gefüges.

Damit ist der Funktionskreis des **Biosozialverhaltens** angesprochen. Sexual- und Pflegepartneransprüche 3. Ordnung setzen Paarbindung voraus. Dadurch wird die kleinste biosoziale Einheit, die „Dyade", gebildet. In diesem Zusammenhang sind Biokommunikationsansprüche gegeben: 1. Ordnung = Nachrichten über Arteigenschaften; 2. Ordnung = Nachrichten über individuelle Eigenschaften; 3. Ordnung = Nachrichten über Gruppeneigenschaften (kleinste Gruppe = 2). Daraus leitet sich ein neues gruppenspezifisches Raum-Zeit-System des Verhaltens ab, realisiert über Umweltansprüche 3. Ordnung (Tab. 4.8.), die nun auch alle anderen Ansprüche an die Umwelt modifizieren. Der ökologische Adaptationswert liegt in der kollektiven Wahrnehmung dieser Umweltansprüche, speziell als kollektives Schutzverhalten und kollektive Gewährleistung der Nahrungsansprüche über: Rollen- und Aufgabenteilung einschließlich Rangordnung, Individualentwicklung im Biosozialkontext, gemeinsame Nahrungsnutzung und Nahrungsverteilung, gemeinsame Informationsnutzung und Mitteilung via Kommunikation, kollektives Gedächtnis, Exklusivität der Gruppe (Gruppen-Individualisation). Dabei lassen sich folgende Stufen unterscheiden (Abb. 4.37.):

— subbiosozial, Konglobationen = temporäre durch abiotische Faktoren verursachte Ansammlungen von artgleichen Individuen; Brutpflege, Paarung;
— präbiosozial (temporär) = Tiergemeinschaften, Wandergemeinschaften, Freßgemeinschaften als motivationsspezifische Gruppierungen; Aggregationen als Gruppierung auf Grund von Attraktivsubstanzen mit elementarer Koordination des Verhaltens; temporäres Zusammenleben auf Grund von Sexual- und/oder Pflegepartneransprüchen 3. Ordnung;
— primitiv-biosozial = einfaches kooperatives Zusammenleben in Schwärmen oder Kleingruppen (Biofamilie, Biosippe);
— eubiosozial = permanent strukturierte, oft hierarchisch gegliederte Formen des Zusammenlebens mit starker Integration und Funktionsteilung, Kasten (Geschlechter, evtl. Morphotypen, Altersstufen, bei höheren Wirbeltieren individualisierte Rollen als nichtanonyme geschlossene Eubiosozialeinheiten).

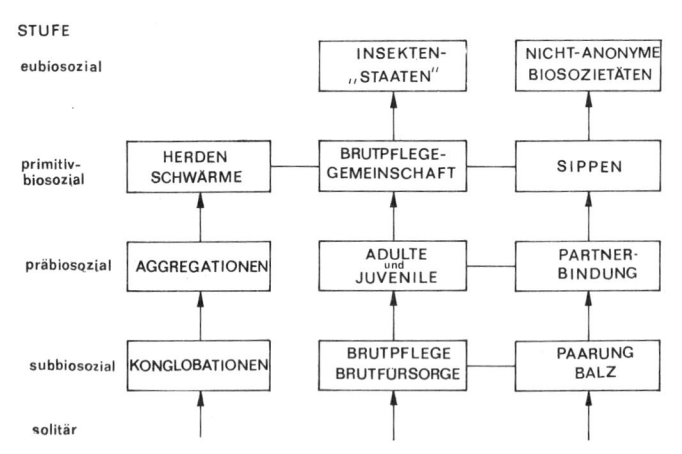

Abb. 4.37. Entwurf einer möglichen Darstellung der Evolutionsstufen des Biosozialverhaltens. Subbiosozial kennzeichnet zeitweise Zusammenführung von zwei oder mehr Individuen auf Grund einer speziellen Motivation, im Fall der Konglobationen als Schutzansprüche und hier durch Umgebungsfaktoren bestimmt, während auf der präbiosozialen Stufe der Zusammenhalt bereits eigenmotiviert ist, über die motivationsspezifischen Belange wie Brutpflege oder Sexualverhalten (bei Aggregationen Schutzverhalten) hinausgeht.

4.3. Ökologie tierischer Organismen

Hier ist ein vielschichtiges Signalsystem gegeben, das die Biokommunikation sichert und damit die Gruppe zu einem wichtigen Kompartiment im Ökosystem werden läßt. Bei eubiosozialen Arten existieren die Populationen nur noch oder doch fast ausschließlich in Form solcher Einheiten; Einzelgänger sind selten und meist nur zeitweise vorhanden.

Anschließend sei noch auf einen anderen Aspekt der Partneransprüche verwiesen, der ökologisch sehr bedeutsam ist; es ist die **artfremde Partnerschaft,** die wieder durch spezielle Umweltansprüche bestimmt ist (vgl. 2.3.):

— Raumansprüche = topische zwischenartliche Beziehungen: Epökie (Aufsiedlertum), Entökie (Einsiedlertum in Körperhöhlen anderer Organismen), Phoresie (Transportgesellschaft);
— Zeitansprüche = temporale zwischenartliche Beziehungen, beispielsweise der Aufenthalt bestimmter Nematodenlarven im peripheren Blut zum Zeitpunkt der maximalen Stechbereitschaft der Zwischenwirte (Insekten);
— Stoffwechselansprüche = trophische zwischenartliche Beziehungen: Kommensalismus (Nahrungsgemeinschaft), Parasitismus, Parasitoidismus (Raubparasitismus, mit dem Tod des Wirtes endend), Episitismus (Räuber-Beute-Beziehung), Hyperparasitismus, Hyperparasitoidismus;
— Schutzansprüche = protektive zwischenartliche Beziehungen: Parökie (Nebensiedlertum, wobei der Nebensiedler Schutzvalenzen des Partners nutzt), Mimikry in ihren verschiedenen Typen (Nutzung der Schutzvalenz einer Art durch räumliche Nähe und gewisse Verhaltensübereinstimmungen auf der Grundlage visueller Ähnlichkeit).
— komplexe Umweltansprüche: Mutualismus als Allianz (fakultatives lockeres Zusammenleben), Trophobiose (symbiontische Beziehungen über Exkrementabgabe eines Partners), Symphilie (symbiontische Beziehungen über Sekretabgabe), Symbiose im engeren Sinne (Aufeinanderangewiesensein, wobei die Partner nicht selten unterschiedliche Ansprüche stellen, z. B. Nahrungsansprüche und Schutzansprüche), Brutparasitismus (Aufzucht der Nachkommen einer Art durch erwachsene Individuen einer anderen Art), Biosozialparasitismus (ähnlich, aber Nutzung biosozialer Verhaltensweisen des Wirtes).

Für Freilandstudien des Verhaltens steht heute ein umfassendes methodisches Rüstzeug zur Verfügung, das auch quantitatives Arbeiten gewährleistet (vgl. LEHNER 1979). Über Verhaltensparameter lassen sich auch Belastungsfaktoren erfassen, so daß diesem Verfahren eine gute bioindikatorische Valenz zukommt (vgl. TEMBROCK 1980). Eine besondere Bedeutung hat die Ethologie auch im Zusammenhang mit den Wechselwirkungen zwischen Tieren und dem Menschen. Für die künftige Forschung leiten sich hier vielfältige Aufgabenstellungen ab im Sinne einer ethökologischen Praxis. Das hier vorgestellte Verhaltensmodell liefert dafür gute Voraussetzungen.

5. Ökologie von Populationen

5.1. Allgemeine Eigenschaften tierischer und pflanzlicher Populationen

Der Begriff „Population" wurde aus der Bevölkerungslehre des Menschen (Demographie), in der er zur Charakterisierung der Einwohnerschaft eines räumlich begrenzten Gebietes dient, in die Ökologie übernommen. Er wird auch zur Kennzeichnung unterschiedlicher Sachverhalte in der Taxonomie, der Evolutionslehre, der Genetik, der Ethologie, der Floristik und Faunistik verwendet.

Populationen umfassen Angehörige einer Organismenart. Sie sind mit wenigen Ausnahmen meist Teilgruppen von Arten oder Unterarten, die von den benachbarten mehr oder weniger deutlich abgesetzt sind, was vielfach an morphologischen und verhaltenskundlichen Merkmalen erkennbar wird. Panmixie und gemeinsamer Genpool sind wichtige Kennzeichen. Populationen sind die Grundeinheiten der ökologischen Vorgänge, an denen der Evolutionsprozeß angreift. Im konkreten Fall haben sie sehr unterschiedliche Ausdehnung (vgl. 2.4.1.).

Bei einer tierischen Population kann es sich z. B. um die Perlmuscheln *(Margaritana margaritifera)* eines Bergbaches, die Kartoffelkäfer *(Leptinotarsa decemlineata)* eines von anderen Kulturen umgebenen Kartoffelfeldes, die Smaragdeidechsen *(Lacerta viridis)* eines Heidegebietes, aber auch um die Ringelgänse *(Branta bernicla)* Westgrönlands handeln.

Beispiele für die Aufteilung von Arten in geographisch gut definierte Populationen liefern einige Gänsearten und Laufkäfer. Zur Weißwangengans *(Branta leucopsis)* gehören drei selbständige Populationen, die räumlich weit voneinander entfernt brüten (Nowaja Semlja, Spitzbergen, Ostgrönland), deren Überwinterungsgebiete jedoch benachbart sind (Abb. 5.1.). Sie decken sich teilweise, so daß prinzipiell ein Genfluß zwischen den Populationen möglich ist. Voraussetzung dafür sind Anpaarungen (Verlobung) im Überwinterungsgebiet. Völlig entgegengesetzt hat sich die populare Differenzierung bei der europäischen Form der Bleßgans *(Anser albifrons)* vollzogen. Bei dieser Art und bei einer Reihe weiterer Gänsearten ist es möglich, Populationen zu unterscheiden, die, aus einem einheitlichen Verbreitungsgebiet kommend, verschiedene Wanderrouten einschlagen und in räumlich getrennten Gebieten überwintern. Nach der Lage der Winterquartiere lassen sich bei der Bleßgans eine Ostsee-Nordsee-Population sowie Pannonische, Pontische, Anatolische und Kaspische Populationen unterscheiden (TIMMERMANN et al. 1976).

Manche Laufkäferarten (Carabidae), besonders aus der Gattung *Carabus*, zerfallen vorwiegend in montanen Arealen in eine Fülle von infraspezifischen Formen, die als mehr oder weniger isolierte Populationen vor allem morphologisch getrennt sind. Insbesondere die Fluguntüchtigkeit hat die Abgrenzung so stark gefördert, daß bei einigen Arten praktisch jedes Tal seine eigene deutlich unterscheidbare Population aufweist.

Pflanzliche Populationen bestehen aus reproduktiv oder klonal entstandenen selbständigen Individuen eines Taxons, zwischen denen in zeitlich entsprechender Kontinuität ein genetischer Austausch stattfinden kann. Dieser erfolgt in der Regel innerhalb des Gesamtterritoriums der meisten Arten nur in beschränktem Umfang. Die Einschränkung des Genaustausches hat daher evolutiv auch bei der Mehrzahl der Pflanzenarten zur Bildung einer größeren Anzahl von Populationen geführt, die jeweils nur über einen Teil der gesamten

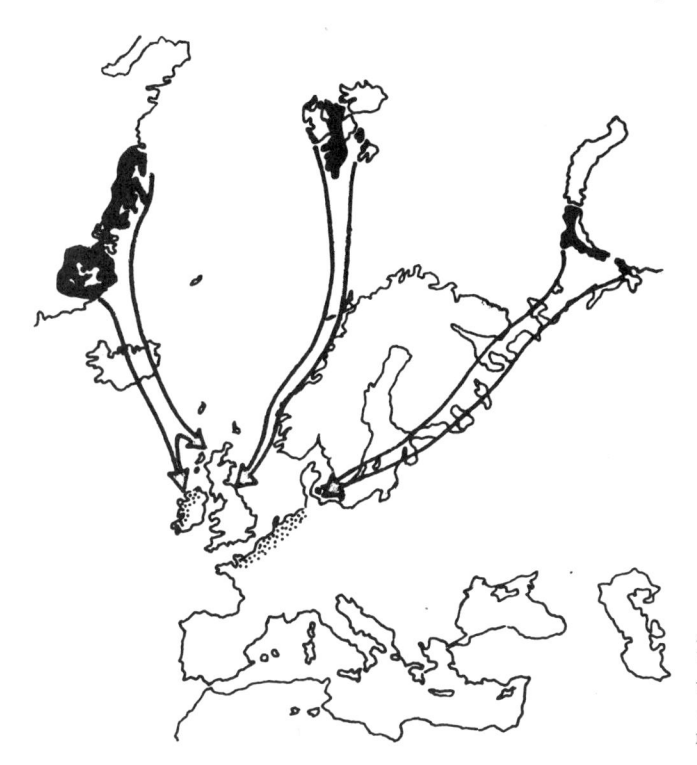

5.1. Allgemeine Eigenschaften tierischer und pflanzlicher Populationen

Abb. 5.1. Brutpopulationen, Wanderwege und Winterquartiere der Weißwangengans *(Branta leucopsis)*. Kombiniert nach verschiedenen Autoren.

genetischen Information der betreffenden Art verfügen. Dieser vor allem selektiv sich vollziehende Prozeß der Entstehung von Populationen mit voneinander abweichenden spezifischen genetischen Eigenschaften ergibt sich für die Nachkommen eines bestimmten Individuums aus:

— dem Vorhandensein von abiotischen Verbreitungsbarrieren (z. B. größeren Gebirgen oder Gewässern),
— den biologisch bedingten Grenzen der möglichen Diasporenverbreitung mit zunehmender Entfernung,
— kleinräumig vorhandenen Unterschieden spezifischer abiotischer (z. B. unterschiedlicher Boden- und Mikroklimaverhältnisse) oder biotischer Habitatbedingungen (z. B. Konkurrenz).

Als **Population** verstehen wir somit die **Gesamtheit der an die spezifisch ökologisch/geographischen Bedingungen ihres Lebensraumes angepaßten Individuen einer Art, zwischen denen ein ständiger genetischer Austausch möglich ist.**

In letzter Zeit ist eine Hinwendung zu einer mehr ethologisch fundierten Auffassung des Populationsbegriffes erkennbar. So wird bei vielen Vogelarten zur Brutzeit von den Männchen- und Weibchenpopulationen oder von der Population der Nichtbrüter gesprochen. Praktisch bedeutsam wird diese Interpretation des Begriffs, wenn Populationsmerkmale wie Dichte und Verteilung zu kennzeichnen sind. Aussagen zur Altersstruktur oder zur Populationsdynamik erfordern immer die Einbeziehung aller Altersgruppen, unabhängig vom jeweiligen Aufenthaltsort. Jahreszeitlich begrenzte Untersuchungen führten zu Arbeiten über „Sommer- oder Winterpopulationen". Noch weiter in diese Richtung gehen Vorstellungen, die z. B. die „Pflanze als eine Population von Teilen" ansehen (HARPER 1977). Sie basieren auf der Konzeption modularer Einheiten als identische Bauelemente. Danach ist das gesamte Sproßsystem eines pflanzlichen Individuums als eine Population derartiger Module zu betrachten. Gelegentlich wird der Populationsbegriff sogar zur Kennzeichnung von Artengemeinschaften verwendet, also von der „Kleinsäugerpopulation" eines Gebietes, „der Bockkäferpopulation" eines Waldes, „der Planktonpopulation" eines Sees usw. gesprochen. Derartige aus „taxocoenotischer" Betrachtung kommende Zusammenfassungen sollten vermieden werden, da doch jede Art in getrennten Populationen existiert, die ganz unterschiedliche Reaktionen zeigen. Für bestimmte Fragestellungen ist es belanglos, ob ihnen abgeschlossene Populationen zugrundeliegen, in denen also kein Individuenaustausch mit anderen Populationen stattfindet, oder ob es sich um offene Systeme handelt, in denen durch Wanderungen Individuen- und Genaustausch stattfindet. Es muß jedoch betont werden, daß sich aus diesem Sachverhalt für die Berechnung bestimmter Parameter (Geburten- und Sterberate) unterschiedliche Konsequenzen ergeben.

5.2. Genetische Grundlagen der Populationen

5.2.1. Der Genpool von Populationen

Vom evolutionären Standpunkt aus sind Einzelindividuen sehr kurzlebig, nur die Populationen bestehen über sehr lange Zeiträume. Diese Kontinuität ist die Folge der Vererbungsmechanismen, die von Generation zu Generation das artspezifische genetische Programm weitergeben. Als **Genpool einer Population** wird die Gesamtheit der Erbanlagen aller Individuen bezeichnet. In den Biotop- **(lokalen) Populationen** ist die Wahrscheinlichkeit der Paarung und Fortpflanzung zwischen allen Individuen etwa gleich. Durch das Wandern von Individuen zwischen den lokalen Populationen besteht ein Genfluß. Lokale Populationen am Rande des Verbreitungsgebietes nehmen eine Sonderstellung ein, da oft nur noch eine geringe Verbindung zur Gesamtpopulation besteht und die Möglichkeit zur Isolation sehr leicht gegeben ist. Zwischen den Genpools verschiedener Arten, die dieselbe ökologische Nische besiedeln, existieren keine Verbindungen (Abb. 5.2.).

Vom genetischen Gesichtspunkt sowie den genetischen Konsequenzen aus betrachtet, ist die Unterscheidung zwischen Populationen mit vegetativer ungeschlechtlicher Fortpflanzung und Populationen mit geschlechtlicher Fortpflanzung sehr wichtig. Die sexuelle Fortpflanzung, die für die meisten Tiere sowie für die Mehrzahl der höheren Pflanzen charakteristisch ist, führt zur ständigen Neukombination des Erbgutes. Sie schafft die genetische Variabilität und Plastizität von Populationen, die für eine Anpassung an neue Umweltverhältnisse unentbehrliche Voraussetzung ist.

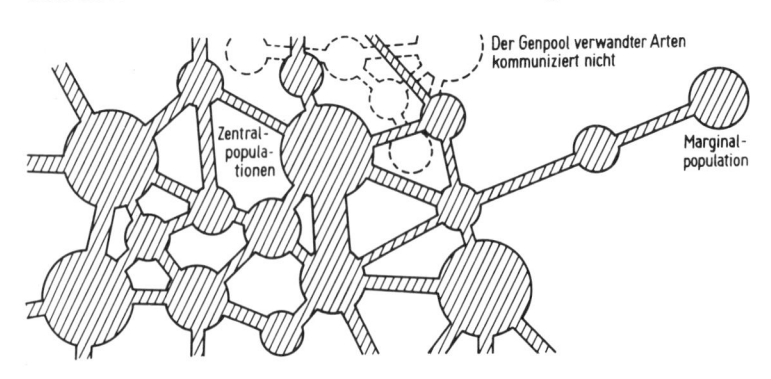

Abb. 5.2. Genpool-System einer sich sexuell fortpflanzenden Population. Aus SPERLICH 1973.

5.2. Genetische Grundlagen der Populationen

Bei vegetativer Fortpflanzungsweise bzw. bei der Vermehrung durch obligate Selbstbefruchtung, die bei einer Vielzahl von Pflanzenarten vorkommt, spricht man gleichfalls von Populationen. Bei den Selbstbefruchtern kann jedoch gelegentlich Fremdbefruchtung vorkommen, so daß dadurch auch eine Fortpflanzungsgemeinschaft existiert. Bei Populationen mit ausschließlich vegetativer Fortpflanzungsweise ist die genetische Variabilität innerhalb der Populationen wesentlich geringer. Durch Mutationen sowie durch parasexuelle Prozesse entsteht jedoch auch hier ein erforderliches Mindestmaß an genetischer Variabilität.

Die **Gene** eines Genlocus können in verschiedenen Zustandsformen (Allelen) existieren. Um den Genpool für einen bestimmten **Genlocus** zu beschreiben, ist es notwendig, die Anzahl der existierenden Allele sowie die Häufigkeit der unterschiedlichen Allele in der Population zu ermitteln. Die Grundlage für die Entwicklung der Populationsgenetik wurde 1908 durch Überlegungen von HARDY und WEINBERG geschaffen, die zur Aufstellung des nach ihnen benannten Gesetzes führten, das die Verteilung von Erbmerkmalen in Populationen beschreibt.

Es läßt sich anschaulich darstellen, wenn man sich vorstellt, daß zwei genetisch unterschiedliche Gruppen von Mäusen eine unbewohnte Insel besiedeln. Beide Gruppen unterscheiden sich nur in einem einzigen Gen, für das die Allele A und a existieren. Die eine Gruppe von 600 Individuen ist homozygot für das Allel A, die andere von 400 Individuen homozygot für das Allel a. Die Häufigkeit des A-Allels soll mit p und die des a-Allels mit q bezeichnet werden, so daß $p + q = 0{,}6 + 0{,}4 = 1$ ist. Die anfänglichen Frequenzen für die drei möglichen Genotypen der Tiere betragen $AA = 0{,}6$, $Aa = 0{,}0$ sowie $aa = 0{,}4$. Die Population sei panmiktisch, d. h., Träger der Allele A und a paaren rein zufällig. Die von den beiden Mäusegruppen gebildeten Gameten sind Träger entweder von A oder a. Aus den bekannten Allelfrequenzen läßt sich vorhersagen, in welchen Häufigkeiten in der folgenden Generation die drei möglichen Genotypen AA, Aa und aa entstehen werden.

Bei diploiden Organismen gibt es bei einer Population von n Individuen jeweils $2n$ Gene für jeden **Genlocus** und $2n$ Chromosomen für jedes **Chromosom.** Ausnahmen bezüglich der Gesamthäufigkeit

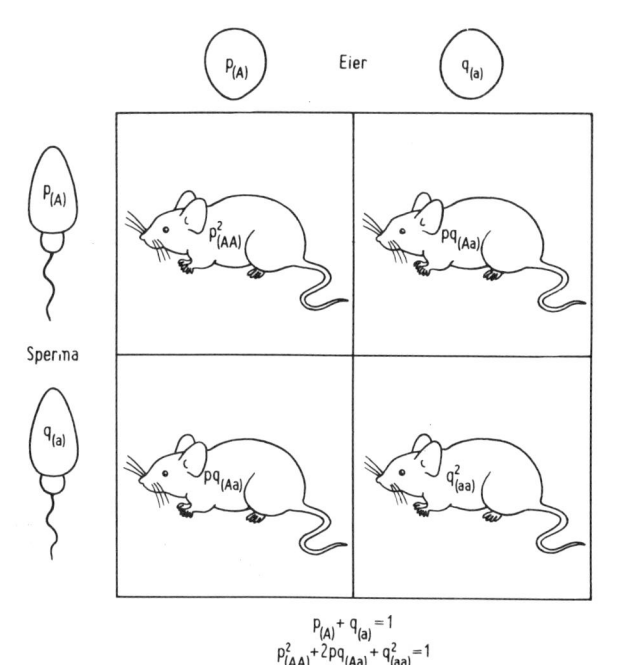

Abb. 5.3. Grundlage des Hardy-Weinberg-Gesetzes. Nach WILSON und BOSSERT 1973. Das Kreuzungsschema zeigt die Häufigkeiten aller möglichen Kombinationen.

214   5. Ökologie von Populationen

stellen lediglich die geschlechtsgebundenen Gene und die Geschlechtschromosomen dar. Die Zahl der Gene pro Genlocus ist bei polyploiden Arten naturgemäß höher: für Tetraploide $4n$, für Hexaploide $6n$ usw.

Das Kreuzungsschema in Abb. 5.3. zeigt die Häufigkeiten aller möglichen Kombinationen. Daraus kann gefolgert werden, daß in der ersten Generation nach der Besiedelung der Insel die drei möglichen Genotypen in folgenden Häufigkeiten entstanden sind: $AA - p^2 = 0,36$, $Aa - 2pq = 0,48$ und $aa - q^2 = 0,16$. Die Häufigkeit des A-Allels wäre dann in dieser Generation $0,36 + {}^1/_2 (0,48) = 0,36 + 0,24 = 0,6$, d. h., sie entspricht der Ausgangshäufigkeit. Anhand dieser Überlegungen läßt sich leicht erkennen, daß die Genotypenhäufigkeiten nun von Generation zu Generation konstant bleiben, d. h., $AA : Aa : aa = 0,36 : 0,48 : 0,16$.

Das Hardy-Weinberg-Gleichgewicht ist Ausgangspunkt für jede Theorie in der Populations- und Evolutionsgenetik. Es wird u. a. verwendet bei der Analyse natürlicher Populationen, um festzustellen, ob Panmixie vorherrscht oder ob evolutionäre Veränderungen in der Population vorgehen.

Kennt man die genetischen Grundlagen für bestimmte Merkmale in natürlichen Populationen, so lassen sich häufig die erwarteten Genotypenfrequenzen berechnen.

Bei *Drosophila* gibt es z. B. ein rezessives Gen, das im homozygoten Zustand eine Verkümmerung der Flügel bewirkt. Wenn in einer Population mit einer Häufigkeit von 10^{-4} (1 unter 10000) Fliegen mit solchen verkrüppelten Flügeln zu entdecken sind, so lassen sich sehr einfach die Allelfrequenzen sowie die Genotypenfrequenzen berechnen. Da die Häufigkeit der homozygot rezessiven Individuen mit q^2 definiert ist, beträgt die Allelfrequenz von $1 = \sqrt{10^{-4}} = 0,01$.

5.2.2. Genetische Variabilität in Populationen

5.2.2.1. Sichtbare genetische Variabilität

Beim detaillierten Vergleich der Individuen einer Population fällt auf, daß in der Regel kaum zwei völlig gleiche Exemplare zu finden sind. Die Differenzen reichen von geringfügigen, oft kaum wahrnehmbaren Unterschieden bis zu drastischen Abweichungen. Diese Unterschiede sind zum Teil zurückzuführen auf **nichtgenetische Modifikationen,** zum anderen Teil aber auf genetisch bedingte **Variabilität.** Die nichtgenetischen **modifikatorischen Unterschiede** sind durch unterschiedliche Umwelteinflüsse hervorgerufen sowie durch **Zufallsfluktuationen** bedingt. Unter Umständen kann durch den Einfluß unterschiedlicher Umweltbedingungen der Habitus von Individuen vollständig verändert werden.

Ein markantes Beispiel hierfür ist das Pfeilkraut *(Sagittaria sagittifolia)*, das an der Wasseroberfläche wohlgeformte, pfeilförmige Blätter ausbildet, während im tieferen Wasser die nicht mehr die Oberfläche erreichenden Blätter sehr schmal und bandförmig werden. Ein weiteres Beispiel stellen die beiden Generationen (Frühjahrs- und Sommerform) des Landkärtchenfalters *(Araschnia levana)* dar, die sich in ihrem Aussehen wie zwei nichtverwandte Arten unterscheiden (vgl. Abb. 4.21.).

Das Ausmaß der nichtgenetischen modifikatorischen Variabilität läßt sich anschaulich an Inzuchtlinien darstellen, bei denen ein einheitliches genetisches Material herausgezüchtet wurde. Bei solchen genetisch völlig identischen Individuen sind Selektionsversuche auf Größe, Form oder andere Eigenschaften stets erfolglos.

Für die Anpassung an neue Umweltbedingungen ist jedoch eine ausreichende genetisch bedingte Variabilität in Populationen notwendig, die in unterschiedlichem Ausmaß in den Wildpopulationen stets zu finden ist. Auffällige Formen genetisch bedingter Variabilität sind bei einer großen Zahl von Tier- und Pflanzenarten bekannt. Die Taufliege *Drosophila* gehört zu den Objekten, für die sichtbare genetische Variabilitäten in Wildpopulationen am genauesten untersucht worden sind (Tab. 5.1.). Sichtbare genetische Unterschiede sind

Tabelle 5.1. Varianten von *Drosophila melanogaster*, die während einer dreijährigen Untersuchung von Populationen in der Umgebung von Gelendzhik (UdSSR) von DUBININ gefunden wurden. Aus WALLACE 1974 nach SPENCER 1947

	Jahr		
	1933	1934	1935
Gesamtzahl der untersuchten Fliegen	10000	14765	6960
Trident (Thorax-Merkmal)	2096	1096	1001
Borsten abnorm	372	127	19
Augenfarbe abnorm	24	2	5
Körperfarbe abnorm	4	7	1
Flügel abnorm	23	23	2
Tumoren	0	5	0
Abnormalitäten insgesamt	2519	1260	1028
d. s. %	25,52	8,5	14,8
Abnormalitäten gesamt ohne Trident	423	164	27
d. s. %	4,2	1,1	0,4

durch eine Vielzahl verschiedener Mutationen bedingt. Es muß jedoch hervorgehoben werden, daß die meisten Mutationen rezessiv sind und somit der größte Teil der genetisch bedingten Variabilität verborgen ist.

5.2.2.2. Verborgene genetische Variabilität

Wildtypallele sind gegenüber den meisten mutierten Allelen dominant. Daher lassen sich die rezessiven Mutationen nur in homozygoten Individuen feststellen. Es wurden besondere Kreuzungstechniken entwickelt, mit deren Hilfe herausgefunden werden kann, wie häufig rezessive Allele in Wildpopulationen sind. Eines der einfachsten Verfahren basiert auf gezielten **Geschwister-Paarungen.** Solche Geschwister-Paarungen, die vor allem bei verschiedenen *Drosophila*-Arten systematisch durchgeführt worden sind, zeigten, daß rezessive Mutantenallele in natürlichen Populationen häufig sind. Bei einer Untersuchung von 736 Weibchen von *Drosophila mulleri* wurden über 260 Mutanten festgestellt. Analoge Verhältnisse sind in anderen sich sexuell vermehrenden Populationen gefunden worden.

Die durchschnittliche Zahl verschiedener Gene kann bei höheren Organismen mit etwa 10000 angegeben werden. Für wie viele Genloci existieren in einer natürlichen Population zwei oder mehrere Allele? Diese jahrzehntelang umstrittene Frage wurde 1966 mittels Elektrophoresetechnik beantwortet. Die ersten Schätzungen wurden an *Drosophila pseudoobscura* vorgenommen, indem man die Zahl abnormer Proteinvarianten ermittelte. Genmutationen führen oft zu Struktur- und Ladungsveränderungen der Proteine. Bringt man die Proteine in ein starkes elektrisches Feld, dann wandern sie mit unterschiedlicher Geschwindigkeit entsprechend ihren unterschiedlichen Ladungen und lassen sich somit voneinander trennen. Mit Hilfe dieser Technik zeigten LEWONTIN und HUBBY (1966) erstmalig, daß für etwa 30% aller Genloci in einer einzelnen Population zwei oder mehrere Allele existieren und die Individuen der Population für durchschnittlich 12% ihrer Loci heterozygot waren. Solch eine überraschend hohe genetische Variabilität scheint für alle sich sexuell fortpflanzenden Arten charakteristisch zu sein.

5.2.2.3. Ursprung und Erhaltung der genetischen Variabilität

Quelle aller genetischen Variabilität sind Mutationen, die durch Fehler während der Replikation und Reparatur des genetischen Materials entstehen. Mutationsraten von Genen sind verhältnismäßig niedrig. Für Eukaryoten wird ein Durchschnittswert von 10^{-5}/Gen/Replikation angegeben. Da jedes Individuum sehr viele Gene enthält und eine Population aus vielen Individuen besteht, ist der Anteil an Neumutationen pro Generation dennoch beträchtlich.

Diese Aussage soll am Beispiel der menschlichen Population verdeutlicht werden:

Das menschliche Genom enthält $2,9 \times 10^9$ Basenpaare, die eine theoretische Kodierungskapazität von über 1,5 Millionen Genen ausmachen. Realistisch sind jedoch Schätzungen von zirka 100000 Genen für das menschliche Genom, da nur ein geringer Teil der gesamten DNA-Menge zur Kodierung von Genen verwendet wird. Multipliziert man die resultierenden 2×10^5 Gene mit der durchschnittlichen Mutationsrate von 10^{-5}, so ergeben sich 2 Neumutationen pro menschlicher Zygote. Da die menschliche Population aus 4×10^9 Individuen besteht, entstehen in jeder Generation 8×10^9 Neumutationen.

Nahezu die Hälfte aller Genloci ist in natürlichen Populationen polymorph. Ein Individuum ist in 5–20% der Genloci gewöhnlich heterozygot. Daher ist der Anteil an genetischer Variation, der durch Neumutationen in einer Generation dazukommt, vergleichsweise gering zur vorhandenen genetischen Variation, bedingt durch die Polymorphie. In sich sexuell reproduzierenden Arten macht der durch Neumutationen bedingte Anteil an genetischer Variation nur etwa 1/5000 der bereits vorhandenen genetischen Variation aus. Durch Rekombination erfolgt beständig eine Um- und Neukombination des Erbgutes, da während der Gametenbildung das Erbgut der Eltern neu kombiniert wird. In sich asexuell reproduzierenden Organismen scheint der Anteil der genetischen Variation, der durch Neumutationen bedingt ist, wesentlich größer zu sein.

Charakteristisch für die genetische Variabilität ist, daß sie von Generation zu Generation erhalten bleibt. Die genetische Variabilität scheint in einer Art Gleichgewicht zu existieren, denn sie wächst weder stark an, noch verschwindet sie. Die Neumutationen produzieren zwar beständig neue genetische Variabilität, aber die Selektion merzt nachteilige Allele allmählich wieder aus, da abnorme Individuen weniger Nachkommen produzieren im Vergleich zu den normalen Konkurrenten.

5.2.2.4. Bedeutung der genetischen Variabilität für die Anpassungsfähigkeit

Die genetische Variabilität ist die Voraussetzung für Anpassung und Evolution. Eine Population, die z. B. infolge von Inzucht aus Individuen besteht, die genetisch völlig identisch sind, wäre nicht in der Lage, sich kontinuierlich verändernden Umweltbedingungen anzupassen. In einer Reihe von klassischen Experimenten hat JOHANNSEN (1911) dieses Phänomen demonstriert. Er züchtete reine Linien der Bohne und zeigte, daß diese Population von genetisch identischen Individuen unfähig ist, auf Selektion für Größenzunahme zu reagieren. Die genetisch identischen Individuen brachten stets Nachkommen hervor, die identische Gewichtsverteilungen hatten. In einer Population genetisch unterschiedlicher Bohnen ist dagegen die Selektion auf Größenzunahme möglich. In allen bisherigen experimentellen Analysen zeigte sich, daß nur Populationen mit einer ausreichend großen genetischen Variabilität in der Lage sind, sich neuartigen Umweltverhältnissen anzupassen, indem sich diejenigen genetischen Varianten durchsetzen, die unter diesen neuen Umweltverhältnissen die besten Reproduktionsraten haben. In diesen Populationen nehmen also stets diejenigen Genotypen zu, die den selektiven Vorteil der Phänotypen hervorrufen. Die Geschwindigkeit, mit der eine Anpassung an neue Umweltverhältnisse erfolgen kann, hängt direkt ab vom Ausmaß der genetischen Variabilität in den Populationen. In Laborversuchen zeigte sich, daß eine vergrößerte genetische Variabilität, hervorgerufen durch mutagene Strahlung, eine erhöhte Anpassungsgeschwindigkeit bewirkte.

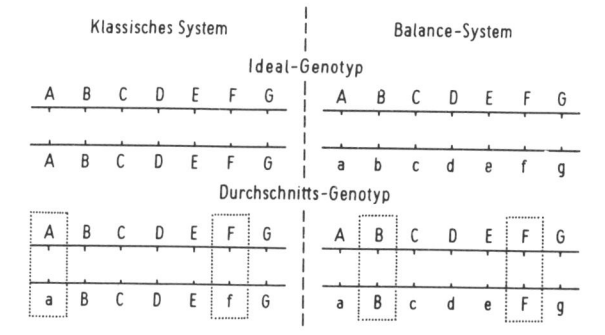

```
        Klassisches System           |        Balance-System
                            Ideal-Genotyp
   A   B   C   D   E   F   G   |   A   B   C   D   E   F   G
   ─── ─── ─── ─── ─── ─── ───       ─── ─── ─── ─── ─── ─── ───
   A   B   C   D   E   F   G   |   a   b   c   d   e   f   g
                         Durchschnitts-Genotyp
   A   B   C   D   E   F   G   |   A   B   C   D   E   F   G
   ─── ─── ─── ─── ─── ─── ───       ─── ─── ─── ─── ─── ─── ───
   a   B   C   D   E   f   G   |   a   B   c   d   e   F   g
```

Abb. 5.4. Genotypus der Individuen im klassischen und im balancierten Populationssystem. Nach B. WALLACE 1974.

5.2.2.5. Klassisches und Balance-Modell der Populationsstruktur

Um die Zusammensetzung des Genpools in Populationen zu beschreiben, sind zwei gegensätzliche Hypothesen entwickelt worden: das sogenannte klassische Modell und das Balance-Modell der Populationsstruktur. Das klassische Modell nimmt an, daß es bei einer gegebenen Umwelt nur eine einzige optimale Zusammensetzung des Genpools gibt. In solch einem optimal angepaßten Genpool sind nach dieser Hypothese die Gene durch das jeweils günstigste Allel vertreten. Daraus resultiert die Annahme, daß der genetische Idealtyp das vollkommen homozygote Individuum ist. Solch ein Zustand könnte durch gerichtete Selektion herbeigeführt werden.

Mit der Aufstellung des Balance-Modells ist die Vorstellung entwickelt worden, daß im optimalen Zustand die Allelfrequenzen in bestimmten Relationen zueinander stehen. Für die meisten Genloci existieren nach dieser Vorstellung mehrere Allele mit relativ hoher Häufigkeit. Das System wird durch einen balancierten Selektionsmechanismus im Gleichgewicht gehalten (Abb. 5.4.).

Nach dem klassischen Modell liegt im Idealfall weitgehend Homozygotie vor. Nur die Mutationen, die in solchen Populationen stets auftreten, führen dazu, daß die Individuen zumindest für einige Genorte heterozygot sind. Nach dem Balance-Modell sind dagegen die Individuen für die meisten Genorte heterozygot. Die sexuelle Fortpflanzungsweise und die damit verbundene Neukombination der Gene könnte aber auch das Auftreten von Homozygotie bewirken.

Beide Systeme sind in natürlichen Populationen verwirklicht, doch ist noch nicht klar, welchem Modell in natürlichen Populationen die größere Bedeutung zukommt.

5.2.3. Faktoren, die die genetische Zusammensetzung von Populationen verändern

Bedingt durch die sexuelle Fortpflanzungsweise, entstehen ständig Individuen mit neukombinierten Erbanlagen. Wenngleich auf diese Weise die Variabilität in natürlichen Populationen bewirkt wird, so erfolgt durch diese Prozesse keine Änderung der Genfrequenzen. **Evolution** läßt sich definieren als eine Änderung in der genetischen Zusammensetzung einer Population. Seit der Herausbildung der Populationsgenetik läßt sich diese Definition präzisieren als jede Veränderung der **Genhäufigkeiten.** Diejenigen Faktoren, die eine Veränderung der **Genfrequenzen** hervorrufen können, werden als **Evolutionsfaktoren** bezeichnet. Vier wichtige Evolutionsfaktoren können unterschieden werden:

1. Mutabilität
2. Selektion
3. Migration (Genfluß)
4. Genetische Drift

5.2.3.1. Mutabilität

Jede erbliche Veränderung des genetischen Materials wird als **Mutation** bezeichnet. Veränderungen innerhalb der Struktur eines Gens (Basenpaarsubstitutionen, Deletionen, Insertionen, Duplikationen) werden als **Genmutationen** bezeichnet, Veränderungen in der Struktur des Chromosoms durch Inversionen, Translokationen, Duplikationen und Deletionen als **Chromosomenmutationen.** Wird die Anzahl der Chromosomen pro Zelle verändert, so spricht man von **Genommutationen.** Diese spontan auftretenden Mutationen schaffen das Rohmaterial für die Evolution.

Genmutationen entstehen als seltene Fehler bei der Replikation des genetischen Materials sowie bei der Reparatur von DNA-Schäden. Sie erfolgen an beliebigen Stellen des Chromosoms. Bedingt durch den Zufallscharakter der Mutationen, läßt sich nicht vorhersagen, welches Gen während der Replikation oder Reparatur mutiert.

Mutationen sind zufällig und ungerichtet bezüglich ihres Adaptionswertes für die Zelle bzw. den Organismus. Sie ereignen sich unabhängig davon, ob sie sich für die Zelle oder den Organismus bezüglich der Anpassung an bestimmte Umweltverhältnisse als Vor- oder als Nachteil erweisen werden. Neu entstandene Mutationen sind zum überwiegenden Teil sogar nachteilig für die Individuen, in denen sie sich ereignen. Die Ursache hierfür liegt in der Tatsache, daß alle Gene einer Population der Selektion unterliegen. Mutationen zerstören in der Regel DNA-Sequenzen, die Anpassungen an bestimmte Umweltbedingungen mitbewirken.

Gelegentlich entstehen jedoch auch Mutationen, die einen vorteilhaften Effekt ausüben. Die Wahrscheinlichkeit für solche sehr seltenen Ereignisse ist um so größer, je mehr die Umweltbedingungen Veränderungen unterliegen.

Aus dem Hardy-Weinberg-Gesetz läßt sich ableiten, daß die Genfrequenzen von Generation zu Generation konstant bleiben, so lange keine Faktoren wirksam werden, die zur Frequenzänderung führen.

Durch den schwachen, aber beständigen Mutationsdruck entstehen in einer natürlichen Population ständig neue Allele. Wäre die Mutabilität der einzige wirksame Faktor einer Population, so wären die daraus resultierenden Evolutionsraten sehr niedrig im Vergleich zu den durch die Selektion bedingten Evolutionsraten. Da Mutationen nur sehr selten auftreten, bewirken sie jedoch nur geringfügige Veränderungen der Genfrequenzen infolge des schwachen Mutationsdruckes.

5.2.3.2. Selektion

Die unterschiedliche Veränderung der relativen Frequenzen von **Genotypen** auf Grund der unterschiedlichen Fähigkeiten ihrer **Phänotypen,** in der nächsten Generation vertreten zu sein, kann als **natürliche Selektion** definiert werden. Sie wirkt auf die durch Mutation und Rekombination entstandenen genetisch unterschiedlichen Individuen und bestimmt dadurch über die Anpassung der Population weitgehend die Richtung der Evolution.

Angriffspunkte für die Selektion sind stets die unterschiedlichen Phänotypen in einer Population. Selektion und die damit verbundene Anpassung an neue Umweltbedingungen sind jedoch nur möglich, wenn die vorhandenen phänotypischen Unterschiede zumindest teilweise genetisch bedingt sind. Der genetisch bedingte Anteil an der Gesamtvariabilität eines Merkmals wird als **Erblichkeit** definiert. Je größer die Erblichkeit, desto höher ist die Geschwindigkeit der Anpassung, bewirkt durch den Prozeß der Selektion. Diese kann die genetisch bedingte Variabilität in sehr verschiedener Art und Weise beeinflussen (Abb. 5.5.). Die **stabilisierende Selektion** führt dabei zu einer Eliminierung der Extrems und damit zu einer Verminderung der Variation. Entgegengesetzt dazu werden bei der **disruptiven Selektion** die Extremtypen begünstigt. Die **gerichtete Selektion** stellt schließlich den Hauptmechanismus dar, der zur progressiven Evolution führt.

5.2. Genetische Grundlagen der Populationen

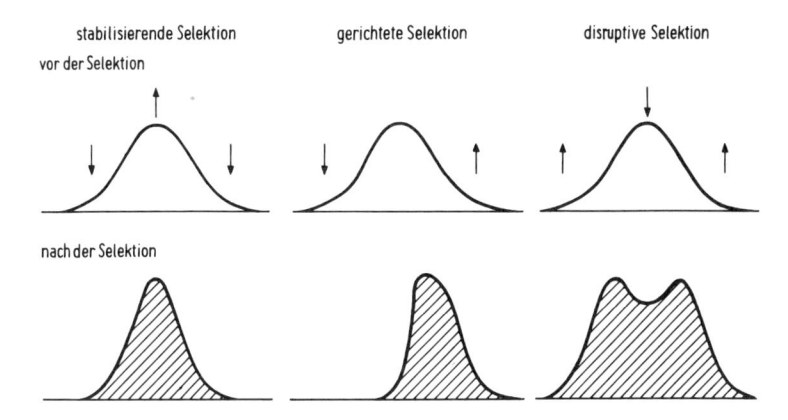

Abb. 5.5. Wirkung nachteiliger (↓) und vorteilhafter (↑) Selektion auf verschiedenen Abschnitten der Frequenzverteilung eines phänotypischen Merkmals in einer Population. Nach WILSON und BOSSERT 1973. Die Ordinaten stellen die Häufigkeiten der Individuen in den Populationen dar, die Abszissen die phänotypischen Variationen.

Für die Populationsgenetik sind die Fitness und der Selektionskoeffizient wichtig (Tab. 5.2.).

Tabelle 5.2. Berechnung der Fitness aus Daten einer Generation vor und nach der Selektion

Anzahl der Individuen jedes Genotyps	AA	Aa	aa
Vor der Selektion	6200	5100	2500
Nach der Selektion	5800	4200	1300

Überlebensrate:
 Überlebensrate von $AA = 5800/6200 = 0{,}94$
 Überlebensrate von $Aa = 4200/5100 = 0{,}82$
 Überlebensrate von $aa = 1200/2300 = 0{,}52$
Relative Fitness (verglichen mit AA, dem geeignetsten Genotyp)
 W_{AA} Fitness von $AA = 0{,}94/0{,}94 = 1{,}0$
 W_{Aa} Fitness von $Aa = 0{,}82/0{,}94 = 0{,}87$
 W_{aa} Fitness von $aa\ = 0{,}52/0{,}94 = 0{,}55$
Selektionskoeffizient
 s_{AA} Selektionskoeffizient von $AA = 1 - W_{AA} = 0$
 s_{Aa} Selektionskoeffizient von $Aa\ = 1 - W_{Aa} = 0{,}13$
 s_{aa} Selektionskoeffizient von $aa\ = 1 - W_{aa} = 0{,}45$

Mit Hilfe von Stichproben vor und nach der Selektion können die Werte für die **Überlebensraten** der Organismen berechnet werden. Das Verhältnis der Überlebensraten zueinander ergibt die relative Eignung der einzelnen Genotypen. Der Genotyp mit der größten Überlebensrate wird zum Vergleichsmaßstab gewählt. Da nunmehr stets dieser größte Wert in den Nenner der Verhältnisse zwischen den Überlebensraten eingeht, liegen die Werte für die relative Eignung stets zwischen 0 und 1. Diese relative Eignung wird in der Populationsgenetik in der Regel als **Fitness, Eignung** oder auch **Adaptivwert** (W) bezeichnet. Fitness stellt also die relative Überlebensrate dar. Der **Selektionskoeffizient** ist definiert als 1-W und bedeutet somit die relative Abnahme auf Grund von Selektion.

Der Prozeß der Selektion läßt sich am besten am Ein-Locus-Modell verstehen. Ausgangspunkt ist die Annahme, daß in einer Population mit Zufallspaarung für ein beliebiges Gen

5. Ökologie von Populationen

zwei Allele existieren: das völlig oder partiell dominante Allel *A* und das rezessive Allel *a*. Unterscheiden sich die drei möglichen Genotypen in ihren Fitnesswerten, so kommt es durch die Selektion zu Verschiebungen in der Zusammensetzung des Genpools.

Bezüglich der drei Genotypen *AA*, *Aa* und *aa* lassen sich auf Grund der möglichen Dominanz-Rezessivität-Verhältnisse drei Situationen beschreiben (Abb. 5.6.):

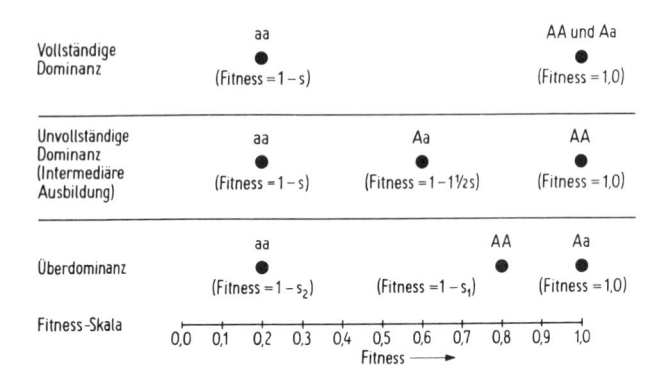

Abb. 5.6. Möglichkeiten der Dominanz-Rezessiv-Verhältnisse in bezug auf Fitness. Aus SPERLICH 1973.

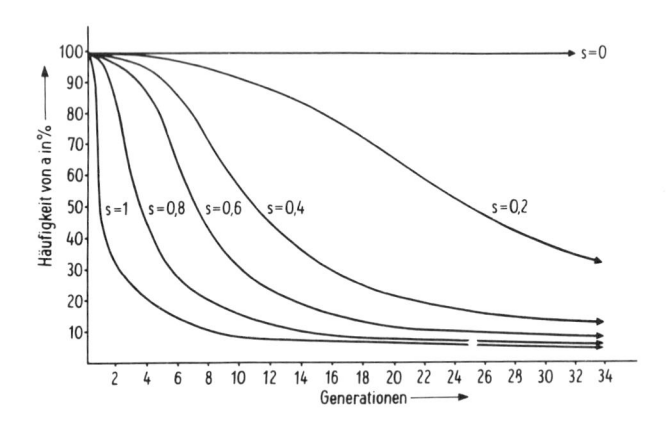

Abb. 5.7. Frequenzverschiebung im Verlauf der nachfolgenden Generationen bei Selektion gegen das nachteilige Allel *a*, s = Selektionskoeffizient. Aus SPERLICH 1973.

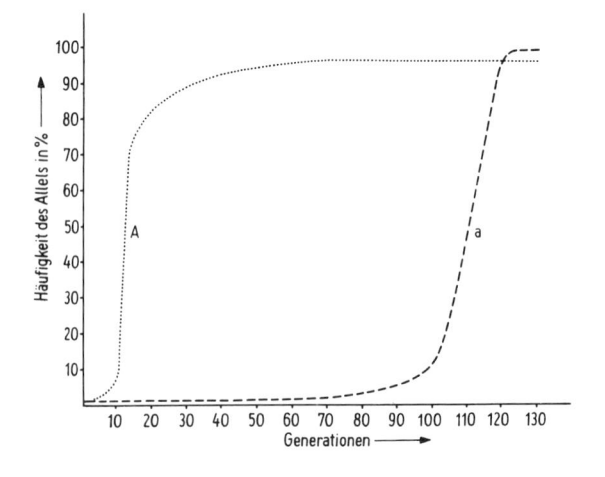

Abb. 5.8. Häufigkeitsveränderung eines vorteilhaften Allels bei dominanter (....) und bei rezessiver (----) Wirkung. Im Falle der dominanten Wirkung wurde angenommen, daß W_{AA} und $W_{Aa} = 1$ und $W_{aa} = 0{,}5$ ist. Bei einer rezessiven Wirkung des vorteilhaften Allels wurde angenommen, daß W_{AA} und $W_{Aa} = 1$ und $W_{aa} = 0{,}5$ ist. Aus SPERLICH 1973.

5.2. Genetische Grundlagen der Populationen

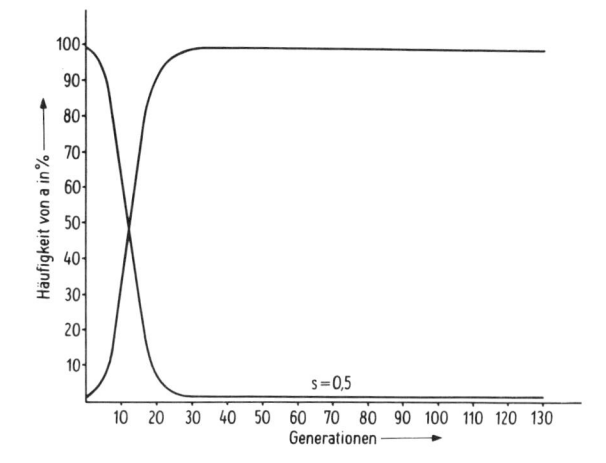

Abb. 5.9. Häufigkeitsveränderung des Allels a im Falle einer intermediären Wirkung (unvollständige Dominanz) bei Überlegenheit der aa- und Aa-Individuen und bei Benachteiligung derselben. Fitness $W_{AA} = 1$, $W_{Aa} = 1 - 1/2s$, $W_{aa} = 1 - s$. Aus SPERLICH 1973.

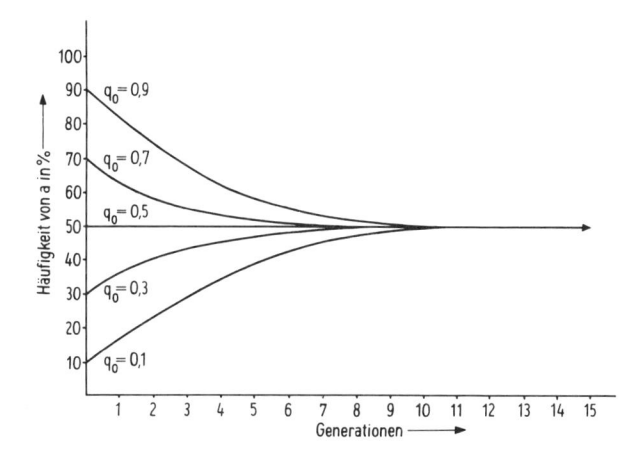

Abb. 5.10. Häufigkeitsveränderung des Allels a im Falle eines Heterozygotenvorteils für $s_1 = s_2 = 0,5$. Fitness $W_{AA} = 0,5$, $W_{Aa} = 1$, $W_{aa} = 0.5$. Aus SPERLICH 1973.

Vollständige Dominanz: In dieser Situation haben die Genotypen AA und Aa identische Fitnesswerte, während der Genotyp aa durch einen unterschiedlichen Fitnesswert charakterisiert ist. Wenn die Fitness von AA und Aa größer ist als die Fitness des homozygot rezessiven Genotyps, so wird lediglich gegen die aa-Individuen selektiert (Abb. 5.7.). Die Zusammensetzung des Genpools ändert sich kaum, wenn das rezessive Allel a in geringeren Häufigkeiten in der Population existiert.

Haben jedoch die aa-Individuen einen höheren Fitnesswert als die AA- und Aa-Individuen, wird gleichzeitig gegen die AA- und Aa-Individuen selektiert, und die Häufigkeit des a-Allels nimmt kontinuierlich zu (Abb. 5.8). Die Häufigkeitszunahme eines vorteilhaften rezessiven Allels verläuft dabei wesentlich langsamer als die Häufigkeitszunahme eines dominanten vorteilhaften Allels.

Unvollständige Dominanz: In dieser Situation haben die Heterozygoten stets einen anderen Fitnesswert als die Homozygoten. Wiederum sind zwei mögliche Fälle zu unterscheiden: entweder ist das rezessive Allel vorteilhaft, oder das dominante Allel bringt den Selektionsvorteil. In beiden Fällen erfolgt die Häufigkeitsveränderung sehr rasch (Abb. 5.9.), da bei intermediärem Erbgang alle drei möglichen Genotypen unterschiedliche Fitnesswerte haben.

Überdominanz: Sie ist gegeben, wenn die Fitness der Heterozygoten größer ist als die Fitness der beiden Homozygoten. In diesem Spezialfall wird sowohl gegen AA- als auch gegen aa-Individuen selektiert (Abb. 5.10.).

222 5. Ökologie von Populationen

Gleich, welche Ausgangshäufigkeiten vorherrschen, es wird stets dem Wert $q = p = 0,5$ zugestrebt. Betrachtet man den Extremfall, daß die Homozygoten AA und aa letal sind, so ist diese Tatsache auch ohne die mathematische Betrachtung sofort einsichtig. Wenngleich dann die Population nur aus Heterozygoten besteht, so entstehen doch aus den Kreuzungen $Aa \times Aa$ auf Grund der Mendelschen Gesetze stets in jeder neuen Generation AA-, Aa- und aa-Individuen im Verhältnis $1:2:1$. Es werden also stets die Homozygoten neu gebildet, aber auch stets durch die Selektion wieder eliminiert. Somit ergibt sich ein balanciertes Gleichgewichtssystem.

5.2.3.3. Migration

Seit Jahrzehnten ist von Botanikern und Zoologen für viele Arten das Phänomen beschrieben worden, daß sich das Aussehen von Pflanzen und Tieren entlang bestimmter Faktorengradienten kontinuierlich verändert. So steht die Bergmannsche Regel für das Phänomen, daß mit steigender Temperatur die durchschnittliche Körpergröße abnimmt, die Glogersche Regel beschreibt die Tatsache, daß die Pigmentierung in wärmeren Gebieten stärker ist und die Allensche Regel besagt, daß Ohren, Schwanz und Schnabel in kühleren Gebieten kürzer sind als in wärmeren. Solche Korrelationen haben eine genetische Grundlage. Entlang von Faktorengradienten gibt es ein für das spezifische Merkmal verantwortliches Gen-Häufigkeitsgefälle, das durch Selektion aufrechterhalten wird.

Zwischen den einzelnen lokalen Populationen bestehen jedoch auch Verbindungen durch das Ab- und Zuwandern von Individuen (Abb. 5.11.). Diese **Migration** ist ein Faktor, der unter Umständen beträchtliche Genfrequenzveränderungen verursachen kann. Zwischen Populationen kommt er erst dann zum Stillstand, wenn kein Häufigkeitsgefälle mehr existiert. Er wirkt gegen eine zu starke Differenzierung oder Spezialisierung der Populationen. Andererseits kann die Selektion gegen einen durch Genfluß bedingten völligen Ausgleich der Genfrequenzunterschiede wirken, wenn für die lokalen Umweltverhältnisse der Populationen die Genfrequenzunterschiede vorteilhaft sind. In solchen Fällen stellt sich dann ein **Migrations-Selektions-Gleichgewicht** ein.

Zwei Kategorien von Migrationen müssen unterschieden werden:
a) Intraspezifischer Genfluß zwischen geographisch getrennten Populationen derselben Art
b) Interspezifische Bastardierung.

Die zuerst genannte Kategorie tritt sehr häufig bei zahlreichen Pflanzen- und Tierarten auf und bestimmt maßgeblich das Muster geographischer Verteilungen.

Interspezifische Bastardierung kann nur dann auftreten, wenn die Schranken, die normalerweise Arten trennen, aufgehoben sind.

Diese Form der Migration ist wesentlich seltener, jedoch von weitreichender Bedeutung, da die Genunterschiede zwischen verschiedenen Arten größer sind als bei unterschiedlichen lokalen Populationen derselben Art.

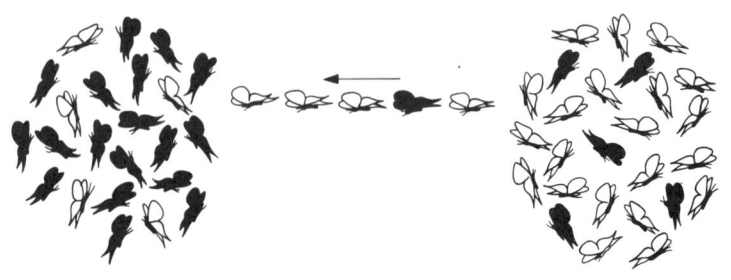

Abb. 5.11. Veranschaulichung der Migration. Aus WILSON und BOSSERT 1973. Die linke Subpopulation, die das weiße Allel in wesentlich geringerer Häufigkeit hat als die rechts gezeichnete Subpopulation, erhält in jeder Generation einen Anteil (m) ihrer Individuen von der rechten Population.

5.2.3.4. Genetische Drift

Unter der **Genetischen Drift** werden alle Abweichungen und Veränderungen in den Genfrequenzen verstanden, die auf Grund des Zufalls auftreten. Sie spielt vor allem in kleineren Populationen (in der Größenordnung bis zu wenigen Hundert Individuen) eine beträchtliche Rolle bei der Veränderung der Genfrequenzen. Je größer die Population, um so weniger haben Zufallsfehler einen Einfluß. Allerdings sind Zufallsfehler selbst bei genetischen Experimenten mit größeren Populationen unvermeidlich.

So werden z. B. nie exakt die Erwartungswerte von 3:1 bei einem monohybriden, dominanten Erbgang erhalten. MENDEL fand in seinen Experimenten bei einem erwarteten 3:1-Verhältnis der gelben zu den grünen Erbsensamen in Wirklichkeit 6022 gelbe und 2001 grüne Individuen.

Eine wirksame Rolle spielt die Genetische Drift zumindest in drei Situationen

1. **Das Gründerprinzip:** Bei der Besiedlung fremder Territorien werden neue lokale Populationen durch wenige Individuen gegründet. Diese besitzen zusammen nur einen Bruchteil der genetischen Variabilität der Elternpopulation. Da der Zufall bei der Auswahl der Gründerindividuen eine große Rolle spielt, unterscheiden sich die entstehenden Populationen oft beträchtlich in ihrer genetischen Konstitution von der Ausgangspopulation.
2. **Kontinuierliche Drift:** Bei Populationen, die beständig aus einer sehr kleinen Anzahl von Individuen bestehen, werden die Zufallsfehler in jeder Generation wirksam.
3. **Zeitweilige Drift:** Wird eine Population kurzzeitig sehr stark in ihrer Individuenzahl reduziert, können sich die überlebenden Individuen, bedingt durch den Zufall, genetisch beträchtlich von der Ausgangspopulation unterscheiden. Bleibt die Population über zwei oder mehrere Generationen klein, setzt der Prozeß der kontinuierlichen Drift ein.

5.3. Evolutive Vorgänge in Populationen

5.3.1. Evolutionsvorgänge in tierischen Populationen

5.3.1.1. Polymorphismus

Die Fähigkeit einer Population, Nachkommen zu erzeugen, ihre Reproduktionsfähigkeit, ist um so größer, je besser sie in der Lage ist, ein weites Spektrum der Umwelt zu nutzen. Dabei ist davon auszugehen, daß jeder Genotyp der Population in seiner ökologischen Toleranz und Leistungsfähigkeit begrenzt ist. Die Population als Ganzes wird deshalb um so plastischer reagieren, je stärker sie genetisch differenziert ist (vgl. 5.2.). Da die Umwelt niemals uniform, sondern mehr oder minder stark gegliedert ist, liegt die Annahme nahe, daß sich bestimmte Genotypen auf Ausschnitte der differenten Umwelt spezialisieren und ökologische Varianten ausbilden. Damit wird eine Aufgliederung der arttypischen Nische in Subnischen erreicht, deren Realisierung auf ökologischem **Polymorphismus (Polytypismus)** beruht. Ihm wird in Populationen wachsende Bedeutung zuteil.

Als Beispiel für solche evolutiven Vorgänge sei der sog. „**Großstadtmelanismus**" oder „**Industriemelanismus**" herangezogen.

Als f. carbonaria bezeichnete dunkle Exemplare des Birkenspanners *(Biston betularius)* traten im vorigen Jahrhundert erstmals 1848 bei Manchester und 50 Jahre später gehäuft (99%) in englischen Industriegebieten auf. KETTLEWELL (1957, 1965) u. a. gingen bei ihren Deutungen davon aus, daß dunkle Falter des Birkenspanners beim Sitzen auf den durch vernichteten Algen- und Flechtenbewuchs und durch „Ruß" dunkel gefärbten Baumstämmen einen Selektionsvorteil gegenüber hellen Exemplaren haben. Als Auslesefaktoren werden vor allem Vögel angesehen. In neuerer Zeit konnte auch eine Abnahme der

f. *carbonaria* in solchen Gebieten gezeigt werden, in denen ein Rückgang der Luftverschmutzung vorliegt (BISHOP und COOK 1975). Allerdings treten die schwarzen Formen vielfach auch in kaum belasteten Gebieten häufig auf.

Die genetische Vielfalt ist eine der wichtigsten Ursachen dafür, daß es Populationen möglich ist, bei länger anhaltenden klimatischen oder anderen Veränderungen der Umwelt zu überdauern. Sie ist die Basis für alle jenen Erscheinungen, die als „Plastizität", das heißt als Fähigkeit zur Anpassung an neue Umweltgegebenheiten bezeichnet werden.

Betrachtet man Populationen innerhalb des Verbreitungsgebietes der Art, dann treten morphologische und physiologische Adaptationen an die äußeren Bedingungen des Vorkommensgebietes hervor. Beim Haussperling deutet sich bereits beim Vergleich innerhalb Mitteleuropas eine klinale Größenzunahme (Flügellänge, Körpergewicht) nach Nordosten hin an (SCHERNER 1974). Von ökologischen Populationen sollte nur dann gesprochen werden, wenn eine genetische Grundlage für die Präferenz für einen bestimmten Lebensraum nachgewiesen werden kann.

Da vor der vollständigen reproduktiven Isolation der Speziationsprozeß einer Wirtspflanze noch nicht abgeschlossen ist, kann über die zukünftige Entwicklung solcher Insektenarten noch nichts gesagt werden, die nur auf einzelnen Formen eines solchen Pflanzenkomplexes fressen oder saugen. Mit Abschluß dieses Prozesses ergeben sich zwei Möglichkeiten für das Insekt: Entweder es kommt ohne Aufspaltung der Insektenart früher oder später zur Herausbildung einer Monophagie auf nur einer der neu entstandenen Arten oder die Evolution des Insektes folgt ganz oder teilweise der Aufspaltung der Pflanzensippe und führt dann zu mehreren isolierten, jeweils monophagen Insektenarten (KLAUSNITZER 1985). Beispiele für die Existenz derartiger Mechanismen deuten sich für Blattläuse (Aphidina), Bohrfliegen (Trypetidae) und Rüsselkäfer (Curculionidae) an (MÜLLER 1959, 1970; ZWÖLFER 1974, 1978). Zu sympatrischer Speziation innerhalb oligo- oder polyphager Insektenarten auf unterschiedlichen Wirtspflanzen kann es durch ökologische Isolierung von Populationen wahrscheinlich kommen.

5.3.1.2. Evolution der Reproduktionsfähigkeit

Die unterschiedlichen evolutiven Folgen, die sich ergeben, wenn tierische Populationen sich einerseits an Umweltverhältnisse anpassen müssen, die sich rasch und drastisch verändern oder andererseits unter Umweltbedingungen leben, die sich langfristig nur gering verändern, sind bisher nur wenig beachtet worden. Dieser Sachverhalt ist die Grundlage des von MCARTHUR und WILSON (1967) entwickelten Konzeptes der r- und K-Selektion (vgl. 2.3.). Dabei wird davon ausgegangen, daß die Evolution in Populationen jene Genotypen begünstigt, die mit minimalem Energieaufwand ihr Reproduktionsvermögen an die jeweilige Umweltsituation anpassen können.

Im Falle stark fluktuierender Umweltgegebenheiten mit rasch entstehenden und wieder vergehenden Habitaten, mit einem Überangebot an Nahrung bzw. Nahrungsmangel, werden solche Formen selektioniert, die diese Extrembedingungen vertragen. Rasch entstehende temporäre Habitate müssen schnell besiedelt und die Ressourcen ausgenutzt werden. Wenn sie vergehen, müssen Mechanismen in Gang gesetzt werden, die das Fortbestehen der Population oder wenigstens eines Teiles sichern. Die **r-Selektion** begünstigt das Entstehen von Formen und Mechanismen, die an wechselnde Umweltbedingungen angepaßt sind. Zu den Merkmalen durch r-Selektion entstandener Populationen gehören kurzlebige Generationen, variable Fruchtbarkeit (auch Parthenogenese), frühe Geschlechtsreife, häufige Erzeugung vieler kleiner Nachkommen mit geringer individueller Fitness, variable Populationsdichten und damit zusammenhängend starke Schwankungen in der Populationsgröße sowie Mechanismen zum schnellen Ingangsetzen der Fertilität unter günstigen Bedingungen zur Drosselung bei Umweltverschlechterung. Die Evolution begünstigt Genotypen, die ihr Reproduktionsvermögen auf jede sich bietende Gelegenheit optimal einstellen können

(Abb. 5.12.). Im allgemeinen sind innerhalb natürlicher Verwandtschaftsgruppen die kleinen kurzlebigen Arten r-selektioniert (viele Insekten und andere Arthropoden, Nagetiere, Singvögel).

Unter relativ konstanten Umweltbedingungen führt die Selektion (meist in vollbesetzten Lebensräumen) zu langlebigen Generationen, großen Arten, hohen Überlebensraten der reproduktiven Stadien, zu geringer aber regelmäßiger, verzögerter Geschlechtsreife, Fruchtbarkeit mit Nachkommen von hoher Konkurrenzfähigkeit, Territorialität und zu relativ gleichmäßigen Populationsdichten **(K-Selektion)**.

Mit den Begriffen r- und K-Selektion sind die Endstufen einer Skala beschrieben, die lückenlos durch Übergänge verbunden ist. Sie wird als **r-K-Kontinuum** bezeichnet.

Die meisten Insektenarten dürften r-selektioniert sein. Manche verfügen über besonders große Eizahlen, z. B. die Ölkäfer (*Meloe* spec.) bis zu 10000 Stück pro Weibchen. Für die Larven besteht wegen des komplizierten parasitischen Entwicklungszyklus nur eine relativ geringe Chance, das Imaginalstadium zu erreichen. Relativ häufig findet sich Parthenogenese (z. B. Blattläuse), wodurch die rasche Ausnutzung vorhandener Nahrungsquellen und ein schneller Populationsaufbau gewährleistet werden.

Beispiele für K-selektionierte Arten finden sich vor allem unter den brutpflegenden Insektenarten. So haben die Weibchen vieler solitärer Hymenoptera eine durchaus begrenzte niedrige Fertilität. Die intensive Betreuung weniger (vielfach unter 10) Larven sichert die Populationsgröße, weil Verluste entsprechend geringer sind. Ähnliches gilt für die Brutpflege bei blattrollenden Rüsselkäfern und coprophagen Scarabaeiden. Bei manchen Arten sind sogar die Ovariolen bis auf eine einzige reduziert (z. B. *Copris*), und es werden pro Weibchen nur 5 Eier abgelegt. Auch die Totengräber (*Necrophorus* spec.) führen uns mit geringer Eizahl (bis 24 Stück) und intensiver Pflege der Eier und Larven den Typ der K-Selektion vor.

5.3.1.3. Evolution der Habitatwahl

Die **Habitatwahl** ist für ein Tier von allergrößter Bedeutung für seine Überlebenschance und den Fortpflanzungserfolg. Nicht alle Teile des Habitates stimmen hinsichtlich der Erlangbarkeit von Nahrung, Geschlechtspartnern, Konkurrenzdruck und Predatorenbesatz überein (vgl. 2.5.4.1.2.). Dabei wird davon ausgegangen, daß es für jedes Tier ein **„optimales Habitat"** gibt, für das seine morphologischen, physiologischen und verhaltensmäßigen Potenzen zugeschnitten sind. Der Reproduktionserfolg eines Individuums steigt, wenn es sich erfolgreich in diesem optimalen Habitat ansiedeln kann. Die Evolution wird innerhalb der Population solche Individuen begünstigen, denen es am besten gelingt, die spezifischen Umweltansprüche zu realisieren. Trotz der Komplexität, die der Begriff Habitat umschließt, wird davon ausgegangen, daß die Habitatwahl von einzelnen oder wenigen Komponenten des Habitats bestimmt wird. Schon das Vorhandensein einer einzigen Komponente, z. B. eines bestimmten Duftstoffes, kann auslösend für die Habitatwahl sein.

So dienen z. B. die Senfölglykoside (Sinigrin u. a.) wie auch viele andere sekundäre Pflanzeninhaltsstoffe, der Erkennung der Wirtspflanzen (STAEDLER 1976). Der Kohlweißling (*Pieris brassicae*) kann mit Sinnesorganen an den Tarsen Senfölglykoside wahrnehmen, die die Eiablage auslösen. Die Raupen werden über Sinnesorgane der Maxillen dann zur Nahrungsaufnahme veranlaßt, wenn sie mit Senfölglykosiden in Berührung kommen. Gleiches trifft für den Eulenfalter *Mamestra brassicae* (Kohleule) zu. Für die an verschiedenen Brassicaceen saugende Blattlaus *Brevicoryne brassicae* wirkt Sinigrin ausgesprochen stimulierend auf die Nahrungsaufnahme (SCHEURER 1978), während es bei anderen Blattläusen eine strikte Saughemmung auslöst (vgl. 3.2.1.).

Bei den reich strukturierten Habitaten von Säugetieren und Vögeln läßt sich gewöhnlich nicht entscheiden, welche Komponenten essentiell sind und welche nicht. Demzufolge kann auch nicht oder nur sehr schwer beurteilt werden, ob es Unterschiede in der Fitness der Individuen gibt, wenn eine Population optimale und suboptimale Habitate besiedelt.

Ein experimenteller Beweis für derartige Unterschiede wurde von GRANT (1975) erbracht, der *Microtus pennsylvanicus*, einem typischen Graslandbewohner, in eingegrenztem Freiland Gras und Wald zur Ansiedlung bot. Dabei ergab sich, daß die Individuen, die sich in Gras ansiedeln konnten, geringere Mortalität und höhere Fruchtbarkeit aufwiesen als die auf den Wald angewiesenen. Letztere übertrafen erstere in Langlebigkeit und Überlebensrate der Jungen.

Bei manchen Arten wächst in Zeiten hoher Populationsdichte die Breite der Habitatstruktur. Habitatausweitung kann auch als Folge der Abwesenheit von Predatoren auftreten, wie GOERTZ (1971) am Beispiel von *Microtus pinetorum* in den USA gezeigt hat.

Nur wenige Untersuchungen liegen zur Klärung der Frage vor, ob Habitate angeborenerweise gewählt werden, ob also ein bestimmtes Habitatschema vorhanden ist oder ob es erlernt werden muß.

WECKER (1963) führte Freilandexperimente an *Peromyscus maniculatus* durch, bei denen die Habitatpräferenz der Nachkommen von Freilandfängen und im Labor gezüchteter Tiere miteinander verglichen wurde. Die Feldfänge und ihre Jungen bevorzugten von verschiedenen ihnen gebotenen Habitaten das Feld, die Labortiere zeigten keine eindeutige Präferenz; Labormäuse, die im Feld aufgezogen wurden, wählten dieses. Daraus folgerte WECKER (1963) eine erbliche Prädetermination, die einer Fixierung im frühen Jugendstadium bedarf. Nach 20 Generationen Laborzucht war die Prädetermination erheblich herabgesetzt.

Die Habitatpräferenz kann auch einen saisonalen Aspekt haben. Vögel sind auf Grund ihrer hohen Beweglichkeit zu raschem Habitatwechsel befähigt. Das schafft die Möglichkeit, ein Mosaik verschiedenster Habitatstrukturen zu durchmustern, so daß die Chance zur Auffindung der besten Plätze in einem Gebiet groß ist. Erinnert sei an saisonalen Habitatwechsel zwischen Nahrungs- und Überwinterungsplätzen. Viele Coccinelliden präferieren die Krautschicht offener Biotope während der Vermehrungsphase (auch Feldkulturen) und suchen zur Diapause die Bodenstreu von Waldrändern auf. Bei niedriger Populationsdichte und damit verbunden geringer Konkurrenz wird nur der am besten

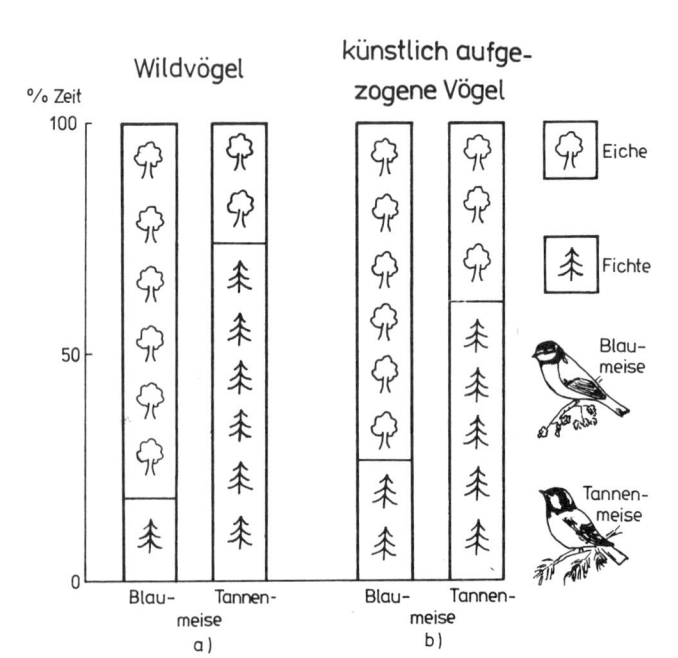

Abb. 5.12. Bevorzugung von Nistmaterial bestimmter Herkunft (Eiche, Fichte) durch Blau- und Tannenmeise *(Parus coerulescens, P. ater)* unter natürlichen Bedingungen (a) und bei künstlicher Aufzucht (b). Nach KREBS und DAVIES 1978.

geeignete Lebensraum, das Vorzugshabitat, besiedelt. Der Umweltausschnitt, in dem die Population anzutreffen ist, wird also kleiner, die Konturen des Habitats treten schärfer hervor als bei hoher Siedlungsdichte, wenn ein Teil der Tiere zum Ausweichen auf suboptimale Lebensräume gezwungen ist (Abb. 5.12.).

Gut dokumentiert ist das für den Braunen Lemming *(Lemmus terimucrenatus)* in Alaska, der in Spitzenjahren der Vermehrung in terrestrischen Lebensräumen vorkommt, die er sonst nie besiedelt (PITELKA 1973).

5.3.1.4. Evolution sozialer Organisationsformen

Tierarten mit differenzierten Sozialstrukturen (verschiedene Gamie-Formen, Familien, Herden, Trupps u. a., soziale Insekten) sind im Verlaufe der Evolution in den verschiedensten Tiergruppen entstanden. Die Frage nach den Ansatzpunkten der Evolution für das Herausbilden sozialer Verhaltensweisen ist lange Zeit wenig beachtet worden. Die theoretische Begründung der „**Soziobiologie**" durch WILSON (1975) als interdisziplinäres Wissenschaftsgebiet, das Ethologie, Populationsökologie und Evolutionstheorie verbindet, hat einen grundsätzlichen Wandel bewirkt. Dabei ist die Frage nach der evolutiven Bedeutung, die dem Fortpflanzungserfolg des Individuums (**Eignung = individual fitness**) und dem sozialer Gruppen (**Gesamteignung = inclusive fitness**) beizumessen ist, in den Vordergrund getreten. Es geht um folgende Fragen:

Unter welchen Bedingungen ist es vorteilhaft, monogam oder polygam zu sein; wieviel elterliche Fürsorge kann ohne Schaden für das Individuum und seine Eignung, also unter Einbeziehung sämtlicher theoretisch möglicher Nachkommen, für die Jungen aufgebracht werden; wie lange ist der elterliche Kontakt mit den Jungen vorteilhaft für beide Seiten, welche Ursachen begünstigen die verschiedenen Kontaktformen zwischen den Partnern bei der Jungenaufzucht (z. B. lebenslängliche Bindungen bei Säugetieren in Form ausgeprägter Mutter-Kind-Beziehungen, Jahresehen bei Vögeln, Ehelosigkeit)?

Zu untersuchen sind auch die evolutiven Konsequenzen der mit dem Sozialleben verbundenen Nachteile: Zunehmende Konkurrenz um Ressourcen und Geschlechtspartner in Sozialverbänden, zunehmende Ansteckungsgefahr bei Krankheiten und Parasitenübertragung, zunehmende Anfälligkeit.

Erhebliche Konsequenzen hat die Auffassung, daß die Evolution in sozialen Systemen gleichermaßen individuell vorteilhafte (eigennützige) und altruistische Komponenten begünstigt. Die „eigennützigen" Komponenten vergrößern die individuelle Fitness, die altruistischen die Gesamtfitness.

Die meisten Modelle biologischer Evolution gehen davon aus, daß die Überlebenschancen adulter Tiere negativ rückgekoppelt sind mit der Reproduktion und folglich die gegenwärtige Reproduktionsmöglichkeit die künftige Fruchtbarkeit herabsetzt. Es gibt jedoch Indizien- und Direktbeweise dafür, daß die Fortpflanzung das Mortalitätsrisiko erhöht. Ein Indizienbeweis ist die negative Korrelation jährlicher Fruchtbarkeit mit der Lebenserwartung bei tropischen Nagetieren.

Genetischer Polymorphismus ist eine Grundvoraussetzung für die von MAYNARD-SMITH und PRICE (1973) entwickelte **Theorie der evolutionsstabilen Strategien** (evolutionarily stabilized strategies). Dabei wird davon ausgegangen, daß die Evolution ein bestimmtes Mischverhältnis polymorpher Formen (insbesondere im Verhalten) begünstigt. In einer Population, in der es üblich ist, daß um die Weibchen gekämpft wird, sind neben Männchen, die unter Einhaltung einer bestimmten Regel kämpfen, auch solche vorhanden, die das nicht tun. Evolution zeigt sich in der Änderung des Mischverhältnisses polymorpher Typen.

5.3.2. Selektionsstrategien bei pflanzlichen Populationen

In Wachstumsverläufen von pflanzlichen Populationen, die theoretisch gesehen dem K- bzw. r-Typ angenähert verlaufen (vgl. Kap. 5.3.1.2.), spiegeln sich ökologische Verhaltensmuster wider, die für die ontogenetische Strategie der einzelnen Arten in spezifischen Zönosen Bedeutung besitzen.

Ein Populationswachstum auf der Basis exponentieller Wachstumsraten (r-Strategen) setzt voraus, daß während der Phase exponentiellen Wachstums weder primär durch abiotische Ressourcenlimitierung, noch sekundär durch interspezifische Konkurrenz oder Predation das Wachstum der Population eingeschränkt wird. Der Typ der r-Strategen entspräche somit dem Verhalten von Arten mit kurzer Lebenserwartung und gleichzeitig hoher Reproduktionsrate.

Demgegenüber kennzeichnet das Wachstum von Populationen mit logistischen Zuwachsraten (K-Strategen) Bedingungen eingeschränkter Ressourcenverfügbarkeit und gleichzeitig starker biotischer Interferenzen. Die diesem Typ zuzurechnenden Vertreter besitzen eine hohe individuelle Lebenserwartung und eine geringe Umwandlungsrate assimilierter Stoffe für reproduktive Prozesse.

Eine Analyse ontogenetischer Entwicklungsabläufe bei pflanzlichen Organismen auf ihre mögliche Zugehörigkeit zur Gruppe der r- oder K-Strategen macht deutlich, daß eine derartige Zuordnung nur bedingt durchführbar ist bzw. sinnvoll erscheint. Vielfach lassen sich jedoch Entwicklungsphasen während der Populationsentwicklung abgrenzen, die in ihrem Verlauf dem r- oder K-Typ entsprechen.

Über die Theorie der r- und K-Selektion hinausführende Ansätze zu einem vertieften Verständnis der Wachstums- und Entwicklungsabläufe pflanzlicher Populationen bietet die von GRIME (1977, 1979) entwickelte Theorie der C-, S- und R-Selektion. Danach haben die beiden wachstumsbegrenzenden Faktorenkomplexe Streß (über die Verringerung der Stoffproduktion) und Störung (natürlich wie anthropogen) im Verlaufe der Evolution zur Entwicklung von Optimierungsstrategien geführt, die sich als 3 Grundtypen darstellen, zwischen denen es jedoch Übergänge gibt.

- **C- (competitive-)Selektion:** kennzeichnet Arten hoher Anpassungsfähigkeit an Lebensbedingungen mit zyklisch ausbalancierter, aber nicht erweiterungsfähiger Möglichkeit der abiotischen Ressourcennutzung an Standorten mit geringen Störungen.
  S- (stress-tolerant-)Selektion: hat zu einer Einschränkung der vegetativen wie reproduktiven Entwicklung geführt und ist charakteristisch für Arten an Standorten mit ständig geringem bzw. einseitigem abiotischem Ressourcenangebot.
- **R- (ruderal-)Selektion:** ist bezeichnend für stark und häufig gestörte Standorte mit oft günstigem abiotischem Ressourcenangebot. Hat zur Entwicklung von Arten mit kurzem (annuellem) Lebenszyklus und hoher Reproduktionsrate geführt.

Ein Vergleich der beiden Selektionstheorien macht folgendes deutlich (GRIME 1979): Betrachtet man, wie heute vielfach diskutiert, den Typ der r- bzw. K-Selektion als die extremen Positionen eines zwischen beiden bestehenden Kontinuums, so ergeben sich angenähert Positionen zwischen dem Typ der r- und R-Selektion einerseits und der K- bzw. S-Selektion andererseits (vgl. Abb. 5.13.). Dabei sind K- und S-Selektion ökologisch gesehen wiederum nur bedingt vergleichbar. Zwei kritische Abschnitte dieses Kontinuums bilden die Überschneidungsbereiche der Amplituden zwischen R- und C- bzw. C- und S-Strategen). Im Schnittbereich R/C nimmt die Intensität der Störungen ab, wodurch sich störungsempfindliche C-Strategen zunehmend durchsetzen können. Im Schnittbereich C/S sinkt die Ressourcenversorgung unter das zur Erhaltung hoher Raten des Stofftransfers bei Perennen erforderliche Niveau so weit ab, daß S-Strategen mit geringeren Ansprüchen begünstigt werden.

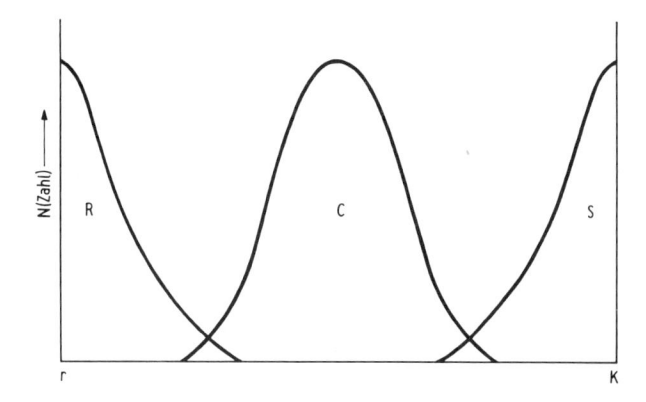

Abb. 5.13. Beziehungen zwischen r- und K-Selektion und R-, C- und S-Strategien. Nach GRIME 1979.

Beide Selektionskonzepte dienen gegenwärtig als Grundlage für die Ableitung bzw. Interpretation allgemeiner populationsökologischer Entwicklungsstrategien. Ihre diesbezügliche arbeitshypothetische Bedeutung ist unbestritten, jedoch können beide Konzeptionen, auf den Einzelfall angewendet, nicht immer befriedigen und bedürfen vor weiterer Verallgemeinerung noch entsprechender experimenteller Untermauerung. Welche differenzierten Zuordnungen sich selbst innerhalb engster Verwandtschaftskreise ergeben, habt eine Reihe neuerer Untersuchungen gezeigt. So fand MEERTS (1988) innerhalb der Art *Polygonum aviculare* klar abzugrenzende Formen, die einerseits dem Typ des ruderal-competitiven Strategen wie andererseits solche, die dem stresstoleranten Ruderalstrategen entsprechen.

5.4. Strukturelle und funktionelle Elemente der Populationen

5.4.1. Elemente tierischer Populationen

Zur Beschreibung von Populationen dienen Parameter, die in verschiedener Weise geordnet werden können. SCHWERDTFEGER (1968) unterscheidet zwischen formalen und funktionellen Strukturelementen. Unter den ersteren werden solche verstanden, die bei einer momentanen Betrachtung der Population sichtbar werden (im wesentlichen biostatische Parameter), wie Größe, Dichte, Dispersion, Altersaufbau, Geschlechteranteil, Habitus, Gesundheitszustand. Die funktionellen Strukturelemente, wie Fruchtbarkeit und Sterblichkeit, werden in der Regel erst in einem längeren Zeitraum sichtbar. Im folgenden werden Populationen im Sinne von STUGREN (1986) als gegliederte Systeme (Populationsstruktur) und als sich in der Zeit verändernde Größen (Populationsdynamik) beschrieben. Gegenstand der Populationsstatik (Demographie) ist die quantitative Beschreibung der Population.

5.4.1.1. Populationsgröße (= Bestand)

Die Anzahl der Individuen zu einem definierten Zeitpunkt bildet die Populationsgröße. Nur in seltenen Fällen ist sie genau zu erfassen. Kann dies mit der Genauigkeit einer Volkszählung erfolgen, so spricht man vom **absoluten Bestand.** Im allgemeinen läßt sich aber die Zahl der Individuen nur über Stichproben und Schätzungen ermitteln **(relativer Bestand).**

Zur Ermittlung des relativen Bestandes wird ein breites Spektrum verschiedenster Methoden eingesetzt. Durch Zählungen und Schätzungen in Teilen des Areals oder im gesamten Verbreitungsgebiet, durch Erfassungen mit Flugzeugen, Linientaxierungen und anderen der Biologie der einzelnen Arten angepaßten Methoden gelingt es, mehr oder minder genaue Angaben über Bestandsgrößen zu gewinnen.

Als individuenreichste Tiergruppe gelten die Ruderfußkrebse (Copepoda). Ihr Gesamtbestand wird auf 10^{18} Individuen geschätzt. Für die Insekten werden 10^{12} Individuen angenommen. In diesen Tiergruppen sind auch die individuenreichsten Populationen zu erwarten.

Die kleinsten Populationen sind bei Wirbeltieren zu finden. Manche vom Aussterben bedrohte Art existiert nur noch in Individuenzahlen von 10 – 100.

5.4.1.2. Populationsdichte (Abundanz)

Als Populationsdichte (Abundanz, Siedlungsdichte, Bestandsdichte, Deckungsgrad) wird die Individuenzahl, auf eine räumliche Bezugseinheit berechnet, angesehen. Sie ist ökologisch bedeutsamer als die Populationsgröße, weil aus ihr auf die Beanspruchung des Habitats durch die Population geschlossen werden kann. Die reale Populationsdichte ist im allgemeinen nur schwer zu bestimmen. Man ist in den meisten Fällen von den Fehlern der verwendeten Methoden abhängig und erhält eine **relative** oder **apparente Abundanz.**

Bei der Ermittlung der Populationsdichte wird abhängig von der Lebensweise, Größe und Häufigkeit der zu untersuchenden Tierart sowie der Beschaffenheit des Lebensraumes und dem Ziel der Untersuchung sehr verschieden vorgegangen.

In den letzten Jahrzehnten wurde verstärkt versucht, zu einer gewissen Vereinheitlichung der Methoden von Abundanzbestimmungen zu gelangen. Das gilt insbesondere für die vielen quantitativen Untersuchungen über Kleinsäuger- und Vogelbestände sowie Bodenoberflächenfauna und Plankton. In vielen Arbeiten wird die Dichte auf die Größe des Gesamtareals bezogen, ohne Berücksichtigung der in diesem Gebiet für die betreffenden Populationen nutzbaren Habitatflächen (**„Rohdichte" = crude density**).

Angaben dieser Art sind besonders bei Arten mit spezifischen Ansprüchen an den Lebensraum (Wasservögel im Schilfgürtel, Bewohner von Baumreihen, Alleen) und Koloniebrütern wenig aussagekräftig. Besser ist die Bestimmung der **„Nutzflächendichte" (utilized area density)**, das heißt der Berechnung auf das Teilareal, das tatsächlich für die Population nutzbar ist. Seine Feststellung bereitet aber bei Arten mit großer Plastizität im Habitatanspruch Schwierigkeiten.

Da die Ergebnisse von Dichteuntersuchungen gewöhnlich das Ausgangsmaterial für weiterführende ökologische Überlegungen und Untersuchungen sind, kommt der Verläßlichkeit und der realen Einschätzung der Aussagekraft dieser Werte beträchtliche Bedeutung zu. Es ist notwendig, beginnend mit der Bestimmung der erforderlichen Stichprobenumfänge, die Zuverlässigkeit der ermittelten Angaben zu überprüfen. Innerhalb der gleichen Tierpopulation können sehr unterschiedliche Dichten angetroffen werden.

Siedlungsuntersuchungen im Zentrum des Areals der Population ergeben in der Regel höhere Werte als an der Peripherie. Dies ist darin begründet, daß sich die Daseinsbedingungen für die Population zum Grenzbereich des Verbreitungsgebietes hin verschlechtern und meist allmählich auslaufen. Viele Populationen lösen sich am Rande des Verbreitungsgebietes mosaikartig auf, scharfe Grenzziehungen sind selten.

Jede Tierpopulation kann nur in einem begrenzten Ausschnitt ihrer Umwelt existieren. Die Lebensstätte der Population wird als **Habitat** bezeichnet (vgl. 1.1.). Die Charakterisierung des Habitats als Wohnplatz (bei Arthropoden auch Fund- oder Sammelplatz) im Sinne der ökologischen „Anschrift" wird im Schrifttum leider unterschiedlich, vielfach willkürlich gehandhabt. Das gilt insbesondere für die Ausführlichkeit und Genauigkeit, mit der geomorphologische, vegetationskundliche und strukturelle Merkmale dargestellt sind. FRIESE et al. (1973) haben versucht, die wichtigsten in Deutschland vorkommenden Habitate in Form eines Kataloges zusammenzustellen.

Selbst in einheitlich erscheinenden Habitaten schwanken Siedlungsdichteangaben beträchtlich. Bedeutungsvoll dürften z. B. in Wäldern Unterschiede sein, wie Alter des Bestandes, das Fehlen oder Vorhandensein und die Beschaffenheit einer Kraut- und

Strauchschicht, die Feuchtigkeit des Standortes, das Eingesprengtsein von anderen Laubgehölzen, die Art der forstlichen Pflege, das Vorhandensein von Predatoren.

Bei der Analyse der Abundanzwerte wird außerdem sichtbar, daß diese auch innerhalb einheitlich (homonom) erscheinender Lebensräume beträchtlich schwanken. Die Ursachen dafür können in der zeitlichen Dynamik der Population liegen, jedoch auch darin begründet sein, daß die jeweils untersuchten Flächen qualitativ nicht hinreichend genau definiert wurden.

Es ist deshalb schwierig, aus lokalen Populationsdichte-Bestimmungen selbst bei guter statistischer Sicherung des Befundes auf die Bestandsgrößen eines größeren Gebietes zu schließen. Sind die Habitatansprüche einer Population variabel, werden hohe Dichten dort erreicht, wo die Habitatansprüche optimal realisiert sind. Bei Arten mit breitem Habitatspektrum ist deshalb mit einer gleitenden Skala, beginnend bei hohen Siedlungsdichten im Vorzugshabitat bis hin zu geringen in suboptimalen Habitat zu rechnen. Von Bedeutung für die Dichte ist auch die Stellung der Population in der Trophieebene (Abb. 5.14.).

Als Beispiel für Populationsdichten kann uns die folgende Übersicht dienen (nach DUNGER 1984). Die erste Zahl gibt einen Durchschnittswert an, die zweite zeigt die Größenordnung im für die jeweilige Gruppe optimalen Habitat.

	Individuen/m^2	g Frischgewicht/m^2
Mikroflora	$10^{10} - 10^{14}$	300 – 3000
Bakterien	$10^{11} - 10^{14}$	60 – 700
Aktinomyzeten	$10^8 - 10^{10}$	50 – 500
Pilze	$10^6 - 10^{10}$	170 – 1700
Algen	$10^8 - 10^{10}$	20 – 300
Mikrofauna	$10^8 - 10^{10}$	10 – 200
Flagellaten	$10^8 - 10^{10}$	
Rhizopoden	$10^7 - 10^9$	5 – 150
Ciliaten	$10^5 - 10^6$	
Rotatorien	$10^4 - 10^6$	5 – 50
Nematoden	$10^6 - 10^8$	
Mesofauna	$10^4 - 10^6$	6 – 60
Milben	$10^4 - 10^5$	1 – 8
Apterygoten	$10^4 - 10^5$	
Enchytraeiden	$10^4 - 10^5$	5 – 50
Makrofauna	$10^2 - 10^4$	30 – 300
Lumbriciden	$10^1 - 10^2$	20 – 200
Arthropoden	$10^1 - 10^3$	10 – 70
Gastropoden	$10^1 - 10^2$	1 – 3
Megafauna	$10^{-3} - 10^{-2}$	0,1 – 10

5.4.1.3. Verteilung der Individuen im Raum (Dispersion)

Unter Dispersion versteht man die Verteilung der Individuen einer Population im Raum bzw. auf einer Fläche. Eine völlig gleichförmige Verteilung (**äquale Dispersion**) kommt in der Natur kaum vor. Weit verbreitet sind **inäquale Dispersionen** (Abb. 5.15.). Stellt man sich die Untersuchungsfläche in gleichgroße Teilflächen untergliedert vor, so würde eine Normalverteilung der Abundanzen im Sinne einer Gaußkurve für diesen Dispersionstyp charakteristisch sein. Bedingt durch die Konzentration von Nährstoffen, Wasser, Requisiten u. a. oder durch die Wirksamkeit von Pheromonen wird eine besonders starke Konzentration der Individuen auf bestimmten Teilflächen erzielt, die den **kumularen** bzw. **insularen Dispersionstyp** kennzeichnet. Außerdem kann die Verteilung zufällig sein (Poissonvertei-

232   5. Ökologie von Populationen

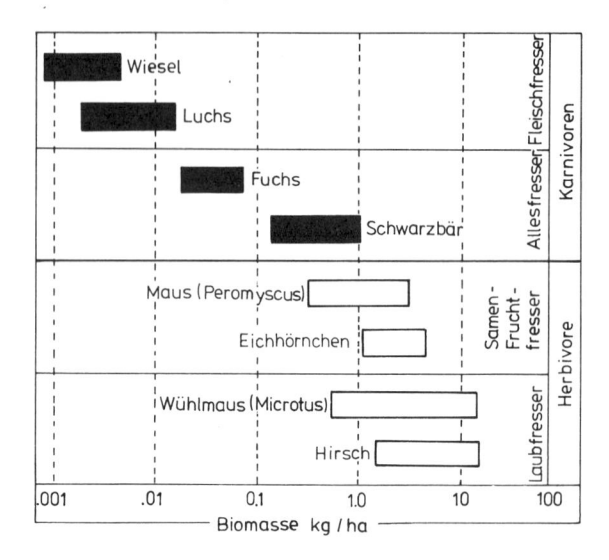

Abb. 5.14. Populationsdichte (Biomasse in kg/ha) von verschiedenen Säugetierarten in bevorzugten Habitaten. Die Arten sind nach den Trophiestufen und innerhalb dieser nach der Größe der Individuen eingeordnet. Aus ODUM 1983, geändert.

lung). Neben den genannten Verteilungsmustern scheint vor allem für Kulturflächen eine Konzentration der Individuen an den Rändern (Randeffekt) besonders häufig vorzukommen. Die Kenntnis der Dispersion kann u. a. für Maßnahmen der Schädlingsbekämpfung genutzt werden, indem statt einer Großflächenbehandlung lediglich eine Feldrand- oder Teilflächenapplikation erfolgt (vgl. 9.1.2.2.2.).

Insbesondere der insulare Dispersionstyp weist auf Schwierigkeiten bei der Abgrenzung von Populationen hin. Bei den inselartig konzentrierten Populationsteilen kann es sich um „Mikropopulationen" handeln (vgl. 2.4.1.), die mitunter wohl als Populationen in statu nascendi angesehen werden müssen. Sie sind gelegentlich morphologisch oder auch physiologisch von ihren Nachbarn abgrenzbar.

Die Dispersion ist schließlich auch abhängig von der Mobilität der Art. Diese kann z. B. tageszeitabhängig sein, etwa bei einer Brachfliege *(Phorbia coarctata)*, die Maximalwerte etwa um 8^{00} und 18^{00} erreicht, um 12^{00} aber ein ausgesprochenes Mobilitätsminimum besitzt.

In Überschwemmungsgebieten, in denen die Löffel- und Spießenten (*Spatula clypeata* und *Anas acuta*) hohe Brutdichten aufweisen, ergibt sich die ungleiche Verteilung aus dem Geländeprofil. Brutmöglichkeiten sind nur dort gegeben, wo Geländepartien inselartig aus dem Wasser hervorragen. Dort kommt es dann selbst bei Arten, die ansonsten in lockerer Verteilung brüten, zu kolonieartigen Anhäufungen.

Schaben *(Blattella germanica)* verteilen sich gruppenweise gehäuft, wobei der Zusammenhalt innerhalb der Gruppen durch ein Aggregationspheromon gewährleistet wird (ISHII und KUWAHARA 1967). Freigelassene Einzeltiere schließen sich den nächstgelegenen Aggregationen an (METZGER und HÄNISCH 1979). Pheromone sind z. B. auch für die Verteilungsmuster der Fraß- und Entwicklungssysteme von Borkenkäfern (Scolytidae) verantwortlich.

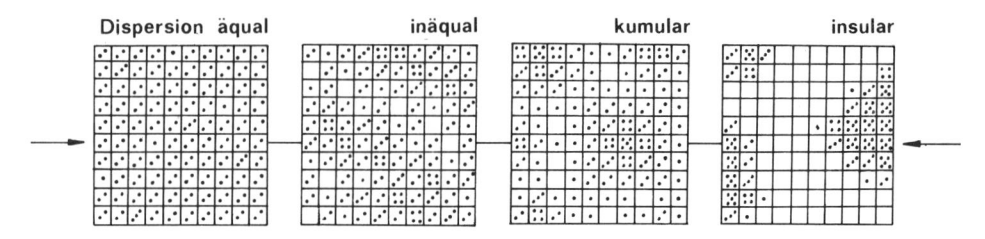

Abb. 5.15. Schematische Darstellung für äquale, inäquale, kumulare und insulare Dispersion (von links nach rechts). Nach SCHWERDTFEGER 1978.

5.4. Strukturelle und funktionelle Elemente der Populationen

Ist der Lebensraum gleichmäßig strukturiert, das heißt, werden der Art die Lebensansprüche im Areal in gleicher Weise geboten, dann ist eine annähernd kontinuierliche Verteilung zu erwarten, falls nicht z. B. Besonderheiten der Lebensweise, etwa Koloniebildung (z. B. Ameisen) oder das Anlegen von Überwinterungsgemeinschaften (einige Marienkäferarten) dem entgegenstehen.

Viele Tiere begrenzen ihr Aufenthaltsgebiet durch ihr Verhalten als Revier, das von Artgenossen respektiert wird. Das Revier ist ein Raum-Zeit-System, in dem die Aktivitäten des Inhabers ablaufen. Die Begrenzung kann mit chemischen Substanzen (z. B. Duftmarken bei Säugetieren) oder durch das Verhalten (Aggressivität) erfolgen. Gut untersucht ist die Revierbildung bei Singvögeln. Zu Beginn der Fortpflanzungszeit nehmen die Brutpaare einen bestimmten Ausschnitt des Lebensraumes „in Besitz", was am Verhalten gegenüber Artgenossen erkennbar wird, die in das Brutrevier eindringen. Die Bildung von Brutrevieren ist als Schutz gegen Übervölkerung aufzufassen, wenn diese zugleich gänzlich oder teilweise Nahrungsreviere sind, wie das für viele Singvögel zutrifft (RUTSCHKE 1986). In diesen Fällen wird durch die Unduldsamkeit gegenüber Artgenossen erreicht, daß der hohe Nahrungsbedarf zur Zeit der Jungenaufzucht in Nestnähe und ohne innerartliche Konkurrenz gedeckt werden kann. Revierbildung gibt es auch bei wirbellosen Tieren, z. B. Libellen, verschiedenen Laubheuschrecken (Ensifera), höheren Krebsen. Die Männchen mancher Großlibellenarten (Anisoptera) und einiger Kleinlibellenarten (Zygoptera) bilden zur Fortpflanzungszeit ein Revier, das sie gegen Rivalen verteidigen. Die Reviergröße ist in Abhängigkeit von der Populationsdichte je nach Art verschieden. Auch bei den Grillen (z. B. Feldgrille, *Gryllus campestris*) gibt es Revierverhalten. Die röhrenbesitzenden Männchen können durch einen schrillen „Warngesang" ein zulaufendes anderes Männchen vertreiben. Mitunter wird auch ein Kampf aufgenommen, der von einem spezifischen „Rivalengesang" begleitet wird.

Die Zuordnung eines Nahrungsreviers zum Nestrevier ist nicht zwangsläufig, wie die Koloniebrüter zeigen. Das Nahrungsangebot bzw. die Spezialisierung auf eine bestimmte Nahrung sind von entscheidender Bedeutung für die Evolution in Richtung auf Kolonie- oder Einzelbrut mit zugeordnetem Nahrungsrevier. Koloniebrüter legen gewöhnlich dort ihre Kolonie an, wo ein Überangebot an Nahrung besteht. So leben die Bewohner der nach Zehntausenden zählenden Kolonien von Kormoranen u. a. Guanovögeln auf den Galapagos-Inseln vom Überangebot an Kleinfischen im kalten Humboldt-Strom.

Auf den Zusammenhang zwischen Reviergröße und Nahrungsangebot wird häufig hingewiesen (Lit. bei HAARTMANN in FARNER u. KING 1971) (Abb. 5.16. u. 5.17.). Buchfinken *(Fringilla coelebs)* besiedeln nahrungsarme Nadelwälder in viel geringerer Dichte als nahrungsreiche (Abb. 5.18.).

Reviere sind nicht nur in der Größe variabel, sie sind auch gestaltlich äußerst verschieden. Jährlich erfolgt die Neuaufteilung des Gebietes, wobei sich in Abhängigkeit von der sich einstellenden Dichte und dem Individualverhalten drastische Verschiebungen ergeben können.

Die territoriale Aufgliederung eines Biotops bleibt gewöhnlich nur während einer Brutperiode bestehen. In aufeinanderfolgenden Jahren kann die Reviergliederung sehr verschieden sein (Abb. 5.19.). Dafür kommen mindestens 3 Ursachen in Frage: Veränderung in der Struktur (Requisitenangebot) des Biotops, Zunahme oder Abnahme der Population und unterschiedliches Individualverhalten der revierverteidigenden Männchen. Nicht anwendbar sind diese Regeln für sozial lebende Tiere, etwa staatenbildende Insekten, kommensale Insekten, Koloniebrüter- und -siedler sowie Herdentiere. In Vogelkolonien (Möwen, Lummen, Sturmvögel, Seeschwalben, Pinguine) stehen die Nester häufig so dicht, daß sich die Partner berühren können. Der prinzipielle Unterschied zwischen Nestrevier und Brutrevier besteht nicht in den sicher auffälligen Größenunterschieden, sondern in der Doppelfunktion von Brut- und Nahrungsrevier bei Singvögeln, die bei Nestrevieren von Koloniebrütern fehlt.

Nicht völlig identisch mit dem Revierbegriff ist der Begriff **Aktionsraum (home range)**. Nach REICHSTEIN (1960) ist unter Aktionsraum das von einem Individuum zur Ernährung und Fortpflanzung regelmäßig genutzte Gebiet zu sehen. Bei der Feldmaus *(Microtus arvalis)* ist der Aktionsraum bei den fortpflanzungsfähigen ♂♂ weitaus größer als bei den ♀♀. Mit dem Eintritt der Fertilität wird der Aktionsraum der ♂♂ als Folge der Abwanderung erheblich verlagert. Später wird an dem gewählten Gebiet mit großer Zähigkeit festgehalten. Geschlechtsreife ♂♂ sind im gleichen Gebiet unverträglich, und der Schwächere wird im Verlaufe der Sexualperiode vertrieben. Intrapopulare Unverträglichkeit und damit verbundene Individualdistanzen sind vor allem auf die Fortpflanzungszeit konzentriert. Nur

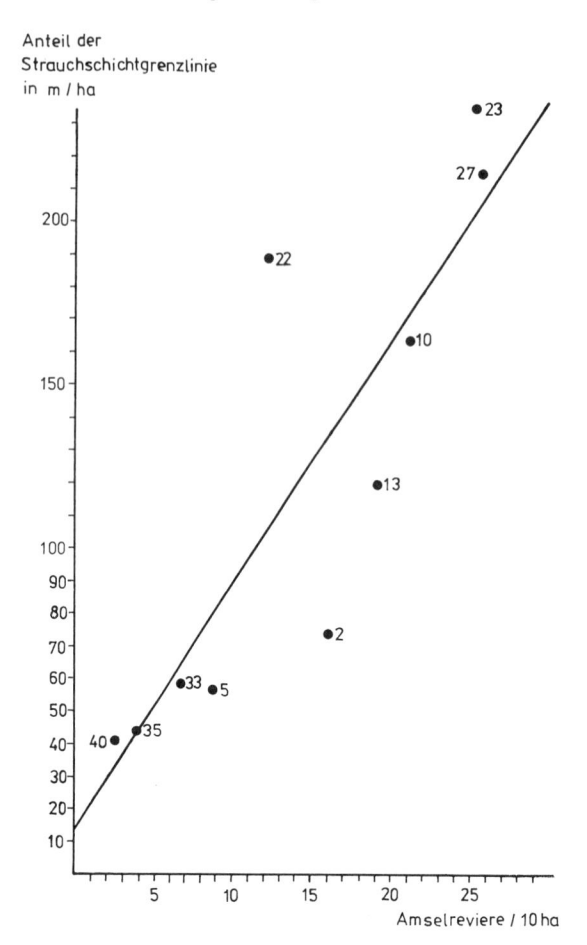

Abb. 5.16. Beziehungen zwischen Revierdichte und Habitatbeschaffenheit bei der Amsel *(Turdus merula)*. (Die Revierdichte ist bezogen auf die im Habitat vorhandenen Grenzlinien zwischen Kraut- und Strauchschicht.) Nach Mulsow 1980.

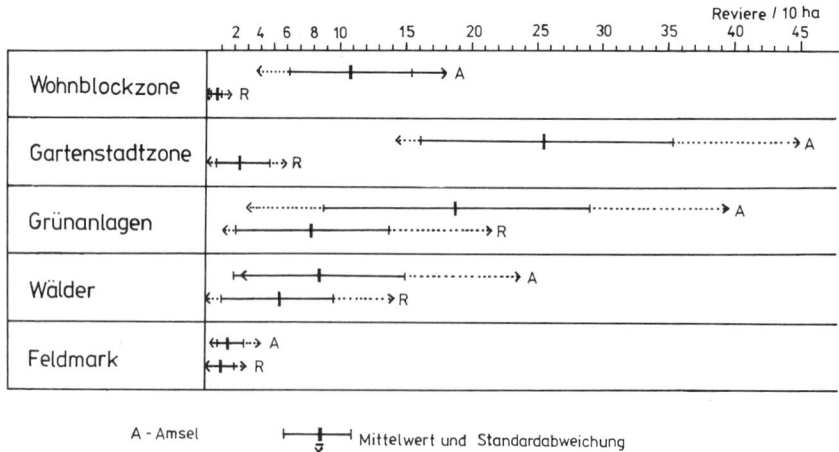

Abb. 5.17. Siedlungsdichten der Amsel *(Turdus merula)* und der Ringeltaube *(Columba palumbus)* in verschiedenen Lebensräumen: Raum Hamburg. Nach Mulsow 1980.

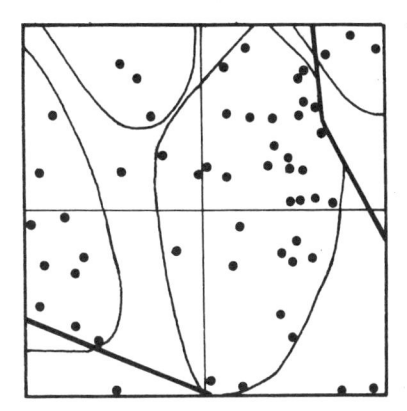

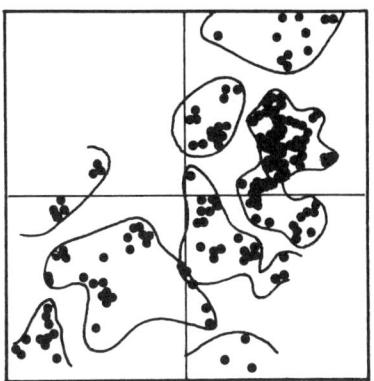

Abb. 5.18. Größe und Form von Brutrevieren des Buchfinken *(Fringilla coelebs)* in verschiedenen Waldtypen. Nach FARNER und KING 1971.

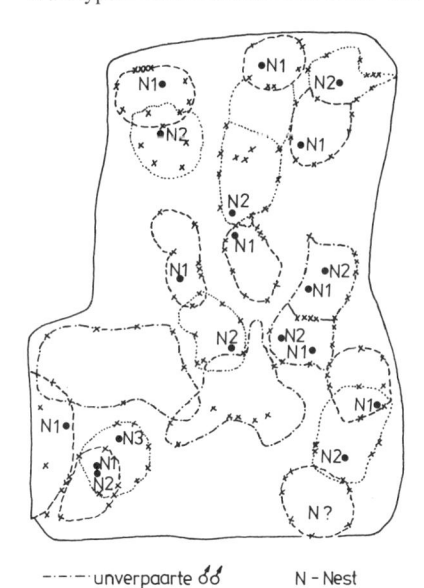

Abb. 5.19. Revierverteilung des Weidenlaubsängers *(Phylloscopus trochilus)* auf dem Stadtfriedhof Weißenfels 1974 für die erste (N1) und zweite Brut (N2). X Singwarten der ♂♂; N? unverpaartes ♂. Nach SCHÖNFELD 1978.

---- unverpaarte ♂♂   N - Nest

bei Tieren, die stabile Sozialstrukturen aufbauen, bleiben solche Distanzen ständig erhalten. Das gilt vor allem für Säugetiere mit oft kompliziertem Rangordnungsverhalten.

Singvögel, die während der Brutzeit territorial leben und keine Kontakte zu Artgenossen unterhalten, finden sich nach der Brutzeit in Schwärmen zusammen. Im Winter nächtigen Meisen in Meisenkästen und an anderen geeigneten Stellen gesellig, wobei sich die Tiere dicht aneinanderdrängen. Fledermäuse finden sich in Überwinterungsgebieten in Trauben zusammen, die nach Tausenden zählen können. Auch manche Insektenarten überwintern gemeinschaftlich; besonders bekannt ist dies von Marienkäfern, z. B. *Semiadalia undecimnotata* (Mitteleuropa) oder *Hippodamia convergens* (Nordamerika).

5.4.1.4. Altersstruktur (Ätilität)

Unter Ätilität wird der Altersaufbau einer Population verstanden. Die annähernd gleich alten und in gleichem physiologischen Zustand befindlichen Individuen bilden Altersklassen. Jedes Individuum durchläuft während seines Lebens verschiedene Perioden. Vielfach werden unterschieden: **Entwicklungsperiode** (von der Befruchtung bis zur sexuellen Reife = **präreproduktiv**), **Fortpflanzungsperiode (reproduktiv)** und **Seneszenzperiode (postreproduktiv)**. Nur bei wenigen Wirbeltieren existiert eine nennenswerte postreproduktive Phase. Vor allem Insekten und andere Arthropoden haben stark verlängerte präreproduktive Perioden, an die sich mitunter eine sehr kurze reproduktive Zeit anschließt; postreproduktive Spannen existieren kaum. Als extremes Beispiel kann die Eintagsfliege *Palingenia longicauda* genannt werden, deren präreproduktive Phase 3 Jahre, die reproduktive Phase 3 Stunden, also nur 0,01% der Gesamtlebensdauer beträgt.

Für den Altersaufbau einer Population ist es entscheidend, ob zum Zeitpunkt der Erfassung nur eine Generation vorhanden ist **(uniätile Population)** oder ob mehrere Generationen nebeneinander leben **(pluriätile Population)**. Der erste Fall ist für viele Insektenarten typisch (univoltine Coleoptera, Lepidoptera). Bei den pluriätilen Populationen sind die Fortpflanzungszeiten saisonal oder nichtsaisonal fixiert. Im ersteren Fall ergibt sich ein stufiger Altersaufbau, im anderen ein fließender. Insekten mit saisonal fixierter einmaliger Fortpflanzung sind relativ häufig. Angeführt werden können verschiedene Blatthornkäfer, Bockkäfer u. a. (z. B. Maikäfer, Eichenbock). Vorratsschädlinge unter den Insekten haben dagegen oft keine saisonal fixierte Fortpflanzungszeit, z. B. die Mehlmotte (*Ephestia kuehniella*). Viele Wirbeltiere (mehrmalige Fortpflanzung) weisen eine saisonal fixierte Fortpflanzungszeit auf. Nur bei einigen Säugetieren, auch dem Menschen, ist die Fortpflanzungszeit nicht saisonal fixiert.

Für die Ätilität spielt die Lebensdauer eine nicht unerhebliche Rolle. Man unterscheidet eine physiologische von einer ökologischen Lebensdauer. Die **physiologische Lebensdauer**

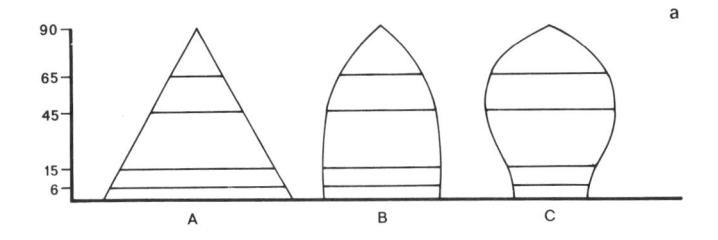

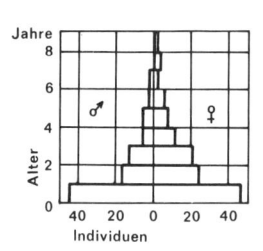

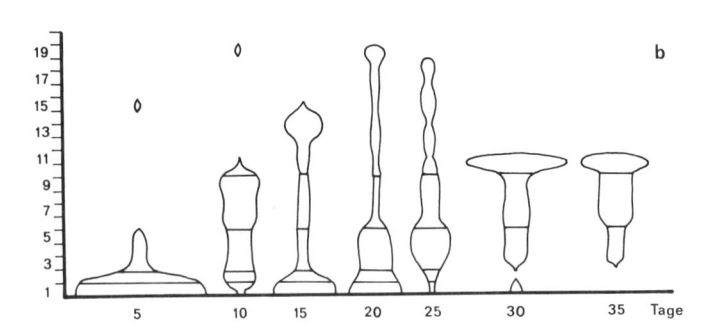

Abb. 5.20. Altersaufbau von Populationen.
Oben: A = zunehmende Bevölkerung; B = stabile Bevölkerung; C = abnehmende Bevölkerung.
Unten: Entwicklung einer Kultur von *Drosophila melanogaster*. Nach BODENHEIMER 1942, aus KÜHNELT 1965.
Rechts oben: Alterspolygon einer Population des Rehs (*Capreolus capreolus*). Nach SCHWERDTFEGER 1978.

5.4. Strukturelle und funktionelle Elemente der Populationen 237

wird durch den Alterstod abgeschlossen und kommt in der Natur kaum vor. Wichtig ist die **ökologische Lebensdauer**, die von den Determinanten der Umwelt abhängig ist und aus der sich auch die **mittlere Lebensdauer** ergibt. Für ein Reh wird eine physiologische Lebensdauer von 15 Jahren, eine mittlere von 1,9 Jahren angegeben.

Die Darstellung der Altersverteilung kann in Form eines Polygons (Alterspyramide) erfolgen. Abb. 5.20. zeigt einige typische Fälle. Die unter aA dargestellte, auf breiter Basis fußende, sich steil verjüngende Alterspyramide ist typisch für Populationen, die sich im Wachstum befinden und einen hohen Anteil an juvenilen Individuen haben. Alterspolygone mit annähernd parallelen Seiten deuten auf eine stabile Population mit ausgeglichenem Verhältnis junger und alter Tiere hin (aB). Alterspolygone abnehmender Populationen sind im allgemeinen pilzförmig (aC).

Für Insekten sind andere Darstellungsweisen des Altersaufbaues günstiger, weil die jahreszeitlichen Veränderungen der Ätilität zum Ausdruck gebracht werden sollen, die bei diesen Tieren bekanntlich sehr erheblich sind. Abb. 5.21. bringt dafür ein Beispiel, und Abb. 5.22. stellt als Sonderfall die Ätilität eines Bienenvolkes im Jahreszyklus vor.

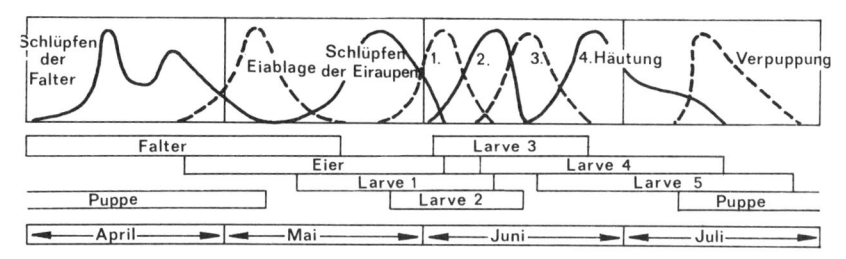

Abb. 5.21. Darstellung des Altersaufbaues und der Phänologie der Forleule *(Panolis flammea)*. Nach SCHWERDTFEGER 1978.

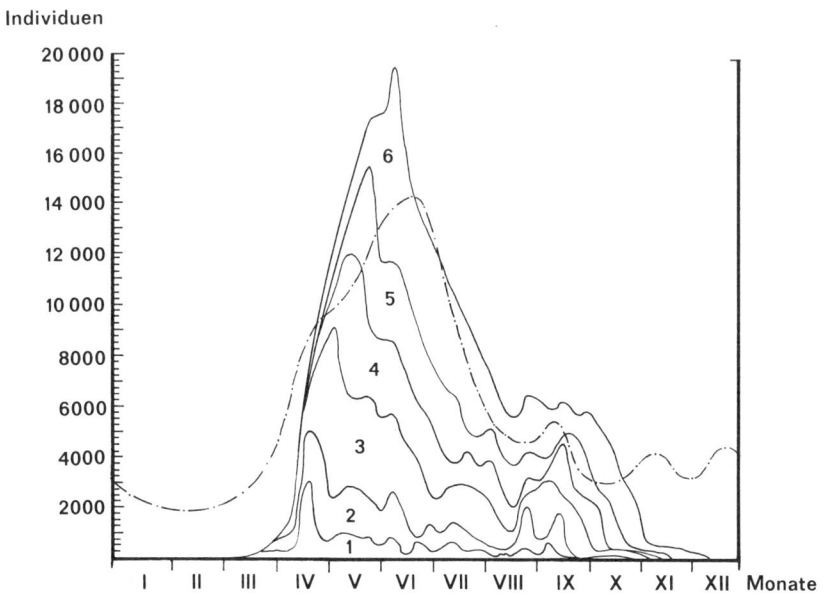

Abb. 5.22. Populationswachstum in einem Bienenstock, die gestrichelte Linie zeigt die Summe der Imagines. Nach BODENHEIMER 1942 aus KÜHNELT 1965.
1 = Eier; 2 = Larven; 3 = verschlossene Brut; 4 = Futterbienen; 5 = Stockbienen; 6 = Flugbienen.

5.4.1.5. Geschlechterstruktur

Die Geschlechterstruktur drückt das Zahlenverhältnis der Geschlechter bzw. den Anteil der Weibchen aus. Ein Sonderfall sind eingeschlechtige Populationen, die in jedem Fall als zeitlich begrenzt aufzufassen sind (Männchenverbände des Buchfinks oder Rothirschs). Handelt es sich um parthenogenetische (weibliche) Populationen, können diese entweder relativ kurzzeitig existieren (bei Heterogonie), wie dies für zahlreiche Blattlausarten während des Sommers bekannt ist, oder längere Zeit (verschiedene Coleoptera und Phasmatodea).

In den zweigeschlechtigen Populationen ist das Geschlechterverhältnis infolge der zygotischen Geschlechtsbestimmung normalerweise theoretisch 1:1. In realen Populationen findet man jedoch vielfach veränderte Verhältnisse, die ihre Ursache in geschlechtsverschiedener Sterblichkeit, in artspezifischer Fortpflanzungsweise (äußere Abhängigkeiten bei Metagenesis und Heterogonie), beeinflußbarer Geschlechtsbestimmung (z. B. der Anteil unbefruchteter Eier bei Hymenopteren), aber auch in unterschiedlicher Zu- bzw. Abwanderung haben. So kann man ein primäres, sekundäres und tertiäres Geschlechterverhältnis unterscheiden. Das **primäre Geschlechterverhältnis** ist das bei der Zygotenbildung (Konzeption) vorhandene. Für den Menschen wird es mit 125–170 angegeben. Das **Geschlechterverhältnis** bei der Geburt wird als **sekundäres** bezeichnet. Für die Bevölkerung der früheren DDR beträgt es 106,1. Als **tertiäres Geschlechterverhältnis** sieht man den nachgeburtlichen Zustand im Durchschnitt der Population an, für die Bevölkerung der früheren DDR 83,8.

Das Geschlechterverhältnis wird wie folgt berechnet:

$$\frac{\text{Männchen} \cdot 100}{\text{Weibchen}}$$

Werte um 100 deuten ein ausgewogenes Geschlechterverhältnis an, größere Zahlen weisen auf Männchenüberschuß hin, kleinere auf Weibchenüberschuß. Das Geschlechterverhältnis läßt sich auch durch den Sexualindex ausdrücken, der nach folgender Formel berechnet wird:

$$\frac{\text{Weibchen}}{\text{Männchen} + \text{Weibchen}}$$

Ein ausgeglichenes Geschlechterverhältnis liegt hier beim Wert 0,5; Männchenüberschuß unterhalb und Weibchenüberschuß oberhalb dieses Wertes. Einige Beispiele sind in Tabelle 5.3. aufgeführt.

Tabelle 5.3. Geschlechterverhältnis und Sexualindex (nach verschiedenen Autoren)

Art	Geschlechter- verhältnis	Sexual- index
Kiefernblattwespe *(Diprion pini)*	30	0,77
Fasan *(Phasianus colchicus)*	39	0,72
Reh *(Capreolus capreolus)*	61	0,62
Sandlaufkäfer *(Cicindela germanica)*	etwa 100	etwa 0,5
Maikäfer *(Melolontha melolontha)*	etwa 100	etwa 0,5
Kaninchen *(Oryctolagus cuniculus)*	etwa 100	etwa 0,5
Maulwurf *(Talpa europaea)*	127	0,44
Fuchs *(Vulpes vulpes)*	150	0,40
Kiefernspanner *(Bupalus piniarius)*	170	0,37

5.4.1.6. Soziale Struktur

In vielen tierischen Populationen leben die Individuen nicht beziehungslos nebeneinander, sondern ihre Lebensweise ist durch Bindungen an Artgenossen auf das Zusammenleben mit diesen abgestimmt. Diese Bindungen, die innerhalb der Population zu einem System sozialer Organisationen führen können, sind in Form und Funktion außerordentlich vielfältig. Hinzu kommt, daß sie sich vielfach während des Lebens (Individualzyklus) beträchtlich ändern.

In den letzten Jahrzehnten gewann die Erforschung der Funktion tierischer Sozialstrukturen sowie ihrer Dynamik zunehmende Bedeutung. Kenntnisse über Sozialstrukturen innerhalb der Population haben sich als unerläßlich für das Verständnis von Vorgängen, die die Population als Ganzes betreffen, erwiesen.

Bei festsitzenden, z. T. koloniebildenden Ciliaten, Coelenteraten (Aktinien), Bryozoen, Muscheln, Krebsen (Cirripedier) und Manteltieren (Ascidien) besteht zwischen den Individuen kein direkter Kontakt. Bei Tierstöcken sind Einzeltiere zwar funktionell miteinander verbunden (z. B. gibt es Differenzierungen und Arbeitsteilungen), und sie gehen bei vegetativer Vermehrung sogar auseinander hervor, dennoch kommunizieren sie nicht miteinander, und es fehlen auch direkte Kontakte anderer Art. Von sozialen Bindungen kann erst dann gesprochen werden, wenn Individuen zueinander in direkten Kontakt treten (zunächst wohl in vielen Fällen durch die Kopulation und Balz). Tiergruppen entstehen durch Sozialkontakt, der auf gegenseitiger Anziehung von Artgenossen beruht. Dabei ist es belanglos, ob das kurz- oder langdauernd der Fall ist oder eine kleine oder große Anzahl von Individuen betroffen ist. **Aggregationen** kommen durch sehr verschiedene Umweltgegebenheiten zustande (Zusammentreffen an der gleichen Tränke, Ansammlung in günstigem Nahrungsgebiet). Solche Anhäufungen sind mehr oder minder zufällig. Der Begriff Aggregation wird auch dann verwendet, wenn Ansammlungen durch intraspezifische Duftstoffe (Aggregationspheromone) hervorgerufen werden (Schaben und viele andere Insekten).

In **offenen Tiergesellschaften** sind die Gruppenmitglieder austauschbar und gehören nur zeitweilig zur Gruppe. Das Verhalten der Gruppe ändert sich nicht oder nur wenig, wenn neue Mitglieder hinzukommen oder ausscheiden. In geschlossenen Gruppen kennen sich die Mitglieder persönlich und zwischen ihnen bestehen vielfältige Beziehungen, die Austauschbarkeit weitgehend ausschließen. Gegenüber Artgenossen, die in andere Gruppen eingegliedert sind, herrscht Neutralität oder Aggressivität.

Schwärme und **Herden** sind weit verbreitete offene Tiergesellschaften, in denen der Verbleib des Individuums in der Gemeinschaft nicht obligatorisch ist. Als Schwärme (bei Articulaten, Fischen, Vögeln) werden gewöhnlich Häufungen von Individuen einer Art bezeichnet, es herrscht Anonymität. Herden (bei Säugetieren) können längerdauernd existieren, und es ist nicht selten, daß sich ein Teil der zur Herde vereinigten Individuen kennt. Die Mitglieder erkennen sich an überindividuellen Merkmalen. Bei Pekaris erzeugen die Gruppenmitglieder einen gruppenspezifischen Duft. Fremdlinge werden in die Gruppe aufgenommen, wenn sie durch experimentelle Behandlung mit dem gruppenspezifischen Duftstoff versehen werden. Bei der Ziegenantilope sondern die Klauendrüsen einen Duftstoff ab, der am Boden eine Duftspur hervorruft, die die Herde zusammenhält. Bei der Honigbiene *(Apis mellifera)* besitzt jedes Volk einen Eigenduft, der als Stockgeruch bezeichnet wird. Die Spezifität entsteht durch Duftkomponenten, die von den jeweils besuchten Blüten stammen.

Geschlossene Tiergesellschaften sind die Sozietäten der Insekten sowie Brutpaare und Familien bei Wirbeltieren. **Dauerhafte Paarbildungen** (Monogamie) sind selten. Nachgewiesen ist sie für einige Fledermäuse (WICKLER und UHRIG 1969), für die Krallenaffen

240   5. Ökologie von Populationen

(Callithricidae, EPPLE 1975), die Gibbons (CHIVERS 1972), den Biber *(Castor fiber)*, für einige Zwergantilopenarten (HENDRICHS 1972) und für Raubtiere, außerdem für verschiedene Vogelarten und sogar Insekten (bestimmte Blatthornkäfer). Häufiger sind polygame Lebensformen und die Bildung von **Harems**. Letztere kommen bei Affen, Nagetieren, Paarhufern und Unpaarhufern (auch Insekten, z. B. verschiedenen Borkenkäfern) vor. Dabei ist die Zahl der zu einem Harem gehörenden ♀♀ variabel. Harems können auch Teile von nach Zehntausenden zählenden Großherden sein, wie beim Steppenzebra *(Equus quagga)*.

Bei Huftieren weit verbreitet sind reine Weibchengruppen, die wohl dadurch entstehen, daß heranwachsende Töchter bei der Mutter bleiben. Sie sind beim Afrikanischen Elefanten *(Loxodonta africana)*, bei Wildschweinen *(Sus scrofa)* und auch beim Rothirsch *(Cervus elaphus)* nachgewiesen. Bei Raubtieren sind stabile Weibchengruppen beim Nasenbär *(Nasus narica)* und beim Löwen *(Panthera leo)* ausgebildet.

In Mischgruppen (Wölfe, Affen) sind mehrere sich fortpflanzende Männchen und Weibchen vorhanden. Die Ordnung wird durch ein kompliziertes Rangordnungssystem aufrecht erhalten, jedoch existieren auch gleichberechtigte Tiere oder Untergruppen nebeneinander. Stabile, das heißt, sich über längere Zeit in etwa gleicher Stärke erhaltende Mischgruppen sind zweifellos die komplexesten Sozialstrukturen im Tierreich.

Die Vielfalt tierischer Sozialstrukturen läßt auf unterschiedliche Funktionen schließen. Diese lassen sich folgenden Funktionskreisen zuordnen: Wirkungsvollere Abwehr von Feinden, gruppenweises Jagen führt zu leichterem Beuteerwerb, Nahrungsfindung und Nahrungsaufnahme sind begünstigt, Vorteile bei der Reproduktion.

Bei in Schwärmen lebenden Vogelarten wurde festgestellt, daß sich mit der Größe der Gruppe das Verhältnis wachender zu schlafender (bzw. fressender) Tiere verschiebt (Abb. 5.23.). Kleine Tiere können in Gruppen vereint große Feinde abwehren, indem sie diese gemeinschaftlich angreifen. Wespen verteidigen in dieser Weise ihre Nester durch massierten Angriff. Kleinvögel attackieren gemeinschaftlich Greifvögel und Eulen. Moschusochsen *(Ovibos moschatus)* bilden geschlossene Abwehrformationen. Die nicht wehrhaften Jungtiere halten sich im Innern auf (Abb. 5.24.).

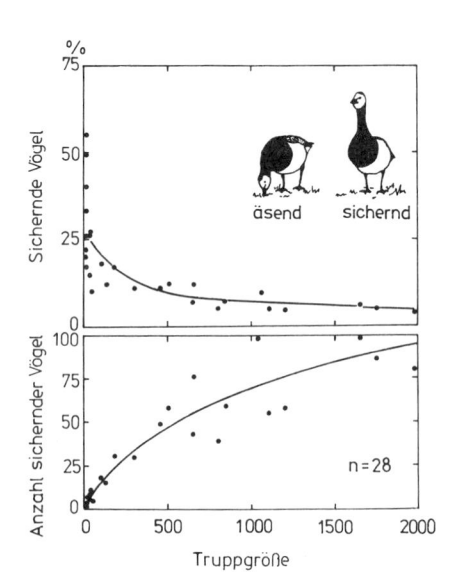

Abb. 5.23. Beziehungen zwischen Verhalten (Nahrungsaufnahme, Wachsamkeit) und Sozialstruktur (Truppgröße) bei der Weißwangengans *(Branta leucopsis)*. Nach DRENT und SWIERSTRA 1977.

Abb. 5.24. Verteidigungsstellung von Moschusochsen bei Angriffen von Raubtieren. Nach BARABASCH-NIKIFOROW und FORMOSOW 1963 aus ČEREPANOVA und BILOVA 1981.

Für den Nahrungserwerb räuberisch lebender Tiere ergeben sich aus sozialem Zusammenschluß ebenfalls Vorteile. In Gruppen jagende Löwen sind im Durchschnitt doppelt so erfolgreich wie einzeln jagende. Fischfressende Pelikane und Schlangenhalsvögel *(Anhinga)* kreisen ihre Beute regelrecht ein und treiben sie in Flachwasserzonen, wo sie leicht zu erlangen ist.

Die Fortpflanzung der sozialen Insekten erfolgt in Bauten, die nur gemeinschaftlich hergestellt werden können. Die Sozialstruktur ermöglicht durch notwendige Arbeitsteilung die Existenz der Sozietäten (bestimmte Individuen sind für die Nahrungsbeschaffung, andere für das Fortpflanzungsgeschehen, die Betreuung der Nachkommen usw., jeweils für die Gesamtexistenz wirkend, zuständig). Die von Bibern *(Castor fiber)* angelegten Dämme sichern einen gleichmäßigen Wasserspiegel. Dadurch liegen die Einstiege zu den Biberburgen geschützt unter Wasser.

Theoretische Begründungen für derartige Sachverhalte versuchten die Soziobiologie (WILSON 1975) und die Kin-Selektion (Verwandtschaftsselektion) zu geben.

5.4.2. Elemente pflanzlicher Populationen

5.4.2.1. Kriterien der Strukturebene

Die sich zwischen den pflanzlichen Populationen und ihrer Umwelt ergebenden Wechselbeziehungen basieren einerseits auf den Eigengesetzmäßigkeiten, die durch die **Individualstruktur** ihrer **Elemente** gegeben ist, wie andererseits auf der Rolle, welche die **Individuen** in ihrer **Gesamtheit** als Element spezifischer Biocoenosen spielen.

Die Erforschung der Existenzbedingungen pflanzlicher Populationen macht daher sowohl die Kenntnis der allgemeinen Lebensgeschichte der betrachteten Arten als auch deren spezifische populationsökologische Parameter, wie sie sich in Altersaufbau, Geschlechterverteilung, Vitalität der Individuen (d. h. vegetativer wie reproduktiver Leistungsfähigkeit) und anderen Kriterien manifestieren, erforderlich. Erwähnt sei in diesem Zusammenhang auch die entscheidende Bedeutung der genetischen Grundlagen, die die Voraussetzung für das Zustandekommen adaptiver bzw. evolutiver Veränderungen von pflanzlichen Populationen bilden (vgl. 5.2.).

5.4.2.2. Größe, Dichte und Wachstum — Ausdruck der Leistungsfähigkeit

Das Leistungsvermögen einer Population äußert sich in der Fähigkeit, eine bestimmte Größe bzw. Dichte, die sich meist als eine artspezifische Zahl von Individualeinheiten repräsentiert, in Raum und Zeit zu erhalten bzw. zu erhöhen. Die Populationsökologie beschäftigt sich daher mit der Erfassung der Faktoren, die entscheidenden Einfluß auf die Größe von Populationen besitzen, d. h. vor allem deren raum-/zeitliche Existenzgrenzen und die Ursachen bzw. Möglichkeiten ihrer Veränderungen bestimmen.

Besondere Bedeutung für die Regulation der Populationsgröße und -dichte besitzen sowohl die im betreffenden Lebensraum wirksamen

- **abiotischen Faktoren,** die in verschiedenen Lebensphasen meist einen unterschiedlichen Einfluß auf die Population ausüben, wie auch die
- **biotischen Faktoren,** die z. B. als intra- und interspezifische Konkurrenz und Herbivorie wirksam werden.

Abiotische und biotische Faktoren weisen in der Mehrzahl Oszillationen auf, die sich vor allem darin äußern, daß ihre Parameter einer periodischen (tages- wie jahreszeitlichen) Rhythmik unterliegen. Hinzu kommen jedoch auch aperiodische Schwankungen, wie sie z. B. die unterschiedliche Aufeinanderfolge strenger oder milder Winter darstellen. Zeigt der Verlauf derartiger aperiodischer Veränderungen gleichgerichtete Tendenzen (z. B. Erhöhung eines Nährstoffes oder Fremdstoffes im Boden), so können kurzzeitige adaptive Vorgänge innerhalb der betreffenden Populationen evolutionistische Trends begünstigen, die selektive Prozesse (z. B. Ökotypen-Differenzierung) auslösen.

5.5. Gesetzmäßigkeiten von Populationsveränderungen (Populationsdynamik)

Populationsdynamische Vorgänge lassen sich auf verschiedene Faktoren zurückführen, wobei Fruchtbarkeit, Sterblichkeit, Reproduktionsrate, spezifische Vermehrungsrate und die Wachstumsformen der Populationen besonders wesentlich sind.

5.5.1. Vermehrung und Wachstum tierischer Populationen

5.5.1.1. Fruchtbarkeit (Fertilität)

Die Fähigkeit zur Reproduktion drückt sich in der **Fruchtbarkeit (Fertilität)** aus. Eine wichtige Kennziffer für deren Beurteilung ist die **Geburtenrate**. Sie wird durch Ermittlung der Zahl neuer Individuen je Zeit- und Populationseinheit bestimmt und als Quotient ausgedrückt: $\Delta N/(\Delta Nt)$.

In der praktischen Anwendung der Geburtenrate als Maß für die Fruchtbarkeit ist von der Fortpflanzungsweise der jeweiligen Art oder Organismenmenge auszugehen. Je nach Fragestellung wird die Geburtenrate auf die gesamte Population, auf bestimmte Alters-

5.5. Gesetzmäßigkeiten von Populationsveränderungen

gruppen (= **altersspezifische Geburtenrate**), die fortpflanzungsfähigen Individuen oder nur die Weibchen bezogen. Es ist deshalb erforderlich, den Begriff Geburtenrate stets eindeutig zu bestimmen, und zwar in doppeltem Sinne: in ihrem Bezug auf die Population (Teile der Population, Population als Ganzes) und auf die Anzahl der Nachkommen.

Zu unterscheiden ist zwischen **maximaler** (physiologischer, bei SCHWERDTFEGER potentieller) und **realisierter Geburtenrate**: Erstere gibt die theoretisch mögliche maximale Produktion von Nachkommen an, letztere die tatsächlich produzierte. Je nach Gunst oder Ungunst der Umweltbedingungen liegt die realisierte Geburtenrate näher oder ferner von der maximal möglichen. Die maximale Geburtenrate läßt sich annähernd bestimmen, wenn die individuelle Fruchtbarkeit der Weibchen (Natalität) und deren Anzahl in der Population bekannt sind. Der Vergleich zwischen maximaler Geburtenrate und der realisierten erlaubt Rückschlüsse auf die Bedingungen, unter denen die Reproduktion erfolgt.

Die Geburtenraten unterliegen beträchtlichen Schwankungen, dennoch sind sie zumindest in der Größenordnung genetisch determiniert. Rostpilze *(Ustilago zeaemaidis)* können pro Nacht 6 Billionen Sporen erzeugen, bei Fischen legen die Weibchen mancher Arten Millionen Eier, ebenfalls bei endoparasitischen Protostomiern. Insekten erzeugen vielfach einige hundert Eier, bei Vögeln sind es pro Fortpflanzungsperiode nie mehr als 1—20 Eier. Der Grad der Determiniertheit ist auch bei Arten mit vergleichsweise geringer Nachkommenzahl verschieden. Bei Entenarten können 6—16 Eier zum vollständigen Gelege gehören, beim Kiebitz sind es immer 4.

Die Geburtenrate muß im Zusammenhang mit dem Lebensalter betrachtet werden, wichtig ist die reproduktive Phase. Bei langlebigen Tieren ist die durchschnittliche Anzahl jährlicher Nachkommen gewöhnlich kleiner als bei kurzlebigen. Hinsichtlich der Bindung der Fortpflanzungsrate an ein bestimmtes Alter gibt es erhebliche Unterschiede. Sich vivipar vermehrende Blattläuse sind schon wenige Wochen nach der Geburt fortpflanzungsfähig. Bei vielen anderen Insekten (boden- und holzbewohnende Käfer, Eintagsfliegen, Libellen) dauert es Jahre, bis die Individualentwicklung abgeschlossen ist. Bei Vögeln und Säugetieren sind es die kleinen Arten, die schnell zur Fortpflanzungsreife gelangen. Beim Kaninchen sind die fortpflanzungsfähigen Weibchen 5—8 Monate alt, beim Braunbären *(Ursus arctos)* 4—6 Jahre.

Auf den Eintritt der Fortpflanzungsreife wirken die Umweltbedingungen modifizierend. Junge Wühlmäuse sind bei günstigen Bedingungen schon im Alter von 6 Wochen fortpflanzungsfähig, unter ungünstigen erst nach mehreren Monaten.

Von großer Bedeutung für den Zusammenhang zwischen Geburtenrate und Fruchtbarkeit ist auch das Tempo, in dem die Fortpflanzungszyklen aufeinander folgen.

An der Spitze der Faktoren, die die Fertilität beeinflussen, steht meist das Nahrungsangebot. Überangebot an Nahrung und allen anderen lebensnotwendigen Umwelterfordernissen und daraus folgend herabgesetzte Konkurrenz erhöhen die Fruchtbarkeit und begünstigen damit das Wachstum der Population. Für zahlreiche Säugetiere, Vögel und Insekten ist gut belegt, daß optimale Ernährungbedingungen auf die Geburtenrate positiv einwirken. Bei Vogelarten mit variabler Gelegegröße führen günstige Ernährungsbedingungen zu höheren Gelegegrößen. Noch bedeutsamer für die Effektivität der Population ist der Prozentsatz der an der Fortpflanzung beteiligten Tiere. Der Anteil potentiell fortpflanzungsfähiger, aber nicht reproduktiver Tiere unterliegt beträchtlichen jährlichen Schwankungen. Überwinterung und Schlechtwetterperioden im Nachwinter können bei Vögeln bewirken, daß ein Teil der Tiere daran gehindert wird, Reservstoffe für das Brutgeschäft anzulegen, es kann an Brutgelegenheiten fehlen oder das Geschlechtsverhältnis ist verändert.

Häufig ändert sich die Geburtenrate altersabhängig. Bei Fischen, die nach Erlangung der Fortpflanzungsreife noch an Größe und Gewicht zunehmen, steigt auch die Fertilität. Geringere Reproduktionsraten mit zunehmendem Alter werden bei Insekten mit kontinuierlicher Fortpflanzung festgestellt. Die Geburtenrate junger Weibchen liegt bei Wirbeltieren vielfach unter der älterer. Beim Gelbaugenpinguin *(Megadyptes antipodes)* schlüpften bei 2jährigen ♀♀ 32% der Eier, bei 3jährigen 70 bis 82% und bei 4jährigen 87% (RICHDALE 1957).

5.5.1.2. Sterblichkeit (Mortalität)

Unter Sterblichkeit wird der durch Tod verursachte Abgang von Individuen verstanden. Sie kann als **Sterblichkeitsrate** in der Zahl der Individuen ausgedrückt werden, die in einer bestimmten Zeit — bezogen auf die gesamte Population oder einen Teil davon — ausgeschieden sind.

Die **realisierte (ökologische) Sterberate** ist wie die Geburtenrate keine Konstante. Sie variiert mit den Umweltbedingungen. Theoretisch gibt es für jede Population eine spezifische minimale Konstante, die den Verlust durch Tod bei nichtlimitierten Umweltbedingungen ausdrückt.

Die Sterblichkeitsrate kann verschieden dargestellt werden. Unter der „spezifischen Sterblichkeitsrate" wird der Prozentsatz der Anfangspopulation verstanden, der in einer gegebenen Zeit stirbt. Als Zeitintervall wurden in der menschlichen Demographie Jahresgruppen (1–10 Jahre) und in pluriätilen Tierpopulationen gewöhnlich 1 Jahr gewählt.

Ein vollständiges Bild über die Sterblichkeitsrate der verschiedenen Altersstadien einer Population gibt die **Sterbetafel**. In ihr ist für jedes Alter die in der jeweiligen Gruppe vorhandene Zahl der Überlebenden, die Zahl der Ausscheidenden, die Sterbenswahrscheinlichkeit und die mittlere Lebenserwartung enthalten (Tab. 5.4. u. 5.5.).

Tabelle 5.4. Sterbetafel des Gebirgsschafes *(Ovis d. dalli)*. Aus ODUM 1983

Mittlere Lebenslänge: 7,09 Jahre

Alter	Alter als prozentuale Abweichung von mittl. Lebenslänge	Verlust durch Tod (v. 1000 Geborenen)	Zahl Überlebender (v. 1000 Geborenen)	Sterberate je 1000, die bei Beginn des Alterszeitraumes lebten	Lebenserwartung (Jahre) mittl. Lebenszeit der Schafe, die das Alter (Altersklasse) erreichen (Jahre)
x	x′	d_x	l_x	1000 q_x	e_x
0 — 0,5	− 100	54	1000	54,0	7,06
0,5 — 1	− 93,0	145	946	153,0	—
1 — 2	− 85,9	12	801	15,0	7,7
2 — 3	− 71,8	13	789	16,5	6,8
3 — 4	− 57,7	12	776	15,5	5,9
4 — 5	− 43,5	30	764	39,3	5,0
5 — 6	− 29,5	46	734	62,6	4,2
6 — 7	− 15,4	48	688	69,9	3,4
7 — 8	− 1,1	69	640	108,0	2,6
8 — 9	+ 13,0	132	571	231,0	1,9
9 — 10	+ 27,0	187	439	426,0	1,3
10 — 11	+ 41,0	156	252	619,0	0,9
11 — 12	+ 55,0	90	96	937,0	0,6
12 — 13	+ 69,0	3	6	500,0	1,2
13 — 14	+ 84,0	3	3	1000	0,7

Tabelle 5.5. Sterbetafel der Forleule *(Panolis flammea)*. Aus ODUM 1983

Stadium	Überlebende	Tote	Sterberate	Stadiums-erwartung	Adult-erwartung
Ei	1000	97	0,097	90,3	2,1
Jungraupe	903	135	0,150	85,0	2,3
Altraupe	768	583	0,700	29,9	2,7
Vorpuppe	230	138	0,600	40,0	9,1
Puppe	92	71	0,772	22,8	22,8
Falter	21	21	1,000	–	–

Die Absterberaten in den verschiedenen Altersgruppen können in Form von **Überlebenskurven** dargestellt werden, von denen sich verschiedene Typen unterscheiden lassen (Abb. 5.25.). Hochgradig konvexe Kurven sind für die Populationen kennzeichnend, in denen die Sterblichkeit während des ganzen Lebens (mit Ausnahme der frühen Jugendphase) gering ist und erst mit hohem Alter stark ansteigt (höhere Säugetiere). Das andere Extrem wird durch eine stark konkave Kurve repräsentiert, die hohe Jugendsterblichkeit anzeigt. Die Mehrzahl tierischer und pflanzlicher Populationen entspricht diesem Typ (Arthropoden und andere Wirbellose, Fische und Lurche). Zwischen diesen Extremen liegen Formen, bei denen das Absterben in allen Altersstadien mehr oder weniger konstant erfolgt. Bei Arten mit deutlich abgesetzten Entwicklungsstadien (Insekten, andere Wirbellose mit Larvenformen) sind die Absterberaten in bestimmten Phasen der Entwicklung drastisch erhöht, wodurch sich treppenartige Kurvenverläufe ergeben. Besonders bei Insekten ist eine unterschiedliche Sterblichkeit in den verschiedenen Lebensstadien ausgeprägt.

Wie auf die Fertilität wirken sich die verschiedenen Umweltbedingungen wie Klima, Ernährung, Feinddruck, Parasitenbefall und Epidemien auch auf die Mortalität aus. Sie wird außerdem durch in der Population liegende Faktoren beeinflußt. Hohe Populationsdichten führen zur Erhöhung der Sterblichkeit, besonders in den Jugendklassen.

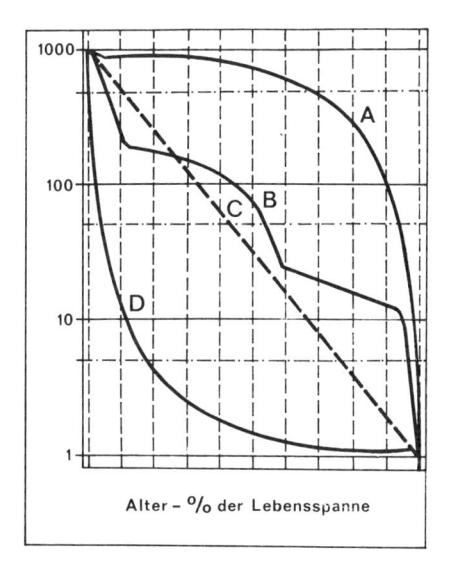

Abb. 5.25. Vier Grundformen von Überlebenskurven:
A = konvexer Typ mit der größten Alterssterblichkeit; B = Treppenkurve; die Überlebensrate verändert sich beim Übergang von einem Stadium in ein anderes relativ stark; C = theoretische Kurve mit konstantem altersspezifischen Überleben; D = konkave Kurve mit hoher Jugendsterblichkeit.

5.5.1.3. Reproduktionsrate

Unter relativ konstanten Umweltbedingungen wird in freilebenden Populationen der absterbende Teil der Population etwa durch den Zugang ersetzt. Es herrscht populares Gleichgewicht. Die Vermehrungsrate ist in diesem Fall gleich Null.

Sie läßt sich als **Netto-Reproduktionsrate** ermitteln, wenn man die Geburtenrate und die in der Sterbetafel enthaltenen Werte zusammenfaßt. Man erhält dann eine Tabelle der Lebensdaten. Die Netto-Reproduktionsrate ergibt sich, wenn man die Werte der altersspezifischen Überlebensrate (l_x) mit den Werten der altersspezifischen Geburtenrate (m_x) multipliziert und die Summe der Werte der verschiedenen Altersklassen bildet:

$$R_0 \text{ (Netto-Reproduktionsrate)} = \sum l_x m_x \tag{5.1.}$$

In der Tabelle 5.6. ist die Lebenstafel einer hypothetischen Population mit einfachem Lebenslauf dargestellt. Die Netto-Reproduktionsrate (R_0) beträgt 1.90.

Tabelle 5.6. Lebenstafel einer hypothetischen Population mit einfachem Lebenslauf. Aus ODUM 1983

Alter	Altersspezifische Überlebensrate (in Bruchteilen)	Altersspezifische Sterberate	Altersspezifische Geburtenrate (Nachkommen je wbl. Altersgruppen)	
x	l_x	d_x	m_x	$l_x m_x$
0	1,00	0,20	0	0,00
1	0,80	0,20	0	0,00
2	0,60	0,20	1	0,60
3	0,40	0,20	2	0,80
4	0,20	0,10	2	0,40
5	0,10	0,05	1	0,10
6	0,05	0,05	0	0,00
7	0,00			

Die Reproduktionsrate ist die entscheidende Kenngröße für das Populationswachstum. Von ihr hängen auch andere Populationsmerkmale in starkem Maße ab. Unter Freilandbedingungen ist es allerdings außerordentlich zeitaufwendig und schwierig, vollständige Lebenstafeln zu erstellen. Entsprechende Kenntnisse werden jedoch in der Fischereiwirtschaft, der Jagd und der Schädlingsbekämpfung benötigt.

Reproduktionsraten und die zugrunde liegenden Werte sind immer nur orts- und zeitgebunden gültig. Allgemeingültigkeit ist ihnen nur beizumessen, wenn Fertilität und Mortalität wenig differieren.

5.5.1.4. Spezifische Vermehrungsrate

Bei nicht begrenzter Umweltkapazität wird das Fortpflanzungspotential (die Summe aus Wurf- bzw. Gelegegröße, Anzahl der Würfe bzw. Gelege pro Saison, Eintritt der Geschlechtsreife und Länge der Fortpflanzungsperiode) voll wirksam. Die Population wächst entsprechend ihrer spezifischen Vermehrungsrate bzw. Wachstumsrate (population growth rate per induvidduum). Unter optimalen Umweltbedingungen erreicht sie ihren Höchstwert. Im Falle stabiler Altersverteilung wird die spezifische Vermehrungsrate der Population unter unlimitierten Bedingungen als innere bzw. potentielle Rate des natürlichen Zuwachses (intrinsic rate of natural increase), abgekürzt r max., bezeichnet. Für diesen Wert sind auch die Begriffe **Vermehrungspotential** oder **biotisches Potential** üblich. Unter natürlichen Bedingungen wird r max. nur ausnahmsweise realisiert. Die Differenz zwischen r max. und der im Freiland oder im Experiment zu beobachtenden Vermehrungsrate läßt darauf schließen, wie stark die begrenzende Wirkung der Umweltfaktoren ist, die verhindert, daß sich das volle Vermehrungspotential entfaltet (vgl. 5.5.2.).

Das Vermehrungspotential vieler Organismen ist außerordentlich hoch. Wenn man die Umweltkapazität anthropogen beeinflußt, lassen sich vielfach in kurzer Zeit große Populationen aufbauen. Dies kann für die Produktion organischer Substanz ebenso ausgenutzt werden wie für die Erzeugung von Organismen zu ökologischer Manipulation.

5.5.1.5. Wachstumsformen von tierischen Populationen

Wenn eine Population entsprechend ihrer inneren Vermehrungsrate zunimmt, das Wachstum also unter nicht begrenzten Umweltbedingungen erfolgt, nimmt sie in exponentieller Form zu (Abb. 5.26.).

In der freien Natur erfolgt exponentielles Wachstum nur in kurzen Perioden oder unter besonderen Bedingungen (bei Neubesiedlung eines Areals, nach Wegfall von Feinden, bei reichlicher Nahrung). Die Population als Ganzes wächst dabei mit enormer Geschwindigkeit ungeachtet der Tatsache, daß jedes Individuum sich mit gleicher Rate fortpflanzt.

Wenn man davon ausgeht, daß eine Population im Initialstadium zunächst langsam wächst und dann bei günstigen Umweltbedingungen eine Phase erreicht, in der die Vermehrungsrate der exponentiellen Wachstumsrate zustrebt, kommt es bei abnehmender Umweltkapazität zur Abbremsung des Wachstums, bis ein Gleichgewichtszustand erreicht wird. Diese Entwicklung ergibt in graphischer Darstellung eine S-förmige Wachstumskurve (**sigmoides Wachstum**) (Abb. 5.27.).

Die sigmoide Wachstumsform ist als Muster für eine Populationsentwicklung aufzufassen, die sich bei der Einführung neuer Arten in zuvor unbesiedeltes Gebiet oder bei Neubesiedlung nach Katastrophen ergeben. Doch selbst unter diesen Bedingungen ist zu beachten, daß es sich um ein stark vereinfachtes Modell handelt. In Wirklichkeit vollziehen sich in jeder Phase des Populationsanstiegs Wechselwirkungen mit anderen Populationen, die in Abhängigkeit von der Dichte jeweils einen anderen Wert haben, und die Umwelteinwirkungen sind niemals gleich. In vielfältiger Weise ist versucht worden, diese Wirkungen mathematisch abzubilden.

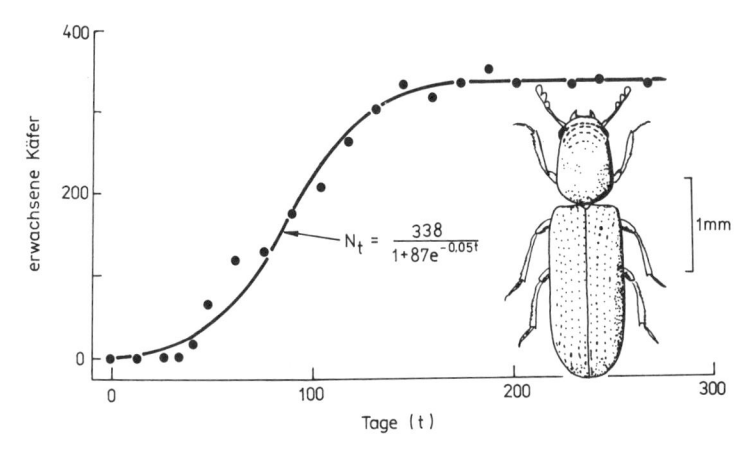

$$N_t = \frac{338}{1+87e^{-0.05t}}$$

Abb. 5.26. Veränderung der Zahl erwachsenener Käfer in einer Zucht von *Rhizopertha dominica*. Startpopulation 1 Paar, in einer definierten Weizenmenge, die wöchentlich erneuert wurde. Nach VARLEY et al. 1973.

Wachstumskurven

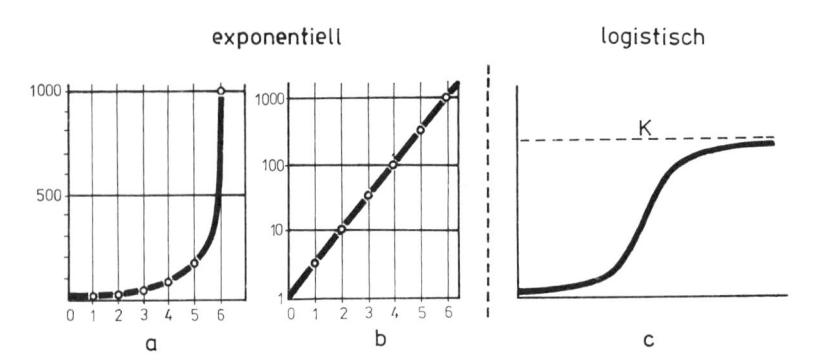

Abb. 5.27. Die beiden Grundformen des Wachstums von Populationen: a und b exponentielles Wachstum: a) arithmetisch dargestellt; b) in halblogarithmischer Darstellung; c) logistische Wachstumskurve (K = Umweltkapazität).

So kommt man zu einer besseren Entsprechung der natürlichen Verhältnisse, wenn man in die Gleichung des logistischen Wachstums (vgl. 5.5.2.) einen Faktor t_1, t_2 einführt, der berücksichtigt, daß ökologische Veränderungen verzögert auf das Populationswachstum einwirken:

$$\frac{dNt}{dt} = rN(t - t_1)\frac{K - N(t - t_2)}{K} \qquad (5.2.)$$

Berücksichtigen läßt sich ferner die interspezifische Konkurrenz einer anderen Population, die bei Zunahme der Populationsdichte eintritt, indem ein entsprechender Faktor (c) in die Gleichung aufgenommen wird:

$$\frac{dN_{t1}}{dt} = r - hN_{t1} - cN_{t2}N_{t1} \qquad (5.3.)$$

Durch derartiges Vorgehen wird zwar das natürliche Geschehen zunehmend besser abgebildet, die Anwendbarkeit der mathematischen Modelle auf Freilandbedingungen ist jedoch nur ausnahmsweise möglich, da unter natürlichen Bedingungen das auf das Populationswachstum einwirkende Faktorengefüge äußerst vielfältig ist.

5.5.2. Grundlagen und Modelle des Wachstums pflanzlicher Populationen

Das Wachstum von pflanzlichen Populationen läßt sich wie das tierischer Populationen generell durch zwei grundlegende Modelle abbilden, das des

— **exponentiellen Wachstums** von Populationen, welches gleichbleibend uneingeschränkte Wachstumsmöglichkeiten voraussetzt, und das des
— **logistischen Wachstums** von Populationen, das kennzeichnend für begrenzte Wachstumsbedingungen ist.

Diese Modelle basieren in ihrem Kern auf Erkenntnissen, die schon im vorigen Jahrhundert über das Populationswachstum erarbeitet (VERHULST 1846) und in der ersten Hälfte dieses Jahrhunderts weiterentwickelt wurden (PEARL and REED 1920). Sie gründen sich auf folgende Voraussetzungen bzw. Überlegungen.

5.5. Gesetzmäßigkeiten von Populationsveränderungen

Art und Schnelligkeit des Wachstums einer Population (N) ergibt sich aus ihrer Zuwachsrate (r), die eine Resultante der gleichzeitig pro Zeiteinheit zu beobachtenden Geburtenrate (b = Natalität) und Sterberate (d = Mortalität) darstellt.

Das Wachstum einer sich entwickelnden Population beginnt meist mit einer Phase, während der die Population nur langsam zunimmt (Lag-Phase). Hat sich die Population fest etabliert, so schließt sich in der Regel eine Wachstumsphase an, während der – gleichbleibende Umweltbedingungen vorausgesetzt – die Individuenzahl exponentiell wächst (Log-Phase), d. h. bei logarithmischer Darstellung mehr oder weniger geradlinig zunimmt. Diese Beziehungen lassen sich formelmäßig bzw. graphisch (vgl. Abb. 5.27.) folgendermaßen darstellen:

$$r = b - d \quad (1) \qquad r = \frac{dN_b - dN_d}{dt \cdot N} \quad (2) \qquad r = \frac{dN}{dt \cdot N} \quad (3) \qquad \frac{dN}{dt} = rN \quad (4) \qquad (5.4.)$$

Solange Geburten- und Sterberate sich nicht verändern, bleibt somit der Wert für r konstant. Dies bedeutet, als Zunahme der Population pro Zeiteinheit (N_t) gegenüber dem Ausgangszeitpunkt (t_1) formelmäßig ausgedrückt, wobei e die Basis des natürlichen Logarithmus darstellt:

$$N_t = N_0 \cdot e^{rt} \qquad (5.5.)$$

Ist r bekannt, so läßt sich die Zunahme der Populationen pro Zeiteinheit folgendermaßen berechnen:

$$N_t = N_0(1 + r)^t \qquad (5.6.)$$

Die Populationsdichte erfährt also, solange sich r nicht ändert, eine exponentielle Zunahme. Somit ergibt sich für die Population ein konstanter Zeitraum, den sie zu ihrer Verdoppelung benötigt. Bei geradlinigem Kurvenverlauf in logarithmischer Darstellung entspricht also r der maximal möglichen Zuwachsrate und wird daher als **potentielle Zuwachsrate** („intrinsic rate of natural increase") bezeichnet.

Ab einer bestimmten, artspezifisch unterschiedlichen Populationsdichte verlangsamt sich in der Regel bei pflanzlichen Populationen die weitere Zunahme, da mit zunehmender Dichte Faktoren wirksam werden (besonders über die Energiezufuhr), die die Individualentwicklung einschränken. Das Wachstum nähert sich daher asymptotisch einem bestimmten Niveau, das die **Kapazität (K) der Umwelt** oder, mit anderen Worten, die Tragfähigkeit der Umwelt hinsichtlich der Dichte der betrachteten Population darstellt. Für diese dichteabhängige Regulation des Populationswachstums gelten folgende quantitativen Beziehungen, die einer logistischen Wachstumskurve entsprechen (vgl. Abb. 5.27.):

$$\frac{dN}{dt} = rN \cdot \frac{K - N}{K} \qquad (5.7.)$$

Die potentielle Zuwachsrate (r) wird danach durch die Größe des Quotienten $\left(\dfrac{K - N}{K}\right)$ bestimmt. Bei einem niedrigen Wert für N liegt der Quotient nahe 1 und weist auf ein noch angenähert exponentielles Wachstum hin. Je mehr sich der Wert für N dem von K nähert, um so geringer wird das Wachstum und erreicht schließlich $\dfrac{dN}{dt} = 0$.

Die dargestellten Modelle der beiden Grundtypen des Populationswachstums besitzen für das Wachstum pflanzlicher Populationen zwar generelle Gültigkeit, erlangen jedoch nur eingeschränkte Bedeutung. Im Gegensatz zu tierischen Organismen hat die im Boden fest verankerte Pflanze während ihrer Wachstumsphasen keine Möglichkeit, durch Ausweichen ihrer Individuen einer zunehmenden Populationsdichte zu begegnen. Dies ist lediglich in

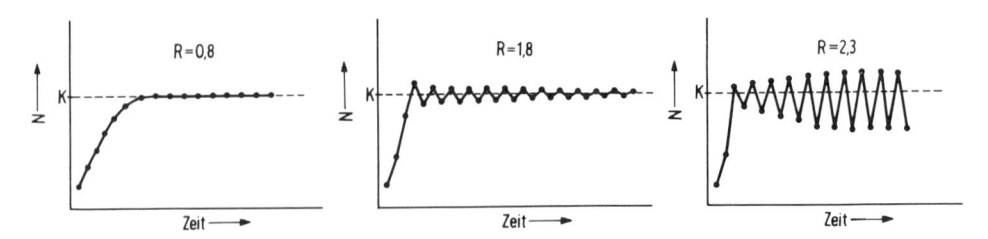

Abb. 5.28. Unterschiede logistischen Wachstums im Bereich von K bei unterschiedlicher individueller Vermehrungsrate während einer Generation. Nach CHRISTIANSEN und FENCHEL 1978.

bestimmtem Umfang bei frei beweglichen Arten, wie besonders bei Wasserpflanzen (z. B. *Lemna*-Arten), der Fall. Die Limitierung einer exponentiellen Wachstumsphase erfolgt daher in der Regel sehr frühzeitig. Sie hat nur bei entsprechend günstigen Voraussetzungen (Neulandbesiedlung) eine Bedeutung.

Zu erwähnen ist auch, daß die vorgestellten Wachstumsmodelle bei gemischt auftretenden Populationen, was in der Natur die Regel ist, keine oder nur eingeschränkte Aussagen über die potentielle Populationsentwicklung zulassen und daher für prognostische Aussagen nicht anwendbar sind. Die Entwicklung von Mischpopulationen hängt vielmehr von anderen Umwelteinflüssen ab, die während der ontogenetischen Entwicklung der betrachteten Arten wirksam sind. Das Wachstum einer Pflanzenpopulation unterscheidet sich also in der Regel unter natürlichen Bedingungen von den „klassischen" Modellen des Populationswachstums (vgl. HARPER 1977).

Dies gilt auch hinsichtlich des als oberer Grenzwert des Populationswachstums definierten K-Wertes. Wie Untersuchungen unter natürlichen Bedingungen gezeigt haben, stellt der K-Wert eher einen Grenzbereich dar, innerhalb dessen das Populationswachstum oszilliert, d. h. diesen zeitbegrenzt auch überschreiten kann („over-shoot"), wie selbst an einfachen Modellen gezeigt werden konnte (vgl. Abb. 5.28., CHRISTIANSEN und FENCHEL 1977).

5.6. Formen und Ursachen der Abundanzdynamik von Populationen

5.6.1. Abundanzdynamik tierischer Populationen

Der Normalfall ist nicht die stabile, sondern die sich verändernde Population. Je länger der Zeitraum ist, über den hinweg Populationsabläufe betrachtet werden, und je größer das dazu herangezogene Areal, desto deutlicher tritt diese Erscheinung hervor. Veränderlich ist sowohl die Größe als auch die mit dieser korrelierende Dichte. Das fordert die Frage nach den Ursachen und Mechanismen heraus.

Die bestimmenden Ursachen für Populationsveränderungen sind in der Umwelt zu suchen. Es gibt jedoch auch Auffassungen, denen zufolge tierische Populationen in der Lage sein sollen, ihre Abundanz aus sich selbst heraus zu regulieren (**Selbstregulation**).

Bei allen Überlegungen über die Gründe, die zu Veränderungen der Population führen, ist von den Wechselbeziehungen zwischen der für die jeweilige Art spezifischen Umwelt und ihrer Populationsdichte auszugehen. Veränderungen der Populationsdichte, wie immer sie aussehen, können sich nur im Rahmen der vorgegebenen Umweltkapazität bewegen. Diese unterliegt ständiger Veränderung und ist niemals für längere Zeit konstant (eine Abhängigkeit von der Populationsdichte spielt dabei eine große Rolle). Abb. 5.29.).

5.6. Formen und Ursachen der Abundanzdynamik von Populationen

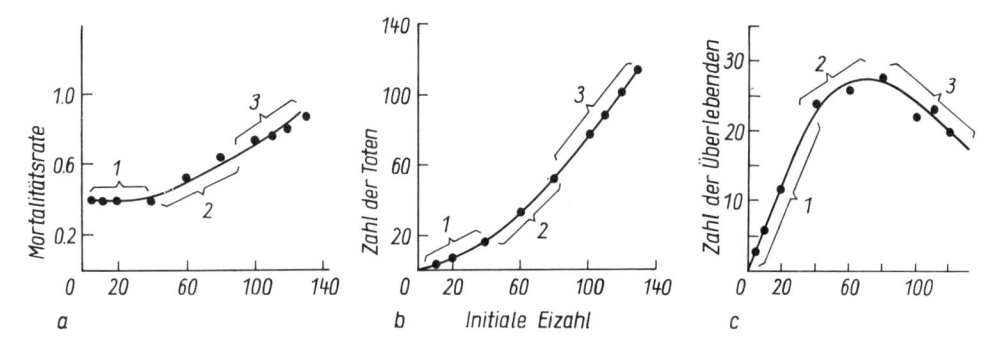

Abb. 5.29. Dichteabhängige Mortalität bei *Tribolium confusum*. a) als Effekt der Mortalitätsrate, b) als Effekt der Zahl der Toten, c) als Effekt der Zahl der Überlebenden. Im Abschnitt 1 ist die Mortalität dichteunabhängig, im Abschnitt 2 liegt unterkompensierte, im Abschnitt 3 überkompensierte dichteabhängige Mortalität vor. Nach BELLOWS 1981.

Im Normalfall tendieren die Populationen dahin, die bestehende Umweltkapazität auszunutzen. Bei Tierarten mit komplizierten Fortpflanzungsmechanismen (Balz der Großtrappe *Otis tarda* und des Birkhuhns *Lyrurus tetrix*) gibt es eine untere kritische Grenze für die Populationsgröße. Wird diese unterschritten, dann erlischt die Population unabhängig vom Fortbestand der Umweltkapazität. Der sich weltweit bis zum Aussterben vollziehende Rückgang von Tierarten beruht großenteils auf Verschlechterung und Einschränkung der Umweltkapazität für die betroffene Art. Im einzelnen sind die Ursachen äußerst komplex.

Die Angaben betreffen vor allem Wirbeltiere, jedoch auch Wirbellose sind eingeschlossen. Andererseits gibt es Arten, bei denen die Populationsentwicklung seit Jahrzehnten positiv verläuft. Für diese haben sich die Umweltbedingungen verbessert.

Die Bestandszunahme der Lachmöwe *(Larus ridibundus)* setzte in der ersten Hälfte dieses Jahrhunderts ein. Sie ist im gesamten west- und zentraleuropäischen Teil ihres Verbreitungsgebietes zu beobachten und hält noch immer an. Mitte der 70er Jahre wurde der Bestand dieser Art im genannten Gebiet auf mindestens 1 Mill. geschätzt (ISENMANN 1976, 1977).

Neben den langfristigen Veränderungen der Umwelt sind jahreszeitliche Veränderungen zu beachten. Die abnehmende Ernährungsmöglichkeit im Winterhalbjahr bedeutet für die Bewohner gemäßigter und kalter Klimabereiche abnehmende Umweltkapazität, auf die in verschiedener Weise reagiert wird. Standortgebundene Tiere antworten wie Pflanzen mit Drosselung des Stoffwechsels (Überwinterungsformen, Winterstarre, Winterschlaf). Vögel und Säugetiere führen Wanderungen durch oder erweitern ihren Aktionsradius.

Die bestimmende Rolle der Umwelt in der Populationsentwicklung wird besonders offenkundig, wenn sie durch den Menschen in der einen oder anderen Weise drastisch verändert wird.

In sehr anschaulicher Weise ist durch OWEN und NORDERHAUG (1977) in OWEN (1980) gezeigt worden, wie das in mehreren Schritten erfolgte, seit 30 Jahren anhaltende, Populationswachstum der Spitzbergen-Population der Weißwangengans *(Branta leucopsis)* durch menschliche Eingriffe verursacht wurde (Abb. 5.30.). Der Anstieg setzte nach der Einführung von Schutzbestimmungen für die auf einige Hundert Individuen abgesunkene Population ein.

Die Interpretation des Wechselverhältnisses zwischen Umweltkapazität und Population ist für das Verständnis der Mechanismen, die an Populationsveränderungen beteiligt sind, von allergrößter Bedeutung. Es kann keine Mechanismen geben, die eine Einhaltung irgendwie fixierter, endogen vorgegebener Populationsgrößen bewirken (mittlere Populationsdichte), sondern sie wirken immer nur auf Populationsgrößen hin, die sich als Anpassung an geänderte Umweltgrößen erklären lassen.

252   5. Ökologie von Populationen

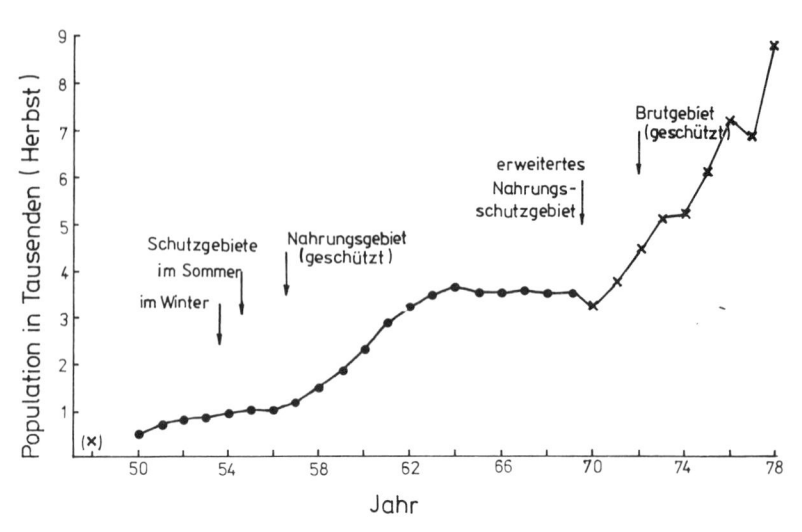

Abb. 5.30. Wachstumsverlauf der Brutpopulation der Weißwangengans *(Branta leucopsis)* in Abhängigkeit von den Schutzmaßnahmen vom Jahre 1950–1978. Nach OWEN 1980.

5.6.1.1. Die Bedeutung des Klimas und der Witterung für die Populationsdynamik

Klima und Witterung beeinflussen die Überlebens- und Reproduktionsrate, die Dynamik, Abundanz und damit die Größe der tierischen Populationen sowie deren genetische Zusammensetzung.

Klimatisch bedingte Einflüsse auf Populationen lassen sich erkennen, wenn man Populationen einer Art, die in unterschiedlichen Klimabereichen vorkommen, miteinander vergleicht. So korreliert bei vielen Vogelarten die Gelegegröße positiv mit der geographischen Breite (CODY 1966). Ähnliche Angaben gibt es auch für Kleinsäuger, Reptilien und Insekten. Klimatisch bedingt ist vor allem bei Insekten die Entwicklungsgeschwindigkeit. Für den Marienkäfer *Coccinella septempunctata*, der in Nord-, Mittel- und Westeuropa überwiegend univoltin ist, im Süden der Ukraine und im vorderen Orient bivoltin, werden in Indien bis 15 Generationen pro Jahr beobachtet.

Von Bedeutung ist auch die Witterung für die Populationsdichte. Das gilt nicht nur für Wetterkatastrophen, über deren Auswirkungen auf tierische und pflanzliche Populationen zahlreiche Mitteilungen vorliegen. Die Wirkung ist dichteunabhängig: dünnsiedelnde Populationen werden genauso wie dichtsiedelnde betroffen.

In großer Anzahl liegen Berichte darüber vor, daß zwischen der Witterung und dem Massenauftreten von Insekten eindeutige Beziehungen bestehen (Abb. 5.31). Gegenwärtig wird, gestützt auf die im Freiland gewonnenen Werte, daran gearbeitet, Computerberechnungen über den Massenwechsel von Schadinsekten aufzustellen, wobei Witterungsverläufe mit Stichprobenerhebungen der Entwicklungsstadien die entscheidenden Meßwerte darstellen.

Der Einfluß der Witterungsfaktoren auf Populationen kann direkt oder indirekt sein. Indirekte Einflüsse sind weniger offensichtlich, sie wirken vor allem über die Nahrung. Niedrige Temperaturen im Verein mit reichlichem Niederschlag während der Jungenaufzucht vieler Vögel führen zu hoher Nestlingssterblichkeit, weil es an Insekten zur Fütterung der Jungen mangelt. Besonders gravierend und direkt ist der Einfluß der Witterung dann, wenn Grenzbereiche des Lebens erreicht werden. So ist der Einfluß strenger Winter auf Populationen für den Steinkauz *(Athene noctua)* gut bekannt. Die strengen Winter 1928/29, 1939/40, 1962/63 führten zu großen Verlusten, von denen sich die Population nur sehr

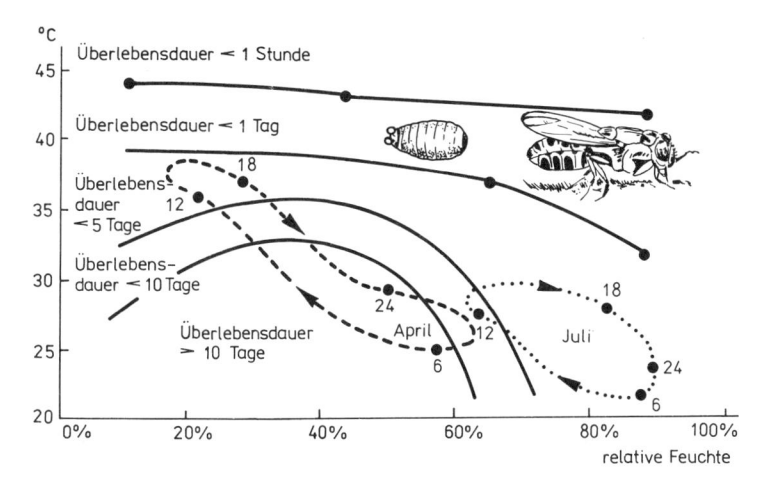

Abb. 5.31. Auswirkungen der relativen Luftfeuchtigkeit und der Temperatur auf die Lebensdauer adulter Tsetsefliegen *(Glossina)* im Laboratorium und die in Westafrika während der Monate April und Juli vorherrschenden klimatischen Durchschnittsbedingungen. Aus VARLEY et al. 1973. Nach BUXTON und LEWIS 1934.

allmählich erholte. Extrem kalte Winter können die Populationsdichte von Wirbeltieren und Insekten auf Jahre hinaus beeinflussen.

5.6.1.2. Die Bedeutung der Nahrung für die Populationsdynamik

Die Bedeutung des Nahrungsangebotes für die Populationsentwicklung läßt sich durch folgende Sachverhalte belegen:

— Nahrungsknappheit führt zur Erhöhung der intraspezifischen Konkurrenz, was in Extremsituationen das Verhungern eines Teiles der Population bewirken kann. Umgekehrt ist reichliches Nahrungsangebot einer der Faktoren, der beim Beginn positiver Bestandesentwicklung vorhanden sein muß. Die Massenentwicklung des Kartoffelkäfers ist ohne die in Monokulturen angebauten Kartoffeln undenkbar.
— Im evolutiven Prozeß der Artbildung entstandene Differenzierungen lassen sich vielfach als Anpassungen an bestimmte Nahrung deuten. Das bekannteste Beispiel ist die bereits von DARWIN beobachtete Ernährungsspezialisierung bei den Galapagos-Finken. Eine vergleichbare Spezialisierung wurde auch bei Meisen (LACK 1954), bei Gänsen (OWEN 1980), Blattwespen und Rüsselkäfern (ZWÖLFER 1974) nachgewiesen.

An der Spitze von Nahrungspyramiden stehende Tiere haben keine natürlichen Feinde (Predatoren), die ihre Populationen in nennenswertem Umfang dezimieren. Bei diesen Arten bleibt das Nahrungsangebot ein wesentlicher, das Wachstum begrenzender Faktor.

Für das Verständnis von Wachstumsvorgängen und Dichteveränderungen in Populationen ist es von allergrößter Bedeutung festzustellen, welche physiologischen und verhaltensbiologischen Prozesse durch verändertes Nahrungsangebot bewirkt werden und welche Folgen sich für die Populationen direkt und indirekt durch die Einwirkung auf andere, für die Populationsentwicklung wichtige Faktoren ableiten. Darüber hinaus geht es nicht nur um die Beschreibung der oft komplizierten Sachverhalte, sondern um die möglichst lückenlose Aufklärung der diese verbindenden Kausalität.

Bei Populationsveränderungen des Sperlings in der Stadt Kiel sind die schlechten Ernährungsbedingungen im Winter limitierend (MEUNIER 1960; FALLET 1958). Der Vergleich zwischen der Größe des Herbst- und Frühjahrsbestandes zeigt, daß letzterer auch in Jahren mit hohen Herbstbeständen kaum über dem anderer Jahre liegt.

254   5. Ökologie von Populationen

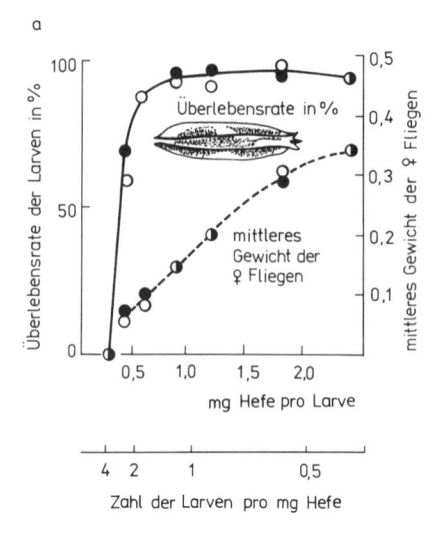

Abb. 5.32. Einfluß der Nahrungsmenge auf die Überlebensrate der Larven und das Gewicht der Imagines von *Drosophila*. Nach VARLEY 1979.

Der in den 30er Jahren erfolgte Rückgang des Seegrases (*Zostera*), der Hauptnahrung der an der Ostseeküste überwinternden Ringelgänse *(Branta bernicla)*, bewirkte einen drastischen Rückgang der Population.

Auch bei Insekten können die vorhandene Nahrungsmenge und Qualitätsmerkmale der Nahrung einen entscheidenden Einfluß auf die Populationsentwicklung haben (Abb. 5.32.). Beispielsweise wird durch das Angebot der entsprechenden Wirtsstadien die Zahl der abgelegten Eier bei vielen Parasitoiden reguliert.

Über den qualitativen Nahrungsbedarf von Populationen ist insgesamt zu wenig bekannt, um die Bedeutung für die Populationsveränderungen voll abschätzen zu können. Die für jagdliche Wildarten vorliegenden Untersuchungen belegen eindrucksvoll die Abhängigkeit der Populationsentwicklung von der Futterzusammensetzung (STUBBE 1981).

Die mitteleuropäischen Rehpopulationen tragen der jahreszeitlich unterschiedlichen Verfügbarkeit von Nahrung und damit Energie durch populationsökologische Prozesse wie Konkurrenz, Territorialität, Sozialverhalten, unterschiedliche Aktivität, variablen Reproduktionserfolg, verändertes körperliches Wachstum, Haarwechsel und Abwandern eines Teils der Individuen Rechnung (ELLENBERG 1986).

5.6.1.3. Wechselwirkungen zwischen Populationen

Für die Populationsdynamik sind vor allem die folgenden, in vielfältiger Weise miteinander verbundenen Beziehungen zwischen den Populationen eines Ökosystems bedeutsam:

— Wechselseitige Begünstigung
— Begünstigung einer Population durch andere Populationen
— Koexistenz zwischen Populationen
— Wechselseitige Benachteiligung (Interspezifische Konkurrenz)
— Benachteiligung einer Population durch andere Populationen

Wechselseitige Begünstigung

In den meisten Ökosystemen gibt es Populationen, die sich zeitweilig oder ständig durch bestimmte Formen des Zusammenlebens fördern. Vielfach sind diese Beziehungen sehr eng und können dann als Symbiosen aufgefaßt werden.

Einige Ameisenarten haben sich in ihrer Ernährung auf die zuckerreichen Ausscheidungen von Blattläusen eingestellt. Bei *Lasius flavus* ist die Entwicklung der Sozietät weitgehend mit dem Lebenszyklus bestimmter Blattläuse synchronisiert, deren Entwicklung sogar durch die Ameisen gefördert wird (sie bringen die Blattläuse an geeignete Nährpflanzen, verteidigen sie mitunter gegen Feinde, bringen sie in ihre Nester zur Überwinterung). Viel weitgehendere Beziehungen bestehen zwischen Ameisen bzw. Termiten und deren „Gästen" (etwa 3000 Arten bekannt). Dazu zählen z. B. die zu den Kurzflüglern (Staphylinidae) gehörigen Büschelkäfer der Gattungen *Lomechusa* und *Atemeles* bei Ameisen der Gattungen *Formica* und *Myrmica* (*Atemeles* mit Wirtswechsel). Sie tragen auf dem Rücken der vorderen Hinterleibssegmente seitlich gelbe Haarbüschel, die von Drüsen unterlagert sind. Diese erzeugen ein Sekret, das von den Ameisen begierig aufgenommen wird und Pflegeverhalten auslöst. Die Büschelkäfer werden von den Ameisen gefüttert, betteln sie sogar an. Sie ernähren sich aber zusätzlich von den Eiern und Larven der Ameisen.

Die *Atemeles*-Larven werden von den Ameisen gut gepflegt und gefüttert, besser als ihre eigenen. Angeregt werden die Ameisen durch ein intensives Imitieren der Bettelbewegungen, außerdem scheiden die *Atemeles*-Larven ein Pheromon ab, das Brutpflegeverhalten auslöst.

Als wechselseitige Begünstigung lassen sich auch die Beziehungen zwischen Großsäugern der afrikanischen Steppen und Savannen und Madenhackern *(Buphagus eurythrorhynchus)* werten. Die Vögel leben unbehelligt auf den Körpern von Großantilopen und Nashörnern und ernähren sich von den in der Haut dieser Tiere parasitierenden Zecken und Dasselfliegenlarven.

Beziehungen ähnlicher Art bestehen auch in verschiedenster Ausprägung zwischen Fischen. Bekannt sind die Bindungen zwischen den sogenannten „Putzerfischen" und großen Raubfischen. Putzerfische schwimmen sogar in die Mundhöhlen ihrer Wirtsarten hinein und suchen diese nach Parasiten (Copepoden) ab. Nach entsprechender „Aufforderung" dringen sie selbst unter die Kiemendeckel vor, suchen diese ab und verlassen sie auf entsprechende Signale der Wirtstiere hin.

Begünstigung einer Population durch andere Populationen
Viele Tierarten können nur gedeihen, wenn im gleichen Lebensraum andere vorkommen, weil erst durch deren Anwesenheit bestimmte Voraussetzungen für die eigene Ansiedlung geschaffen werden.

So sind höhlenbrütende Kleinvögel in starkem Maße von der Anwesenheit der Spechte abhängig, die Bruthöhlen in größerer Zahl als für den Eigenbedarf notwendig sind, hämmern. Kleiber haben sich sogar in besonderer Weise auf Spechthöhlen spezialisiert, indem sie die zu großen Öffnungen durch Vermörteln verengen und der eigenen Körpergröße anpassen.

Alle auf Koprophagie spezialisierten Insekten sind auf das Vorhandensein von Weidetieren angewiesen und verschwinden mit diesen.

Koexistenz zwischen Populationen
In Lebensräumen mit hoher Artendiversität leben fast immer neben jenen Arten, die durch trophische und andere Beziehungen miteinander direkt verbunden sind, auch Arten nebeneinander, die, obgleich nahe verwandt und zur gleichen Trophiestufe gehörend, sich weder gegenseitig fördern, noch miteinander konkurrieren.

So kommen im Schilfgürtel mitteleuropäischer Seen mehrere Rohrsängerarten, die Rohrammer und unter Umständen noch Bart- und Beutelmeise nebeneinander vor, ohne daß positive oder negative Wechselbeziehungen zwischen diesen in der Größe vergleichbaren und an den gleichen Lebensraum gebundenen Arten erkennbar sind. Die Ufervegetation der Seen des nordeuropäischen Tieflandes wird von 5 Sumpfkäferarten (Helodidae) mit jeweils z. T. hohen Populationsdichten (häufigste

256   5. Ökologie von Populationen

Insekten dieser Pflanzengesellschaften) besiedelt. Die Indifferenz dieser nahe verwandten und ähnlich lebenden Arten wird dadurch ermöglicht, daß sich die als Substratfresser aquatisch lebenden Larven wahrscheinlich von Detritus jeweils anderer Partikelgröße und Struktur ernähren (KLAUSNITZER 1977). Koexistenz ist im Labor auch zwischen mehreren *Paramecium*-Arten möglich (Abb. 5.33.).

Die Hauptursache für die Indifferenz ist darin zu sehen, daß die Populationen durch ihre spezifischen ökologischen Nischen voneinander abgegrenzt sind. Indifferenz zwischen nahe verwandten oder sich in der Lebensweise ähnelnden Arten setzt ökologische Isolation voraus.

Die Koexistenz verschiedener Populationen mit ähnlichen, jedoch zeitlich und/oder räumlich abgegrenzten Nischen im gleichen Habitat, kann mit einer Einengung des „Volumens" der Nischen verbunden sein. Damit erklären KLOPFER und MCARTHUR (1961) die Artenmannigfaltigkeit der Tropen. Die Reduktion der ökologischen Lizenzen (OSCHE 1973) bewirkt zwangsläufig eine Verringerung der Populationsdichte bei vielen Tierarten. In der Tat ist die mittlere Siedlungsdichte der Sperlingsvögel, die nach der Artenzahl in den Tropen stärker vertreten sind als in den gemäßigten Breiten, dort geringer als weiter nördlich.

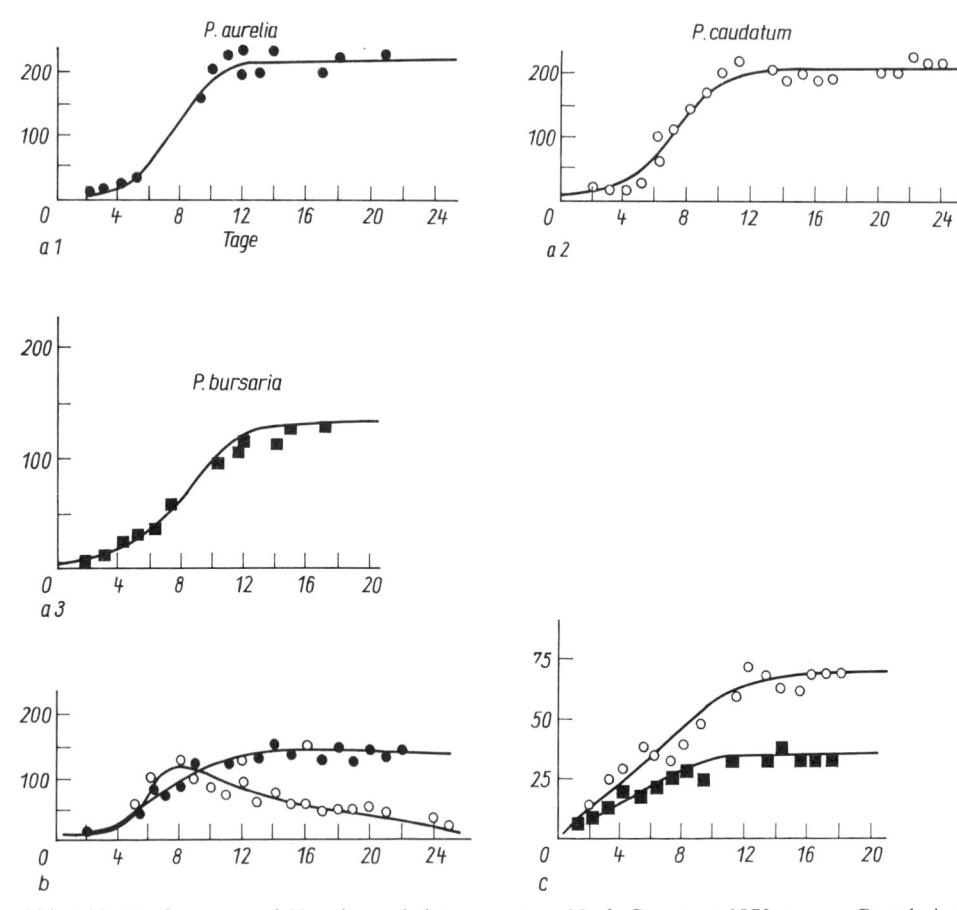

Abb. 5.33. Konkurrenz und Koexistenz bei *Paramecium*. Nach CLAPHAM 1973. a_1-a_3 Populationsentwicklung in Reinkulturen, b Mischkultur von *P. caudatum* und *P. aurelia*, die zum Aussterben von *P. caudatum* führt, c Mischkultur von *P. bursaria* und *P. caudatum* die eine Koexistenz beider Arten zuläßt.

5.6. Formen und Ursachen der Abundanzdynamik von Populationen

Wechselseitige Benachteiligung (Interspezifische Konkurrenz)
Leben Populationen mit ähnlichen Lebensansprüchen im gleichen Habitat, ohne daß ihre ökologischen Nischen eindeutig getrennt sind, kommt es zur Konkurrenz. Diese kann sich auf Nahrung, Brut- und Aufenthaltsplätze sowie Requisiten jedweder Art beziehen. Die Konkurrenz wird um so ausgeprägter sein, je stärker die betreffenden Populationen in ihren ökologischen Ansprüchen übereinstimmen. Interspezifische Konkurrenz tritt erst dann wesentlich in Erscheinung, wenn die Populationsdichten so weit angestiegen sind, daß die Ressourcen, um die konkurriert wird, knapp werden (Abb. 5.34.). Unterschiedliche Mikroklimabedingungen fördern bzw. hemmen zwei *Tribolium*-Arten ganz entscheidend (PARK 1954):

Klima	*T. confusum* (%)	*T. castaneum* (%)
heiß-feucht	0	100
temperiert-feucht	14	86
kalt-feucht	71	29
heiß-trocken	90	10
temperiert-trocken	87	13
kalt-trocken	100	0

Die Ansiedlung der Kanadagans *(Branta canadensis)* wirkte sich in Norwegen zunächst nicht nachteilig auf den Brutbestand der angestammten Form, der Graugans *(Anser anser)*, aus. Erst nach Anwachsen der Population der Kanadagans kam es zur Konkurrenz auf den Weideplätzen und um Brutstätten, die schließlich eine Abnahme des Brutbestandes der Graugans bewirkte. Ein ähnliches Resultat ergab die um 1890 erfolgte Einbürgerung des Amerikanischen Flußkrebses *(Orconectes limosus)*, der zusätzlich höhere Toleranz gegenüber der Krebspest und der Wasserverschmutzung zeigte als der zurückgedrängte Europäische Flußkrebs *(Astacus astacus)*.

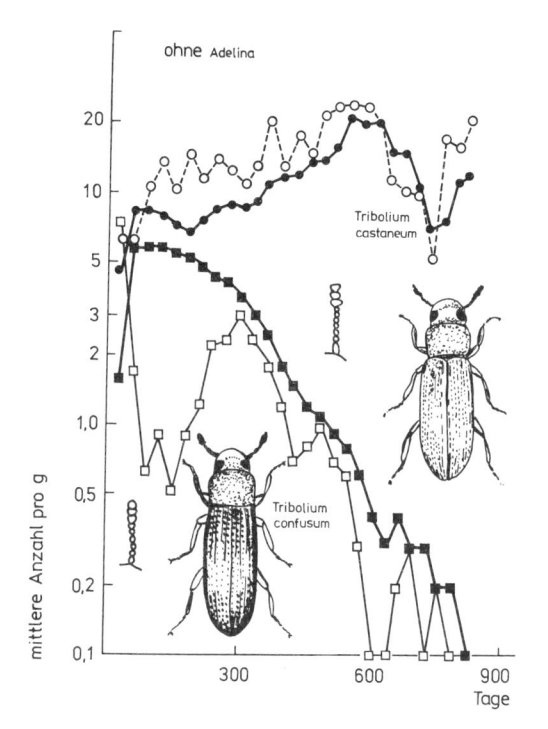

Abb. 5.34. Konkurrenz zwischen zwei *Tribolium*-Arten unter definierten Laborbedingungen (29,5 °C, Vollkornmehl, 5% Hefe). *Tribolium castaneum* (● bzw. ○) verdrängt. *T. confusum* (■ bzw. □). Für den Ausgang des Experiments ist die Temperatur von allergrößter Bedeutung. Unter 29 °C ist *T. confusum* erfolgreich. (Zur Unterscheidung beider Arten dienen die dargestellten Antennen.) Außerdem spielt das Vorhandensein des intrazellulären Parasiten *Adelina* (Microsporidia) eine Rolle. Nur wenn der Parasit nicht vorhanden ist, verdrängt *Tribolium castaneum T. confusum*. Nach VARLEY et al. 1973.

5. Ökologie von Populationen

Benachteiligung einer Population durch andere Populationen

In Wirt-Parasit-Populationen herrscht nur selten ein annäherndes Gleichgewicht (steady state). Die meisten der dafür aufgestellten Modelle erfordern eine Reihe von Voraussetzungen, die zu einer unzulässigen Vereinfachung der biologischen Situation führen. Die isolierte Betrachtung der Wechselwirkungen zwischen zwei Populationen ist ein Spezialfall, der in der Natur äußerst selten realisiert ist. Ferner wird unterstellt, daß der Feind bzw. Parasit rein zufällig nach der Beute sucht. Gewöhnlich sammeln sich die Feinde jedoch dort an, wo die Beutetierdichte am größten ist und verfügen über verschiedene Mechanismen zur Beute (Wirts)-Findung (Abb. 5.35.).

Die Annahme, daß alle Feinde die gleiche Wirkung auf ihre Beute ausüben, ist gleichfalls fragwürdig. Räuber können viel größer sein als ihre Beute und diese in großen Mengen vertilgen (Blauwal – Krill). Von diesem Extrem gibt es lückenlose Übergänge bis hin zu Formen, bei denen Räuber und Beute etwa gleich groß sind (Sperber und Taube) oder der Räuber sogar kleiner ist als seine Beute (Schnecken – Schneckenhauskäfer). Ein Räuber, der sich auf Gelegeraub spezialisiert (Krähen, Elstern, Marder), beeinflußt die betreffende Vogelpopulation viel nachhaltiger als ein Räuber, der flugfähige Individuen entnimmt (Falke). Bei Insekten kann dies gerade umgekehrt sein: die Wirkung der Eiparasiten von Schmetterlingen auf die Populationsentwicklung ist vielfach geringer als die der Puppenparasiten.

Dennoch kann die mathematische Modellierung von Räuber-Beute-Beziehungen zu theoretisch und praktisch bedeutsamen Einsichten führen. Das trifft schon für so einfache Modelle wie das von VOLTERRA entwickelte Prinzip zu (vgl. 2.3.). Eine Ursache, die sowohl Beute wie Räuber gleichmäßig dezimiert, erhöht die durchschnittliche Beutepopulation und erniedrigt die durchschnittliche Räuberpopulation.

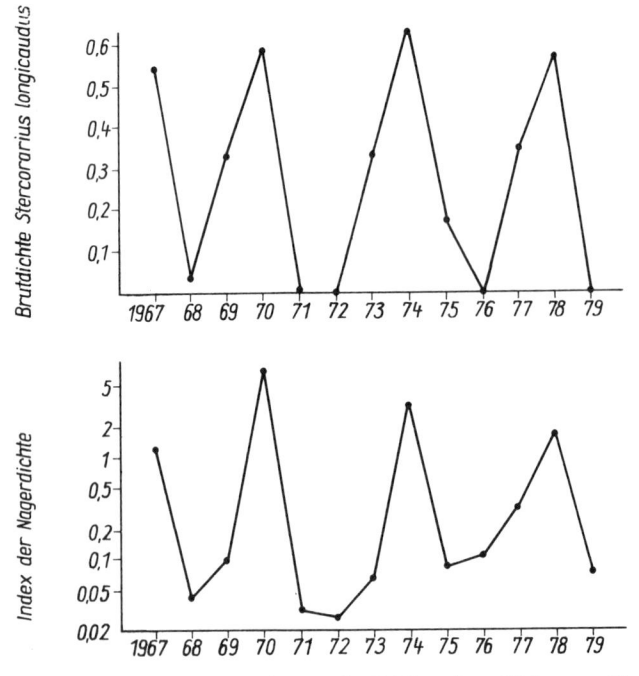

Abb. 5.35. Parallele Veränderung der Dichte einer Kleinnager-Population (hauptsächlich *Clethrionomys rufocanus* Sund. und *Lemmus lemmus* L.) und einer Raubseeschwalben-Population (*Stercorarius longicaudus* Vieill.) in Nordschweden. Nach ANDERSSON 1981.

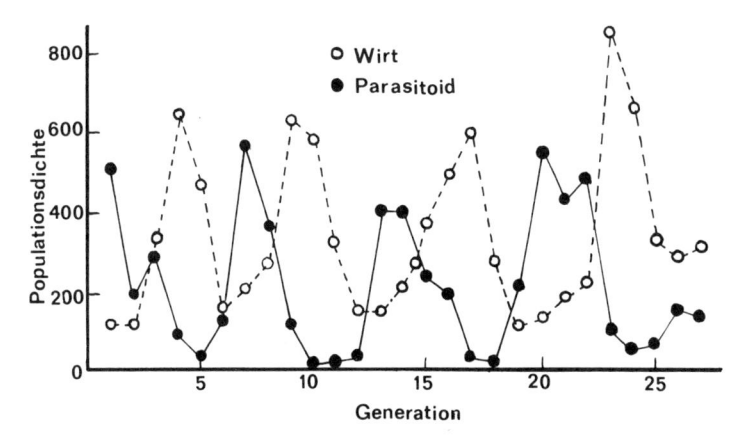

Abb. 5.36. Räuber-Beute-Oszillationen unter Laborbedingungen bei gemeinsamer Zucht des Bohnenkäfers *Callosobruchus chinensis* und eines Parasitoiden, der Braconide *Heterospilus prosopidis*. Nach UTIDA 1957.

Diese Erkenntnis hat sich bei der Bekämpfung von Schadinsekten durch Insektizide mit Breitbandwirkung, die also Schaderreger und deren Predatoren gleichermaßen treffen, bestätigt. Die Predatoren werden stärker beeinträchtigt als die niedrigzuhaltenden Beutepopulationen.

Nachdem es seit 1988 gelungen war, in Kalifornien die Population der Australischen Wollschildlaus *(Icerya purchasi)* in Zitrusplantagen durch den ebenfalls aus Australien eingeführten Marienkäfer *(Rodolia cardinalis)* erfolgreich niederzuhalten, nahm die Populationsdichte der Schildläuse erheblich zu, der Marienkäferbestand dagegen ab, als Bekämpfungsmaßnahmen mit DDT durchgeführt wurden.

Die Größenunterschiede zwischen Räuber und Beute sind von wesentlicher Bedeutung für die wechselseitigen Beziehungen. Große Räuber haben im allgemeinen nur geringen Einfluß auf den Populationsbestand kleiner Beutetiere. Hierin liegt die Hauptursache für das Versagen der Bekämpfung von Fruchtschädlingen und anderen Schadinsekten durch insektenfressende Vögel. Ein entgegengesetztes Bild ergibt sich, wenn man die Wirkung betrachtet, die körperlich kleine Feinde auf ihre größeren Beutetiere ausüben. Das wird besonders deutlich, wenn wir Parasitoide und Krankheitserreger in die Überlegungen einbeziehen.

Die gewaltigen Schäden, die der australischen Landwirtschaft durch die ungehemmte Ausbreitung des aus Europa eingeführten Wildkaninchens zugefügt wurden, konnten erst beseitigt werden, als die aktiv in die Population eingebrachten Myxomatoseerreger den Siegeszug der Kaninchen stoppten und die Art auf ein erträgliches Maß zurückdrängten. Im östlichen Kanada entwickelte sich der aus Europa dorthin eingeschleppte Kleine Frostspanner *(Operophtera brumata)* zu einem Großschädling. Erst durch den Nachimport einer Raupenfliege *(Cyzenis albicans)* gelang es, die Populationsdichte auf ein erträgliches Maß herunterzudrücken. Solche Räuber-Beute-Beziehungen lassen sich auch unter Laborbedingungen beobachten (Abb. 5.36.).

5.6.1.4. Zyklische Abundanzdynamik

Veränderungen der Abundanz können regelmäßig jährlich erfolgen, langfristig in unregelmäßiger Form auftreten oder in Form regelmäßiger Zyklen erscheinen.

Jährliche Oszillationen

In Übereinstimmung mit SCHWERDTFEGER (1978) bezeichnen wir kurzfristige, innerhalb eines Jahres regelmäßig erfolgende Veränderungen der Populationsdichte als **Oszillationen** (Abb. 5.37.). Sie liegen gewöhnlich innerhalb einer Generation (intrazyklisch). Oszillationen

260   5. Ökologie von Populationen

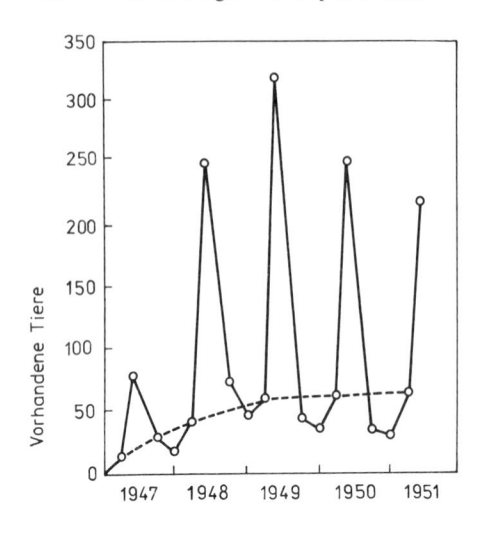

Abb. 5.37. Oszillationen (jährliche Bestandsschwankungen) und langfristige Bestandsveränderungen in einer Population der Kohlmeise *(Parus major)*. Nach SCHWERDTFEGER 1978.

sind typisch für Veränderungen, die sich in Insektenpopulationen vollziehen. Bei vielen Arten folgt auf eine kurze Phase, in der die Weibchen die Eier ablegen und nachfolgend die Imagines absterben, das Schlüpfen der Larven, deren Heranwachsen, das Puppenstadium (bei Holometabola) und das Imaginalstadium der Tochtergeneration. Stellt man die Populationsdichte aller Individuen der verschiedenen Stadien im Ablauf der Zeit für eine Generation zusammen, dann ergibt sich eine charakteristische Kurve, deren Gipfel mit der Beendigung der Eiablage erreicht ist; vom Zeitpunkt des Schlüpfens der Larven aus den Eiern bis zum Erreichen des Imaginalstadiums fällt die Kurve kontinuierlich ab. Dieser Verlauf der Dichteveränderung bei Insekten wird als **Gesamtpopulationskurve** bezeichnet. Die Änderung im Kurvenverlauf kommt durch den Abstand zwischen einmaligem Zugang durch Eiablage und dem kontinuierlichen Abgang während des Larven-, (Puppen-) und Adultstadiums zustande.

Dieser Ablauf über einen Generationzyklus hinweg wird bei vielen Insektenarten durch die Aufeinanderfolge und Verschachtelung mehrerer Generationen innerhalb eines Jahres verstärkt und überlagert (Abb. 5.38.). Aus der Anzahl nach- und nebeneinander erscheinender Generationen ergeben sich unterschiedliche Formen der Oszillation. Der dargestellte Anstieg der Populationsgröße in der 2. Generation gibt den Regelfall für solche Populationen wieder, bei denen im Jahresverlauf mehrere Generationen aufeinander folgen. Starke Oszillationen sind typisch für Populationen, bei denen die Fortpflanzung auf einen kurzen zeitlichen Abschnitt eingeengt ist, so daß der Dichteanstieg in Form eines plötzlichen Schubes durch Zugang (Abb. 5.39.) erfolgt. Der Anstieg ist um so drastischer, je größer die Anzahl der Nachkommen (r-Selektion) ist.

Je gleichmäßiger die Umweltbedingungen sind und je stärker Zugang und Abgang zeitlich nebeneinander erfolgen, desto schwächer werden die Oszillationen. Das trifft vor allem für Populationen zu, die unter den relativ gleichmäßigen Bedingungen im äquatorialen Bereich leben sowie für zahlreiche synanthrope Tierarten, auch Vorrats-, Material -und Hygieneschädlinge.

Langfristige (pluriannuläre) Zyklen
Langfristige pluriannuläre Zyklen der Abundanzdynamik sind besonders als 3- bis 4-Jahres-Zyklen und 9- bis 10-Jahres-Zyklen bei Insekten, Klein- und Raubsäugern, Greif- und Hühnervögeln bekannt. Bedeutung haben sie für die Prognose von Schadinsektenmassenvermehrungen gewonnen, z. B. des Lärchenwicklers *(Zeiraphera diniana)* in der Schweiz

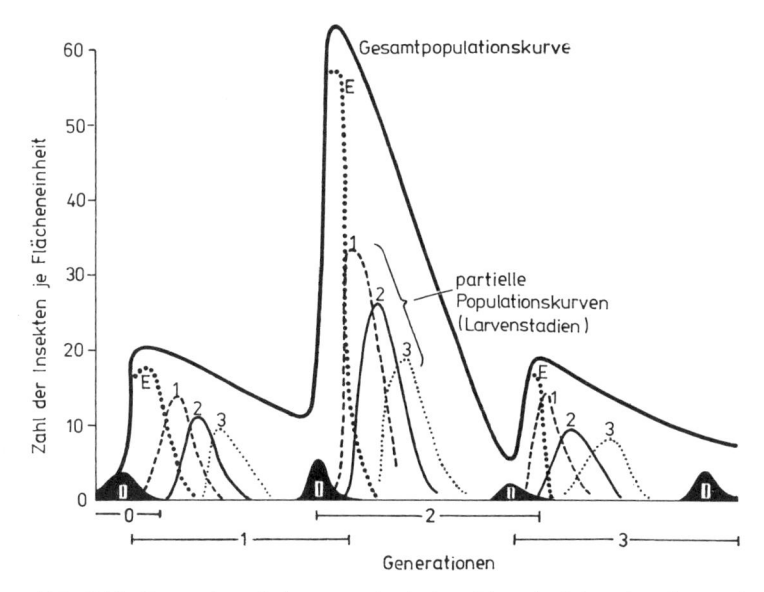

Abb. 5.38. Bestandsveränderungen in drei aufeinanderfolgenden Generationen eines holometabolen Insekts (hypothetische Zahlen). Nach VARLEY 1980.

(BALTENSWEILER 1964); Massenvermehrungen des Kiefernspanners *(Bupalus piniarius)* gab es 1886, 1895, 1900, 1917, 1927, 1936, also im Abstand von etwa 5, 10 oder 15 Jahren (SCHWERDTFEGER 1941). Zyklische Dichteänderungen beschränken sich vor allem auf den nördlichen Teil der Erde und sind vielfach um so ausgeprägter, je weiter nördlich die betreffenden Tierarten leben. Strenggenommen sollte von zyklischen Veränderungen nur

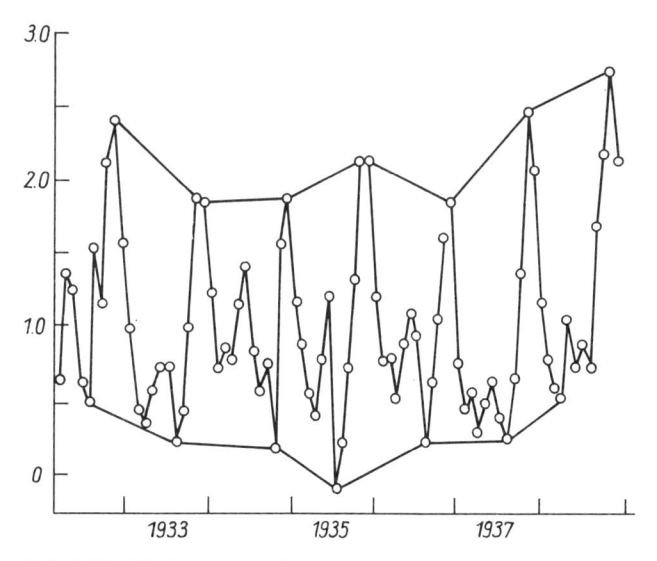

Abb. 5.39. Mittlere monatliche Populationszahlen je Rose für *Thrips imaginis* (Ordinate: log der mittleren Thrips-Zahl/Rose/Stichtag des Monats). Untere Begrenzung Winterminima, obere Begrenzung Sommermaxima. Nach DAVIDSON und ANREWARTHA 1948.–

dann gesprochen werden, wenn der zeitliche Abstand zwischen den Maxima bzw. Minima der Bestandesgröße gleich ist. Das trifft jedoch für keinen der wenigen Fälle zu, die wirklich gut belegt sind. Die Zykluslängen, ermittelt als Mittelwertsberechnungen aus langfristigen Aufzeichnungen, schwanken und sind regional, selbst für die gleiche Art, verschieden. Das wird z. B. an der Diskussion um die Zykluslängen des Berglemmings deutlich (CURRY-LINDAHL 1980).

Besondere Aufmerksamkeit erregten die wenigen Tierarten mit noch längerer Periodik der Populationsdichte. Das bekannteste Beispiel ist der 10-Jahres-Zyklus des Amerikanischen Schneehasen *(Lepus americanus)*, der gut dokumentiert ist (vgl. Abb. 2.34.). Der Zyklus ist auf die Nadelwaldzone beschränkt, obwohl es Grenzgebiete ohne ausgeprägten Zyklus gibt. Das Zustandekommen dieser Periodik ist noch immer unbefriedigend geklärt. Zyklen von 13- und 17-jähriger Dauer wurden für 3 Zikadenarten in Nordamerika beschrieben (LLOYD und DYBAS 1966). Diese Zyklen kommen dadurch zustande, daß die 13 oder 17 Jahre dauernde Larvenentwicklung innerhalb der Population so weitgehend synchronisiert ist, daß jeweils nur im 13. oder 17. Jahr Adulttiere in großen Mengen auftreten. Nur die Zyklen am gleichen Ort lebender Populationen sind zeitlich synchronisiert. An verschiedenen Orten erscheinen die drei Arten in verschieden Jahren, aber immer gekoppelt und in 13- oder 17-jährigem Rhythmus.

Fluktuation und Gradation
Die Fluktuation gibt langzeitige Verhältnisse wieder und beschreibt Häufigkeitsveränderungen von Generation zu Generation. Sie wird oft als Massenwechsel bezeichnet. Zwischen Fluktuation und Oszillation gibt es naturgemäß Zusammenhänge.

Als eine Sonderform der Fluktuation ist die **Gradation** anzusehen (Abb. 5.40.). Dabei handelt es sich gewöhnlich um hohe Dichtezunahmen im Sinne einer Massenvermehrung. Gradationen sind besonders an land- und forstwirtschaftlich bedeutsamen Insekten studiert worden. Sie können beträchtliche Schäden an Kulturpflanzen des Menschen hervorrufen. Im Verlauf einer Gradation oder „Kalamität" können Wälder und Felder vollständig kahlgefressen werden. Bei Arten, die zur Gradation neigen, fluktuiert die Population auch außerhalb der eigentlichen Massenvermehrung. Die Gradation ist nur ein besonders extremer Ausschlag der ohnehin pendelnden Populationsdichte. Obwohl sich die Gradationen im zeitlichen Ablauf, in der Stärke des Dichteanstiegs (Amplitude) und in der Gesamtdauer erheblich unterscheiden, gibt es doch gemeinsame Merkmale. Aus einer Phase relativ geringer Dichteschwankungen heraus, der **Latenzperiode**, entsteht ein zunächst allmählicher Anstieg der Populationsdichte, die **Progradation**, die dann plötzlich durch steilen Anstieg in die **Gradation** übergeht und ebenso plötzlich und steil wieder abfällt (**Retrogradation**).

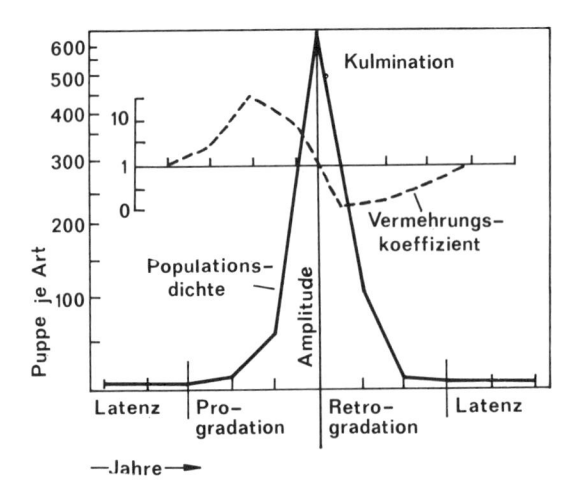

Abb. 5.40. Schematische Darstellung eines Gradationsverlaufs (Beispiel Forleule *Panolis flammea*). Nach SCHWERDTFEGER 1978.

Die Progradation wird durch verringerten Umweltwiderstand, verringerte Mortalität und erhöhte Fertilität verursacht und führt zum Kulminationspunkt. In der anschließenden Retrogradationsphase vergrößern sich Umweltwiderstand und Mortalität, die Fertilität nimmt ab.

Interessanterweise verhalten sich Schadtierarten in ihrem Massenwechsel unterschiedlich, so daß man verschiedene Gradationstypen unterscheiden kann. Bestimmte Arten zeigen eine ständig hohe Abundanz und leben gleichsam in dauernder Massenvermehrung **(permanenter Gradationstyp)**. Beispiele sind: Kohlweißling *(Pieris brassicae)*, Apfelwickler *(Laspeyresia pomonella)*, Erbsenwickler *(L. nigricana)*, Rapsglanzkäfer *(Meligethes spec.)*, Kohlfliege *(Phorbia brassicae)*.

Nur zeitweilig gradierende Arten **(temporärer Gradationstyp)** sind beispielsweise Goldafter *(Euproctis chrysorrhoea)*, Gammaeule *(Phytometra gamma)*, Rübenfliege *(Pegomya betae)*, Feldmaus *(Microtus arvalis)*.

Schließlich wird noch ein **latenter Gradationstyp** unterschieden, der Schadtierarten umfaßt, die niemals ausgesprochene Gradationen zeigen, z. B. Maiszünsler *(Pyrausta nubilalis)*, Getreidehähnchen *(Oulema lichenis, O. melanopus)*.

Hinsichtlich des Gradationsverhaltens bestehen auch geographische Unterschiede. So kann man innerhalb des insgesamt von einem Schädling befallenen Gebietes **Permanenzgebiete** (Massendauergebiete), **Gradationsgebiete** (Massenwechselgebiete) und **Latenzgebiete** unterscheiden. Derartige Gradationszonen sind nicht starr, sondern in ständiger Wandlung begriffen, wie auch das Auftreten der Gradationstypen vielfach einer Änderung unterliegt.

5.6.1.5. Steuerungs- und Regulationsvorgänge in Populationen

Die mit dem rapiden Populationsanstieg bei Insektengradationen und dem zwangsläufig folgenden Zusammenbruch zusammenhängenden Erscheinungen ähneln zwar den Gradationen von Kleinnagern, die Mechanismen jedoch, die hinter dem gleichen Erscheinungsbild stehen, sind grundverschieden. Bei den Insekten sind es vor allem die über die Häutungshormone gesteuerten Möglichkeiten zur Veränderung der Individualzyklen und die in ihren physiologischen Ursachen noch nicht voll verständlichen Möglichkeiten zu beträchtlich gesteigerter Eiproduktion bei geeignetem Nahrungsangebot, die den Populationsanstieg vorantreiben. Bei den Kleinnagern wird die Erhöhung der Natalität durch verbesserte Ernährungsbedingungen infolge eines gänzlich anders gearteten komplizierten Zusammenwirkens von sensorischen Leistungen, besonders im olfaktorischen Bereich, sowie neurohormonaler, hormonaler und nervöser Regulation erreicht.

Die gleiche Abstufung in der Empfindlichkeit der steuernden Mechanismen gilt auch für die mit dem Zusammenbruch bei ungünstigen Umweltverhältnissen einsetzenden Vorgänge. Beim Vergleich zwischen den Populationsentwicklungen von Insekten und Kleinnagern sind außerdem die Konsequenzen zu beachten, die sich aus der gänzlich verschiedenen sozialen Organisationsform ergeben. Bei Gradationen von Insekten bestehen Sozialbeziehungen im allgemeinen lediglich kurzzeitig zwischen den Geschlechtern während der aktiven Fortpflanzungsphase. Bei Kleinnagern dagegen sind komplizierte Sozialstrukturen sehr verschiedener Ausprägung vorhanden.

Das individuelle Kennen in Gruppen, die Verständigungsmöglichkeiten zwischen Gruppen und Individuen und das damit zusammenhängende Verhalten wird bei Vögeln und Säugetieren zu entscheidenden Stellgliedern für populare Vorgänge verschiedenster Art (Senkung und Steigerung der Fortpflanzungsrate, Verteilung im Raum). Die von der Umwelt ausgehenden Signale (qualitative und quantitative Beschaffenheit des Nahrungsangebotes, Art und Stärke der Feindeinwirkung, Beschaffenheit der Brut- und Nistmöglichkeiten) werden über den sensorischen Apparat in detaillierter Form erfaßt und führen nach zentralnervöser Verarbeitung, in die bei Vögeln und Säugetieren zunehmend Lernvorgänge einbezogen sind, zu differenzierten Antworten.

Auf diese Weise erfolgt die Reaktion auf sich allmählich vollziehende Umweltveränderungen in Form einer Feinabstimmung und mit geringer Verzögerung.

Überschreiten die Umweltveränderungen die Toleranzgrenzen, etwa bei Witterungskatastrophen, Großbränden und plötzlichen Seuchenzügen, dann versagen die Adaptionsmechanismen, und die Population geht großenteils oder gänzlich zugrunde. Damit wird verständlich, weshalb Populationen, die sich im Verlaufe der Evolution an sich geringfügig ändernde Umweltbedingungen angepaßt haben, die durch drastische Veränderungen der Umwelt bewirkten Populationssenkungen nicht „verkraften" und entweder lange Phasen allmählicher Erholung durchlaufen müssen oder gänzlich zugrunde gehen. Ist eine Mindestgröße unterschritten, dann kommen die für das normale Funktionieren der Populationen notwendigen kommunikativen und verhaltensmäßigen Mechanismen nicht mehr zur Wirkung, was den vollständigen Untergang beschleunigt (Allees Prinzip).

Darauf ist es zurückzuführen, daß der Bestand des äußerst selten gewordenen, in Einzelpaaren lebenden Wanderfalken *(Falco peregrinus)* in Mitteleuropa durch Ausbürgerung in Gefangenschaft aufgezogener Tiere wieder angehoben werden konnte, ein Vorgang, der noch anhält. Das Birkhuhn *(Lyrurus tetrix)* dagegen konnte in weiten Teilen seines ursprünglichen mitteleuropäischen Vorkommensgebietes den durch Umweltveränderungen bewirkten Populationsrückgang nicht verkraften. Über viele Jahre hinweg waren in den Einstandsgebieten noch einzelne Hähne und Hennen vorhanden. Zur Fortpflanzung kam es nicht mehr. Die zur Gruppenbalz gehörenden komplizierten Verhaltensweisen erfordern eine Mindestmenge an Individuen.

Steuerung durch äußere Zeitgeber
Die in Populationen ablaufenden Vorgänge unterliegen Gesetzmäßigkeiten, die von den Umweltfaktoren gesteuert werden. Die jahreszeitlichen Veränderungen der klimatischen Bedingungen und die Verfügbarkeit der Nahrung erfordern eine optimale zeitliche Einpassung der Reproduktion. Sie ist für die Fitness der Nachkommen von größter Bedeutung. Die Evolution begünstigt jene Individuen, die Nachkommen in den günstigsten Jahreszeiten erzeugen. Im gemäßigten Klimabereich unserer Breiten wird die einsetzende Reproduktionstätigkeit bei vielen Tieren (bekannt u. a. von Vögeln und Insekten) durch die zunehmende Lichtmenge im Frühjahr gesteuert. Bei Untersuchungen an Vögeln ist es gelungen, die Glieder in der Kette kausal zusammenwirkender Faktoren von der Messung der Lichtmenge im Zentralnervensystem bis zum Einsetzen der Gonadenreifung und der zur Reproduktion gehörenden Verhaltensweisen lückenlos zu erkennen.

Die zeitliche Synchronisation des Gonadenwachstums wird bei männlichen Vögeln, wie dargelegt, ausschließlich durch die Lichtmenge erreicht. Bei weiblichen Tieren erfolgen die volle Gonadenreifung und der Eintritt des Sexualverhaltens erst dann, wenn weitere äußere Signalgeber, wie der Anblick des Männchens oder des teilweise oder vollständig vom Männchen gebauten Nestes, hinzutreten. Beim Wellensittichweibchen spielt die von der Stimme des Männchens ausgehende akustische Reizwirkung eine Rolle.

In tropischen Gebieten fehlt häufig eine Abhängigkeit von der Jahresperiodik. Webervögel sind das ganze Jahr über in Brutstimmung. Beim australischen Zebrafinken, der in Trockenzonen im Inneren des Kontinents vorkommt, übernimmt der aperiodisch auftretende Regen die Rolle eines exogenen Zeitgebers; nach Regen setzt Hodenwachstum ein. Regen wurde auch als exogener Steuerungsfaktor für den Eintritt des Paarungsverhaltens von Froschlurchen im Süden der USA festgestellt. Bei Insekten wirken klimatische Faktoren in analoger Weise induzierend über das neuroendokrine System wie bei Vögeln. Die Insekten der gemäßigten Zone reagieren auf die abnehmende Tageslänge mit dem Eintritt der Diapause. Die Schwarmbildung der in semiariden Gebieten lebenden Wanderheuschrecken konnte KEY (1945) vorrangig auf die zeitliche Verteilung des Niederschlages zurückführen. Es ergab sich, daß die Niederschlagsmenge von Oktober bis Februar einen bestimmten Wert überschreiten muß, bevor Schwarmbildung erfolgt.

Die Beispiele zeigen, daß auf verschiedene Weise eine Synchronisation zwischen den in der Umwelt sich vollziehenden Veränderungen und populären Vorgängen erreicht wird. Die erreichte Angepaßtheit zwischen periodisch oder aperiodisch verlaufenden Umweltveränderungen und dem Einsetzen der Reproduktion, dem Haarwechsel der Säuger und der Mauser der Vögel, dem Beginn und dem zeitlichen Ablauf von Migrationen, dem Eintritt von Ruheperioden wie Diapause, Winterschlaf oder Winterstarre sind im Verlauf der Evolution herausgebildet worden und größtenteils genetisch determiniert.

„Selbstregulation" in Populationen

In der theoretischen Diskussion um die Regulationsvorgänge in Populationen nimmt die „Selbstregulationstheorie" einen besonderen Stellenwert ein. Dabei wird unterstellt, daß bei zunehmender Populationsdichte aktive Mechanismen in Gang gesetzt werden, die das Populationswachstum bremsen und die Dichte dadurch letztlich auf ein mittleres „optimales" Niveau zurückführen.

Bei der Selbstregulierungstheorie spielt die Einbeziehung psychischer und physiologischer Vorgänge, in ihrer Gesamtheit als „Streß" bezeichnet, eine wichtige Rolle. Unter Laborbedingungen gut untersucht ist die Beeinflussung der Adrenalinproduktion im Nebennierenmark bei hohen Dichten in Rattenpopulationen und die damit verbundene zunehmende Aggressivität. Der steigende Adrenalinspiegel soll negativ rückgekoppelt sein mit anderen hormonalen Funktionen, insbesondere der Produktion von Sexualhormonen, so daß der Eintritt der Geschlechtsreife verzögert und das Fortpflanzungspotential erniedrigt wird (u. a. CHRISTIAN und DAVIES 1964). Bei im Käfig gehaltenen Tupajas wird von einer bestimmten Populationsdichte an die Geschlechtsreife hinausgezögert oder entfällt ganz, geschlechtsreife Tiere bilden ihre Gonaden zurück, und es tritt Kannibalismus auf (REMMERT 1980).

Die Hypothese von der „Selbstregulation der Populationsdichte" erhielt wichtige Impulse aus Studien an Kleinsäugern, insbesondere dem beeindruckenden Phänomen des Massenwechsels der Wühlmäuse. Experimentelle Untersuchungen über die Ursachen, die den Zusammenbruch von Kleinsäugerpopulationen bewirken, führte FRANK (1953) durch. Er erbrachte den Nachweis, daß die landläufigen Vorstellungen über den Zusammenbruch von Kleinsäugerpopulationen durch Parasiten und infektiöse Erkrankungen falsch sind. Seine Beobachtungen und experimentellen Befunde zeigen, daß die Ursachen für den gewöhnlich im Spätwinter erfolgenden Zusammenbruch in der additiven Wirkung verschiedener Umweltfaktoren (Nahrungsmangel, Witterungseinflüsse) und auch in der durch den Hunger gesteigerten wechselseitigen Beunruhigung zu suchen sind.

In tierischen Populationen sind für Dichteregulationen verantwortliche Regelzentren nicht lokalisierbar, und auch spezifische Meßfühler sind nicht nachweisbar, eine Selbstregulation im strengen Sinn ist deshalb nicht möglich. HEERKLOS (1985) empfiehlt deshalb, anstelle des kybernetischen Regelkreises stochastisch-kinetische Modelle zur Erklärung von Regulationsvorgängen zu verwenden.

Entscheidend für das kausale Verständnis der kompensatorischen Vorgänge in der Population sind die auslösenden Veränderungen in der Umwelt. Bleibt diese eine gewisse Zeit mehr oder minder unverändert, dann bleibt auch der Umsatz in der Population konstant, weil sich die verschiedenen auf die Population von außen einwirkenden und die in der Population ablaufenden Vorgänge aufeinander einspielen. Umwelt und Population bilden ein Kontinuum, in dem Konstanz und Gleichmaß davon abhängen, wie gut die Population den Schwankungen der Umwelt durch die ihr innewohnenden kompensatorischen Fähigkeiten zu entsprechen vermag. Es geht nicht um die Einhaltung einer imaginären mittleren Dichte durch „Selbstregulation", sondern um Anpassung der Population an sich ändernde Umweltgegebenheiten. Die Ausnutzung der Umwelt wird um so vollständiger und vollkommener sein, je besser die kompensatorischen Mechanismen funktionieren. Sie sind besonders hoch entwickelt in Populationen, in denen K-Selektion evolutiv begünstigt wurde (Abb. 5.41 u. 5.42.).

MERKMALE DER "K"-SELEKTION

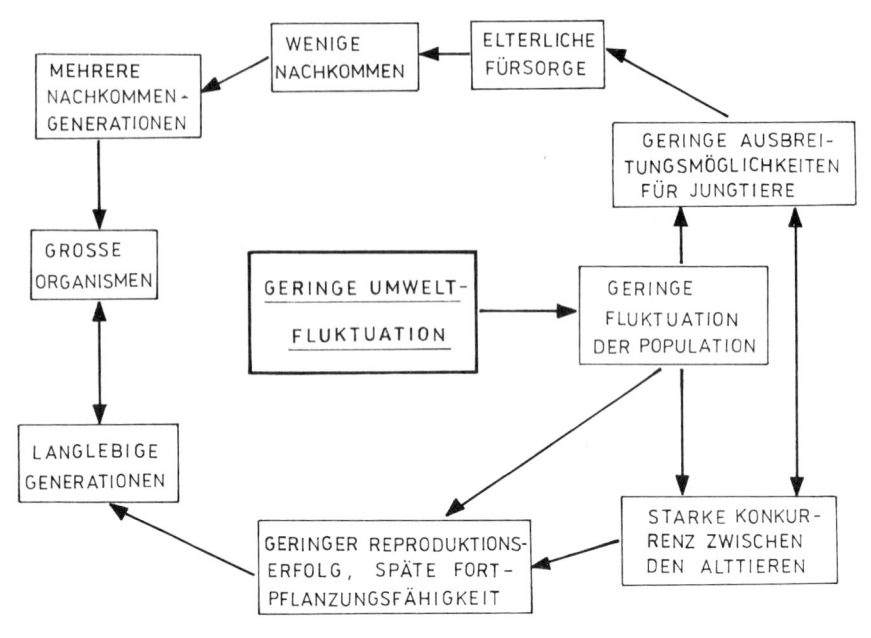

Abb. 5.41.

5.6.1.6. Rückwirkung von tierischen Populationen auf die biologische Umwelt

Vielfach wirkt das bloße Vorhandensein einer Population verändernd auf die belebte und unbelebte Umwelt, was durchaus negativ für die Existenzbedingungen der betreffenden Population sein kann und in Extremfällen ihre Vernichtung bewirkt. Starke Vermehrung führt irgendwann zwangsläufig zur Überbeanspruchung der Nahrungsressourcen und damit zu deren Abnahme. Die Folgen sind jedoch keineswegs immer Bestandsabnahme mit nachfolgender Erholung der Nahrungsquelle. Die Verhältnisse sind gewöhnlich vielschichtiger, komplizierter und schwer überschaubar.

In Australien bewirkte die Beweidung mit Rindern wegen des Fehlens entsprechender Mistkäferarten einen jährlichen Weidelandverlust von 800 m^2/Rind durch liegenbleibenden Rindermist. Die anthropogen aufgebaute Weide-Rinderpopulation wäre ohne den Nachimport geeigneter koprophager Insekten zum Untergang verurteilt gewesen.

Der umweltverändernde Einfluß tierischer Populationen erfolgte jedoch nicht nur über Entnahme von Nahrung. Kormorane und Graureiher *(Ardea cinera)* bringen die Bäume, auf denen sie ihre Kolonien anlegen, allmählich durch den Kot der Jungvögel zum Absterben. Dadurch nehmen sie sich selbst die Möglichkeit zur Aufzucht der Jungen. Nach langjähriger Nutzung aufgegebene Reiherkolonien bieten einen trostlosen Anblick. Es dominieren abgestorbene Bäume, und die Kraut- und Strauchschicht weicht infolge Überdüngung extrem von der übrigen Umwelt ab.

MERKMALE DER "r"- SELEKTION

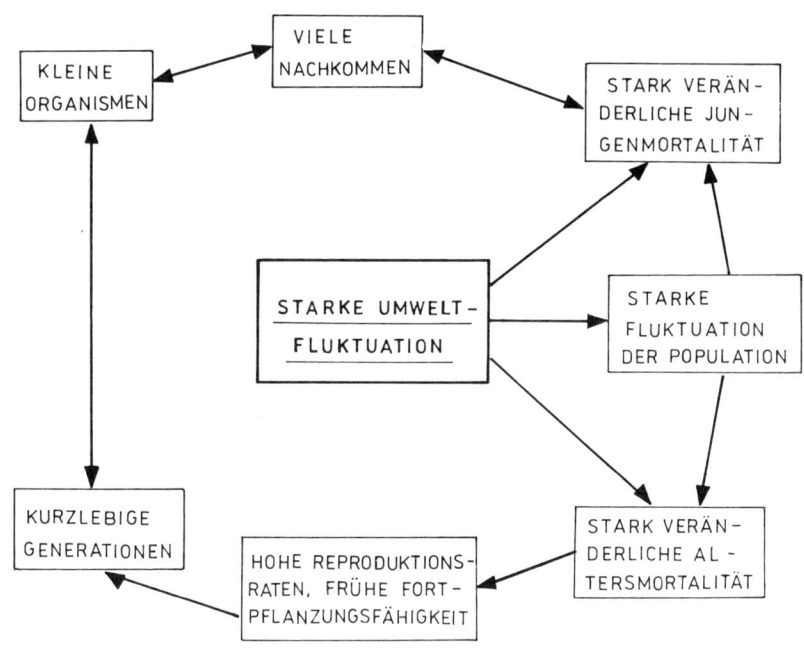

Abb. 5.42.

5.6.2. Abundanzdynamik pflanzlicher Populationen

5.6.2.1. Zeitliche Veränderungen

Zeitliche Veränderungen von Populationen basieren auf dem Vorhandensein zweier miteinander in engem Zusammenhang stehender, in ihrer jahreszeitlichen Dynamik in vieler Hinsicht synchron verlaufender Entwicklungsvorgänge:
— dem in erster Linie genotypisch determinierten Verlauf des ontogenetischen Entwicklungszyklus der einzelnen Arten bzw. seiner entsprechenden ontogenetischen Entwicklungsabschnitte,
— dem durch spezifische populationsökologische Parameter (wie z. B. der Altersstruktur) determinierten Entwicklungsverlauf der Gesamtpopulation in Abhängigkeit von den jeweils bestimmenden abiotischen und biotischen Umweltfaktoren.

Die genaue Kenntnis des artspezifischen ontogenetischen Lebenszyklus bildet somit eine entscheidende Voraussetzung für die Analyse und Interpretation der Vorgänge, die die Entwicklung pflanzlicher Populationen in ihrer Gesamtheit bestimmen.

5.6.2.1.1. Ontogenetische Strategien und Lebenszyklen

Voraussetzung für die Erhaltung einer Population ist deren ständige Erneuerung durch reproduktiv oder (und) vegetativ (klonal) entstandene Individualeinheiten. Dieser Prozeß vollzieht sich bei Höheren Pflanzen innerhalb eines ein- oder mehrjährigen Lebenszyklus, der auf der spezifischen ontogenetischen Entwicklungsstrategie der einzelnen Arten basiert.

Der Lebenszyklus Höherer Pflanzen umfaßt eine Reihe ontogenetisch wichtiger Abschnitte (vgl. 4.2.2.2.).

Im Laufe der Evolution der Höheren Pflanzen haben sich einige spezielle ontogenetische Entwicklungsstrategien herausgebildet, die sich als besonders erfolgreich erwiesen und folgenden verbreiteten Typen entsprechen:

Annueller Lebenszyklus: Kann auf einige Wochen beschränkt sein (Ephemeren), sich während einer Vegetationsperiode vollziehen oder bereits einen Zeitraum des vorangegangenen Jahres einschließen (Winterannuelle). Die Entwicklungsstrategie der Vertreter dieses Types ist auf eine möglichst regelmäßige (d. h. jährliche), hohe Samenproduktion ausgerichtet, da nur eine kontinuierliche Zufuhr der über ein beschränktes Reservestoffpotential verfügenden Diasporen zum Samenpool im Boden die Erhaltung der Population in gleicher Größe sichert (vgl. Abb. 5.43.). Im Hinblick auf diese Zeitfunktion ist die Strategie der Vertreter dieser Gruppe auf eine Optimierung der Entwicklungsbedingungen orientiert, die für das Erreichen des reproduktiven Stadiums und der Samenbildung entscheidend sind. In Streßsituationen werden daher Stoffverluste besonders zu ungunsten des vegetativen Stadiums in Kauf genommen.

Mehrjähriger Lebenszyklus: Die Entwicklung beginnt meist mit einem längeren vegetativen Stadium. Dieses geht über in ein

— **einmaliges** reproduktives Stadium (monokarper Typ) oder
— **wiederholtes,** nicht selten in unregelmäßiger Folge auftretendes reproduktives Stadium (polykarper Typ) (Abb. 5.43).

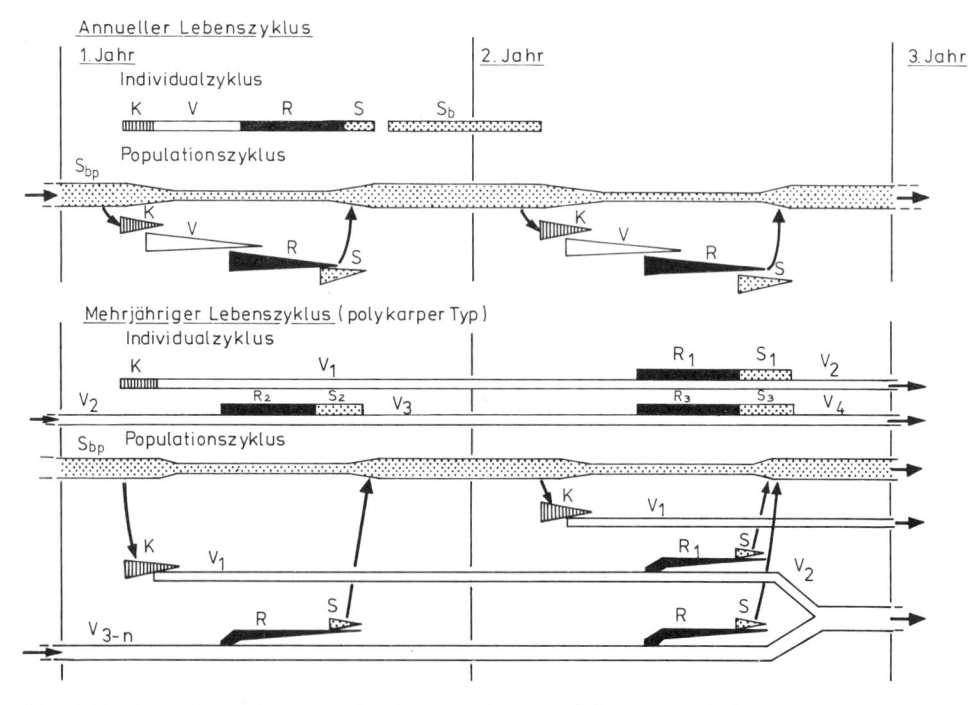

Abb. 5.43. Annueller und mehrjähriger Lebenszyklus von Pflanzenpopulationen.
K = Keimlingsstadium; V = vegetatives Stadium; R = reproduktives Stadium; S = Samen-(reife)stadium; S_b = Samen im Boden; S_{bp} = Samenpool im Boden.

5.6. Formen und Ursachen der Abundanzdynamik von Populationen

Im ontogenetischen Stoffhaushalt steht nicht wie bei den Annuellen eine hohe reproduktive Effektivität im Vordergrund. Vielmehr wird vor allem bei den längerlebigen Arten die Stoffzufuhr zu den vegetativen Organen im Hinblick auf eine Reservestoffspeicherung während ungünstiger Jahreszeiten (Kälte, Trockenheit) gefördert.

Der zeitliche Verlauf der Entwicklung von Populationen ist gekennzeichnet durch entsprechende organstrukturelle und -funktionelle Wandlungen (z. B. Gestaltung und Lebensdauer einzelner Organe, (Abb. 5.44a). Den morphogenetischen Differenzierungsvorgängen liegen entsprechende metabolische Stoffwandlungen zugrunde, die der Gesamtstrategie der Art entsprechen. Sie bestimmen sowohl die Biomasseentwicklung insgesamt wie die spezifischen Veränderungen des Anteils einzelner Komponenten zueinander (z. B. das Verhältnis vegetativer zu reproduktiven Organen (Abb. 5.44b, c). Als brauchbares Kriterium für die quantitative Bewertung der reproduktiven Leistung annueller wie mehrjähriger Populationen kann die Ermittlung des **reproduktiven Aufwandes** (reproductive effort) angesehen werden. Er kennzeichnet den prozentualen Anteil (meist ausgedrückt als Trockengewicht bzw. Energiegehalt) der reproduktiven Organe (Diasporen) an der Gesamtnettoproduktion (HARPER und OGDEN 1970). Dabei bestehen im einzelnen weiterhin unterschiedliche Ansichten hinsichtlich der geeignetsten Parameter zur Aufstellung dieses Index (BAZZAZ und REEKIE 1985) und dessen Aussagen (SYMONIDES 1988a).

Spiegelbild zeitabhängiger Veränderungen der Größe von Populationen ist deren **Altersstruktur**. Entsprechend ihrer genotypisch fixierten Merkmale ist das Lebensalter einer Art und damit auch die mittlere Lebenserwartung der Individuen einer pflanzlichen Population innerhalb bestimmter Grenzen festgelegt. Beobachtet man die Entwicklung einer Population am natürlichen Standort, so ist erkennbar, daß sich selbst Populationen mit

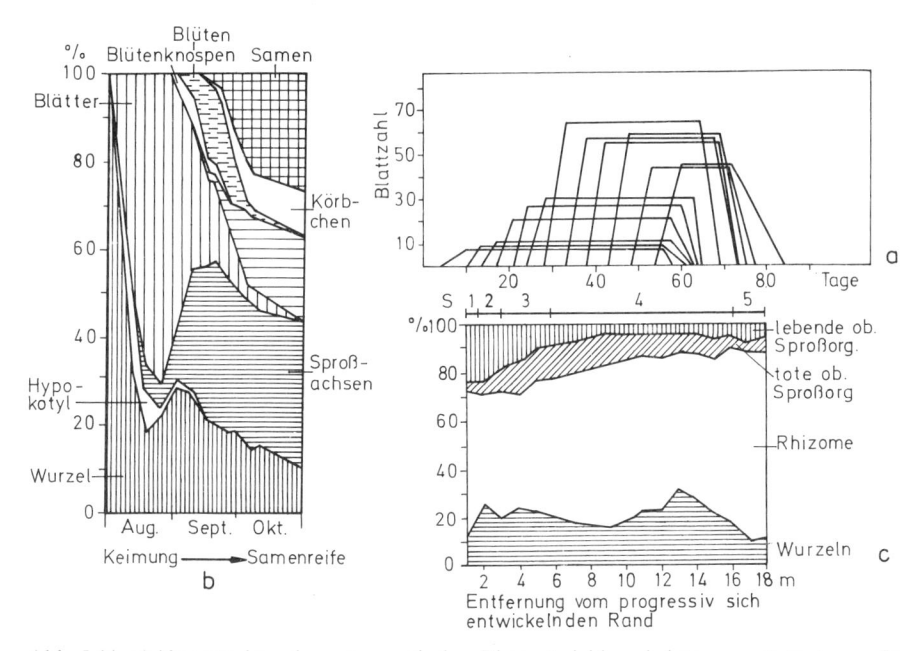

Abb. 5.44. a) Altersstruktur der ontogenetischen Blattentwicklung bei *Linum usitatissimum*; Darstellung als Kohorten (3-Tage-Rhythmus). b, c) Unterschiedliche Biomasseentwicklung in Abhängigkeit vom Typ des Lebenszyklus. b) annueller Typ *(Senecio vulgaris)*; c) mehrjährig, dominierend klonaler Typ *(Carex arenaria)*. In (c) bedeuten S 1–5 ontogenetische Altersstadien. 5a nach HARPER 1977, 5b nach HARPER und OGDEN 1970, 5c nach NOBLE et al. 1979.

5. Ökologie von Populationen

potentiell gleichem Startzeitpunkt aus unterschiedlich alten Individuen zusammensetzen. Dies gilt für Arten mit annuellen Zyklen in gleicher Weise wie für Populationen mehrjährig lebender Arten.

Mit fortschreitender ontogenetischer Entwicklung nimmt dabei die anfangs vorhandene Individuenzahl entsprechend der Gleichaltrigkeit der Gruppen (Kohorten) meist unterschiedlich ab. Der Abfall ist oft besonders während früher ontogenetischer Stadien hoch. Eine derartige frühzeitige Verringerung der Individuenzahl entspricht in der Regel nicht der natürlichen Lebenserwartung dieser Alterskategorie, sondern ist Ausdruck ihres Verhaltens bei suboptimalen Lebensbedingungen. Dieser Vorgang steht in folgendem kausalen Zusammenhang:

Auf ungünstige Wirkungen ihrer Umwelt reagiert eine Population mit einer adaptiven Anpassungsstrategie, die sich als **Dichteregulation** äußert. Sie umfaßt zwei grundsätzliche Möglichkeiten, die eng miteinander gekoppelt sind:

— Verringerung der Individuenzahl durch erhöhte **Mortalität** (Abb. 5.45.).
— Einschränkung der vegetativen und reproduktiven Stoffproduktion entsprechend ihrer phänotypischen **Plastizität** (Abb. 5.46. u. 5.47.).

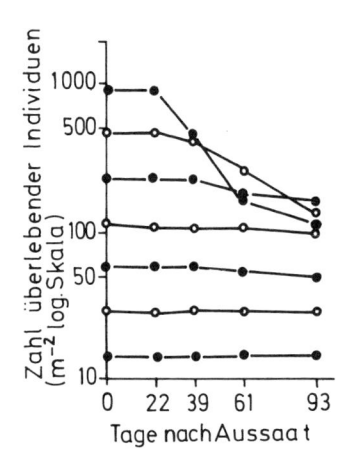

Abb. 5.45. Einfluß der Aussaatdichte auf die Lebensdauer (Mortalität) der Pflanzen von *Glycine max*. Nach YODA et al. 1963 aus HARPER 1977.

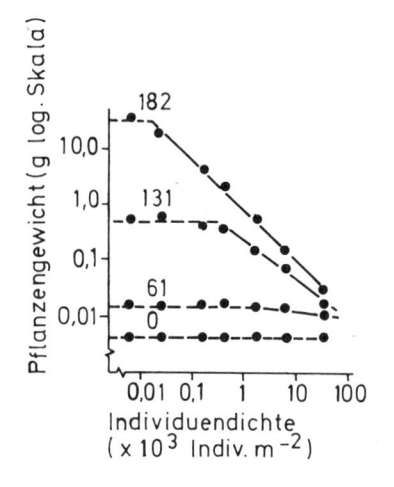

Abb. 5.46. Wirkung der Individuendichte auf die Biomassenentwicklung bei *Trifolium subterraneum* zu verschiedenen Zeiten nach Aussaat. Nach DONALD 1963 aus WILLEY und HEATH 1969.

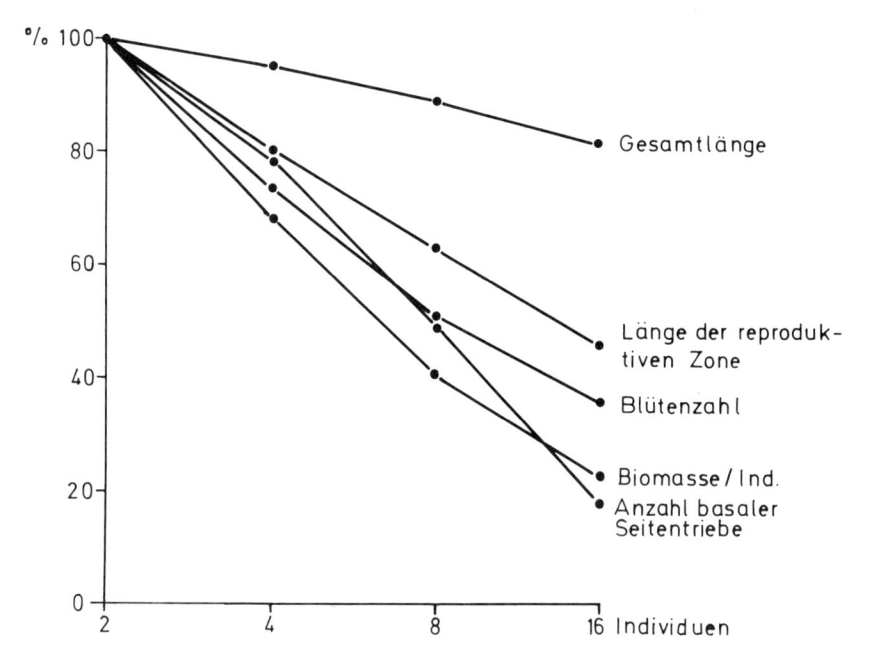

Abb. 5.47. Die Plastizität von *Silene noctiflora* (Gefäßversuch) äußert sich bei zunehmender Individuendichte (intraspez. Konkurrenz) in verringerter Ressourcenzuführung zu vegetativen und reproduktiven Strukturen (Angaben der Unterschiede in % gegenüber D = 2 Indiv./Gefäß).

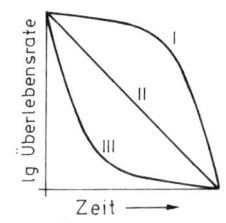

Abb. 5.48. Grundmodelle der Überlebenskurven von Populationen (Deevey-Typen I, II, III).

Die Abnahme einer Population wird durch ihre Überlebenskurve ausgedrückt. Die Art ihres Verlaufes läßt sich prinzipiell 3 Typen zuordnen (Deevey Typ I, II, III), die im wesentlichen die Schnelligkeit der Abnahme zum Ausdruck bringen (Abb. 5.48.).

5.6.2.1.2. Biotische Ursachen zeitlicher Veränderungen

Wie durch Versuche mit gleichaltrigen Pflanzenpopulationen gezeigt werden konnte, besteht über einen relativ weiten Dichtebereich Übereinstimmung hinsichtlich einer angenähert gleichen Biomasseentwicklung pro Flächeneinheit. Diese Beziehung läßt sich nach KIRA et al. (1953) formelmäßig ausdrücken:

$$w = k_i d^{-1} \quad \text{oder} \quad Y = wd = k_i \tag{5.8}$$

Dabei sind: w = mittleres Pflanzengewicht; d = Dichte (Zahl der Individualeinheiten); Y = Biomasse pro Flächeneinheit; k_i = Konstante.

272   5. Ökologie von Populationen

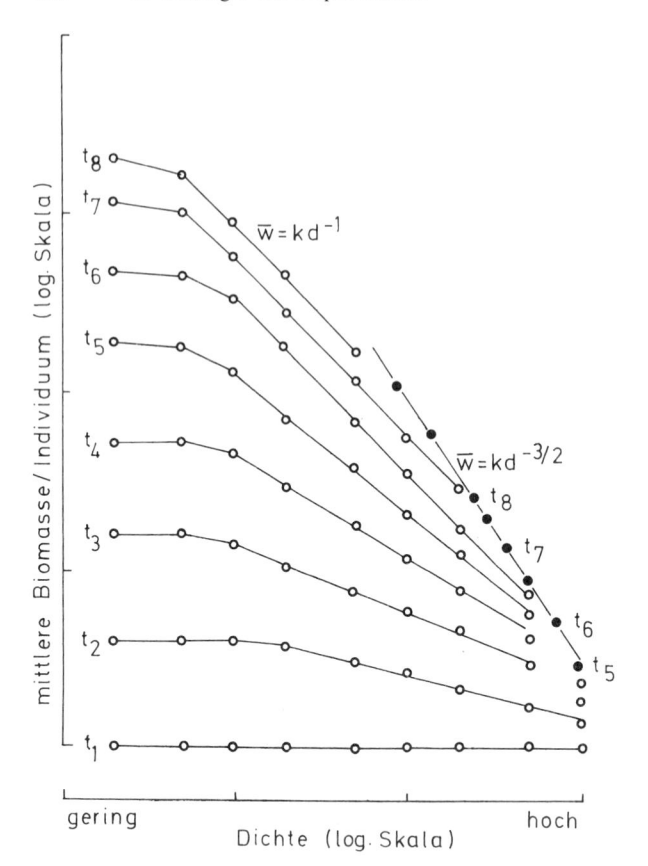

Abb. 5.49. Verallgemeinerte Darstellung der konkurrenzbedingten Beziehungen Individuendichte/Biomasse (Pflanze). Es bedeuten: t_{1-8} aufeinanderfolgende Zeiten. Nach KIRA et al. 1953 und YODA et al. 1963 aus WHITE in SOLBRIG 1980.

Weisen natürliche oder künstlich begründete Pflanzenbestände (einer Art) einheitlichen Alters eine hohe Dichte auf, so beantwortet die Population den mit Fortschreiten der ontogenetischen Entwicklung zunehmenden Dichtestreß entsprechend ihrer ontogenetischen Strategie mit erhöhter Mortalität oder (und) Einschränkung der Stoffproduktion.

Zu Beginn der Entwicklung (d. h. in ontogenetisch frühen Stadien) ist infolge noch geringer Individuengröße die Bestandesdichte gering. Die Höhe der mittleren Biomasseentwicklung pro Pflanze ist daher zunächst dichteunabhängig. Im weiteren Verlauf erfolgt eine Verlangsamung der individuellen Biomasseentwicklung in dem Maße, wie die Dichte zunimmt. Innerhalb eines bestimmten Dichtebereiches vermag die Population auf erhöhten Dichtestreß plastisch zu reagieren. Es entwickelt sich hierbei eine Dichte-/Biomasse-Beziehung $w = k_i \cdot d^{-1}$. Eine weitere Dichtezunahme kann bis zu dem durch die Beziehung $w = kd^{-3/2}$ gekennzeichneten Grenzbereich erfolgen. Er ergibt sich theoretisch als Grenzlinie eines Winkels von 45°; Bestände höherer Dichte erreichen demzufolge entsprechend früher als solche geringer Dichte einen durch diese Linie markierten Grenzwert (Abb. 5.49.).

Die unterschiedliche Größe, die Individuen einer gleichaltrigen Population in bestimmten Stadien ihrer ontogenetischen Entwicklung erreichen, gewinnt unter natürlichen Bedingungen oft entscheidende Bedeutung für ihre Lebenserwartung. Die Größe des Individuums ist oft Ausdruck seiner Vitalität, von der in Lebensabschnitten mit ungünstigen Umweltbedingungen (Trockenheit, Kälte) die weitere Existenz abhängen kann. Dies zeigt recht eindrücklich das Beispiel der Beziehung zwischen erreichter Rosettengröße im Spätherbst und der Überlebensdauer während des Winters bei *Erigeron canadensis* (Abb. 5.50.).

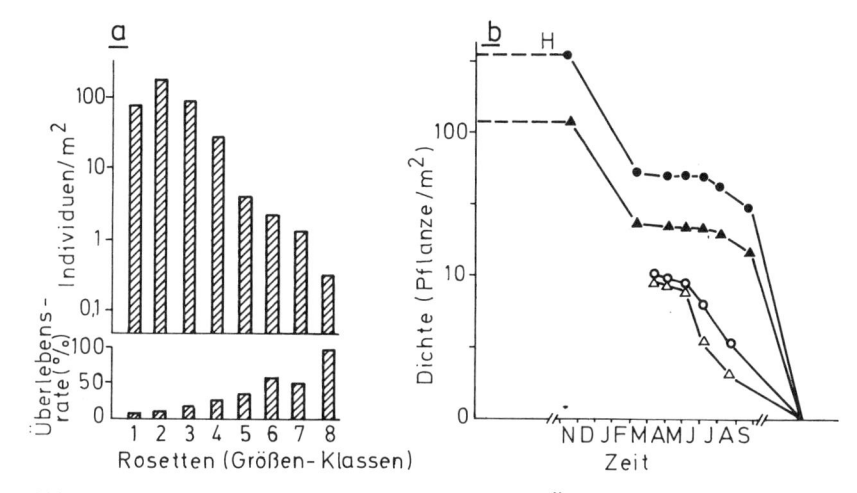

5.6. Formen und Ursachen der Abundanzdynamik von Populationen

Abb. 5.50. Beziehung zwischen Individuengröße und Überlebenschance bei *Erigeron canadensis*. a) Größenklassenverteilung und prozentualer Anteil der überlebenden (von im November vorhandenen) Rosetten. b) Lebensdauer der Herbst-(Teil-)Population und Frühjahrs-(Teil-)Population. Nach Regehr und Bazzaz 1979, verändert.

Nicht ohne weiteres übertragbar sind die genannten dichteabhängigen Regulationsmechanismen auf Populationen, die sich aus ungleichaltrigen Individuen zusammensetzen und daher unterschiedliche Wachstumsparameter (z. B. unterschiedliche Wuchshöhe) aufweisen. Entsprechendes gilt für Mischpopulationen aus mehreren Arten, d. h. unter interspezifischen Konkurrenzbedingungen. Hier lassen sich am ehesten noch entsprechende Beziehungen unter Konkurrenzbedingungen nachweisen, wie sie durch zwei Partner gleichen Entwicklungsalters bestimmt sind.

Dichteabhängige Beziehungen der Populationsregulation haben insofern auch generell unter den Bedingungen interspezifischer Konkurrenz Bedeutung, als die potentielle Gesamtstoffproduktion der autotrophen Organismen pro Flächeneinheit in Abhängigkeit vom spezifischen Ressourcenangebot (Strahlung, Wasser, Nährstoffe) einer Konstanten entspricht.

Die Dichteregulation erfolgt unter diesen Bedingungen entsprechend den Möglichkeiten einer maximalen Ausschöpfung des den autotrophen Organismen insgesamt zur Verfügung stehenden Raumes. Sie ist in starkem Maße abhängig von der Entfaltung spezifischer coenotischer Raumstrukturen (vgl. Wald- und Agro-Ökosystem) bzw. der unterschiedlichen Nutzungsmöglichkeit des vorhandenen Nischenangebotes durch die vertretenen Populationen.

Das Problem der interspezifischen Konkurrenz von Populationen besitzt vor allem aus der Sicht angewandter pflanzenökologischer Forschung außerordentliche Bedeutung. In fast allen Kulturpflanzenbeständen existieren neben den vom Menschen kultivierten Arten (in Agro- wie Grünlandökosystemen) unerwünschte Konkurrenten, die sich an der Nutzung begrenzt verfügbarer Ressourcen beteiligen (Abb. 5.51.). Ein Beispiel für die theoretisch zu erwartende Entwicklung des Samenpools von *Galium aparine* im Boden auf der Grundlage entsprechender experimentell gewonnener populationsökologischer Parameter ist in Abb. 5.52. dargestellt.

Der in diesem Beispiel bei fehlender Regulation der Populationsdichte zu erwartende explosionsartige Anstieg (20fache Erhöhung) wirkt alarmierend, dürfte aber unter normalerweise für *Galium aparine* gegebenen populationsökologischen Bedingungen in Agro-Ökosystemen nur bedingt zutreffen (Mahn et al. 1988). Die bei derartigen Populationsdichten zu erwartenden Wirkungen der intraspezifischen wie interspezifischen Dichteregulationen und möglichen Herbivorie dürften den prognostizierten Kurvenverlauf stärker beeinflussen, als dies im Modell ausgewiesen ist.

274　5. Ökologie von Populationen

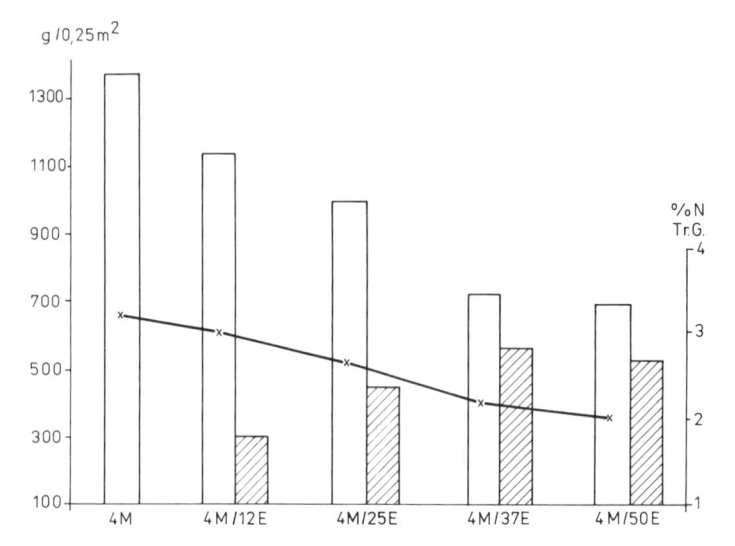

Abb. 5.51. Einfluß unterschiedlicher Individuendichte von *Echinochloa crus-galli* auf Biomasse und org. N-Gehalt von *Zea mays* (M) und Biomasse von *Echinochloa crus-galli* (E) unter Feldbedingungen (Ernte: 7. 9. 1975).

Tierische Organismen gewinnen als Konsumenten in unterschiedlichem Maße Einfluß auf die Entwicklung der meisten pflanzlichen Populationen. Aus populationsökologischer Sicht steht bei einer Analyse der bestehenden Wechselbeziehungen meist die Betrachtung der Vorgänge im Vordergrund, durch die Veränderungen von Wachstum und Entwicklung

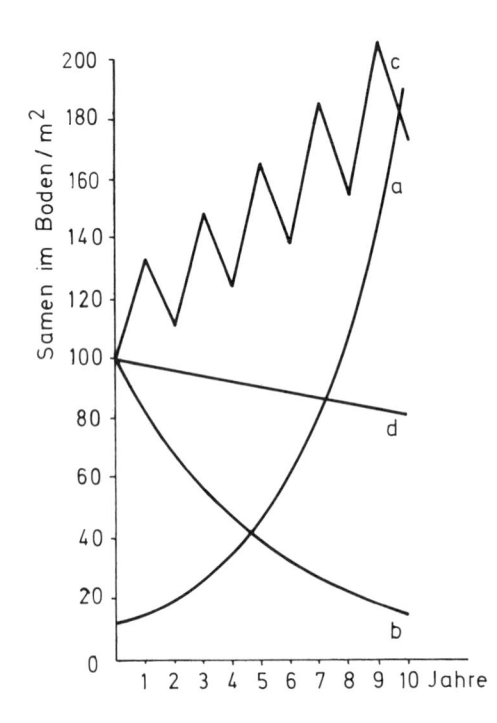

Abb. 5.52. Simulation der zu erwartenden Veränderung des Samenpools von *Galium aparine* im Boden im Verlauf von 10 Jahren (Winterweizenmonokultur) bei unterschiedlichen Bekämpfungsmaßnahmen.
a = ohne Bekämpfung; b = mit 100% Erfolg; c = Wechsel Bekämpfung/Nichtbekämpfung; d = Bekämpfung mit 90% Erfolg. Nach RÖTTELE 1980.

5.6. Formen und Ursachen der Abundanzdynamik von Populationen

pflanzlicher Populationen hervorgerufen werden. In der Regel werden durch Herbivorie nicht pflanzliche Organismen oder Populationen in ihrer Gesamtheit vernichtet, sondern nur spezifische Teile (Organe) in Anspruch genommen.

Die mit Herbivorie durch tierische Organismen in Zusammenhang stehenden Wirkungen weisen entsprechend der unterschiedlichen Nutzung pflanzlicher Organismen folgende Spezifika auf:

— Schädigungen im Bereich vegetativer Organsysteme. Sie führen zu mehr oder weniger hohen Stoffverlusten, die z. T. über den Zeitraum der Einflußnahme hinaus Veränderungen nach sich ziehen. Auf sie reagiert die Pflanze (besonders bei mehrjährigen Arten) mit erhöhter Plastizität, z. B. durch Blattneuaustrieb nach Raupenfraß. Eine stärkere, über einen längeren Zeitraum wiederholte Einflußnahme, die meist selektiv erfolgt, führt dabei zu Veränderungen des Verhältnisses der verschiedenen Populationen innerhalb einer entsprechenden Phytocoenose.
— Schädigungen im Bereich reproduktiver Organsysteme. Sie wirken sich (z. B. Samenfraß) auf die Populationsentwicklung meist über eine geringere Reproduktionsrate (d. h. im Sinne erhöhter Mortalität) aus.

Bei Eichen kommt es in der Regel jährlich zu Verlusten von Blattbiomasse durch Raupenfraß. Menge und Zeitpunkt (Austrieb, volle Entfaltung, Hochsommerstadium) des Verlustes an assimilierender Blattfläche bestimmen dabei zugleich die Verringerung des sommerlichen Holzzuwachses. Wie Abb. 5.53 zeigt, besteht dabei ein linearer Zusammenhang zwischen der Raupendichte und dem sommerlichen Jahreszuwachs in den einzelnen Jahren.

Ein weiteres Beispiel macht deutlich, wie sich die Weidenutzung von Grünland auf die Sproßentwicklung der in der Phytocoenose vertretenen Arten unterschiedlich auswirkt und damit die Populationsentwicklung dieser Arten entscheidend bestimmt wird. Regelmäßige Wiederholungen der gleichen Nutzung fördern entsprechende Selektionsvorgänge, wie sie sich im vorgestellten Beispiel bereits nach 2 Jahren andeuten (vgl. Abb. 5.54.).

Insgesamt ist die positive Rolle tierischer Organismen für die Erhaltung wie Förderung pflanzlicher Populationen nur unzulänglich bekannt. Dies verdeutlichen neuere Untersuchungen, wie z. B. zur Bestäuberfunktion von Insekten unter Populationsaspekten (ROMSTÖCK 1988).

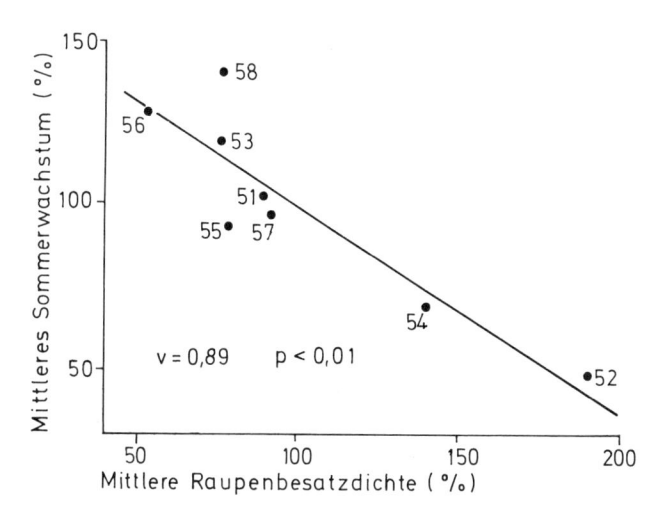

Abb. 5.53. Beziehung zwischen mittlerem jährlichem Zuwachs des Sommerholzes (Durchmesser) und der mittleren Dichte des Raupenbesatzes bei *Quercus robur* (Jahresangabe ●). Nach VARLEY und GRADWELL 1962 aus HARPER 1977.

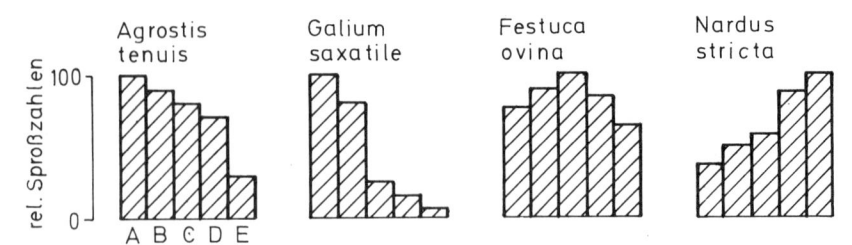

Abb. 5.54. Einfluß zweijähriger unterschiedlicher Grünlandnutzung auf Sproß-(Trieb-)Entwicklung von Arten einer *Agrostis—Festuca ov.*-Ges. Nach JONES 1967, verändert nach HARPER (1977).
A = starke Beweidung; B = mäßige Beweidung; C = schwache Beweidung; D = Mahd; E = Kontrolle (ungenutzt).

Schließlich sei auf die Bedeutung aufmerksam gemacht, die tierische Organismen auf die zur Keimung gelangenden Diasporen durch Reduzierung der produzierten Früchte und Samen haben. Die Höhe der durch tierische Organismen verursachten Verluste und damit ihr Einfluß auf die Populationsentwicklung pflanzlicher Organismen ist zum Teil beträchtlich, aber bisher nur ungenügend bekannt (Tab. 5.7.).

Tab. 5.7. Samenverluste bei Koniferen in Wäldern des westlichen Oregon durch Tierfraß (vom Samenfall bis einschließlich Keimung). Verändert nach GASHWILER 1967 und HARPER 1977

	Verluste (in %)	
	durch Vögel und Säuger	insgesamt
Pseudotsuga douglasii	63	88
Tsuga heterophylla	16	69
Thuja plicata	0	35

5.6.2.1.3. Abiotische Ursachen zeitlicher Veränderungen

Der durch endogene Steuerungsprinzipien innerhalb bestimmter Grenzen festgelegte Verlauf der Lebenszyklen pflanzlicher Organismen wird durch eine Reihe abiotischer Einflußgrößen, die als einzelne oder gekoppelt ineinandergreifende Faktoren wirken, entscheidend beeinflußt. Die von abiotischen Faktoren ausgehenden entsprechenden Wirkungen sind das Ergebnis stoffmetabolischer Veränderungen, die vor allem mit folgenden Vorgängen im Zusammenhang stehen:

— **Verknappung des Ressourceangebotes**
    Primär begrenzte Verfügbarkeit bestimmter abiotischer Ressourcen oder/und deren Entzug aus entsprechenden Pools durch pflanzliche Organismen führen zu mehr oder weniger starker Limitierung ihres Angebotes. Temporärer oder kontinuierlicher (nicht selten zunehmender) Mangel äußern sich auf der Populationsebene als intra- oder interspezifische Konkurrenz mit dichtestreßähnlichen Symptomen, wie sie bereits für die biotische Interferenz beschrieben wurden. Hiervon sind die einzelnen Populationen in dem Maße betroffen, wie sich ihr Leistungsvermögen dadurch verringert.

— **Luxurierendes Ressourceangebot**
    Ein überdurchschnittliches, längere Zeit nicht limitiertes Angebot an entsprechenden Ressourcen begünstigt bei den Populationen, die in der Lage sind, ein erhöhtes Angebot zu nutzen, die Entwicklung von Optimierungsstrategien des Primärstoffwechsels und

nachfolgenden Wachstums. Sie äußern sich über eine quantitative Erweiterung des vegetativen Entwicklungspotentials und setzen sich bei Kontinuität luxurierenden Angebots auch während der reproduktiven Entwicklungsphase fort. Die unterschiedliche Begünstigung der einzelnen Populationen äußert sich entsprechend in veränderten Konkurrenzbeziehungen.

— **Streßwirkungen**
In Extrembereichen (natürlicher) abiotischer Umweltfaktoren oder bei deren plötzlichem Eintritt (z. B. Kälte) kommt es meist zu einschneidenden Reaktionen, die nicht selten zum Zusammenbruch von Populationen führen oder langzeitlich nachwirkende Schäden verursachen (ERNST 1983).

— **Toxische Belastungen**
Neben den Wirkungen der im jeweiligen Lebensraum vorhandenen natürlichen abiotischen Einflußgrößen sind Pflanzenpopulationen in zunehmendem Maße auch anthropogen bedingten abiotischen toxischen Faktoren ausgesetzt. Form und Ausmaß der Schädigungen unterscheiden sich dabei gegenüber solchen durch natürliche abiotische Faktoren zum Teil spezifisch. Sie sind im einzelnen von Art und Intensität der Einflußgröße wie der unterschiedlichen Empfindlichkeit der Populationen abhängig (vor allem bei selektiv wirkenden Einflußgrößen wie Herbiziden).

Die **Reaktionsweisen** auf die genannten abiotischen Einflüsse sind im Prinzip wie die bei biotischen Einwirkungen zwei Typen zuzuordnen, die als

— erhöhte Mortalität und/oder
— erhöhte Plastizität

die Populationsentwicklung verändern können. In neuerer Zeit wird dabei auf Unterschiede der Plastizität als Reaktion auf veränderte Umweltbedingungen (e-Plastizität) gegenüber der durch veränderte Dichte (d-Plastizität) hingewiesen.

Die Beispiele von *Erucastrum gallicum* und *Veronica dillenii* (Abb. 5.55.) zeigen, wie sich Ressourcenverknappung bzw. mikroklimatisch ungünstige Bedingungen (offener Standort) entscheidend auf die Mortalitätsrate von Populationen auswirken.

Weiterer Klärung bedarf auch die Frage, inwieweit eine abiotische Einflußgröße durch das Wirksamwerden anderer (abiotischer wie biotischer) Faktoren in ihrer Wirkung verändert wird, wie das Beispiel von *Solanum nigrum* (Abb. 5.56.) erkennen läßt.

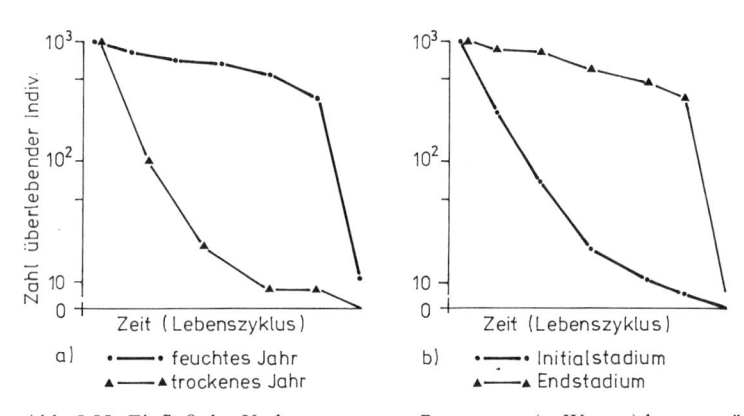

Abb. 5.55. Einfluß der Verknappung von Ressourcen (a, Wasser) bzw. ungünstiger mikroklimatischer Bedingungen (b) auf die Überlebensrate von Populationen.
a) *Erucastrum gallicum*. Nach KLEMOW & RAYNAL 1983. b) *Veronica dillenii* in offenem bzw. geschlossenem Dünenrasen. Nach SYMONIDES 1988 b.

278   5. Ökologie von Populationen

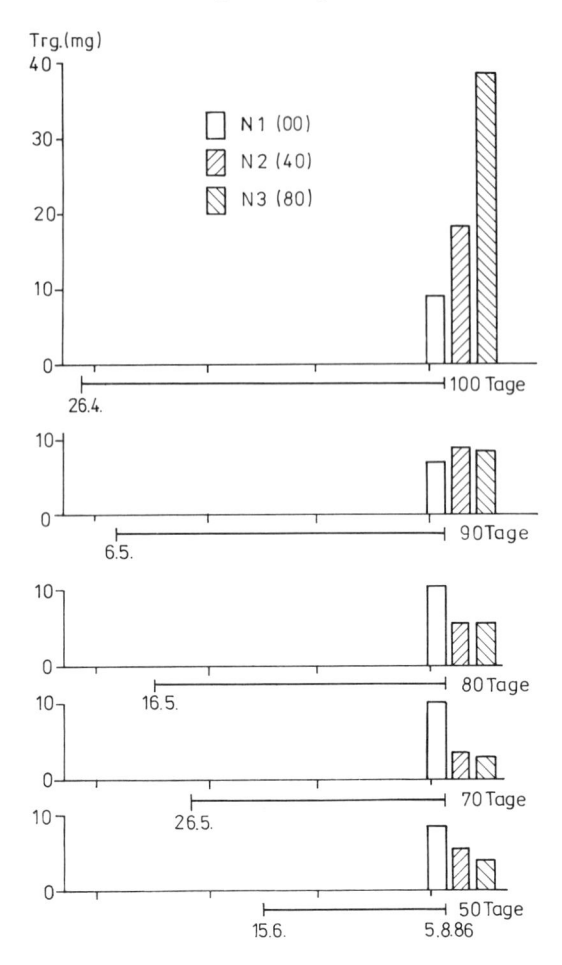

Abb. 5.56. Einfluß von Startzeitpunkt und Höhe des Stickstoffangebotes (0, 40, 80 kg N/ha) auf die Entwicklung von *Solanum nigrum*-Populationen unter Konkurrenzbedingungen im Agro-Ökosystem (Winterweizen). Nach MAHN und LEMME 1989.

Die Auswirkungen veränderten Ressourcenangebotes gewinnen bei ausdauernden Arten besonders über deren langzeitlich erzielte vegetative Zuwachsleistungen Bedeutung für die Gesamtentwicklung der Population. Der Einfluß einer **luxurierendes Wachstum** ermöglichenden Veränderung des Nährstoffangebotes ist in Abb. 5.57. verdeutlicht.

Die Ausbreitung der auf armen Sanden vorkommenden Segge *Carex arenaria* erfolgt vor allem über ihre unterirdischen, sympodial wachsenden Sproßorgane (Rhizome). Die Zahl der pro Fläche zu einem bestimmten Zeitpunkt vorhandenen oberirdischen Sprosse gibt dabei nur beschränkt Aufschluß über die Intensität des Wachstums der Population. Erst durch Ermittlung der in zeitlich unterschiedlicher Folge an den Rhizomen gebildeten neuen oberirdischen Sprosse bzw. der in gleichem Zeittakt absterbenden läßt sich der Sproßzuwachs quantitativ erfassen. Dabei führt ein erhöhtes Nährstoffangebot (400 kg N/ha) bei der an ein sehr nährstoffarmes Milieu angepaßten *Carex arenaria* zu stark erhöhten Stoffumsatzraten, die sich über die Zahl der neugebildeten Sprosse dokumentieren. Zugleich erfolgt jedoch andererseits ein erhöhtes Absterben vorhandener Sprosse, so daß sich nur aus dem Vergleich beider (kumulativer) Zahlen die Größe der Veränderung erkennen läßt, die sich gegenüber der nicht gedüngten Population ergibt.

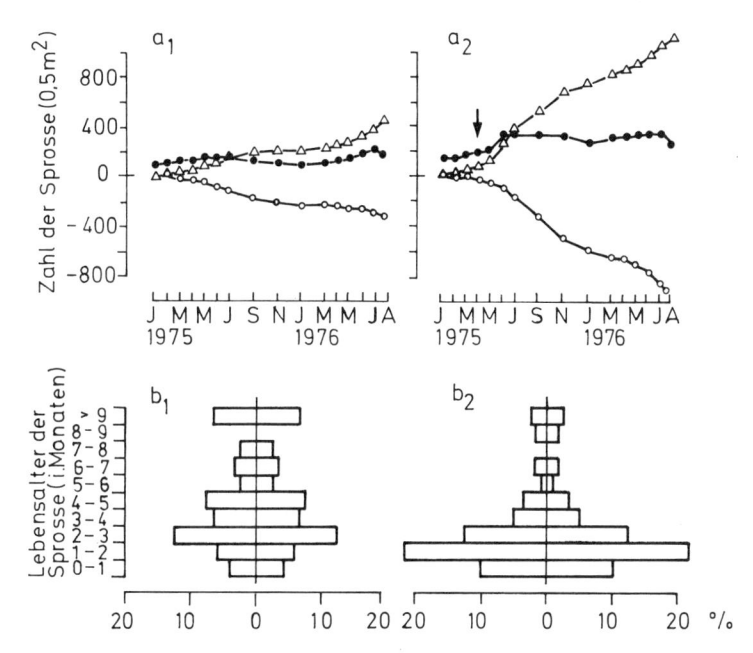

5.6. Formen und Ursachen der Abundanzdynamik von Populationen

Abb. 5.57. Einfluß erhöhten Nährstoffangebotes auf die Dynamik der Sproßentwicklung von *Carex arenaria* (in der Vollentwicklungsphase der Population). a) Anzahl, b) Lebensalter der vorhandenen Sprosse, 1 = ungedüngt, 2 = gedüngt, ↓ = Zeitpunkt der Düngung (NPK). ● = vorhandene Triebe, △ = kumulative Zugänge, ○ = kumulative Abgänge. Nach Noble et al. 1979, verändert.

Nachhaltig wird dabei durch ein derart verändertes Ressourcenangebot die Alterszusammensetzung der Sprosse gewandelt. Bei erhöhtem Nährstoffangebot sind überwiegend junge Sprosse vorhanden, d. h. die mittlere Lebenserwartung nimmt stark ab. Dies läßt erkennen, wie einerseits durch erhöhtes Ressourcenangebot die Entwicklung einer Population gefördert werden kann, sich aber andererseits mit zunehmender Intensität der Einflußgröße destabilisierende Tendenzen der Populationsentwicklung (verkürzte Lebenserwartung) bemerkbar machen.

Bei der Frage der Nutzung eines gegebenen Ressourcenangebotes und dessen Wirkung auf das Verhalten einer Population ist zu berücksichtigen, daß in vielen Fällen die Höhe dieses Angebotes unter natürlichen Bedingungen Schwankungen unterliegt. Dies gilt nicht nur hinsichtlich der jahreszeitlichen Periodizität, sondern vor allem auch bezüglich der Unterschiede in aufeinanderfolgenden Jahren.

Wie Freilandgefäßversuche von *Echinochloa crus-galli* und *Silene noctiflora* zeigen, kann die Höhe der Stoffproduktion (und damit die Veränderung der Konkurrenzkraft) sehr stark vom Klimaverlauf der betreffenden Vegetationsperiode abhängen (Abb. 5.58.). Ein Vertreter des C_4-Typs wie *Echinochloa crus-galli* erreicht unter zentraleuropäischen Klimabedingungen in Jahren mit hohem mittlerem sommerlichem Strahlungsangebot und entsprechend hohen Temperaturen (1975) auf Grund seines spezifischen photosynthetischen Leistungsvermögens eine deutlich höhere Stoffproduktion/Pflanze als in Sommern mit geringerem Strahlungsangebot (1974). Dies äußert sich mit zunehmender Konkurrenz (d. h. Ressourcenlimitierung) in einer entsprechend früher einsetzenden dichteabhängigen Begrenzung weiterer Erhöhung der Stoffproduktion/Gefäß. Dagegen reagiert *Silene noctiflora* (1975) auf das veränderte Strahlungsangebot nicht mit erhöhter Stoffproduktion, so daß eine dichteabhängige Einschränkung der flächenbezogenen Stoffproduktion bei den im Versuch gegebenen Dichten noch nicht erreicht wird.

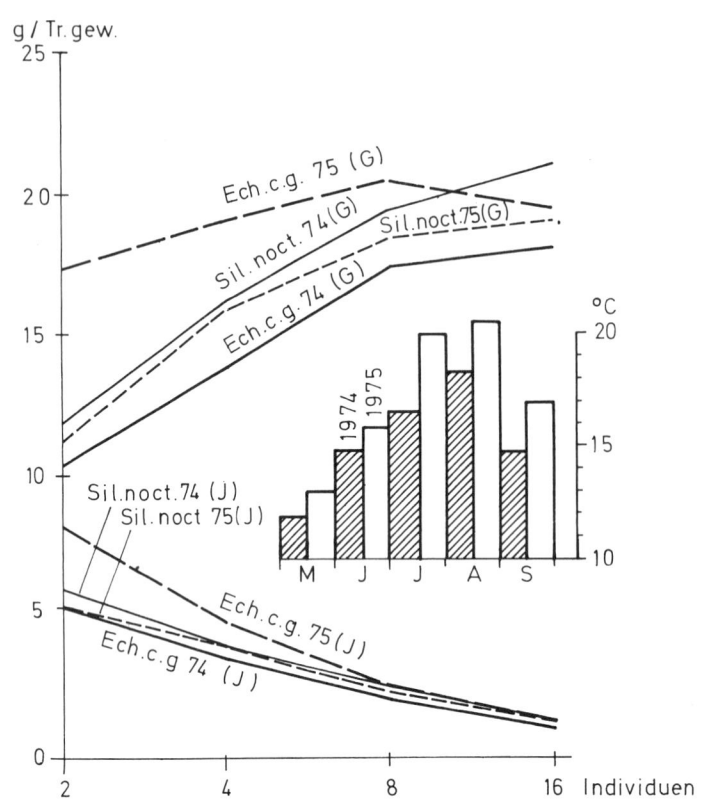

Abb. 5.58. Einfluß unterschiedlichen Strahlungsangebotes (Sommerwärme) (1974 u. 1975) auf Veränderung der Biomasseentwicklung bei intraspezifischer Konkurrenz von *Silene noctiflora* (C-3-Typ) und *Echinochloa crus-galli* (C-4-Typ) im Gefäßversuch. Angaben zur Biomasse: Bm/Indiv. (J) u. Bm/Gefäß (G) in g/Tr. Angaben zur Temperatur: mittlere Monatstemperatur für Halle/Saale.

5.6.2.2. Entstehen ökologisch unterschiedlicher Populationen

Bei allen langzeitlich gerichteten, allmählich verlaufenden, vor allem aber bei relativ kurzfristig erfolgenden, einschneidenden Veränderungen von Umweltparametern besteht für pflanzliche Populationen die Gefahr, verdrängt oder vernichtet zu werden (Abb. 5.59.). Dem zu begegnen, gibt es zwei Wege, die in der Natur in der Regel nebeneinander in Populationen ablaufen (vgl. 4.2.1.3.):

— Entwicklung adaptiver Strategien, die auf Kosten quantitativer Einbußen qualitative Verluste oder Störungen so weit wie möglich minimieren (SCHLICHTING 1986).
— über die natürlicherweise vorhandene ökogenetische Variabilität von Merkmalen innerhalb einer Population selektive Prozesse zu ermöglichen, die die Population erfolgreich an eine neue, zunächst als „Streß" wirkende Umweltqualität anpassen.

Derartige Vorgänge sind heutzutage zahlreich zu beobachten, wo es infolge gezielter wie unbeabsichtigter anthropogener Eingriffe in Ökosysteme zu nachhaltigen Veränderungen der bestehenden abiotischen wie biotischen Faktorengefüge bzw. einzelner Faktoren kommt.

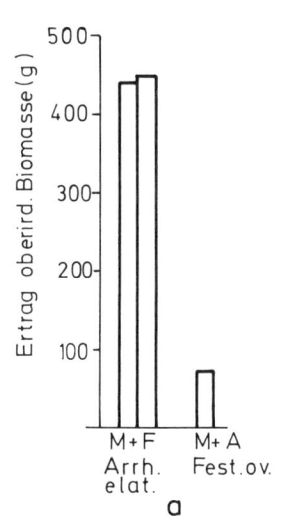

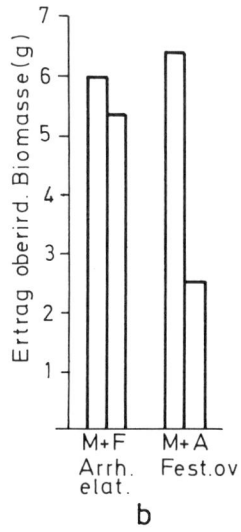

Abb. 5.59. Einfluß unterschiedlichen N-Angebotes auf Konkurrenz zwischen *Arrhenatherum elatius* und *Festuca ovina*.
a) hohes N-Angebot (176 mg/l). b) N-Mangel (5 mg/l). M = Monokultur; +F = Ertrag v. *Arrh. el.* bei Konkurrenz von *Fest. ov.* ; +A = Ertrag v. *Fest. ov.* bei Konkurrenz von *Arrh. el.* Nach MAHMOUD und GRIME 1976, verändert.

Beispiele bereits erfolgreich vollzogener evolutiv-genetischer Anpassungen an spezifische ökologische Streßbedingungen, die z. T. auch in ökomorphologischen Differenzierungen ihren Ausdruck gefunden haben, bilden die **Schwermetall-Ökotypen** (Abb. 5.60.). Durch Untersuchungen zur Schwermetallresistenz konnte gezeigt werden, daß der Zeitraum, der für die Entstehung bzw. Selektion resistenter (toleranter) Populationen benötigt wird, offenbar kürzer ist, als zunächst allgemein angenommen wurde.

Eindrucksvolle Beispiele für gegenwärtig entstehende Ökotypendifferenzierungen, die durch anthropogenes Einwirken ungezielt ausgelöst wurden, bilden **herbizidresistente Ökotypen** (GRIGNAC 1978; HOLLIDAY und PUTWAIN 1980). Dabei geht die Ausbildung von Resistenz gegenüber spezifischen Streßwirkungen z. T. mit der Verringerung der Konkurrenzfähigkeit gegenüber anderen Populationen einher (WARWICK und BLACK 1981).

Besondere Beachtung verdient die Klärung der Mechanismen, die darüber entscheiden, inwieweit es einzelnen Sippen gelingt, sich erfolgreich tendenziell gerichteten Veränderungen von Umweltvariablen (z. B. einem zunehmenden Nährstoffangebot) anzupassen. Dies gilt vor allem bezüglich der Entwicklung genotypisch fixierter Anpassungen des Lebenszyklus und der Ressourcenverteilung auf vegetative und reproduktive Strukturen (BAZZAZ et al. 1987, MAHN 1989).

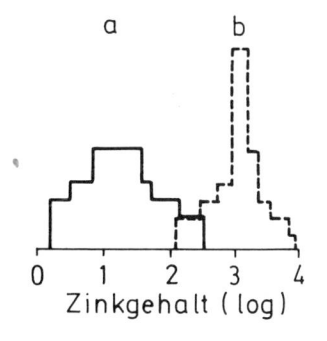

Abb. 5.60. Natürliches Vorkommen zinkintoleranter (a) und -toleranter (b) Populationen von *Silene cucubalus* auf Böden unterschiedlichen Zn-Gehaltes. Nach ERNST 1978.

5.7. Gesetzmäßigkeiten der Dynamik von Populationsarealen

5.7.1. Ausbreitungsvorgänge bei tierischen Populationen

Die Grundeigenschaft von Populationen, sich auszubreiten, tritt um so deutlicher hervor, je größer die Vermehrungsrate ist. Ist diese rückläufig, dann entfällt der aus dem Inneren der Population wirkende Druck, und das Areal wird nicht nur dünner besiedelt, sondern insgesamt verkleinert. Die schrumpfende Population gibt zuerst alle jene Gebiete auf, in denen die Lebensansprüche nicht optimal realisiert werden können. Umgekehrt ist die wachsende Population gezwungen, auch suboptimale Habitate zu besiedeln, sobald die artspezifische Dichte in den Vorzugshabitaten erreicht ist.

Ausbreitungsbewegungen beinhalten Konsequenzen für die Demographie der Populationen, denn sie beeinflussen die Geburten- und Sterberate, die Populationsdichte, die Altersstruktur, das Geschlechterverhältnis, die Sozialstruktur und das Muster der Habitatnutzung. Sie sind auch evolutiv bedeutsam, z. B. für die Gendrift in Populationen, die Verhinderung von Inzucht und die Begünstigung neuer Genkombinationen.

Ausbreitungsbewegungen sind mit Gefahren für das Individuum verbunden: Die Überquerung ungünstiger Gebiete erhöht die Möglichkeit von Unglücksfällen. Der neue Heimatort kann suboptimal sein im Vergleich zum früheren. Es ergeben sich jedoch auch Vorteile: Nutzung neuer Ressourcen, Abnahme von Feinden und Krankheiten, Gelegenheit zur Produktion von mehr Nachkommen durch Heterosis.

Ausbreitungsvorgänge sind in ihrem äußeren Ablauf sehr unterschiedlich. Sie können als fast unmerkliche Arealveränderungen, jedoch auch in Form plötzlicher, schwer erklärbarer invasionsartiger Vorstöße erfolgen, wie das Beispiel der Türkentaube *(Streptopelia decaocto)* lehrt, die, um 1950 beginnend, sich in knapp zwei Jahrzehnten über weite Teile Mittel- und Nordeuropas ausbreitete. Erinnert sei auch an den Kartoffelkäfer (Abb. 5.61.) oder die Bisamratte. Ersterer hat im Laufe von reichlich 100 Jahren über 5000 km Landstrecke

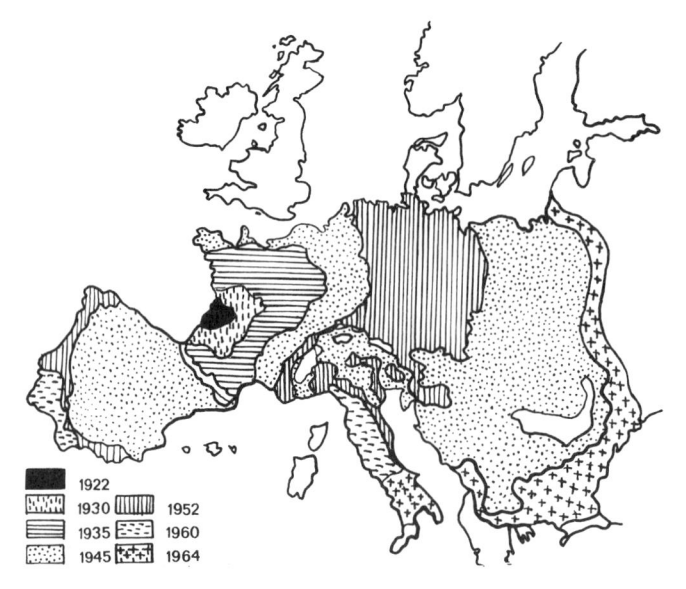

Abb. 5.61. Ausbreitung des Kartoffelkäfers *(Leptinotarsa decemlineata)* in Europa. Nach JOHNSON 1967.

5.7. Gesetzmäßigkeiten der Dynamik von Populationsarealen

erobert und sein Areal von wenigen Quadratkilometern auf Millionen Quadratkilometer erweitert. Aktive Ausbreitungsformen sind für ortsbewegliche Tiere kennzeichnend. Bei manchen anderen Tieren, die weniger oder gar nicht beweglich sind, vollzieht sich die Ausbreitung passiv durch Transport, sowohl durch Vermittlung anderer Organismen (zoochor, anthropochor) oder durch Wind (anemochor) und Wasser (hydrochor).

Die Formen der Ausbreitung sind von der Lebensweise der betreffenden Art abhängig. Sessile Tiere, wie Schwämme, Korallen, Tunicaten u. a., besitzen bewegliche Larvenstadien. Daphnien bilden Dauerstadien, die passiv durch den Wind oder Vögel in andere Gewässer gelangen können. Bekannt sind die Fäden vieler Spinnenarten, mit denen sie durch den Wind verbreitet werden, auch viele fliegende Insekten werden durch den Wind verdriftet. Durch das Wasser werden ebenfalls zahlreiche Tiere verfrachtet (Insekten, Mollusken). Bei Wirbeltieren entscheidet gewöhnlich der Grad der Beweglichkeit über die Strategie der Ausbreitung. Amphibien und Reptilienarten besiedeln meist trotz der im Vergleich zu Säugetieren und Vögeln langsamen Lokomotion große Areale mit einheitlichen Populationen. Das beweist die Effektivität vorangegangener Ausbreitungsvorgänge.

Eingehende Untersuchungen über Ortstreue und Wanderungen junger Feldsperlinge liegen von PINOWSKI (1965a u. b) vor. Die Abwanderung ist bei hohen Siedlungsdichten stärker als bei geringeren. Das wird schon daran deutlich, daß Jungvögel der ersten Brut durchschnittlich 44,5 Tage, der zweiten Brut 21,7 Tage und der dritten Brut nur 16.9 Tage nach dem Ausfliegen am Geburtsort verbleiben, ehe sie in Schwärme, die in der Nachbarschaft leben, umsiedeln. Die Brutorttreue ist bei den gut untersuchten Adeliepinguinen besonders ausgeprägt. Jungvögel, die jahrelang von der Kolonie, in der sie aufgewachsen sind, entfernt lebten, kehren zur Brut in Nestnähe zurück (RESCHE u. SLADEN 1970) (Abb. 5.62.). Experimentell verfrachtete Adelies legten teils schwimmend, teils laufend 3800 km zurück, um in die Heimatkolonie zu gelangen.

Gerichtete plötzliche Auswanderungen (**Emigrationen**) eines Teiles der Population sind von Arten aus verschiedenen Tiergruppen bekannt. Erinnert sei an die Wanderzüge mancher Heuschrecken, Libellen und Marienkäfer.

Kohlmeisen - Weibchen

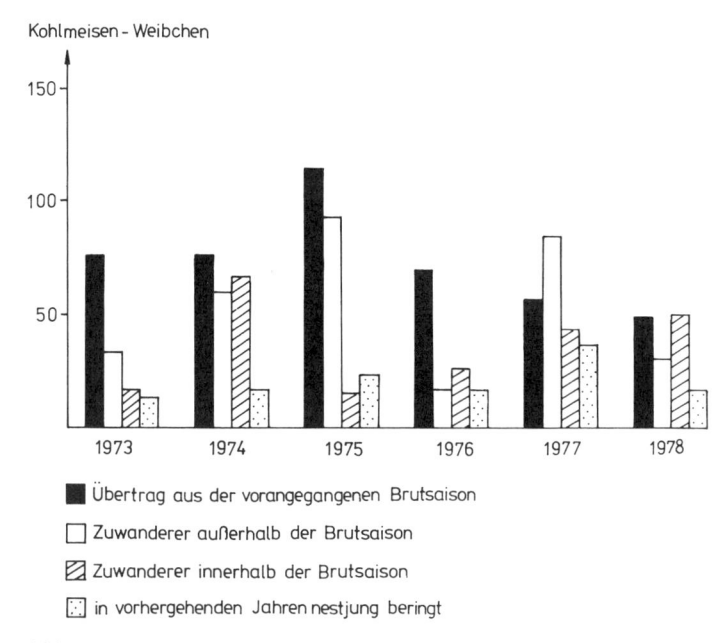

■ Übertrag aus der vorangegangenen Brutsaison
☐ Zuwanderer außerhalb der Brutsaison
▨ Zuwanderer innerhalb der Brutsaison
▧ in vorhergehenden Jahren nestjung beringt

Abb. 5.62. Herkunft der ♀♀ einer Population der Kohlmeise *(Parus major)* in aufeinanderfolgenden Jahren. Nach SCHMIDT 1979.

284   5. Ökologie von Populationen

In Mitteleuropa erscheinen in unregelmäßigen Abständen Sibirische Tannenhäher *(Nucifraga nucifraga)* **(Immigration).** Der größte Teil der Tiere kehrt nicht in das Ausgangsgebiet zurück, sondern geht zugrunde, wie das auch von den Wanderungen der Lemminge bekannt ist. Derartige Wanderzüge werden zumeist durch starken Anstieg der Populationsdichte im Zentrum des Vorkommensgebietes ausgelöst. Trotzdem sind sie nicht nur negativ im Sinne einer „Selbsterniedrigung" der Populationsdichte zu werten, sondern können auch zu dauerhaften Ansiedlungen in bisher unbewohnten Arealen führen.

Periodische saisonal bedingte Wanderungen sind im Tierreich weit verbreitet und unterscheiden sich von den bisher besprochenen dadurch, daß sie vor allem der Vermeidung ungünstiger Umweltbedingungen dienen.

Die auf Wanderungen zurückgelegten Zugstrecken können außerordentlich lang sein. Die in Südafrika überwinternden mitteleuropäischen Weißstörche *(Ciconia ciconia)* fliegen jährlich zweimal rund 10000 km. Die im hohen Norden lebenden Küstenseeschwalben *(Sterna paradisaea)* Nordamerikas bringen es sogar auf 35000—40000 km. Wenngleich die Wanderungen der Vögel Ausdruck der Anpassung an jahreszeitlich bedingte Nahrungsverknappung und Begrenzung anderer Umweltressourcen sind, so ist die zeitliche Koinzidenz zwischen Umweltveränderungen und Beginn der Wanderung durchaus nicht immer gegeben. Mauersegler *(Apus apus)* treten den Herbstzug in der ersten Augusthälfte an, also zu einer Zeit, wo ihre Hauptnahrungstiere (fliegende Insekten) noch reichlich vorhanden sind. Die Auslösung der Wanderung erfolgt durch die abnehmende Tageslänge. Das trifft auch für die meisten anderen wandernden Vogelarten zu (vgl. 4.3.4.).

Auch manche Schmetterlinge vollziehen jährlich ähnlich begründete weiträumige Wanderungen, die sich über hunderte, ja tausende Kilometer, ausgehend von ihrem Hauptvermehrungsgebiet erstrecken; ein Rückflug wird nur zuweilen angetreten, ist aber vielfach wenigstens in Ansätzen vorhanden. Monarchfalter *(Danaus plexippus)* fliegen aus dem südlichen Kanada im Herbst über 3000 km südwärts bis Mexiko. Im Frühjahr wird nach Massenüberwinterung die gleiche Strecke in umgekehrter Richtung vermutlich von den Nachkommen zurückgelegt.

Aus dem Mittelmeergebiet (auch Nordafrika) kommen mehrere Arten Wanderfalter (z. B. Distelfalter, Admiral, Totenkopf, Gammaeule) regelmäßig bis nach Mitteleuropa, wo sie sich mitunter vermehren

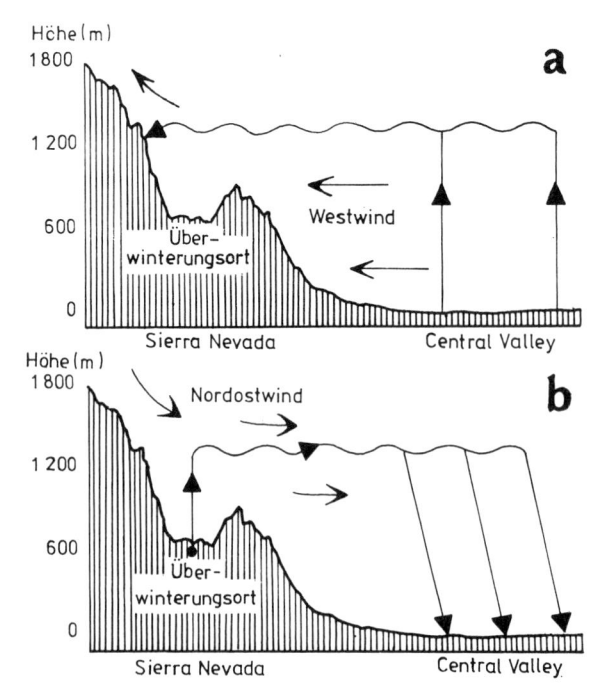

Abb. 5.63. Wanderzüge von *Hippodamia convergens* in Kalifornien. a) Flug zu den Überwinterungsorten. b) Rückflug nach der Überwinterung. Nach HAGEN aus KLAUSNITZER und KLAUSNITZER 1972.

5.7. Gesetzmäßigkeiten der Dynamik von Populationsarealen   285

und die Nachkommen in einigen Fällen den Rückflug antreten. Als Ursache für den Wanderbeginn wird Mangel an Tocopherol durch Versiegen der Nektarquellen in den meridionalen Gebieten angegeben (KOCH 1965), konnte jedoch experimentell nicht gesichert werden.

Eine Migration besonderer Art sind die zyklonalen Wetterflüge des Mauerseglers *(Apus apus)*. Die Tiere entgehen Unwettergebieten, indem sie vor dem Wetter mitfliegen, später umkehren und dadurch das Regengebiet rasch durchqueren, so daß sie diesem und dem damit verbundenen Nahrungsmangel nur kurzzeitig ausgesetzt sind.

Die Wanderzüge einiger Coccinellidenarten werden ebenfalls durch äußere Faktoren, insbesondere den Wind, stark beeinflußt. Die in Kalifornien lebende *Hippodamia convergens* läßt sich vom Westwind in wellenförmigen Langstreckenflügen zu den in den Bergen der Sierra Nevada gelegenen Überwinterungsplätzen tragen. Nach der Überwinterung driften die Käfer mit der Nordostströmung zurück in die Ebene (HAGEN 1962) (Abb. 5.63.). In Mitteleuropa fehlen zwar derart gerichtete Wanderungen weitgehend, Massenflüge kommen jedoch auch vor. Dabei werden die Tiere gelegentlich aufs Meer oder große Seen verschlagen und erscheinen dann in riesigen Mengen im Spülsaum des Strandes. Am Westrand des Darß (Ostsee) wurden 1989 z. B. 15 Arten in etwa einer Million Exemplaren auf 5 km Länge beobachtet. Ein Wanderzug von *Coccinella septempunctata* vereinte auf der gleichen Strecke sogar etwa 100 Millionen Individuen (KLAUSNITZER 1989).

Vogelwanderungen besonderen Typs sind die Mauserzüge vieler Enten- und Gänsevögel. Insbesondere die nicht mit dem Brutgeschäft befaßten Mitglieder der Population (Männchen, noch nicht fortpflanzungsfähige Tiere) finden sich an bestimmten Plätzen innerhalb und

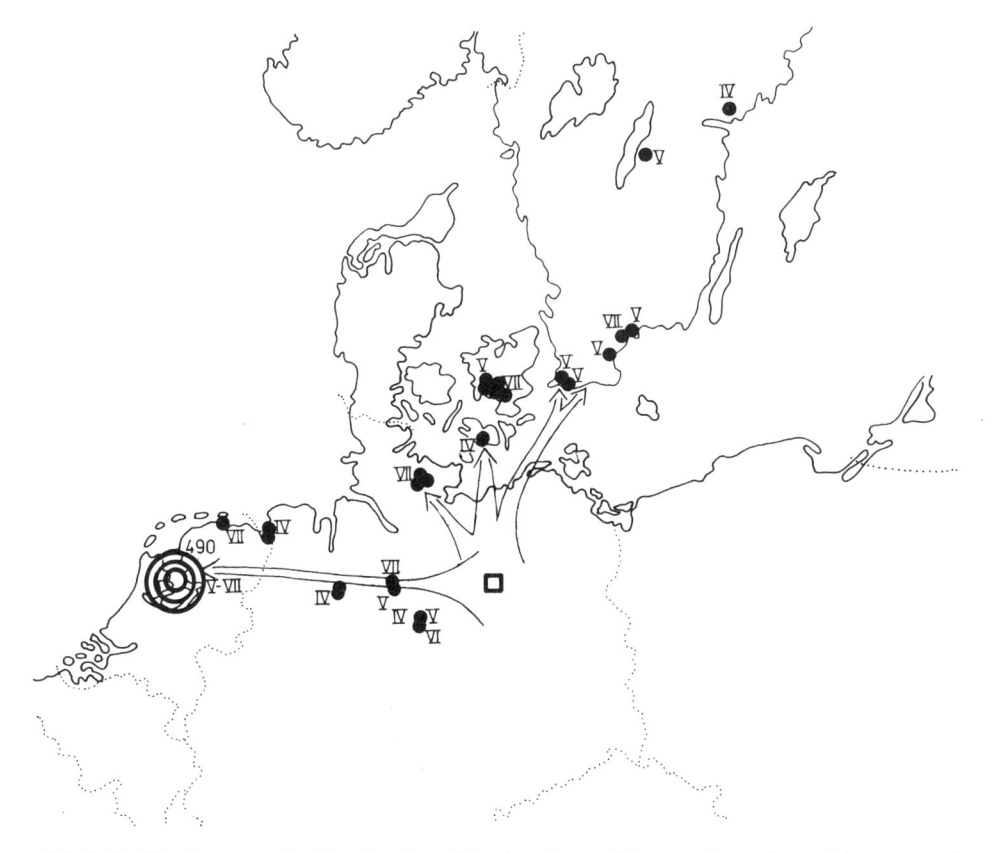

Abb. 5.64. Wanderungen in Nordostdeutschland gekennzeichneter Graugänse *(Anser anser)* zu Mauserplätzen in West- und Nordeuropa.
• Sichtnachweise von Ende April bis Mitte Juli (IV – VI).

auch außerhalb des Verbreitungsgebietes der Art zur Mauser der Hand- und Armschwingen zusammen. Die Mauserplätze vieler Gänsearten liegen oft im nördlichen Teil des Verbreitungsgebietes. Die südlich davon beheimateten Tiere vollziehen im Frühsommer (einige Wochen nach dem Heimzug) eine erneute Wanderung, um zu mausern (Abb. 5.64.). Nach der Rückkehr vergehen oft nur wenige Wochen, bis der Wegzug (Herbstwanderung) angetreten wird.

An den Mauserplätzen der mitteleuropäischen Graugans *(Anser anser)* erfolgt wahrscheinlich auch die Verpaarung eines Teiles der Population. Auf diese Weise wird durch die unterschiedliche geographische Herkunft der Mauservögel die Panmixie gefördert.

Ausgedehnte Wanderzüge werden auch von Fischen ausgeführt. Viele Meeresfische suchen traditionelle Laichplätze auf.

Geschlechtsreife Lachse *(Salmo salar)* ziehen flußaufwärts (anadrom) in Laichgebiete im Oberlauf rasch fließender Bäche. Die Jungfische bleiben zunächst im Gebiet, wandern dann allmählich flußabwärts, bis sie ans Meer gelangen, wo sie sich verteilen. In umgekehrter Weise (katadrom) vollziehen sich die Wanderungen des Aals *(Anguilla vulgaris)*, dessen Laichplätze sich in der Sargasso-See befinden.

Zu den Laichplätzen auf der Insel Ascension wandern die fortpflanzungsfähigen Tiere der im tropischen und subtropischen Teil des Atlantik verbreiteten Suppenschildkröte *(Chelonia mydas)*, wobei tausende Kilometer zurückgelegt werden. Regelmäßige Wanderungen sind auch von Säugetieren bekannt. Die herbivoren Steppentiere der ostafrikanischen Savannen und Steppen verlagern ihre Äsungsgebiete im Zusammenhang mit dem Wechsel von Regen- und Trockenzeit. Die nordamerikanischen Karibus verlassen im Herbst ihre Nahrungsgebiete in den Tundren des Nordens und wandern südwärts. Im Frühjahr wiederholt sich die Wanderung in umgekehrter Richtung. Ständig auf Wanderschaft befinden sich die Treiberameisen (Dorylidae) in Süd- und Mittelamerika, Afrika und Südasien, deren gesamte Population in Abständen ständig neue Areale besiedelt.

Insgesamt handelt es sich bei den Wanderungen um ein im Tierreich weit verbreitetes Phänomen, das in seinen Erscheinungsformen und Ursachen äußerst vielfältig ist. Phänologie und Physiologie tierischer Wanderungen sind relativ gut erforscht, ihre Bedeutung für die Biologie der Populationen jedoch unzureichend bekannt.

5.7.2. Ausbreitungsvorgänge bei pflanzlichen Populationen

Die zeitliche Entwicklung von pflanzlichen Populationen ist an konkrete Raumstrukturen gebunden. Zwischen zeitlicher und räumlicher Entfaltung von Pflanzenpopulationen besteht daher ein enger Zusammenhang.

Primäre Bedeutung für die Erhaltung einer Population besitzt die Art und Weise ihrer reproduktiven oder/und vegetativen Ausbreitung. Bei der reproduktiven Ausbreitung spielt der Diasporentransport eine entscheidende Rolle. Je nach Verbreitungstyp gelangen die von der Mutterpflanze entlassenen Diasporen in unterschiedlich weiter Entfernung von dieser auf das ihre Weiterentwicklung bestimmende Substrat. Die Verteilung der Diasporen auf einer Fläche hängt dabei von verschiedenen Faktoren ab, wie Höhe der Mutterpflanze und Entfernung zu dieser, Transportmedien und spezifische Eigenschaften der Diasporen in Gewicht und Form. Dabei ist in vielen Fällen eine exponentielle Abnahme der Samendichte pro Fläche in Abhängigkeit von der Entfernung zur Mutterpflanze zu beobachten. Großen Einfluß auf den Verteilungstyp hat vor allem die Art, wie die Diasporen entlassen werden. Werden z. B. einzelne zur Fernverteilung befähigte Diasporen entlassen (Flugeinrichtungen), so entspricht der Verteilungstyp der aus den Samen hervorgehenden Jungpflanzen einer **Zufallsverteilung** oder bei entsprechender Dichte einer angenähert **regelmäßigen Verteilung.** Werden aber von der Mutterpflanze Früchte abgeworfen, die eine

5.7. Gesetzmäßigkeiten der Dynamik von Populationsarealen

größere Zahl von Samen enthalten, so kommt es meist zur Entwicklung einer großen Zahl von Keimlingen auf engstem Raum, die den Typ der **Klumpenverteilung** repräsentieren. Eine spezifische Form der Klumpenverteilung ist die **Randverteilung,** die an den Rändern unterschiedlicher Ökosysteme als streifenartige Häufung der Individuen einer Population in Erscheinung tritt. Die Kenntnisse des Verteilungstyps einer Art und dessen konkrete Erfassung besitzt daher in der Praxis (vor allem der Land- und Forstwirtschaft) größere Bedeutung. So kann z. B. die Verteilung der Population eines Unkrautes in einem konkreten Agro-Ökosystem entscheidend sein für die Art der durchzuführenden Bekämpfungsmaßnahmen als Rand- oder Gesamtflächenbehandlung.

Arten mit überwiegend vegetativer Ausbreitung weisen entsprechende Spezifika ihrer raum/zeitlichen Entfaltung auf. So lassen sich häufig verschiedene, der zeitlichen Entwicklung entsprechende, räumlich differenzierte Altersphasen der Populationsentwicklung unterscheiden (NOBLE et al. 1979).

Ausdruck der räumlichen Gesamtverteilung einer Art, d. h. die Widerspiegelung ihrer mehr oder weniger erfolgreichen Einnischung in bestimmte Ökosysteme, Landschaftseinheiten bzw. entsprechend größere geographische Räume, ist das von ihr eingenommene spezifische Areal (vgl. 4.2.3.).

Neuere Untersuchungen haben gezeigt (POTVIN 1986), daß Populationen bestimmter Arten, wie z. B. von *Echinochloa crus-galli*, sich innerhalb relativ kurzer Zeiträume durch Ökotypenbildung an großklimatisch unterschiedlich determinierte Lebensbedingungen (z. B. durch Verkürzung des Lebenszyklus) anpassen und damit ihr Areal wesentlich erweitern können.

6. Ökologie von Biocoenosen

6.1. Biogeocoenosen des Festlandes

Als im Silur die ersten Gefäßpflanzen vom Wasser auf das trockene Land übersiedelten, war die Möglichkeit zum Entstehen der ersten terrestrischen Lebensgemeinschaften gegeben. Sie werden zunächst aus wenigen Organismenarten bestanden haben, die aber durch gemeinsame Evolution (Syn- und Coëvolution) schließlich immer höherentwickelte, den jeweiligen Umweltverhältnissen zunehmend besser angepaßte Ökosysteme bildeten. Es entstanden die terrestrischen Biome der verschiedenen Erdzeitalter (vgl. 6.1.4.), die wiederum die Grundlage für die heutigen terrestrischen Ökosysteme darstellen. Die terrestrischen sind gegenüber den aquatischen Ökosystemen durch eine Reihe von Besonderheiten ausgezeichnet (vgl. 2.5.2.). Sie werden z. B. in ihrer vertikalen Ausdehnung nicht durch das Lebensmedium (im aquatischen Bereich das Wasser) und den Lichtgenuß beschränkt, sondern im wesentlichen durch die Wuchshöhe und -tiefe der Gefäßpflanzen, die als Primärproduzenten ihren Aufbau und Stoffwechsel entscheidend beeinflussen. Eine wichtige Grundkomponente stellt der Boden dar, der mit seinen Organismen (Edaphon) eigene Teilökosysteme, die **Pedocoenosen** = Lebensgemeinschaften des Bodens, entwickelt. Sie bilden das Substrat, auf dem die wurzelnden **Phytocoenosen** = Pflanzengemeinschaften, die Träger der Primärproduzenten, leben. Von ihnen ernähren sich die Herbivoren, die in der Regel noch relativ stark an ihre Nahrungspflanzen gebunden sind. Die Zoophagen verschiedener Ordnung sind dagegen in ihrer räumlichen Bindung an ein bestimmtes

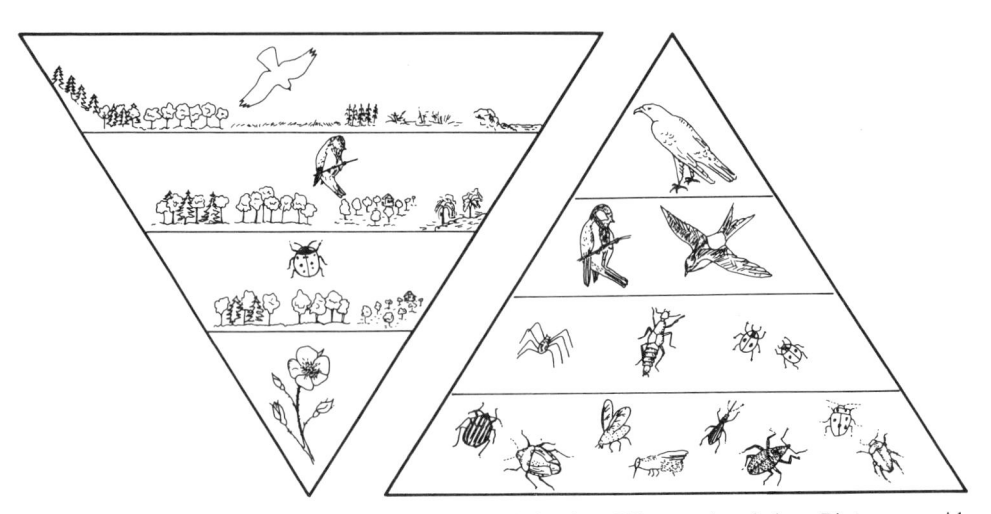

Abb. 6.1. Theoretische Eltonsche Nahrungspyramide in einer Wiese und verkehrte Biotyppyramide. Nach STUGREN 1978, verändert.

6.1. Biogeocoenosen des Festlandes   289

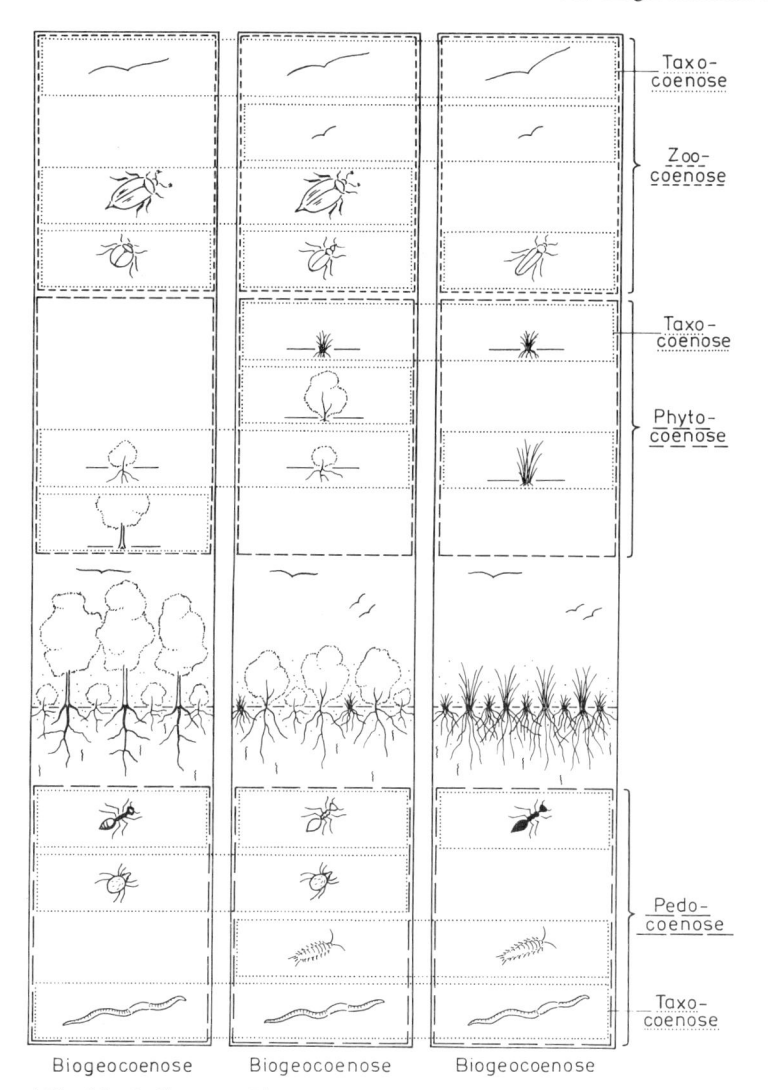

Abb. 6.2. Aufbau von Biogeocoenosen.

Ökosystem meist schon unabhängiger, so daß die **Zoocoenosen** = Tiergemeinschaften, nicht unbedingt mit den Phytocoenosen räumlich übereinstimmen müssen. Noch extremer werden die Unterschiede, wenn man **Taxocoenosen** = Lebensgemeinschaften einzelner taxonomischer Sippen betrachtet, etwa die **Ornithocoenose** (Abb. 6.1.). Dieser Betrachtungsweise steht die holocoene Auffassung von der Einheitlichkeit des Ökosystems gegenüber. Sie betont die Einheit der belebten und unbelebten Natur eines bestimmten Ortes, in der Lithosphäre, Pedosphäre und Atmosphäre, Vegetation und Tierwelt in sich gegenseitig beeinflussender Verbindung stehen, eine bestimmte Entwicklungstendenz aufweisen und auf exogene Einflüsse gleichartig reagieren. Diese Einheit, von FRIEDRICHS (1927) als **Holocoen** bezeichnet, wird von SUKAĆEV (1926), der die unbelebte Seite des Holocoens gegenüber der belebten gleichrangig sehen möchte, als **Biogeocoenose** gefaßt (Abb. 6.2.). Für die Biogeocoenosen der Geobiosphäre gelten eine Reihe wichtiger Gesetze (TÜXEN 1965).

6. Ökologie von Biocoenosen

1. Gesetz der gesellschaftlichen Ordnung der Lebewesen
Keine Pflanze, kein Tier und auch kein Mensch kann für sich allein leben, sondern nur im lebendigen Wirkungsgefüge der Organismengesellschaften (Biocoenosen). Der Einzelorganismus kann sich darin nur so lange behaupten, wie seine Eigenart, das Einfügen in die Artengemeinschaft, die Gestalt und das Geschehen der sich bildenden, gefestigten oder zerfallenden Biocoenose es räumlich, zeitlich und funktionell erlaubt.

2. Gesetz der exogenen Ordnung der Lebensgemeinschaft
Der Standort erlaubt nur einer ihm angepaßten, begrenzten Anzahl von Organismen sich zu entwickeln. Auf jedem Standort lebt deshalb eine durch ihn ausgelesene, jedoch durch das Gesetz der endogenen Gesellschaftsordnung (5) eingeschränkte, ihm angepaßte und mit ihm im Wechsel stehende Pflanzen- und Tiergemeinschaft.

3. Gesetz der räumlichen Ordnung
Jede Biocoenose ist in sich im Raume über und unter der Erdoberfläche geordnet, geschichtet. Jede Art, die in einer bestimmten Lebensgemeinschaft lebt, fügt sich in deren Raumordnung ein. Jede Biocoenose braucht zu ihrer Ausbildung einen bestimmten Minimalraum. Ihr ist ein bestimmter geographischer Wohnraum eigen, und sie besitzt nur eine beschränkte Anzahl von Nachbar-(Kontakt-)Gesellschaften.

4. Gesetz der zeitlichen Ordnung
Alle Lebensäußerungen fügen sich in einer Lebensgemeinschaft in eine zeitliche Ordnung. Sie ist gegeben in der von Tag und Nacht sowie den Jahreszeiten gesteuerten Rhythmik wie auch in dem Einfügen jedes Organismus in den Gesamtablauf der Lebensvorgänge in der Biocoenose (z. B. Frühlingsblüher im Buchenwald). Auch die Entwicklung der Biocoenosen, deren Entstehen, Entfaltung, Reife und Zerfall, gesteuert von Arten mit hoher dynamischer Kraft, folgt einer zeitlichen Ordnung. Sie drückt sich aus durch die verschiedenen Phasen (Initial-, Reife- und Zerfallsphase) mit ihren jeweiligen charakteristischen Artenkombinationen. Dabei können evolutionäre = langzeitlich und ontogenetische = relativ kurzzeitlich wirkende Entwicklungen unterschieden werden. Diese Entwicklungen führen zu Veränderungen des Standortes, die ihrerseits wiederum auf die Biocoenosen rückwirken, bis schließlich ein dynamisches Gleichgewicht auftritt.

5. Gesetz der endogenen funktionellen Ordnung
Neben der Floren- und Faunengeschichte, den verbreitungsbiologischen Möglichkeiten und dem Standort, dem exogenen Kräfte-Integral, entscheiden endogene, gesellschaftseigene Faktoren über die sich soziologisch zusammenfügenden Sippen und regulieren das gesellschaftliche Leben. Die Biocoenose ist ein Wirkungsgefüge, in dem jedes auf alles wirkt. Die in ihm ablaufenden Vorgänge und ihre Wirkungen wie Stoffwechsel, Vermehrung, Ortswechsel, Entstehung, Altern und Sterben der Individuen, Ausbreitung, Arealreduktion, Zerfall und Erneuerung einer Lebensgemeinschaft sind rhythmisch geordnet. Das Wirkungsgefüge ist das Gesamtergebnis des Zusammenwirkens von Standortsfaktoren und endogenen Faktoren wie Wettbewerb, Duldung und gegenseitige Hilfe der Arten zugleich, wobei jede Biocoenose wiederum mit ihren Kontaktbiocoenosen in Wechselwirkung steht.

6. Gesetz der Produktionsordnung
Das Ergebnis des soziologischen Wirkungsgefüges einer Biocoenose ist eine echte „Arbeitsleistung", die sich u. a. in der Selbsterneuerung der Lebensgemeinschaft, der Erzeugung organischer Substanz und in der Bildung und Umbildung von Böden äußert. Sie wird erreicht durch „Arbeitsteilung" (Produzenten, Konsumenten und Destruenten) innerhalb der Biocoenosen, von denen jede ihr qualitativ und quantitativ charakteristisches Produktionspotential besitzt.

7. Gesetz der Homöostasie
Alle Erscheinungen und Vorgänge im Wirkungsgefüge von Biocoenosen verlaufen bei ungestörten Verhältnissen stets in Richtung auf ein dynamisches Gleichgewicht der Einzelelemente, auf eine **Homöostasie,** eine Harmonie in der Lebensgemeinschaft.

Wenn in den folgenden Kapiteln aus didaktischen Gründen die wichtigsten Teilsysteme der Biogeocoenosen, die Pflanzengemeinschaften = Phytocoenosen, die Tiergemeinschaften = Zoocoenosen und die Lebensgemeinschaften des Bodens = Pedocoenosen, getrennt in ihren Gesetzmäßigkeiten besprochen werden, so sollte jedoch nie der Ganzheitscharakter der Biogeocoenosen außer acht gelassen werden.

6.1.1. Phytocoenosen

Den Pflanzengemeinschaften kommt als dem Teil der Biogeocoenose, der die Primärproduzenten umfaßt, eine fundamentale Bedeutung zu. Sowohl die Zoocoenosen als auch die Pedocoenosen werden entscheidend von den Phytocoenosen in ihrer Zusammensetzung und in ihren Lebensäußerungen beeinflußt. Da sie außerdem relativ ortsbeständig sind, werden sie zu Recht, besonders im terrestrischen Bereich, zur Abgrenzung der einzelnen Biogeocoenosen herangezogen (vgl. 6.2.).
Das Wissenschaftsgebiet, das sich mit den Erscheinungen und Gesetzmäßigkeiten der Pflanzengemeinschaften befaßt, ist die **Pflanzensoziologie** (= Vegetationskunde oder Phytocoenologie). Sie hat folgende Hauptprobleme zu lösen:

1. Wie sind die Pflanzengemeinschaften zusammengesetzt, und wie sind sie zu klassifizieren (Synmorphologie u. Syntaxonomie)?
2. Welches sind die gemeinschaftsbedingenden Umweltfaktoren, und wie wirken sie auf die Pflanzengemeinschaft (Synökologie)?
3. Wie ist die Lebensgeschichte der Pflanzengemeinschaften (Syndynamik)?
4. Wie sind die Pflanzengemeinschaften im Raum verteilt (Synchorologie)?

6.1.1.1. Struktur und Klassifizierung von Pflanzengemeinschaften

Pflanzengemeinschaften sind als Vergesellschaftungen von Pflanzen anzusehen, die voneinander in ihrer Existenz meist weitgehend abhängig sind. Diese Abhängigkeit kann vom einseitigen Parasitismus bis zu gegenseitigem Nutzen gehen (vgl. 2.3.). Weit verbreitet in den Pflanzengemeinschaften ist vor allem der Kommensalismus, bei dem ohne Schädigung des Partners ein Organismus durch das Zusammenleben einen Vorteil genießt.
Unter der Struktur einer Pflanzengemeinschaft darf nicht nur ihre vertikale und horizontale räumliche Schichtung verstanden werden, sondern vor allem auch ihre innere Struktur in Form der Artenzusammensetzung. Die **räumliche Schichtung** ist in den verschiedenen Pflanzengemeinschaften unterschiedlich entwickelt. Es gibt von einfach strukturierten, einschichtigen, alle Übergänge zu kompliziert strukturierten, vielschichtigen Pflanzengemeinschaften, wie sie zum Beispiel die sommergrünen Laubwaldgesellschaften darstellen. Hier lassen sich oft hohe und niedere Baumschicht, Strauchschicht, Feldschicht (= Krautschicht) und Moosschicht unterscheiden. Der oberirdischen entspricht meist auch eine unterirdische räumliche Schichtung, die Wurzelschichtung. Sie ist in vielen Fällen für die artenmäßige Zusammensetzung einer Pflanzengemeinschaft in der Bedeutung ebenrangig, da sie den wesentlichsten Kontakt zu den Pedocoenosen herstellt (Abb. 6.3.). Entsprechend der zunehmenden räumlichen Strukturierung (**= soziologische Progression**) werden die Pflanzengemeinschaften auch im soziologischen System hintereinander angeordnet.

292   6. Ökologie von Biocoenosen

Abb. 6.3. Halbschematisches Vegetationsprofil durch eine Mädesüß-Uferflur. Nach MAYER 1939 aus ELLENBERG 1978. Von links nach rechts: *Carex gracilis* (Schlanksegge), *Phalaris arundinacea* (Rohr-Glanzgras), *Carex acutiformis* (Sumpf-Segge), *Geranium palustre* (Sumpf-Storchschnabel), *Equisetum palustre* (Sumpf-Schachtelhalm), *Filipendula ulmaria* (Großes Mädesüß) mit *Calystegia sepium* (Echte Zaunwinde), *Caltha palustris* (Sumpf-Dotterblume), *Galium mollugo* (Wiesen-Labkraut), *Colchicum autumnale* (Herbstzeitlose), *C. g.*; Bodenaufschluß 15 cm.

Die artenmäßige Zusammensetzung einer Pflanzengemeinschaft, als deren **innere Struktur** gefaßt, ist in vielfacher Hinsicht aussagekräftig. Die Einzelarten sind als genetische Einheiten durch ähnliche Ökologie, Genese und Lebensäußerungen gekennzeichnet. Sie treten meist zu **ökologisch-soziologischen Gruppen** zusammen, d. h. zu Artgruppen, die in ihren Standortansprüchen, ihren Reaktionen auf die Umweltverhältnisse und damit auch in ihrem soziologischen Verhalten ähnlich sind.

Pflanzengemeinschaften, die sich durch eine gleiche charakteristische Artengruppenkombination auszeichnen, damit auch gleiche Physiognomie besitzen und die gleichen Standortbedingungen fordern, werden in der Ordnung der Pflanzengemeinschaften **(Syntaxonomie)** zu der grundlegenden Einheit der **Assoziation** (Pflanzengesellschaft) zusammengefaßt (BRAUN-BLANQUET 1964). Das Erkennen solcher Assoziationen in der Natur wird durch **diagnostisch wichtige, charakteristische Arten** erleichtert. Diese können Arten sein, die nur oder überwiegend in der betreffenden Assoziation vorkommen **(Charakterarten),** Arten mit einem hohen Bauwert (vorherrschende, **dominante Arten)** und Arten, die eine Assoziation von einer ähnlichen trennen **(Assoziationsdifferentialarten).** Diagnostisch wichtige Arten werden durch vergleichende Tabellenarbeit gewonnen. Ähnliche Assoziationen lassen sich zu **Verbänden,** ähnliche Verbände zu **Ordnungen,** ähnliche Ordnungen zu **Klassen** zusammenfügen. Alle diese jeweils floristisch-ökologisch ähnlichen, aber nicht abstammungsmäßig verwandten Einheiten bilden die Grundlage des pflanzensoziologischen Systems. Für alle höheren Einheiten dieses Systems gilt im Prinzip das gleiche, was für die Assoziation ausgesagt wurde. Da die einzelnen Pflanzenbestände jeweils ihre individuellen Besonderheiten besitzen, macht sich oft die Untergliederung der Assoziationen notwendig. Auf Grund von **Differentialarten,** die dann nur in bestimmten Untereinheiten vorkommen, lassen sich **Subassoziationen** und **geographische Rassen** und unter diesen **Varianten** und **geographische Ausbildungen** unterscheiden. Beim Dominieren einzelner Arten bei gleichen Artenbeständen wird von einer **Fazies** gesprochen (Tab. 6.1.).

Tabelle 6.1. Beziehungen zwischen vegetationskundlicher Kategorie und Standortsfaktorenkomplex

Bodentyp, Bodenart	— Assoziation
Basenhaushalt	— Subassoziation
Bodenfeuchtigkeit	— Variante
Krumenfeuchtigkeit	— Subvariante
Großklima	— geographische Rasse
Bearbeitungsmaßnahmen	— Ausprägung
jahreszeitliche Rhythmik	— Aspekt

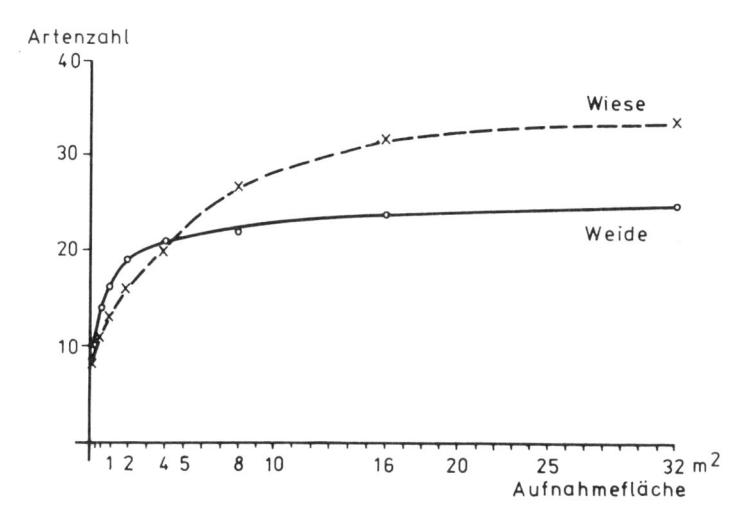

Abb. 6.4. Minimalareal-Bestimmung. Nach FUKAREK 1964.

Tabelle 6.2. Parameter der Vegetationsanalyse

Skala der Artmächtigkeitsschätzung:
r = äußerst selten, meist zufällig
+ = selten, vereinzelt
1 = häufig, aber unter $1/10$ — oder selten, aber über $1/10$ der Aufnahmefläche deckend
2 = $1/10 - 1/4$ der Aufnahmefläche deckend
3 = $1/4 - 1/2$ der Aufnahmefläche deckend
4 = $1/2 - 3/4$ der Aufnahmefläche deckend
5 = $3/4 - 4/4$ der Aufnahmefläche deckend

Skala der Soziabilität:
1 = Einzelsprosse, Einzelstämme
2 = gruppen- oder horstweise wachsend
3 = truppweise wachsend
4 = in kleinen Kolonien wachsend oder ausgedehnte Flächen bzw. Teppiche bildend
5 = große Herden

Zeichen für Entwicklungszustand und Vitalität:
° = herabgesetzte Vitalität
bl. = blühend
fr. = fruchtend
st. = steril
Km. = Keimling
J. = Jungpflanze
† = abgestorben
ksp. = Knospenzustand

6. Ökologie von Biocoenosen

Tabelle 6.3. Beispiel einer Vegetationsaufnahme (Sagino-Bryetum argentei)

Ort der Aufnahme: Friedeburg an der Saale
Datum der Aufnahme: 23. 8. 1957
Bearbeiter: R. Schubert
Aufnahmefläche: 20 m²
Exposition und Hangneigung: 3° Süd
Schicht: Feldschicht
Bedeckung: 80%
Bemerkungen: Stark betretene Stelle inmitten des Ortes

Sagina procumbens	2	*Potentilla anserina*	+
Bryum argenteum	2	*Artemisia annua*	+
Poa annua	2	*Urtica dioica*	+
Polygonum convolvulus	2	*Archillea millefolium*	+
Plantago major	1	*Taraxacum officinale*	+
Coronopus squamatus	1	*Malva neglecta*	+°
Matricaria inodora	1		

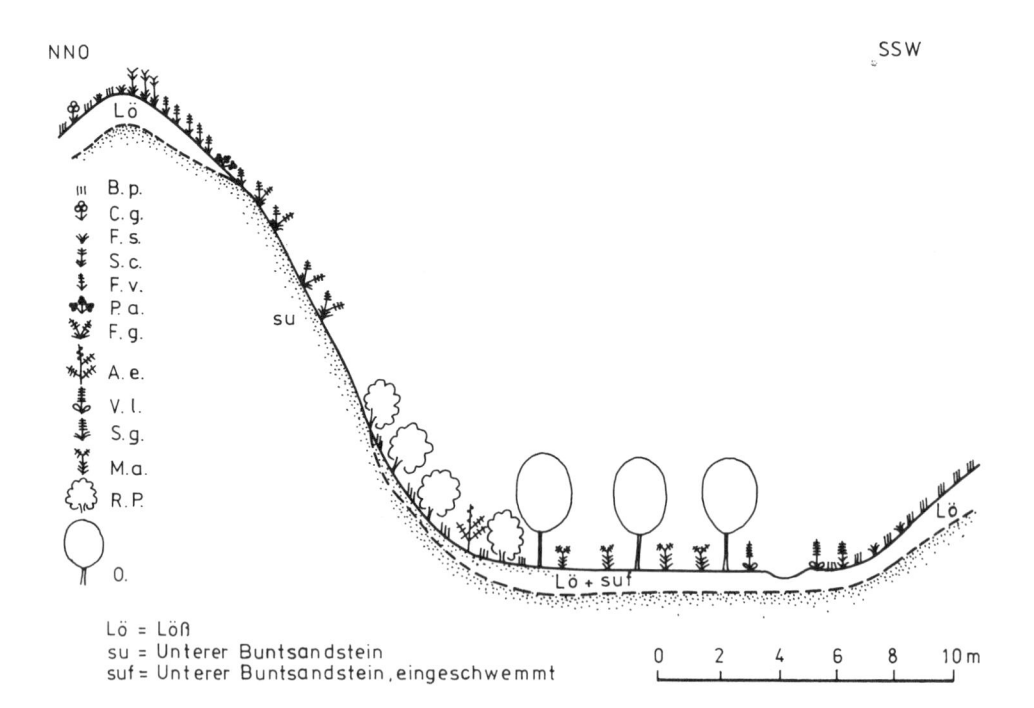

Lö = Löß
su = Unterer Buntsandstein
suf = Unterer Buntsandstein, eingeschwemmt

Abb. 6.5. Schematisches Vegetationsprofil „Untere Holzlöcher" bei Wormsleben nahe Eisleben. Nach WEINERT 1956.
B. p. = *Brachypodium pinnatum* (Fieder-Zwenke), C. g. = *Campanula glomerata* (Büschel-Glokkenblume), F. s. = *Festuca sulcata* (Furchen-Schwingel), S. c. = *Stipa capillata* (Haar-Federgras), F. v. = *Festuca valesiaca* (Walliser Schwingel), P. a. = *Potentilla arenaria* (Sand-Fingerkraut), F. g. = *Festuca glauca* (Blaugrauer Schwingel), A. e. = *Agrimonia eupatoria* (Kleiner Odermennig), V. l. = *Verbascum lychnites* (Mehlige Königskerze), S. g. = *Stachys germanica* (Woll-Ziest), M. a. = *Mercurialis annua* (Schutt-Bingelkraut), R. P. = *Rosa* und *Prunus*-Gebüsche (Rosen- und Schlehen-Gebüsche), O. = Obstgehölze

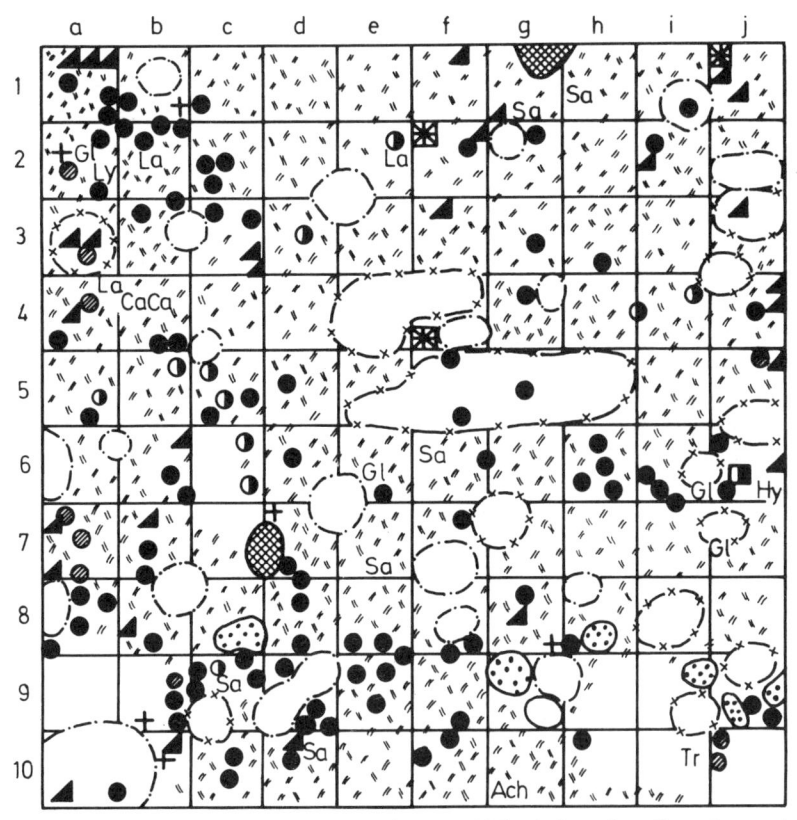

Abb. 6.6. Flächenquadratdarstellung einer Kohldistelwiese der Elster-Luppe-Aue bei Halle. Aus SCHUBERT 1969.

Ach	Achillea ptarmica,	La	Lathyrus pratensis
Ca	Carex panicea,	◣	Lychnis flos-cuculi,
●	Cirsium oleraceum,	Ly	Lysimachia nummularia,
◉	Dactylis glomerata,	″″″	Poa pratensis,
●	Deschampsia caespitosa,	✚	Polygonum bistorta,
Gl	Glechoma hederacea,	+	Ranunculus polyanthemus,
◯	Holcus lanatus,	Sa	Sanguisorba officinalis,
Hy	Hypericum maculatum,	Tr	Trifolium pratense,
″,″	Poa trivialis,	▢	Veronica chamaedrys,
⊘	Agrostis stolonifera,	◐	Vicia angustifolia,
O	Festuca pratensis,	⟨⟩	Festuca rubra.

Für das Feststellen der Struktur eines Pflanzenbestandes bedient man sich der **Vegetationsaufnahme**. Auf einer fest umrissenen Fläche, die hinsichtlich ihres Artenbestandes homogen sein muß und eine für jede Pflanzengesellschaft typische Minimalgröße (Abb. 6.4.) zu umfassen hat, wird die **Artmächtigkeit** der einzelnen auf dieser Fläche wachsenden Pflanzenarten festgestellt. Neben der Artmächtigkeit, die meist in einer siebenteiligen Skala (Tab. 6.2.) erfaßt wird, kann auch die Vergesellschaftung **(Soziabilität)** nach einer fünfteiligen Skala festgehalten werden. Sie gibt Auskunft über die Gleichmäßigkeit der Verteilung (Dispersion) der Pflanzensippen. Schließlich können noch Angaben über die **Vitalität** und **Fertilität** sowie den **Entwicklungsstand** der Pflanzen hinzugefügt werden. Wichtig ist auch, daß bei jeder Vegetationsaufnahme Angaben über den genauen Ort und Zeitpunkt der Aufnahme enthalten sind sowie Bemerkungen über Besonderheiten des Standortes, z. B. Höhenlage, Hangneigung, Exposition, geologischer Untergrund und menschliche Beeinflussung (Tab. 6.3.).

Einen guten Eindruck von der vertikalen bzw. horizontalen räumlichen Struktur eines Pflanzenbestandes vermitteln das **Transekt-** bzw. **Vegetationsprofil** (Abb. 6.5.) und die **Flächenquadratdarstellung** (Abb. 6.6.).

Neben den selbständigen Pflanzengesellschaften, die meist von höheren Pflanzen aber gelegentlich auch von Kryptogamen bestimmt werden, gibt es eine große Anzahl von abhängigen Pflanzengemeinschaften **(Synusien)**. Sie leben als charakteristische, typische Pflanzengruppierungen innerhalb anderer selbständiger Assoziationen, wie die Frühjahrsgeophyten in einem sommergrünen Laubwald oder die Moospolster bzw. Flechtendecken in einem bodensauren Nadelwald. In ihrer Artenzusammensetzung und ihren Lebensäußerungen werden sie entscheidend von der übergeordneten Assoziation bestimmt.

6.1.1.2. Wirkungsgefüge zwischen Umweltfaktoren und Pflanzengemeinschaften

Jede Pflanzengesellschaft ist mit ihrer charakteristischen Artengruppenkombination ein besserer Zeiger für die sie bedingenden Standortsfaktoren als eine einzelne ökologisch-soziologische Artengruppe oder gar eine einzelne Art. Sie ist eine ausgezeichnete Integration des an ihrem Wuchsort herrschenden Standortsfaktorenkomplexes. Die Standortsfaktoren wirken nie getrennt voneinander auf die Pflanzengemeinschaft ein, sondern stets integrativ miteinander verbunden, sich gegenseitig beeinflussend. Sie werden von der Pflanzengemeinschaft, auf die sie wirken, rückwirkend wieder verändert. In der Synökologie werden deshalb zum einen die meßbaren Standortsfaktoren Licht, Wärme, Wasser und Wind erfaßt, zum anderen die Reaktionen der Pflanzengesellschaft oder ihrer Glieder auf diese Standortsverhältnisse unter dem Einfluß des gesellschaftlichen Zusammenlebens. Wichtig ist, daß alle synökologischen Messungen auf konkrete Pflanzengesellschaften bezogen und in diesen durchgeführt werden, nur so erhalten sie eine auswertbare, verallgemeinerungsfähige Basis.

Das von den staatlichen Wetterwarten ermittelte Großraum- oder **Makroklima** wird unter sorgfältiger Ausschaltung aller mehr oder weniger zufälligen Lokaleinwirkungen in Klimahütten ermittelt. In Pflanzengemeinschaften ist es in vielfältiger Weise zum **Bestandesklima** umgeformt, das sich seinerseits, vor allem in mehrschichtigen Beständen, wiederum aus mehreren **Mikroklimaten** zusammensetzen kann (vgl. 2.2.2.1.). Mikro-, Bestandes- und Großraumklima stehen miteinander in Wechselwirkung, wobei allerdings der Wirkgradient vor allem vom Großraumklima zum Mikroklima gerichtet ist.

Sind die klimatischen Faktoren — da sie wesentlich die Assimilation der Primärproduzenten beeinflussen — für eine Pflanzengemeinschaft von großer Bedeutung, so sind es die vom Boden ausgehenden Faktorenkomplexe nicht weniger. Sie bestimmen mit über die mineralische Nährstoff- und Wasserversorgung der Pflanzenbestände. Dabei spielt eine große Rolle, aus welchen Bestandteilen der Boden aufgebaut ist, welche Körnung, welches Bodengefüge vorherrscht, die Reife des Bodens und damit seine Pedocoenose, sein Wasser-, Luft- und Humusgehalt und sein Ionenhaushalt. Alle diese edaphischen Faktoren werden

6.1. Biogeocoenosen des Festlandes   297

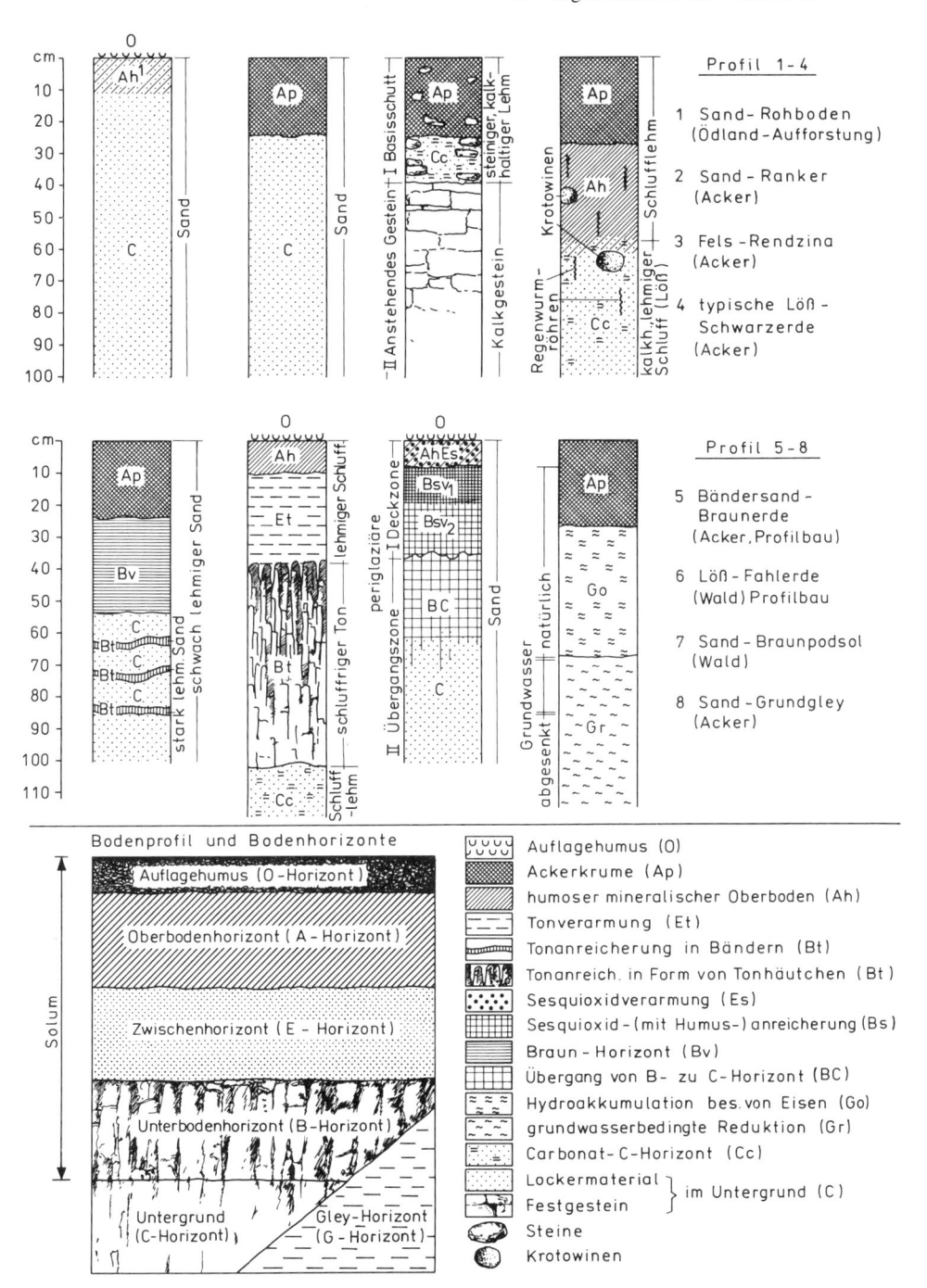

Abb. 6.7. Bodenprofile. Nach MÜLLER et al. 1980, verändert.

ihrerseits beeinflußt von den Pflanzengemeinschaften, die mit ihren Wurzeln, aber auch mit ihren oberirdischen Organen, zum Beispiel durch Gestaltung des bodennahen Mikroklimas oder durch die Auflagerung abgefallener oberirdischer Pflanzenteile, an den Bodenbildungsprozessen entscheidend beteiligt sind. Bei jeder Untersuchung der Wirkungsfaktoren einer Pflanzengemeinschaft ist deshalb eine genaue Bodenanalyse unerläßlich. Bodenprofile (Abb. 6.7.) und die Bestimmung der Bodentypen (Tab. 6.4.) können wesentliche Aufschlüsse über die Ökologie einer Pflanzengesellschaft geben.

Tabelle 6.4. Übersicht über die wichtigsten Böden der kühl-gemäßigten Gebiete Europas

I. Anhydromorphe und schwach hydromorphe Böden

a) Anhydromorphe, epigenetische Böden	b) Schwach hydromorphe oder paläohydromorphe alluviale und kolluviale Böden mit teilweiser syngenetischer Sediment- und Bodenbildung
Rohböden	Auen-Rohböden (Rambla)
Ranker	Auen-Ranker (Paternia)
Rendzinen	Auen-Rendzinen (Borowina)
Schwarzerden (Tschernoseme)	Schwarzerdeähnliche Auenböden (Tschernitza)
Braunerden	Vegas
Luvisols und Podzoluvisols	
Parabraunerden	
Griserden, Graue Waldböden	
Fahlerden, Dernopodsolböden	
Podsolierte Böden (Spodosols)	
Podsole	
Braunpodsole	
Rosterden	

II. Hydromorphe und semihydromorphe Mineralböden

a) Hydromorphe und semihydromorphe epigenetische Mineralböden			b) Hydromorphe und semihydromorphe z. T. syngenetische alluviale und kolluviale Böden
stau- und haftwasserbeeinflußt	oben stau- und haftwasserbeeinflußt, unten grundwasserbeeinflußt	grundwasserbeeinflußt	grundwasserbeeinflußte alluviale Böden (z. T. oben haftwasserbeeinflußt)

Semihydromorphe Böden (Semigleye, Halbgleye):

Schwarzgleye		Schwarzgleye	Auen-Schwarzgleye
Braunstaugleye	Halbamphigleye	Braungleye	Vegagleye
		Rostgleye	
Staugleypodsole		Gleypodsole	

Vollhydromorphe Mineralböden:

Staugleye		(Grund-)Gleye	Auengleye
Humusstaugleye	Amphigleye	Humusgleye	Auenamphigleye
		Anmoorgleye	Marschböden

II. Hydromorphe syngenetische organische Böden
Hochmoore — Niedermoore (Riede, Fene), einschließlich Auen-Niedermoore

Neben der Einwirkung der atmosphärischen und edaphischen Standortsfaktorenkomplexe ist der Einfluß, der von anderen Organismen ausgeht, seien es nun Tiere oder der Mensch, oft von außerordentlicher Bedeutung. Bei Beweidung, Schlag, Mahd und Ernte sowie Brand, Beackern und Düngen wird dies offensichtlich, aber auch in vieler anderer Hinsicht üben die biotischen Faktoren eine bestandesbildende Kraft aus. Es gibt heute kaum mehr eine Pflanzengesellschaft, die nicht direkt oder indirekt vom Menschen und seiner Tätigkeit beeinflußt ist.

Die Einwirkung der Tiere auf Ausbildung und Lebensäußerung der Pflanzengemeinschaften ist gleichfalls nicht zu unterschätzen. Säuger, Vögel und Insekten als Verbreiter von Samen und Früchten sowie als Bestäuber sind z. B. wichtige biotische Faktoren. Besonders Insekten und Huftiere können aber auch bei Übervermehrung bestandeszerstörend wirken.

Durch das Einwirken des gesamten Standortsfaktorenkomplexes kommt es nicht nur zu einer charakteristischen Artengruppenkombination in einer Pflanzengesellschaft, sondern auch zu ganz spezifischen Lebensäußerungen der einzelnen Pflanzen im soziologischen Verband. Durch den Wettbewerb, durch die Einnischung der einzelnen Arten in die räumlichen, zeitlichen und trophischen Gegebenheiten einer Gesellschaft, entsteht ein dynamisches Gleichgewicht. Dieses unterliegt einer täglichen und jahreszeitlichen Periodizität, die ihre Ursache in den periodisch wechselnden Standortsfaktoren wie Wärme, Feuchtigkeit und Licht, aber auch in den genetisch fixierten rhythmischen Erscheinungen der Organismen hat. Die Periodizität, in langer Auseinandersetzung mit den Umweltfaktoren erworben, bestimmt Eintritt, Dauer und Ablauf der jeweiligen Wettbewerbssituation. Sichtbaren Ausdruck erhält sie z. B. in den unterschiedlichen **Aspekten** (Frühjahrs-, Sommer-, Herbst- und Winteraspekt) der Pflanzengesellschaften.

6.1.1.3. Dynamik von Pflanzengemeinschaften

Die Vegetation Mitteleuropas ist das Ergebnis einer jahrtausendealten Geschichte. Jede Pflanzengesellschaft ist in ihrem heutigen Typ das Produkt dieser langen Entwicklung, deren einzelne Etappen über Fossil- oder Pollenfundanalysen oft nur schwer oder unvollständig nachzuvollziehen sind. Trotzdem verdanken wir der vegetationsgeschichtlichen Forschung **(Synchronologie)** wichtige Einblicke in die erdgeschichtliche Entwicklung unserer heutigen Pflanzengesellschaften (s. 6.1.4.).

Neben diesen erdgeschichtlichen Entwicklungsvorgängen gibt es aber auch eine in der Gegenwart sich vollziehende Aufeinanderfolge von Pflanzengesellschaften, die als Folge des engen Wirkungsgefüges zu verstehen ist, das zwischen Pflanzengemeinschaften und ihren Standortsfaktoren besteht. Ein bekanntes Beispiel ist die Verlandung eines Sees mit nachfolgender Bildung von Röhricht, Großseggenried und schließlich Erlenbruchwald. Solche Pflanzengesellschaftsabfolgen, auch **Sukzessionen** genannt, spielen sich vor unseren Augen ab und sind experimentell, durch Dauerquadratbeobachtung und Transektuntersuchungen, exakt erfaßbar. Die einzelnen Schritte einer solchen Sukzession werden als **Stadien** bezeichnet. Sie gehen von **Initial-** oder **Anfangsgesellschaften** aus und streben einer **Schlußgesellschaft** zu. Sind sie naturgegebene, vom Menschen oder anderen exogenen Störfaktoren nicht beeinflußte Gesellschaftsabfolgen, so werden sie als **primäre progressive Sukzessionen** (z. B. Verlandung von Seen, Besiedlung von Neuland) bezeichnet und stehen im Gegensatz zu den **sekundären progressiven Sukzessionen,** die vom Menschen oder anderen exogenen Störfaktoren ausgelöst werden (z. B. Wiederbesiedlung eines Kahlschlages oder Trümmerfeldes). Außer diesen progressiven Entwicklungen gibt es die **regressiven Sukzessionen,** die zum Beispiel bei Grundwasseranstieg einsetzen und eine rückläufige Entwicklung der Pflanzengesellschaften, z. B. vom vielschichtigen Wald zu einfacher strukturierten Pflanzengesellschaften, zur Folge haben (Abb. 6.8.).

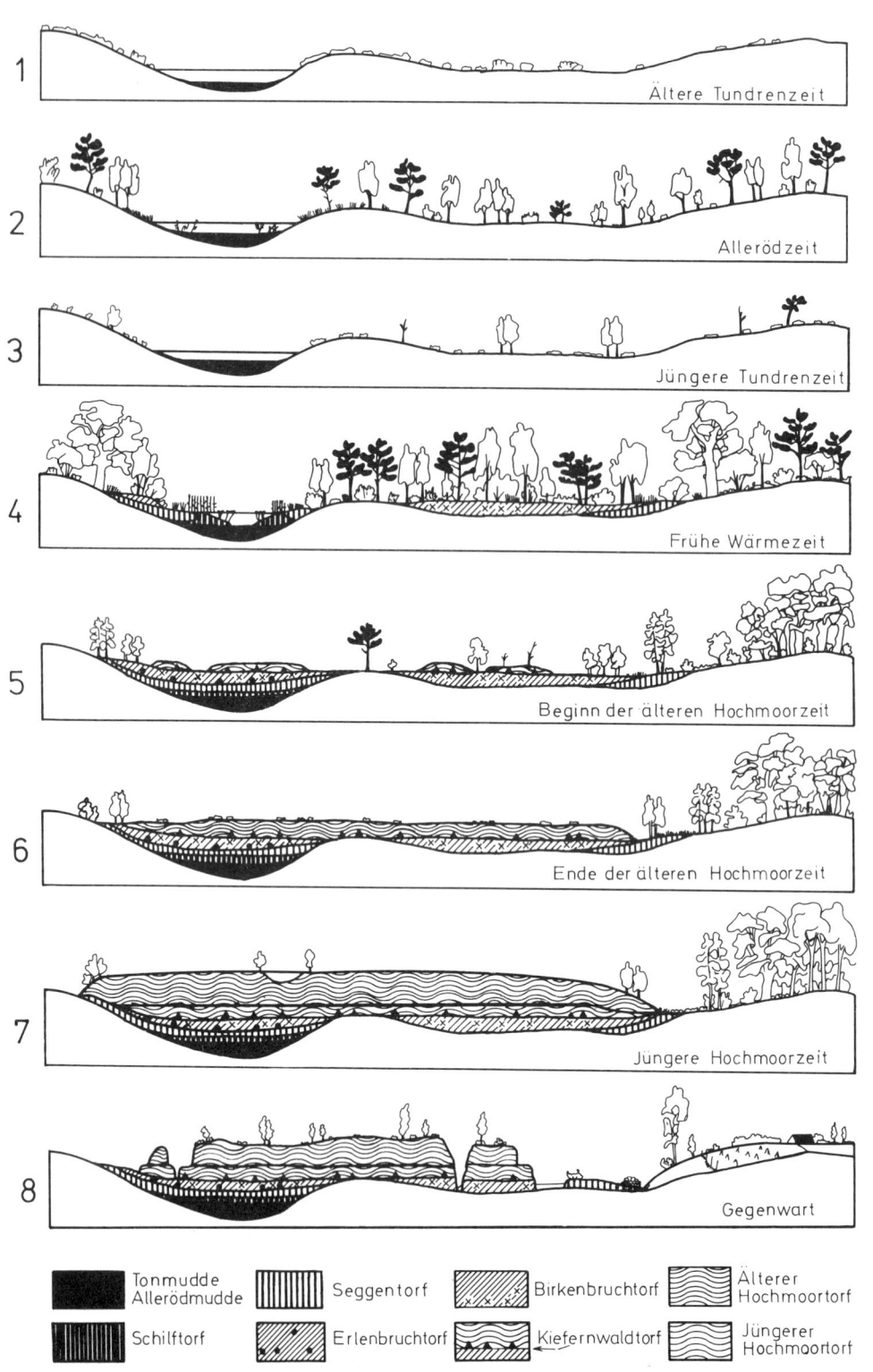

Abb. 6.8. Entwicklung eines Hochmoores und seiner Randgebiete seit der Tundrenzeit bis zur Gegenwart im nördlichen Mitteleuropa. Nach ELLENBERG 1978.

Es ist nicht anzunehmen, daß sich alle Pflanzengesellschaften eines bestimmten Gebietes zu einer klimabedingten Schlußgesellschaft, der **Klimax,** entwickeln. Es werden sich vielmehr durch geomorphologische und edaphische Unterschiede mehrere Schlußgesellschaften **(Paraklimax)** herausbilden oder **Dauergesellschaften** entstehen, die das Klimaxstadium nicht erreichen können (Abb. 6.9., Tab. 6.5.).

Bei Sukzessionsuntersuchungen spielt der Bauwert der einzelnen am Pflanzenbestand beteiligten Arten eine große Rolle. Neben neutralen Arten werden aufbauende, festigende und erhaltende sowie abbauende und zerstörende Sippen unterschieden. Stets müssen diese Angaben auf eine bestimmte Pflanzengesellschaft bezogen sein; denn die Einzelart kann in

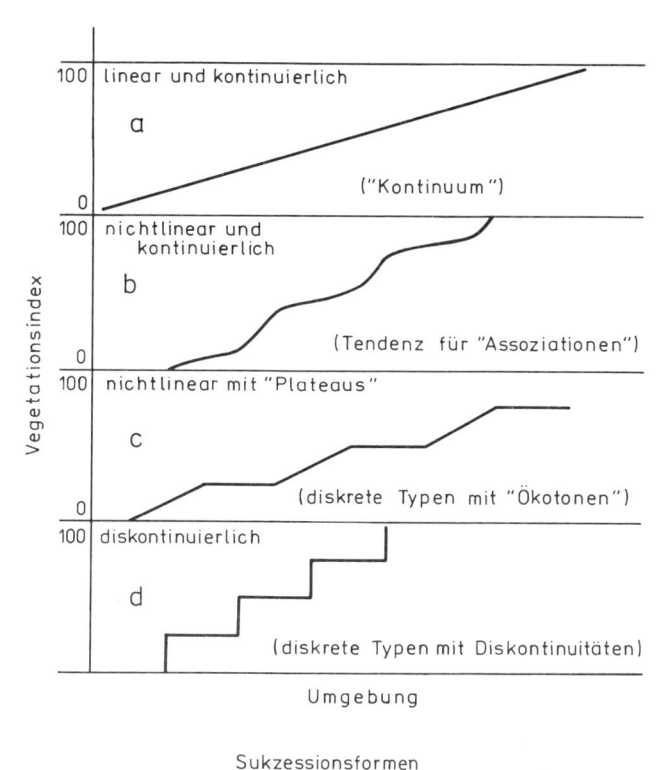

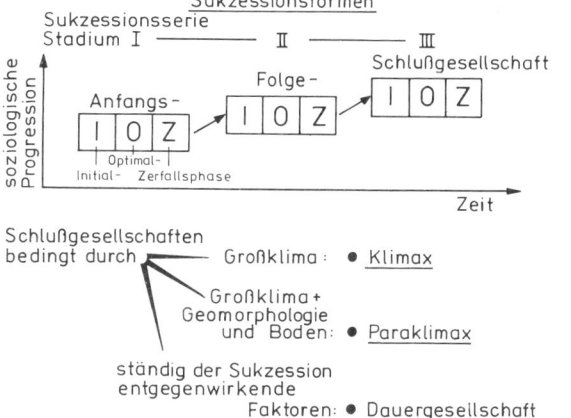

Abb. 6.9. Vegetationsübergänge und Sukzessionsformen. Nach STRAIN und BILLINGS 1974.

Tabelle 6.5. Primäre und sekundäre progressive Sukzession

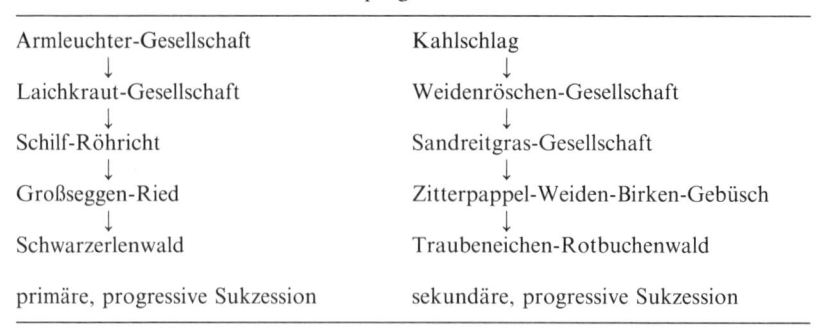

Armleuchter-Gesellschaft	Kahlschlag
↓	↓
Laichkraut-Gesellschaft	Weidenröschen-Gesellschaft
↓	↓
Schilf-Röhricht	Sandreitgras-Gesellschaft
↓	↓
Großseggen-Ried	Zitterpappel-Weiden-Birken-Gebüsch
↓	↓
Schwarzerlenwald	Traubeneichen-Rotbuchenwald
primäre, progressive Sukzession	sekundäre, progressive Sukzession

einer Pflanzengesellschaft aufbauend, in einer anderen dagegen zerstörend wirken. Neben der Wirkung der Einzelart darf jedoch nicht die Bedeutung der Pflanzengesellschaft als Ganzes auf die Dynamik des Holocoens bzw. der Biogeocoenose vernachlässigt werden.

Von den Stadien einer Sukzessionsserie sind deutlich die **Phasen,** in denen sich eine einzelne Pflanzengesellschaft befindet (Initial-, Reife-Zerfallsphase), zu unterscheiden und auch die **Aspekte,** die durch den jahreszeitlichen Rhythmus bedingt sind, zu trennen. Alles zusammen macht deutlich, daß eine Pflanzengemeinschaft nichts Statisches ist, sondern ein sehr dynamisches, im Fließgleichgewicht befindliches System darstellt.

6.1.1.4. Raumverteilung von Pflanzengemeinschaften

Die räumliche Verteilung der Pflanzengesellschaften läßt sich im wesentlichen auf drei Ursachen zurückführen:

1. auf die durch abiotische und biotische Faktoren gegebene räumliche Verteilung der Standorte und der potentiellen Wuchsräume unterschiedlicher Eignung für die Pflanzengesellschaften;
2. auf die biogenetisch und erdgeschichtlich bedingte Differenzierung des Pflanzenkleides der Erde;
3. auf die menschlichen Einflüsse, durch die oft die gegenwärtigen Pflanzengesellschaften ihre Individualität erhalten.

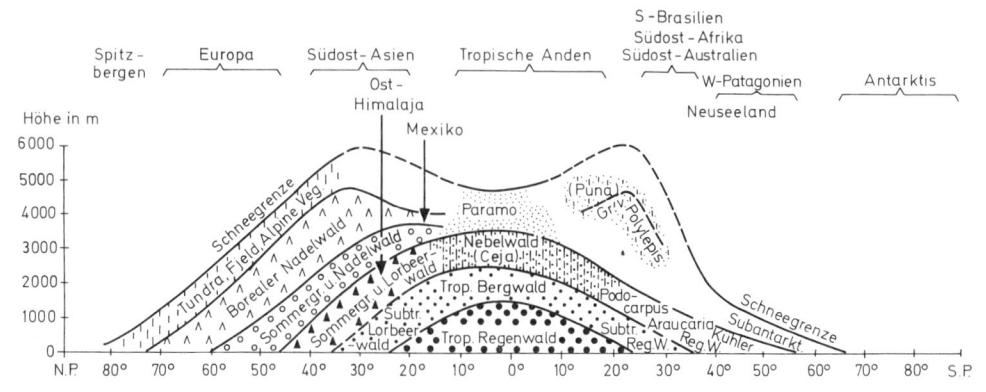

Abb. 6.10. Höhenstufung der Vegetation auf der Erde. Nach TROLL und WALTER aus SCHUBERT 1979, verändert.

6.1. Biogeocoenosen des Festlandes   303

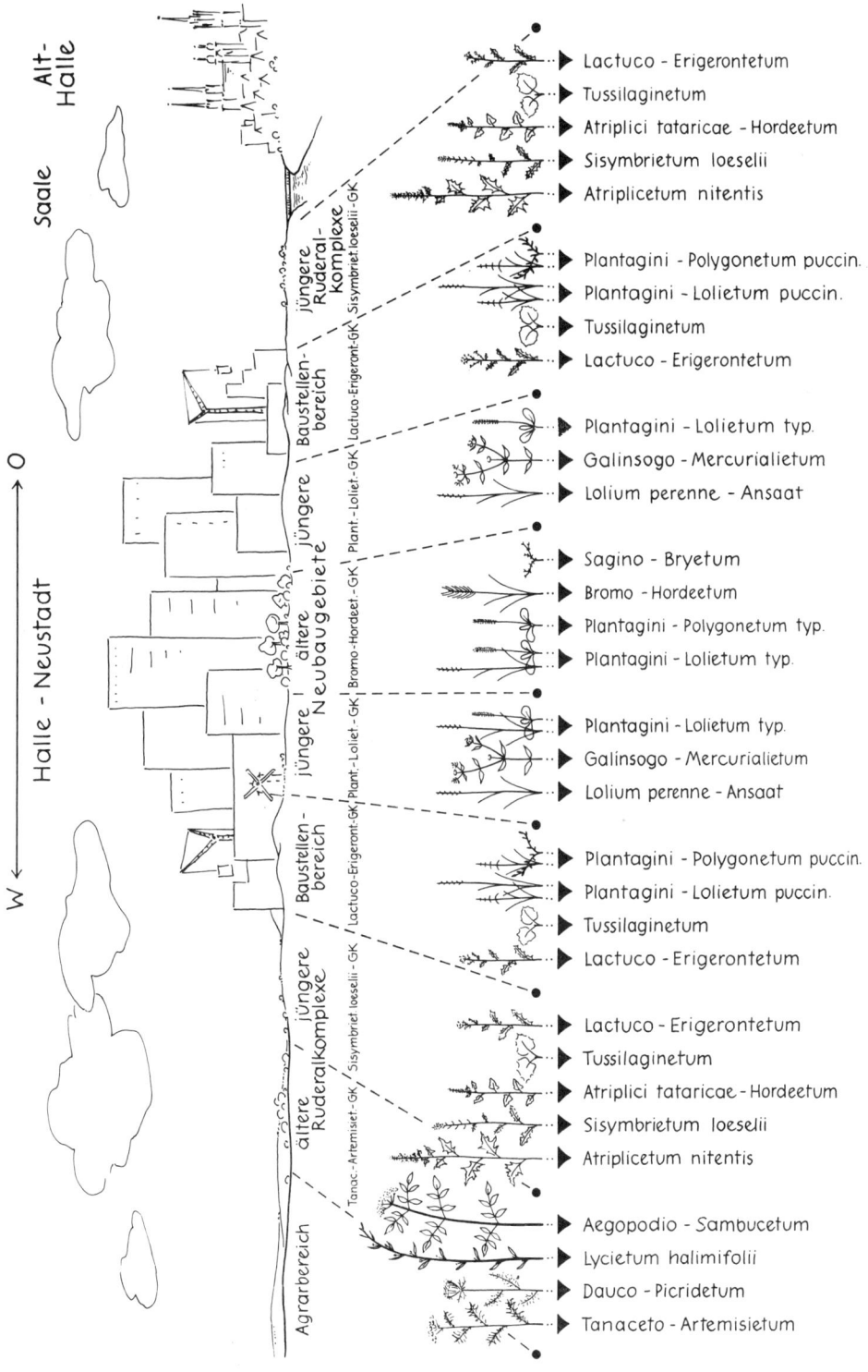

Abb. 6.11. Gesellschaftskomplexe (GK); Sigmeten des Stadtgebietes von Halle-Neustadt, die sie aufbauenden diagnostisch wichtigen Pflanzengesellschaften (Assoziationen) und ihre Bindung an Stadtstrukturen. Nach KLOTZ 1982.

Abb. 6.12

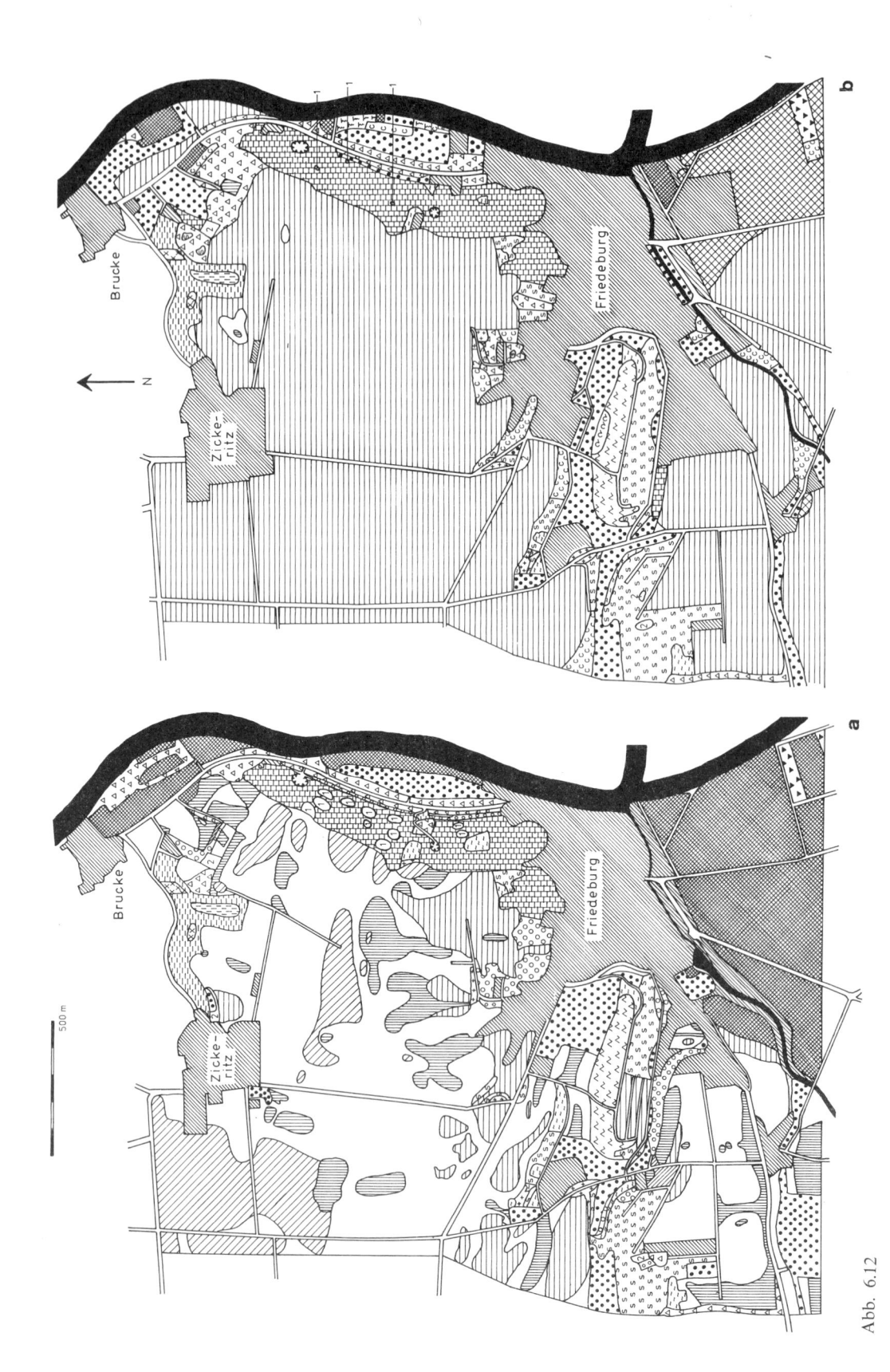

6.1. Biogeocoenosen des Festlandes

Großräumig betrachtet, sind die Pflanzengesellschaften entweder gürtel- oder mosaikartig angeordnet. Besonders deutlich wird die gürtelartige Anordnung der Pflanzengesellschaften in den Gebirgen, in denen sich **Höhenstufen** mit einem jeweils charakteristischen Pflanzengesellschaftsinventar erkennen lassen (Abb. 6.10.). Bei einer Gürtelung im Flachland spricht man dagegen von einer **Zonierung**.

Hat die großräumige Vegetationszonierung meist klimatische Ursachen, so beruht die örtliche Pflanzengesellschaftsverteilung, die sehr häufig mosaikartig ist, in der Regel auf edaphischen oder biotischen Standortsfaktoren, wie Grundwasserstand, Bodenfeuchtigkeit, Salz- oder Nitratgehalt des Bodens, Windeinfluß und menschliche Einflußnahme. Es ergibt sich dadurch ein **Vegetationsmosaik,** das zwar sehr vielgestaltig sein kann, jedoch für jede Landschaft oder jeden Landschaftsausschnitt gewissen Gesetzmäßigkeiten unterliegt. Diese resultieren aus dem **Gesamtwirkungsgefügepotential,** das an dem Ort zur Verfügung steht. Es lassen sich deshalb Pflanzengesellschaftskomplexe, die **Sigmeten,** fassen, die mit ihren charakteristischen Pflanzengesellschaftskombinationen den jeweiligen klimatischen, edaphischen, florengeschichtlichen und nicht zuletzt biotischen und anthropogenen Faktorenkomplexen entsprechen (Abb. 6.11.). Einzelne Pflanzengesellschaften, aber auch Sigmeten, sind der Kartierung, der räumlichen, kartenmäßigen Erfassung, zugänglich und für vegetationsgeographische, auf die Charakterisierung der Landschaft gerichtete Aussagen sehr wertvoll (Abb. 6.12a. u. b.).

Abb. 6.12. Vegetationskarte von Friedeburg.
a) Kartierung von 1958/59. Nach SCHUBERT und MAHN 1959 b) Kartierung von 1978/79. Nach WESTHUS 1980. Es ist deutlich die Uniformierung der Landschaft hinsichtlich der Pflanzengesellschaften zu erkennen. Entwurf HELMECKE.

- Euphorbio-Melandrietum Apera-Subassoziation
- Euphorbio-Melandrietum Campanula-Subassoziation
- Euphorbio-Melandrietum typische Subassoziation typische Ausbildungsform
- Euphorbio-Melandrietum typische Subassoziation verarmte Ausbildungsform
- Variante von Stachys palustris
- Rorippo-Chenopodietum verarmte Ausbildungsform
- Rorippo-Chenopodietum typische Ausbildungsform
- Teucrio-Melicetetum
- Festuco-Stipetum
- Festuco-Brachypodietum Festuca-Subassoziation
- Festuco-Brachypodietum typische Subassoziation
- Lolio-Cynosuretum Festuca pratensis Ausbildungsform
- Lolio-Cynosuretum typische Ausbildungsform
- Dauco-Arrhenatheretum
- Phragmites-Bestand
- Convolvulo-Agropyretum
- Galio-Carpinetum typische und Ulmus-Subassoziation
- Galio-Carpinetum Pulmonario-Subassoziation
- Galio-Carpinetum Luzula-Subassoziation
- Robinienforste
- Kiefernforste
- Roso-Ulmetum
- Aegopodio-Sambucetum
- Salix-Anpflanzungen
- Steinbruch

306   6. Ökologie von Biocoenosen

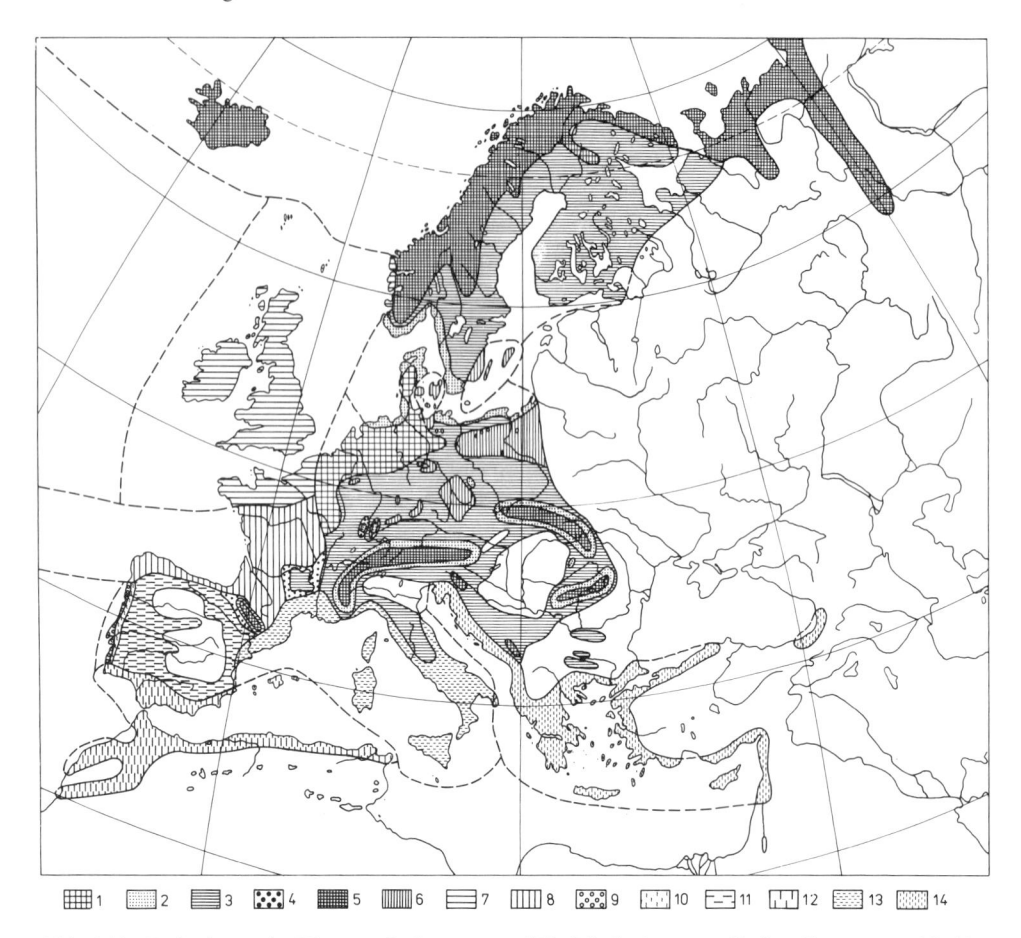

Abb. 6.13. Verbreitung der Klassen, Ordnungen und Verbände der europäischen Zwergstrauchheiden. Aus SCHUBERT 1960.
1. Klasse Loiseleurio-Vaccinietea; 2. Verband Empetrion nigrae der Klasse Nardo-Callunetea; 3. Verband Vaccinion vitis-idaeae der Klasse N.-C.; 4. Verband Sarothamnion scopariae der Klasse N.-C.; 5. Verband Genistion anglicae der Klasse N.-C.; 6. Verband Euphorbio-Callunion der Klasse N.-C.; 7. Verband Ulicion nanae der Klasse N.-C.; 8. Verband Ericion umbellatae der Klasse N.-C.; 9. Verband Coremion albae der Klasse Cisto-Lavanduletea; 10. Verband Frutici-Quercion der Klasse C.-L.; 11. Verband Cistion laurifolii der Klasse C.-L.; 12. Verband Cistion ibero-mauretanicum der Klasse C.-L.; 13. Verband Cistion ladaniferi der Klasse C.-L.; 14. Verband Cistion orientale der Klasse C.-L.

Neben der gegenwärtig existierenden, **aktuellen Vegetation** läßt sich auch eine **potentiell natürliche Vegetation** erfassen. Unter dieser versteht man die Vegetation, die sich an einem bestimmten Standort einstellen würde, wenn der menschliche Einfluß aufhörte. Sie ist zum größten Teil hypothetisch, nur zum Teil durch Vergleich mit bestehenden naturnahen Pflanzengesellschaften konstruierbar. Sie ist nicht gleichzusetzen mit der **ursprünglichen Vegetation,** unter der man die Vegetation eines Ortes vor dem Eingriff des Menschen versteht und die allein durch vegetationsgeschichtliche Untersuchungen ermittelt werden kann.

Unter dem Areal einer Pflanzengesellschaft versteht man die von ihren sämtlichen Einzelvorkommen eingenommene Fläche (Abb. 6.13.). Wie bei der Verbreitung von

6.1. Biogeocoenosen des Festlandes

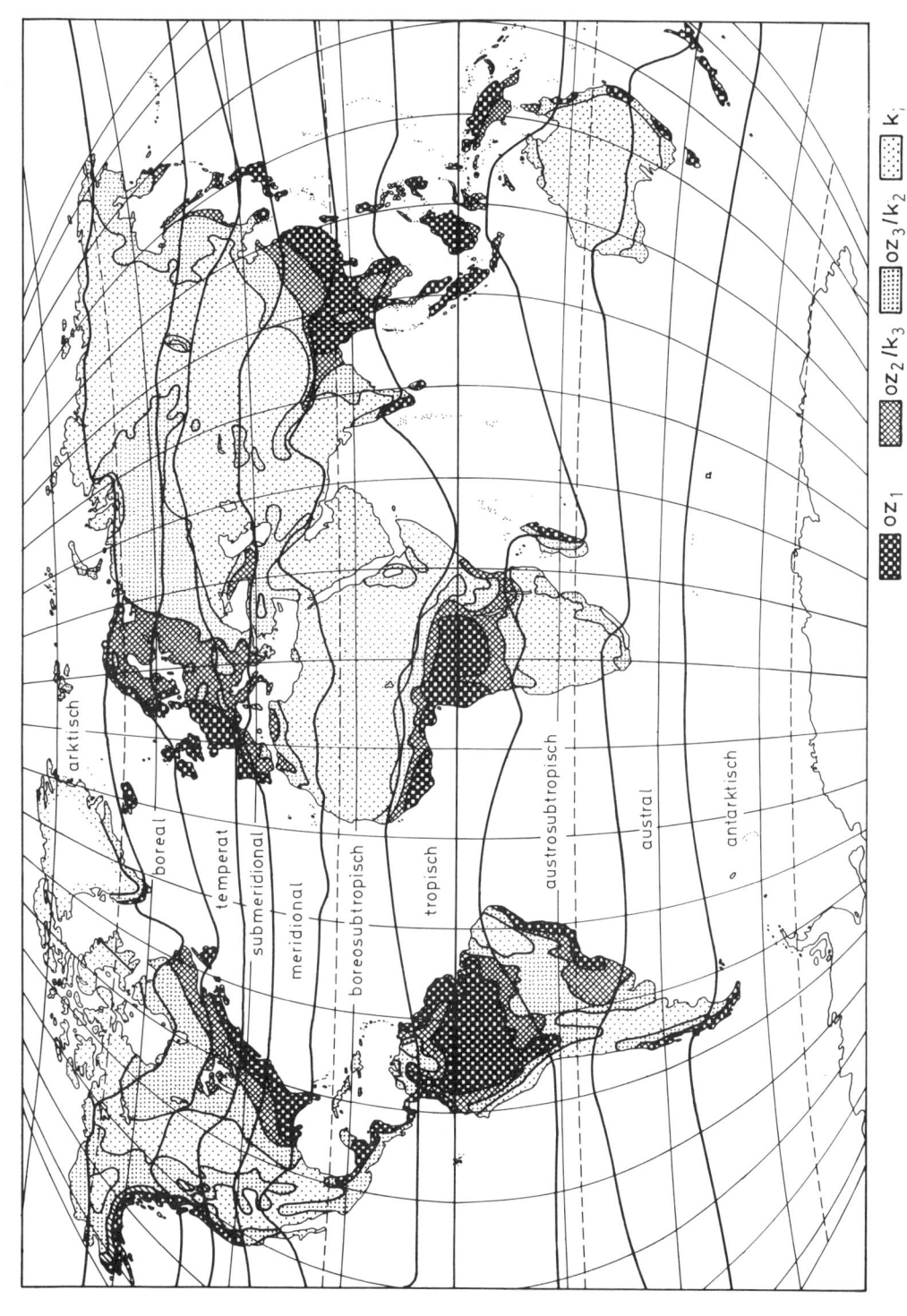

Abb. 6.14. Florenzonen und Ozeanitätsstufen. Nach JÄGER aus HENDL, JÄGER, MARCINEK 1978.

308   6. Ökologie von Biocoenosen

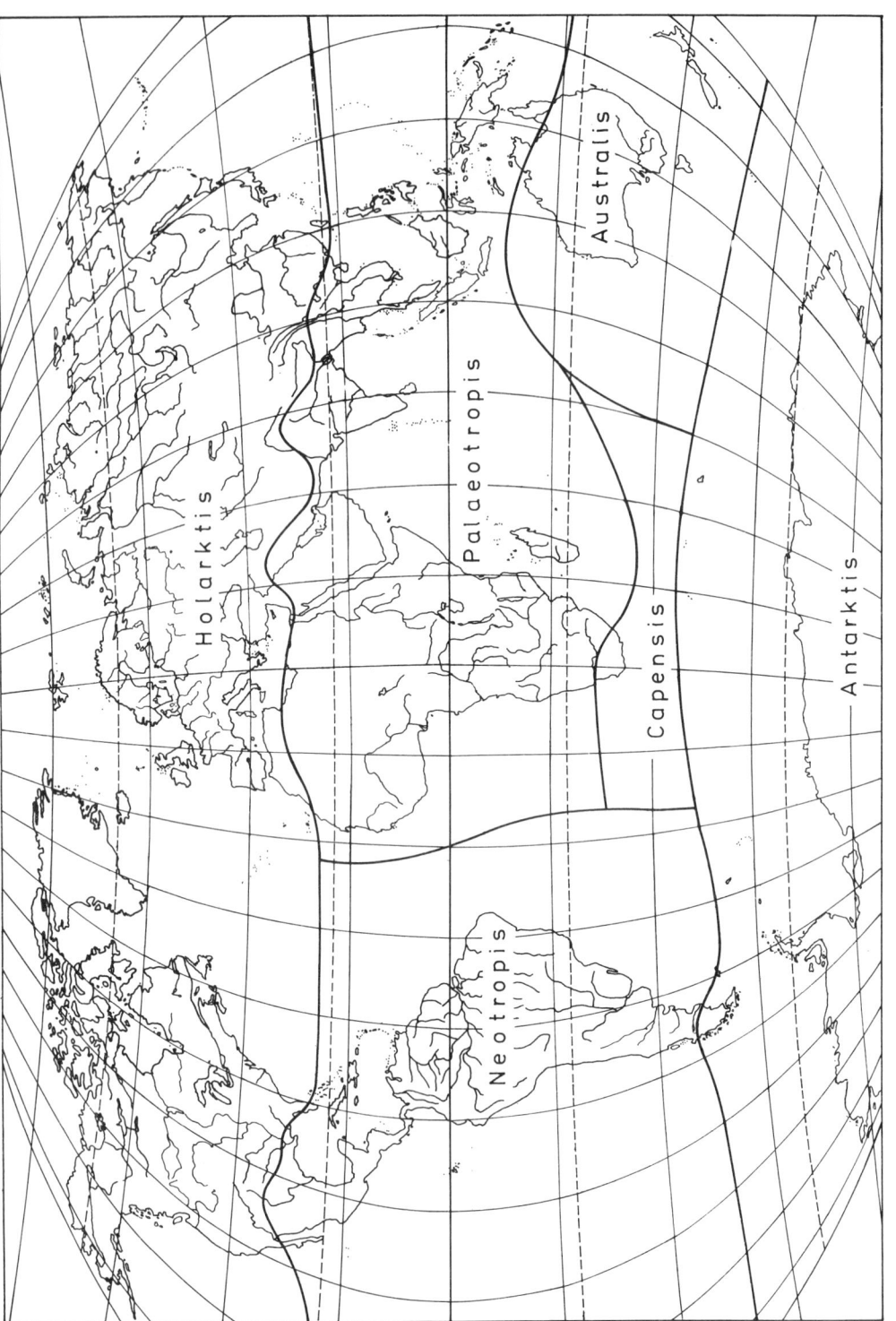

Abb. 6.15. Vegetationsreiche der Erde. Nach MEUSEL, JÄGER, WEINERT 1965.

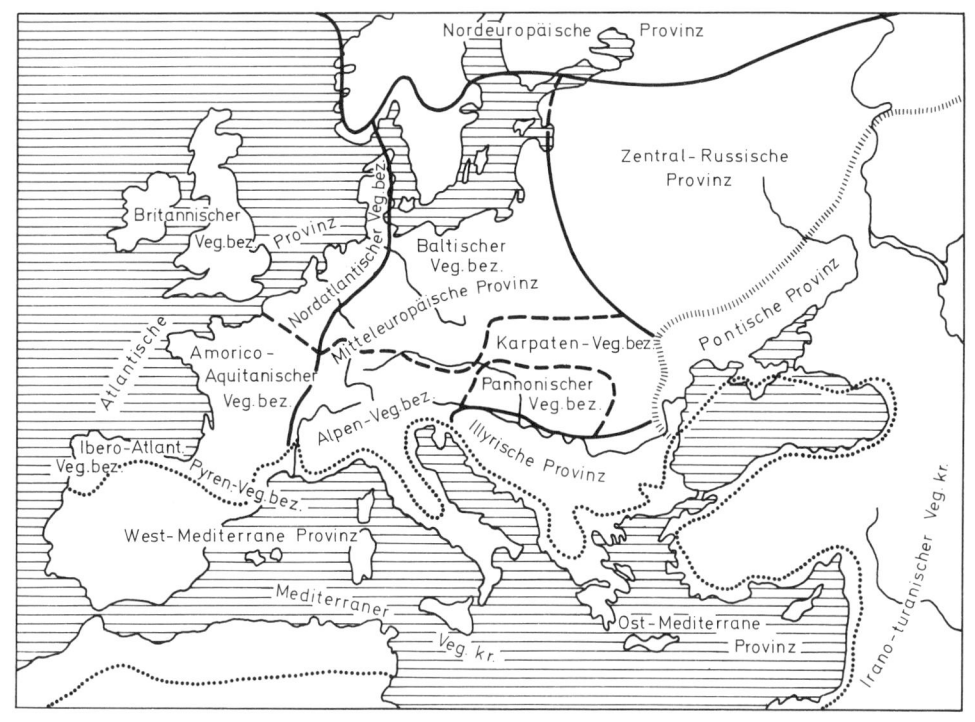

Veg. bez = Vegetationsbezirk, Veg. kr. = Vegetationskreis

Abb. 6.16. Vegetationskreise, -provinzen, -bezirke und -distrikte Europas. nach BRAUN-BLANQUET 1964, verändert.

Einzelpflanzen gibt es bei den **Gesellschaftsarealen** geschlossene = kontinuierliche und disjunkte = diskontinuierliche Areale. Diese bestehen entweder aus zwei oder mehreren ± gleichwertigen Teilarealen, die durch eine Verbreitungsschwelle = Disjunktionsschwelle (z. B. Gebirge oder klimatisch bzw. edaphisch für sie ungünstige Gebiete) getrennt sind; sie können aber auch aus einem geschlossenen Hauptareal und einer kleinen Exklave bestehen, die bei Vorliegen einer Arealerweiterung als Vorposten, einer Arealreduktion als Relikt aufzufassen ist. Innerhalb eines Gesellschaftsareals kann es durch Auftreten von geographisch auf bestimmte Gebiete beschränkten Arten (geographische Differentialarten) zu geographischen Rassen kommen.

Auch Pflanzengesellschaftsareale lassen sich typisieren. Wie bei Einzelpflanzenarealen verwendet man zu ihrer Bezeichnung ein Koordinatensystem, das mit der von den Polen zum Äquator gerichteten Gliederung die großen Vegetations- und Florenzonen angibt, von den Ozeanen zum Inneren der Kontinente die Kontinentalitäts- bzw. Ozeanitätsgraduierung und für die vertikale Charakterisierung die Höhenstufung (Abb. 6.14.). Damit kann jedes weite oder enge Areal eindeutig festgelegt werden.

Auf dem Vorkommen bzw. Fehlen von Pflanzengesellschaften oder auch von Sigmeten aufbauend, läßt sich auf den Kontinenten innerhalb der Florenreiche, die gleichzeitig auch Vegetationsreiche darstellen, eine vegetationsgemäße Untergliederung treffen. Unter dem **Vegetationsreich** steht der **Vegetations-** oder **Gesellschaftskreis** (gelegentlich auch **Vegetationsregion** genannt), für den eigene Gesellschaftsordnungen oder -klassen bezeichnend sind. Er umfaßt mehrere **Vegetationsprovinzen,** denen bestimmte Vegetationsverbände bzw. -ordnungen eigen sind. Unter der Vegetationsprovinz steht der **Vegetationsbezirk** mit gebietseigenen Assoziationen. Als kleinste räumliche Einheit wird der **Wuchsdistrikt** aufgefaßt, der durch eine charakteristische Kombination von Pflanzengesellschaften bzw. Sigmeten gekennzeichnet ist (Abb. 6.15. u. 6.16.).

Für die kartographische Darstellung der Gesellschaftsareale oder der mosaikartigen Anordnung der Pflanzengemeinschaften im Gelände werden nach den jeweiligen Aufgaben und Arbeitszielen sehr unterschiedliche Maßstäbe und Methoden angewandt. In den letzten Jahren fand die **Luftbildauswertung** zunehmend Einsatz. Der Kartierung von Pflanzengesellschaften sind gegenwärtig vielfach computergesteuerte Auswerteverfahren angeschlossen, die zu entsprechenden Auswertekarten führen.

6.1.2. Zoocoenosen

Das Wissenschaftsgebiet, das sich mit der Lehre von Tiergemeinschaften und ihren Beziehungen zur Umwelt beschäftigt, wird als **Zoocoenologie** (BALOGH 1985), Zoocoenotik oder Synökologie der Tiere (SCHWERDTFEGER 1975) bezeichnet. Gegenstand der Zoocoenologie sind aus mehreren Arten bestehende Tiergemeinschaften = **Zoocoenosen** in ihren komplexen Erscheinungsformen und mit Beziehungsgefügen innerhalb ihrer Glieder, zwischen ihnen und den Phytocoenosen sowie zur abiotischen Umwelt. KROGERUS (1932) definierte die Zoocoenose als ein den gesamten Tierbestand des Lebensortes umfassendes, sich selbst regulierendes Bevölkerungssystem von Tieren, das durch soziologische Affinität ihrer Hauptmitglieder zusammengehalten wird. Die Lebensstätte der Zoocoenose wird als **Zootop** bezeichnet. Die Definition dieses Begriffes umfaßt alle Umweltfaktoren der Zoocoenose, d. h. sowohl die abiotischen als auch die biotischen Faktoren.

Über die Berechtigung eines eigenständigen Wissenschaftsgebietes „Zoocoenologie" bestehen bis heute unterschiedliche Auffassungen. Es ist unbestritten, daß eine Tiergemeinschaft nur ein Teilsystem der Biogeocoenose ist und ohne die Pflanzengemeinschaft in ihrer raum-zeitlichen Struktur und Dynamik weder existenzfähig noch erkundbar wäre. Aus methodologischer Sicht wird jedoch ihre Daseinsberechtigung nicht angezweifelt. Grund dafür sind die offensichtlich bestehenden Besonderheiten, die Zoocoenosen gegenüber Phytocoenosen aufweisen:

— So besitzen fast alle Tiergemeinschaften eine wesentlich größere Mannigfaltigkeit (sowohl nach Arten als auch nach Lebensformen) als die sie beherbergenden Pflanzengemeinschaften.
— Die (nach Artenzahl und Biomasse berechnete) Mehrheit der Tiere (vor allem Insekten) durchläuft während ihres Daseins viele auch morphologisch und biologisch unterschiedliche Stadien, die die Art in ihrer ökologischen Wirksamkeit vervielfachen (Kompartimentbildung), z. B. Ei, Larvenstadien, Puppe, Imago. Häufig gekennzeichnet durch Polyphagie und Polylokalisation, können sie in ihren spezifischen Lebensäußerungen in unterschiedlichen, z. T. weit auseinanderliegenden Ökosystemen wirksam werden und dort zur jeweiligen Zoocoenose gehören.
— Im Gegensatz zu den meist ortsgebundenen Pflanzen besitzen Tiere die Fähigkeit zur freien Ortsveränderung. Emigration und Immigration, ausgelöst durch verschiedenartigste Ursachen und artspezifische Entwicklungszyklen sowie Phänologien, bedingen saisonal oder arhythmisch sich stets verändernde Strukturen der Tiergemeinschaften. Auch diurnale Umschichtungen der Zoocoenoseglieder innerhalb des Zootops sind die Regel.

6.1.2.1. Struktur von Tiergemeinschaften

Die Struktur einer terrestrischen Zoocoenose ist das Ergebnis des differenzierten Nischenangebotes in den einzelnen Zootopen, das sich aus der konkreten abiotischen Faktorenkonstellation und den vielschichtigen Wechselbeziehungen zwischen den Zoocoenosegliedern untereinander und mit den Umweltfaktoren ergibt. Sie besitzt einen hohen Grad an Selbstregulation und damit an Beständigkeit. Aus historischen und methodischen Gründen werden die Zoocoenosen nach ihrem Lebensraum in einen unterirdischen und einen oberirdischen Anteil getrennt. Während die Bodentiere mit allen übrigen unterirdisch lebenden Organismen als **Edaphon** (FRANCÉ 1913) zusammengefaßt werden, bilden alle oberirdisch lebenden das **Atmobios** (TISCHLER 1949).

Die atmobiotischen Tiergemeinschaften weisen im Vergleich zu den aquatischen eine ungleich größere Mannigfaltigkeit auf. Sie ist das Ergebnis der wesentlich stärker strukturierten terrestrischen Lebensstätten, wobei die abiotischen Faktorengefüge und die Differenziertheit der Pflanzenwelt gleichermaßen dazu beitragen. Von vegetationslosen Felsgrund- oder Flugsandlebensstätten bis zum vielschichtig aufgebauten tropischen Regenwaldzootop gibt es eine ungeheuer große Anzahl von Zwischengliedern mit jeweils spezifischen Faktorengefügen. Ihnen entsprechen charakteristische Tierartenkombinationen. Von entscheidender Bedeutung ist der Grad der horizontalen und vertikalen Strukturiertheit eines Zootops. Die in einem natürlichen Waldökosystem in Kronen-, Stamm-, Strauch-, Kraut- und Moosschicht gegliederte Vegetation und das **Epiëdaphal** (Bodenoberfläche) besitzen die ausgeprägteste Vielfalt an ökologischen Nischen und damit auch an Zoocoenosegliedern. Aus dieser Schichtung erwächst häufig eine Untergliederung der Tiergemeinschaften in deutlich abgrenzbare **Stratocoenosen** (Tab. 6.6.). Innerhalb dieser Stratocoenosen können durch das Angebot spezifisch strukturierter **Merotope** (Mikrohabitate, Biochorien) **Merocoenosen** bestehen, die zwar mit der sie einschließenden Biocoenose in enger Wechselwirkung stehen, sich von dieser jedoch durch weitgehend andersartige Lebensweise ihrer Zoocoenoseglieder unterscheiden (z. B. Holz-, Rinden- und Früchtebewohner, Blattminierer, Gallenbildner).

Weitere Differenzierungen der **Straten** (z. B. der Krautschicht in Hochstauden und Hochgräser) oder der Ausfall ganzer Straten (z. B. fehlt die Strauchschicht in artenarmen Rotbuchenwäldern oder die Baum- und Strauchschicht in Graslandökosystemen) führen zur Herausbildung charakteristischer Lebensformkombinationen in den jeweiligen Tier-

Tabelle 6.6. Dominante Spinnen der verschiedenen Straten des mitteleuropäischen Eichen-Birkenwaldes. Nach RABELER 1957, verändert

	Streuschicht	Krautschicht	Strauchschicht	Kronenschicht
Crustulina guttata	×			
Drassodes silvestris	×			
Wideria cucullata	×			
Robertus lividus	×			
Microneta viaria	×			
Trochosa terricola				
Pardosa lugubris	×			
Zora spinimana	×			
Linyphia clathrata	×	×		
Linyphia triangularis	×	×	×	
Meta segmentata		×	×	
Theridium ovatum		×	×	
Xysticus lanio			×	
Evarcha falcata		×	×	×
Anyphaena accentuata			×	×
Araneus cucurbitinus			×	×
Philodromus aureolus			×	×
Theridium tinctum			×	×
Araneus sturmii				×

gemeinschaften. In den großflächigen Graslandökosystemen sind dies z. B. die Huftiergemeinschaften und die ihnen folgenden Carnivoren und Koprophagen, im sommergrünen Laubmischwald, z. B. die Phyllo- und Xylophagen-Synusien, denen sich Räuber, Kommensalen, Parasiten und Hyperparasiten und im Epigaion Zoophage und Detritophage anschließen. Die Gesamtzahl der Tierarten und Lebensformen in einer Biocoenose ist überaus groß.

Als Beispiel sei der Traubeneichen-Buchenwald genannt. Hier kommt man unter Berücksichtigung der Mega-, Makro- und Mesofauna zu einer Bilanz von ungefähr 4000 Tierarten. Allein die Holofauna der Traubeneiche wird auf 1500—1800 Arten geschätzt, die der Rotbuche auf 2000—2500. Vom gesunden, kranken oder toten Holz der Eiche leben ungefähr 500 Insektenarten. Phytophage der typischen Begleitpflanzen und ihre Nahrungskettenglieder vervielfachen diese Zahl. Die Megafauna spielt dabei sowohl nach Artenzahl als auch nach Biomasse eine untergeordnete Rolle.

Exakte und alle Tierarten umfassende Analysen gibt es bis heute noch nicht. Auch die im Internationalen Biologischen Programm (IBP) und den Folgeprogrammen (z. B. MAB = Man and Biosphere) in komplexen Projektstudien untersuchten Modellökosysteme berücksichtigen nur ausgewählte taxonomische Tiersippen. Versuche zur Charakterisierung von Zoocoenosen basieren deshalb meist auf einzelnen taxonomischen Kategorien, die dann als **Zootaxocoenosen** bezeichnet werden. Zootaxocoenosen repräsentieren in der Regel gleiche oder nur wenige Lebensformtypen und spiegeln nur einen kleinen Ausschnitt aus einer Zoocoenose wider.

Die Struktur einer Zoocoenose wird durch das **Arteninventar**, die **Individuendominanzen**, die **Arten-** und **Individuendispersion** und die **qualitativen und quantitativen Parameter der Zoocoenosebindung** gekennzeichnet. Sie ist das Ergebnis des dialektischen Zusammenwirkens aller Strukturelemente der an der Tiergemeinschaft beteiligten Populationen. Ihre komplexe Analyse ist aus bereits genannten Besonderheiten tierischer Gemeinschaften sehr erschwert, wenn nicht unmöglich.

Die Strukturanalyse von Tiergemeinschaften setzt grundsätzlich die Erfassung und Verwendung von **qualitativen und quantitativen Meß- und Ordnungsgrößen** voraus. Durch den langjährigen Vorlauf der Phytocoenologie bedingt und zum besseren Verständnis sind viele Termini von dort übernommen worden.

Als die gebräuchlichsten **zoocoenologischen Meß- und Ordnungsgrößen** werden **Merkmale der Menge**, der **Zuordnung**, der **Verteilung** und der **Kennzeichnung** verwendet.

Die Erfassung der Primärdaten für die **Mengenmerkmale** einer Zoocoenose beginnt mit der Feststellung des Arteninventars und der Häufigkeit der einzelnen Arten in der jeweiligen Probefläche. Auf Grund der unterschiedlichen Größenklassen, Verhaltens- und Lebensweisen der Tiere erfordert das spezielle, für die jeweilige Zielgruppe geeignete Fang- und Sammelmethoden. Sie sind überaus vielfältig; es sei deshalb auf spezielle ökologische Methodenbücher, z. B. Balogh (1958), Janatschek (1982) und auf die einführenden Kapitel in den Bestimmungsbüchern, wie z. B. Stresemann (1981, 1984), Koch (1954—1961) u. a. m. verwiesen.

Bei den Datenerhebungen ist immer eine möglichst vollständige qualitative Inventarerfassung mit realer flächenbezogener Dichtebestimmung anzustreben. Dies gelingt jedoch nur in wenigen Fällen. In der Regel sind es nur Annäherungswerte, da die Aktivität und das Verhalten der Tiere (bei allen Fallenfangsystemen, wie z. B. Schlag-, Kasten-, Licht-, Leim-, Anflug-, Gruben-, Bodenfallen u. v. a. m.) oder die des Fängers oder des Fanggerätes (wie z. B. bei allen Netz- und Keschersystemen, Saugfallen, Handaufsammlungen, Linientaxationen, Sicht- und akustischen Beobachtungen u. v. a. m.) mit in das Ergebnis einfließen. Alle Methoden der volumetrischen Erfassung (Stülp-, Emergenz- und Extinktionsmethoden) erbringen bei zwar großem Aufwand die quantitativ sichersten Ergebnisse, jedoch meist nur zu geringe Materialmengen. Aber auch bei scheinbar quantitativ exakt arbeitenden volumetrischen Erhebungen, wie z. B. bei der Austreibung von Tieren aus Boden- und

Streuschichtproben mit Hilfe von Licht und Wärme geht die Fluchtfähigkeit der Tiere mit in das Ergebnis ein.

Als **absolute Mengenmerkmale** werden die Parameter der **Abundanz** (Anzahl von Individuen einer Art bzw. Sippe in einer bestimmten Flächen- oder Raumeinheit), der **Biomasse** (Frisch- und Trockenmasse einer Art bzw. Sippe zu einer bestimmten Zeit in einer bestimmten Flächen- oder Raumeinheit), **Bioenergie** (Energiegehalt der jeweiligen Biomasse) und der Artendichte (Anzahl der Arten in einer bestimmten Flächen- oder Raumeinheit eines Biotops) benutzt.

Auf ihrer Basis lassen sich die **Relativmerkmale Individuen-, Gewichts- und Energiedominanz** bestimmen. Die Individuendominanz gibt die relative Häufigkeit der einzelnen Arten im Vergleich zu allen übrigen Arten der Zoocoenose in Prozenten an. Individuendominanzen dürfen jedoch nur von größenmäßig und nach der Lebensform vergleichbaren Sippen ermittelt und in Beziehung gesetzt werden. Je nach der Größe der Werte unterscheidet man Eudominante (36–100%), Dominante (16–35,9%), Subdominante (4–15,9%), Rezedente (1–3,9%), und Subrezedente (<1%). Die Abgrenzung der einzelnen Dominanzklassen wird jedoch nicht einheitlich gehandhabt; die hier vorgestellte logarithmische zeigt die größte Annäherung an die Artmächtigkeitsklassen der Vegetationskunde. Gewichts- und Energiedominanzen werden gleichsinnig ermittelt, wobei auch Gesamtvergleiche unter Einbeziehung von Mikro-, Meso-, Makro- und Megafauna erlaubt sind.

Diese zoocoenologischen Charakteristika ermöglichen den Vergleich mit anderen durch gleiche Analysemethoden erkundeten Tierbeständen; dabei bleibt unberücksichtigt, wie hoch der Grad der Coenosebindung ist.

Mit Hilfe der **Zuordnungsmerkmale** kann die Intensität der Bindung von Arten an eine Zooceonose charakterisiert werden. Sie werden unter Beachtung der biologischen und ökologischen Besonderheiten der einzelnen Arten aus der statistisch gesicherten An- oder Abwesenheit in den Zoocoenosen ermittelt. TISCHLER (1949) und SCHWERDTFEGER (1975) unterscheiden als Zuordnungsmerkmale die **Coenosezugehörigkeit** und die **Coenosebindung.**

Die **Coenosezugehörigkeit** wird in einer 6teiligen Skala wiedergegeben:

1. Coenoseeigene Arten = Indigenae; mit bodenständiger Reproduktion der Population
2. Coenoseverwandte Arten; nicht bodenbeständig, Bestand durch ständigen Zuzug gesichert
3. Besucher = Hospites; suchen zeitweilig, aber zielstrebig den Coenotop auf
4. Nachbarn = Vicini; zufällig und vorübergehend
5. Durchzügler = Permigranten
6. Irrgäste = Alieni

Die **Coenosebindungscharakteristik** lehnt sich an die in der Pflanzensoziologie gebräuchliche Treue-Definition an:

1. Eucoene Arten (stenöke, stenotope):
   1.1. Coenobionte Arten (spezifische, treue); ausschließlich oder nahezu ausschließlich in der Coenose
   1.2. Coenophile Arten (präferente, feste); entwickelt sich in der Coenose optimal, kommt jedoch auch in anderen, ähnlichen Coenosen vor.
2. Tychocoene Arten (euryöke, eurytope, holde); optimal in vielen Coenosen.
3. Acoene Arten (Ubiquisten, vage); ohne erkennbare Bindung an eine Coenose.
4. Xenocoene Arten (xenöke, heterotope, fremde).

Coenosezugehörigkeit und Coenosebindung ermöglichen bei entsprechender Berücksichtigung der biologischen Besonderheiten der Arten die quantitative Charakteristik der Zoocoenose und schaffen so Vergleichsmöglichkeiten.

Die **Verteilungsmerkmale** der Zoocoenose sind wichtige Parameter beim Vergleich und der Beurteilung von verwandtschaftlichen Beziehungen von Tierbeständen. Sie werden nach fast identischen Verfahren der Pflanzensoziologie ermittelt, jedoch mit z. T. unterschiedlicher prozentualer Skalierung und verbaler Einteilung gehandhabt. Die **Frequenz** (Häufigkeit des

Auftretens einer Art in Einzelproben desselben Bestandes) wird mit den vier Frequenzklassen vereinzelt (1—24,9%), zerstreut (25—49,9%), dicht (50—74,9%) und sehr dicht (75—100%) und die **Präsenz** oder **Stetigkeit** (Häufigkeit des Auftretens einer Art in getrennten Beständen des gleichen Biotoptyps) mit den vier Präsenzklassen selten (1—24,9%), verbreitet (25—49,9%), häufig (50—74,9%) und sehr häufig (75—100%) gekennzeichnet. Die **coenologische** oder **ökologische Affinität**, wie die **Koordinationszahl** (prozentuale Häufigkeit für das gemeinsame Vorkommen von zwei Arten in einer bestimmten Anzahl von Proben, z. B. nach AGRELL), die **Artenidentität** (Grad der Übereinstimmung des Artenspektrums zweier Tierbestände, z. B. nach JACCARD oder SOERENSEN), **Dominantenidentität** (Grad der Übereinstimmung des Artenspektrums und der Dominanzen der einzelnen Arten, z. B. nach RENKONEN) werden identisch zur Pflanzensoziologie verwandt. Sie gibt für die Arten oder Bestände, ohne direkt ökologische Beziehungen anzeigen zu können, das Ausmaß des gemeinsamen Vorkommens an und kann als Grundlage für die Erarbeitung von diagnostischen Artengruppen genutzt werden.

Eine Aussage zum Grad der Mannigfaltigkeit eines Tierbestandes geben **Diversität** und **Evenness. Der Diversitätsindex** z. B. nach SHANNON und WEAVER gilt als Maßzahl für die Vielfalt von Arten eines Tierbestandes unter Berücksichtigung ihrer Abundanzen. Er kann als Mannigfaltigkeitsmaß für einzelne Tierbestände (α-Diversität), als Maß für die Veränderung in der Artenzusammensetzung entlang eines Umweltgradienten von einem Lebensraum zu einem nächsten (β-Diversität) und beim Vergleich mehrerer Tierbestände größerer Einheiten (γ-Diversität) berechnet werden. **Die Evenness** oder Äquität dagegen ist das Maß der Gleichverteilung von Arten in einem oder mehreren Tierbeständen.

6.1.2.2. Klassifizierung und Kennzeichnung von Tiergemeinschaften

Versuche zur Klassifizierung und Kennzeichnung terrestrischer Tiergemeinschaften nach hierarchischen Prinzipien sind in Anlehnung an das bis ins Detail gediehene phytocoenologische System mehrfach erfolgt. Sie hatten das Ziel, eine eindeutige Abgrenzung und Kennzeichnung durch charakteristische Merkmale und eine zweckmäßige Benennung zu sichern. Sie blieben jedoch nicht ohne Widerspruch, da die Tiergemeinschaften (hohe Vagilität, große Mannigfaltigkeit der Arten und Lebensweisen, mannigfaltiges und schnell reagierendes Beziehungsgefüge u. a. m.) geradezu ein eigenes zoocoenologisches System herausfordern. Ein derartiges **zoocoenologisches Ordnungssystem** hat KARAMAN (1964) entwickelt. Es basiert auf den Nahrungsverflechtungen und beginnt mit einer typischen Phytophagen-Population einer dominierenden Pflanze mit ihren Räubern und Parasiten.

Trotz dieser Versuche, eigene zoocoenologische Systeme zu entwickeln, hat sich bis heute das phytocoenologische Ordnungssystem in der Zoocoenosecharakteristik durchgesetzt bzw. behaupten können. Ungeachtet aller bestehenden Einwände und geübten Kritik ist ihm noch nichts Brauchbares entgegengesetzt worden. Offensichtlich ist, daß Tiergemeinschaften, bis auf wenige Ausnahmen, physiognomisch in der Landschaft nicht in Erscheinung treten und als solche nur über die zeitweilig sichtbaren oder fangbaren, in ihrer Abundanz häufig oszillierenden oder fluktuierenden Tiere erfaßbar sind, während die Pflanzengesellschaften brauchbare Orientierungsbezüge für die Tiersoziologie liefern.

Das Hauptproblem liegt in der Frage der **Kongruenz von Phyto- und Zoocoenosen.** Einerseits gibt es viele nachweisbare Identitäten, insbesondere auf der Ebene der Klassen, Ordnungen, Verbände, teilweise auch der Assoziationen und sogar Subassoziationen des phytocoenologischen Systems, andererseits durchbrechen gut abgrenzbare Zoocoenosen dieses Ordnungssystem. In Grenzbereichen von Phytocoenosen fließen Zoocoenosen mehr als erstere ineinander, so daß eine Grenzziehung a priori nicht möglich ist. Des weiteren zeigen häufig die viel untersuchten Teilglieder von Zoocoenosen, die Zootaxocoenosen, unterschiedlich starke Kongruenzverhältnisse. Dabei gilt die Regel, daß mit steigender Bodenständigkeit der Arten die Kongruenz intensiver und umgekehrt mit steigender

Mobilität der Tiere die Kongruenz zwischen Zootaxocoenose und Phytocoenose labiler wird. Unsere Kenntnisse sind aber insgesamt noch zu gering.

Eine gewisse Anzahl stabiler, gut charakterisierter Zoocoenosen existiert allerdings auch ohne das Vorhandensein einer bodenständigen Phytocoenose, so z. B. die arktischen Vogelfelsen-, die Höhlen- und viele Technozoocoenosen.

In der coenologischen Charakterisierung von Zoocoenosen gibt es noch keine nomenklatorische Einheitlichkeit. **Kenn-, Charakter-, Leit-** oder **Differentialarten** werden entweder auf Grund hoher Coenosebindung (eucoene Arten) oder/und hoher Dominanzen ausgeschieden, entsprechend hohe Frequenzwerte vorausgesetzt. **Charakteristische Artengruppen,** auch diagnostische Artengruppen oder Artenbündel genannt, vereinigen in der Regel ebenfalls dominante, eucoene und tychocoene Arten. Diese **charakteristischen Artenkombinationen** kennzeichnen besser als Einzelarten die Verwandtschaftsbeziehungen. Insgesamt gibt es noch keine einheitlich angewandten, quantitativ statistischen, zoocoenologischen Kriterien, die als Basis für die Kennzeichnung und Benennung von Tiergemeinschaften und für die Aufstellung eines allgemein gültigen zoocoenologischen Ordnungssystems benutzt werden könnten. Als ein akzeptabler Kompromiß kann die Nutzung des phytocoenologischen Ordnungssystems für die Klassifikation und Einordnung von terrestrischen Zoocoenosen angesehen werden. Viele dort bereits weitgehend aufgeklärte Zusammenhänge und Regelhaftigkeiten, z. B. in der vertikalen und horizontalen Raumverteilung von Phytocoenosen auf unserem Planeten, ihre Typisierung, können der zoocoenologischen Analyse und Ordnung als Basis dienen. Überall dort, wo dieses System versagt, können, ähnlich denen der aquatischen Bereiche, Biotopcharakteristika herangezogen werden.

6.1.2.3. Dynamik von Tiergemeinschaften

In einer jahrtausendelangen Syn- und Coevolution haben sich mit der Vegetation auch die heute existierenden Tiergemeinschaften herausgebildet. Sie sind das Ergebnis dieses geobiologisch-historischen Prozesses, der am konkreten Lebensort herrschenden Faktorenkonstellation und der sich mit diesen Bedingungen populationsgenetisch und ökophysiologisch auseinandersetzenden bodenständigen Tierpopulationen.

Zoocoenosen zeichnen sich durch eine mehr oder weniger deutlich rhythmisch verlaufende Dynamik aus, die mit zum Charakteristikum ihrer Existenz gehört. Diurnale, saisonale, annuale oder **mehrjährige Abundanzoszillationen** sind die Regel und Ausdruck eines hohen Selbstregulationsvermögens. Ihre Ursachen sind uns jedoch nur in wenigen Fällen bekannt. Einmalige Strukturanalysen ergeben immer nur Momentbilder der Zoocoenose. Deshalb ist es unabdingbare Notwendigkeit, grundsätzlich die Dynamik der Strukturelemente in ihrem Zeitverhalten mit in die Analyse einzubeziehen. Es gibt kaum ein Strukturmerkmal, das sich nicht kurz- oder langfristig ändert.

Dichteänderungen der die Zoocoenose bildenden Arten als Ergebnis phänologischer Zyklen oder der multifaktoriell bedingten Schwankungen in der Fertilität-Mortalität-Relation sind die gravierendsten Erscheinungen. Jede Art hat dabei ihre Besonderheiten; manche Arten weisen hohe, andere nur geringe Dichteschwankungen auf. Sogar indigene, eucoene Arten können jahrelang in ihrer Dichte so niedrig liegen, daß sie mit den üblichen Fangmethoden kaum erfaßbar sind, um dann plötzlich wieder in hoher Dichte präsent zu sein. Das scheinbar regellose Auf und Ab der artspezifischen Abundanzen hat auf alle anderen Strukturelemente und die zoocoenologischen Charakteristika Auswirkungen und relativiert ihre Aussagefähigkeit.

Die art- oder lebensformspezifischen **saisonalen Phänologien** weisen dagegen einen hohen Grad an Regelmäßigkeit auf. Dieses im Jahresgang weitgehend fixierte Erscheinen von Arten oder ganzer Artengruppen gleichen Lebensformtyps sichert die richtige zeitliche Einnischung in das komplexe Lebensgeschehen der Biocoenose.

Die **zeitliche Koinzidenz** sichert z. B. den Jungtieren im Frühjahr eine reichliche und qualitativ hochwertige Nahrung ebenso wie den blütenbesuchenden Insekten im Sommer ausreichend Pollen und Nektar und den vorrateintragenden Winterschläfern im Herbst ein Angebot lagerfähiger Früchte und Samen.

Auch Dispersionsänderungen innerhalb des Zootops (sozial-, sexual-, nahrungs- oder präferenzbedingt, durch diurnalen oder saisonalen Stratenwechsel u. a.) sind regelmäßig wiederkehrende Phänomene als Ausdruck ökologisch determinierter Lebensäußerungen.

Alle linearen, nicht rhythmisch verlaufenden Wandlungen in der Struktur von Zoocoenosen werden durch **Sukzessionen** ausgelöst. Der Wandel im Arteninventar geschieht dabei fließend und bei den einzelnen Arten keineswegs synchron. Stenöke Arten wechseln schneller als euryöke. Es werden zwei Grundformen von Sukzessionen unterschieden. **Gestaltungssukzessionen** – sie laufen mit progressiven oder regressiven Sukzessionen von Phytocoenosen parallel. Die Änderung der Zoocoenose ist eine Folge der sich ändernden phytocoenologischen und abiotischen Verhältnisse. **Verbrauchssukzessionen** stellen Sonderformen von Destruentennahrungsketten dar und beginnen mit tierischen Erstbesiedlern in toter oder absterbender organischer Substanz (Baumstämme, Stubben, Tierleichen, Tierkot u. v. a.). Sie schaffen in der Initialphase anderen am Abbau organischer Substanz beteiligten Organismen optimale Startbedingungen (Tab. 6.7.). Das Artenspektrum, das in den einzelnen Stadien der Verbrauchssukzession beteiligt ist, hängt außer von dem abzubauenden Material in starkem Maße von den konkreten Umweltfaktoren ab.

Zu- und Abwanderungen oder Ausfall von Arten durch unterschiedlichste Ursachen ausgelöst, verändern mehr oder weniger regelmäßig das Artenspektrum und die Zoocoenosestrukturen. Der in den letzten 50 Jahren durch die Tätigkeit des Menschen verursachte Artenrückgang hat besonders in den anthropogen stark überprägten oder umgestalteten Ökosystemen zu gravierenden Faunenveränderungen und zum Verlust der Artenmannigfaltigkeit in diesen Zoocoenosen geführt. Trotz erster Einsichten und vielfältiger Bemühungen hält dieser Trend derzeit noch an und beträgt nach Hochrechnungen das 100fache der natürlichen Aussterberate (Anonymus 1988).

Tabelle 6.7. Dominante Insekten in Abbaustadien von Kiefernstubben. Nach WALLACE 1953

Art	Ernährungsform	Abbaustadien		
		I	II	III
Hylobius abietis (Curculionidae, Coleopt.)	xylophag	×		
Myelophilus piniperda (Scolytidae, Coleopt.)	xylophag	×		
Hylastes ater (Scolytidae, Coleopt.)	xylophag	×		
Hylungops palliatus (Scolytidae, Coleopt.)	xylophag	×		
Phloeonomus pusillus (Staphylinidae, Coleopt.)	mycetophag	×		
Rhizophagus depressus (Rhizophagidae, Coleopt.)	zoophag	×		
Rhizophagus dispar (Rhizophagidae, Coleopt.)	zoophag	×		
Rhizophagus ferrugineus (Rhizophagidae, Coleopt.)	zoophag	×		
Epuraea pusilla (Nitidulidae, Coleopt.)	mycetophag		×	
Glischrochilus 4-punctatus (Nitidulidae, Coleopt.)	mycetophag		×	
Esperia sulphurella (Oecophoridae, Lepid.)	mycetophag		×	
Dromius quadrinotatus (Carabidae, Coleopt.)	zoophag		×	
Criocephalus ferus (Cerambycidae, Coleopt.)	xylophag		×	×
Neanura muscorum (Collembola, Apterygota)	mycetophag			×
Mycetophila fungorum (Mycetophilidae, Dipt.)	mycetophag			×
Bolitophila cinerea (Mycetophilidae, Dipt.)	mycetophag			×
Plastosciara pernitida (Sciaridae, Dipt.)	mycetophag			×
Quedius tristis (Staphylinidae, Coleopt.)	zoophag			×
Thereva bipunctata (Therevidae, Dipt.)	zoophag			×

6.1.2.4. Parasitocoenosen

Die Besonderheiten der ökologischen Beziehungen der Stationärparasiten gelten nicht nur für diese, sondern auch für alle übrigen stationären Gastorganismen, die mit einem Wirt in einem Körper-Kontakt-Verhältnis **(Somatoxenie)** zusammenleben. Insofern reicht diese Thematik weit über den Rahmen der ökologischen Parasitologie (die sich traditionell mit tierischen Parasiten bei Tier und Mensch befaßt) hinaus und wird dadurch ein weit umfangreicheres Teilgebiet der allgemeinen Ökologie.

Parasitenpopulationen haben wie freilebende Tiere einen Lebensraum **(Demotop)** und eine Umwelt. Lebensräume und „Umwelten" des Parasiten können unter dem Aspekt a) eines zeitlichen Nacheinander und b) — was allerdings strenggenommen nur für die Lebensräume zulässig ist (da die Umwelt nicht teilbar ist) — einer hierarchischen Enkapsis unterschieden werden, wobei diese mit einer räumlichen Einschachtelung verbunden sein kann oder nicht. Außerdem lassen sich diese Verhältnisse noch unter der Blickrichtung des Parasiten sowie des Wirtes als Individuum oder Art, als Teilpopulation oder Population und im Hinblick auf den Parasiten als Glied der Parasitocoenose und der Biocoenose differenzieren.

Im Zyklusablauf der meisten Parasiten tritt ein Wechsel von Wirt und Außenwelt **(periodische Parasiten)** und/oder von Wirten verschiedener Kategorie **(heteroxene Parasiten)** auf. Ein solches Nacheinander verschiedenartiger Lebensräume (verbunden mit Umweltänderung) ist gesetzmäßig für **heterotope Parasiten,** also für alle homoxenen periodischen Parasiten und alle heteroxenen periodischen und permanenten Parasiten. Außer dem Wechsel deutlich verschiedenartiger Lebensräume und der Umwelt erfolgt auch eine ständige Ablösung von Wirten gleicher Kategorie. Dies trifft bei homotopen, also homoxenen permanenten Parasiten allein zu (z. B. bei Läusen, Mallophagen, Gyrodactyliden, bei den Erregern von Geschlechtskrankheiten). Gehören die Wirte dieser Parasiten zur gleichen Art, so liegt ein Wechsel in recht ähnliche, vereinfachend gesagt, gleichartige Lebensräume und „Umwelten" vor, gehören sie aber verschiedenen Arten an, so sind bereits gewisse Unterschiede gegeben. Mit dem Lebensraumwechsel ist auch ein Wechsel der Umwelt verbunden. Damit wechselt der Parasit auch Coenose und Ökosystem.

Die für die ökologische Parasitologie so wichtigen, kennzeichnenden und im Rahmen der allgemeinen Ökologie auf alle stationären Gastorganismen übertragbaren einmaligen Ökosysteme auf der Ebene des Wirtsindividuums kann man als **„wirtliche Ökosysteme"** oder **idioxene Parasit-Wirt-Systeme** bezeichnen. Der Begriff der Parasitocoenose, ursprünglich zur Kennzeichnung der Gemeinschaft aller stationären Gastorganismen eines Wirtsindividuums gebraucht, wird heute enkaptisch-hierarchisch auch auf höheren Ebenen verwendet (Parasitocoenose der Wirtspopulation, Parasitocoenose der Biocoenose). Entsprechend in 3 verschiedenen Graden anzuwenden ist dann auch der zugehörige Begriff **Parasitotop.** Beide Begriffe sind in den idioxenen (auf das Wirtsindividuum bezogenen), synxenen (Wirtspopulation) und pansynxenen (alle Wirtspopulationen der Biocoenose) Parasit-Wirt-Systemen integriert.

Der Wirt spielt für den Parasiten sozusagen eine Doppelrolle. Er (bzw. bestimmte Teile von ihm, Organe, Gewebe, Zellen) dient einmal als Lebensraum, gleichzeitig ist er aber auch als Ganzes für den Parasiten Teil der Umwelt, biotischer Faktor. Er ist also gewissermaßen doppeltes Glied des Ökosystems, das zwischen Parasit, Parasitocoenose, Parasitotop, dem Wirtsorganismus als lebender Komponente und, in sehr verschiedenem Grade, bestimmten Außenweltfaktoren (aus dem Monocoen über den Monotop des Wirtes) besteht. Als Lebensraum oder Träger des Lebensraums ist bzw. stellt der Wirt das topische Substrat, den umgebenden Raum und bei Entoparasiten das spezifische Medium (im Gegensatz zu Luft oder Wasser) für Parasit und Parasitocoenose, sozusagen als abiotische Faktoren gesehen.

6.1.3. Pedocoenosen

Für die Gesamtheit der unterirdisch (hypogäisch) lebenden Organismen wird der Begriff **Edaphon** benutzt (FRANCÉ 1913). Für die zugehörige Lebensstätte läßt sich das Wort **Edaphal** verwenden (SCHWERDTFEGER 1975). Entsprechende synökologische Begriffe sind Pedocoenose (Bodencoenose) und Pedocoenotyp. Pedocoenose und Pedocoenotop bilden das Ökosystem Boden.

6.1.3.1. Boden als Lebensraum

Das Edaphon nimmt als essentieller Bestandteil des Bodens zwar bedeutenden Einfluß auf viele Bodenprozesse und -eigenschaften, jedoch werden seine Zusammensetzung und Aktivität maßgeblich von zahlreichen physikalischen und chemischen Eigenschaften des Bodens bestimmt, so daß in erster Linie von ihnen die Eignung des Bodens als Lebensstätte abhängt.

Bodeneigenschaften in bezug auf die Eignung als Lebensraum des Edaphons äußern sich vor allem in der Korngrößenzusammensetzung der anorganischen Bodensubstanz, im Bodengefüge, im Wasser- und Luftgehalt, in der Temperatur, in der Bodenazidität und insbesondere in der organischen Bodensubstanz.

Nach der **Korngröße der anorganischen Bodensubstanz** unterscheidet man Steine (>63 mm Durchmesser), Kies (63−2 mm), Sand (2−0,063 mm) Schluff (0,063−0,002 mm) und Ton (<0,002 mm). Das mengenmäßige Vorkommen der einzelnen Kornfraktionen im Boden wird als dessen Textur bezeichnet. Nach dem Gehalt an abschlämmbaren Teilen (<0,01 mm) wurden nach der Reichsbodenschätzung die Böden in Bodenarten gegliedert, so in Sand (bis 10% abschlämmbare Teile), Lehm (30−44%), Ton (>60%) und Bodenarten, die zwischen den genannten liegen, wie z. B. lehmiger Sand, schwerer Lehm u. a. Die Korngrößenzusammensetzung bedingt oder beeinflußt die meisten anderen Bodeneigenschaften und ändert sich nur in sehr langen Zeiträumen.

Die Korngrößenzusammensetzung übt einen großen Einfluß auf das Edaphon aus; z. B. steigt die Bakterien- und Actinomycetenbesiedlung von Sand- über Lehm- zum Tonboden hin an, während die Pilz- und auch die Collembolenbesiedlung eine umgekehrte Tendenz zeigt.

Das **Bodengefüge** ist die räumliche Anordnung der festen Bodenteilchen und der Bodenhohlräume. Beim **Einzelkorn-** und **Kohärentgefüge** liegen die Bodenteilchen dicht nebeneinander gepackt (z. B. in ton- und humusarmen Sandböden oder in den tieferen Schichten von Lehm- und Tonböden, wo sie ein ungegliedertes Ganzes bilden). Beim **Krümelgefüge** dagegen sind die festen Bodenteile zu Mikroaggregaten und diese wiederum unter Mitwirkung biologischer Vorgänge (Lebendverbauung) zu größeren, meist porösen, aber relativ wasserstabilen Aggregaten (Krümeln) verbunden. Die Mikroaggregate sind oft Kotbällchen von Hornmilben und Springschwänzen, die Feinaggregate Losung von Enchytraeiden und die größeren Krümel meist Regenwurmkotballen. Miteinander verklebte Krümel ergeben das **Schwammgefüge**. Krümel- und Schwammgefüge sind die für die oberen Horizonte von Acker-, Grünland- und Waldböden erwünschten Gefügeformen.

Der Anteil der Bodenhohlräume am Gesamtvolumen des Bodens, das Porenvolumen, liegt in den meisten Böden zwischen 30 und 50%, in Torfböden mit geringem Gehalt an mineralischen Bestandteilen bei über 90%. Unter Berücksichtigung der Entstehungsweise können folgende Porenformen unterschieden werden: Packungslücken zwischen Bodenteilchen (z. B. Sandkörnern) oder zwischen Bodenkrümeln, Risse in der kohärenten Bodenmasse (durch Schrumpfung bei Trockenheit verursacht) sowie Röhren, insbesondere Wurzelporen und Tiergänge („Bioporen", z. B. Regenwurmröhren). Neben dem Porendurchmesser sind für die Luft- und Wasserbewegung die Porenlänge und das Ausmaß des Zusammenhanges der Poren untereinander (Porenkontinuität) sehr wichtig. Eine auf der differenzierten Funktion der verschieden großen Hohlräume beruhende Einteilung der Poren ist die in Grob-, Mittel- und Feinporen. **Grobporen** (>10 μm Durchmesser) lassen Niederschlagswasser rasch eindringen, können es jedoch nicht längere Zeit gegen die Schwerkraft halten, so daß es rasch versickert (Gravitationswasser). Die Poren sind dann lufterfüllt und gestatten einen schnellen Gasaustausch mit der Atmosphäre. In den Grobporen wachsen Pflanzenwurzeln und leben größere Bodenorganismen. **Mittelporen** (10–0,2 μm) halten das Wasser gegen die Schwerkraft und lassen es bis zu beträchtlicher Höhe über den Grundwasserspiegel aufsteigen (Kapillarwasser). In die Mittelporen können Wurzelhaare nicht eindringen, wohl aber Pilzhyphen, Bakterien und wenige Protozoen. **Feinporen** (<0,2 μm) sind sowohl für die Pflanzen als auch für das Edaphon unzugänglich. **Bioporen** haben meist gleichbleibende Durchmesser und erhebliche Längen; auch **Risse** können oft beträchtliche Ausdehnung erreichen. Sie sind zudem, ebenso wie viele **Wurzelporen,** untereinander weitgehend verbunden. Dagegen ist bei Packungslücken die Porenkontinuität mehr oder minder eingeschränkt. Mit zunehmender Tiefe verringert sich das Porenvolumen und damit der Lebensraum. Hierbei wirkt die abnehmende Porengröße auslesend auf die Bodentiergemeinschaft.

Wasser- und Luftgehalt sind eng miteinander verbunden, da alle Poren, die kein Wasser enthalten, lufterfüllt sind. Gewöhnlich ist ein Drittel des Porenvolumens mit wasserdampfgesättigter Luft gefüllt. Während längerer und starker Niederschläge kann der Luftgehalt vorübergehend fast auf Null absinken. Mit zunehmender Bodentiefe verringert sich der Luftgehalt, es ändert sich die Zusammensetzung der Luft: Anstieg der CO_2-Konzentration, Abnahme des O_2-Gehaltes.

Die **Bodentemperatur** wird vor allem durch die Relation von Ein- und Ausstrahlung bestimmt. Die Wärmeströme im Boden sind tagsüber bei vorwiegender Einstrahlung abwärts, nachts bei vorwiegender Ausstrahlung (Abkühlung) aufwärts gerichtet. Entsprechendes gilt, vor allem in den gemäßigten Breiten, für die Jahreszeiten: im Frühjahr und Sommer wird überwiegend Wärme nach abwärts, im Herbst und Winter nach aufwärts transportiert. Die Tagesschwankungen der Bodentemperatur sind an der Bodenoberfläche am größten und gleichen sich bis zu einer Tiefe von 30–50 cm aus (vgl. 2.2.1.1.).

Bodentiere sind allgemein gegenüber niederen Temperaturen wenig, gegen hohe jedoch sehr empfindlich. Durch Vertikalwanderung besteht für sie in den meisten Böden die Möglichkeit, sich ungünstigen Temperatureinwirkungen zu entziehen.

Die **Bodenazidität, hervorgerufen durch Wasserstoffionen** aus pH-abhängigen, vorwiegend von kolloidalen Substanzen ausgehenden chemischen Reaktionen, hat vor allem auf Besiedlungsdichte und Leistung des pflanzlichen Edaphons einen beachtlichen Einfluß. Während Bakterien, viele Algen und Actinomyceten einen pH-Bereich von 6,5–7,0 bevorzugen, entwickeln sich die meisten Pilze im pH-Bereich von 5,0–6,5. Bei vielen Bodentieren liegt der optimale Ablauf ihrer Lebensfunktionen in der Nähe des Neutralpunktes (pH 7,0). Zunehmende Versauerung des Bodens führt zu tiefgreifenden Umschichtungen vor allem der Mikroorganismencoenose: Bakterien treten zurück, Pilze vermehren sich. Hierbei verläuft der Abbau des pflanzlichen Bestandesabfalls gehemmt und in anderer Bahn – es kann zur Bildung von Rohhumus kommen.

Die **organische Bodensubstanz** ist nach Klima, Bodentyp und Vegetation verschieden. In Mineralböden der temperaten Zone liegt der Gewichtsanteil der organischen Stoffe zwischen 2 und 8% des Bodens. Hiervon entfallen 80–85% auf totes organisches Material, d.h. die organische Bodensubstanz im engeren Sinne, den Humus; 8–10% auf lebende Wurzeln und höchstens 10% auf das Edaphon (Abb. 6.17). Organische Böden weisen höhere Humusgehalte auf, so z. B. Moorböden >30%. Die tote organische Substanz, besonders der Bestandesabfall und die abgestorbene Wurzelmasse, ist die wesentliche Nahrungsquelle der Bodenorganismen. Ihre Menge und Verteilung im Boden gibt mit den Ausschlag für die Besiedlung und Verteilung des Edaphon. Im allgemeinen nimmt der Humusgehalt und

320   6. Ökologie von Biocoenosen

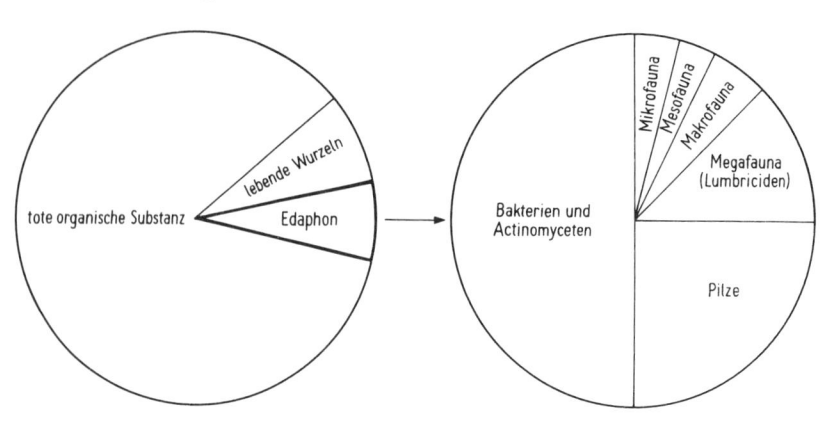

Abb. 6.17. Zusammensetzung der organischen Bodensubstanz eines Laubmischwaldes nach Gewichtsprozenten. Nach DUNGER 1983, verändert.

damit das Bodenleben von oben nach unten ab. Grund- oder Stauwassereinflüsse sowie Podsolierungsprozesse können jedoch diese Gegebenheiten variieren.

Für das Bodenleben ist nicht nur die Nahrungsquantität, sondern auch die Nahrungsqualität, d. h. die leichte Zersetzbarkeit des Pflanzenmaterials, die nicht zuletzt durch das C:N-Verhältnis bedingt ist, von erheblicher Bedeutung. Leicht abbaubar ist z. B. das Fallaub von Esche, Erle und Linde, schwer zersetzbar sind dagegen die Blätter von Eiche und Rotbuche sowie besonders die Nadelstreu. Als wichtige Nahrungsquelle für viele Bodentiere kommen aber auch Exkremente größerer Tiere sowie die Mikrophyten in Betracht.

Jeder Boden weist als Ergebnis aller bisher abgelaufenen bodengenetischen Prozesse eine vertikale Gliederung in einzelne Horizonte auf, die sich voneinander durch Körnung, Farbe, Gefüge oder andere Merkmale unterscheiden. Ein voll entwickeltes **Bodenprofil** setzt sich zusammen aus dem A-Horizont (Oberboden), B-Horizont (Unterboden) und dem C-Horizont (Untergrund, meist unverändertes Gestein). Häufig kann ein Horizont fehlen, wie beispielsweise der B-Horizont bei den Rendzinen und Schwarzerden – den sog. A-C-Böden. Er kann durch einen anderen ersetzt sein, z. B. G-Horizont (Gley), T-Horizont (Torf), oder es gibt zusätzliche Horizonte – O-Horizont (Auflagehumus, der eine Dreischichtung aufweisen kann, z. B. L (Förna-Horizont), Of (Grobhumus-Horizont, Fermentationsschicht), Oh (Feinhumus-Horizont)) und E-Horizont (Zwischenhorizont). Coenotop der Bodencoenose sind vorwiegend der A- und O-Horizont. Der meist nahrungsarme B-Horizont wird im allgemeinen nur von bestimmten Coenosegliedern, z. B. den Regenwürmern, besiedelt.

In der Bodenklassifikation werden als Grundeinheiten die Bodentypen und innerhalb derer als spezielle systematische Einheiten für die Bodenkartierung und deren Auswertung für land- oder forstwirtschaftliche Nutzung Bodenformen ausgeschieden (vgl. Abb. 6.7.).

Als **Rohböden** werden Substrate bezeichnet, in denen die bodenbildenden Prozesse bis auf eine schwache Humusanreicherung noch nicht zu einer deutlichen Horizontdifferenzierung geführt haben. Sie kommen vor allem als Kippböden auf Kippen und Halden des Bergbaues oder auf jungen Küstendünen vor.

Ist der Oberboden deutlich entwickelt und hat er erhebliche Mengen an Humusbestandteilen (= sog. A-Horizont), liegt aber noch unmittelbar auf dem Gestein (= C-Horizont) auf, so spricht man in Gebieten mit kalkreichem Gestein vom Bodentyp einer **Rendzina,** in Gebieten mit kalkarmem oder -reinem Gestein von einem **Ranker.** Im Berg- und Hügelland treten erstere häufiger als letztere auf. **Schutt-, Fels-** und **Schuttlehmrendzinen** sind meist Waldböden, **Bergton-** und **Tonrendzinen** sind flachgründige, schwierig zu bearbeitende und **Mergelrendzinen** tiefgründige, sehr gute Akkerböden.

Im kontinentalen Klima kann sich unter einer Steppen- oder Waldsteppenvegetation ein sehr mächtiger Ah-Horizont bilden, der locker, trocken und krümelig ist und in seiner Farbe je nach Feuchtigkeit zwischen dunkelgrau (trocken) und schwarz (feucht) schwankt. Er ist stark von aktuellen und ehemaligen Wurmgängen der Lumbricidae sowie von Gängen verschiedener wühlender Nagetiere durchzogen. Diese sogenannten **Schwarzerden** (Tschernosem) sind im Süden der UdSSR, im zentralen Nordamerika und im nördlichen Argentinien sehr weit verbreitet, treten aber auch in Trockengebieten Mittel- und Westeuropas als Überrest kontinentaler Perioden des Postglazials auf. In Nordost- und Ostdeutschland nehmen Bodengesellschaften mit Schwarzerden als Leitbodenform etwa 650000 ha ein. Schwarzerden, insbesondere Lößschwarzerden, gehören zu den fruchtbarsten Böden überhaupt, und sind die wichtigsten Weizenböden der Welt.

Bei höherem Jahresniederschlag gehen immer intensivere Stoffumlagerungen im Boden vor sich, man kann dann zwischen dem humosen Ah-Horizont und dem Untergrund, einem braunen B-Horizont, unterscheiden, der in seiner Farbe bei **Braunerden** und **Parabraunerden** braun, bei **Fahlerden, Dernopodsolen** und **Podsolen** gemischt schwarzrostbraun und bei **Stau-, Grund-** oder **Amphigleyen** unterschiedlich grau bis graurostbraun ist. Die Fruchtbarkeit dieser Böden nimmt von den Braunerden zu den Podsolen hin stark ab, während sie bei Gleyen weitgehend vom Grad der Vernässung bestimmt wird.

6.1.3.2. Edaphon und seine Gliederung

Nach der systematischen Zugehörigkeit der Organismen läßt sich das Edaphon in die Bodenmikroflora bzw. -mikrophytocoenose und in die Bodenfauna bzw. -zoocoenose aufgliedern.

Zur **Bodenmikroflora** gehören Bakterien, Pilze und Algen. Manche **Bodenbakterien** vermögen unter ungünstigen Bedingungen Dauersporen zu bilden (z. B. Bazillen), ihre Besatzdichte ist deshalb nur geringen Schwankungen unterworfen. Nichtsporenbildende Bakterien sind dagegen wenig widerstandsfähig gegen Austrocknung und Temperatureinflüsse, dafür zeichnen sie sich durch hohe Vermehrungsraten aus. Der größte Teil der Bakterien ist heterotroph. Als Saprophyten leben sie von toter organischer Substanz, die sie in einfache organische Stoffe oder in anorganische Substanz umwandeln. Autotrophe Bakterien sind im Boden nur mit wenigen Arten vertreten. Zu ihnen gehören die Nitrifikanten sowie Schwefel, Eisen, Methan und verwandte Kohlenwasserstoffe oxidierende Bakterien. Je nach ihrer Beteiligung an Umwandlungsvorgängen spezifischer Naturstoffe werden sie auch in sog. ernährungsphysiologische Gruppen unterteilt, z. B. in Zellulose- und Eiweißzersetzer, Nitrifikanten und Denitrifikanten, in frei- oder symbiontisch lebende Luftstickstoffbinder. Hinsichtlich der Umsatzleistungen sind Bakterien die produktionsbiologisch bedeutendste Gruppe der Bodenorganismen. Myzelartig wachsende Bakterien bilden die Gruppe der **Actinomyceten** oder „Strahlenpilze". Sie kommen hauptsächlich in humusreichen Böden vor und beteiligen sich am Abbau schwer zersetzbarer organischer Substanzen, wie Zellulose und Chitin.

Das sehr weite Formenspektrum der **Bodenpilze** weist auf eine Beteiligung an der Umwandlung sehr verschiedener organischer Stoffe hin. Einige sind spezialisiert auf den Abbau von Hemizellulose, Zellulose oder Lignin. Einen beträchtlichen Anteil der Bodenpilze stellen die Schlauchpilze; weiterhin gibt es Ständerpilze, darunter viele Mykorrhizapilze, Deuteromyceten (Fungi imperfecti), Niedere Pilze und Echte Schleimpilze.

Wegen ihres Lichtbedarfs entfalten **Bodenalgen** bevorzugt an der Bodenoberfläche ihre Aktivität. Zu ihrer optimalen Entwicklung benötigen sie ausreichende Feuchtigkeit und zusagenden Salzgehalt des Bodens. Im Anfangsstadium der Bodenentwicklung be-

322 6. Ökologie von Biocoenosen

| Mikrofauna | Mesofauna | Makrofauna | Megafauna |

← Protozoen
    Rotatorien
    Turbellarien
    Nematoden   Lumbriciden
                     Gastropoden
    Acarinen   • Diplopoden
    Collembolen   Chilopoden
                     Isopoden
                     Coleopteren(larven)
                     Dipteren(larven)   Vertebraten →

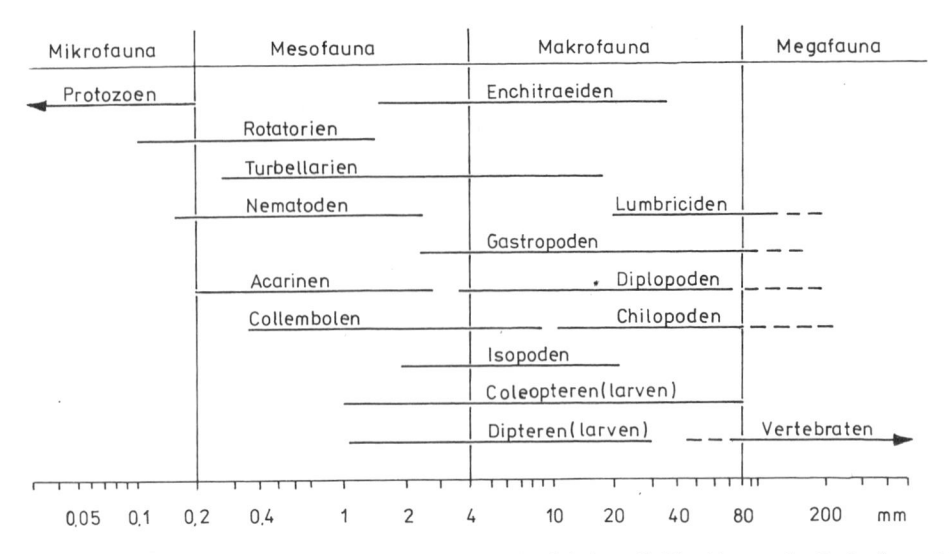

0,05 0,1 0,2 0,4   1   2   4   10 20 40 80   200 mm

Abb. 6.18. Wichtige Bodentiergruppen und ihre Zugehörigkeit zu Größenklassen der Bodenfauna. Nach DUNGER 1983, verändert.

siedeln die Algen den Standort mit organischer Substanz und fördern so die Nachbesiedlung mit anderen Organismen. Größere Bedeutung als in mitteleuropäischen Böden haben Algen, besonders luftstickstoffbindende, in öfter überstauten tropischen Böden mit Reisanbau. Vertreter folgender Stämme sind Bodenbewohner: Spalt- oder Blaugrüne Algen, Grünalgen, Gelblich-braungrüne Algen, Euglenen (MÜLLER et al. 1980).

Zur **Bodenfauna** werden alle Tiere gerechnet, die an Bodenprozessen direkt (durch Verarbeiten toter organischer Substanz oder durch Graben) oder indirekt (durch Fressen anderer Bodenorganismen oder lebender Pflanzenwurzeln) teilnehmen (DUNGER 1983).

Die Bodentierwelt läßt sich — außer der üblichen Zusammensetzung nach taxonomischen Gruppen — gliedern nach der Größe in Mikro-, Meso-, Makro- und Megafauna (Abb. 6.18.) oder in Lebensformen hinsichtlich

- der Verbreitung im Bodenprofil in **Euedaphon** (Bewohner der tieferen Teile des Bodens; hierzu die aquatischen Faunaelemente und ein Teil der Mesofauna), **Hemiedaphon** (Bewohner der oberen Teile des Bodens; hierzu Teile der Meso-, Makro- und Megafauna), **Epiedaphon** (Bodenoberflächenbewohner, die gelegentlich in den Boden eindringen; hierzu vorwiegend Vertreter der Makrofauna),
- der Dauer des unterirdischen Daseins in **permanente** Bodentiere (sie verbringen ihr ganzes Leben im Bereich, z. B. die meisten Arten des Euedaphons), **temporäre** Bodentiere (bestimmte Entwicklungsstadien leben im Boden, z. B. Insektenlarven), **periodische** Bodentiere (Boden wird öfter verlassen und immer wieder aufgesucht, z. B. Feldmäuse), **partielle** Bodentiere (temporäre Tiere, die auch während ihres oberirdischen Lebens den Boden periodisch aufsuchen, z. B. Mistkäfer), **alternierende** Bodentiere (bodenlebende Generationen wechseln mit oberirdisch lebenden ab, z. B. Reblaus),
- der Bewegung in **sessile** Tiere (Bodenhafter, Stelle der Ansiedlung wird nicht mehr verlassen, z. B. einige Ciliaten und Nematoden, Milben und Wurzelläuse an Pflanzenwurzeln), **natante** Tiere (Bodenschwimmer im Haftwasser der Bodenporen, z. B. Protozoen, Rotatorien), **serpente** Tiere (Bodenschliefer, Tiere bewegen sich in Bodenhohlräumen amöboid, z. B. Rhizopoden; schlängelnd, z. B. Nematoden; oder laufend, z. B.

Arthropoden), **fodente** Tiere (Bodenwühler, Tiere graben sich durch den Boden als Bohrgräber, z. B. Regenwürmer und Elateridenlarven; als Schaufelgräber, z. B. Maulwurf und Maulwurfsgrille; als Mundgräber, z. B. Maikäferengerling und Ameisen),
- der Ansprüche gegenüber Wasser in **Wassertiere** (hierzu Protozoen und Rotatorien), **Feuchtlufttiere** (hierzu die Mehrzahl der luftatmenden Bodentiere), **Trockenlufttiere** (hierzu einige Insekten und Wirbeltiere),
- der Ernährung in **Makrophytophage** (eigentliche Pflanzenfresser, z. B. pflanzenparasitische Nematoden, Wurzelläuse, Drahtwürmer, Engerlinge, erdlebende Nagetiere), **Mikrophytophage** (Bakterienfresser, z. B. Wurzelfüßer, Wimperinfusorien, Rädertiere, Fadenwürmer der Gattungen *Rhabditis* und *Diplogaster*; Pilzfresser, z. B. Nematoden, Acariden, Oribatiden, Collembolen, Coleopteren- und Dipterenlarven; Algenfresser, z. B. Rhizopoden, Rotatorien, einige Nematoden-, Hornmilben- und Springschwanzarten, Gastropoden), **Saprophage** (Konsumenten toter organischer Stoffe; hierzu hauptsächlich **Phytosaprophage**, darunter **Saproxylophage** (Konsumenten von faulendem Holz) und **Saprophyllophage** (Laub- und Nadelstreufresser), z. B. Asseln, Gastropoden, Diplopoden, einige Regenwurmarten, Oribatiden der Familie Phthiacaridae, Termiten, Tipuliden-, Bibioniden- und einige Käferlarven, **Saprorhizophage** (Konsumenten von abgestorbenen Wurzeln, z. B. saprobiotische Nematoden, Regenwürmer, Hornmilben, Scarabaeiden- und Tenebrionidenlarven), **Koprophage** (Konsumenten von unverdauten Pflanzenresten im Kot pflanzenfressender Säuger und Bodeninvertebraten, z. B. Scarabaeidenlarven, viele Enchytraeiden, Milben und Springschwänze) und **Detritophage** (Konsumenten von stärker zersetztem Pflanzengewebe, toten und lebenden Zellen von Saprophagen, Protozoen, amorphem organogenem Detritus, z. B. saprobiotischen Nematoden, Enchytraeiden, Lumbriciden, Oribatiden, Uropodinen, Doppelfüßer und bestimmte Käferlarven), **Zoophage** (Räuber, hierzu div. Arten der Mikro-, Meso- und Makrofauna). Sapro- und Mikrophytophage bilden den „Saprophilen Bodentierkomplex" (STRIGANOVA 1980).

Die Bodentiere lassen sich weiterhin gruppieren hinsichtlich ihrer Teilnahme am Kreislauf des Kohlenstoffs und des Stickstoffs in die

- **Karboliberanten** (es werden vorwiegend Kohlenhydrate abgebaut; im Darm beginnt bereits die Mineralisierung), z. B. Diplopoden, Isopoden, Gastropoden, verschiedene Coleopterenlarven, Termiten, manche Oribatiden, und
- **Nitroliberanten** (es werden hauptsächlich stickstoffhaltige organische Stoffe zerlegt; im Darm beginnt z. T. bereits die Synthese hochpolymerer Huminsäuren), z. B. Lumbriciden, Enchytraeiden, einige Dipterenlarven und Collembolen (KOZLOVSKAJA 1976).

Gewicht und Besatzzahlen des Edaphons hängen vor allem vom Boden- und Vegetationstyp ab. Auf das Gesamtgewicht des Bodens bezogen bestreitet das Edaphon nur etwa 0,1%. Die Mikroflora hat gewichtsmäßig stets den größten Anteil am Edaphon (Abb. 6.17.).

Die höchsten Abundanzen weisen in der Regel humusreiche Waldböden auf, es folgen Grünland- und Ackerböden. Wie in anderen Lebensräumen sind auch im Boden die kleinen Arten durchweg mit höheren Individuenzahlen vertreten als die größeren.

1 g Boden kann Milliarden Bakterien und Hunderttausende von Pilzen, Algen und Protozoen enthalten. In den oberen 7,5 cm eines Wiesenbodens wurden pro m^2 u. a. 222080 Arthropoden (darunter 106120 Milben und 105360 Collembolen), 5750 Enchytraeiden und 364 Lumbriciden nachgewiesen (CURRY 1969).

Wie bei jeder Lebensgemeinschaft sind auch bei der Pedocoenose Artzusammensetzung und Individuenzahl durch die auslesende Wirkung der Umweltfaktoren bedingt. Da die Böden sich in ihrem Faktorenkomplex unterscheiden, erweisen sich auch die Bodencoenosen als differenziert. Zwischen Bodenorganismengemeinschaften und Bodentypen bestehen gesetzmäßige Zusammenhänge.

6.1.3.3. Interaktionen zwischen den Gliedern der Pedocoenose

Von den vielen unmittelbaren und mittelbaren mehrdimensionalen Beziehungen zwischen den Organismen einer Pedocoenose stehen die trophischen Abhängigkeiten an erster Stelle.

Einerseits bildet das pflanzliche Edaphon die Nahrung zahlreicher Bodentiere, die hierbei oft nicht nur bestimmte Mikroorganismengruppen, sondern bestimmte Bakterien- oder Pilzarten als Nahrung bevorzugen; andererseits nähren sich pathogene Mikroorganismen, z. B. Entomophthoraceen, von den Geweben der Bodentiere bzw. bestimmte Bodenpilze von Nematoden, die sie mit Hilfe komplizierter Vorrichtungen (Myzel-Fangnetzen) erbeuten. Diese als **Prädation** bzw. **Parasitismus** bezeichneten biotischen Interaktionen kommen ebenso zwischen den Organismen innerhalb des pflanzlichen und des tierischen Edaphons vor (vgl. 2.3.).

Besonders ausgeprägt ist der Parasitismus von Phagen, die bevorzugt auf Bakterien leben. Es sind aber auch schmarotzende Bakterien auf Pilzen bekannt.

Prädation gibt es in nahezu allen Bodentiergruppen, z. B. ernähren sich manche Amöben von anderen Amöben-Arten, Rotatorien und Tardigraden. Die Nahrung einiger Ciliaten besteht aus anderen Protozoen, besonders Thekamöben. Räuberisch von Einzellern, Fadenwürmern oder Rädertieren leben Nematoden *(Mononchus-Arten)*. Landschnecken (Daudebardiiden-Arten) fressen andere Gastropoden und Enchytraeiden. einige Enchytraeiden bringen durch ihr Sekret pflanzenparasitische Nematoden zum Absterben und ernähren sich von diesen. Von Milben (Parasitiformes und einige Trombidiformes) besitzen viele Arten ein recht breites Beutetierspektrum − Nematoden, Mikroarthropoden, Eier, Larven und Puppen von Insekten. Chilopoden sind durchweg ausgesprochene Räuber, deren Beute hauptsächlich aus Insekten, Regenwürmern und Enchytraeiden besteht. Von den Coleopteren ernähren sich Carabiden und Staphyliniden bevorzugt von Lumbriciden, Gastropoden, pterygoten Insekten und Mikroarthropoden.

Als Endoparasiten der Bodentiere kommen vor allem Sporozoen (Gregarinen), Nematoden und Dipterenlarven in Betracht. Manche bodenbewohnende Parasitiformes (z. B. Laelaptiden-Arten) können Ektoparasiten von Muriden und Talpiden sein.

Mutualismus ist in Form der intrazellulären Symbiose bei vielen Arthropoden verbreitet. Die Symbionten (Mikroorganismen) sind entweder in Zellen der Darmwand, in besonderen Zellen des Fettkörpers (Myzetozyten) oder in den aus solchen sich bildenden organartigen Zellzusammenschlüssen (Myzetome) lokalisiert und fungieren als Vitaminspender. Infektionsformen der Symbionten wandern in die reifen Eier ein (vgl. 4.1.).

Mutualistische Beziehungen bestehen des weiteren in der extrazellulären Symbiose zwischen Termiten und den sich in ihrem Enddarm ansiedelnden Mikroorganismen (Flagellaten und Bakterien), die sich am Verdauungsprozeß maßgeblich beteiligen. Funktioniert diese Symbiose nicht, sterben die Termiten alsbald ab.

Die bei den meisten Bodentieren auftretende extrazelluläre Symbiose mit Organismen der Darmflora ist dagegen eine Form der **Protokooperation.** Von den mit der Nahrung passiv aufgenommenen Bodenmikroorganismen finden im Darm in Abhängigkeit von der Tierart bestimmte Mikroorganismen besonders günstige Entwicklungsbedingungen. Diese Mikroorganismen (Bakterien und Pilze) beteiligen sich durch ihre mit den Tierenzymen identischen Ektoenzyme am Aufschluß der Tiernahrung. Die Tiere nutzen die Hydrolyseprodukte und die von den Symbionten produzierten Wuchsstoffe und Vitamine (B-Komplex). Da die Mikrobenkeime den Verdauungstrakt mit dem Kot im allgemeinen unverdaut verlassen, bewirken die Tiere durch ständige Bodenbeimpfung mit Keimen die Verbreitung dieser Mikroorganismen. Stimuliert werden bei den Karboliberanten, die sich von frischem pflanzlichen Bestandsabfall und Kot von Phytophagen nähren, vorwiegend Pektin- und Zellulosezersetzer, bei den Nitroliberanten, deren Nahrung aus mikrobiell zersetzten Pflanzenmaterial und Exkrementen von Karboliberanten besteht, außer den zellulolytischen Formen hauptsächlich die Ammonifikanten.

Die gegenseitige Förderung von Bodentieren und Mikroorganismen äußert sich auch darin, daß die Tiere einerseits alternde Bakterienkolonien nur „benagen" und sie so wieder zu neuem Wachstum anregen, andererseits – infolge ihrer Nahrungsspezialisierung – nur bestimmte Mikroben aufnehmen und dadurch die Entwicklung anderer stimulieren (z. B. fördern so Mykophage die Bakterien – ein Vorgang, der für den Prozeß des Abbaus der organischen Substanz bedeutet: Ablösung der pilzlichen Phase durch die bakterielle).

Kommensalismus tritt in Form der **Epökie** in der Weise auf, daß die Aufsitzer (z. B. die Käfermilbe *Poecilochirus necrophorus* auf dem Totengräber *Necrophorus humator* oder Milbenarten der Gattung *Antennophorus* auf Ameisen) sich an der Mahlzeit ihrer Wirte beteiligen, zum anderen als **Phoresie**. So lassen sich Nematodenlarven und verschiedene Entwicklungsstadien von Milben durch andere Tiere (bevorzugt Käfer) zu günstigen Standorten transportieren. Hierzu heften sich z. B. enzystierte Larven von Nematoden (*Rhabditis*) an den Beinen oder Flügeldecken von Mistkäfern an, andere Nematodenlarven halten sich unter den Flügeldecken oder in den Intersegmentalfurchen verschiedener Käfer auf. Deutonymphen vieler Milben befestigen sich teils mit den Cheliceren und den Haftlappen der Tarsen (z. B. *Parasitus coleoptratorum*), teils mit Haftscheiben (z. B. Anoetinen) oder mit Hilfe eines Sekretstieles (z. B. Uropodinen) am Trägertier. Gelegentlich führen phoretische Beziehungen zu Parasitismus.

Eine Förderung von Organismen erfolgt aber auch durch Stoffwechselprodukte. So stimulieren Protozoen das Wachstum der Bakterien durch bestimmte Wirkstoffe. Bakterien, die gewisse Wirkstoffe oder Vitamine nicht selbst zu synthetisieren vermögen, werden von anderen dazu befähigten mit diesen Stoffen versorgt. Die gegenüber dem Boden vielfach höhere mikrobiologische Aktivität in Exkrementen von Bodentieren an Stellen erhöhter bakterieller Zersetzungsvorgänge dürften ebenfalls auf spezifische Wirkungen organischer Stoffwechselprodukte zurückzuführen sein.

Antibiose zwischen Bodenmikroorganismen kommt in der Weise vor, daß manche Vertreter, bevorzugt Actinomyceten und einige Penicillien, Antibiotika ausscheiden, die in einem begrenzten Bereich ihrer Umwelt anderen Mikroorganismen die Entwicklung verwehren. Antibiotika können aber auch auf Bodentiere (z. B. einige Nematoden und Elateridenlarven) hemmend, im Extremfall tödlich wirken.

Auf Antibiose beruht wahrscheinlich die Unterdrückung der Entwicklung einer Reihe von Mikroben im Darm der Bodentiere. Das betrifft vor allem viele mikroskopische Pilze (ausgenommen Penicillien, Mucorinen und Trichodermen), Actinomyceten und manche Bakterien (z. B. *Bacillus mycoides*, *Azotobacter*-Arten u. a.). Im Darm sind in der Regel auch keine pathogenen Mikroorganismen nachzuweisen.

Konkurrenz um Nahrung kann zwischen Mikroorganismen und Bodentieren ebenso auftreten wie bei den Mikroorganismen (z. B. Bakterien) und Bodentieren selbst, insbesondere den räuberischen Formen. Raumkonkurrenz scheint bei den tierischen Bewohnern der kleinsten Bodenhohlräume gelegentlich vorzukommen.

6.1.4. Fossile Biocoenosen

6.1.4.1. Grundlagen der Paläoökologie

Die **Paläoökologie** beinhaltet ökologische Beobachtungen und Untersuchungen im fossilen Bereich. Der Name wurde 1916 von CLEMENTS geprägt. Nach BÖGER (1970) versteht man unter Paläoökologie „die Lehre von den Lebens- und Funktionsweisen fossiler Organismen und von der Zusammensetzung ehemaliger Organismen-Kollektive in einer zu rekonstruierenden Umwelt". Über Analogieschlüsse unter Anwendung des Aktualitätsprinzips gewinnt man akzeptable ökologische Vorstellungen für die geologische Vergangenheit (vgl. KRUMBIEGEL 1986).

6. Ökologie von Biocoenosen

Zwischen Paläoökologie und Biostratinomie bestehen enge Wechselbeziehungen. Die **Biostratinomie** ermittelt die spezifischen Zustände und Faktoren, die an gegebener Stelle während der Ablagerung organischer Reste wirksam waren. Sie untersucht aber auch die mechanischen Lagebeziehungen der organischen Reste (Fossilien) zueinander und zum Sediment. Richtungweisend wirkten hier WALTHER (1860–1937) und Weigelt (1890–1948). Mit Hilfe des von ihnen entwickelten und angewandten „biostratonomischen Programms" werden der Paläoökologie wichtige Unterlagen für die Beurteilung ehemaliger Lebensräume und zur Kenntnis paläoökologischer Vorgänge geliefert.

Ausgangspunkt für alle postmortalen Prozesse sind auch in der Erdgeschichte die Biocoenosen. Die Verteilung der Organismen wurde auch in fossilen Biocoenosen durch die damals wirkenden ökologischen Faktoren bestimmt. Starben die Mitglieder einer solchen

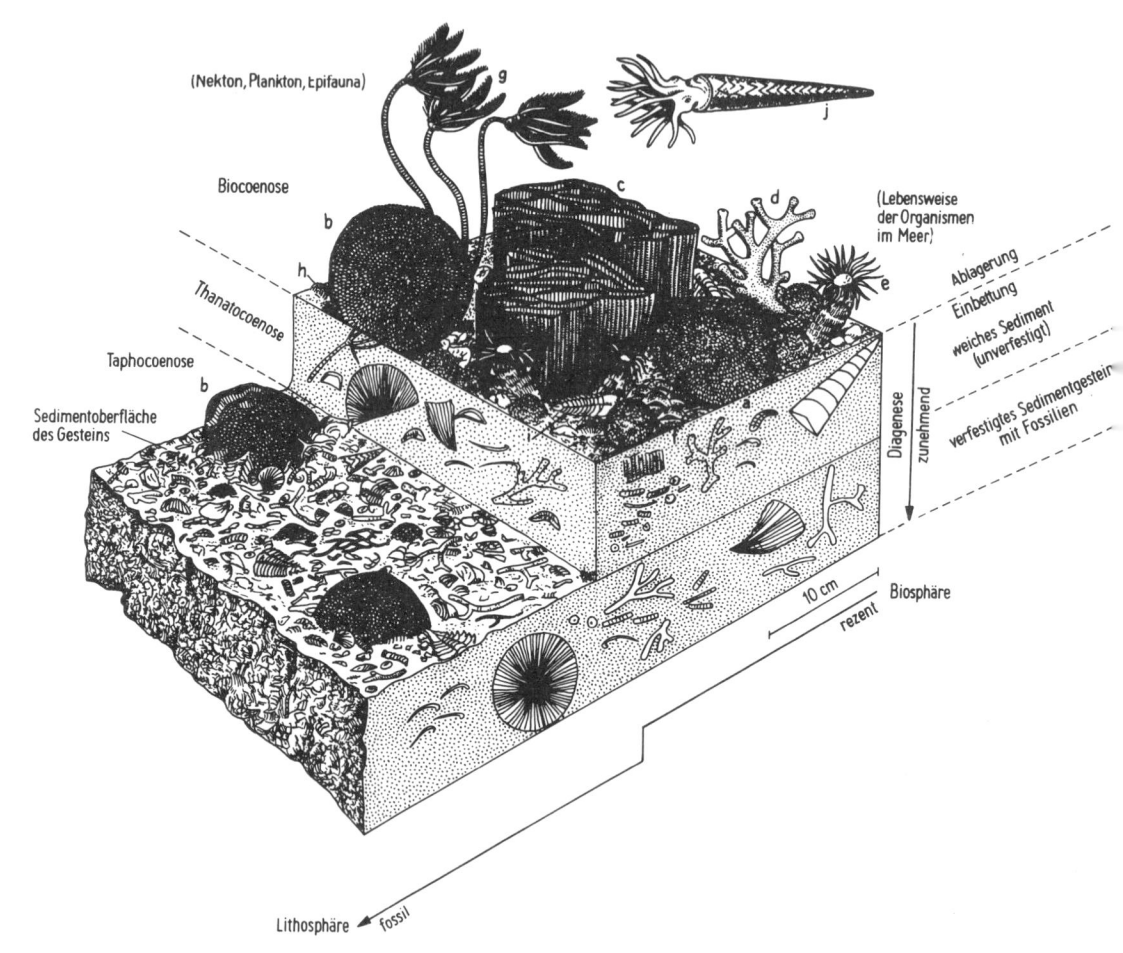

Abb. 6.19. Riffvergesellschaftung (fossile Zoocoenose) des Silurs und ihre Umwandlung zur Thanatocoenose und Taphocoenose. Nach MCKERROW 1981, ergänzt.
a = *Heliolites* (Tabulata, Anthozoa); b = *Favosites* (Tabulata, Anthozoa); c = *Halysites* (Tabulata, Anthozoa; „Kettenkoralle"); d = *Hallopora* (Bryozoa, Moostierchen); e = Streptelasmatide (Rugosa, Anthozoa); f = *Atrypa* (Spiriferida, Brachiopoda); g = Crinoide (Crinozoa, Seelilie); h = *Leptaena* (Strophomenida, Brachiopoda); i = *Dalmanites* (Trilobita, Dreilappkrebs); j = *Michelinoceras* (Cephalopoda, Nautiloidea; „Geradhorn").

6.1. Biogeocoenosen des Festlandes 327

Biocoenose ab, entstand die **Thanatocoenose** oder Totengemeinschaft, aus der sich endlich eine **Taphocoenose** oder Grabgemeinschaft entwickelte. Diese Zusammenhänge sind in Abb. 6.19. erkennbar. Von einer isotopen Taphocoenose wird gesprochen, wenn sie mit der Ausgangsbiocoenose übereinstimmt. Ist dies nicht der Fall, liegt eine allotope Taphocoenose vor, wie dies z. B. beim gemeinsamen Einbetten von Elementen mehrerer benachbarter Biocoenosen auftreten kann.

6.1.4.2. Fossile Phyto- und Zoocoenosen, ihre Organismen und Lebensräume

Voraussetzungen für die Rekonstruktion der fossilen Lebensgemeinschaft eines Fossilfundpunktes sind systematische und quantitative Fossilaufsammlungen oder gezielt angesetzte Ausgrabungen. Berühmte Ausgrabungsstätten sind z. B. Kambrium, Burgess-Paß, British Columbia/Kanada; Trias, Monte San Giorgio/Schweiz; Jura Solnhofen/BRD; Tertiär, Geiseltal bei Halle/Saale/BRD, Messel bei Darmstadt/BRD. Diese Grabungen werden unter Anwendung biostratigraphischer und biostratinomischer Arbeitsmethoden durchgeführt. Die genaue Kenntnis der vorkommenden Arten, der geologisch-lithologischen Situation und der Vergleich mit rezenten Pflanzen- und Tiergesellschaften ergibt ein detailliertes Bild der fossilen Biogeocoenosen.

Da von fossilen Tieren und vor allem von Pflanzen oft nur Bruchstücke gefunden werden, steht am Beginn der Rekonstruktion einer fossilen Biocoenose erst einmal die Rekonstruktion der Einzelorganismen. Oft sind es nur Organe oder Organteile, die fossil überliefert sind. Aus diesen Teilen ist ein Organismus wiederherzustellen, der annähernd den Realitäten der entsprechenden geologischen Zeitepoche entspricht.

Die Summe der Einzelrekonstruktionen von pflanzlichen Organismen ergibt ein Vegetationsbild. Hierin werden Pflanzengruppierungen oder Pflanzengesellschaften sowie die ihnen entsprechenden Biotope gezeigt.

Diesen Rekonstruktionen liegen zumeist Großreste wie Stämme, Wedelteile, Fiedern, Wurzelreste u. a. zugrunde. Wesentliche Ergänzungen ermöglicht die mikroskopische Erforschung der Kohle (Cuticulae, Gewebeteile, Sporen).

Ein karbonzeitliches limnisches Becken mit randlichen Waldmoorbereichen (Pflanzenbestand: Farne, Farnsamer, Siegel- und Schuppenbäume, Keilblattgewächse, Cordaiten) zeigt Abb. 6.20. Beide Biotope wurden durch ein in der Verlandungszone wachsendes Calamitenröhricht getrennt. Sporenreicher Faulschlamm bedeckte den Seeboden zusammen mit vom Ufer eingewehten und eingeschwemmten Pflanzenteilen. Aus diesen Pflanzengemeinschaften entwickelten sich durch diagenetische Vorgänge während der biochemischen, strukturellen und chemischen Inkohlung besondere Kohlevarietäten: Vitrit, Clarit, sporenreiche Clarite, feinschichtige Cuticulaeclarite und Durit (Krumbiegel & Walther 1984, Krumbiegel & Krumbiegel 1980, 1981).

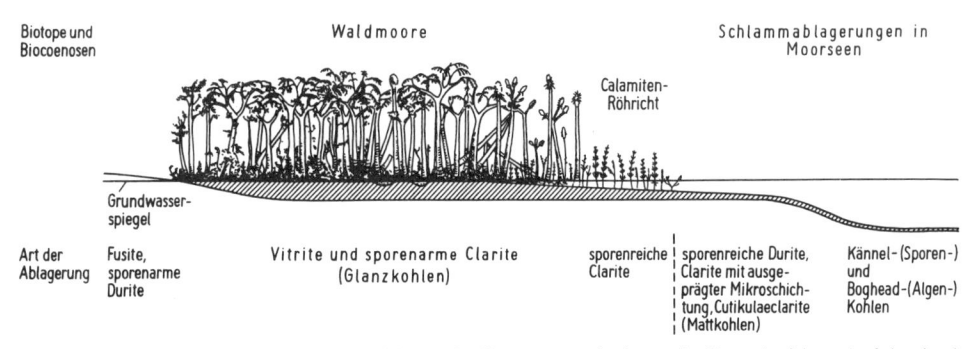

Abb. 6.20. Wichtigste Vegetationsbereiche und Pflanzenassoziationen in ihrer Aufeinanderfolge in den oberkarbonen Steinkohlenmooren der Nordhalbkugel der Erde und die daraus entstehenden Steinkohlenarten. Nach Teichmüller 1962.

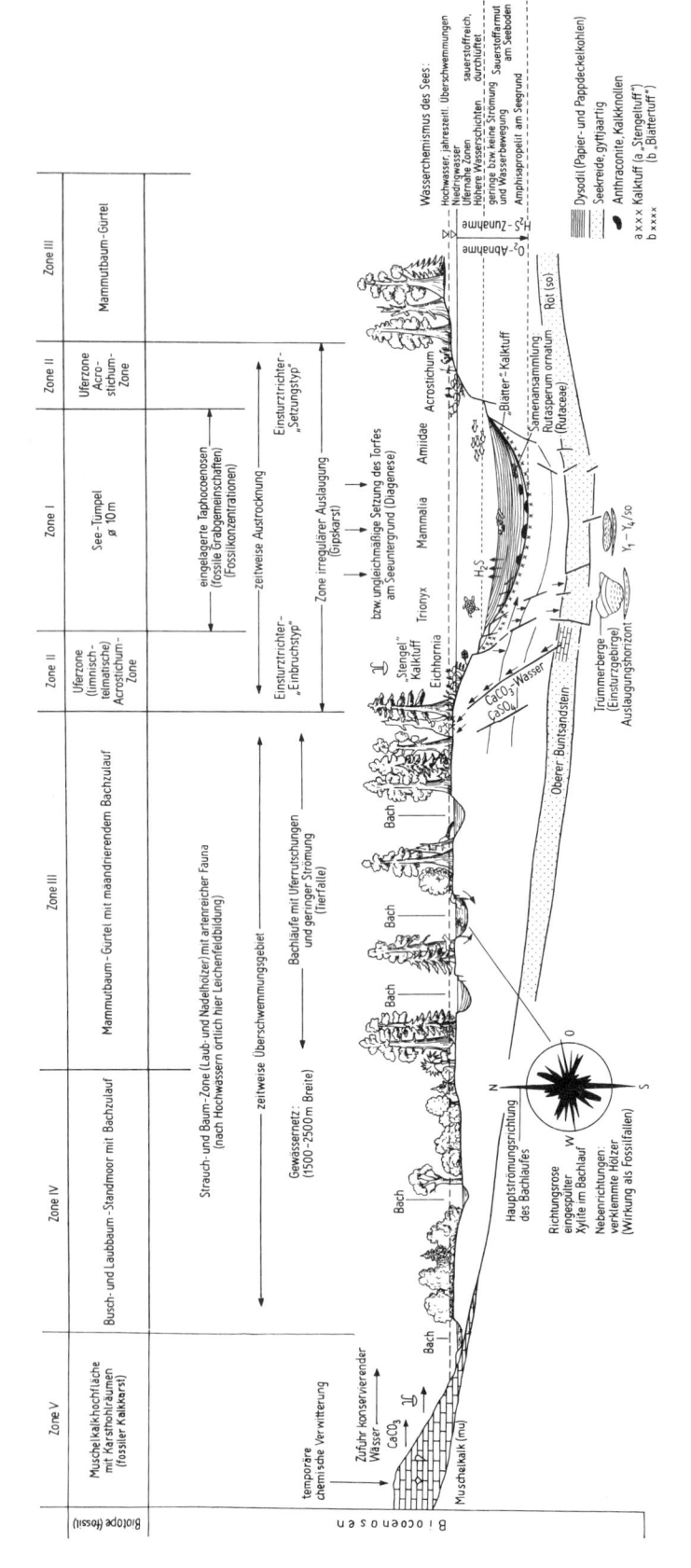

Abb. 6.21. Rekonstruktion von fossilen Pflanzen- und Tiergesellschaften (fossile Biocoenosen) sowie Lebensräumen (fossile Biotope) auf der Grundlage von Organismenresten in fossilen Grabgemeinschaften (Taphocoenose) am Beispiel der Fossillagerstätte Geiseltal in der mitteleozänen Braunkohle des Geiseltales bei Merseburg/BRD. Nach KRUMBIEGEL 1975, 1979, 1984.

Fossile Faunengemeinschaften lassen sich mit Hilfe detaillierter statistischer Meßwerte analysieren, viele jedoch basieren auf qualitativen Schätzwerten. Die Genauigkeit und der Informationsgehalt einer fossilen Zoocoenose wächst mit der Menge des zur Verfügung stehenden Fossilmaterials (oft Zehntausende von Fossilresten). Die Verteilung und die Veränderung lokaler Umweltverhältnisse lassen sich in einem regional kleinen Maßstab, besonders in Kohleablagerungen, bis in Einzelheiten hinein verfolgen. In einem fossilen Moor findet man Übergänge vom Festlandsbereich über den Wachstumsbereich der Moorwaldgebiete, über sehr wechselnde Ablagerungen allmählich tiefer werdenden Wassers bis schließlich zu einem Sumpf mit Moorsee (Abb. 6.21.) (GREGOR 1988, KRUMBIEGEL 1984, 1986).

Jeder lokale Biotop weist somit charakteristische tierische und pflanzliche Fossilien auf, sowohl hinsichtlich vorkommender Arten als auch hinsichtlich deren Einbettung ins Sediment und ihrer Erhaltungsbedingungen. Diese Funde dienen der Klärung von unmittelbaren Problemen der Erd- und Lebensgeschichte und lassen zum Teil detaillierte Rekonstruktionen von Tier- und Pflanzenwelt in erdgeschichtlichen Systemen zu.

6.1.5. Urbane Ökosysteme

6.1.5.1. Definition urbaner Ökosysteme

Siedlungen, insbesondere Städte bzw. Teile von ihnen sind als **urbane (urbanus = städtisch) Ökosysteme** aufzufassen, da sie alle Ökosystemkriterien (vgl. SCHÄFER u. TISCHLER 1983) erfüllen. Städte sind offene Systeme, die durch Stoff-, Energie- und Informationsflüsse intern und mit der Umgebung charakterisiert werden (vgl. Abb. 2.49.). Es gibt Wechselbeziehungen zwischen abiotischen und biotischen und zwischen verschiedenen biotischen Komponenten. Siedlungen sind die am stärksten vom Menschen bestimmten, d. h. von ihm mehr oder weniger bewußt gestalteten Ökosysteme. Deshalb unterscheiden sie sich auch wesentlich von anderen.

Für die Differenzierung von Siedlungstypen, die Abgrenzung der Stadt von anderen Siedlungen eignen sich die Einwohnerzahl und -dichte, die Anteile von Industrie, Handel und Verkehr und die politisch-administrative Bedeutung.

Wesentliche **Ökosystemmerkmale der Städte** sind (vgl. SUKOPP u. WERNER 1982):

— geringe Primärproduktion (der Anteil vegetationsbedeckter Flächen ist verringert),
— Dominanz des Menschen als Konsumenten,
— Konsumption einer großen Menge von Sekundärenergie,
— Import und Kanalisation des Wassers,
— Import und Export von Material, Energie; Entstehung großer Mengen von Abprodukten,
— starke Überprägung des ursprünglichen Reliefs, Dominanz gebauter Strukturen,
— starke Verschmutzung von Luft, Wasser und Boden,
— Herausbildung eines eigenen Stadtklimas,
— sehr heterogene Flächennutzungsstruktur,
— markanter Rückgang ursprünglicher Pflanzen- und Tierarten,
— Zunahme adaptierter Arten meist wärmerer Ursprungsländer,
— relativ großer Artenreichtum im Vergleich zu Ökosystemen des Umlandes.

Das Wachstum der Städte hat sich stark beschleunigt. In den letzten 35 Jahren (seit 1950) ist die Zahl der Menschen, die in Städten leben, um 1,23 Mrd. gestiegen, d. h. sie verdreifachte sich (Bericht der Weltkommission für Umwelt und Entwicklung 1988).

Gegenwärtig leben über 41% der Menschen in Städten, in den entwickeltsten Ländern sind es mehr als 71%.

6.1.5.2. Klima, Böden und hydrologische Bedingungen in Städten

Bedingt durch die extrem veränderte Wärmekapazität städtischer Strukturen, die Erhöhung der Zahl der Kondensationskerne in der Luft, die Freisetzung von Wärme aus fossilen Brennstoffen und die Luftverschmutzung kommt es zu erheblichen Klimaveränderungen, zur Herausbildung eines **Stadtklimas** (KRATZER 1937, OKE 1978, NÜBLER 1979). Besonders die Eigenschaft der Städte, unter bestimmten meteorologischen Bedingungen eine positive Temperaturdifferenz Stadt-Umland, die „**städtische Wärmeinsel**" bzw. den „**Wärmearchipel**" aufzubauen, ist gut untersucht. In Zusammenhang mit anderen Parametern wie Niederschlag, Luftfeuchtigkeit, Globalstrahlung, die im Vergleich zum Umland verschieden sind (vgl. Abb. 2.49.), spricht man von einem eigenen Stadtklima. Weitere auffällige Phänomene sind die Zunahme der Nebelhäufigkeit und der Tage mit Schwülebelastung. Diese Faktoren wirken vielfältig auf Mensch, Tier und Pflanze.

Die Böden der Städte dienen primär der Bebauung (Wohn-, Industrie- und Verkehrsbauten). Damit vollziehen sich vielfältige quantitative und qualitative Veränderungen. BILLWITZ u. BREUSTE (1980) definierten vier Hauptprozesse der Bodengenese in Städten:
1. Abtrag ursprünglicher Deckschichten,
2. Auftrag von natürlichen und/oder künstlichen Fremdsubstanzen,
3. Vermischung,
4. Fossilierung.

Die anthropogenen Deckschichten lassen sich gliedern in:
– Deckschichten künstlicher, anthropogener Substrate (Müllschichten, Trümmerschutt),
– Deckschichten künstlicher und natürlicher Substrate (Bauschutt-Sand-Lehm-Humus-Gemische als Aufschüttungen und Vermischungen am Ort),
– Deckschichten natürlicher Fremdsubstrate (Sand-Kies-Aufschüttungen),
– Deckschichten aus anstehenden natürlichen Substraten (Vermischung der natürlichen Bodenbestandteile, z. B. Ober- und Unterboden).

In vielen Städten entstanden in Abhängigkeit von Relief und Alter erhebliche Kulturschichten, die z. T. eine Mächtigkeit von zehn Metern erreichen können.

Typische Merkmale von **Stadtböden** sind hoher Skelettanteil, relativ hoher pH-Wert, erheblicher Humusgehalt und große Inhomogenität bezüglich der Korngrößenzusammensetzung.

Insbesondere auf Industrie- und Verkehrsflächen sind Kontaminationen mit Salzen, Ölen, Schwermetallen festzustellen. Diese setzen die mikrobielle Aktivität im Boden herab und verändern das C/N-Verhältnis.

Die starke **Bodenversiegelung**, die Wasserversorgungs- und -entsorgungssysteme bestimmen wesentlich die hydrologischen Prozesse. Die Grundwasserneubildung durch Infiltration ist behindert, der Oberflächenabfluß durch die Kanalisation stark gefördert, was zu einer Abnahme der Zeitverzögerung zwischen Niederschlagsereignis und Abflußmaximum führt. Die Häufigkeit der Hochflutereignisse in der Kanalisation und in den Vorflutern nimmt zu. Erosionen, Abspülungen werden stärker, Sedimentmengen größer, Wasserqualität und Selbstreinigungsvermögen der Vorfluter nehmen ab. Die Kontamination der Oberflächen- und Grundwässer mit organischen und anorganischen Stoffen sowie Wärme verschärft das o. g. Problem weiter. Deshalb kommt der Abwasserbehandlung in der Stadt, d. h. am Ort der Verschmutzung größte Bedeutung zu. Damit würden auch die Umgebungsökosysteme der negativen Auswirkungen geschützt.

6.1.5.3. Lebensräume in der Stadt und ihre Pflanzen- und Tierwelt

Die Lebensräume der Stadt sind das Produkt der seit Jahrtausenden andauernden Entwicklung der Siedlungen. Sie sind entweder Modifikationen älterer, naturnäherer Biotope (Umwandlung von Wäldern und Wiesen zu Parks), oder es handelt sich um völlig neue, noch nie vorher dagewesene Strukturen (Deponien, Baugebiete usw.).

Die Gesamtfläche der Stadt ist ein geschlossenes Mosaik unterschiedlichster Lebensräume. Städte sind Bestandteile der Biosphäre. Der Begriff Biotop oder Lebensraum ist nicht nur auf naturnähere oder ökologisch wertvolle Strukturen zu beziehen, wie dies oft bei Stadtbiotopkartierungen geschieht, sondern alle urbanen Flächen einschließlich der gebauten Strukturen (Häuser, Türme, Verkehrsanlagen usw.) sind Lebensräume für die verschiedensten Organismen. An die **urbanen Flächennutzungstypen** hat sich eine spezifische Pflanzen- und Tierwelt angepaßt, die deutlich von der Flora und Fauna des Umlandes abweicht.

Damit ist die Lebewelt der Stadt auf biochemischer, physiologischer, floristisch-faunistischer, coenotischer und landschaftlicher Ebene Bioindikator für die Umweltsituation (vgl. Kap. 9.3.4.).

Die einheimischen Arten sind in Abhängigkeit von der Stadtgröße stark reduziert, die Hemerochoren (Arten, die durch direkte oder indirekte Einflußnahmen des Menschen sich ausgebreitet haben) können einen Anteil von 50% erreichen. Der Gesamtartenbestand europäischer Großstädte an Farn- und Blütenpflanzen liegt mit 900−1400 Arten je Stadtgebiet sehr hoch (vgl. Tab. 6.8). Große Standortsheterogenität und die Vielfalt an Flächennutzungen sind die Hauptursachen. Durch Handel und Verkehr sowie die Kultur vieler Zier- und Nutzpflanzen kommt es zu einem starken Diasporenzustrom. Einige dieser Arten können sich als Neubürger (Neophyten) etablieren. Auch viele Hausinsektenarten wurden aus warmen Ländern eingeschleppt und finden in den Städten optimale Existenzmöglichkeiten (KLAUSNITZER 1981, 1988). Hinsichtlich der Artenvielfalt an Tieren in Städten gehen die Meinungen auseinander. Während manche Tiergruppen nur durch wenige Arten vertreten werden, kommen andere mit überraschender Reichhaltigkeit vor (KLAUSNITZER 1988). Auch die Stadtfauna unterliegt nicht dem Zufall, die ökologischen Angebote (Lizenzen), die zahlreichen Lebensräume, das Stadtklima, Nahrungsangebot, die Brut- und Aufenthaltsmöglichkeiten für Tiere bestimmen die Arten- und Individuenzahlen. Die Städte der temperaten Zone stellen sowohl für bestimmte Pflanzen- als auch Tierarten nach Norden vorgeschobene Arealinseln dar. Beispiele sind die Mäusegerste (*Hordeum murinum* L.) und der Götterbaum (*Ailanthus altissima* (Mill.) Swingle; vgl. KUNICK 1982 u. GUTTE et al. 1987). KLAUSNITZER (1988) bringt eine umfangreiche Aufstellung von Tierarten, die die städtische Wärmeinsel als Lebensraum nutzen können.

Tabelle 6.8. Artenzahlen, Einwohnerzahlen und Flächengröße ausgewählter Städte Europas. Nach KLOTZ 1989

Stadt	Artenzahl	Einwohnerzahl (in Tausend)	Fläche (in km^2)	Quelle
Ballenstedt/BRD	344	10,1	1,5	KLOTZ n.p.
Schmalkalden/BRD	356	17,4	2,5	KLOTZ n.p.
Euskirchen/BRD	537	42,0	10,0	ZIMMERMANN-PAWLOWSKY 1985
Saarlouis/BRD	603	40,1	42,8	MAAS 1983
Göttingen/BRD	723	129,8	117,0	GARVE 1985
Dessau/BRD	925	103,2	126,0	VOIGT 1980, 1982
Halle/Halle-Neustadt/BRD	946	324,4	134,0	KLOTZ 1984
Braunschweig/BRD	947	250,0	192,0	BRANDES 1987
Wuppertal/BRD	965	400,0	237,5	STIEGLITZ 1987
Kazan/UdSSR	914	1000,0	268,0	IL'MINSKICH 1987a, b
Köln/BRD	938	970,0	400,0	KUNICK 1983
Warschau/VR Polen	1109	1641,0	430,0	SUDNIK-WOJCIKOWSKA 1987
Berlin (West) BRD	1396	1900,0	481,0	SUKOPP et al. 1980

Das Zeigerwertspektrum urbaner Gefäßpflanzenfloren bestätigt nicht nur die Tatsache, daß thermophile Arten in Städten gehäuft vorkommen, sondern belegt auch die Dominanz trockenheitsertragender und neutro- bis basiphiler Taxa (KLOTZ 1987). Einige Arten zeigen typische Verbreitungsmuster in Städten. Man kann Innenstadtarten (Vorkommen meist durch günstigere Wärmeverhältnisse bestimmt), Bahnbegleiter (Wärme- und Substratabhängigkeit), Arten der Deponien und Ödländereien (Substratabhängigkeit und Bindung an bestimmte Sukzessionsstadien) und alte Siedlungsbegleiter (ehemalige Nutz- und Zierpflanzen mit geringer Fähigkeit zur Ausbreitung — Reliktvorkommen) unterscheiden.

Die Phyto- und auch Zoocoenosen sind in der Stadt ebenso gesetzmäßig kombiniert wie im Umland und bilden **Gesellschaftskomplexe**, die meist Flächennutzung oder **Flächennutzungsgefügen** entsprechen. Beispiele für Phytocoenosekomplexe eines Neubaugebietes zeigt Abb. 6.11.

Die Kenntnis der ökologischen Bedingungen und Gesetzmäßigkeiten in Städten wird immer stärker zu einer wichtigen Grundlage für Planungsentscheidungen und Gestaltungsmaßnahmen.

Einführung ressourcensparender Technologien in Industrie und Haushalten, die Reduzierung der Bodenversiegelung, der Aufbau zusammenhängender **Grünsysteme**, die ökologische Optimierung der Grünflächengestaltung und -pflege und eine umfassende Umwelterziehung sind wesentliche Mittel zur Verbesserung der Lebensbedingungen der Menschen, der Verringerung der Umweltbelastung und der Förderung der Pflanzen- und Tierwelt.

6.1.6. Wichtige Biogeocoenoseklassen des Festlandes Mitteleuropas

Wälder

1. Schwarzerlenbruchwälder (Alnetea glutinosae BR.-BL. et TX. 43)

In den Schwarzerlenbruchwäldern steht das Grundwasser stets nahe der Bodenoberfläche. Sie werden jedoch nur im Frühjahr, wenn der Schnee in ihrer näheren Umgebung schmilzt, überflutet. Diese Überschwemmungen führen nicht zu einer Anhäufung anorganischer Sedimente. Die Böden sind vielmehr durch einen von den Bruchwäldern selbst erzeugten 10—20 cm hohen, vorwiegend organischen Oberboden, den Bruchwaldtorf, ausgezeichnet. In dem wasserdurchtränkten Torfboden wird die Sauerstoffversorgung der Wurzeln zum entscheidenden Minimumfaktor. Eine Sauerstoffzuleitung aus oberirdischen Organen wird notwendig, da der Sauerstoff des Bodens weitgehend von den dort lebenden Tieren (z. B. Lumbriciden — *Allolobophora antipae*-, Schalenschnecken, Asseln, Myriapoden und Dipterenlarven, Flormückenlarven) und vielen Mikroorganismen aufgezehrt oder vom Torf gebunden wird.

Die extremen Standortsfaktoren bewirken, daß nur wenige Gehölze, wie die Schwarzerle *(Alnus glutinosa)* und Weiden *(Salix cinerea, S. aurita* u. *S. pentandra)*, einen ± lichten Baumbestand bilden können, in dem Sumpfpflanzen (Helophyten wie *Lycopus europaeus*, *Carex elongata* und *Thelypteris palustris*) und Moose *(Sphagnum squarrosum* und *Trichocolea tomentella)* ihr Fortkommen finden. Zwischen den Pflanzen steht oft das Wasser in den Bodensenken frei an der Oberfläche.

Der Vegetationsstruktur entspricht naturgemäß auch eine spezifische Zoocoenose. Besonders die Arthropoden und Gastropoden weisen eine große Vielfalt spezialisierter Arten auf. Zu den Phytophagen der Erle gehören die Phyllophagen *(Agelastica alni, Emocampa ovata* und *Acronycta alni)*, die Säftesauger *(Aphrophora alni, Psylla alni)*, Minierer in Blättern, Stengeln und Kambium *(Cryptorrhynchidius lapathi)* sowie Xylophage *(Elater sanguinolentus, Saperda scalaris)*. Charakteristische Arten des Epigaions sind Detritophagen wie *Trichoniscus pusillus, Glomeris marginata, Zonitoides nitidus* und Zoophagen wie *Agonum assimilis* und *Bathyphantes nigrinus*. Die Megafauna, insbesondere die Synusie der Vögel, weist eine unspezifische Laubwaldfauna auf. Einige Säuger, wie Wildschwein *(Sus scrofa)* und Sumpfspitzmaus *(Neomys anomalus)*, Reptilien, wie die Ringelnatter *(Natrix natrix)*, und Amphibien, wie der Moorfrosch *(Rana arvalis)*, sind regelmäßige Habitatnutzer.

2. Mesophile Laubmischwälder (Carpino-Fagetea Br.-Bl. et Vlieg. 37) Jakucz 67

Der größte Teil der Laubwälder Mitteleuropas gehört zu den mesophilen Laubmischwäldern. Ihre Bestände werden durch das Vorherrschen von Rotbuche *(Fagus sylvatica)*, Hainbuche *(Carpinus betulus)*, Linden *(Tilia platyphyllos* u. *T. cordata)*, Eichen *(Quercus petraea* u. *Qu. robur)*, Esche *(Fraxinus excelsior)*, Ulmen *(Ulmus montana, U. carpinifolia, U. effusa)* sowie Ahornen *(Acer pseudoplatanus, A. platanoides, A. campestris)* bestimmt.

In der Strauch- und auch in der Feldschicht überwiegen gleichfalls Arten, die an die Nährstoffverhältnisse des Bodens einen relativ hohen Anspruch stellen. Der Standort darf weder stark austrocknen, noch längere Zeit unter Wasser stehen. Im einzelnen ist jedoch der ökologische Bereich, den die mesophilen Laubwälder einzunehmen vermögen, sehr weit. So findet man außer echten Podsolen und extremen Naßböden unter diesen Wäldern fast sämtliche Waldbodentypen Mitteleuropas. Auch der klimatische Bereich, in dem sie aufkommen können, ist sehr weit, das Jahresmittel der Lufttemperatur kann zwischen +4 °C bis +12 °C liegen, und die mittleren Jahresniederschläge können 400 – 1200 mm betragen. Dies alles führt zu verschiedenen Artenkombinationen und Strukturen, die in der Aufstellung unterschiedlicher Vegetationsordnungen und -verbände ihren Ausdruck gefunden haben (Abb. 6.22.).

Wie die Phytocoenosen, weisen auch die Zoocoenosen der mesophilen Laubmischwälder eine überaus hohe Artenvielfalt auf. Je nach den Bodenverhältnissen und vor allem nach der räumlichen Strukturierung der Wälder, die z. B. für den Brutvogelbestand entscheidender als die floristische Artenzusammensetzung ist, kommt es zu verschiedenen Artenkombinationen. Alle ökologischen Nischen werden weitgehend besetzt. Das vielartige Angebot an pflanzlicher Nahrung ist Ausgangspunkt für zahlreiche Nahrungsketten und -verflechtungen. Die Artenvielfalt der Arthropoden ist dabei besonders groß. So sind z. B. 2000 Tierarten im Nahrungskettengefüge nur an die Eiche gebunden. Vögel und Säuger wie Mittelspecht *(Dendrocopos medius)*, Ringeltaube *(Columba palumbus)*, Pirol *(Oriolus oriolus)*, Buchfink *(Fringilla crelebs)*, Singdrossel *(Turdus philomelos)*, Eichhörnchen *(Sciurus vulgaris)*, Baummarder *(Martes martes)*, Rothirsch *(Cervus elaphus)*, Reh *(Capreolus capreolus)*, Rotfuchs *(Vulpes vulpes)* u. a. bilden eine weitgehend unspezifische Laubwaldfauna. Auf dem Niveau der relativ artenarmen epigäischen Makrofauna, in der insbesondere neben den Gastropoden, Isopoden, Myriapoden und Arachniden die Insekten mit den Coleopteren (Bockkäfer,

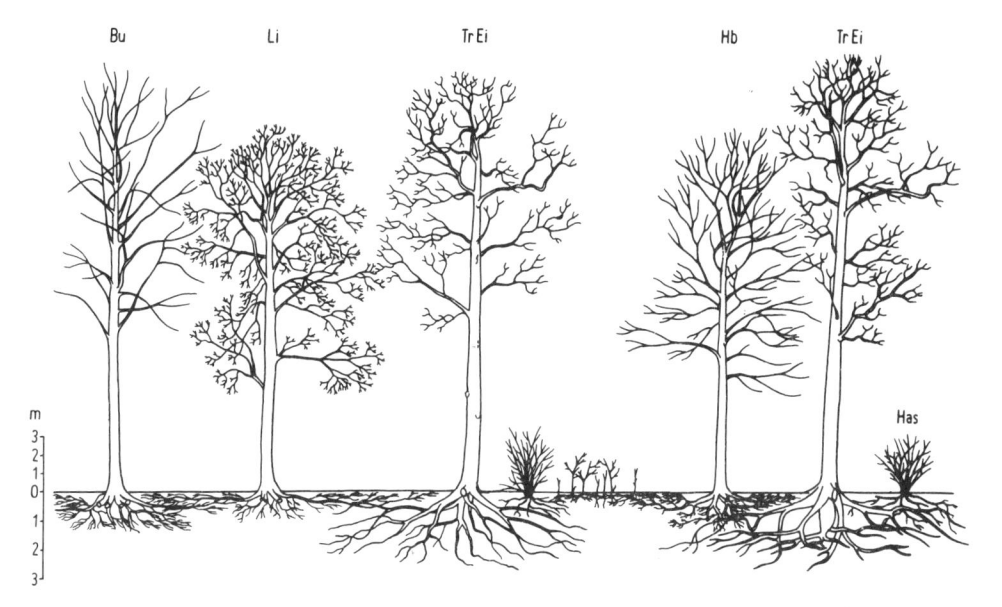

Abb. 6.22. Halbschematisches Vegetationsprofil durch einen Eichen-Hainbuchen-Winterlindenwald (Galio-Carpinetum) bei Halle. Nach Meusel 1952, verändert.
Es sind dargestellt von links nach rechts: Rotbuche *(Fagus sylvatica)*, Winterlinde *(Tilia cordata)*, Traubeneiche *(Quercus petraea)*, Hasel *(Corylus avellana)*, Hainbuche *(Carpinus betulus)*, Traubeneiche und Hasel.

6. Ökologie von Biocoenosen

Blattkäfer, Rüsselkäfer, Laufkäfer u. a.), Lepidopteren (Wickler, Motten, Spinner), Hymenopteren (Blattwespen, Holzwespen), Heteropteren (Rindenwanzen, Sichelwanzen, Weichwanzen) und viele andere dominieren, lassen sich ähnliche Differenzierungen vornehmen wie in den Phytocoenosen.

In den Pedocoenosen spielen Regenwürmer, Schnecken und Asseln eine bedeutende Rolle. Arten- und individuenreich sind Thekamöben, Nematoden, Enchytraeiden, Diplopoden, Milben und Springschwänze. Laufkäfer, Kurzflügler, Elateriden- und Dipterenlarven kommen gleichfalls häufig vor. Die Laubzersetzung dauert 1–2 Jahre.

3. Bodensaure Laubmischwälder (Quercetea robori-petraeae BR.-BL. et TX. 43)

Ihre Hauptverbreitung besitzen die bodensauren Laubmischwälder auf nährstoffarmen, versauerten, meist podsolierten Böden im Bereich kolloidarmer, pleistozäner Sande, exponierter Standorte aus Sandsteinen oder Gipsen bzw. sauer verwitternder Magmatite. Die meist lichte Baumschicht wird durch die langlebigen Eichen (*Quercus robur* u. *Qu. petraea*) und die raschwüchsigen, oft als Pioniere auftretenden Birken (*Betula pendula* auf trockenen, *B. pubescens* auf feuchteren Böden) gebildet. In kontinentaleren Gebieten dringt auch die Waldkiefer (*Pinus sylvestris*) in die Bestände ein. Sie wird durch die Forstwirtschaft oft zur vorherrschenden Baumart. Rotbuche (*Fagus sylvatica*) und Hainbuche sind nur bei nährstoffreicheren Standortsverhältnissen als Mischholzarten zu finden.

Im Unterwuchs treten anspruchslose, säureertragende Arten auf wie Heidekraut (*Calluna vulgaris*), Schlängelschmiele (*Avenella flexuosa*), Weiches Honiggras (*Holcus mollis*) und Wiesen-Wachtelweizen (*Melampyrum pratense*).

Die Zoocoenosen sind im Vergleich zu den mesophilen Laubmischwäldern im Makrofauna-Niveau sowohl arten- als auch individuenärmer. Der Anteil indigener Arten ist gering, die Mehrzahl der Zoocoenose-Glieder setzt sich aus euryöken Elementen zusammen. Die Vertebratenfauna gleicht der mesophiler Laubwälder.

In den Pedocoenosen treten, bedingt durch die Rohhumusbildung, Lumbriciden und Isopoden zahlenmäßig zurück, Schalenschnecken fehlen fast ganz. Größere Bedeutung erlangen Nacktschnecken, Käferlarven (z. B. von Elateriden, Staphyliniden, Curculioniden und Carabiden), Zweiflüglerlarven (insbesondere Trauermücken- und Pilzmückenlarven), Milben, Collembolen, Nematoden und Thekamöben. Die Streuzersetzung dauert 2–3 Jahre.

4. Eichen-Trockenwälder (Quercetea pubescenti-petraeae (OBERD. 48) DOING 55)

Die Elemente der Eichen-Trockenwälder sind in unserem mitteleuropäischen Raum in der Birken-Kiefern- und Kiefern-Haselzeit der nacheiszeitlichen Waldgeschichte eingewandert. Als im weiteren Verlauf der Nacheiszeit Fichte, Hainbuche, Tanne und vor allem die Rotbuche vordrangen, wurden die Eichen-Trockenwälder auf die für diese Gehölze ungünstigen Trockenstandorte zurückgedrängt. Sie besiedeln deshalb heute flachgründige, kalk- oder basenreiche, wärmebegünstigte, aber zur Austrocknung neigende Standorte. Es lassen sich zwei große Gruppen unterscheiden:

1. Die submediterranen Eichentrockenwälder, die durch zahlreiche wärmeliebende, aber frostempfindliche Arten ausgezeichnet sind.
2. Die subkontinentalen Eichen-Trockenwälder auf relativ basenarmen, wechseltrockenen Böden mit Arten, die Wechseltrockenheit und auch gelegentlich stärkere Fröste ertragen.

Die Zoocoenosen weichen in der Megafauna nicht unwesentlich, in der Makrofauna des Epigaions aber erheblich von denen der mesophilen Laubwälder ab. Der Anteil trockenresistenter, meist mediterranpontischer Arten ist groß. Als charakteristische Bewohner der Baumschicht seien genannt die Lepidopteren *Drymonia querna*, *Nordmannia ilicis*, der Blattkäfer *Pyrrhalta viburni*, für die Krautschicht sowie die Bodenoberfläche die Waldgrille *Nemobius sylvestris*, die Dornschrecke *Tetrix bipunctata*, die Zikade *Erythria aureola*, der Laufkäfer *Harpalus honestus*, die Spinnen *Trochosa terricola* und *Tarentula trabalis*, die Isopoden *Amadillidium opacum* und *Cylindroiulus londinensis*, sowie die Gastropoden *Aegopinella nitens* und *Pomatias elegans*. Wenn diese Tiere auch in den Lichtungen durchaus Habitatinseln haben, so siedeln sie doch meist im Schutz der Bäume und Sträucher. Das gilt vor allem für Dipterenlarven und andere Bodentiere, die von der Laubstreu leben und deren Abbau beschleunigen. Viele dieser Tiere und die mit ihnen vergesellschafteten Mikroorganismen leiden unter der sommerlichen Trockenheit, ihre Populationsdichte steigt jedoch zum Herbst hin wieder an.

5. Birken-, Kiefern- und Fichten-Moorwälder (Uliginosi-Betulo-Pinetea PASS. 68)

Bei ständig hohem, aber basenarmem Grundwasser kommt es zur Ausbildung von Birken-, Kiefern- und Fichten-Moorwäldern. Welche der drei Baumarten zur Vorherrschaft gelangt, hängt in der Regel vom Klima ab. Im subatlantischen Gebiet ist es die Moorbirke *(Betula pubescens)*, in kontinentalen Bereichen die Kiefer *(Pinus sylvestris)* und in den Gebirgen sowie im Nordosten die Fichte *(Picea abies)*.

Obwohl die Baumschicht nur schlecht entwickelt ist und sehr locker schließt, können sich nur wenige Sträucher wie der Faulbaum *(Frangula alnus)* und die Eberesche *(Sorbus aucuparia)* entwickeln. Die Feldschicht ist allerdings meist üppig ausgebildet, wird aber nur aus wenigen, meist boreal verbreiteten Arten aufgebaut, z. B. Heidel-, Preisel- und Rauschebeere *(Vaccinium myrtillus, Vacc. vitis-idaea* u. *Vacc. uliginosum)*, Siebenstern *(Trientalis europaea)* und Sprossender Bärlapp *(Lycopodium annotinum)*.

Die Zoocoenosen besitzen Übergangscharakter zu den benachbarten Mooren bzw. grundwasserferneren Wäldern. Die Wirbeltierfauna ist weitgehend mit jener bodennasser Wälder identisch. Ein Charaktertier der Moorwälder ist das Birkhuhn *(Lyrurus tetrix)*. Eurytop-hygrophile Faunenelemente herrschen auch bei den Wirbellosen vor, z. B. die Laufkäfer *Pterostichus diligens, Agonum fuliginosum* und die Arachniden *Centromerus arcanus* als Bodenbewohner und *Theridion simile* und *Dictyna arundinacea* als Baumbewohner. Strauch- und Baumschicht beherbergen eine große Anzahl von Phytophagen wie die Birkenblattroller *(Deporaus betulae)* und die große Birkenblattwespe *(Cimbex femorata)* sowie die minierenden Blattwespen *Phyllotoma nemorata* und *Scolioneura betulae*.

In den Pedocoenosen entwickeln sich oft Mikroarthropoden-Abundanzen von 20000—30000 Individuen/m^2, wobei die Oribatiden dominieren, Collembolen dagegen nur geringe Dichten aufweisen; Dipterenlarven sind zahlenmäßig stark, Käferlarven schwach vertreten.

6. Eurosibirische Fichten- und Kiefernwälder (Vaccinio-Piceetea BR.-BL. 39 em. PASS. 63)

Nadelgehölze herrschen in Mitteleuropa von Natur aus nur in den ökologischen Rand- oder Ausschlußbereichen der Laubhölzer, wie sie in höheren Lagen der Gebirge, an sehr stark austrocknenden exponierten Standorten von Flußtälern oder auf sehr nährstoffarmen Sanden des Hügel- und Flachlandes gegeben sind (Abb. 6.23.). Wenn jedoch die Fichte *(Picea abies)*, die Tanne *(Abies alba)* oder die Kiefer *(Pinus sylvestris)* dominieren, dann wirken sie durch ihre schwer zersetzbare Nadelstreu ausgleichend auf den Boden, indem sie eine saure Humusauflage bilden. In ihrem Unterwuchs herrschen deshalb auch säureertragende Pflanzen vor wie die Heidel- und Preiselbeere *(Vaccinium myrtillus* und *Vacc. vitis-idaea)*.

Den spezifischen Bedingungen eines Nadelwaldes, wie starke Rohhumusbildung und Harzreichtum der Nadeln bzw. des Holzes, angepaßt, dominieren in der Zoocoenose mono- oder oligophage Pflanzensauger (Baumläuse als Hauptlieferanten des Waldhonigs, Galläuse, Weich- und Rindenwanzen), Minierer (Borkenkäfer), Xylophage (Bockkäfer), Detritophage (Trauermücken, Schnaken) und Zoophage (Laufkäfer, Kurzflügelkäfer, Spinnen). Nur wenige Arten sind hochspezialisierte Nadelfresser. Die Megafauna rekrutiert sich aus euryöken Waldarten und einigen stenöken Fichten- bzw. Kiefernwaldarten.

Charakteristische Tiere der Fichtenwälder sind: Tannenmeise *(Parus ater)*, Wintergoldhähnchen *(Regulus regulus)*, Fichtenkreuzschnabel *(Loxia curvirostra)*, Erlenzeisig *(Carduelis spinus)*, Fichtengall-Laus *(Cinaria pinicola)*, Nonne *(Lymantria monacha)*, Fichtenmarienkäfer *(Scymnus abietis)*, Großer Buchdrucker *(Ips typographus)*, Fichtenbock *(Tetropium fuscum)*, Schwarzer Fichtenrüßler *(Othiorrhynchus niger)*.

Charakteristische Tiere der Kiefernwälder sind: Haubenmeise *(Parus cristatus)*, Nachtschwalbe *(Caprimulgus europaeus)*, Kieferneule *(Panolis flammea)*, Kiefernwanze *(Gastrodes grossipes)*, Kiefernnadelblattlaus *(Cinara pini)*, Kiefernmarienkäfer *(Scymnus suturalis)*, Kiefernborkenkäfer *(Blastophagus piniperda)*, Kiefernscheidenrüßler *(Brachonyx pineti)*, Waldbock *(Spondylus buprestoides)*.

Das reiche Angebot von unterschiedlich strukturierten Merotopen bietet den verschiedenartigsten Lebensformtypen Existenzbedingungen und läßt artenreiche Merocoenosen entstehen, die zur Artenvielfalt beitragen.

Am Abbau des pflanzlichen Bestandesabfalls sind neben Nematoden und Enchytraeiden vor allem Coleopterenlarven (vorwiegend *Athous subfuscus*) und Dipterenlarven (z. B. Bibioniden, Tipuliden und Rhagioniden) sowie Ameisen, Milben und Collembolen beteiligt. Regenwürmer und Diplopoden weisen nur geringe Siedlungsdichten auf; Schalenschnecken fehlen fast ganz. Im pflanzlichen Edaphon

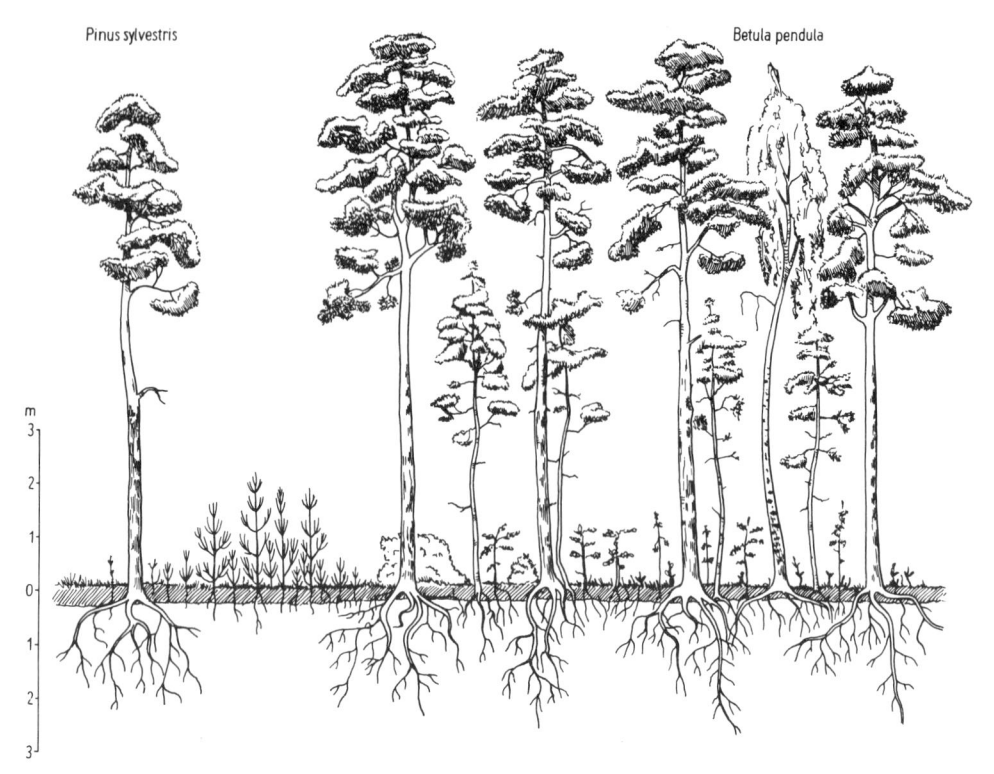

Abb. 6.23. Halbschematisches Vegetationsprofil eines natürlichen Kiefernwaldes in Polen. Nach PAWLOWSKI 1959, aus ELLENBERG 1959, verändert. Es sind dargestellt: Waldkiefer *(Pinus sylvestris)* und Hängebirke *(Betula pendula)*.

überwiegen die Bodenpilze, denen für den Aufschluß der toten organischen Substanz für die Höheren Pflanzen durch ihre Symbiose mit diesen (Mykorrhiza) eine überragende Bedeutung zukommt. Der Abbau der Nadelstreu dauert 3–4 Jahre.

7. Eurosibirische Kiefern-Trockenwälder (Erico-Pinetea HORV. 59)

Auf neutralen bis basischen, sonnigen Trockenhängen und Schotterfluren der submontanen bis montanen Stufe kommt es besonders im Alpenvorland zu Schneeheide-Kiefernwäldern. Sie sind gekennzeichnet durch das Auftreten der sehr zeitig im Jahr fleischrot blühenden Schneeheide *(Erica carnea)* und der zahlreichen licht- und basenliebenden Arten wie Blaugras *(Sesleria varia)*, Vogelfußsegge *(Carex ornithopoda)* und Zwergbuchs *(Polygala chamaebuxus)*. Die Baumschicht wird meist allein von der trockenheitsertragenden Waldkiefer gebildet, die dem Bodenwuchs nur wenig Licht entzieht. Schneeheide-Kiefernwälder finden sich auch noch auf mageren Serpentinböden Nordbayerns.

Die Zoocoenosen der Kieferntrockenwälder ähneln denen der anderen Kiefernwälder, sind aber im Bereich der Krautschicht und der Bodenoberfläche durch Zikaden, Wanzen, Laufkäfer und Kurzflügler gekennzeichnet, die auch im Xerothermrasen auftreten.

8. Subkontinentale Kiefern-Trockenwälder (Pulsatillo-Pinetea OBERDORFER 67)

In ausgesprochen kontinentalen, regenarmen Klimaten kommt es auf sauren, nährstoffarmen Standorten zu subkontinentalen Kiefern-Trockenwäldern. Während sie in den inneralpinen Trockentälern relativ häufig zu finden sind, erscheinen sie im übrigen Mitteleuropa nur selten.

In ihnen herrschen sowohl in der Flora als auch in der Fauna kontinentale Sippen vor, die extreme Wärme- und Feuchtigkeitsschwankungen zu ertragen vermögen.

Gebüsche und Zwergstrauchheiden

9. Seggen-Grauweiden-Gebüsche (Carici-Salicetea cinereae PASS. 68)

Auf sehr nassen, reicheren Niedermoor-, aber auch auf ärmeren Zwischenmoorböden kommt es zu Gebüschgesellschaften, die vor allem von Grauweiden *(Salix cinerea)* und Öhrchenweiden *(Salix aurita)* aufgebaut werden. Mit ihnen sind Großseggen und Sumpfreitgras *(Calamagrostis canescens)* oder bei sauren nährstoffarmen Zwischenmoorböden Wollgräser *(Eriophorum vaginatum, E. angustifolium)* vergesellschaftet. Gelegentlich kommt es auch zum Aufwachsen von Faulbaum *(Frangula alnus)* und Moorbirke *(Betula pubescens)*.

Bei großflächiger Ausbildung beherbergen diese Grauweidengebüsche einen indigenen Tierbestand. Sie werden einerseits als Habitat und Rückzugsgebiet von vielen Feuchtbiotopbewohnern genutzt, bieten aber andererseits Nahrungsspezialisten ausreichende Lebensgrundlage. In der Strauchschicht seien als charakteristisch der Feldschwirl *(Locustella naevia)*, das Rotsternige Blaukehlchen *(Luscina svecia)*, der Weidenblattkäfer *(Lochmaea caprae)* und die Weidenschaumzikade *(Aphrophora salicina)* genannt, für die Krautschicht und Bodenoberfläche der Gras- und Moorfrosch *(Rana temporaria* und *R. arvalis)*, viele an Süß- und Sauergräsern lebende Zikaden *(Kelisia vittipennis)*, räuberisch lebende Käfer *(Pterostichus nigrita)* und Spinnen *(Coelotes inermis)*.

10. Weiden-Ufergebüsche und -gehölze (Salicetea purpureae MOOR 58)

Am Ufer von Flüssen, gelegentlich bei Hochwasser durch das strömende Wasser ± stark beeinflußt, bilden sich Weiden-Ufergebüsche und -gehölze aus. Sie werden am Oberlauf der Gebirge bis in deren Vorland hinein auf Kies-, Sand- und Rohauenböden von Lavendel- und Reifweide *(Salix eleagnos* und *S. daphnoides)* aufgebaut. Im Mittel- und Unterlauf der Flüsse auf Sand-, Schluff- und Tonböden bilden sich der Mandelweidenbusch *(Salix triandra)* oder der Silberweiden-Auwald *(Salix alba)*, in dem auf höher gelegenen, weniger stark vom strömenden Wasser beeinflußten Standorten auch die Schwarzpappel *(Populus nigra)* vorkommt.

Die Weiden-Ufergebüsche und -gehölze vereinigen viele Elemente benachbarter Zoocoenosen und weisen eine große Diversität auf. Neben vielen Phyllophagen *(Idiocerus populi, Melasoma tremulae, Scoliopteryx libratrix)* treten verstärkt Xylophage *(Aromia moschata, Lamia textor, Cossus cossus)*, Detritophage *(Succinea putris, Porcellium conspersum)* und Zoophage *(Bathyphantes nigrinus, Carabus granulatus)* auf. In der Baumschicht sind Beutelmeise *(Remiz pendulinus)*, Zaunkönig *(Troglodytes troglodytes)*, Sprosser *(Luscinia luscinia)*, Gartengrasmücke *(Sylvia borin)*, in der Krautschicht und Bodenoberfläche die Bisamratte *(Ondatra cibethica)*, die große Wasserspitzmaus *(Neomys foidens)* und die Ringelnatter *(Natrix natrix)* anzutreffen.

11. Weißdorn-Schlehen-Gebüsche (Crataego-Prunetea Tx. 62)

Die meisten außerhalb der Flußauen oder der Moorstandorte auftretenden Gebüsche und Waldmäntel gehören zu den Weißdorn- *(Crataegus oxyacantha)* Schlehen- *(Prunus spinosa)* Gebüschen. Sie bestehen fast ausschließlich aus Lichtholzarten, die niedrig bleiben und an ihren Außenrändern bis zur Erde hinab beblättert sind. Sie lassen deshalb nur wenig Licht auf den Boden, so daß nur wenige Arten in ihrem Inneren aufzukommen vermögen. Es bilden sich fast reine Gehölzgesellschaften, die kaum geschichtet sind. Die meisten Gebüsche regenerieren sich, wenn sie abgeschlagen werden, aus Stockausschlägen sehr schnell. Der Boden unter ihnen kann magerer als der in der Umgebung sein, wenn es sich um Steinlesewälle oder künstliche Erdwälle handelt, oder reicher, wenn Dünger oder Lößstaub in sie hineingeweht wird. Durch unterschiedliche Klimabedingungen lassen sich mehrere Gruppen unterscheiden.

Die Struktur der Zoocoenosen wird entscheidend von der Struktur und der Ausdehnung der Gebüsche bestimmt, da eine überaus starke Migration zu den umgebenden Lebensgemeinschaften vorhanden ist. Neben stenöken Buschbewohnern bilden euryöke Waldelemente und Freilandarten den Grundbestand der Zoocoenose. An charakteristischen Tieren der Strauchschicht seien genannt Elster *(Pica pica)*, Sperber- und Dorngrasmücke *(Sylvia nisoria* und *S. communis)*, Goldammer *(Emberiza citrinella)*, Rotrückenwürger *(Lanius collurio)*, Weißdornspinner *(Trichiura crataegi)*, Schlehenspanner *(Lygris prunata)*, Goldafter *(Euproctis chrysorrhoea)*, für die Krautschicht und Bodenoberfläche Europäischer Igel *(Erinaceus europaeus)*, Feldspitzmaus *(Crocidura leucodon)*, Brand- und Rötelmaus *(Apodemus agrarius* und *Clethrionomys glareolus)*.

12. Brennessel-Holunder-Gebüsche (Urtico-Sambucetea DOING 62 em. PASS. 68)

Nach Kahlschlag oder auf Trümmerschutt, auch an Wegrändern stellen sich oft über Initialgesellschaften Brennessel-Holunder-Gebüsche ein. Durch die bei Schlag auftretende Nährstoff-, insbesondere Stickstoff-Freisetzung oder -Einwehung bei Wegen bzw. Trümmern kommt es zum Dominieren stickstoffliebender Arten wie Große Brennessel *(Urtica dioica)*, Holunder *(Sambucus nigra* und *S. racemosa)*, Him- und Brombeere *(Rubus idaeus* und *R. fruticosus)* oder Salweide *(Salix caprea)*.

Die Zoocoenosen werden in starkem Maße von der umgebenden Waldfauna geprägt. Besonders gilt dies für das Edaphon und Epigaion. Die Synusie der Phytophagen wird dagegen von den dominierenden Pflanzenarten der Gebüsche bestimmt. Phyllophage wie Brennesselrüßler *(Phyllobius arborator)*, Kleiner Fuchs *(Aglais urticae)*, Holunderlaus *(Aphis sambuci)*, Kleine Himbeerlaus *(Aphis idaei)*, Blatt-, Stengel- und Wurzelminierer, Pollenfresser und Säftesauger sowie die sich anschließende Zoophagenkette (mit räuberischen Käfern und Spinnen) sind in einem ausgewogenen Verhältnis zueinander vertreten.

13. Bodensaure Laub-Gesträuche (Betulo-Franguletea DOING 62 em. PASS. 68)

Auf frischen, humosen, aber nährstoffarmen Sanden treten in subatlantischen Landschaften Gebüsche auf, die im wesentlichen von Birken und dem Faulbaum *(Frangula alnus)* aufgebaut werden. Nur in Dünentälern sind in stärkerem Maße die Kriechweide *(Salix repens)* und der Sanddorn *(Hippophaë rhamnoides)* zu finden. Die Zoocoenosen werden in der Regel von den benachbarten bodensauren Waldgesellschaften beeinflußt. In der Strauch- und Krautschicht bestimmen Phytophage (z. B. *Gonepteryx rhamni*, *Yponomeuta evonymella*) das Bild.

14. Arktisch-alpine Gebüsche (Betulo-Alnetea viridis REJM. 79)

Wenn in der unteren alpinen Höhenstufe der Gebirge die mit dem Wasser verschwemmten Nährstoffe an Hangfüßen oder in steinigen Rinnen einen fruchtbaren Boden entstehen lassen, bilden sich sowohl über kalkreichem als auch kalkarmem Gestein Grünerlengebüsche aus, in deren Unterwuchs oft eine reiche Hochstaudenflur entwickelt ist. Die Strauchschicht wird in der Regel von der Grünerle *(Alnus viridis)* bestimmt, der einige Weidenarten *(Salix appendiculata* und *S. arbuscula)* sowie die Gebirgsrose *(Rosa pendulina)* beigesellt sind. Die Standorte apern relativ zeitig im Jahr aus, bleiben aber ständig feucht und trocknen nie vollständig aus.

Die Zoocoenosen werden durch ein arten- und individuenreiches Edaphon und Epigaion charakterisiert. Während sich die Phytophagen (z. B. *Psylla alpina*, *Luperus flavipes* und *Polydrosus ruficornis)* auf die Strauch- und Krautschicht konzentrieren, dominieren Detrito- und Zoophage im Epigaion und Edaphon (z. B. *Chelidurella acanthopygia*, *Pterostichus jurinei*, *Sitticus rupicola* und *Trachelipus ratzeburgi)*.

15. Arktisch-alpine zwergstrauchreiche Gebüsche (Loiseleurio-Vaccinietea EGGLER 52 em. SCHUB. 60)

In der alpinen Stufe kommen frostharte Zwergsträucher einmal an windexponierten, sehr häufig von Schnee freigewehten Standorten vor, zum anderen aber auch an Stellen, an denen der Schnee angehäuft wird und sehr lange liegenbleibt. In beiden Fällen können sich die Zwergsträucher gegenüber den Gräsern und Stauden behaupten und relativ geschlossene Gebüsche ausbilden. In den niederliegenden Alpenazaleen-Teppichen der windgeschorenen Grate und Kuppen herrscht die namengebende Art *(Loiseleuria procumbens)*, die den extremen Standortsfaktoren am besten angepaßt ist.

An geschützteren Standorten schließen sich Alpenrosen *(Rhododendron ferrugineum, Rh. hirsutum)*, Zwerg-Wacholder *(Juniperus nana)* und Rausche- sowie Heidelbeere *(Vaccinium uliginosum* und *Vacc. myrtillus)*, Zwittrige Krähenbeere *(Empetrum hermaphroditum)* und Bärentrauben *(Arctostaphylos uva-ursi* und *A. alpina)* zu kniehohen Gehölzbeständen zusammen.

Die Zoocoenosen der arktisch-alpinen zwergstrauchreichen Gebüsche vermitteln zwischen den hochalpinen Rasen und der Krummholzstufe. Die Anzahl stenöker, indigener Tierarten ist gering (z. B. *Psylla rhododendri*, *Melanoplus frigidus)*. In der epigäischen Fauna bestimmen Käfer und Spinnen das Bild. Bei den Arachniden gewinnen die Zwergspinnen (z. B. *Centromerus pabulator*, *C. subalpinus*, *Polyphantes alticeps)* mit zunehmender Höhe an Dominanz, während die Wolfspinnen (z. B. *Tarentula aculeata*, *Pardosa saltuaria)* zurücktreten.

16. Beerstrauch-Wacholder-Gebüsche (Vaccinio-Juniperetea PASS. 68)

Auf sauren, sandigen Böden kann es zu einem Dominieren von Beerensträuchern *(Vaccinium myrtillus, Vacc. vitis-idaea)* kommen, die von Wacholder-Sträuchern *(Juniperus communis)* überragt werden. Meist verdanken diese Bestände ihre Existenz der Beweidung.

Die Zoocoenosen werden durch Phytophage charakterisiert, die vor allem an den bestandbildenden Sträuchern und Zwergsträuchern leben, wie der Wacholderspanner *(Thera juniperata)*, der Wacholderblattfloh *(Cinaria juniperi)*, die Beerenwanze *(Dolycoris baccarum)* und der Heidelbeerwickler *(Griselda myrtillana)*. Das Edaphon und Epigaion rekrutieren sich aus den angrenzenden Biogeocoenosen.

17. Heidekraut-Stechginster-Heiden (Calluno-Ulicetea BR.-BL. et TX. 43 em. SCHUB. 60)

Auf sauren, nährstoffarmen Standorten kommt es durch die Einwirkung des Menschen, z. B. nach Kahlschlag, Brand, an Steinbrüchen, Lesewällen zwischen Wiesen, an Wegrändern durch Abplaggen, aber auch nach Beweidung ungedüngten Grünlandes zu Heidegesellschaften, die vom Heidekraut *(Calluna vulgaris)* beherrscht werden. In subatlantischen Gebieten sind ihm Ginsterarten *(Genista pilosa, G. sagittalis, G. tinctoria)* und Stechginster *(Ulex europaea)*, im Gebirge und im nördlichen Flachland die Schwarze Krähenbeere *(Empetrum nigrum)* sowie Heidel- und Preiselbeere *(Vaccinium myrtillus* und *Vacc. vitis-idaea)* beigesellt. In den höchsten Lagen der Mittelgebirge und unmittelbar an der Küste kann diese sonst anthropogen-zoogene Zwergstrauchheide auch natürliche Vorkommen haben (Abb. 6.24.). Etwas abweichend in der floristischen Zusammensetzung sind die Sumpfzwergstrauchheiden, die sich auf oberflächlich austrocknenden Hoch- und Zwischenmooren entwickeln und meist noch Elemente der vorausgegangenen Moorgesellschaften beherbergen. Durch feuchtigkeitsliebende, subatlantische Arten wie die Glockenheide *(Erica tetralix)* sind schließlich die auf feuchten Sanden im Nordwesten Mitteleuropas oder in der Lausitz zu findenden Feuchtheiden ausgezeichnet.

In ihrer Faunenstruktur liegen die Heidekraut-Stechginster-Heiden zwischen den Sandpionierrasen und den lichten bodensauren Mischwäldern, aus denen sie meist hervorgegangen sind. Den Grundbestand der Zoocoenosen bilden thermophile Arten, die entweder an die speziellen Nahrungspflanzen oder an die Habitatstruktur gebunden sind. Zur regelmäßigen Begleitfauna gehört auch ein hoher Anteil euryöker und ubiquitärer Elemente. Mit spezialisierten Phyllophagen wie Heidewanze *(Ortho-*

Abb. 6.24. Halbschematisches Vegetationsprofil einer Berg-Zwergstrauchheide des Hochharzes am Brocken. Nach SCHUBERT 1960. Es sind dargestellt: Heidekraut *(Calluna vulgaris)*, Brockenanemone *(Anemone micrantha)*, Herzynisches Labkraut *(Galium hercynicum)*, Polytrichum spec., *Cladonia* spec., Weißes Straußgras *(Agrostis alba)*, Borstgras *(Nardus stricta)*.

tylus ericetorum), Heidekrautspanner *(Ematurga atomaria),* Heidekrauteule *(Anarta myrtilli),* Heideblattkäfer *(Lochmaea saturalis),* Säftesaugern wie Ginsterzikade *(Gargara genistae),* Ginsterblattlaus *(Acyrtosiphon spartii),* Pollensammlern (wie Apidae, Anthomyidae) und Zoophagen wie Heidesichelwanze *(Nabis rugosus ericetorum),* Tigerlaufkäfer *(Cicindela silvatica)* und Spinnen *(Dictyna arundinacea)* sind Tiere unterschiedlicher Ernährungsstrategien vertreten.

Da meist Rohhumus gebildet wird, ist die Bodenfauna derjenigen der Nadelwälder ähnlich. Nematoden treten stark zurück. Regenwürmer, Asseln, Doppelfüßer und Gehäuseschnecken fehlen im allgemeinen. Dagegen sind Kleinarthropoden (Oribatiden und Springschwänze) reich entfaltet, gelegentlich auch Enchytraeiden. Mittlere Dichten weisen Käfer (Carabiden- und Elateriden-Larven) und Chilopoden auf.

Von der Megafauna seien nur die Heidelerche *(Lullula arborea),* der Steinschmätzer *(Oenanthe oenanthe),* die Zauneidechse *(Lacerta agilis)* und die Wechselkröte *(Bufo viridis)* erwähnt.

Waldnahe Staudenfluren

18. Mesophile Staudenfluren (Galio-Urticetea dioicae PASS. 67)

Bevorzugt an den Schattenseiten von Gebüschen und Wäldern entwickeln sich — besonders in Flußauen — mesophile Staudenfluren. Sie genießen durch den Schutz, den ihnen die Holzgewächse gegen allzustarke Besonnung sowie gegen Viehverbiß oder Wiesenschnitt gewähren, ein ausgeglichenes Bestandesklima und eine bemerkenswert gute Nitratnachlieferung durch den selten stark austrocknenden Boden. Dies führt zum Vorherrschen großblättriger, meist hygromorpher, anspruchsvoller Stauden. Charakteristische Arten sind Große Brennessel *(Urtica dioica),* Nelkenwurz *(Geum urbanum),* Giersch *(Aegopodium podagraria),* Knollen-, Gold- und Taumel-Kälberkropf *(Chaerophyllum bulbosum, Ch. aureum* und *Ch. temulum)* sowie Kleblabkraut *(Galium aparine).*

Die Zoocoenosen zeichnen sich durch viele Arten aus, die von den benachbarten Waldgesellschaften eindringen. Das betrifft vor allem die blütenbesuchenden Insekten. Insgesamt nehmen die euryöken Arten einen großen Raum ein. Als charakteristische Tiere seien erwähnt das Braunkehlchen *(Saxicola rubetra),* der Pestwurzrüßler *(Liparus germanus),* die Blutstropfenzygaene *(Zygaena filipendulae)* und der Rosenkäfer *(Cetonia aurata).*

19. Staudenreiche Schlagfluren (Epilobietea angustifolii Tx. et PRSG. 50 em. SCHUB. 72)

Die besonders in Fichten- und Kiefernforsten weitverbreitete Kahlschlagwirtschaft bietet einer Reihe von raschlebigen, stickstoffbedürftigen Waldlichtungsbewohnern die Möglichkeit, zu großflächigen, staudenreichen Schlagfluren zusammenzutreten. Auf Kahlschlägen werden durch das Verletzen der Humusdecke und infolge der starken Erwärmung der nicht mehr beschatteten Oberfläche die Stickstoffvorräte des Bodens rascher mobilisiert. Gleichzeitig werden die Standorte feuchter, da die Wasservorräte durch die Pumpwirkung der Bäume nicht mehr ausgeschöpft werden. Allerdings sind die rasch mobilisierten Nährstoffvorräte bereits nach zwei bis drei Jahren aufgebraucht. Sträucher und Jungbäume beginnen, die anspruchsvollen Stauden zu verdrängen.

Am besten sind die staudenreichen Schlagfluren, in denen das Schmalblättrige Weidenröschen *(Epilobium angustifolium)* dominiert, auf sauren Böden ausgebildet. In wärmeren Lagen tritt das Wald-Greiskraut *(Senecio sylvaticus),* in höheren, kühleren Landschaften dagegen der Rote Fingerhut *(Digitalis pupurea)* stärker hervor. Auf nährstoffreichen Braunerden kommt es zum Vorherrschen der Hain-Klette *(Arctium nemorosum),* auf kalkreichen Rendzinen der Tollkirsche *(Atropa bella-donna).*

Die Zoocoenosen werden durch eine Vielzahl mono- oder oligophager Krautschichtbewohner geprägt, z. B. Weidenröschenblattkäfer *(Adoxus obscurus),* Himbeerglasflügler *(Bembecia hylaeiformis),* Fingerhutfalter *(Eupithecia pulchellata),* Blattschneiderbiene *(Megachile ligniseca).* Das jahreszeitlich gestaffelte Blütenangebot sichert einer großen Zahl von Blütenbesuchern wie Goldwespen, Faltenwespen, Bienen, Bockkäfern und Blatthornkäfern ausreichende Lebensgrundlage. Zoophage wie Gelbe Raubfliege *(Laphria flava)* nutzen das reiche Spektrum an Beutetieren.

20. Thermophile Staudenfluren (Trifolio-Geranietea sanguinei TH. MÜLL. 61)

An sonnenseitigen Waldrändern trockener Standorte entwickeln sich am Übergang zu Xerothermrasen Staudenfluren, die sich durch wärmeliebende und Trockenheit ertragende Pflanzen auszeichnen. Das Strahlungsklima der thermophilen Staudenfluren kann sich sehr schnell ändern und damit auch Luftfeuchte und Wärme.

An extremen Standorten siedeln bevorzugt Blutroter Storchschnabel *(Geranium sanguineum)*, Großes Windröschen *(Anemone sylvestris)* und Diptam *(Dictamnus albus)*, während an den mehr mesophilen Waldsäumen Mittelklee *(Trifolium medium)*, Odermennig *(Agrimonia eupatoria)* und Hain-Wachtelweizen *(Melampyrum nemorosum)* vorherrschen.

Die Zoocoenosen der thermophilen Staudensäume, in denen Zauneidechse *(Lacerta agilis)* und Blindschleiche *(Anguis fragilis)* zu finden sind, werden durch helio- und thermophile Arten bestimmt. Die Phytophagen, wie Aurorafalter *(Anthocharis cardamines)* und Kaisermantel *(Argynnis paphia)*, Salbeizikade *(Eupteryx stachydearum)*, Hartheublattkäfer *(Chrysomela hyperici)* und Labkrautblattkäfer *(Timarcha tenebricosa)*, werden auch durch bestandesbildende Pflanzen festgelegt. Aus den benachbarten Biogeocoenosen dringen sehr viele Arten ein.

21. Subarktisch-subalpine Hochstaudenfluren (Mulgedio-Aconitetea HAD. et KLIKA 44)

An Hangfüßen, in Hangmulden oder in steinigen Rinnen kommt es durch das mit Nährstoffen angereicherte Schwemmwasser zu nährstoffreichen Standorten, in der subalpinen Stufe selbst über kalkarmen Gesteinen. Es bilden sich Hochstaudenfluren mit Arten wie Alpenlattich *(Mulgedium alpinum)*, Platanen-Hahnenfuß *(Ranunculus platanifolius)*, Waldstorchschnabel *(Geranium sylvaticum)*, Filz-Alpendost *(Adenostyles alliariae)*, Weißer Germer *(Veratrum album)* und Eisenhutarten *(Aconitum spec.)*.

Die Zoocoenosen setzen sich aus wenigen euryöken Arten und vielen Elementen der boreo-montanen Fauna zusammen. *Calocoris alpestris* und *Miramella alpina*, *Chrysochloa gloriosa*, *Chr. bifrons* und *Chrysomela varians* sind charakteristische Arten.

Alpine Rasenfluren

22. Schneebodengesellschaften (Salicetea herbaceae BR-BL. 47)

Spät ausapernde und stets vom Schneewasser durchtränkte, muldenförmige Schneetälchen der Hochgebirge tragen eine artenarme, aber sehr charakteristische Pflanzendecke. Beträgt die schneefreie Zeit weniger als zwei Monate, sind kaum noch höhere Pflanzen zu finden. Es herrschen Moose, vor allem *Polytrichum sexangularis*, vor. Beträgt die schneefreie Zeit mehr als acht Wochen, breiten sich die Krautweiden *(Salix herbacea)* aus, begleitet von Zwerg-Alpenglöckchen *(Soldanella pusilla)* und Zwerg-Ruhrkraut *(Gnaphalium supinum)*. Auf Kalkgebirge können die genannten Arten, die saure Böden bevorzugen, durchaus übergreifen, da oft durch die ständige Zufuhr entkalkter Feinerde auch in den Kalkgebirgen die Standorte oberflächlich versauern. Hier treten aber bevorzugt Blaue Kresse *(Arabis coerulea)*, Alpen-Hahnenfuß *(Ranunculus alpestris)* und an etwas trockeneren Stellen Stumpfblättrige und Netz-Weide *(Salix retusa* und *S. reticulata)* in Erscheinung.

Die Zoocoenosen sind gleichfalls artenarm, aber charakteristisch. Auf den sommerlichen Schneefeldern treten mit z. T. hoher Dominanz Schneeinsekten auf, wie der Schneefloh *(Isotoma nivalis)* und der Gletscherfloh *(Isotoma saltans)*, die sich von Windplankton ernähren. Die schneefreien Habitate werden von hochspezialisierten Phyto- und Zoophagen besiedelt, z. B. den rhizophagen Dipteren *Tricyphona alticola* und *Ectinocera borealis*, den Laufkäfern *Nebria atrata* und *N. germari* und der Spinne *Erigone remota*. Als Vertreter der Gastropoden sei die stenöke *Eucobresia nivalis* genannt.

Die Bodenfauna ist bedeutend artenärmer als in hochalpinen Gesteinsrasen. In und unter Polsterpflanzen treten Milben (Prostigmata und Mesostigmata) in höheren Besatzzahlen auf. Collembolen sind artenarm, aber relativ individuenreich. Diplopoden und Lumbriciden fehlen.

23. Alpine Silikatgesteinsrasen (Caricetea curvulae BR.-BL. 48)

In den Alpen bilden sich in der alpinen Stufe über Urgestein und anderen kalkarmen Unterlagen zwar nährstoffarme, saure, aber stets frisch bleibende Böden. Sie tragen eine zusammenhängende Rasendecke, die von der Krummsegge *(Carex curvula)* aufgebaut wird. Ihre Blattspitzen werden gewöhnlich von dem Ascomyceten *Pleospora elynae* befallen und sterben ab. Zwischen den Seggenhorsten erscheinen Gold-Fingerkraut *(Potentilla aurea)* und Bart-Glockenblume *(Campanula barbata)*. In der Tatra und auf dem Balkan treten an die Stelle der Krummsegge der Gamsbart *(Juncus trifidus)* und das Zweizeilige Kopfgras *(Oreochloa disticha)*.

Die Fauna hat viele Gemeinsamkeiten mit der alpiner Kalkgesteinsrasen, ist aber etwas artenärmer. Lediglich die Gastropoden bilden auf Grund ihrer teilweise starken Abhängigkeit vom Untergrund viele lokale Merocoenosen und ermöglichen eine Differenzierung.

24. Alpine Kalkgesteinsrasen (Elyno-Seslerietea BR.-BL. 48)

Überall, wo in der alpinen Stufe Kalkböden anstehen, entwickeln sich im Gegensatz zu den Silikatgebirgen buntblühende Rasengesellschaften. Hauptbestandsbildner sind das Blaugras *(Sesleria varia)*, Rost- und Polster-Segge *(Carex ferruginea* und *C. firma)*. Zwischen ihnen wachsen Edelweiß *(Leontopodium alpinum)*, Alpen-Wundklee *(Anthyllis alpestris)*, Großblütiges Sonnenröschen *(Helianthemum grandiflorum)* und Glocken-Enzian *(Gentiana clusii)*.

Charakteristische Tiere der Megafauna sind Gemse *(Rupicapra rupicapra)*, Murmeltier *(Marmota marmota)*, Schneehase *(Lepus timidus)*, Schneemaus *(Microtus nivalis)*, Alpenspitzmaus *(Sorex alpinus)*, Schneefink *(Montifringilla nivalis)*, Schneehuhn *(Lagus mutus)* und Alpensalamander *(Salamandra atra)*. Sie haben hier ihre Hauptverbreitung, kommen jedoch auch in den angrenzenden Biogeocoenosen vor. Bei den Wirbellosen dominieren polyphage Pflanzenfresser, wie die Schmetterlinge *Euphydra cynthia, Bolaria pales, Erebia epiphron*, die Orthoptere *Melanophus frigidus*, der Ohrwurm *Chelidura aptera*, der Rüsselkäfer *Othiorrhynchus alpicola* u. a. m. Eine breite Palette von Zoophagen schließt sich an, z. B. *Carabus concolor, Arctosa alpigena*. In den Pedocoenosen sind die Pioniere der Humusbildung anzutreffen: Hornmilben und Enchytraeiden, in zweiter Linie Nematoden und Collembolen. Wo die Humusschicht einige Zentimeter stark ist, kommen vereinzelt Regenwürmer *(Octolasium-* und *Allolobophora-Arten)* vor.

25. Alpine Nacktriedgesellschaften (Carici-Kobresietea bellardii OHBA 74)

Auf windexponierten, trockenen Standorten, die aber relativ feinerdereich sind, bildet das Nacktried *(Elyna myosuroides)* dichte zusammenhängende Bestände, die der Erosion trotzen. Heftige Luftbewegungen und hohe Verdunstung charakterisieren das kontinentale Bestandesklima. Neben dem Nacktried ist oft die Berg-Fahnenwicke *(Oxytropis jacquinii)* zu finden.

Die Zoocoenosen setzen sich vor allem aus oligostenothermen Arten wie *Helephorus glacialis, Atheta tibialis* u. a. zusammen.

Salzbodengesellschaften

26. Salzliebende Quellergesellschaften (Thero-Salicornietea strictae BR.-BL. et Tx. 43 em. Tx. 55)

Bereits bei Wasserständen von 40 – 25 cm unterhalb des Mittelhochwassers kommt es vor allem an der Wattküste der Nordsee zu ausgedehnten Quellerbeständen, die von der Kleinart *Salicornia dolichostachya* aufgebaut werden. Auf stärker austrocknenden, sehr salzhaltigen Standorten, auch an gestörten, salzhaltigen Standorten erscheint sowohl im Küstenbereich als auch an den Salzstellen des Binnenlandes die Kleinart *Salicornia europaea*. Sie wird öfter, vor allem in den salzärmeren Bereichen, von der Strandsode *(Suaeda maritima)* begleitet.

Nur wenige terrestrische Tiere haben sich dem extremen Faktorengefüge der Quellerfluren angepaßt. Von Queller und Strandsode ernähren sich einige Blattkäfer (*Phaeodon concinnus* und *Polydrosus pulchellus*) und Rüsselkäfer (*Mecinus collaris* und *Notaris bimaculatus*). Halobionte Zoophage, z. B. Laufkäfer *Dyschirius chalceus, Pogonus chalceus, Anisodactylus poecilioides*, sind regelmäßige Begleiter. Besonders auf binnenländischen Quellerfluren treten eine Reihe von salztoleranten Arten aus benachbarten Zoocoenosen hinzu, wie die Arachniden *Pachygnatha clercki* und *Erigone longipalpis*.

27. Salzschlick-Bestände (Spartinetea Tx. 61)

Im stark salzhaltigen Schlick der Wattenküste der Nordsee wächst das Englische Schlickgras *(Spartina anglica)*, das anscheinend um 1890 in S-England aus dem pollensterilen Primärbastard *S.* × *townsendii (S. maritima* × *S. alternifolia)* entstand. Die Bestände wirken, wenn sie dicht schließen, schlickanlandend. Bei lockerem Stand vergrößern sie allerdings die erodierende Kraft des strömenden Wassers.

28. Strandmastkraut-Gesellschaften (Saginetea maritimae Tx. et WESTH. 63)

Im wechselhalinen Grenzbereich zwischen Salzrasen und Düngeweiden kommt es an Standorten, an denen der dichte Graswuchs durch Tritt oder auf andere Weise gestört wurde, zu den Strandmastkraut-Gesellschaften. In ihnen dominiert das Strandmastkraut *(Sagina maritima)*, begleitet von einer Anzahl unscheinbarer, kleiner Annueller wie dem Dänischen Löffelkraut *(Cochlearia danica)*.

Die Zoocoenosen vermitteln zwischen Salzrasen und Düngeweiden. Bodengrabende Räuber ernähren sich vom reichen Angebot der z. T. aus den angrenzenden Biogeocoenosen einwandernden Detritophagen. Der Anteil nichthalobionter Arten ist relativ hoch.

29. Salzwiesen und Salzweiden (Asteretea tripolii WESTH. et BEEFT. 62)

Mit abnehmendem Salzgehalt des Bodens und häufiger oberflächlicher Entsalzung bei Regen stellen sich sowohl an der Küste als auch an Salzstellen des Binnenlandes dichtschließende Rasengesellschaften ein. Sie sind gekennzeichnet durch zahlreiche salztolerante Arten, die je nach ihren Toleranzbereichen sich zu typischen Pflanzengesellschaften zusammenschließen. In den auf noch sehr salzhaltigen Standorten der Küsten zu findenden Andelrasen herrscht der Strand-Salzschwaden *(Puccinellia*

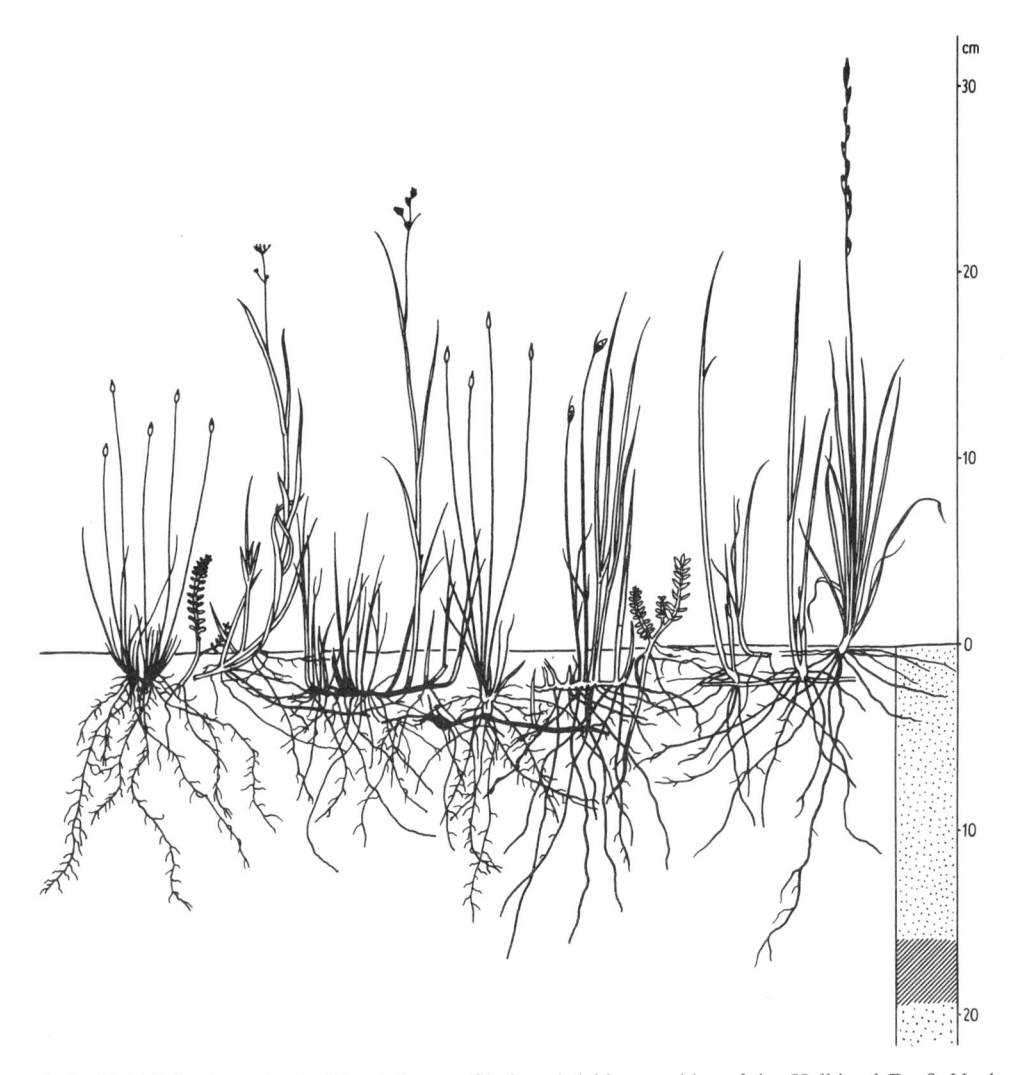

Abb. 6.25. Halbschematisches Vegetationsprofil einer Salzbinsenweide auf der Halbinsel Darß. Nach FUKAREK 1961. Es sind dargestellt von links nach rechts: Wenigblütige Sumpfsimse *(Eleocharis quinqueflora)*, Strand-Milchkraut *(Glaux maritima)*, Glieder-Binse *(Juncus articulatus)*, El. qu., Flaches Quellried *(Blysmus compressus)*, Gl. m., Rotbraunes Quellried *(Blysmus rufus)*, Sumpf-Dreizack *(Triglochin palustre)*.

maritima). Weniger salzhaltig ist der Boden, auf dem sich die Strandbinsenweiden mit der Salz-Binse *(Juncus gerardi),* dem Gemeinen Salzschwaden *(Puccinellia distans)* und Strand-Milchkraut *(Glaux maritima)* entwickeln (Abb. 6.25.). Bereits etwas trockener und zeitweise stärker ausgesüßt sind schließlich die Standorte, auf denen sich Strandgrasnelke *(Armeria maritima),* Entferntährige Segge *(Carex distans)* und Gänsefingerkraut *(Potentilla anserina)* sowie Erdbeerklee *(Trifolium fragiferum)* zusammenfinden. Auf stickstoffreichen, aber salzhaltigen Böden dominiert schließlich der Meerstrandbeifuß *(Artemisia maritima).*

Die Zoocoenosen der Salzwiesen und Salzweiden setzen sich zu $^4/_5$ aus Tierarten terrestrischer und zu $^1/_5$ marin-aquatischer Herkunft zusammen. Letztere sind meist Bewohner des Bodenwassers. Mit etwa 50% halobionten Tierarten sind die Zoocoenosen der Salzwiesen und Salzweiden gut charakterisiert. Spezialisierte Phytophage *(Longitarsus plantago-maritimus, Phyllobius vespertinus, Othiorrhynchus ligneus, Dicheirotrichus gustarii),* Zoophage *(Athous vestita, Bledius tricornis, Isotoma viridis)* sind typische Arten dieser Coenose. Die hohe Biomasseproduktion der Wirbellosen ist Ernährungsgrundlage für viele Vogelarten wie Alpenstrandläufer *(Calidris alpina),* Rotschenkel *(Tringa totanus),* Kampfläufer *(Philomachus pugnax),* Austernfischer *(Haematopus ostralegus)* und Säbelschnäbler *(Recurvirostra avosetta).*

Pioniervegetation auf Fels- und Gesteinsschutt

30. Mauer-, Felsspalten-Gesellschaften (Asplenietea rupestris BR.-BL. 34)

Die Nischen und Spalten der Felsen tragen Pflanzengesellschaften, die an die extremen klimatischen und edaphischen Bedingungen solcher Standorte angepaßt sind. Ihr Optimum erreichen sie in Hochgebirgen, sind aber auch in Mittelgebirgen und Hügelländern durchaus noch anzutreffen. Hier, wie vor allem auch in Flachländern, siedeln sie dann vorwiegend in Mauerfugen. Bezeichnende Felsspaltenbewohner sind z. B. viele Arten des Streifenfarnes *(Asplenium ruta-muraria, A. adiantum-nigrum, A. trichomanes, A. viride).* Je nachdem, ob Kalkfelsen bzw. Mörtel der Mauerfugen oder Silikat- bzw. Serpentinfelsen die Unterlage bilden, entwickeln sich verschiedene Artenkombinationen.

Die Zoocoenosen haben nur bei einer gewissen Raumgröße eine Eigenbeständigkeit. Vögel (z. B. der Mauerläufer *Trichodroma muraria,* der Turmfalke *Falco tinnunculus,* die Felsentaube *Columba livida)* und Hymenopteren (z. B. die Pelzbiene *Anthophora acervorum,* die Seidenbiene *Colletes daviesanum)* nutzen den Biotop als Brutraum. Tiefergehende Spalten und Höhlen dienen den Fledermäusen als Schutz- und Überwinterungshabitat, z. B. der Großhufeisennase *(Rhinolophus ferrum-equinum),* dem Großmausohr *(Myotis myotis),* der Alpenfledermaus *(Pipistrellus savi).* Charakteristische felsbewohnende Schnecken sind *Helicigona lapicida, Alinda biplicata* und *Clausilia bidentata.*

An Stellen mit Humusansammlungen sind Nematoden, Enchytraeiden, Milben, Collembolen sowie Pilzmückenlarven anzutreffen.

31. Wärmeliebende nitrophile Mauerfugen-Gesellschaften (Cymbalario-Parietarietea diffusae OBERD. 67)

In wärmebegünstigten Landschaften bilden sich auf nitratreichen, frischen Mauerfugen Pflanzengemeinschaften, die durch ausgebreitetes Glaskraut *(Parietaria judaica)* und eine ganze Reihe verwilderter Gartenpflanzen ausgezeichnet sind, z. B. Garten-Löwenmaul *(Antirrhinum majus),* Zymbelkraut *(Cymbalaria muralis)* und Gelber Lerchenssporn *(Corydalis lutea).*

32. Geröll- und Steinschutt-Gesellschaften (Thlaspietea rotundifolii BR.-BL. 47)

Die Vegetation der Geröll- und Steinschutthalden findet ihre besten Entfaltungsmöglichkeiten hoch über der Waldgrenze in der alpinen Stufe. Sie ist aber auch noch im Hügelland und in den Geröllfluren der Alpenflüsse zu finden. Bei ihren Bestandsbildnern handelt es sich größtenteils um ausgesprochene Lichtpflanzen, die in dichten Pflanzenbeständen nicht zu keimen vermögen und rasch zugrunde gehen würden. Selbst in aktiven Gesteinsschutthalden vermögen sie passiv mitzuwandern, oder sie wirken als Schuttstauer bzw. Schuttüberkriecher hemmend auf die Beweglichkeit der Gesteine (Abb. 6.26.). Bezeichnende Arten sind Rundblättriges Täschelkraut *(Noccaea rotundifolia),* Schild-Ampfer *(Rumex scutatus)* und der Ruprechtsfarn *(Gymnocarpium robertianum).*

Die Zoocoenosen werden durch eine reiche Spinnenfauna *(Theridium bellicosum, Th. petraeum, Aranus carbonarius)* geprägt, die sich im wesentlichen von Thysanuren (Malachidae) ernährt.

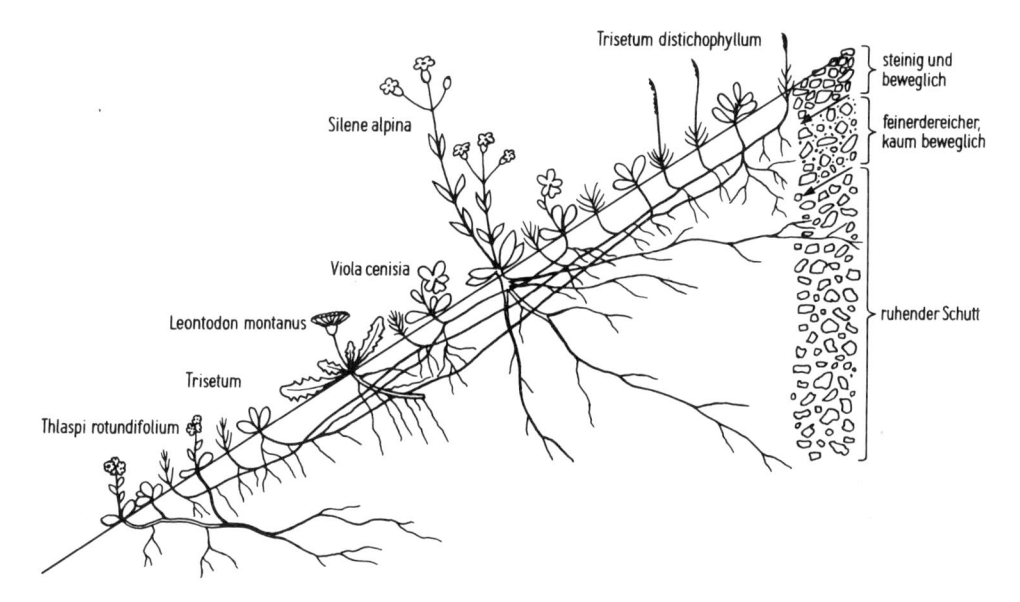

Abb. 6.26. Halbschematisches Vegetationsprofil einer Kalkschuttflur der Alpen. Nach JENNY-LIPS aus ELLENBERG 1978, verändert. Es sind dargestellt von links nach rechts: Rundblättriges Täschelkraut *(Thlaspi (Noccaea) rotundifolium)*, Zweizeiliger Grannenhafer *(Trisetum distichophyllum)*, Berg-Löwenzahn *(Leontodon montanus)*, Sporn-Stiefmütterchen *(Viola cenisia)*, Alpiner Taubenkropf *(Silene alpina)*, Tr. d.

33. Schwermetall-Steinfluren (Violetea calaminariae Tx. in LOHM. et al. 62)

Auf schwermetallsalzreichen Böden haben sich im Laufe der Jahrhunderte schwermetalltolerante (Pb, Cu, Zn) Pflanzensippen herausgebildet, die, wie die arktisch-alpin verbreitete Frühlings-Miere *(Minuartia verna)*, an diesen konkurrenzarmen Standorten in der nacheiszeitlichen Waldentwicklung auch im Hügel- und Flachland Überdauerungsmöglichkeiten fanden. Andererseits entwickelten sich, wie bei den Grasnelken *(Armeria maritima* ssp. *halleri, A. m.* ssp. *bottendorfensis, A. m.* ssp. *hornburgensis)* oder beim Gemeinen Leimkraut *(Silene vulgaris* var. *humilis)*, Ökotypen, die gegenüber ihren Ausgangssippen wesentlich mehr Schwermetallsalze ohne Schäden aufzunehmen vermögen (vgl. 5.6.2.2.). Eine spezielle standortsbezogene Zoocoenose ist bisher nicht beobachtet worden.

Pionierfluren auf Sand und Grus

34. Stranddünen-Gesellschaften (Ammophiletea BR.-BL. et TX. 43)

Wo der Wind über nackte Sandflächen hinwegstreicht, können Dünen entstehen. Ständiger Sandnachschub findet sich gegenwärtig nur noch an den seichten Außenküsten unserer Strände. Beginnend mit der Strandquecke *(Agropyron junceum)* und der Salzmiere *(Honkenya peploides)* häufen sich kleine Primärdünen auf, die schließlich, vom Strandhafer *(Ammophila arenaria)* und Strandroggen *(Leymus arenarius)* besiedelt, zur Weißdüne werden. Nach längerer Zeit und mit Aufhören der Sandüberwehungen bilden sich schließlich die Graudünen aus, deren Pflanzengemeinschaften aber bereits zum Teil nicht mehr zur Klasse der Ammophiletea gerechnet werden (Abb. 6.27.). Als bezeichnende Elemente der Weißdünen seien die Meerstranddistel *(Eryngium maritimum)* und die Meerstrand-Platterbse *(Lathyrus maritimus)* genannt.

Für die Zoocoenosen ist die starke Gliederung des Dünenbiotops von Bedeutung, da sie auf kleinstem Raum Habitatinseln unterschiedlichster ökologischer Qualität schafft. So besitzen Luv- und Leeseite, Süd- und Nordhang, feuchteres Dünental und trockene Dünenkuppe jeweils spezifische Faktorengefüge und unterschiedliches Nahrungsangebot, was zu einer Tierartenvielfalt führt. Strandhaferflächen besitzen die größte Artdichte. Als Lebensformtypen dominieren die Bodengräber wie Zwergspitzmaus

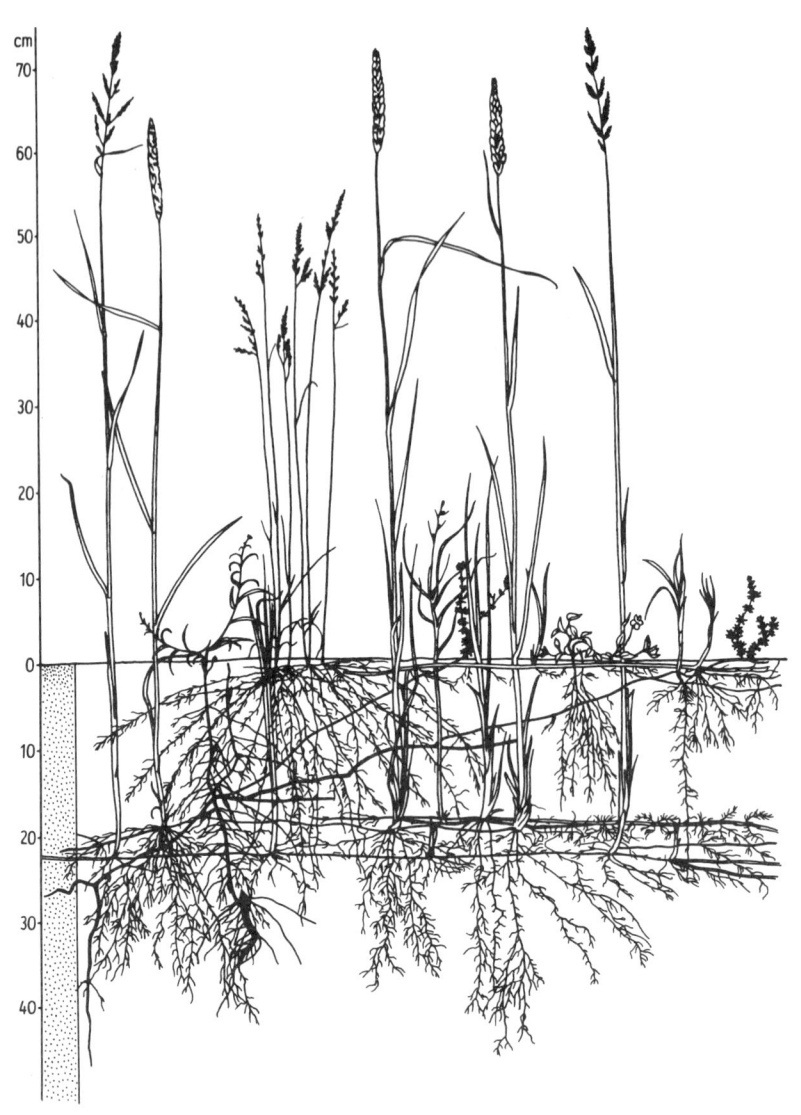

Abb. 6.27. Halbschematisches Vegetationsprofil eines Graudünenrasens auf dem Darß. Nach FUKAREK 1961. Es sind dargestellt von links nach rechts: Sandrohr *(Calamagrostis epigejos)*, Baltischer Bastardstrandhafer *(Ammocalamagrostis baltica)*, Dolden-Habichtskraut *(Hieracium umbellatum)*, Rot-Schwingel *(Festuca rubra)*, A. b., Sand-Segge *(Carex arenaria)*, Echtes Labkraut *(Galium verum)*, A. b., Sand-Stiefmütterchen *(Viola tricolor* subsp. *curtisii)*, C. e., G. v.

(Sorex minutus), die Kreuzkröte *(Bufo calamita)* und viele gängegrabende Insekten. Rhizophage wie *Otiorrhynchus atropterus*, Detritophage wie die Moorkäfer *Cryptophagus pseudodentatus* und *Corticaria impressa* und Staubkäfer *(Opatrum sabulosum)*, Säftesauger wie die Dünenschaumzikade *(Neophilaenus exclamationis)*, Achänenfresser wie die Laufkäfer *Amara fulva* und *Harpalus melancholicus* und Zoophage wie *Broscus cephalotes*, *Bledius longulus* und *Tibellus maritimus* sind häufig. Als Brutvögel seien der Sandregenpfeifer *(Charadrius hiaticula)* und die Brandente *(Tadorna tadorna)* genannt.

In den Pedocoenosen dominieren Arthropoden. Von Springschwänzen kommen in der Regel nur Arten mit größerer Wärmeresistenz vor. Die Milbendichte ist niedrig.

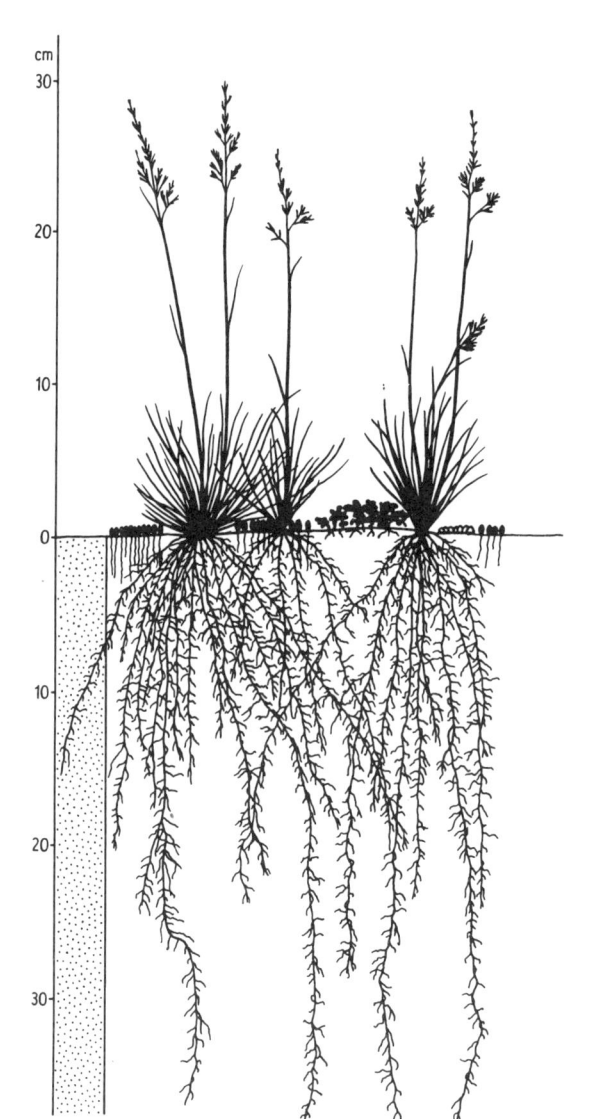

Abb. 6.28. Halbschematisches Vegetationsprofil einer flechtenreichen Silbergrasflur auf dem Darß. Nach FUKAREK 1961. Es sind dargestellt von links nach rechts: *Polytrichum piliferum*, Silbergras *(Corynephorus canescens)*, *Cladonia sylvatica, C. c., Cladonia foliacea, P. p.*

35. Silbergrasreiche Pionierfluren (Corynephoretea BR.-BL. et TX. 43 em. TX. 55)

Auf Graudünen, vor allem, wenn durch Verletzung des Pflanzenwuchses der lose geschichtete Sand wieder in Bewegung gerät, aber auch im Binnenland bei Entwaldung alter Dünen oder auf sandreichen Verwitterungsanhäufungen, kommt es zur Ausbildung von Pionierfluren mit Vorherrschen des Silbergrases *(Corynephorus canescens)*. Ihm sind Sand-Segge *(Carex arenaria)* und Frühlings-Spark *(Spergula morisonii)* beigesellt (Abb. 6.28.).

In den Zoocoenosen, die mit denen der mauerpfefferreichen Pionierfluren vieles gemeinsam haben, herrschen pflanzensaugende und rhizophage Insekten wie die Wanzen *Nysius thymi* und *Cymus glandicolor* bzw. der Rüsselkäfer *Trachyphloeus bifoveolatus* und die Larven des Gartenlaubkäfers *Phyllopertha horticula*, die Laufkäfer *Harpalus servus, H. vernalis, H. auxius, Amara fusca* und *Cicindela hybrida*. Wirbeltiere nutzen den Biotop als Brut- und Lebensraum, z. B. der Brachpieper *(Anthus campestris)*, der Steinschmätzer *(Oenanthe oenanthe)* und die Kreuzkröte *(Bufo calamita)*.

36. Mauerpfefferreiche Pionierfluren (Sedo-Scleranthetea BR.-BL. 55)

Auf skelettreichen Böden, die sandige, tonarme Feinerdekomponenten haben, oder auf ruhenden Dünensanden stellen sich mauerpfefferreiche Pionierfluren ein. Sie umfassen zwei große Vegetationsgruppen: Die Fels-Pionierfluren, die sowohl auf basenreichen Gesteinen in submediterranen bis subkontinentalen Landschaften als auch auf sauren bis neutralen Felsstandorten im kollin-montanen Bereich auftreten und die die subalpinen bis alpinen Felsgrusgesellschaften mit einschließen. Die zweite Vegetationsgruppe bilden die Pionierfluren auf mineralkräftigen Sandböden. Typische Bewohner sind die Laufkäfer *Syntomus foveatus*, *Harpalus picipennis*, *Notiophilus hypocsita* u. a. m.

Süßwasser-, Ufer-, Quell- und Verlandungsgesellschaften

37. Armleuchteralgen-Gesellschaften (Charetea fragilis (FUK. 61) KRAUSCH 64)

In vielen Seen und langsam fließenden Gewässern sowohl des Süß- als auch des Salz- und Brackwasserbereiches kann es zu ausgedehnten Rasen der Armleuchteralgen (Characeae) kommen. Die Böden, in denen sich die Algen mit Rhizoiden festhalten, sind stets sandig oder schlammig. In größeren Tiefen (ab 20 m) fehlen Höhere Pflanzen diesen Algenrasen fast völlig.

Die Zoocoenose wird von aquatischen und aquatisch-atmobiontischen Faunenelementen, besonders von Arthropoden geprägt, z. B. Wasserspinne *(Argyroneta aquatica)*, Schwimmwanze *(Naucoris cimicoides)* und Rückenschwimmer *(Notonecta glauca)*.

38. Wasserschweber-Gesellschaften (Lemnetea W. KOCH et TX. 54 ap. OBERD. 57)

An der Oberfläche von Altwässern, Teichen, Tümpeln und Seebuchten breiten sich im Windschutz freischwimmende Wasserpflanzen aus. Sie können sich in stärker bewegtem Wasser nicht zu Gesellschaften zusammenschließen. Je nährstoffreicher und wärmer das Wasser, desto üppiger wuchern im allgemeinen diese Schwimmpflanzendecken. In ihnen dominieren meist Zwergwasserlinse *(Wolffia arrhiza)*, Teichlinse *(Spirodela polyrrhiza)* und Kleine und Untergetauchte, in eutrophen Gewässern auch Bucklige Wasserlinse *(Lemna minor, L. trisulca* u. *L. gibba)*. In kalkarmen Gewässern kann es zum Auftreten des insektivoren Gemeinen Wasserschlauches *(Utricularia vulgaris)* und der Wasserfalle *(Aldrovanda vesiculosa)* kommen. Freischwimmend, doch weitgehend ortsgebunden, sind schließlich die Schwimmpflanzendecken in ruhigen Gewässern, die vom Froschbiß *(Hydrocharis morsus-ranae)* und der Krebsschere *(Stratiotes aloides)* gebildet werden.

Der atmobiotische Anteil der Zoocoenosen ist gering. Neben den submers lebenden räuberischen Spinnen, Wanzen und Käfern finden sich der an *Lemna*-Arten mono- oder oligophag lebende Wasserlinsenzünsler *(Cataclysta lemnata)*, die Wasserlinsensumpffliege *(Lemnaphila scotlandae)* sowie der Krebsscherenzünsler *(Paraponyx stratiotata)*.

39. Laichkraut-Gesellschaften (Potamogetonetea TX. et PRSG. 42)

In nicht zu tiefen Gewässern oder in Seen, in denen sich bereits eine mächtige Gyttja-Bildung vollzogen hat, können sich im Boden wurzelnde Wasserpflanzen entwickeln. Sie bilden oft dichte Unterwasser-Laichkrautgesellschaften mit verschiedenen dominierenden Laichkräutern *(Potamogeton* spp.) oder in flacheren Bereichen artenreiche Schwimmblattgesellschaften, in denen die Teichrose *(Nuphar lutea)* und die Weiße Seerose *(Nymphaea alba)* zu finden sind. In fließenden Gewässern sind Fluthahnenfuß *(Ranunculus fluitans)* und Wasserstern-Arten *(Callitriche* spp.) charakteristische bewurzelte Wasserpflanzen.

Die Zoocoenosen zeichnen sich durch einen bedeutenden Anteil atmobiotischer Elemente aus. Viele sind mono- oder oligophag an die bestandsbildenden Pflanzen gebunden und erreichen wie diese oft hohe Populationsdichten, z. B. *Macroplea appendiculata* und *Nymphula nymphaeata* an Laichkräutern und *Galerucella nymphaeae* und *Donacia crassipes* an Seerosen. Auf den Blättern leben räuberisch die Spinnen *Dolomedes fimbriatus* und *Pirata piscatorius*.

40. Wasserschlauch-Moortümpel-Gesellschaften (Utricularietea intermedio-minoris PIETSCH 65)

In meso- bis oligotrophen Moortümpeln bilden sich Wasserpflanzengesellschaften, in denen neben den insektivoren Mittleren und Kleinen Wasserschlauch (*Utricularia intermedia* und *U. minor*) auch vielfach noch Torfmoosarten (*Sphagnum* spp.) auftreten.

Die Zoocoenosen sind sehr artenarm und werden von aquatischen oder aquatisch-atmobiotischen Faunenelementen repräsentiert. Bezeichnend sind die Larven der Moosjungfer *(Leucorrhinia dubia)*, der Büschelmücke *(Chaoborus crystallinus)* und die Köcherfliegen *Rhadicoleptus alpestris* und *Neuromia ruficrus*.

41. Strandling-Gesellschaften (Littorelletea BR.-BL. et TX. 43)

Klare, saure und nährstoffarme, selten tief gefrierende Stillgewässer, die sich durch dauernd oder zumindest in den Sommermonaten überschwemmte Uferzonen und sandigen oder kiesigen Grund auszeichnen, werden von kleinwüchsigen Unterwasserrasen besiedelt. Standorte, die für die bestandesbildenden Arten wie Strandling *(Littorella uniflora)*, See-Brachsenkraut *(Isoëtes lacustris)* und Wasser-Lobelie *(Lobelia dortmanna)* besonders geeignet sind, finden sich vor allem in den Pleistozängebieten.

Die Zoocoenose setzt sich aus aquatisch-atmobiotischen Elementen, wie Wasserwanzen (*Nepa rubra*, *Notonecta glauca* u. a.), Schwimmkäfern (*Hygrobia*-, *Haliplus*- und *Agabus*-Arten), Köcherfliegen und epimers lebenden Arten wie Taumelkäfer *(Gyrinus natator)* und Wasserläufer *(Gerris lacustris)* zusammen.

42. Quellfluren (Montio-Cardaminetea BR.-BL. et TX. 43)

An rasch fließendem, sauerstoffreichem und klarem Wasser bilden sich moosreiche Quellfluren. Sie sind besonders gut im Hochgebirge an eiskalten, aber weitgehend schneefreien Quellen und Gebirgsbächen entwickelt, die aber durchaus noch im Tiefland zu finden sind. Im Weichwasserbereich der Urgesteine sind Arten wie *Bryum schleicheri* und Bitteres Schaumkraut *(Cardamine amara)*, im Hartwasserbereich der Kalkgebiete *Cratoneuron commutatum* und Glanzgänsekraut *(Arabis soyeri)* verbreitet.

Die Zoocoenosen vereinigen Elemente der Bodenwasserfauna, der semiterrestrischen und terrestrischen Fauna in einer innigen Verzahnung. Charakteristische Tiere sind der Höhlenkrebs *(Niphargus puteanus)*, krenobionte Gastropoden (*Galba truncatula* und *Radix balthica*) sowie der Bachflohkrebs *(Gammarus pulex)*. In der Brunnenkresse *(Nasturtium officinale)* miniert die Diptere *Hydrellia ranunculi*.

43. Röhrichte und Großseggen-Sümpfe (Phragmitetea TX. et PRSG. 42)

Am Rande von verlandenden Gewässern breiten sich Röhrichtpflanzen aus. Sie sind den unter oder nahe der Wasseroberfläche bleibenden Wasserpflanzen mit ihren hoch aus dem Wasser aufragenden Sprossen überlegen, sobald sie dichtere Bestände bilden. Besonders konkurrenzfähig erweist sich dabei das Schilf *(Phragmites communis)*. Es wird u. a. begleitet von Breitblättrigem oder Schmalblättrigem Rohrkolben (*Typha latifolia* und *T. angustifolia*) und von Igelkolben-Arten (*Sparganium* spp.). An Bächen kommt es oft zum Dominieren von Rohrglanzgras *(Phalaris arundinacea)* oder von Großem oder Flutendem Schwaden (*Glyceria maxima* und *Gl. fluitans*). Landeinwärts schließen sich vielfach an die Röhrichte Großseggenriede an, die von großwüchsigen Horstseggen beherrscht werden wie Schlank-, Fuchs- und Sumpf-Segge (*Carex gracilis*, *C. vulpina* und *C. acutiformis*).

Die relative Armut an Pflanzenarten gewährt nur wenigen phytophagen Phytophagen eine Lebensgrundlage, wie Rohrkolbeneule *(Nonagria typhae)*, Igelkolbenzünsler *(Nymphula stagneta)* und Schilfeule *(Archanara geminipuncta)*. Tierarten mit hoher Hygropräferenz oder -toleranz bilden den Grundbestand der Zoocoenose. Sie weisen z. T. eine starke Spezialisierung (Blattminierer, Stengelbohrer, Phloëmsauger, Parenchymfresser) auf und neigen zu hohen Populationsdichten. Auch die Zoophagen, wie die Laufkäfer *Odacantha melanura*, *Demetrias imperialis*, sind an den Biotop gebunden. Viele Vögel nutzen die Röhrichte und Großseggenrieder als Brutraum, so Lachmöwe (*Larus ridibundus*), Haubentaucher *(Podiceps cristatus)*, Stockente *(Anas platyrhynchos)*, Rohrweihe *(Circus aeruginosus)*, Teich- und Drosselrohrsänger (*Acrocephalus scirpaceus* und *A. arundinaceus*) und die Große Rohrdommel *(Botaurus stellaris)*. Zwergmaus *(Micromys minutus)*, Ringelnatter *(Natrix natrix)*, Grasfrosch *(Rana temporana)* und Rotbauchunke *(Bombina bombina)* leben bevorzugt in diesem Biotop.

Pflanzengesellschaften der Sümpfe und Moore

44. Zwergbinsen-Gesellschaften (Isoëto-Nanojuncetea BR.-BL. et TX. 43)

Auf zeitweilig wasserbedeckten, aber oft auch Monate hindurch trockenliegenden Schlammböden, wie sie bei abgelassenen Teichen, an den Rändern von Tümpeln, auf nackten Uferbänken stark schwankender, langsam fließender Gewässer, an seichten Gräben, die im Sommer austrocknen, an humosen Pfützen in Sand- und Kiesgruben oder auf zeitweilig überstauten Ried- und Waldwegen, Ackerfurchen und Wildwechseln vorkommen, finden sich interessante kurzlebige Pflanzengesellschaften. Ihre bestandesbildenden Arten, wie Zypergras-Segge *(Carex bohemica)*, Kleinling *(Centunculus minimus)*, Gelbliches Zypergras *(Cyperus flavescens)*, Schuppensimse *(Isolepis setacea)* und Kopfbinse *(Juncus capitatus)*, sind lichthungrig, niedrigwüchsig und konkurrenzschwach. Sie benötigen zu ihrem Gedeihen unbewachsene und zur Keimungszeit nasse Böden.

Die Zoocoenosen werden von den Phytophagen der bestandesbildenden Pflanzen bestimmt (z. B. *Cicadella viridis* und *Delphax juncea* an *Scirpus* und *Juncus*). Die Zoophagensynusie ist relativ artenarm und unbeständig.

45. Kleinseggen-Sümpfe (Scheuchzerio-Caricetea fuscae NORDH. 36)

Kleinseggen-Sümpfe entwickeln sich auf sehr verschiedenartigen, vernäßten, vom Wald durch den Menschen künstlich freigehaltenen oder von Natur aus waldfreien Standorten. Sie zeichnen sich alle durch das Vorherrschen von niedrigen Seggen *(Carex frigida, C. davalliana, C. diandra, C. lasiocarpa, C. limosa, C. fusca)*, Binsen *(Juncus alpinus)*, Sumpfsimsen (*Eleocharis* spp.) und Wollgräsern (*Eriophorum* spp.) aus.

Die autochthone Fauna ist artenarm und wird von Arten benachbarter Zoocoenosen überlagert. Phytophage der bestandesbildenden Pflanzenarten und wenige hygrobionte sowie ombrophile Arten gehören zum indigenen Bestand der Zoocoenose (z. B. die Zikade *Cereopis sanguinea*, der Schilfkäfer *Donacia simplex* an Seggen). Der Laufkäfer *Pterostichus nigrita* und die Spinne *Pirata uliginosus* sind typische Zoophage.

Das Edaphon der stärker zersetzten, weniger sauren Niedermoore ist arten-, individuen- und biomassereicher als das der Hochmoore. Pseudomonaden, sporenbildende Bakterien, freilebende N-Binder und Nitrifikanten weisen hohe Siedlungsdichten auf. Actinomyceten unterstützen den aëroben bakteriellen Zelluloseabbau. Von Bodenpilzen sind Penicillien, Verticillien und Mucorinen verbreitet. Neben Nematoden, Enchytraeiden, Hornmilben, Springschwänzen, Käfer- und Dipterenlarven nehmen Nacktschnecken (vereinzelt auch Schalenschnecken), Asseln und Doppelfüßer, vor allem aber bestimmte Lumbriciden (z. B. *Eisenia nordenskiöldi* und *E. rosea*) an der Streuzersetzung teil. Das Dominieren des saprophilen Bodentierkomplexes über die Zoophagen kennzeichnet die Niedermoorböden.

46. Hochmoor-Gesellschaften (Oxycocco-Sphagnetea BR.-BL. et TX. 43)

Die durch das Hochwachsen von Torfmoosen gebildeten Bulten der Hochmoore tragen eine Vegetation, die an extrem niedrige pH-Werte, geringe Nährstoffgehalte und vor allem an Stickstoffmangel angepaßt ist. Neben dem dominierenden *Sphagnum medium*, im westlichen Mitteleuropa oft durch *Sph. imbricatum* und *Sph. papillosum*, im Osten und Norden durch *Sph. fuscum* ersetzt — siedeln Gemeine Moosbeere *(Oxycoccus palustris)*, Scheidiges Wollgras *(Eriophorum vaginatum)* und Rundblättriger Sonnentau *(Drosera rotundifolia)*.

Stenöke Hochmoorbewohner sind die Ameisen *Formica picea* und *F. uralensis* oder der Hochmoorlaufkäfer *(Agonum ericeti)* sind als Glazialrelikte anzusehen. Es dominieren euryöke pflanzensaugende Zikaden, wie *Kelisia vittipennis, Cicadula quadrinotata* an *Eriophorum* und *Mastustus grisescens* an *Sphagnum*. Ihnen folgen zoophage Coleopteren wie *Pterostichus nigrita* und *Pt. diligens* und schließlich Arachniden wie *Pirata piraticus* und *P. latitans*.

In den oberen Torfschichten sind Ammonifikanten (besonders Pseudomonaden) stark vertreten, sporenbildende Bakterien dagegen weniger. *Azotobacter*, anaërobe Stickstoffbinder und Nitrifikanten fehlen weitgehend. Die Zellulose der nur schwer abbaubaren Sphagnen wird von mikroskopischen Pilzen der Gattungen *Cladosporium* und *Cephalosporium* angegriffen, während Alternarien und verschiedene Mucorinen Hemizellulose und Pektin zerlegen. Boden-Enchytraeiden, Oribatiden und Collembolen spielen im Edaphon eine gewisse Rolle. Nematoden, Dipterenlarven und Chilopoden können reich vertreten sein. Schalenschnecken, Regenwürmer, Asseln und in der Regel auch

Tausendfüßer fehlen ganz. Das Hervortreten der Zoophagen im Vergleich zu den Sapro- und Mikro-Phytophagen kennzeichnet die Pedocoenosen der Hochmoore.

An bezeichnenden Vertebraten sind für Hochmoore der Große Brachvogel *(Numenius arguata)*, Rotschenkel und Bruchwasserläufer *(Tringa totanus* und *T. glareola)*, Sumpfohreule *(Asio flammeus)*, Kranich *(Grus grus)*, Kreuzotter *(Vipera berus)* und Moorfrosch *(Rana arvalis)* zu nennen.

Vegetation der Grasfluren und Wiesen

47. Basiphile Xerothermrasen (Festuco-Brometea BR.-BL. et Tx. 43)

Auf zeitweise stark austrocknenden, flach- bis mittelgründigen Böden treten in Mitteleuropa häufig von Gräsern bestimmte Rasengesellschaften auf, deren Pflanzenarten länger anhaltende Trockenperioden ohne größere Schäden überstehen können. Bis auf kleinflächige, natürliche Standorte auf Felskuppen und Hangschultern oder an sehr steilen Hängen siedeln diese Xerothermrasen meist auf sekundär vom Wald befreiten Standorten. Das Bestandesklima ist gegenüber dem der Wälder unausgeglichener mit größeren Temperaturextremen und stärkerer Austrocknung. Die Böden, obwohl durchaus basen- und kalkhaltig, sind nicht ausgesprochen nährstoffreich. Beherrscht werden die Xerothermrasen in erster Linie von Hemikryptophyten wie Furchen-Schwingel *(Festuca rupicola)*,

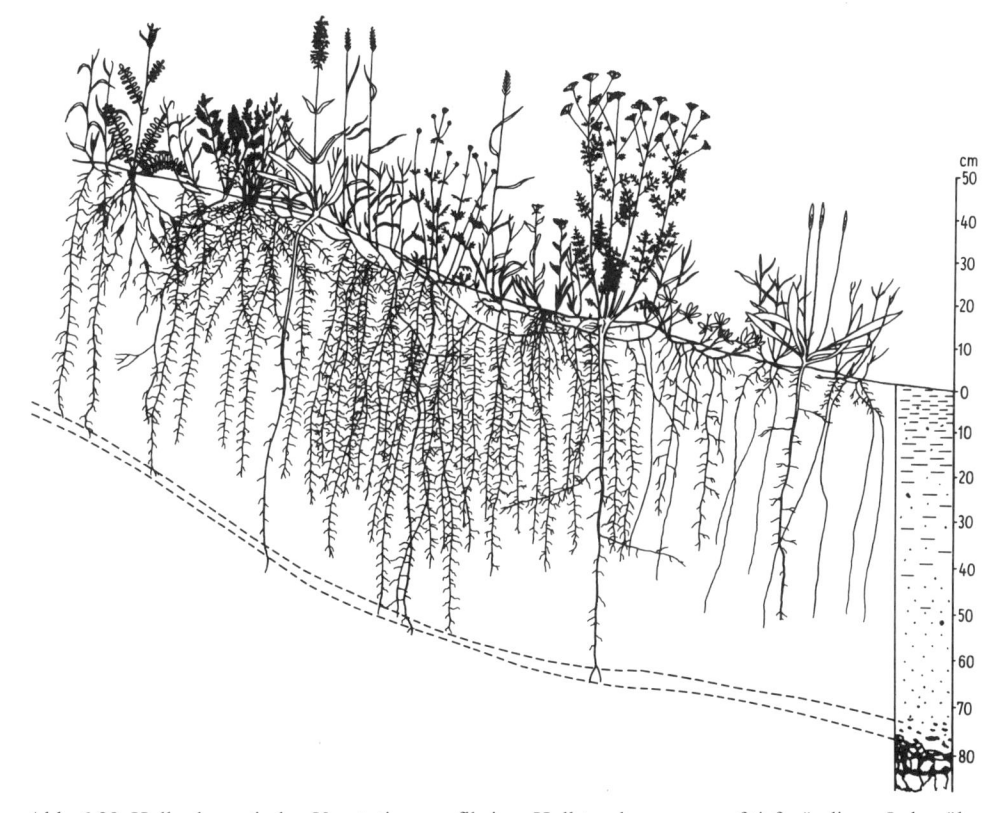

Abb. 6.29. Halbschematisches Vegetationsprofil eines Halbtrockenrasens auf tiefgründigem Lehm über Porphyr bei Halle. Nach MAHN 1957. Es sind dargestellt von links nach rechts: Fiederzwenke *(Brachypodium pinnatum*, nicht blühend), Kleines Mädesüß *(Filipendula vulgaris)*, *B. p.*, Zypressen-Wolfsmilch *(Euphorbia cyparissias)*, Furchen-Schwingel *(Festuca rupicola)*, Wiesen-Salbei *(Salvia pratensis)*, *B. p.* (blühend), Graue Skabiose *(Scabiosa canescens)*, *B. p.*, Gemeine Schafgarbe *(Achillea millefolium)*, Skabiosen-Flockenblume *(Centaurea scabiosa)*, Weißes Fingerkraut *(Potentilla alba)*, *B. p.*, Spitzwegerich *(Plantago lanceolata)*, *B. p.*

Zypressenwolfsmilch *(Euphorbia cyparissias)*, Wiesen-Salbei *(Salvia pratensis)*, Karthäuser-Nelke *(Dianthus carthusianorum)* und Kleiner Pimpinelle *(Pimpinella saxifraga)*. Im zeitigen Frühjahr kommen zwischen den Grashorsten gelegentlich Annuelle wie Hungerblümchen *(Erophila verna)*, Spurre *(Holosteum umbellatum)* und Zwerg-Hornkraut *(Cerastium pumilum)* zur Entwicklung (Abb. 6.29.).

Die basiphilen Xerothermrasen unterscheiden sich in erster Linie in ihrem Anteil an kontinental bis subkontinental und submediterran verbreiteten Arten. Durch kontinentale Arten wie Behaarte Fahnenwicke *(Oxytropis pilosa)*, Haar-Pfriemengras *(Stipa capillata)* und Sandfingerkraut *(Potentilla arenaria)* sind die Pflanzengesellschaften der Festucetalia valesiacae ausgezeichnet. Die Vegetationseinheiten der Brometalia erecti sind dagegen durch submediterrane Pflanzenarten wie Gemeines Sonnenröschen *(Helianthemum nummularium)*, Gemeines Nadelröschen *(Fumana procumbens)* und Großes Schillergras *(Koeleria pyramidata)* charakterisiert. Innerhalb dieser großen Vegetationseinheiten differenzieren sich die Pflanzengesellschaften je nach der Stärke der Standortsaustrocknung in die extremeren Trockenrasen mit nur locker schließender Vegetationsdecke und die kräuterreicheren, mesophileren Halbtrockenrasen. Besonders die letzteren Vegetationseinheiten wandeln sich bei Aufhören der menschlichen Beeinflussung durch Mahd oder Weide rasch in Gebüsche oder Wälder um.

Die Zoocoenosen zeichnen sich durch viele ostmediterranpontische und westmediterrane Faunenelemente aus. Die Dominanzstrukturen z. B. bei den Gastropoden, Myriapoden und Collembolen werden stark von den jeweiligen Standortsfaktoren variiert. Phyllophage wie die Saltatorien *Oedipoda caerulescens*, *Chorthippus mollis*, Pflanzensauger wie die Zikaden *Turrutus socialis*, *Delphax spinosa*, Zoophage wie die Laufkäfer *Harpalus vernalis*, *Cymindis angularis* und Detritophage wie die Schwarzkäfer *Opatrum sabulosum*, *Pedinus femoralis* sind charakteristische Arten. An typischen Vertebraten seien die Zauneidechse *(Lacerta agilis)* und der Brachpieper *(Anthus campestris)* genannt, von typischen Lepidopteren Großes Ochsenauge *(Maniola jurtina)* und Gelbe Acht *(Colias hyale)*. Weiterhin seien erwähnt die Rasenameise *(Tetramorium caespitosum)*, Mauerbiene *(Osmia bicolor)* und die Gastropoden *Zebrina detrita* und *Helicella itala*, als südliches Faunenelement der Erdbockkäfer *(Dorcadion fuliginator)*.

48. Wirtschaftswiesen und Intensivweiden (Molinio-Arrhenatheretea Tx. 37)

Besitzen die Xerothermrasen wenigstens stellenweise noch kleinflächig natürliche Initialen, so gibt es im Waldklima Mitteleurpas ohne Mahd und Beweidung keine Wiesen und Intensivweiden. Nur die direkten oder indirekten Eingriffe des Menschen halten die Wiesen vom Aufkommen der Gehölze frei. Auch in den Wirtschaftswiesen und Intensivweiden herrschen Hemikryptophyten. Sie bedecken den Boden so vollständig, daß andere Lebensformtypen kaum auftreten können. Die Pflanzen des Grünlandes müssen in irgendeiner Weise an den Bewirtschaftungsrhythmus, wie er durch Mahd oder Beweidung gegeben ist, angepaßt sein. Der Nährstoffentzug muß durch Düngung wettgemacht werden; andernfalls setzt eine Verarmung des Pflanzenbestandes und Abnahme der Biomasseproduktion ein. Bei nassen bis feuchten Böden bilden sich bei Düngung Feuchtwiesen mit Sumpfdotterblume *(Caltha palustris)* und Schlangenknöterich *(Polygonum bistorta)*, bei ungedüngten Standorten Pfeifengraswiesen mit dem Pfeifengras *(Molinia coerulea)*. Frische Standorte tragen in der Regel Intensivgrünland, das zu den Glatthaferwiesen zu rechnen ist, mit dem Glatthafer *(Arrhenatherum elatius)*, Wiesenkerbel *(Anthriscus silvestris)* und Wiesen-Storchschnabel *(Geranium pratense)* (Abb. 6.30.). Eine entsprechende Differenzierung zeigen die Weiden, die im ungedüngten Bereich vor allem vom Borstgras *(Nardus stricta)*, an gedüngten Standorten bevorzugt vom Kammgras *(Cynosurus cristatus)* besiedelt werden.

Auch in den Zoocoenosen sind die indigenen Arten an den Bewirtschaftungsrhythmus angepaßt und durchlaufen ihren gesamten Entwicklungszyklus. Nach ihren Ernährungsstrategien nischen sie sich in das zeitlich und qualitativ unterschiedliche Nahrungsangebot ein. Pflanzensauger wie Weich- und Schildwanzen *(Lygus pratensis, Plagiognathus chrysanthemi)* und Zikaden *(Euscelis plebejus, Cicadula persimilis)*, Phyllophage, wie die Heuschrecken *Chorthippus biguttatus*, *Omocestus viridulus*, die Lepidopteren *Pyrausta stricticalis*, *Maniola jurtina*, die Dipteren *Coenosia dicipieus*, *Oscinella frit*, die Rhizophagen, wie die Wiesenschnake *Tipula paludosa*, Zoophage, wie die Laufkäfer *Carabus auratus*, *Dyschirius globosus*, die Spinnen *Pachygnatha degeeri*, *Pardosa amenata* weisen z. T. hohe Populationsdichten auf. Der Blütenhorizont wird von Dipteren, Lepidopteren, Hymenopteren in großer Artenvielfalt besiedelt.

An charakteristischen Vertebraten seien die Wachtel *(Coturnix coturnix)*, Wiesenralle *(Crex crex)*, Maulwurf *(Talpa europaea)* und Erdmaus *(Microtus agrestis)* genannt. Schwarze und Gelbe Wiesen-

6.1. Biogeocoenosen des Festlandes 353

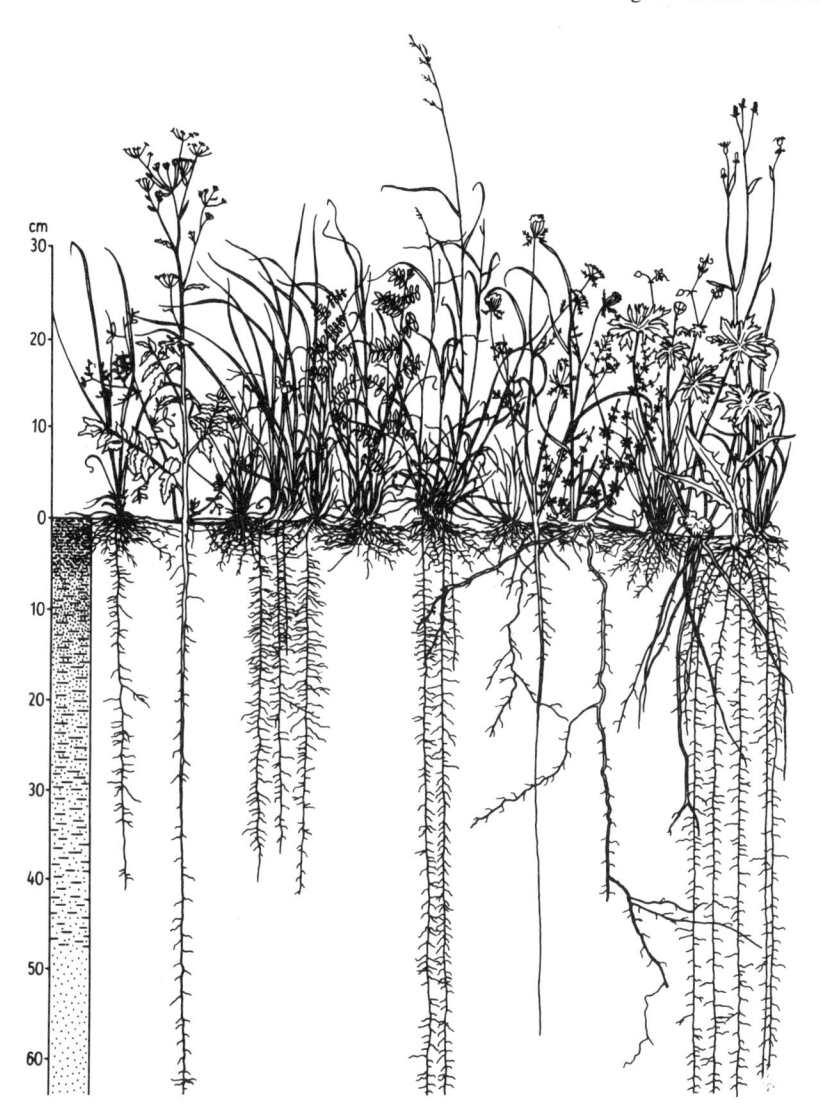

Abb. 6.30. Halbschematisches Vegetationsprofil einer Glatthaferwiese im Saaletal bei Wörmlitz. Nach HUNDT 1958. Es sind dargestellt von links nach rechts: Glatthafer *(Arrhenatherum elatius)*, Pastinak *(Pastinaca sativa)*, Wiesen-Rispengras *(Poa pratensis)*, *A. e.*, Zaun-Wicke *(Vicia sepium).*, *A. e.* (blühend), *P. p.*, Wilde Möhre *(Daucus carota)*, Wiesen-Labkraut *(Galium mollugo)*, Wiesen-Storchschnabel *(Geranium pratense)*, Wiesen-Pippau *(Crepis biennis)*.

ameise *(Lasius niger* und *L. flavus)*, Feldhummel *(Bombus agrorum)* und die Wiesenschnecken *Succinea oblonga*, *Vertigo pygmaea* und *Vallonia excentrica* sind weitere typische Vertreter der Wirtschaftswiesen.

In den Pedocoenosen können Lumbriciden sehr hohe Siedlungsdichten aufweisen (400—500 Individuen/m^2). Reich vertreten sind Mikroarthropoden, aber auch Dipterenlarven und insbesondere Laufkäferlarven weisen zuweilen hohe Populationsdichten auf.

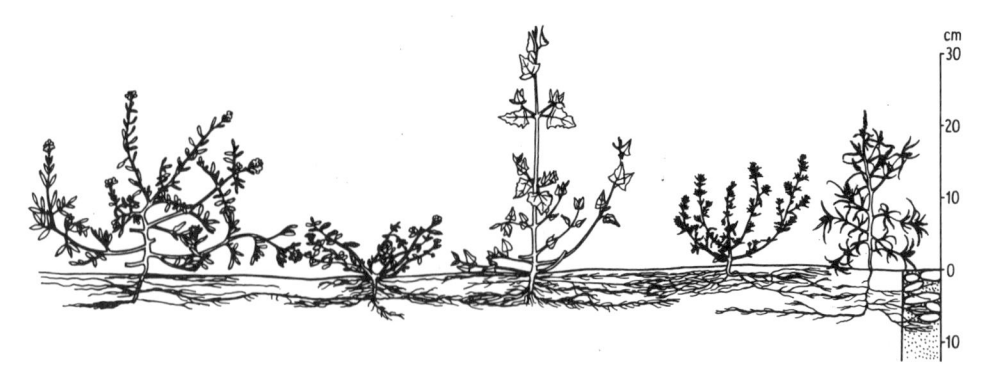

Abb. 6.31. Halbschematisches Vegetationsprofil einer Spülsaumgesellschaft der Ostseeküste auf der Halbinsel Darß. Nach FUKAREK 1961. Es sind dargestellt von links nach rechts: Europäischer Meersenf *(Cakile maritima)*, Graugrüner Gänsefuß *(Chenopodium glaucum)*, Spieß-Melde *(Atriplex hastata)*, Salzkraut *(Salsola kali)*, Strand-Melde *(Atriplex littoralis)*.

Segetal- und Ruderalgesellschaften

49. Meersenf-Spülsaum-Gesellschaften (Cakiletea maritimae Tx. et PRSG. 50)

Auf den Spülsäumen der Küsten, in deren mit Sand vermischten Tangbeeten eine lebhafte Nitrifikation herrscht, entwickeln sich nitrophile und dabei salztolerante Pflanzen wie der Meersenf *(Cakile maritima)*, Strand- und Spieß-Melde *(Atriplex littoralis* und *A. hastata)* und das Salzkraut *(Salsola kali)*. Diese Spülsäume sind wenig stabil, bilden sich aber ständig und schnell neu (Abb. 6.31.).

In den Zoocoenosen dominieren die Detritophagen (z. B. die Krebse *Orchestia gamarellus*, *O. platensis* und *Talitrus saltator*, der Collembole *Hypogastrura denticulata* und die Dipteren *Fucellia maritima*, *Fucomyia frigida*). Sie sind Ausgangspunkte für zahlreiche Nahrungsketten. An Vögeln bevorzugen besonders der Strandregenpfeifer *(Charadrius hiaticula)* und der Alpenstrandläufer *(Calidris alpina)* diesen Biotop.

50. Zweizahn-Gesellschaften (Bidentetea tripartitae Tx., LOHM. et PRSG. 50)

An schlammigen, nitratreichen Uferbänken von Teichen und Gräben, die im Sommer weitgehend austrocknen, breiten sich üppige annuelle Krautfluren aus. An Teichen und Viehtränken sind es vor allem die zoochoren Zweizahn-Arten *(Bidens tripartitus, B. cernua, B. connata)*, an Gräben und Flußrändern Schwarzfrüchtiger Zweizahn *(Bidens frondosa)* und Graugrüner sowie Roter Gänsefuß *(Chenopodium glaucum* und *Ch. rubrum)*. Vor allem an den Flußufern können die Zweizahn-Gesellschaften durchaus natürliche Vorkommen haben.

In diesen Saumbiocoenosen gehören den Zoocoenosen neben den durch Habitatstruktur und Nahrungspflanzen indigenen Arten viele aus dem aquatischen Milieu stammende regelmäßige Immigranten an. Letztere, z. B. die Schlammfliege *(Sialis flavilatera)*, die Steinfliege *(Chloroperla tripunctata)*, die Eintagsfliege *(Polymitarcis virgo)*, die Köcherfliege *(Rhyacophila fasciata)*, leben als Larven im Wasser. Die Schlammflächen besiedeln die räuberischen *Saldula saltatoria, Omophron limbatum, Loricera pilicornis* und die detritophagen Uferfliegen *Notiphila riparia, Hydrina flavipes* u. a.

51. Ruderale Rauken- und Meldenfluren sowie Intensivhackfrucht- und Gartenunkrautgesellschaften (Chenopodietea OBERD. 57 em. LOHM. J. et R. TX. 61)

Auf Bauschutt, Müll, überdüngten Wegrainen, Dorfplätzen oder Äckern und Gärten stellen sich Pflanzengemeinschaften ein, die als Ruderalvegetation allgemein bekannt sind. Sie werden von schnellwüchsigen, meist nitrophilen Pflanzen aufgebaut, die entweder heimisch sind oder als Archäophyten bzw. Neophyten in unser Gebiet auf diese vom Menschen geschaffenen Standorte vordrangen. Es sind vor allem Arten der Chenopodiaceae, Polygonaceae, Brassicaceae, Lamiaceae und Asteraceae, die in den Ruderalia vorherrschen. Auch Vertreter der Malvaceae, Onagraceae und Scrophulariaceae sind zu finden. Es fehlen aber die Cyperaceae, Orchidaceae, Juncaceae, Liliaceae und Gentianaceae sowie die genügsamen Ernährungsspezialisten der Ericaceae und Pyrolaceae.

Die Ruderalgesellschaften lassen sich in zwei große Gruppen einteilen, in die kurzlebigen, vor allem von ein- und zweijährigen Pflanzen aufgebauten Rauken- und Meldenfluren und in die von ± ausdauernden Pflanzen bestimmten Eselsdistelgesellschaften. Sehr nahe mit diesen Ruderalfluren im engeren Sinn sind floristisch die Intensivhackfrucht- und Gartenunkrautgesellschaften verwandt, die in ihrem Pflanzenbestand aber bereits auch deutliche Beziehungen zu den Ackerunkrautgemeinschaften erkennen lassen.

Alle Ruderalgesellschaften spiegeln in ihrem Artenbestand die betreffenden Klima- und Bodenbedingungen ebenso deutlich wider wie naturnahe Pflanzengesellschaften.

Die Zoocoenosen zeichnen sich durch große Artenmannigfaltigkeit aus und sind durchaus zu ökologischer Selbstregulation befähigt. Die Mehrzahl ihrer Faunenelemente gehört zum Edaphon und Epigaion. Phytophage wie *Lygus pabulinus, Piesma quadrata, Cassida nebulosa* und *Scotogramma trifolii* an *Atriplex, Empoasca artemisiae* an *Artemisia, Gastroidea polygoni* an *Polygonum* sind zahlreich und bilden die Basis einer weitreichenden Nahrungskette. Von den Vögeln halten sich gern das Rebhuhn *(Perdix perdix)* und die Feldlerche *(Alauda arvensis)* in den Ruderalia auf.

52. Segetal-Unkrautgesellschaften (Secalietea BR.-BL. 51)

Seit prähistorischen Zeiten wird in Mitteleuropa Ackerbau betrieben. Waren die Äcker im Neolithikum und in der Bronzezeit auch lückiger als die heutigen, so unterliegt es doch keinem Zweifel, daß es schon damals ausgeprägte Segetal-Unkrautgesellschaften gab. Wie bei der heutigen Segetalflora konnten nur die an den Bearbeitungsrhythmus der Felder angepaßten Unkräuter überleben.

Je nach Kulturart ergeben sich unterschiedliche Ausprägungen der Gesellschaften. Diese selbst sind gesetzmäßig von den Standortsfaktoren geprägt. Auf oligotrophen, sauren Böden herrschen die Sinau- *(Aphanes arvensis)* oder Lammkraut *(Arnoseris minima)*-Gesellschaften, auf basenreichen Standorten die Haftdolden- *(Caucalis lappula)* Gesellschaften. Durch ständige Intensivierungsmaßnahmen sind gegenwärtig viele Segetalgesellschaften stark verarmt und in ihrer ursprünglichen Artenzusammensetzung nur noch am Feldrand zu finden.

Die Zoocoenosen, die in mancher Hinsicht denen der Ruderalgesellschaften ähneln, sind jedoch in der Krautschicht durch das stärkere Dominieren von Pflanzensaugern (Thripse, Blattläuse, Zikaden und Wanzen) ausgezeichnet. Käfer, wie das Getreidehähnchen *(Lema lichines)* und Getreidelaubkäfer *(Anisoplia segetum)*, sind häufig. An der Bodenoberfläche oder im Boden leben Getreideerdfloh *(Phyllotreta vittula)*, die Laufkäfer *Zabrus tenebrioides* und *Harpalus rufipes*, Wintersaateule *(Agrotis segetum)*, Weizeneule *(Euxoa tritici)* und Maiszünsler *(Ostrinia nubilalis)*.

Diesen Phytophagen schließt sich eine artenarme Zoophagensynusie an (Marienkäfer, z. B. *Coccinella septempunctata*, Sichelwanzen, z. B. *Nabis*-Arten, Laufkäfer, z. B. *Pterostichus melanarius, Agonum dorsale*). Die zu Gradationen neigende Feldmaus *(Microtus arvalis)*, der selten gewordene Feldhamster *(Cricetus cricetus)* und die Feldlerche *(Alauda arvensis)* sind typische Feldarten.

Der Abbau der toten organischen Substanzen im Boden erfolgt durch zahlreiche (vor allem Collembolen), Microarthropoden, Bakterien, Actinomyceten und Pilze, die in enger Beziehung zu den Höheren Pflanzen stehen, die ihnen den nötigen Detritus liefern.

53. Beifuß-Schuttgesellschaften (Artemisietea LOHM., PRSG. et TX. 50)

Auf längere Zeit unbeeinflußten Ruderalstandorten können sich vor allem in frischeren Lagen oder auf weniger durchlässigen Böden hochstaudenflur-ähnliche Ruderalgesellschaften entwickeln. Sie sind in der Regel durch hochwüchsige, ausdauernde Pflanzen wie Beifuß *(Artemisia vulgaris)*, Wermut *(Artemisia absinthium)* und Große sowie Kleine Klette *(Arctium lappa* und *A. minus)* gekennzeichnet. Die stickstoffreichen Lagerfluren der Hochgebirge mit Alpendistel *(Cirsium spinosissimum)* und Alpen-Ampfer *(Rumex alpinus)* gehören auch zu dieser Biogeocoenoseklasse.

Die Zoocoenosen werden durch euryöke Arten geprägt. Von den Vögeln bevorzugt der Distelfink *(Carduelis carduelis)* die Beifuß-Schuttgesellschaften. In der Krautschicht leben oligophage Phytophage, so z. B. an *Artemisia* die Eulenfalter *Cucullia argentea, C. fraudatrix, C. artemisiae* u. a., an *Tanacetum* die Blattkäfer *Chrysomela cerealis* und *Cassida denticollis*.

Im Epigaion sind räuberische Käfer (z. B. *Agonum dorsale, Ocypus opthalmicus*), Spinnen (z. B. *Meta segmentata)*, detritophage Asseln *(Porcellio scaber, Oniscus asellus)* und Schnecken *(Arion hortensis* und *Deroceras agrestre)* zu finden.

54. Quecken-Pionierfluren (Agropyretea repentis OBERD., Th. MÜLL. et GÖRS ap. OBERD. 67)

Auf trockenen, meist vom Menschen ihrer Vegetation beraubten, stickstoffreichen Standorten kommt es zum Dominieren von ruderalen Pionierfluren, die von Quecken *(Agropyron repens, A. intermedium)*, Ackerwinde *(Convolvulus arvensis)* und Acker-Hornkraut *(Cerastium arvense)* beherrscht werden. Mit ihren vegetativen Vermehrungsorganen vermögen sie solche offenen Stellen rasch nachhaltig zu besiedeln.

55. Tritt- und Pionierrasen nährstoffreicher Standorte (Plantaginetea Tx. et PRSG. 50)

An viel benutzten Fußwegen, auf schlecht gepflegten Sportplätzen oder auf Dorfangern können nur Pflanzen gedeihen, die ständiges Betreten durch Menschen oder Tiere ertragen. Meist besitzen sie diese Fähigkeit durch geringe Größe, bodennahe Verzweigung, Elastizität und Festigkeit ihres Gewebes sowie rasche Regenerationsfähigkeit. Besonders trittfest sind Liegendes Mastkraut *(Sagina procumbens)*, Vogelknöterich *(Polygonum aviculare)*, Großer Wegerich *(Plantago major)* und Strahlenlose Kamille *(Matricaria discoidea)*. Ihre Keimung wird durch Feuchtigkeit begünstigt. Konkurrenzfreiheit, Licht- und Nährstoffreichtum sind die Gegenpole des ständigen Betrittes.

Die Zoocoenose setzt sich aus Elementen der Grasfluren zusammen. In vegetationslosen Stellen der Trittrasen bauen die Furchen- *(Halictus maculatus)* und die Zottelbiene *(Panurgus caecaratus)* bevorzugt ihre Nester.

56. Feuchte Brachen, Weiden und Flutrasen (Agrostietea stoloniferae OBERD. et MÜLL. ex GÖRS 68)

Durch Überflutungen, Wellenschlag und stagnierendes Wasser an Fluß- und Seeufern werden an tangreichen Meeresküsten, aber auch in Bodendellen inmitten von Brachen und Weiden Pflanzengesellschaften begünstigt, die sowohl floristisch wie physiognomisch Trittpflanzen-Teppichen ähneln. Diese Gemeinsamkeiten werden noch größer, wenn diese Standorte von Mensch oder Tier häufiger betreten werden. Charakteristische Elemente ihrer Bestände sind Weißes Straußgras *(Agrostis stolonifera)*, Knickfuchsschwanz *(Alopecurus geniculatus)*, Kriechender Hahnenfuß *(Ranunculus repens)* und Kriechendes Fingerkraut *(Potentilla reptans)*.

Der Grundbestand der Zoocoenose setzt sich aus Wiesenarten zusammen, wobei aber der Anteil hygrophiler Elemente im Edaphon und Epigaion erhöht ist. Mit der Intensität des Betrittes geht die Artenzahl beträchtlich zurück. Betroffen sind vor allem Arten des Blütenhorizontes und der oberen Bodenschicht.

Es dominieren Phytophage wie Zikaden *Aphrodes* spec., die Feldheuschrecken *(Chorthippus albomarginatus, Ch. dorsatus)* und die Sumpfschrecke *(Mecostethus grossus)*. Typische Vögel dieses Biotops sind die Schafstelze *(Motacilla flava)*, die Wachtel *(Coturnix coturnix)* und der Kiebitz *(Vanellus vanellus)*.

6.2. Ökosysteme der Binnengewässer

6.2.1. Eignung des Wassers als Lebensmedium

Kein Stoff besitzt ein so hohes Lösungsvermögen und bleibt dabei selbst chemisch so neutral wie Wasser. Im Wassermolekül stehen die beiden H-Atome in einem stumpfen Winkel zum Sauerstoffatom. Der **Dipolcharakter** des Wassermoleküls begünstigt Additionsverbindungen mit Ionen und die Bildung von H_2O-Aggregaten (Clustern), die durch ihre Wasserstoff-Brücken eine hohe chemische Aktivität besitzen (Näh.s. KÜMMEL u. PAPP 1988).

Eis verfügt über ein Kristallgitter (Tridymitstruktur). Dieses geht beim Schmelzen in die dichtere Packung von frei beweglichen Clustern über. Bei $+3,94\ °C$ besitzt Wasser seine größte Dichte (Dichteanomalie, Abb. 6.44.). Oberhalb dieser Temperatur macht sich bei Normaldruck bereits wieder die thermische Ausdehnung infolge Erwärmung bemerkbar.

Da Eis viel leichter ist als Wasser, können die Gewässer nur von der Oberfläche her zufrieren, und die Eisdecke isoliert den Wasserkörper vor weiterer Auskühlung. Ein Blockieren aller Lebensvorgänge, wie für den Dauerfrostboden charakteristisch, kann deshalb in tiefen Seen auch unter arktischen Klimabedingungen nicht eintreten.

Die **spezifische Wärmekapazität des Wassers** ($4{,}186 \cdot KS^{-1} \cdot K^{-1}$ bei Erwärmung von 15 auf 16 °C) ist sehr hoch und wird nur von NH_3 und flüssigem H_2 übertroffen (s. Tab. 2.1.). Daher ist die Fähigkeit der Wärmespeicherung, die **Wärmekapazität** ($J \cdot K^{-1}$), wesentlich größer als z. B. bei Gestein. Da Wasser gleichzeitig eine weitaus geringere **Wärmeleitfähigkeit** besitzt als Gestein, wirken große, tiefe Seen im Frühjahr als Kühlthermostaten und im Herbst als Wärmespeicher. Die gute thermische Pufferung verringert auch unter extrem kontinentalen Klimabedingungen die maximale Jahresamplitude der Temperatur auf rd. 25 K; nur sehr flache Gewässer erreichen in den gemäßigten Klimaten Sommertemperaturen von mehr als 25 °C. Das Verhältnis Viskosität: Dichte ist die **kinematische Zähigkeit** (Maßeinheit: $m^2 \cdot s^{-1}$). Bei 5 °C ist sie um ca. 50% größer als bei 20 °C. Ein schnellschwimmender Organismus hat also im kalten Wasser einen größeren Widerstand zu überwinden als im warmen. Deshalb sinken Plankter ohne Eigenbewegung bei 20 °C dementsprechend auch schneller ab als bei 4 °C. Das Schweben wird aber vor allem von der turbulenten Durchmischung infolge Windwirkung gefördert.

Die hohe Dichte des Wassers ermöglicht einer großen Zahl von nicht eigenbeweglichen Arten eine planktische Lebensweise. Fast alle Plankter besitzen aber gegenüber dem Wasser immer noch ein Übergewicht, das bei sehr geringer Turbulenz zu einem schnellen Absinken führt. Unter günstigen Ernährungs-, Temperatur- und Lichtbedingungen werden jedoch die Sedimentationsverluste durch einen ausreichend großen Zuwachs der Population kompensiert.

Die im Vergleich zu Luft größere Dichte des Wassers erleichtert zwar das Schweben, setzt aber andererseits einer schnellen Fortbewegung einen viel größeren Widerstand entgegen. Bei Fischen und Wassersäugern wird eine schnelle Fortbewegung durch Bauprinzipien ermöglicht, die infolge von Wirbelbildung zu geringstmöglichen Reibungsverlusten führen. Maßgebend sind dabei vor allem die Stromlinienform des Körpers und eine elastische Haut.

Der Angriff des Windes auf Wasserflächen wird merklich durch die Oberflächenspannung des Wassers beeinflußt. Sehr reines Wasser besitzt eine große **Oberflächenspannung.** Sie ermöglicht es, daß sich z. B. Wasserläufer auf der Oberfläche bewegen können. Huminstoffe, grenzflächenaktive Substanzen industrieller Herkunft, sowie ölartige Stoffwechselprodukte von Phytoplanktern können die Oberflächenspannung sehr stark herabsetzen. Dadurch bilden sich in Gewässern, deren Oberfläche normalerweise gekräuselt ist, glatte Oberflächenbereiche aus, die als „taches d'huile" (Ölflecken) bezeichnet werden.

Die Geschwindigkeit der **turbulenten Diffusion** ist im Wasser als dem wesentlich dichteren Medium viel geringer als in der Luft. Dies hat erhebliche Konsequenzen für den Nachschub z. B. von Sauerstoff oder Kohlendioxid oder den Abtransport von Stoffwechselprodukten. Während in schnellfließenden Gewässern die Grenzflächenerneuerung z. B. an den Blattspreiten submerser Makrophyten oder an den Kiemen von Insektenlarven ein relativ großes Ausmaß erreicht, tritt in dichten Unterwasserpflanzenbeständen des Seenlitorals bei weitgehend fehlender Wasserbewegung oft eine ausgesprochene Transporthemmung auf.

6.2.2. Zeitliche Besiedlungsentwicklung

Die stehenden Binnengewässer stellen, mit geologischen Maßstäben gemessen, in bezug auf das Alter und die mögliche Kontinuität der Besiedlung im Vergleich zum Meer lediglich ephemere Gebilde dar. So sind unter den rezenten Brachiopoden (Armfüßler) im Meer zum Teil die gleichen Arten vertreten wie schon im Silur und Devon vor etwa 400 Millionen

358   6. Ökologie von Biocoenosen

Jahren. Daran gemessen sind die Binnengewässer jung, und ursprüngliche und/oder endemische Organismen sind nur in den ältesten Seen zu finden, sofern sie eine ungestörte Entwicklung ermöglichten. Solche sehr alten Seen entstanden in den Grabenbruchzonen im Anschluß an die tertiäre Faltung, z. B. der Baikalsee wahrscheinlich im Paläozän (vor 55 Millionen Jahren). Seine heutige Form nahm er, wie auch andere tektonisch entstandene Gewässer, aber erst im Pliozän (vor 2 Millionen Jahren) an (HUTCHINSON 1957; vgl. Tab. 6.9.). Demgegenüber besitzen die meisten anderen Seen der gemäßigten Zone, die

Tabelle 6.9. Entstehungsursachen verschiedener Seen sowie deren wichtigste morphometrische Kennzeichen

Entstehungsursachen	Beispiel	Tiefe [m]		Fläche [km²]	Volumen [km³]
		größte	mittlere		
Glaziale Ereignisse, z. B. Aufschüttung von Dämmen, Abschmelzen von Toteisblöcken, Erosion durch Schmelzwasser und Eis	Oberer See/Nordamerika	407	149	82100	12230
	Eriesee/Nordamerika	64	19	25657	483
	Müritz/BRD	33	6	116	0,7
	Tollense-See/BRD	34	17,2	17,4	0,3
	Müggelsee/BRD	8	6,2	7,4	0,046
Abdämmung, z. B. Erdrutsche, Bergstürze, Steinrutsche	Saressee/Tadshik. SSR, UdSSR	505		Länge = 61 km	
Tektonische Ereignisse, z. B. Grabenbrüche	Baikalsee/UdSSR	1741	680	31500	23995
	Tanganjikasee/Afrika	1471	572	32000	17827
Vulkanische Ereignisse, z. B. Explosionen, Eruptionen, Lavadämme	Ulmener Maar/BRD	37	20	0,05	0,001
Auslaugung/Einbrüche, z. B. Erdfälle infolge Lösung von Salz- und Kalkgesteinen	Süßer See/BRD	7	3,5	2,5	0,0086
	Arendsee/BRD	49	29,7	5,42	0,161
Fluviale Ereignisse, z. B. Altarme (abgeschnittene Mäander), Deltaseen, Erosionsbecken	Seddinsee/BRD	7		3,75	
	Dämeritzsee/BRD	4,5		1,06	
Anthropogen geschaffene Gewässer	Stausee Bratsk/UdSSR	110	31	5470	169,3
	Stausee Bleiloch/BRD	60	23,4	9,2	0,215
	Talsperre Saidenbach/BRD	45	15,4	1,46	0,0224
	Unterer Teich Großhartmannsdorf/BRD	4	2,6	0,61	0,0016
Endseen in Trockengebieten (wahrscheinlich tektonischen Ursprungs)	Balaton/Ungarn	11	3,1	591	1,86

Angaben nach ANWAND, KELLER, KLAPPER, MARCINEK, MUNAWAR

hauptsächlich glazialen Ursprungs sind und an der Wende vom Quartär zum Holozän eisfrei wurden, nur ein Alter von 10000—15000 Jahren. Viele von ihnen sind, auf Grund der Seenalterung (vgl. 6.2.3.), bereits wieder verschwunden. Die Entstehung neuer Arten erfordert aber wesentlich längere Zeiträume. Es dominieren deshalb in Binnengewässern die Organismen, die sich mit den wechselnden Umweltbedingungen am besten auseinandersetzen konnten.

Ein Beispiel bietet der kleine glazialmarine Krebs *Mysis relicta*, der durch die während der Eiszeit ausgesüßte und die baltischen Binnenseen z. T. überstauende Ostsee in den limnischen Bereich vordringen konnte.

Die Möglichkeit der Besiedlung der Gewässer hängt, sofern keine lebensfeindlichen Bedingungen vorliegen, im wesentlichen von der genetischen Präsenz der betreffenden Art im Umfeld und von ihrer potentiellen Vermehrungsrate ab, so daß nach einer „Beimpfung" das Wachstum der Populationen und deren Wirkung auf ihr Milieu erfolgen kann. Die (aktiven und passiven) Beimpfungsmöglichkeiten sind vielfältig. Algen können durch an Wasservögeln anhaftende Reste von Wasser und Schlamm, Kleinkrebse durch im Gefieder hängengebliebene Ephippien oder über andere Dauerstadien, die z. T. auch eine Darmpassage unbeeinträchtigt überstehen, übertragen werden. Der Wind verbreitet Bewohner, die sich in Schutzhüllen zurückziehen können, beispielsweise die leichten Statoblasten der Bryozoen oder den mikroskopisch kleinen „Algenstaub" von nur zeitweilig existierenden Kleingewässern nach deren Austrocknung. Durch Überschwemmungen können Gewässer zeitweilig in Kontakt treten, was einen Genaustausch ermöglicht. Bei starken Hochwässern tritt die Gefahr der Ausschwemmung auf. Deshalb besitzen Altarme, Teiche und hyporheisches Interstitial (vgl. 6.2.12.) eine nicht zu vernachlässigende Bedeutung als Impfquelle („Gen-pools").

In stark durchflossenen stehenden Gewässern (Abb. 6.32.d) besteht „Auswaschungsgefahr" für die Individuen (aber kaum bezüglich der „genetischen Information"), weshalb von den Freiwasserorganismen nur die kleinen Arten mit kurzer Generationsdauer (Abb. 6.32.a) bzw. hoher Wachstumsrate (Abb. 6.32.b) eine Chance zur Massenentwicklung besitzen. Die Abb. 6.32.c und 6.32.e belegen diesen Sachverhalt; sie zeigen den Zeitbedarf bis zum Erreichen der 100fachen Individuenzahl. Es wird deutlich, daß in ephemeren Klein- (z. B. Pfützen) und im Freiwasser von stark durchflossenen Gewässern nur die kleinen Arten mit hoher Wachstumsleistung eine Vermehrungs- und damit Überlebenschance besitzen, denn:

$$\frac{dx}{dt} = \mu \cdot x - D \cdot x \qquad (6.1.)$$

μ = Wachstumsrate (s. Abb. 6.32.b) (d^{-1}); x = Biomasse (oder Individuenzahl) ($g \cdot m^{-3}$); t = Zeit (d); D = Verdünnungsrate, Erneuerungsrate (d^{-1})

$$D = \frac{Q}{V} = \frac{1}{\bar{t}}$$

Q = Zuflußmenge ($m^3 \cdot d^{-1}$); V = Volumen (m^3); $\bar{t}$ = mittlere theoretische Verweilzeit (d)

Für den Fall $\frac{dx}{dt} = 0$ gilt:

$\mu = D$, $\quad \mu > D \triangleq$ Zunahme
$\qquad \quad \mu < D \triangleq$ Abnahme

Deshalb leben in der Freiwasserregion solcher Gewässer nur Bakterien, Algen, Rotatorien und Kleinkrebse, und in den Bächen gibt es im Gegensatz zum Unter- und Mittellauf der großen Flüsse kein echtes Plankton. Bei einer Neubesiedlung dominieren die kleinen Arten,

360 6. Ökologie von Biocoenosen

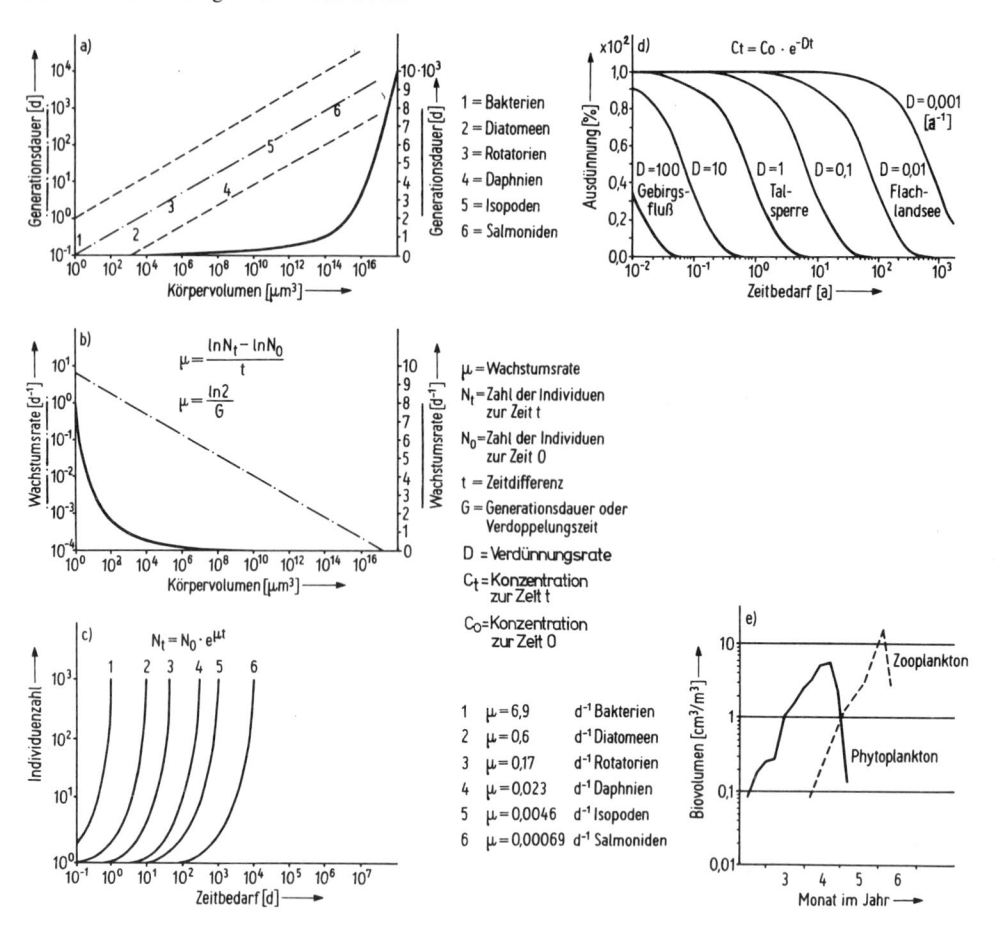

Abb. 6.32. Der zeitliche Verlauf wichtiger Prozesse des Populationswachstums (im Interesse der Anschaulichkeit wurden z. T. extrem starke Vereinfachungen getroffen; so kann die maximale Wachstumsrate beispielsweise bei zwei Arten einer Gattung um etwa das Zwei- bis Fünffache variieren, und die für die einzelligen Organismen definierte Verdopplungszeit ist nur formal auf die höheren übertragbar).
a) Die Beziehung zwischen Körpervolumen und Generationsdauer. Aus UHLMANN 1977, leicht verändert. b) Die Beziehung zwischen Körpervolumen und Wachstumsrate (umgerechnet nach den Daten aus (a). c) Der Zeitbedarf von Organismen mit unterschiedlicher Wachstumsrate zur Erhöhung des Individuenbestandes von 1 auf 100 Individuen. d) Der zeitliche Verlauf der Erneuerung eines Wasserkörpers mit unterschiedlichen theoretischen Verdünnungsraten. In Anlehnung an UHLMANN 1977. e) Frühjahrsentwicklung von Phyto- und Zooplankton in der Talsperre Saidenbach im Jahre 1975.

da sie am leichtesten verbreitet werden und häufiger in der Umwelt präsent sind; sie weisen auch die größere Reproduktionsgeschwindigkeit auf (s. hierzu auch „r"- und „K"-Stragegen, 2.3., 5.3.1.2.) und zeichnen sich durch eine schnellere Anpassung aus. Der zeitliche Verlauf der Zunahme des Artenbestandes in Form einer Sättigungskurve (Abb. 6.33.a, b) (die maximal erreichbare Artenzahl ist gleich der der in Frage kommenden Impfquellen) ist nicht nur abhängig von der **Einwanderungsrate,** die aus den bereits genannten Gründen bei kleinen Formen besonders groß ist, sondern auch vom besiedelbaren Raum (in der Regel steigt mit dessen Größe die Zahl der ökologischen Nischen und demzufolge die der Arten, Abb. 6.33.c) sowie der **Auslöschungsrate,** welche die Geschwindigkeit angibt, mit der neue

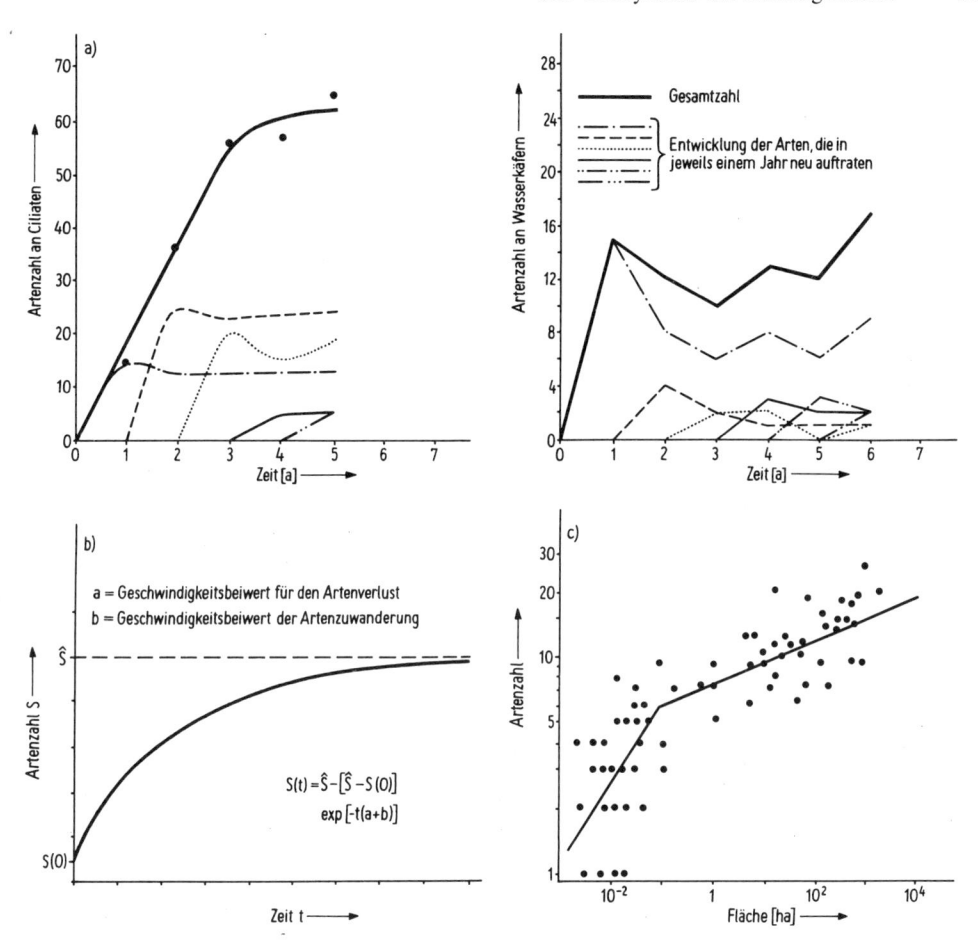

Abb. 6.33. a) Zeitlicher Verlauf der Neubesiedlung eines Ökosystems (Litoral eines Braunkohlentagebaurestgewässers) mit Aufwuchsciliaten und Wasserkäfern im Litoral. Nach HEUSS 1975. b) Theoretische Besiedlungskurve. Aus CHRISTIANSEN und FENCHEL 1977. c) Abhängigkeit der Gesamtartenzahl an Schnecken in eutrophen Seen und Teichen von deren Fläche. Nach LASSEN 1975.

Arten aus den verschiedensten Gründen eliminiert werden. Dabei spielt auch die **Vermehrungsleistung** eine Rolle, denn Organismen mit kurzer Generationszeit und dem Vermögen eines schnellen Populationsaufbaues können nicht so leicht ausgelöscht werden (Abb. 6.32.c) wie solche mit langer Generationszeit. Hinter der Zunahme der Artenzahl als Summe (Abb. 6.33.) verbirgt sich häufig eine Sukzession.

6.2.3. Seen als Lebensraum

6.2.3.1. Entstehung und Alterung von Seen

Der Stoffhaushalt und die Besiedlung eines Sees werden erheblich von seiner Beckenform, seiner Entstehungsgeschichte und seinem Alter beeinflußt. Seen sind, geologisch gesehen, relativ kurzlebig. Sie stellen mit stehendem Wasser gefüllte Hohlformen dar. Diese entstanden entweder durch **Eintiefung** oder **Aufdämmung,** und zwar durch Vorgänge im Erdinnern

362   6. Ökologie von Biocoenosen

(z. B. tektonisch, vulkanisch) oder an der Erdoberfläche (z. B. Erosion, Auflösung von Kalkgestein, Erdrutsche, biogene Kalkablagerungen; MARCINEK 1976). Die meisten Seen sind glazialen Ursprungs und wurden direkt (Erosion) oder indirekt (Abschmelzen von Toteisblöcken) durch Eismassen gebildet. Sie liegen, ebenso wie die größere Landmasse, vor allem auf der Nordhalbkugel. Seen, die tektonischen Vorgängen ihre Entstehung verdanken, sind die größten und tiefsten der Erde. Vulkanischen Ursprungs sind z. B. die relativ kleinen, tiefen und kreisrunden Maare. Kleinere Seen entstanden auch durch Auslaugung von Kalk- oder Salzablagerungen bzw. durch Einbrüche derart gebildeter Hohlräume (Erdfälle). Eine Vielzahl von Möglichkeiten der Bildung flacher Seen gibt es bei mäandrierenden Flüssen (fluviale Seen). Schließlich spielen auch künstlich geschaffene Gewässer eine große Rolle, wie Talsperren, Tagebaurestgewässer und Teiche. Einige von ihnen sind bereits sehr alt, wie manche Talsperren in Sri Lanka (2000 Jahre). Eine Übersicht über Seen unterschiedlicher Typen, deren Entstehungsursachen und Gestalt gibt die Tab. 6.9.

Die ursprüngliche Beckengestalt der Seen geht im Laufe von Jahrtausenden immer mehr verloren. Die **Seenalterung** wird durch Ablagerungen von anorganischen und organischen Partikeln hervorgerufen, die durch die Zuflüsse eingetragen wurden, und/oder durch Sedimente, die im See selbst und in seinem Uferbereich gebildet werden. Dadurch wird der See langsam aufgefüllt und nach vollständiger Verlandung einer terrestrischen Besiedlung zugänglich.

6.2.3.2. Lebensräume und Lebensgemeinschaften der Seen

Nach den Lebensbedingungen gliedert sich ein See in zwei große Lebensräume (s. Abb. 6.34.a): die Bodenzone **(Benthal)** und die Freiwasserzone **(Pelagial)**. Die den Gewässergrund besiedelnden Organismen werden als **Benthos** bezeichnet, die im Pelagial lebenden gehören zum **Plankton** oder **Nekton**. Eine Zuordnung der Organismen ist nicht immer problemlos, da einige pelagische Tiere (z. B. die Larve der Mücke *Chaoborus*) tagesperiodische Wanderungen zwischen Boden und Freiwasser durchführen oder aber ganze Lebensabschnitte im Sediment (Copepodite von Copepoden) bzw. im Freiwasser (*Dreissena* – Larven) verbringen. Bei anderen schließt der Lebensraum beide Gebiete ein (benthische Copepoden), oder aber ungünstige Milieuveränderungen geben Anlaß zum Aufsuchen des anderen Lebensraumes (z. B. Futtermangel pelagischer Cladoceren).

6.2.3.2.1. Benthal

Die Tiefenverteilung der photoautotrophen Organismen, die von der Lage des Kompensationspunktes (Bruttoproduktion = Respiration) abhängig ist, bestimmt die Untergliederung in **Litoral** und **Profundal**. Im Litoral ist die Assimilationsbilanz positiv. Es entspricht der trophogenen (= euphotischen) Zone und wird folgendermaßen unterteilt (RUTTNER 1962):

a) Das **Eulitoral** ist ein Bereich mit stark wechselnden Umweltbedingungen (Wellenschlag und ständig schwankender Wasserstand). Es wird an den Brandungsufern, die auf Grund des „bewegten Bodens" und des Eisgangs frei von Makrophyten sind, von einer Organismenwelt besiedelt, die der in schnellfließenden Bächen sehr ähnlich ist. An den Unterseiten der Steine halten sich abgeflachte Tiere mit hoher Sauerstoffbedürftigkeit (Turbellarien, Plecopteren, Ephemeriden) und speziellen Anpassungen an die starke Wasserbewegung (z. B. Krallen) auf. Die dominierenden pflanzlichen Vertreter sind fest mit dem Substrat verbunden (z. B. krustenbildende Cyanophyceen, s. Abb. 6.34.d, e).

b) Im **Sublitoral** ist die Wellenwirkung schon so stark reduziert, daß Makrophyten leben können. Dabei treten in Abhängigkeit von den dominierenden Umweltbedingungen (Tiefe, Druck, Untergrundbeschaffenheit, Licht) bestimmte Pflanzengemeinschaften auf (Abb. 6.34.d). Die untere Verbreitungsgrenze der meisten Phanerogamen von etwa 10 m wird durch die Druckempfindlichkeit des luftgefüllten Interzellularsystems bestimmt.

Andere Pflanzen, z. B. Moose, Characeen und weitere Algen, werden hingegen in ihrer Tiefenverteilung von der verfügbaren Lichtenergie eingeschränkt, weshalb sie mitunter bis in Tiefen von mehr als 30 m angetroffen werden. Bei den Algen des Tiefenwassers dominieren braune und rote Pigmente, die als Komplementärfarben den gewöhnlicherweise am tiefsten eindringenden grünen Lichtanteil (vgl. 6.2.5.) am besten absorbieren.

Auf den verschiedensten lebenden und nichtlebenden Unterlagen entwickelt sich der **Aufwuchs** (Bewuchs, Periphyton). Er ist besonders artenreich im Sublitoral und auf organischen Unterlagen (lebende Pflanzen, Holz). Sessile, gering bewegliche und mit Haftorganen (Klammerbeine, Saugnäpfe, Gallertstiele, Haftscheiben) versehene Arten dominieren. Wichtige Vertreter dieser außerordentlich artenreichen Biocoenose sind Kiesel-, Grün- und Blaualgen, Protozoen, Rotatorien, Nematoden, Crustaceen, Insekten usw. (Abb. 6.34.e).

Im Bereich der **emersen Pflanzen** spielen die Schilfbestände eine wichtige Rolle als Lebens- und Brutraum für die Avifauna, während die **Schwimmblattpflanzen** bei guter Entwicklung in erster Linie für die Amphibien von Bedeutung sind. Intakte Ufergürtel, die wesentlich zur Erhaltung der Mannigfaltigkeit von Flora und Fauna beitragen, werden aber u. a. wegen der Eutrophierung und des damit verbundenen Röhrichtrückganges immer seltener.

Die im **Profundal** vorhandenen Organismen (Abb. 6.34.e) sind überwiegend Sedimentfresser (Chironomiden, Tubificiden) und Räuber (Tanypodinae), die vom Stoffimport aus den trophogenen Zonen des Pelagials und des Litorals sowie dem der Zuflüsse abhängen.

6.2.3.2.2. Pelagial

Die Bewohner des Pelagials gehören zum **Plankton** und **Nekton**. Dabei werden alle im Wasser frei schwebenden oder beweglichen Organismen (z. B. Flagellaten, Daphnien), deren Eigenbewegung nicht ausreicht, um sich gegen die Wasserbewegungen in Seen und Flüssen behaupten zu können, zum **Plankton** gezählt. Die wichtigsten Vertreter sind das Bakteriosowie das Phyto- und Zooplankton. Im Gegensatz dazu handelt es sich beim **Nekton** um größere und stark eigenbewegliche Organismen (z. B. Fische), die sich aktiv auch gegen starke Wasserströmungen durchzusetzen vermögen.

Die Besiedlung der Freiwasserregion

Die Organismen des Pelagials benötigen trotz der hohen Dichte und Viskosität des Wassers besondere Anpassungen, um im Wasser schweben zu können. Ein Absinken aus der trophogenen Schicht in die lichtarmen Tiefenzonen ist im Falle der Algen unweigerlich mit einem langsamen Absterben verbunden. Dies gilt nicht bei tiefen Teilzirkulationen bzw. bei Vollzirkulation, da die Algen sich dann auf einer Art Kreisbahn bewegen und zeitweise wieder in die trophogene Zone zurückgelangen können. Eine Ausnahme bilden Flagellaten und Zooplankter, die bei ruhigem Wetter in der Lage sind, die für sie günstigsten Lichthorizonte bzw. Wassertiefen aufzusuchen. Nach dem modifizierten Stokesschen Gesetz läßt sich die Sedimentationsgeschwindigkeit wie folgt beschreiben:

$$s = \frac{1}{18} \cdot g \cdot d^2 \cdot \frac{(\varrho_K - \varrho_M)}{V \cdot F} \qquad (6.2.)$$

s = Sedimentationsgeschwindigkeit (cm/s); g = Fallbeschleunigung 981 (cm/s^2); d = Durchmesser einer Kugel, die das gleiche Volumen besitzt wie der anders geformte Partikel (cm); ϱ_K = Dichte des Körpers (Plankter) (g/cm^3); ϱ_M = Dichte des Mediums (Süßwasser) (g/cm^3); V = dynamische Viskosität (g/cm · s); F = Formwiderstand (= 1 für Kugel).

Daraus folgt, daß von seiten der Organismen lediglich das **Übergewicht** ($\varrho_K - \varrho_M$), der **Formwiderstand** und die **Größe** beeinflußbar sind.

364 6. Ökologie von Biocoenosen

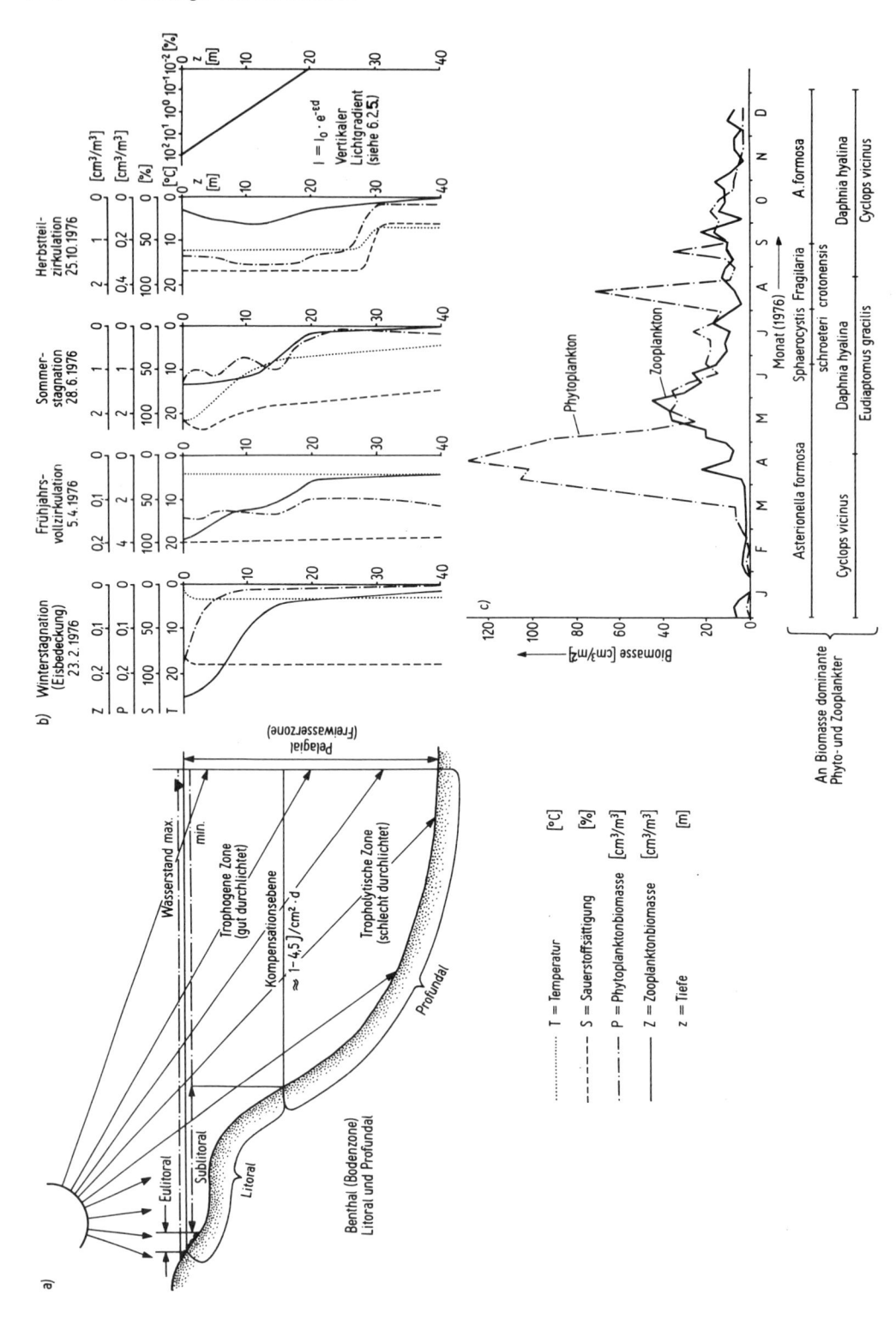

6.2. Ökosysteme der Binnengewässer

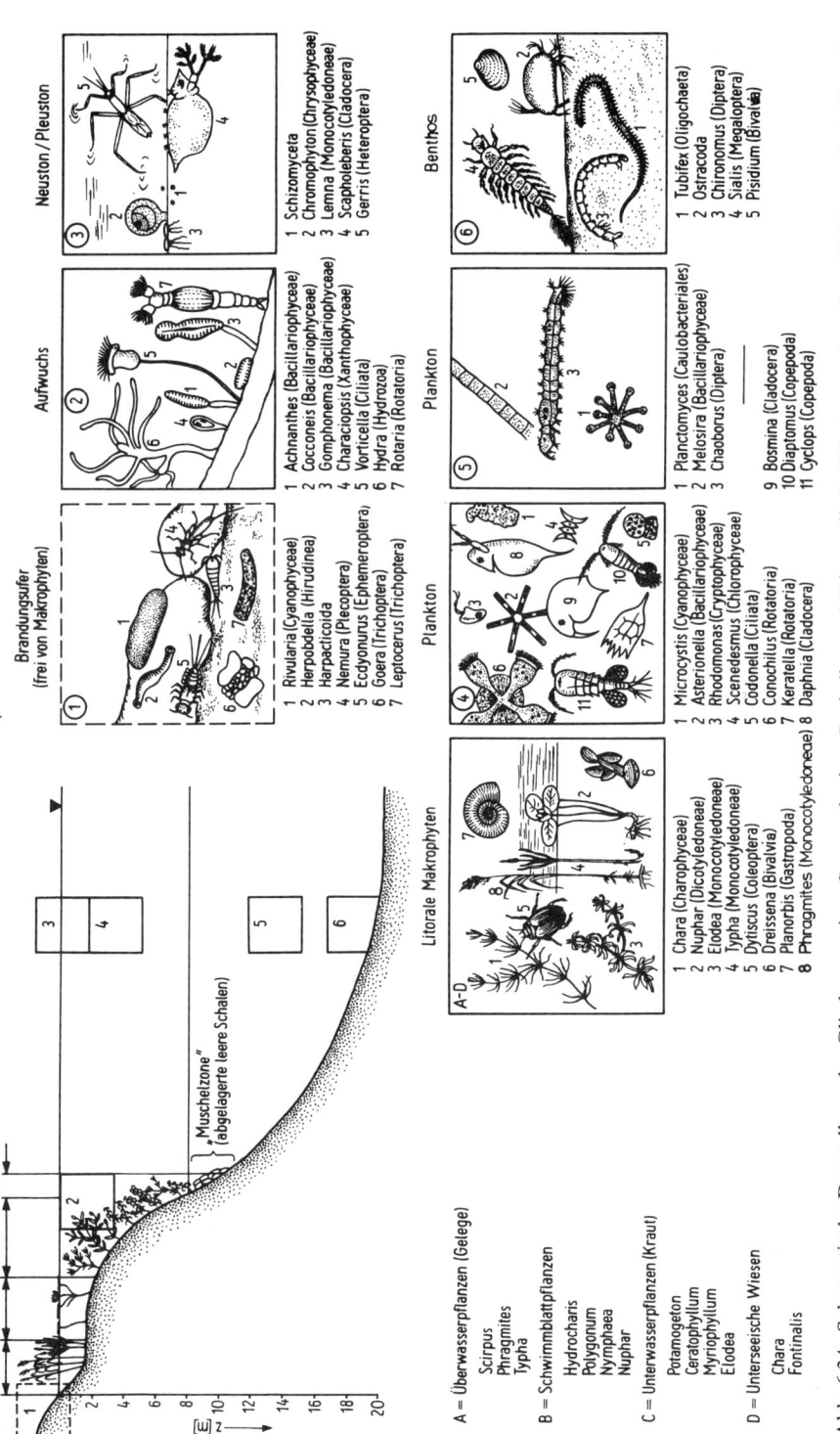

Neuston / Pleuston
1 Schizomyceta
2 Chromophyton (Chrysophyceae)
3 —
4 Lemna (Monocotyledoneae)
5 Scapholeberis (Cladocera)
6 Gerris (Heteroptera)

Aufwuchs
1 Achnanthes (Bacillariophyceae)
2 Cocconeis (Bacillariophyceae)
3 Gomphonema (Bacillariophyceae)
4 Characiopsis (Xanthophyceae)
5 Vorticella (Ciliata)
6 Hydra (Hydrozoa)
7 Rotaria (Rotatoria)

Brandungsufer (frei von Makrophyten)
1 Rivularia (Cyanophyceae)
2 Herpobdella (Hirudinea)
3 Harpacticoida
4 Nemura (Plecoptera)
5 Ecdyonurus (Ephemeroptera)
6 Goera (Trichoptera)
7 Leptocerus (Trichoptera)

Benthos
1 Tubifex (Oligochaeta)
2 Ostracoda
3 Chironomus (Diptera)
4 Sialis (Megaloptera)
5 Pisidium (Bivalvia)

Plankton
1 Planctomyces (Caulobacteriales)
2 Melosira (Bacillariophyceae)
3 Chaoborus (Diptera)
9 Bosmina (Cladocera)
10 Diaptomus (Copepoda)
11 Cyclops (Copepoda)

Plankton
1 Microcystis (Cyanophyceae)
2 Asterionella (Bacillariophyceae)
3 Rhodomonas (Cryptophyceae)
4 Scenedesmus (Chlorophyceae)
5 Codonella (Ciliata)
6 Conochilus (Rotatoria)
7 Keratella (Rotatoria)
8 Daphnia (Cladocera)

Litorale Makrophyten
A–D
1 Chara (Charophyceae)
2 Nuphar (Dicotyledoneae)
3 Elodea (Monocotyledoneae)
4 Typha (Monocotyledoneae)
5 Dytiscus (Coleoptera)
6 Dreissena (Bivalvia)
7 Planorbis (Gastropoda)
8 Phragmites (Monocotyledoneae)

A = Überwasserpflanzen (Gelege)
  Scirpus
  Phragmites
  Typha

B = Schwimmblattpflanzen
  Hydrocharis
  Polygonum
  Nymphaea
  Nuphar

C = Unterwasserpflanzen (Kraut)
  Potamogeton
  Ceratophyllum
  Myriophyllum
  Elodea

D = Unterseeische Wiesen
  Chara
  Fontinalis

Abb. 6.34. Schematische Darstellung der Gliederung eines Sees und seiner Besiedlung. a) Die vertikale Gliederung eines Sees. b) Die vertikale Verteilung wichtiger physikalischer, chemischer und biologischer Komponenten (gemessene Größen, geringfügig idealisiert) im Jahresverlauf. (Beachte die z. T. unterschiedlichen Maßstäbe bei Phyto- und Zooplanktonbiomasse. c) Der Jahresverlauf der Makrophyten mit Kennzeichnung wichtiger Biotope. e) Einige ausgewählte geschichteten mesotrophen Gewässer. d) Die vertikale Zonierung der Makrophyten mit Kennzeichnung wichtiger Biotope. e) Einige ausgewählte Organismen der in Abb. 6.34.d dargestellten Biotope. (Beachte: relative und absolute Größen sind nicht maßstäblich dargestellt.)

366   6. Ökologie von Biocoenosen

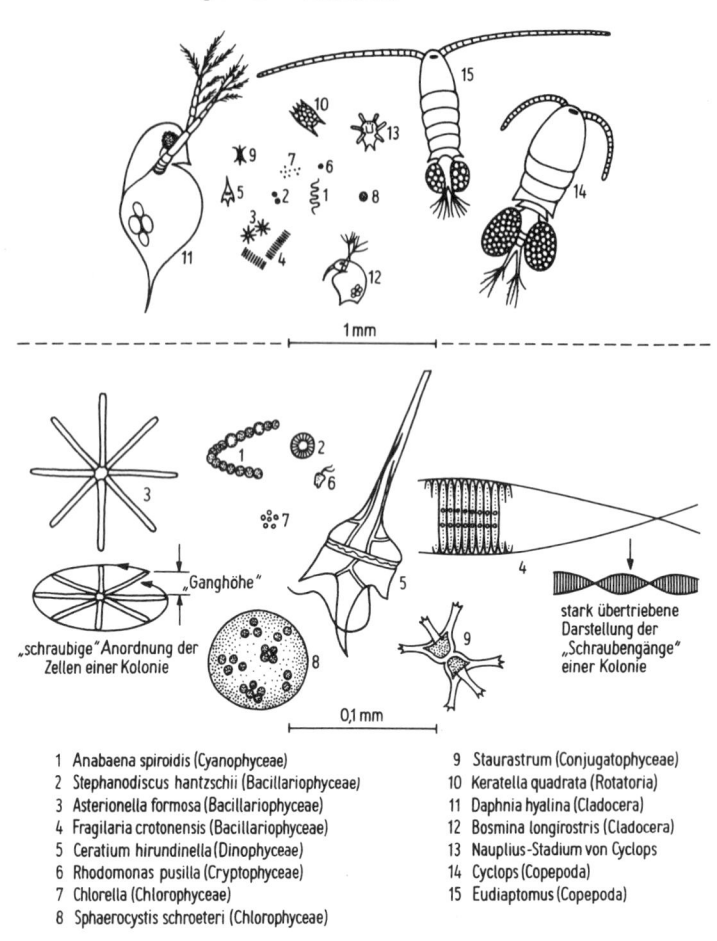

Abb. 6.35. Annähernd maßstäblicher Größenvergleich von Seeplanktern (oben) und deren Anpassungen an das Schweben (unten). Erläuterungen im Text.

1 Anabaena spiroidis (Cyanophyceae)
2 Stephanodiscus hantzschii (Bacillariophyceae)
3 Asterionella formosa (Bacillariophyceae)
4 Fragilaria crotonensis (Bacillariophyceae)
5 Ceratium hirundinella (Dinophyceae)
6 Rhodomonas pusilla (Cryptophyceae)
7 Chlorella (Chlorophyceae)
8 Sphaerocystis schroeteri (Chlorophyceae)
9 Staurastrum (Conjugatophyceae)
10 Keratella quadrata (Rotatoria)
11 Daphnia hyalina (Cladocera)
12 Bosmina longirostris (Cladocera)
13 Nauplius-Stadium von Cyclops
14 Cyclops (Copepoda)
15 Eudiaptomus (Copepoda)

Das Übergewicht wird durch Leichtbauweise und die Einlagerung spezifisch leichter Stoffe verringert, der Formwiderstand durch Borsten, Stacheln u. a. Körperanhänge erhöht. Fallrichtungsstabilisierende Bauweisen sorgen für eine effektive Ausnutzung des „Fallschirmeffektes" (Abb. 6.35.).
Der Einfluß der Temperatur auf die Sedimentation erfolgt weniger über die Dichte als vor allem über die Viskosität, die im Sommer um etwa 50% niedriger liegt als im Winter (vgl. 6.2.1., Abb. 6.44.).
Der in diesem Zusammenhang häufig benutzte Begriff **„Temporalvariation"** oder „Zyklomorphose" (Abb. 6.36.) besagt, daß z. B. bestimmte Daphnien im Jahresverlauf in Anpassung an die geänderte Viskosität im Sommer höhere Helme entwickeln. Diese These kann nicht eindeutig bewiesen werden, zumal neuere Untersuchungen dahingehend interpretiert werden, daß diese „Vergrößerungen" auch einen Schutzmechanismus gegen räuberische Evertebraten (z. B. Raubwasserfloh *Leptodora kindtii*) und Fische darstellen, denen damit die Beutegreifbarkeit erschwert wird. Die größere Aktivität der Räuber bei höheren Temperaturen bedingt nämlich einen stärkeren Fraßdruck, dem die Tiere mit dieser Reaktion begegnen könnten.

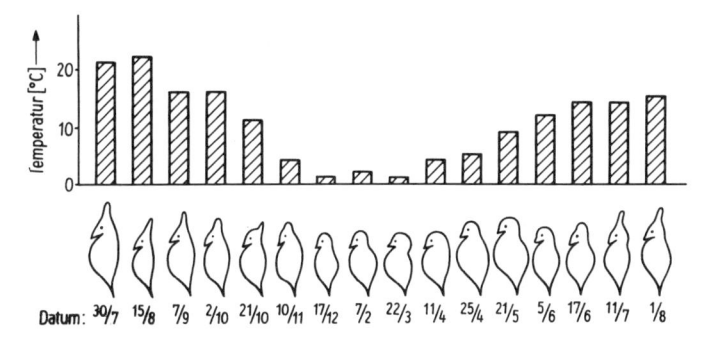

Abb. 6.36. Zyklomorphose bei *Daphnia cucullata*. Kombiniert nach Zeichnungen und Daten von WESENBERG-LUND 1939.

Die zahlreichen Vertreter des **Bakterioplanktons** gehören morphologisch vor allem zu den kleinen Kokken, Stäbchen und Vibrionen. Blaualgen, Grünalgen, Diatomeen u. a. repräsentieren das **Phytoplankton,** Ciliaten, Rotatorien, Cladoceren und Copepoden dagegen die dominierenden **Zooplankter** (Abb. 6.34.e). Die pelagischen Konsumenten der Binnengewässer sind meist detritivore, herbivore oder omnivore Filtrierer und omnivore oder carnivore Greifer (vgl. 6.2.8.).

Typische Vertreter des **Nektons** sind die Fische, die sich vorwiegend räuberisch ernähren. Eine interessante Biocoenose befindet sich an der Grenzschicht Wasser – Luft. Die auf und an der Wasseroberfläche lebenden größeren Pflanzen und Tiere werden als **Pleuston** und die an ihr haftenden Mikroorganismen (Bakterien, Pilze, Algen) als **Neuston** bezeichnet. Die Zuordnung zu Epi- und Hyponeuston drückt aus, ob die Organismen luft- oder wasserseitig am Oberflächenhäutchen „festsitzen" (Abb. 6.34.e).

Die vertikalen Gradienten und der jahreszeitliche Wechsel wichtiger Parameter (Sauerstoff, Phyto- und Zooplankton)

Die physikalischen Eigenschaften des Wassers besitzen nicht nur für das Schweben der Plankter eine Bedeutung. Die Dichteanomalie (vgl. 6.2.1.) führt zu charakteristischen Veränderungen der thermischen Struktur des Wasserkörpers (vgl. 6.2.5.) und damit zu unterschiedlichen physikalisch-chemischen und biologischen Verhältnissen im Jahresverlauf. Während der Vollzirkulationsperioden im Frühjahr und Herbst, die den ganzen Wasserkörper erfassen, ist die Tiefenverteilung des Sauerstoffs, des Phyto- und Zooplanktons relativ ausgeglichen (Abb. 6.34.b). In den Stagnationsperioden konzentrieren sich Phyto- und Zooplankter auf die trophogene epilimnische Zone; ein ausgeprägter qualitativer Unterschied zwischen Oberflächen- und Tiefenplankton wie in den Ozeanen existiert im limnischen Bereich nicht. In klaren oligotrophen Gewässern findet man auf Grund des günstigen Lichtklimas jedoch häufig meta- oder hypolimnische Algenmaxima. Entsprechendes gilt dann auch für den Sauerstoff (Abb. 6.43.), der unter eutrophen Verhältnissen oft im Überschuß an der Oberfläche und mit Defizit in der Tiefe auftritt. Die Primärproduktion wird in nährstoffreichen Gewässern vor allem vom Licht (vgl. 6.2.5.) gesteuert, weshalb auch ähnliche vertikale Verteilungsbilder mit Oberflächenhemmung, Zone maximaler Produktion und darauffolgender Zone mit Produktionsabnahme zu verzeichnen sind (vgl. 6.2.7.). Das Zooplankton dominiert in der produktiven Zone. Vertikale tägliche Wanderungen treten mit unterschiedlicher Amplitude auf (*Chaoborus*-Larven z. B. 20 m und mehr, Cladoceren und Copepoden wenige Meter bis über 10 m). Sie bevorzugen nachts die oberflächennahen Schichten und weisen dabei erheblich größere Stoffumsätze als tagsüber auf. So beträgt die filtrierte Wassermenge in den Nachtstunden bei einigen Cladoceren das Zwei- bis Dreifache

368 6. Ökologie von Biocoenosen

des Tageswertes. Weitere Vorteile dieser Wanderung in die nahrungsreichsten Schichten sind der Schutz vor Räubern (Dunkelheit) und die Aufnahme von Algen, die infolge der Photosynthese am Abend reichlich Assimilationsprodukte enthalten. Gleichzeitig erfolgt die stärkste Exkretion (P- und N-Rücklieferung) ebenfalls in der euphotischen Zone. Dieser Rückkopplungsmechanismus erlaubt von neuem den Aufbau von Algenbiomasse und beschleunigt somit den kurzgeschlossenen epilimnischen Nährstoffkreislauf (Nährstoffe → Phytoplankton → Zooplankton → Nährstoffe → Phytoplankton..., Abb. 6.37.).

Der Jahresgang der dominierenden Phytoplanktonarten wird von verschiedenen Einflußgrößen bestimmt, wobei der Wechsel von **Zirkulation** und **Stagnation** besonders wichtig ist. Während der Voll- oder intensiven Teilzirkulationsperioden und bei niedrigen Temperaturen sowie hoher Viskosität dominieren vor allem die großen Diatomeen (*Asterionella, Fragilaria*), während in der Winterzeit (Stagnation) nahezu ausschließlich sehr kleine Flagellaten der Crypto- und Chrysophyceae vorherrschen. Im Sommer sind es ebenfalls häufig kleine, eigenbewegliche sowie gut schwebende Formen, wobei bei sehr hohem P-Angebot die Chlorophyceen überwiegen. Es können aber auch die luftstickstoffbindenden, z. T. an der Oberfläche schwimmenden Blaualgenkolonien zu Massenentwicklungen gelangen. Dabei sind die Arten begünstigt, die dem Fraßdruck des Zooplanktons durch ihre Größe oder durch Schutzmechanismen gegen Verdauung widerstehen können (Abb. 6.34.c). Die Zooplanktonentwicklung beginnt meist zur Zeit des Eisaufbruches mit dem Aufsteigen der Copepodit-Stadien der Cyclopoiden aus dem Sediment (Beendigung der Diapause). An diese schließt sich in der Regel im Mai/Juni ein Rotatorien- und danach ein Cladoceren- und Calanoiden-Maximum an (Abb. 6.34.c). Weniger Nahrung, verstärkte Aktivität der Räuber und teilweise ein Parasitenbefall sind die Ursachen für den späteren Rückgang.

Die hier vorgestellte Dynamik gilt aber nur für tiefe, große und mit Nährstoffen nicht zu stark belastete Gewässer des gemäßigten Klimas. Extrem nährstoffarme oder -reiche, flache sowie dystrophe Gewässer können erheblich von diesem Schema abweichen.

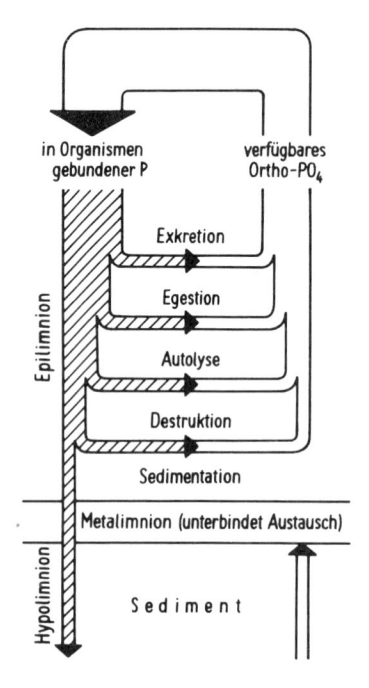

Abb. 6.37. Kurzgeschlossener P-Kreislauf im Epilimnion.

Der Stoff- und Energiefluß wird in den tiefen Seen hauptsächlich von den planktischen Primärproduzenten getragen, in flachen Gewässern bzw. im Litoral (Abb. 6.34.d) dagegen meist von den Makrophyten. Ihre Biomassen bzw. deren Abbauprodukte bilden die Voraussetzung für die Existenz der verschiedenen Konsumenten (vgl. 6.2.8.).

Andere stehende Gewässer

Teiche, Weiher, Talsperren und andere ausdauernde Gewässer sind in ihrer Struktur dem See sehr verwandt und besitzen eine ähnliche Besiedlung. **Teiche** und **Weiher** zeichnen sich durch eine geringe Wassertiefe von etwa 2–4 m aus, sind daher meist bis zum Grunde durchlichtet und können deshalb vollständig von der litoralen Flora besiedelt sein. Eine Ausnahme bilden Gewässer mit sehr hohem Nährstoffgehalt (Krautschwund infolge Lichtmangels auf Grund hoher Phytoplanktondichte oder infolge starken Aufwuchses) bzw. sehr dichtem Bestand an zooplanktonfressenden Fischen (Begünstigung des Phytoplanktons). Während Teiche künstlich angelegt sind, handelt es sich bei Weihern um natürlich entstandene Flachseen oder verlandete, also ehemals tiefe Seen. Im weiteren Alterungsprozeß kann aus ihnen ein Sumpf und schließlich ein Flachmoor bzw. ein Erlenbruch werden, oder ein Hochmoor und dann eine Heide. Dystrophe oder **Humusseen** unterscheiden sich deutlich vom Typ des Klarwassersees. Sie sind reich an Huminstoffen und deshalb gelb bis braun gefärbt, besitzen ein ungünstiges Lichtklima (vgl. 6.2.5.) und niedrige pH-Werte um 5. (Es gibt jedoch unter diesen Humus- oder **Braunwasserseen** auch solche mit recht hohem Kalkgehalt und pH (>8), z. B. der Herthasee auf Rügen). Außerdem sind sie relativ nährstoffarm und weisen bei Schichtung hohe CO_2- und niedrige O_2-Konzentrationen in der Tiefe auf. Besiedelt werden sie hauptsächlich von „Spezialisten" (z. B. Cladocere *Holopedium gibberum*; Zieralgen-Desmidiaceen). Der wachstumslimitierende Nährstoff in den meisten Braunwasserseen ist der Stickstoff. Abgelagerte Humusteilchen und Planktonleichen bilden den Torfschlamm **(Dy)**. Die darin eingelagerten Huminstoffe und die häufig an sie gebundenen großen Eisenmengen sowie die weiteren für Mikroorganismen ungünstigen Milieuverhältnisse ergeben ein ziemlich unzersetztes Sediment, in dem die Nährstoffe nahezu irreversibel festgelegt werden. Die gut durchoxidierten hellbraunen bis grauen Sedimente der oligo- und mesotrophen Gewässer bezeichnet man dagegen als **Gyttja** (schwedisch, Aussprache: „Jüttja").

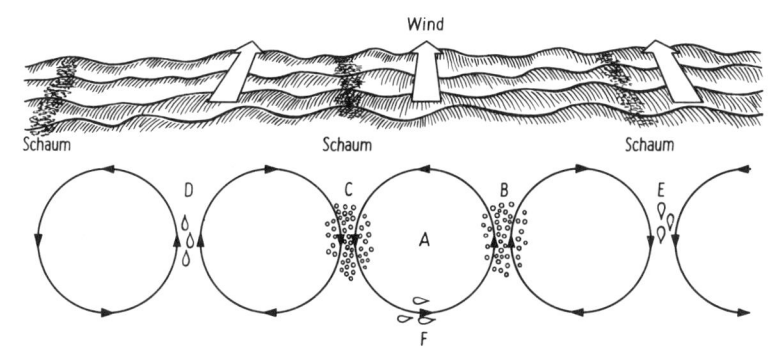

Abb. 6.38. Langmuir-Zirkulation und theoretisch mögliche Planktonverteilung. Aus LEDBETTER 1979; geringfügig ergänzt. A, B, C = Plankton oder Partikel, A = schwebend, B = schwerer als Wasser, C = leichter als Wasser; D, E, F = stark eigenbewegliche Zooplankter (z. B. Crustaceen), Position ist abhängig von der Geschwindigkeitsverteilung der Zirkulation.

6. Ökologie von Biocoenosen

Oberflächenwellen und deren biologische Konsequenzen

Wichtig für Stoffhaushalt, Besiedlung und Verteilung der Organismen sind auch die verschiedenen Wasserbewegungen (vgl. 6.2.6.). Bei den durch Windstaudruck hervorgerufenen stehenden Wellen findet nur ein vernachlässigbar kleiner Massentransport statt. Im Uferbereich ändern sich die Verhältnisse grundsätzlich. Die anrollenden Brandungswellen bewirken einen erheblichen Materialtransport und verhindern bei häufigem Auftreten eine Makrophytenbesiedlung. Es bildet sich eine **Brandungsbiocoenose** aus. Übersteigt die Windgeschwindigkeit einen kritischen Wert, dann kommt es an der Seeoberfläche zur Ausbildung von **Langmuir-Zirkulationen** (Abb. 6.38.).

6.2.4. Fließgewässer als Lebensraum

6.2.4.1. Strömung als prägende Erscheinung, ihre Wirkung auf die Organismen und die Besiedlung

Die Organismen der fließenden Gewässer unterscheiden sich durch ihre Anpassungen an den Wassermassentransport (Strömung) grundsätzlich von denen stehender Gewässer. So haben im freien Wasser nur die Fische eine Überlebenschance, weil sie sich gegen die Strömung behaupten können. Echt planktische Organismen gibt es nicht, sieht man von eingespülten Formen und den Unterlaufregionen der Flüsse ab, die einen großen Anteil an der gesamten Lauflänge besitzen und in denen sich auch ein autochthones Plankton **(Potamoplankton)** entwickeln kann. In den Fließgewässern treten im Gegensatz zu den Standgewässern die substratgebundenen Arten stärker hervor. Sie meiden weitestgehend die direkte Strömung und bevorzugen die „Still- und Totwasserbereiche" in der Grenzschicht (Abb. 6.39.a), im Lückensystem der Sedimente und der Pflanzenpolster. Im Kontaktbereich Wasserkörper/Flußbett bildet sich durch Reibungskräfte ein deutliches Geschwindigkeitsprofil mit laminarer Strömung und einer Geschwindigkeit nahe Null im Grenzbereich heraus. Die Dicke dieser Schicht wird von der Rauhigkeit des Untergrundes, der Entfernung zur angeströmten Vorderkante und der Fließgeschwindigkeit (Abb. 6.39.) bestimmt. Ob **laminare** oder **turbulente** Strömung vorliegt, hängt vom Verhältnis der Trägheits- und Reibungskräfte (Reynoldsche Zahl) ab:

$$Re = \frac{l \cdot U \cdot \varrho}{\eta} \qquad (6.3.)$$

Re = Reynoldsche Zahl (dimensionslos); l = hydraulischer Radius (Querschnitt/benetzter Umfang) (cm); U = Fließgeschwindigkeit ($cm \cdot s^{-1}$); ϱ = Dichte ($g \cdot cm^{-3}$); η = dynamische Viskosität ($g \cdot cm^{-1} \cdot s^{-1}$)

Nach SMITH (1975) strömt Wasser in größeren Gewässern laminar bei Reynoldschen Zahlen unter 500 und turbulent bei solchen von 2000 und mehr.

Die laminare Grenzschicht ist in schnellfließenden Gewässern (U = 0,2−0,4 m/s) nur wenige Millimeter dick und besitzt nicht nur durch den Abbau von Diffusionsbarrieren eine erhebliche biologische Bedeutung. Abb. 6.40. zeigt, daß bei geringen Fließgeschwindigkeiten die Tiere in einer dicken Grenzschicht „untertauchen", während bei hohen ein Schutz nur durch ein Andrücken an den Untergrund gewährleistet werden kann. Dabei führt das Anströmen des Wassers an den oft keilförmigen Kopf zu einer Kräfteteilung, durch die der Körper an den Untergrund gedrückt wird. Ein guter Randschluß vermeidet die Bildung von Wirbeln (Ablösung infolge Unterdruck), Krallen dienen dem Festhalten in Algenrasen ebenso wie die Sicherungsleinen, die verschiedene räuberische Trichopteren *(Rhyacophila)* bei ihren Streifzügen am Untergrund anheften. Die gleiche Funktion versehen auch die Saugnäpfe von Hirudineen und *Liponeura*-Larven. Die Arten, die sich „unverrückbar" fest verankern, wie die in Wohnröhren lebenden *Hydropsyche*-Larven (Trichopteren), legen Fangnetze aus, die ihnen

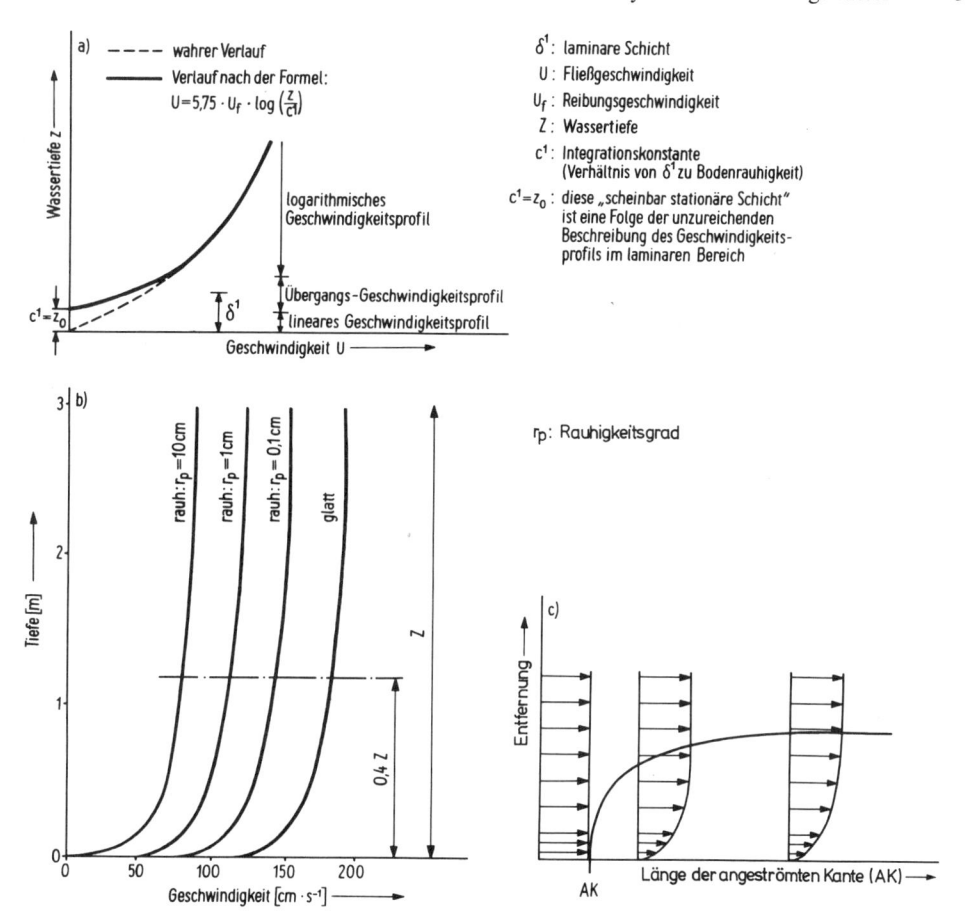

Abb. 6.39. Geschwindigkeitsprofile an Grenzschichten.
a) Die Strömungsgeschwindigkeit in Abhängigkeit von der Wassertiefe. Nach SMITH 1975. Die Strömungsgeschwindigkeit kann annähernd durch die in der Abbildung aufgeführte Gleichung berechnet werden. Sie gilt nicht oder nur sehr bedingt für den unmittelbaren Bereich der laminaren Schicht. b) Geschwindigkeitsprofile bei unterschiedlich rauhem Gewässergrund. Nach SMITH 1975. c) Die Strömungsgeschwindigkeiten in Abhängigkeit von der Entfernung zur angeströmten Kante und der Länge des Hindernisses (z. B. eines Felsblockes, stark schematisiert).

die Nahrung „einsammeln". Die pflanzlichen Organismen wachsen entweder als „Rasen" im Bereich der Grenzschicht (z. B. Diatomeen) oder bilden elastische Fäden, die mit Hilfe von Haftscheiben verankert werden (z. B. *Cladophora*). Von dieser Besiedlung der Hartböden unterscheidet sich die der Weichböden grundlegend. Sie ähnelt mehr der Fauna und Flora stehender Gewässer. Unter den Autotrophen überwiegen in flachen und durchlichteten Gewässern die höheren Wasserpflanzen, die sich gut in Sand und Schlamm verankern können. Die benthischen Tiere leben bei ausreichender Sauerstoffversorgung und fehlender Geschiebeführung (d. h. die Untergrundmaterialien — Sand, Kies, Schotter — werden durch eine zu geringe Schleppkraft des Wassers nicht bewegt) im Sandlückensystem und im Schlamm (z. B. Tubificiden, Chironomiden). Bei hohem Gehalt an organischen Sink- und Schwebstoffen und guten Sauerstoffverhältnissen sind Muscheln *(Sphaerium, Unio, Dreissena)* häufig. Unter den mikroskopisch kleinen Lebensformtypen der Tiere dominieren die allgegenwärtigen Protozoen, Nematoden, Rotatorien, die auf Grund ihrer Körpergröße gut an das Lückensystem angepaßt sind.

372   6. Ökologie von Biocoenosen

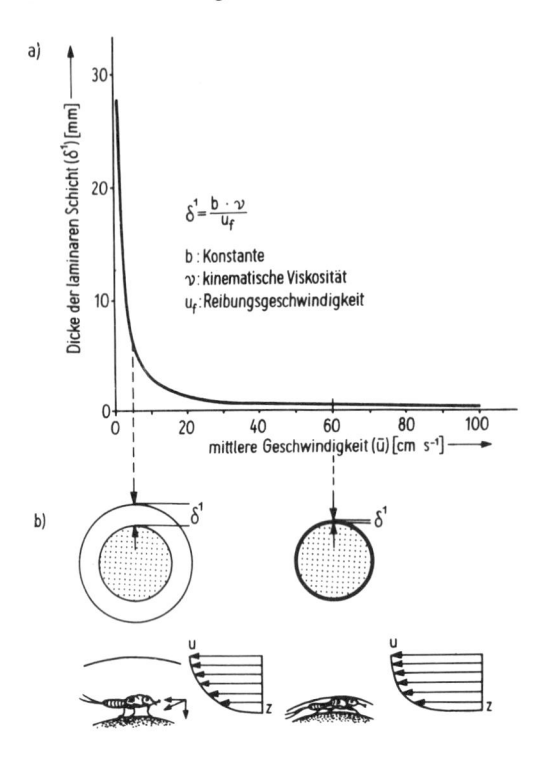

Abb. 6.40. a) Die Dicke der laminaren Schicht in Abhängigkeit von der mittleren Fließgeschwindigkeit. Nach Daten von SMITH 1975. b) Das „Eintauchen" der Organismen in die Grenzschicht als Schutzmechanismus gegen die Strömung.

$\delta^1 = \dfrac{b \cdot v}{u_f}$

b : Konstante
v : kinematische Viskosität
u_f : Reibungsgeschwindigkeit

6.2.4.2. Fließgewässer im Längsschnitt von der Quelle bis zur Mündung

Die „fließende Welle" großer Flüsse durchläuft von ihrer Quelle bis zur Mündung charakteristische Zonen, die gewissermaßen ihre Alterung repräsentieren (Abb. 6.41.).

Flüsse entstehen meist mit dem Austritt von Grundwasser aus der Erde als Quellen, wobei nach der Lage des Quellmundes drei Typen unterschieden werden: Sturzquellen (**Rheokrenen**), bei denen das Wasser mit erheblichem Gefälle aus der Erde tritt, Tümpelquellen (**Limnokrenen**), die vor dem Abfließen oft ein mitunter tiefes Becken („Quelltöpfe", besonders bei Erdfallquellen, häufig über 5 m tief) füllen, und Sumpfquellen (**Helokrenen**), im Bereich eines sehr hohen Grundwasserstandes.

Kennzeichnend für Quellen ist ihre niedrige Temperatur (oft nicht höher als 10 °C), weil die mittlere jährliche Grundwassertemperatur ungefähr dem Jahresmittel der Lufttemperatur entspricht. Quellen sind im Winter verhältnismäßig warm (sie frieren nicht zu), im Sommer kalt. Sie sind weiterhin charakterisiert durch oft relativ hohe CO_2-Konzentrationen, wobei als Folge der Ausgasung bei harten Wässern Kalkablagerungen auftreten. Die Ausscheidung von Eisenocker (vgl. 6.2.10.) beim Austritt von reduzierten Fe^{2+}-reichen Grundwässern, ist besonders deutlich bei Helokrenen zu beobachten. Die O_2-Konzentrationen der Quellen liegen meist tiefer als bei Oberflächengewässern, Sauerstoffsättigung tritt nur ausnahmsweise auf, die Amplituden aber sind geringer.

Quellen besitzen häufig ein nur spärliches Nahrungsangebot. Während der Vegetationsperiode, vor allem im Herbst (Laubfall), kann jedoch ein zusätzlicher Nahrungseintrag erfolgen. Ist der Gehalt an anorganischem C, N und P hoch, so ist in Verbindung mit dem ständigen Nährstoffnachschub bei guter Belichtung eine sehr hohe Produktion möglich. Die typischen Quellbewohner sind Moose und Algen, auch submerse Makrophyten

6.2. Ökosysteme der Binnengewässer   373

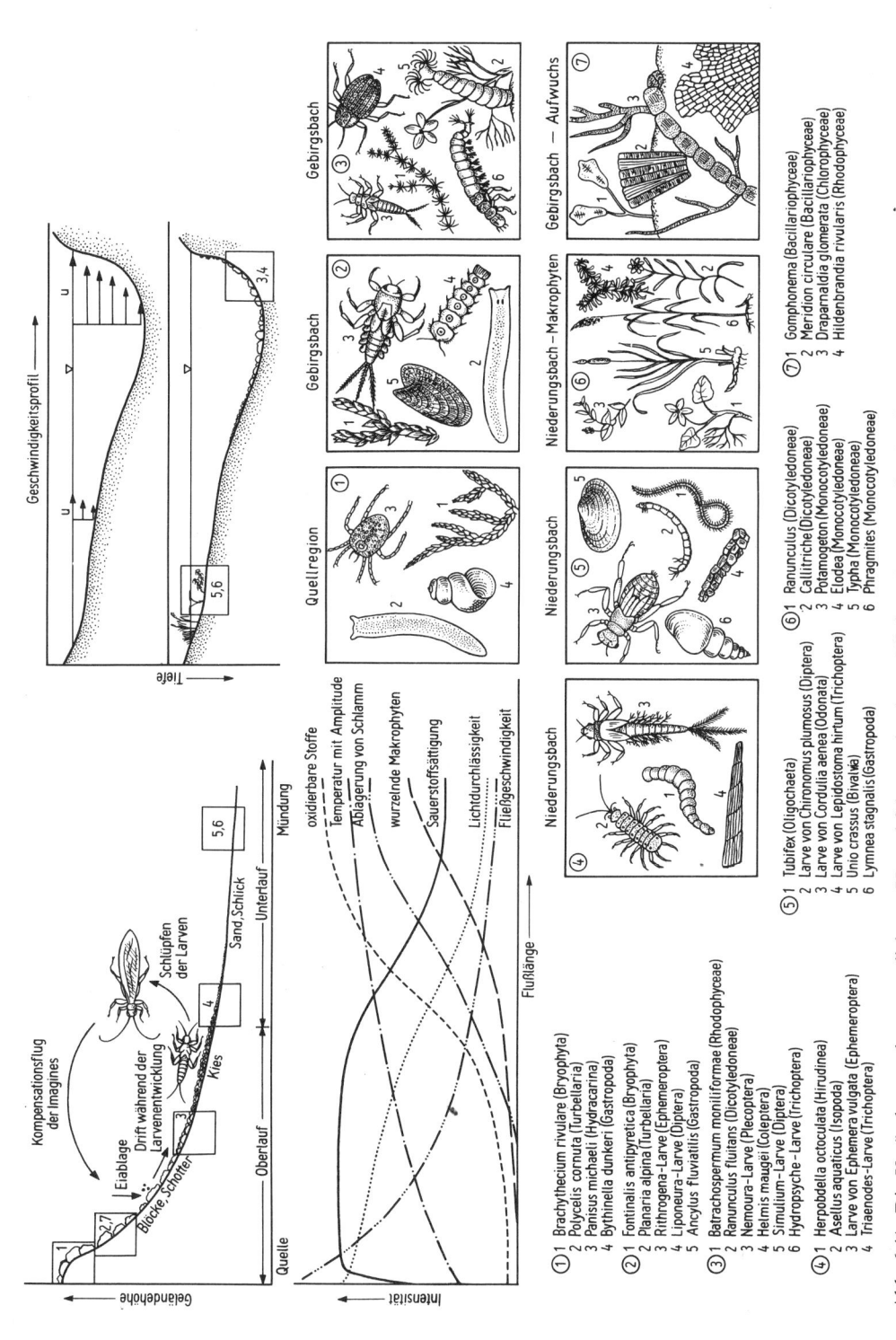

Abb. 6.41. Die Veränderung der wesentlichsten Umweltfaktoren in einem Fließgewässer von der Quelle zur Mündung und von einem Ufer zum anderen sowie die damit verbundene Änderung der Organismenbesiedlung.

(besonders in Limnokrenen) sowie kleinere Wirbellose (Planarien, Hydracarinen, Trichopteren-, Nematoceren- und Brachycerenlarven), die Räuber und/oder Pflanzenfresser darstellen.

Dieser krenalen Zone schließt sich die Zone des Gebirgsbachs (**Rhithral**) an, der im vergletscherten Hochgebirge die **kryale Zone** vorausgeht. Starke Wasserstandsschwankungen werden hier durch die jährlichen und täglichen Temperaturänderungen verursacht (z. B. tags Abschmelzen bei intensiver Besonnung, nachts bei starker Ausstrahlung Frost; deshalb im Sommer diurnale Schwankungen u. U. zwischen Hoch- und Niedrigwasserabfluß). Enorme Fließgeschwindigkeiten, extrem niedrige Temperaturen nahe 0 °C, hohe Geschiebeführung und die milchige Gletschertrübe zeichnen den **Gletscherbach** weiterhin aus. Nur ganz wenige tierische „Spezialisten" (z. B. Gletschermücke *Brachydiamesa steinböcki* unter großen, nicht verrückbaren Steinplatten) vermögen diesen Bedingungen zu widerstehen. Pflanzen haben keine Chancen. Im **Gebirgsbach** sind die Strömungsgeschwindigkeiten im Mittel nicht wesentlich niedriger, aber die Kurzfristschwankungen bei weitem nicht so extrem, sie bewegen sich ungefähr zwischen 40 und 200 cm/s. Dabei lagern sich, in Abhängigkeit von der Geschwindigkeit, die folgenden Sedimente ab (EINSELE 1960; aus RUTTNER 1962):

bis 20 cm/s: anorganischer Schlick, Detritus
20 bis 40 cm/s: Sande
40 bis 60 cm/s: Kies
60 bis 200 cm/s: Grobschotter und Blöcke.

Die Sauerstoffkonzentrationen im Gebirgsbach liegen nahe dem Sättigungswert. Die Temperatur schwankt innerhalb eines Tages und im Jahresverlauf (10 bis < 20 K) stärker als im Quellbereich. Die Fauna setzt sich vor allem aus kaltstenothermen und sauerstoffbedürftigen Arten zusammen, wobei der physiologische Sauerstoffreichtum (Verhinderung einer Sauerstoffverarmung durch ständigen „Abbau" der Grenzschicht) für die Organismen eine außerordentliche Bedeutung besitzt. Unter den Tieren dominieren im Gebirgsbach die Turbellarien, Ephemeropteren, Plecopteren, Trichopteren und Dipteren sowie einige Coleopteren, Amphipoden, Bivalvier und Gastropoden. Die autotrophen Organismen beschränken sich im wesentlichen auf Moose (*Fontinalis* u. a.) und epilithische Blau-, Rot-, Kiesel- und Grünalgen, deren Lager sehr flach sind, oder die eine peitschenförmige Gestalt und eine Haftscheibe besitzen (*Batrachospermum, Cladophora*). Höhere Wasserpflanzen sind bis auf einige typische Arten (z. B. *Ranunculus fluitans*) selten, können aber im Mittellauf der Gebirgsflüsse bei festem Untergrund erhebliche Flächen besiedeln.

Sehr dichte Pflanzenbestände findet man, sofern das Wasser klar ist, im Unterlauf bzw. im **Niederungsbach.** Es handelt sich dann vor allem um *Potamogeton-*, *Callitriche-* u. a. Arten sowie um *Elodea*. Der geringere „Strömungsstreß" bei ausreichender Nährstoffversorgung infolge ständig neuen Wasserzustroms (sogenannte eutrophierende Wirkung der Strömung; vgl. 6.2.9.) sorgt im allgemeinen für ideale Wachstumsbedingungen im Tieflandfluß (**Potamal**), wenn nicht häufige Durchflußänderungen den Boden ständig in Bewegung halten und er damit makrophytenfeindlich wird. Dies, wie auch die zum Teil sehr hohe Lichtabschirmung durch Partikel (Trübstoffe, Plankton) ist die Ursache dafür, daß weite Zonen großer Tieflandströme makrophytenfrei sind (z. B. Donau, Elbe, Rhein). In den Totwasserzonen der Pflanzenpolster lebt eine artenreiche Fauna. Am Gewässergrund wechseln, je nach Fließgeschwindigkeit, die verschiedensten Substrate. Die Wasserführung der Niederungsflüsse ist ausgeglichener, die Jahresschwankung der Temperatur größer (15 bis > 20 K) als bei den Gebirgsflüssen. Die in den langsamfließenden und nährstoffreichen Strecken auftretenden dichten Pflanzenbestände hemmen den Abfluß, stauen das Wasser und fördern die Sohlaufhöhung und die Sauerstoffzehrung infolge der Sedimentation in Stillwasserbereichen. Die Sauerstoffkonzentrationen im Bereich dichter Krautbestände schwanken diurnal oft sehr stark und erreichen Sättigungswerte von weit über 100%, können andererseits nachts aber infolge von Abbau- und Atmungsprozessen bedenklich zurückgehen und sogar Null erreichen. Die Vielzahl der Biotope im Potamal läßt eine reichere Flora und Fauna zu als die anderer Fließgewässerabschnitte.

Von den bereits erwähnten typischen Vertretern des Rhithrals besiedeln die weniger streng angepaßten Arten auch diesen Bereich, zudem findet eine Vielzahl von Organismen der stehenden Gewässer hier ebenfalls eine Lebensmöglichkeit (Mollusken, Crustaceen, Odonaten, Hirudineen, Hydrozoen, Bryozoen, Poriferen). Auch das **Potamoplankton** ist meist reichlich vertreten, wenn eine Fließzeit erreicht wird, die mehrfach länger als die Verdopplungszeit der Algen ist. Diese Fließzeit wird in der Regel schon in der Unterlaufregion von Gebirgsflüssen überschritten (z. B. „Werra-Blüte", verursacht von planktischen Diatomeen). Im Gegensatz dazu sind die Ober- und Mittelläufe planktonfrei oder enthalten nur **Tychoplankter** (Transport eingeschwemmter Formen ohne nennenswerte Vermehrung).

Die in Abbildung 6.41. als Längsschnitt gezeigte Gliederung der Fließgewässer kann sich bei breiten Flüssen im Querschnitt (Abb. 6.41.) annähernd wiederholen, weil sich hier die Fließgeschwindigkeit im Querprofil verändert, so daß entsprechend der am Prallhang vorherrschenden starken Strömung typische Gebirgsbachbewohner bzw. Hartbodenbewohner leben, während der Gleithang infolge des abgesetzten Schlammes von Weichbodenbewohnern besiedelt wird.

Fische sind gute Indikatoren für die verschiedenen Fließgewässerregionen, deshalb führten Fischereibiologen die Einteilung der natürlichen Fließgewässerzonen nach Leitfischen ein. Der **Forellen-**(Salmoniden)**region** des Hoch- und Mittelgebirgsbaches folgt im Mittellauf die **Äschenregion** und nach Verlassen des Gebirges im Potamal die **Barbenregion.** Die **Brachsen-** oder **Bleiregion** schließt den rein limnischen Bereich des Flußlaufes ab.

Klare, sauerstoffreiche und kiesige Niederungsbäche weisen ebenfalls eine Forellenregion auf, doch treten zusätzlich viele Begleitarten auf. Die potentiell möglichen Forellenregionen sind heute stark zusammengeschrumpft, weil die hohen Ansprüche von Fischen und Eiern an den Sauerstoffgehalt nicht mehr erfüllt werden. Hauptursache sind dabei gelegentliche Stoßbelastungen. Für die Larvenentwicklung ist häufig der Sauerstoffmangel im Bachbett (Kies- und Sandlücken) der kritische Faktor. Daher erfolgt gegenwärtig verbreitet künstlicher Besatz und Bewirtschaftung als Angelgewässer. In Bächen mit sehr weichem Wasser bzw. kalkarmem Untergrund (Urgestein) spielt auch die Versauerung infolge Luftverschmutzung (SO_2) und Fichtenmonokulturen eine große Rolle, wodurch u. a. die Embryonalentwicklung gestört wird (s. auch 6.2.7.). Diese Versauerung ist vor allem im Mittelgebirge (Erzgebirge) zu finden, kaum bei den Forellengewässern des Hügellandes und der Ebene.

Wichtige arterhaltende Verhaltensweisen von Fließwassertieren stellen die positive **Thigmotaxis** sowie die **Rheotaxis** dar, durch die die Organismen der Strömung ausweichen und Driftverluste vermeiden. Eine weitere Anpassung an die ständige Gefahr der Ausspülung ist der **Kompensationsflug** (Abb. 6.41.), bei dem die adulten Insekten zur Eiablage bachaufwärts fliegen und dadurch die Abdriftverluste ausgleichen. Die Drift erreicht maximale Werte in den Nachtstunden. Ursache dafür ist die **negative Phototaxis,** die möglicherweise einen Schutz vor Fischfraß darstellt, dem die Tiere auf den kahlen Steinoberseiten ausgesetzt wären und die eine Reduzierung unnötiger Strömungsexposition bewirkt. Sicher besitzt die Abspülung auch einen positiven Effekt, indem sie eine einfache Möglichkeit der Ausbreitung und damit zur Besiedlung unbesetzter Areale darstellt (Dispersionsdrift).

6.2.4.3. Biologische Selbstreinigung

In einem stabilen Ökosystem befinden sich **Trophie** (Intensität der autotrophen Produktion) und **Saprobie** (Intensität der heterotrophen Produktion) in einem dynamischen Gleichgewicht und das Verhältnis von Primärproduktion und Atmung/Abbau beträgt 1 (Abb. 6.42.), was u. a. durch die enge Verknüpfung der Organismen im Nahrungsgefüge gewährleistet wird. Eine Erhöhung des verwertbaren Angebotes an organischen Substraten

6. Ökologie von Biocoenosen

a) Wasserbeschaffenheit

oligosaprob | polysaprob | α-mesosaprob | β-mesosaprob

relative Intensität: Sauerstoffkonzentration, organisch belastetes Abwasser, Atmung/Abbau (R), autotrophe Produktion (P)
P/R ≈ 1 | P/R ≪ 1 | P/R > 1 | P/R > 1

Fließzeit bzw. Fließstrecke →

relative Konzentration: abbaubare organische Stoffe, NH_4, PO_4, NO_2, NO_3

Fließzeit bzw. Fließstrecke →

relativer Anteil: Bakterien, Protozoen, Unterwasserpflanzen, Fische, Trichopteren-, Ephemeropteren-, Plecopteren-Larven

Fließzeit bzw. Fließstrecke →

b)

Biochemischer Sauerstoffbedarf (BSB_5)

Sauerstoffkonzentration

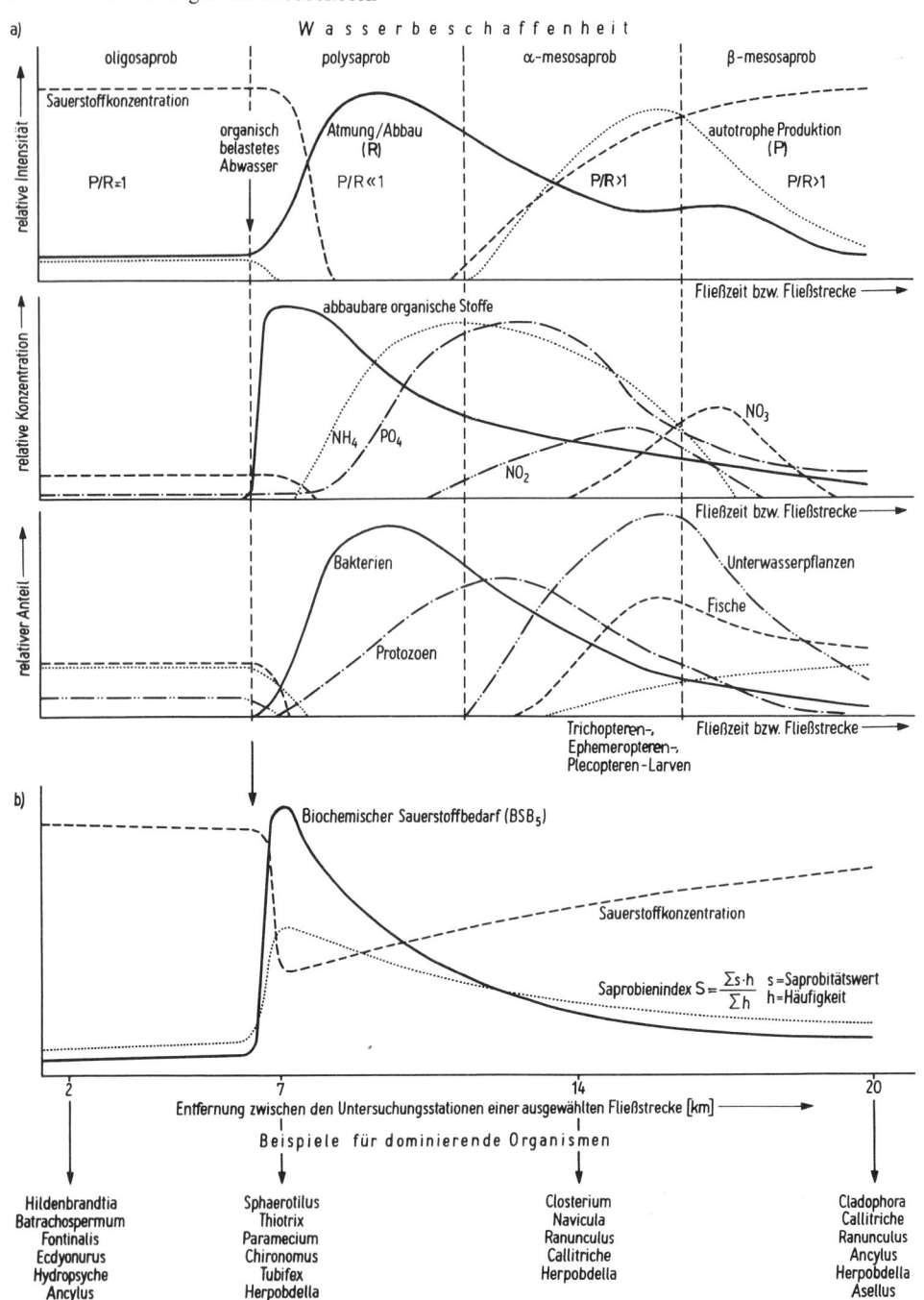

$$\text{Saprobienindex } S = \frac{\sum s \cdot h}{\sum h} \quad \begin{array}{l} s = \text{Saprobitätswert} \\ h = \text{Häufigkeit} \end{array}$$

2 | 7 | 14 | 20
Entfernung zwischen den Untersuchungsstationen einer ausgewählten Fließstrecke [km] →

Beispiele für dominierende Organismen

Hildenbrandtia	Sphaerotilus	Closterium	Cladophora
Batrachospermum	Thiotrix	Navicula	Callitriche
Fontinalis	Paramecium	Ranunculus	Ranunculus
Ecdyonurus	Chironomus	Callitriche	Ancylus
Hydropsyche	Tubifex	Herpobdella	Herpobdella
Ancylus	Herpobdella		Asellus

Abb. 6.42. a) Die Veränderung der Wasserbeschaffenheit als Folge der Einleitung abbaubarer organischer Abwässer, die Intensitätsveränderung wesentlicher Selbstreinigungsprozesse mit ihren Einflüssen auf wichtige Wasserinhaltsstoffe sowie die Sukzession und der Anteil der die Selbstreinigung bewerkstelligenden Organismengruppen. In Anlehnung an UHLMANN 1981. b) Der Selbstreinigungsvorgang in einem stark belasteten Mittelgebirgsfluß mit den auftretenden dominanten Indikatororganismen der Wasserbeschaffenheit sowie dem berechneten Saprobienindex.

(z. B. durch Abwässer) führt zu einer Verschiebung in Richtung Saprobie, bzw. in Richtung Trophie, wenn verstärkt anorganische Nährstoffe (z. B. Abtrag von Düngemitteln) angeboten werden. Im Laufe der Zeit werden diese Ungleichheiten wieder abgebaut. Allerdings wird jedoch der ursprüngliche Zustand nicht wieder völlig erreicht, da die Nährstoffkonzentrationen ansteigen und damit das Gleichgewicht zwischen Trophie und Saprobie auf ein höheres Niveau gehoben wird.

Die dabei stattfindenden Vorgänge werden unter dem Begriff **Selbstreinigung** zusammengefaßt. Im Vordergrund steht der Abbau von primären (organische Abwasserinhaltsstoffe, Fallaub) oder sekundären (aus natürlich oder anthropogen zugeführten anorganischen Nährstoffen bzw. Mineralisationsprodukten autotroph gebildete Biomasse) organischen Verunreinigungen durch physikalische (Verdünnung, Sauerstoffeintrag durch Turbulenz), physikochemische (Flockung, Sedimentation), chemische (Oxidation) und biologische (Stoffwechsel)Prozesse. Den Hauptteil der natürlichen Selbstreinigung tragen die Organismen. Sie nehmen energiereiche organische Verbindungen auf und überführen sie durch Ab-, Um- und Einbau in körpereigene Biomasse. Bei diesem Prozeß wird ein großer Teil der Stoffe unter Energiegewinn und Sauerstoffverbrauch mineralisiert, wobei u. a. Wasser, Kohlendioxid, Phosphat, anorganische Stickstoffverbindungen, Schwefelwasserstoff, Methan und niedermolekulare organische Stoffe entstehen, je nachdem, ob der Abbau aërob oder anaërob (Gärungen) verläuft. Dabei erzielen die Mikroorganismen den größten Umsatz.

Die eingebrachten toten organischen Partikel und die Mikroorganismen, vor allem Bakterien, dienen den Partikelfressern des Freiwassers und des Aufwuchses (auch Bewuchs oder biologischer Rasen genannt) als Nahrung. Das Abweiden des biologischen Rasens fördert seine Regeneration und führt damit zu einem schnelleren Abbau. Auch die Schlammbewohner üben eine günstige Wirkung auf die Selbstreinigungsprozesse aus, indem sie die Belüftung durch den biologischen „Verbau" (Röhrenbildung, Krümelstruktur durch Kotausscheidung) und die eigenen Körperbewegungen (Ventilationswirkung beschleunigt Sauerstoffnachschub) verbessern. Eine nicht unwesentliche Sauerstoffquelle bilden die grünen Pflanzen, wobei sich deren Respiration in den Nachtstunden bei großen Mengen allerdings negativ auswirken kann (Sauerstoffkonzentration sinkt stark ab). Die hohe photosynthetische Aktivität fördert, ähnlich wie die Kalkzugabe bei der Wasseraufbereitung, die Ausfällung von Mikroorganismen und Schwebstoffen infolge biogener Entkalkung (vgl. 6.2.7.).

Das Fortschreiten der Selbstreinigungsprozesse wird besonders deutlich in abwasserbelasteten Fließgewässern, weil hier der Wassertransport die zeitliche Abfolge mit einer räumlichen verknüpft (Abb. 6.42.b). Nach den dominierenden Stoffwechselvorgängen und deren Intensität sowie den vorherrschenden Organismen werden meist 4 Zonen zur **Charakterisierung des Gewässerzustandes** bzw. des Selbstreinigungsgrades unterschieden:
Oligosaprobe Zone (Beschaffenheitsklasse 1): Das Wasser enthält leicht abbaubare organische Substanzen nur in Spuren und ist daher meistens sauerstoffgesättigt. Der Nährstoffgehalt ist niedrig. Die entsprechenden Gewässer sind deshalb auch arm an Individuen, allerdings enthalten sie eine relativ hohe Gesamtartenzahl. Oligosaprob sind noch viele Quellregionen und Gebirgsbäche sowie die relativ wenigen, meist tiefen Klarwasserseen.

Auch ohne anthropogene Einflüsse wären nicht alle Gewässer oligosaprob, da durch die trophischen Prozesse Biomasse aufgebaut wird, die, wie z. B. bei den Makrophyten, nach Beendigung der Vegetationsperiode wieder mineralisiert wird, um erneut in den Stoffkreislauf einzufließen. Bei diesen Zersetzungen können lokal und zeitlich begrenzt Verschmutzungserscheinungen mit Sauerstoffzehrung auftreten, die Selbstreinigung läuft in ihrer ursprünglichsten Form ab. Dabei halten sich aber hier diese Prozesse in Grenzen, während die massive Einleitung von Abwässern über lange Zeiträume zu einer in der Regel für Gewässer nicht typischen, pathologischen Veränderung führt. Ein weiteres Beispiel natürlicher Verschmutzung stellen die Fallaubtümpel der Auenwälder dar. Unter Eisbedeckung treten in diesen totaler Sauerstoffschwund und hohe H_2S-Konzentrationen auf. Diese Tümpel stellen die klassischen Biotope polysaprober Leitorganismen dar. Für ein natürliches Fließgewässer ist ein solcher Zustand undenkbar. Dort kann ein Sauerstoffdefizit nur durch starke Abwassereinleitungen hervorgerufen werden. Die Auswirkungen einer solchen Einleitung auf einen im Oberlauf nicht belasteten Fluß zeigen die Abbildungen 6.42a. u. b.

Polysaprobe Zone (Beschaffenheitsklasse 4): Werden in oligosaprobe Gewässer große Mengen Abwässer eingeleitet, wechselt die Wasserqualität nach polysaprob. In dieser Zone treten erhebliche Mengen organischer Stoffe auf, und die mikrobiellen Abbauprozesse dominieren so stark, daß der Sauerstoffvorrat u. U. völlig aufgebraucht wird. Die Geschwindigkeit der Abbauprozesse ist derart groß, daß die Spaltprodukte der abgebauten höhermolekularen Verbindungen (Eiweiße → Aminosäuren, Poly- → Oligosaccharide, Fette → Glycerin und Fettsäuren) sofort weiter metabolisiert werden und eine Akkumulation nicht erfolgt. In dem unangenehm riechenden, trüben, faulenden (anaerobe Zersetzung) Wasser reichern sich Fäulnisgifte an, wie Schwefelwasserstoff, Amine und Ammoniak. Außer den in großer Artenzahl vertretenen saprotrophen Mikroorganismen (z. B. *Sphaerotilus natans*, weiße und rote Schwefelbakterien, Pilze, Blaualgen) sowie bakterienfressenden Protozoen sind nur wenige Arten von autotrophen und höheren tierischen Organismen (z. B. Roter Schlammröhrenwurm *Tubifex tubifex*) vorhanden. Unbehandelte bzw. nur mechanisch geklärte, organisch belastete Abwässer (aus Haushalten, Schlachthöfen, Molkereien, Tierhaltungen usw.) und deren Einleitungsbereiche sind polysaprob.

α-mesosaprobe Zone (Beschaffenheitsklasse 3): In dieser Zone sind die Konzentrationen der organischen Substrate bereits geringer. Da das Redoxpotential aber noch niedrig ist, ist eine Nitrifikation nur in beschränktem Maße möglich. Eisen liegt nicht als Fe^{3+}, sondern als FeS_2 vor. Auch Fäulnisgifte treten noch auf. Molekularer Sauerstoff ist bereits wieder vorhanden, aber zumindest nachts in nur niedrigen Konzentrationen (am Tage Zunahme infolge Photosynthese). Die Mineralisationsendprodukte erreichen höhere Konzentrationen. Reduktionsprozesse sind überwiegend in Totwasserzonen anzutreffen. Neben Bakterien kommen auch Blau-, Geißel- und Grünalgen sowie Protozoen häufig vor. Makroorganismen sind bis auf den Egel *(Herpobdella octoculata)*, *Tubifex* und die ebenfalls schlammbewohnenden häufigen roten Zuckmückenlarven (z. B. *Chironomus plumosus*) kaum vertreten.

β-mesosaprobe Zone (Beschaffenheitsklasse 2): Die Anzahl der Bakterien ist infolge des nur noch sehr geringen Angebotes an organischer Nahrung und der starken Verluste durch Fraß (Ciliaten) klein. Wenn Bakterien auftreten, dann nicht mehr einzeln, sondern als Flocken. Deshalb ist das Wasser, wenn es nicht in stehenden oder langsamfließenden Gewässern durch Algenmassenentwicklungen gefärbt ist, wieder klar. Anaërobe Verhältnisse kommen nicht mehr vor, allerdings weist die Sauerstoffkonzentration infolge reichlichen Auftretens autotropher Organismen oft einen ausgeprägten Tag-Nacht-Gang auf. Es überwiegt ein durchoxidierter, brauner, krümeliger Schlamm. Die mikro- und makroskopische Flora und Fauna sind außerordentlich artenreich vertreten, weil das Fehlen schädlicher Umwelteinflüsse hier mit einer relativ geringen, aber einer für eine reichliche Entwicklung ausreichenden, anorganischen und organischen Nährstoffgrundlage verbunden ist. Auffällig ist das stärkere Auftreten von Insektenlarven, Mollusken, Kiesel-, Grünalgen und Makrophyten. Viele der Mittelgebirgsflüsse tragen im Unterlauf β-mesosaproben Charakter, desgleichen Trinkwasser-Talsperren und einige Seen.

Da in den verschiedenen Zonen der Selbstreinigung jeweils andere typische Organismen an die vorherrschenden Umweltverhältnisse mehr oder weniger gute Anpassungen aufweisen, besteht zwischen Selbstreinigungsgrad/Umweltverhältnissen und charakteristischen Arten eine enge Beziehung. Es lassen sich deshalb mit Hilfe der vorkommenden Arten und ihres Indikationswertes sowie ihrer Dominanz Aussagen über die durchschnittliche Wasserqualität treffen. Dazu wird der sogenannte **Saprobienindex** bestimmt (s. Gleichung in Abb. 6.42.b). Der Vorteil der biologischen Gewässeranalyse besteht darin, daß sie das Nichtüberschreiten bestimmter Extreme ausweist. So ist das Auftreten von *Gammarus pulex*

z. B. Hinweis darauf, daß zumindest innerhalb der Generationszeit dieser Art ein O_2-Gehalt von 4 mg/l nicht unterschritten wurde. Chemisch lassen sich vereinzelte Abwässerstöße ohne sehr großen Aufwand (kontinuierliche Entnahme) meistens nicht nachweisen. Da aber eine einmalige Stoßbelastung bereits einen deutlichen Effekt hat (z. B. Rückgang durch Tod, verringerte Reproduktion usw.), der besonders leicht an den sessilen oder wenig eigenbeweglichen Arten zu erkennen ist, weil die sich diesem „Streß" durch Flucht nicht entziehen können, liefert auch die „Fehlmeldung" von Arten wichtige Informationen. Der **„Artenfehlbetrag"**, der diesen Sachverhalt beschreibt, drückt aus, wie groß die Differenz zu den zu erwartenden Arten ist, z. B. unterhalb einer Abwassereinleitung, im Vergleich zur Besiedlung vor dieser Einleitung.

Die Selbstreinigung als hauptsächlich biologischer Prozeß hängt wesentlich von äußeren Bedingungen ab. So ist die Selbstreinigungskapazität schnellfließender, steiniger Gewässer mit starker Sohlrauhigkeit höher als die der ruhigen, weil der Sauerstoffeintrag und die effektive Besiedlungsfläche (innere Oberfläche) größer sind. In warmem Wasser laufen die Prozesse ebenfalls schneller ab. Ein bereits vorbelastetes, aber nicht überlastetes oder gar verödetes Gewässer wird mit einem einmaligen Abwasserstoß besser fertig als ein sehr sauberes, wo die arten- und mengenmäßige Organismenbesiedlung sich auf die Belastung erst einstellen muß.

Für die leicht abbaubaren organischen Verbindungen existieren relativ gute Sauerstoff-Substrat-Modelle, die eine Vorhersage der Wasserqualität bzw. der Belastbarkeit erlauben (RINALDI et al. 1979). So kann mit einiger Sicherheit vorhergesagt werden, wieviel Abwasser in den Vorfluter gelangen darf, wenn beispielsweise der für viele Fische kritische Grenzwert von 4 mg O_2/l auch bei Extremsituationen nicht unterschritten werden soll. Bei allen Belastungs- und Abbauproblemen darf aber der Sauerstoffgehalt nicht als einziges Prüfungskriterium dienen, da toxische Stoffe die Selbstreinigung blockieren können und dadurch die Sauerstoffkonzentration bessere Verhältnisse vorspiegelt als in Wirklichkeit vorhanden sind.

6.2.5. Verteilung der Licht- und Wärmeenergie

Ebenso wie im Meere reguliert auch in den Binnengewässern die Strahlungsenergie die Stoffkreisläufe. Intensität und spektrale Zusammensetzung des Lichtes sind maßgebend für die oft sehr komplizierte Vertikalverteilung des Planktons und speziell die Vertikalwanderungen der eigenbeweglichen Arten. Von der Lichtenergie, die auf eine glatte Wasserfläche trifft, wird ein tages- und jahreszeitlich sehr unterschiedlicher Anteil reflektiert (vgl. 2.2.1.2.).

Der Begriff **Transmission** faßt die in den Wasserkörper eindringenden Strahlungsanteile zusammen. Mit zunehmender Schichtdicke geht ein größerer Anteil dieser Strahlungsenergie entweder durch **Absorption** (A) oder durch **Streuung** (S) verloren. Die Komponenten A und S werden als **Extinktion** zusammengefaßt. Die Verringerung der Lichtintensität mit der Wassertiefe entspricht einer exponentiellen Abklingkurve **(Beer-Lambertsches Gesetz)**:

$$\frac{dI}{dz} = -\varepsilon \cdot I \quad \text{bzw.} \quad I = I_0 \cdot e^{-\varepsilon \cdot z} \tag{6.4.}$$

Dabei ist I die Lichtintensität in der Tiefe z, I_0 die Intensität direkt unter der Wasseroberfläche, ε der sog. Extinktionskoeffizient (pro m). Schon von einer 1 m dicken Schicht reinsten Wassers (aqua dest.) werden rund 50% der eindringenden Strahlung verschluckt. Die Lichtdurchlässigkeit ist jedoch je nach Spektralanteil sehr unterschiedlich.

Am tiefsten dringt in reinem Wasser die blaue Strahlung ein. Im Vergleich zu aqua dest. ist in Oberflächengewässern der Extinktionskoeffizient stets größer. Es sind gelöste Stoffe vorhanden, die als Schwächungsfilter (z. B. Huminstoffe) die selektive Absorption sehr stark erhöhen. Beispielsweise erreicht der blaugrüne Strahlungsanteil (500 nm) im Lunzer Untersee, einem Klarwassersee der Kalkalpen mit einer Sichttiefe von 8–12 m, in 2 m Tiefe bereits nur 50% von I_0. In destilliertem Wasser würde eine Verringerung auf 50% erst in 100 m Tiefe erreicht! In den meisten Seen der Tiefebenen (z. B. Norden der BRD) sind aber Sichttiefe und Lichttransmission weitaus geringer als in Gebirgsseen wie dem Lunzer Untersee. Die untere Grenze des Vorkommens von submersen Makrophyten und benthischen Algen entspricht etwa einer Lichtintensität von 0,01 I_0, also einem Prozent der Intensität an der Wasseroberfläche. Die Mächtigkeit der durchlichteten (euphotischen, trophogenen) Schicht sei mit z' bezeichnet.

Durch Umformung von Gl. (6.4.) erhält man für

$$\varepsilon = \frac{\ln I_0 - \ln I}{z'} \tag{6.5.}$$

Diese Beziehung entspricht in einem Koordinatensystem mit logarithmischer Skala für I einer Geraden, deren Neigung durch den Koeffizienten ε bestimmt wird (Abb. 6.43.). Eine solche Gerade läßt sich schon mit wenigen Meßpunkten kennzeichnen. Die Tiefe, in der die Gerade die Lichtintensität von 1% schneidet, entspricht der Tiefe z'. Demnach gilt die aus Gl. (6.5.) abgeleitete Beziehung:

$$z' = \frac{\ln 100 - \ln 1}{\varepsilon} = \frac{4,6 - 0}{\varepsilon} = \frac{4,6}{\varepsilon} \tag{6.6.}$$

Für ε wird in diesem Fall ein Mittelwert aus den Anteilen für alle Spektralbereiche verwendet.

Wie Abb. 6.43. zeigt, dringt in einem kalkreichen Klarwassersee der blaue (in Seen mit nur geringem Huminstoffgehalt der blaugrüne) Spektralanteil am weitesten in den Wasserkörper ein. Je höher die Konzentration an Huminstoffen, desto stärker wird nicht nur die Extinktion, sondern es verschiebt sich auch das Transmissionsmaximum in den langwelligen Bereich.

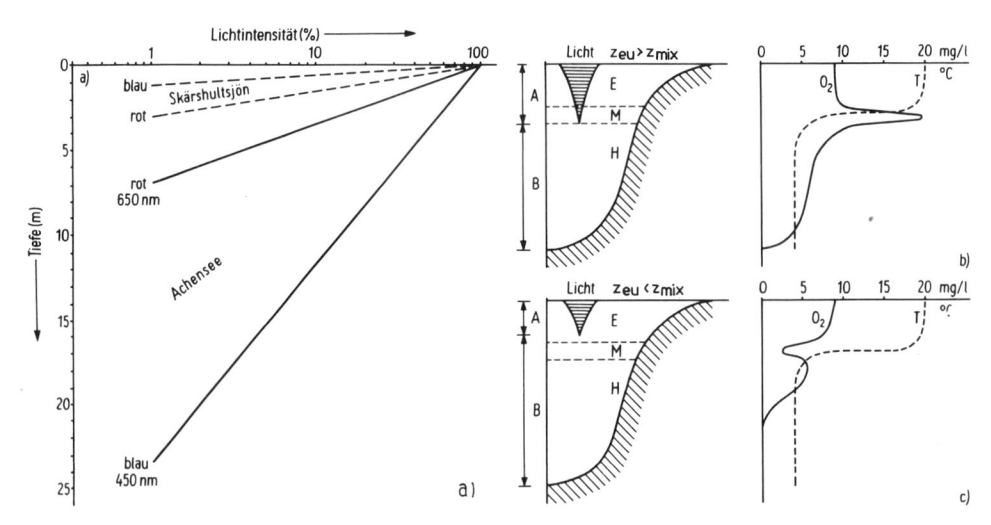

Abb. 6.43.a) Die spektrale Lichtdurchlässigkeit eines Klarwassersees mit sehr geringem (Achensee) und eines Sees mit erhöhtem Gehalt an Huminstoffen (Skärshultsjön). Berechnet nach Zahlenwerten in RUTTNER 1962. b und c) Beispiele für die Ausbildung eines metalimnischen Sauerstoffmaximums bei großer (b) und eines metalimnischen O_2-Minimums bei geringer Lichtdurchlässigkeit. A = euphotische (durchlichtete) Schicht, B = aphotische (lichtlose) Schicht, z_{eu} = Durchlichtungstiefe, z_{mix} = Durchmischungstiefe (entspricht der Dicke des Epilimnions, s. S. 382).

Die Farbe des Wassers, wie man sie beispielsweise über einer, in den Wasserkörper versenkten, weißen Sichtscheibe beobachten kann, entspricht der Lage des Transmissionsmaximums, d. h. blau in Seen mit reinstem Wasser, gelborange in Braunwasserseen. Die in Klarwasserseen normalerweise vorherrschende blaugrüne Färbung kommt dadurch zustande, daß die blaue Eigenfarbe durch Huminstoffe in den grünen Spektralbereich verschoben wird. Bei starkem Zufluß von Wasser, das reich an Calciumhydrogencarbonat ist, aber auch von saurem und aluminiumhaltigem Wasser, werden die Huminstoffe als Calcium- bzw. Aluminium-Humate ausgefällt, und die blaue Eigenfarbe des Wassers kommt zum Vorschein. So verlieren durch Fällung und chemische Umwandlung der Huminstoffe infolge von Versauerung viele Braunwasserseen ihre charakteristische Färbung.

Die Sichttiefe ist die Wassertiefe, in der eine weißlackierte Blechscheibe von 0,25 m Durchmesser gerade noch zu erkennen ist. Nur in wenigen Klarwasserseen ist sie größer als 25 m. In den eutrophierten Seen der baltischen Ebene ist sie meistens nicht größer als 2 m, mitunter noch wesentlich geringer. In stark eutrophierten Seen wird die Entwicklung des Phytoplanktons so stark begünstigt, daß sich das Phytobenthos, insbesondere submerse Makrophyten, infolge zu starker Beschattung nicht mehr entwickeln kann.

Für die Verringerung der Lichtintensität unter Wasser ist nicht nur die selektive Absorption durch gelöste Stoffe, sondern auch die (weit weniger selektive) Streuung durch Partikel maßgebend. Die Verluste durch Streuung sind beachtlich, wenn die Zuflüsse eines Standgewässers stark getrübt sind, z. B. infolge Erosion im Einzugsgebiet. Aber auch die Phytoplankter erhöhen bei einer Massenentwicklung den Streulichtanteil und damit die Lichtschwächung („Selbstbeschattung").

Noch viel mehr als im terrestrischen Bereich wird in den Gewässern im Winter das Licht zu einem wachstumsbegrenzenden Faktor. Eine Schneedecke auf Eis kann den Zutritt des Lichtes weitgehend unterbinden. Dagegen ist die Lichtdurchlässigkeit von Klareis ebenso groß wie die von aqua dest., und es kann in dem Horizont unmittelbar unter der Eisdecke zu Massenentwicklungen von Phytoplankton kommen. Bei Fehlen einer Eisdecke werden die Phytoplankter infolge Konvektion oder windbedingter Durchmischung des Wasserkörpers auch in weit tiefer gelegene Horizonte transportiert, so daß in der lichtarmen Jahreszeit eine positive Nettobilanz der Photosynthese nur selten möglich ist.

Die **Verteilung der Wärmeenergie** in den Gewässern ist nicht nur maßgebend für die Stoffumsatzgeschwindigkeit, sondern auch für die Geschwindigkeit der Stofftransportprozesse, die u. a. durch das Ausmaß der konvektiven Durchmischung und durch die Stabilität der thermischen Schichtung bestimmt wird. Die Stoffumsatzgeschwindigkeit nimmt bei den einzelnen Arten von Wasserorganismen erwartungsgemäß mit der Erhöhung der Temperatur exponentiell zu (RGT-Regel, vgl. 4.3.1.1.).

Große Wasserkörper sind in der Lage, sehr erhebliche Wärmemengen zu speichern. Daher sind die Organismen in tiefen Standgewässern in weitaus geringerem Maße mikroklimatischen Schwankungen ausgesetzt als Landorganismen. Schon eine relativ kleine Talsperre wie die Talsperre Klingenberg im Osterzgebirge nimmt von Anfang März bis Mitte Juni eine Wärmemenge auf, die einem Äquivalent von 2700 Waggons hochwertiger Steinkohle entspricht.

Die Wärmestrahlung wird im Wasser viel stärker absorbiert als die Lichtstrahlung. Bereits eine 1 m mächtige Schicht destillierten Wassers hält rund 90% der eindringenden langwelligen Strahlung zurück. In 3 m Tiefe wären demnach theoretisch (Gl. 6.4.) nur noch 0,1% der durch die Wasseroberfläche eindringenden Wärmestrahlung zu erwarten. In Wirklichkeit wird jedoch durch die Wirkung des Windes der Wasserkörper wenigstens teilweise durchmischt und dadurch Wärmeenergie auch in tiefere Wasserschichten transportiert. Das Ausmaß dieses vertikalen Wärmetransportes hängt sehr stark von den jeweils bestehenden Temperatur- und damit Dichteunterschieden ab. Nach dem Abschmelzen der Eisdecke im Frühjahr erreicht der Wasserkörper eine gleichmäßige Temperatur von 4 °C. Bei ausreichender Windexposition wird der gesamte Wasserkörper durchmischt (Frühjahrs-

382   6. Ökologie von Biocoenosen

Vollzirkulation). Erwärmt sich jetzt das Oberflächenwasser weiter, beispielsweise bis auf 6 °C oder bis auf 8 °C, so nimmt zwar die Dichte ab (Abb. 6.44.), aber der Dichteunterschied ist noch so gering, daß diese Wärmeenergie bei entsprechender Windeinwirkung weit in die Tiefe transportiert werden kann. Hingegen ist auf dem Höhepunkt der frühsommerlichen Erwärmung der vertikale Dichteunterschied inzwischen so groß, daß selbst der stärkste Sturm nicht mehr in der Lage ist, dieses bis auf etwa 20 °C erwärmte Oberflächenwasser gegen den Widerstand des schweren, noch winterlich kalten Tiefenwassers bis zum Gewässergrund zu transportieren. Es bildet sich eine ausgesprochene **Temperaturschichtung** aus (vgl. 2.2.1.1.) mit Epi-, Hypo- und Metalimnion (E, H, M, s. Abb. 6.45c, d).

Die mittlere Mächtigkeit des Epilimnions wird auch als Durchmischungstiefe (z_{mix}) bezeichnet. Sie beträgt in kleinen windgeschützten Seen nur 2–3 m, dagegen in großen, stark windexponierten Seen oft mehr als 10 m. Daraus folgt, daß große Seen mit einer mittleren Tiefe des Wasserkörpers von 10 m normalerweise auch im Sommer bis zum Grunde durchmischt, also meistens nicht thermisch geschichtet sind. In tiefen Gewässern ist dagegen im Sommer die Stabilität so groß, daß selbst starke Stürme nicht ausreichen, um eine Vollzirkulation hervorzurufen. Dadurch ist in Perioden thermischer Schichtung der untere Wasserkörper auch chemisch isoliert, insbesondere vom Nachschub atmosphärischen Sauerstoffs abgeschnitten. Im Herbst führt die Abnahme der Lufttemperatur auch zur fortschreitenden Abkühlung der oberflächennahen Wasserschichten. Diese, dadurch schwerer geworden, sinken weiter in die Tiefe ab. Im Verlauf des Herbstes erreicht der gesamte Wasserkörper eine Temperatur von 4 °C. Es besteht keine Dichteschichtung mehr, und unter dem Einfluß des Windes zirkuliert der gesamte Wasserkörper (Herbst-Vollzirkulation).

Vertikale Dichteunterschiede können nicht nur dadurch entstehen, daß kaltes und daher schweres Tiefenwasser von warmem und somit leichterem Oberflächenwasser überlagert wird. Alle Prozesse, welche den Gehalt des Tiefenwassers an gelösten Salzen vergrößern, wirken in gleicher Richtung. Dabei reicht schon eine relativ geringfügige Erhöhung des hypolimnischen Salzgehaltes aus, um eine vollständige Durchmischung des Wasserkörpers zu verhindern; auch im Herbst und Frühjahr zirkuliert dann nur ein Teil des Wasserkörpers **(Meromixie)**. Die untere, salzreiche Wasserschicht wird nicht mit in die Zirkulation einbezogen.

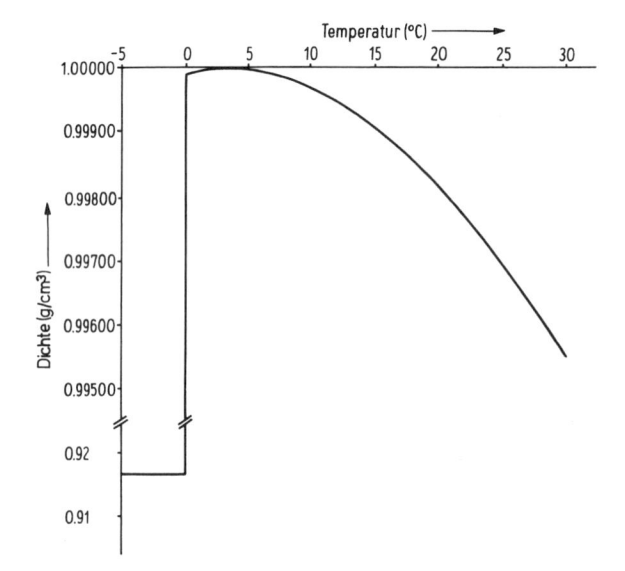

Abb. 6.44. Die Abhängigkeit der Dichte des Wassers ($g \cdot cm^{-3}$) von der Temperatur.

Meromixie kann durch Zufluß von Wasser mit erhöhtem Salzgehalt hervorgerufen werden, auch durch Einleitung von Endlaugen der Kaliindustrie. Es gibt aber auch biogene Ursachen: durch Abbauprozesse in der aphotischen Schicht werden große Mengen an CO_2 gebildet. Diese führen in kalkreichen Seen zur Erhöhung des Gehaltes an Calciumbicarbonat. In kalkarmen Gewässern kommt die Akkumulation des CO_2 oft in einem sehr hohen Gehalt an gelöstem Eisenbicarbonat zum Ausdruck.

Der in Abb. 6.45.b dargestellte Jahresgang von Schichtung und Durchmischung des Wasserkörpers ist für tiefe Standgewässer der gemäßigten Breiten kennzeichnend. Eine Temperatur des Hypolimnions von 4 °C ist nur dann möglich, wenn die Lufttemperatur in der kalten Jahreszeit auf Werte um den Gefrierpunkt absinkt.

Bei großer Tiefe, geringer Windwirkung, hoher Luftfeuchtigkeit und nur geringen Schwankungen der Lufttemperatur zirkulieren warme Seen des tropischen Tieflandes nur selten (**Oligomixie**). Umgekehrt durchmischt sich bei geringer Luftfeuchtigkeit, starker Windwirkung und starker nächtlicher Abkühlung, wie sie für aride Bereiche der Tropen kennzeichnend sind, der Wasserkörper sehr häufig (**Polymixie**) (s. Abb. 6.45.d).

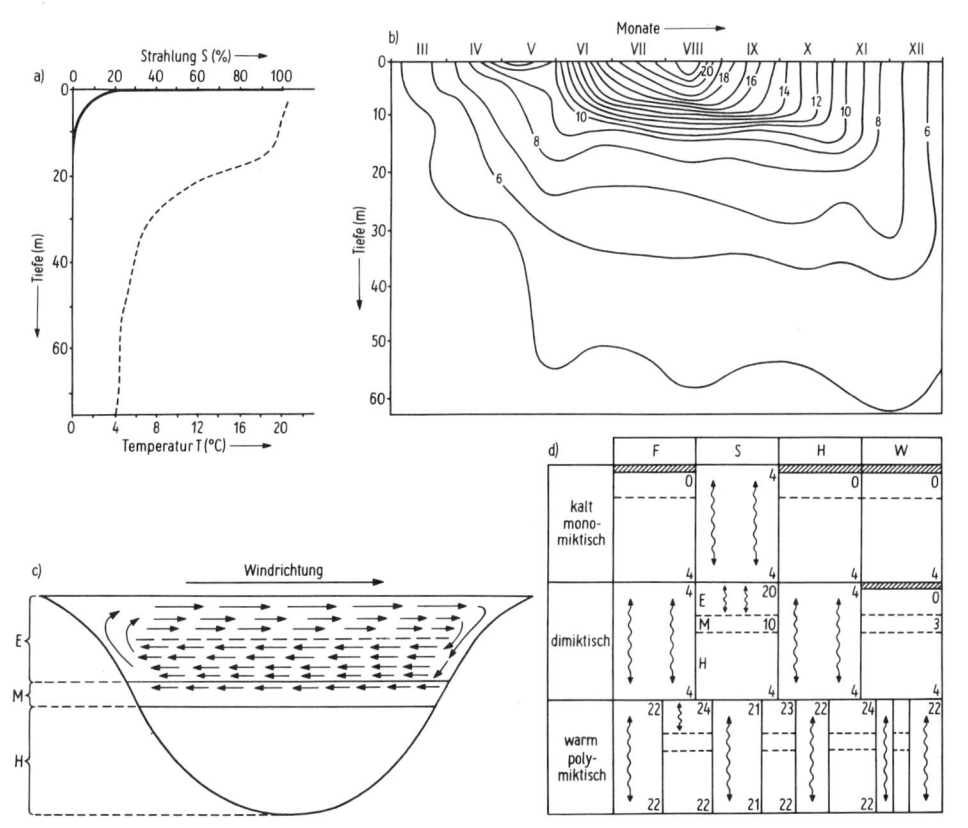

Abb. 6.45. a) Verteilung von Gesamtstrahlung (S) und Temperatur (T) in einem See (Seneca Lake) während der Sommerstagnation. Nach BIRGE und JUDAY aus RUTTNER 1962. b) Jahreszeitliche Änderungen der thermischen Schichtung im Zürichsee. Nach DIETLICHER 1974, verändert. c) Die windbedingte Durchmischung des Epilimnions E von Seen während der Sommerstagnation. Nach KUSNEZOW 1959, verändert. d) Jahreszeitliche Unterschiede der Schichtung und Durchmischung in Seen unterschiedlicher geographischer Breiten. Kalt monomiktisch: Arktis sowie Hochgebirge gemäßigter Breiten. Dimiktisch: gemäßigte Breiten. Warm polymiktisch: tropische Hochlandregionen mit geringer Luftfeuchtigkeit (auch im Tiefland, aber dort noch höhere Wassertemperaturen).

384   6. Ökologie von Biocoenosen

Entsprechend gut ist dann auch die Versorgung des Tiefenwassers mit Sauerstoff. Oligomiktische Seen weisen dagegen fast stets völligen O_2-Schwund im Tiefenwasser auf. Hierbei spielt auch die Beschleunigung aller Abbauprozesse infolge der hohen Temperatur eine Rolle. Während in den gemäßigten Breiten der für den Stoffhaushalt ganz entscheidende Wechsel zwischen Schichtungs- und Durchmischungsperioden durch den Jahresgang der Lufttemperatur bestimmt wird, ist deren Jahresamplitude im Bereich des Äquators vernachlässigbar gering. Entscheidend ist hier die Amplitude der innerhalb von 24 Stunden oder zwischen aufeinanderfolgenden Tagen eintretenden Änderungen der Lufttemperatur. Im Tiefland ist diese Amplitude oft sehr gering, dagegen im Hochgebirge häufig so hoch, daß der Wasserkörper u. U. täglich einmal voll durchmischt wird.

6.2.6. Wasserbewegung und Stofftransport

Während für die Ökosysteme der Fließgewässer die gerichtete Strömung kennzeichnend ist, sind für den Stofftransport in Standgewässern **Schwingungen** und **Wellen** maßgebend, die in ihrer Amplitude, Frequenz und Phase großen zeitlichen Schwankungen unterliegen (vgl. 2.2.3.). Dadurch herrscht in einem See hinsichtlich des Stofftransportes eine viel größere „Unbestimmtheit" als z. B. in einem großen Fluß der gemäßigten Breiten. Von den **rhythmischen Wasserbewegungen** sind sowohl die **fortschreitenden Oberflächenwellen** (sie entsprechen den „Wellen" des allgemeinen Sprachgebrauchs) als auch die **stehenden Wellen** (vergleichbar dem Wechsel von Ebbe und Flut im Meer) zunächst gerichtet. Mit der Zeit nimmt jedoch, infolge Wirkung von Reibungskräften, ihre Amplitude ab, und ein Teil der ursprünglich vorhandenen Energie wird in ungerichtete („chaotische") Wasserbewegungen, die **turbulente Durchmischung,** überführt. Sie kommt zustande, wenn sich in einem Seebecken zwei Wasserschichten gegeneinander bewegen (Abb. 6.46.); ferner, wenn die oberflächliche Wasserschicht durch starke Windwirkung mit nennenswerter Geschwindigkeit über der darunter befindlichen ruhenden Wasserschicht bewegt wird. Bei großem Durchmesser oder Querschnitt (Flußbett, Quer- oder Längsprofil eines Sees) geht jede gerichtete Wasserbewegung nach einiger Zeit in eine turbulente Strömung über. Nur in den Kleinstlücken von Kies- und Sandablagerungen, von Moospolstern sowie in unmittelbarer Nähe von festen Oberflächen, in der sog. „Grenzschicht", ist die Wasserbewegung laminar (vgl. 6.2.4.). Für die Stoffaufnahme durch die Körperoberfläche von Wasserorganismen ist die Geschwindigkeit der Grenzflächenerneuerung von entscheidender Bedeutung. Je größer die Fließgeschwindigkeit bzw. turbulente Durchmischung im Wasserkörper, desto mehr Sauerstoff, Nährstoffe und organische Substrate können an die Oberfläche der Wasserorganismen gelangen.

Die Amplitude der fortschreitenden Oberflächenwellen nimmt mit zunehmender Wassertiefe außerordentlich schnell ab, schon in 1,5 – 2 m Tiefe ist die mechanische Wirkung dieser Wellen nur noch gering. Man erkennt dies daran, daß sich hier feinkörnige Sedimente ablagern können, von denen die sog. „Seekreide" (Calciummonocarbonat, das in kalkreichen Seen bei der Photosynthese freigesetzt wird) am auffälligsten ist.

Ist die Oberfläche eines Sees für einen Zeitraum von mindestens mehreren Stunden der Wirkung eines starken Windes ausgesetzt, so entstehen nicht nur fortschreitende Oberflächenwellen, sondern das im Sommer warme und daher leichte Oberflächenwasser (vgl. 6.2.5.) wird in Windrichtung gestaut. Es erreicht dadurch eine größere Schichtdicke als am gegenüberliegenden, dem Wind zugewandten Ufer. Da dieses Wasser gleichzeitig langsam, in der Richtung des Windes, strömt, wird auf diese Weise der gesamte obere Wasserkörper, das Epilimnion, in eine Zirkulation versetzt; an der Grenze der tieferen, kälteren Wasserschichten strömt dieses Wasser in entgegengesetzter Richtung (Abb. 6.45.). Der einseitige Windstau führt oft zu einer Neigung der Sprungschicht M. Das Verhalten des Wasserkörpers ist jedoch auf die Wiederherstellung des ursprünglichen Zustandes, d. h.

6.2. Ökosysteme der Binnengewässer

die vollkommen horizontale Lage sowohl der Wasseroberfläche als auch der Sprungschicht, gerichtet. In dieser Ausgleichsphase entstehen sehr oft stehende Wellen, die sog. **Seiches**.

Die **Oberflächen-Seiches** sind durch ein rhythmisches Steigen und Fallen des Wasserspiegels gekennzeichnet. Dabei entspricht einem Steigen des Wasserspiegels an einem Ende des Sees ein Fallen des Wasserstandes am gegenüberliegenden Ufer. Nur in sehr großen Seen erreicht die Amplitude dieser stehenden Wellen Maximalwerte bis 1 m, meistens handelt es sich nur um Beträge von wenigen Zentimetern. Die Frequenz liegt zwischen wenigen Minuten in kleinen, tiefen und mehr als 10 Stunden in großen, relativ flachen Seen, wie z. B. dem Balaton. Seiches können nicht nur durch Windstau, sondern auch durch Starkregen oder Luftdruckänderungen hervorgerufen werden, sofern diese sich an einem Ende eines sehr langgestreckten Sees wesentlich stärker bemerkbar machen als am anderen.

Viel wichtiger für den intrabiocoenotischen Stofftransport sind Schaukelbewegungen der Sprungschicht, die sog. **internen Seiches**. Sie sind dadurch gekennzeichnet, daß unterhalb des Schwingungsknotens (Abb. 6.46.) starke horizontale Massenverschiebungen eintreten, die nicht nur den Stoffaustausch zwischen Sprungschicht und den benachbarten Wasserschichten (Epi- und Hypolimnion), sondern auch zwischen Bodensediment und Wasserkörper vergrößern. Dadurch wird die Rückführung von Pflanzennährstoffen aus dem Bodensediment in den Wasserkörper und aus der aphotischen in die euphotische Schicht beschleunigt. In vielen Seen erhöht sich dadurch die **interne Nährstoffbelastung**, was zu verstärktem Wachstum von Phytoplankton oder -benthos führt. Die Amplitude der internen Seiches erreicht oft die Größenordnung von 5–10 m. Dadurch kann sich auch das durchschnittliche Lichtangebot für die Phytoplankter in den tieferen Wasserschichten verbessern. Die **Schwingungsdauer** ist vom Verhältnis der Längsausdehnung zur Tiefe des Gewässers, außerdem vom Dichteunterschied zwischen Epilimnion und Hypolimnion abhängig. Die Schwingungsdauer beträgt oft mehr als 24 Stunden, dabei nimmt jedoch die Amplitude von Tag zu Tag sehr stark ab.

Es kann angenommen werden, daß mit der turbulenten Durchmischung eines Wasserkörpers auch die Bioaktivität zunimmt und einem Grenzwert zustrebt. Da die Lichtintensität mit zunehmender Wassertiefe stark abnimmt, werden die Phytoplankter innerhalb des Epilimnions in Bereiche mit unterschiedlichster Lichtintensität transportiert. Im statistischen Mittel betrachtet, unterliegen dadurch die Phytoplankter bei starker Windwirkung auch während des Tages einem Hell-Dunkel-Wechsel. Überschreitet das Produkt aus Durchmischungstiefe z_{mix} und Extinktionskoeffizient einen gewissen Wert, so ist die mittlere Verweilzeit des Phytoplanktons in der gut durchlichteten Oberflächenschicht zu gering, um noch ein Wachstum zu ermöglichen, das ausreicht, die ständigen Verluste (vor allem infolge Fraß durch Zooplankton) zu kompensieren. Dadurch nimmt die Biomasse des Phytoplanktons ab.

Bei ausreichender Tiefe eines Speicherbeckens für Trinkwasser kann durch künstliche Durchmischung des gesamten Wasserkörpers (z. B. durch Einleiten des Wassers mittels einer Druckleitung vom Grunde her in Form eines schräg nach oben gerichteten Strahles) erreicht werden, daß das Phytoplankton auch bei sehr hohem Nährstoffangebot nicht zu einer Massenentfaltung gelangt.

Die **Durchflußströmungen** zählen zu den arhythmischen Wasserbewegungen. Das einem Gebirgssee oder einer Talsperre zufließende Wasser ist im Sommer meistens kälter als das Epilimnion. Es schichtet sich in der Tiefe ein, die seiner Temperatur bzw. Dichte entspricht, d. h. oftmals im Metalimnion. Im Zusammenhang mit Maßnahmen gegen die Eutrophierung ist dies als günstig zu betrachten, besonders bei Talsperren, weil bei ihnen auch die Wasserabgabe normalerweise aus dem Hypolimnion erfolgt. Dadurch gelangt ein Teil der importierten Nährstoffe gar nicht erst in die euphotische Schicht. Andererseits ist besonders nach Starkregen die kinetische Energie des zufließenden Wasserstroms so groß, daß dieser sich nicht über den gesamten Querschnitt des Gewässers ausbreitet, sondern im hydraulischen Kurzschluß, also gewissermaßen „fadenförmig", den Wasserkörper passiert. Dadurch

386   6. Ökologie von Biocoenosen

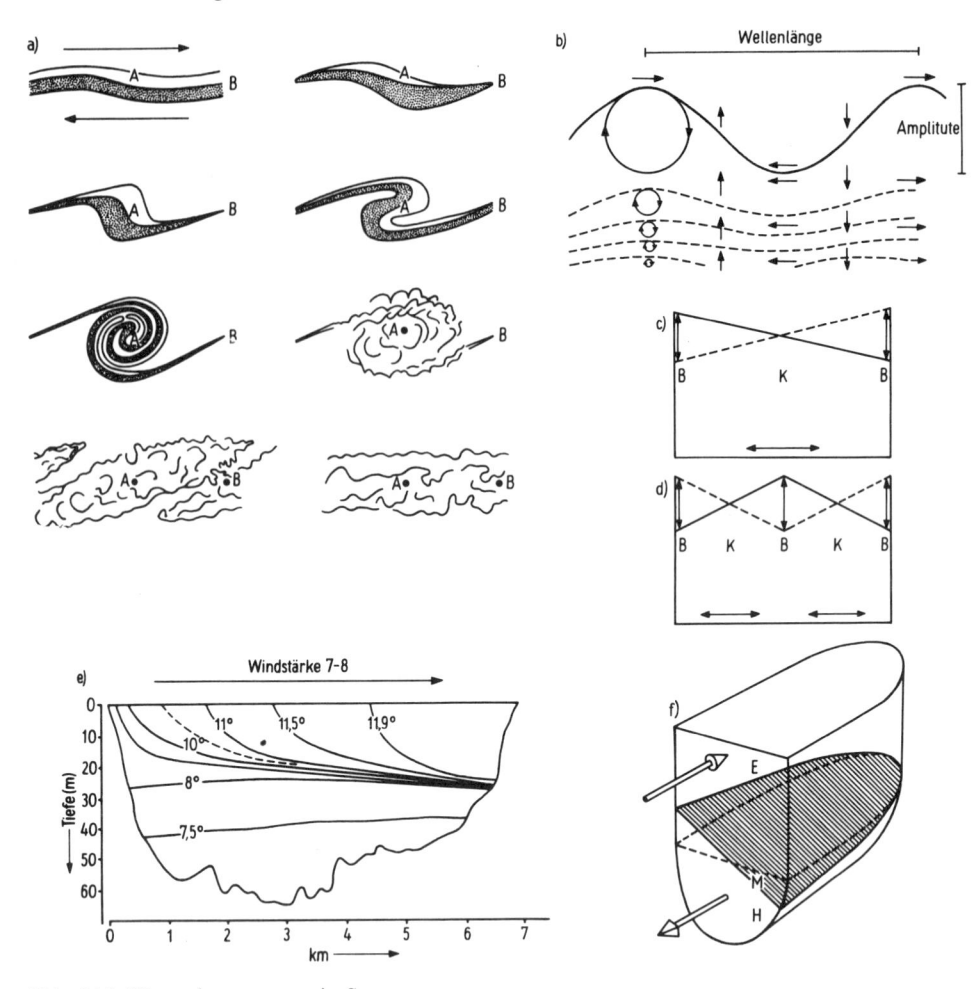

Abb. 6.46. Wasserbewegungen in Seen.
a) Zunehmende Wirkung von Scherkräften zwischen Wasserschichten unterschiedlicher Dichte und Fließrichtung, die zu Instabilität und turbulenter Durchmischung führt. Schwarz punktiert: kaltes, weiß: wärmeres Wasser. A und B: Fixpunkte. Aus MORTIMER 1974. b) Schnelle Verringerung der Amplitude bei fortschreitenden Oberflächenwellen mit zunehmender Wassertiefe. Nach WETZEL 1975, verändert. c) Einknotige und d) Zweiknotige stehende Oberflächenwelle (Seiche) in einem Becken mit rechteckigem Längsschnitt. K = Knoten. B = Schwingungsbauch. e) Verlagerung der Isothermen nach längerer Einwirkung eines starken Windes (beachte das aufquellende Tiefenwasser an der Luvseite!). Nordbecken des Lake Windermere, Ende Oktober. Nach MORTIMER 1961. f) Interne Seiche (rotierende stehende Welle der Sprungschicht M) in einem Seebecken. Schema. Nach MORTIMER 1974, verändert. Die Pfeile kennzeichnen die augenblickliche Hauptrichtung der Massenverlagerung des Wassers im Epilimnion E bzw. Hypolimnion H.

kann bakterien-, schwebstoff- und nitratreiches Wasser u. U. schon nach 24 Stunden wieder im Ablauf erscheinen, obwohl die theoretische Verweilzeit des Wassers, d. h. die Zeit, die erforderlich wäre, um das gesamte Seebecken zu füllen, bei Seen oft mehrere Jahre beträgt. In einem solchen Fall ist die Pufferwirkung des Gewässers gegenüber Belastungsstößen sowie die Verringerung der Stoff-Frachten durch Selbstreinigungsmechanismen äußerst gering.

In der warmen Jahreszeit muß demnach mit einer Kurzschlußströmung im Metalimnion oder Hypolimnion gerechnet werden. Dagegen ist für die Zeit der Schneeschmelze ein Oberflächenkurzschluß kennzeichnend, weil sich Wasser mit einer Temperatur < 4 °C infolge seiner geringeren Dichte oberflächlich einschichtet (Der Großteil des Wasserkörpers besitzt um diese Zeit eine Temperatur von +4 °C).

6.2.7. Primärproduktion, Atmung und Stoffabbau

Der Anteil des Kohlenstoffs an der Trockenmasse der Organismen beträgt rund 40%. Er ist damit die wichtigste stoffliche Grundlage der phototrophen wie auch der heterotrophen Produktion.

Der Partialdruck des CO_2 in der Luft ist sehr viel geringer als der des Sauerstoffs, so daß die dem Lösungsgleichgewicht entsprechende CO_2- und H_2CO_3-Konzentration ebenfalls niedrig bleibt. Die Löslichkeit im Wasser ist jedoch etwa 200mal höher als beim Sauerstoff. Daher können Atmungs- und Abbauprozesse im nicht mehr durchlichteten und vom Gasaustausch mit der Atmosphäre weitgehend abgeschlossenen Tiefenwasser thermisch geschichteter Gewässer (vgl. 6.2.5.) große Mengen an CO_2 im Wasser akkumulieren. Im allgemeinen sind oberirdische Zuflüsse von Standgewässern arm an CO_2, da das dort im Frühjahr und Sommer fast immer vorhandene Phytobenthos selbst große Mengen verbraucht. Daher sind Standgewässer, die ausschließlich von Oberflächenwasser gespeist werden („Drainage Lakes"), hinsichtlich CO_2-Import schlechter gestellt als Seen mit unterirdischem Zufluß („Seepage Lakes"). **Grundwasser** ist normalerweise nicht nur relativ reich an CO_2, das primär aus der Bodenatmung stammt, sondern auch an Bicarbonat, vor allem $Ca(HCO_3)_2$, oft auch an $Fe(HCO_3)_2$.

$$CaCO_3 + H_2O + CO_2 \rightarrow Ca(HCO_3)_2 \qquad (6.7.)$$

Sofern das Niederschlagswasser nicht relativ schnell durch Klüfte und Spalten eindringt und dadurch kaum CO_2 aufnehmen kann, weisen die Grundwässer im Bereich kalkreicher Sedimentgesteine den höchsten Gehalt an $Ca(HCO_3)_2$ auf. Bei langer Verweilzeit des Sickerwassers kann auch aus kristallinen Gesteinen durch die Verwitterung des Feldspats etwas Kalk in Lösung gehen. Niemals kann alles zur Verfügung stehende CO_2 der Auflösung von Kalk dienen. Die Stabilität der $Ca(HCO_3)_2$-Lösung setzt voraus, daß eine ganz bestimmte Menge an überschüssigem CO_2 vorhanden ist, die sog. **Gleichgewichtskohlensäure.** Wenn sehr bicarbonatreiches Grundwasser durch eine Sturzquelle an die Oberfläche gelangt, entweicht CO_2 infolge Erwärmung des Wassers und starker Turbulenz. Dadurch zerfällt ein Teil des Bicarbonates

$$Ca(HCO_3)_2 \rightarrow CaCO_3 + H_2O + CO_2 \qquad (6.8.)$$

bis wieder ein neuer Gleichgewichtszustand zwischen CO_2 und Bicarbonat erreicht ist (Kalk/Kohlensäure-Gleichgewicht). Das entstandene Monocarbonat (Calcit) bildet oftmals sehr charakteristische Ablagerungen (Quelltuff).

Dadurch, daß Algen und höhere Wasserpflanzen dem Wasser bei der Photosynthese das gelöste CO_2 entziehen, tragen sie ebenfalls zur Ausfällung von Monocarbonat bei. In Seen mit sehr bicarbonatreichem Wasser besteht oft ein großer Teil der Uferbank aus $CaCO_3$, das durch **„biogene Entkalkung"** gebildet wurde. Auf Characeen, *Potamogeton*-Arten und anderen Submersen bildet das ausgefällte Monocarbonat häufig regelrechte Krusten. Eine durch die Photosynthese des Phytoplanktons ausgelöste Calcitfällung wirkt wie eine Fällmittelzugabe in einer Wasserreinigungsanlage: verstärkte Sedimentation des Phytoplanktons sowie von Phosphat, das zuvor an $CaCO_3$ gebunden wurde (Näh. s. KOSCHEL, MOTHES und CASPER in CASPER (ed.) 1985).

Während z. B. Rotalgen, Wassermoose und viele Kieselalgen ausschließlich auf CO_2 als anorganische C-Quelle angewiesen sind, können viele höhere Wasserpflanzen sowie Grün- und Blaualgen auch Bicarbonat-Ionen aufnehmen. Im Austausch werden OH^--Ionen an das Wasser angegeben, wodurch sich der pH-Wert erhöht. In Sodaseen der semiariden Klimazone gedeihen Vertreter der genannten Algengruppen noch bei pH-Werten >10. Sie sind offenbar in der Lage, sogar das Monocarbonat, das im alkalischen Bereich die fast ausschließlich vorherrschende Zustandsform des anorganischen C repräsentiert, zu verwerten (Abb. 6.47.a).

$$CaCO_3 + H_2O \rightarrow Ca(OH)_2 + CO_2 \quad (6.9.)$$

Im Nakuru-See (Kenia), einem der zahlreichen Sodaseen des Großen Ostafrikanischen Grabens, herrscht bei pH-Werten um 11 die Blaualge *Spirulina platenis* vor. Sie dient dem zu Zehntausenden vorhandenen Kleinen Flamingo (*Phoeniconaias minor*) als Hauptnahrung. Die ausdauernden „Wasserblüten" von planktischen Cyanophyceen, die auch in nährstoffreichen Seen Mitteleuropas sehr oft zu beobachten sind, entstehen zwar meist in einem schwach alkalischen Milieu, sind aber offenbar durch ihre Fähigkeit zur Verwertung von HCO_3^- und CO_3^{2-} in der Lage, die ausschließlich auf CO_2 angewiesenen Phytoplankton-Konkurrenten zu verdrängen.

Plankton-Biomasse besitzt eine Elementarkomposition, die in grober Näherung durch die Summenformel $C_{106}H_{180}O_{45}N_{16}P_1$ wiedergegeben werden kann. Während der relative Anteil an H und O sowie an P erheblichen Schwankungen unterliegen kann (Speicherung von Fetten, Kohlenhydraten und kondensierten Phosphaten), ist das C:N-Verhältnis ziemlich konstant. Geht man der Frage nach, inwieweit schon das Wasser der Flüsse und Seen in seiner Elementarkomposition einer „idealen Nährlösung", d. h. der genannten Bruttoformel, entspricht, so fällt auf, daß im kommunalen Abwasser, bezogen auf den Kohlenstoff, ein Überschuß an N und P herrscht. In den meisten Gewässern hingegen liegt die Relation P:C meistens wesentlich unter 1:106, d. h., P wird viel eher zum **wachstumsbegrenzenden Faktor** als der anorganische Kohlenstoff. Talsperren der Mittelgebirge liegen fast immer in Gebieten mit reichlichen Niederschlägen. Wird das Einzugsgebiet intensiv landwirtschaftlich genutzt, unterliegt das Nitrat einer starken Auswaschung. So beträgt beispielsweise die Elementarkomposition des Wassers der Saidenbachtalsperre (Erzgebirge) im Sommer etwa $C_{106}N_{160}P_{0,01}$ und im Winter $C_{106}N_{160}P_{0,1}$. (Nitrat)-Stickstoff ist also im Überschuß vorhanden, wenn man den C-Gehalt als Bezugsgrundlage wählt. Das

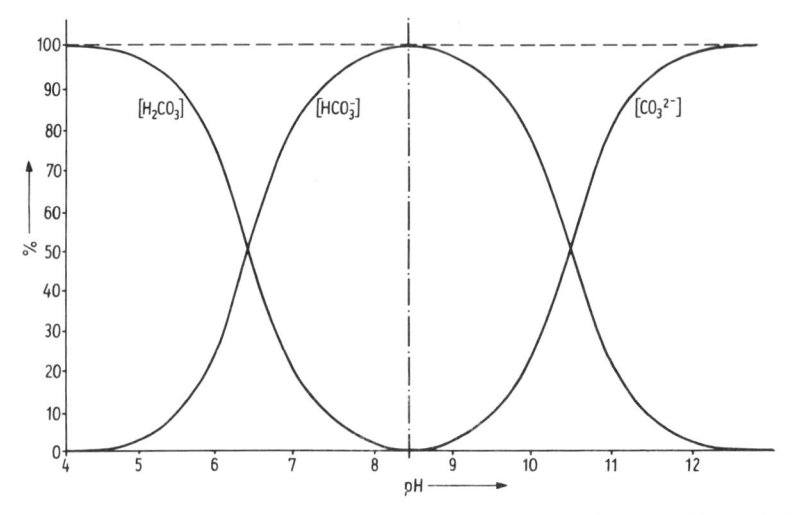

Abb. 6.47.a Proportionen zwischen den Formen des anorganischen Kohlenstoffs in Abhängigkeit vom pH-Wert. Nach GOLTERMAN aus WETZEL 1975.

P-Angebot ist dagegen um eine oder sogar zwei Größenordnungen (im Sommer) zu gering. Das Orthophosphat ist daher der in erster Linie wachstumsbegrenzende Faktor.

An der „biogenen Entkalkung" ist auch das Phytoplankton stark beteiligt. Der Vorgang ist vor allem für die (bicarbonatreichen) Seen der baltischen Tiefebene und der Kalkgebirge kennzeichnend.

In tiefen, thermisch geschichteten Seen trägt die biogene Entkalkung u. U. maßgeblich zum Zusammenbruch von Massenentwicklungen des Phytoplanktons bei (Calcitfällung, s. a. Abb. 6.61.b).

Gewässer mit einem hohen Gehalt an Calciumbicarbonat sind gut **gepuffert.** Weder die Freisetzung von CO_2 aus Atmungs- und Abbauprozessen, noch die mit dem Entzug von CO_2 durch Photosynthese einhergehende OH^--Anreicherung führen zu starken Schwankungen des pH-Wertes. Dagegen sind in schwach gepufferten Gewässern oft diurnale Schwankungen des pH-Wertes zwischen 6,5 und 8,5, bei reichlichem Angebot von N- und P-Verbindungen sogar noch mit größerer Amplitude, zu beobachten. Ein zu hoher pH-Wert führt u. a. zu Schäden bei Fischen durch Kiemenverätzung. Außerdem gehen die Ammonium-Ionen bei hohen pH-Werten in das sehr toxische NH_3 über (Grenzwert für Forellenbrut 0,006, für Karpfen 0,02 mg/l). Auf diese Weise kann die Einleitung von häuslichen oder landwirtschaftlichen Abwässern (Gülle) sowie die übermäßige Verwendung von Eiweißfuttermitteln zu starker Schädigung der Fische (Kiemennekrose) oder sogar zu Fischsterben führen.

Ein mittlerer pH-Wert von 7 bildet eine Art Grenzwert für Organismengemeinschaften der überwiegend sauren bzw. überwiegend neutralen oder schwach alkalischen Gewässer. Kennzeichnend für kalk- (z. B. Kleingewässer der Hochmoore) und generell elektrolytarme Standgewässer ist die oft relativ hohe Artenzahl der Desmidiaceen. Umgekehrt ist eine artenreiche Molluskenfauna nur in gut gepufferten Gewässern zu finden.

Die Gewässer in Gebirgen mit basenarmen Gesteinen (z. B. in Skandinavien; Schwarzwald, Erzgebirge) reagieren sehr empfindlich auf saure Niederschläge oder trockene Depositionen (Tab. 6.10.). Die über Mitteleuropa gemessenen Schwefel-Immissionen von ca. 6 g/m² · a führen dazu, daß der pH-Wert zeitweise unter 5,0 oder sogar 4,5 absinkt. Auch wenn solche „Säurestöße" auf kurze Zeiträume (Schneeschmelze, Starkregen) beschränkt sind, führen sie zur Schädigung oder zum Verschwinden empfindlicher Arten oder ganzer Organismengruppen (Abb. 6.47.b). Daran ist auch die Mobilisierung von Aluminium beteiligt, dessen Grenzwert für Wasserorganismen in solchen Situationen oft um mehr als eine Zehnerpotenz überschritten wird. Da von den sauren Depositionen fast immer auch die nicht weniger empfindlichen Waldbestände betroffen sind, ist die Verringerung der Emissionen die mit Abstand wichtigste Abhilfemaßnahme. Bei Seen mit langer Verweilzeit des Wassers kommt auch eine Kalkung (Zugabe von $CaCO_3$) in Frage. Diese wurde in Schweden bisher in 4000 Seen praktiziert (NYBERS a. THØRNELØF 1988).

Saure Gewässer können bei Auftreten von freier H_2SO_4 infolge mikrobieller Oxidation von sulfidhaltigen Mineralien auch ausgesprochen elektrolytreich sein. Dies gilt z. B. für

Tabelle 6.10. Einfluß der Versauerung auf Fließgewässer-Ökosysteme. Nach HORN u. BRETTFELD 1989

direkt	indirekt
— H^+-Streß — verstärkte Löslichkeit von Aluminium u. anderen Metallen, dadurch letale oder subletale Wirkung auf Wasserorganismen (Störung des Verhaltens und der Fortpflanzung)	— Veränderung der Artenstruktur (Verarmung) — Vereinfachung des Ernährungsgefüges und Funktionsstörungen durch Ausfall wichtiger Glieder — Verringerung des Stoffumsatzes und der Rückführung von Nährstoffen in den Kreislauf

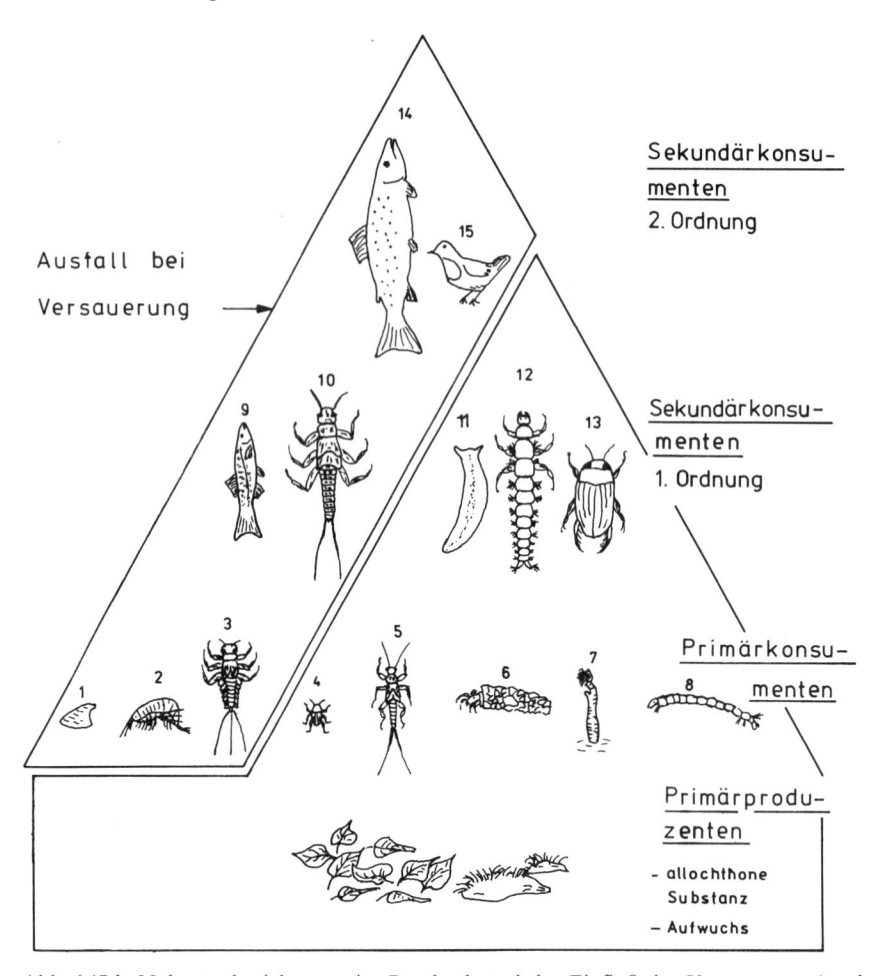

Abb. 6.47.b Nahrungsbeziehungen im Bergbach und der Einfluß der Versauerung (stark vereinfacht und schematisiert, HORN unveröff., BRETTFELD 1987).
1 = *Ancylus fluviatilis* (Gastropoda); 2 = *Gammarus fossarum* (Amphipoda); 3 = *Rithrogena* (Ephemeroptera); 4 = *Laccobius* (Coleoptera); 5 = *Nemurella* (Plecoptera); 6 = *Potamophylax* (Trichoptera); 7 = *Simulium* (Diptera); 8 = Chironomidae (Diptera); 9 = *Phoxinus phoxinus* (Pisces); 10 = *Isoperla* (Plecoptera); 11 = *Polycelis cornuta* (Turbellaria); 12 = *Rhyacophila* (Trichoptera); 13 = *Agabus* (Coleoptera); 14 = *Salmo trutta fario* (Pisces); 15 = *Cinclus cinclus* (Aves).

viele Tagebaurestseen des Lausitzer Braunkohlenreviers. Derartige Gewässer sind arten- und — was das Plankton und Mikrobenthos betrifft — individuenarm. Von den höheren Wasserpflanzen ist nur *Juncus bulbosus* in Massen zu finden.

Hinsichtlich ihrer Ionenkomposition nehmen die **Salzgewässer des Binnenlandes** eine Sonderstellung ein. Oft weicht die Relation zwischen einwertigen (Na^+, K^+) und zweiwertigen (Ca^{2+}, Mg^{2+}) Kationen erheblich von der des Meer- oder Brackwassers ab. Ebenso wie Meerwasser besitzen sie häufig einen gegenüber dem Bicarbonat erhöhten Chloridgehalt. Kennzeichnend für Salzgewässer des Binnenlandes sind viele Diatomeen-Arten, von denen einige ausgesprochene Massenentwicklungen zeigen (z. B. die planktische *Thalassiosira fluviatilis*, die sog. „Werrablüte"). Viele Arten sind gute Indikatoren für einen erhöhten Chloridgehalt, z. B. die Grünalge *Enteromorpha intestinalis*. Manche Arten, wie der kleine

Salzkrebs *Artemia salina* und die ihm als Nahrung dienende Geißelalge *Dunaliella salina*, gelangen noch bei Salzkonzentrationen zu Massenentwicklungen, welche die des Meerwassers um ein mehrfaches übertreffen.

Der Stoffwechsel eines Gewässer-Ökosystems wird vor allem durch die Intensität und die Proportionen von phototropher Produktion einerseits und Atmung andererseits bestimmt. Die wichtigste und auch meßtechnisch am leichtesten zu erfassende Größe ist dabei der molekulare Sauerstoff.

Sauerstoff ist im Wasser nur in relativ geringem Umfang löslich. Bei $+20\,°C$ und einem Normaldruck von 760 Torr entspricht im Süßwasser die O_2-Sättigung einem Wert von 9,0 mg/l, und bei $+4\,°C$ beträgt die Sättigungskonzentration 13,1 mg/l. In tiefen Standgewässern, die im Sommer normalerweise thermisch geschichtet sind (vgl. 6.2.5.), ist eine Belüftung des gesamten Wasserkörpers nur bei starker Windwirkung während der Frühjahrs- und Herbst-**Vollzirkulation** möglich. In den **Stagnationsperioden** (Sommer- und Winterstagnation) ist hingegen der O_2-Nachschub in das Tiefenwasser äußerst gering. Die für fast alle Standgewässer der gemäßigten Zone kennzeichnende Massenentwicklung des Phytoplanktons im Frühjahr führt zu einer starken Belastung der nicht durchlichteten unteren Wasserschichten. Nur in nährstoffarmen (= weniger Phytoplankton) oder sehr tiefen (= großer O_2-Vorrat des Tiefenwassers) Standgewässern steht für den mikrobiellen Abbau der ins Tiefenwasser absinkenden Phytoplankton-Biomasse ausreichend Sauerstoff zur Verfügung. Überschreitet die dadurch bedingte organische Belastung einen kritischen Wert, wird der O_2-Vorrat völlig aufgebraucht. Häufig tritt dann, wenn der mikrobielle Abbau auf Kosten des im Sulfat gebundenen Sauerstoffs weitergeht (Sulfatreduktion), Schwefelwasserstoff auf. Daher zeigen fast alle Standgewässer am Ende der Sommerstagnation eine ausgeprägte Sauerstoff-Schichtung mit O_2-Sättigung oder (bei erhöhtem Nährstoffgehalt) sogar Übersättigung in den oberen, dagegen starkem O_2-Defizit oder gar vollständigem O_2-Schwund in den unteren Wasserschichten (Abb. 6.43.).

Nur in tiefen Klarwasserseen ist die O_2-Kurve orthograd, in den meisten Seen dagegen **klinograd** (= heterograd), d. h., sie zeigt an der unteren Grenze des Epilimnions einen Knick und erreicht oft schon weit oberhalb des Gewässergrundes den Wert Null (Abb. 6.43.).

Abweichungen vom normalen Schichtungsverhalten sind hauptsächlich dann zu beobachten, wenn die Mächtigkeit der euphotischen Schicht (z_{eu}) sehr stark von der Mächtigkeit des Epilimnions (z_{mix}) abweicht. Ist $z_{eu} > z_{mix}$, bedeutet dies, daß das Licht noch mindestens bis in das Metalimnion eindringt. Da es sich beim Metalimnion um eine Schicht mit sehr geringem vertikalen Austausch handelt, sind die Wasserbewegungen, die den dort durch Photosynthese gebildeten Sauerstoff auf dem Wege der turbulenten Diffusion ins Epilimnion oder ins Hypolimnion bringen könnten, sehr schwach. Das Resultat ist eine O_2-Übersättigung im Bereich des Metalimnions, an der auch das Phytobenthos stark beteiligt sein kann (**metalimnisches Sauerstoffmaximum**). Ist umgekehrt die Eindringtiefe des Lichtes sehr gering, dadurch $z_{eu} < z_{mix}$, sind im Metalimnion nur noch sauerstoffverbrauchende, d. h. Abbau- und Atmungsprozesse möglich. Da hier die Belastung mit organischem Material größer, aber auch die Temperatur höher ist als im Hypolimnion, erreicht der O_2-Verbrauch (an dem u. a. die mikrobielle Oxidation des aus dem Bodenschlamm aufsteigenden Methans stark beteiligt sein kann) ein relativ großes Ausmaß. Infolge des sehr geringen vertikalen Austauschs (dadurch kein O_2-Nachschub) entsteht ein **metalimnisches Sauerstoffminimum** (Abb. 6.43.).

Von den die **Primärproduktion** beeinflussenden Faktoren weist die photosynthetisch aktive Strahlung die ausgeprägteste Wirkung auf (Abb. 6.48.). Einem anfänglich fast linearen Anstieg folgt nach Erreichen der Lichtsättigung ein Übergang auf einen Plateauwert und schließlich ein Abfall (Lichthemmung, Photoinhibition, Abb. 6.48. u. 6.49). Auch die Temperaturabhängigkeit folgt einer Optimumkurve. Als besonders wichtig muß noch die Wasserbewegung genannt werden, welche die „Diffusionsbarrieren" (vor allem bei Aufwuchs

392   6. Ökologie von Biocoenosen

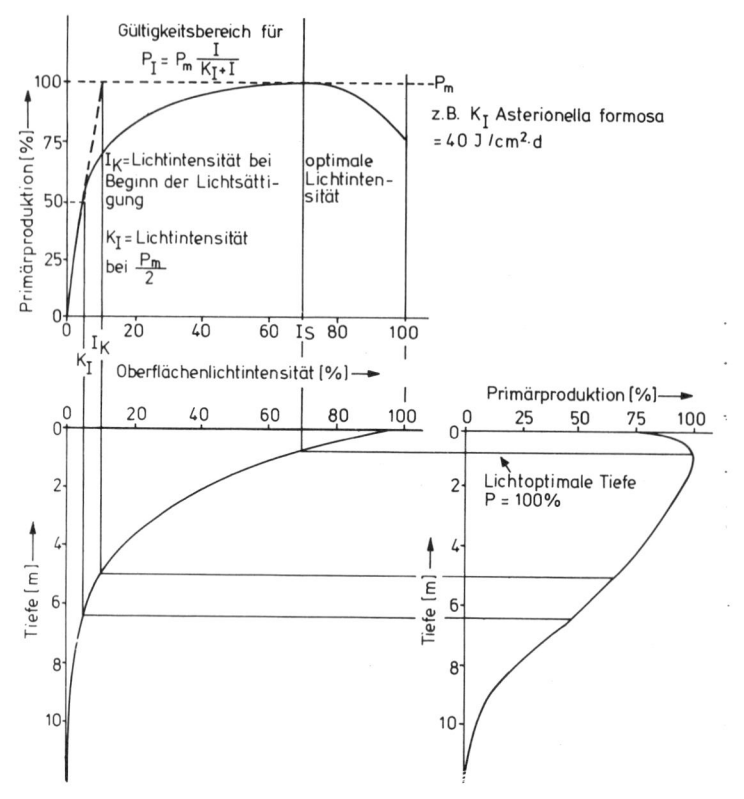

Abb. 6.48. Die Abhängigkeit der planktischen Primärproduktion von der Lichtintensität.

und Makrophyten wichtig) abbaut und die planktischen Algen im Wasserkörper zirkulieren läßt, so daß sie, je nach Stabilität der thermischen Schichtung, u. U. häufig unterschiedlichen Lichtbedingungen ausgesetzt sind (vgl. 6.2.6. und 6.2.13.).

Wie Abb. 6.49. zeigt, ist die Vertikalverteilung der planktischen Primärproduktion vom Strahlungs- und Nährstoffangebot, der Biomasse und anderen Einflußgrößen abhängig. In oligotrophen Standgewässern reicht zwar die Primärproduktion bis in größere Tiefen, wird aber stark durch das Nährstoffangebot begrenzt. In den eutrophen Gewässern ist infolge des höheren Nährstoffangebots die Phytoplanktonbiomasse pro Volumeneinheit des Wasserkörpers viel größer. Dadurch („Selbstbeschattung") wird aber die Lichtdurchlässigkeit des Wassers stark verringert, und die Primärproduktion erreicht nur in der oberen Wasserschicht hohe Werte. Unmittelbar unter der Wasseroberfläche zeigt die Primärproduktion bei sehr hoher Strahlungsintensität in allen Gewässern oft eine Lichthemmung. Diese Verteilungsmuster sind so typisch, daß sie auch zur Gewässergüteklassifizierung herangezogen werden können. Bei Lichtmangel im Winter (Eis mit Schneedecke!) folgen Biomasse und Primärproduktion der dann dominierenden eigenbeweglichen Flagellaten und Nanoplankter streng der Lichtverteilung (Abb. 6.49.).

Bei den Makrophyten beschränkt sich die Produktion meistens auf die sommerliche Vegetationsperiode. Der Anteil der Phytoplankter bzw. Makrophyten an der Gesamtprimärproduktion wird hauptsächlich von der Durchsichtigkeit (Licht für Makrophyten) und dem Litoralanteil des Seebeckens bestimmt. In den Fließgewässern wird im Oberlauf der größte Primärproduktionsbetrag vom Aufwuchs geliefert, in den Unterläufen von den Höheren Pflanzen, wenn nicht zu hohe Extinktionskoeffizienten (z. B. Trüb- und Gelbstoffe) und

6.2. Ökosysteme der Binnengewässer   393

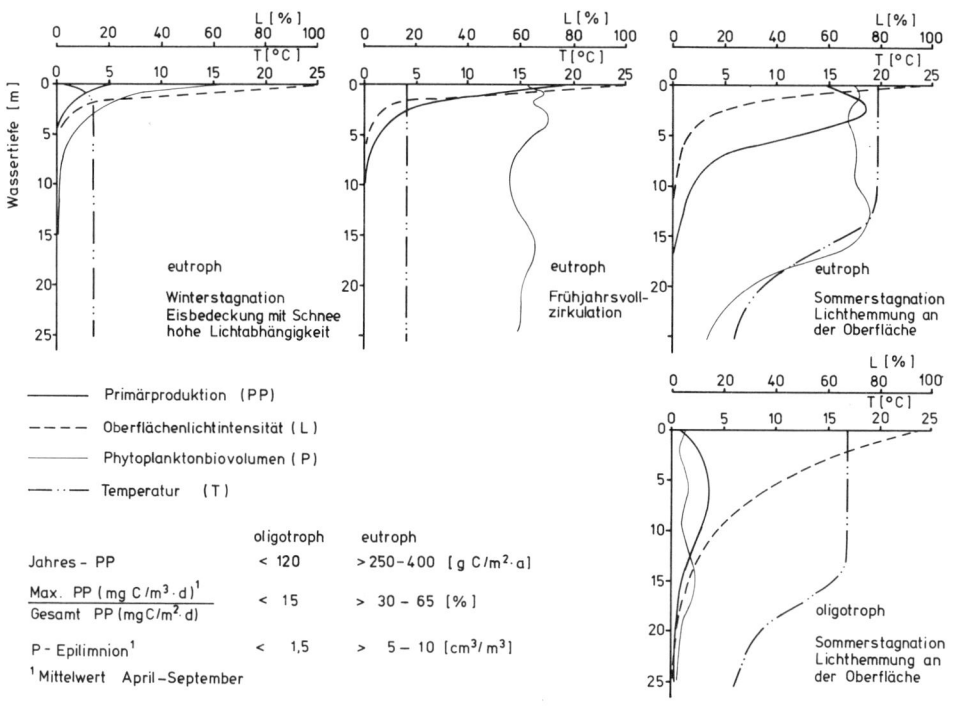

Abb. 6.49. Vertikale Gradienten von planktischer Primärproduktion, Biomasse, Licht und Temperatur in oligo- und eutrophen Gewässern (idealisierte Fallbeispiele auf der Grundlage realer Messungen; weitere Erläuterungen im Text; Grenzwerte nach TGL 27885/01).

Geschiebeführung das Aufkommen von Makrophyten verhindern und dadurch das Phytoplankton (Potamoplankton) dominiert.

Die Bilanzierung des **Sauerstoffhaushaltes** (Abb. 6.50.) setzt nicht nur die Kenntnis der Primärproduktion, sondern auch die der Atmung voraus. Wenn man von dem durch Photosynthese produzierten Sauerstoff einmal absieht, ist die Sauerstoffversorgung im wesentlichen von der aktuellen Sauerstoffkonzentration bzw. dem O_2-Defizit ($D = C_s - C$; s. Gleichung 6.17.) sowie der Geschwindigkeit der Nachlieferung (K_2-Wert) aus der Luft abhängig:

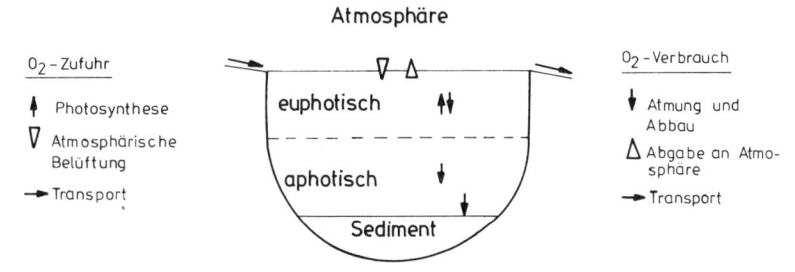

$$\frac{dD}{dt} = K_2 \cdot D \qquad (6.10.)$$

Abb. 6.50. Die Sauerstoffbilanzgrößen eines Gewässers.

394 6. Ökologie von Biocoenosen

Der K_2-Wert wird maßgeblich von der turbulenten Durchmischung des Wasserkörpers bestimmt, weshalb die Belastbarkeit von Fließgewässern am größten ist. Die Geschwindigkeit des Sauerstoffverbrauches ist vor allem eine Funktion des Nahrungsangebotes. Unter Nahrungsmangel laufen alle Prozesse „auf Sparflamme". In diesem Falle besteht eine annähernde Proportionalität zwischen Biomasse und Sauerstoffverbrauch. Entsprechend der RGT-Regel geht mit steigenden Temperaturen auch eine Beschleunigung der Atmung einher. Des weiteren muß berücksichtigt werden, daß der spezifische Sauerstoffverbrauch der Mikroorganismen auf Grund ihrer großen spezifischen Oberfläche (Oberflächen-Volumen-Verhältnis) hoch ist. Entsprechend groß ist daher auch der Gesamt-Sauerstoffverbrauch bei sehr reichlichem Substratangebot (Selbstreinigungsstrecken in Fließgewässern, biologische Kläranlagen). Als Resultat der Palette der unterschiedlichen Intensitäten von sauerstoffverbrauchenden und -liefernden Prozessen entstehen unterschiedliche Sauerstoffganglinien (Abb. 6.51.). Ein Absinken der Sauerstoffkonzentration auf Null bewirkt neben einer Verödung hinsichtlich Makroorganismen eine Zunahme hemmender bzw. toxischer Stoffwechselprodukte (NH_4^+, H_2S, Produkthemmung infolge Anreicherung von organischen Säuren). Besonders unerwünschte Nebenwirkungen sind Geruchsbelästigungen und die Förderung von Korrosionsprozessen.

Der Sauerstoffgehalt des Wassers beträgt bei Sättigung und normalen Temperaturen gegenüber dem der Luft nur 3−5 Vol.-%, und die Diffusionsgeschwindigkeit ist um einen Faktor von ca. 10^{-4} niedriger. Dies stellt hohe Anforderungen an die Leistungsfähigkeit der Atmungsorgane. Besonders belastend wirkt sich die **„physiologische Sauerstoffarmut"** stehender Gewässer bei hohen Temperaturen und bei gleichzeitig gesteigerter Aktivität aus. Die entsprechenden Anpassungen bestehen in einer relativ großen Oberfläche der Atmungsorgane (Hautausstülpungen; Kiemenblättchen von Insektenlarven in schwachströmenden Gewässern sind größer), einer verstärkten aktiven Ventilation (z. B. bei Erwärmung), einer effektiveren Sauerstoffnutzung (z. B. schnellere O_2-Sättigung des Hämoglobins von Fischarten, die in sauerstoffärmerem Wasser leben), der Fähigkeit zur Notatmung sowie zur Anoxibiose (Abbau nur bis zur Milchsäure). Dadurch erklärt es sich, daß z. B. Chironomidenlarven am Grunde von Seen einen mehrwöchigen Sauerstoffschwund überstehen und selbst Fische wie Karausche und Schleie in Auwaldtümpeln mit starker H_2S-Anreicherung unter der Eisdecke überwintern können.

Abbau bzw. Atmung werden als **Selbstveratmung** oder endogene Atmung bezeichnet, wenn es sich (bei den Mikroorganismen) um die Energiegewinnung zur Aufrechterhaltung des Betriebsstoffwechsels unter Nahrungsausschluß handelt, als **Autolyse,** wenn am abgestorbenen Körper noch nicht die bakterielle Destruktion eingesetzt hat. Diese Vorgänge bewirken ebenfalls eine Rückführung der Nährstoffe (Abb. 6.37.).

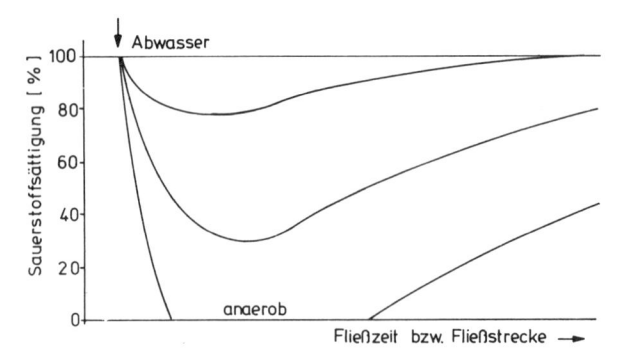

Abb. 6.51. Die longitudinalen Sauerstoffganglinien eines Fließgewässers bei konstantem Sauerstoffeintrag und bei zunehmender Belastung mit abbaubarer organischer Substanz. Nach STREETER aus SCHMITZ 1961, verändert.

6.2. Ökosysteme der Binnengewässer   395

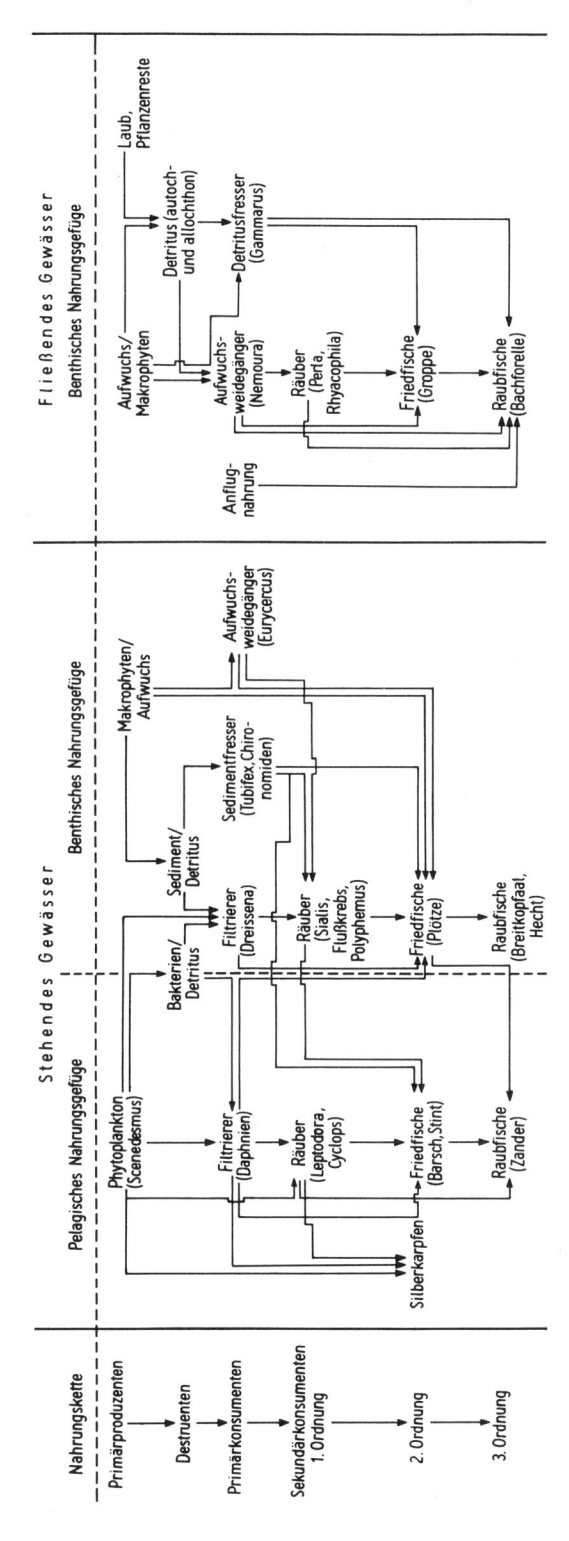

Abb. 6.52. Wichtige Nahrungsbeziehungen in stehenden und fließenden Gewässern (im Interesse der Überschaubarkeit stark vereinfacht). Zahlreiche Verknüpfungen zwischen benthischem und pelagischem Nahrungsgefüge, Algen- und Detritusnahrungskette, Konsumenten-Destruenten usw. konnten nicht mit dargestellt werden.

6.2.8. Nahrungsketten und Folgeproduktion

Den Lebensräumen entsprechend können in hydrischen Ökosystemen **benthische und pelagische Nahrungsketten** unterschieden werden. Die in Abb. 6.52. dargestellten möglichen Überschneidungen deuten aber an, daß eine so einfache Einteilung nur formal möglich ist. Auch eine geradlinige Beziehung, wie sie der Begriff Nahrungskette zum Ausdruck bringt, existiert nur in wenigen Fällen; treffender ist die Bezeichnung Nahrungsgefüge oder Nahrungsnetz („food web"). Werden die Biomassen der einzelnen Glieder solcher Nahrungsnetze eines Ökosystems in den trophischen Ebenen zusammengefaßt, so ergeben sich Biomassepyramiden (Abb. 6.53.). In den Ober- und Mittelläufen der Fließgewässer dominieren wegen der kaum besiedelbaren Freiwasserregion die benthischen Nahrungsbeziehungen. Für einige bodenbewohnende Insektenlarven mit ihren Seiheinrichtungen, wie z. B. *Simulium* und *Hydropsyche*, stellen allerdings die von der Strömung mitgebrachten oder abgetragenen toten partikulären organischen Stoffe (Detritus), Bakterien und kleinen pflanzlichen und tierischen Organismen die Ernährungsgrundlage dar. In nahrungsarmen Biotopen kann auch die Flugnahrung (Aufnahme von Insekten an der Wasseroberfläche durch Fische) wichtig sein. In stehenden Gewässern sind benthische und pelagische Nahrungsbeziehungen bedeutsam, wobei in Flachgewässern das benthische Nahrungsnetz an Relevanz gewinnt. Es kann andererseits in tiefen, stark belasteten Gewässern im Profundal durch Sauerstoffschwund und dem damit verbundenen Rückgang an Makroorganismen erheblich an Bedeutung verlieren.

Ein weiteres Einteilungsprinzip bezieht sich auf die Nutzungsform der Primärproduktion. Bei Filtrierer- und Weidenahrungsketten wird die von den Primärproduzenten erzeugte organische Substanz direkt aufgenommen, während bei der Detritus- und der Sedimentnahrungskette die Biomasse erst über den bakteriellen „Aufschluß" den Primärkonsumenten vorwiegend in Form von Bakterien und Detritus zugänglich wird. Man sollte deshalb einfacher von **direktem und indirektem Nahrungsgefüge** sprechen. Die Detritusnahrungskette überwiegt in den primärproduktionsarmen Bachoberläufen, wo ein erheblicher Nahrungseintrag durch Fallaub bzw. Nadelstreu erfolgen kann, und im Litoral, da es in unseren Breiten fast keine direkten Makrophytenverwerter gibt. Die wenigen minierenden Insekten sind von untergeordneter Bedeutung. Eine Ausnahme ist der neuerdings zur Krautdezimierung im Flachland erfolgreich eingesetzte ostasiatische Graskarpfen *Ctenopharyngodon idella*. Auch in Flußästuaren und eutrophen Flachgewässern mit häufiger Sedimentresuspension (Wind!) überwiegt die Bedeutung des Detritus als Nahrungsquelle, während im Freiwasser nicht abwasserbelasteter, sauberer Seen die direkte Nahrungskette entscheidend sein dürfte.

Das Verhältnis von Primärproduzenten und Konsumenten unterliegt bei Organismen kurzer Generationszeit, wie dem Phyto- und Zooplankton, einer ausgeprägten Jahresdynamik. Die Abbildung 6.54. läßt erkennen, daß im Frühjahr die Verhältnisse weit

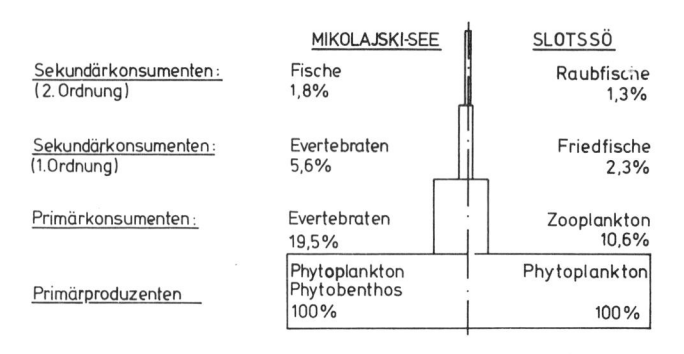

	MIKOLAJSKI-SEE	SLOTSSÖ	
Sekundärkonsumenten: (2. Ordnung)	Fische 1,8%	Raubfische 1,3%	
Sekundärkonsumenten: (1. Ordnung)	Evertebraten 5,6%	Friedfische 2,3%	
Primärkonsumenten:	Evertebraten 19,5%	Zooplankton 10,6%	Abb. 6.53. Beispiele von Nahrungs- (Biomasse-)pyramiden zweier eutropher Seen. Nach Daten von KAJAK 1978, ANDERSEN et al. 1979.
Primärproduzenten	Phytoplankton Phytobenthos 100%	Phytoplankton 100%	

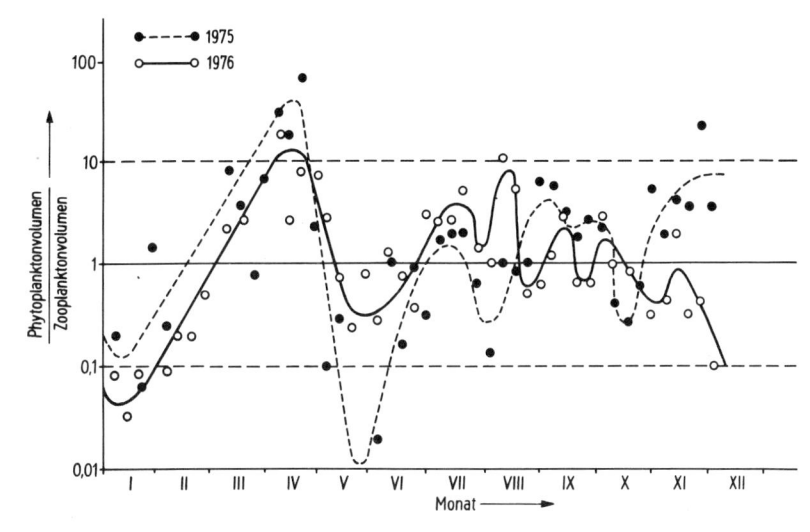

Abb. 6.54. Das Phyto-Zooplanktonverhältnis im Jahresverlauf in der Saidenbachtalsperre. Zeiträume des Phytoplanktonübergewichtes (Verhältnis >1) werden von solchen der Zooplanktondominanz (Verhältnis <1, d. h. inverse Biomassepyramide) abgelöst.

zugunsten der Produzenten, nach dem Ende der Algenmassenentwicklung jedoch in Richtung Konsumenten verschoben sind (inverse Biomassepyramide). In dieser Zeit des „Klarwasserstadiums" weisen die Algen eine hohe Umsatzrate auf. Diese ist erforderlich, um das Überleben der Algen zu sichern, denn der Fraßdruck der Zooplankter kann so hoch sein, daß die Geschwindigkeit des Algenzuwachses von der des Abfiltrierens übertroffen wird und sich damit die Zooplankter die eigene Nahrungsgrundlage entziehen. Als Folge des fehlenden Verbrauchs durch die Phytoplankter kann in dieser Zeit eine Nährstoffakkumulation auftreten oder es setzen sich anstelle der Phytoplankter Fadenalgen und submerse Makrophyten durch, die vorher infolge des zu geringen Lichtangebotes nicht gedeihen konnten. Aber auch das Verhältnis Phyto-/Zooplankton steigt wieder an, da sich Arten einstellen, die dem Fraßdruck ausweichen (z. B. durch ihre Größe, Schutzmechanismen gegen Verdauung, vgl. 6.2.3.) und/oder anderweitige Vorteile nutzen können (z. B. Blaualgen). Dieses Schwingen von Räuber und Beute um die Gleichgewichtslage (Lotka-Volterra-Oszillation) ist bei einfachen Systemen mit nur 2 Arten mit hohen und bei solchen mit mehreren Arten mit wesentlich gedämpfteren Amplituden verbunden (stabilisierende Wirkung von Nahrungsgefügen im Gegensatz zu einfachen „Nahrungsketten", Abb. 6.55.).

Nach der „**Technik der Nahrungsaufnahme**" kann eine Einteilung der limnischen Konsumenten in **Filtrierer** (z. B. Daphnien, Rotatorien, Muscheln), **Weider** (z. B. die litoralbesiedelnde Cladocere *Graptoleberis*, Gammariden, Chironomiden, Schnecken), **Sedimentfresser** (Tubifiziden) und **Beutefänger/Greifer** (z. B. *Leptodora*, Fische) erfolgen. Eine eindeutige Zuordnung ist nicht immer möglich, da sowohl Kombinationen als auch die Fähigkeit zum willkürlichen Umschalten der Technik (z. B. vom Greifen auf das Filtrieren bei den adulten Tieren mancher Copepodenarten) auftreten können. Auch im Laufe der Larvenentwicklung ist ein Wechsel möglich (z. B. bei einigen Copepoden vom filtrierenden Nauplius zum partikelgreifenden Adulten). Von Bedeutung kann u. U. die **parasitäre Ernährungsweise** sein. Ihre Spezialisierung zeigt sich in den besonderen Anpassungen (Saugvorrichtungen, Klammerorgane, extreme „Flachbauweise" der Fischläuse).

Gezielte und wissenschaftlich abgesicherte Eingriffe in die Nahrungskette können zu einem insgesamt positiven Ergebnis führen. Z. B. erbrachte die Einführung nordpazifischer

398   6. Ökologie von Biocoenosen

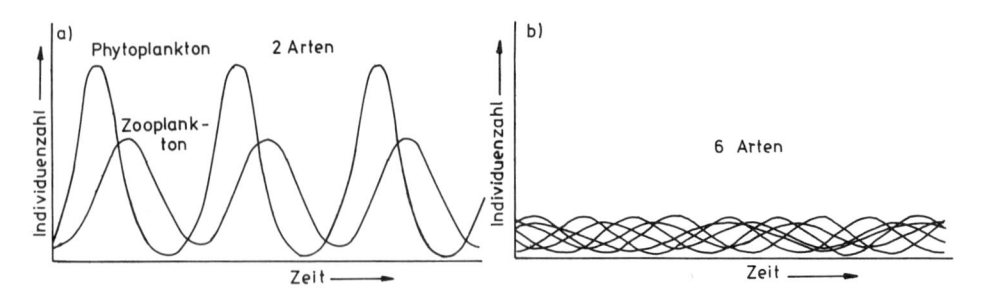

Abb. 6.55. Zunahme der Stabilität eines Plankton-Ökosystems mit steigender Artenzahl. Aus UHLMANN 1973.
a) Zwei-Arten-System (eine Phytoplankton- und eine Zooplankton-Art entsprechend der „Räuber-Beute-Beziehung") mit großen Amplituden (Individuendichte des Zooplanktons im Verhältnis zu der des Phytoplanktons stark überhöht). b) Eine größere Anzahl von Arten bei gleichem Angebot an Nährstoffen bzw. Nahrung. Die Aufteilung bewirkt eine Verminderung der Individuenzahlen der einzelnen Arten und eine Verkleinerung der Amplituden. Eine weitere Verringerung der Amplituden führt zur Annäherung an eine Gerade. Nach außen entsteht dadurch der Eindruck eines stationären Zustandes der Populationen.

Lachsarten (*Oncorhynchus kisutch* und *O. tschawytscha*) in die nordamerikanischen Seen eine Fangverbesserung, und die Wasserqualität eutropher Gewässer kann unter Umständen mit Hilfe von Raubfischen über das Nahrungsgefüge verbessert werden (s. 6.2.11., Abb. 6.61.). Allerdings bedürfen diese als **„Biomanipulation"** bekannten ökotechnologischen Experimente bis zur abgesicherten Praxiswirksamkeit noch der Klärung einiger Probleme.

Toxische Substanzen, wie Schwermetalle und persistente Pestizide oder deren Metabolite, werden durch ihre geringe Abbaubarkeit im Stoffwechsel und durch Anreicherung in Speicher- (gute Fettlöslichkeit) oder Entgiftungsorganen häufig über die Nahrungskette akkumuliert. Diese nicht- oder schwerabbaubaren konservativen Verbindungen werden in den nachfolgenden Trophieebenen nicht wie die anderen organischen Nährstoffe veratmet, sondern in etwa gleicher Menge „weitergegeben". Zudem sind die Körperkompartimente mit einer entsprechenden Affinität für solche Stoffe bei den höheren Organismen absolut und relativ größer und die längere Lebensdauer erhöht die Wahrscheinlichkeit der Stoffaufnahme. Dem Wasser kommt dabei sowohl als Lösungs- als auch Transportmittel große Bedeutung zu. Ein Beispiel für die Anreicherung von Pestiziden in einem Fließgewässer nach einer Havarie gibt Tabelle 6.11. wieder. Von den untersten zu den obersten Trophieebenen kann eine bis zu 1000fache Konzentrationszunahme erfolgen.

Tabelle 6.11. Die Anreicherungsfaktoren veschiedener Insektizide in der Nahrungskette. Nach Daten von PERRY (1979) zusammengestellt

Nachweisort	Durchschnittliche Anreicherungsfaktoren (Bezugsgröße gesamter Organismus)		
	DDT	Dieldrin	PCB
Sediment	1	1	1
Plankton	1,6	1	5
Makrophyten (*Ceratophyllum*)	2,1	10	10
Barsch	50	30	140
Regenbogenforelle	9–33	5–13	70–360
Pelikan	140	150	280

6.2.9. Stickstoff- und Phosphorverbindungen als wachstumsbegrenzende Faktoren

Zum Wachstum benötigen die Pflanzen neben Kohlenstoff, Wasserstoff und Sauerstoff auch Stickstoff und Phosphor sowie Spurenelemente. Die erforderliche Menge wird von der Biomassezusammensetzung bestimmt, die im Durchschnitt einem atomaren Masseverhältnis von $C_{106}H_{180}O_{45}N_{16}P_1$ entspricht. Weicht im Außenmedium einer dieser Stoffe in seiner pflanzenverfügbaren Form sehr stark von diesem Verhältnis ab, so wirkt er wachstumslimitierend (Minimumgesetz von LIEBIG). Unter den in Frage kommenden Elementen sind in den Gewässern vor allem P und N zu nennen. Über Bodenauswaschung und -abschwemmung, Einleitung ungereinigter bzw. nur mechanisch oder biologisch behandelter Abwässer und auch über verunreinigte Niederschläge (Abgase, landwirtschaftliche Emissionen, Winderosion...) gelangen Nährstoffe zusätzlich zu den im Gewässer vorhandenen bzw. freigesetzten in die Flüsse und Seen.

Im Boden und Gewässer unterliegt das Phosphat einer stärkeren Rückhaltung als Ammonium und Nitrat, da seine adsorptive Bindung an Boden- bzw. Mineralpartikel erheblich größer ist. Darüber hinaus bestehen im Gewässer durch Sedimentation und P-Festlegung am aëroben Sediment zusätzliche Eliminierungsmechanismen. Nur eine schnelle Mineralisierung, die mit hohen Umsatzgeschwindigkeiten verbunden ist, und niedrige Sättigungskonzentrationen (Abb. 6.59.) ermöglichen den Organismen nährstoffarmer Gewässer eine effektive Nährstoffnutzung (z. B. im kurzgeschlossenen epilimnischen P-Kreislauf, Abb. 6.37.).

Die verschiedenen **Wege des Stickstoffs und Phosphors** im Stoffkreislauf der Gewässer unter aëroben und anaëroben Bedingungen zeigen die Abb. 6.56. und 6.57. Besondere Bedeutung besitzt die Tatsache, daß einige Blaualgen Luftstickstoff fixieren und damit durch N nicht limitiert werden können und daß anaërobe Verhältnisse eine verstärkte P-Freisetzung aus dem Sediment bewirken. Die schlechten Sauerstoffverhältnisse sind meist

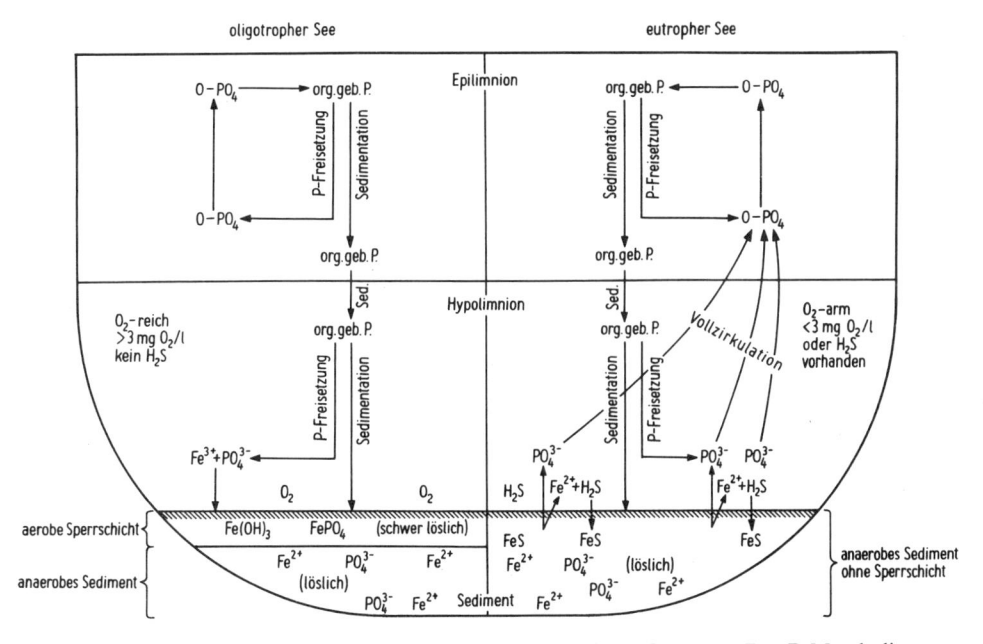

Abb. 6.56. Stark vereinfachtes Schema des Phosphorkreislaufs im Gewässer. Der P-Metabolismus am Sediment spielt eine große Rolle, vor allem bei Gewässern mit P-überlasteten Sedimenten und solchen, deren Verhältnis Wasservolumen/Sedimentoberfläche gering ist.

400 6. Ökologie von Biocoenosen

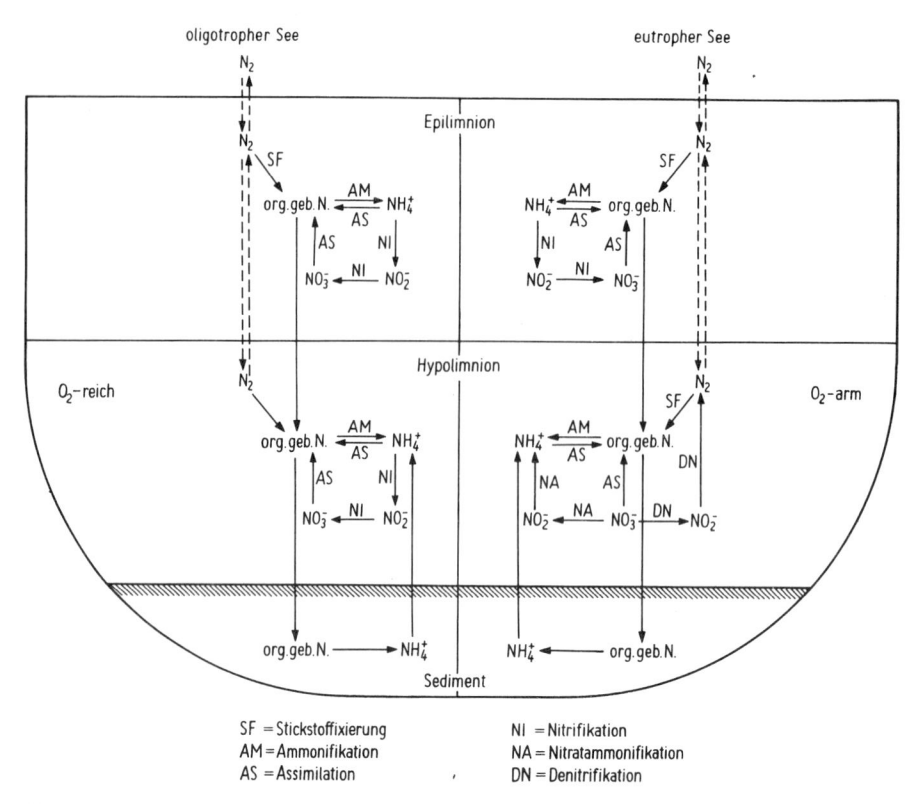

Abb. 6.57. Schema des Stickstoffkreislaufs in oligo- und eutrophen Gewässern (in stark eutrophen fehlen allerdings die oxidierten N-Verbindungen, weil sie sofort reduziert werden).

eine Folge anthropogener Aktivitäten (Einleitung von Abwässern mit starker Sauerstoffzehrung oder hohem Nährstoffgehalt, dadurch verstärkte Biomassebildung und Belastung des hypolimnischen Sauerstoffvorrats). Unter anaëroben Bedingungen verliert das Sediment seine Eigenschaft, durch P-Bindung als „Phosphorfalle" zu funktionieren. Das Gegenteil tritt ein, es wirkt als Phosphorquelle, und die Freisetzung wird durch die positive Rückkopplung (verstärkte Biomassebildung fördert die P-Freisetzung) sogar noch beschleunigt (Ursache der sogenannten „rasanten Eutrophierung"). Bei der nächsten Vollzirkulation wird der hypolimnisch akkumulierte Phosphor auch in der trophogenen Zone verfügbar, da kein Eisen zur PO_4^{3-} Ausfällung (Eisenbindung durch H_2S) vorhanden ist. Der hypolimnische P-Export über die Abflüsse (Rohwasserentnahme über Grund, Tiefenwasserableitung) reduziert die gewässerinterne Belastung und wirkt deshalb oligotrophierend. Gleiches gilt auch für die Entnahme großer Biomassemengen (Entkrautung), die Entfernung P-reicher Ablagerungen und die Unterbindung der Nährstoffrücklösung aus dem Sediment (z. B. durch absperrend wirkende und/oder P-bindende Stoffe, wie Sande, Tone).

Zwischen Stickstoff- und Sauerstoffhaushalt bestehen ebenfalls wichtige Wechselbeziehungen. Hohe Konzentrationen an Ammonium und organischem Stickstoff führen über die Nitrifikation zu einer zusätzlichen, mitunter erheblichen O_2-Verringerung. Die oxidierten N-Verbindungen fehlen unter anaëroben Bedingungen, weil sie bereits nach kurzer Zeit infolge Nitratreduktion in reduzierter Form vorliegen. Eine gewisse positive Wirkung übt das Nitrat als Puffer gegen ein Auftreten von Schwefelwasserstoff aus. Es dient ebenso wie molekularer Sauerstoff speziell angepaßten Mikroorganismen als H-Akzeptor und entlastet so den Sauerstoffhaushalt (z. B. Versuch der Sedimentoxidation zur Reduzierung der P-Abgabe, RIPL und LINDMARK 1978); dabei wird N_2 freigesetzt.

Anthropogen verursachte erhöhte Nährstoffkonzentrationen in den Gewässern aus punktförmigen (Abwassereinleitung) und diffusen (Austrag aus intensiv bewirtschafteten landwirtschaftlichen Nutzflächen) Einleitern im Vergleich mit un- bzw. verschieden belasteten Einzugsgebieten zeigt Tabelle 6.12. Die Ergebnisse weisen beim Phosphor auf die stärkere Belastung durch häusliche Abwässer hin; Hauptquelle sind meist die Polyphosphate aus Wasch- und Reinigungsmitteln (Anteil war z. B. beim Bodensee über 50%; WAGNER 1976). Dagegen werden die N-Verbindungen überwiegend aus landwirtschaftlichen Nutzflächen ausgetragen (s. Abb. 6.58.). Wird der Gesamtstickstoff- bzw. -phosphoraustrag in landwirtschaftlich intensiver genutzten Gebieten untersucht, so können die Werte sogar auf nahe 200 kg N/ha · a und 2–3 kg P/ha · a ansteigen. Beim Phosphor stellt dann allerdings die partikuläre Fraktion (erodierte Bodenpartikel) den größten Anteil. Die hohen N-Mengen resultieren vor allem aus den „Kurzschluß"-Wirkungen der Drainagen. Hohe NO_3-Konzentrationen (>40 mg/l) sind bedenklich, denn sie können die Gesundheit gefährden (Methämoglobinämie, Bildung cancerogener Nitrosamine).

Tabelle 6.12. Nährstoffkonzentrationen von Bächen und deren Nährstoffaustrag aus dem Einzugsgebiet von Talsperren im mittleren Erzgebirge mit unterschiedlich bewirtschaftetem Einzugsgebiet (Minima und Maxima der Jahresdurchschnittswerte 1975–1988)

Einzugsgebiet/ Nutzungsart	PO_4-P		Gesamt-P		NO_3-N	
	[µg/l]	[kg/ha · a]	[µg/l]	[kg/ha · a]	[mg/l]	[kg/ha · a]
Wald (ungedüngt, leicht geschädigt)	0,4–1,8	0,0015–0,007	2,5–6	0,008–0,031	0,5–1,3	1,9–7,2
Landwirtschaftl. Nutzung (Weide, Grünland)	10–25	0,03–0,11	45–95	0,15–0,35	8–12,3	20–95
Landwirtschaftl. Nutzung, kommunale Abwässer	67–187	0,2–1,1	170–380	0,6–2,8	7–9,3	21–61

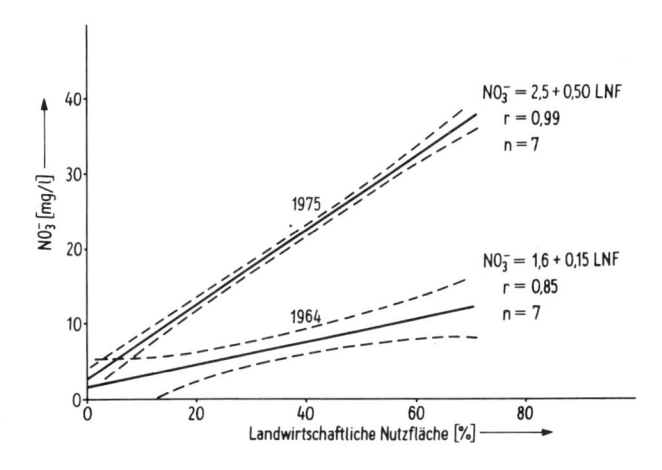

Abb. 6.58. Beziehung zwischen der Nitratkonzentration in Talsperren des Erzgebirges und dem Anteil der landwirtschaftlichen Nutzfläche am Einzugsgebiet für P-limitierte Gewässer, in denen eine biochemische Umsetzung (Assimilation oder Dissimilation) des überschüssigen Nitrats kaum möglich ist.

402   6. Ökologie von Biocoenosen

Die Beeinflussung durch Abwässer und landwirtschaftliche Nutzung äußert sich auch in der **Flächenbelastung** der stehenden Gewässer (Bezugsgröße ist die Wasseroberfläche). Sie beträgt für die in einem unbesiedelten, kaum landwirtschaftlich genutzten, fast ausschließlich bewaldeten Einzugsgebiet gelegene Talsperre Neunzehnhain etwa $0,01-0,04$ g PO_4-$P/m^2 \cdot$ a im Gegensatz zu $0,4-1,0$ g PO_4-$P/m^2 \cdot$ a für die in einem anthropogen stark genutzten (27% Wald, hohe Besiedlungsdichte und intensive Landwirtschaft) Gebiet gelegene Talsperre Saidenbach (Abb. 6.68.). Die P-Limitation in der Saidenbachtalsperre ist an der Abweichung des C:N:P-Verhältnisses des Talsperrenwassers von dem der Phytoplanktonbiomasse zu erkennen (vgl. 6.2.7.). Trotz der „homöopathischen" Verdünnung des Phosphors sind einige Arten noch in der Lage zu wachsen. Sie sind gut angepaßt, was die sehr niedrige **Halbsättigungskonstante** (Abb. 6.59.) zum Ausdruck bringt, die die Geschwindigkeit der P-Aufnahme charakterisiert. Die Fähigkeit zur **P-Speicherung** erlaubt einigen planktischen Algen eine Vorratswirtschaft und Ausnutzung der P-Reserven dann, wenn das Außenmedium P-verarmt ist.

Die Wirkung eines verstärkten Nährstoffangebotes kann durch die Bestimmung der Wachstumsgeschwindigkeit und des Ertrages in Abhängigkeit von der Nährstoffkonzentration ermittelt werden (Abb. 6.59.). Die erhöhte Nährstoffzufuhr und alle weiteren Vorgänge, die infolge natürlicher oder anthropogen bedingter Ursachen primär oder

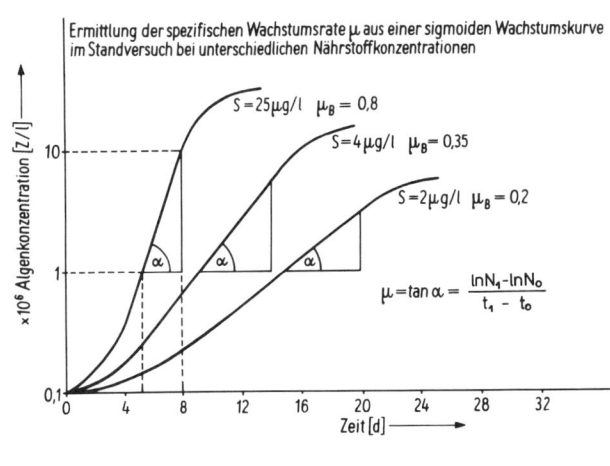

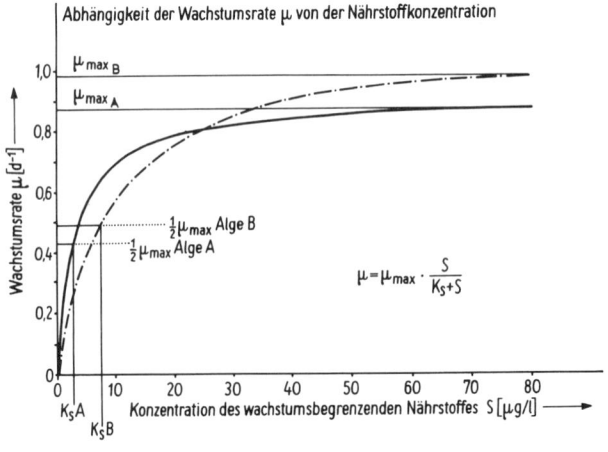

Abb. 6.59. Die Abhängigkeit der Wachstumsgeschwindigkeit unterschiedlicher Phytoplanktonarten von der Konzentration des limitierenden Nährstoffs. Die Ergebnisse lassen unter Nährstofflimitation folgende Schlußfolgerung zu: Bei geringen Nährstoffkonzentrationen wächst A schneller als B, weil A den Phosphor schneller aufnehmen kann, wie der K_s-Wert aufzeigt (K_s-A = 3 µg/l, K_s-B = 8 µg/l). Auf Grund dieses Konkurrenzvorteiles dominiert A über B. Bei hohem Nährstoffgehalt (über dem Schnittpunkt der Kurven A und B) besitzt jedoch die Alge B die größere Wachstumsgeschwindigkeit. Durch den Nährstoffverbrauch von B kann der Gehalt wiederum unter den Schnittpunkt absinken, so daß A jetzt schneller wachsen kann und durch weiteren Verbrauch sogar noch konkurrenzfähiger wird. Das Beispiel erklärt auch, warum mit steigender Eutrophierung oft ein Artenwechsel erfolgt. (N_0, N_1 = Algenkonzentration zum Zeitpunkt 0 bzw. 1; t_0, t_1 = Zeit zum Zeitpunkt 0 bzw. 1)

sekundär zu einem höheren Angebot pflanzenverfügbarer Nährstoffe und dadurch zu einer meist unerwünschten Steigerung der Primärproduktion von Algen und Makrophyten im Gewässer führen, bezeichnet man als **Eutrophierung.** Nach dem Ausmaß der Belastung mit dem wachstumslimitierenden Nährstoff (meist Phosphor, Stickstoff ist wegen des ständig steigenden Überschusses, vor allem in den sauberen Gewässern, kaum noch als Eutrophierungsfaktor anzusehen), werden **oligo-, meso-, eu- und hypereutrophe** Gewässer unterschieden (Abb. 6.61.). Die Klassifizierung drückt ein Kontinuum aus und reicht von den typisch oligotrophen Klarwasserseen (Sichttiefen $\geq$ 10 m, geringe Nährstoffmengen und Produktion) bis zu den trüben (Sichttiefe < 1 m), durch extreme Algenmassenentwicklungen gefärbten, verschmutzten hypereutrophen (auch hypertroph genannt) Gewässern. Auf den Trophiegrad wirken neben den Nährstoffen aber auch noch weitere Größen ein, die nicht so einfach zu berücksichtigen sind, wie z. B. die mittlere theoretische Verweilzeit und die mittlere Tiefe (Abb. 6.68.) oder die Wasserhärte (Abb. 6.61.b). Der Übergang zur Sättigung bei extremen Konzentrationen (Abb. 6.61.a) ist Ausdruck dafür, daß nicht mehr Phosphor den limitierenden Faktor darstellt, sondern beispielsweise das Licht bei hohen Algendichten (Selbstbeschattung). Die anthropogen verursachte Eutrophierung ist der Hauptgrund der Verschlechterung der Wasserqualität. Trotzdem ist die Eutrophierung eine natürliche Erscheinung, da die beim Abbau anfallenden Mineralisationsprodukte verfügbar bleiben. Beispielsweise nimmt bei der allmählichen Verlandung der Seen die Verfügbarkeit der Nährstoffe infolge des Wegfalls der thermischen Schichtung, der stärkeren Erwärmung und des Windeinflusses bis in das Sediment (Resuspension) zu. Diese „natürliche Eutrophierung" ist ein Ausdruck der Seenalterung. Zur „rasanten Eutrophierung" mit all ihren negativen Folgen führt jedoch erst die anthropogene Erhöhung der P-Last. Die mit der Eutrophierung einhergehenden Nutzungseinschränkungen wirken sich negativ auf Brauch- und Trinkwasserversorgung, Badebetrieb, Wassersport, Erholung und Fischerei aus.

Im einzelnen sind als **Eutrophierungsfolgen** zu nennen:

Algenmassenentwicklungen (Wasserblüten, typisch für auftreibende Blaualgen infolge Gasblasenerweiterung bei starker Luftdruckabnahme) und damit verbundene negative Erscheinungen wie Wassertrübung (Rückgang der Sichttiefe von 10—20 m in oligotrophen auf wenige Dezimeter in eutrophen Gewässern bei starken „Vegetationsfärbungen"), Geruchs- und Geschmacksbeeinträchtigung, Bildung von Toxinen bei Blaualgen; **extremer Makrophytenwuchs** (solange die P-Belastung nicht zu hoch ist und die Pflanzen nicht durch Aufwuchs oder Phytoplanktonmassenentwicklungen (Beschattung) unterdrückt werden); **Aufschwimmen von benthischen Algen** durch Gasblasen auf Grund starker Sauerstoffbildung („Krötenhäute", Algenwatten); **extreme diurnale Sauerstoffschwankungen in der Oberflächenschicht** mit erheblicher Übersättigung tagsüber (200% und mehr) und vollständigem Defizit während der Nacht; **hohe pH-Werte** (>9) und damit verbundene Verschiebung des Dissoziationsgleichgewichts vom NH_4^+ zum toxischen NH_3 (Fischsterben); **Sauerstoffschwund** (bewirkt Abwanderung oder Tod der meisten Makroorganismen; H_2S-Bildung (toxisch); **Bildung aggressiver Kohlensäure;** verstärkte P- und N-Rücklösung aus dem Sediment und vergrößerte Überlebenschancen der mit den Abwässern eingetragenen gesundheitsbeeinträchtigenden Mikroorganismen (pathogene Bakterien, Viren, Pilze, Wurmeier usw.).

Bei Talsperren und Seen im Gebirge mit ihrem starken Wasserdurchsatz und den daraus folgenden hohen N-Importen liegt der Stickstoff meist im Überschuß vor. Im Tiefland ist dagegen die Wassererneuerung der Seen größtenteils viel geringer, dadurch der N-Import niedriger und die Kreislaufnutzung des Phosphors wirksamer. Die überwiegende Zahl der Gewässer im Süden der BRD ist deshalb P-limitiert (mit Ausnahme vieler Teiche), im Norden dagegen N-limitiert.

In Gewässern (Abb. 6.60.) äußert sich die zunehmende Eutrophierung nach Überschreiten der Pufferkapazität in steigenden P-Konzentrationen im Freiwasser. Die Tatsache, daß der Belastungsanstieg früher einsetzt als der der Nährstoffkonzentration und die Änderung der Trophiekriterien (Sichttiefe, Phytoplankton), weist auf das Puffervermögen hin. Anderer-

404   6. Ökologie von Biocoenosen

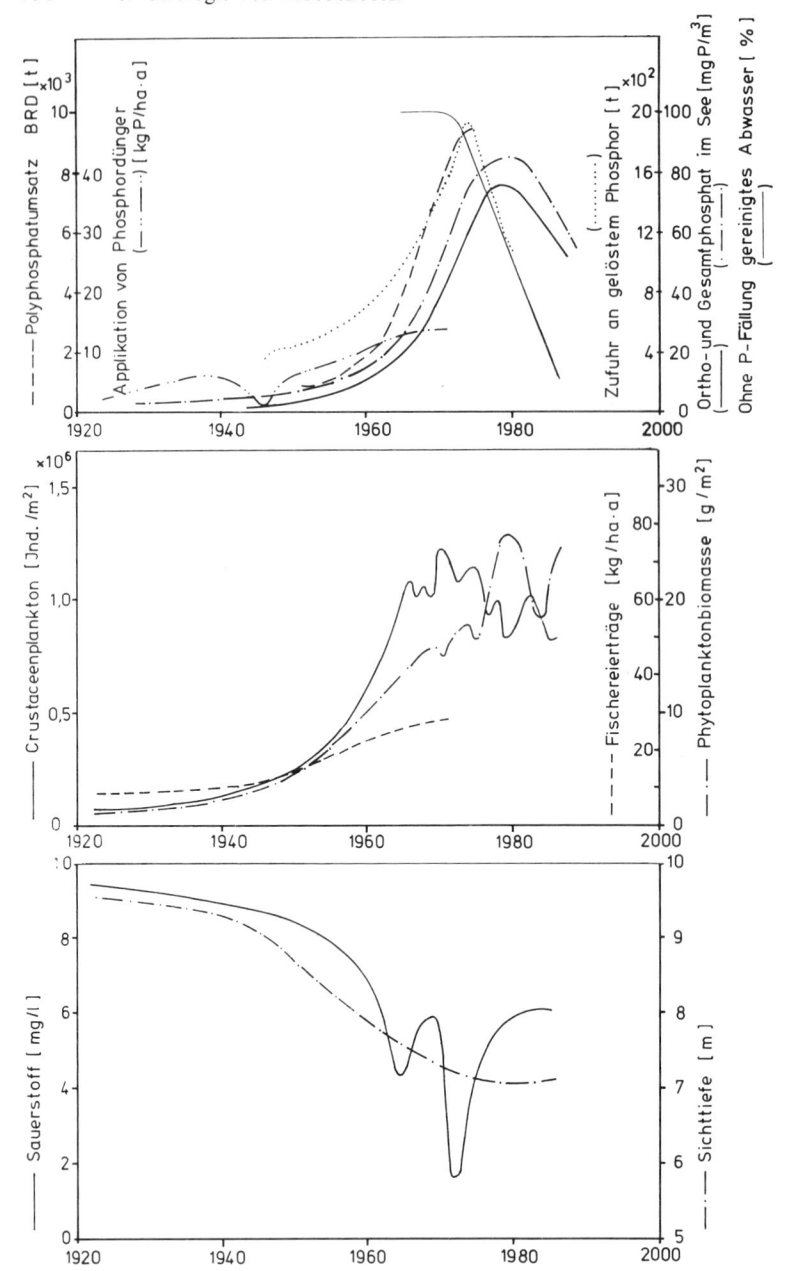

Abb. 6.60. Die Entwicklung trophischer Kriterien im Freiwasser des Bodensee-Obersees. Nach LEHN 1975, verändert und ergänzt durch Daten von WAGNER; WAGNER und WOHLAND; MÄCKLE, ZIMMERMANN und STABEL; Berichte Internationale Gewässerschutzkommission für den Bodensee 14 (MÜLLER), 30 (Lagebericht) und 37 (EINSLE). (Die in der Regel erst seit Mitte der 60er Jahre häufiger vorhandenen Meßdaten wurden z. T. mit Hilfe gleitender Mittelwerte und von Ausgleichskurven geglättet.)
a) Der Anstieg des Polyphosphatumsatzes in der BRD, die applizierte P-Düngermenge, der einer P-Fällung unterzogene Abwasseranteil, die Nährstoffzufuhr zum See und die Nährstoffkonzentration in ihm während der Frühjahrshomothermie. b und c) Die Zunahme von Phyto- und Crustaceenplankton sowie der Fischereierträge und die Abnahme der Sichttiefe und der Sauerstoffkonzentration am Grund (250 m).

seits belegen die nahezu umgekehrten Geschwindigkeitsverhältnisse in den späteren Jahren das Einsetzen der rasanten Eutrophierung (Pufferkapazität überschritten, positive Rückkopplung). Daß die Trophiekriterien (Phytoplankton, Crustaceenplankton) z. T. schon vor Erreichen der maximalen P-Konzentrationen Sättigungsniveau aufweisen, deutet auf die bei höheren Konzentrationen vorliegende Wachstumsbegrenzung durch andere Faktoren hin (Licht, Stickstoff, Temperatur u. a.). Die Abbildung zeigt weiter, daß die mit hohem technischen (konsequenter Kläranlagenausbau mit biologischer Reinigungsstufe und P-Fällung), finanziellen (1960–1980 wurden über 4,5 Mrd. D-Mark auf dem Abwassersektor investiert; MÄCKLE et al. 1987) und administrativen (Reduzierung des P-Anteils in den Waschmitteln in der Schweiz und der BRD) Aufwand betriebene Einzugsgebietssanierung zu einem schnellen Rückgang der P-Belastung des Bodensees führte (die zeitliche Verzögerung ist Resultat der hydraulischen Trägheit des Systems). Der Trend der Wasserqualitätsverschlechterung wurde aufgehalten und z. T. sind schon Verbesserungen zu registrieren. Es wird aber auch deutlich, daß der P-Gehalt für einen Rückgang der Phytoplanktonbiomasse noch nicht tief genug gesunken ist.

In den Abbildungen 6.61., 67. u. 68. sind allgemeingültige Beziehungen zwischen P-Belastung und potentiell möglicher Algenentwicklung dargestellt. Solche statischen Modelle erlauben eine grobe Prognose der Wasserqualität bei einer Änderung der Belastung (z. B. im Zusammenhang mit Sanierungsmaßnahmen) oder für geplante Gewässer (Talsperren). Meist interessiert nicht nur die mit dieser Methode gefundene annähernde mittlere Beschaffenheit im Sommer, sondern auch der kurzfristige Wechsel im Jahresverlauf, da hier erhebliche Amplituden und Aspektwechsel auftreten. Dafür ist aber bereits ein dynamisches, kausales Modell erforderlich. Ein solches noch sehr einfaches, aber praktikables dynamisches Modell wurde zum Bsp. von BENNDORF und RECKNAGEL (1979) vorgelegt. Derartige Modelle sind notwendig, weil die ganze Komplexität eines Ökosystems nicht mehr im einzelnen überschaubar ist und das gesamte System nur noch von leistungsfähigen Computern bilanziert werden kann. Das genannte Modell ermöglicht, ebenso wie vergleichbare Modelle anderer Autoren, mit Hilfe der Scenario-Analyse (einer bewußten Veränderung des Modellsystems, welches ja ein Spiegelbild des Ökosystems darstellen soll) auch Einblicke in die zu erwartenden kurzfristigen Änderungen verschiedener Größen. Es demonstriert also, „was passiert", wenn bestimmte Eingangsgrößen sich in ihrer Intensität ändern (Abb. 6.61.c).

6.2.10. Biogene Umsetzungen der Schwefel-, Eisen-, Mangan- und Siliciumverbindungen

Das **Eisen** ist zwar in der Erdrinde mit dem hohen Anteil von 5% vorhanden, in Gewässern tritt es jedoch nur ausnahmsweise in erhöhten Konzentrationen auf (bei niedriger O_2-Spannung, sehr niedrigem pH-Wert oder hohem Gehalt an chelierenden organischen Substanzen, z. B. Huminstoffen). Unter reduzierenden Bedingungen liegt es in Gewässern vor allem als gelöstes Eisen-II-hydrogencarbonat vor. Bei Kontakt mit Sauerstoff wird dieses rasch oxidiert und als Eisen-III-oxidhydrat ausgefällt, das im pH-Bereich >5 nahezu unlöslich ist. Deshalb sind im Epilimnion geschichteter Standgewässer echt gelöste Fe-Verbindungen kaum nachweisbar. Wichtige Ausnahmen bilden Moorgewässer sowie Braunkohlen-Tagebaurestseen mit Anreicherung von freier Schwefelsäure. Da eine starke photosynthetische Aktivität mit pH-Anstieg und O_2-Anreicherung einhergeht, schließt diese die Anwesenheit von gelösten Fe-Verbindungen nahezu aus. In Algenkulturen muß deshalb eine Fe-Quelle in nichtausfällbarer (chelierter) Form zugegeben werden. Die geringen Mengen an Fe, die für die Zellsubstanzsynthese benötigt werden, sind offenbar in den Gewässern meistens (z. T. ebenfalls als Chelate) vorhanden.

406   6. Ökologie von Biocoenosen

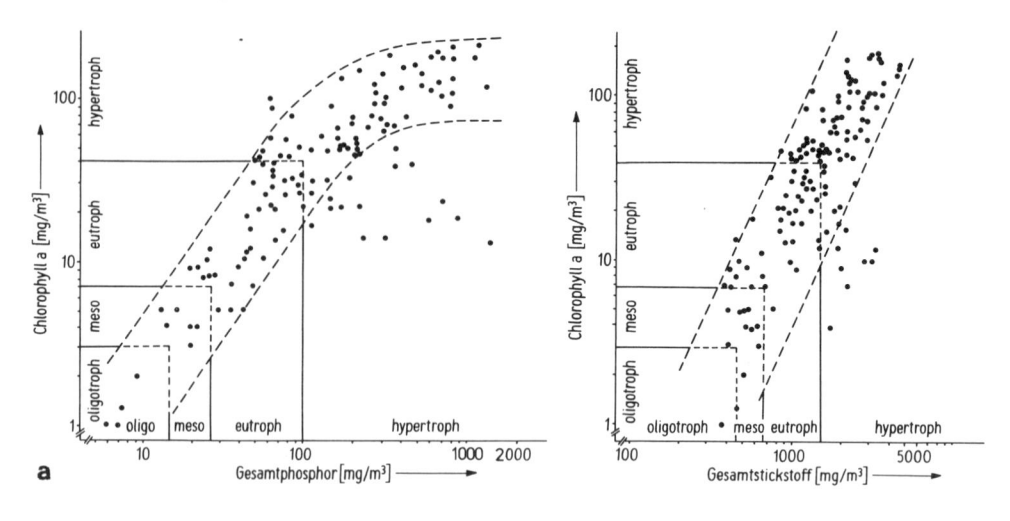

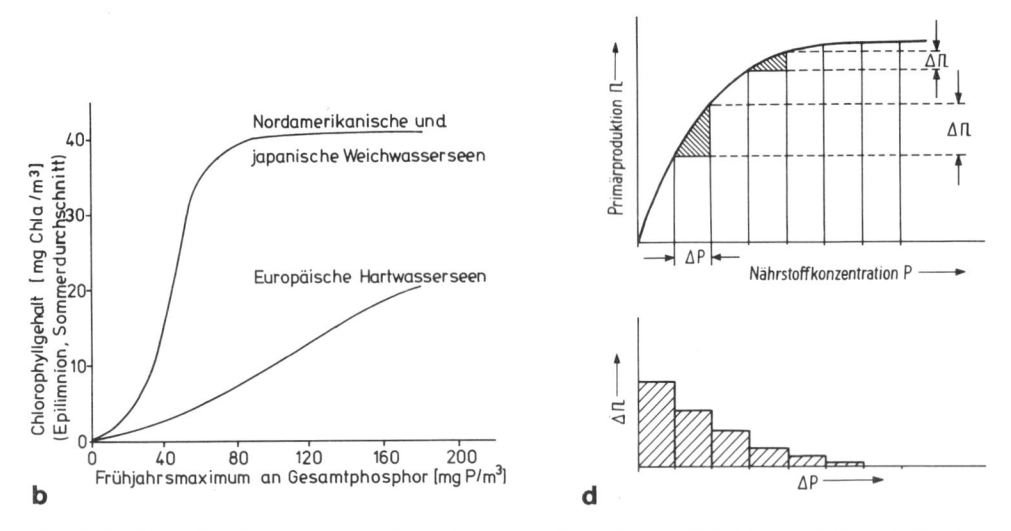

Abb. 6.61. a) Die Beziehung zwischen Gesamtphosphor bzw. Gesamtstickstoff und Chlorophyll a (als Maß der Algenkonzentration) im Oberflächenwasser mit vorgeschlagenen Trophiegrenzen. Sommerwerte. Aus FORSBERG und RYDING 1980. Die Abhängigkeiten gelten nur bei P- bzw. N-Limitation. b) Die Abhängigkeit des mittleren Chlorophyllgehaltes von der P-Konzentration in Weich- und Hartwasserseen (in Hartwasserseen wird ein großer Teil des Phosphors der Algen und auch anderer kleiner Partikel bei der Sedimentation des zeitweilig entstehenden Calcits mit ausgefällt). Aus KOSCHEL 1989, verändert. c) Modellexperimente zur Veränderung der internen P-Belastung und Biomanipulation mittels Scenario-Analysen. Der Computer simuliert die Jahresgänge von Orthophosphat, Phyto- und Zooplankton bei unterschiedlichen P-Freisetzungsraten bzw. unterschiedlichem Fraßdruck der Fische und läßt damit Schlüsse auf die Bewirtschaftungsstrategie zu. Aus BENNDORF et al. 1981a. d) Die verschiedenen Wirkungen gleicher Phosphorgaben auf den Zuwachs an Primärproduktion η bei unterschiedlicher Höhe der Startmengen.

6.2. Ökosysteme der Binnengewässer

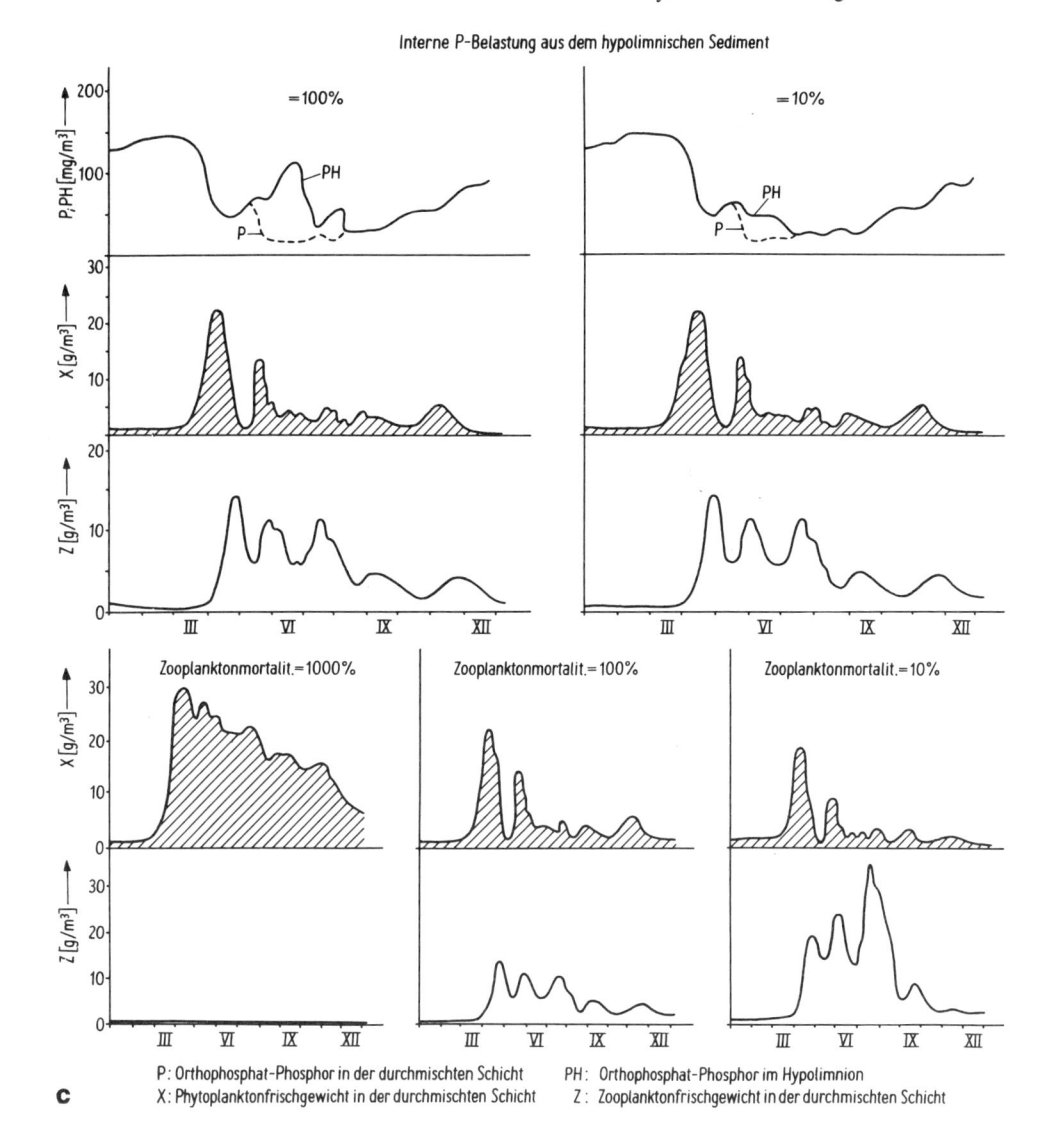

Interne P-Belastung aus dem hypolimnischen Sediment

c
P: Orthophosphat-Phosphor in der durchmischten Schicht
X: Phytoplanktonfrischgewicht in der durchmischten Schicht
PH: Orthophosphat-Phosphor im Hypolimnion
Z: Zooplanktonfrischgewicht in der durchmischten Schicht

In der unteren aphotischen Schicht von Standgewässern sind nur noch Atmungs- und Abbauprozesse möglich. Das dabei freigesetzte CO_2 führt, sobald der O_2-Vorrat weitgehend aufgebraucht ist, zur Rücklösung des in der vorhergehenden Zirkulationsperiode ausgefällten Eisens aus dem Bodensediment. Dadurch kann eine Fe^{2+}-Anreicherung bis auf Konzentrationen über 50 mg/l auftreten, besonders in stark eutrophierten Talsperren und Seen. Für die Entnahme von Tiefenwasser für die Trinkwasserversorgung ist dies sehr ungünstig. Eine noch größere Bedeutung besitzt die durch biogene CO_2- und O_2-Abnahme hervorgerufene Anreicherung von gelösten Fe-Verbindungen in Grundwasserleitern sowie in Uferfiltrat aus Flüssen.

Bei Zutritt von molekularem Sauerstoff unterliegt das gelöste Eisen sehr oft einer **mikrobiellen Oxidation**:

$$4\,Fe(HCO_3)_2 + O_2 + 6\,H_2O \rightarrow 4\,Fe(OH)_3 + 4\,H_2O + 8\,CO_2 + 243\,kJ \tag{6.11}$$

6. Ökologie von Biocoenosen

Die dabei freigesetzte Energie dient der Bildung von organischen Substanzen durch Chemosynthese. Bei diesen Mikroorganismen handelt es sich vor allem um Eisenbakterien der Gattung *Gallionella*, die im neutralen pH-Bereich das Maximum ihrer Aktivität erreichen. Die Eisenbakterien führen zur Bildung von See-Erz (Limonit) im Hypolimnion sauerstoffreicher Seen, zur Verockerung von Drainsträngen und Drainausläufen und zu einer stark beschleunigten „Alterung", d. h. Verstopfung, von Brunnenfiltern. Dadurch wird die Nutzungsdauer von Brunnengalerien zur Trinkwassergewinnung oft sehr stark verkürzt. Andere Eisenbakterien, z. B. *Thiobacillus thiooxidans*, ertragen nicht nur sehr niedrige pH-Werte, sondern verursachen sogar die Freisetzung von Schwefelsäure (vgl. Abb. 6.62.). Diese Bakterien sind in der Lage, sulfidische Eisenverbindungen wie das in den Abraummassen des Braunkohlenbergbaus oft reichlich vorhandene Pyrit und Markasit zu oxidieren:

$$2\,FeS_2 + 7\,O_2 + 2\,H_2O \rightarrow 2\,FeSO_4 + 2\,H_2SO_4 + \text{Energie} \qquad (6.12)$$

Das entstehende Eisen-II-sulfat bewirkt durch Hydrolyse die Bildung weiterer Schwefelsäure. Dadurch wird nicht nur die Rekultivierung von Abraumhalden stark erschwert, sondern auch die Nutzung von Tagebaurestseen, weil die sich hier ansammelnde freie Schwefelsäure zu äußerst starken Korrosionserscheinungen führt, wenn das Wasser ungepuffert ist.

Die Anreicherung von CO_2 und Bicarbonat aus Abbau- und Atmungsprozessen ist kennzeichnend für das Hypolimnion eutrophierter Seen und Talsperren. Sie geht einher mit niedrigen O_2-Spannungen oder völligem O_2-Schwund. Ist die Belastung durch organisches Material (absinkende Phytoplanktonbiomasse) sehr hoch und gleichzeitig im Wasser gelöstes Sulfat vorhanden, wird beim weiteren mikrobiellen Abbau auch der im Sulfat

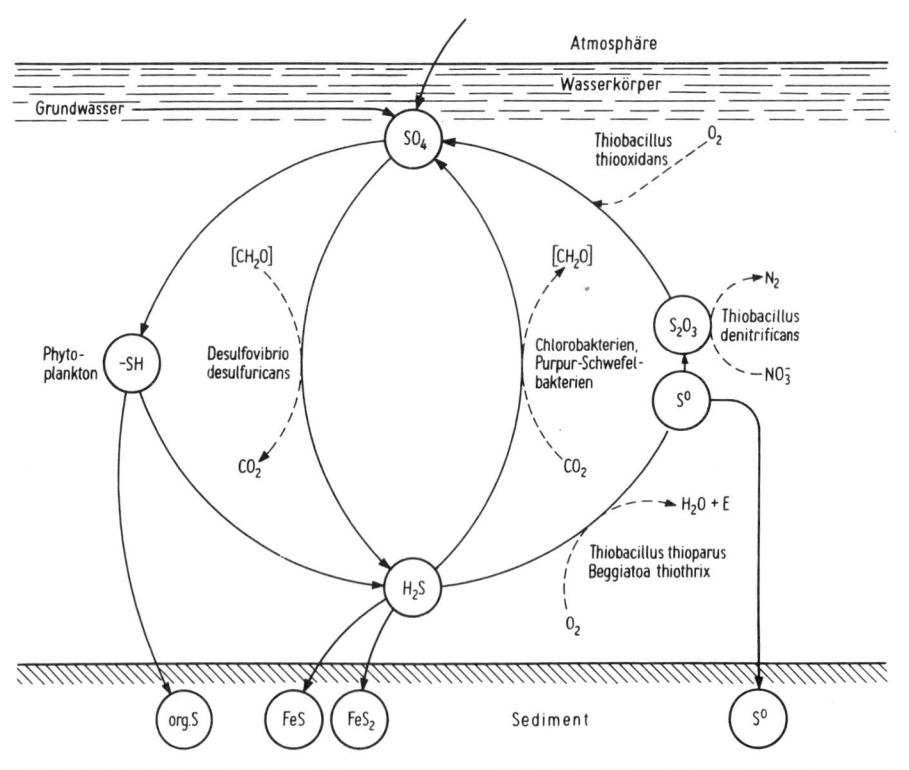

Abb. 6.62. Wichtige mikrobielle Umsetzungen und Kreislauf der Schwefelverbindungen in einem Gewässer-Ökosystem.

gebundene Sauerstoff verwendet (**Sulfatreduktion** (vgl. Abb. 6.62.)). Meistens handelt es sich dabei um Vertreter der Gattung *Desulfovibrio*. Dadurch wird H$_2$S freigesetzt:

$$8 \, [H] + SO_4^{2-} \rightarrow H_2S + 2 \, H_2O + 2 \, OH^- \tag{6.13.}$$

Dabei dienen leicht abbaubare organische Substanzen als Wasserstoffdonatoren. Ist gleichzeitig noch gelöstes Eisen vorhanden, wird dieses jetzt infolge Bildung von FeS oder FeS$_2$ ausgefällt und weitgehend im Bodensediment festgelegt. Mit zunehmender organischer Belastung bzw. „Sekundärverschmutzung" durch mikrobiellen Abbau von Phytoplanktonbiomasse wird also zunächst das Eisen mobilisiert, mit weiter absinkendem Redoxpotential jedoch wieder in das Sediment überführt.

Ein See-Ökosystem wirkt als „Eisen-Falle". Da bei relativ hohem pH-Wert in den oberen Wasserschichten normalerweise stets gelöster Sauerstoff vorhanden ist, können kaum nennenswerte Mengen an Eisen mit dem oberflächlichen Abfluß das System verlassen. In den Zirkulationsperioden wird infolge des O$_2$-Nachschubs das vorher in Lösung befindliche Eisen nahezu vollständig ausgefällt.

Eine ähnliche „reduktive Auflösung" wie beim Eisen ist beim Mangan zu verzeichnen. **Mangan** wird leichter gelöst als Eisen, ist aber schwerer auszufällen und verursacht daher bei der Wassergewinnung die größeren Probleme. Im Gegensatz zum Eisen wird Mangan bei Anwesenheit von Schwefelwasserstoff nicht ausgefällt.

Das in einem Binnengewässer vorhandene **Sulfat** (Abb. 6.62) dient nicht nur als Indikator einer SO$_2$-Belastung des Niederschlagswassers, sondern vor allem auch als Indikator der jeweiligen geochemischen und klimatischen Bedingungen. Die Wirkung S-haltiger Niederschläge ist in elektrolytarmen Gewässern sehr stark, sie kann hier zu einer völligen Veränderung des Grundchemismus (Anreicherung von freier Schwefelsäure) und der biologischen Struktur (Verschwinden der Fische; Artenverarmung) führen (Abb. 6.47. b).

Je höher der Sulfatgehalt eines thermisch geschichteten Standgewässers, desto größer ist auch, im Falle einer direkten oder indirekten (Eutrophierung) organischen Belastung, sein Potential zur Bildung von **Schwefelwasserstoff**. Bei hohem hypolimnischen H$_2$S-Gehalt führt eine Vollzirkulation des Wasserkörpers nicht nur zu einem Fischsterben, sondern auch zu einer Belästigung, u. U. sogar Gefährdung ufernaher Wohnsiedlungen. Die Giftwirkung des freien H$_2$S (das HS$^-$-Ion ist weit weniger toxisch) gegenüber Wasserorganismen nimmt mit fallendem pH-Wert in gleicher Progression zu. Deshalb ist der Artenreichtum alkalischer H$_2$S-Quellen durchaus nennenswert, dagegen der mit niedrigem pH äußerst gering. Die alkalischen H$_2$S-Quellen fallen auch dem flüchtigen Beobachter oft durch leuchtendweiße Überzüge auf Steinen ins Auge. Es handelt sich dabei um Massenentwicklungen H$_2$S-oxidierender Bakterien, und zwar meistens um Vertreter der Gattungen *Thiothrix* und *Beggiatoa*.

Der Gehalt an **Kieselsäure** ist in den Binnengewässern normalerweise sehr ausgeglichen und läßt bei Fließgewässern keine ausgeprägte Beziehung zur Wasserführung erkennen. Eine sehr starke Verringerung kann aber in eutrophen Stand- und Fließgewässern durch Massenentwicklungen von Kieselalgen hervorgerufen werden. Dies hat eine Wachstumsbegrenzung der Kieselalgen und eine (meistens unerwünschte) Begünstigung anderer Gruppen von Algen zur Folge.

6.2.11. Dynamisches Verhalten limnischer Ökosysteme

Von der Wassertemperatur abgesehen, unterliegt die physikalische Umwelt der Wasserorganismen sehr starken Störungen. Das Schichtungs- und Durchmischungsverhalten eines Wasserkörpers, von dem die räumliche Verteilung zumindest der nicht aktiv beweglichen Plankter abhängt, ändert sich meistens schon innerhalb von 24 Stunden. Planktische

6. Ökologie von Biocoenosen

Kieselalgen sinken bei weitgehendem Fehlen einer turbulenten Durchmischung schnell in die aphotische Zone ab, eine mäßige Durchmischung ermöglicht optimales Wachstum, eine tiefe Zirkulation wiederum läßt keine positive Photosynthesebilanz mehr zu. In einem derart astatischen Milieu können sich die Plankter nur dank ihrer hohen Vermehrungsraten halten. Die **spezifische Wachstumsrate** (μ) muß mindestens so groß sein wie die Verlustrate, die sich aus Beiwerten für Absinken (B), Abschwemmung (D) (bei starkem Wasserdurchsatz) und Fraß durch Zooplankton (G) zusammensetzt:

$$\frac{dx}{dt} = \mu \cdot x - (B + D + G) \cdot x \qquad (6.14.)$$

Dabei stellt x die Biomasse und t die Zeit dar.

Im **Fließgleichgewicht** ist

$$\frac{dx}{dt} = 0 \quad \text{und} \quad \mu = B + D + G \qquad (6.15.)$$

Eine ausreichend hohe Wachstumsrate, d. h. $\mu \geq B + D + G$, wird nur erreicht, wenn die Intensität der Wachstumsfaktoren Nährstoffangebot, Lichtintensität und Temperatur nicht allzu weit vom Optimum entfernt ist und wenn keiner der drei Beiwerte B, D und G einen kritischen Wert überschreitet. Dies ist normalerweise im Frühjahr gewährleistet, und zwar solange, wie das Zooplankton, dessen Temperaturoptimum höher liegt als das des Phytoplanktons, sich noch nicht stark entfalten kann. Die spezifische Wachstumsrate μ erreicht bei Phytoplanktern unter optimalen Bedingungen oft die beachtliche Größenordnung von $\geq 1,0 \cdot d^{-1}$, d. h. eine Verdopplung innerhalb von $\leq 16,6$ h.

Bei Geißelalgen fallen infolge der Eigenbeweglichkeit die Verluste durch Absinken nicht ins Gewicht, diese Plankter unterliegen aber meistens einem starken Fraßdruck, und μ erreicht besonders bei kleinen Arten, die von Zooplanktern unterschiedlichster Größe gefressen werden können, sehr hohe Werte. Lediglich große planktische Cyanophyceen, die auf Grund ihrer Ausmaße (schon makroskopisch wahrnehmbare Kolonien!) kaum gefressen werden und durch den Besitz von Gasvakuolen nicht absinken, können sich kleine Wachstumsraten „leisten", sie dominieren dadurch in Zeiten starker Nährstoffverknappung (Sommerstagnation) oder starken Fraßdrucks durch Zooplankter. Viele dieser Arten sind zudem „N-Selbstversorger", sie verfügen über die Fähigkeit der Bindung von molekularem Stickstoff.

Ein Lebensformtyp, der besonders gut an ein ausgesprochen „astatisches" Milieu angepaßt ist, wird durch die Mikroorganismen des Aufwuchses in Fließgewässern repräsentiert. In der Oberlaufregion von Flüssen wächst auf jedem Stein ein „Rasen" aus Mikroorganismen, in dem Bakterien, Pilze, Cyanophyceen, Diatomeen, Chlorophyceen, Protozoen und auch kleine Wirbellose (z. B. Rotatorien, Oligochaeten) stark vertreten sein können. Je dicker dieser Rasen wird, desto stärker ist er der mechanischen Wirkung der Strömung ausgesetzt. Bei erhöhter Wasserführung geraten vorher abgelagerte Sedimente, z. B. Sand, wieder in Bewegung. In Verbindung mit der erhöhten Fließgeschwindigkeit wirkt dies wie ein Sandstrahlgebläse, und auf den der Strömung ausgesetzten Steinen geht dadurch ein Großteil der Biomasse des Mikrobenthos verloren. Durch Einbringen von künstlichen Aufwuchsträgern läßt sich jedoch nachweisen, daß auch nach einem „Totalverlust" der Rasen sehr schnell wieder nachwächst, zumal bei abnehmender Wasserführung das Anhaften von passiv in der fließenden Welle transportierten Mikroorganismen sehr begünstigt wird.

Damit wird eine grundsätzliche Frage berührt, nämlich die, wie lange es dauert, bis ein limnisches Ökosystem nach einer starken Störung, beispielsweise einer weitgehenden Verödung infolge Einleitung toxischer Abwässer, hinsichtlich seiner Struktur wieder einen den Normalbedingungen entsprechenden Gleichgewichtzustand erreicht. In einem schnellfließenden Gewässer ist die Wassererneuerung so groß, daß bei Ausschaltung einer Verschmutzungsquelle (z. B. Einleitung ungenügend behandelter Abwässer) innerhalb kürzester Zeit auch die Beschaffenheit im Gewässer-Ökosystem sich verbessert. Die Organismengemeinschaft des Bewuchses paßt sich in ihrer Zusammensetzung ebenfalls in recht kurzer Zeit den neuen Bedingungen an. Sofern eine „Beimpfung" mit Arten aus einer auch vorher nicht belasteten Oberlaufregion gewährleistet ist, wird in der Struktur des Bewuchses binnen weniger Wochen ein neuer Gleichgewichtszustand erreicht. Untersuchungen an kontinuierlich durchflossenen Labormodellen von Ökosystemen weisen darauf hin, daß der Zeitbedarf bis zur Einstellung des neuen Gleichgewichtszustandes für eine bestimmte Art etwa dem fünffachen Betrag der Verdopplungszeit bzw. Generationsdauer entspricht. Bei Bakterien und einzelligen Algen mit einer spezifischen Wachstumsrate von $0{,}5 \cdot d^{-1}$ wäre der neue Gleichgewichtszustand binnen einer Woche erreicht (vgl. Abb. 6.32.c). Für die Flußperlmuschel *Margaritana margaritifera* hingegen, deren Generationsdauer ca. 20 Jahre beträgt, würde sich dementsprechend ein Zeitbedarf von etwa 100 Jahren ergeben. In einem Fließgewässer mit normalerweise sauberem Wasser lassen sich gelegentliche Belastungsstöße am Fehlen der größeren, langsamwüchsigen Wirbellosen (in der Oberlaufregion z. B. der großen Plecopteren- und Ephemeropterenarten) ablesen. Hingegen ist der Artenreichtum der Mikrofauna und -flora in den Sukzessionsstufen bis zum Erreichen eines Endzustandes oftmals sogar erhöht.

In Flüssen ist die Erneuerung des Wasserkörpers durch die fließende Welle so groß, daß nach Inbetriebnahme einer neuen Kläranlage die zu erwartende Verbesserung der Beschaffenheit des Gewässers normalerweise schon nach einigen Stunden oder allenfalls Tagen beobachtet werden kann. Erheblich ungünstiger ist die Situation bei Standgewässern und in Grundwasserleitern, weil hier die Wassererneuerung sehr viel geringer ist als in Fließgewässern. Hier kann sich die Nachwirkung einer einmal vorhandenen Verunreinigung noch über Jahre oder sogar Jahrzehnte erstrecken. Während im Fließgewässer nach Abschluß von Sanierungsmaßnahmen das belastete Wasser in kurzer Zeit durch sauberes aus der Oberlaufregion verdrängt wird, wäre das bei Standgewässern, wie z. B. Seen, nur möglich, wenn diese vollständig entleert werden könnten. Die Zeit t, die erforderlich wäre, ein leeres Seebecken zu füllen, ist die sog. **mittlere Verweilzeit $\bar{t}$** des Wassers. Sie ergibt sich als reziproker Wert der Erneuerungsrate D des Wassers bzw. als Quotient aus dem Beckenvolumen V (m^3) und der Zuflußmenge Q (m$^3 \cdot$ a^{-1}), hat dementsprechend die Maßeinheit a. In vielen Seen des Tieflandes beträgt die mittlere Verweilzeit mehr als 10 Jahre (Abb. 6.32.d). Im Sediment von Flüssen, das sich z. B. in den Buhnenfeldern der Unterlaufregion ablagert, erreichen sowohl die Konzentration als auch die Verweilzeit von Laststoffen ein sehr viel höheres Niveau als in der Freiwasserregion. Daher weisen toxische Schwermetalle im Baggergut oft eine Konzentration auf, die eine Verwertung als Bodenverbesserungsmittel in der Landwirtschaft ausschließt.

Die Amplitude der zeitlichen Schwankungen der Zellzahl oder Biomasse der einzelnen Arten ist ein brauchbares Maß der **„zeitlichen Stabilität"**. Nur wenige Arten zeichnen sich durch große Konstanz des Vorkommens bei relativ geringen zeitlichen Schwankungen aus. Dagegen ist für die Strategie „opportunistischer" Arten eine schnelle Zunahme innerhalb kurzer Zeit kennzeichnend, dem sich ein ebenso rascher Abfall anschließt.

Sehr oft bestehen zwischen dem Zeitverlauf der Biomasse von Zooplanktern und der ihnen als Nahrung dienenden Phytoplankter Phasenverschiebungen zwischen den Maxima, die in grober Näherung bereits mittels eines einfachen Lotka-Volterra-Modells beschrieben werden können. Ein Räuber-Beute-Verhältnis im wörtlichen Sinne besteht auch zwischen Kleinfischen und Zooplankton sowie zwischen Raubfischen und Kleinfischen. Ein großer Raubfischbestand bietet dadurch gerade den als Filtrierern besonders leistungsfähigen großen Zooplanktonarten, wie z. B. Daphnien, günstige Gedeihmöglichkeiten. Es wird der Bestand an Bakterien und vor allem auch an Phytoplanktern stark verringert („Klarwasserstadium" auch bei reichlichem Angebot an Nährstoffen für das Phytoplankton). Umgekehrt

412 6. Ökologie von Biocoenosen

führt ein erhöhter Kleinfischbestand zur Dezimierung gerade der leistungsfähigsten (großen) Zooplankter. Dadurch werden ausdauernde Massenentwicklungen des Phytoplanktons stark gefördert. Für eine genaue Beschreibung solcher Zeitverläufe sind dynamische Modelle erforderlich; ein Beispiel für ein Modell mit sehr breitem Anwendungsspektrum bietet das Modell SALMO (BENNDORF et al. 1981, Abb. 6.61.c).

Während Abundanz und Biomasse der einzelnen Arten oft sehr starken zeitlichen Schwankungen unterliegen, ist die physiologische Leistung eines aquatischen Ökosystems besser gepuffert. Man erkennt dies daran, daß z. B. die zeitliche Stabilität der photosynthetischen Gesamtleistung des Phytoplanktons weitaus größer ist als die der Zellzahl der dominierenden Arten. Das hängt offensichtlich damit zusammen, daß die „spezifische Leistung", d. h. die Photosynthese pro Zelle oder pro Einheit Chlorophyll, bei geringer Zellzahl hoch, dagegen bei hoher Zelldichte niedrig ist. Im einfachsten Fall entspricht die Beziehung zwischen spezifischer Leistung L und Biomasse x einer gleichschenkligen Hyperbel:

$$L = \frac{A}{x} \qquad (6.16.)$$

Die Konstante A, welche den Verlauf der Hyperbel beschreibt, ist gleich dem Produkt $L \cdot x$; A ist Gesamtleistung des Systems pro Raum- und Zeiteinheit. Der gleiche Wert für A resultiert bei kleinem L und großem x wie bei großem L und kleinem x.

6.2.12. Besiedlung des Grundwassers

Die Organismen des Grundwassers bewohnen Biotope, die sich durch verhältnismäßig konstante, aber gleichzeitig extreme Bedingungen auszeichnen. Das Grundwasser füllt vor allem die Hohlräume von Lockergesteinen zusammenhängend aus und befindet sich deshalb besonders im Bereich alluvialer und diluvialer Sande, Kiese und Schotter. Die Speisung erfolgt durch Oberflächenwasser in Form von versickerndem Niederschlag oder durch den Zustrom von Fluß-, See- oder Meerwasser (Abb. 6.63.). Die in der **Grundwasserfauna** vertretenen Formtypen bzw. Anpassungen entsprechen den Anforderungen, die das Lückensystem (z. B. Porenvolumen von ca. 40% bei mittleren Sanden) an die Bewohner stellt, wie Kleinheit, langgestreckte Körperform, Fortbewegung durch Schlängeln und Stemmen (Abb. 6.64.). In größeren Hohlraumsystemen treten andere Arten und Körperformen (z. b. Grottenolm *Proteus anguinus* bis 30 cm lang) auf als in kleinen. Auch die Fließgeschwindigkeit und der mit ihr verbundene Abbau von Diffusionsbarrieren spielen eine Rolle. So

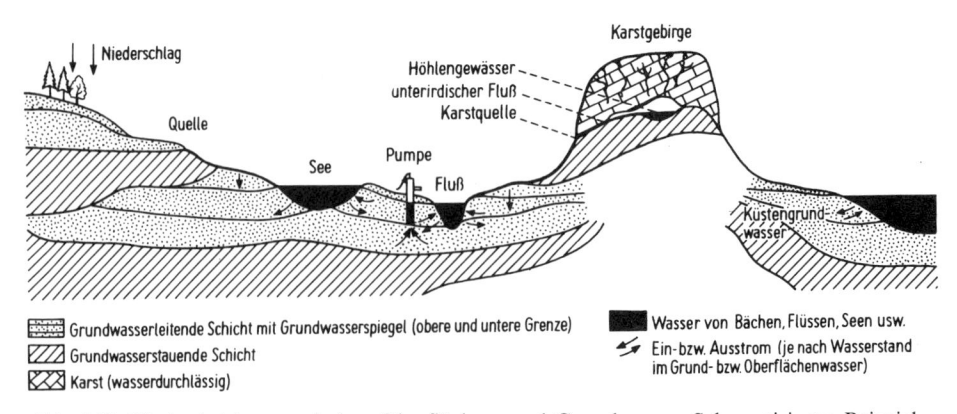

Abb. 6.63. Wechselwirkung zwischen Oberflächen- und Grundwasser. Schematisiertes Beispiel.

6.2. Ökosysteme der Binnengewässer

sind Biocoenosen im gleichen Korngrößenbereich bei höherer Strömungsgeschwindigkeit im allgemeinen reicher entwickelt. Die Temperaturen des Grundwassers sind relativ niedrig, schwanken nur wenig und entsprechen etwa den jährlichen Durchschnittstemperaturen. Auf Grund des fehlenden Lichtes geht die Bedeutung der Körperfarbe verloren, so daß unpigmentierte Tiere dominieren. Entsprechend rückgebildet sind die Augen, während andere Sinne, wie Geruch und Geschmack, stark ausgeprägt sind. Die Sauerstoffkonzentrationen unverschmutzten Grundwassers erreichen mit $5-10$ mg O_2/l (entspricht einer Sättigungskonzentration von $45-90\%$ bei 10 °C) relativ hohe Werte. Kluft- und Spaltenwässer sind sogar oft sauerstoffgesättigt. Die Atmung der Organismen und der unterbundene atmosphärische Austausch führen zu erhöhten CO_2-Konzentrationen im Grundwasser, wodurch Kalk als Calciumhydrogencarbonat gelöst werden kann (vgl. 6.2.7).

Die charakteristischen Grundwasserbewohner bezeichnet man als **eucavale** oder echte Grundwassertiere (Abb. 6.64.c u. d), grundwasserfremde heißen **xenocaval** und solche, die sowohl das Grund- als auch das Oberflächenwasser besiedeln, **tychocaval**.

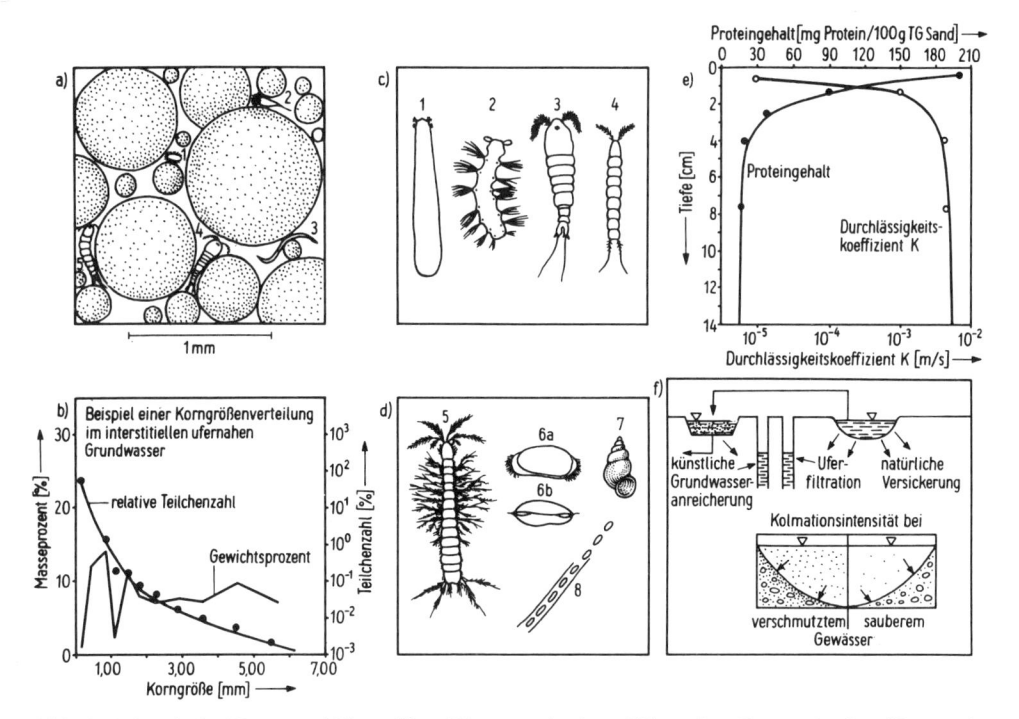

Abb. 6.64.a) Relative Korn- und Tiergrößen (Vertreter der 1 = Ciliata; 2 = Rotatoria; 3 = Nematoda; 4 = Cyclopoida; 5 = Harpacticoida) in einem interstitiellen Grundwasser mit einer b) gemessenen Korngrößenverteilung. Nach RONNEBERGER 1957, verändert. c) und d) Makroskopische Organismen des Grundwassers und der Lückensysteme.
1 = *Bothrioplana semperi* (Turbellaria); 2 = *Troglochaetus beranecki* (Polychaeta); 3 = *Graeteriella unisetiger* (Cyclopoida); 4 = *Parastenocaris fontinalis fontinalis* (Harpacticoida); 5 = *Bathynella natans natans* (Syncarida); 6 = *Candona* spec. (Ostracoda); 7 = *Lartetia quenstedti* (Gastropoda); 8 = *Leptothrix* spec. (Eisenbakterie).
e) Biomasse, dargestellt als Proteingehalt, in einem Sandfilter nach mehrtägiger Beschickung mit Sulfitablauge in einer im belasteten Fließgewässer möglichen Konzentration (nach HENTRICH 1973) und die Auswirkung der Selbstdichtung auf die Durchlässigkeit. f) Möglichkeiten der natürlichen und künstlichen Grundwassergewinnung aus Oberflächenwasser und die Kolmations-(Selbstdichtungs-)intensität bei Versickerung verunreinigter und sauberer Wässer.

414   6. Ökologie von Biocoenosen

Die Grundwasserfauna ernährt sich carni- oder detritivor, wobei eine extreme **Importabhängigkeit** besteht, da ja photoautotrophe Organismen nicht existieren. So sind die wesentlichsten Nahrungskomponenten Teile von oberirdischen Organismen sowie Bakterien und Pilze, die die im Wasser mitgeführten organischen Reste verwerten oder aber selbst importiert werden (vgl. 2.5.2.).

Ein weiteres Merkmal der Grundwasserfauna ist die Konkurrenzarmut. Nach HUSMANN (1959) sind nur etwa 110 eucavale Tierarten in Mitteleuropa vertreten. Feinde gibt es kaum, da größere Räuber in das Lückensystem nicht folgen können. Die dominierenden Faunengruppen sind Protozoen, Turbellarien, Nematoden, Rotatorien, Copepoden und Acarien. Vertreter dieser Tierarten spielen auch die wichtigste Rolle im **hyporheischen Interstitial,** dem wassergefüllten Porenraum der Flußlockersedimente, der Grenzzone zwischen Fließgewässer und Grundwasser, etwa 0,2–0,5 m unter der Flußsohle. Dieser Lebensraum stellt ein Refugium für die im und am Fließgewässergrund lebenden Organismen dar, denn die Geschiebewirkung der Hochwässer dringt nicht bis in diesen Bereich vor. So kann von diesem Biotop, in den sich nicht nur bei Grundeisbildung sondern auch infolge höherer Temperaturen im Winter Organismen gern zurückziehen, nach Katastrophenfällen eine Neubesiedlung ausgehen. Die natürliche Folge ist ein häufig gemeinsames Vorkommen von Oberflächen- und Grundwasserformen in dieser Grenzzone.

Unter den Mikroorganismen spielen vor allem die Bakterien eine große Rolle, die durch viele Gruppen im Grundwasser vertreten sind, z. T. sogar bis in sehr große Tiefen (Erdöllagerstätten). In großer Anzahl findet man regelmäßig die chemoautotrophen Eisen- und Manganbakterien (z. B. *Gallionella, Thiobacillus, Leptothrix,* Abb. 6.64. d), wenn die notwendigen Vorbedingungen – große Mengen an gelöstem bzw. ungelöstem Eisen und Mangan – vorhanden sind. Die mikrobiellen Fe- und Mn-Umsetzungen (vgl. 6.2.10.) besitzen große wirtschaftliche Bedeutung, z. B. bei der natürlichen und künstlichen Grundwasseranreicherung, bei der landwirtschaftlichen Abwasserverwertung usw., weil die entstehenden Dichtungsschleier (Ortsteinbildung, Abb. 6.65.) Wasseranreicherung und -versikkerung erschweren oder unterbinden (Brunnenverockerung). Der Schutz unseres Bodens und der Gewässer vor unverhältnismäßig hoher organischer Belastung durch Gülle und Abwässer ist deshalb ein dringendes Anliegen, zumal die partikulären Bestandteile selbst und die von den organischen Stoffen lebenden Organismen (vor allem Bakterien) eine weitere Verstopfungsquelle des Bodens und des Gewässergrundes (Kolmation, Abb. 6.64. e

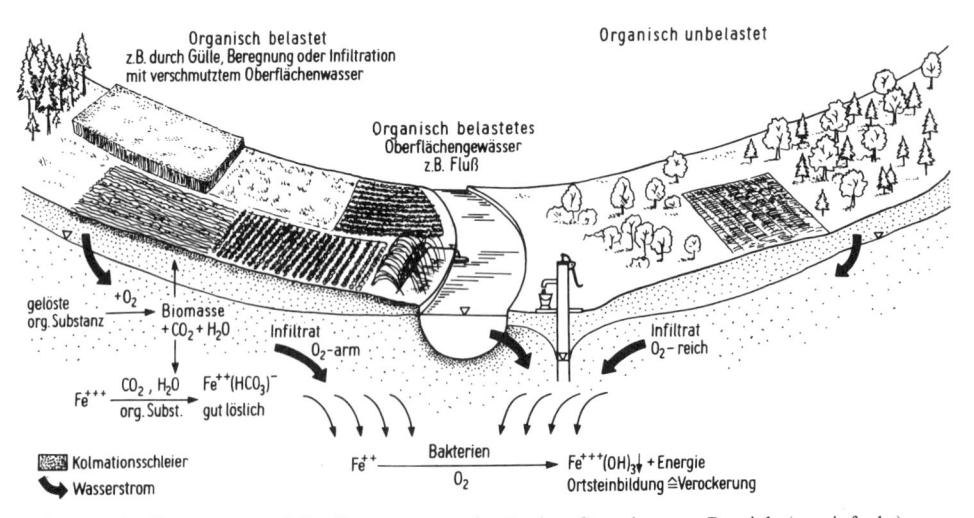

Abb. 6.65. Stofftransport und Stoffumsetzungen im Boden-Grundwasser-Bereich (vereinfacht).

u. f) darstellen. Bei nur mäßiger Belastung kann dieser Effekt erwünscht sein, da neben der primären Filterwirkung des Sandes eine zusätzliche sekundäre aufgebaut wird, wodurch sich die Leistung erhöht. Allerdings erfordert der biologische Filter eine Regenerierung durch tierische Organismen, die sich von den Mikroorganismen und den organischen Partikeln ernähren.

Eine besondere Bedeutung erlangt bei der Filterung die ausgezeichnete **Eliminierung von pathogenen Bakterien** und **Viren,** die 95—99% (bei Langsamfiltern sogar oft 99,9%) erreichen kann (HENTRICH 1973). Weitere wichtige mikrobiologische Reaktionen sind die Ammoniumoxidation ($NH_3 \rightarrow NO_3^-$) und die Denitrifikation ($NO_3^- \rightarrow N_2\uparrow$). Die Überschreitung des als hygienisch bedenklich geltenden Grenzwertes von 50 mg NO_3/l im Grundwasser kann als sicheres Zeichen einer verstärkten Grundwasserverschmutzung betrachtet werden. Da eine nachträgliche Reduzierung im Zuge der Wasseraufbereitung außerordentlich kostenaufwendig ist, muß dem Schutz des Grundwassers erhöhte Aufmerksamkeit geschenkt werden.

6.2.13. Nutzung der Binnengewässer

Die Nutzung der Binnengewässer erfolgt im Interesse der Wasserversorgung für Bevölkerung, Industrie und Landwirtschaft, der Fischerei, der Erholung und des Verkehrswesens. Für jede Nutzung sind die jeweils verfügbare Wassermenge und die Erfüllung von Mindestanforderungen an die Wasserbeschaffenheit ausschlaggebend. Außerdem dienen viele Gewässer zumindest gegenwärtig noch als „Vorfluter" und Kläranlagen für mehr oder weniger behandelte Abwässer. Dies schließt die anfangs genannten anspruchsvolleren Nutzungen ganz oder teilweise aus.

In hochindustrialisierten und dichtbesiedelten Staaten wird die Wasserbeschaffenheit der Fließgewässer vor allem durch schwer abbaubare organische Substanzen (z. B. Ligninsulfonsäuren) aus Industrieabwässern, die der Standgewässer vor allem durch Überlastung mit Pflanzennährstoffen beeinträchtigt.

Bis zu einem gewissen Grade sind aquatische Organismengemeinschaften in der Lage, Abwasserinhaltsstoffe zu verarbeiten bzw. zu eliminieren (biologische Selbstreinigung). Dies gilt jedoch in erster Linie nur für biochemisch leicht abbaubare organische Verbindungen. Bei ausreichender Sauerstoffzufuhr, wie z. B. in schnellfließenden Gewässern, sind sowohl festsitzende als auch freisuspendierte Mikroorganismen (Bakterien, Pilze) auf Grund ihres großen Oberflächen/Volumen-Verhältnisses in der Lage, organische Substrate sehr schnell abzubauen. Dieses Prinzip wird auch bei der künstlichen biologischen Abwasserbehandlung genutzt. Der Inanspruchnahme des Selbstreinigungspotentials der Gewässer sind dadurch relativ enge Grenzen gesetzt, daß molekularer Sauerstoff im Wasser nur in geringem Maße löslich ist, so daß die für das Gedeihen insbesondere der Lachsfische (Forellen) kritischen Niedrigwerte der O_2-Konzentration schnell unterschritten werden, wenn Belastung und mikrobieller O_2-Verbrauch ein bestimmtes Maß übersteigen. Gewässer, in denen noch Forellen leben können, sind im allgemeinen auch für die Gewinnung von Trinkwasser gut geeignet. Jedoch haben pathogene Bakterien und vor allem Viren auch in einem relativ „sauberen" Gewässer so hohe Überlebenschancen, daß in jedem Falle eine Desinfektion durch Chlor (oder noch besser durch Ozon) erforderlich ist. In keinem Falle kann das Selbstreinigungspotential der Gewässer für eine Elimination von nicht abbaubaren oder gar von toxischen Substanzen „genutzt" werden. Die Fähigkeiten des Ökosystems zur Verarbeitung leicht abbaubarer organischer Substanzen stehen in direkter Beziehung zum O_2-Eintrag aus der Atmosphäre. Dieser ist vor allem eine Funktion des O_2-Defizits $C_s - C$ sowie der turbulenten Durchmischung des Wasserkörpers.

$$\frac{dC}{dt} = \frac{v^a}{z^b}(C_s - C) \tag{6.17.}$$

Dabei ist C die O_2-Konzentration, v die Fließgeschwindigkeit, z die mittlere Wassertiefe, C_s die O_2-Sättigungskonzentration bei der jeweiligen Temperatur (vgl. 6.2.5.), t die Zeit, a und b sind gewässerspezifische Konstanten. In einem Fließgewässer mit $z = 1$ m und $v = 1$ m $\cdot$ s^{-1} ist der O_2-Eintrag um mindestens 2 Zehnerpotenzen größer als in einem tiefen See. Daraus folgt, daß die Belastbarkeit von geschichteten Standgewässern außerordentlich gering ist.

Im Zusammenhang mit der Sicherung anspruchsvoller Nutzungen wie der Trinkwassergewinnung, aber auch der Beregnung von Obst- und Gemüsekulturen, muß den toxischen Komponenten im Wasser, sowie den Fäkalbakterien und Viren im Wasser große Beachtung geschenkt werden. Die mikrobiellen Gefährdungen gehen auch von antibiotikaresistenten Bakterien aus, die durch die Entnahme von Bewässerungswasser aus belasteten Flüssen in der Umwelt verbreitet werden und in die pflanzliche Nahrung des Menschen gelangen können. Bei den toxischen Substanzen handelt es sich nicht nur um gelegentliche Stoßbelastungen von Gewässern infolge von Havarien, beispielsweise in Betrieben der chemischen bzw. der metallverarbeitenden Industrie oder infolge einer Verdriftung von Pflanzenschutz- oder Schädlingsbekämpfungsmitteln. Bedeutsam ist die Grundlast an toxischen Spurenstoffen. Hierzu zählen Verbindungen von Metallen wie **Cadmium** und **Quecksilber** sowie zahlreiche Gruppen von organischen Verbindungen. Besonders verbreitet sind **organische Chlorverbindungen,** zu denen u. a. die polychlorierten Biphenyle (PCB) und viele **Lösungsmittel** gehören. Bei einer erhöhten organischen Grundbelastung spielt auch die sekundäre Entstehung von **Organohalogenverbindungen** bei der Chlorung des Trinkwassers eine wesentliche Rolle, z. B. auf der Grundlage von Ligninsulfonsäuren oder Algen-Metaboliten. Schwer abbaubare Verbindungen werden auch in Anlagen zur biologischen Abwasserbehandlung nur in ungenügendem Maße entfernt. Es ist daher notwendig, solche Stoffe am Entstehungsort zurückzuhalten bzw. ihren Einsatz drastisch zu reduzieren oder zu verbieten.

Verbindungen, die stoffwechselphysiologisch gar nicht zu den „Fremdstoffen" gehören, können bei zu hoher Konzentration infolge Einleitung von stickstoffreichen Abwässern auch zu toxischen Effekten führen. Beispiele sind das **Ammonium**, das bei hohen pH-Werten infolge starker Photosynthese in das sehr giftige **Ammoniak** übergeht, sowie das **Nitrat**, das im Verdauungstrakt des Menschen zu **Nitrit** reduziert werden kann und die Bildung von **Nitrosaminen**, also kanzerogenen Substanzen, begünstigt.

Die Fähigkeit von Bakterien und Pilzen, leicht abbaubare organische Substanzen rasch zu veratmen, wird bei der **künstlichen biologischen Abwasserbehandlung** genutzt. Die Elimination der abbaubaren organischen Substanzen ist erforderlich, um Fäulnisvorgänge in den Gewässern zu vermeiden und pathogenen Bakterien, die sich unter günstigen Bedingungen in abwasserbelasteten Gewässern sogar noch vermehren können, die Nahrungsbasis zu entziehen. Der biologischen Abwasserbehandlung ist fast immer eine mechanische Stufe (**Erste Reinigungsstufe**) vorgeschaltet. Dabei handelt es sich um a) die Rückhaltung grober Materialien mittels Rechen, b) die Sedimentation grobkörniger mineralischer Stoffe in einem Sandfang, c) die Abtrennung des organischen Schlammes in einem Absatzbecken.

Im **Sandfang** wird durch Verbreitung des Gerinne-Querschnitts die Fließgeschwindigkeit so weit verringert, daß sich große bzw. schwere mineralische Partikel absetzen können. Das **Absetzbecken** dient auch der Rückhaltung von Wurmeiern. Die Verweilzeit im Absetzbecken (maximal 2 h) ist kurz bemessen, so daß hier der Schlamm noch keiner biochemischen Umwandlung unterliegt.

Die biologische Stufe der Abwasserbehandlung (**Zweite Reinigungsstufe**) dient der Entfernung mikrobiell abbaubarer gelöster organischer Substanzen. Hierbei spielen die gleichen Prozesse wie in einer hochbelasteten Selbstreinigungs-Strecke von Fließgewässern eine Rolle, nur mit dem Unterschied, daß die pro Volumeneinheit des Reaktors vorhandene Biomasse viel größer ist. Entsprechend größer ist auch die pro Raum- und Zeiteinheit erzielte Abbauleistung. Das Ziel der herkömmlichen biologischen Abwasserbehandlung besteht darin, mit Hilfe einer Bakterien-Mischkultur von normalerweise unbekannter

Zusammensetzung einen weitgehenden Abbau der organischen Inhaltsstoffe des Abwassers zu erreichen. Jedoch wird nur ein Teil des angebotenen Substrats mineralisiert, d. h. in CO_2, H_2O, NH_4^+ und andere mineralische Endprodukte umgesetzt. Ein weiterer Anteil der bei der biochemischen Verbrennung des Substrats freigesetzten Energie wird für die Zellsubstanzsynthese genutzt. Diese muß im Reaktor in einer hohen Konzentration vorhanden sein, damit eine optimale Abbauleistung möglich wird. Die Beseitigung der überschüssigen, neu synthetisierten Biomasse ist sehr aufwendig. Für die biologische Abwasserreinigung kommt entweder ein **Festbettreaktor** in Frage, bei dem die Biomasse in Form eines Bakterienrasens auf einem geeigneten Trägermaterial fixiert ist wie beim Tropfkörper, oder ein Reaktor, bei dem sie in dem zu behandelnden Abwasser suspendiert ist. Diesem Prinzip entspricht das **Belebtschlammbecken.** Bakterien, auch Pilze, wachsen hier in makroskopischen Flocken, die mit Hilfe geeigneter Belüftungs- und Durchmischungseinrichtungen gut mit Sauerstoff versorgt und in der Schwebe gehalten werden. Dadurch, daß diese Flocken in einem nachgeschalteten Absetzbecken von dem gereinigten Abwasser getrennt und in den Kreislauf zurückgeführt werden können, ist es möglich, einen hohen Wirkungsgrad des Reaktors zu erzielen.

Der **Tropfkörper** besitzt einen zylindrischen Baukörper, der mit Lavafilterschlacke oder einem anderen Trägermaterial gefüllt ist, und auf dessen Oberseite das (mechanisch vorgeklärte) Abwasser verregnet wird (Abb. 6.66.). Im Gegenstromprinzip steigt Luft zwischen dem Füllmaterial ähnlich wie in einem Kamin nach oben und gewährleistet einen ausreichenden O_2-Nachschub.

In vielen Fällen dient die biologische Abwasserbehandlung nicht nur der Oxidation von organischen Verbindungen, sondern auch der des Ammoniums und zwar durch mikrobielle Oxidation zu Nitrat (Nitrifikation). Da oft die Gefahr besteht, daß in den nachgeschalteten Gewässern der Nitrat-Grenzwert für Trinkwasser überschritten wird, muß bei der Abwasserbehandlung auch das Nitrat auf mikrobiellem Wege (Denitrifikation) entfernt werden.

In Einzugsgebieten von Talsperren, Seen und langsamfließenden Gewässern muß bei der Abwasserbehandlung auch eine weitgehende Rückhaltung der Phosphorverbindungen gewährleistet werden. Da Schäden durch Eutrophierung in Standgewässern schon bei Gesamt-P-Konzentrationen $\geq 0,05$ mg/l auftreten, sind an den Wirkungsgrad der P-Rückhaltung sehr hohe Anforderungen zu stellen (Abb. 6.68.).

In den letzten Jahrzehnten hat auch die Eutrophierung vieler Küstenmeere (z. B. Ostsee, Nordsee) so stark zugenommen, daß eine Verringerung der Phosphorbelastung aus den Einzugsgebieten unumgänglich wird. Die Phosphorelimination aus Abwässern erfolgt durch Ausfällung mit Eisensalzen bzw. Kalk oder durch Einsatz phosphorspeichernder Bakterien mit Hilfe eines modifizierten Belebtschlammverfahrens (chemische bzw. biol. P-Elimination). Alle Prozesse, die der Entfernung von Phosphor- und Stickstoffverbindungen sowie von gelösten oder partikulär gebundenen organischen Substanzen aus biologisch vorbehandelten Abwässern dienen, werden als **Weitergehende Abwasserbehandlung** zusammengefaßt.

Die Verarbeitung des **Klärschlammes** aus den Absetzbecken sowie der **Überschußbiomasse** aus der biologischen Stufe erfolgt meistens im sog. **Faulraum** auf dem Wege der Methanfermentation. Die Methanbildner können generell für die Konvertierung hoch konzentrierter organischer Abfallprodukte eingesetzt werden. Gegenüber der aëroben biologischen Abwasserbehandlung (biochemische Verbrennung), die einen erheblichen Einsatz von Elektroenergie erfordert, bietet die **Methangärung** den Vorteil, daß potentielle Energie in Form von „Biogas" gewonnen werden kann. Deren Menge ist groß genug, um den Eigenbedarf eines Klärwerkes zu decken.

Ein hoher Wirkungsgrad der Abwasserbehandlung muß in zunehmendem Umfang mit der Rückgewinnung bzw. Kreislaufnutzung von Sekundärrohstoffen einhergehen. Biologisch vorbehandelte kommunale Abwässer können in bestimmtem Umfang für die Bewässerung landwirtschaftlicher Nutzflächen eingesetzt werden; dadurch werden neben dem Wasser

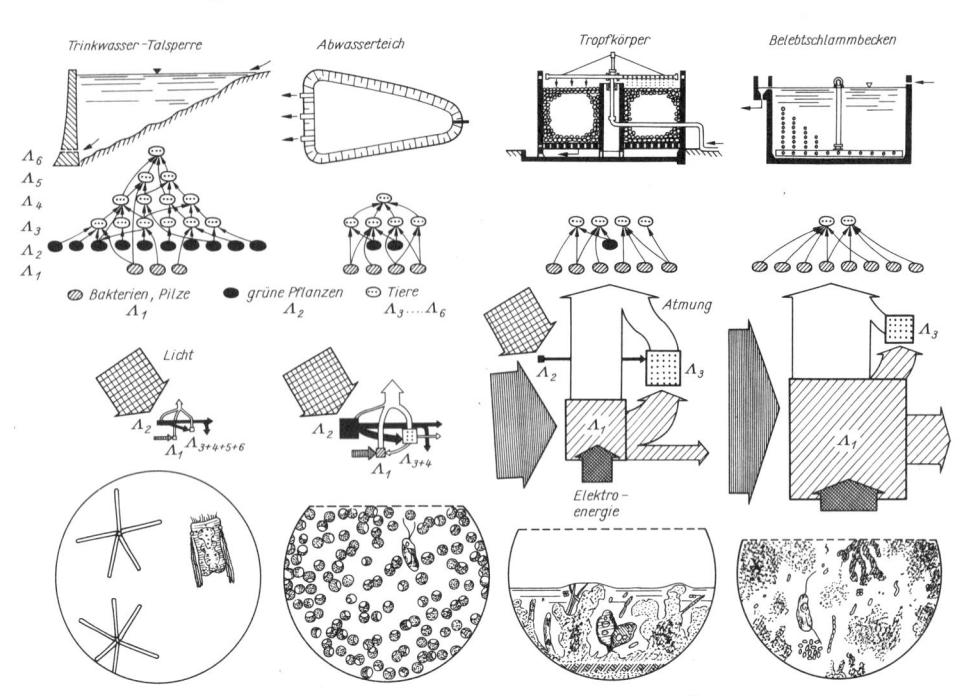

Abb. 6.66. Schema der Struktur und der funktionellen Beziehungen in Ökosystemen zur Wasser- oder Abwasserbehandlung. Zeile 1: Physikalische Struktur. Zeile 2 und 3: Energiefluß. Bei Hochlastsystemen (Tropfkörper, Belebtschlammbecken) muß die Stabilität durch zusätzliche Elektroenergie (Belüftung, Durchmischung) aufrechterhalten werden. Die senkrecht schraffierten Pfeile kennzeichnen den Import an leicht abbaubaren (sauerstoffzehrenden) organischen Substanzen. Zeile 4: Beispiele für kennzeichnende Organismen. Trinkwassertalsperre: Kieselalge *Asterionella*, Rädertier *Polyarthra*. Abwasserteich: Grünalge *Chlorella*, Geißelalge *Chroomonas*. Tropfkörper: Bewuchs aus Bäumchenbakterien *(Zoogloea)*, weiteren Bakterientypen, Pilzen und peritrichen Ciliaten (Glockentierchen *Vorticella*). Belebtschlammbecken: in der Schwebe gehaltene Flocken aus kolonienbildenden Bakterien und anderen Mikroorganismen sowie Protozoen (Beispiel: farblose Geißelalge *Bodo*). Nach UHLMANN 1980.

auch die Nährstoffe genutzt. Durch Einsatz P-speichernder Mikroorganismen kann bei der Abwasserreinigung ein P-Konzentrat gewonnen werden, das einem Mineraldünger gleichwertig ist. Gleichzeitig wird dadurch die Belastung der Gewässer auf das Ausmaß verringert, das eine intensive, d. h. auch mehrfache Nutzung ermöglicht.

Solange dieses Ziel noch nicht im erforderlichen Umfang verwirklicht ist, sind hohe Aufwendungen an Elektroenergie und Chemikalien erforderlich, um die Wasserbereitstellung für die Bevölkerung und Industrie überhaupt zu sichern.

Die Anwendung **ökotechnologischer** Wirkprinzipien bietet die Möglichkeit, bestimmte Selbstreinigungs- und Oligotrophierungsprozesse im Gewässer auch ohne Einsatz von Elektroenergie oder Chemikalien zu unterstützen. Beispiele:

— Beschattung nährstoffreicher Fließgewässer, die in Talsperren oder Seen münden, durch Gehölzstreifen. Dadurch erhöht sich dort die Wahrscheinlichkeit (infolge der niedrigeren Temperatur) einer Einschichtung des Wassers in die unteren, aphotischen Bereiche.
— Biologische Entkrautung mit Hilfe von pflanzenfressenden Fischen (Amurkarpfen *Ctenopharyngodon idella*).
— Errichtung von Puffer-Ökosystemen (Teichen, Vorbecken, Vorsperren) zur Elimination von Phosphat und von Fremdstoffen aus diffusen Verunreinigungsquellen vor einer Einleitung in Trinkwassertalsperren oder Seen.

6.2. Ökosysteme der Binnengewässer

— Förderung des filtrierenden Zooplanktons durch Manipulation des Ernährungsgefüges (verringerter Bestand zooplanktonfressender Kleinfische infolge erhöhten Raubfischbesatzes).

Alle diese Maßnahmen sind jedoch im Regelfall nur dann wirksam genug, wenn die punktförmigen Belastungsquellen (Phosphor in Abwässern oder Gülle, gelöste organische Substanzen) durch Abwasserbehandlung oder -verwertung unter einen kritischen Schwellenwert verringert werden können.

Eine ungenügende Beschaffenheit des Rohwassers führt bei der **Trinkwassergewinnung** zu folgenden Störungen bzw. Risiken:

— Erhöhter Gehalt an Phytoplankton, dadurch Geschmacksbeeinträchtigungen, verkürzte Filterlaufzeiten und Bildung von Organohalogenverbindungen infolge Chlorung.
— Weitgehender oder vollständiger Sauerstoffschwund im Hypolimnion von Seen und Talsperren, dadurch erhöhter Gehalt an gelöstem Eisen und/oder Mangan, Auftreten von Schwefelwasserstoff.
— Erhöhter Gehalt an Nitrat, das in landwirtschaftlich intensiv genutzten Talsperren-Einzugsgebieten infolge der starken Niederschläge einer erheblichen Auswaschung unterliegt. Dadurch erhöhtes Risiko der Methämoglobinämie bei Säuglingen und der Bildung kanzerogener Nitrosamine.
— Toxische Substanzen, die vor allem aus Industrieabwässern oder aus Rückständen von Pflanzenschutz- und Schädlingsbekämpfungsmitteln stammen.
— Krankheitserreger aus Fäkalabwässern (vor allem Bakterien und Viren).

Die wichtigsten Störungen bei der Gewinnung von Betriebswasser sind:

— Korrosion durch freies CO_2 sowie durch Schwefelsäure, die bei der mikrobiellen Oxidation von Schwefelwasserstoff gebildet wird, an Leitungen und Aggregaten (vor allem bei weichen Wässern).
— Verstopfung von Einlaufbauwerken, Rohrleitungen, Düsen von Filtern und von Beregnungsanlagen durch Massenentwicklung von Bakterien, Pilzen, Algen, Makrophyten oder Wirbellosen, insbesondere Dreikantmuscheln.

Bei der Gewinnung von Bewässerungswasser für die Landwirtschaft stören ein hoher Nährstoff- und ein niedriger Sauerstoffgehalt, z. B. bei Entnahme aus dem Hypolimnion stark eutrophierter Seen, nicht, jedoch muß gewährleistet sein, daß nicht pathogene Mikroorganismen und Wurmeier oder aber toxische Spurenstoffe, z. B. Schwermetalle, vorhanden sind, die sich in landwirtschaftlichen Produkten stark anreichern können. Beispielsweise führte in Japan ein erhöhter Gehalt des Bewässerungswassers an Cadmium dazu, daß der damit produzierte Reis eine schwere Massenerkrankung hervorrief (Itai-Itai-Krankheit, gekennzeichnet durch weitgehende Entkalkung und Zusammenschrumpfen des Knochengerüstes beim Menschen).

Eine fischereiliche Nutzung der Gewässer ist nur möglich, wenn die Wasserbeschaffenheit bestimmten Mindestanforderungen genügt. Die meisten der größeren Fließgewässer in Mittel- und Westeuropa können trotz ihres großen fischereilichen Potentials nicht mehr genutzt werden, weil das Fischfleisch eine starke Geschmacksbeeinträchtigung durch organische Inhaltsstoffe von Industrieabwässern aufweist, die im Fettkörper gespeichert werden. — Eine fischereiliche Nutzung (Feinfischbesatz), die auf der natürlichen Nahrungsgrundlage beruht, ist auch in Gewässern anzustreben, die der Trinkwasserversorgung oder als Badegewäser dienen. Dagegen schließt ein Karpfenintensivgewässer, das unter Einsatz von Futtermitteln und unter teichwirtschaftlichen Gesichtspunkten genutzt wird, normalerweise eine gleichzeitige Nutzung für die Trinkwassergewinnung oder als Badegewäser aus. Bei der Produktion von Forellen in Netzkäfigen, die in Seen oder Talsperren exponiert werden, entspricht eine Jahresproduktion bereits von 1 t Fischfleisch der ständigen Nährstoffbelastung durch die Abwässer von 30 Einwohnern. Daher ist es im Interesse einer Sicherung der künftigen Nutzung auch hier erforderlich, großtechnische Maßnahmen gegen die Eutrophierung vorzusehen. Bei der Freiwassermast von Wassergeflügel muß berücksichtigt werden, daß 100 Enten einer Phosphorbelastung durch Abwässer von 16 Einwohnern entsprechen. Bei zu hoher Besatzdichte erreicht daher die Belastung des Gewässers ein Ausmaß, das selbst eine Karpfen-Intensivhaltung u. U. ausschließt. Die Intensivhaltung von Forellen in Rinnenanlagen, die aus Fließgewässern gespeist werden, setzt eine ausreichende Sicherheit gegen Stoßbelastungen mit toxischen Substanzen voraus. Andernfalls kann, z. B. bei Havarien in oberhalb gelegenen Industriebetrieben, ein Totalverlust eintreten. Ein von vornherein stark erhöhter Gehalt des zufließenden Wassers an Pflanzennährstoffen, insbesondere Ammonium, ist auch für die Karpfenintensivwirtschaft in Teichen nachteilig. Bei weitgehendem CO_2-Entzug infolge Photosynthese steigt der pH-Wert. Er kann dann Werte von 9,5−11 erreichen. In diesem Bereich liegt ein zunehmender Anteil des Ammoniums als stark fischtoxisches undissoziiertes Ammoniak vor. Für die Ermittlung von Grenzwerten der Belastbareit von Fließ- und Standgewässern ist immer die Nutzung maßgebend, welche die höchsten Anforderungen an die Wasserbeschaffenheit stellt. Bei Talsperren ist dies sehr oft die Trinkwassergewinnung.

Bei der Sanierung von Fließgewässern ist meistens das Ziel gesetzt, in Perioden mit niedriger Wasserführung (geringe Verdünnung) die für das Gedeihen von Fischen erforderliche O_2-Konzentration zu erreichen sowie kritische Schwellenwerte einer Belastung mit gesundheitsschädlichen Substanzen nicht zu überschreiten. Eine Verbesserung der Wasserbeschaffenheit ist im Regelfall schon unmittelbar nach Abschluß der Sanierungsmaßnahmen (Bau von Kläranlagen) zu beobachten.

Außer der Belastung durch Abwässer spielen die sog. diffusen (nichtpunktförmigen) Belastungsquellen eine besonders große Rolle. Dabei handelt es sich vor allem um N- und P-Verbindungen, die nach Starkregen aus landwirtschaftlichen Nutzflächen, aber auch von bebauten Flächen abgeschwemmt werden. Hierzu gehören auch Nährstoffverluste durch Auswaschung von Dungstapelplätzen oder durch Überläufe aus Stapelbecken für organische Flüssigdünger (Gülle) sowie der Eintrag von organischen Agrochemikalien.

In landwirtschaftlich intensiv genutzten Einzugsgebieten steht unter den N-Verbindungen, die in die Oberflächengewässer oder in das Grundwasser gelangen, das Nitrat an erster Stelle.

Allein schon die diffusen Belastungsquellen können zu einer starken Eutrophierung von Standgewässern und langsamfließenden Gewässern führen. Besonders in Seen reichert sich der Phosphor infolge der langen Verweilzeit des Wassers und der Ablagerung von Schlamm stark an.

Das einer Trinkwassertalsperre zufließende Wasser kann in einer sog. **Vorsperre** behandelt werden. Diese ist so bemessen, daß das Wachstum des Phytoplanktons bewußt gefördert wird. Diese Phytoplankter unterliegen dann noch in der Vorsperre selbst oder in der Stauwurzel der Hauptsperre einer Ausfällung und Sedimentation durch die im zufließenden Wasser normalerweise reichlich vorhandenen Eisenverbindungen. Dadurch kann die Phosphorbelastung der Hauptsperre im Jahresdurchschnitt um etwa 50% reduziert werden (BENNDORF u. Mitarb. 1975). Dem gleichen Zweck dienen **Hanggräben,** in denen besonders nährstoffreiche Zuflüsse zunächst in den Untergrund versickert werden; dabei wird wiederum vor allem der Phosphor zurückgehalten. Um eine stabile Trinkwasserversorgung zu gewährleisten, wird auch bereits die P-Elimination des gesamten einer Talsperre oder einem See zufließenden Wassers durch Fällmittelzugabe und Mehrschichtfiltration (BERNHARDT 1981), also eine regelrechte Wasseraufbereitungsanlage, praktiziert. Dagegen ist bei der Aufbereitung des aus der Talsperre abfließenden Wassers zwar das Spektrum der in Frage kommenden Verfahren recht breit, der tatsächlich verfügbare Spielraum jedoch aus ökonomischen Gründen eng. Besonders hohe Kosten verursacht eine nachträgliche Beseitigung von Nitrat.

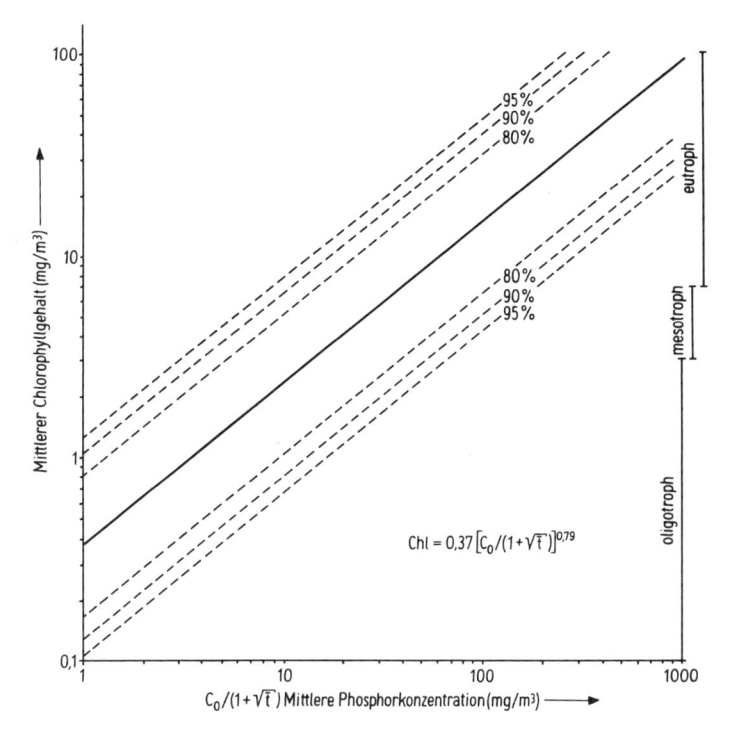

Abb. 6.67. Beziehung zwischen Nährstoffbelastung (aus dem Zufluß berechnete mittlere Phosphorkonzentration im Wasserkörper) und Phytoplanktongehalt (als Chlorophyll a) in europäischen und nordamerikanischen Seen. C_0 = mittlere P-Konzentration im Zufluß, $\bar{t}$ = mittlere Verweilzeit des Wassers im See (= Beckenvolumen: Zuflußmenge). Nach VOLLENWEIDER und KEREKES 1980. Dünngestrichelte Linien beidseits der Regressionsgeraden: statistische Vertrauensgrenzen.

Da bei Standgewässern die Sanierung nicht nur ebenso hohe oder höhere Kosten verursacht wie bei Fließgewässern, sondern eine Verbesserung der Wasserbeschaffenheit erst nach einer u. U. erheblichen Zeitverzögerung eintritt, ist es sehr wichtig, den zu erwartenden Effekt rechtzeitig abschätzen zu können. Wie Abb. 6.67. zeigt, ist dies möglich, wenn die mittlere Tiefe des Gewässers, die mittlere Verweilzeit des Wassers sowie die **mittlere Phosphorbelastung** (durch die Zuflüsse) pro Oberflächeneinheit des Gewässers und pro Zeiteinheit bekannt sind. Da eine Eutrophierung bereits bei einer im Vergleich zu landwirtschaftlichen Nutzflächen äußerst niedrigen Nährstoffbelastung einsetzt und andererseits der Phosphorgehalt der kommunalen Abwässer sich in den letzten Jahrzehnten gegenüber der Grundbelastung durch Kot und Harn sehr stark erhöht hat infolge zunehmenden Verbrauchs an polyphosphathaltigen Wasch- und Spülmitteln, werden an den Wirkungsgrad der P-Rückhaltung im Rahmen von Sanierungsmaßnahmen oft äußerst hohe Anforderungen gestellt. Da für eine stabile Trinkwassergewinnung aus Standgewässern mindestens der mesotrophe Zustand angestrebt werden muß, ist im Regelfall mehr als 95%ige P-Elimination bei der Abwasserreinigung zu fordern.

In zahlreichen Fällen wird künftig ein Gesamt-P-Gehalt der Kläranlagenabflüsse von $0{,}5 \text{ mg} \cdot l^{-1}$ erreicht bzw. unterschritten werden müssen.

Im Zusammenhang mit der Verbesserung der Wasserbeschaffenheit in Talsperren und Seen liegen bereits umfangreiche Erfahrungen mit großtechnischen Eingriffen in den Stoffhaushalt des Ökosystems vor. Solche „systeminternen" Maßnahmen bilden eine oft notwendige Ergänzung zur Sanierung des Einzugsgebietes und können wirkungsvoll dazu beitragen,

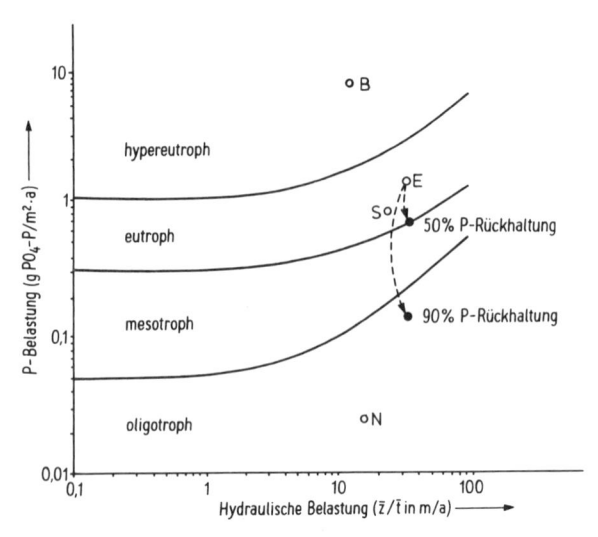

Abb. 6.68. Trophiestatus von Standgewässern als Funktion der hydraulischen Belastung ($\bar{z}, \bar{t}$ = mittlere Tiefe bzw. Aufenthaltszeit) und der Orthophosphatbelastung (dieses ist im Gegensatz zum Gesamtphosphor weitgehend pflanzenverfügbar; die Belastung ist auf die Gewässeroberfläche bezogen) gemäß dem Vollenweider-Modell (für das Orthophospat modifiziert, BENNDORF 1979). Durch die Einführung des morphometrischen Faktors $\bar{z}$ (berücksichtigt den Einfluß der Gewässerform auf die Wasserbeschaffenheit) und des hydraulischen Regimes ($\bar{t}$) wurden Modelle möglich, die sowohl Seen (oft nur geringer Wasserdurchsatz) als auch Talsperren und Flußseen (mit starker Wassererneuerung) umfassen. Am Beispiel der Talsperre Eibenstock (Erzgebirge) wird gezeigt, welche Verbesserung des Trophiestatus bei einer 50%igen und bei einer 90%igen Rückhaltung des Orthophosphates durch Sanierungsmaßnahmen im Einzugsgebiet zu erwarten ist (Talsperren: B — Bautzen, E — Eibenstock, N — Neunzehnhain, S — Saidenbach).

daß die Reaktion auf die Verringerung der äußeren Belastung beschleunigt wird. Die Kreislaufnutzung des bereits im Gewässer vorhandenen, für Eutrophierungsprozesse ausschlaggebenden Phosphors kann durch folgende Maßnahmen verringert werden (Abb. 6.69.):

— Wasserentnahme nur aus den tiefsten (nährstoffreichsten) Wasserschichten, Nutzung als Bewässerungswasser für die Landwirtschaft (KLAPPER 1980)
— Entnahme (und landwirtschaftliche Nutzung) von nährstoffreichem Bodensediment
— Zugabe von P-bindenden Fällmitteln in den Wasserkörper bzw. in das Bodensediment
— Künstliche Belüftung des Hypolimnions, dadurch Vermeidung anaërober Bedingungen am Schlamm-Wasser-Kontakt, unter denen die P-Rückführung stark beschleunigt würde.

Ist der Nährstoffgehalt in den Zuflüssen eines Standgewässers sehr hoch, ohne daß in absehbarer Zeit eine Verringerung auf die niedrigen Werte möglich ist, die zur Verhinderung einer Eutrophierung erforderlich sind, kann unter bestimmten Bedingungen die Biomasse des Phytoplanktons auch durch bewußte Erhöhung der Verlustraten verringert werden. Hierbei hat sich die künstliche Durchmischung des Wasserkörpers in Kombination mit einer Förderung der filtrierenden Zooplankter durch Bestandsregulierung der zooplanktonfressenden Kleinfische **(Raubfischbesatz)** besonders bewährt. Dabei ist eine mittlere Tiefe des Gewässers von normalerweise mindestens 9 m erforderlich. Die Phytoplankter werden dadurch gehindert, im lichtoptimalen Horizont hohe Wachstumsraten zu erreichen, da ihre Verweilzeit in den unteren, nur schwach oder gar nicht durchlichteten Wasserschichten stark erhöht wird. Ist andererseits die Klarheit eines Gewässers relativ groß (weitgehendes Fehlen einer „Beschattung" durch Phytoplankter), können sehr leicht die submersen Makrophyten zur Massenentfaltung gelangen.

6.2. Ökosysteme der Binnengewässer   423

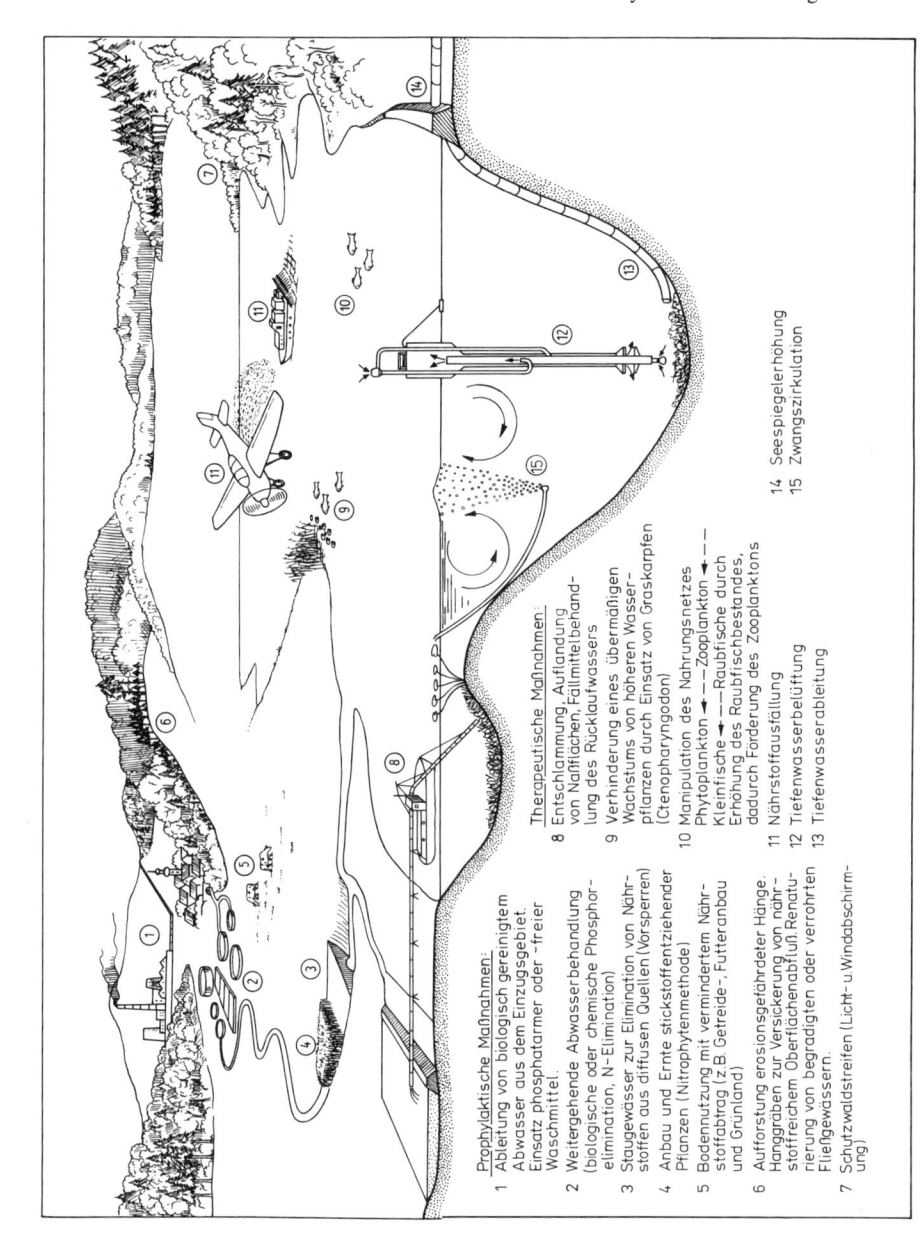

Prophylaktische Maßnahmen:

1 Ableitung von biologisch gereinigtem Abwasser aus dem Einzugsgebiet. Einsatz phosphatarmer oder -freier Waschmittel.
2 Weitergehende Abwasserbehandlung (biologische oder chemische Phosphorelimination, N-Elimination)
3 Staugewässer zur Elimination von Nährstoffen aus diffusen Quellen (Vorsperren)
4 Anbau und Ernte stickstoffentziehender Pflanzen (Nitrophytenmethode)
5 Bodennutzung mit vermindertem Nährstoffabtrag (z. B. Getreide-, Futteranbau und Grünland)
6 Aufforstung erosionsgefährdeter Hänge. Hanggräben zur Versickerung von nährstoffreichem Oberflächenabfluß. Renaturierung von begradigten oder verrohrten Fließgewässern.
7 Schutzwaldstreifen (Licht- u. Windabschirmung)

Therapeutische Maßnahmen:

8 Entschlammung, Auflandung von Naßflächen, Fällmittelbehandlung des Rücklaufwassers
9 Verhinderung eines übermäßigen Wachstums von höheren Wasserpflanzen durch Einsatz von Graskarpfen (Ctenopharyngodon)
10 Manipulation des Nahrungsnetzes Phytoplankton ↔ Zooplankton Kleinfische ↔ Raubfische durch Erhöhung des Raubfischbestandes, dadurch Förderung des Zooplanktons
11 Nährstoffausfällung
12 Tiefenwasserbelüftung
13 Tiefenwasserableitung
14 Seespiegelerhöhung
15 Zwangszirkulation

Abb. 6.69. Erprobte Verfahren zum Schutz von Seen und Talsperren vor einer Eutrophierung bzw. zu ihrer Restaurierung. Kombiniert nach UHLMANN 1977 und KLAPPER 1980.

424   6. Ökologie von Biocoenosen

Eine optimale Kombination geeigneter Maßnahmen a) zur Sanierung des Einzugsgebietes, b) für ökotechnologische und technische Eingriffe in das Gewässer-Ökosystem und c) zur Wasseraufbereitung ist bei der Komplexität des Gesamtsystems nur mit Hilfe von mathematischen Modellen möglich. Eine zentrale Stellung nehmen dabei dynamische ökologische Vorhersagemodelle ein, die in der Lage sind, die Reaktion des Gewässer-Ökosystems auf Änderungen der Eingangsgrößen zu beschreiben (z. B. Modell SALMO, BENNDORF et al. 1981 a).

6.3. Ökosysteme des Meeres

6.3.1. Einführung und Hydrographie

Das **Weltmeer** ist sowohl in horizontaler als auch in vertikaler Ausdehnung der größte Lebensraum der Erde. Mit einer Fläche von etwa 360 Mio km² bedeckt es mehr als 70% der Erdoberfläche. Den Hauptteil der Wassermassen nehmen die Becken der drei **Ozeane** auf. Die natürlichen Grenzen zwischen den Ozeanen werden von den Küsten der Kontinente gebildet. Da auf der Südhemisphäre diese Möglichkeit der Abgrenzung entfällt, wird die kürzeste Linie zwischen den Südspitzen der Kontinente und dem Antarktischen Kontinent

Tabelle 6.13. Flächen und Tiefen der Ozeane

	Pazifischer Ozean	Indischer Ozean	Atlantischer Ozean	Arktischer Ozean	Welt-Ozean
Fläche (10^6 km²)	181,3	74,1	94,3	12,3	362,0
Volumen (10^6 km³)	714,4	284,6	337,2	13,7	1349,9
mittl. Tiefe (m)	3940	3840	3575	1117	3795
max. Tiefe (m)	11022	7455	9219	5220	11022
Werte in % Kontinentalschelf (0–200 m)	4,8	6,0	8,6	42,3	7,5
Kontentinentalabhang (200–3000 m)	14,7	17,3	19,2	41,0	17,5
Tiefseebecken (3000–6000 m)	78,9	75,8	71,3	16,7	73,8
Tiefseegräben (600 m)	1,6	0,9	0,9	0	1,2

Bemerkung: — In dieser Tabelle ist der Bereich des Arktischen Ozeans aus dem Atlantischen Ozean ausgegliedert worden. — Die Verbindungen zwischen den Ozeanen sind von unterschiedlichem Ausmaß, jedoch breit genug, um einen wechselseitigen Austausch von Wassermassen und damit auch von Pflanzen und Tieren zu gestatten.

als Grenze zwischen den Ozeanen angesehen. Das Arktische Eismeer wird im nautischen und wissenschaftlichen Sprachgebrauch dem Atlantischen Ozean zugeordnet. Die Kontaktzonen zwischen den Kontinenten und den Ozeanen sind oft reich gegliedert. Für die hier entstandenen Meeresteile haben sich die Bezeichnungen Randmeere und Mittelmeere durchgesetzt (Tab. 6.13.). **Randmeere** sind ausgedehnte Buchten, die sich in breiter Front in den Festlandsbereich einsenken und häufig durch Inselketten vom offenen Ozean getrennt sind. Beispiele hierfür sind die Nordsee und das Ochotskische Meer. **Mittelmeere** dagegen sind Meeresbecken, welche tief in das Festland einschneiden und mit den offenen Ozeanen über untermeerische Schwellen oder horizontale Einengungen kommunizieren. Typische Beispiele für Mittelmeere sind das Europäische Mittelmeer und die Ostsee.

Die mittlere Tiefe des Weltmeeres beträgt etwa 3800 m. Der Meeresboden ist in der Regel mit biogenen und terrigenen Sedimenten bedeckt, die eine Mächtigkeit von mehreren hundert Metern erreichen können. Er ist kaum weniger strukturiert als die Oberfläche des Festlandes. Bergketten und hochaufragende Vulkankegel wechseln mit tiefen Gräben und breiten Tälern. Die geomorphologische Gestaltung der Ozeanbecken erlaubt eine grobe Vertikalgliederung des Meeresbodens. An die unmittelbare **Uferzone** schließt sich der Bereich des **Schelfes** an. Er erstreckt sich bis zu einer Tiefe von 200 m und stellt den überfluteten äußeren Rand des Kontinentalsockels dar. Die Schelfgebiete zählen zu den fruchtbarsten Meeresteilen. Obwohl ihr Anteil an der Gesamtfläche des Meeres nur 7,5% beträgt, werden hier nahezu 50% der Gesamtbiomasse des Weltmeeres produziert.

An der äußeren Schelfkante beginnt der **Kontinentalabhang.** Tiefe Cañons, Schluchten und Klüfte bestimmen das Relief des abfallenden Meeresbodens. Obwohl der mittlere Neigungswinkel nur $3-5°$ beträgt, sind Steilhänge mit weit über $45°$ Neigung nicht selten (Abb. 6.93.). Der Anteil des Kontinentalabhanges an der gesamten Fläche des Meeres beträgt 17,5%.

In etwa 3000 m Wassertiefe beginnen die ausgedehnten Flächen der **Tiefseebecken.** Die Plateaus sind mit etwa 74% an der Gesamtfläche beteiligt. Die Gleichförmigkeit ihres Reliefs wird nur dann unterbrochen, wenn submarine Gebirgszüge und Vulkanketten die mächtigen Sedimentschichten durchbrechen oder wenn sich der Meeresboden um weitere $2000-3000$ m zu tiefen Gräben absenkt. **Tiefseegräben** mit Wassertiefen über 6000 m werden in allen drei Ozeanen beobachtet. Ihr Anteil an der Gesamtfläche liegt bei 1,2%. Nach den gegenwärtigen Kenntnissen erreicht die Wassersäule an der tiefsten Stelle des Meeres eine Mächtigkeit von 11 022 m (Vitiaz-Tief im Marianen-Graben des Pazifischen Ozeans).

Ein wesentliches Merkmal des Meerwassers ist sein relativ hoher Elektrolytgehalt. Gewaltige Mengen anorganischer Salze wurden im Laufe geologischer Zeiträume aus den Gesteinen der Erdrinde herausgelöst und dem Meer zugeführt. Die mittlere Salzkonzentration liegt bei 35,72‰, d. h., 1 kg Meerwasser enthält im Durchschnitt 35,72 g eines Salzgemisches, das vorwiegend aus Chloriden besteht (Tab. 6.14.).

Da der Wasserkörper des Weltmeeres einem ständigen Durchmischungsprozeß unterworfen ist, bleibt die Relation der Ionen nahezu konstant. Diese Konstanz erlaubt die Berechnung

Tabelle 6.14. Konzentrationen der Hauptkomponenten des Meerwassers
(bezogen auf 35‰ S = 19,375‰ Cl)

Kationen		g/kg	Anionen		g/kg
Natrium	(Na^+)	10,752	Chlorid	(Cl^-)	19,345
Kalium	(K^+)	0,39	Bromid	(Br^-)	0,066
Magnesium	(Mg^{2+})	1,295	Fluorid (F)	(F^-)	0,0013
Calcium	(Ca^{2+})	0,416	Sulfat	(SO_4^{2-})	2,701
Strontium	(Sr^{2+})	0,013	Hydrogencarbonat	(HCO_3^-)	0,145
			Borsäure	(H_3BO_3)	0,027

426   6. Ökologie von Biocoenosen

des Gesamtsalzgehaltes auf der Basis der quantitativen Bestimmung einzelner Ionen. In der Regel wurde bis zur Einführung der Leitfähigkeitsmessung der Salzgehalt mit Hilfe der Chloridtitration ermittelt. Nach KNUDSEN ist dafür die Gleichung

$$S‰ = 0{,}03 + 1{,}8050 \, Cl‰ \tag{6.18.}$$

die Basis gewesen. Seit Ende der 60er Jahre wurde sie verbessert und es gilt jetzt

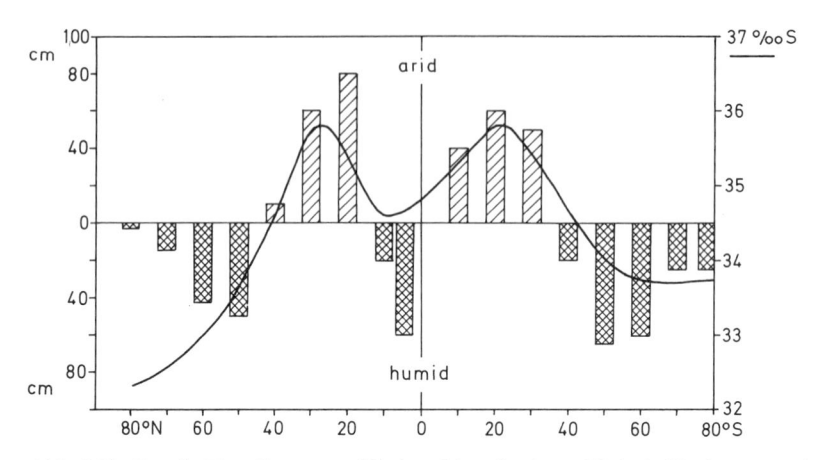

$$S‰ = 1{,}80655 \, Cl‰ \,. \tag{6.18.a}$$

Abb. 6.70. Zonale Verteilung von Niederschlag (karierte Säulen), Verdunstung (schraffierte Säulen) und Salzgehalt an der Oberfläche des Weltmeeres. Angaben in cm/Jahr. Nach WÜST aus DIETRICH und KALLE 1965.

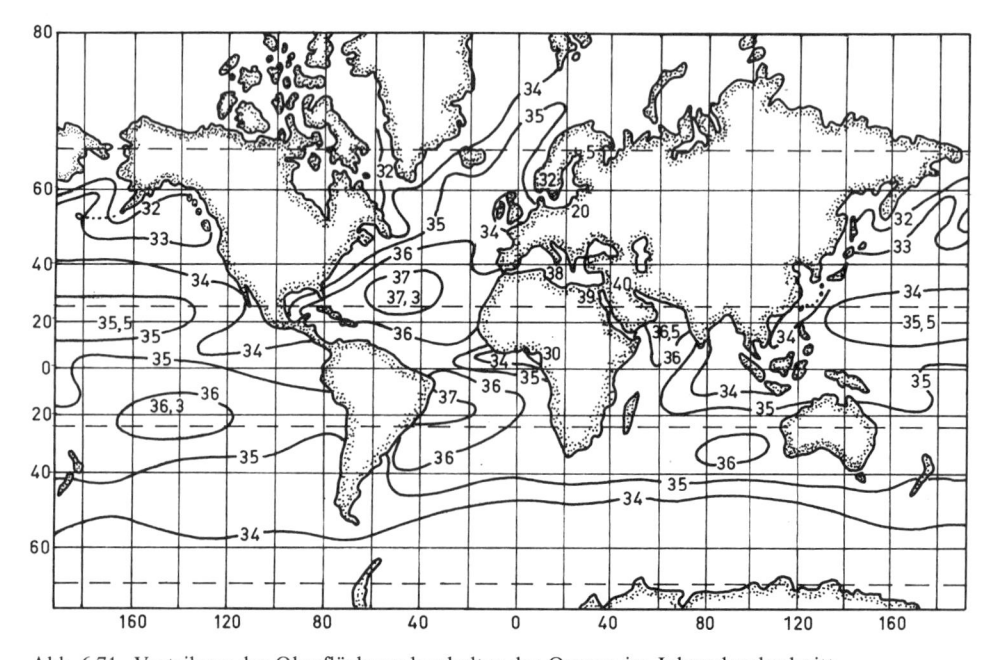

Abb. 6.71. Verteilung des Oberflächensalzgehaltes der Ozeane im Jahresdurchschnitt.

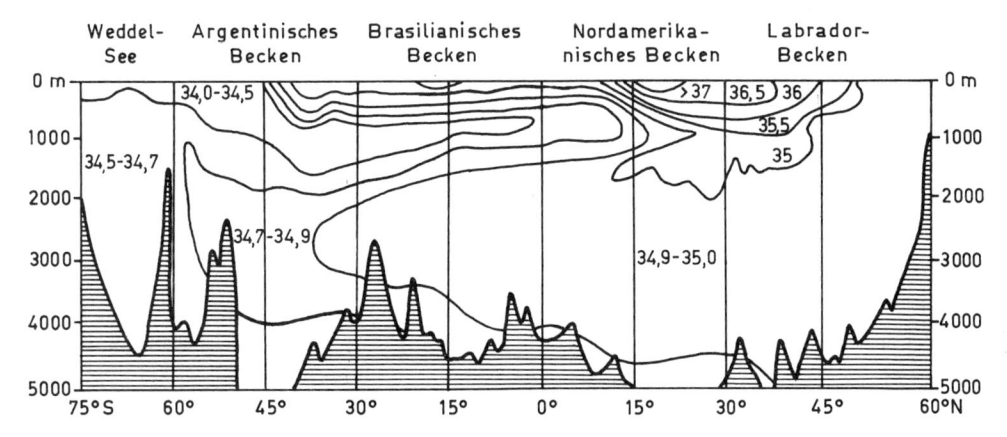

Abb. 6.72. Vertikale Verteilung des Salzgehaltes im Atlantik.

Die heute übliche Leitfähigkeitsmessung für die Salinitätsbestimmung ist nicht nur schneller und exakter, sondern auch für die automatisierte kontinuierliche sowie in situ Analyse geeignet.

In Brackwässern (Mischwasser von Meerwasser und Süßwasser) kommt es für einige Hauptkomponenten zu Abweichungen von der Konstanz der Ionenrelation (Ionenanomalie).

Im Gegensatz zur Konstanz der **Ionenrelationen** weicht die **Salzkonzentration** oft erheblich vom Durchschnittswert ab. Hohe Verdunstung hat die Erhöhung der Konzentration zur Folge, während die Aufnahme von Süßwasser oder von Niederschlägen den Salzgehalt herabsetzt. Besonders schroffe Abwandlungen werden im Uferbereich tropischer und subtropischer Meere angetroffen. Erhebliche Abweichungen vom Durchschnittssalzgehalt sind auch für Mittelmeere chrakteristisch. Während im Roten Meer Konzentrationen von über 40‰ nicht selten sind, werden im östlichen Teil der Ostsee Werte zwischen 3 und 5‰ angetroffen. Im Oberflächenwasser der offenen Ozeane werden Schwankungen des Salzgehaltes ebenfalls durch die wechselnden Verhältnisse von Niederschlag und Verdunstung verursacht (Abb. 6.70.). Die Konzentrationen im Oberflächenwasser der Ozeane reichen von etwa 32‰ im Arktischen Eismeer bis über 37‰ in den tropischen und subtropischen Regionen des Atlantischen Ozeans (Abb. 6.71. u. 6.72.) In der Vertikalen ist der Salzgehalt des offenen Meeres über die gesamte Wassersäule relativ gleichmäßig verteilt. In den hohen und gemäßigten Breiten beträgt die Schwankungsbreite innerhalb eines Profils kaum mehr als 0,1–0,2‰. Konzentrationsunterschiede von 1–2‰ werden in den tropischen und subtropischen Regionen registriert (Abb. 6.72.). Hier kommt es in einer Tiefe von 80–100 m zur Ausbildung eines Salzgehaltmaximums, das mit der permanenten Temperatursprungschicht zusammenfällt und deren Stabilität noch erhöht.

Als ökologischer Faktor wird der Salzgehalt des Meerwassers in verschiedener Hinsicht wirksam. Seine direkte Einwirkung besteht in der Beeinflussung des osmotischen Regimes der Organismen. Bei allen Mikroorganismen, Pflanzen und Tieren ist das Funktionieren der physiologischen Prozesse von der Aufrechterhaltung der Stabilität des Innenmilieus abhängig. Dabei spielt die Elektrolytkonzentration eine besondere Rolle. Sie darf fixierte Grenzen weder unter- noch überschreiten. Ist die Salzkonzentration im Meerwasser höher als in den Zellen und Geweben, wird dem Organismus Wasser entzogen, und die Konzentration des Innenmilieus nimmt zu. Umgekehrt dringt Wasser in die Zelle ein, wenn die Salzkonzentration des Meerwassers unter die der Zellen und Gewebe sinkt. In beiden Fällen kommt es zur Störung der physiologischen Funktionen, wenn der Organismus nicht zur Osmoregulation befähigt ist. So sind, mit Ausnahme der Knorpelfische, alle Wirbeltiere des Meeres **hypotonisch,** d. h., die Salzkonzentration ihres Innenmilieus ist geringer als die des umgebenden Meerwassers. Sie kompensieren den ständigen Wasserverlust durch aktive Aufnahme von Wasser. Die mit aufgenommenen Salze werden über besondere Organe, bei den Knochenfischen über die Kiemen, wieder ausgeschieden.

Die meisten marinen Pflanzen und Tiere sind jedoch **isotonisch.** Innen- und Außenmilieu stehen miteinander im osmotischen Gleichgewicht, und die Notwendigkeit der energieaufwendigen Osmoregulation entfällt, wenn der Salzgehalt des Außenmediums sich nicht wesentlich ändert. Streng isotonische Organismen sind auf Regionen angewiesen, deren Salzgehalt nur unwesentlichen Schwankungen unterworfen ist. Als **stenohaline Arten** besiedeln sie in der Regel ozeanische Biome. **Euryhaline Meeresorganismen** dagegen haben die Fähigkeit erworben, stärkere Schwankungen des Salzgehaltes tolerieren zu können. Sie besiedeln insbesondere Regionen des Litoralsystems mit stark wechselndem Salzgehalt oder die Brackgewässer der Flußmündungen, der Ästuare. Zum indirekt wirkenden ökologischen Faktor wird der Salzgehalt dann, wenn salzreiches Wasser von salzärmerem überschichtet wird. Da mit steigender Salzkonzentration die Dichte des Wassers zunimmt, kommt es zur Ausbildung einer Schichtung des Wasserkörpers, die um so stabiler ist, je größer die Konzentrationsunterschiede sind. Der für die Sauerstoffversorgung der Tiefenzonen und für die Nährstoffversorgung der Deckschicht wichtige vertikale Wasseraustausch kann unterbrochen oder zumindest eingeschränkt werden. Die Folgen sind Sauerstoffmangel in der Tiefe und Nährstoffmangel an der Oberfläche. Da die Grenze zwischen den Schichten häufig scharf ausgebildet ist, stellt sich eine Sprungschicht ein. Ein extremes Beispiel für ein Meer mit einer permanenten halinen Sprungschicht ist das Schwarze Meer.

Sauerstoff
Für die meisten Lebensprozesse ist Sauerstoff erforderlich, da die nötige Energie durch Oxidation organischer Substanzen gewonnen wird. Seine Konzentration ist in den aquatischen Ökosystemen nicht nur wesentlich niedriger, sondern auch erheblichen Schwankungen unterworfen, die bis zum völligen Sauerstoffschwund reichen. Im Gegensatz zum terrestrischen Bereich der Biosphäre wird der Sauerstoff im aquatischen Bereich häufig zum limitierenden ökologischen Faktor. Noch im vergangenen Jahrhundert wurden die Tiefen der Ozeane für sauerstofffrei und damit für unbewohnt gehalten. Die ersten sporadischen Untersuchungen tieferer Regionen des Weltmeeres führten jedoch zu dem überraschenden Ergebnis, daß selbst in größeren Tiefen höherentwickelte Tiere leben. Die Ansicht von der anaëroben Tiefsee mußte revidiert werden, ohne daß zunächst geklärt werden konnte, wie sich der Sauerstofftransport in die scheinbar stagnierenden Tiefseebereiche vollzieht. Erst der modernen Meeresforschung war es vorbehalten, den komplizierten und langen Weg des Sauerstoffs von der Atmosphäre bis in die tiefsten Regionen der Ozeane aufklären zu können.

Tabelle 6.15. Löslichkeit von Sauerstoff im Wasser in Abhängkeit von Temperatur und Salzgehalt ‰ (Angaben in ml $O_2 \cdot l^{-1}$)

Temp. in °C	Salzgehalt ‰					
	0	10	20	30	35	40
−2	10,88	10,19	9,50	8,82	8,47	8,12
0	10,29	9,65	9,00	8,36	6,84	7,71
10	8,02	7,56	7,09	6,63	6,41	6,17
20	6,57	6,22	5,88	5,53	5,35	5,18
30	5,57	5,27	4,95	4,65	4,50	4,35

6.3. Ökosysteme des Meeres   429

Der überwiegende Teil des im Meerwasser gelösten Sauerstoffs stammt aus der Atmosphäre. Er wird vom Oberflächenwasser bis zur Sättigung aufgenommen, wobei die Aufnahmefähigkeit vom Salzgehalt und von der Wassertemperatur abhängt (Tab. 6.15.). Welche Rolle bei der Sauerstoffversorgung der Obeflächenschicht die Photosynthese des Phytoplanktons spielt, hängt von der Intensität der Primärproduktion ab. In oligo- und mesotrophen Regionen ist sie von untergeordneter Bedeutung, während sie in eutrophen Gebieten eine wichtige Sauerstoffquelle ist und zu erheblichen Übersättigungen führen kann.

In den durchleuchteten Schichten des oberen Epipelagials herrscht aus den genannten Gründen in der Regel eine ausgeglichene **Sauerstoffbilanz**. Die Aufnahme aus der Atmosphäre und der Verbrauch durch die Atmung der Biocoenose halten sich die Waage. Mit zunehmender Tiefe wird die Bilanz jedoch immer stärker negativ. Unterhalb des Kompensationspunktes überwiegen die sauerstoffzehrenden Abbauprozesse, während die Photosynthese als Sauerstofflieferant an Bedeutung verliert. Da infolge der geringen Diffusionsgeschwindigkeit des Sauerstoffs auch die Nachlieferung von der Oberfläche unterbleibt, stellt sich unterhalb der euphotischen Schicht ein permanentes **Sauerstoffdefizit** ein. Die zehrenden Prozesse würden schnell zu einem anaëroben Milieu führen, wenn nicht durch komplizierte horizontale und vertikale Zirkulationssysteme ständig sauerstoffreiches Wasser in alle Tiefen geführt würde. Deshalb finden sich Wasserkörper mit stark herabgesetztem Sauerstoffgehalt nur dort, wo der vertikale und horizontale Wasseraustausch durch Sprungschichten unterbunden oder zumindest erschwert wird.

Die Ausbildung der permanenten Temperatursprungschicht in den tropischen und subtropischen Regionen der Ozeane hat zur Folge, daß sich in etwa 200–1000 m Tiefe ein **intermediäres Sauerstoffminimum** ausbildet (Abb. 6.73. u. 6.74.). Ist unter den Bedingungen einer permanenten Sprungschicht die Bioproduktion in der Deckschicht besonders hoch, kann es zum völligen Sauerstoffschwund im Bereich des intermediären Sauerstoffminimums kommen. Derartige nahezu sauerstofffreie Wasserkörper wurden im westlichen Pazifik und im südwestlichen Atlantik nachgewiesen (SVERDRUP et al. 1946).

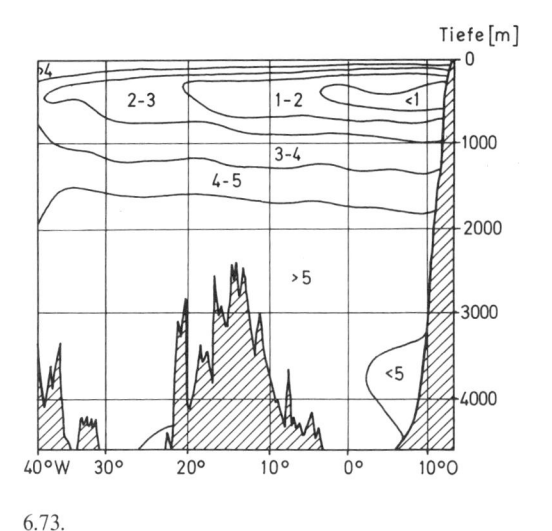

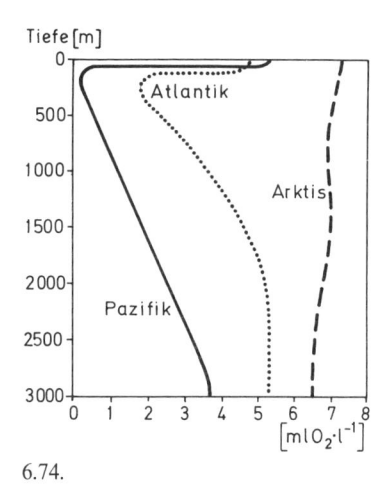

6.73.   6.74.

Abb. 6.73. Vertikalverteilung des Sauerstoffs (in ml/l) auf einem Schnitt durch den Atlantik auf 8–13° Süd.

Abb. 6.74. Vertikale Sauerstoffverteilung im tropischen Atlantik, im tropischen Pazifik und im Bildungsgebiet des atlantischen Tiefenwassers südlich Grönland. Nach WATTENBERG und DIETRICH und KALLE 1965.

In der Regel weisen die Kurven der **vertikalen Sauerstoffverteilung** in allen tropischen und subtropischen Regionen der Ozeane die gleiche Dreiteilung auf: Im Bereich der **warmen Deckschicht** von etwa 100 m Mächtigkeit ist das Wasser nahezu mit Sauerstoff gesättigt; die Sättigung sinkt dann sehr schnell auf weniger als 20% und steigt ab 500–1000 m Tiefe wieder auf 70–80% an, ein Wert, der sich bis zum Boden der Tiefsee nicht mehr ändert. In mittleren und höheren Breiten treten intermediäre Sauerstoffminima nicht auf. Vertikale Austauschprozesse sorgen hier für eine dauernde oder saisonale Durchmischung der gesamten Wassersäule (Abb. 6.74.). Der von den absinkenden Wassermassen mitgeführte Sauerstoff wird von Boden- und Tiefenströmungen bis in die unter den Sauerstoffminima liegenden Wasserschichten der tropischen Regionen transportiert. (Abb. 6.76.).

Extreme Schichtungen mit negativen Folgen für die Biocoenosen sind für einige Mittelmeere charakteristisch. Wenn, wie im Schwarzen Meer, salzreiches Wasser von weniger salzreichem überschichtet wird, kommt es zur Ausbildung einer **salinen Sprungschicht**, deren Stabilität von den Konzentrationsunterschieden zwischen Tiefen- und Deckschicht bestimmt wird. Da ein vertikaler Wasseraustausch zwischen Oberfläche und Tiefe nicht mehr möglich ist, werden die Tiefenregionen nicht mehr mit Sauerstoff versorgt. Der Abbau der aus der Deckschicht absinkenden, organischen Substanzen erfolgt unter anaëroben Bedingungen, insbesondere durch Mikroorganismen, welche u. a. große Mengen von Schwefelwasserstoff produzieren.

Strömungen

Der gesamte Wasserkörper des Weltmeeres ist in ständiger Bewegung. Ein kompliziertes System von horizontalen und vertikalen Strömungen sorgt für eine kontinuierliche Durchmischung der Wassermassen, die für das Leben im Meer von entscheidender Bedeutung ist. Absinkendes Oberflächenwasser transportiert den lebenswichtigen Sauerstoff bis in die größten Tiefen, und aufquellendes Tiefenwasser versorgt die euphotischen Oberflächenschichten mit Pflanzennährstoffen, wobei die Intensität der Zufuhr die Höhe der biologischen Produktion bestimmt. Einer der Schlüssel zum Verständnis der produktionsbiologischen Dynamik in marinen Biomen ist deshalb die Kenntnis der **Strömungsverhältnisse.**

Verursacht werden die großräumigen Wasserbewegungen durch direkte und indirekte Einwirkung des Windes und durch den Massenausgleich zwischen verschieden dichten Wasserkörpern. **Oberflächenströmungen** sind im wesentlichen eine Folge von Windeinwirkungen. Insbesondere die ständig wehenden Passatwinde setzen große Wassermassen in Bewegung. Als **Nord- bzw. Südäquatorialstrom** durchqueren sie die Ozeane von Ost nach West. An den Ostufern treffen sie auf die Sockel der Kontinente und werden in drei Strömungen aufgespalten. Ein Teil des Wassers fließt als **äquatorialer Gegenstrom** in Richtung Osten zurück. Ein zweiter Teil wird nach Norden und ein dritter nach Süden umgelenkt. Unter dem Einfluß der Erdrotation werden die an den Ostküsten der Kontinente sich polwärts bewegenden Wassermassen weiter in Richtung Osten abgelenkt, um sich nach erneuter Überquerung der Ozeane wieder äquatorialwärts zu wenden und schließlich von den Äquatorialströmen aufs neue aufgenommen zu werden. Auf diese Weise entstehen in den subtropischen Regionen mächtige **Strömungskreisel.** Die der nördlichen Hemisphäre drehen sich im Uhrzeigersinn, die der südlichen entgegengesetzt (Abb. 6.75.).

Die von der Schubkraft des Windes verursachte horizontale Wasserbewegung, auch **Triftstrom** genannt, reicht nur bis in wenige hundert Meter Tiefe. Welche enormen Wassermengen trotzdem verfrachtet werden, geht daraus hervor, daß allein der **Golfstrom** als Teil des nördlichen Kreisels im Atlantik etwa 50–80 Mill. m^3 Wasser pro Sekunde führt. Zum Vergleich sei angeführt, daß alle in das Weltmeer mündenden Flüsse zusammen etwa 1,5 Mill. m^3 Wasser pro Sekunde transportieren. Die im Westteil des Golfstromes erreichten durchschnittlichen Strömungsgeschwindigkeiten von $1,5-2,5 \text{ m} \cdot \text{s}^{-1}$ stehen denen großer Flüsse nicht nach.

6.3. Ökosysteme des Meeres

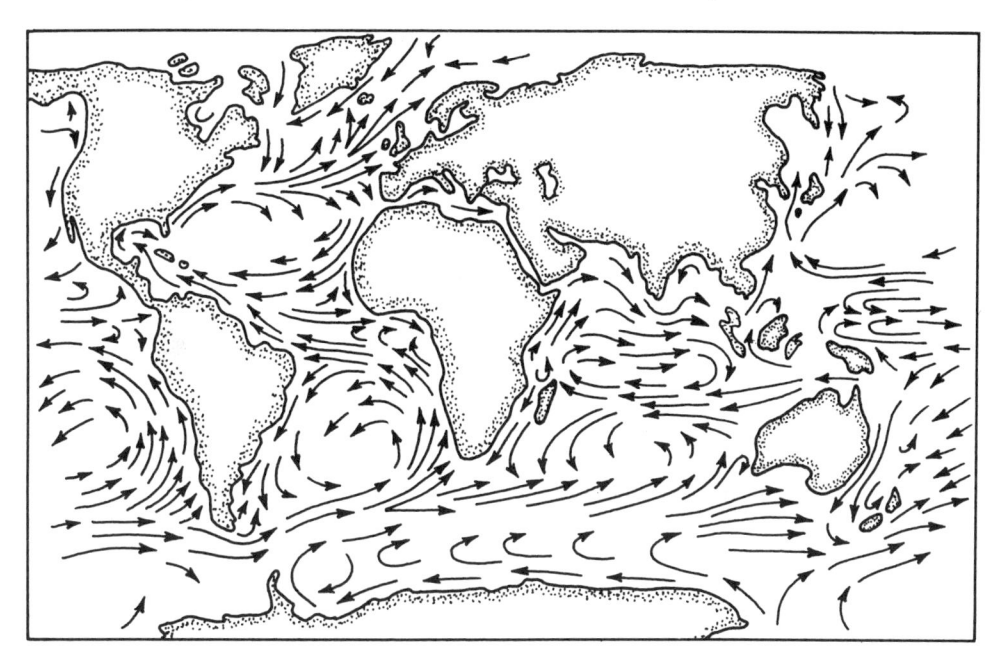

Abb. 6.75. System der Oberflächenströmungen im Weltmeer.

Bei aufmerksamer Betrachtung der Abb. 6.75. wird deutlich, daß in einigen Regionen der Ozeane die Oberflächenströme aufeinandertreffen, während sie in anderen Bereichen auseinandertreiben. Im ersten Falle wird der Meeresspiegel angehoben, und die zusammengeführten Wassermassen weichen in die Tiefe aus. Derartige **Konvergenzen** sind dadurch gekennzeichnet, daß bis in größere Tiefen sauerstoffreiches, aber nährstoffarmes Wasser nachgewiesen wird. Die Nährstoffarmut der euphotischen Zone hat eine geringe Bioproduktion zur Folge. Werden die Oberflächenströme dagegen auseinandergeführt, dann wird der Meeresspiegel abgesenkt, und kaltes, aber nährstoffreiches Tiefenwaser quillt an die Oberfläche. Im Gegensatz zu den Konvergenzen zeichnen sich solche **Divergenzen** durch eine verhältnismäßig hohe Bioproduktion aus.

Von besonderer Bedeutung für die Stoffkreisläufe in den Ozeanen sind die antarktischen und arktischen Konvergenzen. Ein Teil des im Passatsystem kreisenden Wassers fließt nicht in Richtung Äquator zurück, sondern wird an den polwärts zeigenden Flanken der Kreisel in höhere Breiten gelenkt. Hier vereint es sich mit dem subpolaren und polaren Wasser. Es bildet einen Teil jener Wassermassen, die, nachdem sie sich auf Temperaturen um 0 °C abgekühlt haben, in die Tiefe sinken und als antarktisches Bodenwasser oder als **arktisches Tiefenwasser** zum Äquator zurückfließen (Abb. 6.76.). Nach dem gegenwärtigen Stand unserer Kenntnisse transportieren die genannten Tiefenströme etwa 1 Mill. km³ Wasser jährlich (POSTMA 1971). Von besonderer ökologischer Bedeutung ist der Umstand, daß mit dem absinkenden Wasser jährlich etwa 10 Mrd. Tonnen Sauerstoff in die Tiefe geführt werden. Dieser Sauerstoff ermöglicht die Aufrechterhaltung des aëroben Milieus in der gesamten Tiefsee.

Das in der Tiefe zirkulierende Wasser übernimmt nicht nur die Sauerstoffversorgung des Tiefenwassers, sondern auch die Rückführung der Pflanzennährstoffe in den euphotischen Bereich des Epipelagials. Das geschieht dort, wo das zirkulierende Wasser nach langer Tiefenpassage die Oberfläche wieder erreicht. Neben den bereits genannten Divergenzen verdienen in diesem Zusammenhang besonders die **Auftriebsgebiete** Erwähnung. Dort, wo

6. Ökologie von Biocoenosen

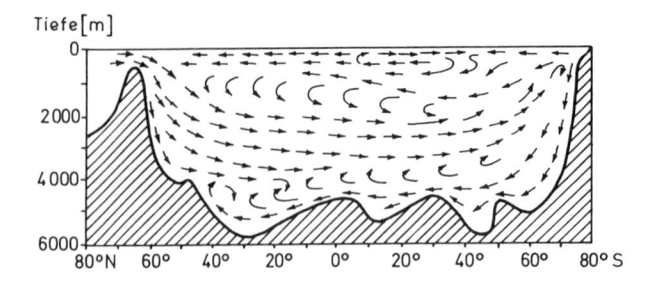

Abb. 6.76. System der Tiefenströmungen im Atlantik. Nach TAIT aus TARDENT 1979.

an den Ostflanken der ozeanischen Strömungskreisel das Wasser entlang den Westküsten der Kontinente wieder dem Äquator zufließt, gerät es erneut unter den Einfluß der ablandigen Passatwinde. Das Oberflächenwasser wird vom Ufer weggedrückt, und es setzt eine Querzirkulation ein, die kaltes und nährstoffreiches Tiefenwasser an die Oberfläche führt. Obwohl die Geschwindigkeit der Vertikalbewegung nur etwa 50 m/Monat beträgt, wird die Intensität der Bioproduktion erheblich gesteigert (vgl. 6.3.3.). Besonders fruchtbar sind die Auftriebsgebiete vor den Westküsten Südamerikas und Südafrikas. Eine der Ursachen für die ungewöhnlich hohe Produktivität ist die sogenannte **Westwindtrift**. Hervorgerufen durch die Einwirkung beständig wehender Westwinde hat sich eine zirkumpolare Strömung eingestellt, die bis in 3000 m Tiefe reicht und mehr als 160 Mill. m^3 Wasser pro Sekunde um den Antarktischen Kontinent in west-östlicher Richtung herumführt. An den Südspitzen der Kontinente gleitet ein Teil des Wassers auf die Kontinentalsockel auf und wird nach Norden gelenkt. Auf diese Weise entsteht im südöstlichen Pazifik der **Humboldtstrom** und im südöstlichen Atlantik der **Benguelastrom**. Beide Ströme führen kaltes, aber nährstoffreiches Wasser mit einer entsprechend hohen Bioproduktion. Im Bereich des Passatgürtels nehmen sie das aufquellende Wasser der Auftriebsgebiete auf, bevor sie nach Westen abbiegen und in die Südäquatorialströme übergehen. Beide Ströme, insbesondere aber der Humboldtstrom, gehören zu den fruchtbarsten Gebieten des Weltmeeres überhaupt (Abb. 2.53.).

Welche Bedeutung die großräumigen Tiefenströmungen für die Nährstoffversorgung der warmen, euphotischen Deckschicht aller tropischen und subtropischen Ozeanbereiche haben, geht aus der **Phosphorbilanz** hervor (POSTMA 1971). Danach stehen in den Gebieten zwischen 40° Süd und 40° Nord den Primärproduzenten jährlich 279 Mill. t Phosphor zur Verfügung. Davon werden 124 Mill. t noch in der etwa 100 m mächtigen, euphotischen Deckschicht mineralisiert. Etwa 155 Mill. t sinken jedoch mit den abgestorbenen Organismen durch die Sprungschicht und werden in Tiefen zwischen 100–1000 m (140 Mill. t) oder in mehr als 1000 m Tiefe (15 Mill. t) mineralisiert. Der Rücktransport erfolgt durch aufsteigendes Tiefenwasser, vor allem im Bereich von Divergenzen und Auftriebsgebieten.

Strahlung

Die von der Meeresoberfläche aufgenommene Strahlung ist in mehrfacher Hinsicht von grundlegender Bedeutung für die marinen Ökosysteme. Wie in allen Megabiomen der Biosphäre wird sie direkt dadurch wirksam, daß sie den photoautotrophen Produzenten als Energiequelle dient, daß sie vielen Organismen eine optische Orientierung ermöglicht und daß sie eine Reihe von physiologischen und ethologischen Prozessen steuert. Ihre indirekte Wirkung als ökologischer Faktor beruht auf der Gestaltung des Tempeaturregimes. Sie hält die Wassertemperaturen nicht nur in den für die Abläufe der Lebensprozesse vorgegebenen Bereichen, sondern sie bringt durch den Wechsel von Erwärmung und Abkühlung Bewegung in den Wasserkörper, die wiederum für die Aufrechterhaltung der Stoffkreisläufe von entscheidender Bedeutung ist.

Die Besonderheit des marinen Megabioms besteht darin, daß nur 20% des gesamten Lebensraumes von der Strahlung erreicht werden, wobei Quantität und Qualität des

6.3. Ökosysteme des Meeres

Strahlungsangebotes in der dünnen durchleuchteten Oberflächenschicht erheblichen Schwankungen unterworfen sind. Die ersten Strahlungsverluste treten bereits durch die Reflexion an der Oberfläche auf. Der Reflexionsverlust hängt von der Größe des Einfallswinkels der Strahlung ab. Für die niederen und mittleren Breiten ist er unerheblich, da bei einer Sonnenhöhe von 40° weniger als 5% der Strahlung reflektiert werden. Bei starkem Seegang, mit Schaumbildung an der Oberfläche, kann der Strahlungsverlust durch Reflexion bis zu 60% betragen (TARDENT 1979).

In hohen Breiten dagegen wird ein großer Teil der Strahlung reflektiert, bei Sonnenhöhen um 5° mehr als 50%. Dieser Umstand ist für das Temperaturregime des Meeres von großer Bedeutung.

Die Wellenlängen der in das Meer eintretenden Strahlung reichen von 300–3000 nm. Der infrarote Anteil (3000–750 nm) ist mit mehr als 50% am Energieeintrag beteiligt, das sichtbare Licht (750–400 nm) mit etwas weniger als 50% und der ultraviolette Anteil (400–300 nm) mit etwa 1%.

Die aufgenommene Strahlung unterliegt auf ihrem Wege in die Tiefe quantitativen und qualitativen Veränderungen. Etwa 3% werden durch die **Streuung** so abgelenkt, daß sie als **Unterlicht** in die Atmosphäre zurückgestrahlt werden. Weniger als 1% wird über die Photosynthese in **chemische Energie** umgewandelt und bildet die energetische Basis für die Aufrechterhaltung des Stoffflusses in den Ökosystemen. Mehr als 95% der Strahlung unterliegen jedoch der **Extinktion,** d. h., die elektromagnetischen Wellen werden absorbiert und ihre Strahlungsenergie in Wärmeenergie umgewandelt. Die Größe der Extinktion wird durch molekulare Vorgänge im Wasser ebenso beeinflußt wie durch gelöste und suspendierte Substanzen. Dabei werden nicht alle Bereiche des Spektrums gleich schnell absorbiert. In reinem Meerwasser wird im obersten Zentimeter mehr als ein Viertel und im obersten Meter mehr als die Hälfte der Gesamtstrahlung in Wärme umgesetzt, wobei insbesondere die infraroten und ultravioletten Spektralbereiche verschwinden. Auch die sichtbaren Anteile des Spektrums werden unterschiedlich stark absorbiert. Während die langwelligen Bereiche bereits nach 10–20 m nicht mehr nachzuweisen sind, dringen die blauen Anteile des Lichtes (460–480 nm) bis in Tiefen von mehr als 130 m ein (Abb. 6.77. u. 6.78.).

Mit steigendem Gehalt des Wassers an gelösten Huminstoffen und suspendierten Substanzen kommt es zu einer verstärkten Absorption im blauen Spektralbereich. Das Durchlässigkeitsmaximum verschiebt sich nach Grün. Während z. B. die Ostsee ihre grüne Farbe dem relativ hohen Huminstoffgehalt ihres Wassers verdankt, ist das Grün planktonreicher Meeresgebiete vor allem eine Folge des Partikelreichtums der euphotischen Schicht.

Es bestehen also enge Beziehungen zwischen den optischen Eigenschaften eines Wasserkörpers und seinem chemisch-physikalischen und biologischen Zustand. Diese Beziehungen äußern sich in der Durchsichtigkeit und Farbe des Wassers. Beides läßt sich, zum Zweck einer groben Orientierung, leicht bestimmen: Die Durchsichtigkeit mit einer weißen Sichtscheibe nach SECCHI und die Farbe mit Hilfe der Farbskala nach FOREL-LUKSCH.

Die Sichttiefen schwanken zwischen 50 m in oligotrophen tropischen Meeren und wenigen Dezimetern in Ästuaren.

Die Farbe extrem reinen, d. h. planktonarmen Meerwassers ist ein tiefes Blau. Mit Recht wird deshalb Blau als die „Wüstenfarbe" des Meeres bezeichnet. Sie wechselt in höheren Breiten, mit steigendem Plankton- und Detritusgehalt, zum Blaugrün, wird in Auftriebsgebieten und neritischen Gewässern zum reinen Grün und in hocheutrophen Ästuaren zum Braungrün.

Von besonderem ökologischem Interesse ist die Frage nach der Eindringtiefe des Strahlungsanteiles, der als photosynthetisch aktive Strahlung (PhAR) wirksam wird. Die Tiefe, in der sich Assimilation und Atmung der Primärproduzenten die Waage halten, wird **Kompensationstiefe** genannt. Sie wird im allgemeinen dort angenommen, wo die Intensität der Gesamtstrahlung noch 1% des Oberflächenwertes beträgt. Die Lage der Kompensationstiefe wird vom Gehalt des Wassers an gelösten und suspendierten Substanzen, von der

434   6. Ökologie von Biocoenosen

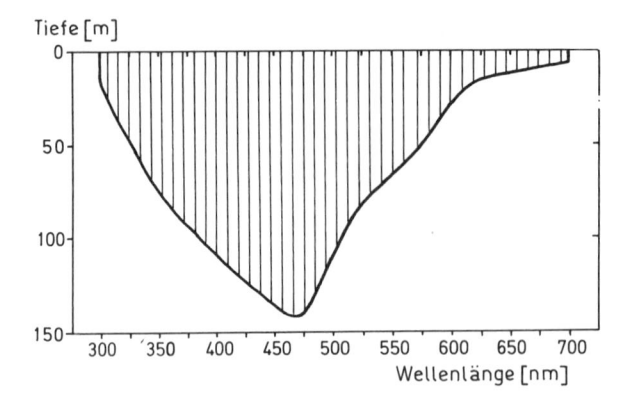

Abb. 6.77. Tiefen, in denen die Strahlungsintensität noch 1% des Oberflächenwertes beträgt. Die Angaben beziehen sich auf reines Ozeanwasser. Nach JERLOV aus RAYMONT 1963.

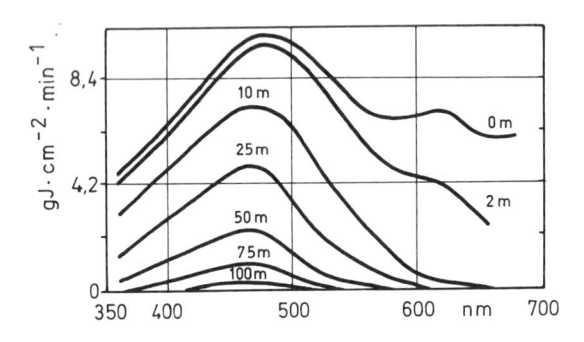

Abb. 6.78. Spektrale Energie des abwärts gerichteten Lichtes in verschiedenen Tiefen. Nach JERLOV aus FRIEDRICH 1965.

Sonnenhöhe und vom Wellengang bestimmt. Im extrem klaren Wasser der Sargassosee wurde eine Kompensationstiefe von über 100 m ermittelt; sie steigt im offenen Atlantik auf 40 m an und schwankt in der Ostsee zwischen 5 m während der Frühjahrsblüte des Phytoplanktons und 50 m in der produktionsarmen warmen Jahreszeit. In den planktonreichen und trüben Boddengewässern der südlichen Ostsee liegt der Kompensationspunkt in weniger als 1 m Tiefe.

Von biologischem Interesse ist aber auch die absolute Eindringtiefe des Lichtes, denn auch Intensitäten von weniger als 1% der Oberflächenstrahlung können eine optische Orientierung von Meerestieren ermöglichen und Einfluß auf physiologische und ethologische Prozesse nehmen. Obwohl der Bereich ab 200 m Tiefe als aphotische Zone gilt, dürfte absolute Dunkelheit erst ab Tiefen zwischen 600 und 1000 m herrschen.

Temperatur
Der Wärmehaushalt des Meeres ist eng mit dem Strahlungshaushalt verknüpft. Trotz der hohen spezifischen Wärme des Wassers ist sein Aufnahmevermögen für Wärmeenergie begrenzt, und es setzt ein Wärmeverlust ein, der sich, global gesehen, mit dem Wärmegewinn durch Einstrahlung die Waage hält. Die Abgabe erfolgt über die **Verdunstung** (51%), als **langwellige Wärmestrahlung** (42%) und durch **direkte Wärmeübertragung** an die Luft (7%). Entscheidend ist dabei, daß die Wärmebilanz zwar global aufgeht, an verschiedenen Orten jedoch erhebliche Differenzen zwischen Wärmegewinn und -verlust auftreten. Wie Tabelle 6.16. zeigt, wird in den niederen Breiten mehr Energie aufgenommen, als durch die Wasseroberfläche wieder abgegeben wird, während in den mittleren und hohen Breiten die Energieabgabe überwiegt. Zum Augleich der Wärmebilanz muß also Wärme aus den äquatorialen Ozeanbereichen polwärts transportiert werden.

6.3. Ökosysteme des Meeres

Tabelle 6.16. Wärmebilanz des Meeres auf verschiedenen Breitengraden. Die Zahlen geben die durchschnittliche Wärmemenge an, die von der Oberfläche aufgenommen bzw. abgegeben wird. Angaben in $J\,cm^{-2}\cdot d^{-1}$ nach DEFANT 1961

Breite	0°	10°	20°	30°	40°	50°	60°	70°	80°	90°
Wärmegewinn	1541	1608	1562	1390	1126	846	641	468	355	314
Wärmeverlust	1369	1461	1507	1415	1164	896	741	668	657	657
Gewinn bzw. Verlust	+172	+147	+55	−25	−38	−50	−100	−198	−302	−343

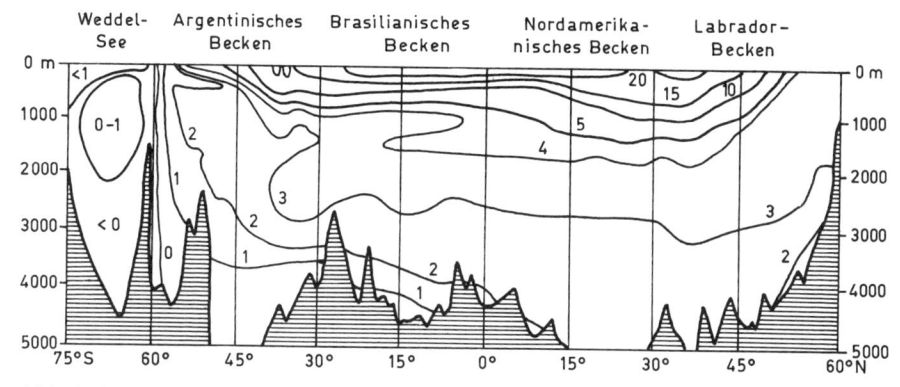

Abb. 6.79. Vertikale Temperaturverteilung im Atlantik.

Der Transport erfolgt durch die großen Oberflächenströmungen des Passatsystems. Allein der Nordatlantische Strom als nördlicher Ausläufer des Golfstromes führt $62{,}08\cdot 10^{12}\,J\cdot s^{-1}$ in die Nordmeere. Durch die Wärmeabgabe an die Atmosphäre kühlt sich hier das Oberflächenwasser ab, sinkt in die Tiefe und fließt als kaltes, sauerstoffreiches atlantisches Tiefenwasser in Richtung Äquator zurück.

Das aus den Polarmeeren stammende Tiefenwasser macht das marine Biom zum kältesten Lebensraum der Erde. Zwar sind 53% der Oberfläche des Weltmeeres wärmer als 20 °C, darunter 35% wärmer als 25 °C, aber diese Warmwassersphäre ist nur wenige hundert Meter dick. Sie erstreckt sich zwischen 40 °N und 40 °S und überschichtet einen mehrere Kilometer mächtigen Wasserkörper, der Temperaturen zwischen weniger als 0 °C und 5 °C aufweist. Die Durchschnittstemperatur des gesamten Weltmeeres beträgt deshalb nur 3,8 °C; und selbst in den äquatorialen Gewässern liegt das Temperaturmittel für die gesamte Wassersäule nur bei 4,8 °C, obwohl an der Oberfläche fast 30 °C gemessen werden (Abb. 6.79.).

Die Intensität der Einstrahlung ist nicht nur örtlich verschieden hoch, sondern sie ändert sich am gleichen Ort mit der Jahreszeit. Die jahreszeitlichen Schwankungen der Oberflächentemperaturen haben große Bedeutung für den Stoffkreislauf im Meer. In der Abbildung 6.80. sind die Jahresgänge der Einstrahlung in verschiedenen Breiten dargestellt. Während des ganzen Jahres ist in den tropischen Regionen die Strahlungsmenge gleich hoch. Die Temperatur der Deckschicht ist mit ca. 26 °C nicht nur sehr hoch, sondern verändert sich im Laufe des Jahres um höchstens 2 °C (Abb. 6.81.). Unter diesen Bedingungen hat sich in 100 − 150 m Tiefe eine stabile Sprungschicht herausgebildet, welche die Warmwasserschicht vom kälteren Wasser in der Tiefe trennt (Abb. 6.82.). Windeinwirkungen und schwache Konvektionsströmungen sorgen für eine ständige Umschichtung des Wassers in der homogenen Deckschicht. Die vertikalen Wasserbewegungen reichen jedoch nur bis zur

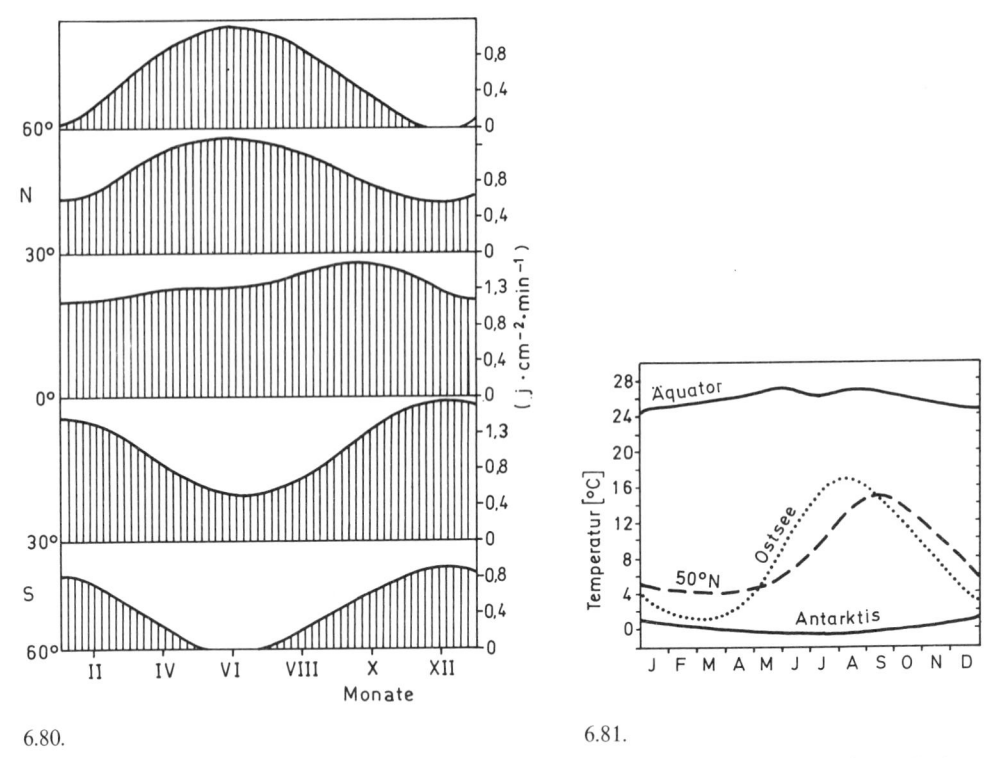

Abb. 6.80. Monatsmittel der Strahlungsangebote an der Meeresoberfläche in verschiedenen Breiten. Nach SVERDRUP aus RAYMONT 1963.

Abb. 6.81. Jahresgang der Oberflächentemperaturen mariner Gewässer in verschiedenen Breiten.

oberen Begrenzung der thermalen Sprungschicht, so daß die tieferliegenden kalten und nährstoffreichen Wassermassen von der Vertikalregulation ständig ausgeschlossen bleiben. Die Folge ist, daß zwar Licht und Wärme in der Deckschicht in ausreichenden Mengen vorhanden sind, die Bioproduktion aber durch Nährstoffmangel äußerst gering gehalten wird.

Im Gegensatz zu den Verhältnissen in den Äquatorialgewässern wechselt in den mittleren Breiten das Strahlungsangebot mit den Jahreszeiten (Abb. 6.80.). Der jahreszeitliche Rhythmus bestimmt den Verlauf der Temperaturkurve des Oberflächenwassers. Im Frühjahr und Sommer ist die Wärmebilanz positiv, die Temperatur nimmt zu. Im Herbst und Winter ist sie negativ, die Temperatur nimmt ab (Abb. 6.81.). Die Schwankungen betragen 8–12 °C, wobei die Amplitude mit zunehmender Tiefe schnell kleiner wird (Abb. 6.83.). Ähnlich wie in den Binnenseen der gemäßigten Breiten beginnt die Oberflächenschicht, sich mit der Erwärmung im Frühjahr zu stabilisieren. Bis zum Sommer wird eine Sprungschicht aufgebaut, die in 20–40 m Tiefe beginnt und nur wenige Meter dick ist (Abb. 6.82.). Sie verhindert tiefgreifende thermale Konvektionen, so daß während der Sommermonate keine Nährstoffzufuhr aus dem Tiefenwasser erfolgen kann und die Bioproduktion nur geringe Werte erreicht. Erst wenn im Spätherbst die Sprungschicht durch verstärkte thermische Konvektionen und Windeinwirkungen wieder abgebaut ist, wird ein tiefgehender vertikaler Wasseraustausch möglich, der für eine Nährstoffzufuhr in die Oberflächenschicht sorgt, so daß die erschöpften Nährstoffvorräte ergänzt werden können. Diese Nährstoffe werden im Frühjahr, wenn das Lichtangebot wieder hoch genug ist, zur Grundlage der Frühjahrsblüte des Phytoplanktons.

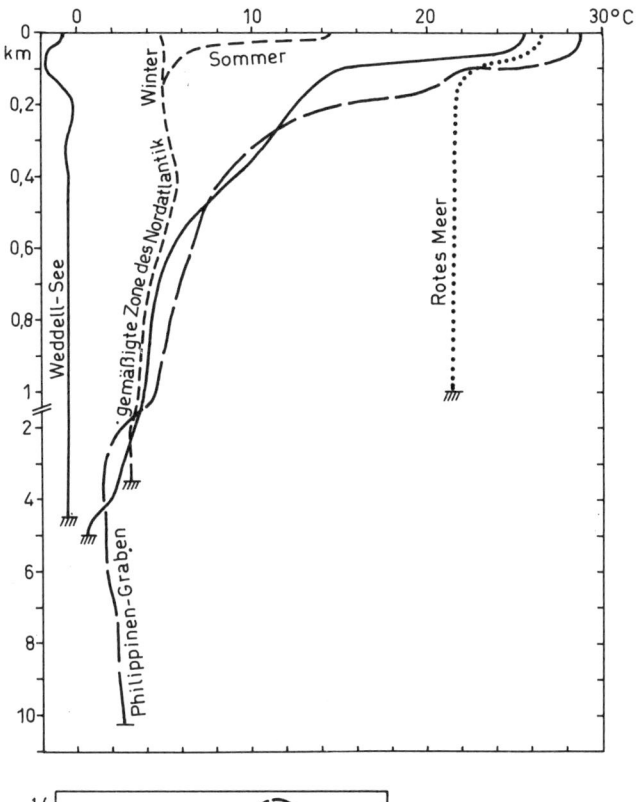

Abb. 6.82. Vertikale Verteilung der Temperatur in verschiedenen Regionen des Weltmeeres. Nach DIETRICH und KALLE aus FRIEDRICH 1965.

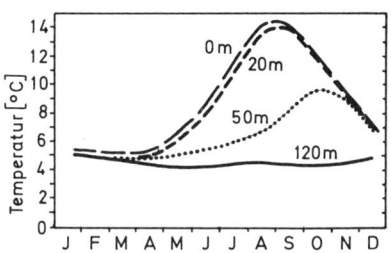

Abb. 6.83. Jahresgang der Temperatur in verschiedenen Tiefen auf 50° N und 145° W. Nach TULLY aus FRIEDRICH 1965.

In den hohen Breiten wird während der langen Polarnacht keine Strahlung angeboten. Aber auch im Sommer ist das Strahlungsangebot nicht groß, da die Sonnenhöhe gering bleibt. Die Wassertemperaturen sind konstant niedrig und zeigen nur leichte Schwankungen im Jahresverlauf (Abb. 6.81.). Die gesamte Wassersäule ist unter diesen Bedingungen stets ungeschichtet, so daß thermische Konvektionen und windbedingte Turbulenzen bis in sehr große Tiefen reichen.

6.3.2. Lebensgemeinschaften der marinen Biome

6.3.2.1. Vertikale und horizontale Gliederung des marinen Megabioms

Trotz seiner gewaltigen Dimensionen und der Vielfalt seiner Strukturen stellt das marine Megabiom eine in sich geschlossene Funktionseinheit dar. Dieser Umstand erschwert die Gliederung des Gesamtsystems in ökologische Untereinheiten. Die Übergänge zwischen den

438   6. Ökologie von Biocoenosen

Einheiten sind fließend, und jede Abgrenzung ist dadurch problematisch, daß sich eine scharfe Grenze zwischen zwei oder mehreren ökologischen Systemen kaum ziehen läßt. So ist z. B. die Grenze zwischen pelagischen und benthischen Gemeinschaften dadurch vermischt, daß der überwiegende Teil der sessilen Benthosorganismen planktische Entwicklungsstadien aufweist. Selbst ein scheinbar scharf ausgebildeter Grenzbereich wie der zwischen Meer und Festland kann nicht exakt bestimmt werden. Trotzdem ist die Untergliederung des marinen Megabioms in Biome und Ökosysteme aus praktischen und theoretischen Gründen notwendig und unter Beachtung der genannten Kompromisse auch möglich (vgl. 2.5.2.).

Die Regionen des freien Wassers werden als **Pelagial**, die des Meeresbodens als **Benthal** zusammengefaßt. Die im Pelagial lebenden Organismen gehören entweder dem **Plankton** oder dem **Nekton** an. Organismen, die den benthalen Bereich besiedeln, also im oder auf dem Meeresboden leben, werden als **Benthos** bezeichnet.

Der **küstennahe** oder **neritische Bereich** geht an der äußeren Schelfkante in den ozeanischen Bereich über. Hier, in unmittelbarer Küstennähe, wird das ökologische Milieu vor allem durch die geringe Wassertiefe und durch die Einflüsse des nahen Festlandes bestimmt.

Der **küstenferne** oder **ozeanische Teil des Pelagials** reicht bis in die größten Meerestiefen und wird in drei Etagen gegliedert. Die euphotische Deckschicht wird als **Epipelagial** bezeichnet (Abb. 6.84.). Sie reicht bis in eine Tiefe von 200 m und ist für den Stoff- und Energiehaushalt des gesamten Pelagials von großer Bedeutung. Die eindringende Strahlung erwärmt nicht nur das Oberflächenwasser, sondern sie ermöglicht auch die Primärproduktion des Phytoplanktons. Die produzierten organischen Substanzen bilden die Grundlage für die Existenz aller Konsumenten und Reduzenten des ozeanischen Lebensraumes.

In einer Tiefe von 200 m geht das Epipelagial in das **Bathypelagial** über. Die Strahlung ist inzwischen soweit absorbiert, daß ihre Intensität für die Photosynthese nicht mehr ausreicht. Die Primärproduzenten fehlen, und die Konsumenten und Reduzenten sind auf den Import verwertbarer organischer Substanz aus den euphotischen Schichten des Epipelagials angewiesen.

Die Grenze zwischen dem Bathypelagial und dem sich anschließenden **Abyssopelagial** wird bei 3000 m Wassertiefe gezogen. In dieser untersten Etage des Pelagials sind die Lebensbedingungen äußerst extrem. Niedere Temperaturen zwischen 0 und 3 °C, ein Druck von mehreren hundert Atmosphären, absolute Dunkelheit und mangelndes Angebot an Nahrung prägen die Umwelt der Organismen.

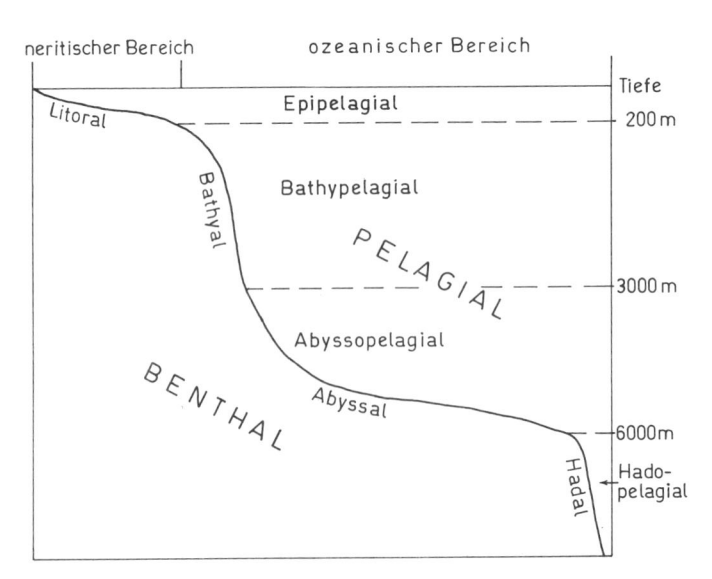

Abb. 6.84. Schema der ökologischen Großgliederung des Meeres.

Die Grobgliederung des **Benthals** ist der Gliederung des pelagischen Raumes weitgehend angepaßt (Abb. 6.84.). Der Uferbereich wird bis zu einer Tiefe von 200 m als **Litoral** bezeichnet. Er reicht von der obersten Wasserlinie bis zur Schelfkante und hat enge ökologische Beziehungen zum neritischen Bereich des Pelagials. An das flache Litoral schließt sich das **Bathyal** an. Es beginnt an der Schelfkante und umfaßt den gesamten Kontinentalabhang. Am Fuße des Kontinentalsockels geht es in einer Tiefe von 3000 m in die ausgedehnten Regionen des **Abyssals** über. Während bei der Gliederung des pelagischen Raumes die Tiefseegräben zum Abyssopelagial gezählt werden, erfährt das Benthal eine weitere Untergliederung. Alle benthischen Bereiche in mehr als 6000 m Tiefe werden zum **Hadal** zusammengefaßt (Abb. 6.84.).

6.3.2.2. Benthal und seine Bewohner

Das marine Benthal ist ein Lebensraum mit außerordentlich heterogenen Umweltbedingungen. Es erstreckt sich von der Spritzzone (supralitoral), bis in die mehr als 10 km tiefen Senken der Tiefseegräben. Biotope mit extrem instabilen ökologischen Bedingungen wechseln auf kurze Entfernung mit solchen, deren ökologisches Milieu sich auch in sehr langen Zeiträumen kaum ändert.

Die Vielfalt der ökologischen Bedingungen ist der Grund dafür, daß nahezu alle marinen Pflanzen- und Tiergruppen im Benthos vertreten sind. Sowohl das **Phyto-** als auch das **Zoobenthos** werden nach der Größe in drei Gruppen eingeteilt. Die Mikroalgen und Protozoen bilden das **Mikrobenthos**. Zum **Meio-** oder **Mesobenthos** gehören alle Vielzeller mit Größen zwischen 0,5 und 1 mm. Alle Pflanzen und Tiere, die größer als 1 mm sind, werden dem **Makrobenthos** zugerechnet. **Holobenthische Arten** verbringen ihren gesamten Lebenszyklus im Benthal, während **merobenthische Formen** im Laufe ihrer Entwicklung für eine begrenzte Zeit zur planktischen Lebensweise übergehen.

Ein wesentlicher ökologischer Faktor im Lebensraum des Benthals ist die Struktur der Substrate. In Abhängigkeit von der Konsistenz werden drei Substrattypen unterschieden: Weich-, Sand- und Hartböden.

Am weitesten sind die **Weichböden** verbreitet. Sie werden von feinen tonigen und organischen Sedimenten gebildet und sind im Litoral und Bathyal vorwiegend terrigener, im Abyssal dagegen planktogener Herkunft. Der Weichboden oder **Schlick** ist besonders in den flachen Meeresgebieten dicht besiedelt, da die energiereiche organische Substanz des Sediments für viele Substratfresser gut geeignet ist. Allerdings führt der mikrobielle Abbau der organischen Bestandteile des Sediments zur Herabsetzung des Sauerstoffgehaltes, so daß nur Formen vorkommen, die an den Sauerstoffgehalt ihrer Umwelt keine großen Anforderungen stellen. Als Bezeichnung für die Lebensgemeinschaft der Weichböden hat sich der Begriff **Pelos** durchgesetzt. Organismen, die auf dem weichen Sediment leben, zählen zum **Epipelos**. Mit Ausnahme der im Schlick verankerten Seefedern sind die zum Epipelos zählenden Tiere vagil oder hemisessil. Neben Foraminiferen, Ostracoden und Turbellarien finden sich auf den Schlickflächen vor allem Polychaeten *(Harmothoe, Fabricia, Polydora)*, Asseln *(Mesidothea)*, Schnecken *(Hydrobia ulvae)* und Schlangensterne *(Ophiura)*. Im Schlick der Weichböden lebt das **Endopelos**. Neben Röhrenbewohnern sind vagile und unbeweglich im Substrat liegende Formen häufig. Die Gemeinschaft umfaßt neben massenhaft vorkommenden Nematoden vor allem Polychaetenarten *(Euchone, Terebellides, Alkmaria, Streblospio, Manayunkia)*, Amphipoden *(Corophium, Pontoporeia)* und Muscheln *(Astarte, Cyprina, Macoma)* (Abb. 6.85.).

Wenn die Sedimentation feinen Materials durch Wasserbewegungen verhindert wird, besteht das Sediment küstennaher Regionen häufig aus Sand. Die Struktur der **Sandböden** wird sowohl durch die Größe der Sandkörner als auch durch den Gehalt an organischen Substanzen bestimmt. An windexponierten Stellen des oberen Litorals kommt es zu Ansammlungen von reinem Grobsand, dessen Oberfläche ständig neu geformt wird. In

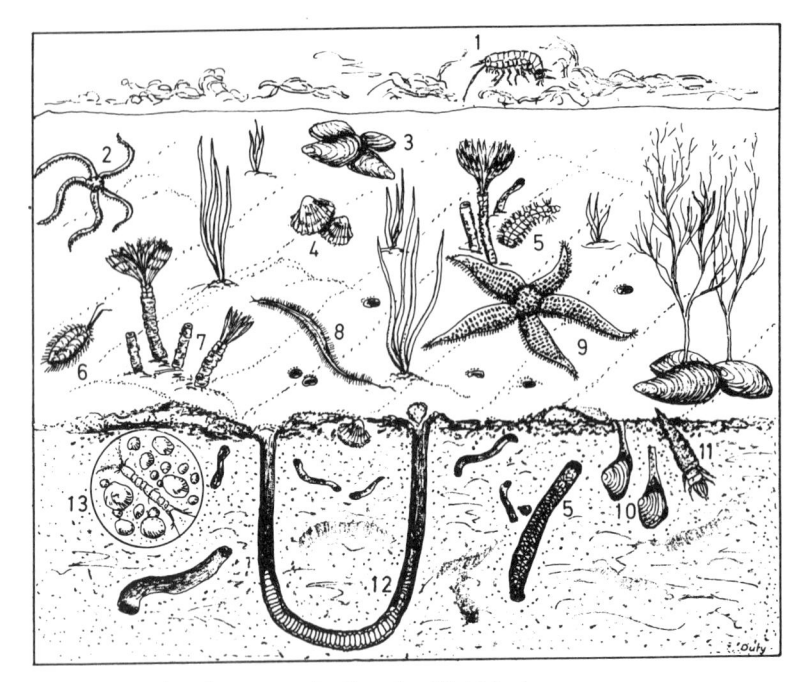

Abb. 6.85. Lebensformtypen des litoralen Weichbodens.
1 = *Orchestia*; 2 = *Ophiura*; 3 = *Mytilus*; 4 = *Cardium*; 5 = *Gattyana*; 6 = *Harmothoe*; 7 = *Euchone*; 8 = *Nereis*; 9 = *Asterias*; 10 = *Macoma*; 11 = *Pectinaria*; 12 = *Arenicola*; 13 = Harpacticoide des Mesopsammons.

geschützten Buchten oder größeren Tiefen nimmt der Gehalt an organischen Substanzen zu, während die Korngrößen des Sandes abnehmen.

Der Lebensraum der Sandböden wird vom **Psammon** besiedelt. Im Gegensatz zum Weichboden ist der Sandboden dadurch charakterisiert, daß zwischen den geformten Bestandteilen des Sediments Lückensysteme vorhanden sind, die von einer an die besonderen Umweltbedingungen der engen Räume angepaßten Fauna besiedelt sind.

Das **Epipsammon** ist qualitativ und quantitativ wenig entwickelt. Da es an festen Substraten mangelt und die Oberfläche sehr labil ist, sind sessile Formen selten. Häufiger sind die vagilen Vertreter des Epipsammons. Neben Foraminiferen, Turbellarien und Ostracoden sind es vor allem höhere Krebse (die Assel *Eurydice* und die Sandgarnele *Crangon*) und Fische (Gobiiden, *Ammodytes*, Plattfische), welche die Oberflächen der Sandböden besiedeln. Weitere Bewohner sind Polychaeten, Schlangen- und Seesterne, Krabben und, wenn Steine in den Sand eingelagert sind, auch Miesmuscheln.

Das **Endopsammon** ist die Gemeinschaft der im Sand lebenden Organismen. Die meisten der Tiere sind sogenannte Sandlieger. Sie haben sich in das Sediment eingegraben und verharren dort ohne große Ortsbewegung. Ist der Schlickgehalt des Sandes relativ hoch, dann ist die Besiedlung sehr dicht. Vor allem Muscheln *(Cardium, Macoma, Mya)*, Polychaeten *(Arenicola, Nereis, Pygospio)* und Amphipoden *(Bathyporeia, Corophium)* können große Abundanzen erreichen. Neben den genannten dominierenden Gruppen finden sich im Endopsammon zahlreiche weitere Tierarten wie Schnecken *(Natica)*, Holothurien, Enteropneusten und Krebse. Auch das Lanzettfischchen bevorzugt diesen Lebensraum.

Das Sandlückensystem ist der Biotop des **Mesopsammons.** Seit den Untersuchungen von REMANE (1951) wissen wir, daß die engen Räume zwischen den Sandkörnern reich besiedelt sind. Allein in der Nord- und Ostsee sind es mehr als 400 Meiobenthosarten, die sich an die extremen Lebensbedingungen des Mesopsammons angepaßt haben. Es sind durchweg kleine, langgestreckte Formen, besonders Gastrotrichen, Turbellarien und harpacticoide Copepoden.

Überall dort, wo intensive Wasserbewegungen das Absetzen von Sedimenten verhindern, besteht der Meeresboden aus felsigem oder steinigem Untergrund. Diese Bereiche des Benthals werden als **Hartböden** bezeichnet und treten vor allem in Küstennähe auf. In den tieferen Regionen der Ozeane kommen sie dort vor, wo das Sediment sich wegen der Steilheit von Abhängen nicht halten kann. So sind 65% des Kontinentalabhanges mit Schlick und 25% mit Sand bedeckt, während der Anteil der Hartböden etwa 5% beträgt. In Sandflächen eingestreute Steine, Muschelschalen oder andere feste Gegenstände werden, ebenso wie vom Menschen errichtete Unterwasserbauten, als **sekundäre Hartböden** bezeichnet.

Hartböden werden von einer qualitativ und quantitativ gut entwickelten Biocoenose besiedelt, für die sich der Begriff **Lithion** durchgesetzt hat. Im Gegensatz zu den Weich- und Sandböden ist die Substratoberfläche reich besiedelt. Die Gemeinschaft des **Epilithions** setzt sich aus zahlreichen Pflanzen- und Tierarten zusammen (Abb. 6.86.). Dichte Bestände von Braun-, Rot- und Grünalgen prägen das Bild. Das Makrophytobenthos bietet einer großen Anzahl von Zoobenthosarten zusätzlich Anheftungsmöglichkeiten und Schutz. Zwischen den Pflanzenbeständen und auf dem Substrat finden sich Tierarten aus nahezu allen systematischen Gruppen. Unter den sessilen Vertretern spielen Schwämme, Hydroidpolypen, Actinien, röhrenbewohnende Polychaeten, Bryozoen, Balaniden und Ascidien eine dominierende Rolle. Sie leben in engster Gemeinschaft mit hemisessilen und vaginalen Formen wie Polychaeten, höheren Krebsen, Schnecken *(Patella, Chiton, Littorina)*, Seeigeln und Seesternen.

Hochspezialisiert sind die wenigen Vertreter des **Endolithions.** Es sind entweder in Kalkgesteinen oder in Holz bohrende Formen. Zu den ersteren zählen der Bohrschwamm

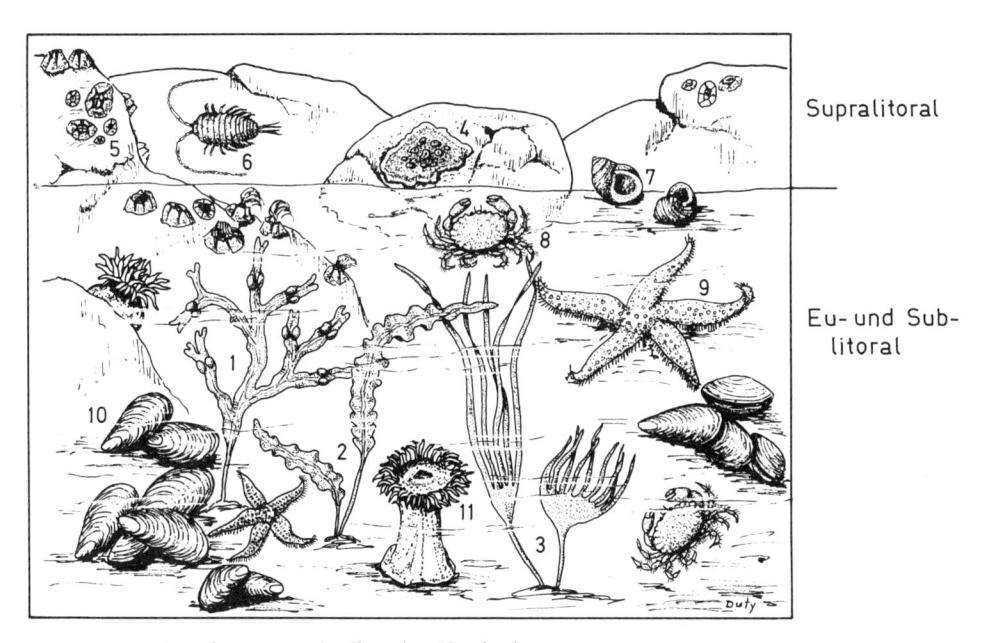

Abb. 6.86. Lebensformtypen des litoralen Hartbodens.
1 = *Fucus*; 2 = *Alaria*; 3 = *Laminaria*; 4 = Krustenflechten; 5 = *Balanus*; 6 = *Ligia*; 7 = *Littorina*; 8 = *Carcinus*; 9 = *Asterias*; 10 = *Mytilus*; 11 = *Actinia*.

(Cliona), der Polychaet *Polydora ciliata* und die Muschel *Pholas*. Auf das Bohren in Holz haben sich die Bohrmuschel *Teredo* und die Bohrassel *Limnoria* spezialisiert.

Eine vertikale Untergliederung des Litorals zeigt die außerordentlich große Heterogenität der Umweltbedingungen in diesem obersten Lebensraum des Benthals. Als Übergang zum Festland ist die Spritzzone oder das **Supralitoral,** ein Biotop mit extremen ökologischen Bedingungen, zu nennen. Selbst der untere Teil wird nur während der Springfluten, also zweimal im Monat, für wenige Stunden von Wasser bedeckt, während der obere Teil nur bei starker Brandung von Wasserspritzern erreicht wird. Verdunstung und Niederschläge führen zu Salzgehaltsschwankungen, die von reinem Wasser bis zum auskristallisierten Salz reichen. Die Temperaturen steigen bei intensiver Sonneneinstrahlung bis auf mehr als 50 °C an, im Winter dagegen können sie bis weit unter den Gefrierpunkt sinken. Alle Schwankungen erfolgen kurzfristig, unperiodisch und stellen an die ökologische Potenz der Bewohner höchste Anforderungen. Deshalb haben sich nur wenige Spezialisten an diesen Lebensraum angepaßt, u. a. die Seepocke *Chthamalus*, die mehrere Monate Trockenheit zu überleben vermag, in dem sie ihren Kalkpanzer hermetisch abschließt und ihren Stoffwechsel auf ein Minimum reduziert. Im Bereich felsiger Küsten finden sich neben Krusten von terrestrischen salztoleranten Flechten ausgedehnte Kolonien von Blaualgen *(Calothrix)*, Schnecken *(Littorina)*, Seepocken *(Chthamalus, Balanus)* und die Assel *Ligia*. Mehr noch als die Felsküsten werden die supralitoralen Sandstrände von einer Fauna besiedelt, die aus terrestrischen, limnischen und marinen Elementen besteht. Neben Dipteren, Collembolen und Oligochaeten finden sich die hochspezialisierten marinen Amphipoden *Talitrus* und *Orchestia*.

Über die Reichhaltigkeit der Fauna von Sandstränden des Nordostseegebietes berichtet GERLACH (1954). In dem von ihm nachgewiesenen Cyanophyceensand — mit einer trockenen, hellen Sandoberfläche und einer sich anschließenden, mit großen Mengen von Blaualgen durchsetzten farbigen Sandschicht — fand er eine Mischung von Arten aus allen angrenzenden Lebensbereichen

Brackwasser	14
euryhaline Meeresarten	11
Insekten	7
terrestrische Arten	17
Irrgäste aus dem Küstengrundwasser	13
Irrgäste aus dem marinen Bereich	34
Gesamtzahl	96

Das **Eulitoral** ist der Gezeitenbereich. Die Milieufaktoren werden durch den Wechsel von Überflutung und Trockenfallen des Meeresbodens geprägt. Der **Tidenhub,** d. h. die Differenz zwischen dem Wasserstand bei Ebbe und Flut, ist von vielen geomorphologischen und geophysikalischen Faktoren abhängig und schwankt zwischen wenigen Zentimetern und einigen Metern. Der bei Ebbe trockenfallende Uferstreifen ist im Bereich felsiger Steilufer höchstens einige Meter breit. An Flachküsten kommt es dagegen zur Ausbildung weiter **Wattgebiete,** deren Bewohner für die Zeit des Niedrigwassers nahezu terrestrischen Lebensbedingungen ausgesetzt sind. Im Gegensatz zum Supralitoral sind die Schwankungen der Milieufaktoren jedoch einer strengen Rhythmik unterworfen, die durch den Wechsel von Ebbe und Flut bestimmt wird. Die oft in dichten Beständen vorkommenden Makroalgen *(Enteromorpha, Fucus, Ascophyllum, Porphyra)* geben dem **Felswatt** das Gepräge. Die Biomasse des Phytobenthos kann beachtliche Werte erreichen. Das ist um so bemerkenswerter, als das Leben im Eulitoral ein ausgeprägtes Resistenzverhalten gegen osmotische und thermische Schwankungen erfordert (Tab. 6.17.). Während die Makrophyten entweder gegen Wasserverlust weitgehend resistent sind oder durch stark quellungsfähige Substanzen der Austrocknung entgegenwirken, schließen sich die meisten sessilen Tiere des Felslitorals bei Ebbe hermetisch gegen ihre Umwelt ab. Gleichzeitig wird die Stoffwechselaktivität bis zum erneuten Eintreffen der Flut herabgesetzt.

Tabelle 6.17. Osmotische und Wärmeresistenz bei Algen aus verschiedenen Tiefen. Nach FRIEDRICH 1965

Herkunft	Breite der osmotischen Resistenz	ertragene Höchsttemperaturen
Tiefenalgen	18–49‰ S	27–29 °C
Algen der Ebbelinie	11–77‰ S	30 °C
Gezeitenalgen	7–105‰ S	35 °C

Während das Felswatt von einer artenreichen epilithischen Fauna besiedelt wird, weist die zum Endopelos bzw. Endopsammon zählende Gemeinschaft des **Schlickwatts** nur wenige Arten auf, die jedoch hohe Abundanzen erreichen können: Der Schlickkrebs *Corophium volutator* ist beispielsweise im Eulitoral der Nordsee mit Dichten bis zu 20000 Individuen $\cdot m^{-2}$ vertreten.

Der überwiegende Teil der Endofauna des Schlickwatts zeigt den gleichen Aktivitätsrhythmus wie die Epifauna des Felswatts. Trotzdem gibt es in der Gemeinschaft eulitoraler Tiere Formen, die nur bei Niedrigwasser aktiv sind. Durch morphologische und funktionelle Umgestaltung des Kiemenraumes sind sie in der Lage, Luft zu atmen. Hierher gehört z. B. die im Eulitoral tropischer Meere weit verbreitete Winkerkrabbe *(Uca)*. Während der Flut zieht sich der etwa 1–4 cm große Weichbodenbewohner in eine selbst gegrabene Röhre zurück, während er bei Ebbe auf Nahrungssuche geht.

Unterhalb der Niedrigwasserlinie beginnt das **Sublitoral.** Es ist der erste benthische Bereich, der stets von Wasser bedeckt ist. Als untere Begrenzung wird die 200 m Tiefenlinie angesehen. Hier beginnt an der äußeren Schelfkante der Kontinentalabhang mit seinen stabiler werdenden Umweltbedingungen. Im Sublitoral verlieren zwar die direkten terrestrischen und atmosphärischen Einflüsse ihre Wirksamkeit, trotzdem aber gehören Temperaturschwankungen ebenso zu den bestimmenden ökologischen Faktoren wie durch Wellen und Gezeitenströme hervorgerufene Strömungen und rhythmische Wechsel im Strahlungsangebot. In Abhängigkeit von der Klarheit des Wassers gedeihen Makrophyten bis zu einer Tiefe von 15–100 m. Da sowohl die Makrophyten als auch das Phytoplankton im Schelfbereich gut mit Nährstoffen versorgt werden, zeichnet sich das Sublitoral durch eine hohe Bioproduktion aus. Die Folge ist eine Besiedlungsdichte, die von keinem anderen marinen Biom erreicht wird (Tab. 6.18.).

Eine der eindrucksvollsten Erscheinungen im Sublitoral tropischer und subtropischer Meere sind die **Korallenriffe.** Klares Wasser, dessen Temperatur nicht unter 20 °C sinken darf, ein gleichbleibend hoher Salzgehalt von 35–40‰ und flache Küsten mit festem Untergrund sind die wesentlichsten Voraussetzungen für die Existenz riffbildender Korallen. An der Riffbildung sind besonders Steinkorallen (Madreporaria) und Feuerkorallen *(Millepora)* beteiligt. Die kleinen Polypen entwickeln sich durch vegetative Vermehrung zu ansehnlichen Kolonien. Jeder Polyp scheidet ein basales Kalkskelett

Tabelle 6.18. Biomasse des Zoobenthos im Weltmeer. MOISEEV 1969

Tiefe (m)	Fläche Mio km²	%	Mittlere Biomasse (g · m⁻²)	Biomasse insgesamt Mio t	%
0–200	27,5	7,5	200	5500	82,6
200–3000	55,2	15,3	20	1104	16,6
>3000	278,3	77,2	0,2	56	0,8
Ozean (Mittel)	361	100,0	18,5	6600	100,0

444   6. Ökologie von Biocoenosen

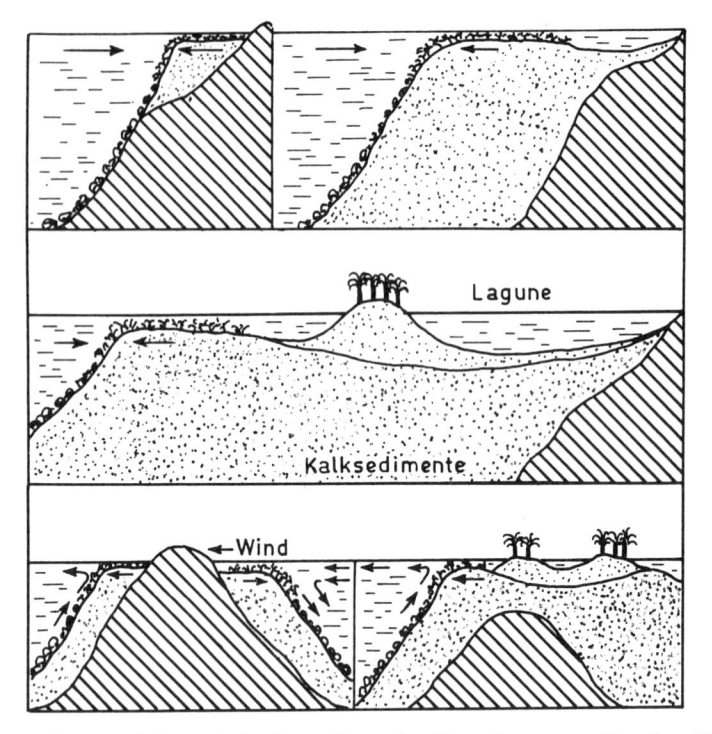

Abb. 6.87. Schematische Darstellung der Entstehung von Korallenriffen. Gestrichelt = Festland, punktiert = Korallengestein. Die Pfeile geben die Strömungsrichtung bzw. die Wachstumsrichtung des Riffes an. obere Darstellung = Saumriff, mittlere Darstellung = Barriereriff und untere Darstellung = Atoll. Nach TARDENT 1979.

aus, das sich fest mit dem Untergrund verkittet. Stirbt ein Polyp ab, wird sein Skelett zur Unterlage einer neuen Generation. Auf diese Weise kommt es zur Abscheidung ungeheurer Kalkmassen, es entsteht ein Korallenriff.

Nach ihrer Entstehung und ihrem Entwicklungsstand werden drei Rifftypen unterschieden (Abb. 6.87.). Das **Saumriff** als relativ junge, sich in Küstennähe erstreckende Korallenbank ist kaum breiter als 50 m (Abb. 6.88.). Es ist sowohl im indopazifischen Raum als auch in der Karibik verbreitet. Das **Barriereriff** ist ein mächtig entwickeltes Saumriff. Es ist von der Küste durch eine breite Lagune getrennt, mehrere Kilometer breit und viele Kilometer lang. Berühmt ist das Große Barriereriff vor der Nordostküste Australiens. Mit einer Breite von 30–150 km und einer Länge von ca. 1200 km erreicht es eine Flächenausdehnung von mehr als 100000 km². Besiedeln die Korallen die Flanken eines Vulkankegels, so entsteht zunächst ein ringförmiges Saumriff. Wenn sich infolge tektonischer Vorgänge der Kegel absenkt, kommt es zur Bildung eines hufeisenförmigen Riffes, das eine Lagune umschließt, die bis zu 40 m tief sein kann. Derartige Riffe werden **Atolle** genannt und sind typisch für den Indischen Ozean und den westlichen und mittleren Pazifik (Abb. 6.87.).

Durch ihre reich gegliederten Strukturen bieten die Korallenriffe einer arten- und individuenreichen Biocoenose gute Lebensbedingungen. Am Aufbau der Riffe des indopazifischen Raumes sind mehr als 700 Madreporaria-Arten beteiligt, und die Fischfauna der Riffe umfaßt etwa 2200 Arten. Wie die Tabelle 6.19. zeigt, erreichen auch die Biomassewerte beachtliche Höhen, obwohl die Riffe vom klaren Wasser oligotropher Meeresteile umspült werden. Die Primärproduktion ist mit $3-10$ g $C \cdot m^{-2} \cdot d^{-1}$ ungewöhnlich hoch und liegt 30–50mal höher als im angrenzenden offenen Meer. Die Ursache für die hohe Produktivität ist eine hohe Effektivität des Stoffkreislaufes im Ökosystem der Riffe. Neben Aufwuchsalgen und makrophytischen Kalkalgen, die das Riff besiedeln, sind es vor allem autotrophe Mikroalgen, die, als Symbionten im Entoderm der Polypen lebend, diesen mit energetisch verwertbaren organischen Substanzen versorgen. Bei diesen **Zooxanthellen** genannten Symbionten handelt es sich

6.3. Ökosysteme des Meeres 445

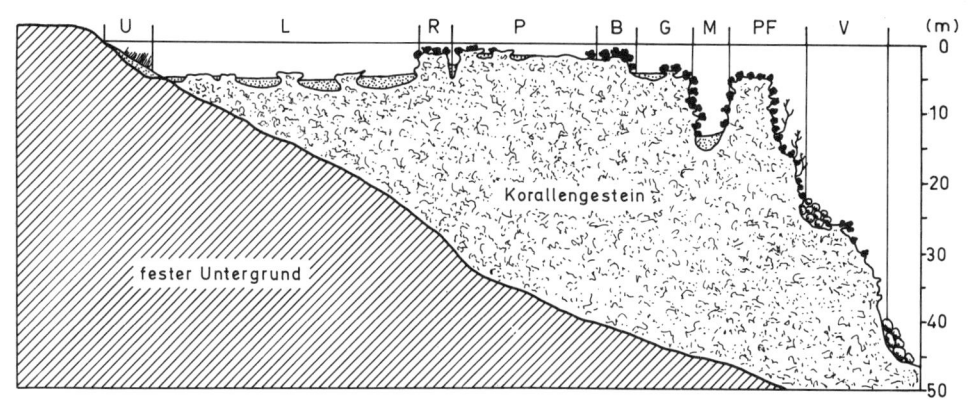

Abb. 6.88. Schematischer Querschnitt durch ein Saumriff.
U = Uferzone; L = Lagune; R = Rückriff; P = Plateau; B = Brandungszone; G = Graben; M = Mischzone; PF = Pfeiler; V = Vorriff. Schwarze Bereiche = lebende Korallen; punktierte Bereiche = Sand.

um Dinoflagellaten der Gattungen *Symbiodinium* und *Gymnodinium*. Sie erreichen Abundanzen bis 30000 Zellen pro mm^3 Wirtsgewebe, und nicht selten ist ihre Gesamtmasse größer als die des Wirtsgewebes. Während der Wirt von den Symbionten mit organischer Substanz versorgt wird, profitieren die Symbionten von den Nährsalzen (Phosphor, Stickstoff, Spurenelemente), die der Wirt als Stoffwechselendprodukte abgibt. Die Aufnahme von Plankton durch den Polypen erfolgt weniger zur Deckung des Energiebedarfs als vielmehr zur Versorgung mit essentiellen Substanzen, die von den Symbionten nicht synthetisiert werden. Gleichzeitig werden die Stoffe ergänzt, die dem internen Kreislauf Alge-Polyp-Alge verlorengehen. Ein weiterer Vorteil der Kooperation besteht darin, daß der Symbiont durch Aufnahme von CO_2 dem Wirt die Carbonatgewinnung erleichtert, denn bei Licht erfolgt die Kalkabscheidung etwa zehnmal schneller als im Dunkeln.

Im oberen **Bathyal** setzen sich die für die Tiefsee charakteristischen Lebensbedingungen durch. Die Reststrahlung wird absorbiert, und es herrscht ab einer Tiefe von 500–800 m absolute Dunkelheit. Die Temperaturen sinken unter 4 °C und bleiben für sehr lange Zeit nahezu konstant. Mit steigender Tiefe erhöht sich der hydrostatische Druck. Die Werte liegen im Bereich des Tiefseeplateaus bei 6000^5 Pascal und am Grunde der Tiefseegräben bei 8000–11000^5 Pascal.

Obwohl die Strukturen der Tiefseegemeinschaften noch weitgehend unbekannt sind, darf als gesichert angenommen werden, daß mit zunehmender Tiefe sowohl die Artenzahlen als auch die Biomassen erheblich abnehmen. Unter den im hadalen Bereich (tiefer als 6000 m) nachgewiesenen ca. 400 Arten des Makrozoobenthos dominieren die Crustaceen mit ca. 60

Tabelle 6.19. Mittlere Biomasse der Bodenfauna und -flora karibischer Lagunen-Saumriffe. Die Angaben (in g · m^{-2}) beziehen sich auf den Bereich des Rückgriffes (R) mit vorherrschender Korallengattung *Porites*. Nach GLYNN aus VINOGRADOV 1977

Organismen-gruppe	Trockenmasse incl. Skelett	Frischmasse ohne Skelett	Organismen-gruppe	Trockenmasse incl. Skelett	Frischmasse ohne Skelett
Madreporarien	12023	2855	Polychaeten	7	32
Enchinodermen	263	526	Fische	6	36
Foraminiferen	136	18	Aktinien	1	4
Mollusken	59	100	Zoobenthos insgesamt	12546	3780
Krebse	40	149			
Schwämme	12	58	Makrophyten	1022	325

Arten, die Polychaeten mit ca. 55 Arten, die Mollusken und Echinodermen mit jeweils ca. 50 Arten (davon 35 Holothurienarten) und die Coelenteraten mit ca. 30 Arten. Die Biomasse erreicht Werte von $0,1-2$ g Frischmasse $\cdot$ m^{-2}.

Die geringe Besiedlungsdichte ist die Folge der spärlichen Zufuhr verwertbarer organischer Substanz aus dem euphotischen Epipelagial in die aphotische Tiefsee. Entgegen der früheren Annahme, daß ein ständiger „Regen" abgestorbener Planktonorganismen den Tiefseetieren ausreichend Nahrung zuführt, ist inzwischen erwiesen, daß die absinkenden Plankter bereits in den oberen Schichten des Bathyals von Mikroorganismen zersetzt werden, so daß nur die anorganischen Reste den Boden der Tiefsee erreichen. Andererseits wurden in Tiefseesedimenten bis zu 10^6 Bakterien pro ml Substrat nachgewiesen. Die bakterielle Jahresproduktion wird mit 0,9 mg C $\cdot$ m^{-2} angegeben. Die im wesentlichen sich von Bakterien ernährenden Sekundärproduzenten produzieren jährlich $9-10$ g Biomasse $\cdot$ m^{-2} (Mikrofauna 8 g, Meiofauna 1 g und Makrofauna $0,2-0,5$ g).

Die Frage nach der Herkunft der organischen Substanzen, die den Bakterien und damit allen Tiefseeorganismen als Existenzgrundlage dienen, kann noch nicht endgültig beantwortet werden. Wahrscheinlich spielt dabei, neben der Resuspension gelöster organischer Substanzen durch Mikroorganismen, der Stofftransport durch lebende Tiere eine große Rolle. Der mächtige Wasserkörper des Pelagials läßt sich in Etagen einteilen, die jeweils ein spezifisches Faunenspektrum aufweisen. In jeder Etage sind die Tiere auf die Nahrung angewiesen, die sie über die nächsthöhere Etage erreicht. Ein Teil der vagilen Tiere unternimmt Vertikalwanderungen, um in der nächsthöheren Etage zu weiden. Nach der Nahrungsaufnahme suchen sie den Ausgangsbereich wieder auf und transportieren so die aufgenommene organische Substanz in die Tiefe.

Sehr gut spiegeln die morphologischen und ethologischen Anpassungen der carnivoren Tiefseefische die Probleme der trophischen Beziehungen unter Tiefseebedingungen wider. Die geringe Beutedichte macht die Jagd kompliziert. Erfolglosigkeit bedeutet weiteren langen Verzicht auf Nahrung. Aus diesem Grunde sind die carnivoren Glieder der Nahrungsketten oft mit eindrucksvollen Einrichtungen zum Anlocken, Überwältigen und Verschlingen des Fanges ausgestattet.

6.3.2.3. Pelagial und seine Bewohner

Plankton

Zum Plankton zählen alle Organismen bzw. Entwicklungsstadien, die frei im Wasser schweben und deren Fähigkeit zur Eigenbewegung nicht ausreicht, um Strömungen durch aktives Schwimmen zu überwinden. Der Lebensraum der Planktonorganismen ist das Pelagial, das sie gemeinsam mit dem Nekton besiedeln. Eine klare Abgrenzung zwischen Plankton und Nekton ist nicht möglich, da es fließende Übergänge zwischen beiden Gemeinschaften gibt.

Die Aufgliederung des Planktons wird nach verschiedenen Gesichtspunkten vorgenommen. Alle im Wasser schwebenden pflanzlichen Organismen bilden das **Phytoplankton**. Die mikroskopisch kleinen, meist einzelligen Algen besiedeln den euphotischen Bereich des Pelagials. Sie sind die wichtigsten Primärproduzenten des Meeres. Alle frei im Wasser schwebenden Konsumenten zählen zum **Zooplankton**. Im Gegensatz zum Phytoplankton werden Zooplankter in allen Bereichen des Pelagials angetroffen.

Formen, deren Entwicklungszyklus vollständig im Pelagial abläuft, werden zum **Holoplankton** zusammengefaßt, während alle Arten, die nur mit einzelnen Entwicklungsstadien das Pelagial besiedeln, das **Meroplankton** bilden. Die euphotische Deckschicht des Pelagials ist der Siedlungsraum des epipelagischen Planktons. Es besteht aus Phyto- und Zooplanktongemeinschaften, die hier ihre größten Individuendichten erreichen. Im Gegensatz dazu gehören zum **bathypelagischen** und zum **abyssopelagischen Plankton** nur Zooplanktonformen. Unabhängig von seiner systematischen Zugehörigkeit wird das Plankton in folgende sechs Größenklassen eingeteilt:

Megaloplankton	> 5 mm	Mikroplankton	50 – 500 µm
Makroplankton	1 – 5 mm	Nanoplankton	5 – 50 µm
Mesoplankton	500 – 1000 µm	Ultraplankton	< 5 µm

In systematischer Hinsicht ist das marine Plankton eine sehr heterogene Gemeinschaft. So gibt es kaum eine systematische Gruppe der Wirbellosen, die nicht als Holoplankter oder Meroplankter im Plankton vertreten ist. Da die Dichte der lebenden Substanz größer ist als die Dichte des Meerwassers, besteht für alle Bewohner des Pelagials die Gefahr, in Tiefen zu sinken, die für sie das Ende ihrer Existenz bedeuten. Dieser Gefahr des Absinkens begegnen die Plankter mit vielfältigen physiologischen und morphologischen Anpassungen. Trotz der Heterogenität der Gemeinschaften haben sich, als Anpassungen an das Leben im Pelagial, viele Gemeinsamkeiten herausgebildet. Zur Herabsetzung der Sinkgeschwindigkeit werden Schwebefortsätze ausgebildet oder spezifisch leichte Substanzen wie Fette, Gase oder leichte Ionen in die Zellen eingelagert. Viele Vertreter des Phytoplanktons verfügen über keine Mittel zur aktiven Fortbewegung. Unter den Zooplanktern finden sich jedoch zahlreiche Formen, die zum aktiven Schwimmen befähigt sind, obwohl sie ihrer Kleinheit wegen kaum in der Lage sind, intensivere Bewegungen des Wasserkörpers zu kompensieren. Die Eigenbewegung dient vor allem dazu, das Absinken zu verhindern oder einen Ortswechsel in vertikaler Richtung vorzunehmen.

Das **Phytoplankton** besteht nahezu ausschließlich aus einzelligen Algen (Abb. 6.89.). Während ein Teil der mikroskopisch kleinen Zellen in der Lage ist, sich mit Hilfe einer oder mehrerer Geißeln aktiv fortzubewegen, sind andere zur Lokomotion nicht befähigt, sie lassen sich passiv treiben. Die Vermehrung der Planktonalgen erfolgt hauptsächlich vegetativ durch Teilung der Zellen, wobei die Teilungsfrequenz stark vom Nährstoff- und Lichtangebot beeinflußt wird.

Die **Kieselalgen** zählen zu den wichtigsten Vertretern des Phytoplanktons. Obwohl sie von einem Kieselskelett umgeben sind und keinerlei Bewegungsorganellen aufweisen, sind sie gut an das Leben im Pelagial angepaßt. Zur Kompensation der erhöhten Dichte lagern sie Öltröpfchen in das Plasma ein. Die eingelagerten Substanzen sind zwar effektive Energiespeicher, machen jedoch die Diatomeen zur gut geeigneten Nahrung für viele herbivore

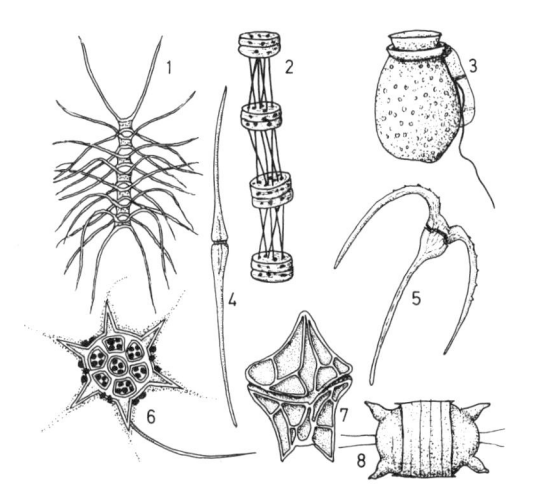

Abb. 6.89. Formen des marinen Phytoplanktons.
1. *Chaetoceros decipiens;* 2. *Coscinosira polychorda;* 3. *Dinophysis* spec.; 4. *Ceratium fusus;* 5. *C. tripos;* 6. *Distephanus speculum* (Silicoflagellat); 7. *Peridinium* spec.; 8. *Bidulphia aurita.*

Konsumenten. In den kalten und nährstoffreichen Gewässern hoher Breiten und in Auftriebsgebieten erreichen sie oft Massenentwicklungen. Ihre Skelette sedimentieren und bilden den Diatomeenschlamm.

Die **Dinoflagellaten** besiedeln vorzugsweise wärmere Meere, obgleich sie auch in gemäßigten und selbst in kalten Meeren nicht fehlen. Sie sind mit Hilfe zweier Geißeln beweglich und können mit Individuendichten auftreten, die kaum geringer sind als die der Diatomeen während der Diatomeenblüten. Eine Reihe von Arten ist mit einem intensiven Leuchtvermögen ausgestattet. Andere (*Gymnodinium* spec. *Gonyaulax catenate*) geben toxische Stoffwechselprodukte in das Wasser, die bei Massenvermehrung der genannten Arten zu schweren Schädigungen der Biocoenosen führen („red tide").

Die **Kalkalgen** (Coccolithinen) sind zum Nanoplankton zählende Flagellaten, deren Protoplast von scheiben- oder stachelförmigen Kalkplättchen umgeben ist (Coccolithen). Wenn sie auch in ihrer Bedeutung für die Bioproduktion in den marinen Biomen hinter den Diatomeen und Dinoflagellaten zurückstehen, so können sie zumindest zeitweise eine bedeutende produktionsbiologische Rolle spielen. So wurden im Oslo-Fjord mehr als 5 Mill. Zellen $\cdot l^{-1}$ nachgewiesen.

Die **Silicoflagellaten** dagegen treten als Produzenten kaum merklich in Erscheinung, da die ohnehin kleinen Zellen nur geringe Individuendichten erreichen. Auch die **Blaualgen** (Cyanophyceen) spielen im ozeanischen Bereich eine untergeordnete Rolle. In Ästuaren dagegen sind sie häufig die wichtigsten Primärproduzenten.

Das Phytoplankton ist der Hauptträger der marinen Primärproduktion. Seine Abhängigkeit vom Licht ist die Ursache dafür, daß es fast ausschließlich den euphotischen Teil des Pelagials besiedelt. Die Phytoplanktonbiomasse ist im Ozean sehr ungleichmäßig verteilt. Während in den oligotrophen Gewässern meist weniger als 100 Zellen $\cdot l^{-1}$ mit Biomassen unter 0,5 mg $\cdot m^{-3}$ angetroffen werden, steigt die Zellzahl in den eutrophen Auftriebsgebieten auf mehrere Millionen pro Liter mit Biomassen von $10-20$ g $\cdot m^{-3}$ an (Tab. 6.20.).

Im Gegensatz zum Phytoplankton finden sich Vertreter des **Zooplanktons** im gesamten Pelagial. Allerdings gibt es auch kaum einen Tierstamm oder eine Tierklasse, die nicht durch mindestens einige Arten in der Gemeinschaft des Zooplanktons vertreten wäre. Zu den Holoplanktern zählen die zu den Cnidariern gehörenden Trachylinen und Siphonophoren, die Ctenophoren, die Phyllopoden, fast alle Chaetognathen sowie die Larvaceen und Thaliaceen. Zu den etwa 30 000 bekannten Holoplanktonarten gesellt sich eine erheblich größere Anzahl meroplanktischer Arten; denn der überwiegende Teil der Bodentiere besitzt planktische Entwicklungsstadien.

Tabelle 6.20. Abundanzen des Phytoplanktons in Abhängigkeit von verschiedenen Trophiegraden des Weltmeeres. Nach VINOGRADOV 1977

Trophiegrad u. Region	Mittl. Zellzahl/l	Mittl. Biomasse (mg $\cdot m^{-3}$)	Max. Zellzahl/l	Max. Biomasse (mg $\cdot m^{-3}$)	Veg.periode, Dauer in Monaten
oligotroph					
Nördl. Polarmeer	800	–	2600	–	1
Subtrop. Pazifik	100	0,5–1,0	1000	10	12
eutroph					
Nordatlantik	40000	120	216000	1150	6–7
Kamtschatka-Schelf	35000	1000	1294000	20000	6
Humboldtstrom	212000	1000	4643000	10000	12

6.3. Ökosysteme des Meeres

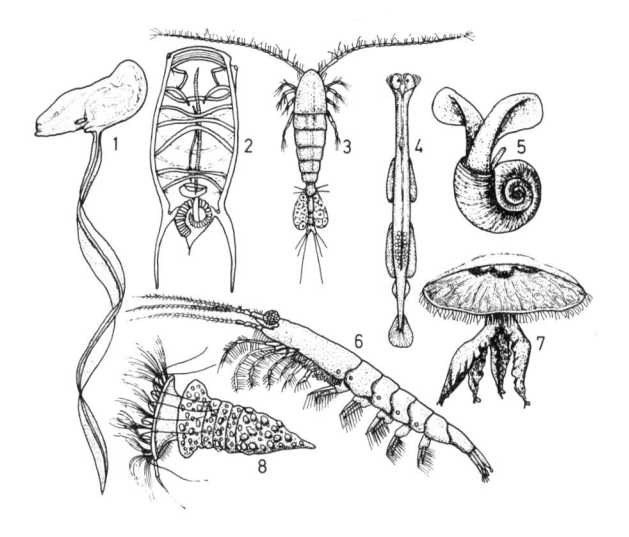

Abb. 6.90. Formen des marinen Zooplanktons.
1. *Oikopleura* spec.; 2. *Thalia democratica;* 3. *Oithona similis;* 4. *Sagitta elegans;* 5. *Atlanta* spec.; 6. *Euphausia superba;* 7. *Aurelia aurita;* 8. *Tintinnopsis campanula.*

Der Gehalt des Pelagials an Zooplanktonbiomasse ist unterschiedlich hoch. In den oligotrophen Gewässern der tropischen und subtropischen Ozeanbereiche liegen die Werte der Frischmasse unter 25 mg · m^{-3}, oft sogar unter 10 mg · m^{-3}. In Auftriebsgebieten und anderen fruchtbaren Meeresregionen dagegen steigen die Werte auf mehr als 500 mg · m^{-3} an und erreichen in extremen Fällen 30–50 g · m^{-3} VINOGRADOV 1977). Noch sehr viel höhere Biomassewerte (einige kg · m^{-3}) werden innerhalb der riesigen Schwärme des antarktischen Krills *(Euphausia superba)* angetroffen (Abb. 6.90.).

Wie die Tabellen 6.21. und 6.22. zeigen, ist der Anteil der Tiergruppen sowohl an der Gesamtabundanz als auch an der Gesamtbiomasse des Zooplanktons unterschiedlich hoch. Von den 170 g Zooplankton, die im Gebiet des Kurilen-Kamtschatka-Grabens unter 1 m^2 Wasserfläche leben, sind 122 g (72%) Copepoden und 30 g (18%) Chaetognathen. Die Copepoden stellen sehr oft durch hohe Abundanzen den Hauptteil des Zooplanktons. Sie

Tabelle 6.21. Prozentualer Anteil wichtiger Tiergruppen an der Zusammensetzung des Zooplanktons im zentralen Pazifik. Nach HIDA und KING aus FRIEDRICH 1965

Organismen	%-Anteil	
	Oberfläche	Tiefe
Copepoden	65,3	59,0
Foraminiferen	11,7	5,6
Eier (z. B. von Fischen)	10,3	10,7
Tunicaten	4,3	0,9
Gastropoden	2,7	1,9
Chaetognathen	2,0	2,3
Radiolarien	0,6	5,3
Crustaceenlarven	1,0	1,2
Ostracoden	0,1	7,2
Euphausiaceen	0,9	2,6
Siphonophoren	0,5	0,4
Amphipoden	0,1	0,4
Übriges	0,4	2,5

6. Ökologie von Biocoenosen

Tabelle 6.22. Biomasse der Tiere verschiedener systematischer Gruppen (mg · $^{-3}$) im Kurilen-Kamtschatka-Graben

Tiefe in m	Chaeto-gnatha	Poly-chaeta	Ostra-coda	Cope-poda	Mysida-ceae	Amphi-poda	Euphau-siaceae	Deca-poda
0–50	36,8	0,17	0,34	461,0	0,05	11,4	14,8	0,02
50–100	33,6	0,12	0,25	78,3	+	3,6	4,6	0,07
100–200	38,7	0,55	0,58	38,9	+	4,5	0,76	
200–300	33,1	0,46	1,1	203	0,15	7,2	3,5	0,05
300–500	28,4	2,0	3,8	152	0,75	5,2	2,1	0,26
500–750	15,4	1,1	1,0	57,4	3,0	0,92	0,2	1,0
750–1000	6,4	0,38	0,54	33,5	2,7	0,30	+	0,6
1000–1500	1,4	0,23	0,34	1,76	1,8	0,24	0,02	2,9
1500–2000	5,6	0,13	0,14	8,6	0,4	0,23	0,06	0,83
2000–2500	7,8	0,04	0,12	4,6	1,2	0,21	0,017	1,4
2500–3000	2,0	0,008	0,08	1,8	0,02	0,03	0,70	0,56
3000–4000	0,06	0,01	0,05	0,78	0,05	0,02	>0	0,25
4000–5000	0,01	0,006	0,02	0,41	0,25	0,02	0,03	0
5000–6000	0,002	0,002	0,005	0,18	0,13	0,1	0	0
6000–7000	>0	0,014	0,007	0,15	0,05	0,08	0	0
7000–8700	+	0,01	0,006	0,06	0	0,03	0	0

kommen in den Tropen ebenso vor wie in den Meeren hoher Breiten und bevölkern alle Tiefenstufen, von der Oberfläche bis zum Grund der Tiefseegräben. Ihre ökologische Bedeutung liegt u. a. darin, daß sie als Primärkonsumenten ein wichtiges Zwischenglied in den Nahrungsketten sind und zur Anreicherung und Verwertung des Phytoplanktons beitragen. Gleichzeitig sind sie die Hauptnahrung für viele carnivore Konsumenten. Die räuberischen Chaetognathen kommen ebenfalls häufig in großen Mengen vor. Obwohl dieser Tierstamm nur etwa 50 Arten umfaßt, sind sie in allen warmen und gemäßigten Meeren verbreitet. Das Zooplankton hat sich zwar alle Tiefenbereiche der Ozeane erobert, die Populationen entwickeln jedoch ihre höchste Artenmannigfaltigkeit und die größte

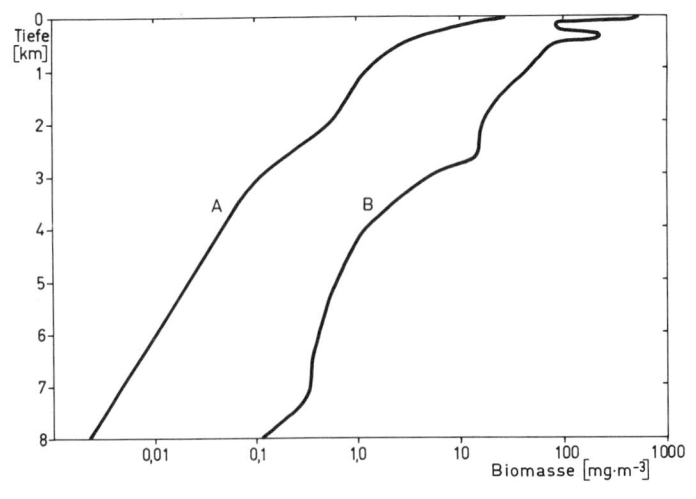

Abb. 6.91. Vertikale Verteilung der Zooplanktonbiomasse im Marianen-Graben (A) und Kurilen-Kamtschatka-Graben (B). Nach VINOGRADOV 1977.

Biomasse im Epipelagial. Mit zunehmender Tiefe nehmen die Abundanzen schnell ab. Im Gebiet des Marianen-Grabens beträgt der mittlere Biomassegehalt an der Oberfläche etwa 40 mg · m^{-3}, in 8000 m Tiefe dagegen nur noch 0,004 mg · m^{-3}, d. h., 100 ml Oberflächenwasser enthalten ebensoviel Plankton wie 1000 l Tiefenwasser (Abb. 6.91.).

Eine eindrucksvolle Erscheinung sind die täglichen Vertikalwanderungen vieler Zooplankter. Am Tage halten sich diese Formen in Tiefen von 200–800 m auf und stehen so dicht, daß sie von einem Echolot erfaßt werden können (Abb. 6.92.). Wenn die Abenddämmerung hereinbricht, verläßt ein Teil der Tiere die „Echostreuschicht" und beginnt in Richtung Oberfläche zu wandern. Der Aufstieg dauert, obwohl einige hundert Meter zurückgelegt werden müssen, kaum eine Stunde. Während der Nacht halten sich die aufgestiegenen Plankter im Oberflächenbereich auf und beginnen noch vor Einbruch der Morgendämmerung mit dem Abstieg. Auch der Abstieg dauert etwa eine Stunde. Im Falle

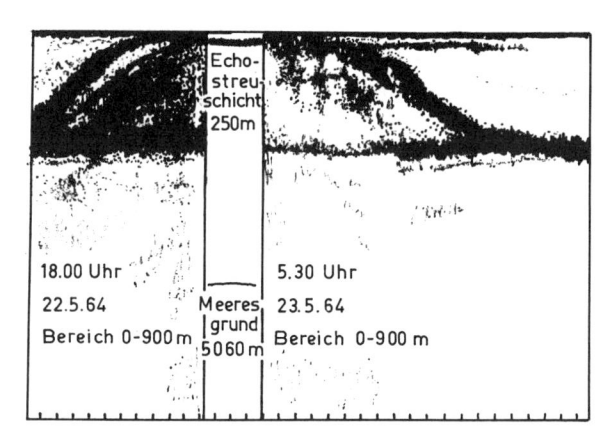

Abb. 6.92. Echogramm aus dem tropischen Atlantik. Es demonstriert die tägliche Vertikalwanderung des Zooplanktons. Am Tage befindet sich eine Echostreuschicht in ca. 300 m Tiefe. Abends steigt ein Teil der Organismen auf, hält sich während der Nacht an der Oberfläche auf und steigt vor der Morgendämmerung wieder in die Tiefe.

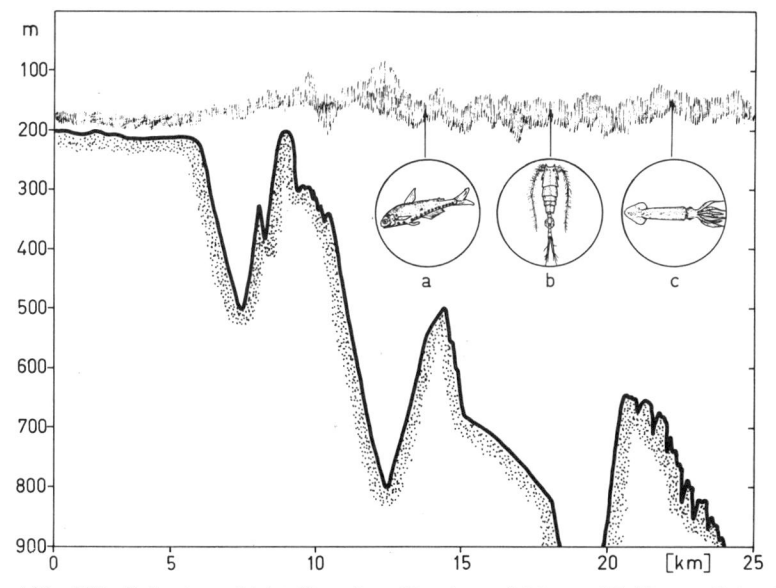

Abb. 6.93. Echostreuschicht über dem Kontinentalabhang (Golf von Guinea). Bei den das Echo hervorrufenden Organismen handelt es sich vor allem um Leuchtsardinen (a), Copepoden (b) und Kalmare (c). Hervorzuheben ist die Steilheit der Abhänge (Zeichnung nach dem Originalechogramm).

452   6. Ökologie von Biocoenosen

der in den Abbildungen 6.92. und 6.93. dargestellten Beispiele aus dem Golf von Guinea handelt es sich bei den Migranten um Leuchtsardinen (Myctophiden), Copepoden und dem Nekton zuzuordnende Cephalopoden der Gattung *Stenotheutis*.

Nekton
Bewohner des Pelagials, deren Fähigkeit zur Eigenbewegung ausreicht, um weite Strecken aktiv schwimmend zurückzulegen und starke Strömungen zu überwinden, werden dem Nekton zugeordnet. Die Angehörigen dieser Gemeinschaft rekrutieren sich fast ausschließlich aus dem Stamm der Wirbeltiere. neben zahlreichen Knorpel- und den meisten Knochenfischen sind die Wale und Delphine echte Nektonorganismen, während Meeresschildkröten, Pinguine und Robben nur mit einigen Vorbehalten in diese Gruppe eingeordnet werden können. Von den Wirbellosen gehören nur die zehnarmigen Cephalopoden (Kalmare) zum Nekton (Abb. 6.94.).

Bis auf wenige Ausnahmen (z. B. Sardelle) sind die zum marinen Nekton zählenden Tierarten Konsumenten höherer Ordnung, d. h., sie leben ausschließlich von tierischer Nahrung. Da ihre Beute sich in der Regel nur langsam reproduziert, führen viele von ihnen weite Wanderungen durch, die sie oft mehrere tausend Kilometer von ihrem Fortpflanzungsgebiet hinwegführen. Die Geschwindigkeit der Fortbewegung bei den Wanderungen oder beim Beutefang ist bedeutend und kann mehr als $60 \text{ km} \cdot \text{h}^{-1}$ betragen (Finnwal, Thunfisch).

Der Biomasse und der Produktion nach ist das Nekton sowohl dem Zoobenthos als auch dem Zooplankton unterlegen. Nach BOGOROV (1974) ergibt sich ein Verhältnis zwischen den Biomassen von Nekton, Zoobenthos und Zooplankton wie $1:10:21{,}5$.

6.3.3. Biomasseproduktion im Meer

6.3.3.1. Primärproduktion

Energiereiche organische Substanzen des Meeres werden durch primäre Produktionsprozesse erzeugt, wobei die Photosynthese von Algen gegenüber der photo- und chemosynthetischen Primärproduktion der Bakterien überwiegt. Das unterschiedliche Niveau der Primärproduktion und die daraus resultierenden Folgeprozesse sind durch den unterschiedlichen Gehalt an mineralischen Nährstoffen bedingt und durch deren Rückführung zu den Primärproduzenten nach Mineralisierung des organischen Materials. Stabile haline oder thermische Schichtungen können diese Rückführungsprozesse aus tieferen Wasserschichten in die euphotische Zone weitgehend verhindern (vgl. 6.3.1.). Die größte Rate der

Abb. 6.94. Formen des marinen Nektons.
1 = Makrele; 2 = Wal; 3 = Tintenfisch; 4 = Pinguin. Darstellung nicht maßstabgerecht.

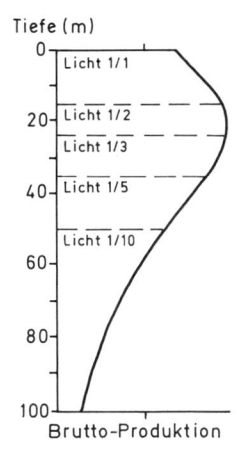

Abb. 6.95. Beziehungen zwischen der Lichtintensität in verschiedenen Wassertiefen und der Bruttoprimärproduktion. Nach STEEMANN-NIELSEN 1955.

Primärproduktion liegt nicht unmittelbar unter der Oberfläche, sondern bei klarem Wasser in 20–30 m Tiefe. In den oberen Schichten wird die Photosynthese durch die zu starke Belichtung gehemmt (Abb. 6.95.).

Die regionale Verteilung der Intensität der Primärproduktion des Phytoplanktons zeigt in den Ozeanen erhebliche Unterschiede (Abb. 2.53. u. Tab. 6.23.). Nach STEEMANN-NIELSEN u. JENSEN (1957) lassen sich vier Bereiche unterscheiden:

1. Gebiete mit beträchtlicher Zufuhr von nährstoffreichem Wasser aus der Tiefe in die photosynthetisch aktive Schicht. Die Produktionsraten sind sehr hoch und schwanken zwischen 0,5 und 3 g $C \cdot m^{-2}$/Tag. Beispiele hierfür sind die südostafrikanischen und südostamerikanischen Auftriebsgebiete. Die Jahresproduktion kann Größen von 200–1000 g $C \cdot m^{-2}$ erreichen (vgl. 6.3.1.).
2. Gebiete mit geringerer Nährstoffzufuhr an die Oberfläche. Die Größe der Primärproduktion beträgt 0,2–0,5 g $C \cdot m^{-2}$/Tag bzw. 70–200 g $\cdot m^{-2} \cdot a^{-1}$. Derartige Produktionsraten werden vor allem im Bereich von Divergenzen und tiefreichenden Konvektionsströmen erreicht (vgl. 6.3.1.).
3. Dort, wo die vertikalen Wasserbewegungen nur wenig ausgebildet sind, erfolgt nur eine spärliche Nährstoffzufuhr in die euphotische Schicht. Die Primärproduktion wird durch permanenten Nährstoffmangel limitiert und erreicht Raten von 0,1–0,2 g $C \cdot m^{-2}$/Tag oder 35–70 g $C \cdot m^{-2} \cdot a^{-1}$. Zu diesen Gebieten zählen Konvergenzen und vor allem die weiten Regionen tropischen und subtropischen Oberflächenwassers aller drei Ozeane (vgl. 6.3.1.).
4. Extrem oligotrophe Gebiete mit außerordentlich geringer Nährstoffzufuhr in den Oberflächenbereich weisen Produktionsraten von weniger als 0,05 g $C \cdot m^{-2}$/Tag (20 g $C \cdot m^{-2} \cdot a^{-1}$) auf. Klassisches Beispiel hierfür ist die Sargassosee.

Tabelle 6.23. Verteilung der Primärproduktion des Phytoplanktons auf verschiedene Zonen des Ozeans und daraus errechnete Werte der Fischproduktion. Nach RYTHER 1969

Zonen	Fläche Mio. km²	Anteil an der Gesamtfläche (%)	Primärprod. g C·m⁻²·a⁻¹	Primärprod. insgesamt 10⁹ t C·a⁻¹	Konsumentenstufen	Ökol. Effektivität (%)	Jahresfischproduktion t Fischmehl
Offener Ozean	326,0	90,0	50	16,3	5	10	10×10^5
Schelf u. hochproduktive Hochseeregionen	36,00	9,9	100	3,6	3	15	12×10^7
Aufquellgebiete	0,36	0,1	300	0,1	1,5	20	12×10^7
Gesamt	362,36	100,0		20,0			24×10^7

Eine summarische Zusammenstellung der Flächenverteilung mariner Gebiete unterschiedlicher Primärproduktion ergibt nach RYTHER (1969) die in Tabelle 6.23. dargestellten Verhältnisse. Das marine Phytoplankton ist demnach mit einer Gesamtproduktion von $20 \cdot 10^9$ t C $\cdot$ a^{-1} der Hauptprimärproduzent der Erde.

Während das Phytoplankton die euphotischen Oberflächenschichten der Meere besiedelt, ist das Makro- und Mikrophytobenthos auf die euphotischen Bereiche des Litorals angewiesen. Die Höhe der Primärproduktion mariner Makrophyten — insbesondere der Laminarien — ist mit der hochproduktiver terrestrischer Ökosystemen vergleichbar und kann diese übertreffen. MANN (1973) errechnete für *Macrocystis* im Indischen Ozean eine Nettoproduktion von etwa 2000 g C $\cdot$ m^{-2} $\cdot$ a^{-1}.

Die Produktion anderer Makrophyten (*Laminaria, Thalassia, Spartania, Zostera* u. a.) ist zwar geringer, übertrifft jedoch die des Phytoplanktons um ein Vielfaches. In flachen Küstengewässern, besonders in Ästuaren, die infolge der geringen Wassertiefe den Makrophyten günstige Besiedlungsmöglichkeiten bieten, können diese die mengenmäßig höchste Primärproduktion aufweisen (ODUM et al. 1972). Demgegenüber ist die Primärproduktion des Mikrophytobenthos wesentlich geringer. Für dänische Flachgewässer werden z. B. Durchschnittswerte von 116 g C $\cdot$ m^{-2} $\cdot$ a^{-1} angegeben (GRØTVED 1960). Die chemoautotrophe Primärproduktion ist gegenüber der photoautotrophen von untergeordneter Bedeutung. Selbst unter den extremen Bedingungen des Schwarzen Meeres werden weniger als 15 g C $\cdot$ m^{-2} $\cdot$ a^{-1} durch die Chemosynthese gebunden, das sind etwa 15% der gesamten Primärproduktion.

Im Ergebnis der Primärproduktion werden sowohl partikuläre als auch gelöste organische Substanzen erzeugt. Zu den partikulären Substanzen zählen insbesondere die Zellen der Produzenten. Sie werden auf direktem oder indirektem Wege von den Konsumenten aufgenommen oder dem Reduzenten zugeführt. Komplizierter und noch wenig erforscht ist das Schicksal der an das Wasser abgegebenen gelösten organischen Stoffe. Die Abgabe von gelösten organischen Materialien ist ein Stoffwechselprozeß, der während des Lebens und nach dem Tod der Organismen mit unterschiedlicher Intensität abläuft. In Auftriebsgebieten mit Produktionsraten von 4 g C $\cdot$ m^{-2}/Tag werden in der gesamten euphotischen Zone 7% des photosynthetisch gebundenen Kohlenstoffs in Form von gelösten organischen Verbindungen freigesetzt. In Gebieten geringerer Produktion (unter 0,2 g C $\cdot$ cm^{-2}/Tag) dagegen liegt die Abgaberate bei 26%. Die Werte schwanken in Oberflächennähe zwischen 1% und 49%.

BERMAN u. HOLM-HANSEN (1974) fanden, daß das Phytoplankton der gesamten trophogenen Schicht unter eutrophen Bedingungen 6—12% und unter oligotrophen Bedingungen 17—27% der primären Produktion in gelöster Form an das Wasser abgibt. Die Intensität der Abgabe wird offenbar durch ungünstige Umweltbedingungen gefördert. Das trifft auf alternde Phytoplanktonpopulationen zu, die ihre Vermehrung wegen Nährstoffmangels eingestellt haben, auf Veränderungen im Salzgehalt des umgebenden Wassers sowie auf Zunahme der Lichtintensitäten nach vorheriger Adaptation an geringe Intensitäten.

Für marine Makrophyten wurden derartige Abgabeprozesse ebenfalls nachgewiesen, wobei Raten bis zu 4% des assimilierten Kohlenstoffs als Normalwert anzusehen sind.

Bei den freigesetzten Verbindungen handelt es sich zumeist um Produkte aus dem Intermediärstoffwechsel mit geringem Molekulargewicht, insbesondere um Hydroxy-Essigsäure, Aminosäuren (Serin, Alanin, Glycin) sowie Kohlenhydrate (Glucose). Ferner konnte in Algenkulturen die Abgabe von Enzymen, Nucleinsäuren, Chlorophyllen, Kohlenhydraten sowie elektronenmikroskopisch sichtbaren Zellfragmenten nachgewiesen werden.

Über die ökologische Rolle der gelösten organischen Substanzen in den marinen Ökosystemen ist noch wenig bekannt.

6.3.3.2. Sekundärproduktion

Weidenahrungsketten
Bei der Aufstellung von Weidenahrungsketten (oder Herbivorennahrungsketten) wurde von der Voraussetzung ausgegangen, daß die lebenden Primärproduzenten durch die Konsumenten erster Ordnung (Phytophage oder Herbivore) als Stoff- und Energiequelle genutzt werden, welche ihrerseits durch Konsumenten zweiter Ordnung (Carnivore) gefressen werden. Konsumenten höherer Ordnung können weitere trophische Stufen bilden. Die Endglieder schließlich besitzen keine natürlichen Feinde und damit auch keine übergeordnete trophische Stufe (vgl. 2.6.1.).
   Bakterien und Pilze mit saprophytischer Lebensweise werden als Reduzenten oder Destruenten eingestuft. Sie remineralisieren das organische Material und machen damit die anorganischen Nährstoffe den Primärproduzenten wieder zugänglich. Einfache Nahrungsketten als Ausdruck einer linearen Beziehung von Produzenten und Konsumenten können nur selten nachgewiesen werden. Ein Beispiel dafür ist die Nahrungskette Diatomeen *(Fragilariopsis antarctica)* als planktischer Primärproduzent – *Euphausia superba* als herbivorer Zooplankter – Blauwal als Vertreter des carnivoren Nektons (Abb. 6.96.c.). Derartige Nahrungsketten sind sehr produktiv, aber instabil, weil der Ausfall eines Zwischengliedes den Ausfall der folgenden trophischen Stufe verursacht.
   In der Regel wird jedoch ein stabileres, komplexes Nahrungsgefüge (Nahrungsnetz) mit einem parallel verlaufenden Stoff- und Energietransport vorhanden sein, in dem die einzelnen trophischen Stufen mehrere Arten enthalten und die einzelnen Arten oder deren Entwicklungsstadien zeitweise oder regional verschiedenen trophischen Stufen angehören können. So wurden marine Copepoden bei ausschließlicher Algennahrung kultiviert, während für die gleichen Arten auch die Möglichkeit carnivorer Ernährung nachgewiesen werden konnte (PFAFFENHÖFER 1970). Untersuchungen an 19 Calanoidenarten aus dem Indischen Ozean ergaben, daß sich unter ihnen keine obligatorischen Herbivoren befanden. *Euphausia pacifica* ernährt sich in neritischen Gebieten bevorzugt von Diatomeen, während sie in ozeanischen Regionen vor allem Copepoden konsumiert.
   Bei allen Einschränkungen darf jedoch davon ausgegangen werden, daß alle Weidenahrungsketten auf dem Phytoplankton basieren. In ozeanischen und neritischen Regionen ist das Nanophytoplankton der Hauptproduzent, wobei seine Produktion in neritischen Meeresteilen eine signifikante Steigerung aufweist. Insbesondere in Auftriebsgebieten und gut mit Nährstoffen versorgten Divergenzzonen ist sein Anteil an der Primärproduktion relativ hoch. PARSON und TAKAHASI (1973) konnten nachweisen, daß bei hohen Lichtintensitäten und hohen Nährstoffkonzentrationen in turbulenten Wasserkörpern voluminöse Phytoplanktonarten bessere Entwicklungsmöglichkeiten haben als kleinzellige Formen.
   Die Verteilung des Phytoplanktons über eine breite Größenskala ist für die Struktur der Nahrungsketten entscheidend. Im ozeanischen Bereich ist nur das Mikrozooplankton (Radiolarien, Foraminiferen, Tintinnoideen und Larvenstadien von Krebsen) befähigt, das winzige Nanophytoplankton zu konsumieren. Dieses Mikrozooplankton wird von Copepoden gefressen, welche ihrerseits den Chaetognathen und Euphausiden und diese wiederum den Fischen als Nahrung dienen. Insgesamt werden fünf Konsumentenstufen angenommen, welche zu den kommerziell nutzbaren Endgliedern (Thune, carnivore Meeressäuger, Kalmare) führen (Abb. 6.96.A.).
   Inzwischen ist bekannt, daß Copepoden, im Gegensatz zu früheren Annahmen, Ultraplankton nicht aufnehmen können; der Abstand der Borsten auf den Mundgliedmaßen ist zu groß, um eine effektive Filtration zu ermöglichen. In den letzten Jahren wurden Organismen des Pelagials näher untersucht, die ihre Nahrung mit Hilfe von Schleimnetzen einfangen. Sie sind im Gegensatz zu den Copepoden befähigt, auch Partikel von Bakteriengröße aufwärts über ein breites Größenspektrum zu fangen. In diesem Zusammenhang müssen Pteropoden, von denen einige Arten neben Bakterien, Phytoplanktern und Detritus auch Krebslarven bis zu 0,8 mm Größe fressen, ebenso genannt werden wie Salpen, die

456 6. Ökologie von Biocoenosen

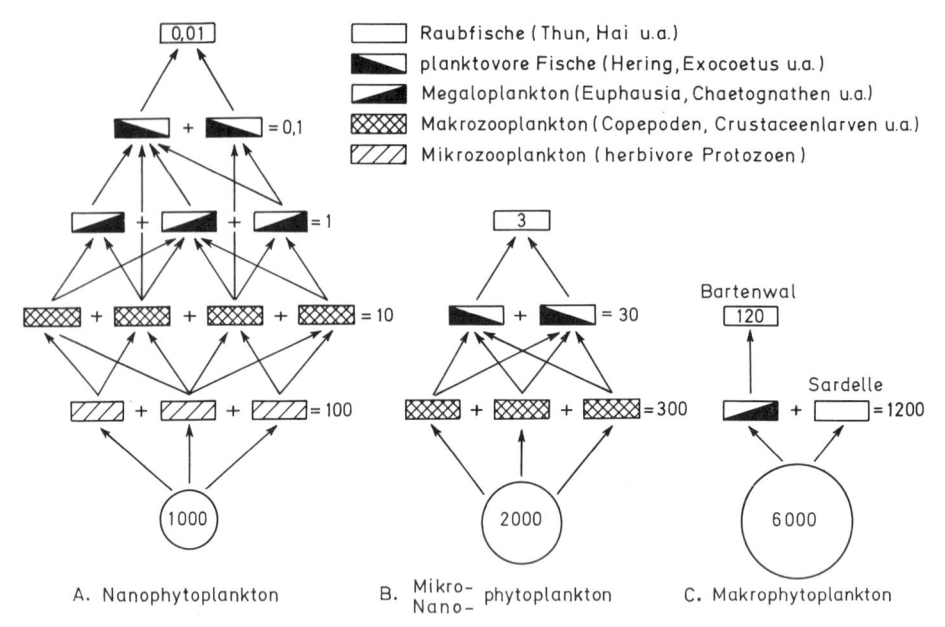

Abb. 6.96. Beispiele von schematisierten Nahrungsketten aus verschiedenen ozeanischen Regionen. A = Weidenahrungskette offener Ozeane. B = Weidenahrungskette eutropher neritischer Gebiete. C = Weidenahrungskette von Auftriebsgebieten bzw. antarktischer Meere.

ebenfalls Partikel von Bakteriengröße, Phytoplankter und Detritusflocken bis etwa 3,5 mm Größe aufnehmen. Ferner konnte nachgewiesen werden, daß Copepoden regelmäßig die verlassenen Gehäuse von Appendicularien, insbesondere deren inneren Filterapparat mit angereichertem Phytoplankton, fressen. Diese Gehäuse werden im Abstand von wenigen Stunden verlassen und neu gebildet. Unter Berücksichtigung der hohen Abundanzen, die von den Appendicularien in einigen ozeanischen Bereichen erreicht werden, kann auf diese Weise ein beträchtlicher Stoff- und Energietransport vom Ultra- und Nanoplankton auch zu den Copepoden erfolgen.

In hocheutrophen neritischen Gewässern wird das dominierende Nanophytoplankton direkt von Euphausiden und Copepoden gefressen, obwohl auch das Mikrozooplankton gut entwickelt ist und wesentlichen Anteil am Stoff- und Energietransport besitzt. Unter der Voraussetzung, daß Euphausiden und Copepoden durch carnivore Fische konsumiert werden, können hier drei Konsumentenstufen unterschieden werden (Abb. 6.96.B. u. 6.97.).

Das voluminöse Nanophytoplankton der Auftriebsgebiete, z. B. des Humboldtstromes vor Peru, kann direkt durch Fische (Sardelle) als Nahrung verwertet werden. Da die Sardelle aber auch herbivores Zooplankton frißt, werden hier 1,5 Konsumentenstufen angenommen (Abb. 6.96.C. u. Tab. 6.23.).

Verallgemeinernd kann zusammengefaßt werden, daß im Meer das Phytoplankton aller Größenklassen den herbivoren Konsumenten als Nahrung zugänglich ist. Es sind, in Abhängigkeit von der Größe der Phytoplankter, Nahrungsketten und -netze mit einer unterschiedlichen Anzahl von trophischen Stufen ausgebildet. Für marine Gebiete mit einer Primärproduktion von $60-500$ mg C $\cdot$ m^{-2}/Tag ist, außerhalb der Periode von Planktonblüten, der tägliche Nahrungsbedarf des Zooplanktons eng mit der täglichen Primärproduktionsrate korreliert. Die vom Phytoplankton assimilierte organische Substanz wird vom Zooplankton umgehend inkorporiert und freigesetzte anorganische Nährstoffe sofort von den Primärproduzenten wieder verbraucht. Die Größe der Zooplanktonpopulationen wird unter den Bedingungen von Weidenahrungsketten von der Höhe der Primärproduktion kontrolliert.

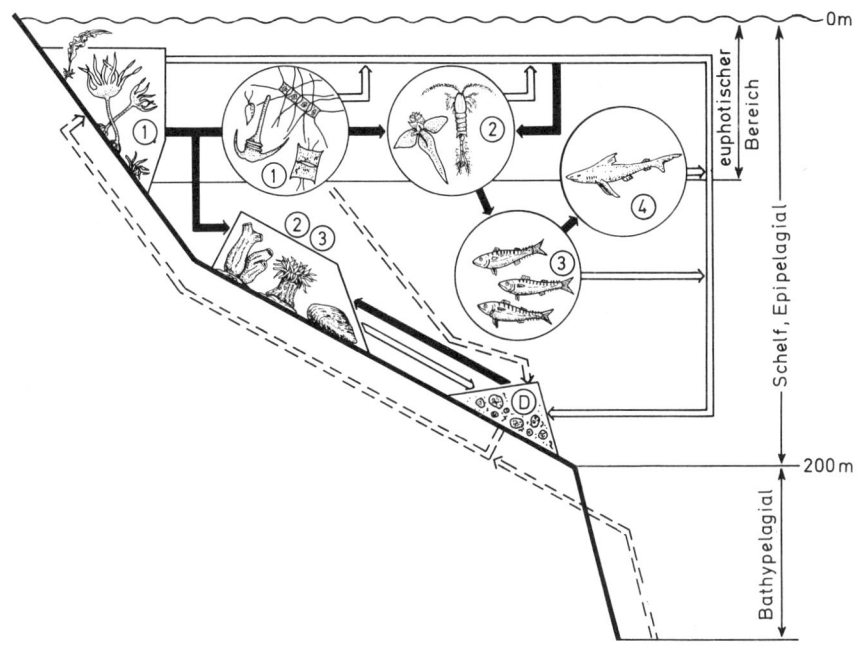

Abb. 6.97. Schema der Nahrungsbeziehungen in eutrophen Küstengewässern.
Schwarze Pfeile = Wege der Nahrung; helle Pfeile = Wege des Detritus; gestrichelte Pfeile = Rückführung der Pflanzennährstoffe. 1 = Primärproduzenten; 2 = herbivore bzw. detritovore Konsumenten (Konsumenten 1. Ordnung); 3 = Konsumenten 2. Ordnung (Carnivore); 4 = Konsumenten 3. Ordnung (Carnivore); D = Destruenten.

Destruenten-Nahrungskette

Außer den lebenden Phytoplanktonzellen stehen den Konsumenten der primären Stufe drei weitere Energiequellen in Form von organischer Substanz zur Verfügung: organischer Detritus, gelöste organische Substanz und die Biomasse heterotropher Mikroorganismen.

Für die meisten ozeanischen Gebiete und für alle Küstengewässer ist der Detritus die Hauptkomponente der im Wasser suspendierten organischen Substanz, wobei hier unter Detritus die unbelebte Fraktion des Sestons verstanden wird (**Seston** = Plankton + Detritus). Außerhalb von Phytoplanktonblüten beträgt sein Masseanteil 70–90%. Es hat sich erwiesen, daß eine Reihe von filtrierenden Primärkonsumenten organischen Detritus als Nahrung zu nutzen vermögen, wobei allerdings noch ungeklärt ist, welchen Anteil die in der Detritusflocke enthaltenen Mikroorganismen an der assimilierten Nahrung haben.

Der überwiegende Teil der organischen Substanz besteht jedoch in allen Bereichen des Pelagials aus gelösten Komponenten. Der Kohlenstoffgehalt des Sestons einer Wassersäule von 4000 m beträgt etwa 100 g · m^{-2}, die Masse des gelösten organischen Kohlenstoffs jedoch ca. 2000 g · m^{-2}. In stark verallgemeinerter Form läßt sich folende Relation für das marine Pelagial aufstellen: C der Organismen: C des Detritus: C der gelösten Substanz wie 1 : 10 : 100.

Voraussetzung für die Eignung der gelösten Substanzen als Energiequelle für Heterotrophe ist es, daß sie für einen biologischen Abbau zugänglich sind. OGURA (1972) unterscheidet nach der Verwertbarkeit drei Gruppen. Die erste (10–20%) ist leicht zu verwerten, die zweite (30–40%) ist stabiler, aber von Mikroorganismen angreifbar, während die dritte (50–60%) für Mikroorganismen nur bedingt zugänglich ist. Neben echt gelösten organischen Verbindungen sind auch Komplexe und Kolloide vertreten. Nach

458   6. Ökologie von Biocoenosen

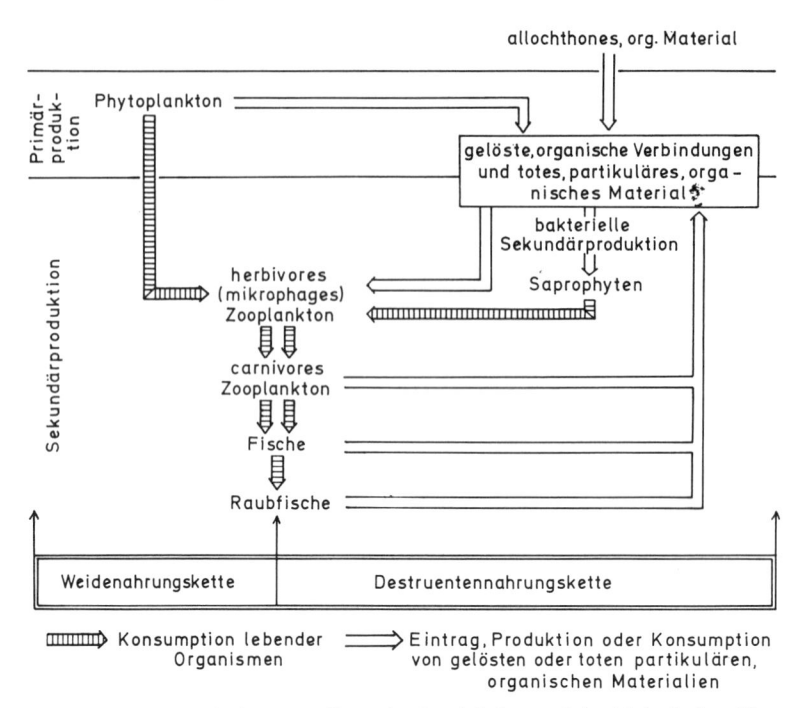

Abb. 6.98. Schematische Darstellung der Produktion und des biologischen Umsatzes von organischer Substanz in Gewässern.

ihrer chemischen Konstitution sind sie u. a. den aliphatischen und aromatischen Kohlenwasserstoffen, Alkoholen, Aldehyden und Carbonsäuren, Kohlenhydraten, Aminosäuren, Peptiden, Proteinen, Lipiden und Nucleinsäuren zuzuordnen.

Die Hauptkonsumenten der gelösten organischen Substanz sind **saprophytische Bakterien.** Bedingt durch spezielle Permease-Systeme können sie noch bei Substratkonzentrationen von 0,05 μg Acetat $\cdot$ l^{-1} eine meßbare Aufnahme betreiben. Die Konzentration verwertbarer Substanzen beträgt in der euphotischen Schicht des Meeres jedoch 50 – 100 μg $\cdot$ l^{-1}.

Die Saprophyten besitzen demnach auch wegen ihrer Fähigkeit, gelöste organische Substanzen in partikuläre Biomasse umzuwandeln und auf diese Weise deren Eingang in das Nahrungsgefüge zu ermöglichen, eine zentrale Stellung im Ökosystem. SOROKIN (1965) bezeichnete diesen Prozeß als **„bakterielle Sekundärproduktion".** Der Begriff „Destruenten" oder „Reduzenten" bezieht sich nur auf eine Teilfunktion, nämlich auf die Remineralisierung der Nährsalze.

Weidenahrungsketten und die auf totem organischem Material basierenden **Destruenten-Nahrungsketten** können in aquatischen Ökosystemen nebeneinander nachgewiesen werden. In Abhängigkeit von der Verwertbarkeit der Primärproduzenten sowie dem Vorkommen von Detritus und gelösten organischen Substanzen wird der Hauptweg des Stoff- und Energietransportes unterschiedlich verlaufen (Abb. 6.98.). So sind in der Tiefsee Nahrungsgefüge anzutreffen, welche auf der Nutzung von importiertem organischem Material basieren (Abb. 6.99.). Ein Teil dieses Materials wird in Form lebender Tiere die Tiefenregionen erreichen. Wegen der intensiven Abbauprozesse in den oberen Wasserschichten gelangt meist nur stabiles gelöstes organisches Material in die Tiefe. Das durchschnittliche Alter dieser Substanzen aus Tiefseeschöpfproben kann deshalb mehr als 3000 Jahre betragen (WILLIAMS et al. 1969), ein Umstand, der auf die große Resistenz gegenüber mikrobiellem Abbau hinweist.

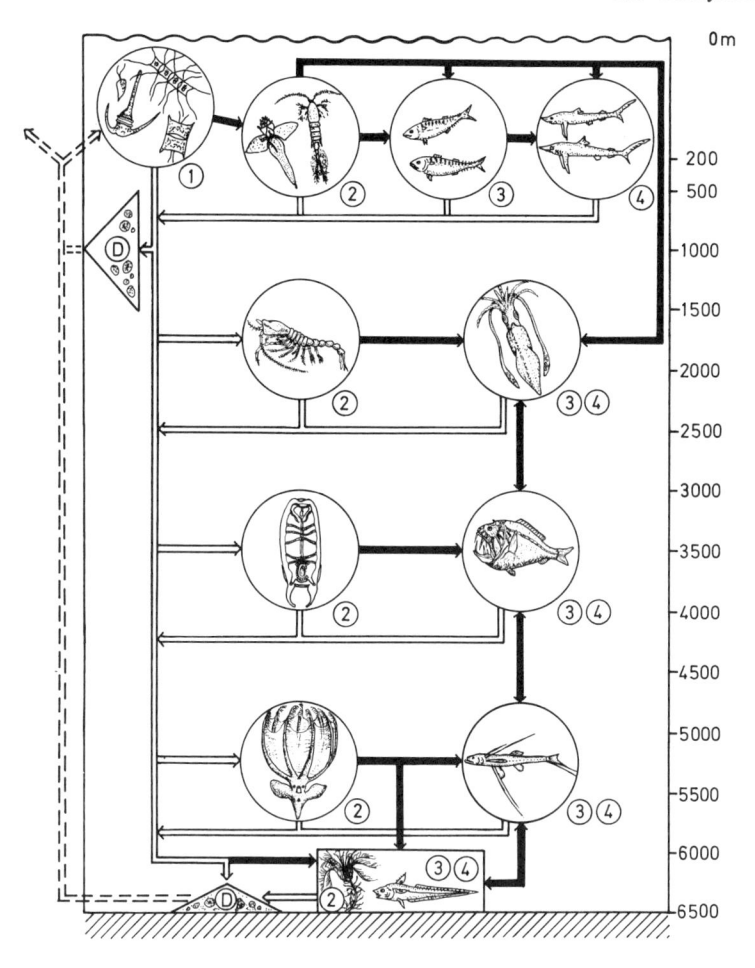

Abb. 6.99. Schema der trophischen Beziehungen im Pelagial der Hochsee. Erläuterungen s. Abb. 6.97.

6.3.4. Die Ostsee als Lebensraum

Die Ostsee ist ein intrakontinentales Mittelmeer. Sie bedeckt eine Fläche von 415000 km² und hat ein Volumen von 22000 km³. Ihre mittlere Tiefe beträgt 52 m, die maximale Tiefe 459 m. Das hydrographische Milieu ist außerordentlich instabil und wird geprägt durch den wechselnden Einfluß von Süß- und Meerwasser. Aus dem 150 Mill. km² umfassenden Einzugsgebiet werden dem Ostseebecken von über 200 Flüssen im langjährigen Mittel 479 km³ Süßwasser zugeführt. Die jährlich aufgenommene Niederschlagsmenge liegt bei 183 km³; die gleiche Wassermenge geht durch die Verdunstung wieder verloren. Das von den Festlandsabflüssen jährlich eingetragene Süßwasser würde ausreichen, um den Wasserstand um 124 cm zu erhöhen, wenn der Wasseraustausch mit der vorgelagerten Nordsee nicht für einen Ausgleich der Wasserbilanz sorgen würde. Dieser Wasseraustausch erfolgt über eine schmale Verbindung zwischen beiden Meeren. Er wird dadurch eingeschränkt, daß der wirksame Querschnitt der Übergangsgewässer nur 0,35 km² beträgt.

Während der Süßwasserüberschuß durch den an der Oberfläche von Ost nach West setzenden Baltischen Strom in die Nordsee transportiert wird, werden von dort, vor allem bei starken westlichen Winden, jährlich 737 km³ salzreiches Nordseewasser in die Ostsee gedrückt. Da im langjährigen Mittel die Wasserführung als konstant angesehen werden kann, ergibt sich folgende Gleichung für den

6. Ökologie von Biocoenosen

Wasserhaushalt:

Z + N − V − A + E = H   oder

479 + 183 − 183 − 1216 + 737 = 0 (in km^3/Jahr) (6.19.)

(Z = Zufluß, N = Niederschlag, V = Verdunstung, A = Ausfluß, E = Einfluß aus Nordsee, H = Seespiegelerhöhung)

Das einströmende salzreiche Nordseewasser dringt in Bodennähe zunächst bis in die westliche Ostsee und, wenn der Zustrom anhält, weiter nach Osten zur mittleren Ostsee vor. Da es spezifisch schwerer ist als das Ostseewasser, sammelt es sich in den Becken und Senken. Die Folge ist eine Zweiteilung des Wasserkörpers in eine salzreiche Tiefenschicht und eine salzärmere Deckschicht (Abb. 6.100.). Dazwischen befindet sich eine haline Sprungschicht, die den Wasseraustausch zwischen Oberfläche und Tiefe erschwert oder sogar unterbindet. Damit unterbleibt auch jeder Stoffaustausch, es kann weder Sauerstoff in die Tiefe, noch können Pflanzennährstoffe an die Oberfläche transportiert werden. Im Sommer baut sich häufig in der Deckschicht eine zusätzliche thermale Sprungschicht auf, die zwar im Spätherbst wieder abgebaut wird, bis dahin jedoch die Wasserzirkulation in der Deckschicht unterdrückt (Abb. 6.101.).

Durch die stabile Schichtung kommt es bald zum Sauerstoffschwund in Bodennähe, und Schwefelwasserstoff stellt sich ein. Die Sauerstoffzehrung und Schwefelwasserstoffbildung halten an, bis ein erneuter Einschub von Nordseewasser die Tiefenschichten wieder mit Sauerstoff versorgt. Gleichzeitig wird jedoch von dem vordringenden salzreichen Wasser die haline Sprungschicht stabilisiert (Abb. 6.102.).

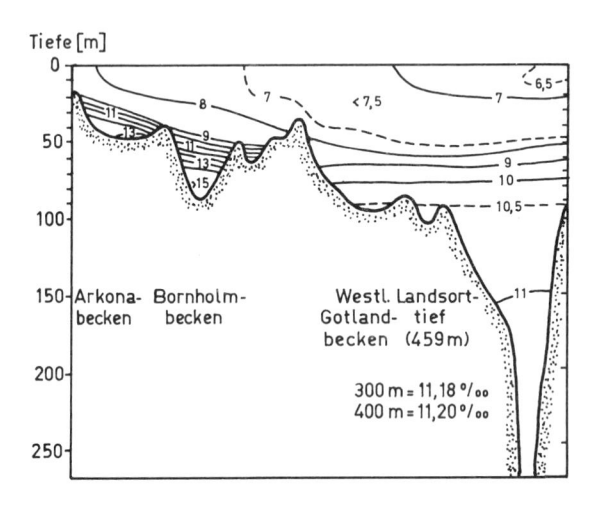

Abb. 6.100. Vertikale Verteilung des Salzgehaltes in der Ostsee zwischen Arkonasee und Landsorttief im Juli 1957, Angaben in ‰ S. Nach Hupfer 1978.

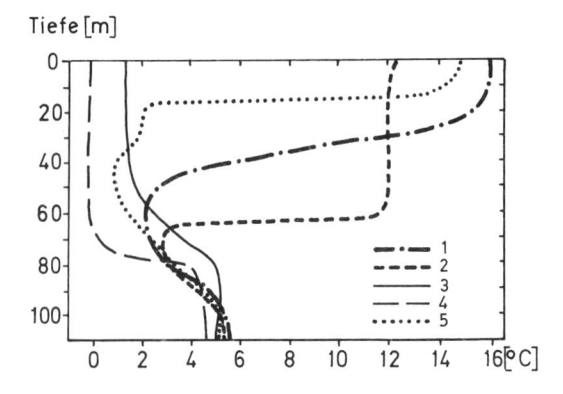

Abb. 6.101. Vertikale Verteilung der Temperatur im Gdansker Becken 1962/63. 1 = Aug. 1962; 2 = Okt. 1962; 3 = Febr. 1963; 4 = März 1963; 5 = Juni 1963. Nach Piechura aus Hupfer 1978.

6.3. Ökosysteme des Meeres   461

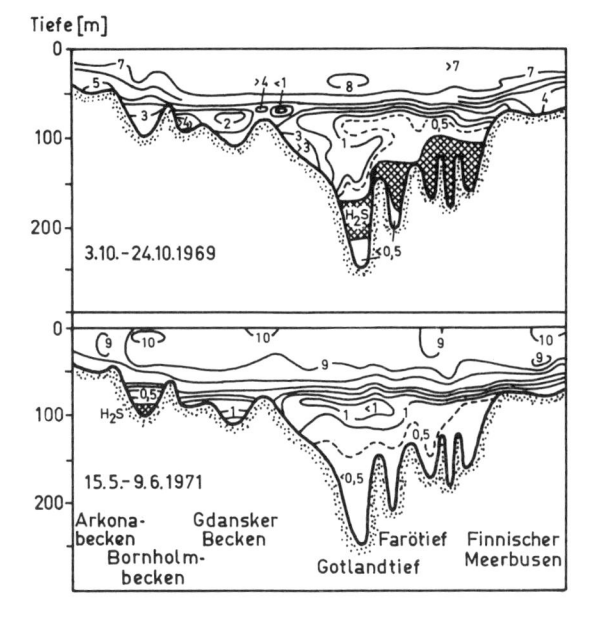

Abb. 6.102. Verteilung des Gehaltes an gelöstem Sauerstoff in der Ostsee im Oktober 1969 und im Mai/Juni 1971. Angaben in ml $O_2 \cdot l^{-1}$. Nach NEHRING und FRANCK aus HUPFER 1978.

Die Rückhaltung der mineralisierten Nährstoffe in der Tiefe des stabil geschichteten Gewässers hat zur Folge, daß während des Sommers die Primärproduktion des Phytoplanktons wegen Nährstoffmangels stagniert. Das ist der Grund dafür, daß die Ostsee trotz ihres Nährstoffreichtums nicht zu den produktionsstarken Gewässern gerechnet werden kann (Tab. 6.24.). Die Zooplanktonproduktion erreicht 15% der Phytoplanktonproduktion, das sind 10 g $C \cdot m^{-2} \cdot a^{-1}$ in der Bottensee und 20 g $C \cdot m^{-2} \cdot a^{-1}$ in der südlichen Ostsee.

Insgesamt werden in der Ostsee produziert:

vom Phytoplankton = 30,0 Mill. t $C \cdot a^{-1}$
vom Phytobenthos = 4,0 Mill. t $C \cdot a^{-1}$
vom Zooplankton = 4,4 Mill. t $C \cdot a^{-1}$ (= 15% der Phytoplanktonproduktion)

Tabelle 6.24. Mittlere Primärproduktion (g $C \cdot m^{-2} \cdot a^{-1}$) und Gesamtproduktion (t $C \cdot a^{-1}$) in der Ostsee. Nach KAISER, RENK und SCHULZ 1981

Seegebiet	Primärproduktion	Gesamtproduktion
Kattegat	90,4	$1,99 \times 10^6$
Beltsee	120,0	$2,29 \times 10^6$
Öresund	107,0	$0,13 \times 10^6$
Arkonasee	100,0	$1,86 \times 10^6$
Bornholmsee	90,0	$3,51 \times 10^6$
Gdansker Becken	125,0	$3,20 \times 10^6$
Gotlandsee	95,0	$11,97 \times 10^6$
Finnischer Meerbusen	70,0	$2,07 \times 10^6$
Alandsee	93,0	$0,52 \times 10^6$
Archipelago	57,0	$0,51 \times 10^6$
Bottensee	70,0	$4,52 \times 10^6$
Botten-Wiek	18,0	$0,66 \times 10^6$
Rigaer Bucht	90,0	$1,62 \times 10^6$
Gesamt		$34,85 \times 10^6$

462   6. Ökologie von Biocoenosen

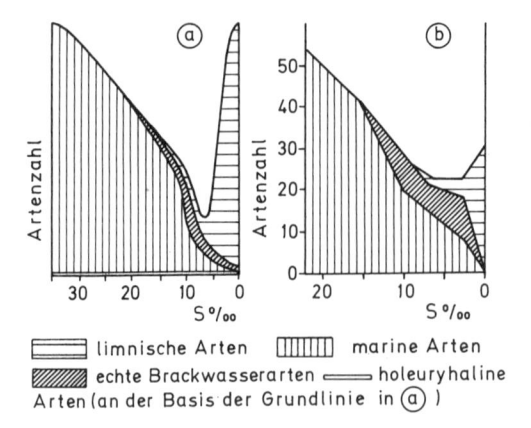

Abb. 6.103. Die Beziehungen zwischen Salzgehalt und Artenzahl.
a) idealisierte Kurve. Nach REMANE. b) Abhängigkeit der Nematodenfauna vom Salzgehalt. Nach GERLACH. Zusammengestellt nach FRIEDRICH 1965.

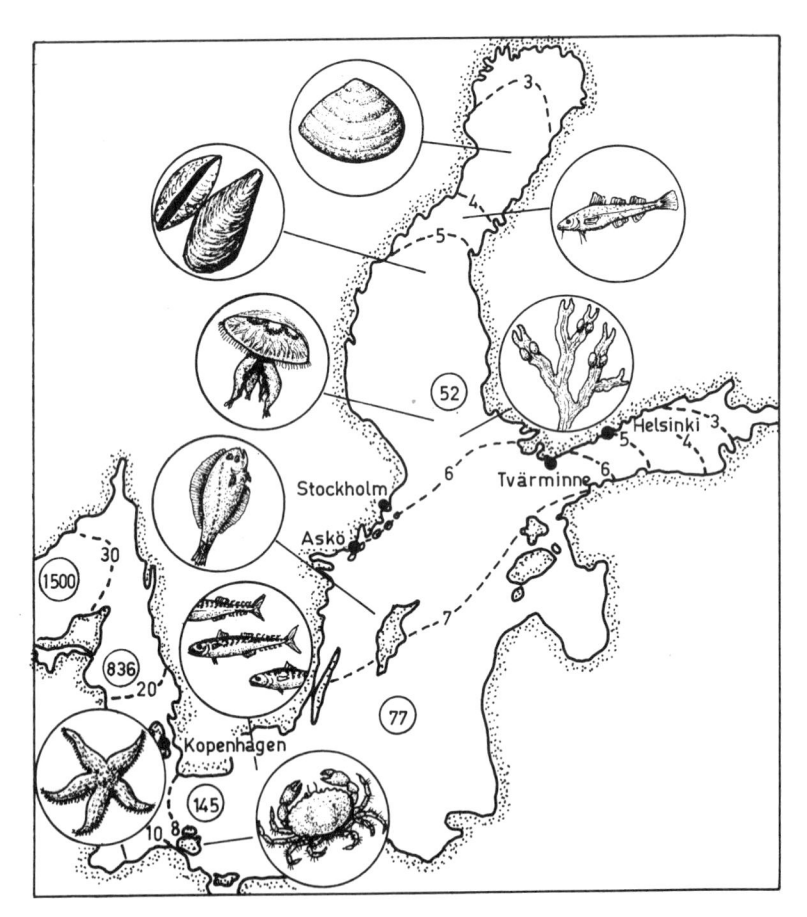

Abb. 6.104. Verbreitungsgrenzen wichtiger Ostseeorganismen. Gestrichelte Linien = Isohalinen; Zahlen = im Gebiet nachgewiesene makroskopische Tierarten. Folgende Arten sind dargestellt (von links nach rechts): *Asterias rubens*, *Carcinus maenas*, Makrele, Flunder, *Aurelia aurita*, *Fucus vesiculosus*, *Mytilus edulis*, Dorsch, *Macoma baltica*. Nach JANSSON 1978.

6.3. Ökosysteme des Meeres   463

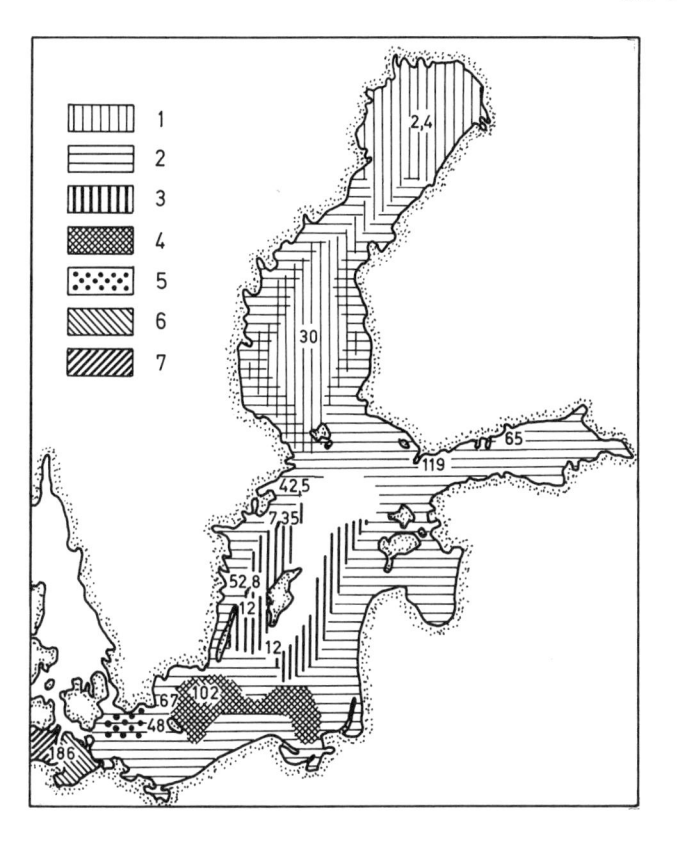

Abb. 6.105. Tiergemeinschaften der Ostsee; die Zahlen geben die mittlere Biomasse an. 1 = *Pontoporeia affinis-Mesidothea*-Gemeinschaft; 2 = *Macoma baltica*-Gemeinschaft; 3 = verarmte *Scolops-Pontoporeia femorata*-Gemeinschaft; 4 = *Macoma calcarea*-Gemeinschaft; 5 = *Astarte borealis*-Gemeinschaft; 6 = *Cyprina islandica*-Gemeinschaft; 7 = *Syndesmya alba*-Gemeinschaft. Nach ZENKEVITCH aus JANSSON 1978.

Der Fischfang beläuft sich gegenwärtig auf 900000 t Frischmasse pro Jahr, das sind 0,2% der Primärproduktion.

Der Wasserkörper besteht aus einem Gemisch von Meer- und Süßwasser, das als **Brackwasser** bezeichnet wird. Die Salzkonzentration ist in den Tiefenbereichen und im westlichen Teil relativ hoch; in der Deckschicht sowie in den nördlichen Meeresteilen relativ niedrig (Abb. 6.104.). Da der Salzgehalt einen entscheidenden Einfluß auf die Leistung und Zusammensetzung der Biocoenosen hat, ist es berechtigt, ihn als Hauptstrukturelement in den Vordergrund der Brackwasserforschung zu stellen. Aus mehreren Gründen machte es sich erforderlich, das Konzentrationsspektrum zwischen dem vollsalzhaltigen Meerwasser und reinem Süßwasser weiter zu untergliedern. Die gültige Klassifikation der Brackwässer wurde 1958 in Venedig auf einem speziellen Symposium vorgeschlagen und bestätigt (Venedig-System):

Bereich	Salzgehaltsangaben in ‰
euhalin	>30
mixohalin	30 bis 0,5
— mixopolyhalin	−30 bis 18
— mixomesohalin	−18 bis 5
(α-mesohalin)	(18 bis 10)
(β-mesohalin)	(10 bis 5)
— mixooligohalin	−5 bis 0,5
(α-oligohalin)	(5 bis 3)
(β-oligohalin)	(3 bis 0,5)
limnisch	<0,5

464   6. Ökologie von Biocoenosen

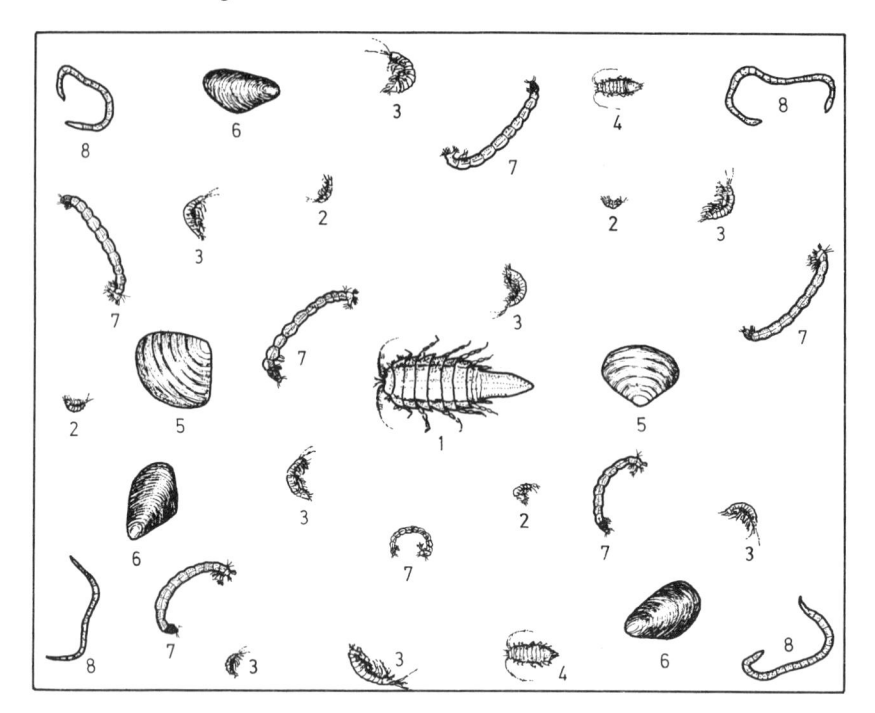

Abb. 6.106. Zoobenthos des Weichbodens der mittleren Ostsee (9–10 m Tiefe). Dargestellt ist die Individuendichte pro m². Die dargestellten Formen sind: 1 = *Mesidothea;* 2 = *Pontoporeia;* 3 = *Gammarus;* 4 = *Asellus;* 5 = *Macoma;* 6 = *Mytilus;* 7 = Chironomidenlarven und 8 = *Tubifex.* Nach REMANE aus REMMERT 1980.

Von den ökologischen Besonderheiten der Brackwasserökosysteme ist die auffälligste, daß mit abnehmendem Salzgehalt die Artenzahlen schrittweise reduziert werden. Dabei wird die Abnahme der marinen Arten nicht durch eine entsprechende Zunahme der limnischen Arten kompensiert (Abb. 6.103.). Offensichtlich vermag ein mariner Organismus abnehmenden Salzgehalt besser zu tolerieren als ein limnischer zunehmenden.

Die Abbildungen 6.104. und 6.105. demonstrieren die Veränderungen innerhalb der Biocoenosen der Ostsee mit sich änderndem Salzgehalt, während Abbildung 6.106 einen Ausschnitt aus einer Weichbodengemeinschaft zeigt, die neben marinen Formen *(Mytilus)* auch Brackwasserarten *(Mesidothea)* und limnische Arten (Chironomiden) enthält.

7. Ökologie von Landschaften

7.1. Einführung

Das Vorkommen pflanzlicher und tierischer Organismen und Populationen wird von der Menge, Verteilung, Anordnung und räumlichen Strukturierung geeigneter Lebensstätten entscheidend mitbestimmt. Gleiches gilt für die Existenz von Lebensgemeinschaften. Die **Landschaft** ist jedoch auch Lebensbereich des Menschen mit seinen verschiedenen Ansprüchen und Nutzungsformen. Zur Landschaft gehört deshalb nicht allein die Naturausstattung, sondern auch deren heutige, vom Menschen geprägte und beeinflußte Erscheinungsformen (SOČAVA 1974). Die Landschaft als Lebensbereich von Menschen, Pflanzen und Tieren ist keinesfalls nur die Summe der verschiedenen Lebensstätten der Organismen und der durch die menschliche Nutzung geformten Landschaftsteile, sondern sie ist ein sehr komplexes System, in dem die verschiedenen Teilsysteme und Elemente miteinander in enger Verbindung und z. T. in Wechselwirkung stehen (vgl. 1.1.). Die Landschaft stellt im Vergleich zu Habitaten und Biotopen ein System auf höchster Integrationsstufe dar, welches eigenen Gesetzmäßigkeiten unterworfen ist. NEEF (1967) versteht unter dem Begriff „Landschaft" einen durch einheitliche Struktur und gleiches Wirkungsgefüge geprägten konkreten Teil der Erdoberfläche (vgl. auch TROLL 1950). Zum Wesen einer Landschaft gehören (vgl. BOBEK und SCHMITHÜSEN 1949):

1. die stoffliche und räumliche Erscheinung, d. h. die Größe, Form, innere und äußere räumliche Gliederung und die natürliche Ausstattung (Raumstruktur oder Landschaftsgefüge);
2. das Wirkungsgefüge zwischen den Komponenten und Elementen einer Landschaft und zwischen verschiedenen Landschaften (Beziehungsgefüge oder Landschaftshaushalt);
3. die historische Entwicklung, die zur aktuellen Raumstruktur und zum bestehenden Landschaftshaushalt geführt hat, die heutige Nutzbarkeit beeinflußt, aber auch durch die aktuelle Nutzung zu weiteren Veränderungen führt (Landschaftsdynamik).

Mit der Aufklärung und Interpretation des sehr komplexen Raum- und Wirkungsgefüges der Landschaft befaßt sich die Landschaftsökologie. Ihr geographisch-landschaftskundlich ausgerichteter Teil konzentriert sich dabei besonders auf das Wirkungsgefüge zwischen den unbelebten Komponenten der Landschaft und ihrer räumlichen Differenzierung, der biologisch ausgerichtete Teil ist als Bestandteil der Ökosystemforschung vor allem mit der Aufklärung der Beziehungen und Wechselwirkungen zwischen den Landschaftselementen (vgl. 7.2.) und den Organismen beschäftigt. Beide Forschungsansätze ergänzen einander und beziehen die gesellschaftliche Nutzung der Landschaft, die Folgewirkungen beim Eingriff in die Landschaft und die daraus abzuleitenden Regelungen in ihre Untersuchungen ein. Forschungsziel der Landschaftsökologie ist nach LESER (1976), NEEF (1967) und HAASE und RICHTER (1979) die qualitative und quantitative Analyse und Kennzeichnung der landschaftlichen Ökosysteme hinsichtlich ihrer Komponenten und Raumeinheiten ihres

Raumgefüges, der in den Landschaften ablaufenden stofflichen und energetischen Prozesse einschließlich der Folgewirkungen verschiedener Nutzungsformen auf den Gesamthaushalt der Landschaft und ihre gesellschaftlichen Funktionen. Von diesen Kenntnissen sind Maßnahmen zur Entwicklung, Gestaltung und Pflege der Landschaft und ihrer Elemente abzuleiten.

7.2. Komponenten und Raumeinheiten der Landschaft

Unter der Struktur der Landschaft wird die Gesamtheit ihrer materiellen Komponenten (**Geokomponenten**) verstanden (NEEF 1967). Dazu gehören die Komponenten der verschiedenen Hüllen des Geokomplexes Landschaft, der Litho-, Hydro-, Atmo- und Biosphäre. Sie repräsentieren die **Naturausstattung** einer Landschaft und setzen sich aus **Geoelementen** zusammen. Sind diese als Träger spezieller Funktionen zu betrachten, werden sie auch als **Geofaktoren** bezeichnet.

Geokomponenten sind:
Reliefgestaltung; geologisches Ausgangsgestein, Bodenform, Deckschichtenfolge; Oberflächengewässer, Grundwässer, Gewässergüte; thermische und hygrische Verhältnisse, Luftbewegungen, Höhenlage, Vegetationseinheit, Trophiestufe der Vegetation, Tiergesellschaft.

Sie lassen sich zu **Partialkomplexen** wie Relief, Substrat, Gewässer, Klima, Flora und Fauna zusammenfassen.

Landschaften, die sich lediglich aus den Komponenten der Naturausstattung zusammensetzen, sog. **Naturlandschaften,** sind heute nur noch an wenigen, schwer zugänglichen und nicht vom Menschen berührten Teilen der Erde zu finden. Fast alle Landschaften unserer Erde sind vom Menschen genutzte, gestaltete und veränderte **Kulturlandschaften,** in denen die meisten Landschaftsteile durch unterschiedliche **Nutzungsarten** (d. h. Art und Weise der pflanzlichen Produktion: Laub-, Nadel-, Mischwald, Wiese, Weide, Acker u. a.) und **Nutzungsformen** durch verschiedene Wirtschaftszweige und zur Befriedigung anderer gesellschaftlicher Bedürfnisse (Erholung, Sport, Naturschutz) in Anspruch genommen werden. Die **Nutzungsintensität** widerspiegelt den Grad der Inanspruchnahme und Beeinflussung von Boden, Bodenschätzen, Wasser, Luft, Pflanzendecke und Tierwelt. Da die gesellschaftliche Nutzung der Naturressourcen überwiegend mit der Inanspruchnahme einer Fläche verbunden ist, spricht man auch von **Flächennutzung.**

Zu den Komponenten der Landschaft gehören nicht nur die flächigen, sondern auch die **punkthaft** in die Landschaft eingefügten Komponenten der Naturausstattung und Nutzung. Diese werden als naturbedingte und technogene **Objekte der Landschaft,** in der Agrarflur auch als **Flurelemente** bezeichnet.

Viele Komponenten der Landschaft haben eine bestimmte räumliche Ausdehnung (Größe, Form), Verteilung und Verzahnung. Alle benachbarten Punkte eines Areals mit gleicher Geokomponenten-Zusammensetzung lassen sich zu naturräumlich homogenen Grundeinheiten der Landschaft zusammenfassen. Diese kleinsten naturräumlichen Areale der Landschaft werden als **Tope** bezeichnet. Areale gleicher Geländegestaltung oder gleicher Boden-, Wasser-, Standortklimabeschaffenheit werden als **Morpho-, Pedo-, Hydro-** oder **Klimatope,** Komplexe mit homogenen Merkmalen als **Physiotope** bezeichnet. Physiotope mit einheitlichem Pflanzenbestand (**Phytotop**) und gleicher Faunenbesetzung (**Zootop**) sind **Ökotope,** also die kleinsten komplexökologischen Raumeinheiten, deren homogene naturräumlich-stoffliche Zusammensetzung auf ein einheitliches ökologisches Wirkungsgefüge schließen läßt. Ökotope mit weitgehend gleicher Merkmalsausbildung lassen sich zu

7.2. Komponenten und Raumeinheiten der Landschaft

Ökotop-Typen vereinigen. Die Vielzahl topischer Grundeinheiten läßt sich wiederum nach Merkmalen typischer räumlicher Kombination und Anordnung zu mosaikartigen, heterogenen Landschaftsverbänden, den **Mikrochoren,** zusammenführen. Landschaftliche Räume mit gleicher Mikrochorenkombination und -anordnung können weiter zu **Meso-** und **Makrochoren** (= Landschaften und Großlandschaften) zusammengefaßt werden.

Landschaftliche Grundeinheiten in topischer und chorischer Dimension sind nach Komponenten der Naturausstattung gekennzeichnete und abgegrenzte Raumeinheiten der Landschaft ohne Berücksichtigung der Nutzung (= **Naturraumeinheiten**). In den intensiv genutzten Landschaften bestimmen aber besonders die Raumeinheiten der Flächennutzung die Struktur der Landschaft. Die kleinsten homogenen **Nutzflächeneinheiten** sind je nach Nutzungsform sehr unterschiedlich in Flächenumfang und -form.

Eine einheitliche Klassifikation der Nutzflächeneinheiten existiert bisher nicht. Sie lassen sich zu **Nutzungsflächentypen** und **Nutzungskomplexen** zusammenfassen, also größeren Mosaikeinheiten, in denen alle Nutzflächen mit übereinstimmenden Hauptmerkmalen der räumlichen Anordnung vereinigt werden. Während Nutzflächeneinheiten und Nutzungskomplexe noch an bestimmte naturbedingte Strukturen der Landschaft (z. B. an das Relief) angepaßt sind, stellen die nächsthöheren Einheiten, die **Betriebs-** oder **Bewirtschaftungseinheiten,** das **Teilwirtschaftsgebiet** und das **Wirtschaftsgebiet,** territoriale Organisationsformen meist ohne direkten Bezug zur naturräumlichen Einheit dar.

Eine andere Form der räumlichen Begrenzung von Nutzungsflächeneinheiten ergibt sich durch die Ausweisung von Landschaftsräumen nach ihrer gesellschaftlichen Hauptfunktion. Diese **Funktionsräume** sind landschaftliche Einheiten mit gleicher gesellschaftlicher Haupt- oder Vorrangfunktion (z. B. Naturschutzgebiete, Flächennaturdenkmale, Erholungsgebiete, Wildforschungsgebiete u. a.), obwohl einzelne Teilgebiete des Funktionsraumes eine unterschiedliche Naturausstattung besitzen und deshalb auch einer differenzierten Nutzung und Pflege bedürfen.

Die Struktur einer Landschaft ergibt sich demnach aus unterschiedlicher **Naturraumdifferenzierung** und **Flächennutzung.** Die unterschiedlich hoch integrierten Raumeinheiten der Naturausstattung und Nutzung sind in ihrer Flächenausdehnung nicht kongruent, sondern weichen z. T. erheblich voneinander ab. Für die praktische Arbeit in Landschaftsplanung, Landschaftspflege, Meliorationswesen, Wasserbau u. a. sind aber Raumeinheiten wünschenswert, die eine Gestaltung und Pflege auf landschaftsökologischer Grundlage gestatten. Das Bezugsobjekt sollte eine möglichst einheitlich genutzte, aber auch landschaftsökologisch gleichartig reagierende und landschaftspflegerisch einheitlich zu behandelnde Raumeinheit der Landschaft sein. Als derartige komplexe räumliche Objekte der Landschaft, die in sich Merkmale der Naturausstattung und Nutzung gleichermaßen vereinen, können die **Landschaftselemente** angesehen werden. Sie sind punkt- oder raumförmige Einzelobjekte der Landschaft, die

- hinsichtlich ihrer physiognomisch wahrnehmbaren, landschaftspflegerisch wesentlichen Strukturmerkmale übereinstimmen,
- eine für das gesamte Objekt gemeinsame landeskulturelle Funktionswirksamkeit besitzen,
- einer einheitlichen Nutzung und landschaftspflegerischen Behandlung unterliegen,
- eine charakteristische räumliche Einordnung in die Kulturlandschaft mit einem deutlich von der Umgebung abgrenzbaren Randbereich aufweisen und sich damit von andersartigen Landschaftselementen unterscheiden (NIEMANN 1977).

Landschaftselemente sind Abstraktionen realer landschaftlicher Objekte. Da die Einzelobjekte der Landschaftselemente verschieden strukturiert sind, unterschiedlich genutzt werden und eine strukturabhängige Leistungsdifferenzierung in Bezug auf verschiedene gesellschaftliche Anforderungen besitzen, werden sie in leistungsabhängige Strukturtypen differenziert. In Bezug auf die Leistung von Strukturtypen der Landschaftselemente als Habitate

468   7. Ökologie von Landschaften

von wildlebenden Tier- und Pflanzenarten werden diese als **Habitat-Strukturtypen** bezeichnet. Diese kennzeichnen nicht vordergründig Habitate von Populationen der Arten, sondern Struktureinheiten von Landschaftselementen unter dem Aspekt als Habitat. Gleichsinnig existieren weitere leistungsorientierte Strukturtypen (ST) von Landschaftselementen: Winderosionsschutz-ST, Wassererosionsschutz-ST, Erholungs-ST, Filterungs-ST, landschaftsästhetisch wirksame ST. Über die einzelnen, leistungsabhängigen Strukturtypen lassen sich **Komplex-Strukturtypen** (KST) bilden und auch wieder in leistungsspezifische Strukturtypen zurückführen.

Die Komplex-Strukturtypen drücken das komplexe Leistungsvermögen eines Strukturtyps aus und korrelieren deshalb mit dem gesellschaftlichen Anspruch der Mehrzwecknutzung. Komplex-Strukturtypen unterscheiden sich innerhalb eines Landschaftselements (z. B. Flurgehölz) nach ihren **Grundstrukturen** (z. B. Flächengehölze und Breitstreifen, Schmalstreifen mit und ohne Strauchschicht, Alleen, Solitärgehölze, Gebüsche) und werden in ihrem Pflegezustand durch **Zustandsmerkmale** gekennzeichnet (z. B. Gehölzalterstadium, Überschirmungsgrad, Bekronungsanteil, Reihigkeit, Dichte der Strauchschicht im Innern u. a.)

Landschaftseinheiten sind die räumlichen Bezugseinheiten bei der Landschaftsdifferenzierung nach landschaftspflegerischen Gesichtspunkten. Im Gegensatz zu naturräumlichen Einheiten werden Landschaftseinheiten nach **naturräumlichen** und **nutzungsbedingten Merkmalen** gekennzeichnet und begrenzt. Landschaftseinheiten sind Räume mit weitgehend einheitlichen Bedingungen in:

— landschaftspflegerisch wesentlichen Merkmalen des äußeren Erscheinungsbildes der Naturausstattung
— Menge und Verteilung von Typen der Landschaftselemente
— Präsenz charakteristischer Landschaftsprozesse und Landschaftsschäden
— Nutzungsartenverteilung und Nutzbarkeit
— Funktionswirksamkeit und aktueller Nutzung
— klarer Begrenzung durch ein oder mehrere Merkmale der Naturausstattung oder Nutzung gegenüber benachbarten Landschaftseinheiten.

7.3. Landschaftsgefüge und Landschaftsgliederung

7.3.1. Das Landschaftsgefüge

Das **Landschaftsgefüge** spiegelt die räumliche Ordnung in der Landschaft wider. Diese räumliche Ordnung wird nach HAASE (1976) durch den **Mosaikcharakter** als Abbild der Vergesellschaftung einer bestimmten Menge korrelativer Merkmalskombinationen vorwiegend stabiler, weitgehend invariater Merkmale und die Anordnung der Grundbausteine in einer Landschaftseinheit bestimmt. Von gleicher Bedeutung wie der Mosaikcharakter ist das **Verflechtungsmuster** der landschaftlichen Grundeinheiten, das von den durch aktive Prozesse hervorgerufenen Nachbarschaftsbeziehungen gekennzeichnet wird. Die Lage der einzelnen landschaftlichen Grundbausteine zu den im Naturraum möglichen Stoff- und Energieumsätzen, nach SOLNCEV (1974) als **Faktorenexposition** bezeichnet, wird in Zirkulationsexposition (Lage zu lateralen Stoff- und Energietransporten z. B. durch Wasser oder Luft), Strahlungsexposition (Lage zu Ein- und Ausstrahlungsbedingungen) und Gravitationsexposition (Lage im Relief) gegliedert.

Das Gefüge oder die Arealstruktur von Landschaften wird nach NEEF (1967) durch Inventar, Mosaik und Mensur gekennzeichnet.

1. Das **Inventar** bezeichnet die Anzahl landschaftlicher Grundeinheiten, z. B. Tope, Landschaftselemente, sowie die Zahl der Typen dieser Grundeinheiten (Leit- und Begleittypen). Die Verkettungseigenschaften der Grundeinheiten lassen sich durch **Toposequenzen** korrelativer Merkmalskombinationen kennzeichnen, die normhaften **Verkettungsformen** durch **Naturraum-Catenen** (HAASE 1976).
2. Das **Mosaik** kennzeichnet die räumliche Verteilung der Glieder der Landschaft, das **Anordnungsmuster** bezeichnet dabei die räumliche Verkettung dieser Glieder.
3. Die **Mensur** ist der Merkmalskomplex der Abstandsmaße und Größenordnungen innerhalb einer Landschaftseinheit. Dazu gehören Merkmale wie die Frequenz (Häufigkeit einer Einheit in % der Gesamtzahl, bezogen auf eine Landschaft), die Abundanz (absolute Häufigkeit), Verbreitungsdichte (Abstände zwischen den Vorkommen), mittlere Flächengröße und -form, Zerlappungsgrad (Quotient aus Grenzlänge und Fläche einer Grundeinheit).

Die **räumliche Heterogenität** ist ein komplexes Merkmal, welches vom Anordnungsmuster und der Mensur bestimmt wird und die Differenziertheit in der Zusammensetzung und Verteilung innerhalb landschaftlicher Raumeinheiten angibt.

Die Verteilung von landschaftlichen Grundeinheiten in größeren Raumeinheiten als ein Merkmal des Landschaftsgefüges läßt sich als „**strukturelle Komplexität**" mit Hilfe informationstheoretischer Modelle recht gut fassen (STÖCKER und BERGMANN 1978). Die aus kartographischen Darstellungen entnommenen Informationen über Anzahl, Flächenanteile von z. B. Landschaftselementen und deren Aufgliederung in Teilflächen kann mit der Shannon-Wiener-Funktion beschrieben werden:

$$H' = -C \sum_{i=1}^{s} p_i \log p_i \qquad (7.1.)$$

p_i = relativer Flächenanteil des i-ten Landschaftselementes (i = 1, 2, ... s)
$-C$ = Konstante zur Gewinnung von positiven Werten für H'
s = Zahl der in der Landschaft erfaßten Landschaftselemente
H' = Maß für die strukturelle Komplexität.

Der Informationsunterschied zweier Territorien k und l kann bemessen werden mit

$$\Delta H' = H'_{k,l} - \frac{H'_k + H'_l}{2} \qquad (7.2.)$$

Für mehr als 2 Landschaftsausschnitte ergibt sich eine $\Delta H'$-Matrix.

$0 \leq H'(\text{ld}) \leq 1$ (ld = 2)

Die Berechnung von H' kann erfolgen

1. anhand der summarischen Flächenanteile der einzelnen Landschaftselemente = H' = **flächenanteilige Komplexität**
2. anhand der Werte für die einzelnen Teilflächen der Landschaftselemente = H'_d = **distributive** oder **dispersive Komplexität**.

Diese Informationsanalyse ist auch auf die Berechnung der Mannigfaltigkeit einer Landschaftseinheit, z. B. auf den Wechsel und die Frequenz verschiedener Landschaftselemente innerhalb einer Landschaftseinheit oder die Mannigfaltigkeit im vertikalen Aufbau von Randstrukturen u. a., anwendbar.

7.3.2. Gliederung von Landschaften

Die Gliederung von Landschaften in naturräumlich, nutzungs- oder landschaftspflegerisch orientierte Raumeinheiten ist eine wichtige Voraussetzung für die Beurteilung von Landschaftsteilen mit unterschiedlichem Raumgefüge hinsichtlich ihrer Eignung für geplante Maßnahmen der Landschaftspflege, -gestaltung, des Meliorationswesens und des Naturschutzes. Dies kann durch die Methode der „**Naturräumlichen Gliederung**" nach dominanten, physiognomisch wahrnehmbaren Merkmalen der Naturausstattung und Nutzung (MEYNEN und SCHMITHÜSEN 1978) und die Methode zur Landschaftsgliederung nach landschaftspflegerisch wichtigen und landschaftsbezogenen Hauptmerkmalen erfolgen (Abb. 7.1.).

Die räumliche Ausdehnung landschaftspflegerisch bedeutsamer Merkmale wird aus vorliegenden Kartenwerken unterschiedlichen Maßstabs entnommen. Hauptmerkmale mit quantitativen Aussagen werden auf der Grundlage von Gitternetzquadraten von 1 km² Größe ermittelt, z. B.:

– Höhenlage über NN (in Klassen von 40 m Abstand)
– Reliefenergie (maximale Höhendifferenz im Quadrat)
– Gebietsabflußhöhe (mittlere Jahresabflußhöhe)
– hydrologischer Regimetyp (nach GRIMM 1968)
– Flußnetzdichte (Länge in km/km²)
– geohydrologisches Verhalten (Zusammenfassung von in dieser Hinsicht gleich reagierenden geologischen Formationen)
– Nutzungsartenverhältnis (Wald-Grünland-Acker-Anteil in %).

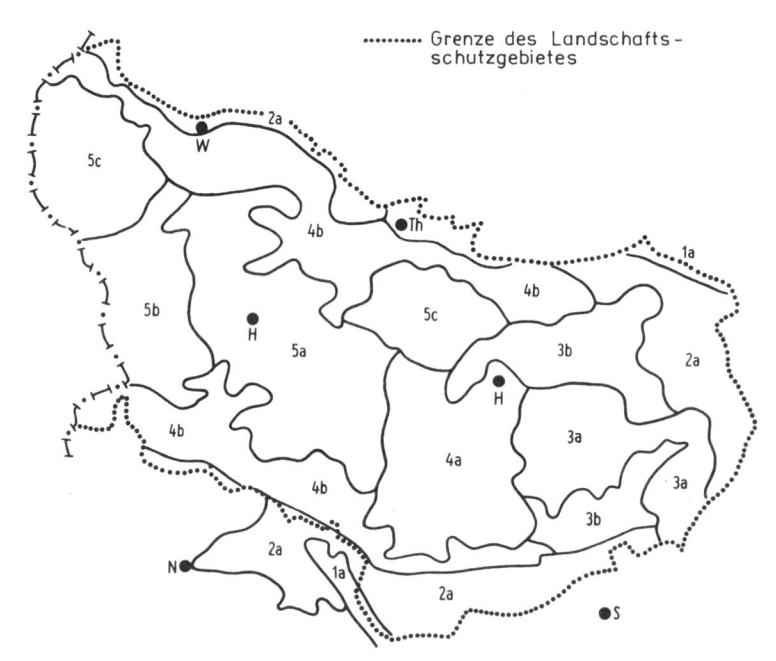

Abb. 7.1. Gliederung des Landschaftsschutzgebietes Harz in Landschaftstypen.
1. Hügelland (150–200 m ü. NN); a) Acker-Typ.
2. Höheres Hügelland (200–300 m ü. NN); a) Restwald-Ödlandrasen-Acker-Typ.
3. Ostabdachung des unteren Berglandes (300–400 m ü. NN); a) Wald-Talwiesen-Acker-Typ; b) Acker-Talwiesen-Wald-Typ.
4. Unteres Bergland (300–500 m ü. NN); a) Restwald-Grünland-Acker-Typ; b) Talwiesen-Wald-Typ.
5. Bergland (über 500 m ü. NN); a) Wald-Grünland-Typ; b) Talwiesen-Wald-Typ; c) Wald-Typ.

Durch Auswertung vorliegender Kartenwerke wird auch die Flächenverbreitung folgender qualitativer Merkmale festgestellt:
— geologisches Ausgangsgestein für die Bodenbildung (abgeleitet aus Geologischen Meßtischblättern nach Verwitterung, Korngrößenzusammensetzung der Verwitterungsschicht, Nährstoffangebot und Grundchemismus der Gesteine)
— Boden (Bodengesellschaftskomplex)
— Vegetation (potentiell-natürliche und aktuelle Vegetation)
— Klima (thermische und hygrische Verhältnisse).

Aus Gründen einer eindeutigen räumlichen Zuordnung von landschaftsbezogenen Daten, vor allem beim Einsatz der modernen Rechentechnik, werden für landschaftsplanerische Zwecke Landschaften durch **Landschaftsinformationsraster** (LIR) gekennzeichnet (REUTER 1983). Auf der Grundlage eines Quadratkilometerrasters (Gauß-Krüger-Koordinatensystem) werden Basisdaten für landschaftliche Leistungen aus Karten erhoben und jedem km^2 zugeordnet. Durch Ähnlichkeitsberechnung über die Clustermethode können Typen des Landschaftsinformations-Rasters (sogen. LIR-Typen) ermittelt werden. Durch Kartierung der realen Ausstattung einer repräsentativen Stichprobenzahl jedes LIR-Typs mit Komplex-Strukturtypen kann die durchschnittliche Ausstattung jedes LIR-Typs ermittelt und auf alle km^2 der einzelnen Typen hochgerechnet werden. Die daraus abgeleiteten Karten sind Mosaike unterschiedlicher LIR-Typen. Im Vergleich zu naturräumlichen Gliederungen spiegeln die Landschaftsinformations-Raster-Karten die innere Strukturierung von Landschaften besser wider und sie ermöglichen zu jeder Zeit auch eine Aussage über die Ausstattungsparameter jedes Mosaikbausteins in Form des LIR-Typs.

Die Landschaftsinformations-Raster-Methode gestattet auch die weitere Zusammenfassung von strukturell ähnlichen LIR-Typen zu größeren landschaftspflegerischen Raumeinheiten (LRE). So können die 19 LIR-Typen des Lößgebietes z. B. nach der Methode der Vernachbarungshäufigkeit zu 5 landschaftspflegerischen Raumeinheiten zusammengefaßt werden. Das nachfolgende Modell spiegelt die Vernachbarung der LIR-Typen im Lößverbreitungsgebiet graphisch wider (Abb. 7.2.).

7.4. Landschaftshaushalt und Landschaftsdynamik

7.4.1. Grundlagen des Landschaftshaushalts

Die Beziehungen zwischen den Lebensgemeinschaften und ihrer Umwelt beruhen auf physikalischen, chemischen, biologischen und gesellschaftlichen Kräften, die sich in einem für jede Landschaft charakteristischen Wirkungsgefüge vereinigen (vgl. 1.1.). Wegen der Vielzahl unterschiedlicher Kompartimente kann die Landschaft als kompliziertes Gefüge von komplexem Charakter mit einer Vielzahl von Relationen zwischen den Systemelementen und damit gleichsam als kybernetisches Regelsystem angesehen werden (BARSCH 1971).

Die Beziehungen zwischen den Komponenten und Elementen sind **stoffliche** und **energetische Austauschvorgänge** (Prozesse), die ständig, zeitweilig oder spontan auftreten können und sich in **Wirkungsketten** und **Kreisläufen** modellhaft darstellen lassen (vgl. 2.6.). Die Beziehungen zwischen Landschaftselementen können z. B. als gewichtete Graphen und als Berührungs- oder Indizimatrix wiedergegeben und durch multiplikative Verknüpfung in ihrer Wirkungsfolge beurteilt werden (STÖCKER und BERGMANN 1978). Für einige Stoffe und Stoffgruppen, Energieformen und -speicher lassen sich **Bilanzen** darstellen, d. h. das Verhältnis zwischen Erzeugung und Verbrauch bestimmter Stoff- oder Energiemengen

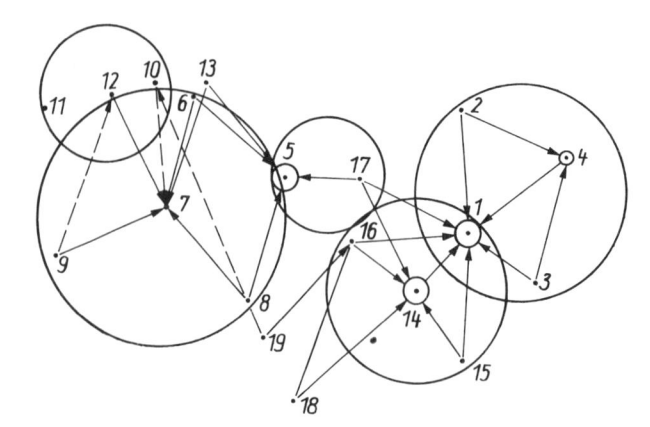

Abb. 7.2. Vernachbarung der LIR-Typen des Lößgebietes.

innerhalb einer Landschaftseinheit in einer bestimmten Zeit. Die Bilanzen aller in einer Landschaftseinheit ablaufenden Stoff- und Energieflüsse umfassen den Gesamthaushalt einer Landschaft.

Das Ökosystem Landschaft ist ein nach mehreren Richtungen **offenes System,** da stoffliche und energetische Eingänge (inputs) oder Ausgänge (outputs) nur z. T. an bestimmte Raumeinheiten gebunden sind, viele Prozesse aber auch über diese hinausgehen. Neben den **vertikal** gerichteten **Prozessen** (z. B. Gesteinsverwitterung, Mineralisation organischer Substanz), die an bestimmte Landschaftselemente geknüpft sind, führen vor allem die **horizontal** ablaufenden stofflichen **Transportvorgänge** (z. B. Bodenerosion an Hängen) und **Ausbreitungsvorgänge** (z. B. Stoffverteilung im Grundwasser oder in der Atmosphäre) zu Substanz-, Regime- oder Raumgefügeänderungen innerhalb der Landschaften. Diese in eine bestimmte Richtung tendierenden Prozesse der Landschaft bewirken infolge Stoffverlagerung typische Formen der **Eigenentwicklung** oder **Dynamik** der Landschaft. Dabei gehen an einigen Landschaftselementen diese Prozesse relativ langsam vonstatten (z. B. Reliefveränderungen), an anderen verlaufen sie schneller (Veränderung des Wasserhaushaltes, der Pflanzendecke und Tierwelt).

Naturbedingte Prozesse verlaufen unabhängig vom Menschen, sie werden aber durch **Nutzungseinflüsse** häufig beschleunigt, verstärkt und in ihren Folgen schneller sichtbar. Die Veränderung von Landschaften und Landschaftselementen erfolgt dabei über bestimmte **Sukzessionsstadien.**

7.4.2. Landschaftshaushalt und Nutzung der Landschaft

Landschaften und ihre Elemente werden von natur- und nutzungsbedingten Raumstrukturen und Prozessen geprägt. Diese stehen in enger Wechselwirkung miteinander. Nutzungsbedingte Prozesse vermögen naturbedingte so zu beeinflussen, daß ganze Landschaften ihre **Fähigkeit zur Eigenregulation** (z. B. jährliche Reproduktion der Bodenfruchtbarkeit) verlieren. Damit sind weitreichende Folgen für die gesellschaftliche **Nutzbarkeit** der Landschaft und ihrer Elemente verbunden. Es ist deshalb für die Landnutzung wichtig, die landschaftlichen Prozesse und ihre Folgen zu kennen (vgl. HAASE und RICHTER 1979). Naturbedingte Prozesse sollten daher nach dem Vorschlag von NIEMANN (1979) gezielt und stärker als bisher für die Erfüllung **landeskultureller Leistungen** ausgeschöpft werden. Außerdem ist zu berücksichtigen, daß nachteilige Auswirkungen auf den Landschaftshaushalt und damit auf die Nutzbarkeit der Landschaft oft durch wachsende volkswirtschaftliche Aufwendungen kompensiert werden müssen.

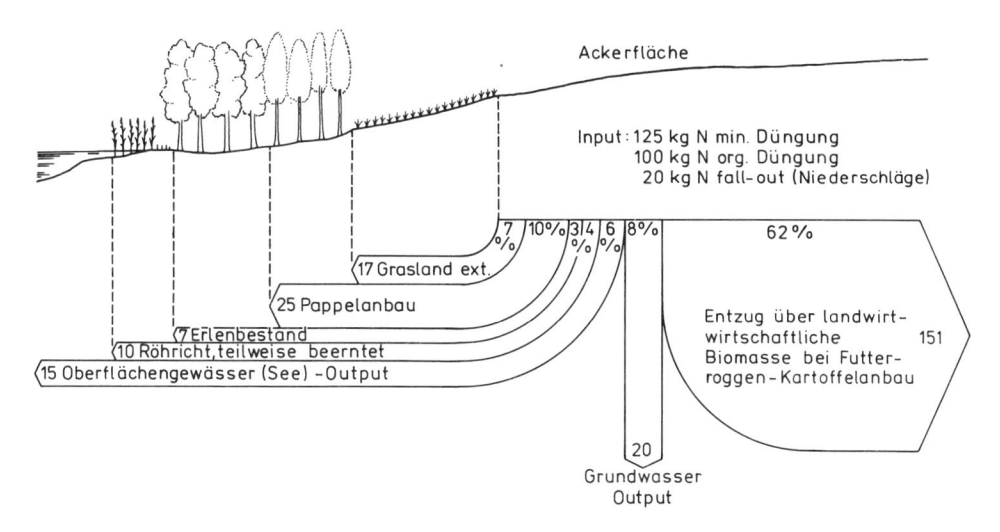

Abb. 7.3. Modell der Stickstoffbilanz in der Landschaft. Nach WEGENER 1981 in ILN 1981.

Landschaftsökologische **Wirkungsketten** und **Folgeprozesse** lassen sich gut durch **Bilanzmodelle** darstellen (Abb. 7.3.).

Ein Beispiel für den engen Zusammenhang zwischen den naturbedingten Prozessen der Landschaft (Klima, Bodenwasserhaushalt) und Nutzungsprozessen (Großflächen, Bodenbearbeitung und Rübenanbau mit später Vegetationsbedeckung) ist die Verringerung der Bodenfruchtbarkeit und Schliffschäden an Rüben durch Winderosion in trockenen Witterungsperioden des Frühjahrs im Lößgebiet (Abb. 7.4.) nach HAUPT (1986).

7.4.3. Stabilität und Belastbarkeit von Landschaften

Landschaften, ihre Komponenten und Elemente werden durch **Nutzungseinflüsse** (z. B. Meliorationen), **Nebenwirkungen** der Nutzung (z. B. Bodenverdichtung durch Raddruck) oder **naturbedingte Prozesse** (z. B. Mäanderbildung bei Fließgewässern) in ihrem **Zustand** (Struktur und Landschaftshaushalt) verändert. Der Zustand vor der Beeinflussung kann durch Eigenregulationsfähigkeit wieder erreicht werden; denn jede Landschaft und jedes ihrer Elemente hat gegenüber speziellen Belastungsgrößen und -formen eine **spezifische Stabilität**. Die Stabilität wird weitgehend von der Landschaftsstruktur und den davon abhängigen Prozessen bestimmt (NEUMEISTER 1979). Das landschaftliche Stabilitätsverhalten beruht auf dem **Pufferungsvermögen** der Komponenten und Elemente sowie der an sie gebundenen Prozesse, Störeinflüsse bis zu einer bestimmten Größenordnung tolerieren oder kompensieren zu können, ohne ihren Zustand zu verändern (ELLENBERG 1972; STÖCKER 1974). Der Bereich des Pufferungsvermögens bis zur **absoluten Belastungsgrenze** ist mit Zustandsänderungen der Prozeßvorgänge verbunden, die in relativ kurzer Zeit **reversibel** sind. Bei **Überschreitung** der Belastungsgrenzen kommt es zu **irreversiblen Veränderungen** in den Prozessen und damit in der Struktur und Stoffproduktion. Da solche Veränderungen nur mit hohen Sanierungskosten z. B. für meliorative Maßnahmen aufzuheben sind, ist die Kenntnis der Belastungsgrenzen ein Grundproblem der Landesplanung und Landnutzung. Die Festlegung spezieller Belastungsgrenzen wird durch die Überlagerung verschiedener **Belastungsformen,** durch **Kopplung** bekannter Prozesse mit noch nicht ausreichend bekannten sowie durch unterschiedliche **Landschaftsstrukturen** und **Nutzungsansprüche** erheblich erschwert. Insgesamt ist der Kenntnisstand über die **Belastbarkeit** der Landschaft und ihrer Elemente noch unzureichend (AURADA 1979).

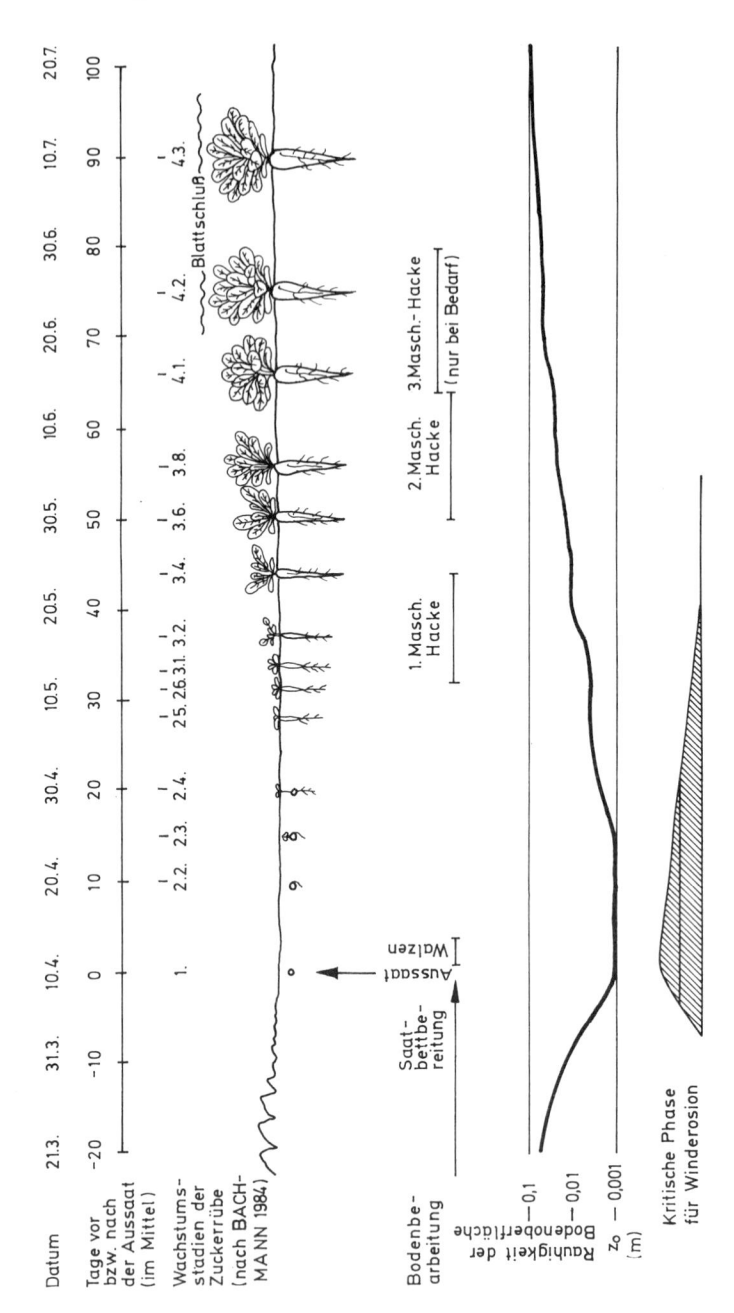

Abb. 7.4. Winderosionsdisposition von Zuckerrübenschlägen auf Lößstandorten in Abhängigkeit von Pflanzenentwicklung und Bodenbearbeitung. Nach HAUPT 1986.

7.5. Leistungsvermögen und Eignungsbewertung von Landschaftselementen und -einheiten

7.5.1. Leistungsvermögen und Eignungsbewertung von Landschaftselementen

Die Landschaftselemente besitzen ein bestimmtes Leistungsvermögen hinsichtlich spezifischer **gesellschaftlicher Anforderungen.** Solche Leistungen sind u. a.:

1. Winderosionsverminderung
2. Filterwirkung (für feste Partikel in der Atmosphäre)
3. Wassererosionsverminderung
4. Erholungswert
5. Landschaftsästhetischer Wert
6. Habitatleistung (für wildlebende Pflanzen- u. Tierarten)

Das Leistungsvermögen kennzeichnet den verfügbaren Spielraum in der Nutzbarkeit und Nutzungsbelastung. Die Merkmale der **Grundstruktur** und der strukturellen **Zustandsformen** sind in ihrer Kombination die Voraussetzung für den Grad der Leistungserfüllung. Merkmale der Grundstruktur werden z. B. beim Landschaftselement Wald durch folgende Komplex-Strukturtypen repräsentiert: Erlen-Bruchwälder, Erlen-Eschen-Wälder, Weichholzaue, Hartholzaue, Eichen-Hainbuchenwälder, Buchenwälder, Ahorn-Buchen-Schluchtwälder, Eichen-Birkenwälder, Birkenhaine, Trockenheitsertragende Eichen-Buschwälder, Xerotherme Kiefernwälder, Kiefernforsten, Fichtenforsten, Lärchenforsten, Rubinienforsten, Pappelforsten.

Die pflegebedingten Zustandsformen des Waldes mit entscheidendem Einfluß auf das Leistungsvermögen der Komplex-Strukturtypen des Waldes sind: Wuchsklasse, Schlußgrad der Bestockung, Schichtung, Baumartenvielfalt, Vorhandensein von Gehölzen mit auffallender Blüten- und Fruchtbildung oder Stammfarbe, Strukturvielfalt der Baumschicht, Ausbildung der Strauchschicht und Bodenvegetationsdichte.

Jedes Landschaftselement erfüllt entsprechend seiner strukturellen Merkmalskombination die verschiedenen Anforderungen durch unterschiedliche Leistungen. Für die landschaftspflegerische Praxis ist es jedoch wichtig zu wissen, in welchem Grad diese Leistungen erfüllt werden können. Dazu muß die Wirksamkeit der einzelnen Merkmale für jede spezifische Leistung analysiert werden, um Empfehlungen für die Eignungsbeurteilung und Leistungsverbesserung ableiten zu können. Dem dienen verschiedene Verfahren der **Eignungsbewertung** von Landschaftselementen vor allem auf der Grundlage von Rangstufenbewertungen der Einzelmerkmale und Merkmalskombinationen (vgl. NIEMANN 1977 u. a.). Ein besonders schwieriges Problem stellt die Bewertung von Strukturtypen der Landschaftselemente hinsichtlich ihres Habitatwertes dar, da jede Art unterschiedliche ökologische Ansprüche besitzt und z. T. auch stark bestandesbedrohte Arten in nur gering strukturierten Landschaftselementen siedeln (z. B. die Großtrappe auf Ackerflächen). Außerdem ist die notwendige Kenntnis über die Habitatbindung für zahlreiche Arten (z. B. Insekten) noch unzureichend. Erste Ansätze zur Kennzeichnung des Habitatwertes von Strukturtypen der Landschaftselemente unter Berücksichtigung der Gesamtartenzahl von Vogel- und Säugerarten und der Anzahl bestandesbedrohter Arten vermittelt Tab. 7.1.

7. Ökologie von Landschaften

Tabelle 7.1. Habitatwert von Habitatstrukturtypen der Flurgehölze. Nach GÖRNER et al. 1979

Anzahl	Habitatstrukturtypen											
Nr. des Typs	1	2	3	4	5	6	7	8	9	10	11	12
I. Vögel												
a) insgesamt	26	24	55	53	52	40	38	42	41	36	35	16
b) 1 + bestandsbedroht	1	1	5	5	4	4	4	4	4	4	5	4
a × b	52	48	330	318	260	200	190	210	205	180	210	80
Rangziffer	11.	12.	1.	2.	3.	7.	8.	4,5.	6.	9.	4,5.	10.
II. Säuger												
a) insgesamt	13	13	17	18	15	17	14	15	10	13	9	4
b) 1 + bestandsbedroht	2	2	3	3	2	3	2	2	2	2	2	1
a × b	39	39	68	72	45	68	42	45	30	39	27	4
Rangziffer	8.	8.	2,5.	1.	4,5.	2,5.	6.	4,5.	10.	8.	11.	12.
Σ Rangziffer I + II	19.	20.	3,5.	3.	7,5.	9,5.	14.	9.	16.	17.	14,5.	22.
Rangziff. insgesamt	10.	11.	2.	1.	3.	5.	6.	4.	8.	9.	7.	12.

Habitatstrukturtypen Flurgehölz
1. Flächengebüsch
2. Streifengebüsch
3. Flächengehölz mehrstufig mit Saum- und Binnengebüsch
4. Flächengehölz, dicht mit Saumgebüsch
5. Breitstreifengehölz mit Unterwuchs
6. Flächengehölz ohne Unterwuchs
7. Breitstreifengehölz ohne Unterwuchs
8. Schmalstreifengehölz mit Unterwuchs
9. Reihengehölz mit Unterwuchs
10. Schmalstreifengehölz ohne Unterwuchs
11. Alleen und Reihengehölze
12. Solitärbäume

Die Methode zur Bewertung von Komplex-Strukturtypen (HENTSCHEL 1989) beruht ebenfalls auf der Bewertung von Expertenbefragungen und Literaturergebnissen nach einem Rangstufenverfahren mit den Rangzahlen für das Leistungsvermögen von 0 (= nicht relevant) bis 10 (sehr gut wirksam). Bei den landeskulturellen Leistungen Winderosionsverminderung und Wassererosionsverminderung wurden linienförmige Landschaftselemente höher in ihrer Wirksamkeit bewertet, als flächenhafte. Da die pflegebedingten Zustandsformen das landeskulturelle Leistungsvermögen der Komplexstrukturtypen wesentlich beeinflussen können, wurden den Zustandsformen Wichtungsfaktoren zwischen 1,0 (optimale Leistungserfüllung) und 0,1 (sehr stark verringertes Leistungsvermögen) multiplikativ zugeordnet (Tab. 7.2.).

7.5. Leistungsvermögen und Eignungsbewertung von Landschaftselementen und -einheiten 477

Tabelle 7.2. Bewertung von Komplex-Strukturtypen des Landschaftselements: 06 Wald

landeskulturelle Leistung	Winderosionsverminderung	Filterwirkung	Wassererosionsminderung	Erholungswert	Landschaftsästhetik	Habitatleistung
Komplexstrukturtyp						
01	4	10	0	0	7	10
02	4	9	0	1	7	9
03	3	7	0	0	7	7
04	4	10	0	6	9	8
05	4	10	5	9	9	6
06	4	9	5	10	10	7
07	3	8	3	4	10	9
08	4	8	5	5	9	5
09	2	6	5	8	8	4
10	1	5	5	2	8	10
11	1	4	5	1	6	7
12	4	8	5	8	6	2
13	4	9	3	5	6	1
14	3	7	5	2	5	2
15	3	7	5	1	5	1
16	2	8	5	2	5	1
Zustandsform	WF	WF	WF	WF	WF	WF
1.1	0,3	0,3	0	0,2	0,2	0,4
1.2	0,8	0,8	0	0,5	0,6	0,7
1.3	1	1	0	1	1	1
2.1	0,8	0,8	0	0,8	0,6	1
2.2	0,9	1	0	1	1	0,8
2.3	1	0,8	0	0,7	0,7	0,6
3.1	0,7	0,7	0	0,8	0,5	0,4
3.2	0,9	0,9	0	0,9	1	0,8
3.3	1	1	0	1	0,8	1
4.1	0	0	0	0,5	0,5	0,3
4.2	0	0	0	0,8	0,7	0,6
4.3	0	0	0	1	1	1
5.1	0	0	0	0,5	0,6	0
5.2	0	0	0	0,8	0,8	0
5.3	0	0	0	1	1	0

478   7. Ökologie von Landschaften

Tabelle 7.2. (Fortsetzung)

Zustands- form	WF	WF	WF	WF	WF	WF
6.1	0	0	0	0,5	0,6	0,3
6.2	0	0	0	0,7	0,8	0,7
6.3	0	0	0	1	1	1
7.1	0,8	0,8	0,4	1	0,7	0,4
7.2	0,9	0,9	0,6	0,9	1	0,6
7.3	1	1	1	0,5	0,8	1
8.1	0	0	0,1	0,8	0,4	0,3
8.2	0	0	0,8	1	0,7	0,6
8.3	0	0	1	0,7	1	1

WF — Wichtungsfaktor (Komplex-Strukturtypen u. Zustandsformen siehe S. 475)

Die Bewertungstabellen ermöglichen dem Anwender:
1. Die komplexe Beurteilung des Leistungsvermögens eines vorhandenen Landschaftselements mit bestimmter Struktur hinsichtlich mehrerer landschaftlicher Leistungen durch Vergleich aller Rangzahlen einer Reihe (horizontal).
2. Die Auswahl der am besten geeigneten Strukturtypen für die optimale Erfüllung einer erwünschten Vorrangleistung durch Auswahl der höchsten Rangziffer der entsprechenden Spalte (vertikal).
3. Die Einschätzung anderer, damit gleichzeitig erfüllter Nebenleistungen durch einen ausgewählten Strukturtyp (horizontaler Vergleich).
4. Die Berücksichtigung aktueller Zustandsmerkmale als ein Schlüssel zur Verbesserung des Leistungsvermögens durch gestalterische Maßnahmen.

7.5.2. Leistungsvermögen und Eignungsbewertung von Landschaften

Die Mehrzwecknutzung von Landschaften beruht auf dem differenzierten Leistungsvermögen der Landschaften, den **Naturraumpotentialen,** die sich in Teilpotentiale untergliedern lassen (NEEF 1967):

1. Rohstoffpotential (Roh- und Hilfsstoffe, Energieträger)
2. Wasserpotential (nutzbarer Teil des Wasserkreislaufs)
3. Biotisches Ertragspotential (z. B. Bodenfruchtbarkeit)
4. Bebauungspotential (z. B. Baugrundeigenschaften)
5. Rekreations- oder Erholungspotential (z. B. Luftqualität, Erholungswert, landschaftsästhetischer Wert)
6. Entsorgungspotential (z. B. natürliche Abbau-, Verfrachtungs- und Verteilungsprozesse in Boden, Wasser, Luft)

Für eine nachhaltige und andere Nutzungsformen nicht schädigende Mehrzwecknutzung der Landschaft sind von Bedeutung:

— die Kombinierbarkeit und Verträglichkeit (Korrespondenz) der Nutzung verschiedener Teilpotentiale auf gleicher Fläche
— Die Berücksichtigung möglicher Nachbarschafts- und Nebenwirkungen (z. B. bei Grundwassernutzung)
— die Kalkulation der Kosten für die Nutzbarmachung der Potentiale.

7.5. Leistungsvermögen und Eignungsbewertung von Landschaftselementen und -einheiten

In die gesellschaftliche Nutzung überführte Naturraumpotentiale sind **Leistungen** der Landschaft zur Befriedigung spezieller gesellschaftlicher Anforderungen.

Potentiale und Leistungen der Landschaft beruhen auf Prozessen und Strukturen, die nur dann nachhaltig genutzt werden können, wenn die landschaftseigenen Prozesse der **Eigenregulation** nicht beschädigt werden. Diese Prozesse leisten damit einen entscheidenden Beitrag für die Erhaltung der Nutzbarkeit von Landschaften.

Für die Landschaftsplanung ist die **Bewertung** des spezifischen Leistungsvermögens von Landschaften der entscheidende Abschnitt im Planungsablauf (Diagnose).

Als besonders aussagefähig für die Beurteilung des Erholungswertes von Landschaften hat sich z. B. die Ermittlung eines Wertes für die **landschaftliche Mannigfaltigkeit** oder **Vielfältigkeit** (V-Wert) erwiesen. In Anlehnung an die Methode von KIEMSTEDT (1967) können die für Gitternetzquadrate eines Meßtischblattes ermittelten Werte für Waldrandlänge, Gewässerrandlänge, Reliefenergie, Nutzungsartenanteil, Standortklima mit Rangziffern belegt und diese zu einem gemeinsamen **Vielfältigkeitswert** zusammengezogen werden (Abb. 7.5.).

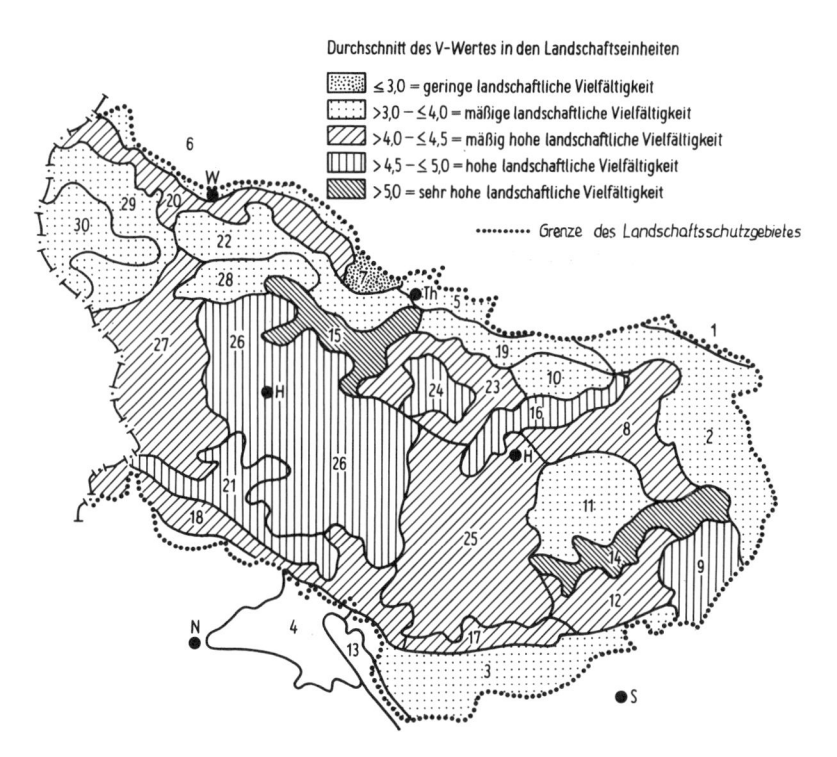

Abb. 7.5. Bewertung der Landschaftseinheiten des LSG „Harz" nach ihrem durchschnittlichen Vielfältigkeitswert (V). Nach ILN 1975 und REUTER 1976.
Landschaftsgliederung: 1 = Ermslebener Ebene; 2 = Harkeroder Vorland; 3 = Questenberger Vorland; 4 = Rüdigsdorfer Vorland; 5 = Neinstedter Vorland; 6 = Benzingeroder Vorland; 7 = Cattenstedter Winkel; 8 = Pansfelder Abdachung; 9 = Piskaborner Übergang; 10 = Hohe-Warte-Hochfläche; 11 = Schieloer Hochfläche; 12 = Grillenberger Hügelland; 13 = Thyra-Helme-Aue; 14 = Wipper-Tal; 15 = Bode-Tal; 16 = Selke-Tal; 17 = Breitunger Rand; 18 = Ilfelder Randhänge; 19 = Gernroder Steilrand; 20 = Wernigeroder Steilrand; 21 = Südliches Bergland; 22 = Nördliches Bergland; 23 = Ramberg-Hänge; 24 = Ramberg-Massiv; 25 = Dankeroder Hochfläche; 26 = Hasselfelder Hochfläche; 27 = Benneckensteiner Hochfläche; 28 = Elbingeroder Plateau; 29 = Plessenburg-Schierker Brockenhänge; 30 = Brockenmassiv.

Zur Bewertung des Leistungsvermögens von **Landschaftstypen** des **Landschaftsinformationsrasters** wurde ein Lösungsweg entwickelt, der die Ergebnisse zur Bewertung der Komplex-Strukturtypen (Rangzahlen) einschließlich ihrer Zustandsformen mit den Ergebnissen der durchschnittlichen Ausstattung von Landschaftstypen verknüpft. Mit nachfolgender Formel werden rechnergestützt numerische Ausdrucke ermittelt, die eine relative Bewertung der einzelnen **LIR-Typen** hinsichtlich ihrer Leistungserfüllung nach einheitlicher Methode ermöglichen

$$L\,1\ldots 6\,(LIR) = \frac{\sum_{j=1}^{l}\left[A_i \times R_i \times \left(\sum_{j=1}^{n} WF_{mj}\right) \times \frac{10}{n}\right]}{10} \qquad (7.3.)$$

dabei bedeuten:
L 1 ... 6 (LIR) = Wertziffer für das landeskulturelle Leistungsvermögen eines LIR-Typs hinsichtlich der Erfüllung der Leistungen 1−6
l = Anzahl der Komplex-Strukturtypen des LIR-Typs
A_i = durchschnittliche Fläche des Komplex-Strukturtyps i in ha
R_i = Rangzahl des Komplex-Strukturtyps i für die Erfüllung der jeweiligen Leistung
n = Anzahl der funktionswirksamen Zustandsformen
WF_{mj} = modifizierter Wichtungsfaktor für die Zustandsform j

Da sich die **landschaftspflegerischen Raumeinheiten** (LRE) aus einem Mosaik definierter LIR-Typen zusammensetzen, schließt sich die Bewertung an die Bewertung der LIR-Typen an.

$$L\,1\ldots 6\,(LRE) = \frac{\sum_{j=1}^{n}[L(LIR_i) \times A(LIR_i)]}{100} \qquad (7.4.)$$

Dabei bedeuten:
L 1 ... 6 (LRE) = Wertziffer für das landeskulturelle Leistungsvermögen einer landschaftspflegerischen Raumeinheit hinsichtlich der Erfüllung der Leistungen 1 ... 6
n = Anzahl der LIR der LRE
L (LIR_i) = Punktzahl für das landeskulturelle Leistungsvermögen der LIR_i hinsichtlich der Erfüllung der Leistungen 1 ... 6
A (LIR_i) = prozentualer Anteil der Fläche des LIR_i an der LRE

7.6. Gestaltung und Pflege von Landschaften

7.6.1. Nutzungsintensivierung und landschaftspflegerische Maßnahmen

Die zunehmende Beanspruchung der Landschaft durch verschiedene Formen der Flächennutzung erfordert gleichzeitig im Interesse der nachhaltigen Nutzbarkeit die strikte Einhaltung landschaftsökologisch begründeter Vorschriften für die Landnutzung, z. B. durch Vorgabe von Grenzwerten für die Anwendung von Agrochemikalien, sowie die Beachtung allgemeingültiger Kriterien vorbildlicher Landschaftspflege. Darüber hinaus sind eine Erhöhung der Leistungsfähigkeit von Landschaftselementen durch Maßnahmen der Gestaltung und Pflege und die Gewährleistung einer ausreichenden Menge und einer

7.6. Gestaltung und Pflege von Landschaften

sinnvollen Verteilung von möglichst komplex leistungsfähigen Landschaftselementen in Form von Richtwerten für die Landschaftsausstattung erforderlich. Zielstellung ist neben der Verbesserung der Produktionsleistung der Landschaft und ihrer Elemente vor allem die langfristige Sicherung der naturbedingten Prozesse der Eigenregulation und die möglichst umfassende Erfüllung landschaftspflegerisch wirksamer Leistungen.

7.6.2. Gestaltung und Pflege von Landschaftselementen

Die Leistungsfähigkeit von Landschaftselementen hängt weitgehend von ihren Grundstrukturen und den pflegebedingten Zustandsformen ab, wie sie sich in den **Komplex-Strukturtypen** widerspiegeln. Die Strukturmerkmale haben auch sehr unterschiedliche Bedeutung für die verschiedenartigen Leistungsanforderungen, z. B. beim Landschaftselement Flurgehölz
— für die Windbremsung: Gehölzaltersstadium, Vertikalschluß, Reihigkeit u. a.
— für die Habitatleistung: Überschirmungsgrad, Dichte der Strauchschicht, Artenvielfalt u. a.

Mit Hilfe der Bewertungsmethode für Komplex-Strukturtypen ergeben sich die Möglichkeiten

1. zur Beurteilung der aktuellen landeskulturellen Leistungsfähigkeit von sog. **Ausgangsstrukturtypen,** d. h. von Landschaftselementen in ihrem realen Auftreten in der Landschaft.
2. zur Einschätzung der für eine gewünschte Vorrangleistung besonders geeigneten **Ziel-Strukturtypen,** in die also die Umwandlung weniger geeigneter oder die notwendige Neuanlage weiterer Landschaftselemente erfolgen muß. Dabei sollte immer der Komplex-Strukturtyp ausgewählt werden, der eine möglichst große Zahl von weiteren Leistungen neben der Vorrangleistung miterfüllen kann.

Die Überführung von Ausgangsstrukturtypen der Landschaftselemente in leistungsfähigere Zielstrukturtypen erfolgt in einer Kombination von **Behandlungsmaßnahmen** der **Aufbauphase** (Abb. 7.6.).

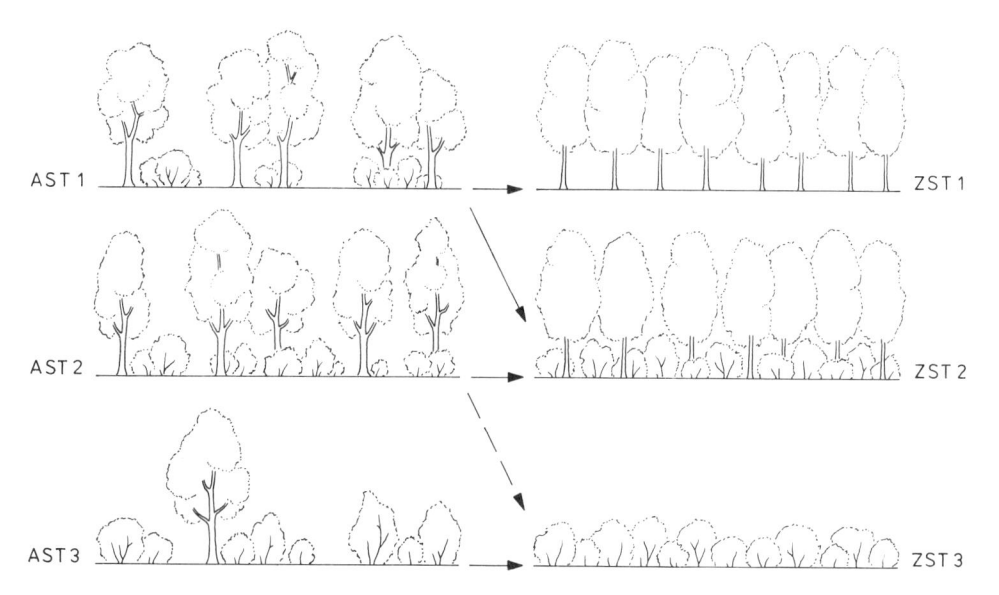

Abb. 7.6. Schematische Darstellung von 3 Ausgangsstrukturtypen (AST) der linearen Flurgehölze und von 3 Zielstrukturtypen (ZST).

7. Ökologie von Landschaften

Die Erhaltung eines erreichten Zielstrukturtyps bedarf dagegen spezieller Behandlungsmaßnahmen des **Pflegezyklus**. Die Behandlungsmaßnahmen können neben traditionellen Nutzungs- und Pflegemaßnahmen auch neuartige Pflegemethoden beinhalten, z. B. die Flämmung der Rohhumusdecken von lange Zeit nicht bewirtschafteten Rasen oder die Anwendung von Herbiziden bei der Jungwuchspflege von Flurgehölzen.

7.6.3. Gestaltung und Pflege von Landschaften

Die Leistungsfähigkeit von Landschaften und ihre naturbedingte Nutzungseignung ist von den intakten Prozessen des Landschaftshaushalts und von der historisch gewachsenen Landschaftsstruktur gleichermaßen abhängig. Durch den engen Zusammenhang zwischen Landschaftshaushalt und Landschaftsstruktur bietet sich die Möglichkeit zur Erhöhung der Leistungsfähigkeit von Landschaften durch Gestaltungsmaßnahmen zu einer besseren Landschaftsstruktur. Diese Gestaltung muß als Kompromiß zwischen weiterer Gewährleistung hoher Produktivität und Nutzungseignung, Förderung notwendiger landschaftsökologischer Anforderungen und Sicherung weiterer gesellschaftlicher Anforderungen betrachtet werden.

Die Planung landschaftspflegerischer Aktivitäten zur Entwicklung, Gestaltung und Pflege von Landschaften umfaßt deshalb:

— Kenntnis über die vorgesehene volkswirtschaftliche Entwicklung der Landschaft im Rahmen der Landesentwicklung
— Erfassung der aktuellen Landschaftsstruktur
— Prüfung und Bewertung der aktuellen (Ist-Werte) und geplanten (Soll-Werte) Leistungsanforderungen
— Ableitung von Maßnahmen zur Verbesserung des Leistungsvermögens der Landschaft zur Erfüllung der geplanten, zu erwartenden Anforderungen durch eine ausreichende Ausstattung mit wirksamen Komplex-Strukturtypen (Richtwerte)

Am Beispiel von Landschaften des Lößgebietes in Sachsen-Anhalt und Thüringen sollen Methodik und Verfahrensgang zur Planung der Gestaltung und Pflege dieser Landschaften in Ausschnitten nachfolgend dargestellt werden:

1. Die Landschaften des Lößgebietes sind seit vielen Jahrhunderten wegen ihrer hohen Bodengüte sehr gehölzarme Agrarlandschaften. Bis auf die Gebiete mit Vorkommen von Braunkohle werden diese Landschaften auch in Zukunft vorrangig der landwirtschaftlichen Produktion (Pflanzenproduktion) dienen. Bodenerosion durch Wasser in den Hügellandbereichen, Winderosion auf Hochflächen und Ebenen und nur kleinflächige und zersplitterte Habitate (2—10% der Fläche) kennzeichnen die Ansatzpunkte landschaftspflegerischer Aktivitäten.
2. Die flächenhafte Erfassung der Struktur des Lößgebietes erfolgte auf der Grundlage des Landschaftsinformationsrasters durch Ermittlung mittlerer Ausstattungswerte für 19 LIR-Typen des Lößgebietes.

Für die Beurteilung der Winderosionsgefährdung der Landschaften des Lößgebietes sind maßgebend:

— Dauer und Häufigkeit erosionsauslösender Windgeschwindigkeiten in Bodennähe, beeinflußt durch
  • die klimatische Lage der Landschaft
  • die Struktur der Landschaft in Form windbremsender Elemente
  • die Rauhigkeit der Bodenoberfläche

- Disposition des Bodens zur Ausblasbarkeit, abhängig von
  • Aggregatgrößenzusammensetzung
  • Austrocknungsgrad (Wassergehalt des Bodens)
  • Bedeckungsgrad der Pflanzen
  • Bodenbearbeitungszustand

Für die Beurteilung notwendiger Gestaltungs- und Pflegemaßnahmen sind von Bedeutung: Klimatische Lage und Landschaftsstruktur. Das Auftreten der Winderosion wird außerdem durch Hindernisse in der Landschaft (Flurgehölze, Ufergehölze, Siedlungen, Waldränder), durch Relief, Dimensionierung der Schläge und Anteile und Verteilung der Hackfrüchte modifiziert.

3. Auf der Grundlage der Strukturanalyse jedes km^2 mit Hilfe des Landschaftsinformationsrasters konnte die landschaftsstrukturelle Winderosionsdisposition (LWD) berechnet werden (vgl. Kap. 7.5.2.). Die Berechnung der LWD-Werte für die Landschaftstypen (auf LIR-Basis) ergab für das Lößgebiet eine starke Gefährdung für

– LIR-Typ 1 (flachwelliger Lößschwarzerde-Acker-Typ)
– LIR-Typ 14 (ebener Lößschwarzerde/Parabraunerde-Acker-Typ)
und eine geringe Gefährdung für
– LIR-Typ 4 (mäßig reliefierter Lößschwarzerde-Acker-Typ)
– LIR-Typ 5 (flachwelliger Lößparabraunerde-Acker-Typ)

Die LIR-Typen 1 und 14 nehmen 22,5% des Lößgebietes ein, die LIR-Typen 4 und 5 20,7%.

4. Beeinflußbare Schlüsselfaktoren sind in erster Linie die Landschaftsstruktur, weiterhin die Fruchtfolge und die Bewirtschaftungsform. Die Richtwerte beziehen sich deshalb auf Veränderungen der Schlagstruktur, Fruchtarten, Schlaggrößen, Schlaganordnung und Schlaggestaltung.
Für die LIR-Typen 4 und 5 werden schlagbezogene Maßnahmen (Verminderung der Schlagbreiten, Verwendung von Rauhwalzen, Beregnung bei längerer Trockenheit, keine totale Unkrautbekämpfung) vorgeschlagen.
Für die LIR-Typen 1 und 14 werden zusätzlich Windschutzpflanzungen empfohlen, die durch Schlagverkleinerung auch reduziert werden können.

Reduzierung des Flurholzanteils durch Schlaggestaltung
(ha/100 ha LN)

Schlaggröße	~50 ha	~40 ha	~25 ha
ha Flurgehölz LIR-Typ 1:	0,5 ha	0,3 ha	—
pro 100 ha LN LIR-Typ 14:	1,0 ha	0,7 ha	0,5 ha

Als Flurgehölze zur Einschränkung der Winderosion werden 2–3reihige Baumgehölze mit Unterwuchs empfohlen. 50% der in der Strukturanalyse für LIR 1 und 14 ausgewiesenen trockenen Staudenfluren könnten für die Bepflanzung mit Flurgehölzen zur Windbremsung genutzt werden (802 ha).

5. Eine Verbesserung der Habitatausstattung des Lößgebietes ist durch qualitative Verbesserung des Zustandes der vorhandenen und durch Umwandlung und Neuanlage habitatwirksamer Strukturtypen möglich. Aus den durchschnittlichen Ausstattungswerten (Fläche, Verteilung, Zustand) der LIR des Lößgebietes mit habitatwirksamen Strukturtypen von Landschaftselementen (Istwerte) wurden Sollwerte für die LIR-Typen abgeleitet und spezifische Pflegemaßnahmen zur Erreichung der Sollwerte (= Richtwerte) vorgeschlagen, die in einer Tabelle zusammengefaßt sind (Tab. 7.3.).

Tabelle 7.3. Pflege- und Gestaltungsmaßnahmen zur Erreichung der Sollwerte der Ausstattung von Landschaftstypen (LIR) der Lößgebiete mit Habitaten

Nr. Landschafts-element Habitatstrukturtyp Nr.	Pflege- und Gestaltungsmaß-nahmen zur Erreichung der Sollwertaus-stattung des Lößagrargebietes	⌀ Flächengröße (ha) der zu pfle-genden u. zu ge-staltenden Habitat-Strukturtypen HABT	abs. Fläche (ha) HABT für Pflege u. Gestalt.	LIR mit zu reali-sierenden Pflege- und Gestaltungs-maßnahmen
01 Flurgehölze				
Breitstreifen ohne Unterwuchs 04	Gebüschunterbau	0,65 (0,18 – 1,80)	2815	alle LIR außer 15, 17, 18, 19
Schmalstreifen ohne Unterwuchs 05	Gebüschunterbau	0,19 (0,07 – 0,33)	1795	alle LIR außer 19
02 Grasland/Staudenflur				
feuchte Staudenflur 05	durch Mahd Umwandlung in Feuchtwiese 04	0,78 (0,31 – 2,50)	975	alle LIR außer 1, 19
Fettweide 06	Entbuschung, Weidenutzung	2,28 (1,27 – 2,83)	596	1, 2, 14
Fettwiese 07	Entbuschung, Mahdnutzung	0,89 (0,21 – 2,80)	2598	1, 2, 3, 4, 6, 11, 14, 15, 16, 18, 19
Triften 09	Entbuschung, Weidenutzung	1,64 (0,41 – 3,82)	4814	1, 2, 3, 4, 5, 6, 8, 9, 10, 11, 12, 14, 15
trockene Staudenflur 10	durch Mahd/ Beweidung Umwandlung in Trift 09	0,44 (0,23 – 0,81)	4253	alle LIR
	Pflanzung Erosions-schutzgehölze	0,44 (0,23 – 0,81)	802	1, 14
03 Acker				
Halmfruchtacker 01	Pflanzung Erosions-schutzgehölze	84,05 (81,09 – 87,0)	661	1, 14
04 Fließgewässerufer				
grasbewachsene Ufer schmaler ausgebauter Gewässer	durch einseitige Gehölzpflanzung Umwandlung in gehölzbestandene Ufer 10	0,16 (0,06 – 0,31)	432	alle LIR außer 6, 15, 17, 18, 19
06 Wald				
Pappelforsten 10	Umwandlung in naturnahe Bestockung	3,00 (1,16 – 7,33)	302	1, 6, 9, 10, 11, 16

7.7. Ökologische Grundlagen der Landesplanung

Die **Landesplanung** hat in erster Linie die Aufgabe der konfliktarmen und vorausschauenden Entwicklung des gesamten Lebensraumes des Menschen nach den Prinzipien der Raumordnung. Mit der zunehmenden Inanspruchnahme der gesamten Landschaft und ihrer natürlichen Ressourcen durch verschiedene Anforderungen der Gesellschaft gewinnt die **Berücksichtigung der Naturbedingungen** und deren Reproduktion als Bestandteil des gesamtgesellschaftlichen Reproduktionsprozesses zunehmend an Bedeutung (BÖNISCH et al. 1976; SCHERF 1978; OSTWALD 1978). Die umfassende Berücksichtigung der vielschichtigen Aufgaben des Umweltschutzes, einschließlich Umwelthygiene, Landschaftspflege und Naturschutz erfordert auch eine stärkere Einbeziehung der Landschaft in die Landesplanung als eine Querschnittsaufgabe, die auf den verschiedenen Ebenen nur in Verbindung von Zweig- und Territorialprinzip verwirklicht werden kann (SCHERF 1978; HAASE 1979). Für eine praktikable Planungsmethode ist die Berücksichtigung landschaftsökologischer Gesichtspunkte im Zusammenhang mit den gesellschaftlichen Anforderungen eine wichtige Voraussetzung (HENTSCHEL 1974). Dies trifft für alle drei Planungsabschnitte der Landesplanung zu, die **Analyse, Diagnose** und **Prognose** als Voraussetzungen für die Entwicklung, Gestaltung und Pflege jeder Landschaft.

Ausgangspunkt für jede landesplanerische Aktivität muß die Kenntnis der regional- und wirtschaftsspezifischen **Entwicklungsschwerpunkte** und -richtungen im Land sein. Dies sind die nach übergeordneten gesellschaftlichen Erfordernissen festgelegten Strukturlinien, die für alle mit der Nutzung des Landes verbundenen Bereiche des gesellschaftlichen Lebens bestimmend sind (GROSSER 1976). Intensivieren der Landnutzung und Konzentration auf spezielle Formen der Vorrangnutzung dürfen eine **Mehrfach- und Mehrzwecknutzung der Landschaft** nicht ausschließen. Dies setzt aber u. a. die Lösung von vier Aufgabenkomplexen voraus:

1. Die **Koordinierung** der **Flächennutzungsansprüche** zur Gewährleistung einer störfreien Mehrfach- und Mehrzwecknutzung der Landschaft. Sie umfaßt die planerische Harmonisierung aller negativ auf andere Nutzungsinteressen und die Landschaft wirkende Einflußfaktoren. Voraussetzungen dafür sind die Ermittlung von Anzahl und Intensität der Nutzungsüberlagerungen (Abb. 7.7.) und die Kennzeichnung der Abstimmungsdringlichkeit (HENTSCHEL 1974).

2. Die **standortgemäße Flächennutzung** unter Beachtung des Landschaftshaushalts mit der Zielstellung einer möglichst aufwandarmen und langfristig orientierten Nutzbarkeit durch rationelle Nutzung der naturbedingten Potentiale. Dies setzt Kenntnisse über die den Landschaftshaushalt bestimmenden klimatischen, edaphischen und hydrologischen

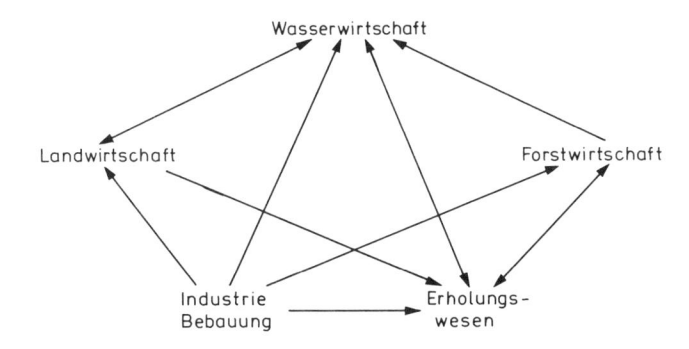

Abb. 7.7. Einwirkung verschiedener Wirtschaftszweige aufeinander.

Faktoren und ihre räumliche Verbreitung sowie deren Nutzungseignung voraus. Die Kartenwerke der „Forstlichen Standorterkundung" und der „Mittelmaßstäbigen Bodenkartierung" landwirtschaftlicher Nutzflächen bieten eine gute Grundlagen dafür.

3. Die planmäßige **Entwicklung** der **Landschaft** durch Gewährleistung und sinnvolle räumliche Anordnung einer ausreichenden Anzahl möglichst komplex wirksamer Landschaftselemente **(Landschaftsausstattung)**, durch Pflege vorhandener und landschaftsökologisch wertvoller Landschaftselemente, durch strukturelle Umwandlung leistungsschwacher und Neuanlage strukturell geeigneter Landschaftselemente **(Landschaftsgestaltung)** und durch den Schutz und die Erhaltung besonders wertvoller oder bedrohter Landschaftsteile oder Objekte der Landschaft **(Landschaftsschutz).** Die planmäßige Entwicklung der Landschaft durch Maßnahmen der Landschaftspflege (Ausstattung, Verteilung, Gestaltung, Schutz und Pflege) zielt auf die Verbesserung der Landschaftsstruktur im Interesse höherer Produktivität (z. B. Klimaverbesserung durch Windschutz), des Schutzes der natürlichen Ressourcen (z. B. des Bodens gegen Wind- und Wassererosion), der Erhaltung und Steigerung des Erholungswertes und der landschaftlichen Schönheit (Landschaftsästhetik), der Verbesserung der umwelthygienischen Situation (z. B. durch Staubfilterung, Lärmdämpfung) und der Erhöhung der Habitatleistung für die wildlebenden Pflanzen- und Tierarten.

4. Wichtige Voraussetzung für eine erfolgreiche Durchsetzung der hierarchisch aufeinander aufbauenden Aufgabenkomplexe ist die **Planung** der **Landschaftsentwicklung** in den drei **Planungsabschnitten** (Landschaftsanalyse, -diagnose und -prognose) unter Berücksichtigung der Aufgaben der Landschaftspflege und des Naturschutzes.
Dazu gehört die Berücksichtigung eines **Landschaftsprogramms** auf Landesebene als Teil des Landesraumordnungsprogramms, eines **Landschaftsrahmenplanes** als Teil des kreislichen **Landschaftsplanes** sowie eines **Grünordnungsplanes** als Teile der Bauleitplanung. Unentbehrliche Voraussetzung für die Landschaftsplanung auf den verschiedenen Ebenen ist die **Biotoperfassung** und **-bewertung**.

8. Ökologie des Mensch-Biogeocoenose-Komplexes

8.1. Einleitung

Die Wechselbeziehungen zwischen Mensch und Natur gehören zu den fundamentalen Problemen der Philosophie. Zwei entgegengesetzte, sich einander ausschließende weltanschauliche Haltungen haben sich im Laufe der jahrtausendelangen philosophischen Auseinandersetzungen herausgebildet: die idealistische Entgegensetzung von Mensch und Natur (Herauslösen des Menschen aus der Natur) und die naturalistische Gleichsetzung von Mensch und Natur (Mensch als ausschließliches Element der Natur). Beide Standpunkte sind in ihrer Einseitigkeit heute nicht mehr zu akzeptieren.

Gerade in den Diskussionen um den Gegenstand der medizinischen Wissenschaft und um den Ausgangspunkt für eine einheitliche Theorie von Gesundheit und Krankheit wird in jüngster Zeit (GRAUL 1981) das Bemühen um eine systemtheoretische Auffassung vom Organismus insbesondere in der Verbindung von System- und Entwicklungsaspekt deutlich. Der phylo- und ontogenetische Entwicklungsprozeß ist in seiner ständigen Auseinandersetzung mit der spezifischen Umwelt ein Geschehen, in dem die genetisch determinierte Struktur des Organismus und die durch sie bedingten funktionellen Möglichkeiten ausgeformt werden. Die synthetische Evolutionstheorie in Zusammenhang mit der modernen Populationsgenetik, die nicht das Individuum, sondern die Population als Grundeinheit der Evolution erkannten und damit den Organismozentrismus überwanden, zeigen die aktuelle Umwelt der Individuen, aber auch diejenige ihrer Vorfahren als Determinanten auf. Danach ist die Evolution ein ständiger Anpassungsprozeß der Populationen und der Art als Ganzes an ihre Umwelt. Er bedingt die Besonderheiten der Populationsstruktur, der morphophysiologischen Charakteristika und der Verhaltensorganisation, die schließlich Leben und Überleben ermöglichen.

Der menschliche Organismus ist in seinen Strukturen, Funktionen und Verhaltensweisen nur als Anpassungsprodukt an eine Folge von Umwelten seiner biologischen Evolution und Hominisation (= Anthroposoziogenese) zu verstehen. Dabei müssen biologische und soziale Einflußfaktoren gleichermaßen berücksichtigt werden und in die Systemtheorie des menschlichen Organismus einfließen.

Die Biogeocoenosen als Beziehungsgefüge der Lebewesen untereinander und mit ihrem Lebensraum besitzen für den heutigen Menschen eine andere Bedeutung, als sie sie in der Evolution für die Menschwerdung gehabt haben. Er vermochte sich in seiner erstaunlichen Adaptationsfähigkeit nicht nur den unterschiedlichsten Umwelten anzupassen und alle möglichen ökologischen Nischen zu erobern, sondern er hat sich auch in vielfältiger Weise die Umwelten selbst angepaßt (FREYE 1976a und b).

Der Mensch hat sich von den Zwängen seiner unmittelbaren Umwelt freigemacht, ist aber dennoch als Mitglied eines Ökosystems auf die ökosystemischen Ressourcen (Lebensmittel, Rohstoffe, Erholungsräume) angewiesen. Für die Menschwerdung ist in langen Zeiträumen die Biogeocoenose durch die natürliche Auslese in Verbindung mit Mutation und Rekombination für den Gesamtbestand der Gene in sich geschlossener Populationen, also für das **„genetische System"** des Menschen, von konstruktiver und kontrollierender Bedeutung gewesen. Das genetische System seinerseits wiederum determiniert und kontrolliert das „Zerebrale System" (FREYE 1982), worunter nicht nur das Gehirn schlechthin.

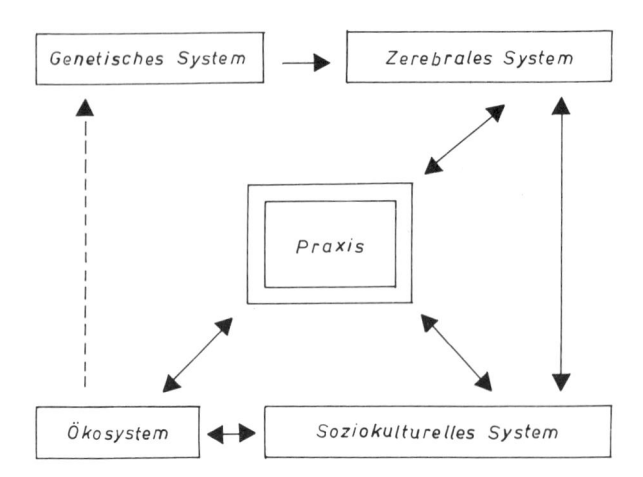

Abb. 8.1. Beziehungsgefüge zwischen Ökosystem, genetischem, zerebralem und soziokulturellem System. Im Anschluß an MORIN 1973 aus FREYE 1976a.

sondern auch die Wortsprache, die Traditionsfähigkeit, die Steigerung der Erinnerungsfähigkeit, angeborene Lerndispositionen, Werkzeugdenken sowie der hohe Grad von Intelligenz verstanden werden (FREYE 1981). Diese für den Menschen spezifischen Charakteristika sind neben anderen unmittelbare Voraussetzungen für die kulturell-soziologische Komplexität. Das „Soziokulturelle System" realisiert wiederum die Möglichkeiten des zerebralen Systems, modifiziert das Gesamtsystem und wird damit selbst zum Evolutionsfaktor.

Dieses multipolare System (vgl. Abb. 8.1.) macht deutlich, daß die menschliche Praxis als umfassende, konstruktive Äußerung menschlichen Verhaltens von verschiedenen Teilsystemen bedingt wird und in ihrer produktiven Tätigkeit, im bewußten kontrollierten oder auch unkontrollierten Eingriff in die Biogeocoenosen und in der aktiven Umweltgestaltung selbst wieder auf die Systeme rückwirkt.

8.2. Einfluß des Menschen auf die Biosphäre

Von der Gesamtmasse der lebenden Materie unseres Planeten entfallen nur 0,0002% auf den Menschen. Dennoch besitzt diese relativ sehr geringe Menge lebenden Stoffs eine gewaltige Kraft, die nach den Möglichkeiten ihres Einwirkens auf die Gesamtmasse, auf die Natur, in ihrer Bedeutung hinter geologischen u. ä. Prozessen nicht zurücksteht.

Der Mensch nimmt im Rahmen der Ökosystembetrachtung insofern eine Sonderstellung ein, als er als biosoziale Einheit nicht nur Glied einzelner Biogeocoenosen, sondern bestimmender Partner fast aller Biogeocoenosen geworden ist. Es existiert heute auf unserer Erde keine Biogeocoenose, die nicht von ihm direkt oder indirekt beeinflußt wäre. Der Mensch schuf selbst neue Lebensgemeinschaften und damit neue anthropogene Biogeocoenosen. SCHUBERT (1976) nennt diesen von physikalisch-chemischen, biologischen und sozialen Gesetzmäßigkeiten determinierten Sachverhalt den „Mensch-Biogeocoenose-Komplex" (vgl. Abb. 1.2. und 1.3.).

Von der Biomasse der Erde beansprucht der Mensch derzeit rund fünf Prozent, ein Anteil, der sich in den nächsten Jahrzehnten noch einmal verdoppeln wird. Die wenigen Millionen Menschen vor etwa 10000 Jahren verbrauchten dagegen nur rund ein Tausendstel der pflanzlichen Produktion.

Aber nicht nur die Entnahme und Verwertung von Biomasse, sondern auch der fortwährende Einfluß des nun 10000 Jahre währenden zivilisatorischen Wirkens hat gegenwärtig in Ausmaß und Folgen globale Dimensionen erreicht. Umfang und Mannigfaltigkeit der unmittelbaren und mittelbaren anthropogenen Veränderungen betreffen heute alle Bereiche der Biosphäre.

8.2.1. Zur Geschichte der menschlichen Eingriffe in Natur und Umwelt

Die anthropogenen Störungen der Umwelt nahmen mit dem Seßhaftwerden des Menschen, dem Übergang vom Jagen und Sammeln zu Ackerbau und Viehzucht, ihren Anfang.

Die **Waldrodung** war zunächst der einschneidendste und folgenschwerste unmittelbare Eingriff des Menschen in die Naturlandschaften. Die oftmals folgende übermäßige **Beweidung** führte zu irreparablen Veränderungen. Die frühe Hochkultur der Babylonier (5000–3000 v. u. Z.; keineswegs die älteste Hochkultur: in Nordvietnam und Nordthailand bereits 9700–6000 v. u. Z., mexikanischer Pflanzenanbau für 7000 bis 5000 v. u. Z. nachgewiesen) im Zweistromland Mesopotamien benötigte für einen befriedigenden Ackerbau ein umfangreiches Kanalnetz mit vielen Schleusen und Wehren zur **Bewässerung** des trockenen Landes. Der Beginn der in Unkenntnis der klimatischen Konstellation und durch den Verfall der Drainagesysteme beschleunigten, zwangsläufig eintretenden **Versalzung** des Landes wird auf etwa 2400 v. u. Z. angesetzt.

Die landwirtschaftliche Kultur im Raum Palästina-Syrien bedingte den ersten Angriff auf den großen Waldreichtum in diesem Gebiet, von dem heute nur verschwindend geringe Reste vorhanden sind. Die Phönizier, ein Volk der Seeleute und Händler (2000–800 v. u. Z.), haben für Bauzwecke, für den Schiffsbau und für den Holzexport (Libanon-Zeder) die Wälder schließlich endgültig dezimiert. In Europa begann in der Jungsteinzeit (ab 4500 v. u. Z.) die neolithische Besiedlung mit Rodungen durch Brand, später in der Eisenzeit (ab 1100 v. u. Z.) mittels Werkzeugen. Mit der Eisenerzeugung stieg gleichzeitig der Holzbedarf.

Erste **gravierende Umweltveränderungen** nahm der Mensch durch die Kolonisation im westlichen Mittelmeerraum (Dalmatien, Italien, Sizilien) und in Vorderasien vor. Die Waldvernichtung an der dalmatinischen Küste ist auf die griechische Kolonisation (ab 750 v. u. Z.) zurückzuführen. Die römische Kolonisation und der später sich entwickelnde hohe Stand römischer Zivilisation im Verein mit dem ungünstigen Mittelmeerklima (mehrmonatige sommerliche Trockenzeit) vernichteten die Wälder Italiens und verursachten das Abtragen des Bodens im Apennin. Der Bevölkerungsanstieg, die Zusammenballung von Menschen in den antiken Großstädten (Alexandria, Athen, Babylon, Karthago, Ephesus, Rom), durch die Latifundien großflächige Bearbeitung der Hanglagen ohne genügende Terrassierung förderten eingreifende Umweltveränderungen: Bodenabtrag mit gleichzeitiger Akkumulation der Erdmassen in den Tälern und Küstenebenen, mit Versumpfung der Felder und Deltavorverschiebungen ins Meer. Der Holzaufwand für die römischen Thermen, die Immissionsschäden durch die Rauchgasentwicklung bei der Metallgewinnung nahe Roms, die Verschmutzung des Tibers, die penetrant üblen Gerüche der Färbereien in Tyrus u. a. Umweltbelastungen von spürbarem Ausmaß führten schon damals zu Verordnungen zum Schutze von Wohngebieten und Gewässern.

Waren in dieser Zeit die Schadauswirkungen durch die zivilisatorische Tätigkeit des Menschen noch lokal beschränkt, so nahmen die Schädigungen mit Beginn des Industriezeitalters globalen Charakter an. Die **technische Revolution** gab dem Menschen die Möglichkeiten, seinen Einfluß auf die Umwelt in bislang nicht gekanntem Ausmaß und unüberschaubar zu gestalten. Die Expansion der Besiedlungsräume, Zerstörung der natürlichen Vegetationsbedeckung, Verschmutzung von Luft, Gewässern und Boden, Vernichtung des indischen Dschungels durch kapitalistischen Raubbau im vorigen Jahrhundert wie des brasilianischen Urwaldes in unseren Tagen, anthropogen bedingte Arealvergrößerungen der Wüstengebiete (Sahel-Zone), der Übergang zur Monokultur (Forst, Landwirtschaft), mißgestaltete Kulturlandschaften, Einsatz von chemischen Schädlingsbekämpfungsmitteln, Zersiedlung der Landschaft, Überdüngung des Bodens, Eutrophierung der Binnengewässer, Flußbegradigungen, Erschöpfung der Naturressourcen (Braunkohle), zunehmender Tourismus sind Stichworte für die vielfältigen Einwirkungen des heutigen Menschen in den biogeocoenotischen Komplex.

Diese wenigen geschichtlichen Hinweise mögen deutlich machen, daß die „unberührte", die sogenannte „reine" Umwelt eine Fiktion ist und Eingriffe in die Umwelt nicht erst im 19. und 20. Jahrhundert begonnen wurden.

Nach HIPPOKRATES (460–377) verpesteten im klassischen Griechenland die Dünste von Gerbereien die Luft, die Silberschmelzen mit ihren giftigen Abgasen stellten toxikologisch und hygienisch bedenkliche Belastungen dar. Der römische Kaiser DIOKLETIAN (243–316) schritt durch seine Schrift „Hygienia" gegen Luftverunreinigungen ein. Die Senatoren hatten Mühe, ihre Gewänder weiß zu halten, weil die Luft voller Ruß war. Der Stauferkaiser FRIEDRICH II. erließ 1240 das erste Gesetz über Luftreinhaltung in den urbanen Agglomerationsräumen. König EDWARD I. von England (1239–1307) verlegte seinen Regierungssitz von London nach Nottingham, weil seine Gemahlin eine Allergie gegen Kohlenruß entwickelte. Durch königliches Dekret wurde den Handwerkern die Verwendung von Steinkohle verboten. 1348 wurde in Zwickau den Schmieden ein gleiches Verbot auferlegt. Venedig verwies im 14. Jh. alle Industriebetriebe, die giftige Gase abgaben, aus seinem Hoheitsbereich. Ab 1407 durften in Goslar die Hüttenbesitzer in Stadtnähe keine Erze rösten. In Köln mußten binnen zwei Wochen die Kupfer- und Bleihütten auf Anordnung der städtischen Behörden schließen. Das erste moderne Umweltschutzgesetz geht auf NAPOLEON zurück, der 1810 per Dekret sich gegen die Verursacher „ungesunder, fauler und widerwärtiger Gerüche" wandte.

Das menschliche Unbehagen über Rauch, Schmutz, Müll und Unrat ist auch schon in GOETHES „Hermann und Dorothea", in TOLSTOIS „Auferstehung", FREITAGS „Soll und Haben", bei RÜCKERT, STIFTER oder bei anderen Dichtern und Schriftstellern der letzten beiden Jahrhunderte nachzulesen.

8.2.2. Anthropogene Veränderungen der Umwelt

Hinsichtlich der negativen Einflußnahme des Menschen auf die Biogeocoenosen können wir eine Umweltzerstörung durch **Umweltverbrauch** (Verbrauch der natürlichen Ressourcen) von der Umweltzerstörung durch **Umweltbelastung** (= Umweltverschmutzung) unterscheiden. Da die Ökosysteme in begrenztem Umfange Abfälle und Abwärme verarbeiten können (z. B. bei der Selbstreinigung der Gewässer), führt nicht jede anthropogene Umweltbelastung zu Umweltschäden. Schäden sind keineswegs eine lineare Funktion der Umweltbelastung. Heutzutage arbeiten die „Adaptationsmechanismen" der Biosphäre häufig an der äußersten Grenze ihrer Möglichkeiten. Umweltschäden entstehen, wenn bestimmte, bislang nur ungenügend bekannte Schwellenwerte überschritten werden.

Die Umwelt wird verbraucht durch die Ausbeutung der natürlichen Rohstoffe und der Erdkrume, die Zersiedlung der Landschaft, den zunehmenden Wasserverbrauch, die Entwässerung von Mooren und Feuchtgebieten, die Auslöschung von Tier- und Pflanzenarten, die Zerstörung der natürlichen Selbstregulation. Nicht jeder Umweltverbrauch zieht zwangsläufig eine Erschöpfung der Natur nach sich; denn innerhalb der ökologischen Zyklen dienen Abfälle und Abwärme zur Regeneration der verbrauchten Umwelt.

Die technische Revolution führt neben dem Umweltverbrauch zu einer **Umweltbelastung** großen Ausmaßes, wobei allerdings die räumliche Inhomogenität der Umweltverschmutzung zu beachten ist. Allein die Summe aller organischen Chemikalien, die letztlich – kontrolliert oder auch unkontrolliert – in die Umwelt eingetragen wird, beläuft sich weltweit auf mehr als 200000 t pro Tag, davon der Eintrag an Pestiziden täglich auf 2700 t. Die täglich mit den Autoabgasen ausgestoßene Menge an Kohlenmonoxid beträgt 800000 t, der darin enthaltene Bleianteil 2750 t. Alle diese Stoffe diffundieren in die Umwelt, wo sie mehr oder weniger schnell abgebaut werden. Diese ökologischen Bezüge sollen im einzelnen umrissen werden (FREYE 1978).

8.2.2.1. Eingriffe in die Atmosphäre

Als anthropogene Schadstoffe der Luft gelten heute die Abgasanteile CO, CO_2, NO und SO_2 sowie eine ganze Palette weiterer synthetischer Stoffe wie Hydro- und Aërosole, Kunststoffe, Pestizide. Die Luftverschmutzung rührt nach Meßwerten in Ostdeutschland zu 50% von der Industrie her, 15% kommen von den Kraftfahrzeugen und 35% von den Haushalten. Diese Werte schwanken zwangsläufig jahreszeitlich und ortsbedingt; sie zeigen aber auch die Komplexität des Problems (vgl. Tab. 8.1.).

Tabelle 8.1. Geschätzte globale natürliche und anthropogene jährliche Emissionen. Nach SAUER 1980

Stoff (in t)	Anteile der Emissionen und Ursachen (in %)	
	aus der Natur	aus der menschlichen Tätigkeit
1. Kohlendioxid CO_2 $500000 \cdot 10^6$	~96% aus Verwesungsprozessen, Atmung, Vulkanismus	4% überwiegend aus Verbrennungsprozessen
2. Kohlenmonoxid CO $5300 \cdot 10^6$	~94% Waldbrände, Wälder, Ozeane	6% 75% Kraftwagen/ Verkehr 15% Industrie u. Gewerbe 10% Abfallvernichtung
3. Aërosole und Feinstäube $4000 \cdot 10^6$	~94% Salz aus Meer, Staub durch Wind, Vulkane	6% 40% fossile Energie 40% Industrie
4. Kohlenwasserstoffe CH_x $2700 \cdot 10^6$	~97% Methan aus Verwesungsprozessen, Terpene aus Wäldern etc.	3% 65% Kraftwagen und Raffinerien 25% Industrie und Gewerbe
5. Ammoniak NH_3 $1160 \cdot 10^6$	~99% NH_3 aus Verwesung	1% Industrie/Düngung
6. Stickoxide NO_x $830 \cdot 10^6$	~94% aus NO-Bildnern der Natur, Blitzschlag, Vulkanismus	6% 55% Energie 40% Kraftwagen/ Verkehr
7. Schwefelverbindungen (SO_2, SO_3, SO_4, H_2S als SO_2 gerechnet) $750 \cdot 10^6$	~87% aus Verwesungsprozessen, Vulkanen, Meer	13% 70% fossile Energie 28% Industrie und Gewerbe

Die anthropogene Belastung der Luft tritt gehäuft in den Ballungszentren auf, dort ergeben sich sehr hohe und auch gesundheitsgefährdende Konzentrationen wie im Raum Leipzig – Halle – Merseburg – Bitterfeld – Wolfen.

Die Folgen der Luftverschmutzung sind insgesamt:

— Ansteigen der Erkrankungen der Atmungsorgane (chronische Bronchitis, Lungenemphysem, Lungenkrebs), Behinderungen der Herzdurchblutung, Reizungen der Augen und Haut. Einatmen toxischer Stäube führt zu Intoxikationen mit Leber- und Nierenschädigungen. Allergische Reaktionen. Höhere Säuglingssterblichkeit.
— Schäden an forstlichen Kulturen.
— Beeinträchtigung der Fruchtbarkeit von Acker- und Gartenland. Saure Niederschläge.
— Schnelleres Verwittern der Gebäude; Korrodieren der Natursteinbauten (z. T. in Gemeinschaft mit Mikroben). Beschädigung von Kalkstein- und Metalldächern.
— Herabsetzen der Haltbarkeit von Maschinen und Verkehrsmitteln, insbesondere durch Anreichern der Luft mit schwefliger Säure.
— Wachsende Verschmutzung der Städte ganz allgemein.
— Zunahme der Nebeltage (vgl. FABIAN 1987).

Neben der Abgabe von Wasserdampf durch den Einfluß der Vegetation als dem wirksamsten „Treibhausgas" (rund 65% der Glashauswirkung) und Kohlendioxid (CO_2) verstärken eine Reihe von Spurenstoffen den sog. **„Treibhauseffekt",** die vorwiegend durch die Tätigkeit der Mikroorganismen und der Menschen freigesetzt werden:
Stickoxide — ca. 0,56 Gt/a mikrobiell; 0,056 Gt/a anthropogen
Methan — ca. 1,6 Gt/a mikrobiell
Kohlenwasserstoffe — 0,17 Gt/a Terpene durch die höheren Pflanzen; 0,087 Gt/a anthropogen

Daneben treten die Fluorkohlenwasserstoffe ($CFCl_3$ und CF_2Cl_2) mit ihren 70 – 100 Jahre währenden Verweilzeiten. Die Steigerungsraten der Konzentrationen strahlungsaktiver Gase in der Atmosphäre sind ungebrochen: Sie betragen für $CFCl_3$ 5%/Jahr, CF_2Cl_2 4 – 5%/Jahr, N_2O 0,2 – 0,3%/Jahr, CH_4 0,88%/Jahr und CO_2 0,38%/Jahr gegenwärtig. Die Konzentration der meisten klimarelevanten Spurengase steigt also schneller an als die CO_2-Konzentration. Zwar dominiert neben dem lange übersehenen Wasserdampf der Einfluß des CO_2 auf unser Klima, doch hat eine Verdopplung der CO_2-Konzentration wegen der optischen Dichte bei 345 ppm einen vergleichsweise geringeren Einfluß als der Effekt einer Zunahme der anderen Spurengase (SCHARF 1989).

8.2.2.2. Eingriffe in den Wasserhaushalt

In nahezu der Hälfte aller Länder unserer Erde wird sich bis zum Jahre 2000 die Nachfrage nach Wasser verdoppeln. Diese Schätzungen ergeben sich aus dem Anstieg der Weltbevölkerung um 50%, einer Zunahme der wirtschaftlichen Aktivität um 15% und einer wesentlichen Steigerung des Bedarfs an Wasser für die Nahrungsmittelproduktion in diesem Zeitraum.

Zum Leben benötigt der Mensch täglich 2 – 3 l Wasser. Wegen der vielseitigen Verwendung von Wasser für technische Zwecke, die Energiegewinnung und hygienische Belange beträgt jedoch der tägliche Wasserkonsum pro Kopf der Bevölkerung in den hochentwickelten Industriestaaten z. Z. 500 l mit ansteigender Tendenz. Die Wasserversorgung wird weltweit immer schwieriger. Der natürliche Wasserhaushalt ist keineswegs mehr eine unerschöpfliche Quelle. Von allen Industrieländern hatte Ostdeutschland den angespanntesten Wasserhaushalt (vgl. UHLMANN 1983).

Abwässer entstammen zu 50 – 55% aus häuslichen Abwässern und denen des Kleingewerbes, 35% aus großen Industriebetrieben. Das Süßwasser wird weltweit mit Abwässern belastet, die durch Auslaugung von Kulturböden entstehen und mit Mineraldünger, Bioregulatoren und Pestiziden befrachtet sind. Durch zusätzliche Erhöhung der Gewässertemperatur wird die Selbstreinigungskraft der Gewässer herabgesetzt.

Der Abwasseranfall wird ausgedrückt in **Einwohnergleichwerten** (EGW), wobei ein EGW der Menge an Abfallstoffen entspricht, die bei einem Einwohner pro Tag anfallen. Diese Menge ist so hoch, daß in industrialisierten und dicht besiedelten Gebieten die Selbstreinigungskraft der natürlichen Gewässer nicht ausreicht, um mit der gesamten Abwasserlast fertig zu werden. In **Kläranlagen** werden die biologischen Abbauprozesse letztlich in konzentrierter Form nachgeahmt (vgl. ENGELHARDT 1983).

Wasser wird auch für die Bewässerung von Acker- und Gartenkulturen benötigt. 1975 waren 15% der Weltackerfläche bewässert. Zu diesen 230 Mill. ha sind bis zum Jahre 1990 ca. 50 Mill. ha an bewässerter Fläche hinzugekommen. Dauerbewässerung kann aber rasch zur Belastung des Bodens führen. Ungefähr die Hälfte der derzeitigen Bewässerungsflächen dürften durch Versumpfung und Versalzung geschädigt sein. Da Salz die Wasseraufnahme und damit das Wachstum der Organismen einschränkt und auch direkt toxisch auf die Stoffwechselvorgänge einwirkt (was wiederum die organische Stoffsynthese hemmt), ist es für die pflanzliche Produktion schädlich.

8.2.2.3. Eingriffe in Landschaft und Boden

Während gegenwärtig weltweit 1 ha Ackerland für 2 – 3 Menschen verfügbar ist, werden infolge der Bevölkerungszunahme im Jahre 2000 sich 4 Menschen den Ertrag von 1 ha teilen müssen. Bis dahin wird die bebaute Ackerfläche weltweit nur um 4% zunehmen. Landreserven finden sich noch in Zentralafrika, Südamerika und Südostasien.

Besonders gravierende Eingriffe in Landschaft und Boden bedeuten die weltweiten **Waldvernichtungen.** Die größten Waldverluste erstrecken sich gegenwärtig auf die feuchten Regenwälder von Südamerika, Afrika und Asien; sie belaufen sich auf jährlich 18 – 20 Mill. ha mit ansteigender Tendenz. Herabsetzung pflanzlicher Verdunstung erhöht den Wasserabfluß und damit gleichzeitig den Verlust von Mineralstoffen (vgl. Abb. 2.2.4.), führt zu Bodenerosionen und Versteppung des Landes und birgt bei den gegenwärtigen Größenordnungen der Waldvernichtung die Gefahr in sich, weltweit Einfluß auf das Klima zu nehmen (vgl. 2.5.2.).

Der Raubbau an den Naturwäldern schreitet deshalb voran, weil die zunehmende Bevölkerung immer mehr neu bebaubaren Boden und Holz benötigt. Mehr als 1,5 Milliarden Menschen verwenden Holz zur Energiegewinnung. Je stärker die kommerziellen Energieträger (Kohle, Erdöl, Erdgas, Elektrizität) im Preis ansteigen, desto unentbehrlicher wird Brennholz. Nach Berechnungen von Energieexperten der FAO müßten die gegenwärtigen Anstrengungen zur Wiederaufforstung der Wälder verfünffacht werden, nur um den Brennholzbedarf zu decken. Wenn dieses Minimalziel erreicht werden soll, müßten unverzüglich bis zu 25 Mill. ha Wald aufgeforstet werden.

Bodenbelastungen können durch die **Intensivierung der Landwirtschaft** mit Anwendung von mineralischen Düngemitteln, chemischen Pflanzenschutzmitteln, Herbiziden und Wachstumshormonen entstehen. Dazu kommt der enorme **Müllanfall,** dessen schadlose Beseitigung (Verbrennung, Veraschung, geordnete Deponie, biologische Kompostierung, Wiederverwertung als Sekundärrohstoffe) heute in allen Industriestaaten zu einem ernsten Problem geworden ist. Dem Müll wie den Abwässern kommt als geologische Ablagerungen heute schon erdgeschichtliche Bedeutung zu. Nachhaltige Kontaminationen des Bodens und Schädigungen der angebauten Kulturen erfolgen durch die **Anreicherung von Schwermetallen** und schwermetallhaltigen Verbindungen, die auf den Abbau von Lagerstätten, die metallurgische Produktion, Stäube, Abwässer der Förderindustrien u. a. zurückzuführen sind.

Schließlich sei vermerkt, daß für viele Tier- und Pflanzenarten der Lebensraum durch zersiedelte Landschaften, begradigte Flüsse, trockengelegte Moore, Entwässerung von Feuchtgebieten, Autostraßen, Eisenbahntrassen, Niederbrennen von Hecken und Gebüsch, Ödlandbeseitigung usw. zerstört wird.

8.2.3. Dynamik und Stabilität anthropogener Ökosysteme

Während physikalische Stabilität durch den Mangel an freier, d. h. ausnutzbarer Energie und durch ein Höchstmaß an Ungeordnetheit gekennzeichnet ist, bedeutet Stabilität eines ökologischen Systems, einen Grundbestand an Organismenarten (nicht Individuen!) gegen physikalische, d. h., äußere Störungen stabil zu halten (ZWÖLFER 1978).

Ökologische Systeme sind also **Lebenserhaltungssysteme** für Organismenarten. Sie unterliegen neben äußeren auch inneren Störungsmöglichkeiten (vgl. 2.4.2.).

Oft ist die **Artendiversität** eines Ökosystems mit dessen Stabilität direkt korreliert. Die Relationen von Anzahl der Arten zu „Bedeutungswerten" (Zahlen, Biomasse, Produktivität) der Individuen werden durch **Artendiversitätsindices** ausgedrückt.

Der **Shannon-Index** für die allgemeine Diversität ($\bar{H}$) ist

$$\bar{H} = \frac{ni}{N} \log \cdot \frac{ni}{N}, \quad \text{wobei} \tag{8.1.}$$

ni = Bedeutungswert für jede Art,
N = Gesamtheit an Bedeutungswerten ist.

Der Index für die Gleichmäßigkeit e (Evenness-Index) ist

$$e = \frac{H}{\log S}, \quad \text{wobei } H \text{ der Shannon-Index,} \tag{8.2.}$$

S = Anzahl der Arten ist.

Indices für den Artenreichtum sind:

$$d_1 = \frac{S - 1}{\log N}, \quad \text{wobei S = Anzahl an Arten,} \tag{8.3.}$$

$$d_2 = \frac{S}{\sqrt{N}} \quad N = \text{Anzahl an Individuen ist.} \tag{8.4.}$$

Nach MARGALEF (1977) bedeutet eine höhere Diversität eine längere Nahrungskette und größere Möglichkeiten zu negativer Feedback-Kontrolle, wodurch die Stabilität erhöht wird. Gemeinschaften in stabilen Umwelten (z. B. der tropische Regenwald) haben demzufolge auch eine größere Artendiversität als Lebensgemeinschaften, die jahreszeitlichen oder periodischen Störungen durch Mensch oder Natur ausgesetzt sind (ODUM 1980).

Da, wie alle Lebewesen, auch Ökosysteme in Raum und Zeit existieren, ist ökologische Stabilität die **Stabilität** von **Prozessen.** Sie ergibt sich daraus, „daß im zeitlichen Ablauf jeder Gewinn an Stabilität die Überlebenschancen eines Systems steigert, während ein Verlust an Stabilität Abwandlungen des Systems begünstigt" (ZWÖLFER 1978).

Im Gegensatz zu den sozioökonomischen Systemen (wo Produktionszuwachs = Stabilität bedeutet) stehen in ökologischen Systemen **Stabilität und Nettoproduktion** in einem umgekehrten Verhältnis. Der Mensch ist Nutznießer ökologischer Nettoproduktion. Durch Weidewirtschaft, Acker- und Gartenbau, Bewässerungssysteme und Viehhaltung erzwingt er eine Steigerung der Nettoproduktion organischer Substanz. Seine demographische, kulturelle und zivilisatorische Expansion konnte er nur ermöglichen, indem er seine anthropogenen Ökosysteme in einen zwar produktiven, aber desto weniger stabilen, unreifen Zustand versetzt hat.

Diese Instabilität ist entsprechend den Artendiversitätsindices um so größer, je weniger Arten die künstlichen Ökosysteme des Menschen enthalten. Monokulturen in Land- und Forstwirtschaft, Plantagen, Intensivkulturen, Fischzucht, Hochleistungssysteme für die

Nahrungsmittel- und Rohstoffproduktion sind außerordentliche instabile Systeme, die nur durch die pflegende Hand des Menschen und dauernde Energiezufuhr aufrechterhalten werden können.

Die vom Menschen erschlossenen fossilen Energiequellen sind letztlich nichts anderes als im Erdinnern gespeicherter ökologischer Produktionsüberschuß uralter ökologischer Systeme (ZWÖLFER 1978). Also nicht nur im land- und forstwirtschaftlichen, sondern auch im industriellen Bereich ist der Mensch schließlich Nutznießer ökologischer Nettoproduktionen. Der hohe Preis dafür ist die zunehmende Minderung der ökologischen Stabilität seiner Umwelt.

8.2.4. Ökonomie und Umwelt

Die Fragen der Umweltschäden und des Umweltschutzes sind heute ein zentrales ökonomisches Problem. Die meisten Umweltschäden sind in den Industrieländern unmittelbar von der **Produktion** verursacht worden. Daneben spielt aber auch die **Konsumtion** erzeugter Güter eine wichtige Rolle (z. B. Heizungsanlagen, Müllanfall, Fahren von Pkw etc.). Unter den Umweltschäden verdienen insbesondere die unmittelbaren Beeinträchtigungen der menschlichen Gesundheit und des menschlichen Wohlbefindens besondere Beachtung.

„Statistische Angaben weisen für stark mit Abgasen angereicherte Industriegebiete in mitteleuropäischen Staaten eine um 4 Jahre niedrigere Lebenserwartung der Bevölkerung als außerhalb dieser Zonen aus" (MOTTEK 1981).

Die Summe der Emissionen in der gesamten Volkswirtschaft muß sich aber zwangsläufig nur dann mit zunehmender Produktion erhöhen, wenn Erzeugnisstruktur und Technologie dieselben bleiben. Veränderungen der Technologie sind damit der Hauptweg, um Umweltschäden durch Überschreiten der MIK-Werte (maximal zulässige Immissionskonzentrationen) zu vermeiden. Freilich, die wirtschaftlichen Schwierigkeiten für alle technischen Umweltschutzmaßnahmen nehmen in dem Maße zu, wie der Belastungseffekt gesenkt werden soll. Die Kosten zur Verminderung von Umweltbelastungen pro Produktionseinheit steigen, je mehr die Emission von Schadstoffen pro Einheit gesenkt wird. Aber die Argumentation, mehr Umweltschutz bedeute weniger Konsumgüter und einen geringeren Reallohn, berücksichtigt eine Reihe von Möglichkeiten zur Verminderung von Umweltbelastungen nicht.

Die Bemühungen um die Entwicklung und Durchsetzung geschlossener Stoffkreisläufe, Einführung von Recyclingprozessen (Rückführung von End- und Abfallstoffen) sowie Orientierungen auf abfallarme Technologien sind weltweit erkannte Wege zum Abbau der ökologisch-ökonomischen Diskrepanzen.

„Der Ertrag der Umweltschutzaufwendungen selbst nach traditionell ökonomischen Gesichtspunkten beschränkt sich aber nicht auf die Zurverfügungstellung zusätzlicher Rohstoffe. Auch die Verminderung bzw. Vermeidung von Schadwirkungen kann man mit einem Ertrag verbunden ansehen" (MOTTEK 1981).

Ein solcher Ertrag resultiert aus der Senkung staatlicher Ausgaben für den Gesundheitsschutz, für Korrosionsverluste, Gebäudeschäden, Schäden in der Land- und Forstwirtschaft. Eine Kosten-Nutzen-Rechnung zur komplexen Einschätzung von wirtschaftlich aufgewendeten Umweltschutzmaßnahmen muß aber erst noch erarbeitet werden. Nicht maximale Nutzung der natürlichen Ressourcen, sondern Optimieren der Gesamtfunktionen des Mensch-Biogeocoenose-Komplexes ist anzustreben.

Zu allen geschichtlichen Zeiten, in denen der Mensch an ökologisch bedingte Grenzen gestoßen ist, haben Innovationsschübe diese Grenzen überwunden. Eine solche, in ihrer umfassenden Bedeutung noch nicht allgemein erkannte Innovation ist z. Z. die Entwicklung von biotechnologischen, mikrobiologischen und gentechnologischen Prozessen. Sie sind energiesparend und umweltfreundlich. Der Einbruch der Biologie in die Technologie kann die notwendigen Produktionsverhältnisse als sozialen Verwirklichungsrahmen für die Meisterung der Umweltsituation schaffen und somit helfen, jene „Umweltqualität" (FEDORENKO und GOFMAN 1973) zu realisieren, bei der die Verbesserung der Lebensbedingungen der Menschen durch Umweltschutzmaßnahmen in einer ökonomischen Kategorie ausdrückbar ist.

8.3. Einfluß der Biogeocoenosen auf den Menschen

Die Untersuchung des menschlichen Organismus als System kann Grundlage einer Theorie von Gesundheit und Krankheit sein. Der Systemansatz erlaubt, die Fülle der Befunderhebungen und Kenntnisse über den gesunden und kranken Menschen unter einheitlichen theoretischen Gesichtspunkten zusammenzufassen. Er macht auch klar, daß soziale Faktoren und der Einfluß der abiotischen und biotischen Lebensbedingungen, d. h. also der Biogeocoenosen, nur in Wechselwirkung den Organismus und damit Gesundheit und Krankheit determinieren.

Bislang gibt es keine Wissenschaftsdisziplin, die den gesamten vernetzten und schwer durchschaubaren Mensch-Biogeocoenose-Komplex, zu dem im weiteren Sinne auch Hygiene, Gesundheitsfürsorge, Aufklärung, Bildung, Arbeits- und Lebensbedingungen gehören, hinreichend zu analysieren vermag. In erster Linie wäre dazu die Anthropologie berufen, deren wesentliche Aufgabe die Erforschung der gruppenspezifischen, normalen biologischen Variabilität des Menschen ist. Die Erforschung der Variabilität ist die Frage nach deren Ursachen und Bedingungen. Das **Ursachengefüge** wird von der Humangenetik und der Umwelt- oder Milieuforschung analysiert, beide durchdringen und bedingen sich gegenseitig (FREYE 1978).

Da der Mensch kein isoliertes System, sondern Teil des umfassenden **Mensch-Biogeocoenose-Komplexes** ist, haben alle von ihm getroffenen Maßnahmen und Handlungen zeitliche und räumliche Fernwirkungen mit entsprechenden Rückwirkungen. Ökologische Wirkungsmechanismen tangieren nicht nur alle pflanzlichen und tierischen Organismen, sondern auch den Menschen. Gerade die vom Menschen selbst geschaffene, die anthropogene Umwelt tritt mehr und mehr als bestimmender Faktor hinzu.

Die Kausalanalyse der **Toleranzgrenzen** des Organismus gegenüber natürlichen und anthropogenen Umweltfaktoren muß von genetischen Gesichtspunkten (Sachverhalten der Humangenetik: genetische Variabilität, Polymorphismus, Modifikation von Phänotyp und Leistung, polyfaktorielle Determination) ausgehen. Dann aber müssen auch die physiologischen Mechanismen der Leistungsanpassung (wie Stoffaufnahme, -anreicherung und -austausch), chronobiologische Determinanten, sozial- und industrieanthropologische Fragen, Verhaltensstrategien u. a. als Sachverhalte einer Humanökologie in die Analyse einbezogen werden. Nachfolgende Faktorengruppen können nur ein Ausschnitt aus den bereits erarbeiteten, besonders evidenten humanökologischen Faktorengruppen sein.

8.3.1. Biorhythmik

Während die physikalischen Gesetze eine Umkehr der Zeit erlauben — ein Tatbestand, den schon NEWTON formulierte —, kann Leben die Zeit nur in einer Richtungsfolge erfahren. Das Werden des Organismus in Ontogenese und Phylogenese erfolgt in der „organischen Zeit" als einer logarithmisch-physikalischen Zeit. Die erlebte Zeit als subjektive Zeit wird

8.3. Einfluß der Biogeocoenosen auf den Menschen   497

vom Menschen mit zunehmendem biologischem Alter verschieden erfahren. Als dritter biologischer Aspekt der Zeit kommt noch der zeitlich strukturierte Ablauf einzelner biologischer Vorgänge hinzu. Hier sind es die Rhythmizität und Periodizität, die zu den Grundeigenschaften der lebenden Substanz gezählt werden müssen (BETHE 1949); Leben, auch das menschliche Leben, ist ohne rhythmische Prozesse undenkbar.

Beobachtung der Leistungen eines Organismus im Zeitverlauf läßt folgende rhythmische Änderungen erkennen:

— **Periodendauer im Sekunden- oder Millisekundenbereich:** z. B. Entladungen einzelner Neurone; im Elektroencephalogramm (EEG) registrierbare Potentialschwankungen im menschlichen Gehirn.
— **Umweltsynchrone Rhythmen,** d. h. die mit periodischen Schwankungen der Umweltbedingungen synchron verlaufenden biorhythmischen Prozesse, wie die **Tagesrhythmik** = circadiane Rhythmik, die **Lunarrhythmik**, die **Jahresrhythmik** = circannuale Rhythmik (vgl. 4.2.2.).

Den physikalischen Zeitgebern in unserer Umwelt sind auch die Menschen ausgesetzt, sie können ihnen nicht entfliehen. Während die Kurzzeitrhythmen von endogenen, zyklischen Prozessen determiniert werden, ist ohne Experiment nicht zu klären, ob die umweltsynchronen Rhythmen auch endogen oder durch die wiederkehrenden Außenreize kontrolliert werden. Heute ist entschieden, daß auch bei den Menschen eindeutig eine angeborene „Tagesautonomie" (eine „Innere Uhr") existiert, die allerdings nur ungefähr einer 24-

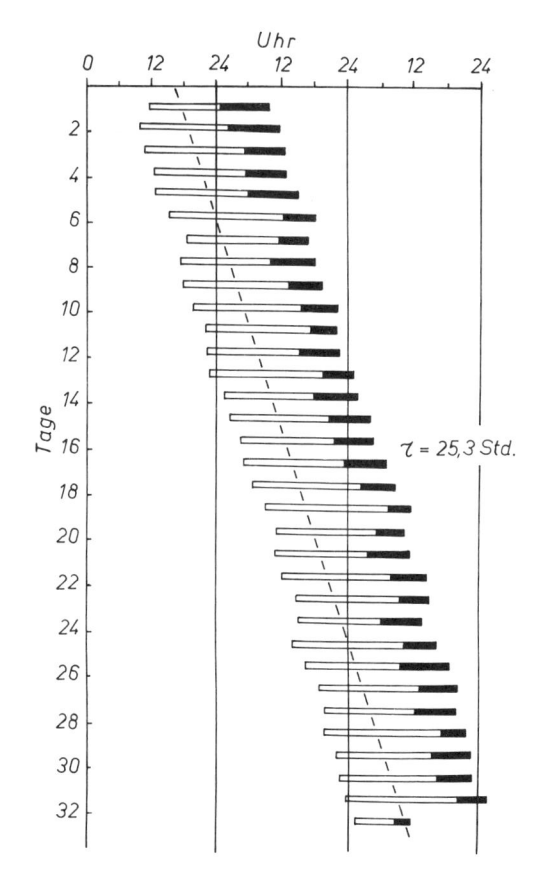

Abb. 8.2. Autonome circadiane Periodik einer Versuchsperson unter konstanten Bedingungen. Daten von WEVER 1971. Balken weiß: Aktivität; Balken schwarz: Ruhe. Ordinate von oben nach unten die Folge der subjektiven Tage. Abszisse die Ortszeit. Verändert nach SENGBUSCH 1977.

Stunden-Rhythmik (circa dies) entspricht. Der äußere Zeitgeber synchronisiert sie (vgl. Abb. 8.2.). Jeder Säugling besitzt von Geburt an eine ihm eigene circadiane Rhythmik von Schlaf und Wachen, die zwischen 23 und 25 Stunden schwankt. Die Synchronisation mit der 24-Stunden-Periodik tritt individuell verschieden zwischen der 6. und 16. Woche nach der Geburt auf. Eine Tagesrhythmik der Körpertemperatur ist schon in den ersten Lebenstagen feststellbar. Endogene Aktivitätsperioden und exogene Zeitgeber sind also zwei klar zu unterscheidende Größen.

8.3.1.1. Tagesperiodik

Während es für den Menschen keine Beweise für den synchronisierenden Faktor des Mondumlaufes gibt, gilt auch für ihn die Tagesperiodik als die wichtigste umweltsynchrone Periodizität. Man kennt heute beim Menschen mehr als 150 autonome, physiologische Prozesse, die mit dem Tag-Nacht-Wechsel gekoppelt sind. Sie gehorchen jeweils einem circadianen Oszillator (= biologische oder circadiane oder innere Uhr). Dabei sind diese circadianen Uhren temperaturkompensiert, durch Dauerlicht nur geringfügig modifizierbar, und ihre Periodendauer ist angeboren. Der wichtigste synchronisierende Zeitgeber ist wie für alle Organismen der tägliche Lichtzyklus, daneben sicherlich das elektrische Feld. Für den Menschen kommen sein Kontakt mit der sozialen Umwelt und die für ihn so wichtigen Chronometer hinzu. Der Tagesperiodik unterliegen u. a.: Wachen und Schlafen; Körpertemperatur; Blutdruck, Pulsfrequenz; Kapillarresistenz; Konzentration des abgeschiedenen Harnes an Calcium, Kalium und Corticoiden; Atmungsfrequenz; Pupillenweite; Patellarsehnenreflex; Schmerzempfindlichkeit; enzymatische Prozesse; Zeitschätzung; Lernfähigkeit, akustische Reaktionszeit, Ablesegenauigkeit von Meßgeräten, Empfindlichkeit der Sinnesorgane, physische Leistungsfähigkeit (WEVER 1979).

Von besonderem medizinischem Interesse ist, daß auch die Sensibilität gegenüber Drogen und gegenüber therapeutischer Bestrahlung einen 24-Stunden-Rhythmus aufweist. Danach geschieht die Corticoidzufuhr am besten morgens; Diuretika und Insulin wirken am besten in den Abendstunden, Barbitol, Amphetamin, Librium und auch Nikotin zeigen den stärksten Effekt bei Nacht; die menschliche Haut reagiert auf Penicillin am stärksten von 19—21 Uhr, auf Histamin vor Mitternacht; Schwitzprozeduren sind nachmittags schonender; auf Krampfanfälle, Thrombosen, hypertonische und asthmatische Erkrankungen ist nachts mehr zu achten; Zähne sind von Mitternacht bis zum Morgen am schmerzempfindlichsten.

Von besonderer Bedeutung sind die biorhythmischen Erkenntnisse für die Schicht- und Nachtarbeit sowie für die Zeitversetzung durch schnelle Transkontinentalflüge. Da hierbei die Betroffenen zu einer sprunghaften Umstellung der festgelegten 24-Stunden-Periodik ihrer inneren Uhren gezwungen werden, sind sie der Gefahr einer zumindest teilweisen Desynchronisation ausgesetzt.

Auch mit zunehmendem Alter ist die circadiane Periodik durch die Schwächung der Kopplung zwischen den verschiedenen „inneren Uhren" gefährdet. Dadurch wächst die Tendenz zu interner Desynchronisation. Dazu kommt oft auch eine externe Desynchronisation, da infolge abnehmender Kontaktfähigkeit und -möglichkeit der soziale Zeitgeber vermindert wird.

8.3.1.2. Jahresperiodik

Wie die Tagesperiodik hat die Jahresperiodik die Eigenschaften von Uhren, die dem Organismus sagen, „was die Stunde schlägt" (ASCHOFF 1959). Die menschliche circannuale Rhythmik wird von geophysikalischen Periodizitäten direkt oder indirekt gesteuert. Die jahresrhythmischen Änderungen sind abhängig von Erdumlauf, Sonnenrhythmik, Mondphasen, Jahreszeiten und allen physikalisch faßbaren Parametern von Wetter und Klima, aber auch von den durch den Jahresverlauf bedingten Ernährungsgegebenheiten. Im Gegensatz zum Tagesrhythmus wird die Jahresperiodik viel stärker direkt atmosphärisch geprägt. Die folgenden Hinweise auf das Vorhandensein einer Jahreszeitenkonstitution sind beachtenswert (vgl. FREYE 1986):

— Die **geistige Leistungsfähigkeit** ist im Herbst und Winter am höchsten, im Spätsommer am niedrigsten. Lokführer zeigen von Dezember bis Januar ihre höchste Wachsamkeit, von Mai zunehmend bis Oktober schlafen sie am schnellsten ein und lösen damit die automatische Notbremse öfter aus.
— Das **Längenwachstum** der Kinder ist im Frühling am intensivsten.
— Der **Gewichtsansatz** ist im Spätsommer und Herbst stärker als im Frühjahr.
— Der **Blutdruck** hat im Frühjahr sein Maximum.
— Die **Magensaftsekretion** hat im Sommer ihr Minimum.
— In den Monaten April, Mai, Juni, werden die meisten **Kinder gezeugt** und **Sittlichkeitsdelikte** begangen.
— Das **Auftreten von Infektionskrankheiten** zeigt einen ganz deutlichen Jahreszeiteneinfluß.
— Die **Morbiditäts-** und **Mortalitätskurve** hat ihre Gipfelpunkte in den Monaten Dezember bis Januar.

8.3.2. Bioklima

„Unter **Bioklima** verstehen wir den Komplex der physikalischen und chemischen Eigenschaften in der atmosphärischen Umwelt, die unser Dasein ermöglichen, auf uns einwirken und mit denen wir uns auseinandersetzen müssen" (HENTSCHEL 1978). Bestandteile des Bioklimas sind:

— Atmosphäre (Luft, Konzentration von Luftbestandteilen wie Gase, Stäube, Schichtung, Luftdruck)
— Strahlung (Sonnenstrahlung, Globalstrahlung, Reflexstrahlung)
— Wind (-richtung, -geschwindigkeit, Turbulenz)
— Temperatur- und Feuchtemaße (Dampfdruck, rel. Feuchtigkeit)
— Bewölkung, Nebel (Kondensation, Bedeckungsgrad)
— Niederschlag (Regen, Schnee, Hagel, Tau, Reif, Menge und Häufigkeit)
— Luftelektrizität und erdmagnetisches Feld.

Die Wirkungen des Bioklimas erfolgen in der Hauptsache über das vegetative Nervensystem und das endokrine System des Körpers. Die Breite der **Anpassungsfähigkeit** des Menschen wird dadurch besonders deutlich, daß er heute in allen Klimaten siedelt. Es darf allerdings nicht übersehen werden, daß wir uns mehr und mehr im künstlichen Klima aufhalten und nur noch zum geringen Prozentsatz den natürlichen Wetter- und Klimaeinwirkungen ausgesetzt sind. Obwohl die menschliche Aktivität, Mobilität und relative Umweltgebundenheit die Möglichkeiten einer Umweltsuche steigern und erlauben, physisch und psychisch angemessene Klimaregionen und Landschaftstypen zu wählen, ist es erstaunlich, daß der Mensch seit mindestens 5000 Jahren in den kalten, unwirtlichen Regionen von Alaska bis Grönland, seit vielen hundert Jahren in Höhen von 4000 m in den Anden oder seit langer Zeit in den feuchtheißen Urwäldern Südamerikas wie in den trockenheißen Wüsten Australiens lebt. Die anregendste Wirkung auf die physische und psychische Aktivität hat allerdings wohl das gemäßigte Klima mit seinen täglichen und jahreszeitlichen Schwankungen.

Trotz aller Anpassungen an die vom Klima aufgenötigten Daseinsformen hat das Bioklima eine Reihe von physiologischen, histologischen, serologischen, biochemischen, epidemiologischen Daten gezeitigt, deren Kurvenverläufe eindeutig vom Wetter abhängig sind (vgl. auch Abb. 8.3.):

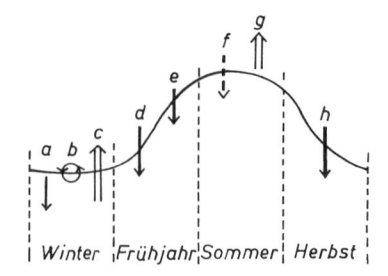

500   8. Ökologie des Mensch-Biogeocoenose-Komplexes

Abb. 8.3. Wetterbedingte Belastungsschwerpunkte im Jahresablauf. Nach HENTSCHEL 1978. a = Kälteperioden; b = Auskühlungseffekte durch feuchtkalte Witterung, Temperaturen abwechselnd um den Gefrierpunkt; c = Warmluftvorstoß nach Frostperiode. Wärmebelastung im Winter; d = Kaltluftvorstöße nach frühlingshaften Temperaturen; e = Kaltlufteinbruch nach Beendigung der normalen Heizperiode; f = relativ geringfügiger thermischer Dyskomfort auch im Raumklima; g = Herz-Kreislauf belastende längere Hitzeperioden, die auch in Innenräumen wirksam werden; h = starke Veränderungen der klimaphysiologischen Bedingungen im Dyskomfort.

— Bei der **Ischämischen Herzkrankheit** sind besonders die kalten Phasen von November bis Februar belastend. Die Kälteempfindlichkeit bleibt auch in den übrigen Monaten nach Kaltlufteinbrüchen bestehen. Im Sommer werden übernormale Temperaturen zur Belastung.
— Für die **Hypertonie** sind sommerliche Wärmebelastungen ein Risikofaktor.
— **Krankheiten des Zentralnervensystems** werden besonders durch sommerliche Wärme, verschärft durch hohe Luftfeuchtigkeit (Schwüle), ausgelöst.
— **Erkältungskrankheiten** sind, wie bekannt, besonders wetterabhängig. Für die **Bronchitis** sind winterliche Kälteperioden, die praktisch häufig Inversionslagen darstellen, gefährdend. Die **Virusgrippe** tritt besonders bei markanten Witterungsumstellungen im Herbst und bei Warmluftzufuhr nach Frostperioden auf. Trockene Winterkälte ist dagegen günstig für das Abklingen von Grippeerkrankungen.
— Dreiviertel aller Fälle von **Lungenembolien** treten bei stark bewegter Barometerkurve (Tage mit Gewittern bzw. mit Kalt- oder Warmfronten) auf.
— Auch die Zahl der **Herzinfarkte,** der **Selbstmorde** sowie **Geburts-** und **Wehenbeginn** haben ihre Gipfel an Tagen eines Frontendurchganges.

Die humanbiometeorologische Abhängigkeit zeigt, daß bioklimatische Reizüberflutung Schäden auslöst. Mittlere Reize können dagegen anregen, aktivieren und z. T. zu einer Heilung beitragen. Aber auch schwache Reize können durch Verwöhnung oder Entwöhnung (Reizverarmung) zu Schäden führen (FLEMMING 1979). Konstantes klimatisches Milieu mit geringen Reizen, wie es durch vollklimatisierte Arbeits-, Geschäfts- und Wohnräume angestrebt wird, wirft vom medizinischen Standpunkt Bedenken auf.

8.3.3. Umwelteinflüsse auf die Entwicklung

Die Individualökologie des Menschen (= **Humanautökologie**) schließt die Bedeutung von Umweltfaktoren für die Individualentwicklung des Menschen ein, wenngleich darüber unsere Kenntnisse noch recht ungenügend sind. Von vorrangiger Bedeutung für den Wachstumsverlauf, der ja in der Erbinformation einen festgelegten Rahmen bekommen hat, ist eine ausreichende Energiezufuhr. Wachstum ist deshalb immer von einer zureichenden **Ernährung** abhängig. Die für das Wachstum notwendige tägliche **Energiemenge** ist empirisch schwer zu fassen. Deshalb schwanken die Angaben in der Literatur beträchtlich. KNUSSMANN (1980) setzt als groben Anhaltswert für das 1. Lebensjahr 20% und für ein Alter von 10 Jahren etwa 15% des durchschnittlichen Nahrungsbedarfes an.

Der tägliche **Nahrungsbedarf** (d. h. die erforderliche Tagesmenge an Energiezufuhr) seinerseits ist nicht nur vom **Grundumsatz** (Tätigkeit und Aufrechterhaltung von Atmung, Kreislauf, Verdauung, Stoffwechsel, Ausscheidung, Wärmeproduktion), sondern auch vom **Leistungsbedarf** (Arbeit, Temperaturanpassungen, Schwangerschaft, Stillperiode) abhängig. Bezogen auf das Körpergewicht fällt der tägliche Energiebedarf vom Säuglingsalter bis zum Erwachsenenalter ab: Er beläuft sich im 1. Vierteljahr auf $450-500$ kJ/kg (~ 160 cm^3 $^2/_3$-Kuhmilch), im Alter von 1 Jahr auf ~ 350 kJ/kg; im Alter von 10 Jahren beträgt er ~ 300 kJ/kg und beim Erwachsenen in der Regel $150-200$ kJ/kg (KNUSSMANN 1980).

Bei **Nahrungsmangel** bleiben die Kinder zunächst in der Körperhöhe hinter den Normwerten zurück (Wachstumsretardation). Bei extremem Hunger wird von der Körpersubstanz gezehrt (d. h. Abnahme der Körperfülle).

Als **Grundnährstoffe** gelten Eiweiße, Fette und Kohlenhydrate. **Eiweiß** ist ein unentbehrlicher Bestandteil der menschlichen Nahrung. Es fördert mehr als Fett und Kohlenhydrate das Wachstum (insbesondere das Längenwachstum), die gesamte Entwicklung und eine frühzeitigere sexuelle Reifung. Wegen des höheren Gehaltes an essentiellem Lysin ist tierisches Eiweiß (Milch, Käse, Fleisch, Fisch, Ei) biologisch hochwertiger als pflanzliches Eiweiß (in Getreide, Hülsenfrüchten) mit Ausnahme der ebenfalls lysinreichen Sojabohne.
Fette sind die joulereichsten Grundnährstoffe. Bei Erwachsenen liegt der Tagesbedarf bei 1 g/kg Körpergewicht. Mehrfach ungesättigte Fettsäuren (Sonnenblumen-, Lein-, Soja-, Maisöl und einige Fischöle) sind deshalb so wichtig, weil sie essentielle Fettsäuren (besonders wichtig Linolsäure) enthalten, den Serumcholesterinspiegel senken sowie der Resorption fettlöslicher Vitamine dienen, die entgegen früheren Anschauungen keinen direkten Einfluß auf das Wachstum haben.
Kohlenhydrate sind als Zucker oder Stärke nicht essentiell. Sie können durch Eiweiß und Fett ersetzt werden. Weil sie aber wohlschmeckend, leicht verdaulich und bekömmlich sind, werden sie vom Körper bevorzugt und machen den größten Teil unserer Nahrung aus. Die 8 Grundnahrungsmittel der menschlichen Ernährung sind in der Reihenfolge ihrer globalen Bedeutung: Weizen − Reis − Mais − Gerste − Hafer − Zuckerpflanzen − Kartoffeln − Roggen.

Auch **klimatische Faktoren** üben auf die Entwicklung einen Einfluß aus, der allerdings, verglichen mit der Ernährung, nicht so gravierend ist. Dennoch läßt sich sagen, daß mit zunehmender Höhenlage des Wohnortes die Entwicklung verzögert wird; die durchschnittliche Körperhöhe ist um so geringer, und die Menarche setzt um so später ein, je höher der Wohn- und Aufenthaltsort liegt. Daß das Wachstum jahreszeitlichen Schwankungen unterliegt, ist schon ausgeführt worden. Schließlich zeigt sich, daß feuchtwarmes Tropenklima retardierend auf das Wachstum wirkt.

8.3.4. Physiologische Anpassung an die Umwelt

Anpassung als aktive Auseinandersetzung des Organismus mit seiner Umwelt beginnt unmittelbar nach der Geburt. Durch sinnreiche physiologische Mechanismen bleiben die inneren Zustände unseres Körpers (z. B. Temperatur, Wassergehalt, chemische Zusammensetzung) gegenüber den wechselnden Umweltbedingungen auf einem erstaunlich gleichbleibenden Niveau. Im kybernetischen Sinne ist das eine Stabilität des Organismus, die in diesem Sinne gleichbedeutend mit Ordnung ist (HENSEL 1981).

Gegenüber den permanenten Einflüssen der Umwelt (aber auch gegenüber Störungen aus dem Körperinneren) sind zur Aufrechterhaltung der inneren Ordnung **Regelungs- und Anpassungsvorgänge** eine unabdingbare Voraussetzung für das menschliche Leben (z. B. für Körpertemperatur, Blutdruck, Regelung des Wassergehaltes, der Konstanz des Zucker- und Ionengehaltes). Auf Störungen in diesem Bereich der Anpassungsfunktionen, die erblich fixiert sind, spricht der gesunde Körper innerhalb kürzester Zeit (Sekunden bis Minuten) an.

Anders sieht es bei den physiologischen **Langzeitadaptationen** aus, die sich erst bei längerer Einwirkung von Umweltreizen (und auch inneren Reizen) ausbilden. Die Dauer solcher Langzeitanpassungen reicht von einigen Tagen bis zu mehreren Monaten, mitunter auch Jahren. Dabei spielt das Zentralnervensystem eine entscheidende Rolle. Man kennt heute mindestens 3 Arten adaptiver Umstellungsprozesse (HENSEL 1981):

− Eine Abschwächung von Reaktionen auf langdauernde oder wiederholte Umweltreize. Wir bezeichnen sie als **Gewöhnung** (Schwankungen der Kälte- und Wärmeempfindlichkeit im Laufe des Jahres, Gewöhnung an Lärm?). Die Problematik der Grenzen physiologischer Gewöhnung ist noch sehr umstritten: Der Mensch gewöhnt sich im Gegensatz zum Sprichwort nicht an alles!

8. Ökologie des Mensch-Biogeocoenose-Komplexes

— Eine Verstärkung von Reaktionen und Funktionen auf langdauernde oder wiederholte Umweltreize. Bekannte Beispiele sind hier das Krafttraining oder das Ausdauertraining (vgl. Typologien von Berufen und Sportlern, z. B. Schmiede, Möbelträger, Schwerathleten, Boxer etc., Spitzensportler sehen sich überdurchschnittlich ähnlich!).
— Eine Verbesserung in der zeitlichen und räumlichen Ordnung von Funktionen ist bei allen Übungen der Geschicklichkeit im Beruf, Sport, Hobby oder anderen Tätigkeiten zu beobachten.

Insgesamt ist festzustellen, daß der wiederholte Reiz den Organismus veranlaßt, den Grad seiner inneren Ordnung zu erhöhen. Er benötigt Umweltreize, um sich in seiner Aktivität zu erhalten. Eine solche Aktivierung des Körpers durch Umweltreize macht man sich in der Physiotherapie sowie in der Bäder- und Klimaheilkunde zunutze, indem man den Körper für längere Zeit spezifischen oder auch unspezifischen, abgestimmten Reizen aussetzt. Die zielgerichtete Nutzung des Bioklimas, der Heilwässer, der balneologisch verwendbaren Peloide (Badetorf) und des Naturraumpotentials für die Gesundheit und Erholung fußt auf einem umfassenden Komplex verschiedener ökologischer Eigenschaften in den jeweiligen **Kur- und Erholungsgebieten** (vgl. Abb. 8.4.). Auf der Grundlage geologischer, hydrogeologischer, bioklimatischer, wasserwirtschaftlicher, mikrobiologischer, physikalischer, chemischer und hygienischer Untersuchungen und Gutachten werden territorial abgegrenzte Schutzgebiete bzw. -zonen gebildet und Bewirtschaftungs- und Pflegemaßnahmen festgelegt.

Für die **oberflächenwasserbeeinflußten Heilwässer** ergeben sich die Probleme der Störgrößen und des Stoffumsatzes besonders in den Heilwassereinzugsgebieten sowohl in qualitativer wie quantitativer Hinsicht. Bei landwirtschaftlichen Nutzflächen sind es vorwiegend die Einwirkungen von Dünger, Herbiziden, Insektiziden und Rodentiziden, im Wald zusätzlich von Fungiziden. Da die Heilwasserschutzzonen zum Teil auch bebautes Gebiet umfassen, sind dort mögliche Einwirkungen von Wasserschadstoffen jeder Art zu befürchten. In der Nähe von Verkehrsstraßen können sich Straßendecken mit auslaugbaren Schadstoffen sowie das Sprühen der Straßen im Winter nachteilig auf die Heilwässer auswirken. Wenn auch die meisten Probleme mit denen der Wasserwirtschaft identisch sind, ist zu beachten, daß Trinkwasser noch aufbereitet werden kann, Heilwasser dagegen nicht. Bei Vorkommen nutzbarer **Peloide** (Badetorf) wirken die gleichen Störfaktoren. Außerdem ist für die Erhaltung des Grundwasserstandes der Badetorflagerstätten Sorge zu tragen; denn der Torf aus entwässerten Moorgebieten ist für balneologische und therapeutische Zwecke unbrauchbar. Für die Heilwässer und Peloide sind auch die jeweiligen Standorte der Fassungszonen bzw. Lagerstätten, die Möglichkeit der Auswaschung biotischer und abiotischer Substanzen (einschl. Spurenelemente), die Beschaffenheit der Bodenstruktur und Vegetationsdecke, der Zersetzungsgrad der Humusschicht, die Fließgeschwindigkeit sowie die jeweiligen meteorologischen Faktoren von Bedeutung.

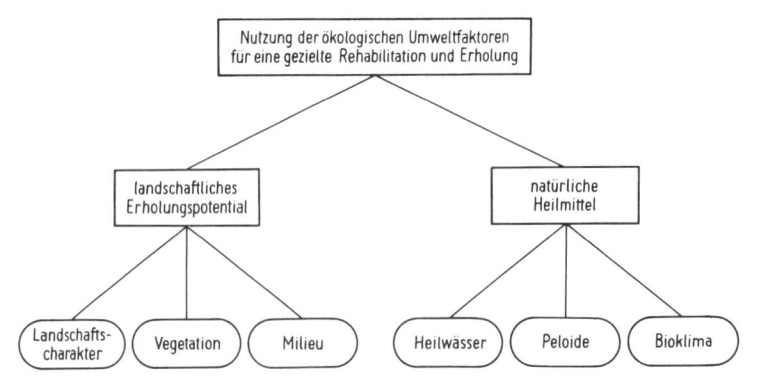

Abb. 8.4. Schema der Nutzung ökologischer Umweltfaktoren für eine gezielte Rehabilitation und Erholung.

Der Einsatz von Agrochemikalien ist in den Schutzzonen für Heilwasser und Badetorf nur möglich, wenn die verwendeten Substanzen nicht negativ auf die natürlichen Heilmittel wirken.

Außer den ökologischen Beziehungen der natürlichen Heilmittel (Heilwässer, Peloide und des Bioklimas) zur Gesundheit und Erholung des Menschen bestehen solche auch zum natürlichen Landschaftsgefüge und den Biotopen in den Kur- und Erholungsgebieten, zum Landschaftsbild in ästhetischer Hinsicht. Für die Gesundheit, die physische und psychische Rehabilitation des Menschen sind die ökologischen, klimatischen und hygienischen Gegebenheiten sowie die naturgegebene und anthropogene Gestaltung der Landschaft wichtige Kriterien. Die Kur- und Erholungsgebiete sind als geoökologische Raumeinheiten einzustufen, in denen das **komplexe Erholungspotential** mit typischen agrar-, vegetations-, hydro- und bioklimageographischen Faktoren planmäßig genutzt und in ein komplextherapeutisches Programm eingebaut wird. Der Landschaftsraum hat durch seine verschiedenartigen Umweltfaktoren unterschiedlichen Erholungswert. Dabei spielen Reliefenergie, Formenreichtum, Hangneigung, Bewuchs, Bodenbeschaffenheit und -begehbarkeit, Wasserfläche, Vielfalt der Vegetation sowie die gesamte Flora und Fauna als Naturerlebnis eine wesentliche Rolle.

Der für die Rehabilitation und Erholung ausgewiesene Kurbereich dient der medizinischen Aufgabenstellung und sichert die Qualität der durchzuführenden prophylaktischen und therapeutischen Behandlungen sowie den Schutz der natürlichen Heilmittel.

Während sich die Geomedizin auf die medizinisch-geographische Erforschung der Einwirkungen natürlicher Faktoren der Umwelt auf den Menschen und seiner räumlich begrenzten Krankheitsvorkommen beschränkt und den Zusammenhang zwischen Krankheit und Geofaktor erkundet, kann eine umfassende Forschung der landschaftsökologisch-gesundheitsrelevanten Kriterien die Gesundheit und Erholung des Menschen in den jeweiligen Naturraumeinheiten fördern und sichern.

In der Vermeidung einseitiger Extreme in der körperlichen Adaptation an die Umwelt (im Gegensatz zum Tierreich!) gewinnt der Mensch zugleich die Voraussetzungen für die Entwicklung seiner geistigen Fähigkeiten und einer vielseitigen Kultur sowie für die Verwirklichung seiner spontanen Intuitionen (HENSEL 1981).

8.3.5. Säkulare Akzeleration

Der Begriff **Akzeleration** (= Beschleunigung) umfaßt im biologisch-medizinischen Bereich die Phänomene der Beschleunigung ontogenetischer Abläufe, d. h. der **Entwicklungsbeschleunigung.** Jede Akzelerationserscheinung (individuelle, gruppenspezifische, subspezifische, arteigene, säkulare) kann immer nur im Hinblick auf ein Vergleichsobjekt erfolgen.

Die **säkulare Akzeleration** als durchschnittliche Entwicklungsbeschleunigung der Individuen im Vergleich heute mit früheren Epochen „hat in Europa im vorigen Jahrhundert eingesetzt und flaut anscheinend zur Zeit erst ab" (KNUSSMANN 1980). Sie äußert sich in einer Körpergrößensteigerung, Vorverlegung der sexuellen Reifung, Vorverlegung altersspezifischer Erkrankungen und eventuell einer psychischen Akzeleration (Abb. 8.5. u. 8.6.).

Als **Ursachen** zur Erklärung der säkularen Akzeleration wird eine Reihe von Umweltfaktoren herangezogen. In erster Linie werden Komponenten des **Lebensstandards** (Ernährung, Eindämmen der körperlichen Arbeit der Kinder, Verbesserung der Wohnverhältnisse, regelmäßiger ungestörter Schlaf, medizinische Betreuung) diskutiert. In der Tat ist der durchschnittliche Jahreskonsum an Fleisch, Fett, Obst und Gemüse parallel zur Körperhöhenzunahme gestiegen, der wenig wachstumsfördernde Kohlenhydratverbrauch an Brot und Kartoffeln dagegen zurückgegangen. Die Optimierung der Säuglings- und Kleinkindernährung korrespondiert mit der Tatsache, daß die eigentliche Wachstumsbeschleunigung die Periode der Vorschulzeit betrifft. Die Ernährungshypothese wird gestützt durch die Rückläufigkeit der säkularen Akzeleration in Not- und Hungerzeiten.

Die Hypothese der **heliogenen Akzeleration** sieht in der vermehrten Sonnenexposition (Sport, Baden, Freizeit, Wandel der Bekleidungssitten) des modernen Menschen einen wesentlichen Faktor. Auch die erhöhte Einwirkungsdauer von Kunstlicht und die damit verbundene Verlängerung der täglichen Lichtenergie-Aufnahme gehören hierher.

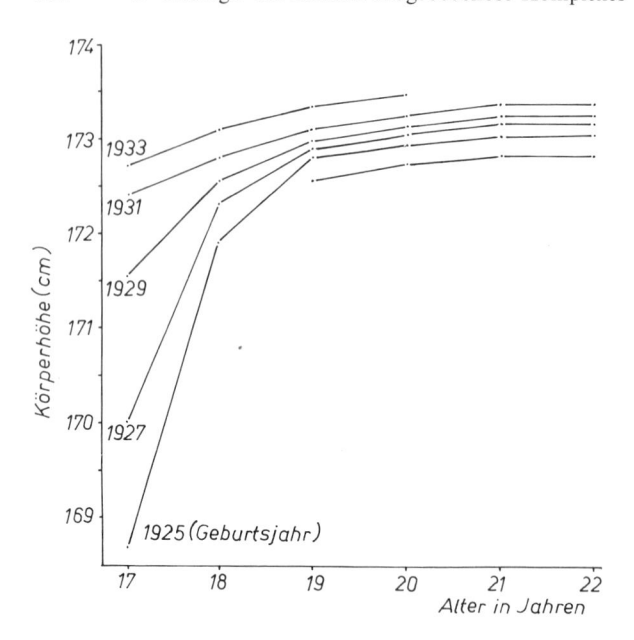

504   8. Ökologie des Mensch-Biogeocoenose-Komplexes

Abb. 8.5. Säkulare Akzeleration des Längenwachstums französischer Studenten der angegebenen Geburtsjahrgänge. Aus STRAASS 1976 nach TANNER 1962.

Schließlich darf bei der Aufzählung von Umwelteinflüssen die **Urbanisierung** als angenommener akzelerationswirksamer Faktor nicht fehlen, obwohl hier die Beweisführung schwierig ist. Die Fülle der Reizüberflutung (durch Motorisierung, Radio, Fernsehen, Musik, Reklame, Sexualisierung), der gestörte Tag-Nacht-Rhythmus, Lärm, Hetze, psychischer Streß u. a. mobilisieren nicht nur die Abwehrkräfte des Organismus, sondern fördern mit ihrer Wirkung auf das Nervensystem und das endokrine System vielleicht auch die Akzeleration.

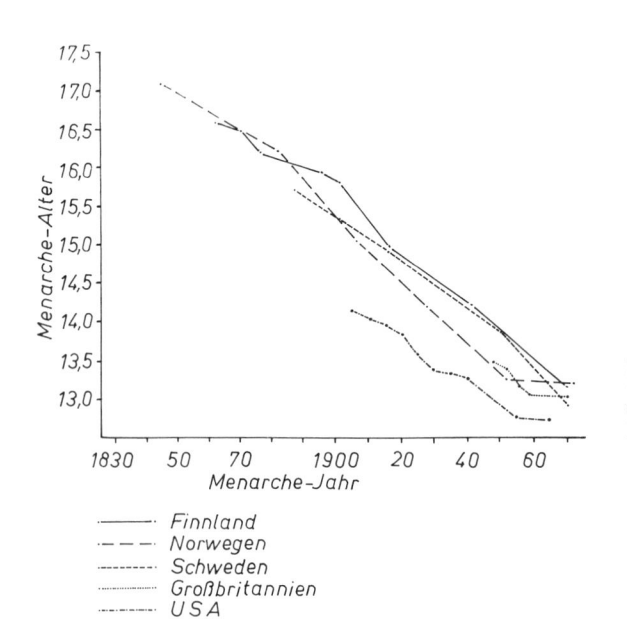

Abb. 8.6. Säkulare Vorverlegung der Menarche in den USA und einigen europäischen Ländern. Verändert nach KNUSSMANN 1980.

Da die diskutierten Faktoren für das Akzelerationsphänomen nicht widerspruchsfrei sind, werden auch die **genetischen Grundlagen** der heutigen Populationen des Menschen zur Erklärung mit herangezogen. Die zu beobachtenden Auflösungen von Isolaten, die statistisch gesicherte Erweiterung des Heiratsradius und die allgemein stärkere Durchmischung der Bevölkerung werden hier als Kausalfaktoren für die säkulare Körpergrößensteigerung gesehen. In der Körperhöhe kommt eine **additive Polygenie** zum Ausdruck. Für die Heterozygoten muß dann eine Summierung dominanter Großwuchsallele (sog. Heterosis) angenommen werden. Da aber eine säkulare Akzeleration auch dort zu beobachten ist, wo es bislang nicht zur wesentlichen Populations-Durchmischung gekommen ist, reicht die Heterosis als alleiniger Faktor nicht aus.

Das gesamte Phänomen der Akzeleration ist als Rückkopplungseffekt unserer heutigen Kulturbedingungen zu sehen. Man darf vom pädagogischen und soziologischen Blickwinkel aus aber die Risikozonen der modernen menschlichen Daseinsart, wie sie sich im Akzelerationsgeschehen manifestieren, mit all ihren Weiterungen (z. B. der notwendigen Objektivierung der Belastungsgrenzen stark akzelerierter Mädchen oder der Zunahme verhaltensgestörter Jugendlicher) nicht übersehen.

8.3.6. Populationsdynamik

Im Gegensatz zu den Tierprimaten ist der Mensch fähig, in nahezu allen Lebensräumen zu existieren. Obwohl er keine höhere Adaptationsfähigkeit besitzt, eroberte er weltweit seine Biotope durch aktive Umweltgestaltung (Behausungen, Kleidung, Tier- und Pflanzenzucht). Mit der Zivilisation umgeht der Mensch die natürliche Selektion, bringt sich damit aber selbst in Abhängigkeit von der Zivilisation.

Die zunehmende Ablösung der Naturumwelt durch zivilisatorische und soziale Umwelten, Gegenauslese (Kontraselektion), die Erweiterung des Populationsfaktors „Nahrungsraum", die ständige Erweiterung der Isolatgrenzen, artkennzeichnende kulturgeprägte Verhaltensformen sowie Veränderungen des Fortpflanzungsverhaltens u. a. sind wesentliche Besonderheiten der menschlichen Bevölkerungsdynamik.

8.3.6.1. Bevölkerungswachstum

Im Vergleich zu früheren Zeiten wächst die Erdbevölkerung als Ganzes gegenwärtig in einer über-exponentiellen Wachstumskurve jährlich um 1,9% an. Betrug die **Weltbevölkerung** in der Jungsteinzeit (ca. 8000 – 3000 v. u. Z.) ungefähr 50 Millionen (um ca. 5000 v. u. Z.), so waren es zu Beginn unserer Zeitrechnung etwa 250 Millionen Menschen. Nach $1^{1}/_{2}$ Jahrtausenden hatte sich die Weltbevölkerung auf 500 Millionen verdoppelt. Nur 200 Jahre waren für eine weitere Verdopplung auf 1 Milliarde im Jahre 1850 nötig. 1925 gab es 2 Milliarden, 1976 4 Milliarden, 1990 sind über 5 Mrd. Menschen auf der Erde. Für das Jahr 2000 werden bei anhaltendem Vermehrungstrend 7 Milliarden Menschen erwartet (vgl. Abb. 8.7.). Dieses nach Maßstab und Geschwindigkeit beispiellose Wachstum der Erdbevölkerung ist keineswegs auf eine Steigerung der Geburtenziffer zurückzuführen. Vielmehr waren es der wirtschaftliche und technische Fortschritt und die sich auf ihrem Boden entwickelnde Medizin, die Erfolge der Hygiene, Senkung der Kindersterblichkeit, Steigerung der Nahrungsmittelproduktion, Verbesserung der Wohnverhältnisse und die allgemeine Hebung des Lebensstandards, die sich seit dem Ende des 19. Jahrhunderts durchsetzen und ursächlich die Wachstumskurve bedingen.

Da ökologisch ein ständiges exponentielles Wachstum nicht möglich ist, stößt auch das globale Bevölkerungswachstum unter allen Annahmen an eine Grenze. Wann und wo diese Grenze liegt, wissen wir nicht. Unter Beachtung, daß mit dem Bevölkerungswachstum auch die Ansprüche an Energie, Nahrung, Kleidung, Wohnraum, Verkehrsmittel und soziale

506   8. Ökologie des Mensch-Biogeocoenose-Komplexes

Jahr 2035 14 Milliarden geschätzt

Jahr 2000 7 Milliarden geschätzt

Jahr 1975 3,7 Milliarden

Jahr 1925 2 Milliarden

Jahr 1850 1 Milliarde

Jahr 0 0,25 Milliarden

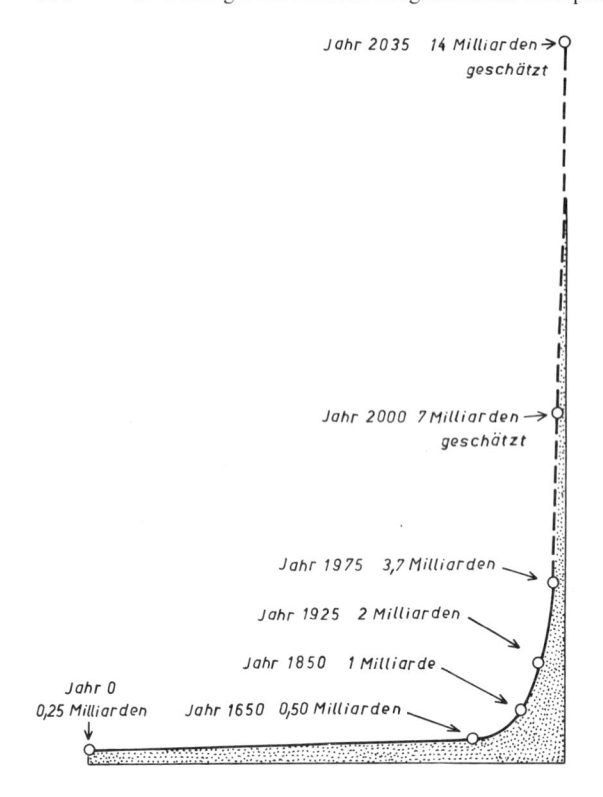

Jahr 1650 0,50 Milliarden

Abb. 8.7. Vermehrung der Erdbevölkerung in den letzten 2000 Jahren. Aus FREYE 1986.

Einrichtungen wachsen, damit aber auch die Umweltbelastungen, kommen wir nicht umhin, unsere volle Aufmerksamkeit auf die „Tragfähigkeit" unserer Erde, d. h. auf eine ökologisch und ökonomisch mögliche Bevölkerungsgröße zu richten, um zu einer logistischen Wachstumskurve zu gelangen. Umweltbeherrschung und angewandte Humanökologie gewinnen damit neue Dimensionen.

8.3.6.2. Urbanisation

Mit der Gründung von Siedlungen und der recht früh einsetzenden Verstädterung schuf sich der Mensch ein einzigartiges anthropogenes Ökosystem (vgl. Abb. 2.4.9.). Die Verstädterung ist einer der ältesten demographischen Trends. Das Wachstumstempo der Großstädte (>100000 Einwohner) und auch der Millionenstädte ist gegenwärtig höher als das Tempo der Vermehrung der Gesamtbevölkerung auf unserer Erde.

Es gibt heute schon über 170 Millionenstädte auf unserer Erde (1900 waren es 17). Jeder 10. Erdenbürger lebt in einer Millionenstadt. 3% aller Menschen unserer Erde wohnen sogar in Stadtkomplexen, deren Einwohnerzahl die Fünfmillionengrenze überschritten hat. Vielfach findet man eine universale Land-Stadt-Entwicklungslinie, d. h. ein Hinüberwachsen auf dem Wege Dorf – Ortschaft mit Stadtmerkmalen – Kleinstadt – Großstadt.

Bei der Urbanisation sind in einigen Teilen der Welt in den kommenden Jahren Wachstumsraten zu erwarten, die Demographen und Stadtplaner noch vor kurzer Zeit nicht anzunehmen wagten. Nach Einschätzung des UNO-Gremiums für Bevölkerungsentwicklung wird es um die Jahrtausendwende

8.3. Einfluß der Biogeocoenosen auf den Menschen

mindestens 22 „Megastädte" (mehr als 10^7 Einwohner) geben, 18 davon in Entwicklungsländern. An der Spitze aller Metropolen wird Mexiko-City bleiben, deren Einwohnerzahl für das Jahr 2000 mit 26,3 Mill. prognostiziert wird — mehr als die heutige Gesamtbevölkerung Kanadas. Djakarta, Kairo, Karatschi, Bangkok, Kalkutta, Bombay, Seoul, Peking, Schanghai, Tokio, Sao Paulo, Buenos Aires, Chicago, Los Angeles, New York, London, Paris, Moskau sind heute schon solche Stadtkomplexe mit 5 Mill. Einwohnern und mehr.

Bereits im Jahre 2010, sagen detaillierte Trendanalysen aus, wird mehr als die Hälfte der Weltbevölkerung in städtischen Ballungszentren leben.

Die Stadt bietet dem Bewohner Wohnung, Arbeitsplatz, Verkehr, Versorgung, Bildung, Erholung, persönliche kulturelle wie gesellschaftliche Begegnung. Im Leben eines jeden Landes spielen Städte als Zentren der Verwaltung, des Handels und der Industrie, der Entwicklung von Wissenschaft, Gesundheitsschutz, insgesamt von Spezialisierung, Rationalisierung, Standardisierung und Zentralisierung eine bedeutende Rolle.

Ökologisch kennzeichnende Elemente einer Stadt sind geringere Sonneneinstrahlung, verlängerte Helligkeit, Verzögerung des Wärmeaustausches durch die städtische Dunstschicht, höhere Temperatur mit geringeren täglichen Temperaturschwankungen als in der ländlichen Umgebung. Die Stadt ist von ihrer umgebenden Landschaft in allen ihren lebenswichtigen Ressourcen (Luft, Wasser, Nahrung) abhängig, das umgebende Land allerdings von der Stadt in ökonomischen Dingen (ODUM 1980 u. vgl. 2.5.2.).

Zur Erfassung der ökologischen Valenz dieser vom Menschen selbst geschaffenen Umwelt gehört eine Auflistung über den Einfluß des städtischen Raumes auf die Gesundheit des Menschen. Die **Luftverschmutzung** und die Anreicherung der bodennahen Luftschichten mit Schadgasen, insbesondere bei Inversionswetterlagen, beeinträchtigen die Atemfunktionen, erhöhen die Infektionsgefahr und die cancerogenen Wirkungen, belasten Herz und Kreislauf. Da das Ohr des Menschen im Gegensatz zu seinem Auge von Natur aus mit keinem Schutz gegenüber belastenden Umwelteinflüssen versehen ist und wegen der Geräuschübertragung durch die Knochenleitung für den Menschen geradezu ein Zwang besteht, **Lärm** aufzunehmen, kommt den Auswirkungen des Lärms in der Stadt eine hohe Bedeutung zu (vgl. Abb. 8.8. und 8.9.). Steigerung des Blutdruckes, Herz- und Gefäßerkrankungen, höherer Stoffwechsel, erhöhte Reizbarkeit, verminderte Arbeitslust, Ohrensausen, Gleichgewichtsstörungen und Innenohrschädigungen sind Folgen der Lärmwirkungen (Betriebs-, Verkehrs-, Flug-, Wohnlärm) (FREYE 1976c).
Die **fehlenden täglichen arhythmischen Temperaturschwankungen** und der **fehlende Jahres- und Tagesrhythmus** bedingen ein Fehlen der für eine gesteigerte geistige und körperliche Aktivität notwendigen Reizwirkungen auf Haut und Körper. Übermüdungserscheinungen, Nachlassen der körperlichen und geistigen Leistungsfähigkeit, höhere Infektionsanfälligkeit, höhere Sexualität und schließlich auch psychische Deformationen können die Folge sein.

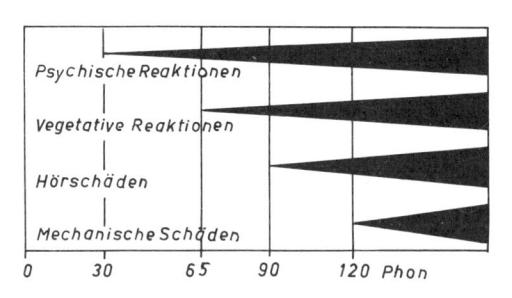

Abb. 8.8. Lärmwirkung auf den Menschen. Nach JACOBS aus FREYE 1976c.

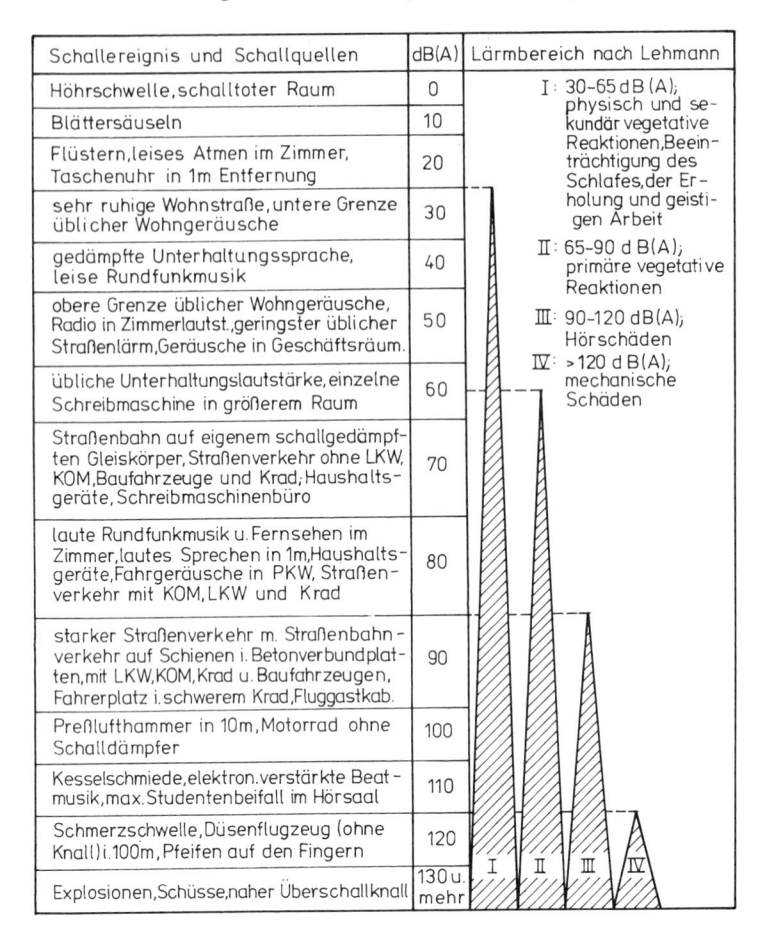

508   8. Ökologie des Mensch-Biogeocoenose-Komplexes

Schallereignis und Schallquellen	dB(A)	Lärmbereich nach Lehmann
Höhrschwelle, schalltoter Raum	0	I: 30-65 dB(A); physisch und sekundär vegetative Reaktionen, Beeinträchtigung des Schlafes, der Erholung und geistigen Arbeit
Blättersäuseln	10	
Flüstern, leises Atmen im Zimmer, Taschenuhr in 1m Entfernung	20	
sehr ruhige Wohnstraße, untere Grenze üblicher Wohngeräusche	30	
gedämpfte Unterhaltungssprache, leise Rundfunkmusik	40	II: 65-90 dB(A); primäre vegetative Reaktionen
obere Grenze üblicher Wohngeräusche, Radio in Zimmerlautst., geringster üblicher Straßenlärm, Geräusche in Geschäftsräum.	50	III: 90-120 dB(A); Hörschäden
übliche Unterhaltungslautstärke, einzelne Schreibmaschine in größerem Raum	60	IV: >120 dB(A); mechanische Schäden
Straßenbahn auf eigenem schallgedämpften Gleiskörper, Straßenverkehr ohne LKW, KOM, Baufahrzeuge und Krad, Haushaltsgeräte, Schreibmaschinenbüro	70	
laute Rundfunkmusik u. Fernsehen im Zimmer, lautes Sprechen in 1m, Haushaltsgeräte, Fahrgeräusche in PKW, Straßenverkehr mit KOM, LKW und Krad	80	
starker Straßenverkehr m. Straßenbahnverkehr auf Schienen i. Betonverbundplatten, mit LKW, KOM, Krad u. Baufahrzeugen, Fahrerplatz i. schwerem Krad, Fluggastkab.	90	
Preßlufthammer in 10m, Motorrad ohne Schalldämpfer	100	
Kesselschmiede, elektron. verstärkte Beatmusik, max. Studentenbeifall im Hörsaal	110	
Schmerzschwelle, Düsenflugzeug (ohne Knall) i.100m, Pfeifen auf den Fingern	120	
Explosionen, Schüsse, naher Überschallknall	130 u. mehr	

Abb. 8.9. Orientierende Lautstärkepegel unserer Umwelt. Nach SCHUSCHKE 1974 mit Lautstärkebereichen nach LEHMANN, modif. nach SCHUSCHKE 1981.

Zur Regeneration des Großstadtmenschen sind deshalb die Anlage von Schwimmbädern, Sport- und Spielplätzen, Schaffung von Grünflächen, Schutz der Straßenbäume, umfangreiche Kleingartenanlagen u. a. unabdingbare Voraussetzungen.

Humanökologisch sollte der weltweite, nicht umkehrbare Prozeß der Urbanisierung mit einer sinnvollen Territorialplanung und Landschaftsgestaltung verbunden werden (vgl. 7.6. u. 9.3.). Die optimale Gestaltung der künftigen anthropogenen Umwelt kann nur unter Einbeziehung aller humanökologischen Erkenntnisse gelingen (vgl. FREYE 1989).

9. Anwendungsbereiche der Ökologie

9.1. Ökologische Grundlagen der Land- und Forstwirtschaft

9.1.1. Berücksichtigung ökologischer Gesetzmäßigkeiten in der Landwirtschaft

9.1.1.1. Agrarökologie aus der Sicht einer hochproduktiven Landwirtschaft

In Abhängigkeit vom natur- und gesellschaftswissenschaftlichen Erkenntnis- und Entwicklungsstand war es stets ein Grundanliegen der Landwirtschaft, die Wechselbeziehungen und -wirkungen der pflanzlichen und tierischen Organismen zu- und untereinander und zu ihrer unbelebten Umwelt für den Menschen nutzbar zu machen. Der humanistische Auftrag der Land- wie auch der Volkswirtschaft der Welt ist es, die stark angewachsene Erdbevölkerung (STREIT 1980) ausreichend und gut zu ernähren. Bekannt sind die großen Schwierigkeiten, die bereits heute der Erfüllung dieses Auftrages entgegenstehen. Eingedenk des Tatbestandes, daß die Produktivität der Landwirtschaft dauerhaft nur im Einklang mit dem Haushalt der Natur, d. h. mit der natürlich gegebenen und vom Menschen gestalteten Umwelt und den volkswirtschaftlichen Belangen der Staaten aufrechterhalten und gesteigert werden kann, müssen die Wechselbeziehungen zwischen Ökologie und Ökonomie in der landwirtschaftlichen Praxis stets beachtet werden.

Entsprechend diesen Grundgedanken steht z. B. für die Pflanzenproduktion die Ausschöpfung des vorhandenen Ertragspotentials des Bodens bei gleichzeitiger erweiterter Reproduktion seiner Fruchtbarkeit mit leistungsstarken, den ökologischen Gegebenheiten gut angepaßten Kulturpflanzenbeständen im Mittelpunkt der weiteren Intensivierung der Pflanzenproduktion. Eine derart hohe Acker- und Grünlandkultur schließt die genaue Einhaltung der wissenschaftlich begründeten ökologischen und agrotechnischen Qualitätsmerkmale und Termine ein.

Ähnlich wie in der Pflanzenproduktion wird auch in der Tierproduktion die weitere Entwicklung durch Intensivierung und den schrittweisen Übergang zu industriemäßigen Produktionsmethoden gekennzeichnet sein. Dies erfordert oft nicht nur völlig neue ökologische und verfahrenstechnologische Leistungen des Fütterungs- und Haltungsregimes, der Hygiene, Gesundheitsüberwachung und Behandlung der Tierbestände, sondern auch die Erhöhung des genetisch bedingten Leistungspotentials durch Züchtung neuer Rassen und Hybridpopulationen.

Aus verständlichen Gründen kann das sehr umfassende und komplexe ökologisch-ökonomische Grundanliegen der Landwirtschaft in einem Lehrbuch der Ökologie nur an Hand einiger ausgewählter Beispiele aus der Pflanzen- und Tierproduktion sowie aus der Agrar- bzw. Betriebsökonomie behandelt werden.

9.1.1.2. Standortkundliche Aspekte der Pflanzenproduktion

Aus der landwirtschaftlichen Standortkunde, die Lehr- und Forschungsdisziplinen wie Agrarmeteorologie, Bodenkunde und landwirtschaftliche Melioration umfaßt, sollen kurz einige agrarökologische Aspekte der Phänologie, der Bodentypologie und der Rekultivierung behandelt werden.

Die **Phänologie** als Lehre von der Beobachtung auffallender Wachstumsvorgänge an der Pflanze spielt in der Agrarmeteorologie auch heute noch eine bedeutende Rolle.

Wir unterscheiden Pflanzen- und Tierphänologie. Von diesen beiden Zweigen besitzt die Pflanzenphänologie, die umfassend von SCHNELLE (1955) behandelt wurde, die weitaus größere Bedeutung, so daß sie meist schlechthin als Phänologie bezeichnet wird.

Eine wertvolle Planungsunterlage sind die vieljährigen Mittelwerte der Phaseneintritte und ihre Darstellung in Mittelwertkarten. Hat man verläßliche Mittelwerte, kann man die Abweichungen der Verhältnisse im laufenden Jahr, d. h. eine Verfrühung oder Verspätung der Pflanzenentwicklung, besser einschätzen und sich u. a. auch mit landwirtschaftlichen Arbeiten danach richten. Insbesondere kann man Maßnahmen treffen, einer sich anbahnenden Arbeitsspitze wirksam zu begegnen. Auch die Ertragsprognosen werden erleichtert, wenn nicht mehr nur mit monatlichen Durchschnittswerten der Witterungselemente operiert wird, sondern die Ist-Werte des laufenden Jahres mit den langjährigen Mittelwerten verglichen werden. Gebiete, die sich auf den phänologischen Karten als Frühgebiete der Entwicklung erweisen, können bei der Produktionsplanung für den Anbau von Frühkartoffeln und frühem Freilandgemüse vorgesehen werden. Phänologische Daten können auch wichtige Hinweise für eine wirksame Schädlingsbekämpfung geben. So kommen die überwinternden Kartoffelkäfer aus der Erde, wenn der Löwenzahn in Vollblüte steht. Die ersten Rapsglanzkäfer treten auf, wenn der Spitzahorn blüht. Die Viruskrankheiten übertragenden Blattläuse haben ihre Hauptflugzeit, wenn der Winterroggen zwischen Ährenschieben und Blühen steht. Auch im Obstbau kann die Phänologie bei der Schädlingsbekämpfung hilfreich sein. Da die Blüte der Obstgehölze vorausgesagt werden kann, vermag man die letzte Vorblütenspritzung auf den wirksamsten Termin zu legen. Schon bei der Anlage einer Obstbaumpflanzung kann die Phänologie Ratschläge geben. Damit die Befruchtung der angebauten Sorten gesichert ist, müssen Sorten zusammen angepflanzt werden, die sowohl befruchtungsfähig sind als auch in der Blütezeit übereinstimmen.

Aus der **Bodenkunde** sollen einige Aspekte der Bodentypologie, d. h. Probleme der Bildung, Entwicklung und Klassifikation der Böden, Bodentypen und Bodenformen als Beispiele der Anwendung ökologischer Grundprinzipien in der Pflanzenproduktion aufgezeigt werden. Böden im Sinne der Bodenkunde umfassen die oberste belebte Zone des lockeren Verwitterungsmaterials, das die festen Gesteine der Erdrinde bedeckt. Sie sind Ökosysteme, die den Lebensraum von Organismen bilden, diese aber auch selbst einschließen und sich durch vielfältige Wechselbeziehungen zwischen Organismen und unbelebten Teilen auszeichnen. Böden sind gleichzeitig Teile umfassenderer Ökosysteme (Biogeocoenosen) (vgl. 6.1.3.), zu denen außer dem Boden die höhere Vegetation, die von und in ihr lebende Tierwelt, die bodennahen Teile der Atmosphäre, gelegentlich der unter dem Boden liegende unbelebte Untergrund sowie das Grundwasser gehören. Die Teilsysteme stehen untereinander in einem ständigen Stoff- und Energieaustausch, zwischen ihnen gibt es keine scharfen Grenzen. Durch das Wirken der sich im Boden vollziehenden Prozesse werden Stoffe meist vertikal verteilt, oder sie verlassen mit dem Sickerwasser ganz den Boden; die chemische Zusammensetzung sowie der physikalische Zustand vieler Bodenbestandteile werden ebenfalls verändert. Dadurch differenziert sich das ursprünglich homogene oder durch geologische Prozesse geschichtete Material in oberflächenparallele Zonen, die Bodenhorizonte (vgl. Abb. 6.7.). Die Besonderheiten ihres Aufbaus sind das Ergebnis der Entwicklung unter der Einwirkung unterschiedlicher bodengenetischer Faktoren. Art und Intensität der Bodenprozesse werden bestimmt durch das Ausgangssubstrat, die natürlichen Umweltbedingungen – Klima, Vegetation, Relief und Grundwasser – sowie die Einwirkungen des Menschen. Als Ergebnis dieser unterschiedlichen Bodenentwicklung lassen sich zahlreiche Bodentypen und andere bodensystematische Einheiten unterscheiden, die dem Landwirt wichtige Anhaltspunkte für die zweckmäßigste Bewirtschaftung im Rahmen der Pflanzenproduktion geben können (vgl. 6.1.3.1.).

9.1. Ökologische Grundlagen der Land- und Forstwirtschaft

Das **Meliorationswesen** hat für die Intensivierung der Pflanzenproduktion und für die Landeskultur große Bedeutung. Eine Reihe von Meliorationen können als spezifische landwirtschaftliche Komponenten der Landeskultur und des Umweltschutzes angesehen werden, sofern sie mit Rücksichtnahme auf ökologische Gesichtspunkte des Landschaftshaushaltes eingesetzt werden. Solche den Boden betreffenden Maßnahmen sind insbesondere der Erosionsschutz, die Flurmeliorationen, die Kultivierung und Rekultivierung bestimmter Standorte.

Die **Standortbeurteilung** mit Hilfe von Pflanzen und Pflanzengesellschaften stellt einen weiteren wichtigen Anwendungsbereich der Ökologie in der Landwirtschaft dar.

Im Bereich des Ackers zeigen verschiedene Gruppen von Ackerunkräutern (ökologisch-soziologische Artengruppen, vgl. 6.1.1.) spezielle pH-, Stickstoff- und Feuchteverhältnisse des Bodens an und lassen teilweise auch deutliche klimatische Bindungen erkennen. Einige Unkräuter sind schwerpunktmäßig an Wintergetreide, andere an Hackfruchtkulturen gebunden.

Beispiele von ökologisch-soziologischen Gruppen der Ackerunkräuter:

— *Caucalis platycarpos*- (Haftdolden-)Gruppe:
  Caucalis platycarpos   *Galeopsis angustifolia*
  Scandix pecten-veneris   *Anagallis foemina*

Arten mit Verbreitungsschwerpunkt auf skelettreichen, trockenwarmen Carbonatgesteinsböden.

— *Arnoseris minima*-(Lämmersalat-)Gruppe:

  Arnoseris minima   *Hypochoeris glabra*
  Anthoxanthum puelii   *Ornithopus perpusillus*
  Aphanes microcarpa   *Viola tricolor*
  Teesdalia nudicaulis

Arten auf sehr nährstoffarmen, stark sauren Sand- und Gesteinsböden.

— *Euphorbia peplus*-(Gartenwolfsmilch-)Gruppe:
  Euphorbia peplus   *Amaranthus retroflexus*
  Mercurialis annua   *Chenopodium hybridum*
  Urtica urens   *Chenopodium ficifolium*
  Solanum nigrum

Stark stickstoff- und wärmebedürftige Arten auf basischen bis schwach sauren Böden mit guter Gare und ausgeglichenem Wasserhaushalt.

Ackerunkräuter können als Standortzeiger auch zur Einschätzung standortverändernder Maßnahmen und für weiterführende Fragestellungen genutzt werden (Erosionsdisposition, Versickerungseignung, Düngungsbeschränkungen in Trinkwassereinzugsgebieten, Festlegung standortgemäßer Schlaggrenzen, Herbizidplanung) (Tab. 9.1.).

Die Grünlandvegetation stellt auf Grund ihrer deutlichen Abhängigkeit von den Wasser- und Nährstoffverhältnissen gleichfalls einen guten Standortzeiger dar. Auch bei Verwendung artenarmer Saatgutmischungen bzw. bei Standortänderungen stellt sich im Verlauf einiger Jahre wieder ein standortgemäßer Artenbestand ein. Die Anwendungsbereiche der Ökologie in der Grünlandwirtschaft beziehen sich jedoch nicht nur auf standortkundliche, sondern auch auf damit zusammenhängende ertragskundliche und Futterwertfragen.

Beispiele der praktischen Anwendung sind Empfehlungen von Saatgutmischungen für Dauerbegrünung von Böschungen, Einschätzung des Futterwertes anhand des Gesamtartenbestandes, Ermittlungen zur Weidewürdigkeit, Erhebung zu Bestandsverschiebungen durch Nutzungsänderungen, Gülleeinsatz oder meliorative Maßnahmen und Ertragsschätzungen.

9. Anwendungsbereiche der Ökologie

Tabelle 9.1. Beispiele von Kongruenz der Unkrautgesellschaften mit Bodenformen

Pflanzengesellschaft	deutscher Name	Bodenform	natürl. Standortseinheit
Caucalo-Scandicetum	Haftdolden-Acker	Fels-Rendzina Schutt-Rendzina	V 3
Galio-Adonidetum	Sommeradonisröschen-Acker	Berglehm-Rendzina	V 2, V 3
Euphorbio-Melandrietum	Rittersporn-Acker	Löß-Schwarzerde Lehm-Schwarzerde	Lö 1, Lö 2, V 1
Euphorbio-Melandrietum aperetosum	Rittersporn-Kamillen-Acker	Löß-Parabraunerde Löß-Fahlerde	Lö 3
Aethuso-Galeopsietum	Hundspetersilien-Acker	Berglehm-Braunerde	V 5, V 6, V 7
Holco-Galeopsietum	Honiggras-Acker	Berglehm-Braunerde	V 8, V 9
Teesdalio-Arnoseridetum	Lämmersalat-Acker	Sand-Fahlerde Sand-Rosterde	D 1

Die Pflanzengesellschaften und ihre Untereinheiten lassen sich bestimmten Wasserstufen zuordnen. Gesellschaften, die sich durch unterschiedlichen Nährstoffhaushalt unterscheiden, können dabei die gleiche Wasserstufe besitzen (Abb. 9.1). Aus Vegetationskarten können für die Praxis Wasserstufenkarten abgeleitet werden (SCHUBERT 1969, Abb. 9.2.).

Auch durch beigefügte Nutzungs-, Eignungs- und Entwicklungstabellen können die Karten der realen Vegetation des Acker- und Grünlandes direkt für die landwirtschaftliche und landeskulturelle Praxis erschlossen werden. **Pflanzenstandortkarten,** deren Einheiten Räume gleichmäßiger natürlicher Anbaueignung und Ertragsfähigkeit darstellen, tragen zur standortgemäßen Arten- und Sortenplanung im Obstbau bei.

Einen besonderen Stellenwert besitzt in diesem Zusammenhang die **Wiederurbarmachung und Rekultivierung** des vom Braunkohlenbergbau vorübergehend entzogenen Territoriums. Die Wiedernutzbarmachung von Kippenflächen umfaßt alle Maßnahmen des Bergbaues

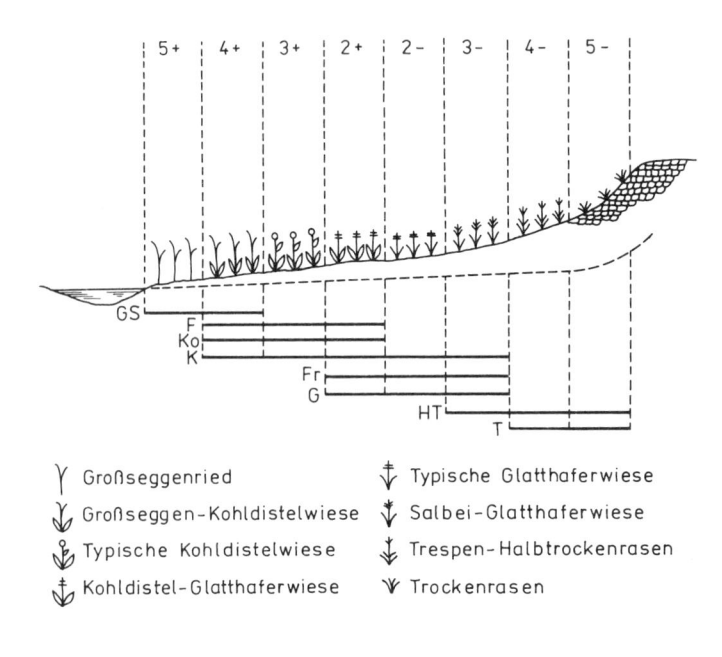

Abb. 9.1. Vegetationsprofil der Wiesenvegetation in einem Flußtal im Thüringer Hügelland und die dazugehörigen Wasserstufen. Nach HUNDT 1964. VS = Verbreitungsschwerpunkt. GS-VS in Röhrichten und Großseggenriedern; F-VS in Feuchtwiesen; Ko-VS in Kohldistelwiesen; K-VS in feuchten und frischen Kulturrasen; Fr-VS in frischen Wiesen und Weiden; G-VS in Glatthaferwiesen; HT-VS in Halbtrockenrasen, T-VS in Trockenrasen.

9.1. Ökologische Grundlagen der Land- und Forstwirtschaft 513

Abb. 9.2. Vegetations(a)- und Wasserstufen(b)-Karte aus der Elster-Luppe-Aue bei Halle. Nach SCHUBERT 1969.
Bei Karte a bedeutet. 1 = abgebaggerte Fläche; 2 = Eschen-Ulmenwald, Fraxino-Ulmetum; 3 = Eschen-Ulmen-Lindenwald, Fraxino-Ulmetum tilietosum; 4 = Röhrichte, Scirpo-Phragmitetum, Scirpetum maritimi, Sparganio-Glycerietum fluitantis, Glycerietum maximae, Phalaridetum arundinaceae; 5 = Knickfuchsschwanzrasen, Rumici-Alopecuretum geniculati; 6 = Schlankseggenried, Caricetum gracilis, Carici-Eleocharitetum, 7 = Labkraut-Wiesenfuchsschwanzwiese, Galio-Alopecuretum; 8 = Brenndolden-Rasenschmielen-Wiese, Cnidio-Deschampsietum; 9 = Glatthaferwiese und Gesellschaft des Kleinen Mädesüß und des Vielblütigen Hahnenfußes, Arrhenatheretum medioeuropaeum, Filipendulo-Ranunculetum polyanthemi; 10 = Feuchter Acker, Rorippo-Chenopodietum polyspermi; 11 = Frischer Acker, Euphorbio-Melandrietum, Var. von *Stachys palustris*, Aphano-Matricarietum Var. von *Stachys palustris*; 12 = Acker, Euphorbio-Melandrietum, typ. Var., Aphano-Matricarietum typ. Var. Bei Karte b bedeutet: 1 = abgebaggerte Fläche; 2 = Feuchtestufe 4; 3 = Feuchtestufe 3; 4 = Feuchtestufe 2; 5 = Feuchtestufe 1.

zur Wiederurbarmachung des freigegebenen Geländes durch Planierung, Böschungsgestaltung, Vorflutregulierung, Hauptwegeaufschluß und Grundmelioration sowie die sich daran anschließenden Kultivierungsmaßnahmen der Land- und Forstwirtschaft. Da die Rekultivierung eine sehr vielseitige und oft nur mit hohem finanziellen und technischen Aufwand zu bewerkstelligende Aufgabe ist, bedarf sie besonderer Sachkenntnis aller beteiligten Partner. So gewinnen bei speziellen Aufgaben der Rekultivierung die Vermeidung von Erosionserscheinungen, die Strukturbildung und Auswaschung, die Einstellung der erwünschten Bodenreaktion, die Erhöhung der Sorptionseigenschaften sowie die Sicherstellung der Nährstoffversorgung durch organische und mineralische Düngung und die Wiederbelebung des Substrates durch Besiedlung mit Bakterien, Pilzen und Kleintieren, die Lebendverbauung des Bodengefüges und die Fruchtfolgegestaltung mit Pionierpflanzen (z. B. Steinklee, Luzerne) größte Bedeutung.

Für geplante Entwässerungsmaßnahmen kann eine Vegetationskarte bzw. die daraus abgeleitete **Wasserstufenkarte** eine wichtige Grundlage der Entscheidungsfindung sein. Sie ermöglicht die Durchführung der hydromeliorativen Eingriffe in einer Weise, in der Standorte mit bereits günstigem Wasserhaushalt in ihrer Leistung nicht beeinträchtigt werden. Sie zeigt auch die Flächen an, auf denen zur Schaffung ertragreicher Bestände neben der Entwässerung eine starke Nährstoffzufuhr erfolgen muß.

Vegetationskarten sind wesentliche Bestandteile der Einschätzung von erfolgenden Veränderungen im Wasserhaushalt eines betroffenen Gebietes wie von Beweissicherungen über erfolgte Veränderungen. Gewässerregulierungen, Anlage von Tagebauen, Bau von Grundwassergewinnungsanlagen und Staueinrichtungen führen zur Absenkung oder Anhebung des bisherigen Grundwasserspiegels im betroffenen Gebiet. Anhand einer Wiederholungskartierung kann festgestellt werden, ob Veränderungen der Vegetation erfolgten und ob bei eingetretenen Veränderungen sich für die Landwirtschaft positive oder negative Auswirkungen auf Nutzung, Ertrag und Qualität ergeben. In zahlreichen Ländern werden z. T. auf der Grundlage spezieller Vereinbarungen zwischen den betroffenen Seiten, Vegetationsuntersuchungen und -kartierungen zur Beweissicherung durchgeführt.

In der **Autökologie,** welche die stofflichen und energetischen Aspekte zwischen Einzelorganismus und Umwelt untersucht, besitzen die Anpassungen an spezielle Umweltbedingungen eine hervorragende Bedeutung. Kenntnisse über diese Eigenschaften beantworten oft die Frage, weshalb sich an einem bestimmten Standort eine Pflanzenpopulation im Konkurrenzkampf mit einer anderen besser zu behaupten vermochte. So ist bekannt, daß sich im Laufe der Zeit innerhalb der Stoffwechseltypen in Abhängigkeit von Umweltbedingungen bei den autotrophen Pflanzen Anpassungen an eine energetisch optimale Ausnutzung von Licht, Wasser und Nährstoffen herausgebildet haben. Deshalb besitzt bei der bewußten Lenkung der Ertragsgestaltung in der Pflanzenproduktion die CO_2-Verwertung, die oft als ertragsbegrenzender Faktor bei den unterschiedlichen Kulturpflanzenarten auftritt, eine Schlüsselfunktion. Ergebnisse aus Dunkelreaktionen mit $^{14}CO_2$-begasten Pflanzen besagen, daß es im Stoffwechselgeschehen verschiedene Wege des CO_2-Einbaues gibt: C_3-, C_4; C_3-C_4-Intermediäre und CAM-Pflanzen (vgl. 3.1.2.2.).

Nach den bisherigen Erkenntnissen gehören zu den C_4-Pflanzen vor allem Gräser, die aus südlichen Gebieten stammen, z. B. Mais, Hirsearten und Zuckerrohr, zu den C_3-Pflanzen hingegen unsere meisten Kulturpflanzen, so Weizen, Roggen, Hafer, Gerste, Kartoffel, Betarüben, Futter- und Körnerleguminosen, Raps, Rübsen, auch viele Futtergräser, Gemüse- und Obstkulturen. Viele sukkulente Pflanzen sind CAM-Pflanzen („crassulacean acid metabolism"). Sie wachsen sehr langsam und sind extrem wassersparend. C_3-Pflanzen brauchen etwa doppelt so viel Wasser je g gebildeter Trockenmasse wie C_4-Pflanzen. Man erkennt, daß infolge der unterschiedlichen CO_2-Assimilationswege die genannten Pflanzentypen auch eine unterschiedliche Ökonomie im Wasserverbrauch aufweisen. Auch die Fraßintensität durch Tiere ist verschieden. So werden C_4-Pflanzen mit ihren schwerverdaulichen Bündelscheidenzellen besonders von wechselwarmen Tieren nur ungern aufgenommen.

Diese aus der Autökologie entnommenen Beispiele zeigen die differenzierten Anpassungen des Photosynthesetyps und des allgemeinen Stoffhaushalttyps an das abiotische und biotische Faktorengefüge. Fundierte Kenntnisse über dieses Wirkgefüge und seine zielbewußte Ausnutzung sind eine wichtige Aufgabe der landwirtschaftlichen Pflanzenproduktion.

9.1.1.3. Aspekte der Düngung, der Bodenbearbeitung und der Fruchtfolgegestaltung in der Pflanzenproduktion

Die bedarfsgerechte Nährstoffversorgung der Kulturpflanzen stellt bei der zielbewußten Gestaltung eines Agroökosystems eine unerläßliche Maßnahme dar. Sie dient bevorzugt der Aufrechterhaltung und Steigerung der Bodenfruchtbarkeit, der Erträge und der Erhöhung der Ertragssicherheit sowie der Verbesserung der Qualität der Ernteprodukte.

Die jährlich durch Pflanzen und Sickerwasser dem Boden entzogenen großen Mengen an Nährstoffen (insbesondere an N; K; Mg und Ca) bedürfen einer ständigen Rückführung. Nur so kann der biologische Kreislauf eines produktiven Standortes aufrechterhalten und bei erhöhter Zuführung sogar erweitert werden.

Die **mineralischen Dünger** führen Pflanzennährstoffe, die **organischen Dünger** (insbesondere Stallmist, Gülle, Stroh, Ernte- und Wurzelrückstände) darüber hinaus noch Humusausgangssubstanz dem Boden zu. Zwischen der Versorgung des Bodens mit organischer Substanz und der Produktionsleistung der eingesetzten anorganischen Nährstoffmengen besteht ein enger Zusammenhang. Es ist deshalb zweckmäßig, die Maßnahmen der Mineraldüngung zur Intensivierung der Pflanzenproduktion mit modernen, die optimalen Humusverhältnisse im Boden sichernden Verfahren der organischen Düngung zu verbinden.

Mit zunehmendem Düngereinsatz (bevorzugt Mineraldünger) in der intensiv betriebenen Pflanzenproduktion wird es immer wichtiger, die komplexen Wechselbeziehungen zwischen der Düngung und denjenigen ökologischen und ökonomischen Faktoren umfassend zu berücksichtigen, die ihre Effektivität beeinflussen.

Die **qualitätsgerechte Bodenbearbeitung** nimmt im Streben nach hoher Ackerkultur eine Schlüsselstellung ein (ERMICH 1981). Die Bodenbearbeitung beeinflußt von allen ackerbaulichen Maßnahmen am stärksten die physikalischen Faktoren und hierbei vor allem das Gefüge und zuweilen den Aufbau des Bodens und übt dadurch Sekundärwirkungen auf chemische und biologische Fruchtbarkeitsmerkmale des Bodens aus.

Zu den wichtigsten mechanischen Wirkungen der Bodenbearbeitung (Teilbrachen-, Grund-, Boden-, Saatbettbearbeitung, mechanische Pflegearbeiten) zählen das Lockern, Krümeln, Wenden, Mischen und Verdichten. Durch diese Maßnahmen kann standort- und fruchtartenbezogen die feste, die flüssige und die gasförmige Bodenphase und mit ihnen verbunden der Wärmehaushalt des Bodens optimal gestaltet werden. Über das komplexe Zusammenwirken aller übrigen produktionssteigernden Faktoren, insbesondere der Melioration, der organischen und mineralischen Düngung, der Beregnung sowie der Unkrautbekämpfung, können dadurch hohe und stabile Erträge erreicht und die erweiterte Reproduktion der Bodenfruchtbarkeit gesichert werden.

Bei der Intensivierung der Pflanzenproduktion, die vielerorts durch Großflächenbewirtschaftung gekennzeichnet ist, kann das oben angeführte Ziel einer hohen Ackerkultur nur über den Einsatz leistungsstarker Maschinen und Geräte erreicht werden. Bei sachkundiger Leitung und Durchführung der Verfahren gelingt es, die Bearbeitungsgüte zu verbessern und die agrotechnisch optimalen Zeitspannen besser einzuhalten. Vielerorts kann auch die Bearbeitungstiefe der Ackerkrume (Zieltiefe 30 bis 35 cm) erweitert werden.

Wenn die positiven Ergebnisse einer intensivierten Bodenbearbeitung auch überwiegen, so dürfen einige Probleme beim Einsatz der schweren Technik nicht übersehen werden. Die größten, zum Teil noch ungelösten Probleme ergeben sich aus dem in der Krume und im Unterboden verdichtend wirkenden Raddruck der schweren Technik. **Bodenverdichtungen** erhöhen die Bodenfestigkeit und damit den Widerstand gegen die Durchwurzelung. Dies bedeutet verringerte Zugriffsmöglichkeit der Pflanze zu Wasser- und Nährstoffvorräten. Negativ werden auch die bodenbiologische Aktivität und die Austauschprozesse zwischen Boden und Atmosphäre beeinflußt (EICH 1981). Verdichtungen, die sich bis in den Untergrund ausbreiten, sind besonders schädlich, da sie mit der normalen Krumenbearbeitung nicht wieder beseitigt werden können. Eine Entwicklung der Technik zu immer schwereren Zug- und Transportmaschinen verstärkt die Tendenz zur Unterbodenverdichtung, da selbst bei gleichbleibendem spezifischen Auflagedruck der Reifen die Tiefenwirkung wesentlich von der Gesamtmasse abhängig ist.

In Fahrgassen geht die innere Porosität der Boden-Mikro-Aggregate stark zurück, wodurch das Ertragspotential des Bodens sehr reduziert wird. Stark verdichtete und tief eingefahrene Leitspuren werden außerdem zu Initialbereichen der Rinnenerosion. Wissenschaft und Praxis müssen wirksame Verfahren zur Verhütung und Beseitigung von schädigenden Bodenverdichtungen ausarbeiten.

Versteht man unter einem Ökosystem ein System, das durch das Struktur- und Funktionalbeziehungsgefüge (Wirkungsgesetz) zustande kommt, das zwischen den organischen Komponenten untereinander und zu ihrer unbelebten Umwelt besteht, so kann die **Fruchtfolgegestaltung** als das sinnvoll gestaltete Ordnungsprinzip einer Agrarlandschaft angesehen werden. Die Fruchtfolge ist bei ackerbaulicher Nutzung eines Standortes unerläßlich, weil der Ackerbau durch das Zerstören der ursprünglich ausdauernden autochthonen Vegetationsdecke schwerwiegend in den Haushalt des Standortes eingreift. Die Hauptaufgabe der Fruchtfolge besteht darin, durch den geordneten, sinnvollen zeitlichen Wechsel der Pflanzenbestände des Ackerlandes wichtige Voraussetzungen für hohe und sichere Erträge in einem stabilen Agroökosystem zu schaffen. Deswegen haben die pflanzenbaulichen und damit ökologischen Gesichtspunkte bei der Fruchtfolgegestaltung Vorrang gegenüber technologischen oder ökonomischen Beweggründen (LISTE 1981). Die wichtigsten Aspekte in diesem Zusammenhang sind:

— höchstmögliche Ausnutzung der Vegetationszeit durch Haupt- und Zwischenfrüchte
— höchstmögliche Nutzung günstiger Vorfrucht- und Fruchtfolgewirkungen
— Gesunderhaltung von Boden und Pflanze durch Einhaltung der Anbaupausen; Beachtung der Verträglichkeitsbeziehungen und schwerpunktmäßigen Bestandesüberwachung in der Fruchtfolge
— Vermeidung oder Beseitigung von Überspitzungen bei der Anbaukonzentration sowie von Fruchtfolgefehlern
— Schaffung von technologisch, ackerbaulich und landeskulturell günstigen Schlageinheiten und Rotationsbereichen
— Verbesserung des Verhältnisses von Aufwand und Ertrag durch effektive Kombination der Intensivierungsmaßnahmen in der Fruchtfolge und durch fruchtfolgebezogene Rationalisierung von Arbeitsgängen und Produktionsverfahren.

Den Ausgangspunkt aller Überlegungen zur Gestaltung des Anbauverhältnisses bildet der volkswirtschaftliche Bedarf an pflanzlichen Produkten. Die wichtigsten Voraussetzungen für die Erarbeitung einer Fruchtfolge sind die natürlichen Standortbedingungen, vorhandene und geplante Produktionsanlagen und das gesellschaftliche Arbeitsvermögen im Territorium. Ein geordneter Rotationsablauf wird erleichtert durch die Zusammenfassung von Einzelschlägen zu stabilen Schlageinheiten.

Die flur- und landschaftsgestaltende Funktion der Fruchtfolge gewinnt auch aus ökologischer Sicht immer mehr an Bedeutung. Beim heutigen Stand der Betriebsgröße führen unterschiedliche Bodenverhältnisse und innerbetriebliche Spezialisierung meist zu einer Gliederung der Flur in 3—6 Rotationsbereiche. Diese sind in Schlageinheiten etwa gleicher Flächengröße gegliedert. Die Mehrzahl der Schlageinheiten besteht ebenfalls aus 2—6 zweckmäßig gruppierten benachbarten Geländeschlägen. Die Rotationsbereiche werden bevorzugt nach Bodenqualität, Fruchtart und technologischer Eignung bestimmt. Die Schlageinheit und ihre zweckmäßige Gruppierung zu Geländeschlägen mit der gleichen Fruchtart sollen keine „Riesenschläge" darstellen, da sie meistens wenige Vorteile, vielmehr ackerbauliche, technologische und landeskulturelle Nachteile bringen und auch die verkehrstechnische Binnenerschließung der Flur verhindern. In der Flur dürfen nur unumgängliche Ausräumungen von Bäumen und Feldgehölzen zugelassen werden. Der **Flurholzanbau** soll als Bestandteil der Landschaftsplanung vor allem entlang fester Trassen und auf geeigneten Rand- und Splitterflächen erweitert werden.

Die Erhaltung und Anlage von **Hecken** und **Windschutzstreifen** aus standortgemäßen Gehölzen in der Ackerlandschaft ist ein landeskulturell bedeutsames Anwendungsgebiet der Ökologie in der Landwirtschaft.

9.1.1.4. Ökologische Aspekte der Züchtung und Haltung im Rahmen der Tierproduktion

Die drei Grundpfeiler einer leistungsfähigen Tierproduktion — Züchtung, Haltung, Fütterung — stehen untereinander in enger Wechselbeziehung. Aus der sehr umfangreichen Problematik der Tierproduktion seien bevorzugt einige produktionsökologische Aspekte der Züchtung und Haltung der Nutztiere aufgezeigt. Diese Aspekte berühren die Populationsökologie, die ihrerseits wiederum Beziehungen zu den Wissenschaftsdisziplinen der ökologischen Physiologie, der Verhaltensbiologie und ökologischen Genetik aufweist.

Die Züchtung leitet ihre Aufgaben vor allem aus der Wirtschaftsprognose über die perspektivische Entwicklung der Tierproduktion ab. Darin wird die klare Forderung erhoben, neue und leistungsfähigere Tierrassen und Hybridpopulationen zu züchten. Das genetische Zuchtergebnis wird vornehmlich von der Prüfgenauigkeit und der Selektionsdifferenz bzw. von der Optimierung dieser Funktionen bestimmt. Die Züchtungsaufgaben selbst ergeben sich aus genetisch-biologischen und ökologischen Möglichkeiten sowie den ökonomischen Erfordernissen. Die erfolgreiche Züchtung entwickelt Tierpopulationen, die für künftige Produktionsbedingungen hohe Leistungsbereitschaft und Anpassungsfähigkeit besitzen und die sich durch günstige Reaktionsnormen auf bestimmte Umweltbedingungen auszeichnen. Die Tierproduktion erstrebt einerseits eine hohe Leistung je Individuum, andererseits aber auch die höchstmögliche Leistung an Veredlungsprodukten je Hektar landwirtschaftlicher Nutzfläche.

Die Umweltbedingungen, unter denen die Zucht- und Nutztierbestände ihre Leistungen zu bringen haben, verändern sich zunehmend in Richtung auf eine weitere Mechanisierung und teilweise Automatisierung der Arbeitsprozesse. Damit verringert sich die individuelle Pflege und Betreuung der Tiere. Bereits dieser Milieuwandel stellt neue, in bezug auf das Anpassungsvermögen großer Tiergruppen höhere Anforderungen an die Zucht- und Nutztiere. Die Züchtung muß diesen Gegebenheiten Rechnung tragen und die Zuchtmethoden der Gegenwart so gestalten, daß sie in den nächsten Jahren weitere gewinnbringende Veränderungen der Gesamtpopulation sichern. Eingedenk des Umstandes, daß das Zuchtziel eine angestrebte nutzbringende Veränderung der Merkmalsstruktur oder einer bestimmten Merkmalsausprägung, z. B. Quantität und Qualität von Milch, Fleisch und Woll-Leistung der Population — oft für das Tier nicht gleichermaßen vorteilhaft ist, müssen Kompromisse angestrebt werden. Übertriebene Forderungen bezüglich der Merkmalsstrukturen können schwere Schäden von nachhaltiger populationsgenetischer und ökonomischer Wirkung auslösen, wofür die Nutztierzüchtung durchaus Beispiele liefert, wie u. a. mangelnde Fleischqualität extremer Fleischschweinepopulationen und erhöhte Streßanfälligkeit.

Die **Haltung der Tierbestände** in den Produktionsanlagen der Landwirtschaft kann erfolgreich nur unter Berücksichtigung der Kriterien der Ökophysiologie und Verhaltensbiologie, welche die stofflichen und energetischen Wechselbeziehungen zwischen der Tierart und ihrer Umwelt untersuchen, gestaltet werden. Hierbei sind unter Umwelt alle Einflußfaktoren zu verstehen, die von außen auf das Leistungsvermögen des Tieres einwirken. Da jedes Tier ein artspezifisches Anpassungsvermögen an die Haltungsfaktoren besitzt, sollte dieses weitgehend berücksichtigt werden, da sonst mit Leistungsrückgängen gerechnet werden muß.

Die Haltungseinrichtungen müssen eine freie Entfaltung aller Bewegungen der Tiere ermöglichen, ungehindertes Niederlegen und Aufstehen, bequeme Liegestellung. Den Tieren, z. B. Rindern, soll weiterhin für ihre Verhaltensaktivität im Tagesverlauf, z. B. für das Liegeverhalten und eine tägliche Ruhezeit von 10 Stunden usw., genügend Spielraum gegeben werden.

Ein wichtiger produktionswirksamer Umweltfaktor ist das Stallklima. Man versteht darunter die Gesamtheit der physiologisch wirksamen Beschaffenheit und des chemischen Zustandes der Stalluft, wozu die Temperatur, der Feuchtigkeitsgehalt, der Gehalt an

Schadgasen (CO_2, NH_3, H_2S) und der Gehalt an Mikroorganismen und Staubteilchen gerechnet werden. Auch die Luftbewegung und die Beleuchtungsverhältnisse werden hier mit einbezogen. Das Stallklima selbst wird beeinflußt durch tierökologische (z. B. Ansprüche und Abgabe der Tiere an Wärme, Feuchtigkeit, Gasen), meteorologische (z. B. Außenklima, Durchlüftung) und technische Faktoren (z. B. Stallbau, Lüftung, Heizung, Beleuchtung).

Bei zu niedrigen Temperaturen muß der Tierkörper zusätzlich Wärme erzeugen, um seine Körpertemperatur aufrechtzuerhalten. Die benötigte zusätzliche Energie stammt aus der Futterenergie und steht dadurch nicht zur Umwandlung in Milch zur Verfügung. Bei der Einwirkung zu hoher Temperaturen macht sich ein hitzebedingter Leistungsabfall bemerkbar. Die Tiere fressen weniger und führen damit ihrem Körper zu wenig Energie zu, weil sie große Schwierigkeiten haben, ihre überschüssige Körperwärme abzugeben. Der Optimalbereich bewegt sich bei Milchkühen von $+10-20\,°C$, der bei neugeborenen Kälbern von $+15-20\,°C$ und der beim Jungvieh von $+10-15\,°C$. Die geforderte Luftfeuchtigkeit beträgt für alle Ställe 60—80%, wobei im Sommer die untere, im Winter die obere Grenze anzustreben ist. Eine zu feuchtwarme Luft ist wegen Verminderung der Verdunstung der Kotfeuchtigkeit ebenso schädlich wie eine zu feuchtkalte Luft, da erstere große Verschmutzung mit verstärktem Juckreiz und letztere schwere Erkältungen und Entzündungen der Atemwege der Tiere hervorruft. Analoge Beispiele könnten für einen zu hohen Gehalt der Luft an Schadgasen, infektiösen Mikrobenkeimen und Staubteilchen sowie für zu geringe oder zu hohe Luftbewegung im Stall gebracht werden.

Bei den bereits angeführten Produktionsstufen und Haltungsformen treten unterschiedliche zootechnische Anforderungen auf, die durch zweckentsprechende technologische Lösungen erfüllt werden müssen. So ist die Gestaltung des Haltungsbereiches bei der Einzel-, mehr noch bei der Gruppenhaltung sehr verschieden. Es kommt hierbei besonders auf die zweckmäßigste Ausführung des Liegeplatzes, des Freßbereiches, der Futterzu- und der Mistentführungswege, der Laufflächen, der Triftwege, der Wartehöfe, des Tierumtriebes, der Tierbetreuung und der Tierein- und ausstallung an.

Je besser das komplexe Wirkgefüge der bisher aufgezeigten tierphysiologisch-ökologischen und zootechnisch-technologischen Faktoren in der Rinderhaltung gestaltet wird, um so größer wird auch der angestrebte Produktionserfolg sein.

Die in der Sommerzeit gehandhabte Weidewirtschaft stellt eine umweltfreundliche Rinderhaltung dar. Sie wird besonders in der Färsen- und in jüngster Zeit auch wieder in der Milchviehhaltung mit gutem Produktionserfolg betrieben. Die Weidehaltung verbessert die Gesundheit, Langlebigkeit und Leistung der Weidetiere. Sie ist auch die technologisch, ökonomisch sowie arbeits- und energiewirtschaftlich günstigste und effektivste Form der Graslandnutzung. Die moderne Weidewirtschaft schafft die engste Verknüpfung von Tier- und Bodennutzung. Erfolgreiche Weidehaltung verlangt eine vorbildliche Graslandintensivierung (Melioration, Aussaat, Düngung, Pflege u. a.).

9.1.2. Anwendung der Ökologie im landwirtschaftlichen Pflanzenschutz

9.1.2.1. Probleme des derzeitigen landwirtschaftlichen Pflanzenschutzes

Es gibt kaum einen Zweig der Volkswirtschaft, der auf der einen Seite in so hohem Maße von der natürlichen Umwelt abhängig ist und diese andererseits in so vielfältiger Weise beeinflußt wie die Landwirtschaft. Die weltweit praktizierten Maßnahmen zur Intensivierung und Konzentration der landwirtschaftlichen Produktion haben zu einer Arten- und Sortenarmut in der Agrarlandschaft und zu **genetisch einheitlichen, ausgeglichenen Kulturpflanzenbeständen** geführt. Damit sind auch für potentielle Schaderreger günstige Voraussetzungen zur Selektion leistungsstarker, individuenreicher Populationen geschaffen worden. Nicht selten gereichen Maßnahmen, die primär auf die Steigerung der landwirtschaft-

9.1. Ökologische Grundlagen der Land- und Forstwirtschaft

lichen Produktion abzielen, auch Schaderregern zum Vorteil. Zu betonen ist in diesem Zusammenhang, daß die einseitige Förderung des Energieflusses zugunsten einer Maximierung der Nettoprimärproduktion der Kulturpflanzen nicht nur die energetischen Input-Output-Relationen nachteilig verändert hat (BAYLISS-SMITH 1982) sondern auch mit einer erhöhten Störanfälligkeit der Agroökosysteme erkauft wurde. Der Steuerung ihrer Ertragssicherheit kommt daher besondere Bedeutung zu, wobei Pflanzenschutzmaßnahmen mit an vorderster Stelle stehen.

Der landwirtschaftliche Pflanzenschutz stellt eine Wissenschaftsdisziplin dar, die sich mit den durch Schaderreger (Tiere, Pflanzen, Mikroorganismen) an Kulturpflanzen verursachten Ertragsverlusten und der Möglichkeit ihrer Verhinderung befaßt.

Die Effektivität aller direkt oder indirekt zum Schutz von landwirtschaftlichen Kulturpflanzenbeständen angewandten Maßnahmen setzt eine fundamentale Kenntnis der für Agroökosysteme geltenden spezifischen Gesetzmäßigkeiten und deren Berücksichtigung voraus. In Agroökosystemen werden gegenüber den naturnahen Ökosystemen die zwischen den abiotischen und biotischen Elementen bestehenden Wechselbeziehungen entscheidend durch den kurzen, meist annuellen Entwicklungszyklus der in der Regel dominierenden autotrophen Biocoenosekomponente bestimmt.

Durch züchterische sowie acker- und pflanzenbauliche Maßnahmen gelang es besonders in den letzten Jahrzehnten, das Leistungsvermögen der meisten Kulturarten wesentlich zu erhöhen. Im Mittelpunkt der Bemühungen des Pflanzenschutzes zur Sicherung eines stabilen Ertragsniveaus beizutragen, gewinnen zunehmend solche an Bedeutung, die auf eine hohe Langzeitstabilität unter ressourcensparenden und umweltschonenden Bedingungen ausgerichtet sind (METCALF 1980, ALTIERI 1987).

Bei der Analyse und Wertung der ökologischen Wirkungen von Pflanzenschutzmaßnahmen ist also zu beachten, daß diese stets in engem Zusammenhang mit der Gesamtheit aller übrigen Maßnahmen zu sehen sind, die der gezielten Beeinflussung des Kulturpflanzenertrages dienen.

Die in Kulturpflanzenbeständen zur Schaderregerbekämpfung angewandten Verfahren basieren auf der Wirksamkeit chemischer, physikalischer oder biologischer Prinzipien. Unter ihnen besitzen, insgesamt gesehen, in den Industrieländern die chemischen Bekämpfungsverfahren anteilmäßig mit ca. 75% (SCHWINN 1988) derzeit noch immer die größte Bedeutung. Dabei ergeben sich allerdings für die Bekämpfung wichtiger Schaderregergruppen unterschiedliche Lösungswege und damit auch verschieden hohe Anteile der auf einem der 3 genannten Prinzipien beruhenden Verfahren.

Während das Primat chemischer Pflanzenschutzmaßnahmen bis vor wenigen Jahren fast unumstößlich schien, mehrten sich in den letzten Jahren kritische Stimmen aus allen Teilen der Welt. Sie lassen es notwendig erscheinen, die bevorzugte Anwendung chemischer Pflanzenschutzmittel einer Prüfung zu unterziehen (KLINGAUF 1988).

Die **Probleme des chemischen Pflanzenschutzes** lassen sich im wesentlichen auf die folgenden Ursachenkomplexe zurückführen:

— Die zu bekämpfenden Schaderreger verfügen meist über eine hohe Reproduktionskraft, die auf ihrer Anpassungsfähigkeit, Vitalität oder spezifischen Abwehrmechanismen basiert. Die Schwierigkeiten einer chemischen Bekämpfung beruhen nicht selten darauf, daß diese nur während eines bestimmten, oft nur kurze Zeit währenden Stadiums der Schaderreger erfolgen kann. Bedingt durch die Breite des innerhalb der Schaderregerpopulationen bestehenden genetischen Spektrums vermögen sich diese den veränderten Umweltbedingungen relativ schnell anzupassen, u. a. durch Resistenzerscheinungen (Tab. 9.2.).

— Bei verschiedenen im Pflanzenschutz eingesetzten chemischen Wirkstoffen sind Nachteile und Nebenwirkungen bekannt geworden, die sie gegenüber anderen als den zu bekämpfenden Zielgruppen innerhalb des betreffenden Agroökosystems ausüben (MAHN et al.

1988). Darüber hinaus besteht die Möglichkeit einer Gefährdung der Organismenwelt angrenzender Ökosysteme, vor allem ihrer Wildflora und Nützlingsfauna sowie von Menschen, Haustieren, Wild, Fischen und Vögeln. Die Komplexität möglicher Wirkungen und Nebenwirkungen auf das ökologische Beziehungsgefüge in Agroökosystemen bei Einsatz von chemischen Pflanzenschutzmitteln ist sehr vielfältig (Abb. 9.3.).

Tabelle 9.2. Ausgewählte Unkräuter, die resistente Ökotypen gegenüber Herbiziden entwickelt haben. Nach SCHUBERT 1983

Resistente Ökotypen	Herbizide	Resistente Ökotypen	Herbizide
Cirsium arvense	2,4-D, Amitrol	Chenopodium album	Triazin, Atrazin
Convolvulus arvensis	2,4-D	Polygonum lapathifolium	Triazin
Avena fatua	Diallat	Polygonum persicaria	Triazin
Hordeum jubatum	Ciduron	Solanum nigrum	Triazin
Stellaria media	Atrazin	Poa annua	Triazin
Amaranthus retroflexus	Triazin	Galium aparine	Triazin

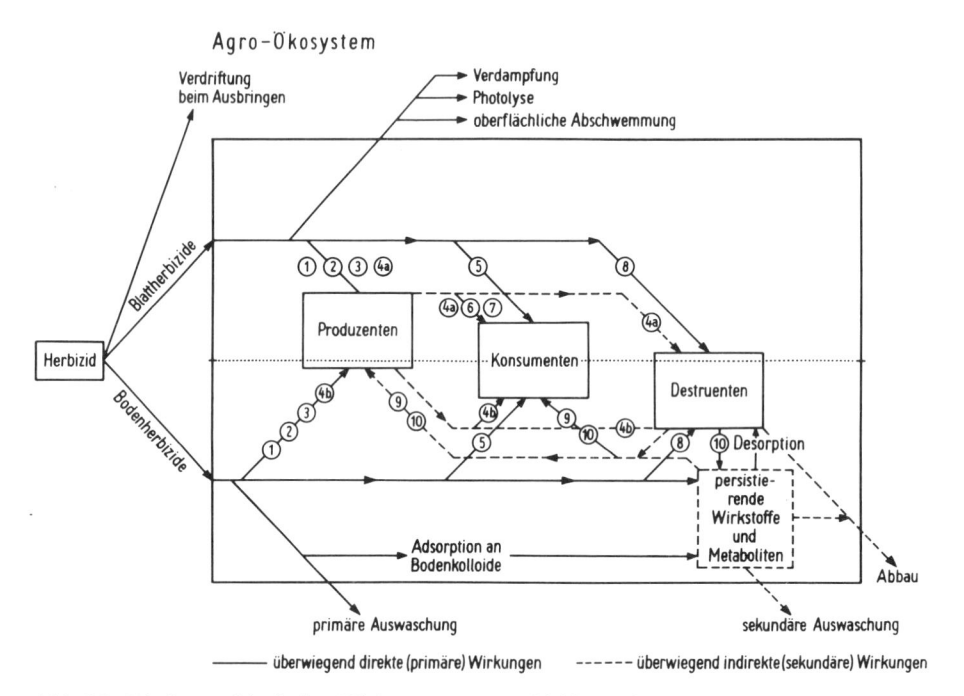

Abb. 9.3. Direkte und indirekte Wirkungen von Herbiziden auf Agroökosysteme. Nach MAHN 1975. Teilsystem Produzenten: 1 = vorübergehend (annuell); 2 = längerfristig (vor allem selektiv bedingt); 3 = veränderte Krankheitsanfälligkeit; 4 = Veränderung des Bestandesklimas (a) und Bodens (b). Teilsystem Konsumenten: 4 = durch Veränderung des Bestandesklimas (a) und Bodens (b); 5 = direkte Herbizidschädigung; 6−7 = indirekte Schädigung; 6 = Ausfall bzw. 7 = qualitative Veränderung der Wirtspflanze.
Teilsystem Destruenten: 4 = durch Veränderung des Bestandesklimas (a) und Bodens (b); 8 = veränderte Populationsdynamik der abbauenden Organismen; 9 = dadurch Veränderung physikalischer u. chemischer Bodenparameter; 10 = Entstehung von Metaboliten.

9.1. Ökologische Grundlagen der Land- und Forstwirtschaft

Die Konsequenzen einer Anwendung von Insektiziden auf der Basis chlorierter Kohlenwasserstoffe gegen den Kartoffelkäfer *(Leptinotarsa decemlineata)* sollen im folgenden kurz erläutert werden. Die Applikation etwa des Wirkstoffes Lindan (HCH) führt neben der Bekämpfung des Schädlings zur weitgehenden Beeinträchtigung der Population nützlicher Laufkäfer (Carabidae). Diese stellen wichtige natürliche Feinde des Kartoffelkäfers dar und vermögen sein Auftreten bis zu einem gewissen Grade zu limitieren. Die chemische Bekämpfung hat aber gleichzeitig auch die Abtötung zahlreicher Entomophagen der Blattläuse zur Folge. Es sind dies Larven und Imagines der Marienkäfer (Coccinellidae), Larven von Schwebfliegen (Syrphidae) und Florfliegen (Chrysopidae) sowie verschiedene parasitisch lebende Hymenopteren. Sie fallen dem Insektizideinsatz in hohem Maße zum Opfer, während die als Virusvektoren bedeutsamen Blattläuse kaum in Mitleidenschaft gezogen werden. Als Folge ergibt sich eine höhere Virusverseuchung im Kartoffelbestand. Schließlich resultiert aus dem Einsatz des Insektizids eine weitere, kaum erwartete, unerwünschte Nebenwirkung, nämlich ein Anstieg der Abundanz der Feldmaus *(Microtus arvalis)*. Er kommt durch die Abtötung von Ektoparasiten zustande, die als Überträger von seuchenhaften Erkrankungen in der Feldmauspopulation eine beachtliche Bedeutung als Massenwechselfaktor besitzen. In der Gesamtschau schließt sich somit an eine einzige Anwendung persistenter Insektizide eine Kette von nicht beabsichtigten und im voraus oft nicht kalkulierbaren Reaktionen an. Gleichsinnige Befunde zeigen auch andere Bekämpfungsmaßnahmen, wie zahlreiche Erhebungen unter Beweis stellen.

In Kulturpflanzenbeständen sind vielfältige biologische Verflechtungen und Wechselwirkungen gegeben, die es zu beachten gilt. Eine Vernachlässigung der ökologischen Zusammenhänge kann auch in den hochproduktiven Kulturpflanzenbeständen nicht ungestraft erfolgen. Zugleich darf allerdings nicht übersehen werden, daß eine intensive Pflanzenproduktion nicht nur biologisch-ökologischen, sondern auch ökonomischen Gesetzmäßigkeiten Rechnung tragen muß. Sie ist gleichsam in ein ökologisch-ökonomisches System eingeordnet.

Insgesamt gesehen hat die Anwendung chemischer Bekämpfungsmaßnahmen in den letzten Jahrzehnten gezeigt, daß die einseitige Bevorzugung eines Verfahrens zur Verringerung der Schaderreger auf die Dauer nicht den erhofften Erfolg bringt. Eine Lösung der Probleme ist jedoch derzeit nicht durch Verzicht auf den Einsatz von hochwirksamen Chemikalien zur Bekämpfung von Krankheitserregern, Schädlingen und Unkräutern zu erreichen.

Günstig wäre zweifellos die Durchsetzung der biologischen Bekämpfung, weil sie – bei sachkundiger Anwendung – fast keine Gefährdung des Menschen und seiner Umwelt ergibt. Dadurch würde ein Teil der berechtigten Vorwürfe gegen den chemischen Pflanzenschutz hinfällig. Ungeachtet der bereits erzielten Erfolge bei der biologischen Schädlingsbekämpfung, dies gilt auch für europäische Bedingungen (FRANZ 1984), darf man jedoch nicht übersehen, daß biologische Pflanzenschutzmaßnahmen durch ihre begrenzten Möglichkeiten, ihre komplizierte Handhabung und ihre verzögerte Wirkung auf Schaderregerpopulationen kaum eine Alternative zum chemischen Pflanzenschutz darstellen.

9.1.2.2. Konzeption des integrierten landwirtschaftlichen Pflanzenschutzes

Nur eine strategische Neuorientierung kann den Pflanzenschutz aus den Schwierigkeiten herausführen, in die er durch die einseitige Betonung chemischer Maßnahmen geraten ist. Diese Bemühungen finden seit Jahren ihren Ausdruck in der Konzeption eines **integrierten Pflanzenschutzes**. In Anlehnung an die FAO-Definition versteht man darunter ein „Verfahren, bei dem alle wirtschaftlich, ökologisch und toxikologisch vertretbaren Methoden verwendet werden, um Schadorganismen unter der wirtschaftlichen Schadensschwelle zu halten, wobei die bewußte Ausnutzung natürlicher Begrenzungsfaktoren im Vordergrund steht". Es sind somit nicht nur chemische, mechanische und biologische Methoden bei der Schaderregerbekämpfung zu praktizieren, sondern auch die im acker- und pflanzenbaulichen Bereich sowie in der Resistenzzüchtung vorhandenen Möglichkeiten zu erschließen und auszunutzen.

Der integrierte Pflanzenschutz stellt im weitesten Sinne ein **System zur Regulierung von Schaderregerpopulationen** dar. Abgestimmt auf das Ökosystem und die Populationsdynamik bzw. Epidemiologie der Schädlinge bzw. Krankheitserreger werden alle verfügbaren Methoden und Maßnahmen herangezogen, die Schaderreger unterhalb bestimmter Schadensschwellen zu halten. Es gilt letztlich, die Vorzüge der bisherigen Formen des Pflanzenschutzes zu kombinieren und unter Schonung des gesamten Ökosystems jene Verfahren vorzugsweise zu nutzen, die mit geringstem Aufwand die besten Resultate ohne abträgliche Nebenwirkungen erzielen (KOCH 1979). VIKTOROV und SEVERCOV (1976) sehen den prinzipiellen Fortschritt des integrierten Pflanzenschutzes im Vergleich zur bisherigen Form vor allem in seiner ökologischen Fundierung, KLINGAUF (1988) in seinem Beitrag zur Verringerung von Umweltbelastungen.

Bezogen auf die Vielfalt der zu lösenden ökologischen Fragen und ihrer Zusammenhänge stehen wir — gemessen an den Erfordernissen — in vielem noch am Anfang. Weder lokal noch territorial, schon gar nicht global, existiert eine entsprechend durchgearbeitete Theorie über die Steuerung und Regulation von Agroökosystemen (WETZEL 1981).

9.1.2.2.1. Aufklärung von Schadzusammenhängen und Ableitung von Bekämpfungsrichtwerten

Besondere Beachtung verdienen die Bemühungen um die Aufklärung von Schadzusammenhängen im Beziehungsgefüge Kulturpflanze — Schaderreger. Es interessiert hier speziell die Frage der Befalls-Schaden-Relationen unter ökologischen wie ökonomischen Aspekten. Anliegen des Pflanzenschutzes ist es dabei, über die Erarbeitung konkreter Schadensschwellen für die einzelnen Schaderreger zu entsprechenden Bekämpfungsrichtwerten für die Praxis zu kommen (EGGERS und NIEMANN 1980). Sie bilden die Voraussetzung dafür, daß an die Stelle von heute noch weit verbreiteten, meist allein auf dem Einsatz chemischer Mittel basierender Maßnahmen gezieltere, ökonomisch/ökologisch optimierte Bekämpfungsmaßnahmen treten (USSANS et al. 1986).

Die exakte Festlegung von Schwellenwerten stößt experimentell auf erhebliche Schwierigkeiten. Sie hängt nicht nur vom jeweiligen Schaderreger ab, sondern vor allem von der betreffenden Kulturpflanze und ihrem Vermögen, entstandene Schädigungen zu kompensieren. Der Begriff Schadensschwelle setzt voraus, daß eine positive Korrelation zwischen der Populationsdichte des Schaderregers und der durch ihn verursachten Ertragsminderung besteht. Ein solcher Zusammenhang ist tatsächlich in einem größeren Dichtebereich gegeben. Es gilt jedoch zu beachten, daß Standortbedingungen, Sortenfragen, Aussaattermin, Nährstoffversorgung und andere agrotechnische und -chemische Maßnahmen in erheblichem Maße modifizierend in das komplizierte Beziehungsgefüge Pflanze—Schaderreger eingreifen.

In den letzten Jahren sind im Hinblick auf die Ableitung von Schadensschwellen bzw. von Bekämpfungsrichtwerten bemerkenswerte Fortschritte erzielt worden (WETZEL und FREIER 1981). Sie haben in der Praxis des Pflanzenschutzes bereits entscheidend zur Einschränkung chemischer Bekämpfungsmaßnahmen, zur Vermeidung von Routinebehandlungen und zur Minderung der toxikologischen Belastung beigetragen (Abb. 9.4.).

9.1.2.2.2. Studium der Populationsdynamik der Schaderreger

Zu den vordringlichsten Aufgaben für den Aufbau eines integrierten Pflanzenschutzes gehört die genauere Erforschung der Populationsdynamik vieler Schaderreger, einschließlich ihrer Beziehungen zu anderen biotischen Elementen des Ökosystems. Besondere Bedeutung kommt dabei genaueren Kenntnissen über die Entwicklungsstrategie dieser Arten und deren mögliche Abwandlung unter spezifischen Anbau- und Produktionsbedingungen zu. Je nach Schaderreger kann dabei die Erfassung spezifischer Populationsparameter vorrangige

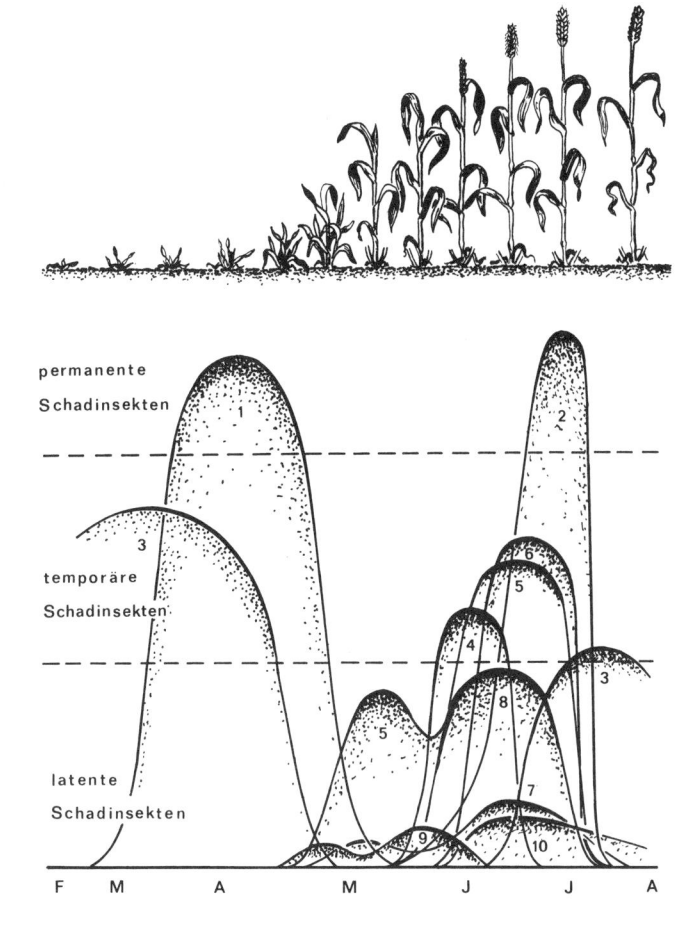

9.1. Ökologische Grundlagen der Land- und Forstwirtschaft 523

Abb. 9.4. Abundanzdynamik wichtiger Schadinsekten des Winterweizens unter Berücksichtigung ihrer wirtschaftlichen Bedeutung. Nach WETZEL, FREIER und HEYER 1980.
1 = Brachfliege; 2 = Getreideblattläuse; 3 = Getreidelaufkäfer; 4 = Weizenhalmfliege; 5 = Getreidehähnchen; 6 = Weizengallmücken; 7 = Getreidewanzen; 8 = Blattwespen; 9 = Erdflöhe; 10 = Getreidehalmwespe.

Bedeutung besitzen. Aus ihrer Kenntnis lassen sich Aussagen über Charakter, Intensität und Trend der Populationsentwicklung sowie wesentliche Schlußfolgerungen für die Anwendung entsprechend gezielter Pflanzenschutzmaßnahmen ableiten (vgl. RAUBER 1978).

Gleichermaßen bedeutsam sind Einblicke in die Verteilungsmuster der Krankheitserreger und Schädlinge in den Beständen. Ihre Aufklärung macht sich zwangsläufig für jene Schaderreger erforderlich, die von außen aktiv oder passiv in die Kulturflächen gelangen (Abb. 9.5.).

Während früher die Befallsverteilung aus wissenschaftlicher und praktischer Sicht kaum Interesse beanspruchte, ist heute ihre Kenntnis auf großen Schlägen von besonderer Bedeutung. Sie stellt die Grundlage für die Entscheidung dar, ob im Falle einer chemischen Bekämpfung an Stelle einer ganzflächigen Behandlung eine **Feldrand- oder Teilflächenapplikation** treten kann. Letztere sind im Hinblick auf die Minderung der toxikologischen Probleme durch einen weitaus geringeren Aufwand an Pflanzenschutzmitteln und das Schonen von Nützlingen sowie anderer Glieder des Ökosystems durch Erhaltung unbehandelter Lebensräume in den Beständen von großem Vorteil.

Wenn zukünftig Befalls- und Schadensprognosen sowie die Ableitung von Populationsmodellen für wirtschaftlich bedeutsame Schädlinge vorgenommen werden, bedarf es weiterer, spezieller Informationen über deren Populationsstruktur. Notwendig sind dann

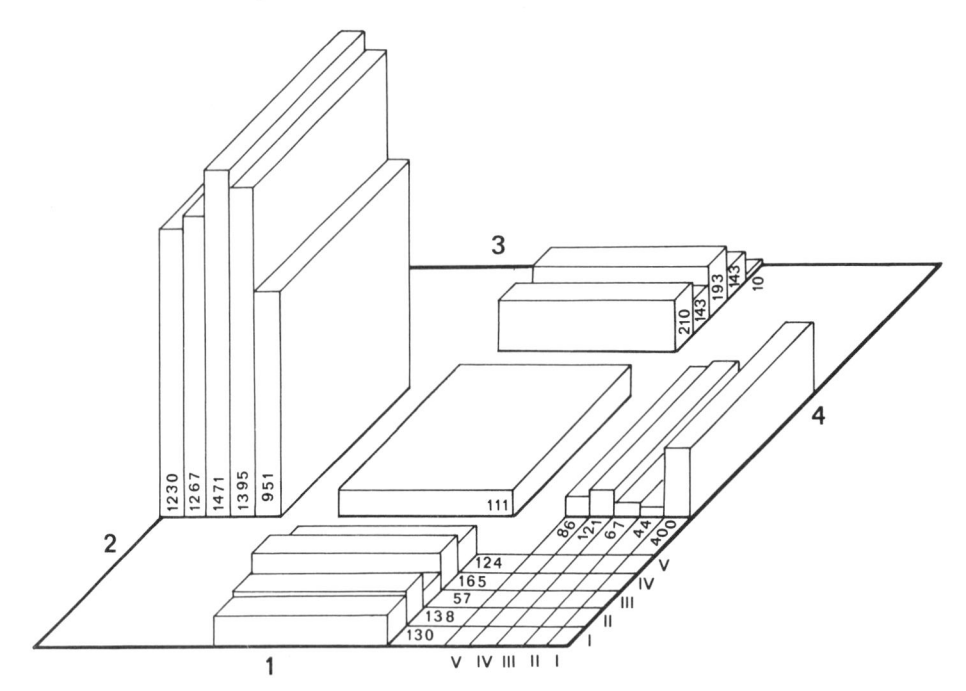

Abb. 9.5. Einseitiger Randbefall von Getreideblattläusen auf einem großflächigen Weizenbestand.

detaillierte Daten über den Krankheitszustand, das Geschlechterverhältnis, die Altersstruktur, die Fruchtbarkeit und Konstitution der Individuen der betreffenden Populationen.

Für eine Reihe wichtiger Getreideschädlinge, u. a. für die Getreidelaus (*Macrosiphum avenae*), die Getreidehähnchen (*Oulema* spp.), den Getreidelaufkäfer (*Zabrus tenebrioides*), die Weizengallmücken (*Contarinia tritici, Sitodiplosis mosellana*), die Brachfliege (*Delia* (*Leptohylemyia*) *coarctata*) und die Fritfliege (*Oscinella frit*), sind bereits Voraussetzungen geschaffen worden, Prognosen ihres Auftretens und ihrer Schadwirkung zu stellen (SUTER und KELLER 1977; FREIER et al. 1981).

9.1.2.2.3. Erforschung der Nützlingsfauna und ihrer Effektivität

Im Rahmen eines integrierten Pflanzenschutzes kommt auch der Sammlung zuverlässiger, möglichst quantitativer Unterlagen über die Nützlinge und ihren Einfluß auf Schädlingspopulationen große Bedeutung zu. Wenn die Förderung und Begünstigung der natürlichen Gegenspieler von Schädlingen aus zwingenden Gründen notwendig ist und unter bestimmten Bedingungen von der Durchführung einer chemischen Bekämpfungsmaßnahme zugunsten einer natürlichen Regulation Abstand genommen werden soll, so ist ein solches Vorgehen nur bei genauer Kenntnis der Nützlingsgarnitur und der Potenzen der dominanten Parasiten und Prädatoren bei der Einschränkung von Schädlingspopulationen zu rechtfertigen. Im Schrifttum liegen zwar diesbezüglich umfangreiche Unterlagen für die wichtigsten Schadinsekten vor, aber die Ergebnisse sind aus methodischen Gründen oft schwer vergleichbar. Da viele Untersuchungen zudem der Langfristigkeit entbehren, erlauben sie vielfach nur allgemeine Aussagen, aber keine verbindlichen Festlegungen.

Es steht außer Frage, daß natürliche Gegenspieler von Schädlingen langfristig einen großen Einfluß auf den Massenwechsel der Schädlinge ausüben. Dennoch muß man beachten, daß die Populationen der natürlichen Feinde stets mit einem beachtlichen

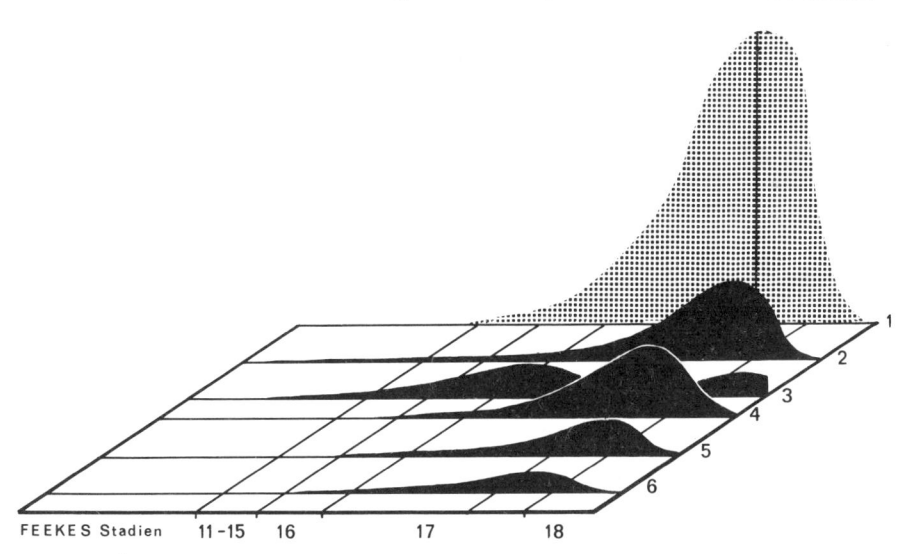

9.1. Ökologische Grundlagen der Land- und Forstwirtschaft 525

FEEKES Stadien 11-15 16 17 18

Abb. 9.6. Übersicht über das zeitliche und zahlenmäßige Auftreten von Getreideblattläusen und deren Parasiten und Prädatoren im Winterweizen. Nach WETZEL, GHANIM und FREIER 1981.
1 = Getreideblattläuse; 2 = parasitierte Blattläuse; 3 = Marienkäfer (Imagines); 4 = Marienkäfer (Larven); 5 = Schwebfliegen (Larven); 6 = Florfliegen (Larven).

Zeitverzug auf Abundanzänderungen in Schädlingspopulationen reagieren und daher nur ausnahmsweise imstande sind, sich andeutende Gradationen kurzfristig zu unterdrücken (Abb. 9.6.). Diese verzögerte Reaktion kann bei den Bemühungen um die Sicherung und Stabilisierung der Erträge in der landwirtschaftlichen Praxis meist nicht akzeptiert werden, ganz abgesehen davon, daß die Effektivität der Nutzorganismen oft wesentlich unterhalb der einer chemischen Bekämpfung liegt. Aus diesem Grund ist auch der häufig geäußerte Wunsch, man müsse den natürlichen Feinden der Schädlinge mehr Spielraum belassen und chemische Maßnahmen stark einschränken, nicht erfüllbar. Diese Feststellung entläßt den Pflanzenschutz indessen nicht aus der Verantwortung, alle Maßnahmen und Möglichkeiten zu nutzen, die eine Begünstigung und Förderung der Nützlinge erlauben (PAWLIZKI 1986). Beispielhafte Vorschläge sind in jüngster Zeit u. a. für den Obstbau (KARG 1981) und für den Getreidebau (WETZEL et al. 1981) unterbreitet worden.

9.1.2.2.4. Ökologische Bedeutung der Ackerunkräuter in Agroökosystemen

Mit der Entwicklung des Intensivackerbaus hat sich das Bemühen der Landwirtschaft zunehmend verstärkt, die innerhalb der Kulturpflanzenbestände mit der Kulturpflanze konkurrierenden Kräuter und Gräser soweit wie möglich zu unterdrücken. In den letzten Jahren ist jedoch die Erkenntnis gewachsen, daß diese heute vielfach als „Wildkräuter" bezeichneten Arten (eine Bezeichnung, die aber ihre coevolutive Entwicklung mit der Kulturpflanze außer acht läßt, vgl. WILLERDING 1986) in Agroökosystemen einer differenzierteren Betrachtung als nur unter dem Blickwinkel der „Schaderreger" bedürfen (HURLE 1988).

— Ackerunkräuter spielen für die Erhaltung der Bodenfruchtbarkeit eine größere Rolle als früher angenommen (organische Substanz, Erosionsschutz, Bodengare, temporäre Nährstoffbindung).
— Wie Untersuchungen gezeigt haben, ist das Vorhandensein von Unkräutern nur während bestimmter Entwicklungsstadien der Kulturart (KARCH 1980) bzw. oberhalb eines bestimmten Schwellenwertes von negativem Einfluß auf den Kulturpflanzenertrag.

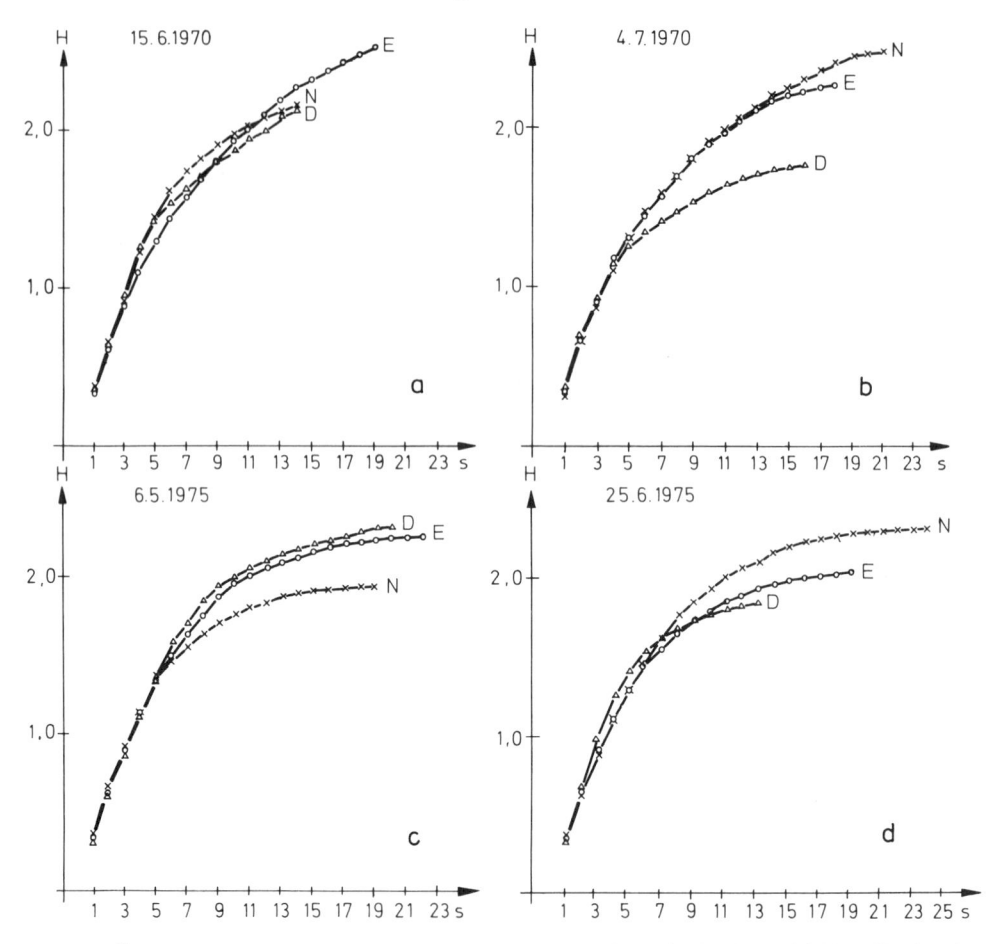

Abb. 9.7. Änderung der Dominanzstruktur der Unkrautgesellschaft durch Herbizidapplikation im Zeitraum 1970–1975. Nach MAHN und HELMECKE 1979, verändert.
N = Kontrolle; E = Standarddosis; D = doppelte Standarddosis. (a) vor (b) nach der ersten Herbizidapplikation; (c) vor (d) nach der letzten Herbizidapplikation. H = Diversitätsindex; s = Artenzahl.

— Obwohl erst teilweise bekannt, besitzen Unkräuter auch eine positive Bedeutung als Wirtspflanze für Parasiten von tierischen Schaderregern (besonders Insekten) der Kulturpflanze (vgl. ZANDSTRA und MOTOOKA 1978). Ferner können primär auf Unkräutern parasitierende tierische Schaderreger bei Wegfall dieser Futterpflanze teilweise zum Ausweichen auf die noch vorhandene Kulturart gezwungen sein.

Infolge der Intensivierung von Ackerbau und Pflanzenschutz in den letzten Jahrzehnten ist ein starker Rückgang von Ackerunkräutern festzustellen und eine Reihe von ihnen zumindest regional vom Aussterben bedroht. Es wurden daher aus verschiedener Sicht (Artenschutz, Diversität) mit Recht Maßnahmen zur Erhaltung von Populationen selten gewordener Arten wie ganzer Segetalcoenosen gefordert. Eine Lösung hierfür sind Feldflora-Reservate, deren Einrichtung seit einigen Jahren eingeleitet wurde (BÖHNERT und HILBIG 1980; SCHUMACHER 1981). Ein weiterer, erfolgreich beschrittener Weg besteht in der Anlage sogenannter Ackerrandstreifen. Dabei handelt es sich um gezielt ausgewiesene Randflächen

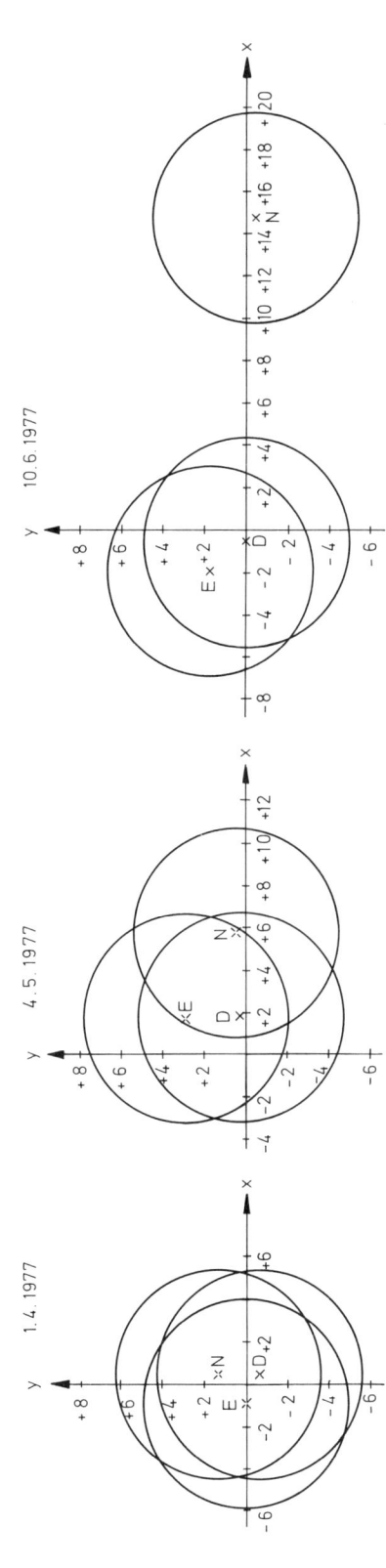

Abb. 9.8. Graphische Diskrimination des Verlaufs der Strukturveränderungen einer Unkrautcoenose nach Herbizidapplikation (1977, Winterweizen). N = Kontrolle; E = Standarddosis; D = doppelte Standarddosis.

sonst normal bewirtschafteter Acker, auf denen kein Einsatz von Herbiziden erfolgt (OTTE et al. 1988). Die bisher hierzu vorliegenden Ergebnisse sprechen für eine Fortsetzung dieses Weges unter territorialen Aspekten.

Alle Pflanzenschutzmaßnahmen greifen ± nachhaltig in das spezifische Gefüge von Agroökosystemen ein. Die Kenntnis von Ausmaß und Trend der durch diese Eingriffe hervorgerufenen bzw. zu erwartenden Veränderungen ist von wesentlicher Bedeutung für die Wahl der im einzelnen durchzuführenden Bekämpfungsmaßnahmen. Dies gilt im besonderen für die quantitative Erfassung und Prognose von Veränderungen, in deren Verlauf es zur Entwicklung von Coenosen kommt, die sich bei oft verringerter Gesamtartenzahl der Schaderreger durch erhöhte Dominanz einzelner Arten auszeichnen, deren Auftreten dann spezifische Entscheidungsfindungen erforderlich macht (MAHN et al. 1985).

In den letzten Jahren konnten im Rahmen von langfristig angelegten Untersuchungen Beiträge zur Klärung des genannten Fragenkomplexes erarbeitet werden. Sie basieren methodisch auf der Einbeziehung einer Reihe vorwiegend multivariater mathematisch-statistischer Test- und Auswerteverfahren, die eine gleichzeitige Berücksichtigung mehrerer Merkmale ermöglichen und damit zur Analyse und Interpretation komplexer Versuchsergebnisse geeignet sind.

So lassen sich z. B. über die Darstellung der veränderten Dominanzstruktur (abgeleitet vom Shannon-Wiener-Index, vgl. 2.7.) der Unkrautcoenose die Wirkungen des regelmäßigen mehrjährigen Einsatzes von Herbiziden sichtbar machen (Abb. 9.7.). Dabei wird deutlich, wie im Verlauf des Untersuchungszeitraumes der Prozeß des allmählichen Herausbildens einer Unkrautgesellschaft gefördert wird, in der weniger, aber ± dominante Arten eine zunehmend wichtigere Rolle spielen bzw. strukturbestimmend werden. Unter ihnen befinden sich nicht selten schwer bekämpfbare Arten. Über die Darstellung der Artenrangfolge läßt sich der Bedeutungswandel sichtbar machen, den die einzelnen Arten erfahren haben (MAHN und HELMECKE 1979).

Die sich nach der Durchführung von Pflanzenschutzmaßnahmen herausbildenden coenotischen Unterschiede lassen sich quantifiziert für entsprechend interessierende Parameter (Individuenzahl, Biomasse) über die Berechnung des Abstandes erfassen und darstellen (Abb. 9.8.).

9.1.2.2.5. Änderung der Strategie der Entwicklung und Anwendung von Pflanzenschutzmitteln

Im Rahmen der Entwicklung von chemischen Pflanzenschutzmitteln sind in den letzten Jahren weitere Fortschritte im Hinblick auf größere Selektivität und verminderte akute sowie chronische Toxizität erreicht worden.

Bei der Anwendung von Pestiziden ist in jedem Fall vom Prinzip der totalen Vernichtung der Schaderreger abzusehen, zumal mit einer solchen Strategie der Verlauf des Massenwechsels ohnehin nicht entscheidend beeinflußt werden kann. In der Regel muß eine Bekämpfung vor allem den Nützlingen den lebensnotwendigen Spielraum lassen. Das Ziel muß sein, die Schaderregerpopulationen zu regulieren, um die Wahrscheinlichkeit einer Gradation, Epidemie oder konkurrenzbedingten Ertragsminderung so niedrig wie möglich zu halten. Die Strategie einer Ausrottung von Schädlingen ist in Europa ohnehin nahezu gegenstandslos. Auch einschneidende gesetzliche Regelungen und strenge Quarantänemaßnahmen ändern — wie das Beispiel Kartoffelkäfer *(Leptinotarsa decemlineata)* lehrt — nichts an diesem Sachverhalt.

9.1.3. Berücksichtigung ökologischer Gesetzmäßigkeiten in der Forstwirtschaft

9.1.3.1. Einleitung

Viele wesentliche Bestandteile des forstwirtschaftlichen Produktionsprozesses, beginnend bei der Verjüngung und abschließend mit der Nutzung der Wälder, sind angewandte Ökologie. Die forstwirtschaftliche Stoffproduktion wird unter dem Einfluß natürlicher

Umweltfaktoren in Waldbeständen, den Trägern der Primärproduktion, vollzogen. Diese wirken wiederum durch ihren Einfluß auf das Mesoklima und die Bodenfruchtbarkeit auf die Umwelt zurück. In den Waldbeständen selbst existieren zahlreiche Wechselwirkungen zwischen den in ihnen lebenden Organismen.

Da in humiden Gebieten vorwiegend Wälder als natürliche Ökosysteme auftreten, ist der Anteil von Gratisnaturkräften bei der forstwirtschaftlichen Produktion prinzipiell größer als in anderen „Wirtschafts-Ökosystemen", z. B. in der Landwirtschaft und im Gartenbau. Ein wesentliches Anliegen der Forstwirtschaft muß es darum sein, diese Gratiskräfte der Natur — es handelt sich dabei vorwiegend um ökologische Faktoren stofflicher und energetischer Natur sowie Organismen der verschiedenen Ernährungsstufen — soweit wie möglich im Interesse einer effektiven Befriedigung gesellschaftlicher Bedürfnisse wirken zu lassen.

Wälder zeichnen sich gegenüber anderen Ökosystemen durch die Vorherrschaft von Bäumen (Makrophanerophyten) aus, die so dicht beieinander stehen, daß sich ein spezifisches Waldinnenklima mit einem besonderen Waldbodenzustand einstellt, was wiederum zur Ausbildung einer eigenständigen Organismenwelt führt. Unter zusagenden Umweltbedingungen erreichen bzw. überschreiten Bäume im fortgeschrittenen Alter eine konventionell mit 5 (3) m festgesetzte Höhe. Dadurch werden die durch Bäume aufgebauten Wälder von **Buschformationen** abgegrenzt (Tab. 9.3.).

Die für Wälder zu fordernde Bestandesdichte ist eine Frage der Festlegung. Eine von der FAO (Food and Agriculture Organization) für „geschlossene Wälder" geforderte 30%ige Überschirmung der Bodenoberfläche ist für mitteleuropäische Verhältnisse sehr niedrig. **Offene Gehölzformationen** mit <30% Überschirmung rechtfertigen die Anwendung des Begriffes Wald nicht, obwohl sie in der Literatur häufig als „offener Wald" bezeichnet werden.

Die von Natur aus in Mitteleuropa und in anderen humiden Gebieten der Erde vorherrschenden Waldökosysteme wurden und werden großflächig durch direkte und indirekte Einwirkungen der menschlichen Gesellschaft reduziert und modifiziert.

Eine Reduktion der Waldfläche erfolgte und erfolgt z. T. durch planmäßige Rodungen zwecks Gewinnung landwirtschaftlicher Nutzflächen, für das Bau- und Verkehrswesen, den Bergbau, z. T. aber auch durch Raubbau, Überweidung und extreme Umweltveränderungen, wie Grundwasserspiegelsenkungen, Immissionsbelastungen usw. Da bei wesentlichen und das tolerierbare Maß überschreitenden Veränderungen des Waldanteils in einer Landschaft mit Umweltschäden gerechnet werden muß, sind die Sicherung eines bestimmten Bewaldungsprozentes und die Regulierung der Wald-Feld-Verteilung in einem Territorium wichtige Bestandteile der Landschaftsplanung und des Umweltschutzes.

Tabelle 9.3. Bezeichnung von Vegetationseinheiten mit relevantem Gehölzanteil in Abhängigkeit von Bestandeshöhe und -dichte

Höhe der Gehölze [m]	Überschirmung der Bodenfläche S			Vorkommen
	$S < 0{,}3$	$0{,}3 \leq S \leq 0{,}6$	$S > 0{,}6$	
$\geq 5\ (3)^*$	Baumsavanne Waldsteppe Waldtundra	offener (lichter) Wald	geschlossener (dichter) Wald	tropische und subtropische Gebiete temperierte Gebiete boreale Gebiete
$< 5\ (3)^*$	Buschsavanne Buschsteppe Buschtundra	offener (lichter) Busch	geschlossener (dichter) Busch	tropische und subtropische Gebiete temperierte Gebiete boreale Gebiete

* 3 m gelten für subpolare und subalpine Gebiete

530   9. Anwendungsbereiche der Ökologie

Bei den bis heute erhalten gebliebenen Wäldern entsprechen Struktur und Funktion oft nur noch in einem sehr begrenzten Maße denen natürlicher Waldökosysteme. Bei einer von natürlichen Waldökosystemen erheblich abweichenden Baumarten-, Alters- und Raumstruktur sprechen wir von **Forsten**.

9.1.3.2. Anteil von Waldökosystemen in Naturlandschaften und tolerierbare Veränderungen

Der von Natur aus in einer Landschaft zu erwartende Flächenanteil an Wäldern ist primär vom Klima, vor allem von dessen Humidität, abhängig. Letztere läßt sich durch den **Strahlungs-Trockenheits-Index** B nach BUDYKO (1971) kennzeichnen.

$$B = \frac{Q}{L \cdot N}. \tag{9.1.}$$

Dabei bezeichnet Q die pro Zeit- und Flächeneinheit als Energieinput in ein Ökosystem gelangende Nettostrahlung $J \cdot cm^{-2} \cdot a^{-1}$, N die Niederschlagsmenge $l \cdot cm^{-2} \cdot a^{-1}$ und L die zur Verdunstung einer Masseeinheit Wasser erforderliche Wärmemenge $J \cdot l^{-1}$.

Bei $B > 1$ ist die mit der Nettostrahlung aufgenommene Energiemenge größer als die zur Verdunstung des Niederschlages erforderliche Wärmemenge, bei $B < 1$ ist es umgekehrt. Ein Strahlungs-Trockenheits-Index von $B = 1$ ist der Grenzwert zwischen aridem und humidem Klima (vgl. 2.2.2.1).

Aus diesen Gesetzmäßigkeiten folgt, daß je nach Klimasituation für jede Landschaft von Natur aus ein bestimmter Waldanteil angenommen werden kann und dieser nur innerhalb bestimmter Grenzen im Interesse einer nachhaltigen gesellschaftlichen Bedürfnisbefriedigung verändert werden darf. Auf Abb. 9.9. wurde versucht, diesen Bereich abzustecken. Mit dieser

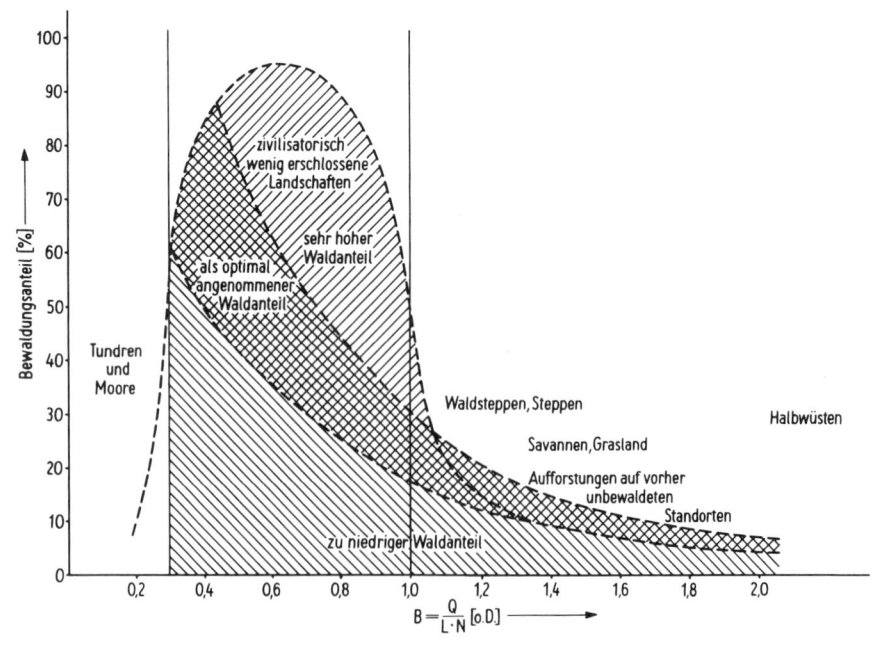

Abb. 9.9. Relativer Bewaldungsanteil von Naturlandschaften und als optimal angenommener Waldanteil in Kulturlandschaften bei Variation des Strahlungs-Trockenheits-Index.

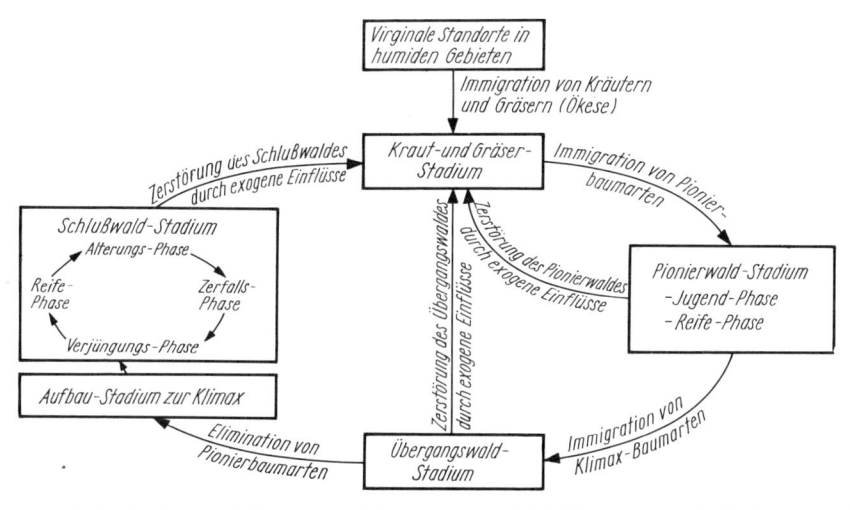

9.1. Ökologische Grundlagen der Land- und Forstwirtschaft   531

Abb. 9.10. Stadien und Phasen der Sukzession von Waldökosystemen (P-K-Sukzession).

Darstellung soll gleichzeitig zum Ausdruck gebracht werden, daß es sich hierbei um eine mehr oder weniger große Variationsbreite handelt. Ob innerhalb dieses tolerierbaren Bereiches die obere oder untere Grenze oder ein dazwischenliegender Wert angestrebt werden soll, hängt von verschiedenen politischen, ökonomischen und ökologischen Gesichtspunkten ab, die auch zeitlichen Veränderungen unterliegen können.

9.1.3.3. Wald- und Forstökosysteme

Wald- und Forstökosysteme können sich in Struktur und Funktion erheblich unterscheiden. Das wird deutlich, wenn man die bei ihnen zwischen Stoffproduktion und Stoffabbau bzw. Energiebindung und -freisetzung in den verschiedenen Entwicklungsstadien auftretenden Relationen betrachtet. Auf freien Flächen, die Dank ihrer Naturausstattung für ein Waldwachstum geeignet sind, vollzieht sich unter natürlichen Bedingungen eine Sukzession von einfachen Vegetationsstrukturen zu hoch organisierten Waldökosystemen. Diese Sukzession kann allerdings, je nach Standortbedingungen, sehr unterschiedlich ablaufen.

Unter günstigen Umweltbedingungen verläuft sie von einem Kraut- bzw. Grasstadium über ein Pionierwaldstadium zum Schlußwaldstadium, das durch Dominanz schattentoleranter Klimaxbaumarten gekennzeichnet ist. Im Schlußwaldstadium selbst vollzieht sich wiederum ein interner Zyklus in der Abfolge Verjüngungs-, Reife-, Alters- und Zerfallsphase (Abb. 9.10.). Dieser Sukzessionstyp wird als P-K-Sukzession bezeichnet (THOMASIUS 1988a, b, 1989, 1991).

A	Altersphase	PB	Pionierbaumart
GR	Gräserstadium	R	Reifephase
KB	Klimaxbaumart	V	Verjüngungsphase
KR	Kräuterstadium	Z	Zerfallsphase

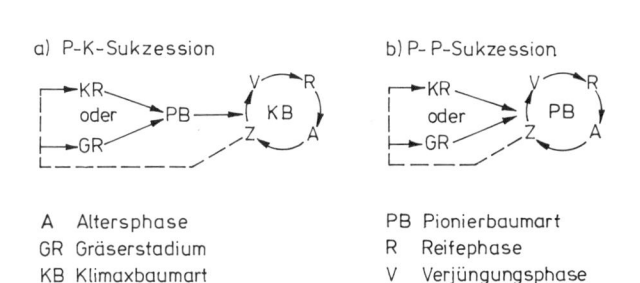

Abb. 9.11. Stadien und Phasen von P-K- und P-P-Sukzessionen.

532   9. Anwendungsbereiche der Ökologie

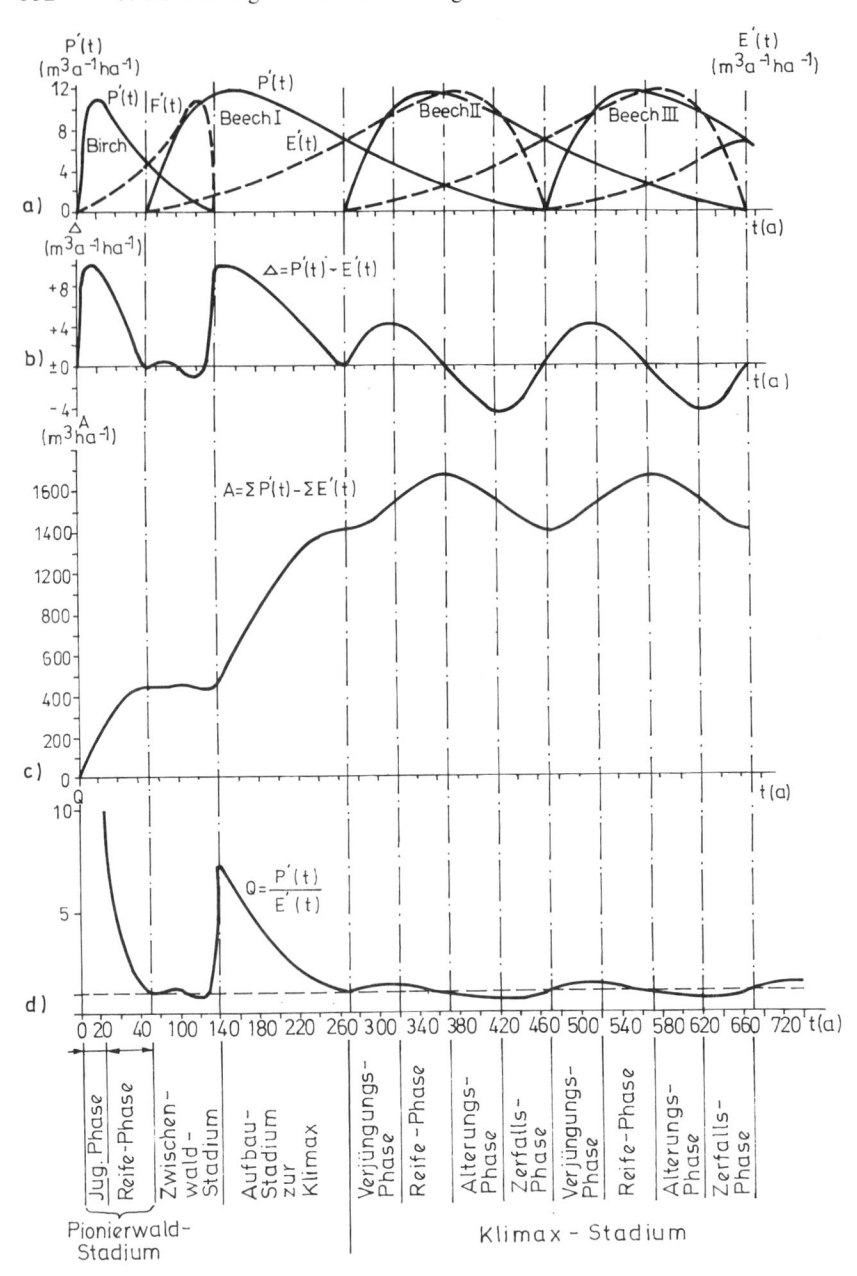

Abb. 9.12. Simulation der Sukzession mit Birke als Pionierbaumart und Buche als Klimaxbaumart (P-K-Sukzession).
a) Überlagerung der Zuwachs- und Emissionskurven mehrerer Generationen einer Pionierwald- und mehrerer Klimaxwald-Generationen; dabei bedeuten: $P'(t)$ Nettoprimärproduktion (oberirdische Dendromasse) $ta^{-1} ha^{-1}$, $E'(t)$ Elimination lebender oberirdischer Dendromasse (Detritusbildung) $ta^{-1} ha^{-1}$; b) $\Delta = P'(t) - E'(t)$ Bilanz lebender oberirdischer Dendromasse; c) $A = P(t) - E(t)$ Akkumulation lebender oberirdischer Dendromasse tha^{-1}; d) $P'(t)/E'(t)$ Quotient aus Nettoprimärproduktion und Elimination.

9.1. Ökologische Grundlagen der Land- und Forstwirtschaft

Demgegenüber wird auf Extremstandorten, wo von Natur aus keine schattentoleranten Klimaxbaumarten vorkommen, auch das Schlußwaldstadium von Pionierbaumarten gebildet (Abb. 9.11.). Dieser Sukzessionstyp wird P-P-Sukzession genannt.

Über die Stoffproduktion und Stoffbilanz dieser dynamischen Systeme informieren die Abbildungen 9.12. (P-K-Sukzession mit Birke-Buche) und 9.13. (P-P-Sukzession mit Birke-Birke). Wir schließen aus den Resultaten dieser Simulationsmodelle, daß juvenile Waldökosysteme noch starken Schwankungen der Stoffbilanz und Biomasseakkumulation unterliegen. Bei P-P-Sukzessionen sind diese auch in den fortgeschrittenen Stadien der Waldentwicklung noch ziemlich groß, so daß hier nur bedingt (für große Flächen und lange

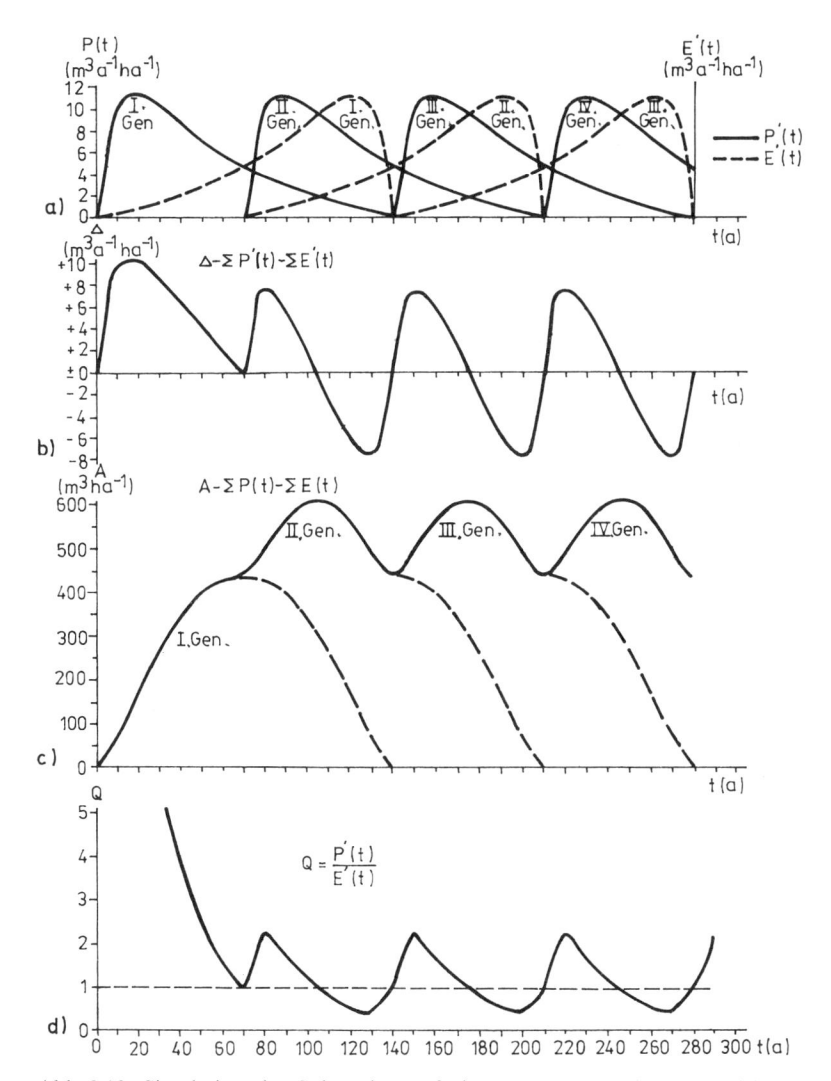

Abb. 9.13. Simulation der Sukzession auf einem Extremstandort, wo Birke zugleich Pionier- und Klimaxbaumart ist (P-P-Sukzession).
a) Überlagerung der Zuwachs- und Emissionskurven mehrerer Birkenwald-Generationen, b) Bilanz Δ aus Zuwachs $P'(t)$ und Emission $E'(t)$, c) Akkumulation von Baumholz $A = P(t) - E(t)$, d) Quotient aus Zuwachs und Emission $a = P'(t)/E'(t)$.

Zeiträume) von einem Gleichgewichtszustand gesprochen werden kann. Bei P-K-Sukzessionen ergibt sich nach dem Erreichen eines bestimmten Akkumulationsniveaus im Klimaxstadium ein dynamisches Gleichgewicht, das aber auch durch Oszillation der Produktions- und Akkumulationsgrößen um einen Mittelwert gekennzeichnet ist.

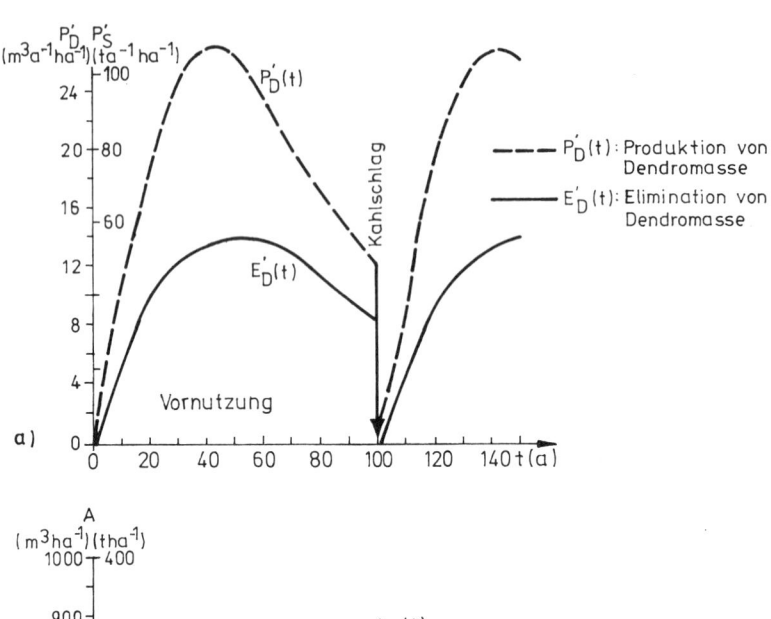

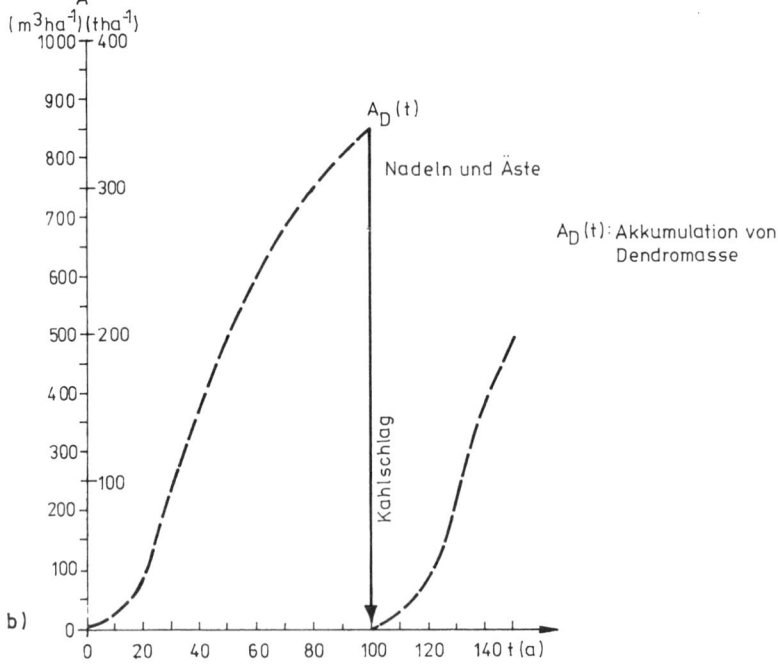

Abbildung 9.14. Produktion, Elimination und Akkumulation von oberirdischer Dendromasse gleichaltriger Fichtenreinbestände mittlerer Produktivität (in Anlehnung an Werte von ASSMANN u. FRANZ 1963; Fichte M 32, sowie BLOSSFELD, FIEDLER und NEBE 1978).
a) Produktion $P'(t)$ und Elimination $E'(t)$ oberirdischer Dendromasse, b) Akkumulation oberirdischer Dendromasse.

9.1. Ökologische Grundlagen der Land- und Forstwirtschaft 535

Wesentlich anders verläuft die Entwicklung in künstlichen Waldökosystemen (Forsten) besonders dann, wenn es sich dabei um gleichaltrige Bestände einer Baumart handelt. Hier tritt nach einem anfänglichen Überschuß an Nettoprimärproduktion $P'(t)$ über die Elimination $E'(t)$ infolge Zuwachsrückgang und Mortalitätszunahme im fortgeschrittenen Alter ein Zeitpunkt ein, wo $P'(t) < E'(t)$ und somit $\Delta = P'(t) - E'(t)$ negativ wird.

Der zwangsläufig damit verbundenen Destruktion kommt die Forstwirtschaft durch Nutzung und künstliche Verjüngung zuvor. Dies wird am Beispiel gleichaltriger Fichtenmodellbestände der Oberhöhenbonität M 32 nach ASSMANN und FRANZ (1963) veranschaulicht (Abb. 9.14.).

Abbildung 9.14. a zeigt die Produktivität $P'(t)$ und Elimination $E'(t)$ oberirdischer Dendromasse sowie die markante Zäsur durch Kahlschlag im Alter von 100 Jahren. Auf Abbildung 9.14. b wird die Akkumulation der Dendromasse $A(t)$ dargestellt.

Für die Erhaltung der Bodenfruchtbarkeit sind Detritusbildung sowie -abbau bedeutungsvoll. Auf dem oberen Teil der Abbildung 9.15. wird die sich aus Nadelstreu und Bodenpflanzen ergebende Detritusbildung dargestellt, während darunter der Abbau organischer Substanzen abgebildet wird. Daraus ergibt sich als Humusbilanz die auf Abbildung 9.16. dargestellte Kurve. Sie zeigt an, daß mit Kahlschlägen ein enormer Humusschwund verbunden ist und erst nach etwa 50 Jahren das ursprüngliche Niveau wieder erreicht wird.

In der forstwirtschaftlichen Praxis wird die Entwicklung gleichaltriger Forstökosysteme durch entsprechende Maßnahmen der Waldpflege gesteuert.

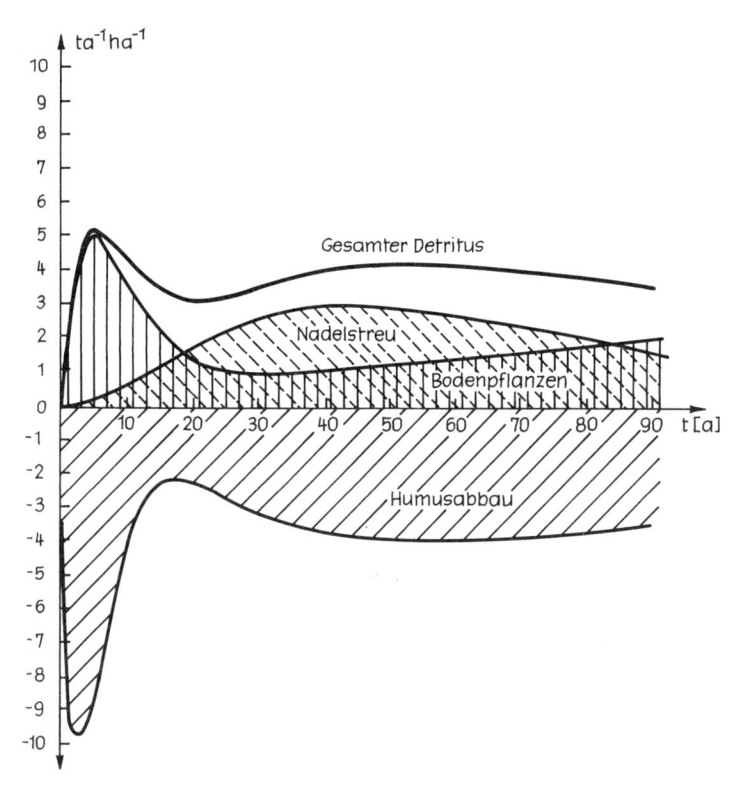

Abb. 9.15. Detritusbildung aus Nadelstreu und Bodenpflanzen sowie Humusabbau im Lebenslauf von Fichtenreinbeständen.

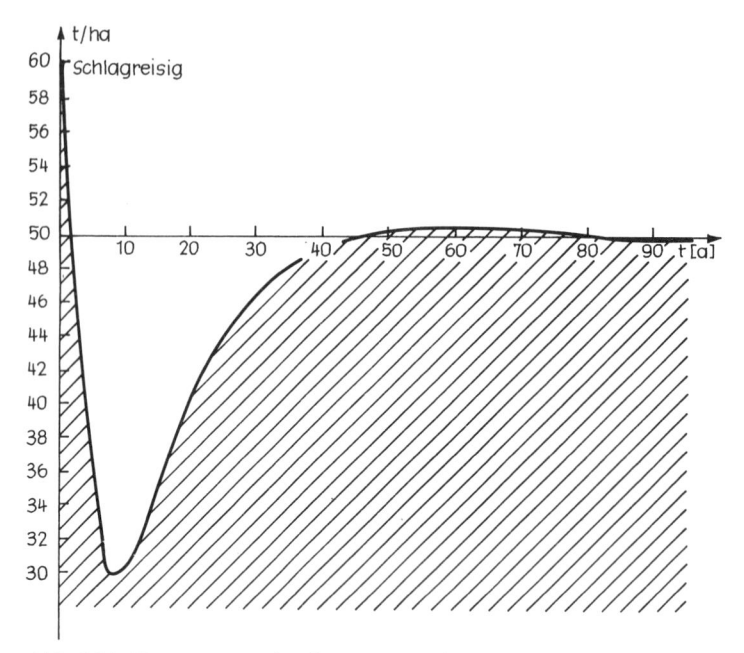

Abb. 9.16. Humusvorrat als Bilanz von Detritusbildung und -abbau im Lebensablauf von Fichtenreinbeständen.

Schließlich sei noch auf zwei sehr bedeutungsvolle Eigenschaften solcher Forstökosysteme hingewiesen:

— Der große Produktionsüberschuß in jungen Forstökosystemen führt zu einer raschen Akkumulation und schafft die Möglichkeit einer relativ frühzeitigen Abschöpfung von Dendromasse in Form sog. „Vornutzungen".
— Die in hohem Maße von der Kulmination des durchschnittlichen Gesamtzuwachses abhängige Hiebsreife in Wirtschaftswäldern wird schon wesentlich vor dem Schnittpunkt der beiden Kurven $P'(t)$ und $E'(t)$ erreicht.

In Verbindung mit der Dynamik natürlicher und künstlicher Waldökosysteme sei noch kurz auf die Waldschadenproblematik eingegangen.

Bei den bisherigen Betrachtungen zur Sukzession von Waldökosystemen wurde unterstellt, daß die Umwelt eine weitgehend konstante Größe ist. Das war bis in die Mitte dieses Jahrhunderts eine akzeptable Arbeitshypothese. Angesichts der zu befürchtenden und sich wohl auch schon abzeichnenden Klimaveränderungen sowie der seit etwa 2 bis 3 Jahrzehnten drastisch angestiegenen Fremdstoffeinträge in die stark filternden Waldökosysteme ist diese Unterstellung heute nicht mehr vertretbar. Durch die genannten Umweltveränderungen werden allochthone Sukzessionen ausgelöst, die sich zuerst in Wachstums- und Vitalitätsveränderungen bei langlebigen Pflanzenarten sowie modifizierten Wettbewerbsverhältnissen zwischen den Pflanzenarten äußern. Bei extremen Umweltveränderungen kann es zum Absterben einzelner Arten kommen. Ein Beispiel dafür ist das Absterben der Fichte in ursprünglich natürlichen Fichten-Bergwald-Gesellschaften der Kammlagen unserer Mittelgebirge bei starken Immissionsbelastungen.

Zu den stark veränderten und sich verändernden Umweltbedingungen gehören in Mitteleuropa die chemische Zusammensetzung der Luft sowie die Azidität des Bodens. Neben dem drastischen Anstieg des CO_2-Gehaltes der Luft, auf dessen Auswirkungen hier nicht näher eingegangen werden kann, interessieren im Hinblick auf die gegenwärtig in Mitteleuropa weit verbreiteten Waldschäden vor allem SO_2, NO_x, O_3 und verschiedene organische Verbindungen (PAN u. a.).[1]) Sie können direkt über die Assimilationsorgane der Bäume (Luftweg) oder — so z. B. SO_2 und NO_x — nach Lösung in Regentropfen — als saure Niederschläge über Boden und Wurzel (Bodenweg) zur Schädigung der Bäume und Waldbestände führen. Die Disposition dazu und das Ausmaß der sowohl kausal als auch symptomatisch sehr unterschiedlichen Schädigungen sind abhängig

— von der Mineralstoffausstattung und Pufferkapazität der Böden
— von Klima und Witterung des betreffenden Standortes und dessen Modifikationen durch die Waldökosysteme selbst
— von der Art, Intensität und Dauer der Schadstoffeinwirkung, wobei es sich um einzelne oder auch mehrere Stoffe mit synergistischen Wirkungen handeln kann
— vom Ernährungs- und Gesundheitszustand sowie den genetisch fixierten Resistenzeigenschaften der betreffenden Bäume und Waldbestände.

Daraus folgt, daß es sich bei den Waldschäden meist um sehr komplexe Prozesse handelt, deren Kausalität schwer aufzuklären ist. Es gibt dazu zahlreiche Hypothesen und eine umfangreiche Literatur, auf die hier nicht im Detail eingegangen werden kann.

Die Waldschadenproblematik kann prinzipiell nur bei den Verursachern durch entsprechende Maßnahmen zur Luftreinigung gelöst werden. Da hierfür große technische und ökonomische Aufwendungen und ein längerer Zeitraum erforderlich sind, ist die Forstwirtschaft schon seit Jahrzehnten bemüht, das Ausmaß der Schäden durch Düngung (besonders Ca und Mg), spezielle Maßnahmen der Waldpflege und des Pflanzenschutzes sowie Anpflanzung standortstauglicher, immissionstoleranter Baumarten, Rassen und Sorten bei der Rekonstruktion und Wiederaufforstung bereits kahlgeschlagener Waldschadenflächen zu mindern.

9.1.3.4. Baumartenwahl

Die Zusammensetzung der Waldbestände nach Baumarten wird vom Forstmann durch die Wahl der anzupflanzenden Spezies bei der **Walderneuerung** und durch Regulierung der Mischungsanteile (Entfernung unerwünschter oder Verminderung zu stark vertretener Baumarten) im Laufe der weiteren **Bestandesentwicklung** bestimmt.

Mit diesen Maßnahmen werden unter anderem die Art und Menge der produzierten Dendromasse sowie die Stabilität der Waldbestände in starkem Maße und für einen meist sehr langen Zeitraum (Produktionsdauer in der mitteleuropäischen Forstwirtschaft etwa 100 Jahre) beeinflußt.

Bei derart schwerwiegenden Entscheidungen sind sowohl naturgesetzliche — besonders ökologische — als auch gesellschaftliche — besonders ökonomische — Gesichtspunkte zu berücksichtigen. Aus ökologischer Sicht muß vor allem die Übereinstimmung von Naturausstattung des betreffenden Standortes (Strahlungsdauer und -menge, Wärme, pflanzenaufnehmbare Nährstoffmenge, Wasserdargebot) mit den Ansprüchen der anzubauenden Baumart gefordert werden.

Auch bei dieser Verfahrensweise wird im Prinzip Konstanz der Umweltbedingungen unterstellt. Es wurde schon darauf hingewiesen, daß diese Annahme angesichts drohender Klimaveränderungen und permanenter Fremdstoffeinträge aus der Umwelt heute kaum noch akzeptabel ist. Die sich daraus ergebende Problematik für die Baumartenwahl wird auf Abbildung 9.17. dargestellt.

---

[1]) Weitere, waldökologisch relevante Luftverunreinigungen sind HF (Ziegeleien und Fluorwerke), NH_3 (große Viehmastanlagen), alkalische Stäube (Zementwerke, Kalibergbaubetriebe) u. a. Sie verursachen meist mehr akute, aber lokal begrenzte Waldschäden.

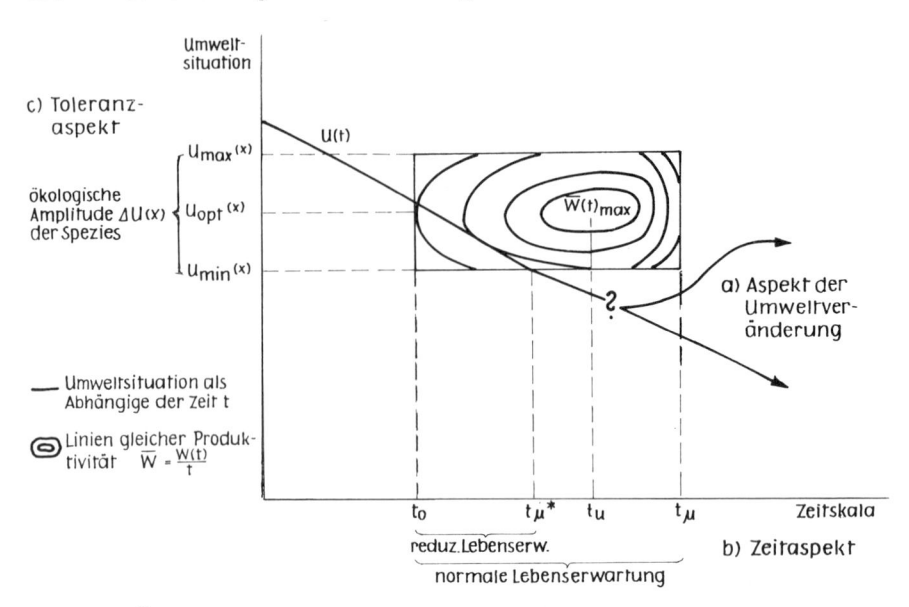

Abb. 9.17. Ökologische Amplitude $\Delta U(x)$ einer Spezies x, deren normale ($t\mu$) und infolge Umweltveränderungen reduzierte ($t\mu^*$) Lebensdauer sowie die sich in Abhängigkeit von der Zeit t und der Umweltsituation $U(t)$ ergebende Produktivität $\bar{w}(t)$.

Der Lebensbereich einer Spezies wird darauf durch ein Rechteck mit der Koordinatendistanz Δt und ΔU charakterisiert. Dabei kennzeichnet Δt die normale Lebenserwartung und ΔU die Umweltamplitude der betreffenden Art. Beide sind genetisch geprägt. Innerhalb dieses Rechteckes wird die Reaktionsintensität $RI = f(t, U)$, z. B. die Stoffproduktion, durch Isolinien dargestellt.

Ändert sich die Umwelt $U = f(t)$, so ändert sich innerhalb des ökologischen Toleranzbereiches auch die Reaktionsintensität, bis an der Toleranzgrenze die Mortalität einsetzt. Sie tritt um so früher ein, je größer die Änderungsgeschwindigkeit $\dfrac{\Delta U}{\Delta t}$ und je schmaler die ökologische Amplitude $\Delta U(X)$ der betreffenden Spezies, Rasse oder Sorte ist.

Aus dieser Darstellung ergeben sich:

a) Der Aspekt der Umweltänderung
   Angesichts der Langlebigkeit von Bäumen muß während ihres Lebensablaufes mit Umweltveränderungen gerechnet werden. Das betrifft zuerst eine Wandlung der Immissionsbelastung nach Art und Konzentration mit den daraus resultierenden Bodenprozessen. Darüber hinaus sind aber auch die mit hoher Wahrscheinlichkeit zu erwartenden Klimaveränderungen als Folge des Treibhauseffektes mit ins Kalkül zu ziehen.

b) Der Zeitaspekt
   Langlebige Organismen sind durch Umweltveränderungen stärker als kurzlebige gefährdet
   — weil relevante Umweltveränderungen in einem längeren Zeitraum wahrscheinlicher als in einem kurzen sind
   — weil Langlebigkeit meist mit einer geringeren Generationsfolge und damit einer schlechteren Adaptationsfähigkeit an Umweltveränderungen verbunden ist.

Aus diesen Feststellungen folgt allgemein, daß Waldökosysteme stärker als Nichtwaldökosysteme durch Klimaänderungen gefährdet bzw. der Wandlung durch allogene Sukzession unterworfen sind.

9.1. Ökologische Grundlagen der Land- und Forstwirtschaft

c) Der Toleranzaspekt

Die ökologische Toleranz der verschiedenen Baumarten, Rassen und Sorten ist von eminenter Bedeutung für ihr Verhalten gegenüber Umweltmodifikationen. Taxa, die sich durch eine große ökologische Amplitude auszeichnen (z. B. Pionierbaumarten), sind darum i. d. R. durch eine größere Anpassungsfähigkeit an Umweltveränderungen gekennzeichnet. Da ökologische Toleranz meist mit genetischer Mannigfaltigkeit gekoppelt ist, wird mit deren Einengung i. d. R. auch das Risiko verstärkt.

Auch zwischen den Baumarten bestehen hinsichtlich Toleranzbreite und Lebensdauer erhebliche Unterschiede. Pionierbaumarten (Birke, Aspe, Kiefer) sind meist durch Eurypotenz und Kurzlebigkeit, Klimaxbaumarten (Buche, Tanne) hingegen durch Stenopotenz und Langlebigkeit gekennzeichnet. Erstere sind darum weniger als letztere durch Standortsveränderungen gefährdet.

Einen Überblick zur Toleranz bzw. Sensibilität verschiedener Baumarten gegenüber SO_2 sowie NO_x und O_3 vermittelt Abbildung 9.18.

Nach Beantwortung der Frage, welche Baumarten auf Grund der Übereinstimmung von vorhandener Naturausstattung des Standortes mit den ökologischen Ansprüchen der interessierenden Spezies im Zeitraum t_u anbaufähig sind, ist zu klären, welche sich davon eignen, die gesellschaftlichen Anforderungen an dem konkreten Anbauort bei geringem Bewirtschaftsaufwand am besten zu erfüllen. Diese gesellschaftlichen Anforderungen können sein:

— eine hohe qualitätsgerechte und stabile Stoffproduktion (Abb. 9.19)
— bestimmte landeskulturelle Wirkungen (z. B. Erosionsschutz, Hochwasservorbeugung und -schutz, Bioreservatfunktion)
— bestimmte soziale Wirkungen (z. B. Rekreation, Waldästhetik).

Die ursprüngliche **Naturausstattung** der Waldstandorte wurde in Ostdeutschland von der Forstprojektierung Potsdam erkundet und kartographisch dargestellt (vgl. 9.1.4.). Den durch eine bestimmte Naturausstattung charakterisierten Einheiten oder Typen werden die mehr oder weniger empirisch ermittelten ökologischen Ansprüche der interessierenden Baumarten und die unter den gegebenen Umweltbedingungen zu erwartenden Erträge gegenübergestellt (Abb. 9.13.).

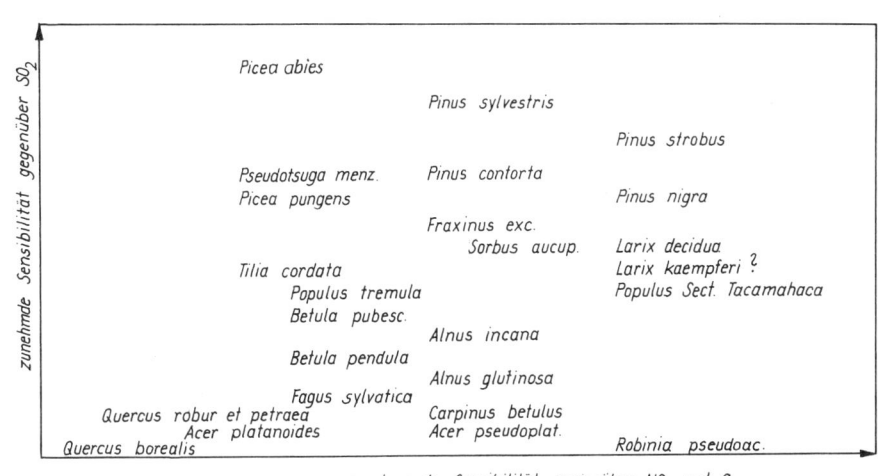

Abb. 9.18. Zuordnung forstwirtschaftlich wichtiger Baumarten nach ihrer Sensibilität gegenüber SO_2 sowie NO_x und O_3.

540   9. Anwendungsbereiche der Ökologie

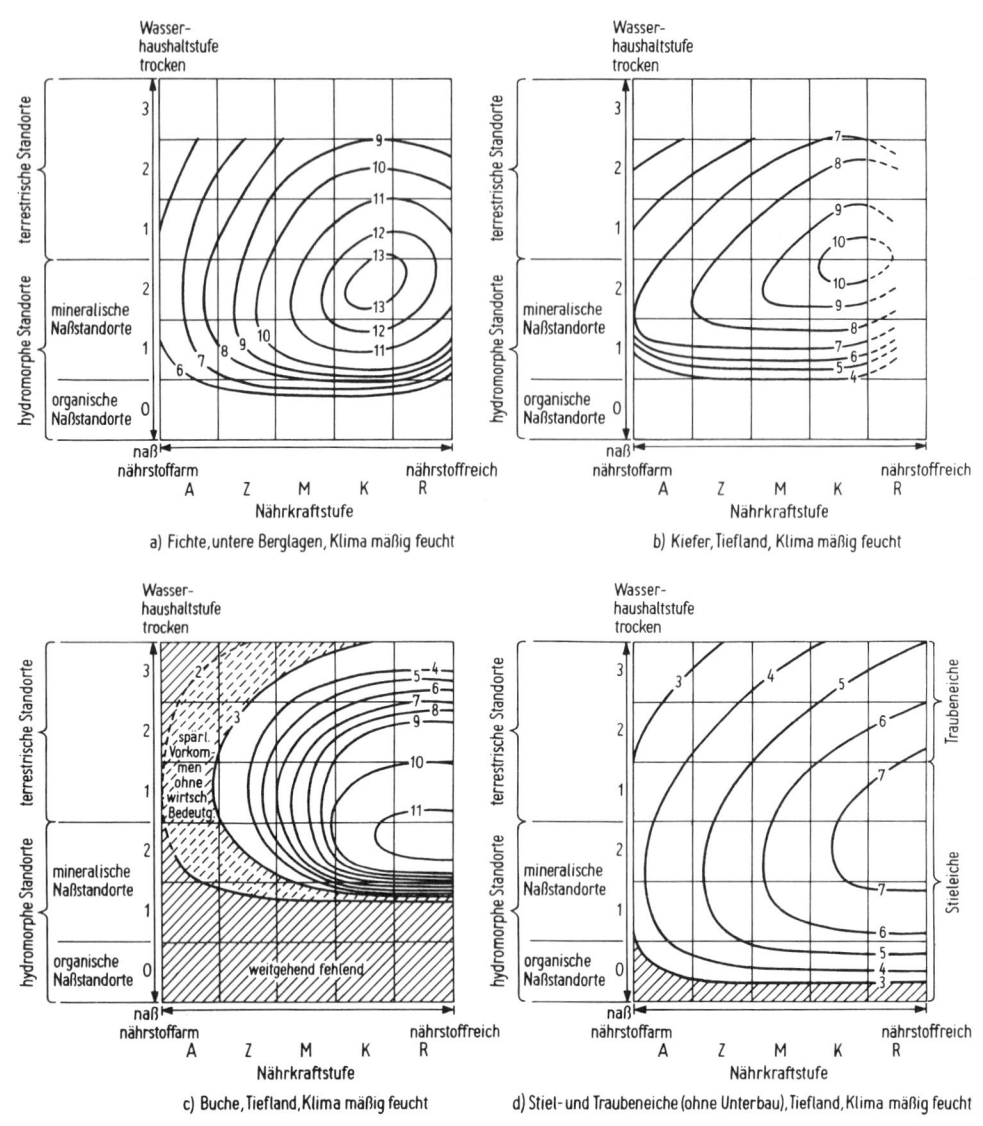

a) Fichte, untere Berglagen, Klima mäßig feucht

b) Kiefer, Tiefland, Klima mäßig feucht

c) Buche, Tiefland, Klima mäßig feucht

d) Stiel- und Traubeneiche (ohne Unterbau), Tiefland, Klima mäßig feucht

Abb. 9.19. Durchschnittlicher Gesamtzuwachs $\bar{w}(t)$ (DGZ) zur Zeit der Hiebsreife m3 a^{-1} ha^{-1} bei den Baumarten Fichte, Kiefer, Buche und Eiche in Abhängigkeit von Bodenfeuchtigkeit und Nährkraft des Standortes.

In den über 80% der ostdeutschen Waldfläche einnehmenden **Wirtschaftswäldern** (Bewirtschaftungsgruppe III) steht die Produktion von Dendromasse im Vordergrund der gesellschaftlichen Aufgabenstellung. In diesem Fall sind für die Beantwortung der Frage, welche der anbaugeeigneten Baumarten den gesellschaftlichen Anforderungen am besten entsprechen, folgende Kriterien maßgeblich:

— Höhe der Stoffproduktion
— Nettoerlös
— Stabilität der Produktion.

Die Waldbestände sind im Laufe ihres langen Lebens mannigfaltigen Gefahren ausgesetzt. Es ist darum notwendig, schon bei der **Baumartenwahl** das damit verbundene Risiko zu berücksichtigen. Es wurde vorgeschlagen (THOMASIUS 1981; THOMASIUS et al. 1982), als quantitativen Ausdruck für die Stabilität die Wahrscheinlichkeit zu benutzen, daß die Bestände einer bestimmten Baumart oder Baumartenkombination auf einem Standortstyp bei störungsfreier Entwicklung im Alter die kalkulierte Produktionsgröße erreichen.

Schließlich sind noch einige Gesichtspunkte, wie Beeinflussung der Bodenfruchtbarkeit, Eingliederung in das Raum-Zeit-Gefüge und technologische Belange zu berücksichtigen.

Neben der Frage nach der **Anbaueignung** und **Anbauwürdigkeit** der einzelnen Baumarten auf den verschiedenen Standorten ist zu klären, welche von diesen mit welchem Anteil miteinander gemischt werden können oder sollen. Die Ziele solcher **Baumartenmischungen** können in der Erhaltung oder Erhöhung der Bodenfruchtbarkeit, der Steigerung der Dendromasseproduktion, der Verbesserung der Stabilität, in ästhetischen Effekten u. a. Wirkungen bestehen.

Maßgeblich für das Erreichen dieser Zielstellungen sind vor allem physikalische, chemische und biologische Wirkungen der Umwelt auf die verschiedenen Baumartenmischungen, deren Rückwirkungen auf den Standortszustand und schließlich die zwischen den verschiedenen Baumarten auftretenden Wechselwirkungen.

Die produktionsbiologisch optimale Ausnutzung eines Territoriums ist zu erwarten, wenn ständig eine große Menge assimilierender Blattsubstanz (großer Blattflächenindex) gleichmäßig über diese Anbaufläche verteilt ist, so daß die eingestrahlte Sonnenenergie maximal ausgenutzt und in chemische Energie transferiert werden kann (vgl. 2.6.1.).

Die Anteile der autotrophen Pflanzen der verschiedenen Schichten können durch Regulierung der Lichtverhältnisse im Gehölzbestand beeinflußt werden. Bei einem gleichmäßig und dicht geschlossenen Kronendach wird hier ein Großteil der photosynthetisch aktiven Strahlung absorbiert und in chemische Energie transformiert. In diesem Falle kann sich bei einem sehr geringen Anteil durchgelassener (transmittierter) Strahlung nur eine spärliche Bodenpflanzendecke ausbilden. Das trifft zu bei Beständen von Schattbaumarten (Buche und Tanne), deren Kronen — dank des niedrigen Kompensationspunktes von Assimilation und Dissimilation — bis ins Waldesinnere belaubt und darum sehr dicht sind, sowie Baumarten mit schmalen, kegelförmigen Kronen (Fichte und Douglasie), die auf Grund dieser morphologischen Eigenschaft eine große Anzahl von Individuen vergleichbarer Dimension pro Flächeneinheit zulassen. In solchen Fällen können auch Reinbestände einer Baumart zu einer guten Wuchsraumausnutzung führen. Der Anteil der Dendromasse an der oberirdischen Phytomasseproduktion ist hier sehr hoch, nicht selten $\sim 90\%$.

Bei Lichtbaumarten, z. B. Eiche, Birke, Lärche und Kiefer, deren Kompensationspunkt bei weitaus höheren Lichtwerten liegt, bilden sich lockere, häufig auch verhältnismäßig breite und in hohem Maße lichtdurchlässige Kronen. Bei vergleichbaren Dimensionen sind darum wesentlich weniger Baumindividuen pro Flächeneinheit existenzfähig. Die bei einer derart geringen Wuchsraumausnutzung entsprechend niedrigere Dendromasseproduktion wird in solchen Lichtbaumarten-Ökosystemen mehr oder weniger durch eine größere Produktion sonstiger Phytomasse (Bodenpflanzendecke) kompensiert. Bei hinreichender Bodenfruchtbarkeit kann dieser Erscheinung durch eine schon bei der Aufforstung (Mitanbau) oder auch später erfolgende Beimischung (Unterbau) von Schattbaumarten (Buche, Linde, Hainbuche, Tannenarten, Thuja, Tsuga) begegnet werden.

Die Raum- und Energieausnutzung in Mischbeständen kann sich im Laufe der Zeit durch den unterschiedlich verlaufenden Wachstumsgang (vor allem des Höhenwachstums) der beteiligten Mischbaumarten verändern. Nach der genetischen Veranlagung kann man grob zwischen Baumarten mit einem langsamen und mit einem raschen Jugendwachstum (Höhe in 10 Jahren $H_{10} \leqq 10$ m) und solchen mit einer geringeren und einer größeren Höhe in 100 Jahren ($H_{100} \leqq 28-30$ m) unterscheiden (Abb. 9.20.).

9. Anwendungsbereiche der Ökologie

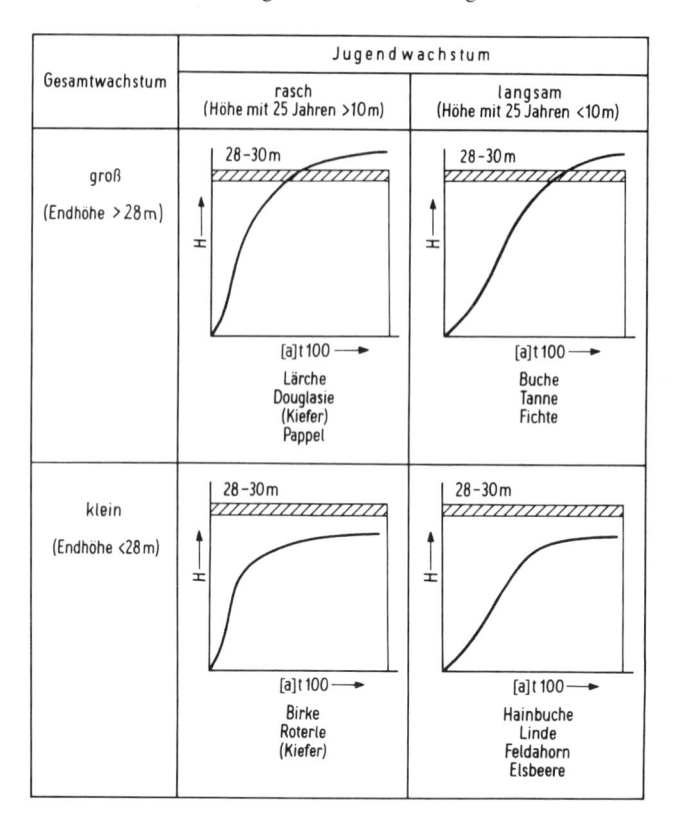

Gesamtwachstum	Jugendwachstum	
	rasch (Höhe mit 25 Jahren >10m)	langsam (Höhe mit 25 Jahren <10m)
groß (Endhöhe >28m)	28–30m ... [a]t 100 → Lärche Douglasie (Kiefer) Pappel	28–30m ... [a]t 100 → Buche Tanne Fichte
klein (Endhöhe <28m)	28–30m ... [a]t 100 → Birke Roterle (Kiefer)	28–30m ... [a]t 100 → Hainbuche Linde Feldahorn Elsbeere

Abb. 9.20. Wachstumstypen forstwirtschaftlich wichtiger Baumarten.

Eine Mischung von Baumarten, die unterschiedlichen Wachstumstypen angehören, führt bald zu einer vertikalen Differenzierung im Kronendach. Eine solche Vertikalstruktur ist möglich, wenn die im Verlaufe der Zeit in den Unterstand gelangende Baumart das damit verbundene Lichtdefizit erträgt (z. B. Buche unter Lärche oder Buche unter Kiefer). Anderenfalls zeigt sich bald Kümmerwuchs. Diese Erscheinung führt meist zu lückigen, nur noch aus der den Oberstand bildenden Baumart bestehenden Beständen mit unzureichender Wuchsraumausnutzung.

Mischungen von Baumarten mit unterschiedlichem Hiebsreifealter führen zu Problemen bei der Bestandesbehandlung. Wird die frühzeitig hiebsreife Baumart (Pappel, Birke, Roterle etwa 30 bis 60 Jahre) zu dem für sie angemessenen Zeitpunkt geschlagen, so entstehen mehr oder weniger große Lücken im Bestand und dementsprechend Zuwachs- und Ertragsverluste. Läßt man sie dagegen stehen, so treten ebenfalls Ertragsverluste ein, weil der Zeitpunkt der Zuwachskulmination wesentlich überschritten wird. Hinzu können forstsanitäre Probleme infolge Überalterung kommen.

Zu beachten ist auch die gegenseitige mechanische Beeinflussung der Mischbaumarten. So peitschen z. B. die dünnen, aber zähen, gertenartigen Zweige der Birke die Krone ihrer Nachbarn und bewirken Deformationen und Zuwachsverluste. Individuen mit Neigung zur Zwiesel- und Starkastbildung sowie Sperrwüchsigkeit können zu Konkurrenten ihrer Nachbarn werden.

Bei dem Streben nach einer guten Raumausnutzung interessiert nicht nur der oberirdische Bereich, sondern auch der Wurzelraum. Das spezifische Wurzelsystem der verschiedenen Baumarten und die sich davon ableitende Bodenlockerung sowie Nährstofferschließung durch den künftigen Bestand sind bei Baumartenmischung zu berücksichtigen. So kann z. B. durch Mischung von Flach- und Tiefwurzlern (Fichte und Lärche) oder Baumarten, die den Boden überwiegend im Stockbereich durchwurzeln (Lärche, Buche), mit solchen, die mehr die Zwischenflächen durchdringen (Fichte), eine gute Durchwurzelung des gesamten Bodenraumes erreicht werden (vgl. Abb. 6.22.).

Schließlich sind noch die wenig bekannten allelopathischen Wechselwirkungen zwischen den Baumarten durch das Ausscheiden biologisch aktiver Substanzen, wie Koline und Blastokoline, Phytohormone und Phytonzide, zu nennen, durch die Nährstoffaufnahme und Wachstum der Bäume u. a. Organismen beeinflußt werden (vgl. 3.2.5.).

Aus dem Studium der Baumartenzusammensetzung natürlicher Waldgesellschaften lassen sich wertvolle Schlußfolgerungen für ökologisch mögliche Baumartenkombinationen auf den betreffenden Standortseinheiten ableiten. Dabei gilt allgemein, daß das Baumarten-Diversitätspotential mit zunehmender Standortsgüte steigt und damit auch die wirtschaftliche Bedeutung von Baumartenmischungen.

9.1.3.5. Walderneuerung

Bei der Walderneuerung wird zwischen Natur- und Kunstverjüngung unterschieden. **Naturverjüngung** ist die ursprüngliche und in Naturwäldern einzige Form der Walderneuerung. Sie erfolgt dort ohne menschliches Zutun und erstreckt sich oft über einen relativ langen Zeitraum. Im Wirtschaftswald müssen sich dagegen der Zeitpunkt und die Dauer der Verjüngung in die zeitliche und räumliche Ordnung des Produktionsablaufes einfügen.

Die Entscheidung darüber, welchem der beiden Verfahren im konkreten Fall der Vorzug zu geben ist, hängt — neben anderen Einflußgrößen — von den ökologischen Bedingungen am Verjüngungsort ab.

Die **Vorteile der Naturverjüngung** liegen vor allem in der Möglichkeit,

- Kahlschläge und die damit verbundenen klimatischen, edaphischen, hydrologischen sowie biocoenotischen Zäsuren, die oft mit Instabilität verbunden sind, zu vermeiden;
- autochthone Baumrassen an dem konkreten Ort zu erhalten;
- in dem größeren Zeitraum, der bis zur Räumung der letzten Altbestandsreste vorhanden ist, besonders starke und wertvolle Holzsortimente zu produzieren;
- lebendige und vergegenständlichte Arbeit bei der Verjüngung i. e. S. einzusparen.

Dem stehen als **Nachteile** gegenüber:

- Abhängigkeit der Verjüngung von den z. T. nur in größeren Zeitabständen auftretenden Samenjahren;
- ein längerer Verjüngungszeitraum;
- ein erschwerter Betriebsvollzug (Holzeinschlag und Transport) und damit verbunden ein hoher Nutzungsaufwand.

Diese Vor- und Nachteile sind unter Berücksichtigung von Standort und bisheriger Bestockung an jedem Ort sachlich abzuwägen.

Ein **Zwang zur Kunstverjüngung** besteht dort,

- wo bisher unbewaldete Flächen aufzuforsten sind;
- wo ein Baumartenwechsel notwendig ist;
- wo die gegenwärtige Bestockung auf Grund genetisch bedingter Mängel keine Weitervermehrung rechtfertigt;
- wo die herrschenden Standortbedingungen für eine natürliche Verjüngung ungünstig sind.

Für Naturverjüngung besonders geeignet sind schattentolerante Baumarten, z. B. Buche und Tanne, weil sie schon bei geringem Lichtdargebot unter dem Kronendach des Altbestandes existenzfähig sind, eine lange Überschirmungsphase ertragen und auf Freiflächen wegen ihrer Empfindlichkeit gegen Frost und Hitze, Nässe und Trockenheit sehr bald den dort häufig auftretenden Klimaextremen erliegen würden. Umgekehrt ist die Situation bei Lichtbaumarten wie Birke, Kiefer und Lärche, die den Charakter von Pionierbaumarten haben. Die Fichte verjüngt sich auf natürlichem Wege besonders gut bei überdurchschnittlicher Wasserversorgung auf ziemlich armen bis mittleren Standorten der Mittelgebirge.

In Waldbeständen, die auf natürlichem Wege verjüngt werden sollen, sind meist mehrere Vorbereitungs- und Lichtungshiebe erforderlich. Mit der damit verbundenen Verminderung der Bestandesdichte und Erhöhung des Lichtdargebotes sollen die Fruktifikation der Mutterbäume stimuliert und bessere ökologische Bedingungen für das Ankommen der Verjüngung (Licht, Wärme, Feuchtigkeit) geschaffen werden.

Nach der Form der Schläge (Verjüngungsfläche) sowie der Anzahl der Hiebe (Eingriffsmaßnahme) werden die in Tabelle 9.4. aufgeführten Grundformen der Naturverjüngung unterschieden.

Bei **Kunstverjüngungen,** die vorwiegend mittels Pflanzung erfolgen, benutzt man Setzlinge, die i. d. R. in Baumschulen angezogen werden. Dabei sind viele ökologische Gesetzmäßigkeiten zu beachten. Dies beginnt bei der Auswahl der Baumschulstandorte, setzt sich fort bei der Bearbeitung des Bodens sowie bei Maßnahmen zur Erhaltung und Mehrung der Bodenfruchtbarkeit (Mineraldüngung, Gründüngung, Komposteinbringung). Es schließt ein die sachgemäße, den spezifischen Ansprüchen der verschiedenen Baumarten Rechnung tragende Auswahl der Saat- und Verschulquartiere, den Schutz und die Pflege der Saaten und Verschulungen (Beschattung, mechanische und chemische Pflege, Beregnung) und reicht hin bis zum sachgemäßen Aushub, zur Lagerung und zum Transport der Pflanzen.

Bei Kunstverjüngungen ist zu beachten, daß die Jungpflanzen der verschiedenen Baumarten in einem sehr unterschiedlichen Maße für den Anbau auf Freiflächen mit den dort auftretenden Strahlungs-, Temperatur-, Feuchtigkeits- und Windextremen geeignet sind. Empfindlich sind vor allem Tannenarten, Douglasie, Thuja und Tsuga sowie Rotbuche und

Tabelle 9.4. Naturverjüngungsverfahren (nur Grundformen!)

| Anzahl der Hiebe ("Hieb" bezeichnet eine Maßnahme) | Entfernung des Vorbestandes (bis auf Überhälter) in einem Hieb (Verjüngung aus der Kahlstellung) | Entfernung des Vorbestandes in mehreren Hieben (Verjüngung aus der Schirmstellung). Dabei ist zu unterscheiden zwischen
— Vorbereitungshieben, die der Fruktifikation der Mutterbäume und dem Ankommen der Verjüngung dienen und
— Lichtungs- sowie Räumungshieben, die dem Fortkommen der Verjüngung und der Entfernung des Altbestandes dienen | Im Prinzip keine Entfernung des Vorbestandes, sondern kontinuierliche Entnahme mehr oder weniger gleichmäßig verteilter, hiebsreifer oder unerwünschter Bäume und Verjüngung der so entstandenen Lücken (Verjüngung durch Plenterung) |

9.1. Ökologische Grundlagen der Land- und Forstwirtschaft

Tabelle 9.4. (Fortsetzung)

Form der Schläge ("Schlag" bezeichnet eine Fläche)			
großflächig (B > h L > h)	Großkahlschlag mit Naturbesamung (meist von Überhältern)	Großschirmschlag **1. Etappe:** Mehr oder weniger gleichmäßige Auflichtung des Vorbestandes durch Vorbereitungshiebe **2. Etappe:** Lichtung und Räumung des Vorbestandes — ganzflächig, gleichmäßig ($\triangleq$ Großschirmschlag nach HARTIG) — Räumung streifenweise ($\triangleq$ Kulissenschirmschlag) — Räumung keilförmig ($\triangleq$ Schirmkeilschlag nach EBERHARDT)	Einzel-Plenterung
streifenförmig (meist an Säumen)	Schmalkahlschlag mit Naturbesamung vom Nachbarbestand	Saum- oder Streifenschirmschlag — mit kontinuierlichem Verjüngungsfortschritt ($\triangleq$ Blendersaumschlag nach Chr. WAGNER) — mit diskuntinuierlichem Verjüngungsfortschritt ($\triangleq$ Saumschlag)	
kreisförmig, elliptisch oder unregelmäßig (amöbenförmig)	Lochkahlschlag mit Naturbesamung vom umgebenden Bestand ($\triangleq$ Mortzfeldscher Lochkahlschlag)	Gruppen- oder Lochschirmschlag ($\triangleq$ Femelschlag)	Trupp- oder Gruppen-Plenterung

Edellaubbaumarten wie Esche, Ahorn und Ulme. Anpflanzungen solcher Baumarten werden darum überwiegend unter dem lichten Schirm des Vorbestandes (Voranbau) oder eines Vorwaldes (Birke, Eberesche, Salweide) bzw. auf schmalen Schlägen durchgeführt.

Baumarten, die weniger oder nicht durch die erwähnten Witterungsextreme gefährdet sind, können auf Freiflächen angebaut werden (z. B. Kiefer).

In Mitteleuropa verläuft die Hiebrichtung meist — im Interesse des Sturmschutzes — von NO nach SW. Die meist rechteckigen Schläge sind dann mit ihrer Längsachse von NW nach SO orientiert (Abb. 9.21.). Unter solchen Bedingungen stellen sich auf den Kahlschlägen unterschiedliche ökologische Verhältnisse ein (Abb. 9.22.).

546   9. Anwendungsbereiche der Ökologie

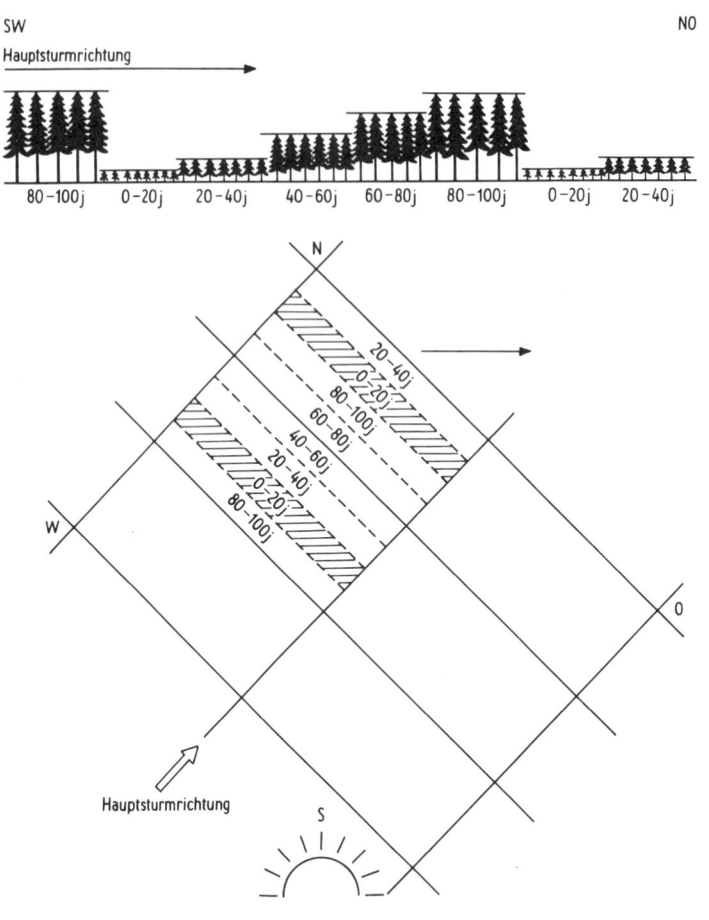

Abb. 9.21. Waldeinteilung, Hauptsturmrichtung und Hiebsrichtung in Mitteleuropa sowie Schema eines Hiebszuges.

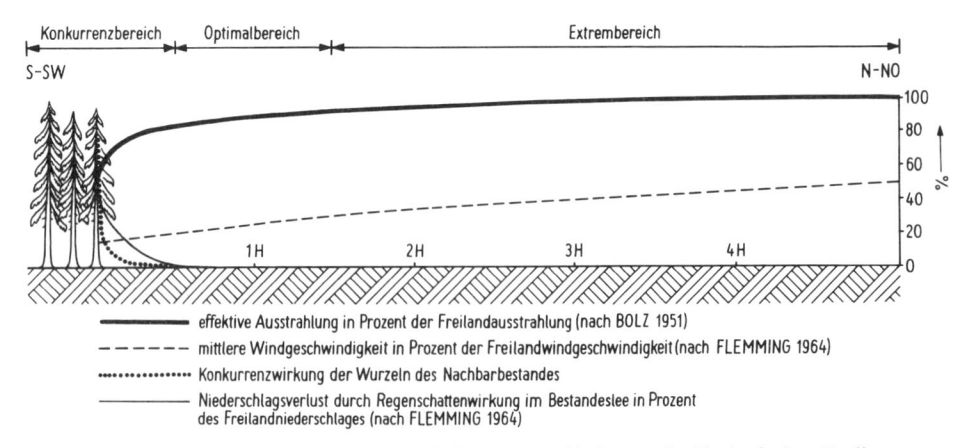

Abb. 9.22. Schematische Darstellung des Einflusses verschiedener, die ökologischen Bedingungen auf der Kahlfläche beeinflussende Faktoren in Abhängigkeit von der Entfernung zum Bestandesrand.

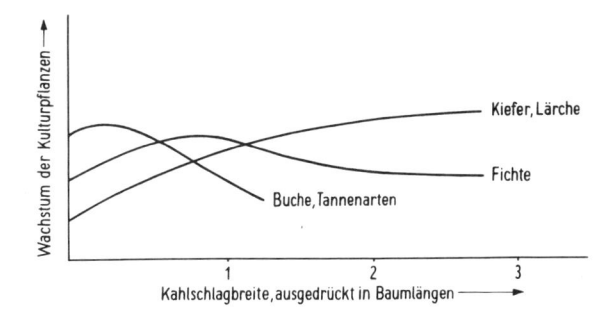

Abb. 9.23. Abhängigkeit des Wachstums der Jungpflanzen verschiedener Baumarten von der Kahlschlagbreite.

In unmittelbarer Nachbarschaft des südwestlich vorgelagerten Altbestandes (bis etwa $^1/_2$ Baumlänge) werden die von ihm ausgehenden ökologisch positiven Einflüsse, wie Windbremsung, Ausstrahlungsverminderung und geringere Evaporation, durch die negativen Einflüsse der Wurzelkonkurrenz, der Einstrahlungsverminderung und der Regenschattenwirkung z. T. überkompensiert, so daß in diesem Bereich für die meisten Baumarten keine optimalen Wachstumsbedingungen herrschen. Das gilt vor allem für Lichtbaumarten und frostresistente Spezies, bei denen die negativen Einflüsse stark, die positiven dagegen nur schwach ins Gewicht fallen.

An diesen Konkurrenzbereich schließt sich eine Zone an, die dadurch charakterisiert wird, daß hier die vom südwestlich vorgelagerten Altbestand ausgehenden negativen Wirkungen bereits zurücktreten, während die positiven Effekte noch einen nennenswerten Einfluß ausüben. Dieser ökologisch optimale Bereich liegt z. B. in den mittleren Berglagen bei der Baumart Fichte in etwa 0,5–1,5 Baumlänge Entfernung vom Altbestandsrand.

Auf diesen Optimalbereich folgt schließlich eine Zone, in der die effektive Ausstrahlung bereits den Werten von Freiflächen nahekommt, die Luftbewegung und damit die Evatranspiration wieder größer werden und die Schutzwirkungen des südwestlich vorgelagerten Altbestandes allmählich abklingen. Hier werden die ökologischen Bedingungen besonders für frost- und hitzeempfindliche Baumarten wieder ungünstiger (Abb. 9.23.).

Auch die Auswahl der im konkreten Falle anzuwendenden Bodenbearbeitungs-, Pflanz- und Kulturpflegeverfahren ist in hohem Maße von ökologischen Gesichtspunkten abhängig. In diesem Zusammenhang sei an die große Bedeutung der sich auf Kahlschlägen spontan einfindenden Pflanzengesellschaften hingewiesen. Während in Drahtschmielen-Kahlschlagvegetationstypen bei der Anpflanzung kräftiger 4- bis 5jähriger Fichten kaum eine Kulturpflege nötig ist und auch auf Herbizideinsatz verzichtet werden kann, machen Reitgras-, Adlerfarn- sowie Himbeer- und Brombeer-Kahlschlagvegetationstypen in der Regel eine mechanische oder chemische Flächenvorbehandlung und eine oft recht aufwendige Kulturpflege erforderlich. Derartige Entscheidungen sind vom Standort, von der vorhandenen oder zu erwartenden Kahlschlagvegetation und von der Größe sowie Pflegebedürftigkeit der angebauten Kulturpflanzen abhängig.

9.1.3.6. Bestandesbehandlung

Die Entwicklung eines Waldbestandes vom Jungwuchs über die Dickung und das Stangenholz bis hin zum hiebsreifen Altbestand unterliegt einerseits bestimmten Gesetzmäßigkeiten des Wachstums, andererseits erfordert sie eine planmäßige Steuerung durch den Menschen. Im wesentlichen sind vier Grundaufgaben zu lösen:

- Herbeiführen bzw. Erhalten einer bestimmten Baumartenzusammensetzung im Sinne der dargelegten Gesichtspunkte. Diesem Ziel dient die **Mischungsregulierung,** worunter die planmäßige Steuerung der Mischungsarten (Bestandeszusammensetzung nach Baumarten), des Mischungsgrades (Mengenanteil der erwünschten Baumarten) und der Mischungsform (räumliche Verteilung der Mischbaumarten im Bestand) verstanden wird. Mit der Mischungsregulierung werden zugleich die Rückwirkungen des Bestandes auf den Bodenzustand (Streuzusammensetzung, Bodendurchwurzelung) und die Wechselwirkungen zwischen den verschiedenen Individuen eines Bestandes wesentlich beeinflußt.
- Herbeiführen einer bestimmten **Bestandesdichte.** Von großer Bedeutung für den Zuwachs pro Flächenanteil, die Qualität und die Stabilität von Waldbeständen ist ihre Dichte, die — unter Berücksichtigung von Alter oder Baumdimension — durch die Anzahl Bäume (St./ha), die Baumgrundfläche (m^2/ha) oder den Holzvorrat (m^3/ha) ausgedrückt werden kann.

  Der für die Existenz bzw. die gesunde Entwicklung eines Baumes erforderliche Wuchsraum ist in erster Linie von der Größe des betreffenden Baumes selbst abhängig. Da sich die Dimension der Bäume mit ihrem Wachstum ständig vergrößert, muß sich die Anzahl der pro Flächeneinheit existenzfähigen und sich gesund entwickelnden Bäume laufend vermindern. Dieser Ausscheidungsprozeß muß im Interesse des Individual- und Bestandeszuwachses, der Bestandesqualität und -stabilität planmäßig mit Durchforstungseingriffen gesteuert werden.

  Mit dieser Dichteverminderung wird zugleich die Wirkung einiger Faktoren, wie Licht, Wärme, Feuchtigkeit und Nährstoffangebot, bei den verbliebenen Bäumen verbessert. Wir bezeichnen diese wegen der Dimensionszunahme der Bäume notwendige und dem natürlichen Ausscheidungsprozeß vorgreifende, eine bestimmte Bestandesdichte anstrebende Maßnahme als **Stammzahlregulierung.**
- Gewährleisten einer bestimmten Baumverteilung. Die Ausnutzung des Wuchsraumes ist in hohem Maße abhängig von der Verteilung der Bäume auf einer Fläche sowie der horizontalen und vertikalen Gliederung der Waldbestände. Der Herstellung einer sich aus ökologischen, wachstumskundlichen und technologischen Gesichtspunkten ergebenden optimalen Horizontal- und Vertikalstruktur von Waldbeständen dient die **Standraumregulierung.**
- Gewährleisten einer Qualitätsverbesserung im Sinne des vorgegebenen Produktionszieles (z. B. Qualitätsholz, Massensortimente für die Zellstoff- und Papierherstellung). Diesem Ziel dient die **Phänotypenauslese,** worunter eine planmäßige Selektion der Bäume nach ihrem äußeren Erscheinungsbild im Hinblick auf ihre Eignung bzw. Nichteignung für das betreffende Produktionsziel verstanden wird.

Es ist ökologisch bedeutungsvoll, bis zu welchem Grade dem Ökosystem durch die Bestandesbehandlung Biomasse entzogen wird. Der Anteil kann von 0% (reine Erziehungseingriffe in Jungbeständen) bis nahe 100% (Ganzbaumnutzung) reichen. Von Natur aus nährstoff- und humusarme Standorte reagieren weitaus empfindlicher auf einen stärkeren Entzug der Dendromasse als Standorte mit einer reichen Nährstoff- und Humusausstattung. Solche Erfahrungen wurden auch schon früher nach Streunutzungen gesammelt. Dementsprechend ist es notwendig, die künftigen Vornutzungstechnologien und die zur Kompensierung von Nährstoffentzügen erforderlichen Dünge- sowie Meliorationsmaßnahmen standörtlich zu differenzieren.

Auch auf Kahlschlägen treten Nährstoff- und Energieverluste auf, weil hier durch einen beschleunigten Humusabbau sehr viel Stickstoff freigesetzt wird, der bei Fehlen einer entsprechenden Pflanzendecke zum großen Teil der Auswaschung unterliegt. Die Entfernung der gewachsenen organischen Substanz von den Schlagflächen, z. B. durch das Wegschieben von Reisig und Schlagabraum auf Wälle oder deren Verbrennen, führt zu

Nährstoff- und Energieverlusten und damit zu Beeinträchtigungen der Bodenfruchtbarkeit. Nachhaltig hohe Erträge sind auch in der Forstwirtschaft nur möglich, wenn eine hohe Bodenfruchtbarkeit durch ein von der Walderneuerung bis zur Endnutzung reichendes System bodenpfleglicher und -verbessernder Maßnahmen gewährleistet wird. Der zunehmende Einsatz von Pflanzenschutzmitteln u. a. Agrochemikalien, die Einwirkung fester und flüssiger Abprodukte sowie Immissionsbelastungen auf zahlreichen Waldstandorten erfordern eine stärkere Beachtung der Bodenfruchtbarkeit und der ökologischen Gesetzmäßigkeiten bei allen forstwirtschaftlichen Maßnahmen (FIEDLER und NEBE 1981).

9.1.4. Berücksichtigung ökologischer Gesetzmäßigkeiten in der Jagdwirtschaft

9.1.4.1. Einleitung

Die jagdwirtschaftliche Nutzung freilebender Tierarten stellt eine überwiegend extensive Form der Aneignung von Naturressourcen durch den Menschen dar. Maßnahmen der Wildhege im Sinne einer Produktionssteigerung besitzen im Vergleich zu anderen biologischen Produktionsbereichen gegenwärtig nur einen geringen Einfluß auf Populationsentwicklung und Nutzungshöhe. Neben der ursprünglich vordergründigen Funktion der Wildbretgewinnung hat die Jagd mit fortschreitender Urbanisierung neue Anforderungen der menschlichen Gesellschaft zu erfüllen:

— Produktion von Wildbret und tierischen Rohstoffen,
— Verhütung von Wildschäden in Land- und Forstwirtschaft,
— Ausschaltung auf Mensch oder Haustier übertragbarer Wildkrankheiten,
— Schutz bestandesbedrohter Tierarten,
— aktive Freizeitgestaltung und Erbeutung von Jagdtrophäen für die Jagdausübenden.

In den Ökosystemen Mitteleuropas haben sich infolge der intensiven Landnutzung und der Ausrottung des Großraubwildes Wildtierpopulationen entwickelt, die sich qualitativ und quantitativ von denen natürlicher Ökosysteme unterscheiden. Es sind entsprechend den Landschaftsveränderungen durch land- und forstwirtschaftliche Produktion sowohl positive als auch negative Bestandesentwicklungen zu verzeichnen. Die Bejagung ist vornehmlich darauf gerichtet, die Wildbestände in einer den ökologischen Verhältnissen entsprechenden und den ökonomischen Erfordernissen angemessenen Populationsdichte zu erhalten. Bei nur wenigen Wildarten, z. B. Waldschnepfe *(Scolopax rusticola)*, Ringeltaube *(Columba palumbus)*, Eichelhäher *(Garrulus glandarius)*, ist die Bejagung fast ausschließlich traditionell begründet.

9.1.4.2. Wildbestandsregulierung

In wirtschaftlich extensiv genutzten, weitgehend natürlichen Landschaftsarealen (z. B. Nordeuropa, Nordamerika) wird die Jagd überwiegend durch lizensierte Abschußvergaben realisiert. Der Einfluß auf die Populationsdichten ist in diesen naturnahen Ökosystemen im allgemeinen unbedeutend.

Durch die intensive Landnutzung in Mitteleuropa treten die sich den Landschaftsveränderungen anpassenden Wildarten (bes. Schalenwild) zunehmend als Schadensverursacher in Land- und Forstwirtschaft in Erscheinung. Der Wildbestand wird hier auf der Grundlage des Reviersystems reguliert. Ziel ist eine vertretbar hohe und gleichbleibende Nutzung — das Prinzip der Nachhaltigkeit (Gossow 1976).

Die Populationsdichte des Wildbestandes wird durch die ökologische Tragfähigkeit des Habitates bestimmt, sie kann und wird entsprechend der ökonomischen Tragfähigkeit variiert. Es werden verschiedene Bonitierungsverfahren zur Festlegung der ökonomischen Tragfähigkeit herangezogen. Zu empfehlen ist die Bonitierung der Jagdgebiete nach einem Verfahren von MÜLLER (1963), welches auf der Quantifizierung der standortspezifischen Äsungskapazität beruht. Aus dem potentiellen Äsungsangebot wird die wirtschaftlich tragbare Wilddichte abgeleitet. Die Bestandesregulierung erfolgt über Abschußvorgaben, die sich aus der Bilanz Sollbestand – Istbestand bei Beachtung des jährlich nutzbaren Zuwachses errechnen. Zur objektiven Schätzung der Istbestände dienen in erster Linie laufende Sichtbeobachtungen, Fährtenzählungen und statistische Kontrollrechnungen (BRIEDERMANN 1982).

Gegenwärtig arbeitet man an dynamischen Schadensbonituren, um über die jährliche Verbißbeanspruchung der Wirtschaftsbaumarten oder spezieller Weiserpflanzen die Populationsentwicklung zu verfolgen und mit flexiblen Abschußvorgaben zu beeinflussen (Bayerisches Staatsministerium f. Ernährung, Landw. u. Forsten 1987, KRAUS 1987).

Über artenspezifische Abschußrichtlinien wird eine geschlechter-, alters- und qualitätsbezogene Selektion angestrebt, die den natürlichen Mortalitätsanteilen entspricht. Damit kann eine Veränderung der Sozialstruktur mit ihren negativen Folgen, wie erhöhte Wildschäden und nicht abschätzbare Reproduktion, weitgehend vermieden werden (MARGL 1982). Wildarten mit geringem Zuwachs sind jagdlich problemloser regulierbar als Wildarten mit hoher Reproduktionsrate. Bei letzteren (bes. Niederwild, Reh) wird mit dem jagdlichen Eingriff in der Regel nur die natürliche Sterblichkeit kompensiert (KALCHREUTER 1984).

Tabelle 9.5. Jagdtierpopulationen und deren Bewirtschaftung in anthropogen stark veränderten Ökosystemen

Populationsentwicklung	progressiv	degressiv
Wechselwirkung zwischen Ökosystem und Populationsdichte	Ökosystem ↔ Populationsdichte (positiv → negativ)	Ökosystem ↔ Populationsdichte (negativ → unbedeutend)
typische Wildarten	Rothirsch *(Cervus elaphus)* Wildschwein *(Sus scrofa)* Rotfuchs *(Vulpes vulpes)*	Hase *(Lepus europaeus)* Rebhuhn *(Perdix perdix)* Waldschnepfe *(Scolopax rusticola)*
Bewirtschaftungsziel	Bestandesverminderung – Wildschadenverhütung – maximale Nutzung	Besatzerhöhung – Artenschutz – Nutzung
Bewirtschaftungsmaßnahmen	– Reduktion mit jagdl. Mitteln – Biotop-, Äsungsverbesserung – Schutz vor Störungen – techn. Schadensabwehr	– Biotop-, Äsungsverbesserung – Schutz vor Prädatoren und anthropogenen Mortalitätsfaktoren – ausgesetzte bzw. begrenzte Bejagung

9.1.4.3. Wildbewirtschaftung

Für die nachhaltige jagdliche Nutzung einer Wildart ist die Erhaltung und der Schutz des Habitates von außerordentlicher Bedeutung. Um die lebensnotwendigen Grundansprüche des Wildes zu gewährleisten, müssen folgende Voraussetzungen innerhalb des artspezifischen, individuellen Lebensraumes gegeben sein:

— ganzjährig gesicherte Ernährungsbedingungen,
— Möglichkeit der Partnerwahl und Reproduktion,
— Gewährleistung der Schutzansprüche vor Störungen und Verfolgungen.

Bei jagdbaren Tierarten, die infolge Landschaftsveränderungen mit sinkenden Populationsdichten reagieren, entspricht die Bewirtschaftung dem Artenschutz (Tabelle 9.5.). Einzelabschüsse liegen im Rahmen der natürlichen Sterblichkeit und haben keinen Einfluß auf die Populationsdichte. Wildarten mit progressiver Populationsentwicklung (bes. Schalenwild) erfordern eine Bejagung, die oberhalb der natürlichen Sterblichkeitsrate liegt. Spezielle Bewirtschaftungsmaßnahmen (Tabelle 9.5.) dienen sowohl der Wildbretproduktion als auch der Wildschadenverhütung.

Einige Wildarten, beispielsweise Reh *(Capreolus capreolus)* und Stockente *(Anas platyrhynchos)*, bilden in urbanen Ökosystemen Populationsdichten, die den ökonomischen Interessen der Gesellschaft weitgehend entsprechen. Hier wird eine Nutzung in Höhe der Reproduktionsleistung angestrebt.

Zur Sicherung der lebensnotwendigen Grundansprüche des Wildes sind in anthropogen stark veränderten Ökosystemen Hegemaßnahmen notwendig, die auf eine optimale Habitatausstattung orientieren. Für Schalenwild im Walde sind von besonderer Bedeutung:

— Verringerung des Anteils von Monokulturen,
— Erhaltung der die Wirtschaftsbaumarten nicht schädigenden Nebenvegetation,
— Anlage spezieller Wildäsungsflächen (Dauergrünland, Wildäcker, Verbißgehölze) auf 0,5 ... 2,0% der Waldfläche,
— Melioration und Mitanbau von Äsungspflanzen auf Kulturen, Schneisen, Brandschutzstreifen u. ä.,
— Anbau und Pflege masttragender Baumarten,
— Schaffung von Deckungs- und Ruhezonen,
— Einschlag von Weichlaub- und schwachen Nadelbäumen zum Verbeißen und Schälen im Winter,
— Fütterung bei hoher Schneelage.

Für die Hege des Reh- und Niederwildes in der offenen Landschaft sind zu empfehlen:

— Erhaltung bzw. Anbau von Hecken, Flurgehölzen und Remisen auf 2 ... 3% der landwirtschaftlichen Nutzfläche zur Erhöhung der Grenzlinienbereiche,
— Verkleinerung der Schlaggrößen, Zwischenfruchtanbau, Aussetzen des Herbstumbruches in Grenzlinienbereichen,
— Erhaltung kleinflächiger Ödländer, Unländer, Fenne usw.,
— Verminderung des Pestizideinsatzes durch moderne Pflanzenschutzprognosen und -technologien,
— intensive Raubwild- und Raubzeugbejagung,
— Fütterung bei hoher Schneelage.

9.2. Ökologische Grundlagen der Fischereiwirtschaft

Unter Fischereiwirtschaft werden alle Verfahren zusammengefaßt, die der Gewinnung wasserlebender Nutztiere und Nutzpflanzen dienen (MÜLLER 1981). Eingeschlossen sind auch die Maßnahmen, die sich auf die Vermehrung oder Erhaltung dieser Bestände richten, sowie die Zucht von Wasserorganismen (Aquakultur). Objekte der Fischereiwirtschaft sind überwiegend Fische, aber z. B. auch Muscheln (Austern, Miesmuscheln u. a.) oder Krebse (Garnelen, Flußkrebse u. a.). Die ökologische Sonderstellung der Fischereiwirtschaft ergibt sich daraus, daß Organismen höherer trophischer Niveaus im Mittelpunkt des Interesses stehen. Die sog. Friedfische sind ökologisch bereits Konsumenten 2. Ordnung, Raubfische solche 3. Ordnung (vgl. 2.6.1.). Um die Erträge an diesen Organismen zu optimieren, sind theoretisch auch die trophischen Ebenen unterhalb der Nutztierniveaus mit in Erwägung zu ziehen und zu optimieren. Die Aufgabe der Fischereiwirtschaft besteht also darin, ganze Ökosysteme – selbstverständlich unter Beachtung aller anderen Nutzungsanforderungen – so zu lenken, daß möglichst hohe und gleichzeitig stabile Erträge an Nahrungseiweiß resultieren. Diese Aufgabe wird von den verschiedenen Zweigen der Fischereiwirtschaft in unterschiedlichem Grade gelöst. Dafür ist im wesentlichen die sehr verschiedene Komplexität der fischereilich genutzten Ökosysteme verantwortlich, von der die Steuerbarkeit entscheidend abhängt.

9.2.1. Ökologische Kennzeichnung der Meeresfischerei

Die Meeresfischerei wird in artenreichen, vielgliedrigen und komplexen Ökosystemen betrieben (vgl. 2.6.3.). Die durch die Weiträumigkeit bedingte Ansicht von der Unerschöpflichkeit des Fischreichtums der Meere ist seit etwa 100 Jahren auf Grund der Fortschritte in der Fangtechnik überholt, und von einer **gezielten Steuerbarkeit der Meeresökosysteme** ist man noch weit entfernt. Die Einflußnahme ist beschränkt auf die mehr oder minder intensive Befischung von Nutztierpopulationen. Hier war und ist auch der Hauptansatzpunkt für Versuche zu einer gewissen Steuerung der Fischereiressourcen der Meere. Auf Grund von Untersuchungen der Nutzfischpopulationen, die durch den Fang zugänglich sind, wurden Modelle über die Wirkung unterschiedlich intensiver Fischerei auf den Ertrag entwickelt (BEVERTON und HOLT 1957). Dabei sind stets zwei Bereiche von besonderem Interesse: die **Fischereiintensität, die den Optimalertrag sichert,** und die **Intensität, die zu sog. Überfischung führt.** Auf der Basis solcher Untersuchungen werden dann häufig von internationalen Fischereikommissionen Mindestmaschenweiten, Fangquoten und dergleichen für alle fischereiausübenden Staaten festgelegt. Diese Regelung ist jedoch nicht immer erfolgreich gewesen. Ein wichtiger Grund dafür liegt in der Annahme „geschlossener" Populationen, die sich im Gleichgewicht befinden und Populationsänderungen aus nicht fischereibedingten Ursachen ausschließen. Diese Voraussetzung ist jedoch bestenfalls nur annähernd gegeben, oft gar nicht. Wenn unter solchen Bedingungen in der üblichen Weise aus Fang- und Fangaufwandsdaten Populationsparameter berechnet und in das Modell eingesetzt werden, können falsche Resultate entstehen. Trotz aller Bemühungen sind dann die Erträge nicht optimierbar, und es können Überfischungen eintreten. In welchem Umfang diese Situation in den 60er Jahren vorlag, zeigt eine Einschätzung von DICKIE (1973). Er spricht von einer Krise in der Meeresfischereiwirtschaft. Sie beruht auf der historisch verständlichen, aber gegenwärtig nicht mehr zu rechtfertigenden Überbetonung der Populationsdynamik der Nutzfischarten unter gleichzeitiger Vernachlässigung ihrer vielfältigen Beziehungen zu den anderen Compartments der Meeresökosysteme. Um richtige Prognosen geben zu können, müssen diese Beziehungen unbedingt mit berücksichtigt werden.

9.2.2. Ökologisches Konzept der Seen- und Flußfischerei

Die Komplexität der von der Seen- und Flußfischerei genutzten Gewässerökosysteme ist in der Regel ebenfalls sehr hoch (vgl. 2.6.2.). Im Gegensatz zum Meer sind die Binnengewässer jedoch kleinräumig. Ihre relative Isolierung voneinander und die zahlreichen Möglichkeiten der funktionellen Verflechtung der Strukturelemente führen dazu, daß jedes **Binnengewässerökosystem** seine charakteristischen Züge trägt. Geringe Größe und Individualität der Binnengewässer sind ausschlaggebend dafür, daß sich die Versuche zur Verbesserung der Erträge nicht so einseitig wie in der Meeresfischerei auf die Populationsökologie der Fische stützten. Die Fischereiwissenschaft versucht, die „Sammelwirtschaft", die hier ursprünglich ebenso wie in der Meeresfischerei herrschte, durch eine umfassendere Betrachtung abzulösen. Es werden z. B. Seentypen unterschieden, denen physikalische und chemische Kennzeichen neben biologischen und fischereilichen zugrunde liegen (Abb. 9.24.). Diesen naturgegebenen Besonderheiten werden die Fischbestände durch selektiven Fang und Besatz nach Möglichkeit angepaßt. Eine große Rolle spielt dabei auch die Wechselwirkung der Fischbestände mit den Nährorganismen des vorhergehenden trophischen Niveaus. Im gro-ßen und ganzen wird angestrebt, die in der Karpfenteichwirtschaft bewährten Prinzipien der Wirtschaftsführung (s. nächster Abschnitt) auch in Seen anzuwenden. Jedoch ist das vor allem wegen der unvollkommenen Erfaßbarkeit der Fischbestände natürlicher Gewässer mit der gegenwärtigen Fangtechnik nur sehr mangelhaft möglich. Man kann damit rechnen, daß trotz aller Fortschritte in der Fangtechnik im Durchschnitt kaum mehr als 50% der fangreifen Bestände pro Jahr entnommen werden können (BARTHELMES 1981).

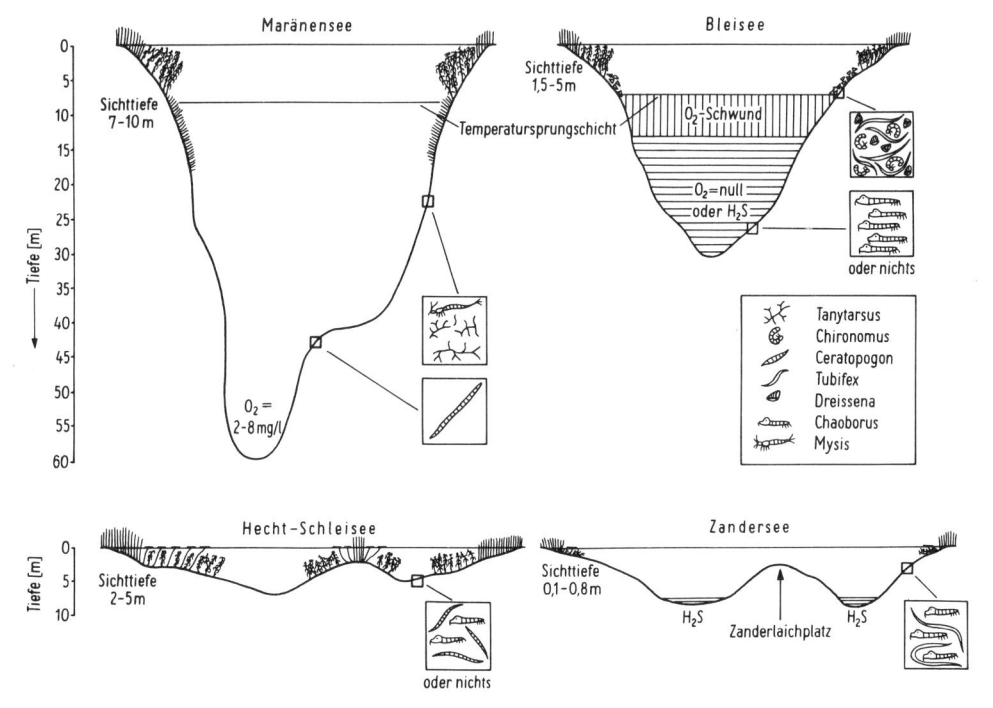

Abb. 9.24. Fischereiliche Seentypen. Nach BAUCH 1954. Die Typen sind nach den normalerweise herrschenden Fischarten benannt. Weitere biologische und physikalisch-chemische Kennzeichen sind in den Skizzen angedeutet. Neben der Besiedlung mit Höheren Pflanzen ist die Besiedlung des Bodens mit Wirbellosen besonders wichtig, da nahezu alle einheimischen Fischarten als Kleintierfresser direkt oder als Raubfische indirekt von der Bodentierwelt abhängen.

554   9. Anwendungsbereiche der Ökologie

9.2.3. Ökologisches Konzept der Karpfenteichwirtschaft

Karpfenteiche sind künstlich zum Zweck intensiver Fischproduktion angelegte Flachgewässer. Sie vermeiden den fischereiwirtschaftlichen Hauptnachteil natürlicher Gewässer — die ungenügende Erfaßbarkeit der Fischbestände — durch Ablaßbarkeit. Die Karpfenteichwirtschaft hat sich in Mitteleuropa über Jahrhunderte unter maßgeblicher Mitwirkung der Klöster empirisch herausgebildet. Das ökologische Konzept dieser interessanten und volkswirtschaftlich sehr wichtigen Wirtschaftsform ist außerordentlich tragfähig, die Karpfenteichwirtschaft ist sehr leistungsfähig. Die Erträge reichen durchaus an die landwirtschaftlich genutzter Flächen heran. Im Vergleich zu landwirtschaftlich genutzten Ökosystemen ist die Komplexität des Ökosystems Karpfenteich erheblich größer. Weder bei der Primärproduktion noch bei der Sekundärproduktion kann von Monokulturen gesprochen werden. Zwar ist der Ausdruck Mono- oder Oligokultur vielfach für den Fischbesatz in Gebrauch, es darf aber nicht vergessen werden, daß diese Nutzfischmonokultur auf einer artenreichen Primärproduktion und einer mehrstufigen, ebenfalls artenreichen Kleintierproduktion beruht. Ferner vollziehen sich die Produktionsvorgänge im Teich in räumlich und zeitlich engem Zusammenhang, ohne daß der Bewirtschafter Arbeitsaufwand in die Ernte der natürlichen Nahrung des Karpfens und ihre Verfütterung stecken müßte. Aus ökologischer Sicht sind im wesentlichen vier **Maßnahmenkomplexe** als Ursachen für die hohe Leistungsfähigkeit der Karpfenteichwirtschaft zu nennen:

1. Die **Ablaßbarkeit der Karpfenteiche** ist schon aus technischen Gründen mit einer Trockenlegung verbunden. Diese Trockenlegungsphase wurde bereits frühzeitig in ihrer selbständigen Bedeutung für die Produktionssteigerung erkannt. Durch die Trockenlegung kommt es zu einer regelmäßigen Verjüngung des Ökosystems Karpfenteich. Die Anzahl der Tiergattungen, die das Makrozoobenthos der Teiche bilden, ist um etwa ein Drittel geringer als die im Litoral vergleichbarer eutropher Seen desselben Gebietes. Nach der Trockenlegung kommt es zu einer gesteigerten Neubesiedlung mit Kleintieren weit über das Gleichgewichtsniveau hinaus. Zwar folgt auf dieses Maximum eine starke Rückregulation, aber im Normalfall ist die Produktion von Fischnährtieren in dem Jahr nach der Trockenlegung durchschnittlich höher als in Teichen ohne Trockenlegung (Abb. 9.25.).

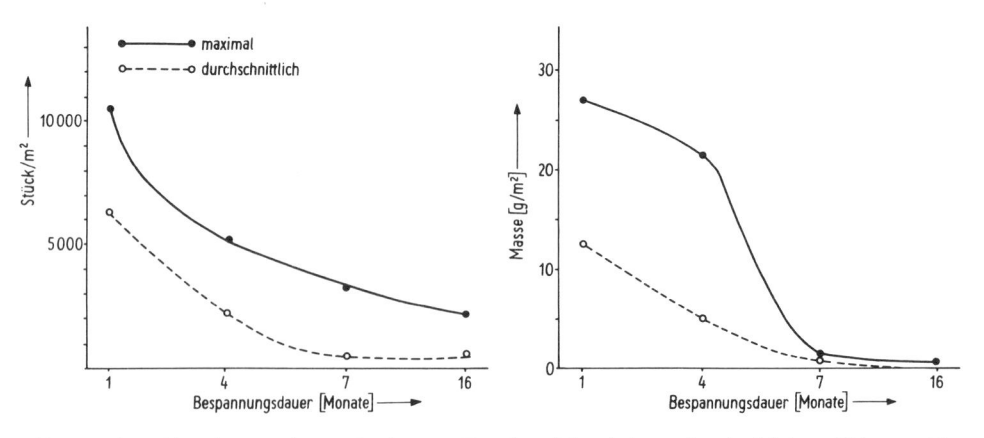

Abb. 9.25. Anzahl und Masse der am Boden von Karpfenteichen beherrschend wichtigen Chironomidenlarven bei unterschiedlicher Dauer der Bespannungsperiode. Zur Ausschaltung des sehr tiefgreifenden Einflusses der Fische blieben die Teiche unbesetzt. Nach WOJCIK-MIGALA 1966.

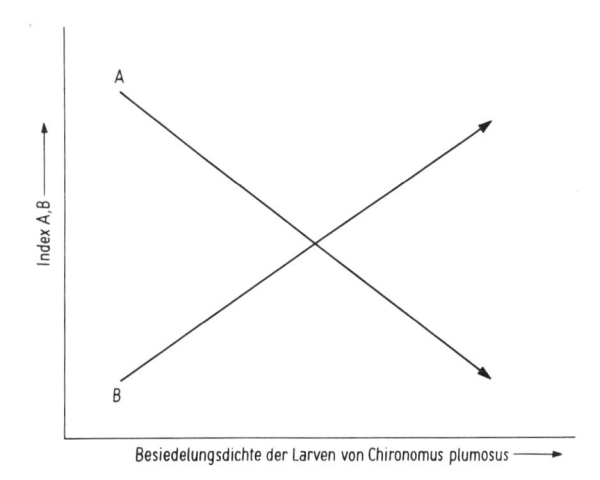

Abb. 9.26. Trends einiger Faktoren bei steigender Besiedlungsdichte der Larven von *Chironomus plumosus*, die zur Verringerung der Besiedlungsdichte und der als Fischnahrung greifbaren Larvenmengen führen.
A = Anzahl der Larven, speziell der jungen; Länge der Larven; Wachstumsrate der Larven; Prozentsatz der Verpuppungen; Schlupfprozentsatz der Puppen; Anzahl der Algenzellen als Nahrung im Darm der Larven; B = Anzahl räuberischer Wirbelloser; Sterblichkeit nichträuberischer Arten.
Nach KAJAK 1968.

2. Um die günstige biocoenotische Situation nach der Trockenlegung besser auszunutzen, werden Karpfenteiche **gedüngt,** wenn die sonstigen Nährstoffeinträge nicht bereits ausreichen. So verstärkt sich die Primärproduktion und damit auch die Nahrungsgrundlage für die Fischnährtiere (der Karpfen ist von Natur aus Kleintierfresser). Die Trophie kann in Karpfenteichen sehr hoch getrieben werden, ohne daß negative Wirkungen auftreten. Ein wichtiger Grund dafür ist die geringe Tiefe der Karpfenteiche, die bei 1 m gehalten wird und stabile Temperaturschichtungen wie in Seen ausschließt.
3. Durch Besatz mit einer oder wenigen **Feinfischarten** werden die Primärproduktion und die Fischnährtiere im Gegensatz zu Seen mit ihrer mannigfaltigen Fischfauna nur in erwünschte Endprodukte gelenkt.
4. Um die produzierte „Naturnahrung" – die Fischnährtiere – besser auszunutzen und zu verstärkter Produktion anzuregen, erfolgt bei herkömmlicher Karpfenteichwirtschaft eine **Zufütterung mit Getreide** als Kohlenhydratträger. Diese Zufütterung, die mit etwa 2 kg Getreide je Kilogramm Karpfenzuwachs erfolgt, erlaubt wesentlich höhere Fischbesatzdichten bei gleichem Stückzuwachs. Höhere Besatzdichten bedeuten verstärkte Beweidung der Nährtierbestände, und diese verstärkte Beweidung wiederum beseitigt dichtebedingte Eigenhemmungen der Nährtierproduktion, die bei zufütterungslosem Betrieb und der dabei schwächeren Besatzdichte stark ausgeprägt sind (Abb. 9.26.). Berechnungen zeigen, daß die Nährtierproduktion im Abwachsteich (drittes und letztes Zuchtjahr bei der Produktion von Speisekarpfen) durch Zufütterung um etwa 100 Prozent gesteigert wird. Mit dieser Wirkung geht die Optimierung des Eiweiß-Kohlenhydrat-Verhältnisses in der Nahrung der Karpfen einher. Die hochwertigen Eiweißstoffe der „Naturnahrung" kommen so vermehrt dem Zuwachs zugute, während die zusätzlich verabreichten Kohlenhydrate den Energiebedarf der Karpfen möglichst vollständig decken sollen.

Alle vier Maßnahmekomplexe, insbesondere der gewählte Fischbesatz, bestimmen in ganz erheblichem Umfang Struktur und Funktion des Ökosystems Karpfenteich (BARTHELMES 1981) (Abb. 9.27.).

9.2.4. Ökologisches Konzept der industriemäßigen Fischproduktion

Von Natur aus sind die Fische voll integrierte Bestandteile komplexer Gewässerökosysteme. Die Meeresfischerei, die Seen- und Flußfischerei und die herkömmliche Karpfenteichwirtschaft streben die Nutzung und Ausschöpfung der naturgegebenen funktionellen Zusammen-

Elements \ Mengenentwicklung	gering	mäßig	stark	Art des Fischbesatzes
Unterwasserpflanzen	←			K_2
		←		K_v
Chironomuslarven im Teichboden			←	K_2
		←		K_v
Gattung Daphnia im Freiwasser			←	K_2
	←			K_v

Abb. 9.27. Strukturelle Entwicklung des Ökosystems Karpfenteich bei verschiedenem Fischbesatz und mittlerer Wirtschaftsintensität (1000 $K_2 \cdot ha^{-1}$; 20000 $K_v \cdot ha^{-1}$), die entsprechende funktionelle Unterschiede bewirkten.
K_2 = 2sömmrige Satzkarpfen von 250 g Anfangsmasse; K_v = vorgestreckte Karpfen von 1 g Anfangsmasse.

hänge in diesen komplexen Gewässerökosystemen zur Erzielung möglichst hoher Fischernten an.

Die **industriemäßige Fischproduktion** versucht dagegen, die ökologischen Probleme der herkömmlichen Fischerei durch Entflechtung der Ökosystemelemente zu umgehen. Im Extrem werden die begehrten Fischarten getrennt nach Arten und Größenklassen in Beton- oder Plastebecken in hoher Konzentration gehalten. Als Futter erhalten sie aus dem Meer oder anderen Ökosystemen stammende Nahrung in Form ernährungsphysiologisch vollwertiger Mischfuttermittel. Die Vermehrung erfolgt künstlich. Das zur Haltung benötigte Wasser wird aus anderen Ökosystemen — oft über Kraftwerke in Form von warmem Kühlwasser — entnommen, künstlich belüftet und so lange im Kreise gepumpt, bis die Schmutzlast Wasserwechsel erfordert. Je nach Verfahrensweise gelangt dieses Wasser direkt oder über Reinigungsanlagen zurück in natürliche Gewässer. Die eigentlichen ökologischen Probleme sind also in andere Bereiche verlagert und in den Anlagen zur industriemäßigen Fischproduktion im wesentlichen durch fischphysiologische ersetzt. Daneben sind Aspekte der Wassergüte von relativ großer Bedeutung (BARTHELMES 1979). Die weitgehende Lösung der industriemäßigen Fischproduktion aus dem ursprünglichen ökologischen Beziehungsgefüge macht sie zu einem wirtschaftlich beweglichen Produktionszweig. Jedoch ist die Energieausnutzung durch die industriemäßige Fischproduktion gegenüber der in Gewässerökosystemen kaum angestiegen.

9.2.5. Entwicklungstrends in der Fischerei aus ökologischer Sicht

Unter dem Einfluß steigender Bevölkerungszahlen wird die Fischereiwirtschaft genau wie jede andere Nahrungsmittelerzeugung intensiviert. Im Bereich der herkömmlichen Fischerei dienen dabei karpfenteichwirtschaftliche Prinzipien als Leitbild. Das scheint aus ökologischer Sicht voll verständlich und auch sinnvoll. Gewisse Aussichten auf Realisierung solcher Prinzipien hat vor allem die Seenfischerei. Versuche in dieser Richtung wurden bereits mit der sog. **„Karpfenintensivwirtschaft"** in Seen gemacht. Sie kann bis hin zur Hauptart in Parallele zur Karpfenteichwirtschaft gebracht werden, ist aber entgegen der Benennung eine wesentlich weniger intensive Wirtschaftsform als die Karpfenteichwirtschaft. Gegenwärtig wird „Karpfenintensivwirtschaft" vor allem aus fangtechnischen Gründen auf relativ wenigen Seen betrieben, jedoch rechtfertigen die günstigen ökosystemsteuernden Wirkungen der „Karpfenintensivwirtschaft" in Seen, diese Richtung weiter auszubauen. Noch stärker gilt dies für eine Wirtschaft mit Silber- oder Marmorkarpfen (Abb. 9.28.).

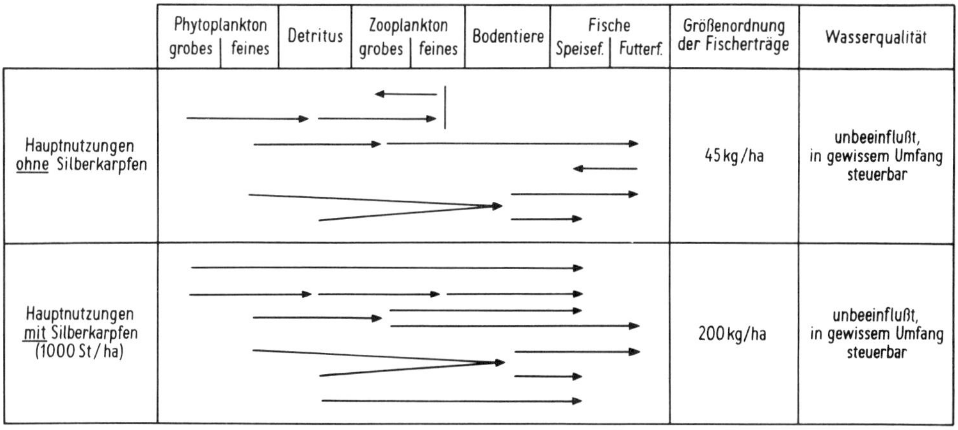

9.3. Ökologische Grundlagen der Produktion

	Phytoplankton grobes | feines	Detritus	Zooplankton grobes | feines	Bodentiere	Fische Speisef. | Futterf.	Größenordnung der Fischerträge	Wasserqualität
Hauptnutzungen <u>ohne</u> Silberkarpfen						45 kg/ha	unbeeinflußt, in gewissem Umfang steuerbar
Hauptnutzungen <u>mit</u> Silberkarpfen (1000 St/ha)						200 kg/ha	unbeeinflußt, in gewissem Umfang steuerbar

Abb. 9.28. Nutzungsschema verschiedener Komponenten eutropher Seenökosysteme ohne und mit Silberkarpfen nebst wirtschaftlichem Ergebnis.

Der Trend zu **industriemäßiger Fischproduktion,** der weltweit zu verzeichnen ist, entspringt dem Streben des Menschen nach vollständiger Beherrschung der Produktionsprozesse. Es soll damit eine Unabhängigkeit von den Schwankungen natürlicher Prozesse erreicht werden. Dieses Streben muß ökologisch bis zum Ende durchdacht sein, wenn daraus keine Umweltprobleme entstehen sollen. Die industriemäßige Fischproduktion entstand erst vor relativ kurzer Zeit, als ökologische Gesichtspunkte bereits berücksichtigt wurden. Dieser neuzeitlichen, kritischeren Haltung sind die besonderen Bemühungen zur Lösung des Abwasserproblems durch Entwicklung sog. geschlossener Kreislaufanlagen mit nachgeschalteter Reinigungsanlage zuzuschreiben. Das gleiche gilt für die Vorsicht, mit der die Verantwortlichen der Wasserwirtschaft Gewässer für die Käfighaltung von Fischen auswählen. Natürlich ist die Berücksichtigung ökologischer Gesichtspunkte nur so weit möglich, wie die heutigen Kenntnisse reichen. So läßt sich die schon erwähnte Frage der rationellen Energienutzung wegen der Komplexität der beteiligten Faktoren bisher nur nach groben Schätzungen beantworten. Es müßten z. B. neben den ökologischen Prozessen der Futterproduktion für die industriemäßige Fischproduktion auch der Arbeitsaufwand für den Fang oder die Ernte des Futters, für seine Verarbeitung und den Transport sowie die Aufwendungen für Bau und Betrieb der Fischproduktionsanlagen zusammenfassend bewertet und den entsprechenden Kennziffern der herkömmlichen Fischerei bzw. der Direktverwertung der Futterstoffe für den Menschen gegenübergestellt werden. Ein endgültiges Urteil aus ökologischer Sicht kann daher über die industriemäßige Fischproduktion noch nicht abgegeben werden. Berücksichtigt werden muß auf jeden Fall, daß die Futterverwertung in der industriemäßigen Fischproduktion mit der landwirtschaftlicher Nutztiere vergleichbar ist und daß auch Nahrungsstoffe Verwendung finden können, die für den Menschen direkt nicht verwertbar sind.

9.3. Ökologische Grundlagen der Produktion

9.3.1. Erfordernis ökologischer Gestaltung des Reproduktionsprozesses

Die produktive Tätigkeit des Menschen ist ein wesentlicher Ausdruck des Stoffwechselprozesses, der sich zwischen ihm und der Natur vollzieht. Im Ergebnis dessen werden die Bedürfnisse der menschlichen Gesellschaft befriedigt. Dieser Stoffwechselprozeß verläuft

gegenwärtig in qualitativ neuen Dimensionen, die durch folgende Merkmale charakterisiert sind.
1. Der Umfang der Rohstofförderung ist um ein mehrfaches gestiegen [z. B. Braunkohle von 1950 bis 1986 auf das 3-fache, Erdöl auf das 5-fache (Weltmaßstab)]. Die Rohstoffausbringung jedoch ist beim gegenwärtigen Stand von Technik und Technologie noch unvollständig. Diese unrationelle Rohstoffgewinnung drückt sich in einem noch zu hohen Anteil der am Förderort verbleibenden Rohstoffe aus (z. B. bei Erdgas und Erdöl 60−70%, bei Kohle 20−45%).
2. Die Nutzung der wichtigen, nicht vermehrbaren Naturressourcen Boden und Wasser ist durch einen hohen Intensivierungsprozeß gekennzeichnet. Er wird deutlich in einem kontinuierlichen Anstieg der Hektarerträge zur Eigenversorgung der Volkswirtschaft bei stetig abnehmender landwirtschaftlicher Nutzfläche im gleichen Zeitraum um 5%. Neben intensiver Bodenbearbeitungs- und Pflanzenschutzmaßnahmen ist diese Entwicklung nur durch erhöhten Mineraldüngereinsatz pro Hektar möglich (z. B. Stickstoff- und Phosphordüngereinsatz stieg in Ostdeutschland auf das 4,3- bzw. 3,3-fache in den Jahren 1950−1986).
3. In entwickelten Industriestaaten ist eine hohe Produktionskonzentration auf eng begrenzten Territorien typisch, in denen besonders traditionell umweltbelastende Industrien wie chemische Industrie, Metallurgie, Energie- und Brennstoffindustrie sowie Baumaterialienindustrie anzutreffen sind. Auf dem Territorium der früheren DDR konzentrieren sich Betriebe der genannten Industriebereiche in den Bezirken Leipzig, Halle, Cottbus und Dresden. Sie produzierten 55,3% (1986) der Bruttoproduktion der Volkswirtschaft bezogen auf diese 4 Industriebereiche. In solchen Gebieten kommt es infolge der Anhäufung umweltverschmutzender Betriebe zu einer hohen Belastung des Wasserhaushaltes, der Luft, des Waldes und des Bodens.

Dieser sich gegenwärtig so vollziehende Stoffwechselprozeß zwischen Mensch und Natur führt teilweise schon zu irreversiblen Gleichgewichtsstörungen in der Biosphäre. Daraus erwachsen neue Anforderungen an seine Gestaltung dahingehend, daß die natürlichen Produktionsbedingungen ständig zu reproduzieren sind und die Produktionsprozesse nach dem Grad der Ökologisierung zu bewerten sind. Unter dem Begriff **Ökologisierung** sollen Gestaltungsgrundsätze von Produktionsprozessen und ihren Ergebnissen, den Produkten, verstanden werden, die eine geringe Schadwirkung in der Natur verursachen.

9.3.2. Wege zur Ökologisierung der Produktion

Ausgehend von der Tatsache, daß die Art und Weise des Produzierens Hauptquelle von Umweltbelastungen ist, sind die Ansatzpunkte zu wesentlichen Veränderungen im derzeitigen Stoffwechselprozeß Mensch − Natur in der Produktion selbst zu suchen.

Die Einbindung der Produktion zeigt vereinfacht die Abb. 9.29. Aus der Biosphäre entnommene Rohstoffe werden in der Produktionssphäre zu Produkten verarbeitet. Dabei können die Rohstoffe nicht vollständig in die gewünschten Produkte überführt werden. Es entsteht ein weiteres, zwangsläufig anfallendes Ergebnis, die Abfälle und Altstoffe. Als **Abfälle** bezeichnet man den Teil der Rohstoffe, der weder stofflich noch energetisch in das Produkt im Verlauf seiner Entstehung eingeht. **Altstoffe** sind Finalerzeugnisse oder Teile von ihnen, die nach ihrem ein- oder mehrmaligem Gebrauch aus dem produktiven oder gesellschaftlichen Konsumtionsprozeß durch Verschleißerscheinungen oder anderen Gebrauchswertminderungen ausscheiden. Produkte durchlaufen einen ein- oder mehrmaligen Konsumtionsprozeß, aus dem sie zeitlich verschieden, vollständig oder in Teilen, ausscheiden. Die unbrauchbar gewordenen Produkte gehen stofflich ebenfalls in den Fonds der Abfälle und Altstoffe ein. Sie sind auf konsumtivem Wege entstanden. In einem einfachen Stoffkreislauf

9.3. Ökologische Grundlagen der Produktion

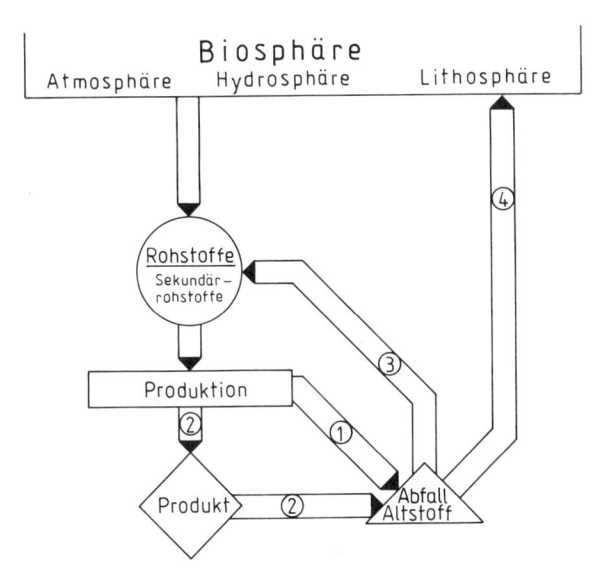

```
                    Biosphäre
    Atmosphäre    Hydrosphäre    Lithosphäre
```

① Minimierung von Abfall / Altstoff
② Umweltfreundliche Ge- und Verbrauchseigenschaften
③ Umwandlung in Sekundärrohstoffe u. ihre vollständige Nutzung
④ Schadlose Beseitigung von Abfall / Altstoff

$$\text{Ökologisierung heißt:} \quad \sum \text{Stoffströme } ①+② \genfrac{}{}{0pt}{}{\nearrow \text{max.}}{\searrow \text{min.}} \genfrac{}{}{0pt}{}{\text{Stoffstrom } ③}{\text{Stoffstrom } ④}$$

Abb. 9.29. Wege zur Ökologisierung von Produktionsprozessen.

verlassen die Abfälle und Altstoffe den Bereich der Technosphäre und gelangen in die Biosphäre zurück. Um die Gesamtheit der in die Biosphäre zurückfließenden Stoffe von der Menge sowie von ihrer Schadwirkung her auf ein Minimum herabzusetzen, gibt es folgende vier Lösungsansätze, die durch technologische Veränderungen des Produktionsprozesses realisierbar sind.

Der nächstliegende Weg führt über solche technologischen Verfahren im Produktionsprozeß, die im Ergebnis mehr Produkte in Relation zu den eingesetzten Rohstoffen hervorbringen und damit den Anteil zwangsläufig anfallender Abfälle, besonders derer mit Schadwirkungen, zurückdrängen. Dieser Weg wird als **Minimierung von Abfällen/Altstoffen**, in Abb. 9.29. als Stoffluß 1, gekennzeichnet.

Ein zweiter Lösungsansatz führt über Veränderungen in der Produktgestaltung hinsichtlich seiner Eigenschaften im Ge- und Verbrauch durch veränderte konstruktive aber auch technologische Konzepte im Herstellungsprozeß. Angestrebt wird ein Produkt, bei dem der Konsumtionszeitraum bis zum Ausscheiden als Altstoff spürbar verlängert wird, bei dem während des Konsumtionsprozesses keine Schadwirkungen auftreten bzw. das am Ende nach erfolgter Konsumtion in Einzelteilen oder seiner Gesamtheit stofflich oder energetisch wiederverwertbar vorliegt. Dieser Weg führt letztlich zur Verringerung der Abfallmenge, in der Mehrzahl der Fälle jedoch zur Verzögerung im Anfall von Altstoffen (in Abb. 9.29.; Stoffluß 2). Damit vergrößern sich die Zeiträume der Erneuerung von Produkten spürbar. Üblicherweise werden die Lösungsansätze 1 und 2 auch als Gestaltung **abfallarmer Technologien** bezeichnet.

560   9. Anwendungsbereiche der Ökologie

Trotz einer Vielzahl von Maßnahmen abfallarmer Prozeßgestaltung ist es nicht auszuschließen, daß Abfälle und Altstoffe entstehen. Ein dritter Lösungsansatz besteht in der Entwicklung solcher technologischer Verfahren, die Abfälle und Altstoffe wiederum in Finalprodukte umwandeln können (Stoffluß 3 in Abb. 9.29.). Somit wird ein Zurückfließen der gesamten Abfall- und Altstoffmenge in die Biosphäre verhindert. Die Wandlung der Abfälle und Altstoffe in technologischen Prozessen schafft Voraussetzungen ihrer Wiederverwertung im volkswirtschaftlichen Stoffkreislauf anstelle von Rohstoffen. Diesen so gewandelten Anteil von Abfällen und Altstoffen bezeichnet man als **Sekundärrohstoffe.** Sie bilden heute einen nicht zu unterschätzenden Teil des Rohstoffonds einer Volkswirtschaft. Dieser Weg der Rückführung von Abfällen und Altstoffen in die Produktion wird auch als **Gestaltung geschlossener Stoffkreisläufe** bezeichnet.

Die Unvollständigkeit in der Rückführung aller anfallenden Abfälle und Altstoffe in den volkswirtschaftlichen Stoffkreislauf führt zu der Tatsache, daß der gegenwärtig nicht nutzbare Teil, auch als **Abprodukte** bezeichnet, in die Biosphäre abgegeben werden muß. Damit geht er dem Rohstoffonds der Volkswirtschaft vorübergehend oder aber auch völlig verloren. Diesen Abgabeprozeß an die Biosphäre unter ökologischen Gesichtspunkten zu gestalten, erfaßt ein vierter Lösungsansatz alle technologischen Maßnahmen zur schadarmen oder **schadlosen Beseitigung von Abprodukten** (Stoffluß 4 in Abb. 9.29.).

Die Gesamtheit der hier dargestellten 4 Lösungsansätze stellen technologische Lösungen in Produktionsprozessen dar, auch als **Ökotechnologien** bezeichnet, die nach dem Vorbild natürlicher Ökosysteme ihren Hauptanteil des Stoff- und Energieumsatzes im System selbst realisieren. Bezogen auf die Technosphäre gilt es, in allen Teilen des Reproduktionsprozesses, aber besonders in den Bereichen Produktion und Konsumtion, diesen ökologischen Grundgedanken umzusetzen. Gegenwärtig erfolgt der überwiegende Stoffaustausch noch zwischen den Systemen Technosphäre und Biosphäre. 96—97% der aus der Natur entnommenen Stoffe werden an sie in veränderter Form zurückgegeben. Nur 3—4% dieser Stoffe verbleiben im Stoffkreislauf des Reproduktionsprozesses. Dieses Verhältnis muß sich umkehren, wenn man den Ansprüchen einer ökologischen Gestaltung von Produktionsprozessen genügen will.

9.3.3. Abfallarme Technologien

Der wirksamste Weg in materialökonomischer und kostenminimierender Hinsicht zur ökologischen Gestaltung von Produktionsprozessen ist die Einführung **abfallarmer Technologien.** Sie beinhaltet technologische Lösungen zur Produktionsprozeßgestaltung aber auch zur Produktgestaltung mit dem Ziel eines minimalen Anfalls von Abfällen und Altstoffen.

Dieser Zielstellung dienen u. a. solche technologischen Maßnahmen wie Optimierung von Prozeßparametern (Temperatur, Druck, Konzentration, Geschwindigkeit), der Aktivierung von Arbeitsgegenständen und Hilfsstoffen, der Hermetisierung (vollständiges Schließen) von technischen Anlagen, der Vergrößerung ergebnisbestimmender Bauteile in Anlagen, des Einsatzes effektiver Wirkungsmechanismen zur Produktbildung oder der verfahrensorganisatorischen Gestaltung durch Kreislaufführung von Arbeitsgegenständen und Hilfsstoffen bzw. ihrer Gegenstromführung.

Durch **Aktivierung von Rohstoffen** in der Phosphatdüngemittelherstellung über ein Verfahren ihrer mechanischen Bearbeitung anstelle eines chemischen Aufschlusses wird ein komplexer Produktionsprozeß eingespart. Die natürlich vorkommenden Phosphate, Apatite genannt, sind durch ihre Schwerlöslichkeit von den Pflanzen nur unvollständig aufnehmbar. Man schließt sie in aufwendigen Produktionsprozessen entweder mit Schwefelsäure zu einem primären Phosphat $[Ca(H_2PO_4)_2]$, als Superphosphat bezeichnet, oder mit Soda und

9.3. Ökologische Grundlagen der Produktion

Alkalisilikaten zu einem Glühphosphat ($CaNaPO_4$), als Alkalisinterphosphat bezeichnet, auf. Bearbeitet man aber Apatite mechanisch in Hochleistungsschwingmühlen (tribomechanisch), so läßt sich ihre Reaktivität durch Gitterdefekte ausgelöst, so weit steigern, daß sie in ihrer pflanzenphysiologischen Wirksamkeit dem Superphosphat äquivalent sind. Dieses so hergestellte **Tribophos** wird zu 50% dem Superphosphat beigemengt. Diese Lösung erspart die Herstellung der Hälfte des benötigten Superphosphates mit den erforderlichen Importen von Schwefelrohstoffen und ihrer Verarbeitung zu Schwefelsäure einschließlich der damit im Zusammenhang stehenden Umweltbelastungen.

Aus der Erkenntnis der **Additionsfähigkeit** des Kalksteins gegenüber Schwefeldioxid haben sich eine Reihe von technologischen Lösungen zur Entschwefelung von Rauchgasen entwickelt. Das effektive Wirkprinzip der chemischen Bindung von Schwefeldioxid an Kalkstein zu Gips ist Kernstück sowohl des **Kalkstein-Additiv-Verfahrens** in trockener Variante als auch des Sprühabsorptionsverfahrens in nasser Variante (Abb. 9.30.). Letzteres Verfahren basiert auf dem Versprühen der Kalksteinsuspension in einem vom Rauchgas durchströmten Absorberturm. Die Addition des Schwefeldioxids zu Sulfat vollzieht sich sowohl im Turm als auch im Oxidationsbehälter zu einem schlammartigen Gips, der als solcher oder getrocknet verkaufsfähig und damit nutzbar ist. Der Entschwefelungsgrad dieses Verfahrens liegt zwischen 70 und 95%. Anwendungsvarianten sind sowohl für Klein- und Mitteldampferzeuger als auch in Wärmekraftwerken des Cottbuser Reviers im Einsatz.

Beachtenswerte Ergebnisse liegen auch schon auf dem Gebiet der **umweltfreundlichen Produktgestaltung vor.** Durch eine zusätzliche Formgebung der Düngemittel über den Vorgang des Granulierens entstehen staubfreie Produkte, die umweltfreundlich bei Transport-, Lager- und Ausbringungsprozessen sind aber auch den Pflanzen länger verfügbar.

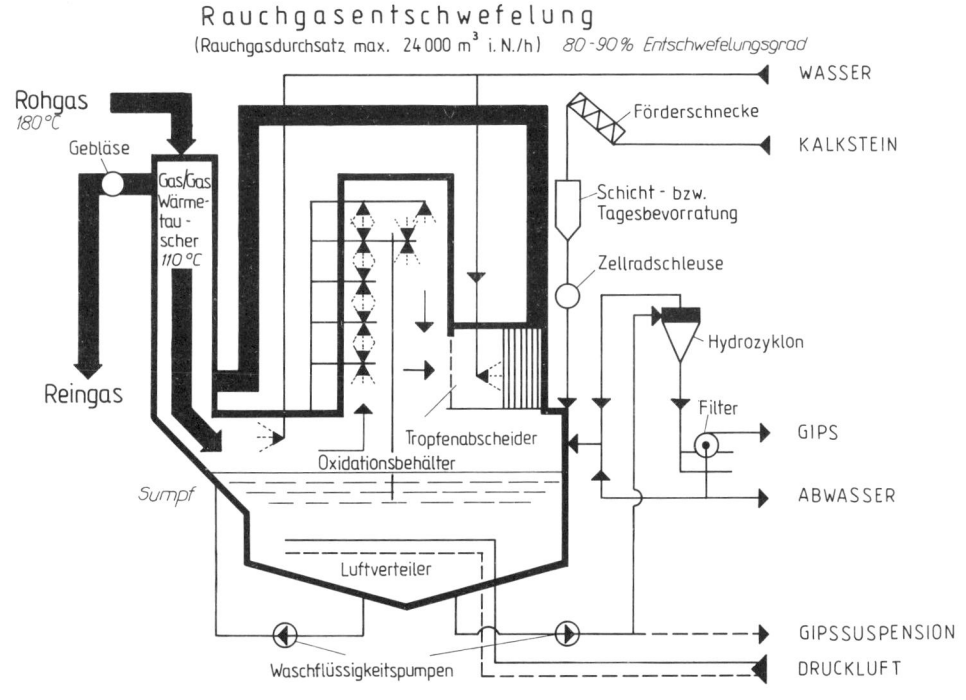

Abb. 9.30. Kompaktanlage zur Rauchgasentschwefelung (nach Brosig, Jugend u. Technik, 10/1988, S. 778).

Biotechnologische Verfahren ermöglichen schon im Kohleflöz oder nach der Förderung durch Laugungsverfahren die Entschwefelung der Rohkohle. Hausbrandkohle wird mittels Einsatz thermophiler Bakterien der Art *Sulfolobus acidocaldaricus* im Zusammenhang mit der Brikettierung von Pyriten zu 100% und von organischen Schwefelverbindungen zu 40% befreit.

Die Herstellung phosphatfreier Waschmittel oder bleifreier Vergaserkraftstoffe sind weitere Beispiele ökologisch gestalteter Produkte.

9.3.4. Gestaltung geschlossener Stoffkreisläufe

Der Anteil an Lösungen zur Ökologisierung der Produktion über den Weg der **Gestaltung geschlossener Stoffkreisläufe** nimmt den breitesten Raum ein. Langjährige Erfahrungen mit ausgewogenen technologischen Lösungen liegen auf dem Gebiet der Altstofferfassung und -verarbeitung besonders der traditionellen Altstoffe Eisenschrotte, Glasbruch oder Altpapier vor.

Die Gestaltung geschlossener Stoffkreisläufe umfaßt alle Verfahren zur Umwandlung von Abfällen und Altstoffen in Sekundärrohstoffe, **Recyclingverfahren** genannt, sowie Technologien zur **Mehrfachnutzung** und **Mehrzwecknutzung** von Sekundärrohstoffen. In **Recyclingverfahren** können die Abfälle und Altstoffe vollständig oder Teile von ihnen entweder durch chemische Zerlegung in ihre Grundstoffe oder durch mechanische und physikalische Methoden in Sekundärrohstoffe umgewandelt werden. Altkabel aus Aluminium können unter Anwendung der **Kryotechnik**, indem man sie in einer Stickstoffatmosphäre bei $-13\,°C$ versprödet, von Plast- und Textilummantelungen in anschließenden Zerkleinerungs- und Sortierverfahren isoliert werden. Die Haushaltplaste, vorwiegend aus Polyethylen (PE) und Polyvinylchlorid (PVC) bestehend, lassen sich in feinkörnigem Zustand mit Hilfe von Wasser in eine Schwimm- und Sinkfraktion voneinander trennen. In fast sortenreinem Zustand können sie weiterverarbeitet werden.

Unter Mehrfachnutzung von Sekundärrohstoffen versteht man ihre erneute Verarbeitung zu Produkten gleichen Gebrauchswertes. Eisenschrotte aus Guß oder Stahl werden im Siemens-Martin-Ofen wieder zu Stahl verarbeitet, um daraus verschiedene Formteile herzustellen. Altöl raffiniert man in eigenen Raffinationstürmen zu Schmierölen, Glasbruch wird mit Glasrohstoffen zusammen eingeschmolzen, um daraus z. B. Behälter zu erzeugen. Die Qualität der unter Verwendung von Sekundärrohstoffen erzeugten Produkte liegt oftmals unter der aus nur Primärrohstoffen.

Sekundärrohstoffe einer **Mehrzwecknutzung** zuführen heißt, einige ihrer nutzbaren Eigenschaften in eine Produktbildung miteinzubeziehen. Metallurgische Schlacken weisen ein Abbindeverhalten auf und eignen sich so für den Straßenbau oder die Baumaterialienherstellung. Zahlreiche organische Abfälle wie Gülle, Klärschlamm, Müll oder auch mineralischer Herkunft wie Asche oder Kalkabfälle eignen sich als Bodenverbesserungsmittel auf land- und forstwirtschaftlich genutzten Flächen.

Die Menge der für eine Mehrzwecknutzung geeigneten Sekundärrohstoffe übersteigt gegenwärtig die Möglichkeiten ihrer umfassenden Verwertung.

9.3.5. Schadlose Beseitigung von Abprodukten

Die gegenwärtig nicht verwertbaren Stoffe, sie sind noch ein Vielfaches der als Sekundärrohstoffe geltenden, müssen vor der Abgabe an die Biosphäre einer Behandlung unterzogen werden in der Hinsicht, daß ihre Schadwirkungen gering gehalten werden können. Technologische Verfahren der **Verbrennung** und Entgiftung reduzieren die Masse der Abprodukte um 50%, ihr Volumen um 90%. Solche brennbaren Abprodukte wie Säureharze, Altöl, Krankenhausabfälle oder Laborchemikalien werden in Industriemüllverbrennungsanlagen oder in betriebseigenen Kraftwerken verbrannt. Die Verbrennungsrückstände werden deponiert. Verschiedene Deponieverfahren zur **geordneten Deponie** erfassen die nicht brennbaren Abprodukte wie Kaliendlauge, Armerze, Aschen bzw. solche, die in Massen anfallen und nicht mit ökonomisch vertretbarem Aufwand zu verbrennen sind wie Siedlungsmüll oder Gülle. Abprodukte, die potentielle Sekundärrohstoffe sind, werden in **Monodeponien** gelagert für eine spätere Verfügbarkeit. Daneben ist die **Mischdeponie** üblich, die gleichzeitig eine neutralisierende Funktion gegenüber Schadstoffen ausübt. Weiterhin zählen zur schadlosen Beseitigung alle technologischen Lösungen zur **Reinigung von Abluft und Abwasser**. Die in Abwasseraufbereitungsanlagen zur Anwendung kommenden mechanischen, biologischen und chemischen Reinigungsstufen (siehe Kap. 6.2.) sollen mechanische, chemisch-anorganische und organische Schadstoffe entfernen wie Salze, Phenole, Tenside, Phosphate oder Nitrate.

Technologische Lösungen zur Abluftreinigung sind überwiegend Bestandteil der einzelnen Produktionsprozesse und nicht zentralisiert, wie häufig die Abwasseraufbereitungsanlagen. Sie umfassen Auswaschungsvorgänge, Adsorptionsprozesse mit oberflächenaktiven Stoffen wie Aktivkohlen oder Zeolithe sowie Staubabscheider mittels Gewebeschläuchen.

Sowohl in Abwasser- als auch in Abluftreinigungsverfahren können Wertstoffe zurückgewonnen werden, die Verfahren einer Mehrfach- bzw. Mehrzwecknutzung zugeführt werden. In solchen Fällen haben Abwasser- und Abluftreinigungsverfahren die Funktion von Recyclingverfahren.

9.4. Ökologische Methoden der Umweltüberwachung

Die Erweiterung der industriellen Warenproduktion, das Entstehen gewaltiger Industrie- und Siedlungsballungsräume, die Zunahme des Verkehrs und Tourismus sowie der verstärkte Einsatz biologisch aktiver, chemischer Substanzen bewirken ein lawinenhaftes Anwachsen von chemischen bzw. physikalischen Standortsfaktoren, die früher nicht oder in viel geringerer Konzentration in der Natur vorhanden waren. Ihre biologischen Wirkungen als Stressoren auf die lebenden Organismen sind in der Regel ungenügend oder nicht bekannt. Es besteht deshalb die dringende Notwendigkeit, diese zu erforschen und laufend zu kontrollieren.

Physikalische und chemische Messungen der Stressoren einschließlich der Umweltschadstoffe (= Noxen) ergeben zwar genaue quantitative Werte, können aber nicht deren Streß hervorrufende Wirkung auf lebende Organismen erfassen. Es ist vielmehr erforderlich, im biologischen Test (**Biotest**) unter Zuhilfenahme bestimmter Testorganismen (**Bioindikatoren**) die biologische Wirkung (den Streß) eines Stressors sowohl in seiner Kurzzeit- als auch in seiner Langzeitwirkung zu erfassen.

Unter **Bioindikation** verstehen wir deshalb eine zeitabhängige, hinreichend sensitive Anzeige anthropogener oder anthropogen modifizierter Umwelteinflüsse durch veränderte Größen (meßbare Merkmale) biologischer Objekte und Ökosysteme unter Bezug auf definierte Vergleichsbedingungen (Tab. 9.6.).

Da jeder Organismus auf die Standortsfaktoren, die auf ihn wirken, in irgendeiner Weise reagiert, basiert die Bioindikation auf dem allgemeinen ökologischen Gesetz von den Wechselbeziehungen zwischen den Organismen und ihrer Umwelt. Bei der Bioindikation gehen damit auch neben den verschiedenen Stressoren die jeweils gegebenen, nicht toxisch wirkenden Faktoren in die Indikation ein: Ernährungszustand, Alter, genetisch bedingte Widerstandsfähigkeit, Gesundheitszustand, d. h., die Prädisposition eines Organismus muß stets mit beachtet werden. Im Gegensatz zu den Untersuchungen des Standortszeigerwertes von Pflanzen oder Tieren oder bei Bioassay (= Messung der Anreicherung bestimmter

564   9. Anwendungsbereiche der Ökologie

Tabelle 9.6. Vergleichsstandards für Bioindikationen anthropogener oder anthropogen beeinflußter Umweltfaktoren. Nach STÖCKER 1980

A. Absolute Vergleichsstandards
  a) Vergleich mit Merkmalen unbeeinflußter biologischer Systeme
  b) Experimenteller Ausschluß des anthropogenen oder anthropogen modifizierten Faktors
  c) Vergleich mit zeitlich zurückliegenden, weniger oder nicht durch anthropogene Faktoren belasteten biologischen Systemen
  d) Ableiten eines Gradienten bis in Zeiten vernachlässigbarer anthropogener Beeinflussung am gleichen Objekt
B. Relative Vergleichsstandards
  a) Korrelation mit räumlich oder zeitlich sich verändernden anthropogenen oder anthropogen beeinflußten Umweltfaktoren
  b) Festlegen von Bezugsobjekten mit geringer oder bekannter anthropogener Beeinflussung

Stoffe im Organismus) ist die Bioindikation vor allem auf die **biologische Wirkung** von Stressoren ausgerichtet, nicht auf die Anzeige ihrer Quantität und Spezifik.

Es gibt verschiedene Formen der Bioindikation. Eine **unspezifische Bioindikation** liegt vor, wenn gleiche Reaktionen biologischer Objekte durch verschiedene Stressoren hervorgerufen werden können. Eine **spezifische Bioindikation** ist gegeben, wenn die Reaktionen jeweils nur einem Stressor zuzuordnen sind. Bei genügend hoher Empfindlichkeit wird von **sensitiven Bioindikatoren** gesprochen; wenn dagegen die Organismen die Umweltschadstoffe anreichern, ohne kurzfristig geschädigt zu werden, von **akkumulativen Bioindikatoren.** Eine weitere Einteilung kann auch erfolgen, je nachdem, ob die Indikation am direkt betroffenen Objekt oder im Rahmen von Prozeßketten im Ökosystem erfolgt. Im ersteren Fall spricht man von **direkter Bioindikation:** Die Organismen bieten den Angriffspunkt und reagieren unmittelbar auf die Störung. Alle Bioindikationen, die erst als Folge der veränderten Ausgangsgröße der direkt betroffenen Elemente reagieren, werden als **indirekte Bioindikationen** bezeichnet (Abb. 9.31.).

Bei Anwendung von 2,2-Dichlorpropionsäure wird z. B. der Gräseranteil in einem Halbtrockenrasen von ca. 55% auf 12−14% reduziert und entsprechend der Anteil der Kräuter und Stauden erhöht (direkte Bioindikation auf dem trophischen Niveau der Primärproduzenten). Diese Veränderung zieht eine Verschiebung der Heuschrecken- und Zikadendominanz nach sich (indirekte Bioindikation auf dem trophischen Niveau der Konsumenten 1. Ordnung). Bei den räuberischen Spinnen als Konsumenten 2. Ordnung läßt sich keine Bioindikation mehr feststellen, da sie auch andere Beutetiere finden. Der Störimpuls kann also innerhalb eines Ökosystems abgepuffert werden.

Die Bioindikation erfolgt auf den verschiedenen **Organisationsstufen des organismischen Lebens** (Makromoleküle, Zelle, Organ, Organismus, Population, Biocoenose, Bioge-

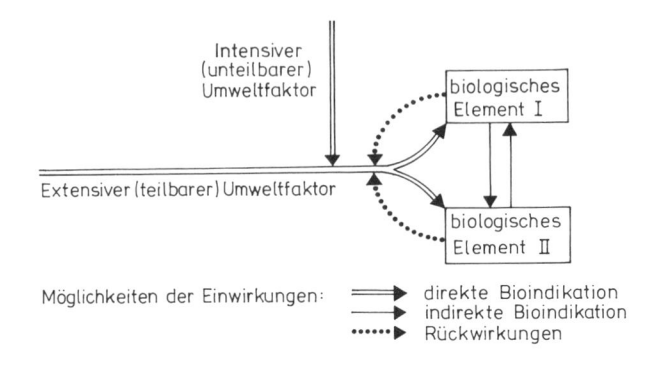

Abb. 9.31. Direkte und indirekte Bioindikation. Aus SCHUBERT 1986.

9.4. Ökologische Methoden der Umweltüberwachung 565

ocoenose). Sie nimmt dabei an Komplexität mit steigender Organisationshöhe der biologischen Systeme zu, da deren Wechselbeziehungen zu den Standortsfaktoren gleichfalls mannigfaltiger in ihrer Vernetzung werden. Die Bioindikationen der niedrigeren Organisationsstufen werden dabei dialektisch in die der höheren eingeschlossen, in der sie sich in einer neuen Qualität darstellen.

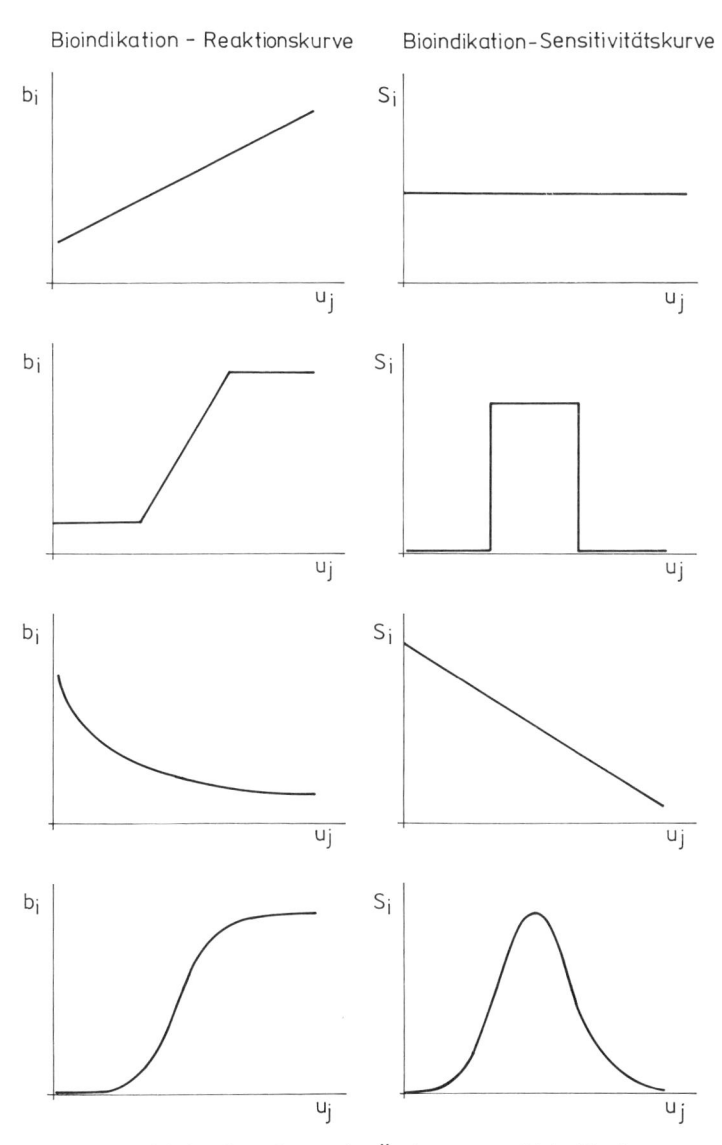

Abb. 9.32. Wichtige Grundtypen der Änderung von Bioindikationsparametern b_i in Abhängigkeit von (anthropogenen) Umweltgrößen u_j -Reaktionskurve $b_i \cdot f(u_j)$ — und die dazugehörigen Änderungsraten $\frac{db_i}{du_j} = s_i$ der Bioindikationsparameter

— Sensitivitätskurve $s_i = f(u_j)$. Entwurf STÖCKER.

566   9. Anwendungsbereiche der Ökologie

Es lassen sich folgende **Bioindikationsstufen** unterscheiden:

1. Stufe: biochemische und physikalische Reaktionen
2. Stufe: anatomische, morphologische und biorhythmische Abweichungen
3. Stufe: floristische, faunistische und chorologische Änderungen
4. Stufe: coenotische Änderungen
5. Stufe: Biogeocoenose-Änderungen
6. Stufe: Änderungen der Landschaften.

Wichtige Grundtypen der Änderungen von Bioindikationsparametern in Abhängigkeit von Umweltgrößen und ihre dazugehörigen Änderungsraten zeigt Abb. 9.32.

An die Bioindikation sind vier **Grundforderungen** zu stellen, wenn sie für eine komplexe Umweltüberwachung verwendet werden soll:

1. Die Bioindikation muß relativ schnell durchführbar sein.
2. Die Bioindikation muß ausreichend genaue und reproduzierbare Ergebnisse bringen.
3. Die zur Bioindikation verwendeten Objekte sollten nach Möglichkeit in großer Zahl und einheitlicher Qualität zur Verfügung stehen.
4. Der Fehlerbereich der Bioindikation sollte im Vergleich mit anderen Testverfahren nicht größer als 20% sein.

Durch lineare und nichtlineare Diskriminanzanalyse lassen sich für jeweils diskrete Zeitabstände hinreichend sichere Bioindikationen herausfinden, die mit ihren Diskriminanzfunktionen gleichzeitig die mathematische Beschreibung der Indikationen darstellen. Damit ist eine Anwendung der Bioindikation in einem rechnergestützten Umweltüberwachungssystem gegeben.

Als ein Beispiel für die **biochemische und physiologische Reaktion** auf einen Umweltschadstoff sei der Gehalt an Chlorophyll a und b einer Blattflechte *(Hypogymnia physodes)* nach verschieden langen Expositionszeiten in unterschiedlich durch SO_2 belasteten Gebieten der Dübener Heide bei Bitterfeld nordöstlich von Halle erwähnt (Abb. 9.33.). Es ist deutlich zu erkennen, daß durch Schädigung des Chlorophylls in den Algenzellen dieses mit zunehmender Schadstoffbelastung abnimmt.

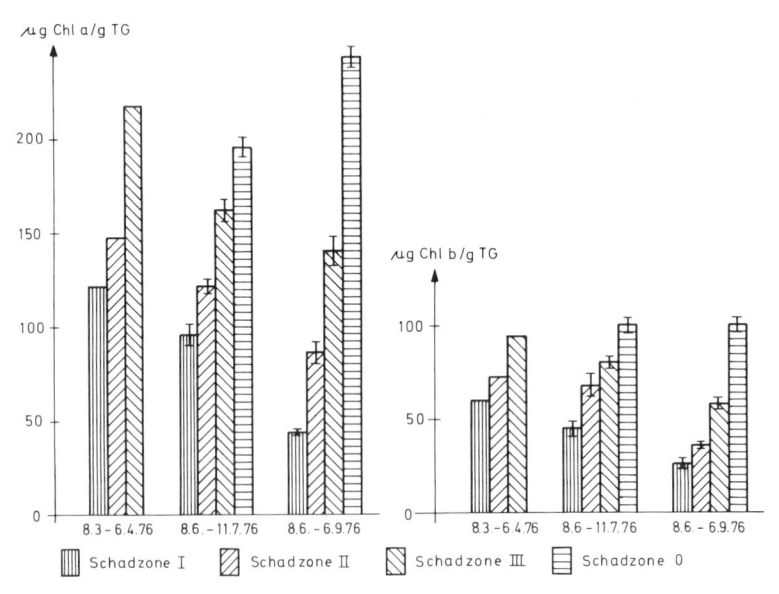

Abb. 9.33. Gehalt an Chlorophyll a und b der Blattflechte *Hypogymnia physodes* nach verschieden langen Expositionszeiten in unterschiedlich durch SO_2 belasteten Gebieten der Dübener Heide. Nach HEINS aus SCHUBERT 1977.

9.4. Ökologische Methoden der Umweltüberwachung

Lebensdauerklassen

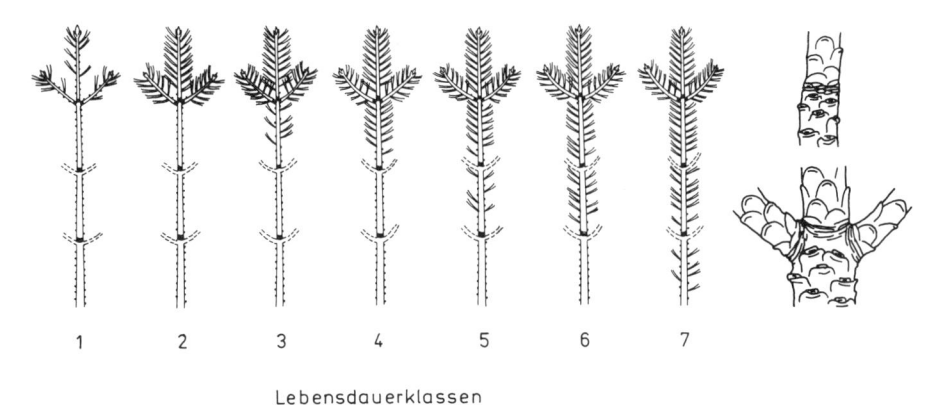

Abb. 9.34. Lebensdauer der Nadelblätter der Waldkiefer *(Pinus sylvestris)* im Schadgebiet der Dübener Heide. Nach JÄGER aus SCHUBERT 1977.

Bei **morphometrischen Untersuchungen** an Waldkiefern *(Pinus sylvestris)* in den verschiedenen Schadzonen der Dübener Heide zeigte sich eine sehr deutliche Differenzierung hinsichtlich der Lebensdauer der Nadelblätter (Abb. 9.34.). Während in den wenig SO_2-beeinflußten Gebieten die Nadeln vier Jahre alt werden, sinkt in den am stärksten belasteten Gebieten ihre Lebenserwartung auf ein Jahr. Es können so 7 Lebensdauerklassen gebildet werden. Die durch SO_2 verursachten Schadbilder an den Nadeln selbst ermöglichen das Aufstellen von Nekroseklassen, die durch die Kombination von 6 Nekrosestufen an den verschieden alten Jahrgängen gebildet werden (Abb. 9.35.). Diesen morphologischen Schadbildern liegen anatomische Veränderungen in den Nadeln zugrunde. Meist von einer Spaltöffnung ausgehend, ergeben sich umfangreiche Zonen absterbender Zellen. Diese **Bioindikationen auf morphometrischer und anatomischer Ebene** lassen deutliche Beziehungen zwischen den unterschiedlich durch SO_2 belasteten Gebieten und Lebensdauer- sowie Nekroseklassen erkennen (Abb. 9.36.).

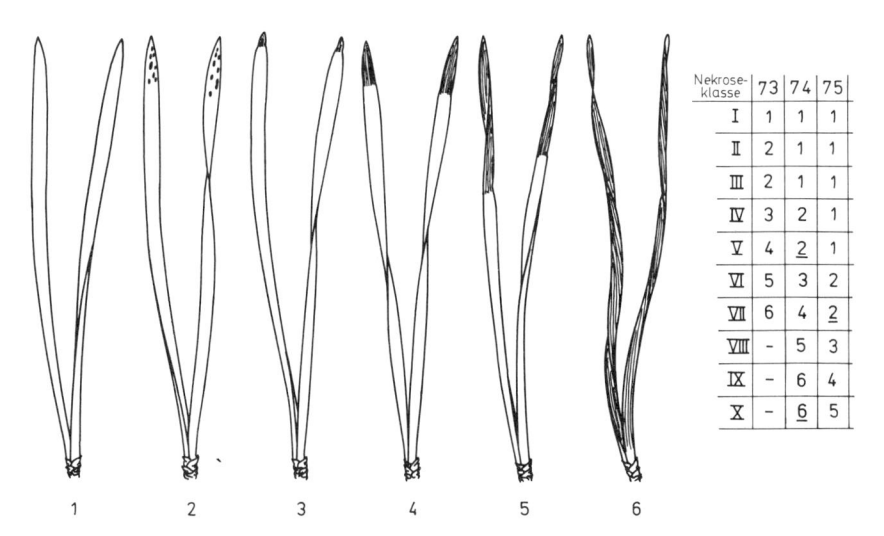

Nekroseklasse	73	74	75
I	1	1	1
II	2	1	1
III	2	1	1
IV	3	2	1
V	4	2	1
VI	5	3	2
VII	6	4	2
VIII	-	5	3
IX	-	6	4
X	-	6	5

Abb. 9.35. Durch SO_2 bedingte Schadbilder und Nekroseklassen der Waldkiefer *(Pinus sylvestris)* im Schadgebiet der Dübener Heide. Nach JÄGER aus SCHUBERT 1977.

568   9. Anwendungsbereiche der Ökologie

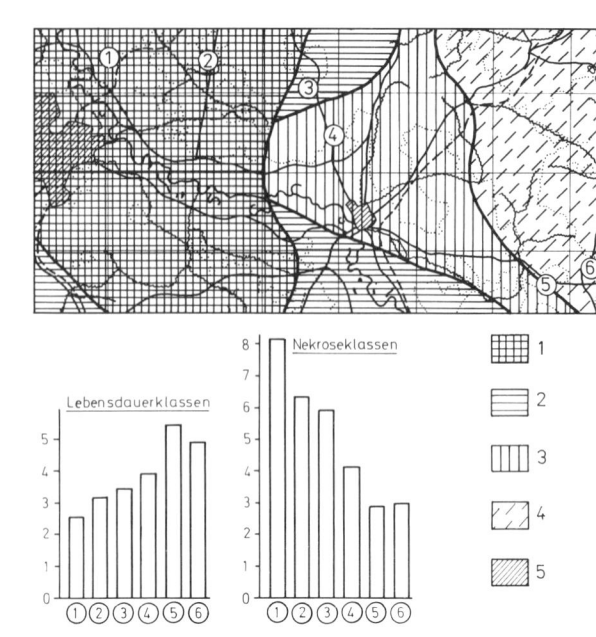

Abb. 9.36. Ergebnis morphologischer Untersuchungen an der Waldkiefer in den unterschiedlichen Schadzonen der Dübener Heide. 1–6 = Probeentnahmestellen (1–4 Signaturen der Schadzonen, 5 – Ortssignatur). Nach JÄGER aus SCHUBERT 1977.

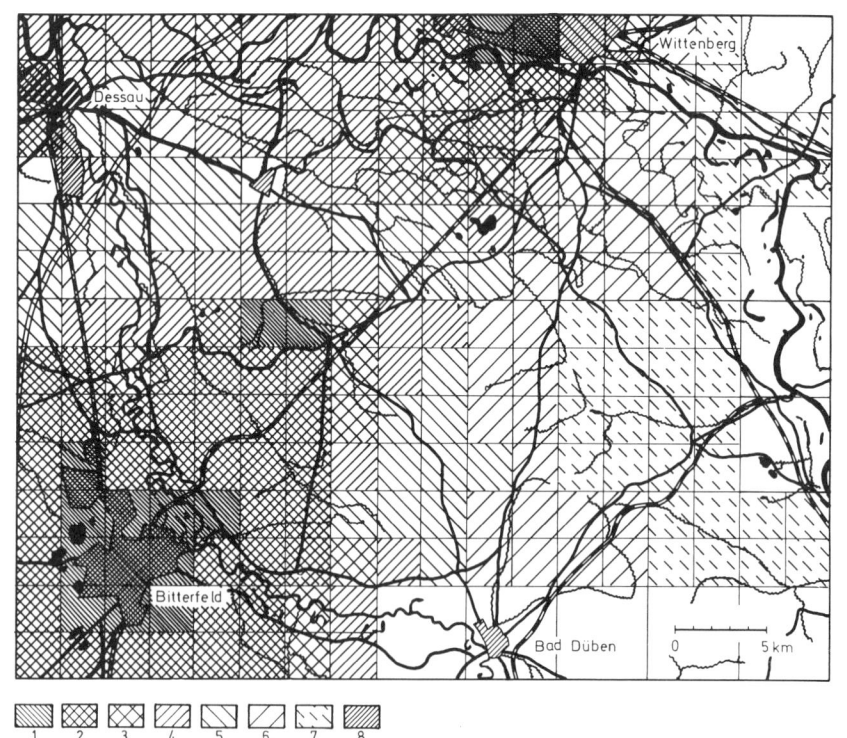

Abb. 9.37. Quantitative Verbreitung von *Lecanora conizaeoides* im Schadgebiet der Dübener Heide. Größe der Rasterquadrate 2,5 × 2,5 km. Nach SCHUBERT 1982.
Schadklassen bei Feinkartierung: 1 = 0–1,0; 2 = 1,1–3,5; 3 = 3,6–6,0; 4 = 6,1–11,0; 5 = 11,1–18,0; 6 = 18,1–29,9; 7 = >30,0% mittlere Deckung für *L. conizaeoides* in den Aufnahmeflächen; 8 = Ortslage.

9.4. Ökologische Methoden der Umweltüberwachung

Für eine quantitative floristische Erfassung von Bioindikatoren und damit als Beispiel für **Bioindikation auf floristischer bzw. faunistischer Ebene** sei die Verbreitung der Krustenflechte *Lecanora conizaeoides* im Rauchschadensgebiet der Dübener Heide angeführt. 10 erwachsene, freistehende Bäume, möglichst verschiedener Art, wurden in jedem Rasterquadrat (2,5 × 2,5 km) auf die Artmächtigkeit des Besatzes mit dieser Krustenflechte hin untersucht, der mittlere Artmächtigkeitswert in bestimmten Abstufungsklassen zusammengefaßt und in die jeweiligen Rasterfelder eingetragen. Es ergeben sich daraus Flächen gleichen Flechtenbesatzes, die sehr gut die unterschiedliche SO_2-Belastung widerspiegeln (Abb. 9.37.).

Ein Beispiel für die **Bioindikation auf coenotischer Ebene** stellt schließlich die unterschiedliche Zusammensetzung der Feldschicht in den Kiefernforsten der verschiedenen Schadzonen der Dübener Heide dar. In den stärker belasteten Forsten kommt es zum gehäuften Vorkommen von *Cirsium arvense, C. palustre, Inula conyza, Fragaria vesca* und *Tussilago farfara*, während sich die weniger durch SO_2 und Kalkstaub beeinflußten Bestände durch *Avenella flexuosa, Calluna vulgaris* und *Vaccinium myrtillus* auszeichnen. Es erfolgt somit eine Änderung der charakteristischen Artkombination der Kiefernforste, die das Aufstellen von Forsttypen ermöglicht, die ihrerseits mit Zonen bestimmter Luftverunreinigungskonzentration korrelieren.

Auf der **Ebene der Landschaften** sind bei der Bioindikation oft komplexe Aussagen über die hier einwirkenden anthropogenen Stressoren möglich. So kommt es z. B. durch landwirtschaftliche Intensivierungen, wie am Beispiel einer Bördelandschaft um Wanzleben südlich Magdeburg gezeigt werden kann, zur Uniformierung der Landschaft, zum Verschwinden vieler ökologischer Nischen. Durch quantitative Erfassung der Diversität, der Evenness und des ökologischen Wertes der Zeiträume 1958–1961 und 1978–1980 konnte dieser Rückgang der ökologischen Mannigfaltigkeit eindeutig nachgewiesen werden (Abb. 9.38.).

Legenden zu Abb. 9.38.:

I. Äcker
1. Euphorbio-Melandrietum Campanula Subass., typ. Var.
2. Euphorbio-Melandrietum Campanula Subass., Stachys palustris Var.
3. Euphorbio-Melandrietum typ. Subass., typ. Var.
4. Euphorbio-Melandrietum typ. Subass., Stachys palustris Var.
5. Übergangsbestände zwischen Typ 1 und 3
6. Übergangsbestände zwischen Typ 2 und 4
7. Euphorbio-Melandrietum, verarmte Ausbildungsform und Stellaria media-Chenopodium album-Fragmentgesellschaft
8. Rorippo-Chenopodietum

II. Grünland

9. Festuco-Brachypodietum
10. Dauco-Arrhenatheretum typ. Subass.
11. Dauco-Arrhenatheretum Festuca sulcata Subass.
12. Lolio-Cynosuretum typ. Subass. u. Ranunculus bulbosus Subass.
13. Lolio-Cynosuretum Lotus uliginosus Subass.
14. Deschampsio-Caricetum distantis typ. Subass.
15. Deschampsio-Caricetum distantis Carex acutiformis Subass.
16. Deschampsia caespitosa-Fragmentgesellschaft
17. Caricetum ripariae
18. Caricetum gracilis
19. Rumici-Alopecuretum geniculati
20. Junco-Glaucetum maritimae
21. Scirpetum maritimae
22. Phragmitetum
23. Ranunculetum repentis
24. Intensivgrasland, Ranunculus repens-Typ
25. Intensivgrasland Puccinellia distans-Typ
26. Calamagrostis epigejos-Bestände
27. Urtica dioica-Fragmentgesellschaft

III. Gebüsche und Gehölzanpflanzungen
28. Roso-Ulmetum
29. Populus-Anpflanzung
30. Salix-Anpflanzung

IV. Sonstiges
31. stark vom Menschen beeinflußter Standort
32. Ortsanlage und bebaute Flächen
33. Steinbruch
34. Böschungen

Zur Bioindikation eignen sich grundsätzlich zwei Verfahren: das **passive Monitoring** und das **aktive Monitoring**. Im ersten Fall werden die freilebenden Organismen auf sichtbare

570   9. Anwendungsbereiche der Ökologie

A

B

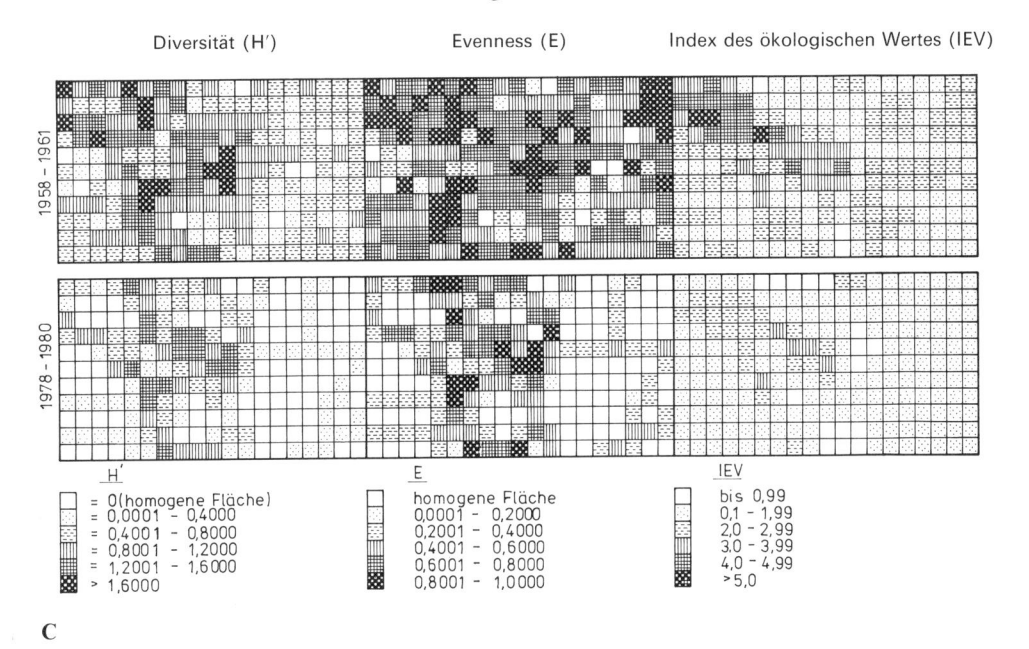

9.4. Ökologische Methoden der Umweltüberwachung   571

Diversität (H')   Evenness (E)   Index des ökologischen Wertes (IEV)

H'	E	IEV
= 0 (homogene Fläche)	homogene Fläche	bis 0,99
= 0,0001 – 0,4000	0,0001 – 0,2000	0,1 – 1,99
= 0,4001 – 0,8000	0,2001 – 0,4000	2,0 – 2,99
= 0,8001 – 1,2000	0,4001 – 0,6000	3,0 – 3,99
= 1,2001 – 1,6000	0,6001 – 0,8000	4,0 – 4,99
> 1,6000	0,8001 – 1,0000	> 5,0

C

Abb. 9.38. Änderung einer Agrarlandschaft in der Magdeburger Börde, Gemeinde Wanzleben. A Verbreitung von Pflanzengesellschaften in der Zeit von 1958–1961 (unterschiedliche Signaturen stellen verschiedene Pflanzengemeinschaften dar); B Verbreitung von Pflanzengesellschaften in der Zeit von 1978–1980; C Die Diversitäts- (H), Evenness- (E) und Ökologischer Wert — Klassen (IEV) der Rasterquadrate (200 × 200 m) des Untersuchungsgebietes. Aus Schubert 1986.

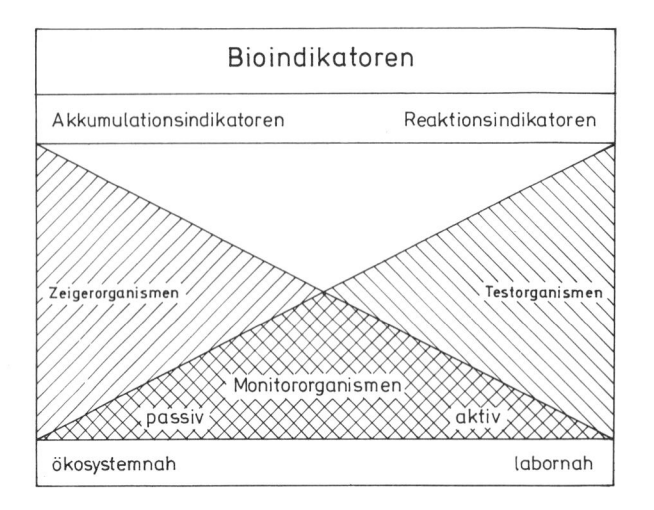

Abb. 9.39. Möglichkeiten der Benennung von Bioindikatoren. Nach ARNDT, NOBEL und SCHWEIZER 1987.

oder unsichtbare Schädigungen oder Abweichungen von der Norm als Zeichen einer Streßwirkung untersucht. Bei dem aktiven Monitoring werden die gleichen Wirkungen erfaßt, jedoch an Testorgansimen, die unter standardisierten Bedingungen im Untersuchungsgebiet exponiert worden sind (Abb. 9.39.).

9.5. Ökologische Grundlagen des Naturschutzes und der Landschaftspflege

Seit der Zeit erster Maßnahmen im Naturschutz bis zum heutigen Tag und ganz sicher auch in Zukunft muß sich der Naturschutz auf die Ökologie stützen können, sowie auch er diese Wissenschaft mit seinen spezifischen Mitteln zu unterstützen vermag. Beides gehört zusammen, ohne jedoch identisch zu sein. Das anfängliche Bemühen des Naturschutzes in Mitteleuropa war die Erhaltung und Sicherung ursprünglicher Bestandteile der natürlichen Umwelt, der Landwirtschaft und ihrer Natur. Fortschreitende Erkenntnisse in den Wechselbeziehungen zwischen Mensch und Natur änderten Zielstellung, Aufgaben und Möglichkeiten des Naturschutzes, der zu seiner Ergänzung der Landschaftspflege bedarf.

Die Aufgaben des Naturschutzes, wie Erhaltung charakteristischer Ökosysteme in Naturschutzgebieten, Bewahrung der Arten- und Formenvielfalt in Flora und Fauna innerhalb und außerhalb geschützter Flächen bis hin zur Gestaltung der vom Menschen genutzten und damit gleichzeitig auch zu pflegenden Landschaft sowie die Steuerung, Beobachtung und Kontrolle der Veränderungen in der Natur durch den Menschen sind ohne Einbeziehung der Ökologie kaum zu bewältigen (Abb. 9.40.).

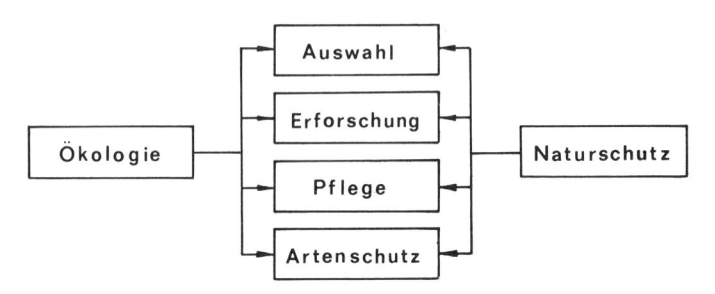

Abb. 9.40. Beziehungen zwischen Ökologie und Naturschutz.

9.5. Ökologische Grundlagen des Naturschutzes und der Landschaftspflege

In nahezu allen europäischen Ländern wurden in den letzten Jahrzehnten planmäßig **Reservate** ausgewählt, unter Schutz gestellt und zu **Reservatnetzen** entwickelt. Grundlage dafür war einerseits eine erweiterte Kenntnis des Zusammenwirkens abiotischer und biotischer Faktoren in der Landschaft, um Typisches wie Atypisches richtig erkennen und seine Erhaltungswürdigkeit und -möglichkeit bewerten zu können. Andererseits mußte der Mensch in seiner Stellung zum Biogeocoenosekomplex, d. h. als ökologisch wirksamer Faktor bei der Entwicklung und Veränderung der Ökosysteme richtig eingeordnet werden. Naturschutz wie Ökologie bedurften langer Zeit zu dieser Erkenntnis.

Vor der Auswahl der Reservate war eine möglichst umfassende Charakterisierung der in ihnen erfaßten Ökosysteme nötig. Dieser aus Zeitgründen meist nur sehr allgemein gehaltenen Übersicht folgt in der Regel eine detaillierte Erforschung der Reservate, die genaue Inventarisierung der Naturausstattung, aller biotischen und abiotischen Elemente in den Reservaten nach deren Unterschutzstellung, was notwendigerweise auch zu Korrekturen und zur Präzisierung des Reservatsystems führt.

Nur schwer lassen sich Größe, Menge und Verteilung von Reservaten eines Landes allein unter ökologischen Gesichtspunkten bestimmen. Stets müssen die gesellschaftlich determinierten Schutzziele dabei berücksichtigt werden. Da in Reservaten Ökosysteme geschützt werden und deren Größenordnung in Abhängigkeit von der Betrachtungsweise unterschiedlich ist, lassen sich Größenvorgaben für Schutzgebiete nicht eindeutig festlegen, sondern sie werden vom Schutzziel und den Schutzmöglichkeiten bestimmt.

Wichtig ist dabei, daß eine (oder mehrere) der für die Reservate allgemein anerkannten Aufgaben erfüllt werden können. Dazu zählen

— die **Wissenschaftsaufgaben,** bei denen Reservate als Arbeitsgegenstand der verschiedenen naturwissenschaftlichen Disziplinen — Geographie, Geologie, Pedologie, Hydrologie, Botanik, Zoologie und nicht zuletzt die Ökologie — dienen, da in ihnen in der Regel das Zusammenwirken der verschiedenen Naturfaktoren unter Ausschluß gezielter menschlicher Einflußnahme untersucht werden kann.
— die **Dokumentationsaufgaben,** die der Erhaltung von Zeugen der erdgeschichtlichen Entwicklung unseres Landes sowie der unter Einfluß des Menschen gewandelten Naturausstattung dienen. Hierher gehören auch Vergleiche der Reservate mit anderen, ähnlichen, vom Menschen stärker beeinflußten Ökosystemen oder wirtschaftlich genutzten Objekten zur Beurteilung der Auswirkungen von steuernden und verändernden Nutzungsformen;
— die **Refugialaufgaben,** die für eine wachsende Zahl von Pflanzen- und Tierarten Rückzugsmöglichkeiten bieten, die in der intensiv genutzten Landschaft nur begrenzte Lebensmöglichkeiten finden. Ein Teil des genetischen Potentials kann so gesichert und gleichzeitig die Reproduktion einzelner Arten gewährleistet werden. Zu diesem Aufgabenkomplex zählt auch die aus internationalen Verpflichtungen resultierende Sicherung von Rast- und Überwinterungsplätzen migrierender Vogelarten;
— **landeskulturelle Aufgaben,** mit denen Reservate nicht nur stabilisierend auf den Haushalt der sie umgebenden Landschaft einwirken, z. B. Naßflächen, geschützte Fließ- und Standgewässer oder Moore auf den Wasserhaushalt größerer Gebiete, sondern in wachsendem Maße auch als Träger der Mannigfaltigkeit von Ökosystemen in den durch intensive Nutzung meist uniformen Agrarlandschaften.

Zur Erfüllung dieser Aufgaben genügt nicht allein die Auswahl und Sicherung der Reservate, sondern dazu gehört ihre in der Naturschutzgesetzgebung festgelegte Behandlung und Pflege. Mit den Reservaten werden in den seltensten Fällen statische Zustände, sondern meistens bestimmte Abschnitte aus ablaufenden Entwicklungsprozessen erfaßt. Damit sind durch den Vergleich verschiedener Reservate eines gleichen oder ähnlichen Typs wichtige Rückschlüsse auf die Entwicklung von Ökosystemen unter differenzierten Einflüssen zu ziehen.

Bei der Behandlung der Reservate sind 2 Formen der Beeinflussung zu unterscheiden, mit Hilfe derer das Schutzziel weitgehend gesichert werden soll:

a) Bei der **pfleglichen Nutzung** wird durchaus auch auf eine wirtschaftliche Nutzung orientiert, die jedoch nicht maximal mögliche Erträge zum Ziel hat, bei maximalem Aufwand oft mit einer totalen Veränderung der gegebenen Bedingungen verbunden, sondern die durch einen wohl geringeren Nutzen, jedoch auch durch einen um ein Vielfaches geringeren Aufwand gekennzeichnet ist. Das trifft für große Teile trockenen wie feuchten Gründlandes in Reservaten oder auf grundwassernahe Waldbestände zu.

b) Bei der **Pflege** von Reservaten wird auf keinerlei wirtschaftlichen Nutzen außer dem Schutzziel orientiert, dessen Gewährleistung allein das Ziel aller Eingriffe bleiben muß.

In beiden Fällen geht das Bemühen meist in Richtung der Verzögerung, der Unterbrechung oder des Rückgängigmachens von Sukzessionen, die naturgesetzlich ablaufen oder aber bis zum Zeitpunkt der Unterschutzstellung vom Menschen gesteuert waren. Dabei müssen sich die Behandlungen jedoch immer innerhalb der Elastizitätsgrenzen des zu schützenden Ökosystems oder seiner Belastbarkeit bewegen (ELLENBERG 1972). Ökologische Untersuchungen an solchen Objekten müssen zur Erarbeitung geeigneter Pflegetechnologien und -verfahren führen. Die Kenntnis von der Entwicklung der Ökosysteme ist ausschlaggebend für die Wahl der einzelnen Pflegeeingriffe und die Zeitabstände zwischen ihnen. Aus dem Vergleich entsprechender Entwicklungsstadien sind die Erkenntnisse abzuleiten (Abb. 9.41.).

Die **Erhaltung der Arten- und Formenmannigfaltigkeit** stellt zum Teil andere Anforderungen an ökologisch begründete Schutz- und Sicherungsmaßnahmen. Nicht in jedem Fall genügt es, z. B. die Sukzession von Pflanzengesellschaften durch Pflegeeingriffe zu steuern und dabei gleichzeitig den Fortbestand einzelner Pflanzenarten zu gewährleisten. Hierbei gewonnene Erfahrungen machen die Notwendigkeit ökologischer Untersuchungen besonders deutlich. Unsere Kenntnis von der Zusammensetzung einer Phytocoenose und ihrer Sukzession sagt noch nichts aus über die Existenzbedingungen einzelner Glieder der Phytocoenose, von übrigen Elementen der Biocoenose ganz abgesehen.

Die Ausweitung autökologischer wie populationsökologischer Untersuchungen an Pflanzen- und Tierarten gibt Aufklärung über optimale Biotopbindungen und wird damit zur Grundlage für **Biotopschutz** und **Biotoppflege** als wichtiges Element des Artenschutzes.

Die exakte Kenntnis der ökologischen Bindung der einzelnen Arten und ihrer Reaktion auf Veränderungen der Umweltbedingungen läßt Gefährdungsursachen für Pflanzen- und Tierarten sicherer erkennen und abschätzen und geeignete Sicherungsmaßnahmen einleiten.

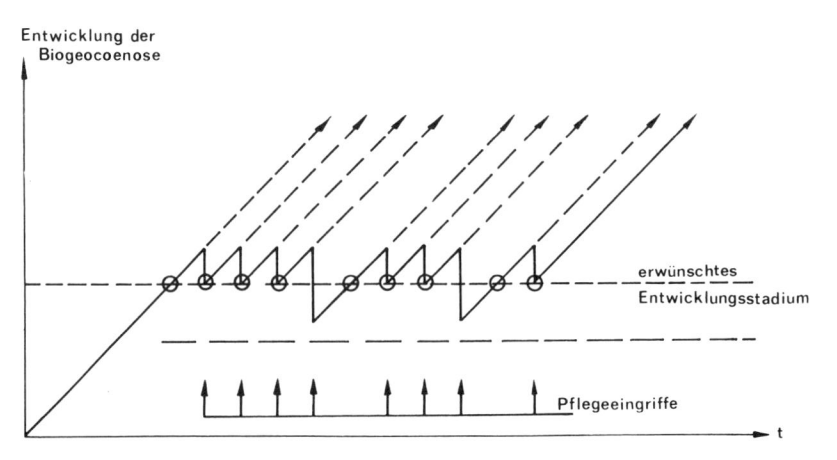

Abb. 9.41. Pflegeeingriffe und Sukzessionsverlauf in NSG.

Ökologische Betrachtungsweise im Naturschutz bedeutet aber auch, die ausgewiesenen Schutzflächen — **Naturschutzgebiete, Flächennaturdenkmale** oder **Schongebiete** — nicht als umweltunabhängige Inseln in der zumeist intensiv genutzten Landschaft zu verstehen. Auch Schutzgebiete stehen mit ihrem Umland in enger Wechselwirkung.

Da die Mehrzahl der Schutzgebiete in den dichtbesiedelten und hochentwickelten Ländern Europas verhältnismäßig klein ist (etwa 70—75% aller Naturschutzgebiete in Deutschland, in Polen oder in der Tschechoslowakei, sind kleiner als 100 ha), ist die Auswirkung der Umgebung auf die Schutzgebiete meist größer als umgekehrt.

Untersuchungen über die Beeinträchtigung von Naturschutzgebieten in Deutschland ergaben, daß Eutrophierung, Immissionen von Luftschadstoffen, Veränderungen des Wasserregimes (meist Entwässerungen), Begängnis außerhalb der Wege und unterlassene oder falsch durchgeführte Pflegemaßnahmen die hauptsächlichen Ursachen von negativen Veränderungen in Reservaten darstellen.

Erstaunlicherweise waren im Mittel in den kleineren Schutzgebieten die Beeinträchtigungen nach Anzahl und Intensität geringer als in den größeren Reservaten (> 500 ha). Die Ursachen dafür bedürfen noch der Klärung.

Die oben genannten hauptsächlichen Ursachen der Beeinträchtigungen haben unterschiedliche Gründe. Während die beiden letztgenannten über gesetzliche Regelungen und bessere Kontrolle zu regeln sind, können die erstgenannten nur über eine Veränderung der Landnutzung geklärt werden. Ökologische Belange berücksichtigende Formen der Landwirtschaft und des Meliorationswesens, veränderte Technologien der industriellen Produktion und allgemeine Fragen des Schutzes der natürlichen Umwelt können hier allein Abhilfe schaffen.

Für den Zusammenhang zwischen Naturschutz und Ökologie wird aber ersichtlich, daß Naturschutz nur in enger Verbindung mit Landschaftsplanung, -gestaltung und -pflege dauerhaft betrieben werden kann. Noch zögernd werden bei den einzelnen Land- und Naturressourcen nutzenden Zweigen der Volkswirtschaft ökologische Erkenntnisse und Zusammenhänge akzeptiert und genutzt.

Der Zusammenhang zwischen Landnutzung, Landschaftsplanung und -pflege unter Beachtung ökologischer Gesetzmäßigkeiten schafft gleichzeitig günstigere Voraussetzungen für den Schutz der Arten- und Formenvielfalt in Flora und Fauna, die nicht allein in den Schutz- und Schongebieten gesichert werden kann. Im Nebeneinander intensiv und nicht intensiv genutzter Landschaftselemente, mit der Sicherung bzw. der Neuanlage ökologisch bedeutsamer Bereiche wird die Stabilität des Agrarraumes erhöht, was den Anforderungen des Naturschutzes ebenso entspricht wie den Anforderungen einer dauerhaft stabilen Agrarproduktion.

9.6. Naturräumliche Grundlage für Anwendungsbereiche der Ökologie

9.6.1. Aufgabe und Grundzüge der Methode

Die zuvor erörterten Anwendebereiche der Ökologie, die Land- und Forstwirtschaft, die Fischereiwirtschaft sowie Nutzung, Schutz und Gestaltung der Landschaft, müssen auf die vielfältigen naturräumlichen oder — auf die abiotischen Naturraumteile bezogen — auf die Standortsunterschiede Rücksicht nehmen. Denn diese Unterschiede bestimmen das ökologische Leistungsvermögen und die ökologische Funktionstüchtigkeit sowie die Nutzungsmöglichkeiten der Landschaft. Die Naturraumerkundung soll allen Wirtschaftszweigen eine gemeinsame zweigübergreifende Grundlage für eine ökologiegerechte Landnutzung sein. Dazu ist es erforderlich, typisierte allgemeingültige Naturraum- oder Standortsareale auf groß- und mittelmaßstäbigen Karten abzubilden und sie für die Anwendung in der Praxis sowie als vielseitige Forschungsgrundlage zu interpretieren.

Auch landwirtschaftliche und forstliche Standortskartierungen, die es seit langem in vielen Ländern gibt, sollten in zweigübergreifende Naturraumerkundungen eingebunden sein. Erfüllt ist die Forderung z. B. bei der forstlichen Standortserkundung, mit gewisser Einschränkung auch bei mittelmaßstäbigen landwirtschaftlichen Standortserkundungen.

Das Verfahren einer solchen zweigübergreifenden Naturraumerkundung, in das die landwirtschaftliche und forstliche Standortskartierung eingebunden sind, liegt der folgenden Darstellung zugrunde. Es wurde am Beispiel des Tieflandes Nordostdeutschlands nach dem Stand vom Ende der siebziger Jahre bei KOPP, JÄGER, SUCCOW u. a. (1982) bereits ausführlich dargestellt. Die Methoden der mittelmaßstäbigen Naturraumerkundung wurden von HAASE u. a. (1990) zusammenfassend dargestellt.

Das Verfahren der zweigübergreifenden Naturraumerkundung gliedert sich in vier Arbeitsschritte:

1. Ausgrenzen von **Naturraumformen** für die großmaßstäbige und von **Naturraummosaiken** für die mittelmaßstäbige Erkundung nach naturräumlichen Strukturmerkmalen in einer **Basiskarte** und inhaltliche Kennzeichnung in Legenden und Erläuterungen
2. Kennzeichnung der Naturraumformen und -mosaike nach der **ökologischen Funktionstüchtigkeit**; dabei Überleiten der naturräumlichen Strukturmerkmale in bio- und geoökologische aussagefähige Merkmale **(Ökomerkmale)**
3. **Zweigbezogene Nutzungsinterpretation** für den Pflanzenbau (Waldbau, Dauergrasland, Feld-, Obst- und Gartenbau), die landwirtschaftliche Tierhaltung, Fischerei, für die Nutzung als Wohn- und Produktionsstätte, für die Wassernutzung, das Erholungswesen und den Naturschutz
4. **Zweigübergreifende Nutzungsinterpretation** durch Kennzeichnung des naturräumlichen Wirkanteils an der Landnutzung aus zweigübergreifender Sicht.

Bei allen vier Arbeitsschritten muß man den **Entwicklungsstatus des Naturraums** berücksichtigen.
Wir unterscheiden:

— den **primär natürlichen Status** als Bezugsbasis zur Beurteilung der Folgen menschlicher Eingriffe. Das ist ein in eine Zeit möglichst geringer menschlicher Einwirkungen zurückverlegter Naturraumstatus in einem dem heutigen Klima aber schon entsprechenden Abschnitt der holozänen Landschaftsgeschichte, für Mitteleuropa etwa der Beginn des jüngeren Subatlantikums vor 1500 Jahren;
— den **rezent natürlichen Status**. Darin sind bleibende, nicht rückwandelbare technogene Naturraumveränderungen einbezogen, wie z. B. jungholozäne Umlagerung von Altdünenfeldern, Kuppenabtrag und Muldenauftrag in beackerten kuppigen Grundmoränen und die Folgen von Entwässerungen, besonders für den Humus-, Wasser- und Nährstoffhaushalt der Böden und deren Widerspiegelung in der Vegetation;
— den **Realstatus** als den Naturraumzustand mit allen durch menschliche Arbeit verursachten, auch rückwandelbaren Veränderungen. Die Aussagekraft steigt, wenn der Realstatus nicht nur für die Gegenwart erhoben wird **(Realstatus II)** sondern auch für vergangene Zeiten, besonders für die Zeit vor der letzten Intensivierungswelle in der Landnutzung vor 2 bis 3 Jahrzehnten **(Realstatus I)**.

Der Realstatus muß durch Kartierung erhoben werden. Der primär und rezent natürliche Status ist — mit wenigen Einschränkungen — aus dem Realstatus-Befund rekonstruierbar, sofern die naturräumliche Basiskarte landschaftsgenetisch ausreichend fundiert ist.

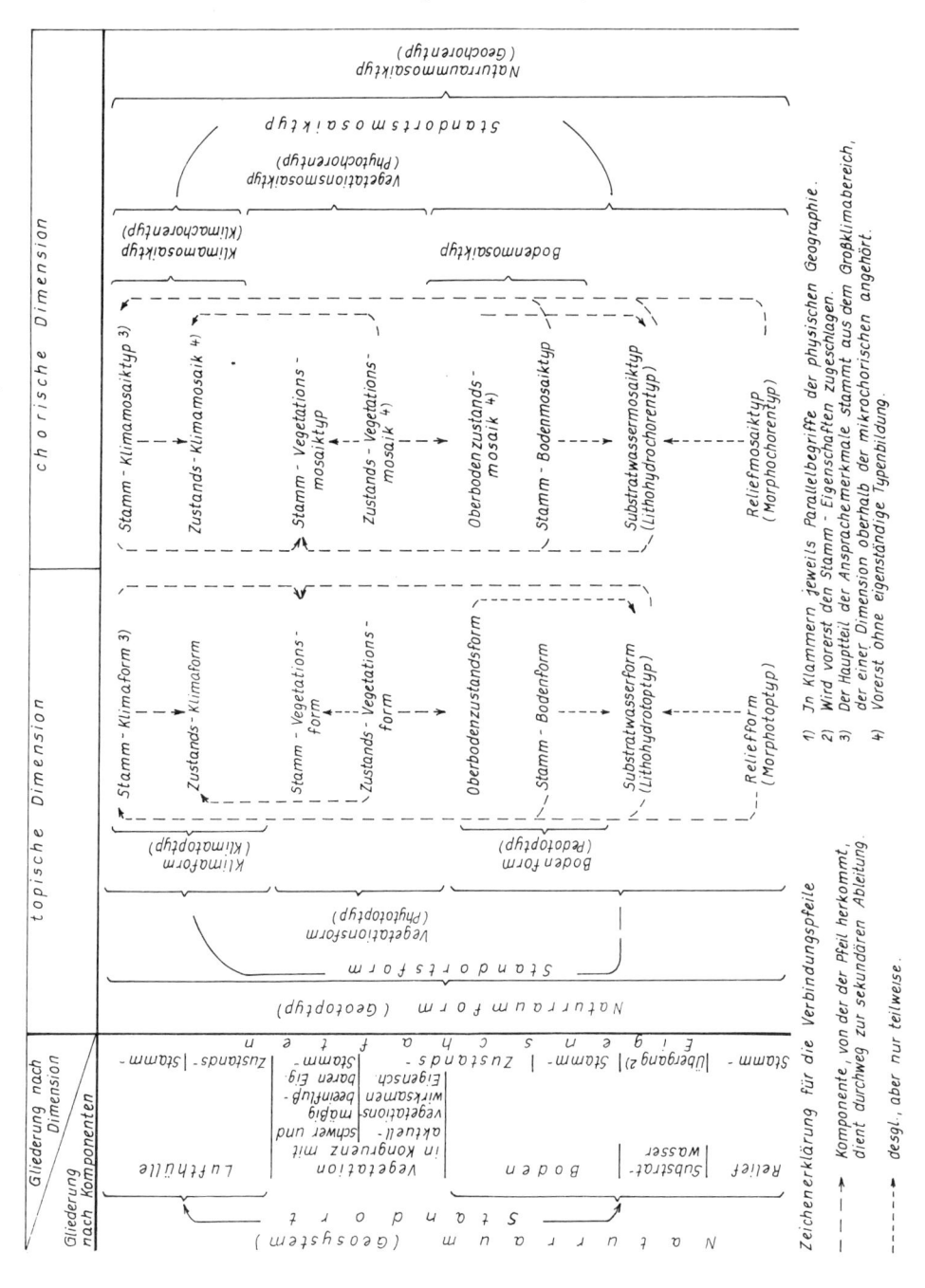

9.6. Naturräumliche Grundlage für Anwendungsbereiche der Ökologie

Tabelle 9.7: Schema der Naturraumtypen der Landflächen, geordnet nach Dimension und Komponente 1)

Gliederung nach Komponenten	Gliederung nach Dimension	topische Dimension	chorische Dimension
Lufthülle	Stamm- Eigenschaften	Klimaform (Klimatoptyp) / Stamm-Klimaform 3) / Zustands-Klimaform	Klimamosaiktyp (Klimachorentyp) / Stamm-Klimamosaiktyp 3) / Zustands-Klimamosaik 4)
Vegetation in Kongruenz mit aktuell-schwer und mäßig wirksamen beeinflußbaren Eigenschaften	Übergang 2) Stamm- Zustands-	Vegetationsform (Phytotoptyp) / Stamm-Vegetationsform / Zustands-Vegetationsform	Vegetationsmosaiktyp (Phytochorentyp) / Stamm-Vegetationsmosaiktyp / Zustands-Vegetationsmosaik 4)
Boden	Stamm- Zustands-	Bodenform (Pedotoptyp) / Oberbodenzustandsform / Stamm-Bodenform	Bodenmosaiktyp / Oberbodenzustandsmosaik 4) / Stamm-Bodenmosaiktyp
Substrat-wasser	Stamm-	Substratwasserform (Lithohydrotoptyp)	Substratwassermosaiktyp (Lithohydrochorentyp)
Relief	Stamm-	Reliefform (Morphotoptyp)	Reliefmosaiktyp (Morphochorentyp)

Standort: Standortsform (Phytotoptyp) → Standortsmosaiktyp (Phytochorentyp)

Naturraum (Geosystem): Naturraumform (Geotoptyp) → Naturraummosaiktyp (Geochorentyp)

Zeichenerklärung für die Verbindungspfeile:

– – – → Komponente, von der der Pfeil herkommt, dient durchweg zur sekundären Ableitung.

– – – – → desgl., aber nur teilweise.

1) In Klammern jeweils Parallelbegriffe der physischen Geographie.
2) Wird vorerst den Stamm-Eigenschaften zugeschlagen.
3) Der Hauptteil der Ansprachemerkmale stammt aus dem Großklimabereich, der einer Dimension oberhalb der mikrochorischen angehört.
4) Vorerst ohne eigenständige Typenbildung.

An die Ansprache der Enwicklungsstaten schließt sich die Schätzung des Entwicklungstrends. Sie ist besonders für Naturraumareale wichtig, die sich in rascher Veränderung z. B. durch Fremdstoffeintrag, zu starke landwirtschaftliche Intensivierung oder Grundwasserabsenkung befinden.

9.6.2. Basisteil

Die im Basisteil für die mineralischen **Landflächen** zu erkundenden und zu kartierenden Typen gliedern sich laut Tabelle 9.7. nach Dimension und Komponente. Die **topische Dimension** erfaßt annähernd einförmige Naturraumareale, die **chorische Dimension** ein Mosaik topischer Areale. Erkundungen der topischen Dimension werden großmaßstäbig (meist 1:10000), jene der chorischen Dimension mittelmaßstäbig (meist 1:100000) kartiert.

Die **abiotischen Komponenten** sind für beide Dimensionen das Relief, der Boden, das Substrat- (oder Schwerkraft-)wasser und die Lufthülle. Diesen vier abiotischen Komponenten steht, deren Zusammenwirken widerspiegelnd, die **Vegetation** gegenüber. Die Komponenten der topischen Dimension sind an dem Endwort „Form" erkennbar, jene der chorischen am Endwort „Mosaik".

Um die zuvor genannten Enwicklungsstaten aus der Basiskarte ableiten zu können, werden die Komponenten Boden, Lufthülle und Vegetation in beiden Dimensionen in Teilkomponenten für **Stamm-** und für **Zustandseigenschaften** untergliedert. So drückt die Stamm-Bodenform die schwer beeinflußbaren Bodeneigenschaften unterhalb des Oberbodens aus, die Oberbodenzustandsform (als Humusform unter Wald und Krumenzustandsform unter Acker) dagegen die durch die Landnutzung leicht veränderbaren Eigenschaften. Diese Trennung von Stamm- und Zustands-Teilkomponenten erweist sich besonders gegenwärtig bei der rasanten Fremdstoffakkumulation in den Waldböden als sehr vorteilhaft. Denn sie ermöglicht, diese Veränderungen periodisch auf der Basis gleichbleibender Stamm-Bodenformen allein über die Neukartierung der Humusform zu erfassen.

Die **Stammeigenschaften** (mit den in natürlichem Gleichgewicht stehenden Zustandseigenschaften) entsprechen in der topischen Dimension, d. h. bei den Naturraumformen, dem rezent-natürlichen der eingangs genannten Natürlichkeitsstaten. In der chorischen Dimension sind sie grundsätzlich auf den primär natürlichen Status ausgerichtet. Nur wo das nicht sinnvoll ist, wie bei den Auen, Kippen, Kiesgruben u. ä. entsprechen auch in der chorischen Dimension die Stammeigenschaften dem rezent-natürlichen Status. Die Zustandseigenschaften (in Verbindung mit den meist nicht mehr im Gleichgewicht stehenden Stammeigenschaften) entsprechen dem Realstatus zum jeweiligen Zeitpunkt.

Vergleicht man die zu verschiedenen Zeiten, am besten periodisch alle 10 Jahre, aufgenommenen Realstaten durch Wiederholungskartierung der Zustandseigenschaften auf der Grundlage im wesentlichen gleichbleibender Stammeigenschaften, so gewinnt man Kenntnis über die **Zustandsentwicklung des Naturraums.** Für landwirtschaftliche Nutzflächen und für den Wald haben solche Wiederholungskartierungen den Rang einer periodischen Fruchtbarkeitskontrolle.

Beispiele für die Kennzeichnung von Naturraumformen im primär und rezent natürlichen Status zeigt Abbildung 9.42. Sie stellt zugleich die Hauptcatene eines stark hydromorphen Sand-Mosaiks dar.

Für die **Moornaturräume** wurde durch SUCCOW (letzte umfassende Darstellung bei SUCCOW 1988) eine Kennzeichnung und Typisierung der topischen und chorischen Naturraumtypen erarbeitet. Tab. 9.8 gibt eine Übersicht der natürlicherweise in Mitteleuropa auftretenden Moor-Naturraumtypen in chorischer Dimension. Der weitaus größte Teil unserer Moore befindet sich aber in meist hochgradig anthropogen abgewandelten Ausbildungen.

9.6. Naturräumliche Grundlage für Anwendungsbereiche der Ökologie

Stamm-Vegetationsform im Großklimabereich β										
bei primär natürlichem Status mit ungestörten Grundwasserverhältnissen	Großseggen-Erlenwald	Iris-Lungenkraut Erl Es Wald	Kohldistel-Erlenwald	Übergangsform	Sauerklee-Pfeifengras-Stieleichen-Birkenwald	Pfeifengras-Sauerklee-Blaub.-Buchen-Kiefernwald	Hainrispen-Traubeneichen-Buchenwald	Sauerklee-Blaubeer-Buchen-Kiefernwald	?	Sauerklee-Blaubeer-Kiefernwald
bei rezent natürlichem Status mit Grundwasserabsenkung	Iris-Lungenkraut Erlen-Eschenwald	Rasenschmielen-Lungenkraut BuEs wald	Rasenschmielen-Riesenschwingel-Stieleichen-Buchenwald	Rasenschmielen	Pfeifengras-Sauerklee-Blaubeer-Buchen-Kiefernwald	Sauerklee-Blaubeer	wie oben			

Durchschnittliche Höhe der gegenwärtig stockenden Baumarten im Alter 80 bei normalem oder gering verschlechtertem Standortszustand sowie Substrat und Grundwasser

Bei primär natürlichem Status mit ungestörten Grundwasserverhältnissen — Esche, Erle, Kiefer, Buche — Moor / Sand

Bei rezent natürlichem Status mit Grundwasserabsenkung — Moor / Sand

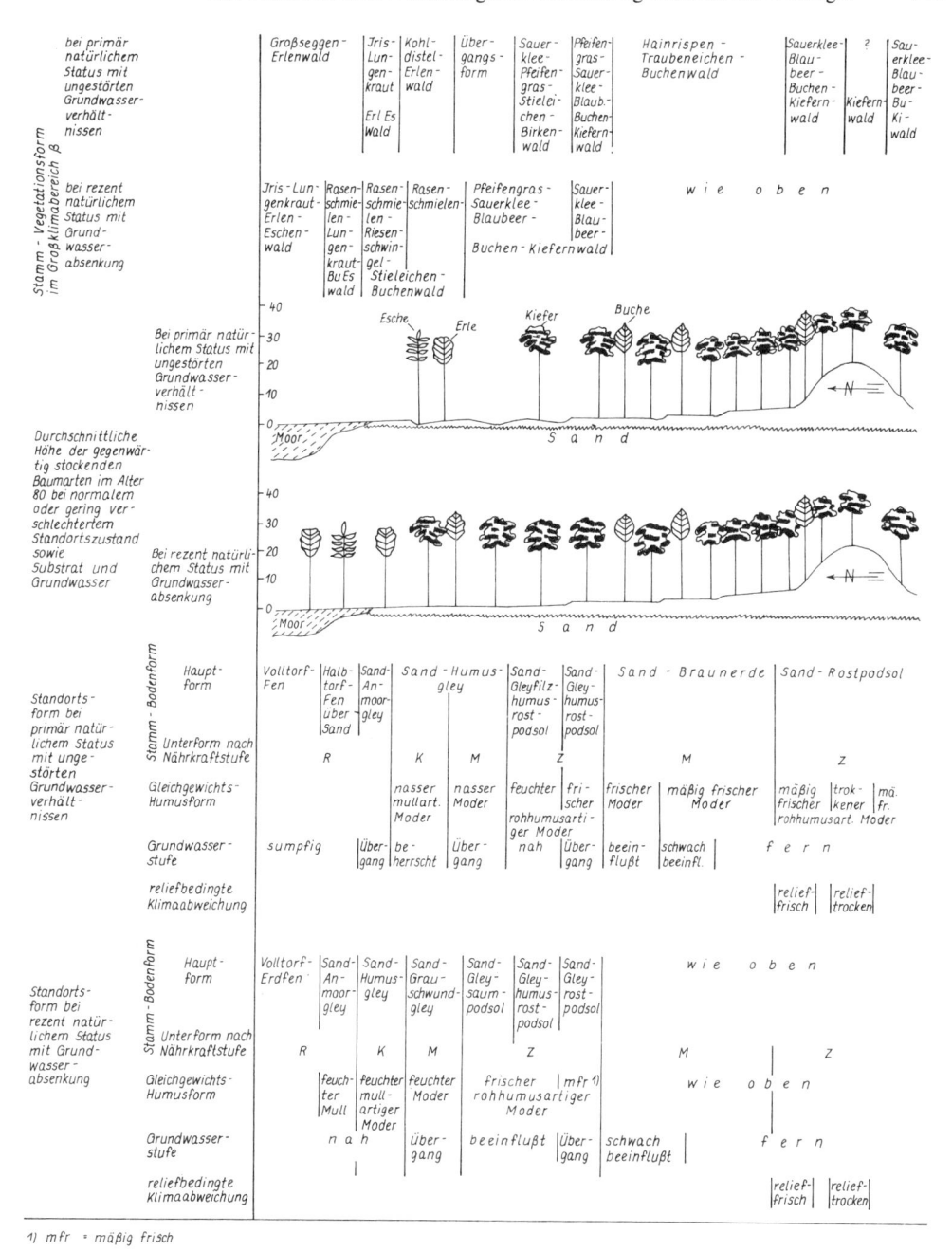

Standortsform bei primär natürlichem Status mit ungestörten Grundwasserverhältnissen	Stamm-Bodenform	Hauptform	Volltorf-Fen	Halbtorf-Fen über Sand	Sand-Anmoorgley	Sand-Humusgley	Sandgleyfilz humusrostpodsol	Sand-Gleyhumusrostpodsol	Sand-Braunerde		Sand-Rostpodsol	
		Unterform nach Nährkraftstufe	R		K	M	Z		M		Z	
		Gleichgewichts-Humusform			nasser mullart. Moder	nasser Moder	feuchter rohhumusartiger Moder	frischer	frischer Moder	mäßig frischer Moder	mäßig frischer rohhumusart. Moder	trockener	mä. fr.
		Grundwasserstufe	sumpfig	Übergang	beherrscht	Übergang	nah	Übergang	beeinflußt	schwach beeinfl.	fern		
		reliefbedingte Klimaabweichung									relief-frisch	relief-trocken	

Standortsform bei rezent natürlichem Status mit Grundwasserabsenkung	Stamm-Bodenform	Hauptform	Volltorf-Erdfen	Sand-Anmoorgley	Sand-Humusgley	Sand-Grauschwundgley	Sand-Gleyfilz humusrostpodsol	Sand-Gleyhumusrostpodsol	wie oben			
		Unterform nach Nährkraftstufe	R	K	M		Z		M		Z	
		Gleichgewichts-Humusform		feuchter Mull	feuchter mullartiger Moder	feuchter Moder	frischer rohhumusartiger Moder	mfr 1)	wie oben			
		Grundwasserstufe	nah		übergang	beeinflußt	Übergang	schwach beeinflußt	fern			
		reliefbedingte Klimaabweichung									relief-frisch	relief-trocken	

1) mfr = mäßig frisch

Abb. 9.42. Naturraumformen in einer feuchtebedingten Catena am Beispiel der Oranienburger Sandniederung bei ungestörtem Grundwasserhaushalt und nach jahrzehntelang zurückliegender Grundwasserabsenkung um 0,6 m.

9. Anwendungsbereiche der Ökologie

Tabelle auf S. 580

Tabelle 9.8.: Übersicht chorischer Naturraumtypen naturnaher Moore

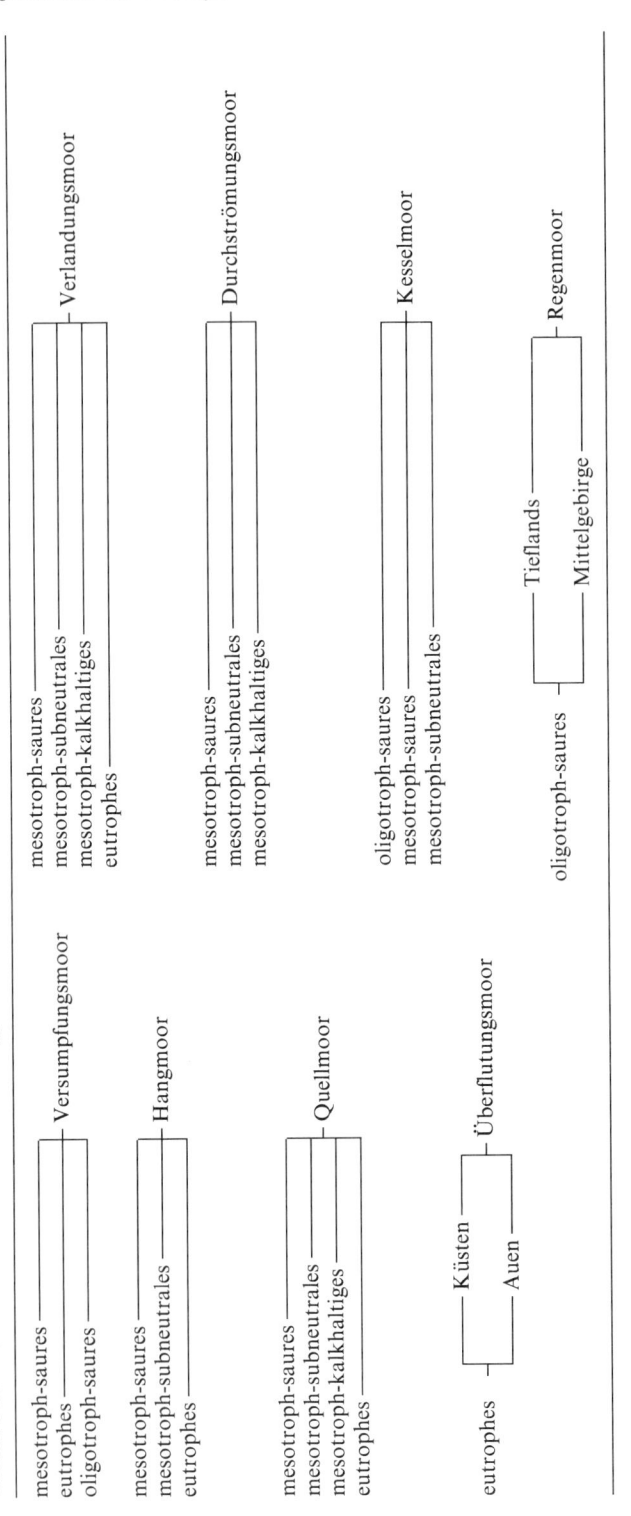

mesotroph-saures — eutrophes — oligotroph-saures —	Versumpfungsmoor	
mesotroph-saures — mesotroph-subneutrales — eutrophes —	Hangmoor	
		mesotroph-saures — mesotroph-subneutrales — mesotroph-kalkhaltiges — eutrophes — Verlandungsmoor
mesotroph-saures — mesotroph-subneutrales — mesotroph-kalkhaltiges — eutrophes —	Quellmoor	
		mesotroph-saures — mesotroph-subneutrales — mesotroph-kalkhaltiges — Durchströmungsmoor
		oligotroph-saures — mesotroph-saures — mesotroph-subneutrales — Kesselmoor
eutrophes — Küsten Auen —	Überflutungsmoor	
		oligotroph-saures — Tieflands Mittelgebirge — Regenmoor

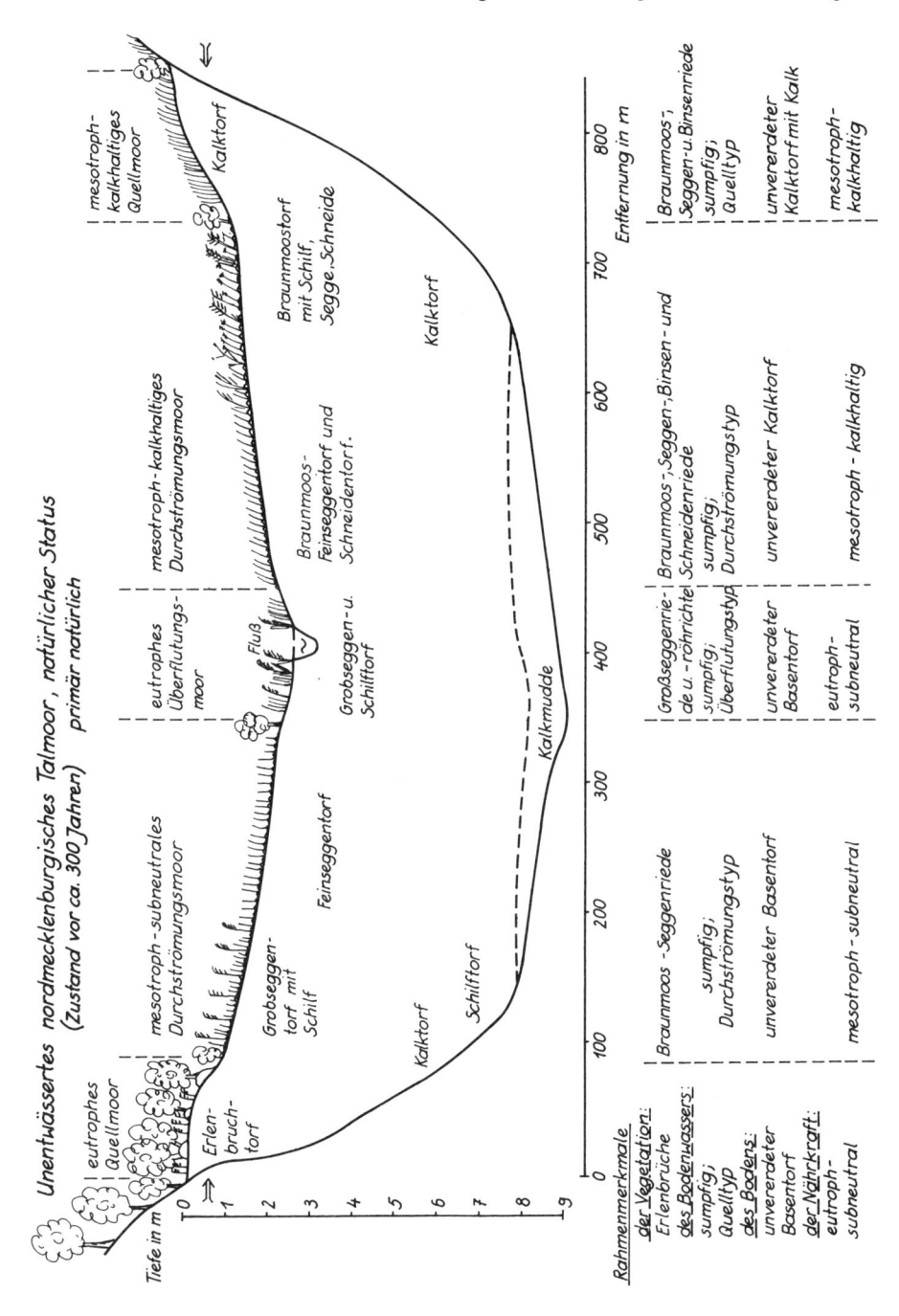

9.6. Naturräumliche Grundlage für Anwendungsbereiche der Ökologie 581

Abb. 9.43a. Mecklenburgische Talmoore in unterschiedlicher Nutzung

9. Anwendungsbereiche der Ökologie

Stark entwässertes nordmecklenburgisches Talmoor, potentiell natürliche Vegetation
(aktueller Zustand) rezent natürlich bei starker Entwässerung

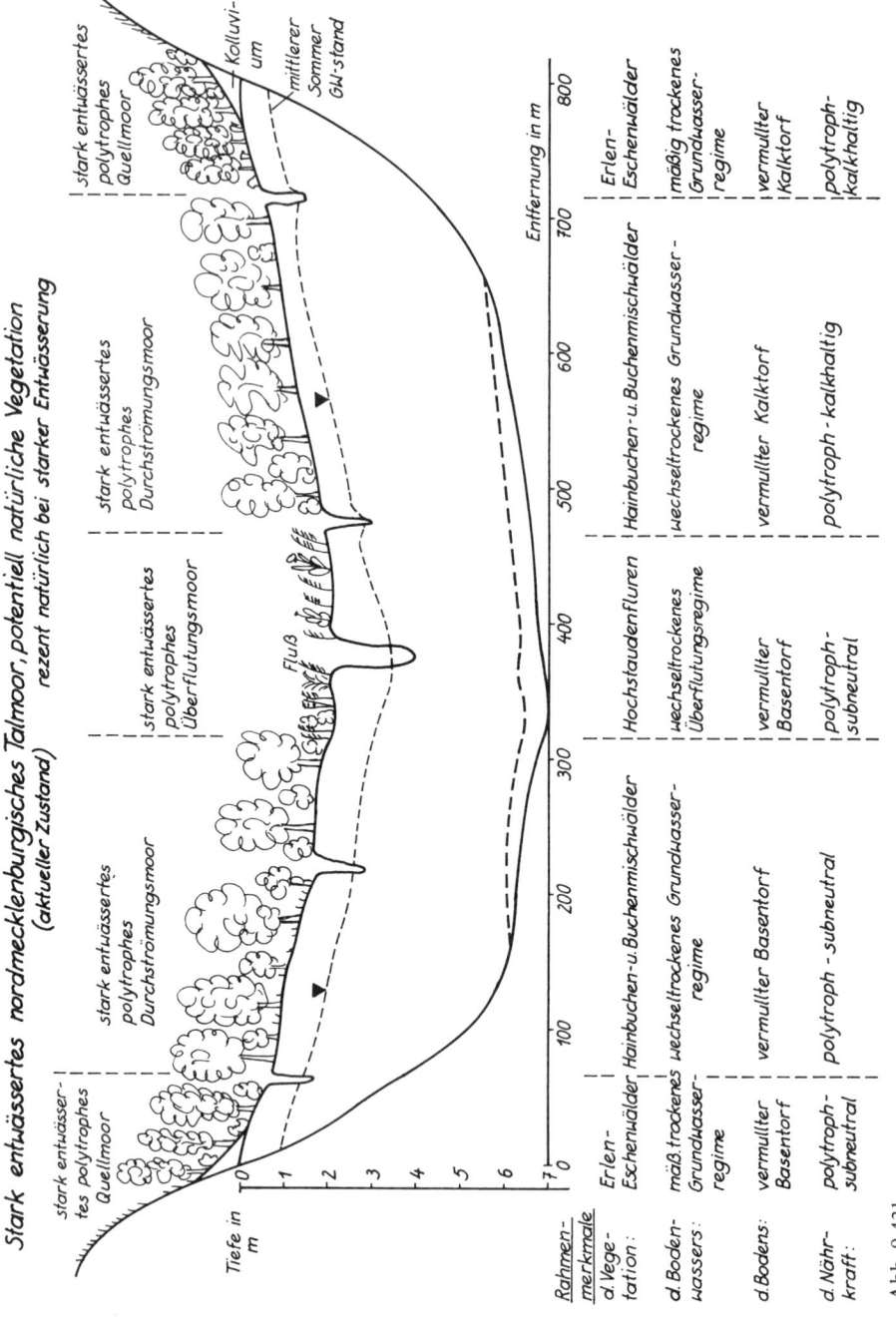

Abb. 9.43b

9.6. Naturräumliche Grundlage für Anwendungsbereiche der Ökologie 583

Mäßig entwässertes mecklenburgisches Talmoor, in vorindustriemäßiger landwirtschaftlicher Nutzung
(Zustand bis ca. 1960) Realstatus bei mäßiger Entwässerung

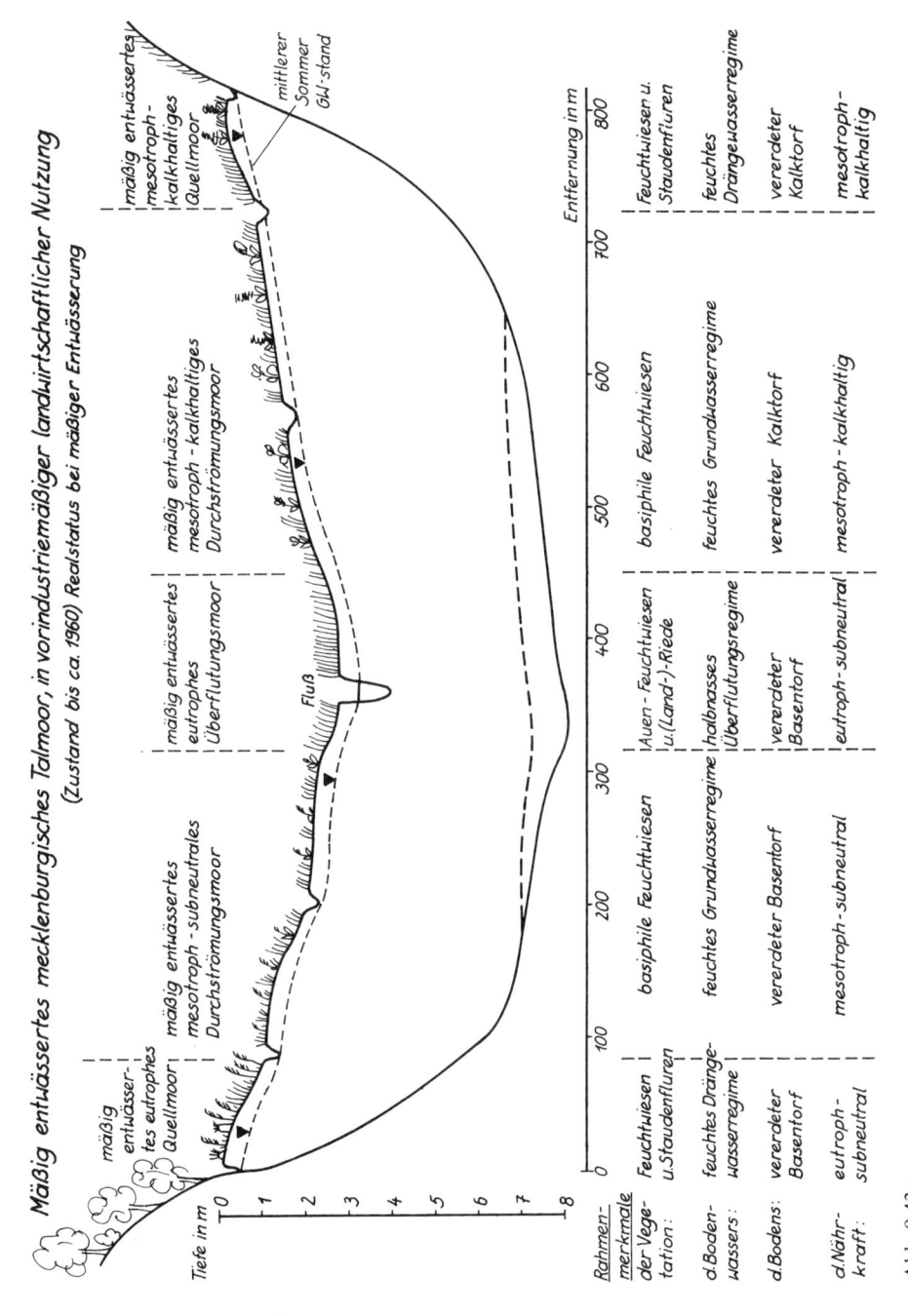

Rahmen-merkmale								
	mäßig entwässertes eutrophes Quellmoor	mäßig entwässertes mesotroph-subneutrales Durchströmungsmoor	mäßig entwässertes eutrophes Überflutungsmoor		mäßig entwässertes mesotroph-kalkhaltiges Durchströmungsmoor			mäßig entwässertes mesotroph-kalkhaltiges Quellmoor
d. Vegetation:	Feuchtwiesen u. Staudenfluren	basiphile Feuchtwiesen	Auen-Feuchtwiesen u. (Land-)Riede		basiphile Feuchtwiesen		Feuchtwiesen u. Staudenfluren
d. Bodenwassers:	feuchtes Dränge-wasserregime	feuchtes Grundwasserregime	halbnasses Überflutungsregime		feuchtes Grundwasserregime		feuchtes Drängewasserregime
d. Bodens:	vererdeter Basentorf	vererdeter Basentorf	vererdeter Basentorf		vererdeter Kalktorf		vererdeter Kalktorf
d. Nähr-kraft:	eutroph-subneutral	mesotroph-subneutral	eutroph-subneutral		mesotroph-kalkhaltig		mesotroph-kalkhaltig

Abb. 9.43c

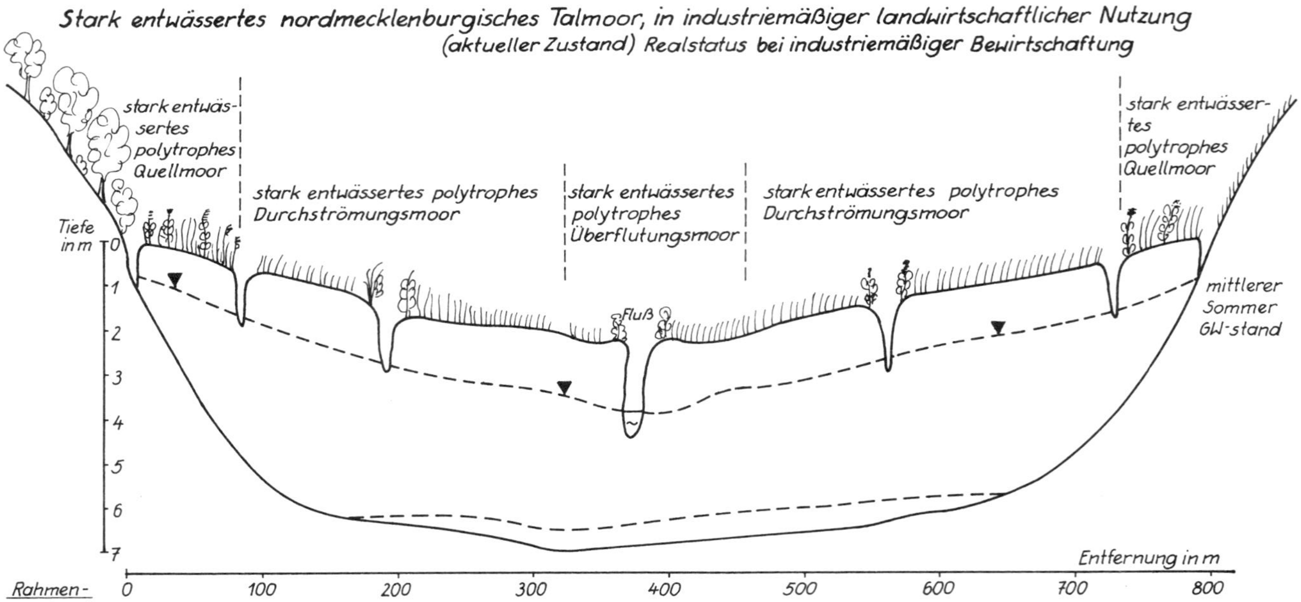

584   9. Anwendungsbereiche der Ökologie

Stark entwässertes nordmecklenburgisches Talmoor, in industriemäßiger landwirtschaftlicher Nutzung
(aktueller Zustand) Realstatus bei industriemäßiger Bewirtschaftung

Rahmen-merkmale						
	stark entwässertes polytrophes Quellmoor	stark entwässertes polytrophes Durchströmungsmoor	stark entwässertes polytrophes Überflutungsmoor	stark entwässertes polytrophes Durchströmungsmoor		stark entwässertes polytrophes Quellmoor
d.Vegetation:	Hochstauden-fluren	Quecken-Grasland; Ackerunkrautvegetation	Quecken-Grasland; Staudenfluren	Quecken-Grasland; Ackerunkrautvegetation		Hochstaudenfluren
d.Bodenwassers:	mäßig trockenes Grundwasserregime	wechseltrockenes Grund-/Stauwasserregime	wechseltrockenes Überflutungsregime	wechseltrockenes Grund-/Stauwasserregime		mäßig trockenes Grundwasserregime
d.Bodens:	vermullter Basentorf	vermullter Basentorf	vermullter Basentorf	vermullter Kalktorf		vermullter Kalktorf
d.Nährkraft:	polytroph-subneutral	polytroph-subneutral	polytroph-subneutral	polytroph-kalkhaltig		polytroph-kalkhaltig

Abb. 9.43 d

Abbildung 9.43. stellt am Beispiel eines Talmoors in 5 Schnitten das Ausgangsstadium und dessen Abwandlungsmöglichkeiten dar. Dabei werden der rezent natürliche Status bei mäßiger und bei starker Grundwasserabsenkung und entsprechend der Realstatus, also als landwirtschaftlich genutztes Grasland, bei früherer extensiver und der gegenwärtigen intensiven Nutzung abgebildet. Aus den Abbildungen sind die starken Veränderungen aller Geokomponenten ersichtlich.

Bei den **Offengewässern** wurde mit Einbeziehung der Binnenseen in die Naturraumerkundung begonnen (SUCCOW u. KOPP 1985, SUCCOW 1990).

Abbildung 9.44. zeigt am Beispiel eines primär natürlich oligotroph-alkalischen mittelgroßen Rinnen-Halbtiefsees die Entwicklung bis zur Gegenwart in vier Staten. Auf der Basiskarte erscheint der gegenwärtige Status; der primär natürliche Status wird in den Erläuterungen nachgewiesen. Sie enthält zugleich eine Fülle von Beispielen der nach den Komponenten Wasserkörper, Seeboden, Relief und Makrophytenvegetation gegliederten topischen Ausstattung chorischer Seenaturräume.

9.6.3. Ökologische Funktionstüchtigkeit der Naturräume

Naturräumliche Basis für die Kennzeichnung der ökologischen Funktionstüchtigkeit sind die Naturraummosaike; die Naturraumformen kommen nur als topische Ausstattung zur Wirkung.

Die in der Basiskarte dargestellten Naturraummosaike spiegeln — zunächst noch bewertungsfrei — die naturräumliche Struktur wider. Sie werden nach Merkmalen definiert, die zur Abgrenzung von Unstetigkeiten in der lateralen Struktur des naturräumlichen Hauptstockwerkes führen (naturräumliche Strukturmerkmale). Bei der Auswahl der naturräumlichen Strukturmerkmale ist die landschaftsgeschichtliche, besonders die morphogenetische Fundierung besonders wichtig. In dem nun folgenden zweiten Arbeitsschritt gilt es, diese Naturraummosaike ökologisch — geo- und bioökologisch — zu kennzeichnen. Dazu ist es erforderlich, die naturräumlichen Strukturmerkmale in geo- und bioökologisch aussagefähige Merkmale überzuleiten **(Ökomerkmale)**.

Zur Beurteilung des naturräumlichen Leistungsvermögens muß man die ökologische Funktionstüchtigkeit der Naturraumareale kennen. Zuerst wird sie nach dem bioökologischen Gesamtstatus beurteilt, der nach der Vegetation und ihrer Indikation für die Nährkraft und Feuchte als Ökomerkmal angesprochen wird. Dann werden wichtige Funktionen der abiotischen Naturraumkomponenten dargestellt, wie Wasser-, Humus-, Stickstoff- und Säure-Basenhaushalt. Eine Kennzeichnung nach dem Energiehaushalt muß noch erarbeitet werden.

Für die Vegetation und die abiotischen Funktionen wird jeweils vom natürlichen, möglichst primär natürlichen Status ausgegangen. Diesem wird der Realstatus vor Beginn der letzten Intensivierungswelle der gesellschaftlichen Produktion, besonders in der Landwirtschaft vor 2 bis 3 Jahrzehnten und der Status danach mit Angabe der Ursachen für Abweichungen gegenübergestellt und der Entwicklungstrend eingeschätzt. Bei den abiotischen Funktionen wird außerdem die Reaktionsbereitschaft auf künftige technogene Eingriffe vermerkt und die bioökologischen Folgen der wichtigsten technogenen Eingriffe. Diese Entwicklungsstaten sind auf die Landschaft als Ganzes bezogen.

Der **bioökologische Gesamtstatus** wird — jeweils für die Entwicklungsstaten primär und rezent natürlich, den Realstatus vor und nach der Intensivierungswelle vor 2 bis 3 Jahrzehnten (Realstatus I und II) — durch vegetationskundliche und andere ökologische Merkmale gekennzeichnet: den Waldanteil, die Mannigfaltigkeit nach der Anzahl der Vegetationsformen, die Phytomasseproduktivität, die ökologische Nährkraft- und Feuchtestufe.

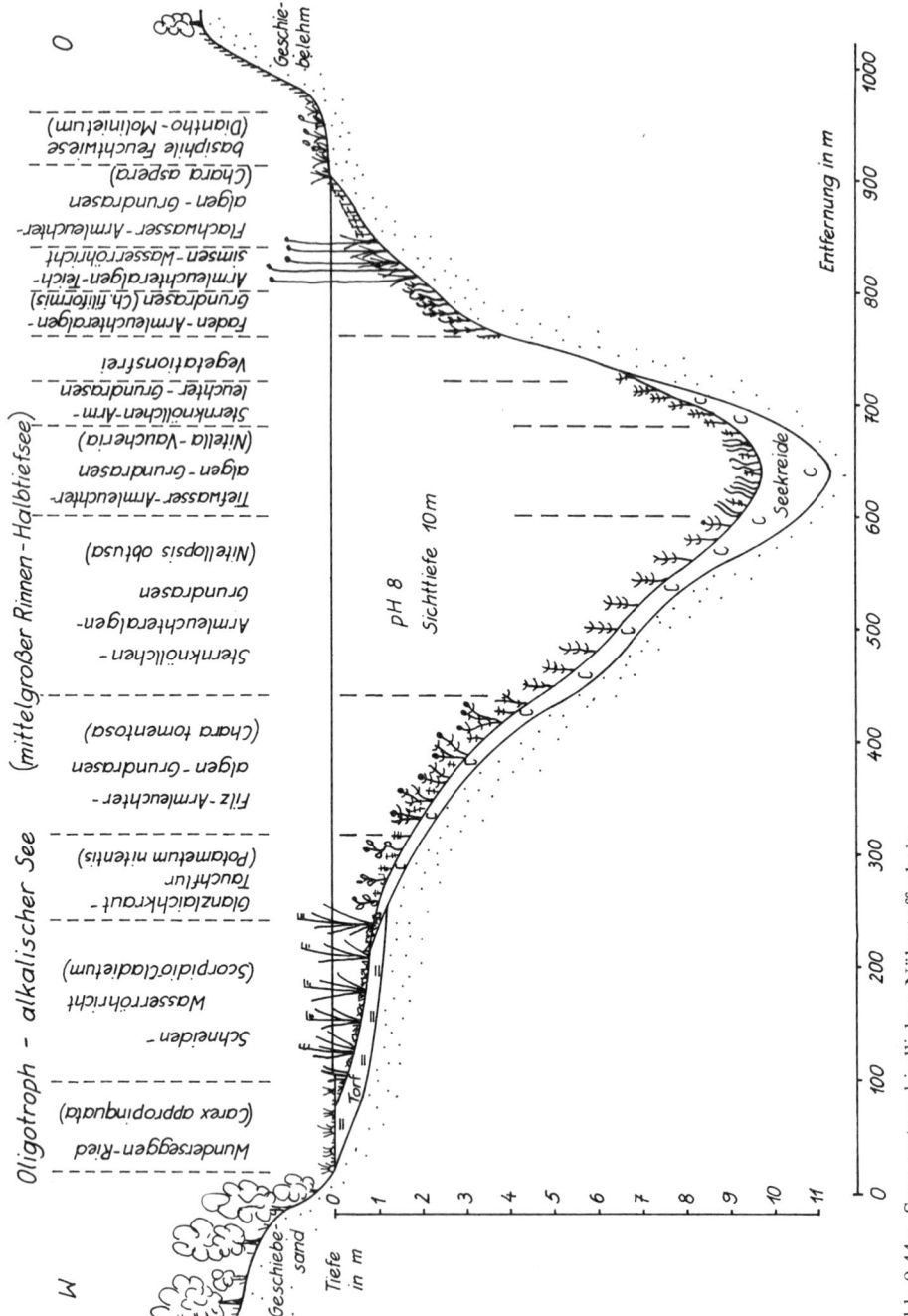

Abb. 9.44a. Seen unterschiedlichen Nährstoffgehalts

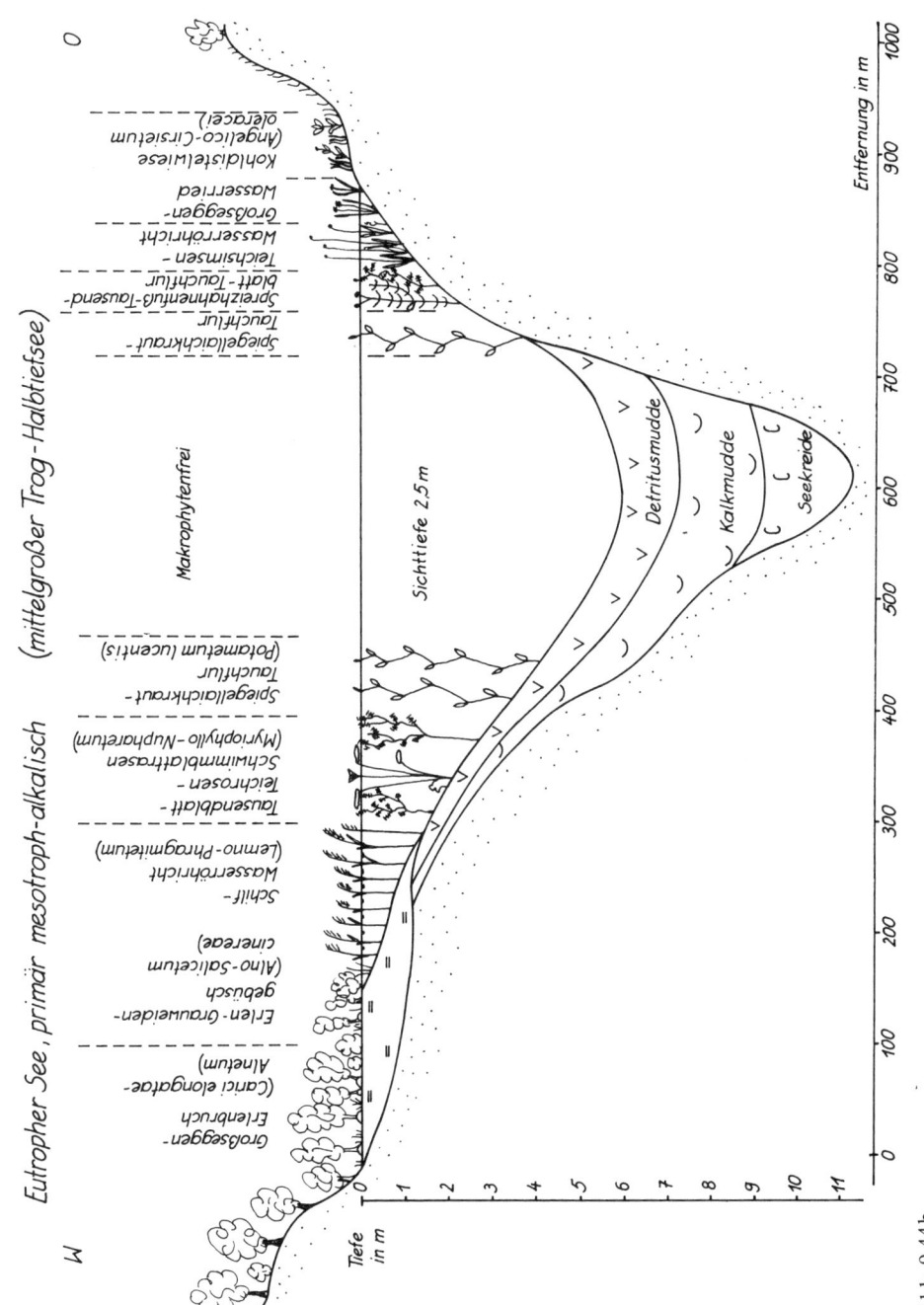

9.6. Naturräumliche Grundlage für Anwendungsbereiche der Ökologie 587

Abb. 9.44b

588   9. Anwendungsbereiche der Ökologie

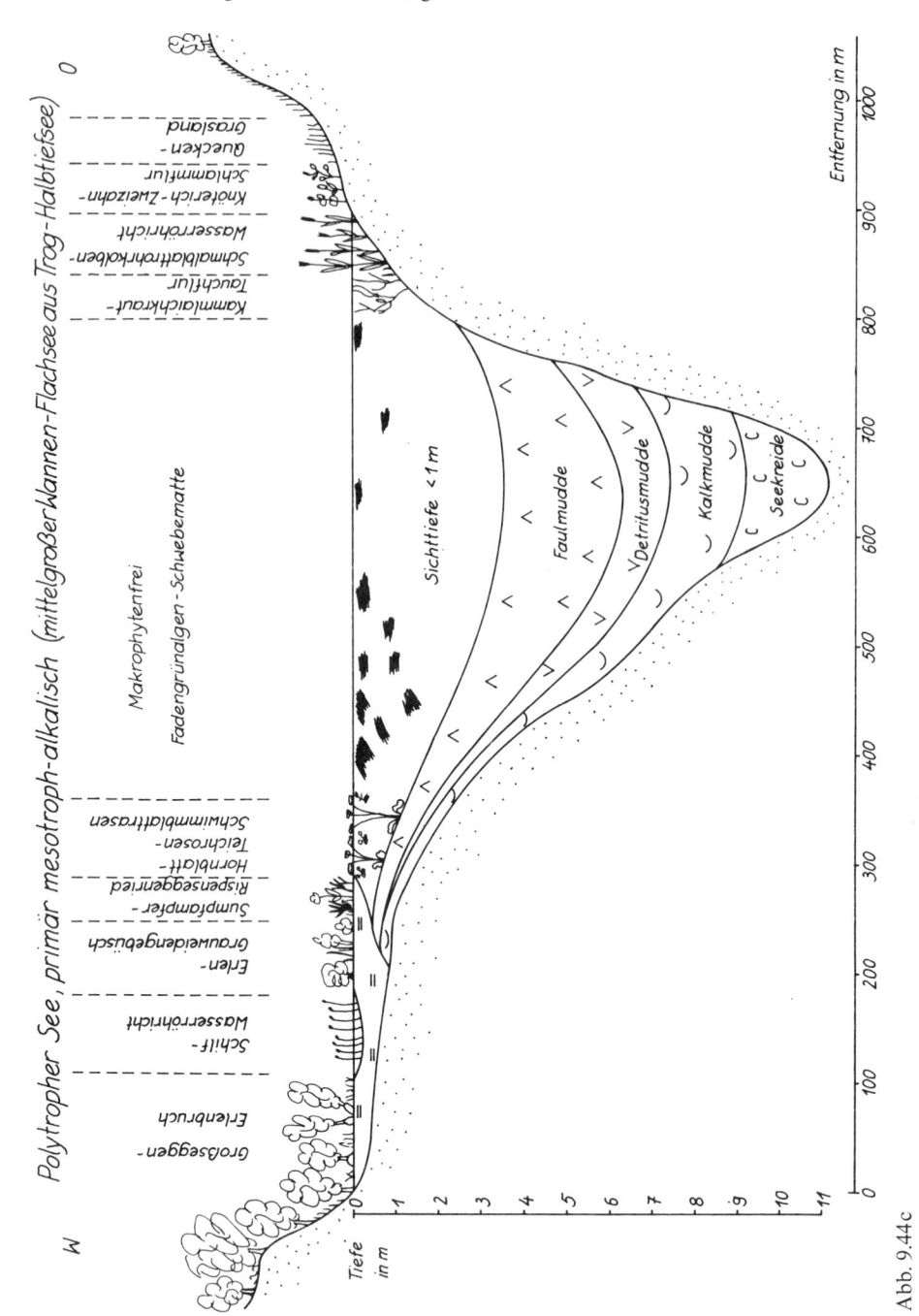

Abb. 9.44c

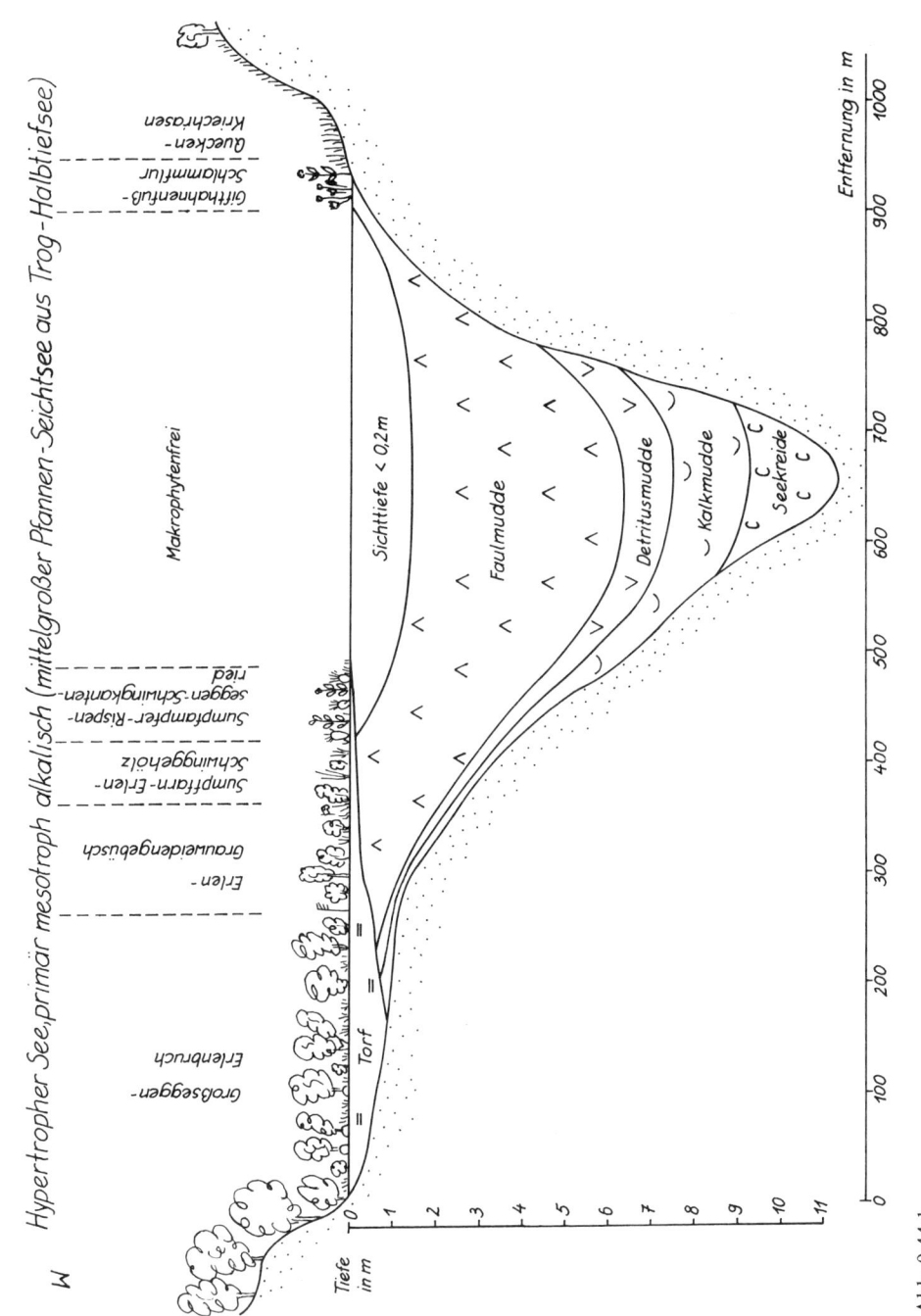

9.6. Naturräumliche Grundlage für Anwendungsbereiche der Ökologie   589

Abb. 9.44d

9. Anwendungsbereiche der Ökologie

Die topische Ableitgrundlage für die letztgenannten Merkmale ist für den primär und rezent natürlichen Status der in Gestalt von drei übereinander angeordneten Ökogrammen darstellbare Zusammenhang zwischen Stamm-Vegetationsform, Stamm-Standortsform und Phytomasseproduktivität.

Die **Oberflächenstabilität** ist stellvertretend für den Haushalt der Bodenfestbestandteile. Die primär natürliche Oberfläche ist in Mosaiken mit periglaziärem Grundrelief, die den weitaus größten Anteil des nordmitteleuropäischen Tieflandes einnehmen, mit Hilfe des Perstruktions- und Horizontprofils der Bodendecke zuverlässig rekonstruierbar (KOPP und JÄGER 1972; KOPP, JÄGER SUCCOW u. a. 1982, S. 209). In Mosaiken oder Mosaikteilen mit primär extraperiglaziärem Relief erfordert die Suche nach der primär natürlichen Oberfläche oft aufwendige landschaftsgeschichtliche Untersuchungen und bleibt daher mitunter unsicher.

Der Realstatus (hier zugleich rezent natürlicher Status) kommt in dem Anteil anthropogen überformter Oberflächen zum Ausdruck. Das ist bei Mosaiken mit periglaziärem Grundrelief der Flächenanteil extraperiglaziärer Überformung und bei Mosaiken mit primär extraperiglaziärem Relief der Anteil späterer anthropogener Überformung. Wo, wie vielfach in den Auen, die Oberfläche auch heute periodisch verändert wird, entfällt die Angabe der anthropogenen Überformung.

Unter Wald hat die extraperiglaziäre Überformung selbst bei stärker bewegtem Relief einen verschwindend geringen Anteil, sofern nicht Zeiten mit waldentblößter Oberfläche vorausgingen. Wo das der Fall ist, kann auch unter Wald der Überformungsanteil nahezu 100% erreichen, wie in der Leussower Heide in Südwestmecklenburg, wo in einer waldfreien Zeit fast die gesamte Oberfläche eines Altdünengebietes durch Winderosion überformt wurde.

Unter Ackerland ist ein größerer Überformungsanteil die Regel. Er erreicht in Mosaiken mit stärker bewegtem Relief Anteile bis 60% (SCHMIDT 1984, EBERMANN 1976). Ähnliches gilt für das Obstland (WEISSE 1989). Allgemein erhöht Beregnung den Überformungsanteil.

Bei Mooren führen Torfveratmung und Winderosion zu einem Bewegterwerden des Kleinreliefs, so daß nun auch Wassererosion einsetzen kann (SUCCOW 1988, Kap. 5). Bei Dauergrasland auf mineralischen Naturräumen, das dann an stark bewegtes Relief gebunden ist, ist die Oberflächenstabilität hoch. Sie mindert sich mit der Häufigkeit von Umbrüchen.

Nach Kennzeichnung der Entwicklungsstaten wird die Reaktionsbereitschaft zu Wasser- und Winderosion in Abhängigkeit vom nutzungsbedingten Grad der Bodenentblößung angesprochen. Als topische Ableitgrundlage für den naturräumlichen Wirkanteil an der Erosionsbereitschaft dient eine 7stufige Schätzskala in einer Tabelle, in der die Böden nach der Feuchte in Trocken- und Feuchtezeiten, nach der Körnung und dem Humusgehalt im Oberteil gruppiert sind und das Relief nach der Hangneigung.

Biöokologische Folgen von Verlusten an Oberflächenstabilität durch anthropogene Überformung werden an Veränderungen in der Anzahl der Vegetationsformen, an der Phytomasseproduktivität nach flächengewogenem Mittel und Kontrast spürbar, sowie im Mittel und Kontrast der Stamm-Nährkraftstufe.

Beim **Wasserhaushalt** werden die üblichen Entwicklungsstaten jeweils nach der Standortsfeuchteziffer, der nutzbaren Frühjahrsfeuchte, dem die Versickerungsfähigkeit kennzeichnenden Grob- und Mittelporenvolumen und dem Wander-(Migrations-)verhalten des Substratwassers gekennzeichnet. Die Standortsfeuchteziffer ist ein komplexes Ökomerkmal, das aus Boden-, Grund- und Stauwasser sowie Klimaeigenschaften abgeleitet wird. Sie wird als Bodenfeuchteäquivalent der ökoklimatischen Wasserbilanz — als Äquivalenttiefe — ausgedrückt: je größer die Äquivalenttiefe, um so tiefer müßte der Boden ausgeschöpft werden, um das Defizit der ökoklimatischen Wasserbilanz abzusättigen. Wo kein Defizit besteht und damit die Äquivalenttiefe 0 ist, reicht allein schon das Feuchteangebot der Lufthülle für eine optimale Wasserversorgung.

Aus diesen topischen Bausteinen setzen sich die Standortsfeuchteziffer und die nutzbare Frühjahrsfeuchte für die Naturraummosaike zusammen.

Zwischen den Entwicklungsstaten primär und rezent natürlich sowie Realstatus I fehlen Unterschiede im Wanderverhalten des Wassers oder sie sind gering. Wesentliche Abweichungen treten jedoch beim Realstatus II unter Acker- und Obstland auf.

Auf dem Ackerland spiegeln die Abweichungen des Realstatus II vom rezent natürlichen Status die Folgen der Intensivierung wider. Durch das Befahren mit schweren Maschinen, Humusschwund, besonders an Dauerhumus durch Rückgang der humusbildenden und krumenlockernden Bodenlebewelt ist der Anteil des lateral auf und nahe der Oberfläche ziehenden Wassers auf Kosten des vertikal versickernden Wassers stark angewachsen, sogar auch bei Sandmosaiken. Diese Verflachung des Wasserkreislaufes führt zu verstärkter lateraler Umverteilung innerhalb der Mosaikareale von den Kuppen in die Mulden mit all ihren ungünstigen Folgen und zu verstärktem, in Niederschlagszeiten rasch anschwellendem Abfluß in die Offengewässer. Eine Zunahme von Überschwemmungen auch außerhalb der Talauen ist die Folge. Die Ergiebigkeit der Quellen hat wegen der rückläufigen Versickerung ins Grundwasser nachgelassen.

Durch Beregnung wird die Wasserzufuhr zwar erhöht; die Tendenz zur Verflachung mit Zunahme der lateralen Umverteilung im Arealinnern und verstärktem Abfluß nach außen auf Kosten der vertikalen Versickerung nimmt aber eher noch zu.

Ähnliches gilt für das Obstland, abgeschwächt auch für das Dauergrasland. Auf bebautem Gelände ist die Zunahme des Oberflächen- und unterirdisch kanalisierten Abflusses auf Kosten der vertikalen Versickerung im Boden noch größer, besonders bei Oberflächenversiegelung. Nur in den bewaldeten Arealteilen fehlt diese Verflachung des Wasserhaushaltes.

Der Einfluß künftiger Eingriffe in den Wasserhaushalt muß nach der Reaktionsbereitschaft der Naturraumareale beurteilt werden. Dazu ist als erstes die Reaktionsbereitschaft zu Vorratsänderungen auf Wasserstandsänderungen bei Grund- und Offengewässern einzuschätzen, getrennt für Absenkung (z. B. durch trichterförmige Senkung bei Brunnengalerien von Wasserwerken oder Vertiefung von Wasserstraßen) und Anhebung (z. B. durch Anlage von Stauseen). Wie üblich sind Mengenminderung oder -mehrung und die Kontraständerung einzuschätzen. Auf Absenkung reagieren nur Mosaike mit Grund- und Stauwasser im Hauptstockwerk, aber nur wenn hydraulische Verbindung zu dem vom Eingriff betroffenen Wasserkörper des Grund- oder Offengewässers besteht. Der Kontrast wird bei Absenkung von der Tiefenstufe flurgleich zu flurnah meist größer, dann zu flurfern hin vorwiegend geringer.

Weiterhin wird die Anschließbarkeit des Grund- und Stauwassers an das Vorflutsystem eingeschätzt, die Reaktionsbereitschaft zu Übernässung bei Beregnung, zu Oberflächenabfluß durch Bodenverdichtung und schließlich der Einfluß von Eingriffen auf die Grundwasserneubildung.

Die bioökologischen Folgen von Wasserhaushaltsänderungen auf andere Teile des Ökosystems Naturraum sind am deutlichsten bei Entwässerungen. Sie verändern, nach Naturraumtypen differenziert, die Anzahl der Vegetationsformen als Ausdruck für die Mannigfaltigkeit, die Phytomasseproduktivität nach flächengewogenem Mittel und Kontrast sowie den Kontrast im Spektrum der Stamm-Nährkraft- und Feuchtestufe. Allgemein gilt auch hier: Eine Entwässerung von Grundwasserstufe flurgleich zu flurnah erhöht die Phytomasseproduktivität und die Mannigfaltigkeit des Vegetations- und Bodenmosaiks, eine Absenkung von flurnah nach flurfern vermindert beides.

Der **Humushaushalt** wird zunächst durch den Humusvorrat für Naturraumformen und -mosaike gekennzeichnet, jeweils für alle Entwicklungsstaten, wobei der Vorrat bei beiden Realstaten für Wald, Dauergrasland, Acker- und Obstland getrennt angegeben wird.

Der primär natürliche Humusvorrat des Bodenmosaiks reicht im flächengewogenen Mittel von reichlich 100 t/ha beim Gros der anhydromorphen Mosaike bis zu mehr als 1000 t/ha bei Moormosaiken. Mäßig hydromorphe Mosaike mit Vorräten um 150 t/ha, stark hydromorphe mit Vorräten um 200 t/ha und vollhydromorphe Mosaike mit Vorräten um 300 t/ha reihen sich dazwischen ein.

Der Humusvorrat bei rezent natürlichem Status weicht teils im flächengewogenen Mittel teils im Kontrast erheblich vom primär natürlichen ab. Unter den Ursachen steht nachhaltige Entwässerung an erster Stelle; dann folgt anthropogene Überformung der Oberfläche.

Entwässerung kann je nach Entwässerungsgrad und verflossener Zeit zu Humusschwund im flächengewogenen Mittel bis zu einem Restvorrat von weniger als 100 t/ha geführt haben. Bei primär vollhydromorphen Mosaiken, die dann den Zusatz „stark entwässert" erhalten, wäre das ein Schwund bis zu 200 t/ha, bei Moormosaiken bis nahezu 1000 t/ha.

Bei beiden Realstaten muß der Humusvorrat nach Landnutzungszweigen unterschieden werden. Unter Wald weicht der Humusvorrat bei beiden Staten nicht wesentlich vom Vorrat bei rezent natürlichem Status ab. Unter Acker werden bei anhydromorphen Mosaiken für den Realstatus I Abweichungen von -20 bis -30 t/ha vermerkt. Beim Realstatus II sinkt der Vorrat noch erheblich tiefer. Hauptursache ist der intensivierungsbedingte Verlust an koprogenem Dauerhumus als Folge des starken Rückgangs der Bodenlebewelt.

An Reaktionsbereitschaften wird jene für Humusschwund durch Entwässerung und häufigen Vollumbruch und zu nachhaltiger Humusanreicherung durch organische Düngung angegeben. Für die Bereitschaft zu Humusschwund durch Entwässerung reicht die Spanne von 10 t/ha bei mäßig hydromorphen Mosaiken bis zu 250 t/ha bei vollhydromorphen mineralischen Mosaiken oder gar bis über 500 t/ha bei Moormosaiken.

In ähnlicher Weise wie Wasser- und Humushaushalt werden die **Haushalte der ökologischen Hauptelemente** N, P, K, Mg und Ca gekennzeichnet, jeweils zunächst nach dem Vorrat in den jeweiligen Entwicklungsstaten, und für beide Realstaten ist eine getrennte Angabe nach Landnutzungszweigen vorgesehen. Die Kennzeichnung ist am weitesten für Stickstoff in Arealteilen unter Wald ausgereift. Ähnliches gilt für den **Säure-Basenstatus.**

9.6.4. Zweigbezogene Nutzungsinterpretation

Die zweigbezogene Nutzungsinterpretation ist für folgende Landnutzungszweige vorgesehen:

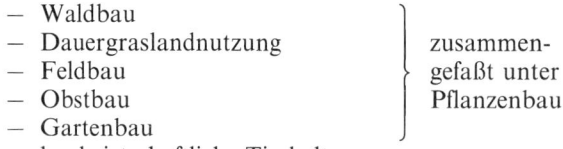

— Waldbau
— Dauergraslandnutzung
— Feldbau } zusammengefaßt unter Pflanzenbau
— Obstbau
— Gartenbau
— landwirtschaftliche Tierhaltung
— Fischerei
— Nutzung als Wohn- und Produktionsstätte
— Wassernutzung (wasserwirtschaftliche Nutzung)
— Erholungswesen
— Naturschutz

Die erstgenannten sind flächenbeanspruchende Landnutzungszweige; die wasserwirtschaftliche Nutzung und das Erholungswesen sind stets oder vorwiegend flächenüberlagernde Nutzungszweige. Die Landnutzung für den Naturschutz ist teils flächenbeanspruchend, wie bei Totalreservaten und Naurschutzgebieten im engeren Sinn, teils flächenüberlagernd: bei Landschaftsschutzgebieten.

9.6. Naturräumliche Grundlage für Anwendungsbereiche der Ökologie

Diese Landnutzungszweige beanspruchen das Leistungsvermögen des Naturraums mit Unterschieden in den beanspruchten Naturraumeigenschaften und in der Anspruchsintensität. Das Leistungsvermögen des Naturraums (Naturraumpotential nach NEEF 1969) läßt sich nach folgenden Aspekten betrachten:

— als bioökologisches Leistungsvermögen (biotisches Ertragspotential bei HAASE 1978 sowie KOPP, JÄGER, SUCCOW u. a. 1982)
— als geoökologisches Leistungsvermögen (Wasser- und Rohstoffpotential in den oben zitierten Quellen sowie Energiepotential)
— in den technologischen Eigenschaften (hierzu das Bebauungspotential in den zitierten Quellen)
— in den für die körperliche (somatische) und psychische Gesundheit des Menschen wesentlichen Eigenschaften (Rekreationspotential bei HAASE 1978, humanökologisches Leistungsvermögen bei FREYE 1978).

Das bioökologische Leistungsvermögen ergibt sich aus der nachhaltigen Produktivität im Verhältnis zur aufzuwendenden technogenen Zusatzenergie. Das bioökologische Leistungsvermögen ist umso größer, je höher die Nettoprimärproduktion bei gesicherter Nachhaltigkeit ist und je geringer der Aufwand an Zusatzenergie.

Zum geoökologischen Leistungsvermögen gehören das erneuerungsfähige Nutzwasser, die nutzbare Energie (erneuerungsfähig und sich aufbrauchend) sowie die sich aufbrauchenden Rohstoffe. Bei allen drei Teilaspekten wird das Leistungsvermögen durch die Rücksicht auf das bioökologische Leistungsvermögen und die anderen beiden Aspekte eingeengt.

10. Literatur

AGER, D.: Principles of Paleoecology. McGraw Hill Book Co., New York 1963.
ALEEV, JU, G.: Nekton. Nauka dumka, Kiev 1976.
ALEXANDER, M.: Microbial Ecology. Wiley, New York 1971.
ALTENKIRCH, W.: Ökologie. Sauerländer, Aarau–Frankfurt/M. 1977.
ALTIERI, M. A.: Agro ecology. The Scientific Basis of Alternative Agriculture. Westview Press, Boulder 1987.
AMBÜHL, H.: Die Bedeutung der Strömung als ökologischer Faktor. Schweiz. Z. Hydrol. **21** (1959): 133–264.
ANDERSEN, J. M., JACOBSEN, O. S., GREVY, P. D., and MARKMANN, P. N.: Production and decomposition of organic matter in eutrophic Fredericsborg Slotssö, Denmark. Arch. Hydrobiol. **85** (1979): 511–542.
ANDERSSON, M.: Reproductive tactics of the longtailed skua *Stercorarius longicaudus*. Oikos **37** (1981): 287–294.
ANGELIS, D. L. DE: Energy flow, nutrient cycling, and ecosystem resilience. Ecology **61** (1980): 764–771.
Anonymus: Unsere gemeinsame Zukunft. Bericht der Weltkommission für Umwelt und Entwicklung. Staatsverl. der DDR, Berlin 1988.
ANWAND, K.: Gewässerverzeichnis der Seen- und Flußfischerei der DDR. Hrsg.: Inst. Binnenfischerei, Berlin-Friedrichshagen 1973.
ARNDT, E. A.: Tiere der Ostsee. Ziemsen, Wittenberg-Lutherstadt 1964.
ARNDT, U., NOBEL, W., u. SCHWEIZER, B.: Bioindikatoren. Möglichkeiten, Grenzen und neue Erkenntnisse. Ulmer, Stuttgart 1987.
ASCHOFF, J.: Zeitliche Strukturen biologischer Vorgänge. Nova Acta Leopoldina N.F. **21**, Nr. 143 (1959): 147–177.
– Diurnal rhythms. Ann. Rev. Physiol. **25** (1963): 581.
– Zeitliche Ordnung des Lebendigen. Naturwiss. Rdsch. H. 2 (1964): 43–49.
– Spontane lokomotorische Aktivität. Handb. Zool. **8** (1982): 1–74.
ATLAS, R. M., and BARTHA, R.: Microbial Ecology: Fundamentals and Applications. Addison-Wesley, Reading, Massachusetts 1981.
AURADA, K. D.: Die Ergebnisse geowissenschaftlich angewandter Systemtheorie. Petermanns Geogr. Mitt. **123** (1979): 217–224.

BAER, J. G.: Tierparasiten. Kindlers Universitätsbibliothek, München 1972.
BALOGH, J.: Lebensgemeinschaften der Landtiere. Akademie-Verlag, Berlin 1958.
BALTENSWEILER, W.: *Zeiraphera griseana* HÜBNER (Lepidoptera, Tortricidae) in the European Alps. A contribution to the problem of cycles. Canad. Entomol. **96** (1964): 792–800.
BĂNĂRESCU, P., u. BOSCAIU, N.: Biogeographie. Fauna und Flora der Erde und ihre geschichtliche Entwicklung. Fischer, Jena 1978.
BANNISTER, P.: Introduction to Physiological Plant Ecology. Blackwell, Oxford 1976.
BARBIER, M.: Introduction to Chemical Ecology. Longman Inc., Ltd., New York 1979.
BARSCH, H.: Landschaft und Landschaftsnutzung – ihre Abbildung im Modell. Z. Erdkundeunterr. **23** (1971): 88–98.
– BILLWITZ, K., u. REUTER, B.: Einführung in die Landschaftsökologie – Lehrmaterial zur Ausbildung von Diplom-Fachlehrern Geographie. Pädagog. Hochsch. Potsdam 1988.
BARTHELMES, D.: Limnologische Grundlagen der Fischproduktion. in: STEFFENS, W. (Hrsg.): Industriemäßige Fischproduktion. Landwirtschaftsverl. Berlin 1979, 22–43.
BAUCH, G.: Die einheimischen Süßwasserfische. 2. Aufl. Neumann, Radebeul-Berlin 1954.
– Hydrobiologische Grundlagen der Binnenfischerei. Fischer, Jena 1981.

BAUER, L., u. WEINITSCHKE, H.: Landschaftspflege und Naturschutz. 3. Aufl. Fischer, Jena 1973.
BAUST, J. G., and MILLER, L. K.: Variations in glycerol content and its influence on cold hardiness in the Alaskan Carabid beetle, *Pterostichus brevicornus*. J. Insect Physiol. **20** (1970): 185—196.
BAUWE, H., and APEL, P.: Biochemical characterization of *Moricandia arvensis* (L.) DC., a species with features intermediate between C_3 and C_4 photosynthesis, in comparison with the C_3 species *Moricandia foetida* BOURG. Biochem. Physiol. Pflanzen **174** (1979): 251—254.
— — CO_2-Austausch und Carboxylierungsreaktionen bei C_3-C_4-intermediären Pflanzenarten. In: GÖRING, H., und HOFFMANN, P. (Hrsg.): Colloquia Pflanzenphysiologia. **3**, Humboldt-Universität Berlin 1980, 118—133.
Bayerisches Staatsministerium f. Ernährung, Landwirtschaft u. Forsten (Hrsg.): Auswertung der Verbißgutachten aus dem Jahre 1986 durch die Bayerische Forstliche Versuchs-und Forschungsanstalt. Gutachten, München 1987, S. 124.
BAYLISS-SMITH, T. P.: The Ecology of Agricultural Systems. Univ. Press, London—Cambridge 1982.
BAZZAZ, F. A., CHIARIELLO, N. R., COLEY, P. O., and PITELKA, L. F.: Allocating resources to reproduction and defense. BioScience **37** (1987): 58—67.
— — and REEKIE, E. G.: The meaning and measurement of reproductive effort in plants. In: WHITE, J. (Ed.): Studies on Plant Demography. A Festschrift for John L. HARPER. Acad. Press Inc., London 1985, 373—387.
BECK, S. D.: Insect Photoperiodism. Acad. Press, New York—London 1968.
BEGER, H.: Leitfaden der Trink- und Brauchwasserbiologie. 2. Aufl. Fischer, Jena 1966.
BEKLEMIŠEV, V. N.: Biocenologičeskie osnovy sravnitel'noj parazitologii. Izd. Nauka, Moskva 1970.
BELL, D. T., and MULLER, C. H.: Dominance of California annual grasslands by *Brassica nigra*. Amer. Midl. Natural. **90** (1973): 277—299.
BELL, E. A.: The possible significance of secondary compounds in plants. In: BELL, E. A., and CHARLWOOD, B. V. (Eds.): Encycl. Plant Physiol. Bd. 18. Springer, Berlin—Heidelberg—New York 1980, 11—21.
BELLOWS, T. S.: The descriptive properties of some models for density dependence. J. Animal. Ecol. **50** (1981): 139—156.
BENNDORF, I., PÜTZ, K., KRINITZ, H., u. HENKE, W.: Die Funktion der Vorsperren zum Schutz der Talsperren vor Eutrophierung. Wasserwirtsch. Wassertechn. **25** (1975): 10—25.
— u. RECKNAGEL, F.: Experimente mit einem dynamischen ökologischen Modell der Freiwasserregion von Talsperren und Seen. Acta hydrochim. hydrobiol. **7** (1979): 473—490.
— — KNESCHKE, H., u. LOTH, P.: Ökologische Modelle als Instrument einer selektiven Wassergütebewirtschaftung stehender Gewässer. Wasserwirtsch. Wassertechn. **31** (1981a): 193—197.
— UHLMANN, D., u. PÜTZ, K.: Strategies for water, quality management in reservoirs in the German Democratic Republic. Water Quality Bull. **6** (1981b): 68—73 und 90.
Bericht der Weltkommission: s. u. Anonymus.
BERMAN, T., and HOLM-HANSEN, P.: Release of photoassimilated carbon as dissolved organic matter by marine phytoplankton. Mar. Biol. **28** (1974): 305—310.
BERNHARDT, H.: Recent developments in the field of eutrophication prevention. Z. Wasser Abwasserforsch. **14** (1981): 14—26.
BERTHOLD, P.: Physiologie des Vogelzuges. In: Grundriß der Vogelzugkunde. 2. Aufl. Parey, Berlin 1971, 257—299.
BERTSCH, A.: In Trockenheit und Kälte. Anpassung an extreme Lebensbedingungen. Dynamische Biologie 6. Maier-Verlag, Ravensburg 1977.
BETHE, A.: Rhythmus und Periodik in der belebten Natur. Studium generale **2** (1949): 67—73.
BEVERTON, R. J., and HOLT, S. J.: On the dynamics of fish populations. Fishery Invest., Ser. 2, **19** (1957): 1—133.
BIEBL, R.: Die Resistenz gegen Zink, Bor und Mangan als Mittel zur Kennzeichnung verschiedener pflanzlicher Plasmasorten. Sitzungsber. Österr. Akad. Wiss., Abt. 1, **155** (1947): 145—157.
BILLWITZ, K.: Analyse und Wertung der Flächennutzungsstruktur am Beispiel des Ballungskerns Halle—Merseburg. Wiss. Abh. Geogr. Ges. DDR **14** (1978): 131—149.
— u. BREUSTE, J.: Anthropogene Bodenveränderungen im Stadtgebiet von Halle/Saale. Wiss. Z. Univ. Halle, math.-nat. **29** (1980): 25—43.
BIRCH, M. C. (Ed.): Pheromones. North-Holland Publ. Co., Amsterdam—London; American Elsevier Publ. Soc., Inc., New York 1974.

BISHOP, J. A., and COOK, L. M.: Moths, melanism and clean air. Sci. Amer. **232** (1975): 90–99.
BLACK, C. C., CHEN, T. M., and BROWN, R. H.: Biochemical basis for plant competition. Weed Sci. **17** (1969): 338–344.
BLECHSCHMIDT, J.: Altpapierverwertung – auch wissenschaftlich interessant. Wissensch. u. Fortschritt **34** (1984) 2: 44–46.
BLUM, M. S., JONES, T. H., HÖLLDOBLER, B., FALES, H. M., and JAOUNI, T.: Alkaloidal venom mace: Offensive use by a thief ant. Naturwiss. **67** (1980): 144–145.
BOBEK, H., u. SCHMITHÜSEN, J.: Die Landschaft im logischen System der Geographie. Erdkunde **3** (1949): 112–120.
BÖGER, H.: Bildung und Gebrauch von Begriffen in der Paläoökologie. Lethaia **3** (1970): 243–269.
BOGOROV, V. G.: Plankton Mirovogo Okeana. Izd. Nauka, Moskva 1974.
BÖHNERT, W., u. HILBIG, W.: Müssen wir auch Ackerunkräuter schützen? Naturschutzarb. Bez. Halle u. Magdeburg **17** (1980): 11–22.
BONESS, M.: Insektenpheromone und ihre Anwendungsmöglichkeiten. Naturwiss. Rdsch. **26** (1973): 515–522.
BÖNISCH, R., MOHS, G., u. OSTWALD, W.: Territorialplanung. Die Wirtschaft, Berlin 1976.
BOPPRÉ, M.: Pheromonbiologie am Beispiel der Monarchfalter (Danaidae). Biol. in unserer Zeit **7** (1977): 161–169.
BORNKAMM, R.: Über den Einfluß der Konkurrenz auf die Substanzproduktion und den N-Gehalt der Wettbewerbspartner. Flora **159** (1970): 84–104.
– SALDINGER, S., u. STREHLOW, H.: Substanzproduktion und Inhaltsstoffe zweier Gräser in Rein- und Mischkultur. Flora **164** (1975): 437–448.
BOUGIS, P.: Marine Plankton Ecology. North-Holland Comp., Amsterdam 1976.
BRANDES, D.: Verzeichnis der im Stadtgebiet von Braunschweig wildwachsenden und verwilderten Gefäßpflanzen. Univ. Braunschweig, Braunschweig 1987.
BRÄNDLE, R.: Die Überflutungstoleranz der Gemeinen Teichsimse *Schoenoplectus lacustris* (L.) PALLA: Abhängigkeit des ATP-Spiegels und des Sauerstoffverbrauchs in Wurzel- und Rhizomgewebe von der Sauerstoffkonzentration und der Temperatur in der Umgebung. Flora **170** (1980): 20–27.
BRAUN-BLANQUET, J.: Pflanzensoziologie. 3. Aufl. Springer, Wien–New York 1964.
BREITIG, G., u. TÜMPLING, W. VON (Hrsg.): Ausgewählte Methoden der Wasseruntersuchung. Bd. II. Biologische, mikrobiologische und toxikologische Methoden. 2. Aufl. Fischer, Jena 1982.
BRIEDERMANN, L.: Der Wildbestand – die große Unbekannte. Deutsch. Landwirtschaftsverl., Berlin 1982, S. 212.
BROCK, T. D.: Principles of Microbial Ecology. Prentice-Hall, Eaglewood Cliffs, N.J. 1966.
– Thermophilic Microorganisms and Life at High Temperatures. Springer, New York–Heidelberg–Berlin 1978.
BUDYKO, M. I.: Atlas teplogo balansa zemnogo sara. Meždunarodnij Komitat Geofisiki pri Prsid. Akad. Nauk, Moskva 1963.
– Klimat i žizn. Gidrimeteoizd., Leningrad 1971.
BÜNNING, E.: The Physiological Clock. Springer, New York 1967.

CAMPELL, R.: Mikrobielle Ökologie. Akademie-Verlag, Berlin 1981.
CARLQUIST, S.: The biota of long-distance dispersal. V. Plant dispersal to Pacific Islands. Bull. Torrey Bot. Club **94** (1967): 129–162.
ČEREPANOVA, N. M., i BILOVA, A. M.: Ėkologija. Provesčenie, Moskva 1981 (russ.).
CHENG, T. C.: General Parasitology. Acad. Press, London 1986.
CHIVERS, D.: The simmang and the gibbon in the Malay peninsula. In: RUMBAUGH, D. (Ed.): Gibbon and Simmang. Karger, Basel 1972.
CHRISTIAN, J. J., and DAVIS, D. E.: Endocrines, behaviour and populations. Science **146** (1964): 1550–1560.
CHRISTIANSEN, F. B., and FENCHEL, T. M.: Theories of Populations in Biological Communities. Ecol. Studies 20. Springer, Berlin–Heidelberg–New York 1977.
CLAPHAM, W. B.: Natural Ecosystems. Collier-Macmillan, New York 1973.
CLAUSEN, I., KECK, D. D., and HIESEY, W. M.: Experimental studies on the nature of species. I. Effect of varied environments on western North American plants. Carnegie Inst. Wash. Publ. **520** (1940).
CLOUDSLEY-THOMPSON, J. L.: Rhythmic Activity in Animal Physiology and Behaviour. Acad. Press, New York–London 1961.
CODY, M. L.: A general theory of clutch size. Evolution **20** (1966): 174–184.

CORBET, P. S.: A Biology of Dragonflies. Witherby, London 1962.
COSTLOW, J. D.: Fertility of the Sea. Vol. 1 and 2. Gordon and Breach, New York 1971.
COX, C. B., u. MOORE, P. D.: Einführung in die Biogeographie. UTB für Wissenschaft, Uni Taschenbücher **1408**. Fischer, Stuttgart 1987.
CRAWFORD, R. M. M.: Biochemical and ecological similarities in marsh plants and diving animals. Naturwiss. **65** (1978): 194–201.
CROZE, H.: Searching Image in Carrion Crows. Parey, Berlin–Hamburg 1970.
CURRY, J. P.: The qualitative and quantitative composition of the fauna of an old grassland site at Celbridge, Co. Kildare. Soil Biol. Biochem. **1** (1969): 219–227.
CURRY-LINDAHL, K.: Der Berglemming. NBB 526. Ziemsen, Wittenberg-Lutherstadt 1980.
CUSSANS, G. W., COUSENS, R. D., and WILSON, B. J.: Thresholds for weed control – the concepts and their integration. Proc. EWRS Symp. on Economic Weed Control 1986, 327–331.

DARWIN, CH.: Über die Entstehung der Arten durch natürliche Zuchtwahl. Schweizerbart, Stuttgart 1867.
DAVIDSON, J., and ANDREWARTHA, H. G.: Annual trends in a natural population of *Thrips imaginis* (*Thysanoptera*). J. Animal Ecol. **17** (1948): 193–199.
DEFANT, A.: Physical Oceanography. Vol. 2. Pergamon Press, Oxford 1961.
DENEAYER, S., et DUVIGNEAUD, P.: L'écosysteme urbs (Comparison Bruxelles-Charleroi). In: DUVIGNEAUD, P., DENEAYER, S., et BRICHARD, CH.: Écosystèmes cycle du carbone cartographie (Liaison avec les autres cycles biogéochimiques). SCOPE Comite National Belge. Cloetens-Dury, Bruxelles 1980, 251–297.
DICKIE, L. M.: Management of fisheries; ecological subsystems. Trans. Amer. Fisheries Soc. **102** (1973): 470–480.
DIETRICH, G., u. KALLE, K.: Allgemeine Meereskunde. Borntraeger, Berlin 1965.
DJOSHKIN, W. W.: Leben und Umwelt. Gespräche über Ökologie. Mir, Moskva und Urania, Leipzig–Jena–Berlin 1978.
DOGIEL, V. A.: Allgemeine Parasitologie. Fischer, Jena 1963.
DRENT, R., and SWIERSTRA, P.: Goose flocks and food finding: field experiments with Barnacle Geese in winter. Wildfowl **28** (1977): 15–20.
DUNGER, W.: Tiere im Boden. 3. Aufl. Die Neue Brehm-Bücherei **327**. Ziemsen, Wittenberg-Lutherstadt 1983–84.
DUVIGNEAUD, P.: L'écologie. Science Moderne de Synthese. Vol. 2. Ecosystèmes et Biosphère. Documentation 23. Ministère de l'Education et de la Culture, Bruxelles 1967.

EBERMANN, F.: Die Winderosion auf Ackerflächen im nördlichen Kreisgebiet von Eberswalde unter besonderer Berücksichtigung grundlegender Nachweisprobleme von Langzeitwirkungen. Diss. Univ. Berlin 1976.
EGGERS, T., u. NIEMANN, P.: Zum Begriff des Unkrauts und über Schadschwellen bei der Unkrautbekämpfung. Ber. über Landwirtsch. **58** (1980): 264–272.
EHRENDORFER, F.: Evolution und Systematik. In: Lehrbuch der Botanik. Begr. von STRASBURGER, E., et al., neubearb. von DENFFER, D. VON, EHRENDORFER, F., MÄGDEFRAU, K., u. ZIEGLER, H. 31., 32., 33. Aufl. Fischer, Stuttgart 1978, 1983, 1990.
EHWALD, E.: Aufgaben und Methoden der forstlichen Standortskunde. Sitzungsber. Dtsch. Akad. Landwirtschaftswiss. **2** (1953).
— Die großmaßstäbige landwirtschaftliche Boden- und Standortkartierung und ihre Auswertung. Fortschrittsber. Landwirtsch. **6** (1968): 1–70.
— Abschn. Bodenkartierung und Bodenschätzung. In: EHWALD, E., FÖRSTER, I., MÜLLER, G., u. REUTER, G.: Bodenkunde. Dtsch. Landwirtsch. Verlag, Berlin 1980, 354–379.
EICH, D.: Umwelt und Agrarforschung. Teil Boden. Akad. d. Landwirtschaftswiss. Berlin 1981.
EINSELE, W.: Die Strömungsgeschwindigkeit als beherrschender Faktor bei der limnologischen Gestaltung der Gewässer. Österr. Fischerei, Suppl. 1. 1960.
ELAGIN, I. N.: Sezonnoe razvitie sosnovych lesov. Izd. Nauka, Novosibirsk 1976.
ELLENBERG, H.: Belastungen und Belastbarkeit von Ökosystemen. Tagungsber. Ges. Ökologie Gießen **1** (1972): 19–26.
— (Hrsg.): Ökosystemforschung. Ziele und Stand der Ökosystemforschung. Springer, Berlin–Heidelberg–New York 1973a.

- Versuch einer Klassifikation der Ökosysteme nach funktionellen Gesichtspunkten. In: ELLENBERG, H. (Hrsg.): Ökosystemforschung. Springer, Berlin – Heidelberg – New York 1973b, 235 – 264.
- Räuber und Beute. Ein Beziehungsgefüge aus Territorialität, Konkurrenz und Prädation. Unterricht Biol. **10** (1986a): 4 – 12.
- Vegetation Mitteleuropas mit den Alpen. 4. Aufl. Ulmer, Stuttgart 1986b.
- u. MUELLER-DOMBOIS, D.: Tentative Physiognomie – Ecological Classification of Plant Formations of the Earth. Ber. Geobot. Inst. E. T. H. Stiftung Rübel **37** (1967): 21 – 55.

ELLWOOD, D. C., HEDGER, J. NB., LATHAM, M. J., LYNCH, J. M., and SLATER, J. H.: Contemporary Microbial Ecology. Academic Press, London 1980.

ELTON, C.: Voles, Mice, and Lemmings: Problems in Populations Dynamics. Oxford Univ. Press, London 1942.
- The Pattern of Animal Communities. Methuen, London 1966.

EMLEN, S. T., and ORING, L. W.: Ecology, sexual selection, and the evolution of mating systems. Science **197** (1977): 215 – 223.

EMMEL, T. C.: Population in Biology. Harper and Row, New York – Hagerstown – San Francisco – London 1977.

EMONS, H.-H., u. KADEN, H.: Schätze im Abfall? Fachbuchverl., Leipzig 1983.

ENGELHARDT, W. (Hrsg.): Ökologie im Bau- und Planungswesen. Wiss. Verlagsges., Stuttgart 1983.

EPPLE, G.: The Behaviour of Marmoset Monkeys (Callithricidae). In: ROSENBAUM, L. (Ed.): Primate Behaviour. Karger, Basel 1975, 195 – 239.

ERMICH, D.: Bodenbearbeitung. In: MÜLLER, P.: Ackerbau. Dtsch. Landwirtsch. Verlag, Berlin 1981.

ERNST, W.: Schwermetallresistenz und Mineralstoffhaushalt. Westdeutscher Verlag, Opladen 1972.
- Discrepancy between ecological and physiological optima of plant species. A re-interpretation. Oecol. plant. **13** (1978): 175 – 188.

ERNST, W. H. O.: Anpassungsstrategien einjähriger Dünenpflanzen. Verh. Ges. Ökol. **10** (1983): 485 – 495.

ETHERINGTON, J. R.: Environment and Plant Ecology. J. Wiley & Sons, London – New York – Sydney – Toronto 1975.

FABIAN, P.: Atmosphäre und Umwelt. Chemische Prozesse – menschliche Eingriffe. 2. Aufl. Springer, Berlin – Heidelberg – New York – London – Paris – Tokyo 1987.

FALLET, M.: Der Jahresrhythmus eines großstädtischen Bestandes des Haussperlings (*Passer domesticus* L.). Schrift Naturwiss. Ver. Schleswig-Holstein **29** (1958).

FAO/ECE: European timber trends an prospects 1950 to 2000. Timber Bull. for Europe **29,** Suppl. 3. Food and Agriculture Org., Geneva 1976.

FARNER, D. S.: Circadian systems in the photoperiodic responses of vertebrates. In: ASCHOFF, J. (Ed.): Circadian Clocks. North-Holland Publ. Comp., Amsterdam 1965, 357 – 369.
- Predictive functions in the control of annual cycles. Env. Res. **3** (1970): 119 – 131.
- KING, J. R., and PARKES, K. C.: Avian Biology. Acad. Press, New York – London 1971.

FEDORENKO, N., u. GOFMAN, K.: Rationelle Gestaltung der Umwelt als Problem der optimalen Planung und Leitung. In: Sowj. Wiss., Gesellsch.-wiss. Beiträge Berlin 26, 1973.

FIEDLER, H. J., u. NEBE, W.: Experimentelle Untersuchungen fruchtbarkeitsbestimmender Standortsmerkmale unter Berücksichtigung der Fichtendüngungsflächen im Mittelgebirge und Hügelland. Forschungsber. Sekt. Tharandt, TU Dresden 1981.

FINN, J. T.: Flow analysis of models of the Hubbard Brook ecosystem. Ecology **61** (1980): 562 – 571.

FLEMMING, G.: Klima – Umwelt – Mensch. Fischer, Jena 1979.

FLECHTER, M., GRAY, T. R. G., and JONES, J. G. (Eds.): Ecology of Microbial Communities. 41. Symp. Soc. Gen. Microbiol. Cambridge Univ. Press, Cambridge 1987.

FORBES, S. A.: The Lake as a Microcosm. Sci. Ass. Peoria 1887; repr. Ill. Nat. Hist. Survey Bull. **15** (1925): 1 – 15.

FORSBERG, C., and RYDING, S.-O.: Eutrophication parameters and trophic state indices in 30 Swedish waste-receiving lakes. Arch. Hydrobiol. **89** (1980): 189 – 207.

FÖRSTNER, U., and WITTMANN, G. T. W.: Metal Pollution in the Aquatic Environment. Springer, Berlin – Heidelberg – New York 1979.

FORTESCUE, J. A. C.: Environmental Geochemistry. Ecol. Studies 35. Springer, New York – Heidelberg – Berlin 1980.

FRANCÉ, R. H.: Das Edaphon. Deutsche Mikrobiol. Ges., München 1913.

FRANK, F.: Untersuchungen über den Zusammenbruch der Feldmausplagen (*Microtus arvalis* PALLAS). Zool. Jb. Syst. **82** (1953): 354—403.
FRANK, W.: Parasitologie. Ulmer, Stuttgart 1976.
FRANZ, J. M.: Welche Nutzorganismen sind in Europa für den biologischen Pflanzen- und Gesundheitsschutz verfügbar? Anz. Schädlingsk. Pflanzensch. Umweltsch. **57** (1984): 105—111.
FREIER, B., VOLKMAR, C., u. WETZEL, T.: Möglichkeiten und Formen der Prognose von Schadinsekten des Getreides. Nachrichtenbl. Pflanzenschutz DDR **35** (1981): 25—30.
— u. WETZEL, T.: Untersuchungen zum Einfluß von Getreideblattläusen auf die Ertragsbildung des Winterweizens. Beitr. Entomol. **26** (1976): 187—196.
FREITAG, H.: Einführung in die Biogeographie von Mitteleuropa. Fischer, Jena 1962.
FREYE, H.-A.: Beitrag der Medizin für eine gesundheitsfördernde Gestaltung der Arbeits- und Lebensbedingungen der Werktätigen. Hercynia N. F. **13** (1976a): 186—192.
— Problemanalyse der embryotoxischen, teratogenen und mutagenen Gefährdung des Menschen. Sitzungsber. AdW DDR 1 N (1976b): 4—21.
— Humanökologische Bemerkungen zur Urbanisation. Biol. Rdsch. **14** (1976c): 132—141.
— Biologische Grundlagen des Werkzeuggebrauchs. Wissenschaft u. Fortschr. **31** (1981): 385—389, III. Umschlagseite.
— Humanökologie. 3. Aufl. Fischer, Jena 1986.
— Einführung in die Humanökologie für Mediziner und Biologen. UTB 1402. Quelle u. Meyer, Heidelberg—Wiesbaden 1986.
— Humanökologische Einwirkungen der städtischen Umwelt auf den Menschen. In: Schr. Hochsch. Architektur Weimar Nr. 56 (1989) 41—47.
— Humangenetik. Eine Einführung in die Erblehre des Menschen. 6. Aufl. Volk u. Gesundheit, Berlin 1990.
FRIEDRICH, H.: Meeresbiologie. Borntraeger, Berlin 1965.
FRIEDRICHS, K.: Grundsätzliches über die Lebenseinheiten höherer Ordnung und den ökologischen Einheitsfaktor. Naturwiss. **15** (1927): 153—157.
FRIESE, G., MÜLLER, H. J., DUNGER, W., HEMPEL, W. u. KLAUSNITZER, B.: Habitatkatalog für das Gebiet der DDR. Entomol. Nachr. **17** (1973) 4/5: 41—79.
FRITSCHE, W.: Umwelt-Mikrobiologie. Akademie-Verl., Berlin 1985.
FUKAREK, F.: Die Vegetation des Darß und ihre Geschichte. Pflanzensoziologie 12. Fischer, Jena 1961.
— Pflanzensoziologie. Akademie-Verlag, Berlin 1964.

GARVE, E.: Artenliste und Anmerkungen zur rezenten Gefäßpflanzenflora der Stadt Göttingen. Mitt. Fauna u. Flora Südniedersachsens **7** (1985): 163—179.
GASHWILER, J. S.: Conifer seed survival in a western Oregon clearcut. Ecology **48** (1967): 431—433.
GEIGER, R.: Das Klima der bodennahen Luftschicht. 4. Aufl. Vieweg und Sohn, Braunschweig 1961.
GERLACH, S. A.: Das Supralitoral der sandigen Meeresküsten als Lebensraum einer Mikrofauna. Kieler Meeresforsch. **10** (1954): 121—129.
GESSNER, F.: Hydrobotanik. Teil II. Deutscher Verlag der Wissenschaften, Berlin 1959.
GEYER, O. F.: Grundzüge der Stratigraphie und Fazieskunde. Bd. I u. II. Schweizerbartsche Verlagsges. Stuttgart 1973 u. 1977.
GLASER, R.: Einführung in die Biophysik. Fischer, Jena 1971.
GLUTZ VON BLOTZHEIM, U. N.: Handbuch der Vögel Mitteleuropas. Bd. 9. Akad. Verlagsges., Wiesbaden 1980.
GOERTZ, J. W.: An ecological study of *Microtus pinetorum* in Oklahoma. Amer. Midl. Natural. **86** (1971): 1—12.
GOLTERMAN, H. L.: Physiological Limnology. An Approach of the Physiology of Lake Ecosystems. Elsevier, Amsterdam 1975.
GÖRING, H.: Proline accumulation under conditions of stress and deficiency of mineral nutrients. Proc. 1st Internat. Symp. on Plant Nutrition, Varna (Bulgaria) 1979, 103—109.
GORLENKO, V. M., DUBRINA, S. I., i KUZNECOV, S. I.: Ekologija vodnych mikroorganizmov. Nauka, Moskva 1977.
GORYŠINA, T. K.: Ėkologija rastenij. Vysšaja škola, Moskva 1979.
GOSSOW, W.: Wildökologie. BLV Verlagsges., München 1976, S. 316.
GRANT, R. P.: Population performance of *Microtus pennsylvanicus* confined to woodland habitat, and a model habitat occupancy. Canad. J. Zool. **53** (1975): 1447—1465.

GRAUL, CHRISTA: Organismustheorie und Medizin. Humanitas **21**/25(1981): 9.
GREGOR, H.-J.: Die Rekonstruktion tertiärer Pflanzengemeinschaften. Fossilien **5** (1988): 217–222.
GRIGNAC, P.: The evolution of resistance to herbicides in weedy species. Agro-Ecosystems **4** (1978): 377–385.
GRIME, J. P.: Evidence for the existence of three primary strategies in plants and its relevance to ecological and evolutionary theory. Amer. Natural. **111** (1977): 1169–1194.
– Plant Strategies and Vegetation Processes. Wiley and Sons, Chichester – New York – Brisbane – Toronto 1979.
GRIMM, F.: Das Abflußverhalten in Europa – Typen und regionale Gliederung. Wiss. Veröffentl. Dtsch. Inst. Länderkde. Leipzig **25**/26 (1968): 18–180.
GROSSER, K. H.: Landschaftskundliche Gesichtspunkte zur Entwicklung von Pflegeplänen für Landschaftsschutzgebiete. Naturschutzarb. Berlin u. Brandenburg **3** (1967): 39–52.
– Vorschlag zur Gliederung gesellschaftlicher und biologischer Funktionen von Wald und Gehölz im Rahmen der Landschaftspflege. Arch. Naturschutz u. Landschaftsforsch. **16** (1976): 189–214.
GROSSER, N., u. SCHUH, J.: Variabilität der Zeitstruktur des Eiablageverhaltens von *Arctia caja* L. *(Lep., Arctiidae)*. Abh. Akad. Wiss. DDR **1** (1979): 255–264.
GRØTVED, I.: On the productivity of microbenthos and phytoplankton in some Danish-Fiords. Medd. Danmark Fisk.-og. Havunders, N.S. **3** (1960): 55–92.
GRÜMMER, G.: Die gegenseitige Beeinflussung höherer Pflanzen – Allelopathie. Fischer, Jena 1955.
GUBERNSKIJ, JU. D., u. KORONEVSKAJA, E. I.: Hygienische Grundlagen der Klimagestaltung in Wohn- und Gesellschaftsbauten. Volk u. Gesundheit, Berlin 1983.
GUTTE, P., KLOTZ, S., LAHR, C., u. TREFFLICH, A.: *Ailanthus altissima* (MILL.) SWINGLE – eine vergleichend pflanzengeographische Studie. Folia Geobot. et Phytotax. **22** (1987): 241–262.
GWINNER, E.: Circannuale Periodik als Grundlage des jahreszeitlichen Funktionswandels bei Zugvögeln. J. Ornith. **109** (1968): 70–95.

HAARTMAN, L. VON: Population dynamics. In: FARNER, D. S., KING, I. R., and PARKES, K. C. (Eds.): Avian Biology. Acad. Press, New York – London 1971, 391–459.
HAASE, G.: Die Arealstruktur chorischer Naturräume. Petermanns Geogr. Mitt. **120** (1976): 130–135.
– Zur Ableitung und Kennzeichnung von Naturpotentialen. Petermanns Geogr. Mitt. **122** (1978): 113–125.
– u. Autorenkoll.: Naturraumerkundung und Landnutzung. Akademie-Verl., Berlin 1990.
HABER, W. (Hrsg.): Verhandlungen der Gesellschaft für Ökologie. Bd. 8. Freising-Weihenstephan 1979. Goltze, Göttingen 1980.
HAECKEL, E.: Generelle Morphologie der Organismen. Bd. II. Reimer, Berlin 1866.
– Über Entwicklung und Aufgabe der Zoologie. Jenaische Z. Med. u. Naturwiss. **5** (1870): 352–370.
HAEUPLER, H., u. SCHÖNFELDER, P.: Atlas der Farn- und Blütenpflanzen der Bundesrepublik Deutschland. Ulmer, Stuttgart 1988.
HAGEN, K. S.: Biology and ecology of predaceous Coccinellidae. Ann. Rev. Entom. **7** (1962): 289–326.
HAHN, W., WOLF, A., u. SCHMIDT, W.: Untersuchungen zum Stickstoffumsatz von *Tussilago farfara* und *Agropyron repens*-Beständen, Verh. Ges. Ökol. **7** (1979): 369–380.
HAILMAN, J. P., and JAEGER, R. G.: A model of phototaxis and its evaluation with anuran amphibians. Behaviour **56** (1976): 215–249.
HALLÉ, F., and OLDEMAN, R. A. A.: Essai sur l'Architecture et la Dynamique de Croissance des Arbres Tropicaux. Masson, Paris 1970.
– – and TOMLINSON, P. B.: Tropical Trees and Forests. In: An Architectural Analysis. Springer, Berlin – Heidelberg – New York 1978.
HÄNEL, K.: Biologische Abwasserreinigung mit Belebtschlamm. Fischer, Jena 1986.
HARBORNE, J. B.: Introduction to Ecological Biochemistry. Acad. Press, London – New York – San Francisco 1977.
– (Ed.): Biochemical Aspects of Plant and Animal Coevolution. Acad. Press, London – New York – San Francisco 1978.
HARPER, J. L.: Approaches to the study of plant competition. In: MILTHORPE, F. L. (Ed.): Mechanisms in Biological Competition. Symp. Soc. exp. Biol. **15** (1961): 1–39.
– Population Biology of Plants. Acad. Press, London – New York – San Francisco 1977.
– OGDEN, J.: The reproductive strategy of higher plants. I. The concept of strategy with special reference to *Senecio vulgaris* L. J. Ecol. **58** (1970): 681–698.

HATCH, M. D., KAGAWA, T., and CRAIG, S.: Subdivision of C_4-pathway species based on differing C_4 acid decarboxylating systems and ultrastructural features. Austr. J. Plant Physiol. **2** (1975): 111−128.
− and OSMOND, C. B.: Compartmentation and transport in C_4 photosynthesis. Encycl. Plant Physiol. Bd. 3. Springer, Berlin−Heidelberg−New York 1976, 144−184.
HAUPT, R., HIEKEL, W., u. REICHHOFF, L.: Winderosion im Lößgebiet der DDR und Vorschläge zu ihrer Verminderung. Arch. Natursch. u. Landschaftsforsch. **28** (1988): 177−195.
HEERKLOS, R.: Die Regulation der Populationsgröße − ein kybernetischer oder stochastisch-kinetischer Vorgang? Beitr. Vogelwarte Hiddensee **6** (1985): 56−58.
HEINICKE, G., u. BEYER, K.: Phosphordüngemittel durch tribochemischen Aufschluß. Wissensch. u. Fortschritt **4** (1981): 150−154.
HEJNY, S.: *Coleanthus subtilius* (TRATT.) SEIDL in der Tschechoslowakei. Folia geobot. et phytotax. **4** (1969): 345−399.
HENDL, M., MARCINEK, J., u. JÄGER, E.-J.: Allgemeine Klima-, Hydro- und Vegetationsgeographie. 3. Aufl. Studienbücherei Geographie 5. Haack, Gotha−Leipzig 1988.
HENDRICHS, H.: Beobachtungen und Untersuchungen zur Ökologie und Ethologie, insbesondere zur sozialen Organisation ostafrikanischer Säugetiere. Z. Tierphysiol. **30** (1972): 146−189.
− Die soziale Organisation von Säugetierpopulationen. Säugetierkundl. Mitt. **62** (1978): 81−116.
HENNING, M., u. KOHL, J. G.: Toxische Blaualgen und ihre Toxine. Biol. Rdsch. **19** (1981): 217−229.
HENSEL, H.: Neue Erkenntnisse medizinischer Forschung: Anpassung des menschlichen Organismus an die Umwelt. Universitas (Stuttgart) Heft 10 (1981): 1025−1032.
HENTRICH, C.: Modellversuche über den Einfluß abgestufter organischer und Nährstoffbelastung des Vorfluters auf die Kolmationsprozesse bei der Uferfiltration. TU Dresden, Sekt. Wasserwesen, Diplomarb. 1973.
HENTSCHEL, G.: Das Bioklima des Menschen. Volk und Gesundheit, Berlin 1978.
HENTSCHEL, P.: Ein Beitrag zur Entscheidungsfindung in der Landschaftspflege. Arch. Naturschutz u. Landschaftsforsch. **14** (1974): 229−232.
− Der Landschaftspflegeplan − Grundlage für die planmäßige Nutzung, Gestaltung und Pflege der Landschaftsschutzgebiete. Landschaftsarchit. **6** (1976): 38−39.
− Zur Ermittlung der Nutzungsinterferenz und Abstimmungsdringlichkeit im Rahmen der Landschaftsplanung. Arch. Naturschutz u. Landschaftsforsch. **17** (1977): 27−33.
− Präzisierte Richtwerte der Menge, Verteilung und Ersetzbarkeit von Landschaftselementen. F/E-Ber., Inst. f. Landschaftsforsch. u. Natursch. Halle, Halle 1979.
− Behandlungsvarianten und Zieltypen für die Sicherung spezieller Funktionsleistungen von Landschaftselementen. F/E-Bericht, Inst. Landschaftsforsch. u. Natursch. Halle 1980.
− Methodische Grundsätze zur landeskulturellen Planung. In: Landeskulturelle Parameter zur Nutzung, Gestaltung und Pflege des Agrarraumes von Landschaften des Lößgebietes. F/E-Ber., Inst. f. Landschaftsforsch. u. Natursch. Halle, Halle 1986: 1−9 u. 1. Auflage.
− Die Planung und Gestaltung komplex leistungsfähiger Landschaftselemente im Agrarraum des Lößgebietes − Stand und Perspektive. Vorträge aus dem Ber. d. AdL, Inst. f. Landw. Inf. u. Dok., Berlin **6** (1987) 2.
− Landschaftspflegerische Raumeinheiten des Lößgebietes einschließlich der Auen und Niederungen und ihre Übertragbarkeit auf Bereiche außerhalb des Lößgebietes. F/E-Ber., Inst. f. Landschaftsforsch. u. Natursch. Halle, Halle 1989.
− u. REUTER, B.: Aspekte zur funktionsgerechten Gestaltung von Flurgehölzen. Landschaftsarchit. **7** (1978): 40−43.
HEUSS, K.: Die Entwicklung der Besiedlung in einem neu entstandenen Gewässer, dargestellt an den Ciliaten und Wasserkäfern. Symp. Biol. Hung. **15,** Limnology of shallow waters. Budapest 1975, 265−272.
HEW, C. L., FLETCHER, G. L., and ANANTHANARAYANAN, V. S.: Antifreeze proteins from the shorthorn sculpur, *Myoxocephalus scorpius*: isolation and characterization. Canad. J. Biochem. **58** (1980): 377−383.
HIEKEL, W.: Die Fließgewässernetzdichte und andere Kriterien zur landeskulturellen Einschätzung der Verrohrbarkeit von Bächen. Wiss. Abh. Geogr. Ges. DDR **15** (1981): 133−142.
HILBIG, W., u. MAHN, E.-G.: Karten der Pflanzenverbreitung in der DDR. 4. Serie. Segetalpflanzen (Folge 1). Hercynia N. F. **18** (1981): 1−64.

HOCHACHKA, P. W., u. SOMERO, G. N.: Strategien biochemischer Anpassungen. Thieme, Stuttgart — New York 1980.
HOLLIDAY, R. J., and PUTWAIN, P. D.: Evolution of herbicide resistance in *Senecio vulgaris*: Variation in susceptibility to Simazine between and with populations. J. appl. Ecol. **17** (1980): 779—791.
HOLLING, C. S., et al.: Status report ecology and environment project. IIASA Status report SR-74-2-EC, Laxemburg 1974.
HORN, K. W.: Lufthygiene. Medizinische Aspekte des Umweltschutzes. Volk und Gesundheit, Berlin 1978.
HORN, W.: Phytoplankton losses due to zooplankton grazing in a drinking water reservoir. Int. Rev. ges. Hydrobiol. **66** (1981): 787—810.
HULTÉN, E., and FRIES, M.: Atlas of North European Plants North of the Tropic Cancer. Vol. 1—3. Koeltz, Königstein 1986.
HUNDT, R.: Beiträge zur Wiesenvegetation Mitteleuropas. I. Die Auwiesen an der Elbe, Saale und Mulde. Nova Acta Leopoldina N. F. Nr. 135, **20** (1958): 1—206.
— Ein vegetationskundliches Verfahren zur Bestimmung der Wasserstufen im Grünland. Z. Landeskultur **5** (1964): 161—186.
— Ein vegetationskundliches Verfahren zur Ermittlung des Ertragspotentials im Grünland. Z. Landeskultur **6** (1965): 61—85.
HUPFER, P.: Die Ostsee — kleines Meer mit großen Problemen. Teubner, Leipzig 1978.
HURLE, K.: How to handle weeds? — Biological and economic aspects. Ecol. Bull. **39** (1988): 63—68.
HUSMANN, S.: Neuere Ergebnisse der Grundwasserbiologie und ihre Bedeutung für die Praxis der Trinkwasserversorgung. Gewässer u. Abwässer **24** (1959): 33—48.
HUTCHINSON, G. E.: A Treatise on Limnology. Vol. I. Geography, Physics and Chemistry. J. Wiley, New York 1957.
HUTZINGER, O. (Ed.): The Handbook of Environmental Chemistry. Springer, Berlin — Heidelberg — New York — London — Paris — Tokyo 1987.

IL'MINSKICH, N. G.: Die Analyse der Floren der Stadt Kazan. 1. Die Spezifik der Stadtflora. Wiss. Z. Univ. Halle, math.-nat. R. **36** (1987a) 3: 39—47.
— Die Analyse der Flora der Stadt Kazan. 2. Geographische, ökologische, phytozönologische Analyse und Untersuchungen zur Synanthropie. Wiss. Z. Univ. Halle, math.-nat. R. **36** (1987b) 3: 48—60.
IMHOFF, K.: Taschenbuch der Stadtentwässerung. 22. Aufl. Oldenbourg, München 1969.
INNIS, G. S.: Grassland Simulation Model. Ecol. Studies 26. Springer, Berlin — Heidelberg — New York 1978.
ISAEV, A. S., CHLEBOPROS, R. G., i NEDOREZOV, L. V.: Kačestvennyj analiz fenomenologičeskoj modeli dinamiki čislennosti nasekomych. ILID, Krasnojarsk 1979.
ISENMANN, P.: L'essor demographique et spatial de la Mouette Rieuse *(Larus ridibundus)* en Europe. L'oiseau et R. F. O. **46** (1976): 337—346; **47** (1977): 25—49.
ISHII, S., and KUWAHARA, Y.: An aggregation pheromon of the German cockroach *Blattella germanica* (Orthoptera: Blattellidae). I. Site of the pheromon production. Appl. Ent. Zool. **2** (1967): 203—217.

JACKSON, D. C.: Metabolic depression and oxygen depletion in the diving turtle. J. Appl. Physiol. **24** (1968): 503—509.
JÄGER, E. J.: Veränderungen des Artenbestandes von Floren unter dem Einfluß des Menschen. Biol. Rdsch. **15** (1977): 287—300.
— u. MÖRCHEN, G.: Morphometrische Untersuchungen zur Fremdfaktorindikation an *Cirsium acaule* und *Euphorbia cyparissias*. Wiss. Z. Univ. Halle, math.-nat. R. **26** (1977) 4: 115—122.
— u. MÜLLER-URI, Ch.: Wuchsform und Lebensgeschichte der Gefäßpflanzen Zentraleuropas. Bibliographie. Bd. I—V. Terrestrische Ökologie, Sonderh. **1**, Univers.- u. Landesbibl. Halle 1981—1983.
JÄGER, K.-D., u. HRABOWSKI, K.: Bebauungspotential. In: KOPP, D., JÄGER, K. D., SUCCOW, M., u. a.: Naturräumliche Grundlagen der Landnutzung. Akademie-Verl., Berlin 1982.
JANATSCHEK, H. (Hrsg.): Ökologische Feldmethoden. Ulmer, Stuttgart 1982.
JANSSON, A. M., and ZUCCHETTO, J.: Energy, Economic and Ecological Relationships for Gotland, Sweden. A Regional System Study. Ecol. Bull. **28**. Liber Tryk, Stockholm 1978.
JANSSON, B. O.: The Baltic — a systems analysis of a semienclosed sea. Adv. Oceanogr. **(1978)**: 131—183.
JENTSCH, J. (1978): Bienengift — Zusammensetzung und Wirkung. Biol. in unserer Zeit **8** (1978): 75—81.

JOHANNSEN, W.: The genotype conception of heredity. Amer. Natural. **45** (1911): 129–159.
JOHNSON, C. G.: International dispersal of insects and insect-borne viruses. Netherl. J. Plant Pathol. **73** (1967): 21–43.
JUNGBLUTH, J. H.: Der tiergeographische Beitrag zur ökologischen Landschaftsforschung. Biogeographica 13. Junk, The Hague–Boston–London 1978.
KAISER, W., RENK, H., u. SCHULZ, S.: Phytoplankton und Primärproduktion in der Ostsee. Geodät. u. geophys. Veröff. (Berlin), Reihe IV, Heft 33, 1981, 1–60.
KAJAK, J.: The characteristics of the temperate eutrophic, dimictic lake (Lake Mikolajskie, northern Poland). Int. Rev. ges. Hydrobiol. **63** (1978): 451–480.
KAJAK, Z.: Experimental analysis of factors decisive for benthos abundance. Zeszyty nauk. Inst. Ekologii PAN **1** (1968): 1–22.
KALCHREUTER, H.: Die Sache mit der Jagd. BLV Verlagsges., München 1984, S. 302.
KÄMPFE, L. (Hrsg.): Evolution und Stammesgeschichte der Organismen. Fischer, Jena 1980.
KARAMAN, M. S.: Über die Kategorisierung der Zoocoenosen. Beitr. Entomol.: **14** (1964): 739–750.
KARCH, K.: Zum Einfluß zeitlich begrenzter Unkrautkonkurrenz auf die Beziehungen zwischen Jungpflanzenwachstum und Ertrag bei Zuckerrüben. Tagungsber. Akad. d. Landwirtschaftswiss. d. DDR **182** (1980): 123–128.
KARG, W.: Derzeitige Möglichkeiten der Nutzung biologischer Bekämpfungsmaßnahmen im Obstbau. Nachrichtenbl. Pflanzenschutz DDR **35** (1981): 124–127.
KARLSON, P., u. SCHNEIDER, D.: Sexualpheromone der Schmetterlinge als Modelle chemischer Kommunikation. Naturwiss. **60** (1973): 113–121.
KASKAROV, D. N.: Umwelt und Lebensgemeinschaft. Moskau 1933 (russ.).
KEITH, L. B., and WINDBERG, L. A.: A demographic analysis of the snowshoe hare cycle. Wildlife Monogr. **58** (1978).
KELLER, E.: Abfallwirtschaft und Recycling. Girardet, Essen 1977.
KELLER, R.: Gewässer und Wasserhaushalt des Festlandes. Teubner, Leipzig 1962.
KETTLEWELL, H. B. D.: The contribution of industrial melanism in the Lepidoptera to our knowledge of evolution. Brit. Assoc. "The Advancement of Science" **52** (1957).
— Insect survival and selection for pattern. Science **148** (1965): 1290–1296.
KEY, K. H. L.: The general ecological characteristics of the outbreak areas and outbreak years of the Australian plague locust (*Chortoicetes terminifera* WALK.). Bull. Counc. sci. ind. Res. (Melb.) **186** (1945): 1–127.
KICKUTH, R.: Ökochemische Leistungen höherer Pflanzen. Naturwiss. **57** (1970): 55–61.
KIEMSTEDT, H.: Zur Bewertung der Landschaft für die Erholung. Beitr. Landespflege, Sonderh. **1**. Ulmer, Stuttgart 1967.
KINDL, H.: Biochemie der Pflanzen. 2. Aufl. Springer, Berlin–Heidelberg–New York–London–Paris–Tokyo 1987.
KINZEL, H.: Biochemische Ökologie – Ergebnisse und Aufgaben. Ber. Dtsch. Bot. Ges. **84** (1971): 381–403.
KLAPPER, H.: Experience with lake and reservoir restoration techniques in the German Democratic Republic. Hydrobiologia **72** (1980a): 31–41.
— Flüsse und Seen der Erde. Urania, Leipzig–Jena–Berlin 1980b.
KLAUSNITZER, B.: Zur Biologie einheimischer Käferfamilien. 1. Helodidae. Entomol. Ber. **12** (1968): 3–13.
— Evolution der Insekten als Einnischungsprozeß bei Angiospermen. Biol. Rdsch. **15** (1977): 366–376.
— Lebensraum Stadt. Ökologische Forschungen in der Stadt. Wissensch. u. Fortschritt **31** (1981): 90–94.
— Bemerkungen über die Ursachen und die Entstehung der Monophagie bei Insekten. Biol. Rdsch. **23** (1985): 99–106.
— Ökologie der Großstadtfauna. Fischer, Jena 1987.
— Marienkäferansammlungen am Ostseestrand (Col. Coccinellidae). Entomol. Nachr. u. Ber. **33** (1989): 189–194.
— u. KLAUSNITZER, H.: Marienkäfer. NBB 451. Ziemsen, Wittenberg-Lutherstadt 1972; 2. Aufl. 1979.
KLEMOW, K. M., and RAYNAL, D. J.: Population biology of annual plant in a temporally variable habitat. J. Ecol. **71** (1983): 691–703.
KLINGAUF, F. A.: Are feasible methods for an ecological pest control in few? Ecol. Bull. **39** (1988): 74–81.

KLOPFER, P. H.: Ökologie und Verhalten. Fischer, Jena 1968.
- and MCARTHUR, R. H.: On the causes of tropical species diversity, niche overlap. Amer. Natural. **95** (1961): 223–226.
KLOTZ, S.: Die Kombination der Ruderalgesellschaften eines Neubaugebietes, dargestellt am Beispiel von Halle-Neustadt. Tagungsber. „1. Leipziger Symposium Urbane Ökologie". Leipzig 1982a.
- Die Wechselbeziehungen zwischen urbanen und Agroökosystemen, dargestellt am Beispiel der Gesellschaftsdiversität (Ökotopdiversität). VIth Internat. Symp. on Probl. of Landsc. Ecol. Res. Ecosystem Approach to the (Agricultural) Landscape. Panel No. 3. Inst. Exp. Biol. & Ecol. Center Biolog. & Ecolog. Sci., Slov. Acad. Sci., Bratislava 1982b: 1–10.
- Phytoökologische Beiträge zur Charakterisierung und Gliederung urbaner Ökosysteme, dargestellt am Beispiel der Städte Halle und Halle-Neustadt. Diss. Univ. Halle 1984.
- Floristische und vegetationskundliche Untersuchungen in Städten der DDR. Düsseldorfer Geobot. Koll. **4** (1987): 61–69.
- Species/area and species/inhabitants relations in European cities. In: SUKOPP, H. (Ed.): Urban Ecology. SPB Acad. Publ., The Hague 1990, 99–103.
KLÖTZLI, F. A.: Ökosysteme. 2. Aufl. UTB 147. Fischer, Stuttgart 1989.
KLUGE, M., u. TING, J. P.: Crassulacean Acid Metabolism. Analysis of an Ecological Adaptation. Springer, Berlin–Heidelberg–New York 1978.
KNIJENBURG, A., u. MATTHÄUS, E.: Simulationsmodell zur interspezifischen Wechselwirkung in Abhängigkeit intensiver Umwelteinflüsse. Arch. Naturschutz u. Landschaftsforsch. **17** (1977): 265–283.
- - LATTKE, H., EGGERT, H., u. KALMUS, A.: Diskrete Simulation von ökologischen Regelmechanismen und ihre Anwendung am Beispiel eines Grobmodells der vegetativen Entwicklung von *Stellaria media*. In: UNGER, K., u. STÖCKER, G.: Biophysikalische Ökologie und Ökosystemforschung. Akademie-Verlag, Berlin 1981a, 277–308.
- - u. STÖCKER, G.: Zur Begriffsbestimmung des ökologischen Compartments. Flora **170** (1980): 484–497.
- - - Zur Anwendung des ökologischen Compartmentbegriffs. Arch. Naturschutz u. Landschaftsforsch. **21** (1981b): 1–20.
KNOKE, M., u. BERNHARDT, H.: Mikroökologie des Menschen. Akademie-Verl., Berlin 1985.
KNUSSMANN, R.: Vergleichende Biologie des Menschen. Fischer, Stuttgart–New York 1980.
KOCH, M.: Wir bestimmen Schmetterlinge. Bd. 1–4. Neumann, Radebeul–Berlin 1954–1961.
- Warum wandern einige Schmetterlingsarten? Entom. Abh. Tierk. Dresden **32** (1965): 203–212.
KOCH, W.: Establishment of integrated control systems. EPPO Bull. **9** (1979): 107–118.
KOLESNIČENKO, M. V.: Biochimičeskie Vzaimovlijanija drevesnych rastenij. Izd. Lesnaja promysl., Moskva 1976.
KONOPKA, R., and BENZER, S.: Clock mutants in *Drosophila melanogaster*. Proc. Nat. Acad. Sci. USA **68** (1971): 2112–2116.
KONSTANTINOV, A.: Obščaja gidrobiologija. Vysokaja Škola, Moskva 1971.
KOPP, D.: Zur Methodenwahl für großräumige forstliche Standortskartierungen. Beitr. Forstwirtsch., Berlin **2** (1972a): 4–10.
- u. JÄGER, K.-D.: Das Perstruktions- und Horizontprofil als Trennmerkmal periglaziärer Oberflächen im nordmitteleuropäischen Tiefland. Wiss. Z. Univ. Greifswald, math.-nat. R. **21** (1972b) 2: 77–84.
- - u. SUCCOW, M.: Naturräumliche Grundlagen der Landnutzung am Beispiel des Tieflandes der DDR. Akademie-Verlag, Berlin 1982.
- u. SCHWANECKE, W.: Entwicklung und Grundzüge des Verfahrens. In: Ergebnisse der forstlichen Standortserkundung in der DDR. Bd. I., 1. Lieferung. VEB Forstprojektierung, Potsdam 1969.
KORNECK, D., u. SUKOPP, H.: Rote Liste der in der Bundesrepublik Deutschland ausgestorbenen, verschollenen und gefährdeten Farn- und Blütenpflanzen und ihre Auswertung für den Arten- und Biotopschutz. Bundesforschungsanst. f. Naturschutz u. Landschaftsökol., Schriftenr. Vegetationskde. **19**, Bonn–Bad Godesberg 1988.
KORTE, F.: Ökologische Biochemie – Grundlagen und Konzepte für die ökologische Beurteilung von Chemikalien. Thieme, Stuttgart–New York 1980.
- (Hrsg.): Lehrbuch der ökologischen Chemie. Grundlagen und Konzepte für die ökologische Beurteilung von Chemikalien. 2. Aufl. Thieme, Stuttgart 1987.
KOSCHEL, R.: Pelagic calcite precipitation and trophic hardwater lakes. Arch. Hydrobiol. (1989).

Kovalskij, V. V. M.: Geochemische Ökologie. Biogeochemie. Landwirtschaftsverlag, Berlin 1977.
Kozlova, E. V.: Die Vögel der zonalen Wüsten und Steppen Zentralasiens. Nauka, Leningrad 1975 (russ.).
Kozlovskaja, L. S.: Rol' bezpozvonočnych v transformacii organičeskogo veščestva bolotnych počv. Izd. Nauka, Leningrad 1976.
Kratzer, A.: Das Stadtklima. Vieweg, Braunschweig 1937.
Kraus, P.: Vegetationsbeeinflussung als Indikator der relativen Rotwilddichte. Z. Jagdwiss. 33 (1987): 42—59.
Kreeb, K.: Ökophysiologie natürlicher Streßeinwirkungen. Ber. Dtsch. Bot. Ges. 84 (1971): 485—496.
— Ökophysiologie der Pflanzen. Fischer, Jena 1974.
— Methoden der Pflanzenökologie. Fischer, Jena 1977.
— Ökologie und menschliche Umwelt. Fischer, Stuttgart—New York 1979.
— and Davies, N. B.: Behavioural Ecology. Blackwell Sci., Oxford—London—Edinburgh—Melbourne 1978.
Krogerus, R.: Über die Ökologie und Verbreitung der Arthropoden der Treibsandgebiete an der Küste Finnlands. Acta Zool. Fenn. 12 (1932): 1—308.
Krolzik, U.: Umweltkrise — Folge des Christentums? 2. Aufl. Kreuz-Verlag, Stuttgart 1980.
Krumbiegel, G.: Zur Paläoökologie der tertiären Fossilfundstellen des Geiseltales. Hercynia N. F., Leipzig 12 (1975): 400—417.
— Paläoökologie — „fossile Umweltforschung" am Beispiel der Fossilfundstellen — Typen des eozänen Geiseltales. Fundgrube 20 (1984): 68—71, 80—81.
— Geologische Naturdenkmale und ihre Bedeutung bei der Territorialgestaltung und im Bildungswesen. Hercynia N. F. 23 (1986): 354—367.
— u. Krumbiegel, B.: Fossilien der Erdgeschichte. Deutsch. Verlag Grundstoffindustrie, Leipzig 1980.
— u. Walther, H.: Fossilien — Sammeln, Präparieren, Bestimmen, Auswerten. 2. Aufl. Dtsch. Verlag Grundstoffindustrie, Leipzig 1979.
— — Fossilien — Urkunden vergangenen Lebens. 3. Aufl. Dtsch. Verl. Grundstoffind., Leipzig 1984.
Krummsdorf, A.: Zur Planung und Gestaltung agrar-industriell genutzter Landschaften in der DDR. In: Natur u. Umwelt, Berlin 2 (1984): 14—18.
Kühnelt, W.: Grundriß der Ökologie unter besonderer Berücksichtigung der Tierwelt. Fischer, Jena, 1965; 2. Aufl. 1970.
Kullenberg, B., u. Bergström, G.: Kommunikation zwischen Lebewesen auf chemischer Basis. Endeavour 34 (1975): 59—66.
Kunick, W.: Comparison of the flora of some cities of the Central European lowlands. In: Bornkamm, R., Lee, J. A., and Seaward, M. R. D. (Eds.): Urban Ecology. Symp. Berlin 1980. Blackwell, Oxford—London—Edinburgh—Boston—Melbourne 1982, 13—22.
— Köln: Landschaftsökologische Grundlagen. T. 3. Biotopkartierung. Stadt Köln, Oberstadtdirektor, Grünflächenamt, Köln 1983.
Kusnezow, S. I.: Die Rolle der Mikroorganismen im Stoffkreislauf der Seen. Deutscher Verlag d. Wiss., Berlin 1959.

Lack, D.: The Natural Regulation of Animal Numbers. Clarendon Press, Oxford 1954.
Lange, O. L.: Hitze- und Trockenresistenz der Flechten in Beziehung zu ihrer Verbreitung. Flora 140 (1953): 39—97.
— Untersuchungen über Wärmehaushalt und Hitzeresistenz mauretanischer Wüsten- und Savannenpflanzen. Flora 147 (1959): 595—651.
Larcher, W.: Kälteresistenz und Überwinterungsvermögen mediterraner Holzpflanzen. Oecol. Plant. 5 (1970): 267—286.
— Ökologie der Pflanzen. 2. verb. Aufl. Ulmer, Stuttgart 1976.
— Physiological Plant Ecology. 2. edit. Springer, Berlin—Heidelberg—New York 1980.
— Ökologie der Pflanzen auf physiologischer Grundlage. 4. Aufl. Ulmer, Stuttgart 1984.
Laskin, A., and Lechevalier, H. (Eds.): Microbial Ecology. CRC-Press, Cleveland 1974.
Lassen, H. H.: The diversity of freshwater snails in view of the equilibrium theory of island biogeography. Oecologia (Berlin) 19 (1975): 1—8.
Lattin, G. de: Grundriß der Zoogeographie. Fischer, Jena 1967.
Lavrinenko, D. D.: Vzaimodejstvie drevesnych porod v različnych tipach lesa. Izd. Lesnaja promysl., Moskva 1965, 247.
Leadbetter, E. R., and Poindexter, J. S.: Bacteria in Nature. Vol. 1. Plenum Press, New York 1985.

LeCren, N. D., and McLowe-McConnel, R. H. (Eds.): The Functions of Freshwater Ecosystems. Univ. Press, Cambridge 1980.
Ledbetter, M.: Langmuir circulations and plankton patchiness. Ecol. Modelling 7 (1979): 289–310.
Lee, J. J., and Inman, D. L.: The ecological role of consumers – an aggregated system view. Ecology 56 (1975): 1455–1458.
Lehmann, H. J., Schindler, V., u. Faber, G.: Rauchgasentschwefelung für die „Kleinen". Jugend u. Techn. 36 (1988) 10: 777–779.
Lehn, H.: Entwicklung des Bodensee-Pelagials seit 1920. GWF-Wasser u. Abwasser 116 (1975): 170–175.
Lehner, P. N.: Handbook of Ethological Methods. Garland, New York–London 1979.
Lerch, G.: Pflanzenökologie I. und II. 3. Aufl. Akademie-Verlag, Berlin 1980.
Lerman, A.: Lakes Chemistry, Geology, Physics. Springer, New York–Berlin–Heidelberg 1978.
Leser. H.: Landschaftsökologie. Ulmer, Stuttgart 1976.
Levin, S. A., Harwell, M. A., Kelley, J. R., and Kimball, K. D. (Eds.): Ecotoxicology: Problems and Approaches. Springer, Berlin–Heidelberg–New York–London–Paris–Tokyo 1988.
Levitt, I.: Frost, drought, and heat resistance. Protoplasmatologia VIII, 6. Springer, Wien 1958.
– Responses of Plants to Environmental Stresses. Academic Press, New York 1972.
Lewis, H.: The physiological significance of variation in leaf structure. Sci. Prog., London 60 (1972): 25–51.
Lewontin, R. C., and Hubby, L. J.: A molecular approach to the study of genic heterozygosity in natural populations. Genetics 54 (1966): 595–609.
Lieberoth, I., Kopp, D., u. Schwanecke, W.: Zur Klassifikation der Mineralböden bei der land- und forstwirtschaftlichen Standortskartierung. In Vorbereitung.
Liebig, J. von: Die Chemie und ihre Anwendung auf Agricultur und Physiologie. 5. Aufl. Vieweg, Braunschweig 1843.
Liebmann, H.: Handbuch der Frischwasser- und Abwasser-Biologie. 2. Aufl. Fischer, Jena, Bd. I 1962, Bd. II 1980.
Liste, H.-J.: Fruchtfolge. In: Müller, P.: Ackerbau. Dtsch. Landwirtsch. Verlag, Berlin 1981.
Lloyd, M., and Dybas, H. S.: The periodical cicada problem. 1. Population ecology. Evolution (Lancaster/Pa.) 20 (1966): 133–149.
Lohs, Kh.: Chemische Technik und Gesundheitsgefährdung. In: Gesundheit und Arbeitsumwelt. V. Merseburger Symposium 1972, 7–22.
Lotka, A. J.: Elements of Physical Biology. Baltimore 1925.
Lundberg, U.: Untersuchungen und Problemanalysen zu Verhaltensstrategien im Kontext Raubtier-Beute-Beziehung unter Bedingungen mittelbarer Konfrontation. Diss. Humboldt-Univ. Berlin 1978.
– Ethologie in heutiger Sicht. Biol. Zbl. 100 (1981): 257–271.
Lundegårdh, H.: Klima und Boden. Fischer, Jena 1957.
Lynch, J. M., and Hobbie, J. E.: Micro-organisms in Action: Concepts and Applications of Microbial Ecology. Blackwell Scient. Publ., Oxford 1988.
– and Poole, N. J. (Eds.): Microbial Ecology: A Conceptual Approach. Blackwell, Oxford 1979.

Maas, S.: Die Flora von Saarlouis. Abh. Delattinia 13 (1983): 1–108.
Mäckle, H., Zimmermann, U., u. Stabel, H.-H.: Phytoplanktonentwicklung in tiefen Voralpenseen. GWF-Wasser u. Abwasser 128 (1987): 544–550.
Maecta, L., and Hughes, E.: Atmospheric oxygen in 1967 to 1970. Science 168 (1970): 1582–1584.
Mägdefrau, K.: Paläobiologie der Pflanzen. 4. Aufl. Fischer, Jena 1968.
Mahn, E.-G.: Über die Vegetations- und Standortsverhältnisse einiger Porphyrkuppen bei Halle. Wiss. Z. Univ. Halle, math.-nat. 6 (1957): 177–208.
– Zum Einfluß von Herbiziden auf Agro-Ökosysteme. In: Probleme der Agrogeobotanik. Fischer, Jena 1975, 131–138.
– Anpassungen annueller Pflanzenpopulationen an anthropogen veränderte Umweltvariable. Verh. Ges. Ökol. 17 (1989): 655–663.
– Braun, U. G., Germershausen, K., Helmecke, K., Kästner, A., Machulla, G., Sternkopf, G., u. Witsack, W.: Zum Einfluß mehrjährigen unterschiedlichen Stickstoffangebotes auf die zönotischen Strukturen eines Agro-Ökosystems. Arch. Natursch. u. Landschaftsforsch. 28 (1988): 215–243.

- and HELMECKE, K.: Effects of herbicide treatment on the structure and functioning of agro-ecosystems. II. Structural changes in the plant community after the application of herbicides over several years. Agro-Ecosystems **5** (1979): 159–179.
- — MACHULLA, G., PRASSE, U., ROSCHE, O., u. STERNKOPF, G.: Primäre und sekundäre Wirkungen des längerzeitlichen Einsatzes von Herbiziden auf Struktur und Stoffhaushalt von Agro-Ökosystemen. Hercynia N.F. **25** (1988): 60–83.
- LEMME, D.: Möglichkeiten und Grenzen plastischer Anpassung sommerannueller Arten an anthropogen bestimmte Lebensbedingungen — *Solanum nigrum* L. Flora **182** (1989): 233–246.
- PÖTSCH, J., u. BAUERMEISTER, W.: Ökologische Grundlagen der Überwachung und Prognose bedeutender Unkräuter in Getreidekulturen. In: Schaderreger in der Getreideproduktion. Wiss. Beitr. Univ. Halle S **51** (1985): 116–130.

MARCINEK, J.: Das Wasser des Festlandes. 2. Aufl. Haack, Gotha–Leipzig 1976.

MARGALEF, R.: Ecologia. Ediciones Omega, Barcelona 1977.

MARGL, H.: Zur Alters- und Abgangsgliederung von (Haar-)Wildbeständen und deren naturgesetzlichen Zusammenhang mit dem Zuwachs und dem Jagdprinzip. Mitt. Forstl. Bundesversuchsanst. Wien **145** (1982): 1–65.

MARTIN, A.: Einführung in den Umweltschutz. Dtsch. Verl. Grundstoffind., Leipzig 1982.

MATTHÄUS, E., u. STEINMÜLLER, K.: Zur quantitativen Modellierung von Ökosystemen unter besonderer Berücksichtigung von Agroökosystemen und ihres Stabilitätsverhaltens. In: UNGER, K., u. SCHUH, J.: Umwelt-Stress. Martin-Luther-Universität Halle–Wittenberg, Wiss. Beitr. 1982/35 (P 17), 322–334.

MATTHES, D.: Tierische Parasiten. Biologie und Ökologie. Vieweg & Sohn, Braunschweig–Wiesbaden 1988.

MAY, M. (Hrsg.): Theoretische Ökologie. Chemie Wernheim, Deerfied Beach–Florida–Basel 1980.

MAY, R.: Stability and Complexity in Model Ecosystems. Princeton Univ. Press, Princeton 1973.

MAYNARD-SMITH, J., and PRICE, G. R.: The logic of animal conflict. Nature **246** (1973): 15–18.

MAYR, E.: Artbegriff und Evolution. Parey, Hamburg–Berlin 1967.

MCARTHUR, R., u. CONNELL, J.: Biologie der Populationen. BLV-Verlagsges., München 1970.

MCARTHUR, R. H., and WILSON, E. O.: The Theory of Island Biogeography. Monogr. Populat. Biol. 1, 1967, 1–203.

MCKERROW, W. S. (Hrsg.): Paläoökologie. 1. Aufl. Kosmos, Frankhsche Verlagsbuchh., Stuttgart 1981.

MEERTS, P.: Life strategies in *Polygonum aviculare* L. VIIIème Colloq. Intern. Biol. L'Ecol. System. Mauv. Herb. Dijon 1988, 209–218.

MENIER, K.: Grundsätzliches zur Populationsdynamik der Vögel. Z. wiss. Zool. **163** (1960): 397–445.

MERKEL, F. W.: Orientierung im Tierreich. Fischer, Stuttgart–New York 1980.

METCALF, R. L.: Changing role of insecticides in crop protection. Ann. Rev. Entomol. **25** (1980): 219–256.

METZGER, R., u. HANISCH, J.: Größe und Verteilung einer Population von *Blattella germanica*. Angew. Parasitol. **20** (1979): 193–202.

MEUSEL, H.: Die Eichen-Mischwälder des mitteldeutschen Trockengebietes. Wiss. Z. Univ. Halle, math.-nat. **1** (1952): 49–72.
- u. JÄGER, E. J.: Vergleichende Chorologie der zentraleuropäischen Flora. Bd. III. Fischer, Jena 1991.
- — RAUSCHERT, S., u. WEINERT, E.: Vergleichende Chorologie der zentraleuropäischen Flora. Bd. II Text. Fischer, Jena 1978.
- — u. WEINERT, E.: Vergleichende Chorologie der zentraleuropäischen Flora. Bd. I Text. Fischer, Jena 1965.

MEYER-ABICH, K. M.: Natur und Geschichte. Herder-Verlag, Freiburg–Basel–Wien 1981.

MEYNEN, E., u. SCHMITHÜSEN, J. (Hrsg.): Handbuch der naturräumlichen Gliederung Deutschlands. 1.–9. Lief. Verlag Bundesanstalt f. Landeskunde, Remagen 1953–1962.
- — Handbuch der naturräumlichen Gliederung Deutschlands. II, 6.–8. Lief. Bundesanst. f. Landeskde. u. Raumforsch., Bad Godesberg 1978.

MILLER, L. K.: Freezing tolerance in an adult insect. Science **166** (1969): 105–106.

MITCHELL, R.: Introduction to Environmental Microbiology. Prentice-Hall, Eaglewood Cliffs, N.J. 1974.

MITSCHERLICH, E. A.: Das Wirkungsgesetz der Wachstumsfaktoren. Landwirtsch. Jb. **56** (1921): 71–92.

MÖBIUS, K.: Die Auster und die Austernwirtschaft. Wiegandt, Hempel und Parey, Berlin 1877.
MOHRIG, W.: Wieviel Menschen trägt die Erde? Urania, Leipzig–Jena–Berlin 1976.
MOISEEV, P. A.: Biologičeskije resursy mirovogo okeana. Piščevaja promyšl., Moskva 1969.
MOLISCH, H.: Der Einfluß einer Pflanze auf die andere. Allelopathie. Fischer, Jena 1937.
MÖLLER, D., u. GRAF, M.: Zur Ausbreitung von chemischen Schadstoffen in der Umwelt. Z. ges. Hyg. **22** (1976): 245–250.
MOORE, P. D., and CLAPHAM, S. B.: Methods in Plant Ecology. Blackwell, Oxford 1986.
MORIN, E.: Das Rätsel des Humanen. Grundlagen einer neuen Anthropologie. Piper, München-Zürich 1973.
MORTIMER, C. H.: Motion in thermoclines. Verh. intern. Ver. Limnol. **14** (1961): 79–83.
– Lake hydrodynamics. Mitt. Ver. Limnol. **20** (1974): 124–197.
MOTHES, G.: Sedimentation und Stoffbilanz in Seen des Stechlinseegebietes. Limnologica **13** (1981): 147–194.
MOTHES, K.: Zur Geschichte unserer Kenntnisse über die Alkaloide. Pharmazie **36** (1981): 199–209.
MOTTEK, H.: Ökonomie und Umwelt. Aus der Arbeit von Plenum und Klassen der AdW der DDR **6**, 8 (1981): 3–25.
MULLER, C. H.: Phytotoxins as plant habitat variables. Recent Adv. Phytochem. **3** (1970): 106–121.
MÜLLER, F. P.: Die Wirtspflanzenwahl phytophager Insekten in Beziehung zur Artenbildung. Arbeitstagung zu Fragen der Evolution. Hrsg.: Biol. Ges. DDR 1959, 159–163.
– Blattlausbiologie, Faunistik und Evolution. Bull. Entomol. Pologne **40** (1970): 435–446.
MÜLLER, G., DOMINIK, J., and MANGINI, A.: Eutrophication changes sedimentation in part of Lake Constance. Naturwiss. **66** (1979): 261–262.
– EHWALD, E., FÖRSTER, I., REUTER, G., u. LIEBEROTH, I.: Pflanzenproduktion-Bodenkunde. Dtsch. Landwirtschaftsverlag, Berlin 1980.
MÜLLER, H. J.: Untersuchungen zur Bemessung der wirtschaftlich tragbaren Wilddichte im Wald nach Standort und Wildschaden. Diss. Univ. Berlin 1963, S. 255.
– (Hrsg.): Ökologie. Fischer, Jena 1984.
MÜLLER, P.: Tiergeographie. Struktur, Funktion, Geschichte und Indikatorbedeutung von Arealen. Teubner, Stuttgart 1977.
– Biogeographie. Ulmer, Stuttgart 1980.
– Arealsysteme und Biogeographie. Ulmer, Stuttgart 1981.
MÜLLER, W.: Fischereirecht. Dtsch. Zentralverlag, Berlin 1981.
MÜLLER-SCHNEIDER, P.: Verbreitungsbiologie der Blütenpflanzen. 3. Aufl. Veröff. Geobot. Inst. ETH (Stiftung Rübel) Zürich **61** (1983).
MULSOW, R.: Untersuchungen zur Rolle der Vögel als Bioindikatoren am Beispiel ausgewählter Vogelgemeinschaften im Raume Hamburg. Hamburger avifaun. Beitr. **17** (1980): 1–270.
MUSELMANIE, N., u. MAHN, E.-G.: Autökologische Untersuchungen zur phänotypischen Plastizität von *Spergula arvensis* L. bei Veränderung des Stickstoff- und Lichtangebotes. Flora **184** (1990): 119–130.

NAUMOV, N. P.: Population structure and dynamics in numbers of terrestrial vertebrates. Zool. Ž. **46** (1967): 1470–1485.
– Die Kombination verschiedener endogener Rhythmen bei der zeitlichen Programmierung von Entwicklung und Verhalten. Oecologia (Berlin) **3** (1969): 166–183.
– Mechanismen für die zeitliche Anpassung von Verhaltens- und Entwicklungsleistungen an den Gezeitenzyklus. Verh. Dtsch. Zool. Ges. (1976): 9–28.
NEEF, E.: Die theoretischen Grundlagen der Landschaftslehre. Haack, Gotha 1967.
– Zu einigen Begriffen der Ökologie. Arch. Natursch. u. Landschaftsforsch. **10** (1970): 233–240.
– Analyse und Prognose von Nebenwirkungen gesellschaftlicher Aktivitäten im Naturraum. Abh. Sächs. Akad. Wiss., math.-nat. R. **54** (1979).
– u. NEEF, V. (Hrsg.): Brockhaus Handbuch. Sozialistische Landeskultur. Umweltgestaltung-Umweltschutz mit einem ABC. Brockhaus, Leipzig 1977.
NEUMEISTER, H.: Belastung und Belastbarkeit der Landschaft durch Schadstoffimmissionen. Informac. bjul. SEV I. 3, **12**, Geogr. ustav ČSAV, Brno 1979.
– Ökogeographie. Fischer, Jena 1988.
– Geoökologie. Geowissenschaftliche Aspekte der Ökologie. Umweltforschung. Fischer, Jena 1988.
NG, B. H., and ANDERSON, J. W.: Synthesis of selenocysteine by cysteine syntheses from selenium accumulator and non-accumulator plants. Phytochem. **17** (1978): 2069–2074.

— and ANDERSON, J. W.: Light-dependent incorporation of selenite and sulphite into selenocysteine and cysteine by isolated pea chloroplasts. Phytochem. **18** (1979): 573—580.
NICKELL, L. G.: Antimicrobial activity of vascular plants. Econ. Bot. **13** (1960): 281—318.
NIEMANN, E.: Rahmengliederung für einen Landschaftspflegeplan. Landschaftspflege u. Naturschutz Tübingen **2** (1965): 32—45.
— Eine Methode zur Erarbeitung der Funktionsbelastungsgrade von Landschaftselementen. Arch. Naturschutz u. Landschaftsforsch. **17** (1977): 21—43.
— Ökologische Lösungswege landeskultureller Probleme. Dtsch. Literaturztg. **99** (1979): 17—25.
— Ziele und Methodik einer poly-funktionellen Landschaftsbewertung. Petermanns Geogr. Mitt. **129** (1985): 1—7.
NIETHAMMER, G.: Die Einbürgerung von Säugetieren und Vögeln in Europa. Parey, Hamburg—Berlin 1963.
NÜBLER, W.: Konfiguration und Genese der Wärmeinsel der Stadt Freiburg. Freiburger Geogr. Hefte **16** (1979).

ODENING, K.: Parasitismus. Grundfragen und Grundbegriffe. WTB Reihe Biologie Bd. 112. Akademie-Verl., Berlin 1974.
— Zum Wirtsbegriff in Ökologie und Parasitologie. Biol. Rdsch. **12** (1974): 135—149.
— Conception and terminology of hosts in parasitology. Adv. Parasitol. **14** (1976): 1—93.
— Populationskundliche Besonderheiten der Parasiten, insbesondere der Helminthen. Wiss. Z. Univ. Greifswald, math.-nat. R. **31** (1982): 48—52.
— Einige Gedanken zum Thema Parasitismus und Evolution. Biol. Rdsch. **21** (1983): 93—102.
— Antarktische Tierwelt. Urania, Leipzig 1984.
ODUM, E. P.: Ecology. 2. edit. Rinehart and Winston, London—New York—Sydney-Toronto 1963.
— Fundamentals of Ecology. 3. edit. Saunders Comp., London—Philadelphia—Toronto 1971.
— Ecology: the Link between the Natural and the Social Sciences. 2nd. ed. Rinehart and Winston, London—New York—Sydney—Toronto 1975.
— Grundlagen der Ökologie in 2 Bänden. Thieme, Stuttgart—New York 1980; 2. Aufl. 1983.
ODUM, W. E. J. C., ZIEMAN, F., and HEALD, E. J.: The importance of vascular plant detritus to estuaries. In: Proc. Coastal Marsh Estuar Management Symp. Ed.: CHARBRECK, R. H., Louisiana, 1972: 91—114.
OGURA, N.: Rate and extent of decomposition of dissolved organic matter in surface seawater. Mar. Biol. **13** (1972): 89—93.
OHMANN, E.: Ribulosebiphosphat-Carboxylase. In: Biophysik, Biochemie und Physiologie der Photosynthese. Coll. Pflanzenphysiol., Univ. Berlin 1980, 99—117.
OKE, T. P.: Boundary Layer Climates. Wiley, New York—London 1978.
ORIO, A. A., et VIGNERON, J. (Eds.): Leçons et séminaires d'ecologie quantitative donners à la troisième session de E 4. Universitá di Venezia, Venezia 1976.
OSCHE, G.: Ökologie. Herder, Freiburg—Basel—Wien 1973.
OSTWALD, W.: Aufgaben der Landschaftsplanung im Rahmen der langfristigen Planung. Vortrag auf dem Seminar Zentr. Fachgr. Landschaftsarchit. BdA DDR, Rostock 1978.
OTTE, A., ZWINGEL, W., NAAB, M., u. PFADENHAUER, J.: Ergebnisse der Erfolgskontrollen zum Ackerrandstreifenprogramm aus den Regierungsbezirken Oberbayern und Schwaben in den Jahren 1986 und 1987. Schriftenr. Bayer. Landesamt Umweltsch. **84**, Beitr. zum Artensch. **7** (1988): 161—205.
OWEN, M. (1980): Wild Geese of the World. Batsford Ltd., London 1979.
— and NORDERHANG, M.: Population dynamics of Barnacle Geese, *Branta leucopsis* breedings in Svalbard. 1948—1976. Ornis Scand. **8** (1977): 161—174.

PAFTENHÖFER, G. A.: Cultivation of *Calanus helgolandicus* under controlled conditions. Helgoländ. wiss. Meeresuntersuch. **20** (1970): 346—359.
PALMER, J. D.: Biological Clocks in Marine Organisms. Wiley, New York 1974.
PARK, T.: Experimental studies of interspecific competition. II. Temperature, humidity and competition in two species of *Tribolium*. Physiol. Zool. **27** (1954): 177—238.
PARTON, W. J.: Abiotic Section of ELM. In: INNIS, G. S. (Ed.): Grassland Simulation Model. 31—53. Ecol. Studies 26. Springer, Berlin—Heidelberg—New York 1978.
PAUCKE, H., u. BAUER, A.: Umweltprobleme — Herausforderung der Menschheit. Dietz, Berlin 1979.

PAWLIZKI, K.-H.: Auswirkungen abgestufter Produktionsintensitäten auf die Aktivitätsabundanz von Feldcarabiden (*Coleoptera, Carabidae*) sowie auf die Selbstregulation von Agroökosystemen. Bayer. Landw. Jb. **61** (1986): 12–40.
PEARL, R., and REED, L. J.: On the rate of growth of the populations of the United States since 1790 and its mathematical representation. Proc. Nat. Acad. Sci. USA **6** (1920): 275–288.
PERRY, J. A.: Pesticide and PCB residues in the upper Snake River ecosystem, southeastern Idaho, following the collapse of the Teton Dam 1976. Arch. Environm. Contam. Toxicol. **8** (1979): 139–159.
PESCHEL, M.: Modellbildung für Signale und Systeme. Technik, Berlin 1978.
– Grundprinzipien der Modellbildung. In: KLIX, F., SCHMELOWSKY, K.-H., SYDOW, A., PESCHEL, M., u. ZWICK, W. (Hrsg.): Mathematische Modellbildung in Naturwissenschaft und Technik. Akademie-Verlag, Berlin 1976, 1–10.
PETERS, G.: Zur Taxonomie und Zoogeographie der kubanischen anolinen Eidechsen (Reptilia, Iguanidae). Mitt. Zool. Mus. Berlin **46** (1970): 197–234.
PIECHOCKI, R.: Faunentypische Gliederung der Brutvögel der Mongolei. In: Erforschung biologischer Ressourcen der Mongolischen Volksrepublik. Bd. 5 (1986): 88–93 (Wiss. Beitr. Univ. Halle–Wittenberg 1985/18 (P 22)).
PIJL, L. VAN DER: Principles of Dispersal in Higher Plants. Springer, Berlin–Heidelberg–New York 1982.
PIMM, S. L., and LAWTON, J. H.: Number of trophic levels in ecological communities. Nature **268** (1977): 329–331.
PINOWSKI, J.: Overcrowding as one of the causes of dispersal of young Tree Sparrow. Bird Study **12** (1965a): 27–33.
– Dispersal of young Tree Sparrows (*Passer m. montanus* L.). Bull. Acad. polon. **13** (1965b): 509–514.
PITELKA, F. A.: Cyclic pattern in lemming populations near Barrow, Alaska. Arctic Inst. N. Amer. Techn. Pop. **25** (1973): 199–215.
Planungsatlas Land- und Nahrungsgüterwirtschaft der DDR. Akad. d. Landwirtschaftswiss., Berlin 1966–1970.
PLATZER-SCHULTZ, I.: Unsere Zuckmücken. Ziemsen, Wittenberg-Lutherstadt 1974.
POLETAEV, I. A.: Volterras „Räuber-Beute"-Modelle und einige Verallgemeinerungen auf Grund des Liebigschen Prinzips. Ž. obšč. biol. **34** (1973): 43–57 (russ.).
POSTMA, H.: Distribution of Nutrients in the Sea and the Oceanic Nutrient Cycle. In: COSTLOW, J. D. (Ed.): Fertility of the Sea. Vol. 2. Gordon and Breach, New York 1971.
PÖTSCH, J.: Eine Methode zur großräumigen Erfassung von Veränderungen der Ackerunkrautvegetation unter den Bedingungen des modernen Pflanzenbaus. Proc. EWRS Symp. Theory and practice of the use of soil applied herbicides. Versailles 1981, 249–257.
POTVIN, C.: Biomass allocation and phenological differences among southern and northern populations of the C_4 grass *Echinochloa crus-galli*. J. Ecol. **74** (1986): 915–923.
PRESTWICH, G. D., and BLOMQUIST, G. L. (Eds.): Pheromone Biochemistry. Acad. Press, London 1987.

RABELER, W.: Die Tiergesellschaften eines Eichen-Birkenwaldes im nordwestdeutschen Altmoränengebiet. Mitt. flor. soz. Arbeitsgem. N. F. **6/7** (1957): 297–319.
RABOTNOV, T. A.: On coenopopulations of plants reproducing by seeds. In: FREYSEN, A. H. J., and WOLDENDORF, J. W.: Structure and Functioning of Plant Populations. North Holland Publ. Comp., Amsterdam–Oxford–New York 1978, 1–26.
RASMUSSEN, J. A., and RICE, E. L.: Allelopathic effects of *Sporobolus pyramidatus* on vegetational patterning. Amer. Midl. Natural. **86** (1971): 309–326.
RAUBER, R.: Möglichkeiten der Erarbeitung von Modellen zur Befallsprognose bei Unkräutern, dargelegt am Beispiel von Flughafer (*Avena fatua* L.) in Getreide. Diss. Univ. Hohenheim 1978.
RAUNKIAER, C.: The Life Forms of Plants and Statistical Plant Geography. Clarendon Press, Oxford 1934.
RAUSCHERT, S.: Liste der in der DDR erloschenen und gefährdeten Blütenpflanzen. Kulturbund der DDR, Zentr. Fachausschuß Botanik, Berlin 1978.
RAYMONT, J. E. G.: Plankton and Productivity in the Oceans. Pergamon Press, London 1963.
REGEHR, D. L., and BAZZAZ, F. A.: The population dynamics of *Erigeron canadensis*, a successional winter annual. J. Ecol. **67** (1979): 923–933.
REICHENBACH-KLINKE, H.: Grundzüge der Fischkunde. Fischer, Stuttgart 1970.
REICHHOFF, L., unter Mitarbeit von REUTER, B., u. RÖSSLER, B.: Landschaftspflegeplan des Kreises Roßlau. Rotation, Dessau 1980.

- Habitatplanung im Agrarraum. Landschaftsarchitektur, Berlin **16** (1987) 4: 102—103, 116.
- Richtwerte zur Ausstattung der Lößagrarlandschaften mit habitatwirksamen Landschaftselementen. Materialien der wissenschaftlichen Tagung „Agroökosysteme und Habitatinseln in der Agrarlandschaft" vom 21. 10. 1986 in Halle (Saale) DDR. In: Aus dem wiss. Leben der Pädagog. Hochsch. Halle (1987) 5, Teil 3: 21—26.
- Ableitung und Anwendung von Habitat-Strukturtypen von Landschaftselementen und Landschaftsinformationsrastern in der Landschaftspflege. AdL, Inf. Wiss. u. Techn. LN **6** (1987) 1: 10—21.
- Landschaftselemente im Agrarraum als Habitate für Pflanzen und Tierarten. AdL, Inf. Wiss. u. Techn. LN **7** (1988) 3: 38—47.
- Analyse, Diagnose und Prognose der Habitatleistung der Lößagrarlandschaft im Süden der DDR. Diss. B, Akad. Landwirtschaftswiss., Berlin 1988.
- (Bearb.): Naturraumpotentiale und Mehrzwecknutzung der Stadtlandschaft von Berlin und ihres Umlandes unter ausgewählten landeskulturellen Aspekten. F/E-Ber., Inst. f. Landschaftsforsch. u. Natursch. Halle, Halle 1989.
- unter Mitarbeit von ALTENKIRCH, W., GROSSER, K. H., HILLE, M., MANSIK, K. H., u. MÜLLER, J.: Planungsatlas der Stadt-Umland-Region von Berlin, Hauptstadt der DDR, Landschaftsplanung. Magistr. v. Berlin, Berlin 1989.
- u. MANSIK, K. H.: Landschaftsplanung und Flurholzanbau — komplexe Lösungen für den Erosionsschutz und die Habitatgestaltung in der Börde. Naturschutzarb. Bez. Halle u. Magdeburg **25** (1988) 1: 23—28.
- u. ROSSEL, B.: Landschaftsplanung im Lößgebiet des Bezirkes Halle — Maßnahmen zur Einschränkung der Winderosion und zur Verbesserung der Habitatausstattung. Naturschutzarb. Bez. Halle u. Magdeburg **25** (1988) 2: 23—26.

REICHSTEIN, H.: Das Fortpflanzungspotential der Feldmaus, *Microtus arvalis* (PALLAS 1878), und seine Beeinflussung durch Außenfaktoren. Tagungsber. Dtsch. Akad. Landw. Berlin **29** (1960): 31—39.

REIMER, L. W., METZGER, R., u. HUNDT, R.: Lehrmaterial zur Ausbildung von Diplomlehrern Biologie, Ökologie. WTZ-PH, Potsdam 1979.

REINSCH, B., WETZEL, T., u. FREIER, B.: Der Einfluß eines kombinierten Schadauftretens der Getreideblattlaus (*Macrosiphum avenae* FABR.) und des Rothalsigen Getreidehähnchens (*Oulema melanopus* L.) auf den Ertrag von Winterweizen und die Festlegung von Bekämpfungsrichtwerten. Nachrichtenbl. Pflanzenschutz DDR **34** (1980): 8—10.

REMANE, A.: Die Besiedelung des Sandbodens im Meere und die Bedeutung der Lebensformtypen für die Ökologie. Zool. Anz., Suppl. **16** (Verh. Dtsch. Zool. Ges.) 1951 (1952): 327—359.

REMMERT, H.: Biologische Periodik. Handb. Biol. 5. Akad. Verlagsges. Athenaion, Frankfurt 1965, 335—441.
- Tageszeitliche Verzahnung der Aktivität verschiedener Organismen. Oecologia (Berlin) **3** (1969): 214—226.
- Ökologie. Ein Lehrbuch. 2. Aufl. Springer, Berlin—Heidelberg—New York 1980.

RENSING, L.: Biologische Rhythmen und Regulation. Fischer, Jena 1973.

REUTER, B.: Landschaftsgliederung des Landschaftsschutzgebietes Harz als Grundlage der Landschaftspflege von Acker- und Grünlandflächen. Petermanns Geogr. Mitt. **119** (1975): 219—227.
- Zur Eignung und Pflege des Landschaftsschutzgebietes Harz für die Erholung. Landschaftsarchit. **2** (1976): 40—42.
- Zur Klassifikation von Raumeinheiten für die Landschaftspflege. Hallesches Jb. Geowiss. **2**, Halle 1977, 117—126.
- Landschaftstypisierung des Lößhügellandes als Grundlage für Landschaftsplanung und -pflege. Diss. B, Univ. Halle, Halle 1983.
- Typisierung der agrarisch genutzten Landschaften der Lößregion als Grundlage für die Landschaftsplanung und -pflege. In: VIIth Internat. Symp. on Problems of Landscape Ecology Research, 21.—26. Okt. Czechoslovakia **2** (1985) 1.
- Numerische Taxonomie agrarisch genutzter Landschaften der Lößregion als Grundlage für Landschaftsplanung und -pflege. Hallesches Jb. Geowiss. **12** (1987): 89—100.
- u. REICHHOFF, L.: Zur Gliederung landschaftspflegerischer Raumeinheiten in der Lößregion der DDR. In: Geographische Landschaftsforschung in Agrarräumen und urbanen Räumen. Teil II. Wiss. Beitr. Univ. Halle—Wittenberg, Halle **29** (1988) 1: 156—172.

RHEINHEIMER, G.: Mikrobiologie der Gewässer. 3. Aufl. Fischer, Jena 1981.

RICE, E. L.: Allelopathy. Acad. Press, New York—San Francisco—London 1974.

– Some roles of allelopathic compounds in plant communities. Biochem. Syst. Ecol. **5** (1977): 201–206.
– Allelopathy – An update. Bot. Rev. **45** (1979): 17–109.
– and PANCHOLY, S. K.: Inhibition of nitrification by climax ecosystems. II. Additional evidence and possible role of tannins. Amer. J. Bot. **60** (1973): 691–702.
RICHDALE, L. E.: A Population Study of Penguins. Clarendon, London 1957.
RICHTER, H., mit einem Beitr. v. BARSCH, H.: Eine naturräumliche Gliederung der DDR auf der Grundlage von Naturraumtypen (mit einer Karte 1:500000). Beitr. Geogr. **29** (1978): 323–340.
RIDLEY, H. N.: The Dispersal of Plants throughout the World. Ashford, Kent 1930.
RINALDI, S., SONCINI-SESSA, R., STEHFEST, H., and TAMURA, H.: Modelling and Control of River Quality. McGraw-Hill Internat. Bock Comp., New York 1979.
RIPL, W., and LINDMARK, G.: Ecosystem control by nitrogen metabolism in sediment. Vatten **2** (1978): 135–144.
ROBERTS, H. A., and FEAST, P. M.: Observations on the time of flowering mayweeds. J. appl. Ecol. **11** (1974): 223–229.
ROMSTÖCK, M.: Ökologische Untersuchungen an der Verschiedenblättrigen Kratzdistel (*Cirsium helenioides* (L.) HILL.) in Oberfranken. Teil. III: *Cirsium helenioides* – Blütenköpfe und ihr assoziierter Insektenkomplex. Tuexenia **8** (1988): 163–179.
RONNEBERGER, D.: Zur Kenntnis der Grundwasserfauna des Saale-Einzugsgebietes (Thüringen). Limnologica **9** (1975): 323–419.
ROTHSCHILD, M.: Secondary plant substances and warning coloration in insects. In: EMDEN, H. F., VAN (Ed.): Insect-Plant-Relationship. Wiley, New York, Blackwell Sci. Publ., Oxford 1973, 59–83.
ROYAMA, T.: Factors governing the hunting behaviour and selection of food by the great tit (*Parus major* L.). J. Anim. Ecol. **39** (1970): 619–668.
RUTSCHKE, E.: Stability and dynamics in the social structure of the Greylag Goose *(Anser anser)*. Aquila. Budapest 1983.
– Zur Dynamik und Funktion von Vogelrevieren. Ann. Naturhist. Mus. Wien **88/89** B (1986): 171–180.
– LITZBARSKI, H., u. SCHWEDE, G.: Untersuchungen zur Siedlungsdichte, Bestandsentwicklung, Biologie und Ernährung der Tafelente im Teichgebiet Peitz nebst Bemerkungen über das Vorkommen der Art in der DDR. Beitr. Jagd- u. Wildforsch. **8** (1973): 257–308.
RUTTNER, F.: Grundriß der Limnologie. De Gruyter & Co., Berlin 1962.
RYTHER, J. H.: Photosynthesis and fish production in the sea. Science **166** (1969): 72–76.

SAKAI, A., and LARCHER, W.: Frost Survival of Plants. Responses and Adaptation to Freezing Stress. Springer, Berlin–Heidelberg–New York–London–Tokyo 1987. (Ecol. Studies **62**).
SANDHAUG, A., KJELVIK, S., and WIELGOLASKI, F. E.: A mathematical simulation model for terrestrial tundra ecosystems. In: WIELGOLASKI, F. E. (Ed.): Fennoscandian Tundra Ecosystems. Part. 2. Ecol. Studies 17. Springer, Berlin–Heidelberg–New York 1975, 251–266.
SANTARIUS, K. A.: Biochemical basis of frost resistance in higher plants. Acta Horticult. **81** (1978): 9–21.
SAUER, J.: Die Chemie, der große Umweltsünder? Umweltprobleme aus der Sicht des Chemikers. In: TANNER, W. (Hrsg.): Der Mensch und seine Umwelt. Vortragsreihe der Universität Regensburg 1980, 107–136.
SCAMONI, A.: Einführung in die praktische Vegetationskunde. 2. Aufl. Fischer, Jena 1963.
SCHAEFER, M.: Chemische Ökologie – ein Beitrag zur Analyse von Ökosystemen? Naturwiss. Rdsch. **33** (1980): 128–134.
– u. TISCHLER, W.: Ökologie. Wörterbücher der Biologie. 2. Aufl. Fischer, Jena 1983.
SCHARF, J.-H. (Hrsg.): Atmosphäre und Klima. Podiumsdiskussion. Joh. Ambrosius Barth Verl., Leipzig 1989.
SCHARF, K. H.: Wie Pflanzen sich gegen Insekten verteidigen. Bild der Wiss. **8** (1981): 40–46.
SCHEIPERCLAUS, W., KULOW, H., u. SCHRECKENBACH, K. (Hrsg.): Fischkrankheiten. 4. Aufl. Akademie-Verlag, Berlin 1979.
SCHERF, K.: Landschaftsplanung aus der Sicht der Territorialplanung und Territorialforschung. Wiss. Abh. Geogr. Ges. DDR **14** (1978): 11–16.
SCHERNER, E. R.: Untersuchungen zur populären Variabilität des Haussperlings *(Passer domesticus)*. Vogelwelt **95** (1974): 41–60.
SCHEURER, S.: Die Bedeutung der trophischen Faktoren für die Entwicklung, Morphenbildung, Wirtswahl und Spezifität bei Aphiden und ihre mögliche Beeinflussung durch MBP. Kolloquiumsvortrag, Rostock 1978.

SCHILDER, F. A.: Lehrbuch der Allgemeinen Zoogeographie. Fischer, Jena 1956.
SCHILDKNECHT, H.: Evolutionsspitzen der Insekten-Wehrchemie. Endeavour **30** (1971): 136−141.
− Protective substances of arthropods and plants. In: MARINI-BETTOLO, G. B. (Hrsg.): Natural Products and the Protection of Plants. Scripta Varia, Elsevier Sci. Publ. Co., Amsterdam − Oxford − New York 1977, 59−97.
SCHILLING, G.: Pflanzenernährung und Düngung. Teil I. Dtsch. Landwirtschaftsverlag, Berlin 1982.
SCHIMPER, A. F. W.: Pflanzengeographie auf physiologischer Grundlage. Fischer, Jena 1898. 3. Aufl. (Ed.: F. C. v. FABER) 1935.
SCHLEE, D.: Ökologische Biochemie − Aufgaben und Möglichkeiten zwischen Ökologie und Biochemie. Biol. Rdsch. **19** (1981): 189−204.
− Zur ökologischen Bedeutung sekundärer Naturstoffe − Beispiel: Alkaloide. Biol. Rdsch. **20** (1982): 17−32.
− Ökologische Biochemie. Fischer, Jena; Springer, Berlin−Heidelberg−New York−Tokyo 1986.
SCHLEGEL, G.: Sicherung der natürlichen Heilmittel bei Verwendung industrieller Abprodukte in der Landwirtschaft. Tagungsber. Akad. Landwirtschaftswiss. DDR, Berlin Nr. **185** (1981): 105−108.
SCHLEGEL, H. G., and BOWIEN, B. (Eds.): Autotrophic Bacteria. Sci. Techn. Publ., Madison; Springer, Berlin−Heidelberg−New York 1989.
SCHLICHTING, C. T.: The evolution of phenotypic plasticity in plants. Ann. Rev. Ecol. Syst. **17** (1986): 667−693.
SCHMIDT, E.: Ökosystem See. Biologische Arbeitsbücher 12. Quelle & Meyer, Heidelberg 1974.
SCHMIDT, H.-G.: Industriemäßige Rinderproduktion. Dtsch. Landwirtsch. Verlag, Berlin 1980.
SCHMIDT, K. H.: Untersuchungen zur Jahresdynamik einer Kohlmeisenpopulation. Inaug. Diss. Univ. Frankfurt/M 1979.
SCHMIDT, R.: Anthropogene Veränderungen der Bodendecke durch landwirtschaftliche Intensivierungsmaßnahmen. Geogr. Ber. **29** (1984): 103−118.
SCHMIDT-VOGT, H.: Die Fichte. Bd. I 1987, Bd. II/1 1986, Bd. II/2 1989, Bd. II/3. 1991 Parey, Hamburg−Berlin.
SCHMITHÜSEN, J.: Allgemeine Vegetationsgeographie. 2. Aufl. De Gruyter, Berlin 1968.
SCHMITZ, W.: Fließgewässerforschung, Hydrographie und Botanik. Verh. Intern. Ver. Limnol. **14** (1961): 541−586.
SCHNELLE, W.: Pflanzen-Phänologie. Akad. Verlagsges., Leipzig 1955.
SCHNURRBUSCH, G.: Landeskulturelle Parameter zur Nutzung, Gestaltung und Pflege des Agrarraumes von Landschaften des Lößgebietes. F/E-Ber., Inst. f. Landschaftsforsch. u. Natursch. Halle, Halle 1986.
SCHÖNBRODT, R., u. a.: Brutvogelatlas auf Rasterbasis für Halle, Halle-Neustadt und Saalkreis. Rat der Stadt Halle u. Bezirksvorst. der Ges. Nat. u. Umwelt Halle 1990.
SCHÖNE, H.: Orientierung im Raum. Wiss. Verlagsges., Stuttgart 1980.
SCHREIBER, K.: Toxische Inhaltsstoffe von Nahrungspflanzen. Kulturpflanze **16** (1968): 255−276.
SCHUBERT, M.: Zur Entwicklung abproduktarmer bzw. -freier Verfahren in Einheit von Umweltschutz, Material- und Energieökonomie. Sitzungsber. Akad. Wiss. 21 N, 1981, Berlin 1982.
SCHUBERT, R.: Zur Systematik und Pflanzengeographie der Charakterpflanzen der mitteldeutschen Schwermetallpflanzengesellschaften. Wiss. Z. Martin-Luther-Univ. Halle, math.-nat. R. **3** (1954): 863−882.
− Die zwergstrauchreichen acidiphilen Pflanzengesellschaften Mitteldeutschlands. Pflanzensoziologie 11. Fischer, Jena 1960.
− Die Pflanzengesellschaften der Elster-Luppe-Aue und ihre voraussichtliche Veränderung bei Grundwasserabsenkung. Wiss. Z. Martin-Luther-Univ. Halle, math.-nat. R. **18** (1969): 125−162.
− Ökologische Betrachtungsweise als Prinzip wissenschaftlicher Forschungsarbeit für die sozialistische Landeskultur. Hercynia N. F. **13** (1976): 158−163.
− Ausgewählte pflanzliche Bioindikatoren zur Erfassung ökologischer Veränderungen in terrestrischen Ökosystemen durch anthropogene Beeinflussung unter besonderer Berücksichtigung industrieller Ballungsgebiete. Hercynia N. F. **14** (1977): 399−412.
− Pflanzengeographie. 2. Aufl. Akademie-Verlag, Berlin 1979.
− Ökologie und Umweltschutz. Spektrum **3** (1980): 24−27.
− Selected plant bioindicators used to recognize air-pollution. In: STEUBING, L., u. JÄGER, H. J. (Eds.): Monitoring of Air Pollutants by Plants. Junk Publ., The Hague 1982, S. 47−51.

- Effects of Biocides and Growth Regulators: Ecological Implications. In: LANGE, O. L., NOBEL, P. S., OSMOND, C. B., ZIEGLER, H., (Eds.): Encyclopedia of Plant Physiology, New Series Vol. 12D, Physiological Plant Ecology IV. Springer Verlag, Berlin, Heidelberg 1983, S. 393–411.
- (Hrsg.): Bioindikation in terrestrischen Ökosystemen. Fischer, Jena 1985.
- Aufgaben und Lösungen für die effektive Erhöhung der Mannigfaltigkeit in der intensiv genutzten Agrarlandschaft. Plenartagung der AdL der DDR am 1./2. Dez. 1988 in Eberswalde. Berlin 1989: 59–62.
- JÄGER, E., u. WERNER, K. (Hrsg.): Exkursionsflora für die Gebiete der DDR und der BRD. Bd. 3. Atlas der Gefäßpflanzen. 7. durchges. Aufl. Volk u. Wissen, Berlin 1988.
- u. MAHN, E. G.: Vegetationskundliche Untersuchungen in der mitteldeutschen Ackerlandschaft. 1. Die Pflanzengesellschaften der Gemarkung Friedeburg (Saale). Wiss. Z. Martin-Luther-Univ. Halle, math.-nat. R. **8** (1959): 965–1012.
- u. VENT, W. (Hrsg.): Exkursionsflora für die Gebiete der DDR und der BRD. Bd. 4. Kritischer Band. 7. durchges. Aufl. Volk u. Wissen, Berlin 1988.
- u. WAGNER, G.: Pflanzennamen und botanische Fachwörter. 9. Aufl. Neumann, Neudamm-Melsungen 1988.
- WERNER, K., u. MEUSEL, H. (Hrsg.): Exkursionsflora für die Gebiete der DDR und der BRD. Bd. 2. Gefäßpflanzen. 14. durchges. Aufl. Volk u. Wissen, Berlin 1988.

SCHUH, J.: Rhythmizität und Adaptationsstrategie. Wiss. Z. Humboldt-Univ. Berlin, math.-nat. R. **35** (1986): 233–236.

SCHULZE, E.-D., and CHAPIN III, F. S.: Plant specialisation to environment of different resource availability. In: SCHULZE, E.-D., and ZWÖLFER, H. (Eds.): Potentials and Limitations of Ecosystem Analysis. Springer, Berlin–Heidelberg–New York–London–Tokyo 1987, 120–148. (Ecol. Studies **61**).

SCHULZKE, D.: Anwendungsvorschläge für die landwirtschaftliche Pflanzenproduktion. In: KOPP, D., JÄGER, K.-D., SUCCOW, M., u. a.: Naturräumliche Grundlagen der Landnutzung. Akademie-Verl., Berlin 1982.

SCHUMACHER, W.: Artenschutz für Kalkackerunkräuter. Z. Pflanzenkrankh. u. Pflanzenschutz, Sonderh. **9** (1981): 95–100.

SCHUSCHKE, G.: Lärm und Gesundheit. 2. Aufl. Volk u. Gesundheit, Berlin 1981.

SCHWAB, G.: Über ein einfaches Verfahren zur Klassifizierung geologischer Objekte. Z. Angew. Geol. **17**, 4, 1/2 (1971): 17–24.

SCHWERDTFEGER, F.: Über die Ursachen des Massenwechsels der Insekten. Z. angew. Entomol. **28** (1941): 254–303.
- Demökologie. Parey, Hamburg–Berlin 1968.
- Ökologie der Tiere (3. Synökologie). Parey, Hamburg–Berlin 1975.
- Lehrbuch der Tierökologie. Parey, Hamburg–Berlin 1978.

SCHWINN, F. J.: Importance, possibilities and limitations of chemical control now and in future – an industry view. Ecol. Bull. **39** (1988): 82–88.

SCHWOERBEL, J.: Einführung in die Limnologie. Fischer, Stuttgart 1971.

SEDLAG, U.: Die Tierwelt der Erde. Urania, Leipzig–Jena–Berlin 1972.

SEIDEL, K.: Über die Selbstreinigung natürlicher Gewässer. Naturwiss. **63** (1976): 286–291.

SENGBUSCH, P. VON: Einführung in die Allgemeine Biologie. Springer, Berlin–Heidelberg–New York 1977.

SEREBRJAKOV, I. G.: O ritme sezonnogo razvitija rastenij podmoskovskych lesov. Vestn. Mosk. Univ. **6** (1947).

SHELFORD, V. E.: Animal Communities in Temperate America. Univ. Press, Chicago 1913.

SHOREY, H. H.: Animal Communication by Pheromones. Acad. Press, New York 1976.

SHRIFT, A.: Metabolism of selenium by plants and microorganisms. In: KLAYMAN, D. L., and GUNTHER, W. H. H. (Eds.): Organic Selenium Compounds: Their Chemistry and Biology. Wiley-Interscience, New York, 1973, 763–814.

SIEGMUND, R.: Umweltabhängige Zeitmuster der Herzfrequenz bei Fischen unter Berücksichtigung der circadianen Rhythmik. Nova Acta Leopoldina, N. F. **46**/225 (1977): 285–291.

SIEWING, R.: Bewegungsmechanismen bei niederen Wirbellosen. Zool. Jb. Anat. **99** (1978): 40–53.

SINGH, P.: Bibliography of the artificial diets for insects and mites. Bull. New Zealand Apartm. Sci. & Industr. Res. **209** (1972): 3–75.

SMITH, R.: Turbulence in Lakes and Rivers. Sci. Publ. 29. Wilson Publish., Kendal 1975.

SOČAVA, V. B.: Das Systemparadigma in der Geographie. Petermanns Geogr. Mitt. **118** (1974): 161–166.
SOLBRIG, O. T. (Ed.): Demography and Evolution in Plant Populations. Biol. Monogr. 15. Blackwell Scient. Publ., Oxford–London–Edinburgh–Melbourne 1980.
SOLNCEV, V. N.: Zu einigen fundamentalen Eigenschaften der Geosystemstruktur. In: Methoden komplexer Geosystemforschung. Irkutsk 1974 (russ.).
SOROKIN, Y. U. I.: On the trophic role of chemosynthesis and bacterial biosynthesis in water bodies. Mem. Ist. Ital. Idrobiol. **18**, Suppl. (1965): 187–205.
SPAAR, D.: Die Erfüllung der ökonomischen und ökologischen Erfordernisse in der Landwirtschaft bei der umfassenden Intensivierung — erstrangiges Anliegen der Agrarforschung. Plenartagung der AdL der DDR am 1./2. Dez. 1988 in Eberswalde. Berlin 1989: 5–43.
SPERLICH, D.: Populationsgenetik. Fischer, Stuttgart 1973.
STAADLER, E.: Sensory aspects of insects plant interactions. Proc. XV. Intern. Congr. Entom. Washington 1976, 228–238.
STEELE, J. H.: The Structure of Marine Ecosystems. Blackwell, Oxford 1974.
STEEMANN-NIELSEN, E.: Production of organic matter in the oceans. J. mar. Res. Sears Found. **14** (1955): 374–386.
— and JENSEN, E. A.: Primary oceanic production. The autotrophic production of organic matter in the oceans. Galathea Report **1** (1957): 49–136.
STEINMÜLLER, K.: A model of niche overlap and interaction in ecological systems. Biometr. J. **22** (1980): 211–228.
STERN, K., and ROCHE, L.: Genetics of Forest Ecosystems. Ecol. Studies 6. Springer, Berlin–Heidelberg–New York 1974.
— u. TIGERSTEDT, P. M. A.: Ökologische Genetik. Fischer, Stuttgart 1974.
STEUBING, L. (Hrsg.): Belastung und Belastbarkeit von Ökosystemen. Tagungsber. Ges. Ökol., Gießen 1972.
STIEF, E.: Prinzipienlösungen zur Luftreinhaltung und Abprodukterfassung. Verl. Technik, Berlin 1982.
STIEGLITZ, W.: Flora von Wuppertal. Jahresber. Naturwiss. Ver. Wuppertal, Beih. **1** (1987): 1–227.
STÖCKER, G.: Zur Stabilität und Belastbarkeit von Ökosystemen. Arch. Natursch. u. Landschaftsforsch. **14** (1974): 237–261.
— Ökosystem-Begriff und Konzeption. Arch. Naturschutz u. Landschaftsforsch. **19** (1979): 157–176.
— Zu einigen theoretischen und methodischen Aspekten der Bioindikation. Bioindikation Teil 1. Martin-Luther-Univ. Halle–Wittenberg, Wiss. Beitr. 1980/24 (P 8), 10–21.
— u. BERGMANN, A.: Zwei einfache Modelle zur Quantifizierung der Beziehungen von Landschaftselementen. Wiss. Abh. Geogr. Ges. DDR **14** (1978): 91–100.
STRAASS, G.: Sozialanthropologie. Fischer, Jena 1976.
STRAIN, B. R., and BILLINGS, W. D. (Eds.): Vegetation and Environment. Handb. Veget. Sci. 6. Junk, The Hague 1974.
STRAŠKRABA, M.: The effects of physical variables on fresh-water production: analyses based on models. In: LECREN, E. D., and LOWE-MCCONNEL, R. H. (Eds.): The Functioning of Freshwater Ecosystems. Cambridge Univ. Press, Cambridge 1980, 13–84.
— u. GNAUCK, A.: Aquatische Ökosysteme. Modellierung und Simulation. Fischer, Jena 1983.
STREIT, B.: Ökologie. Thieme, Stuttgart 1980.
STRESEMANN, E.: Exkursionsfauna für die Gebiete der DDR und der BRD. Bd. II/1, II/2. Volk u. Wissen, Berlin 1981, 1984.
STRIGANOVA, B. R.: Pitanie počvennych saprofagov. Izd. Nauka, Moskva 1980.
STUBBE, H.: Buch der Hege. Bd. I. Haarwild. 2. Aufl. Dtsch. Landwirtschaftsverlag, Berlin 1981.
STUGREN, B.: Grundlagen der allgemeinen Ökologie. 4. Aufl. Fischer, Jena 1986.
SUCCOW, M.: Landschaftsökologische Moorkunde. Fischer, Jena 1988.
— in: HAASE, G., u. a.: Naturraumerkundung und Landnutzung — Geoökologische Verfahren zur Analyse, Kartierung und Bewertung von Naturräumen. Akademie-Verl., Berlin 1990.
— u. KOPP, D.: Seen als Naturraumtypen. Petermanns Geogr. Mitt. **129** (1985): 161–170.
SUDNIK-WÓJCIKOWSKA, B.: Flora miasta Warszawy i jej przemiany w ciągu XIX: XX wieku. 2 Teile. Wydawn. Univ. Warszawiego, Warszawa 1987.
SUKAČEV, V. N.: Rastitel'nye soobščestva. Kniga, Moskva–Leningrad 1926.
— i DYLIS, N. V.: Osnovy lesnoj biogeocenologii. Nauka, Moskva 1964.

SUKOPP, H., ANHAGEN, A., BENNERT, W., KUNICK, W., u. ZIMMERMANN, F.: Liste der wildwachsenden Farn- und Blütenpflanzen von Berlin (West). Landesbeauftr. f. Natursch. u. Landschaftspfl. Berlin, Berlin 1981.
— BLUME, H.-P., CHINNOW, D., KUNICK, W., RUNGE, M., u. ZACHARIAS, F.: Ökologische Charakteristik von Großstädten, besonders anthropogene Veränderungen von Klima, Boden und Vegetation. Z. TU Berlin **6**/4 (1974): 469—488.
— u. WERNER, P.: Nature in Cities. Council of Europe, Strasbourg 1982.
SUTER, H., u. KELLER, S.: Richtlinien für die Durchführung einer mittelfristigen Blattlausprognose in Feldkulturen. Mitt. Schweiz. Landwirtsch. **25** (1977): 65—69.
SVERDRUP, H. U., JOHNSON, M. W., and FLEMING, R. H.: The Oceans, their Physics, Chemistry and General Biology. Prentice-Hall, New York 1946.
SYMONIDES, E.: On the ecology and evolution of annual plants in disturbed environments. Vegetatio **77** (1988a): 21—31.
— Population dynamics of annual plants. In: DAVY, A. J., HUTCHINGS, M. J., and WATKINSON, A. R. (Eds.): Plant Population Ecology. 28th Symp. Brit. Ecol. Soc. 1987. Blackwell Sci. Publ., Oxford—London—Edinburgh—Boston—Melbourne 1988b, 221—248.

TAIT, R. V.: Meeresökologie. Thieme, Stuttgart 1971.
TANSLEY, A. G.: The Use and Abuse of Vegetational Concepts and Terms. Ecology **16** (1935): 284—307.
TARDENT, P.: Meeresbiologie. Thieme, Stuttgart 1979.
Technik u. Umweltschutz Nr. 1—36. Komm. f. Umweltschutz beim Präsid. d. Kammer d. Techn. (Hrsg.). Dt. Verl. f. Grundstoffindustrie, Leipzig 1972—1988.
TEICHMÜLLER, M.: Die Genese der Kohle. Compt. Rend. Quatr. Congr. Strat. geol. du Carbonisere, Heerlen 15.—20. Sept. 1958, **3** (1962): 699—722.
TEMBROCK, G.: Verhalten als Bioindikator. In: Bioindikation I. Wiss. Beitr. Martin-Luther-Univ. Halle (1980): 22—29.
— Spezielle Verhaltensbiologie der Tiere. Bd. I und II. Fischer, Jena 1982a u. 1983.
— Individualisation und Evolution aus verhaltensbiologischer Sicht. Biol. Zbl. **101** (1982b): 57—72.
TENHUNEN, J. D., CATARINO, F. M., LANGE, O. L., and OECHEL, W. C. (Eds.): Plant Response to Stress. Functional Analysis in Mediterranean Ecosystems. Springer, Berlin—Heidelberg—New York—London—Paris—Tokyo 1987.
TEUSCHER, E., u. LINDEQUIST, U.: Biogene Gifte. Fischer, Stuttgart 1988.
TGL 27885/01: Nutzung und Schutz der Gewässer. Klassifizierung der stehenden Gewässer. 1981, 1—27.
THENIUS, E.: Grundzüge der Faunen- und Verbreitungsgeschichte der Säugetiere. Eine historische Tiergeographie. 2. Aufl. Fischer, Jena 1980.
THIENEMANN, A.: Grundzüge einer allgemeinen Ökologie. Archiv Hydrobiol. **35** (1939): 267—285.
THOMASIUS, H.: Waldbau. 2. Aufl. Lehrb. f. d. Hochschulfernstud. Forstingenieurwesen, Karl-Marx-Univ., Sekt. Tierprod. u. Veterinärmed., WB Landwirtschaftl. Hoch- und Fachschulpäd. 1978, 247.
— Produktivität und Stabilität von Waldökosystemen. Sitzungsber. Akad. Wiss. DDR, Math.-Nat.-Techn. 9 N (1980a): 1—55.
— Baumplantagen zur Holzproduktion aus ökologischer und waldbaulicher Sicht. In: Probleme und method. Fragen der Plantagenwirtschaft mit forstlichen Baumarten. Agrarwiss. Gesellsch. DDR, Bezirksverb. Dresden. Anl. d. Wiss. Tagung am 26. 11. 1980: 1980b, 13—24.
— Studie zur Stabilität von Waldökosystemen. Wiss. Z. TU Dresden **30** (1981): 209—216.
— Grundlagen der forstlichen Rohstoffproduktion — Entwicklungstendenzen, Probleme, Aufgaben. Plenarvortr. anl. d. Wiss. Konferenz Sekt. Forstwirtschaft Tharandt, TU Dresden am 14. 10. 1981.
— Waldökosysteme — ihre Verbreitung, Dynamik und Produktivität. Biologie i. d. Schule **37** (1988): 383—391.
— Probleme und Prinzipien bei der Rekonstruktion geschädigter Waldbestände. Sozialist. Forstwirtsch. **39** (1988): 52—56.
— Sukzession, Produktivität und Stabilität natürlicher und künstlicher Waldökosysteme. Arch. Natursch. u. Landschaftsforsch. **28** (1988): 3—21.
— Waldökologie, Waldbausysteme und Waldfunktionen. Folia Dendrol. **17** (1990): 247—274.
— Dynamik natürlicher Waldgesellschaften im Osterzgeb., ihre Modifikation durch Umweltveränderungen und deren Bedeutung bei Rekonstruktionsmaßnahmen. Arch. Natursch. u. Landschaftsforsch. **30** (1990): 161—176.

- ANDERS, S., MELZER, E. W., u. WAGNER, W.: Technologie des Waldbaus — Walderneuerung. Lehrbr. f. d. Hochschulfernstud. Forstingenieurwesen. Hrsg.: Minist. Hoch- u. Fachschulwesen, Zentralst. Hochschulfernstud., Ber. Agrarwiss. 1976, 256.
- PRIEN, S., u. TESCHE, M.: Beitrag zur Theorie der Stabilität von Waldökosystemen. Vortr. anl. d. Wiss. Konferenz Sekt. Forstwirtschaft Tharandt, TU Dresden am 14. 10. 1981. Heft 2 (1982): 38—69.

TIMMERMANN, A., MÖRZER BRUYNS, M. F., and PHILLIPONA, J.: Survey of the winter distribution of Palearctic geese in Europe, Western Asia and North Africa. Limosa **49** (1976): 230—292.

TIMOFEEFF-RESSOVSKY, N. W., JABLOKOV, A. N., u. GLOTOV, N. V.: Grundriß der Populationslehre. Genetik, Beitr. 8. Fischer, Jena 1977.

TISCHLER, W.: Grundzüge der terrestrischen Tierökologie. Vieweg, Braunschweig 1949.

TRIVERS, R. L.: Parental investment and sexual selection. In: CAMPBELL, R. (Ed.): Sexual Selection and the Descent of Man. Chicago, 1972.

TROLL, C.: Die geographische Landschaft und ihre Erforschung. Studium generale **3** (1950): 163—181.

TSCHUMI, P.: Die Bedeutung des Raubwildes in Tiergemeinschaften. Wild u. Wald, Beih. Z. Schweiz. Forstverein **52** (1973): 137—157.

TUMANOV, I. I.: The frost-hardening process of plants. In: TROSHIN, A. S. (Ed.): The Cell and Environmental Temperature. Pergamon Press, Oxford 1967, 6—14.

TURESSON, G.: The genotypical response of the plant species to the habitat. Hereditas **3** (1922): 211—350.

TÜXEN, R.: Biosoziologie. Junk, Den Haag 1965.

- (Hrsg.): Assoziationskomplexe (Sigmeten). Cramer, Vaduz 1978.

UDVARDY, M. D. F.: Dynamic Zoography with Special Reference to Land Animals. Van Nostrand Reinhold Comp., New York 1969.

UHLMANN, D.: Störungen des biologischen Gleichgewichts in Gewässern. Abh. Sächs. Akad. Wiss. Leipzig, math.-nat. Kl. **52** (1973): 17 S.

- Möglichkeiten und Grenzen einer Regenerierung geschädigter Ökosysteme. Sitzungsber. Sächs. Akad. Wiss. Leipzig, math.-nat. Kl. **112** (1977): 1—50.
- Künstliche Ökosysteme. Abh. Sächs. Akad. Wiss., math.-nat. Kl. **54** (1980): 1—34.
- The limnological background of savage control for relieving water pollution. Verh. Intern. Verein. Limnol. **21** (1981): 71—87.
- Hydrobiologie. 2. Aufl. Fischer, Jena 1981.

ULRICH, B., u. MAYER, R.: Systemanalyse des Bioelement-Haushalts von Wald-Ökosystemen. In: ELLENBERG, H. (Hrsg.): Ökosystemforschung. Springer, Berlin—Heidelberg—New York 1973, 165—174.

UNGER, K., u. STÖCKER, G. (Hrsg.): Biophysikalische Ökologie und Ökosystemforschung. Akademie-Verlag, Berlin 1981.

URI, W.: Über Schwermetall-, zumal Kupferresistenz einiger Moose. Protoplasma **46** (1956): 768—793.

UTIDA, S.: Cyclic fluctuations of population density intrinsic to host-parasite system. Ecology **38** (1957): 442—449.

VAKHRAMEEV, V. A., DOBRUSKINA, I. A., MEYEN, S. V., u. ZAKLINSKAJA, E. D.: Paläozoische und mesozoische Floren Eurasiens und die Phytogeographie dieser Zeit. Fischer, Jena 1978.

VANCURA, V., PRIKRYL, Z., KALACHOVA, L., and WURST, M.: Root exudates of plants. Ecol. Bull., Stockholm **25** (1977): 381—386.

VARLEY, G. C., GRADWELL, G. R., and HASSELL, M. P.: Insect Population Ecology. An Analytical Approach. Blackwell Sci. Publ., Oxford 1973.

- — — Populationsökologie der Insekten. Thieme, Stuttgart—New York 1980.

VERHULST, P. F.: Deuxieme memoire sur la loi d'accroissement de la population. Mem. Acad. Roy. Bruxelles **20** (1846): 1—52.

VIKTOROV, G. A., u. SEVERCOV, A. N.: Prinzipien der integrierten Schädlingsbekämpfung. In: SCHUMAKOW, I. M., FEDORINTSCHIK, N. S., u. GUSSEW, G. W. (Red.): Biologische Pflanzenschutzmittel. Dtsch. Landwirtsch. Verlag, Berlin 1976, 30—38.

VINK, A. P. A.: Land Use in Advancing Agriculture. Springer, Berlin—Heidelberg—New York 1975.

VINOGRADOV, M. E.: Okeanologija. Biologija okeana. Tom I, II. Izd. Nauka, Moskva 1977.

VITÉ, J. P., and BAKKE, A.: Synergism between chemical and physical stimuli in host colonization by an Ambrosia Beetle. Naturwiss. **66** (1979): 528—529.

- and FRANCKE, W.: The aggregation pheromones of bark beetles: progress and problems. Naturwiss. **63** (1976): 550—555.

VOIGT, O.: Flora von Dessau und Umgebung. 1. Teil. Naturwiss. Beitr. Mus. Dessau, Sonderh. (1980): 1–96.
— Flora von Dessau und Umgebung. 2. Teil. Naturwiss. Beitr. Mus. Dessau, Sonderh. (1982): 97–181.
VOIPIO, A.: The Baltic Sea. Elsevier, Amsterdam 1981.
VOLTERRA, V.: Variations and fluctuations of the number of individuals in animal species living together. In: CHAPTMAN, R. N. (Ed.): Animal Ecology. McGraw Hill, New York 1931, 408–448.
VOOUS, K. H.: Die Vogelwelt Europas und ihre Verbreitung. Ein tiergeographischer Atlas über die Lebensweise aller in Europa brütenden Vögel. Parey, Hamburg–Berlin 1962.

WAGNER, G.: Simulationsmodelle der Seeneutrophierung, dargestellt am Beispiel des Bodensee-Obersees. Teil II: Simulation des Phosphorhaushaltes des Bodensee-Obersees. Arch. Hydrobiol. **78** (1976): 1–14.
WAISEL, Y.: Biology of Halophytes. Academic Press, New York 1972.
WALDBAUER, G. P.: Phenological adaptation and the polymodal emergence patterns of insects. In: DINGLE, H. (Ed.): Evolution of Insect Migration and Diapause. New York–Heidelberg–Berlin, Springer 1978, 127–144.
WALLACE, B.: Die genetische Bürde. Fischer, Stuttgart 1974.
WALLACE, H. R.: The ecology of the insect fauna of pine stumps. J. Animal Ecol. **22** (1953): 154–171.
WALTER, H.: Die Hydratur der Pflanze und ihre physiologisch-ökologische Bedeutung. Fischer, Jena 1931.
— Einführung in die Phytologie. III. Grundlagen der Pflanzenverbreitung. Teil I. Standortslehre. 2. Aufl. Ulmer, Stuttgart 1960.
— Die ökologischen Systeme der Kontinente (Biogeosphäre). Fischer, Stuttgart–New York 1976.
— Vegetation of the Earth and Ecological Systems of the Geobiosphere. 2. edit. Springer, New York–Heidelberg–Berlin 1979.
— Vegetation und Klimazonen. 4. Aufl. Ulmer, Stuttgart 1979.
— Spezielle Ökologie der Gemäßigten und Arktis Zonen. Ulmer, Stuttgart 1986.
— u. BRECKLE, S.-W.: Ökologie der Erde. Bd. 1, 2, 3. Fischer, Stuttgart 1983, 1984, 1986.
— u. LIETH, H.: Klimadiagramm-Weltatlas. Fischer, Jena 1960, 1964, 1967.
— u. STRAKA, H.: Arealkunde. Floristisch-historische Geobotanik. 2. Aufl. Ulmer, Stuttgart 1970.
WARMING, E.: Lehrbuch der ökologischen Pflanzengeographie. Borntraeger, Berlin 1896.
WARWICK, S. I., and BLACK, L.: The relative competitiveness of atrazine susceptible and resistant populations of *Chenopodium album* and *C. strictum*. Canad. J. Bot. **59** (1981): 689–693.
WEAVER, S. E., and CAVERS, P. B.: Reproductive effort of two perennial weed species in different habitats. J. appl. Ecol. **17** (1980): 505–513.
WECKER, S. C.: The role of early experience in habitat selection of the prairie deermouse, *Peromyscus maniculatus bairdii*. Ecol. Monogr. **33** (1963): 307–325.
WEGENER, U.: Die Auswirkungen landwirtschaftlicher Meliorationen auf die Phosphor- und Stickstoffbelastung von Gewässern in Einzugsgebieten von Trinkwasserspeichern. Acta hydrochim. hydrobiol. **7** (1979): 87–105.
WEINEL, A.: Technische Hydrobiologie. Trink-, Brauch- und Abwasser. Akad. Verlagsges., Leipzig 1969.
WEINERT, E.: Die Trockenrasen, Ruderal- und Segetalpflanzengesellschaften im Gebiet der Mansfelder Seen bei Eisleben. Diplomarb., Mskr., Martin-Luther-Univ., Halle 1956.
WEINITSCHKE, H.: Naturschutz in der Agrarlandschaft. Vortrag vor der Sekt. Landeskultur u. Natursch. am 9. 6. 1987. In: Aus der Arb. d. Sekt. u. Komm. d. AdL, Berlin, B 3, **1** (1988).
WEISE, G.: Biologische Systeme und Regulationsmechanismen der Biosphäre unter besonderer Berücksichtigung hydrischer Ökosysteme. Wasserw.-Wassertechn. **22** (1972): 165–169.
WEISER, C. J.: Cold resistance and injuri in woody plants. Science **169** (1970): 1269–1278.
WEISSE, R.: Glazialstruktur und Bodenerosion. Vortrag auf der VII. bilat. Konf. Geogr. Polen–DDR in Blazejewko 1989.
WEIZSÄCKER, C. F. VON: Geschichte der Natur. Hirzel, Stuttgart 1948.
Weltkommission für Umwelt und Entwicklung: Unsere gemeinsame Zukunft. Staatsverl., Berlin 1988.
WERBAN, M.: Entwicklung und Stand der Bodenkartierung im Bezirk Cottbus. Vortr. 25 Jahre Institut für Landwirtschaft Vetschau. Informationen WTZ Cottbus 1985, 10–85.
WESENBERG-LUND, C.: Biologie der Süßwassertiere. Springer, Wien 1939.
WESTHUS, W.: Die Pflanzengesellschaften der Umgebung von Friedeburg (Kr. Hettstedt) und Wanzleben während des Zeitraumes 1978/79 und ihr Vergleich mit Untersuchungsergebnissen von 1958/59 bzw. 1961/62. Diplomarb. Mskr., Martin-Luther-Univ., Halle 1980.

WETZEL, R. G.: Limnology. Saunders, Philadelphia 1975.
WETZEL, T.: Zur Strategie des Pflanzenschutzes gegen Schädlinge der Kulturpflanzen. In: SCHUMAKOW, J. M., FEDORINTSCHIK, N. S., u. GUSSEW, G. W. (Red.): Biologische Pflanzenschutzmittel. Berlin 1976, 11–29.
— Integrierter Pflanzenschutz. In: SEIDEL, D., WETZEL, T., u. SCHUMANN, K.: Grundlagen der Phytopathologie und des Pflanzenschutzes. Dtsch. Landwirtsch. Verlag, Berlin 1981, 203–207.
— u. FREIER, B.: Bekämpfungsrichtwerte für Schädlinge des Getreides. Nachrichtenbl. Pflanzenschutz DDR **35** (1981): 47–50.
— — u. HEYER, W.: Zur Modellierung von Befall-Schadens-Relationen wichtiger Schadinsekten des Winterweizens. Z. angew. Entomol. **89** (1980): 330–344.
— GHANIM, A.-B., u. FREIER, B.: Zur Bedeutung von Predatoren und Parasiten für die Überwachung und Bekämpfung von Blattläusen in Getreidebeständen. Nachrichtenbl. Pflanzenschutz DDR **35** (1981): 239–244.
WEVER, R. A.: The Circadian System of Man. Springer, New York–Heidelberg–Berlin 1979.
WHITTAKER, R. H.: Communities and Ecosystems. 2. edit. Macmillan Publ., New York 1975.
— and FEENY, P. P.: Allelochemics: chemical interactions between species. Science **171** (1979): 757–770.
WICKLER, W., u. UHRIG, D.: Verhalten und ökologische Nische der Gelbflügelfledermaus, *Lavia frons* (GEOFFREY), (Chiroptera, Megadermatidae). Z. Tierphysiol. **26** (1969): 726–736.
WIEGERT, R. G.: Population models: Experimental tools for analysis of ecosystems. In: HORN, D. J., STAIRS, G. R., and MITCHELL, R. D. (Eds.): Analysis of Ecological Systems. Ohio State Univ. Press, Columbus 1979, 233–279.
WIELGOLASKI, F. E.: Fennoscandian Tundra Ecosystems. Part II. Ecol. Studies 17. Springer, Berlin–Heidelberg–New York 1975.
WILLERDING, U.: Zur Geschichte der Unkräuter Mitteleuropas. K. Wachholz Verl., Neumünster 1986.
WILLIAMS, P. M., OESCHGER, H., and KINNEY, P.: Natural radiocarbon activity of the dissolved organic carbon in the North-East Pacific Ocean. Nature **224** (1969): 256–258.
WILMANNS, O.: Ökologische Pflanzensoziologie. Quelle & Meyer, Heidelberg 1973.
WILSON, E. O.: Sociobiology. The New Synthesis. Beknap Press, Cambridge-Massachusetts 1975.
— and BOSSERT, W. H.: Chemical communication among animals. Recent Progr. **19** (1963): 673–716.
— — Einführung in die Populationsbiologie. Springer, Berlin–Heidelberg–New York 1973.
WINBERG, G. G.: General characteristics of freshwater ecosystems based on Soviet IBP studies. In: LECREN, E. D., and LOWE-MCCONNEL, R. H. (Eds.): Functioning of Freshwater Ecosystems. Cambridge Univ. Press, Cambridge 1980, 481–491.
WINKLER, F., u. WORCH, E.: Verfahrenschemie und Umweltschutz. Dtsch. Verl. Wiss., Berlin 1989.
WOJCIK-MIGALA, J.: Benthos of carp ponds. Verh. Internat. Verein. Limnol. **16** (1966): 1367–1375.
WOLTERECK, R.: Über die Spezifität des Lebensraumes, der Nahrung und der Körperformen bei pelagischen Cladoceren und über ökologische Gestaltsysteme. Biol. Zbl. **48** (1928): 521–551.
WOODWARD, F. J.: Climate and Plant Distribution. Univ. Press, Cambridge 1987.

YODZIS, P.: Competition for Space and the Structure of Ecological Communities. Lecture Notes in Biomathematics 25. Springer, Berlin–Heidelberg–New York 1978.

ZAKOSEK, H., KREUTZ, W., BAUER, W., BECKER, H., u. SCHRÖDER, E.: Die Standortkartierung der hessischen Weinbaugebiete. Abh. hess. Landesamtes Bodenforsch. **50** (1967), 82 S., 1 Atlas.
— and MOTOOKA, P. S.: Beneficial effects of weeds in pest management — a review. PANS **24** (1978): 333–338.
ZENKEVIČ, L. A.: Biologija morej SSSR. Izd. Nauka, Moskva 1963.
ZIMMERMANN-PAWLOWSKY, A.: Flora und Vegetation von Enskirchen und ihre Veränderungen in den letzten 70 Jahren. Decheniana **138** (1985): 13–37.
ZUBER, H.: Das Leben bei höherer Temperatur. Naturwiss. Rdsch. **22** (1969): 16–22.
ZWÖLFER, H.: Artbildung und ökologische Differenzierung bei phytophagen Insekten. Verh. Dtsch. Zool. Ges. (1974): 394–401.
— Was bedeutet „ökologische Stabilität"? In: Ökologie und Zukunftssicherung. Bayreuther Hefte Nr. 3: 13–33, 1978.

11. Register

Aal 286
Abbau, glykolitischer 114
Abbaubarkeit, toxische Substanzen 144, 379
Abfälle 558ff.
Abies 335
Abprodukte 560, 562f.
Abschußrichtlinien 549f.
Absetzbecken 416f.
Absorption 379
Abundanz 230, 250, 252, 259, 263, 313ff., 412, 443, 523
–, apparente 230
–, selektive 230
Abundanzdynamik 250f., 259f., 267f.
Abundanzoszillation 315
Abwässer 377ff., 388ff., 414f., 417ff., 492f.
Abwasserbehandlung 415ff.
–, biologische 416f.
–, künstliche biologische 415ff.
–, weitergehende 417
Abwasserteich 418
Abwehrstoffe, chemische 107
Abyssal 439
Abyssopelagial 438f.
Acer 160, 333, 539
Acetyl-CoA 128
Achillea 249f., 351
Achnanthes 364
Acker-Hornkraut 356
Ackerrandstreifen 526
Ackerunkräuter 511
Ackerwinde 356
Aconitum 341
Acorus 167
Acrocephalus 349
Acronycta 349
Actinia 441
Actinomyceten 318f., 321
Acyrthosiphon 127, 340
Adaptation 139, 153, 174, 180f., 191, 224
–, biochemische 106ff.
Adaptivwert 219
Adeliepinguine 283
Adelina 257
Adenostylis 341
Admiral 284
Adoxus 340
Adsorption 563
Aegopinella 334

Aegopodium 158, 167
Affe 190, 240
Affinität, coenologische 314
–, ökologische 314
–, soziologische 310
Agabus 349, 390
Agelastica 334
Aggregation 232, 239
Aggregationspheromone 130, 232, 239
Aglais 338
Agonum 332, 335, 344, 350, 355
Agrimonia 294, 341
Agrobacterium 148
Agroökosystem 287, 514ff.
Agropyron 162, 345, 356
Agrostemma 165
Agrostis 276, 295, 339, 355f.
Ahorn 333
Ailanthus 331
Aktionsraum 233
Aktivitätsmuster, dämmerungsaktives 197
–, diurnales 197
–, nokturnales 197
Aktivkohle 563
Akzeleration 503ff.
Alanin 113, 115, 136, 454
Alaria 441
Alarmpheromone 131
Alauda 335
Aldrovanda 348
Algen 57, 319ff., 397, 447ff.
–, benthische 403
–, salzanzeigende 390
Algenmassenentwicklung 378, 403
Alinda 344, 403
Alkaloide 136
Alkmaria 439
Allees Prinzip 264
Allele 213ff., 221
Allelfrequenz 217
Allelochemikalien 124
Allelopathie 58, 134f.
Allensche Proportions-Regel 179, 222
Allensche Regel 222
Allium 136
Allochorie 168
Allolobophora 332, 342
Allomone 124
Alnus 115, 332, 338, 539

Alopecurus 356
Alpenampfer 355
Alpendistel 355
Alpendost 341
Alpenfledermaus 344
Alpen-Hahnenfuß 341
Alpenlattich 341
Alpenrosen 338
Alpensalamander 80, 342
Alpenschneehase 83, 191
Alpenschneehuhn 191
Alpensteinbock 191
Alpenstrandläufer 344, 354
Alpen-Wundklee 342
Altarme 359
Altersbestimmung 163f.
Alterspolygone 237
Altersstruktur (Population) 63, 235, 269
Alterstod 236
Altstoffe 558ff.
Aluminium 389, 417
Amadillidium 334
Amara 346f.
Amaranthus 119, 511, 520
Amauris 129f.
Ambrosia 72, 176
Ameisen 255, 323
Amensalismus 56f.
Aminosäurenmetabolismus 124
Ammocalamagrostis 346
Ammodytes 440
Ammoniak 389, 416, 420
Ammonifikanten 350
Ammonifikation 400, 415
Ammonium 416, 420
Ammophila 345
Amphibien 72, 189, 283
Amphygley 321
Amplitude, ökologische 23
Amsel 234
Amurkarpfen 418
Anabaena 366
anadrom 286
anaërob 141f.
Anagallis 511
Anarta 340
Anas 232, 349, 551
Anbaueignung, Bäume 541
Anbauwürdigkeit, Bäume 541
Ancyclus 390
Andrena 131
Andromeda 71
Anechura 80
Anemochorie 168, 170
Anemone 29, 161, 339, 341
Anfangsgesellschaft 299
Anguilla 286

Anguis 341
Anhinga 241
Anisodactylus 342
Anisoplia 355
Anordnungsmuster (Landschaft) 469
Anpassung 180, 501
—, Compartment 102
—, evolutive 154f.
—, modifikative 154
—, modulative 153
Anpassungsfähigkeit 216, 499
Anpassungsmodelle 101
Anpassungsstrategie 108
Anpassungsvorgänge 501
Anser 210, 257, 285
Antennophorus 325
Anthocharis 341
Anthophora 344
Anthopleura 129, 131
Anthopleurin 129, 131
Anthoxanthum 511
Anthriscus 352
Anthropobiome 65
Anthropobiosphäre 65, 67, 85
Anthropogenität 64
Anthus 348, 352
Anthyllis 164, 342
Antibiose 56, 58, 147, 325
Antibiotika 147, 325
Antifrostproteine 111
Antilope 189f.
Antirrhinum 344
Antizyklone 40
Anyphaena 311
Apatite 560f.
Apfelwickler 362
Aphanes 355, 511
Aphanizomenon 132
Aphis 338
Aphrodes 356
Aphrophora 332, 337
Apis 129, 131, 239
Aplysia 132
Aplysin 132
Aplysinol 132
Apodemus 337
Apparat, photosynthetischer hitzebeständiger 110
Apus 284f.
Äquatorialstrom 430
Äquität 314
Arabis 341, 349
Arachniden 80, 333, 335, 338
Araneus 311
Aranus 344
Araschnia 174, 214
Archaebakterien 145f.

Archanara 349
Arctia 131, 184
Arctium 340, 355
Arctosa 342
Arctostaphylos 338
Ardea 266
Areal 167ff., 181, 466
—, disjunktes 169, 309
—, potentielles 167f.
—, Pflanzengesellschaft 306
Arealexpansion 172
Arealfaktoren 167ff.
—, edaphische 171f.
—, historische 171
—, klimatische 171
Arealgrenzen, Ursachen 171
Arealreduktion 172, 309
Arenicola 440
Aretosa 342
Argynnis 341
Argyroneta 348
Ariantha 80
arid 48
Arion 355
Aristolochia 132
Aristolochiasäure 132
Armeria 344f.
Armleuchteralgen 348
Armleuchteralgen-Gesellschaften 348
Arnica 163
Arnoseris 355, 511
Aromia 337
Arrhenatherum 281, 352f.
Artemia 391
Artemisia 135, 294, 344, 355
Arten, dominante 292
—, holobenthische 439
—, merobenthische 439
Artenbündel 315
Artendispersion 312
Artendiversität 255, 294
Artenfehlbetrag 379
Artengruppen, charakteristische 315
—, diagnostische 315
Artenidentität 314
Arteninventar 312, 316
Artenkombinationen, charakteristische 315
Artenmannigfaltigkeit 574
Artenschutz 526, 551
Arthropoden 72, 236
Artmächtigkeit 296
Asarum 162, 166
Ascellus 464
Äschen-Region (Bach) 375
Ascophyllum 442
Asellus 464
Asio 351

Aspartat 115, 136
Aspekt (Pflanzengesellschaften) 299, 302
Aspergillus 75, 139
Asplenium 172, 344
Asseln 323, 332, 334
Assoziation 292, 296
—, symbiontische 148
Assoziationsdifferentialarten 292
Astacus 257
Astarte 439, 463
Aster 158
Asterias 440f., 462
Asterionella 363ff., 368, 392, 418
Astragalus 164
Ästuar-Biom 68
Äsungskapazität 550
Äsungspflanzen 551
Atelopus 132
Atemeles 255
Athene 252
Atheta 342, 344
Athous 335
Ätilität 235ff.
Atlanta 449
Atmobios 311
Atmung 142, 375, 387ff., 393f.
—, anaërobe 142
Atoll 444
ATP 106f., 112f., 118, 147
Atriplex 119, 166, 354f.
Atropa 340
Atrypa 326
Attraktanzien 126, 176
Attraktion (Partner) 128
Auerhuhn 191
Auerochse 77, 191
Aufdämmung (Seen) 361
Aufnahmewerte, maximale (MPI) 53
Aufschwimmen benthischer Algen 403
Auftriebsgebiete 431f.
Aufwand, reproduktiver 269
Aufwuchs 364f., 377f., 391f., 403, 410
Aurelia 449, 462
Aurorafalter 341
Ausbildung, geographische (Pflanzengesellschaften) 293
Ausbreitung, unvollständige 169
Ausbreitungsökologie (Pflanzen) 168
Ausbreitungsschranken 169
Ausgangsstrukturtypen 481
Ausgangsverhalten 192
Auslöschungsrate 360
Auslösung/Anpassung 151
Aussterben (Pflanzen) 172f.
Ausstrahlungstyp 26f., 30ff.
Austernfischer 344
Austrieb 159f.

Autochorie 168
Autochthone 139
Autökologie 21, 139ff., 514
Autolyse 394
Avena 119, 520
avoidance 157
Azospirillum 150
Azotobacter 95, 325, 350

Bachflohkrebs 349
Bacillus 81, 83, 139, 141, 145f., 149, 325
—, fakultativ thermophil 146
Backenhörnchen 190
Badetorf 502f.
Bakterien 378, 396, 413ff., 446, 452f.
—, acetogene 148
—, acidophile 146
—, aërobe 141f.
—, anaërobe 141
—, antibiotikaresistente 416
—, autotrophe 141
—, Boden 318f.
—, chemolithotrophe 141
—, chemoorganotrophe 141
—, chemosynthetische 141
—, denitrifizierende 142
—, fakultativ anaërobe 141
—, fermentative 148
—, halophile 145ff.
—, heterotrophe 141
—, H_2S-oxidierende 409
—, lithotrophe 141
—, methanogene 141, 148
—, methylotrophe 141
—, nitratreduzierende 142
—, obligat anaërobe 141f.
—, organotrophe 141
—, pathogene, Eliminierung 415
—, phosphorspeichernde 417
—, photolithotrophe 141
—, photoorganotrophe 141
—, photosynthetische 141
—, phototrophe 141
—, saprophytische 458
—, sulfatreduzierende 141f.
—, thermophile 148, 562
Bakterioplankton 367
Bakteriorhodopsin 146
Balance-Modell (Population) 217
Balanus 441f.
Balz 184
Bär 77f., 191
Barbenregion 375
Bärentrauben 338
Bärlapp 335
Barriereriff 444
Bartglockenblume 341

Bartkauz 78
Bastardierung, interspezifische 222
Bathyal 439, 445
Bathynella 413
Bathypelagial 438
Bathyphantes 332, 337
Bathyporeia 440
Batrachospermum 374
Batrachotoxin 132
Baumartenmischungen 541ff.
Baumartenwahl 541f.
Baumläuse 335
Baummarder 333
Baumsavanne 529
Bauverhalten 205
Beerenwanze 339
Beer-Lambertsches Gesetz 379
Beerstrauch-Wacholder-Gebüsche 339
Beggiatoa 409
Behaarte Fahnenwicke 352
Beifuß 355
Beifuß-Schuttgesellschaften 355
Beimpfen (Gewässer) 359, 411
Bekämpfungsrichtwerte 522
Belastbarkeit, Gewässer 415
—, Landschaft 473
Belastbarkeitsgrenzen 420, 473
Belastung, toxische 277, 410f., 416, 419f.
Belebtschlammbecken 417f.
Bellis 171
Bembecia 340
Bembidion 344
Benguelastrom 432
Benthal 362, 438ff.
Benthos 362, 364, 438f.
Bergeidechse 80
Bergfahnenwicke 342
Bergfink 78f.
Bergmannsche Regel 179, 222
Besiedlungsentwicklung (Binnengewässer) 357ff.
Beschaffenheitsklassen (Gewässer) 377f.
Beseitigung (Abprodukte), schadlose 560
Bestand (Population), absoluter 229
—, relativer 229
Bestandesdichte (Forst) 548
Bestandesentwicklung (Wald) 537
Bestandsbehandlung (Forst) 547
Bestandsklima 296
Betriebseinheiten 467
Betriebswasser 419
Betula 158, 162, 166, 334ff., 539
Beutefänger 397
Beutelmeise 337
Beutelmull 190
Beuteltiere 190
Beutelwolf 190

Bevölkerungswachstum 505
Bewässerung 489
Bewässerungswasser, Landwirtschaft 419
Bewegungsformen 201
Beweidung 489
Bewuchs (Seen) 365
Biber 191, 240f.
Bidens 168, 354
Bidulphia 447
Bienen 237, 340
Bilanz der Stoff- und Energieflüsse 104
Bilanzgleichungen 104
Binnengewässerökosystem 356, 553
Binse 350
Bioakkumulation 144
Bioassay 563
Biochemie, ökologische 21, 106
Biochorien 311
Biocoenose 18f., 22, 61, 63ff., 162, 166, 241, 290ff., 311f., 317, 326ff., 429f.
Biocoenoseklassen 65
Bioenergie 313
Biogas 417
Biogeocoenose 19, 64, 99, 189, 193f., 199f., 288ff., 327, 487ff., 510
—, anthropogene 64
—, dynamische 64
—, elastische 64
—, instabile 64
—, konstante 64
—, naturnahe 64
—, stabile 64
Biogeocoenoseklassen 332ff.
Bioindikation 184, 563ff.
—, direkte 564
—, Grundforderungen 566
—, indirekte 564
—, spezifische 564
—, unspezifische 564
Bioindikationsebenen 568f.
Bioindikationsparameter 565
Bioindikationsstufen 566
Bioindikatoren 563ff.
—, akkumulative 564
—, sensitive 564
—, Stadt 331
Bioklima 499
Biokommunikation 200, 209
Biom 65ff., 189
— der alpinen Matten 80
— der Binnen-Salzseen 69
— der borealen immergrünen Nadelwälder 78
— der Erosionsfluren 83
— der Etesien-Hartlaubwälder 77
— der Etesien-Strauch- und Zwergstrauchökosysteme 80
— der flachen Süßwasserseen und Teiche 69

— der Gesteinsfluren 85
— der Gezeitenküsten 68
— der Gras- und Krautfluren 80
— der Hochgebirgs-Strauch- und Zwergstrauchökosysteme 79
— der immergrünen tropischen Regenwälder 72
— der Kältewüsten 83
— der Kulturpflanzenbestände 85
— der künstlichen Hochleistungs-Ökosysteme 85
— der Laubmoos-Moore 70
— der Lorbeerwälder 77
— der offenen Dünen 83
— der permanenten Fließgewässer 70
— der Pionierfluren 83
— der Quellen 70
— der regengrünen tropischen Wälder 73
— der Seggen-Moore 71
— der *Sphagnum*-Moore 70
— der Steppen 81
— der Strauch-Moore 71
— der Strauch-Ökosysteme 79
— der subpolaren Gebüsche 79
— der subtropischen Trockengebüsche 80
— der temperaten sommergrünen Laubwälder 77
— der temperaten Strauch- und Zwergstrauchökosysteme 77, 80
— der temporären Fließgewässer 70
— der tiefen Süßwasserseen 69
— der Trockenwüsten und Halbwüsten 83
— der tropischen Dornbaum-Sukkulentenwälder 73
— der tropischen Gebirgsgrasländer 80
— der Tundren 80
— der unterirdischen salzarmen Binnengewässer 70
— der urban-industriellen Ökosysteme 84f.
— der Waldmoore 71
— der Wüsten und Halbwüsten 80, 82
— der Zwergstrauch-Moore 71
— des Grünlandes der humiden gemäßigten Breiten 82
— des salzigen Grundwassers 68
Biomanipulation 398
Biomasse 86, 313
Biomassepyramide 396
Biomasse-Umsatz 177, 180
Biomassezusammensetzung 399
Biome, limnische 66, 69f.
—, marine 437
—, neritische 68
—, ozeanische 67
—, terrestrische 288
Bioporen 319
Biosozialansprüche 195f.

Biosozialparasitismus 209
Biosozialverhalten 208
Biosphäre 18f., 53, 64ff., 187, 488f., 559f.
Biostratinomie 326
Biotest 563
Biotop 18, 22, 142, 189, 233, 327ff., 331
Biotopbewertung 486
Biotoperfassung 486
Biotoppflege 574
Biotop-Population 62, 212
Biotopschutz 574
Bipedie 83
Birke 334f., 532f.
Birken-Moorwälder 335
Birkhuhn 251, 264, 335
Bisamratte 337
Bison 82, 190
Biston 223
Bisysteme 57
Bitteres Schaumkraut 349
Blastophagus 335
Blatella 232
Blattflächenindex 37, 72
Blatthornkäfer 236
Blattkäfer 85, 334, 342
Blattläuse 85, 224, 255
Blattminierer 338
Blattschneiderbiene 340
Blattwespe 334f.
Blaualgen 379, 388, 397, 399, 442, 448
Blaue Kresse 341
Blaugras 336, 342
Blaukehlchen 337
Blaumeise 226
Blauschatten 35
Blauwal 258, 455
Bledius 344, 346
Bleiregion 375
Blindschleiche 341
Blühinduktion 161
Blutdruck 499
Blütenbildung 161
Blutroter Storchschnabel 341
Blutstropfenzygäne 340
Blysmus 343
Bobak 190
Bockkäfer 236, 333, 335
Boden 296, 318f.
Böden, schwermetallsalzreiche 52, 345
Bodenalgen 321
Bodenart 318
Bodenazidität 318f.
Bodenbakterien 321
Bodenbearbeitung 515
Bodenbelastung 493
Bodenchemismus 166
Bodenfauna 322

Bodenfruchtbarkeit 515, 535
Bodengefüge 296, 318
Bodengesellschaften 321
Bodenkartierung, mittelmaßstäbige 486
Bodenkunde 510
Bodenluft 51, 319
Bodenmikroflora 321
Bodenpilze 318f., 321
Bodenprofil 297f., 320
Bodensäuren 51
Bodensubstanz, organische 319f.
Bodentemperaturen 319
Bodentiere 322ff., 332ff., 557
Bodentyp 298, 320, 510
Bodenverdichtung 515f.
Bodenversiegelung 330, 332
Bodenwasser 48, 50f.
Bodenwasserzonen 48f.
Bodo 418
Bohrassel 442
Bohrfliegen 224
Bohrmuschel 442
Bohrschwamm 441
Bolaria 342
Bolilophila 316
Bombina 349
Bombus 129, 353
Bombykol 129
Bombyx 127ff.
Borkenkäfer 335
Borstgras 339, 352
Bosmina 364, 366
Botaurus 349
Bothrioplana 413
Bouteloua 119
Brachen, feuchte 356
Brachonyx 335
Brachpieper 348, 352
Brachsenregion 375
Brackwasser 447, 463
Brackwassergliederung 463
Brachydiamesa 374
Brachypodium 162, 294, 351
Brände 55
Brandmaus 337
Brandung 54
Brandungsbiocoenosen 362, 370
Branta 210f., 240, 251f., 254, 257
Brassica 134
Braunerden 321
Braunkehlchen 340
Braunwasserseen 369, 381
Breitblättriger Rohrkolben 349
Brennessel-Holunder-Gebüsch 338
Brennesselrüßler 338
Brevicoryne 225
Brombeere 338

Bromus 119
Bronchitis 500
Broscus 346
Bruchwasserläufer 351
Brunnenkresse 349
Brunnenverockerung 414
Brutorttreue 283
Brutparasitismus 209
Brutpflege 225, 255
Brutrevier 233ff.
Brutto-Primärproduktion 63, 86, 104
Bruttoproduktion 63
Bryum 294, 349
Buche 166, 532f.
Buchfink 235, 333
Bucklige Wasserlinse 348
Bufo 340, 346, 348
Bupalus 238, 260
Buphagus 255
Büschelmücke 349
Buschformation 529
Buschsteppe 529
Buschtundra 529

Cadmium 416, 419
Cakile 168, 354
Calamagrostis 337, 346
Calciumbicarbonat-Typ (Wasser) 52
Calciumsulfat-Typ (Wasser) 50
Calendula 135
Calidris 344, 354
Callitriche 348, 374
Callosobruchus 259
Calluna 71, 137, 334, 339, 569
Calocoris 341
Calothrix 442
Caltha 292, 352
Calvin-Cyclus 116ff.
Calvin-Pflanzen 117
Calystegia 292
Campanula 294, 341
CAM-Pflanzen 120f., 514
Candona 413
Chanthares 344
Capreolus 236, 238, 333, 551
Capsella 164f.
Carabus 80, 210, 337, 342, 352
Carboxykinase 118
Carboxylierung 116
Carcinus 441, 462
Cardamine 349
Cardium 440
Carduelis 335, 355
Carex 269, 278f., 292, 295, 332, 336, 341f., 344, 346ff.
Carnegein 126
Carnegia 126f.

Carnivore 59, 86, 312, 455ff.
Carpinus 333, 539
Cassia 164
Cassida 355
Castor 240f.
Cataclysta 348
Caucalis 355, 511
Centaurea 351, 447
Centromerus 335, 338
Centunculus 350
Cephalopoden 452
Cephalosporium 147, 350
Cerastium 352, 356
Ceratium 366
Ceratophyllum 364, 398
Cereopis 350
Cervus 240, 333, 550
Cetonia 340
Chaerophyllum 340
Chaetoceros 447
Chamaephyten 158f., 164
Chaoborus 349, 362, 364, 367
Chara 364
Characeae 348
Characiopsis 364
Charadrius 346, 354
Charakterarten 292, 315
Chelidura 342
Chelonia 286
Chenopodium 119, 354, 511, 520
Chironomys 364, 378, 555f.
Chiton 441
Chlorella 366, 418
Chlorid (Salzgewässer) 390
Chloroflexus 146
Chloroperla 354
Chlorophyll 421
Chloroplast 120
Chorthippus 352, 356
Chromophyton 364
Chromosomenmutation 218
Chroomonas 418
Chrysochloa 341
Chrysomela 341, 355
Chrysosplenium 168
Chthamalus 442
Cicadella 350
Cicadula 350, 352
Cicindela 238, 340, 348
Ciconia 284
Ciliaten 239, 322
Cimbex 335
Cinara 335, 339
Cinaria 335
Cinclus 390
C_3–C_4-Intermediäre 119, 514
Circus 349

Cirsium 116ff., 167, 295, 355, 520, 569
Cladonia 339, 347
Cladophora 371, 374
Cladosporium 350
Clausilia 344
Clethrionomys 258, 337
Cliona 442
Clitocybe 167
Clostridium 141
Clunio 186
Coccinella 252, 285, 355
Coccinellidae 132
Coccinellin 132
Coccolithinen 448
Cocconeis 364
Cochlearia 342
Cocos 164, 168
Codonella 364
Coelotes 337
Coenosebindung 313, 315
Coenosebindungscharakteristik 313
Coenosezugehörigkeit 313
Coenosia 352
Coevolution 63, 126
CO_2-Kompensationskonzentration 119
Colchicum 292
Coleanthus 166f.
Coleopteren 80, 236, 323, 333
Colias 119, 352
Collembolen 74, 318, 323, 334f.
Colletes 344
Columba 234, 333, 344, 549
Cometabolismus 145
Compartment 20, 90ff.
Compartment-Flußmodell 102
Compartments, ökologische 99ff.
Conochilus 364
Contarinia 524
Convallaria 161, 166
Convoluta 150
Convolvulus 356, 520
Cooxidation 145
Copris 225
CO_2-Reduktion 116
CO_2-Reservoir 120
Coronopus 294
Corophium 439f., 443
Corticaria 346
Corvus 199
Corydalis 158, 161, 166, 168, 171, 344
Corylus 162, 164, 167, 333
Corynephorus 347
Coscinosira 447
Cossus 337
Coturnix 352, 356
CO_2-Verwertung 514
C$_3$-Pflanzen 117ff., 156, 514

C_4-Pflanzen 117ff., 156, 514
Crangon 440
Crataegus 164, 337
Cratoneuron 349
Crepis 352
Crex 352
Cricetus 225
Criocephalus 316
Crocidura 337
Crocus 159
Crotalaria 135
crude density 230
Crustaceen 369, 375
Crustulina 311
Cryptophagus 346
Cryptorrhynchidius 332
C-Strategien 228f.
Ctenopharyngodon 396, 418, 423
Cucullia 355
Cucumis 119
Culex 186
Cupiennius 201
Cyanidium 146
Cyanophora 150
Cyanophyceen (s. auch Blaualgen) 388, 410, 442, 448
Cyanopica 189
Cyclops 363f., 366
Cylindroiulus 334
Cymbalaria 344
Cymindis 352
Cymus 347
Cynipus 134
Cynodon 136
Cynosurus 352
Cyperus 350
Cyprina 439, 463
Cyzensis 259

Dactylis 295
Dalmanites 326
Danaidon 130
Danaus 129f., 284
Dänisches Löffelkraut 342
Daphnia 363f., 366f., 556
Dasyneura 134
Datura 123
Daucus 352
Dauergesellschaft 301
Dauergrünland 551
Deckschicht, euphotische 432
—, warme 430, 432
Defäkation 204
Delia 524
Delphax 350, 352
Delphine 452
Demetrias 349

Demökologie 21
Demotop 313
Dendrobaena 71, 80
Dendrocopus 333
Dendrodrilus 71
Denitrifikante 321
Denitrifikation 400, 415f.
Deponie 563
Deporaus 335
Dernopodsol 321
Deroceras 355
Deschampsia 295, 334, 569
Desinfektion (Gewässer) 415
Desmidiaceae 389
Destruenten 59, 88, 104, 138, 142, 455ff., 520
Destruenten-Nahrungskette 316, 457f.
Desulfovibrio 141, 409
Detritophage 312, 323, 335, 337, 343
Detritus 323, 396, 457f., 535f., 557
Detritusfresser 86, 395f.
Detritusnahrungskette 396
Dianthus 352
Diapause 174, 368
Diaptomus 364
Diasporen 168ff.
Diäten, synthetische 177
Diatomeen 69, 448
Dicheirotrichus 344
Dichte des Wassers 382, 387
Dichteanomalie (Wasser) 356f.
Dichteregulation 265, 270ff.
Dichterückkopplung 101
Dichteschwankungen 78, 382
Dichtestreß 272
Dicrocoelium 194
Dictamnus 341
Dictyna 335, 340
Differentialarten 292, 309, 315
Diffusion, turbulente 357, 391
Digitalis 340
Dimension (Landflächen), chorische 578
–, topische 578
Dinoflagellaten 448
Dinophysis 447
Diplogaster 323
Diplopoden 334
Dipolcharakter (Wassermolekül) 356
Diprion 238
Diptam 341
Dipteren 80, 332
Disjunktion 169
Disostichus 111
Disparlure 129
Dispersion (Population) 231ff.
–, äquale 231f.
–, inäquale 231f.
–, insulare 231f.

–, kumulare 321f.
Dispersionsdrift 375
Dispersionstyp 231f.
–, insularer 231f.
–, kumularer 231f.
Distanzfeldorientierung 197
Distanzregulation 196f.
Distelfalter 284
Distelfink 355
Distephanus 447
Divergenzen (Strömungen) 431f.
Diversität 63, 314, 526, 571
Diversitätsindex 314
Dolomedes 348
Dolycoris 339
Dominantenidentität 314
Dominanzklassen 313
Donacia 348, 350
Dorcadion 352
Dormanz 166, 174, 179f., 187
–, konsekutive 179
–, prospektive 180
–, unvollständige 221
–, vollständige 221
Dornbaum-Sukkulenten-Biom 80
Dorngrasmücke 337
Dornschrecke 334
Dorsch 562
Drainagen 401
Drassodes 311
Dreikantmuschel 419
Dreissenia 362, 364, 371, 419
Dreizehenspecht 191
Drift 375
–, genetische 217, 223
–, kontinuierliche 223
–, zeitweilige 223
Dromius 316
Drosera 350
Drosophila 108, 126f., 183f., 199, 214f., 236, 254
Drosselrohrsänger 349
Drymonia 334
Dryopteris 164
Duftmarken 233
Dugesia 198
Dunaliella 147, 391
Dünenschaumzikade 346
Dünger, mineralischer 515
–, organischer 515
Dunkelaktivität 197
Dunkelkeimer 165
Durchflußströmungen 385
Durchmischung (Gewässer) 481f., 385, 425
–, saisonale 430
–, turbulente 384f., 394, 410
Durchmischungstiefe 382f., 385
Dy 369

Dyschirius 342, 352
Dytiscus 133, 364

Eberesche 335
Echinochloa 274, 279f., 287
Ectinocera 341
Edaphal 318f.
Edaphon 311, 318f., 321, 323, 335, 338
Edelweiß 342
Effekte, allelopathische 134f.
Eiche 166, 226, 275, 333f.
Eichelhäher 549
Eichen-Trockenwälder 334
Eichhörnchen 232, 333
Eidechsen 191
Eigenregulation (Landschaft) 472, 479
Eigenumwelt 199
Eigenverhalten 194
Eignung 227
–, genetische 219
Eignungsbewertung (Landschaft) 475ff.
Einbürgerung, Pflanzen 172f.
Eingangsverhalten 192
Einstrahlungstyp 26f., 33
Eintagsfliege 236, 354
Eintiefung (Seen) 361
Einwanderungsrate 360
Einwohnergleichwerte 493
Einzelkorngefüge 318
Einzugsgebiet 401
Eis 34
Eisbär 83
Eisen 405, 407ff., 414, 419f.
Eisen-Falle 409
Eisenhut 341
Eisenia 350
Eisenocker 372
Eistage 34
Eiweiß 501
Elasis 197
Elater 332
Elateriden 323, 334
Elch 78, 190f.
Elefant 189
Elemente, essentielle 121
–, nichtessentielle 121
–, toxische 121
Eleocharis 343, 350
Eliminationsleistungen 137
Elodea 168, 364, 374
Elster 258
Elyna 342
Ematurga 340
Emberiza 337
Emigration 283, 310
Empetrum 338f.
Empoasca 355

Emu 75, 189f.
Enchytraeiden 318, 334
Endkonsumenten 87
Endolithion 441
Endopelos 439, 443
Endopsammon 440, 443
Endosymbiose 150
Endozoochorie 168, 170
Energie, chemische 433
Energiedominanz 313
Energiefluß 85ff., 178, 418, 519
Energieflußbilanz 26, 104
Energiequellen (Bakterien) 141
Enteromorpha 390, 442
Entkalkung, biogene 387ff.
Entkrautung 400
–, biologische 418
Entökie 209
Entomochore 168
Entscheidungsmodelle (Ökosystem) 105
Entschwefelungsbad 561f.
Entwicklung, jahreszeitliche 158ff.
–, nahrungsabhängige 177
Entwicklungsbeschleunigung 503
Entwicklungsperiode 236
Entwicklungsrhythmus, Pflanzen 158, 162
Entwicklungsstand 296
Enzymaktivität 110
Enzyme, extrazelluläre 148
Enzymevolution 144
Enzymmuster 108
Enzymsysteme 110
–, thermostabile 110
Epeirologie 21
Ephestia 236
Ephippien 359
Epiedaphal 311
Epiedaphon 321
Epilimnion 35, 53, 368, 382, 385f., 391, 399f., 405
Epilithion 441
Epilobium 158, 162, 340
Epipelagial 429, 431, 438, 451
Epipelos 439
Epipsammon 440
Episitismus 56, 58, 194
Epizoochorie 168
Epökie 60, 209, 325
Epuraea 316
Equisetum 292
Equus 240
Eragrostis 135
Eranthis 166
Erblichkeit 218
Erbsenwickler 263
Erdbeerklee 344
Erdbockkäfer 352

Erdfälle 258
Erdfallquellen 372
Erdhörnchen 82, 192
Erdmaus 352
Erdsperling 191
Erdwolf 75, 189
Erebia 80, 342
Erholungsgebiete 502
Erholungspotential, komplexes 503
Erica 336, 339
Erigeron 272 f.
Erigone 341 f.
Erinaceus 537
Eriophorum 71, 337, 350
Erkältungskrankheiten 500
Erle 332
Erlenbruch 369
Erlenzeisig 335
Ernährungsweise, parasitäre 397
Erneuerungsrate 359
Erophila 352
Erosionsrinnen 44
Erucastrum 277
Eryngium 168, 345
Erythria 334
Esche 333
Escherichia 139 ff., 145
Eselhase 190
Esperia 316
Ethanol 115
Eucera 131
Euchone 440
Eucobresia 341
Eudiaptomus 363, 366
Euedaphon 322
Eulenfalter 225
Eulitoral 362, 444 ff.
Euoxa 355
Euphausia 449, 455
Euphorbia 351 f., 511
Euphydrya 342
Eupithecia 340
Euproctis 263, 337
Eupteryx 341
Eurydice 440
euryhalin 428
euryhygrisch 175
Eurypotenz 24
Euscelis 352
Eutrophierung 139, 403, 417
—, Gewässer 419 ff.
—, natürliche 403
—, rasante 400, 403, 405
Eutrophierungsfolgen 403
Evaporation, potentielle 48
Evarcha 311
Evenness 314, 571

Evolution 217
Evolutionsfaktoren 217
Extinktion 379 f., 385, 392, 433

Fabricia 439
Fagus 158, 161 ff., 333 ff.
Fahlerden 321
Fährtenzählungen 550
Fäkalkeime 419
Faktoren, klimatische 501
—, Pflanzenverbreitung, anthropogene 172 f.
—, —, ökologische 23, 179
—, —, wachstumsbegrenzende 388 f., 399 f.
Faktorenexposition (Landschaft) 468
Faktorenkombination 179
Falco 258, 264, 344
Fallaub (Gewässer) 396
Fallstudien, numerische (Ökosysteme) 105
Fällung (von Phosphat) 417
Fasan 238
Faulbaum 335, 337 f.
Fäulnis 378
Faulraum 417
Favosites 326
Fazies 293
Feinfischarten 555
Feinporen 319
Feld, magnetisches 54
Feldflora-Reservat 526
Feldheuschrecke 356
Feldhummel 353
Feldlerche 355
Feldmaus 199, 233, 235, 263, 355
Feldrandapplikation 523
Feldschwirl 337
Feldsperling 283
Feldspitzmaus 337
Felsentaube 344
Felsspaltengesellschaften 344
Felswatt 442
Ferntransport 169 f.
Fernverbreitung 169 f.
Fertilität 242 ff., 296
Festbettreaktor 417
Festuca 276, 281, 294 f., 346, 351
Fette 501
Fettsäurenmetabolismus 124
Feuchte (Stoffwechsel, Tiere) 175, 183
Fichte 226, 334 f., 536
Fichtenborkenkäfer 191
Fichtengall-Laus 335
Fichtenkreuzschnabel 191, 335
Fichtenmarienkäfer 335
Fichten-Moorwälder 335
Fichten- u. Kiefernwälder, eurosibirische 335
Ficus 164
Filago 171

Filipendula 292, 351
Filmwasser 48
Filtrierer 396f.
Fingerhutfalter 340
Finnwal 452
Fischerei 419, 452
Fischereiwirtschaft 552f.
Fischotter 191
Fischproduktion, industriemäßige 556f.
Fitness 219ff., 264
Flächenabspülung 44
Flächenbelastung 402
Flächennaturdenkmale 575
Flächennutzung 466f., 480, 485f.
Flächennutzungsgefüge 332
Flächennutzungstypen, urbane 331
Flächenquadratdarstellung 296
Flachmoor 369
Flechten 57
Fledermäuse 239
Fliegen 85
Fließgeschwindigkeit 370, 374, 410, 416
Fließgewässer 410, 416, 419ff.
Fließgleichgewicht 18, 86, 410
Fließwasser-Biome 66, 69f.
Flügelreduktion 83
Fluktuation 262f.
Fluktuationsrate (Population) 62f.
Flunder 462
Flurelement 446
Flurholzanbau 516
Flußfischerei 553
Flüssigkeitsaufnahme 204
Flußkrebs 257
Flutender Schwaden 349
Fluthahnenfuß 348
Flutrasen 356
Fontinalis 364, 374
Forellen 389, 415, 419
Forellenregion 375
Forleule 237, 245, 262
Formica 80, 255, 350
Formwiderstand (Organismen) 365
Forst 530, 535
Forstökosysteme 531, 535
Fortpflanzung, nahrungsabhängige 177
Fortpflanzungsperiode 236
Fortpflanzungsverhalten 207
Fossillagerstätte Geiseltal 328
Fragaria 569
Fragilaria 363, 366, 368
Fragilariopsis 455
Frangula 335, 337f.
Fraxinus 160, 166, 168, 333, 539
Freiwasserregion 365
Fremdstoffabbau, mikrobieller 144f.
Fremdstoffe 144

Frequenz (Art) 313
Frequenzklassen 314
Frequenzsynchronisation 183
Fringilla 233, 235, 333
Frosch 132
Froschbiß 348
Frostschutzmittel (Tiere) 111
Frostspanner 259
Frostwechseltage 34
Fruchtbarkeit 242
Fruchtfolgegestaltung 516
Fruchtreife 162
Frühlings-Miere 345
Frühlings-Spark 347
Fucellia 354
Fuchs 232, 238
Fuchs-Segge 349
Fucomyia 354
Fucus 441f.
Fumana 352
Fundamentalnische 26, 59, 101
Funktionskreis des Verhaltens 202f.
Furchenbiene 356
Furchen-Schwingel 351
Futteralarm 131

Gabelantilope 190
Gabelbock 82, 190
Gagea 158, 162, 168
Gähnen 205
Galanthus 159
Galba 349
Galeopsis 511
Galerucella 348
Galinsoga 168
Galium 161, 273f., 276, 292, 339f., 346, 353, 520
Gallionella 408, 414
Gammaeule 263, 284
Gammarus 349, 378, 390, 464
Gamsbart 341
Gänsefingerkraut 344
Gargara 340
Garralus 549
Gartengrasmücke 337
Garten-Löwenmaul 344
Gartenunkrautgesellschaften 354f.
Gärung 142
Gastroidea 355
Gastropoden 80, 333f.
Gattyana 440
Gazelle 75, 189
Gebirgsbach 373f., 377
Gebirgsrose 338
Gebirgsschaf 244
Gebrauchsverhalten 193
Geburtenrate 62f., 242ff.

Geburtsbeginn 500
Geburtsrate, maximale 243
–, Population 62, 249
Gebüsche 337f.
–, arktisch-alpine 338
–, zwergstrauchreiche 338
Gefährdung der Arten 172
Gefahrenalarm (chemische Signale) 131
Gegenstrom, äquatorialer 430
Gehölzformation, offene 529
Geißelalgen 418
Gelbaugenpinguin 244
Gelbe Acht 352
Gelber Lerchensporn 344
gelbliches Zyperngras 350
Gelege (Seen) 364
Gemeine Moosbeere 350
Gemeiner Salzschwaden 344
Gemeiner Wasserschlauch 348
Gemeines Leimkraut 345
Gemeines Nadelröschen 352
Gemeines Sonnenröschen 352
Gemse 80, 191, 342
Gene 213 ff.
Generallandschaftsplan 486
Generationsdauer 411
Generationszeit 361
Genet 166
Genetik, ökologische 21
Genexpression 108
Genfluß 212, 217, 222
–, intraspezifischer 222
Genfrequenz 217f., 222
Genhäufigkeit 217
Genista 339
Genlocus 213, 216
Genmutation 218
Genommutation 218
Genotyp 214, 216ff.
Genotypenfrequenzen 214
Genpool 212, 217, 220f., 359
Gentiana 342
Geobiosphäre 65, 67, 70, 72, 289
Geoelemente 466
Geofaktoren 466
Geokomponenten, Landschaft 446
Geoökologie 22
Geophyten 158f.
Gepard 75, 189f.
Geraniol 129
Geranium 155, 292, 341, 352f.
Geröll- und Steinschutt-Gesellschaften 344
Gerris 349, 364
Gesamteignung 227
Gesamtpopulationskurve 260
Gesamtwirkungsgefügepotential 305
Geschlechteranteil 238

Geschlechterverhältnis 238
Geschmacksbeeinträchtigung (Trinkwasser) 419
Geschwindigkeitsprofil 370
Geschwisterpaarung 215
Gesellschaftsareal 309
Gesellschaftskomplexe 332
Gesellschaftskreis 309
Gestaltungssukzession 316
Getreideblattläuse 524f.
Getreideerdfloh 355
Getreidehähnchen 263, 355
Getreidelaufkäfer 355
Geum 340
Gewässer, ausdauernde 369
–, eutrophe 393, 396, 399f., 403f.
–, fließende 370, 396
–, hypereutrophe 403f.
–, hypertrophe 403f.
–, mesotrophe 403f.
–, oligotrophe 367, 392f., 399f., 403f.
–, stehende 361f., 396, 402
Gewässerökosysteme 555f.
Gewichtsansatz 499
Gewichtsdominanz 313
Gewöhnung (Umweltreize) 501
Gezeiten 54
Gezeiten-Periodik 186
Gibbon 240
Giersch 340
Ginkgo 168
Ginster 339
Ginsterblattlaus 340
Ginsterzikade 340
Giraffe 75, 189
Glanzgänsekraut 349
Glaskraut 344
Glatthafer 352
Glaux 343f.
Glechoma 295
Gleichgewichtskohlensäure 387
Gleichgewichtszustand 411
Gleithang 375
Gletscherbach 374
Gletscherfloh 341
Gletscher-Krabbenspinne 191
Gletschermücke 374
Gletschertrübe 374
Gliederung, naturräumliche 470
Glischrochilus 316
Globalstrahlung 26
Glocken-Enzian 342
Glockenheide 339
Glogersche Regel 222
Glomerin 132
Glomeris 132, 332
Glossina 253

Gluconeogenese 112
Glucose 114f., 140, 454
Glyceria 349
Glycerol 111f., 115
Glycine 151, 136, 270
Glykogen 112ff.
Glykolysepotential 112
Gnaphalium 341
Gnu 75
Gobifisch 132
Gobius 132
Goera 364
Goldafter 263, 337
Goldammer 337
Goldfingerkraut 341
Gold-Kälberkopf 340
Goldmull 190
Golfstrom 430
Gomphonema 364
Gonepteryx 338
Gonyaulax 132, 448
Gossypium 119
Grabgecko 191
Gradation 262f.
Gradationsgebiete 263
Gradationstyp, latenter 263
—, permanenter 263
—, temporärer 263
Graeteriella 413
Grasbrand 55
Grasfluren 80, 351
Grasfrosch 337, 349
Graskarpfen 396, 423
Grasland-Biom 72
Grasland-Ökosysteme 67, 101, 312
Grasnelke 345
Graugans 257, 285f.
Graugrüner Gänsefuß 354
Graureiher 266
Grauweide 337
Greifer 397
Grenzschicht (Gewässer) 370, 374, 384
Griselda 339
Grobporen 319
Großblütiges Sonnenröschen 342
Große Brennessel 338, 340
Große Klette 355
Große Rohrdommel 349
Großer Brachvogel 351
Großer Wegerich 356
Großes Ochsenauge 352
Großes Schillergras 352
Großes Windröschen 341
Großhufeisennase 344
Großmausohr 344
Großsäuger 72, 77
Großseggen 337

Großseggensümpfe 349
Großstadtmelanismus 223
Großtrappe 82
Grünalgen 69, 418
Gründerprinzip 223
Grundgley 321
Grundnährstoffe 501
Grundstoffwechsel 124
Grundumsatz 500
Grundwasser 48, 387, 412ff.
Grundwasserfauna 412, 414
Grundwassertiere 413
—, eucavale 413
—, tychocavale 413
—, xenocavale 413
Grünerle 338
Grünordnungsplan 486
Grünsysteme (Städte) 332
Gruppen, ökologisch-soziologische 392
Grus 351
Gryllus 233
Guanako 190
Gülle 389, 419f.
Gymnocarpium 344
Gymnodinium 445, 448
Gyrinus 349
Gyttja 369

Haar-Pfriemgras 352
Habichtskauz 78
Habitat 18, 180f., 230ff., 244ff., 256, 282, 467f.
—, optimales 225
—, räumliches 469
Habitatausstattung (Jagd) 551
Habitats-Strukturtypen, Landschaft 468, 476
Habitatwahl 225
Habitatwert 475f.
Hadal 439
Haematopus 344
Haftdoldengesellschaften 355
Haftwasser 48
Hainbuche 333f.
Hainklette 340
Hainwachtelweizen 341
Halbsättigungskonstante 402
Halbwüsten-Ökosysteme 67
Halictus 356
Haliplus 349
Hallopora 326
Halobacterium 145ff.
Halococcus 145
Haltung (Tierbestände) 517f.
Halysites 326
Hamster 81, 190
Hanggräben 40
Haplochlaena 132
Hardy-Weinberg-Gleichgewicht 214, 218

Hardy-Weinbergsches Gesetz 213
Harem 240
Harmothoe 439f.
Harpacticoide 364, 440
Harpalus 334, 346ff., 352, 355
Hartböden 371, 375, 441
—, sekundäre 441
Hartheublattkäfer 341
Hartwasserseen 406
Hase 190, 550
Hasel 333
Hatch-Slack-Cyclus 118
Haubentaucher 349
Hauptelemente, ökologische 592
Hecken 516
Hegemaßnahmen 551
Heide 369
Heideblattkäfer 340
Heidekraut 334, 339
Heidekrauteule 340
Heidekrautspanner 340
Heidekraut-Stechginster-Heiden 339
Heidelbeere 335, 338f.
Heidelbeerwickler 339
Heidesichelwanze 340
Heidewanze 339
Heilwässer, oberflächenwasserbeeinflußte 502
Helephorus 342
Helianthemum 342, 352
Helianthus 119, 151
Helicella 352
Helicigona 344
Heliolites 326
Hellaktivität 197
Helminthosporium 148
Helodidae 255
Helokrenen 372
Helophyten 158f.
Hemerobie 64
Hemiedaphon 322
Hemikryptophyten 158f.
Hemilepistum 83
Hepatica 29, 166
Herbivore 59, 75, 82, 86f., 288, 455
Herbivorennahrungsketten 455
Herden 196, 239
Hermelin 191
Herpobdella 364, 378
Herzinfarkt 500
Herzkrankheit, ischämische 500
heterograd (O_2-Kurve) 391
Heterospilus 259
Heuschrecken 75, 191
Hevea 164
Hieb (Forst) 543ff.
Hieracium 346
Himbeere 338

Himbeerglasflügler 340
Himbeerlaus 338
Hippodamia 235, 284f.
Hippophae 338
Hirsch 191
Hitzeresistenz 157
Hitzeschockproteine 108
Hochmoor 369
Hochmoor-Gesellschaften 350
Hochmoorlaufkäfer 350
Hochstaudenfluren, subarktisch-subalpine 341
Höhenstufen 305
—, alpine 191, 320
Höhlenkrebs 349
Holcus 295, 334
Holocoen 289, 302
Holopedium 369
Holoplankton 446ff.
Holosteum 352
Holunder 338
Holunderlaus 338
Holzwespen 334
Homoglomerin 132
Homöostasie 58, 291
Honigbiene 239
Honkenya 345
Hordeum 119, 331, 520
Hornmilben 318, 323
Huftiere 75
Huftiergemeinschaften 75, 312
Humanautökologie 500
Humanökologie 22
Humboldtstrom 432
humid 48
Humidität 171
Humus 51
Humushaushalt 591
Humusseen 369
Hungerblümchen 352
Hyalophora 184
Hyäne 75, 189
Hyänenhund 75
Hyazinthus 159
Hydra 364
Hydratation 50
Hydrellia 349
Hydrina 354
Hydrobia 439
Hydrobiosphäre 65f., 69
Hydrocharis 348, 364
Hydrochorie 168, 170
Hydrolyse 50
Hydrophyten 158f.
Hydropsyche 370, 396
Hydrotop 466
Hygrobia 349
Hylastes 316

Hylobius 316
Hylungops 316
Hymenoptera 80, 225, 334
Hypericum 166, 295
Hyperparasitismus 209, 312
Hyperparasitoidismus 209
Hypertonie 500
Hypochoeris 511
Hypogastrura 354
Hypogymnia 566
Hypolimnion 35, 53, 382f., 391, 399f., 408, 419
hypotonisch (Wirbeltiere) 428

Icerya 259
Idiocerus 337
Igel 337
Igelkolben 349
Igelkolbenzünsler 349
Ilex 163, 171
Immigration 284, 310
Impatients 168
Impfquelle 359f.
inclusive fitness 227
Indikatororganismen 376
Individualentwicklung 164
individual fitness 227
Individualstruktur 241
Individuendispersion 312
Individuendominanzen 312f.
Industriemelanismus 223
Infektionskrankheiten 499
Inhibitoren 124
Initialgesellschaft 299, 338
Initialphase 290, 302
Innovationsknospen 158
Insekten 69, 74, 77, 80, 83, 85
Insektizide 144
Intensivhackfrucht-Gesellschaften 354f.
Intensivierung der Landwirtschaft 493
Intensivweiden 352
Interaktionen (Organismen) 56ff., 147ff., 191
—, antagonistische 147f.
—, biotische 57
—, interspezifische 57
—, intraspezifische 57
—, motivationsspezifische 196
—, populationsspezifische 196
Interaktionstypen 58
Interstitial, hyporheisches 359, 414
Interzeption 44
Inula 569
Inventar (Landschaft) 468f.
Ionenrelationen 427
Ipsenol 129f.
Iris 115, 166
Isabellschmätzer 191
Isoamylacetat 129

Isoenzyme, gewebespezifische 102
Isoëtes 349
Isolepis 350
Isopentenylpyrophosphat 124
Isoperla 390
Isopoden 333f.
Isotoma 341, 344
isotonisch 428
Itai-Itai-Krankheit 419
Ithomiidae 130

Jagdgebiete 550
Jagdwirtschaft 549
Jahresrhythmik 496, 507
Jahressproßzuwachs 160
Jahrestrieb 158
Juckbohnen 132
Jugendstadium von Pflanzen 167
Juglans 134f., 164
Juglon 135
Juncus 115, 168, 341, 343f., 350, 390
Jungfernkranich 190
Juniperus 338f.

Käfer 133, 337
Kairomone 124
Kaisermantel 341
Kalamität 262
Kalkalgen 448
Kalkreichtum (Boden) 51
Kalkstein-Additiv-Verfahren 561
Kalksteinrasen, alpine 342
Kalkung (Seen) 389
Kalmare 452
Kalmenzonen 40
Kälteresistenz 157, 159f.
Kamel 189
Kammgras 352
Kampfläufer 344
Kanadagans 257
Känguruh 190
Kaninchen 238, 243
Kapazität der Umwelt 249
Kapillarwassersaum 49
Karboliberante 323
Karibu 286
Karpfen 389, 419, 554f.
Karpfen-Intensivwirtschaft 419f., 556
Karpfenteichwirtschaft 419, 553ff.
Karthäuser-Nelke 352
Kartoffelkäfer 126, 282, 528
Katabolismus 107
katadrom 286
Keimlingsstadium 166
Keimung 156, 165
—, epigäische 166
—, hypogäische 166

Keimzeit 166
Kelisia 337, 350
Kennarten 315
Keratella 364, 366
Kiebitz 243, 356
Kiefer 334f., 567
Kiefernblattwespe 238
Kiefernborkenkäfer 335
Kieferneule 191
Kiefern-Moorwälder 335
Kiefernscheidenrüßler 335
Kiefernschwärmer 261
Kiefernspanner 191
Kieferntrockenwälder, eurosibirische 336
—, subkontinentale 336
Kieselalgen 410, 418, 447
Kieselsäure 409
Kin-Selektion 241
Klapperschlange 190
Kläranlagen 420, 492
—, biologische 394, 405, 411, 415
Klärschlamm 417
Klarwasserseen 369, 377, 380f., 391, 403
Klarwasserstadium 397
Klasse (Pflanzengesellschaft) 292
Kleblabkraut 340
Kleine Klette 355
Kleine Pimpinelle 352
Kleiner Fuchs 338
Kleinling 350
Kleinseggen-Sümpfe 350
Klima 48, 156
Klimafaktoren (Areal) 171f.
Klimatop 466
Klimax 301
Klimaxbaumarten 531ff., 539
klinograd (O_2-Kurve) 391
Klumpenverteilung 287
Knickfuchsschwanz 356
Knochenfische 428, 452
Knollen-Kälberkopf 340
Knorpelfische 427, 452
Knotenameisen 134
Köcherfliegen 349, 354
Koeleria 352
Koexistenz 147
Kohärentgefüge 318
Kohlendioxid 52, 155ff.
—, Atmosphäre 492
—, Wasser 52, 387, 407
Kohlenhydrate 115, 501
Kohlenhydratreserve 115
Kohlensäure, aggressive 403
Kohlenstoff, anorganischer 388
Kohlenstoffkreislauf 93f.
Kohlfliege 263
Kohlmeise 283

Kohlweißling 225, 263
Kojote 190
Kolmation 414f.
Kolonok 191
Komfortverhalten 205
Kommensalismus 56, 59f., 140, 147ff., 209, 291, 312, 325
Kompartiment 310
Kompensationsebene (Seen) 363
Kompensationsflug 375
Kompensationstiefe 433
Kompetenz (Compartment) 102
Kompetenz-Modell 101
komplexer Stoffwechsel 106
Komplexität, dispersive 469
—, distributive 469
—, flächenanteilige 469
—, strukturelle 469
Komplex-Strukturtypen (Landschaft) 468, 475ff., 481f.
Komponente (Landflächen), abiotische 578
Konkurrenz 56f., 147, 180, 206, 227f., 273
—, Areal 168, 172
—, innerartliche 206
—, intraspezifische 257
Konkurrenz-Modell 102
Konkurrenz-Typen 57
Konnex, biocoenotischer 57
Konsumenten 59, 66, 88, 104, 455
—, detritovore 457
—, herbivore 457
Kontaktorientierung 197
Kontinentalabhang 425
Konvergenz (Lebensformtypen) 189
Konvergenzen (Strömungen) 431
Kooperation 147
Koordinatenzahl 314
Kopfbinse 350
Kopplung, primäre (Umwelt) 151
Koprophage 312, 323
Koprophagie 255
Kopulation 184
Korallen 443
Korallenriffe 63, 443f.
Kormoran 266
Korngrößen (Boden) 318, 330
Korrosion (Betriebswasser) 419
Krabben 59
Krähe 258
Krähenbeere 338f.
Krallenaffen 239
Kranich 351
Kranz-Syndrom 117
Kraut (Seen) 364
Kraut-Ökosysteme 67
Krautschwund 369
Krautweide 341, 396

Krebsschere 348
Krebsscherenzünsler 348
Kreisläufe, biogeochemische 89ff.
Krenal 374
Kreuzkröte 346, 348
Kreuzotter 351
Kreuzschnabel 78
Kreuzspinne 133
Kriechender Hahnenfuß 356
Kriechendes Fingerkraut 356
Kriechweide 338
Krill 258
Kronenbrand 55
Kropfgazelle 190
Krötenhäute 403
Krümelgefüge 318
Krummsegge 341
Kryoprotektoren 111f.
Kryptophyten 158f.
K-Selektion 225f., 228f., 265f.
K-Strategen 58, 139, 228f., 360
K-Strategie 139
Kulan 190
Kulturlandschaft 466f.
Kulturpflanzenbestände 518ff.
Kunstverjüngung (Wald) 543f.
Kurgebiete 502f.
Kurzflügelkäfer 335
Kurzflügler 336
Kurzschlußströmungen 387
Küstenseeschwalbe 284

Labkrautblattkäfer 341
Laccobius 390
Lacerta 210, 340f., 352
Lachmöwe 251, 349
Lachs 286
Lactatkonzentrations-Toleranz 112
Lactatwiederverwertung 112
Lactobacillus 145
Lactuca 134, 169
Lag-Phase 249
Lagus 342
Laichkraut 348
Laichkraut-Gesellschaften 348
Lamia 337
Laminaria 441, 454
Lammkrautgesellschaften 355
Landesplanung 485
Landflächen, mineralische 578
Landkärtchenfalter 174, 214
Landnutzungszweige 592f.
Landschaft 465ff.
Landschaftsdynamik 465
Landschaftseinheiten 468, 472, 479
Landschaftselemente 465, 467ff., 471, 475ff., 480ff.

Landschaftsentwicklungsplanung 486
Landschaftsgefüge 465, 468f.
Landschaftsgliederung 470
Landschaftshaushalt 465f., 471f., 482
Landschaftsinformationsraster (LIR) 471, 480
Landschaftsnutzung 472f.
Landschaftsökologie 465, 473, 482
Landschaftspflege 470f., 475, 480ff., 572
Landschaftspflegepläne 486
Landschaftsplan 486
Landschaftsprogramm 486
Landschaftsrahmenplan 486
Landschaftsschutz 486
Landschaftstypen 480, 484
Landwirtschaft 509
Längenwachstum 499
Langmuir-Zirkulation 368f.
Langzeitadaptationen 501
Langzeitstabilität 519
Lanius 337
Laphria 340
Lärchenwickler 260
Lärm 507f.
Lartetia 413
Larus 251, 349, 539
Lasius 126, 130, 255, 353
Laspeyresia 263
Latenzgebiet 263
Latenzgrenze 156
Latenzperiode 262
Lathyrus 110, 345
Laubfall 161, 163, 372
Laub-Gesträuche, bodensaure 338
Laublebensdauer 161
Laub-Mischwälder, bodensaure 334
—, mesophile 333
Laubwälder, sommergrüne 191
Laubwaldgesellschaft, sommergrüne 291
Laufkäfer 334ff., 342, 346
Laufvögel 190
Laurentia 132
Lautstärkepegel 508
Lavendelweide 337
Lebensdauer 270
—, Laub 161
—, mittlere 236f.
—, ökologische 167, 237
—, Pflanzen 167
—, physiologische 236
—, Samen 164f.
—, Wurzeln 161
Lebensformen 158f., 164
—, Tiere 190
Lebensformtypen 189, 410
Lebenszyklus 267f.
—, annueller 268
—, mehrjähriger 268

Lecanora 568f.
Ledum 161
Leistungsbedarf 500
Leistungsfähigkeit, geistige 499
Leitarten 315
Lema 255
Lemming 81f., 191, 227, 262, 284
Lemmus 227, 258
Lemna 142, 250, 348, 364
Lemnaphila 348
Leontodon 345
Leontopodium 342
Lepidium 164
Lepidopteren 80, 236, 334
Leptaena 326
Leptinotarsa 126, 189, 210, 282, 521, 528
Leptocerus 364
Leptodora 366, 397
Leptohylemia 524
Leptothrix 413f.
Lepus 262, 342, 550
Lerchen 190, 340
Letalgrenze 156
Leucojum 168
Leucorrhinia 349
Leymus 345
Licht 35ff., 72, 142, 146, 151ff., 174, 183, 199, 362, 365, 379ff., 391f.
Lichtbaumarten 541, 547
Lichtdurchlässigkeit 380, 392
Lichtgenuß 36f., 70, 288
—, relativer 36f.

Lichthemmung 391f.
Lichtintensität (Gewässer) 381, 392, 453
Lichtkeimer 165
Lichtmenge 264
Lichtrhythmik 38, 161
Liebigsches Gesetz vom Minimum 179, 390
Liebig-System 24
Liegendes Mastkraut 356
Ligia 441f.
Ligninsulfonsäuren 415f.
Limnokrenen 372ff.
Limnoria 442
Linde 333
Linum 269
Linyphia 311
Liparus 340
Lipide 107
Liponeura 370
LIR-Typen 271f., 480, 482f.
Lithion 441
Lithobius 80
Litoral 362, 365, 369, 439, 454
Littorella 349
Littorina 441f.
Lobelia 349

Lochmaea 337, 340
Locustella 337
Log-Phase 269
Loiseleuria 158, 338
Lomechusa 255
Longitarsus 344
Lophocerein 127
Lophocereus 126f.
Loricera 354
Lotka-Volterra-Modell 103, 397, 411
Lotus 164
Löwe 75, 189f.
Loxia 335
Loxodonta 240
Luchs 77, 191, 232
Luftbildauswertung 310
Luftdruck 54
Luftstickstoffbindung 142
Luftströmungen 54
Luftverschmutzung 492, 507
Lullula 340
Lumbriciden 76, 321ff., 332ff.
Lumbricus 80
Lumme 233
Lunarrhythmik 496
Lungenembolie 500
Luperus 338
Luscinia 337
Lychnis 295
Lycopersicon 135
Lycopodium 335
Lycopsamin 132
Lycopus 166, 332
Lygris 337
Lygus 352, 355
Lymantria 129, 335
Lysimachia 295
Lyurus 251, 264, 335

Mäander 358
Maare 358
Machilis 80
Macoma 439f., 462ff.
Macrocystis 454
Macroplea 348
Macrosiphum 524
Madenhacker 255
Magensaftsekretion 499
Magnolia 163
Mahd 55
Mähnenwolf 190
Maikäfer 236, 238
Maiszünsler 263, 355
Makrele 452, 462
Makrobenthos 439, 454
Makrochore 467
Makroklima 48, 296

Makromoleküle (Biosynthese) 107f.
Makromolekülgarnitur 108
Makroökosysteme 65
Makrophyten 392
—, litorale 364
Makrophytenwuchs, extremer 403
Makrophytophage 323
Makroplankton 447
Malat 115, 118, 120, 122f.
Malva 294
Mamestra 225
Mammoteus 189
Manayunkia 439
Mandelweide 337
Mangan 405, 409, 414, 419
Mangusten 189
Maniola 352
Mannigfaltigkeit (Tiergemeinschaften) 310f., 314
Mannigfaltigkeitsmaß 314
Manut 190
Marchantia 168
Marder 258
Margaritana 210, 411
Marienkäfer 235, 259, 355
Markierungspheromon 128
Marmota 342
Marsilea 168
Martes 189
Massenaustausch 30
Massenvermehrung 81
Massenwechsel 80, 262, 524, 528
Massenwechselgebiet 263
Mastustus 350
Matricaria 294, 356
Matrix der Konkurrenzkoeffizienten 103
Mauerbiene 352
Mauerfugengesellschaften, wärmeliebende nitrophile 344
Mauerläufer 344
Mauersegler 284f.
Mauerspaltengesellschaften 344
Maulwurf 180, 352
Maus 232
Mauserzüge 285f.
meaning 191f.
Mecinus 342
Mecostethus 352
Medicago 119
Meeresfischerei 552
Meeresökosysteme 552
Meeresschildkröten 112, 452
Meerschweine 189
Meersenf 354
Meerstrandbeifuß 344
Meerstranddistel 345
Meerstrand-Platterbse 345

Meerwasser 425ff.
Megabiom 65, 432, 437
—, künstliches 67, 85
—, limnisches 69
—, marines 67, 437
—, semiterrestrisches 70
—, terrestrisches 67, 71
Megachile 340
Megadyptes 244
Megaloplankton 447
Mega-Ökosysteme 66
Mehlmotte 236
Mehrfachnutzung, Landschaft 478, 485
—, Sekundärrohstoffe 562
Mehrzwecknutzung, Landschaft 478, 485
—, Sekundärrohstoffe 562
Meiobenthos 439
Meisen 235
Melampyrum 334, 341
Melanophus 338, 342
Melasoma 337
Meligethes 263
Meliorationswesen 470, 511
Meloe 225
Melolontha 238
Melosira 364
Mengenmerkmale 312f.
Menotaxis 197
Mensch-Biogeocoenose-Komplex 18f., 22, 488, 495f.
Mensur (Landschaft) 468f.
Mercurialis 294, 511
Merocoenosen 311, 335
Meromixie 382f.
Meroplankton 446
Merotop 311, 335
Mesidothea 439, 463f.
Mesobenthos 439
Mesochore 467
Mesoklima 48
Mesoplankton 447
Mesopsammon 440f.
Mesostenopotenz 24
message 191f.
Meta 311, 355
Metalimnion 35, 382, 385, 387, 391
Metallophyten 122
Metallothioneine (MT) 123
Methämoglobinamie 401, 419
Methan 53, 148
Methanbildung 147
Methangärung 417
Methanobacterium 148
Methanococcus 141
Methylococcus 141
Methylomonas 141
Mevalonat 124

Michaelis-Konstante 116, 118
Michaelis-Menten-Funktion 104
Michelinoceras 326
Microcystis 364
Micromys 349
Microneta 311
Microtus 199, 226, 233, 263, 342, 352, 355, 521
Migration 174, 207, 217, 222
Migrationsorientierung 197f.
Migrations-Selektions-Gleichgewicht 222
Migrationsverhalten 207
MIK-Werte 495
Mikroarthropoden 335
Mikroben, anaërobe 142
—, autochtone 139
—, autotrophe 141
—, phototrophe 141
—, zygmogene 139
Mikrobenthos 439, 454
Mikrochore 467
Mikrohabitat 138, 311
Mikroklima 48, 296, 298
Mikroorganismen 138ff.
—, alkalinophile 145
—, allochthone 139
—, pathogene 415f.
—, phytopathogene 148f.
—, saprotrophe 378
Mikrophytophage 323
Mikroplankton 447
Mikropopulation 62, 232
Miktion 204
Milben 323, 334
Milium 158
Millepora 443
Mimosa 164
Mineralisierer 59, 86
Mineralstoffkreislauf 95f.
Minierer (Gewässer) 396
Minimierung von Abfällen 559
Minimum(Maximum)-Gesetz 24, 399
Minuartia 172, 345
Miramella 341
Mischungsregulierung (Forst) 548
Mistkäfer 266
Mittelklee 341
Mittelmeere 425
Mittelporen 319
Modellbaustein (Compartment) 105
Modellbildung 19, 97
Modelle (Gewässer), statische, dynamische 405
Modifikation 214
Module (Ökosystem) 105
Modulnetz 105
Molch 132
Molinia 352
Moll-Lemming 190

Mollugo 119
Mollusken 374, 378, 389
Monarchfalter 284
Mongolische Gazelle 190
Monitoring, aktives 569
—, passives 569
Monochus 324
Monomorium 129
Monophage 177
Monsunregen 43
Monsunwinde 43
Montifringilla 342
Moorbirke 335, 337
Moorfrosch 337, 351
Moornaturräume 578ff.
Moosjungfer 349
Morbiditätskurve 499
Moricandia 119
Mornellregenpfeifer 191
Morphologie, ökologische 21
Morphotop 466
Mortalität 244ff., 270ff.
Mortalitätskurve 499
Mortalitätsrate 62f., 251
Mosaik (Landschaft) 468f.
Moschusochsen 240f.
Motacilla 356
Motten 334
Möwe 233
Mucuna 132
Mulgedium 341
Müllanfall 493
Multienzymkomplexe 111
Mungo 75
Murmeltier 80, 191, 342
Muscari 159
Mustela 191
Mutabilität 217f.
Mutationen 218
Mutilla 348
Mutualismus 56. 59f., 101, 148, 324
Mya 440
mycetophag 316
Mycetophila 316
Myelophilus 316
Mykophage 325
Mykorrhiza 59
Myotis 344
Myriophyllum 364
Myrmekochorie 168f.
Myrmica 255
Myrmicinae 134
Mysis 359
Mytilus 132f., 440f., 462, 464
Myxomatoseerreger 259

Nabis 340, 355
Nachrichtensubstanzen 128
Nachruhe 159f.
Nacktried 342
Nacktriedgesellschaften, alpine 342
Nacktschnecken 189, 334
NAD 113ff.
Nadelwälder, Taiga 291
NADH 113ff.
NADP 106f., 118
Nagetiere 83f., 240
Nahfeldorientierung 197
Nährstoffbelastung, interne 385
Nährstoffkreislauf, kurzgeschlossener, epilimnischer 368
Nahrungsaufnahme 177, 204, 397
Nahrungsbedarf 500
Nahrungserwerb 203, 241
Nahrungsgefüge 396ff., 455
—, direktes 396
—, indirektes 396
Nahrungskette 375f., 397f., 455ff.
—, benthische 396
—, detritische 86
—, herbivore 86
—, parasitische 86
—, pelagische 396
Nahrungsmangel 501
Nahrungsqualität 177
Nahrungsquantität 177
Nahrungsrevier 233
Nahrungsspeicherung 204
Nahrungsverwertung 117
Nahrungswahl 176f.
Nandu 75, 189f.
Nanoplankton 447
Nardus 339, 352, 376
Nashorn 189
Nasturtium 349
Nasus 240
Natica 440
Natriumchlorid-Typ (Wasser) 52
Natrix 332, 337, 349
Naturausstattung 466, 470
Naturlandschaft 466
Naturraum-Catenen 469, 579
Naturraum, Entwicklungsstatus 576, 585, 590
—, Leistungsvermögen 592f.
—, Nutzung 576
Naturraumausstattung (Wald) 539
Naturraumdifferenzierung 467
Naturraumeinheiten 467
Naturraumerkundung 576
Naturraumformen 576, 579, 584f.
Naturraummosaike 576, 585, 591
Naturraumpotential 479
Naturraumtypen 577, 580

Naturschutz 486, 572ff.
Naturschutzgebiete 575
Naturschutzpotentiale 478
Naturstoffe, sekundäre 124
Naturverjüngung 543f.
Naucoris 348
Neanura 316
Nebel 44f.
Nebria 80, 341
Necrophorus 225, 325
Nekton 362, 365, 367, 438, 452, 455
Nelkenwurz 340
Nelumbo 164
Nematoden 322ff., 334
Nemobius 334
Nemura 364
Nemurella 390
Neomys 332, 337
Neoökologie 21
Neophilaenus 346
Nepa 349
Nereis 440
Nerz 78
Nestrevier 233
Netto-Primärproduktion 63, 72, 86, 519
Nettoproduktion 63, 494
Netto-Reproduktionsrate 246
Netzblättrige Weide 341
Netzkäfige 419
Neuromia 349
Neuston 364, 367
Neusynchronisation 183
Neutralismus 56f.
Niederschläge, saure 389
Niederschlagsrhythmus 171
Niederungsbach 374f.
Niederwald 551
Niphargus 349
Nische, aktuelle 101
—, ökologische 24f., 59, 126f., 141, 180, 256f., 311, 360
—, reale 24
—, realisierte 102
Nischenbildung, ökologische 101
Nischenvielfalt 72
Nitrat 400f., 416f., 420
Nitrifikanten 321, 350
Nitrifikation 400f., 417
Nitrit 416
Nitrobacter 94
Nitroliberante 323
Nitrosamine 401, 416, 419
—, kanzerogene 419
Nitrosomonas 94
Noccaea 344f.
Nonagria 349
Nonne 335

Noosphäre 19
Nordäquatorialstrom 430
Nordmannia 334
Notaris 342
Notiophilus 348
Notiphila 354
Notonecta 348f.
Nucifraga 384
Nucleinsäuren 107
Numenius 351
Nuphar 348, 364
Nutzflächendichte 230
Nutzflächeneinheiten 467
Nutzungsarten, Landschaft 446
Nutzungsflächentypen 467
Nutzungsformen, Landschaft 446
Nutzungsintensität 446, 480
Nutzungskomplexe 467
Nymphaea 348, 364
Nymphula 348f.
Nysius 347

Oberfläche, aktive 28
Oberflächen-Seiche 385
Oberflächenspannung (Wasser) 357
Oberflächenstabilität (Boden) 590
Oberflächenströmungen 430f., 435
Oberflächenwelle, fortschreitende 54, 384
obligat anaërob 141f.
Octolasium 80, 342
Ocypus 355
Odacantha 349
Odermennig 341
Oedipoda 352
Oenanthe 340, 348
Oenothera 164, 168
Offengewässer 585
Öhrchenweide 337
Ohrwurm 342
Oikopleura 449
Oithona 449
Okapi 189
Ökobiochemie 21
Ökogenetik 21
Ökologie 17, 19ff.
—, limnische 21
—, marine 21
—, terrestrische 21
Ökologisierung (Produktion) 558ff.
Ökomerkmale 576, 585
Ökomone 124
Ökomorphologie 21
Ökonomie, ökologische 22
Ökophysiologie 21
Ökosysteme 18ff., 26, 48, 57f., 64ff., 86, 97ff.
—, aquatische 288, 428ff.
—, terrestrische 288

—, urbane 329
—, wirtliche 317
Ökosystemforschung 21
Ökosystemmerkmale der Städte 329
Ökosystemmodell, mathematisches 98
Ökosystem-Modellierung 97ff.
—, modulare 105
—, qualitative 99
—, quantitative 99
Ökosystemstruktur 99ff.
Ökotechnologien 398, 560
Ökotone 65
Ökotope 466f.
Ökotop-Typen 467
Ökotrophologie 22
Ökotypen 155, 159
—, herbizidresistente 281
Ökotypen-Differenzierung 242, 281
Oligomixie 383
Oligostenopotenz 24
Ölkäfer 225
Omocestus 352
Omophron 354
Oncorhynchus 398
Ondatra 189, 337
Oniscus 355
Onychophora 72
Opatrum 346, 352
Operophtera 259
Ophiglossum 158
Ophiura 439f.
Ophrys 131
Opponenz 56
Optimum, ökologisches 24
Orchestia 354, 440, 442
Orconectes 257
Ordnungen (Syntaxonomie) 292
Ordnungssystem, phytocoenologisches 314f.
—, zoocoenologisches 314f.
Oreobiom 65, 79
Oreochloa 341
Organisationsebenen der lebenden Materie 18
Organisationsstufen 564
Organismen, euryhaline 428
—, eurypotente 24
—, eurytherme 175
—, isotonische 428
—, stenohaline 428
Organismus-Umwelt-Interaktion 192
Organohalogenverbindungen 416, 419
Oribatiden 335
Orientierung 197
Oriolus 333
Ornithochorie 169f.
Ornithocoenose 289
Ornithopus 511
Orobanche 166

Orthoptera 80
Orthotylus 339
Ortsteinbildung 414
Ortsveränderung, freie (Tiere) 310
Oryctolagus 238
Oryza 119
Oscinella 352, 524
Osmia 352
Ostracoden 364
Ostrinia 355
Ostsee 459 ff.
Oszillation (Bestand) 259 ff.
Othiorrhynchus 80, 342, 344, 346
Otis 251
Oulema 263, 524
over-shoot 250
Ovibos 189, 240
Ovis 244
Oxidation (Boden) 50 f.
—, mikrobielle 407
Oxycoccus 350
Oxygenierung 116
Oxytropis 342, 352
Ozeane 424 f.

Paarbildung, dauerhafte 239
Pachlioptera 132
Pachygnatha 342, 344, 352
Palaeoökologie 21, 325 ff.
Palastkatze 190
Palingenia 236
Pampahirsch 190
Pampastrauß 190
Panicum 119
Panolis 237, 244, 262
Panthera 240
Panurgus 352
Papagei 190
Parabraunerden 321
Paraklimax 301
Paramecium 256
Paraponyx 348
Parasiten 312
—, heterotope 317
—, heteroxene 317
—, homotope 317
—, homoxene 317
—, periodische 317
Parasitenpopulationen 317
Parasitismus 56, 58, 60 ff., 148, 291, 324
Parasitocoenose 317
Parasitoide 62
Parasitoidismus 60, 62
Parasitologie, ökologische 317
Parasitotop 317
Parasitus 325
Parasit-Wirt-Systeme 317

Parastenocaris 413
Pardosa 311, 321, 338, 352
Parietaria 344
Parökie 61, 209
Partialkomplexe 466
Partnerschaft, artfremde 209
Parus 226, 260, 283, 335
Passate 40, 430, 432, 435
Pastinaca 353
Patella 441
Pathogenese-Proteine 108
PCB- (polychlorierte Biphenole) 416
Pectinaria 440
Pedinus 352
Pedobiom 65
Pedocoenose 288 f., 291, 296, 318 ff., 324, 332 ff.
Pedocoenotop 318
Pedotop 466
Pegomya 263
Pekari 239
Pelagial 362, 365, 438 f., 446 ff., 459
Peloide 502 f.
Pelos 439
Pelzbiene 344
Penicillium 75, 139
PEP 113, 115, 118 ff.
Perdix 355, 550
Peridinium 447
Periodik, lunare 186
—, lundiane 186
—, mondentägige 186
—, semilunare 186
—, synodisch-lunare 186
—, syzygisch-lunare 186
—, tidale 186
Periphyton 365
Permanenzgebiet 263
Peromyscus 226
Perostichus 337
Persistenz 144
Pessimum, ökologisches 23 f.
Pestizide 144, 398, 528
—, Anreicherung 398
Pestwurzrüßler 340
Pfeifengras 352
Pfeifengraswiesen 352
Pfeifhasen 82, 190
Pferde 189 f.
Pflanzen, emerse 365
—, frostbeständige 157
—, frostempfindliche 157
—, hapaxanthe 159, 166
—, hitzebeständige 157
—, hitzeempfindliche 157
—, hitzeertragende 157
—, kälteempfindliche 157
—, monokarpe 159

Pflanzenfresser 177
Pflanzenproduktion 510
Pflanzensauger 335
Pflanzenschutz, chemischer 519
—, integrierter 521f.
—, landwirtschaftlicher 518f.
Pflanzenschutzmittel (Gewässer) 416, 419
Pflanzensoziologie 291
Pflanzenstandortkarten 512
Pflanzenstoffe, sekundäre 125f.
Pflanzenverbreitung 167ff.
Pflegezyklus, Landschaft 482
PGA 117
Phaeodon 342
Phalaris 349, 392
Phallus 168
Phanerophyten 158f.
Phänologie 310, 315, 510
Phänospektren 163
Phänotypen 218
Phänotypenauslese 548
PhAR 36f., 150
Phasanius 238
Phase, postreduktive 236
—, praereproduktive 236
—, reproduktive 236
Phasen (Sukzession) 302
Phasenlage 197
Phasensynchronisation 183
Phasenwinkel 197
Phaseolus 119
Phenole 136
Pheromone 128ff.
Philodromus 311
Philomachus 344
Phloemsauger 335
Phloenomus 316
Phoeniconaias 388
Pholas 442
Phorbia 232, 263
Phoresie 325
Phosphat 388, 400, 402f., 418, 560
Phosphatdüngemittel 560f.
Phosphoenolpyruvat 114
Phosphor 417
Phosphoraustrag 401
Phosphorbelastung 419ff.
—, mittlere 421
—, Trinkwasser 421
Phosphorbilanz 432
Phosphorelimination 417f.
Phosphorkreislauf 95ff.
—, (Gewässer) 380f.
Phosphor-Rückhaltung 417
Phosphor-Speicherung 402
Photoinhibition 391
Photorespiration 117

Phototaxis, negative 375
Phoxinus 390
Phragmites 349, 364
pH-Wert 388f., 403, 408f., 420
Phyllobates 132
Phyllobius 338, 344
Phyllopertha 347
Phyllophage 312, 337f.
Phylloscopus 235
Phyllotoma 335
Phyllotreta 355
Physiologie, ökologische 21
Physiotop 466
Phytobenthos 381, 385, 439
Phytochelatine 123
Phytocoenologie 291, 312
Phytocoenose 63, 288f., 291f., 310, 314ff., 327, 332, 574
Phytometra 263
Phytophage 59, 85, 312, 332, 335ff., 455
Phytoplankton 365, 367f., 381, 385, 388f., 410, 419ff., 433ff., 446ff., 557
Phytosaprophage 323
phytosug 85
Phytotop 466
Phytotoxine 148f.
Pica 337
Picea 158, 161f., 166, 335, 539
Picolinsäure 136
Pieris 127, 225, 262
Piesma 355
Pilz-Algen-Symbiose 57, 148
Pimpinella 352
Pinguine 83, 452
Pinus 158, 161ff., 334ff., 539, 567
Pionierbaumarten 535
Pionierfluren 83, 345
—, mauerpfefferreiche 348
—, silbergrasreiche 347
Pionier-Ökosysteme 67
Pionierrasen 356
Pioniervegetation 344
Pionierwaldstadium 531ff.
Pipistrellus 344
Pirata 348, 350
Pirol 333
Pisidium 364
Pityoctines 129f.
Plagionathus 352
Planarien 189
Planctomyces 364
Plankton 362, 364f., 374, 379, 388, 410, 438, 446ff.
—, abyssopelagisches 446
—, bathypelagisches 446
—, epipelagisches 446
Plankton-Ökosysteme 398

Planorbis 364
Plantago 294, 351, 356
Plastizität, phänotypische 270, 277
Plastosciara 316
Platanen-Hahnenfuß 341
Platymonas 150
Pleospora 341
Pleuston 364, 367
Poa 134, 160, 294f., 352, 520
Podiceps 349
Podsol 321, 333
Poecilochirus 325
Pogonomyrmex 131
Pogonus 342
Polarbirkenzeisig 191
Polarfuchs 81, 191
Polarluft 40
Pollenfresser 338
Pollensammler 340
Polstersegge 342
Polyarthra 418
Polyceles 390
Polydora 439, 442
Polydrosus 338, 342
Polygala 336
Polygenie, additive 505
Polygonatum 166
Polygonum 229, 294f., 352, 355f., 364, 520
Polylokalisation 310
Polymitarcis 354
Polymixie 383
Polymorphismus 223
Polyphagie 310
Polyphantes 338
Polyphosphate 400, 421
Polystenopotenz 24
Polystichum 164
Polytrichum 339, 341, 347
Polytypismus 223
Pomatias 334
Pontoporeia 439, 463f.
Population 21, 62ff., 78, 193, 210ff., 229
—, elementare 62
—, geographische 62
—, lokale 62
—, ökologische 62, 224
—, pflanzliche 441ff.
—, pluriätile 236
—, uniätile 236
Populationsdichte 62, 242, 247ff., 257, 259ff., 284, 550f.
Populationsdynamik 229, 242, 252ff., 505, 522
Populationsentwicklung 551
Populationsgröße 229, 242
Populationskombination, charakteristische 64
Populationslockstoffe 130
Populationsökologie 21

Populations-Wachstumsrate 63, 247ff.
Populus 164, 337, 539
Porcellio 355
Porcellium 337
Poren (Boden) 318f.
Porphyra 442
Portulacca 119
Potamal 374f.
Potamogeton 348, 364, 374, 387
Potamophylax 390
Potamoplankton 370, 375
Potential, biotisches 247
Potentilla 294, 341, 344, 351f., 356
Potenz, ökologische 24, 180f.
—, physiologische 174
Prachtfinken 190
Prädation 56, 58, 61, 324
Prädatoren 550
Präriehühner 82, 190
Präriehunde 82, 190
Präsenz (Art) 314
—, ökologische 24f., 57
Preiselbeere 335, 339
Prellhang 375
Primärkonsumenten 86f., 194
Primärmetabolismus 136
Primärorientierung 197
Primärproduktion 63, 88, 91, 150, 329, 367, 375, 387ff., 391f., 429
—, Meere 452ff.
—, planktische 392f.
Primärproduzenten 59f., 63, 65f., 69ff., 85ff., 104, 288, 291, 296, 369
Primärstoffwechsel 106, 124
primer-effect 194
Produktgestaltung, umweltfreundliche 561
Produktion 558
—, Ökosystem 88
Produktivität (Biocoenose) 63
Produzenten (Nahrungskette) 59
Profundal 362, 365
Progradation 262f.
Progression, soziologische 291
Proteine 107f.
Proteinturnover 108
Proteus 412
Protokooperation 56, 59, 147
Prunus 160, 163, 294, 337
Psammon 440
Pseudomonas 144
Pseudopleuronectus 111
Pseudotsuga 276
Psychologie, ökologische 22
Psylla 332, 338
Pterostichus 111, 335, 338, 350, 355
Puccinellia 172, 343f.
Puccinia 168

Pufferkapazität 405
Puffer-Ökosysteme 418
Pufferung (Gewässer) 389, 400
Pufferungsvermögen (Landschaft) 473
Putzerfische 255
Pygospio 440
Pyrausta 263, 352
Pyridiktium 146
Pyrrhalta 334
Pyrrolizidinalkaloide 132
Pyruvat 112, 136
Pyruvatkinase 112

Quecken 356
Quecken-Pionierfluren 356
Quecksilber 416
Quedius 316
Quellen 372
—, heiße 146
Queller 342
Quellergesellschaften, salzliebende 342
Quellfluren 349
Quellgesellschaften 348
Quelltöpfe 372
Quercus 159ff., 166, 275, 333f., 539

Radix 349
Ramet 167
Rana 332, 337, 349, 351
Randmeere 425
Randverteilung 287
Ranker 320
Ranunculus 159, 295, 341, 348, 352, 356, 374
Raphidonema 145
Rapsglanzkäfer 263
Rasen, biologischer 377
Rasenameisen 352
Rasenfluren, alpine 341
Rassen, geographische 293, 309
Ratten 189
Räuber-Beute-Beziehung 397, 411
Raubfische 411
Raubfischbesatz 411, 419, 422
Raubfliege 340
Raubtiere 240, 241
Raubwild 551
Rauchgasentschwefelung 561
Rauhfußbussard 81, 191
Rauhfußhühner 77f.
Rauhfußkauz 78, 191
Rauhigkeit (Untergrund) 370
Rauken- u. Meldefluren, ruderale 354, 356
Raumeinheiten, landschaftspflegerische (LER) 480
Raupenfliege 259
Rauschebeere 335, 338
Reaktionsweise 277

Reaktor (Abwasser) 417
Realstatus (Naturraum) 576, 585, 590f.
Rebhuhn 355, 550
Recurvirostra 344
Recyclingverfahren 562
Reduzenten 458
Regelungsvorgänge 501
Regen, zyklonaler 40
Regenschattengebiete 43
Regenwürmer 74, 323, 334
Regulus 335
Reh 236, 238, 333, 551
Reif 45
Reifephase 290, 302
Reifweide 337
Reinigungsstufen (Wasser) 416f.
Rekelsyndrom 205
Rekultivierung 512
Relativitätsgesetz 24
releaser-effect 194
Relikte 172
Remiz 337
Ren 81, 191
Rendzina 320
Rennmäuse 83, 190
Renschsche Haar-Regel 179
Repellenzien 126, 176
Reproduktion (Art) 128
Reproduktionsrate 246
Reptilien 72, 77, 176, 189
Reservate 573f.
Reservatnetz 573
Reservatnutzung 574
Reservatpflege 574
Resistenz (Schwermetalle) 121
Ressourcenangebot (Population) 276ff.
Resynthese (Enzyme) 111
Retrogradation 262f.
Revier 233ff.
Revolution, technische 489
Reynoldsche Zahl 370
Reynoutria 158
Rhabditis 323, 325
Rhadicoleptus 349
Rheokrenen 372
Rheotaxis 375
Rhinolophus 344
Rhithral 374f.
Rhizobium 95, 150
Rhizopertha 247
Rhizophagus 316
Rhododendron 171, 338
Rhodomonas 364, 366
Rhyacophila 354, 370, 390
Rhythmen, biologische 496f.
—, circadiane 497f.
—, umweltsynchrone 497

Rhythmik, circadiane 163f., 198
—, circannuale 184, 187
—, lunare 186, 198
—, synodisch-lunare 186
—, tidale 186, 198
—, Wurzeln 161
Rhythmus, autonomer 181
—, biologischer 181ff.
—, saisonaler 198
Ribulosebiphosphat-Carboxylase (RubPC) 116ff.
Riffvergesellschaftung 326
Rind 189, 266
Rindenwanzen 334f.
Ringelgänse 254
Ringelnatter 337, 349
Ringeltaube 333, 549
Rinnen-Halbtiefsee 585ff.
Risse (Boden) 319
Rithrogena 390
Rivularia 364
r-K-Kontinuum 225
Robben 83, 452
Robertus 311
Robinia 539
Rodolia 259
Rohböden 320
Rohdichte 230
Rohrglanzgras 349
Röhrichte 349, 365
Röhrichtrückgang 265
Rohrkolben 349
Rohrkolbeneule 349
Rohrweihe 349
Rohstoff-Aktivierung 560
Rosa 294, 338
Rosenkäfer 340
Roßbreiten 40
Rostpilz 243
Rostsegge 342
Rotaria 364
Rotbauchunke 349
Rotbuche 333ff.
Rötelmaus 337
Roter Fingerhut 340
Roter Gänsefuß 354
Rotfuchs 77, 333, 550
Rot-Grünschatten 35
Rothirsch 77, 240, 333, 550
Rotrückenwürger 337
Rotschatten 35
Rotschenkel 344, 351
r-Selektion 224f., 228f.
R-Selektion 228f., 260, 266
r-Strategen 58, 139, 228f., 360
r-Strategie 139
Rübenfliege 263

Rubus 134, 162, 338
Rückenschwimmer 348
Rückkopplung 400
Ruderalgesellschaften 354f.
Ruderfußkrebse 230
Ruheperiode 159
Ruhephase 204
Ruhezone (Wild) 551
Rumex 164, 344, 355
Rundblättriger Sonnentau 350
Rundblättriges Täschelkraut 344f.
Rupicapra 342
Ruprechtsfarn 344
Rüsselkäfer 224, 334, 342

Säbelschnäbler 344
Saccharomyces 123, 147
Säftesauger 338
Sagina 294, 342, 356
Sagitta 449
Sagittaria 214
Saiga-Antilope 82, 190
Salamandra 132f., 342
Salbeizikade 341
Saldula 354
Salicornia 171, 342
Salix 164, 166, 332, 337f., 341
Salmo 286, 390
SALMO-Modell 412, 424
Salmoniden 375
Salmonidenregion 375
Salsola 119, 354
Salvia 135, 351f.
Salweide 338
Salzbinse 343
Salzbodengesellschaften 342
Salzdrüsen 83
Salzgehalt, Boden 51
—, Ostsee 460ff.
—, Schwankungen 442
—, Weltmeere 426f.
Salzgewässer des Binnenlandes 390
Salzkonzentration 427
Salzkraut 354
Salzkrebs 391
Salzmiere 345
Salzschlickbestände 342
Salzweiden 343
Salzwiesen 343
Samandarin 132
Sambucus 338
Samen, Lebensdauer 164f.
Samenruhe 166
—, endogene 166
Samenstadium 164
Sandboa 191
Sandböden 439ff.

Sanddorn 338
Sandfang 416
Sandgecko 191
Sandlaufkäfer 238
Sandregenpfeifer 346
Sand-Segge 346f.
Sanguisorba 215
Sanierung (Gewässer) 421f.
Saperda 332
Saprobie 375, 377
Saprobienindex 376, 378
Saprophage 82, 86, 323
Saprophyllophage 323
Saprophyten 458
Saprophytismus 148
Saprorhizophage 323
saprotroph 378
Saprovore 59
Saproxylophage 323
Sardellen 452
Sarothamnus 127
Sauerstoff 367, 372, 374ff., 379ff., 391ff., 399, 407, 413ff., 428ff., 439
—, gelöster 380
Sauerstoffarmut, physiologische 394
Sauerstoffbilanz 52, 393, 429
Sauerstoffdefizit 391, 393, 429
Sauerstoffganglinien 394
Sauerstoffgehalt (Wasser) 52, 413ff.
Sauerstoffhaushalt (Gewässer) 399, 400f., 461
Sauerstoffkreislauf 93f.
Sauerstoffmaximum, metalimnisches 391
Sauerstoffminimum, intermediäres 429f.
—, metalimnisches 391
Sauerstoffschwankungen, extrem diurnale 403
Sauerstoffschwund 391, 394, 396, 403, 419, 428
Sauerstoff-Substrat-Modell 379
Sauerstofftransport 113
Sauerstoffverteilung, vertikale 430
Säugetiere 83
Saumriff 444f.
Säure-Basenstatus 592
Savannen 189f.
Savannen-Biome 75, 189
Saxicola 340
Saxidomus 132f.
Saxitoxin 132f.
Scabiosa 351
Scandix 165, 511
Scapholeberis 364
Scenedesmus 364
Schadensschwelle 522
Schaderreger (Agroökosysteme) 519ff.
Schaderregerpopulation 522ff.
Schädlingsbekämpfung, biologische 52, 149
Schädlingsbekämpfungsmittel (Gewässer) 416, 419

Schädlingskontrolle, biologische 149
Schadstoffe, anthropogene 491
Schafstelze 356
Schakale 189
Schalenschnecken 332
Schalenwild 541, 549
Schattenbaumarten 541
Scheidiges Wollgras 350
Schelf 425
Schichtung (Gewässer) 381ff., 391
—, haline 452
—, thermische 392, 452
Schichtung (Pflanzengemeinschaften), räumliche 291, 311
Schildampfer 344
Schilf 349
Schistocerca 126
Schlafphase 204
Schlag (Forst) 543ff.
Schlagfluren, staudenreiche 340
Schlammfliege 354
Schlangenknöterich 352
Schlank-Segge 349
Schlehen 337
Schlick 439ff.
Schlickgras 342
Schlickkrebs 443
Schlickwatt 443
Schlußgesellschaft 299, 301
Schlußwaldstadium 531
Schmalblättriger Rohrkolben 349
Schnaken 335
Schnecken 258, 334, 344
Schneckenhauskäfer 258
Schnee 54
Schneealge 145
Schneeammern 191
Schneebodengesellschaft 341
Schnee-Eule 81, 191
Schneefink 83, 191, 342
Schneefloh 341
Schnee-Glasschnecke 191
Schneehase 81, 191, 262, 342
Schneeheide 336
Schneeheide-Kiefernwälder 336
Schneehühner 81, 191, 342
Schneelawinen 54
Schneemaus 80, 83, 191, 342
Schneetälchen 341
Schneeziege 89
Schoenoplectus 114, 136f.
Schongebiete 575
Schottenol 127
Schuppensimse 350
Schutzreagentien 107
Schutzstrategien 205
Schwammgefüge 318

Schwärme 196, 239
Schwarmwasser 47f.
Schwarzbär 232
Schwarzerde 321
Schwarzerle 332
Schwarzerlenbruchwälder 332
Schwarzkäfer 83
Schwarzpappel 337
Schwefel 405
Schwefeldioxid 561
Schwefelkreislauf 95ff., 408f.
Schwefelsäure 405, 408f., 560
Schwefelwasserstoff 53, 142, 369f., 400, 409, 419
Schwerkraft 54
Schwermetalle (Gewässer) 398, 411, 419,
—, Anreicherung 398, 493
Schwermetall-Ökosystem 281
Schwermetallsalze 172
Schwermetallstandorte 121
Schwermetall-Steinfluren 121, 345
Schwimmblattpflanzen 364f.
Schwimmwanze 348
Schwingungen (Standgewässer) 384
Schwingungsdauer (Gewässer) 385
Scilla 159
Scirpus 350, 364
Scolioneura 335
Scoliopteryx 337
Scolopax 549f.
Scolops 463
Scotogramma 355
Scymnus 335
Secale 119
Sediment 399f., 416, 439f.
Sedimentationsgeschwindigkeit 365
Sedimentfresser 397
Sedimentoxidation 401
Sedum 159f.
Seeanemone 131
See-Brachsenkraut 349
See-Erz 408
Seegras 254
Seen, dystrophe 369
—, fluviale 362
Seenalterung 361f.
Seenentstehung 36f.
Seenfischerei 553
Seepocken 442
Seesterne 440
Segetalgesellschaften 354
Segetal-Unkrautgesellschaften 355
Seggen-Grauweiden-Gebüsche 337
Seiche 385
—, interne 385
Seidenbiene 344
Sekundärkonsumenten 86
Sekundärorientierung 197

Sekundärproduktion 63, 86ff., 455ff.
—, bakterielle 458
Sekundärproduzenten 63, 65, 69
Sekundärrohstoffe 560, 562
Sekundärstoffwechsel 106, 124
Selbstbeschattung 392, 403
Selbstmord 500
Selbstregulation (Population) 250, 265f., 311
Selbstreinigung, biologische 375ff., 386, 394, 415f., 490
Selbstveratmung 394
Selektion 217ff.
—, disruptive 218f.
—, gerichtete 218
—, natürliche 218
—, stabilisierende 218f.
Selektionskoeffizient 219
Selektionsstrategien 228
Selektivkultur 142
Selen 172
Semiadalia 235
Senecio 132, 269, 340
Senecionin 132
Seneszenzperiode 236
Senföl 127
Senfölglycosid 127, 225
Senkwasser 48
Sesleria 336, 342
Seston 457
Setaria 119, 164
Sexualindex 238
Sexuallockstoffe 129ff.
Sexualpheromon 128
Sexualverhalten 207
Shannon-Index 494
Shikimat 115, 124
Sialis 354, 364
Sichelwanzen 334, 355
Siebenstern 335
Sigmeten 303, 305
Signale, akustische 200
—, chemische 124, 126
—, elektrische 200
—, thermische 200
Signalverhalten 193
Silbergras 347
Silberweide 337
Silberweiden-Auwald 337
Silene 123, 155, 165, 270, 279ff., 345f.
Silicium 405
Silicoflagellaten 448
Silikatsteinrasen, alpine 341
Simulationsmodell (Ökosystem) 105
Simulium 390, 396
Sinapis 136
Sinau-Gesellschaften 355
Sinigrin 255

Sippenentwicklung 172
Sitodiplosis 524
Sitosterol 127
Sitticus 338
Sohlaufhöhung 374
Solanum 119, 126, 152f., 277f., 511, 520
Solarkonstante 26
Soldanella 341
Solenopsis 126, 130
Solidago 158
Somatoxenie 60f.
Sommerruhe 159
Sommerstagnation 383, 410
Sommerwärme (Areal) 171
Sonchus 162
Sorbus 335, 539
Sorex 342, 346
Sorghum 119
Soziabilität 296
Sozialstruktur (Population) 239
Soziobiologie 227, 241
Sparganium 349
Spartein 127
Spartina 342, 454
Spatula 232
Speicherung 162
Sperber 258
Sperbereule 78
Sperbergrasmücke 337
Spergula 165, 347
Sperlingsvögel 253
Sphaerium 371
Sphaerocystis 363, 366
Sphaerotilus 378
Sphagnum 70f., 332, 349f.
Spheroides 132
Spieß-Melde 354
Spinnen 83, 311, 334ff., 340f., 344
Spirodela 348
Spirulina 388
Spondylus 335
Sporobolus 134
Springbock 190
Springhase 190
Springmäuse 83, 189f.
Springschwänze 318, 323, 334
Spritzzone 439
Sproßzuwachs 160
Sprühabsorptionsverfahren 561
Sprungschicht, haline 460
–, saline 430
–, thermale 436, 460
Spülsaum 354
Spurpheromone 130
Spurre 352
S-Strategen (Selektion) 161, 228f.
Stabilität (Gewässer), zeitliche 411

–, (Landschaft) 473
–, Ökosystem 494
Stachys 294, 513
Stadium, generatives 166
–, seniles 166f.
–, Sukzession 299
–, vegetatives 166
Stadtböden 330
Stadtklima 330
Stagnation 368, 393
–, Seenbesiedelung 363
Stagnationsperioden 391
Stammraumklima 28
Stammzahlregulierung 548
Standort 18
Standorterkundung, forstliche 486
Standortkartierung, forstliche 576
–, landwirtschaftliche 576
Standortsbeurteilung 511
Standraumregulierung 548
Staudenfluren, mesophile 340
–, thermophile 340
–, waldnahe 340
Staugley 321
Staurastrum 366
Stechginster 339
Stechmücken 81, 191
Steinfliege 354
Steinkauz 252
Steinlawinen 54
Steinrötel 80
Steinschmätzer 190, 340, 348
Stellaria 158, 161f., 164f., 520
Stengelminierer 338
stenohalin 428
stenohygrisch 175
Stenopotenz 24
Stenotheutis 452
Stenus 133
Stephanodiscus 366
Steppen, außertropische 190
Steppenadler 82, 190
Steppenantilope 190
Steppenflughuhn 190
Steppenkiebitz 82
Steppenmurmeltier 81
Sterberate 249
–, realisierte 244
Sterbetafel 244
Sterblichkeit 244f., 551
Sterblichkeitsrate, spezifische 244
Stercorarius 258
Sterna 284
Stetigkeit (Art) 314
Steuerungsmodelle (Ökosystem) 105
Stickstoffaustrag 401
Stickstoffbindung 149f.

—, assoziative 150
—, symbiontische 149
Stickstoffkreislauf 63, 94f.
—, (Gewässer) 400
Stillwasser-Bereiche 370, 374
Stillwasser-Biome 66, 69
Stipa 294, 352
Stockente 349, 551
Stockessches Gesetz 365
Stoffabbau 387ff.
Stoffkreisläufe 89, 431
—, geschlossene 560, 562
Störgrößen (Umwelt) 205
Strahlenlose Kamille 356
Strahlung, kosmische 54
—, (Meeresoberfläche) 432ff.
—, photosynthetisch ausnutzbare 35, 38f.
Strahlungsbilanz 26
Strahlungsklima 28
Strahlungs-Trockenheits-Index 530
Stranddünen-Gesellschaften 345
Strand-Grasnelke 344
Strandhafer 345
Strandling 349
Strandling-Gesellschaften 349
Strandmastkraut-Gesellschaften 342
Strand-Milchkraut 344
Strandquecke 345
Strandregenpfeifer 354
Strandroggen 345
Strand-Salzschwaden 343
Strandsode 342
Strategien, evolutionsstabile 227
—, ontogenetische 267
Stratifikation 166
Stratiotes 348
Stratocoenosen 311
Stratum 72, 311, 316
Strauch-Biome 79
Strauch-Ökosystem 67
Strauß 75, 190f.
Streblospio 439
Streifenfarn 344
Streptopelia 189, 282
Streß 58, 156, 265, 268, 280, 379, 563
Streßmetabolite 123
Stressoren 563
—, biologische Wirkung 564
Streßproteine 108, 123
Streßtolerante 58
Streßwirkungen 184, 277, 281
Streubrand 55
Streuung 379, 433
Strömungen (Gewässer) 385f.
—, laminare 370
—, turbulente 54, 370
—, Weltmeere 430

Strömungsgeschwindigkeit 374
Strömungskreisel 430
Strömungsverhältnisse 430
Struktur (Zootop) 311
Strukturtypen, Landschaft 468, 475ff.
Stumpfblättrige Weide 341
Sturmvogel 83, 233
Sturzquellen 372
Suaeda 342
Subassoziation 293
Subbiosphären 65f.
Sublitoral 362, 365, 441ff.
Substanzen, kryoprotektive 112
—, schwerabbaubare organische 415f.
Substrat (Mikrobiologie) 138ff.
Substratgemische 140
Substratkettenphosphorylierung 113
Substratlimitation 139
Succinea 337, 353
Südäquatorialstrom 430
Sukzession 299, 316, 361, 574
—, primäre progressive 299f.
Sulfat 408f.
Sulfatreduktion 391, 409
Sulfolobus 145f., 562
Sulphureten 142
Sumpfdotterblume 352
Sumpfohreule 351
Sumpfquellen 372
Sumpfreitgas 337
Sumpfschrecke 356
Sumpf-Segge 349
Suppenschildkröte 286
Supralitoral 441f.
Sus 240, 332, 550
Süßwassergesellschaften 348
Süßwassertümpel-Biom 69
Sylvia 337
Symbiodinium 445
Symbiose 59, 61, 147ff., 209, 254
—, mutualistische 126, 147, 150
Symphilie 209
Synanthropie 64
Synchorologie 291
Synchronologie 299
Syndesmya 463
Syndynamik 291
Synechococcus 146
Synergismus 147
Synevolution 63
Synmorphologie 291
Synökologie 21, 291, 310
Syntaxonomie 291f.
Syntomus 348
Synusie 64, 296
Systeme, biologische 18, 20
—, genetische 487f.

—, metabolische 107
—, soziokulturelle 488
—, zerebrale 487f.
Systemkonzeption (Ökosystem) 99

Tagebaurestgewässer 362
Tagebaurestseen 390, 405
Tagesrhythmik 496ff., 507
Taiga 78
Talitrus 72, 354, 442
Talpa 238, 352
Talsperren 362, 369
Tanacetum 355
Tanne 334f.
Tannenhäher 78, 191, 284
Tannenmeise 226, 335
Taphocoenose 326ff.
Tapirus 189
Taraxacum 172, 294
Tarentula 334, 338
Taricha 132
Tarichotoxin 132
Tau 44f.
Taube 258
Taufliege 214f.
Taumelkäfer 349
Taumelkälberkropf 340
Taxis 197
Taxocoenose 289
TCA 120
Technologie, abfallarme 559f.
Technosphäre 559f.
Teesdalia 511
Teiche 359, 362, 369
Teichlinse 348
Teichrohrsänger 349
Teichrose 348
Teilflächenapplikation 523
Teilwirtschaftsgebiet 467
Teilzirkulation (Seen) 363, 365
Temperaturansprüche 156
Temperaturbereich, spezifischer (Wachstum) 109
Temperaturkompensation 110
Temperaturleitfähigkeit 29
Temperaturmodulation 110
Temperaturschichtung 318f., 382, 427
Temperatursprungschicht, permanente 428
Temporalvariation 366
Teredo 442
Termiten 72, 74f., 190
Terpenoide 125, 128, 136
Territorialverhalten 206
Tertiärorientierung 197
Tetramorium 352
Tetraodontoxin 132
Tetrodotoxin 132

Tetrix 334
Teucrium 171
Thalassia 454
Thalassiosira 390
Thalia 449
Thanatocoenose 326f.
Thea 164
Thekamöben 334
Thelypteris 332
Thera 339
Thereva 316
Theridion 311, 335, 344
Thermobiose 110
Thermokline 35
Thermophilie 110, 146, 149
Thermoplasma 145f.
Thermostabilität (Membran) 146
Thermus 145f.
Therophyten 158f., 166
Thigmotaxis 375
Thiobacillus 141, 145, 408, 414
Thiothrix 409
Thlaspi 345
Thrips 261
Thuja 276
Thunfisch 452
Tibellus 346
Tidenhub 442
Tiefenströmungen 430ff.
Tiefenwasser 430ff.
—, arktisches 431
—, atlantisches 435
Tiefenwasserableitung 400, 422f.
Tiefenwasserbelüftung 423
Tieflandfluß 374
Tiefseebecken 425
Tiefseegräben 425, 439, 445
Tiere, homöotherme 175
—, hygrophile 176
—, monophage 86
—, oligophage 86
—, omnivore 86
—, polyphage 86, 177
—, stenotherme 175, 188
—, wechselwarme 175
—, xerophile 176
Tierfresser 86
Tiergesellschaften, geschlossene 239
—, offene 239
Tiergemeinschaften 314f.
Tierhaltung 517f.
Tierproduktion 517
Tiersoziologie 314
Tilia 158, 171, 333, 539
Tillandsia 44
Timarcha 341
Tinca 198

Tintinnopsis 449
Tipula 80, 352
Tocopherol 285
Tolaihase 190
tolerance 157
Toleranz, ökologische (Bäume) 539
—, physiologische 174
Toleranzbereich, physiologischer 23ff., 57, 175
Toleranzgesetz von Shelfort 179
Toleranzgrenzen 496
Tollkirsche 340
Tonmineralien 51
Tope 466, 469
Toposequenzen 469
Torfschlamm 369
Totengräber 225, 325
Totenkopf 284
Totwasser 54f., 370, 374, 378
Toxine 124, 131f.
Trachelipus 338
Trachyphloeus 347
Transektprofil 296
Transmission 379f.
—, (Informationen), innovative 196
—, konservative 196
Transmissionsmaximum 380f.
Trapa 165f., 169, 171
Trauermücken 335
Trechus 80
Treiberameisen 286
Treibhauseffekt 492, 538
Trematomus 111
Tribolium 251, 257
tribomechanisch (Abfall) 561
Tribophos 561
Trichiura 337
Trichocolea 332
Trichoderma 140
Trichodroma 344
Trichoniscus 332
Trichophorum 71
Tricyphona 341
Trientalis 335
Trifolium 164, 270, 295, 341, 344
Triftstrom 430
Triglochin 343
Tringa 344, 351
Trinkwassergewinnung 419
Trinkwassertalsperre 418, 420
Tripleurospermum 152
Trisetum 345
Triticum 119
Trittrasen 356
Trochosa 311, 334
Trockenwüsten 190
Troglochaetus 413
Troglodytes 337

Tropfkörper 417f.
Trophie 375, 377, 422, 448
Trophiekriterien 403, 405
Trophiestufen 85ff., 232, 255
Trophobiom 65, 67
Trophobiose 209
Trypodendron 176
Tschernosem 321
Tsetsefliege 253
Tsuga 276
Tubifex 364, 378, 464
Tukotuko 190
Tulipa 158f., 161, 166f.
Tümpelquelle 372
Tundra 191
Turdus 234, 333
Türkentaube 282
Turmfalke 344
Turrutus 352
Tussilago 164, 166, 569
Tychoplankter 375
Typha 349, 364
Tyria 132

Überdominanz 221
Überfischung 552
Übergewicht (Organismen) 365
Überlebenskurven 245
Überlebensrate 219
Überparasiten 59, 86
Überschuß-Biomasse 417
Uca 198, 443
Uferzone 425
Ulex 339
Ulme 333
Ulmus 164, 166, 333
Ultraplankton 447
Umgebung 17
Umgebungsverhalten 194
Umwelt 17f., 22f., 26, 100
Umweltansprüche 194ff.
Umweltbelastung 490, 522, 558
Umweltfaktoren 18f., 23f., 53, 106ff., 151ff.
—, anthropogene 564
Umweltinteraktionen 193, 195f.
Umweltkapazität 249ff.
Umweltklassen 193
Umweltnoxen 49, 53f., 161, 553
Umweltveränderungen 489
Umweltverbrauch 490
Unglückshäher 191
Unio 371
Unterbodenverdichtung 515
Unterlicht 35, 433
Urbanisierung 504ff.
Urproduktion 86
Ursus 243

Urtica 132, 338, 340, 511
Ustilago 243, 294
utilized area density 230
Utricularia 348f.

Vaccinium 71, 158, 162, 167, 335, 338f., 569
Valenz, ökologische 174
Vannelus 356
van t'Hoffsches Gesetz 175
Variabilität 214ff.
Variante (Pflanzengesellschaft) 239
Vegetation 578
—, aktuelle 306
—, potentiell natürliche 306
—, ursprüngliche 306
Vegetationsaufnahme 296
Vegetationsbezirk 309
Vegetationsfärbungen 403
Vegetationskarten 514
Vegetationskreis 309
Vegetationskunde 291
Vegetationsmosaik 305
Vegetationsperiode (Areal) 171f.
Vegetationsprofil 296
Vegetationsprovinz 309
Vegetationsregion 309
Venedig-System 464
Veratrum 341
Verband (Pflanzengesellschaft) 292
Verbascum 164, 294
Verbindungen, chlororganische 416, 419
Verbiß 550
Verbißgehölze 551
Verbreitung 63
—, Tiere 187
Verdunstung 30, 45f., 48, 434
Verhalten, agonistisches 206
—, atmungsbedingtes 204
—, schutzbedingtes 205
—, stoffwechselbedingtes 202
—, thermoregulatorisches 204
Verhaltensbereitschaft 196, 200
Verhaltensbiologie 191
Verhaltensinteraktionen 191
Verhaltensmuster, motivierte 199
Verhaltensumwelt 193
Verhaltensvektoren 192
Verkettungsformen 469
Vermehrungsleistung 361
Vermehrungspotential 247
Vermehrungsrate 247
—, spezifische 246
Vernalisation 161
Vernalisationseffekt 156
Veronica 158, 167, 277, 295
Versalzung 489
Versauerung 375, 381

Verteilungsmerkmale 313f.
Verweilzeit (des Wassers) 385ff., 403, 416, 422
—, mittlere 411
Verwitterung, biologische 51
—, chemische 50
—, physikalische 50
Vibrio 145
Vicia 295, 352
Vielfältigkeit (Landschaft) 480
Vielfältigkeitswert (Landschaft) 479
Vielfraß 78, 191
Viola 168, 345f., 511
Vipera 351
Viren, pathogene, Eliminierung 415f., 419
Virusgrippe 500
Viscacha 190
Vitalität 296
Vogelfußsegge 336
Vogelknöterich 356
Vollruhe 159f.
Vollzirkulation 365, 367, 382, 391, 399f., 409
Vorposten 172
Vorruhe 159f.
Vorsperre 420
Vorticella 364, 418
Vorzugshabitat 227, 231
Vulpes 198, 238, 333, 550

Wacholder 339
Wacholderblattfloh 339
Wacholderspanner 339
Wachstum 247ff.
—, exponentielles 248
—, logistisches 248
—, luxurierendes 278
—, nahrungsabhängiges 177
—, sigmoides 247
Wachstumsrate 359ff.
—, spezifische 246, 410
Wachtel 352, 356
Wald 332, 529
Wald-Biom 72
Waldbock 335
Wälder, tropische halbimmergrüne 189
—, tropische immergrüne 189
Walderneuerung 537, 543
Waldgreiskraut 340
Waldgrille 334
Waldmaus 186
Waldökosysteme 67, 529ff., 535
Waldrodung 489
Waldschaden 537
Waldschnepfe 549f.
Waldsteppe 529
Waldstorchschnabel 341
Waldtundra 529
Waldvernichtung 493

Wale 452
Wanderfalke 264
Wandergeschwindigkeit 168
Wanderheuschrecken 75, 190
Wanderungen, saisonal bedingte 284
—, Zooplankton 368
Wanzen 85, 335f.
Wärme, spezifische (Wasser) 29, 357
Wärmearchipel 330
Wärmebilanz 434ff.
Wärmeenergie (Gewässer) 381
Wärmeinsel, städtische 330f.
Wärmekapazität 28, 357
Wärmeleitfähigkeit 29, 357
Wärmestrahlung, langwellige 434
Wärmeübertragung, direkte 434
Wärmezonen 33
Wärmezustand 28
Waschmittel 145, 401, 405, 421, 562
Wasser 39ff., 52f., 356ff., 384ff., 424ff.
—, hygroskopisches 48
Wasseraufbereitung 418f.
Wasserbeschaffenheit 415ff.
Wasserbewegungen, arhythmische 385
—, rhythmische 384
Wasserbilanz 91ff., 151, 459
Wasserblüten 388, 403
Wassereinzugsgebiete 420ff.
Wasserfalle 348
Wasserhaushalt 490ff.
Wasserkreislauf 89, 91ff.
Wasserläufer 349
Wasserlinsen 348
Wasserlinsensumpffliege 348
Wasserlinsenzünsler 348
Wasser-Lobelie 349
Wasserqualität 378, 398, 557
Wasserschlauch 349
Wasserschlauch-Moortümpel-Gesellschaften 349
Wasserschweber-Gesellschaften 348
Wasserspinne 348
Wasserspitzmaus 337
Wasserstern 348
Wasserstufenkarte 513
Wasserversorgung 415
Wasserwanzen 349
Wattgebiete 442
Wechselbeziehungen (Organismen) 17, 57
Wehenbeginn 500
Weichböden 371, 375, 439f.
Weichwanzen 334f.
Weichwasserseen 406
Weide 164, 332, 338
Weidegang 55

Weiden, feuchte 356
Weidenahrungsketten 455f., 458
Weidenblattkäfer 337
Weidenlaubsänger 235
Weidenröschen 340
Weidenröschenblattkäfer 340
Weidenschaumzikade 337
Weiden-Ufergebüsch 337
Weider 396f.
Weiher 369
Weiserpflanzen (Jagd) 550
Weißdorn 337
Weißdorn-Schlehen-Gebüsche 337
Weißdornspinner 337
Weißer Germer 341
Weiße Seerose 348
Weißes Straußgras 356
Weißstorch 284
Weißwangengans 240, 251f.
Weizeneule 355
Wellen 370, 384, 386
—, fließende 372
—, stehende 384
Weltbevölkerung 505
Weltmeer 424f.
Wermut 355
Werte, maximal täglich duldbare (AdI) 53
Westwinddrift 432
Westwinde 40
Wickelbär 189
Wickler 334
Wideria 311
Wiederurbarmachung 512
Wiesen 351
Wiesenameisen 352f.
Wiesenkerbel 352
Wiesenralle 352
Wiesensalbei 352
Wiesenschnake 352f.
Wiesenstorchschnabel 352
Wildacker 551
Wildäsungsflächen 551
Wildbestand 549
Wildbewirtschaftung 551
Wildbret 549, 551
Wilddichte 550
Wildesel 75, 191
Wildkaninchen 259
Wildkatze 77, 186, 191
Wildkrankheiten 549
Wildpferd 190
Wildschaden 549, 551
Wildschwein 77, 240, 550
Wind (Einfluß auf Gewässer) 384f.
Winderosion 474, 483

Windschutzstreifen 516
Windsystem, planetarisches 39
Winterfütterung 551
Wintergoldhähnchen 335
Winterruhe 265
Wintersaateule 355
Winterschlaf 81, 204
Winterstagnation 391
Wintertemperatur (Areal) 171
Wirbellose 245
Wirbeltiere 239
Wirkungsgesetze der Umweltfaktoren 24
Wirkungsnetz 18
Wirtschaftsgebiet 467
Wirtschaftswälder 540, 543
Wirtschaftswiesen 352
Wolf 77, 191
Wolffia 348
Wolfsspinnen 338
Wollgras 337
Wollschildlaus 259
Wombat 190
Wuchereria 186
Wuchsdistrikt 310
Wühlmaus 236, 265
Wurzelexsudate 136
Wurzelminierer 338
Wurzelporen 319
Wüstenfärbung 83
Wüstengimpel 190
Wüstenkäfer 191
Wüstenlaufhäher 190
Wüstenökosysteme 67, 83
Wüstenspringmaus 190

Xenobiotica 49, 144
Xerothermrasen 31, 336, 340
—, basiphile 351f.
Xylophage 312, 316, 335, 337
Xysticus 311

Yponomeuta 338

Zabrius 335
Zabrus 524
Zähigkeit, kinematische 357
Zauneidechse 340f., 352
Zaunkönig 337
Zea 119, 151
Zebra 75, 190
Zebrina 352
Zeiraphera 260
Zeitgeber (Population) 183, 199, 264
Zeitorientierung 199

Zeitstrukturen 181, 184
Zeittakte (Modulnetz) 105
Zellbestandteile, thermostabile 110
Zellmembranbindung 111
Zellmembranen 107
Zenitalregen 39f.
Zentralnervensystemkrankheiten 500
Zeolithe 563
Zerfallsphase 290, 302
Ziegenantilope 239
Zielstrukturtypen 481
Ziesel 81, 190
Zikaden 85, 262, 334, 336ff., 350
Zink-Malat-Weg 123
Zirkulation, Gewässer 363, 368, 392f.
Zobel 78, 190f.
Zone, epilimnische 367
—, euphotische 39, 362, 380, 391, 452
—, kryale (Bach) 374
—, α-mesosaprobe 378
—, β-mesosaprobe 378
—, oligosaprobe 377
—, polysaprobe 378
—, trophogene 362, 365, 386
Zonierung 305
Zonitoides 332
Zonobiom 65, 72, 80
Zoobenthos 439ff.
Zoochorie 168
Zoocoenologie 310
Zoocoenose 63, 289, 291, 310ff., 314ff., 327ff., 332ff.
—, terrestrische 314f.
Zoocoenosebindung 312
Zoocoenosencharakteristik 314
Zoogloea 418
Zoophage 77f., 86ff., 288, 312, 316, 323, 335
Zooplankter 365, 367, 369, 397
Zooplankton 365, 367f., 410, 419ff., 446ff., 557
Zootaxocoenosen 312, 314
Zootop 310, 316, 466
Zooxanthellen 444
Zora 311
Zostera 254, 454
Zottelbiene 356
Züchtung (Tier) 517f.
Zuckermetabolismus 124
Zufallsfluktuation 214
Zufallsverteilung (Jungpflanzen) 286
Zufütterung (Karpfenteichwirtschaft) 555
Zuordnungsmerkmale 313f.
Zustandseigenschaften (Landflächen) 578
Zustandsverhalten 192, 196
Zuwachsrate, potentielle 249

Zweizahn 354
Zweizahn-Gesellschaften 354
Zweizeiliges Kopfgras 341
Zwergalpenglöckchen 341
Zwergbinsengesellschaften 350
Zwergbuchs 336
Zwerg-Hornkraut 352
Zwergmaus 349
Zwerg-Ruhrkraut 341
Zwergspinnen 338
Zwergspitzmaus 345
Zwergstrauch-Biome 79
Zwergstrauchheiden 89, 306, 337, 339
Zwergstrauch-Ökosysteme 67, 80
Zwergwacholder 338
Zwergwasserlinse 348
Zygaena 340
Zyklen, langfristige 260
—, pluriannuläre 260
Zyklomorphose 366f.
Zyklone 40f., 43
Zymbelkraut 344
Zypergras-Segge 350
Zypressenwolfsmilch 352

Reihe „Ökologie"

Ingenieurökologie

Bearbeitet von 71 Fachwissenschaftlern. Herausgegeben von Prof. (em.) Dr. Dr. KARL-FRANZ BUSCH, Prof. Dr. DIETRICH UHLMANN und Prof. Dr. GÜNTHER WEISE, Dresden

2., erweiterte Auflage. 1989. 488 Seiten, 180 Abbildungen, 70 Tabellen, 17 cm × 24 cm, gebunden, DM 96,−
ISBN 3-334-00217-9

Das nunmehr in zweiter Auflage vorliegende erfolgreiche Werk erschließt anhand verallgemeinerungsfähiger Beispiele vielfältige Anwendungsbereiche an den Nahtstellen von Biologie (Ökologie), Ökonomie und Technik. Die Beiträge sind zu folgenden Komplexen zusammengefaßt: Ökologische Systemanalyse, ökologische Indikation von Umweltzuständen und Umweltveränderungen; Vorhersage des Verhaltens von Ökosystemen; Ingenieurökologische Technologien und Maßnahmen; Ökologie und Ressourcenwirtschaft.
Neu aufgenommen sind: Abwasserbehandlung einschließlich biologischer Nährstoffelimination; Belastung von Gewässern durch Abwärme; Schadstoffe in Ökosystemen und Toxikologie der Wasserorganismen; Versauerung von Böden und Gewässern; Stadtökologie; Umweltethik und Umweltmoral.

Preisänderung vorbehalten

SEMPER BONIS ARTIBUS **GUSTAV FISCHER VERLAG**

Reihe „Ökologie"

Ökologie und Umweltüberwachung

Von Prof. Dr. JURIJ A. IZRAEL, Moskau

Übersetzung der 2. russischsprachigen Ausgabe von D. Graf, D. Möller, Berlin; D. Spänkuch, Caputh; K. Terytze, Berlin. Wissenschaftliche Redaktion der deutschsprachigen Ausgabe: D. Graf, Berlin.

1990. 336 Seiten, 79 Abbildungen, 42 Tabellen, 17 cm × 24 cm, gebunden, DM 45,–
ISBN 3-334-00305-1

Das Buch gibt einen repräsentativen Überblick über die Entwicklung, die wissenschaftlichen Grundlagen sowie den erreichten Stand der wichtigsten internationalen Umweltüberwachungssysteme, wie z. B. das Globale Umwelt-Monitoring-System (GEMS), das Monitoring für Meeresverunreinigung (MARPOLMON), das Programm zum Monitoring für Grundpegelverunreinigung in Naturschutzgebieten (BAPMON) und andere. Das breite Spektrum wissenschaftlicher Fragestellungen sowie die Einbeziehung praktisch aller Ökosystembereiche und natürlicher Medien aus der Sicht einer komplexen umfassenden Umweltkontrolle hebt das Buch über andere fachwissenschaftliche Einzeldarstellungen weit hinaus und vermittelt erstmals eine zusammenfassende Übersicht zum Gegenstand sowie zur Bedeutung weltweiter Lösungen der Umweltkontrolle.

Preisänderung vorbehalten

SEMPER BONIS ARTIBUS **GUSTAV FISCHER VERLAG**